国家出版基金资助项目
“新闻出版改革发展项目库”入库项目
“十三五”国家重点出版物出版规划项目

钢铁工业绿色制造节能减排先进技术丛书

主　编　干　勇
副主编　王天义　洪及鄙
　　　　赵　沛　王新江

炼钢过程节能减排先进技术

（上部：转炉炼钢）

Progress in Green Manufacturing and Energy Conservation Technology for Iron and Steel Industry
(Part Ⅰ: Converter Steelmaking)

朱荣　魏光升　董凯　编著

北　京
冶金工业出版社
2020

内 容 提 要

炼钢过程节能减排先进技术包含转炉炼钢和电弧炉炼钢两部分。本书针对钢铁冶金流程的转炉冶炼工序，系统地论述了转炉炼钢流程绿色节能技术，概括了转炉炼钢过程的能源消耗及污染物排放现状，阐述了以转炉少渣冶炼技术、绿色洁净炼钢技术为代表的转炉节能减排新工艺的原理，详细介绍了转炉煤气、固体废弃物等的余热余能回收和利用技术，对转炉智能化冶炼技术进行介绍并预测了转炉炼钢流程绿色节能的发展趋势。

本书可供转炉炼钢相关生产技术人员及研究人员、管理人员阅读，也可供高校师生参考。

图书在版编目(CIP)数据

炼钢过程节能减排先进技术/朱荣等编著．—北京：冶金工业出版社，2020. 10

（钢铁工业绿色制造节能减排先进技术丛书）

ISBN 978-7-5024-8672-3

Ⅰ. ①炼…　Ⅱ. ①朱…　Ⅲ. ①炼钢—过程—节能减排
Ⅳ. ①TF703

中国版本图书馆 CIP 数据核字(2020)第 266486 号

出 版 人　苏长永
地　　址　北京市东城区嵩祝院北巷 39 号　邮编　100009　电话　(010)64027926
网　　址　www. cnmip. com. cn　电子信箱　yjcbs@ cnmip. com. cn
策划编辑　任静波
责任编辑　卢　敏　夏小雪　任静波　美术编辑　彭子赫
版式设计　孙跃红　郑小利　责任校对　李　娜　责任印制　李玉山
ISBN 978-7-5024-8672-3
冶金工业出版社出版发行；各地新华书店经销；三河市双峰印刷装订有限公司印刷
2020 年 10 月第 1 版，2020 年 10 月第 1 次印刷
169mm×239mm；43. 5 印张；885 千字
168. 00 元（上、下）
冶金工业出版社　投稿电话　(010)64027932　投稿信箱　tougao@ cnmip. com. cn
冶金工业出版社营销中心　电话　(010)64044283　传真　(010)64027893
冶金工业出版社天猫旗舰店　yjgycbs. tmall. com
（本书如有印装质量问题，本社营销中心负责退换）

丛书编审委员会

丛书出版说明

随着我国工业化、城镇化进程的加快和消费结构持续升级，能源需求刚性增长，资源环境问题日趋严峻，节能减排已成为国家发展战略的重中之重。钢铁行业是能源消费大户和碳排放大户，节能减排效果对我国相关战略目标的实现及环境治理至关重要，已成为人们普遍关注的热点。在全球低碳发展的背景下，走节能减排低碳绿色发展之路已成为中国钢铁工业的必然选择。

近年来，我国钢铁行业在降低能源消耗、减少污染物排放、发展绿色制造方面取得了显著成效，但还存在很多难题。而解决这些难题，迫切需要有先进技术的支撑，需要科学的方向性指引，需要从技术层面加以推动。鉴于此，中国金属学会和冶金工业出版社共同组织编写了“钢铁工业绿色制造节能减排先进技术丛书”（以下简称丛书），旨在系统地展现我国钢铁工业绿色制造和节能减排先进技术最新进展和发展方向，为钢铁工业全流程节能减排、绿色制造、低碳发展提供技术方向和成功范例，助力钢铁行业健康可持续发展。

丛书策划始于 2016 年 7 月，同年年底正式启动；2017 年 8 月被列入“十三五”国家重点出版物出版规划项目；2018 年 4 月入选“新闻出版改革发展项目库”入库项目；2019 年 2 月入选国家出版基金资助项目。

丛书由国家新材料产业发展专家咨询委员会主任、中国工程院原副院长、中国金属学会理事长干勇院士担任主编；中国金属学会专家委员会主任王天义、专家委员会副主任洪及鄙、常务副理事长赵沛、副理事长兼秘书长王新江担任副主编；7 位中国科学院、中国工程院院士组成顾问团队。第十届全国政协副主席、中国工程院主席团名誉主席、中国工程院原院长徐匡迪院士为丛书作序。近百位专家、学者参加了丛书的编写工作。

针对钢铁产业在资源、环境压力下如何解决高能耗、高排放的难题，以及此前国内尚无系统完整的钢铁工业绿色制造节能减排先进技术图书的现状，丛书从基础研究到工程化技术及实用案例，从原辅料、焦化、烧结、炼铁、炼钢、轧钢等各主要生产工序的过程减排到能源资源的高效综合利用，包括碳素流运行与碳减排途径、热轧板带近终形制造，系统地阐述了国内外钢铁工业绿色制造节能减排的现状、问题和发展趋势，节能减排先进技术与成果及其在实际生产中的应用，以及今后的技术发展方向，介绍了国内外低碳发展现状、钢铁工业低碳技术路径和相关技术。既是对我国现阶段钢铁行业节能减排绿色制造先进技术及创新性成果的总结，也体现了最新技术进展的趋势和方向。

丛书共分 10 册，分别为：《钢铁工业绿色制造节能减排技术进展》《焦化过程节能减排先进技术》《烧结球团节能减排先进技术》《炼铁过程节能减排先进技术》《炼钢过程节能减排先进技术》《轧钢过程节能减排先进技术》《钢铁原辅料生产节能减排先进技术》《钢铁制造流程能源高效转化与利用》《钢铁制造流程中碳素流运行与碳减排途径》《热轧板带近终形制造技术》。

中国金属学会和冶金工业出版社对丛书的编写和出版给予高度重视。在丛书编写期间，多次召集丛书主创团队进行编写研讨，各分册也多次召开各自的编写研讨会。丛书初稿完成后，2019 年 2 月召开了《钢铁工业绿色制造节能减排技术进展》分册的专家审稿会；2019 年 9 月至 10 月，陆续组织召开 10 个分册的专家审稿会。根据专家们的意见和建议，各分册编写人员进一步修改、完善，严格把关，最终成稿。

丛书瞄准钢铁行业的热点和难点，内容力求突出先进性、实用性、系统性，将为钢铁行业绿色制造节能减排技术水平的提升、先进技术成果的推广应用，以及绿色制造人才的培养提供有力支持和有益的参考。

中国金属学会
冶金工业出版社

2020 年 10 月

总　　序

党的十九大报告指出，中国特色社会主义进入了新时代，“我国社会主要矛盾已经转化为人民日益增长的美好生活需要和不平衡不充分的发展之间的矛盾”。为更好地满足人民日益增长的美好生活需要，就要大力提升发展质量和效益。发展绿色产业、绿色制造是推动我国经济结构调整，实现以效率、和谐、健康、持续为目标的经济增长和社会发展的重要举措。

当今世界，绿色发展已经成为一个重要趋势。中国钢铁工业经过改革开放40多年来的发展，在产能提升方面取得了巨大成绩，但还存在着不少问题。其中之一就是在钢铁工业发展过程中对生态环境重视不够，以至于走上了发达国家工业化进程中先污染后治理的老路。今天，我国钢铁工业的转型升级，就是要着力解决发展不平衡不充分的问题，要大力提升绿色制造节能减排水平，把绿色制造、节能环保、提高发展质量作为重点来抓，以更好地满足国民经济高质量发展对优质高性能材料的需求和对生态环境质量日益改善的新需求。

钢铁行业是国民经济的基础性产业，也是高资源消耗、高能耗、高排放产业。进入21世纪以来，我国粗钢产量长期保持世界第一，品种质量不断提高，能耗逐年降低，支撑了国民经济建设的需求。但是，我国钢铁工业绿色制造节能减排的总体水平与世界先进水平之间还存在差距，与世界钢铁第一大国的地位不相适应。钢铁企业的水、焦煤等资源消耗及液、固、气污染物排放总量还很大，使所在地域环境承载能力不足。而二次资源的深度利用和消纳社会废弃物的技术与应用能力不足是制约钢铁工业绿色发展的一个重要因素。尽管钢铁工业的绿色制造和节能减排技术在过去几年里取得了显著的进步，但是发展仍十分不平衡。国内少数先进钢铁企业的绿色制造已基本达到国际先进水平，但大多数钢铁企业环保装备落后，工艺技术水平低，能源消耗高，对排放物的处理不充分，对所在城市和周边地域的生态环境形成了严峻的挑战。这是我国钢铁行业在未来发展中亟须解决的问题。

国家“十三五”规划中指出，“十三五”期间，我国单位 GDP 二氧化碳排放下降 18%，用水量下降 23%，能源消耗下降 15%，二氧化硫、氮氧化物排放总量分别下降 15%，同时提出到 2020 年，能源消费总量控制在 50 亿吨标准煤以内，用水总量控制在 6700 亿立方米以内。钢铁工业节能减排形势严峻，任务艰巨。钢铁工业的绿色制造可以通过工艺结构调整、绿色技术的应用等措施来解决；也可以通过适度鼓励钢铁短流程工艺发展，发挥其低碳绿色优势；通过加大环保技术升级力度、强化污染物排放控制等措施，尽早全面实现钢铁企业清洁生产、绿色制造；通过开发更高强度、更好性能、更长寿命的高效绿色钢材产品，充分发挥钢铁制造能源转化、社会资源消纳功能作用，钢厂可从依托城市向服务城市方向发展转变，努力使钢厂与城市共存、与社会共融，体现钢铁企业的低碳绿色价值。相信通过全行业的努力，争取到 2025 年，钢铁工业全面实现能源消耗总量、污染物排放总量在现有基础上又有一个大幅下降，初步实现循环经济、低碳经济、绿色经济，而这些都离不开绿色制造节能减排技术的广泛推广与应用。

中国金属学会和冶金工业出版社共同策划组织出版“钢铁工业绿色制造节能减排先进技术丛书”非常及时，也十分必要。这套丛书瞄准了钢铁行业的热点和难点，对推动全行业的绿色制造和节能减排具有重大意义。组织一大批国内知名的钢铁冶金专家和学者，来撰写全流程的、能完整地反映我国钢铁工业绿色制造节能减排技术最新发展的丛书，既可以反映近几年钢铁节能减排技术的前沿进展，促进钢铁工业绿色制造节能减排先进技术的推广和应用，帮助企业正确选择、高效决策、快速掌握绿色制造和节能减排技术，推进钢铁全流程、全行业的绿色发展，又可以为绿色制造人才的培养，全行业绿色制造技术水平的全面提升，乃至为上下游相关产业绿色制造和节能减排提供技术支持发挥重要作用，意义十分重大。

当前，我国正处于转变发展方式、优化经济结构、转换增长动力的关键期。绿色发展是我国经济发展的首要前提，也是钢铁工业转型升级的准则。可以预见，绿色制造节能减排技术的研发和广泛推广应用将成为行业新的经济增长点。也正因为如此，编写“钢铁工业绿色制造节能减排先进技术丛书”，得到了业内人士的关注，也得到了包括院士在内的众多权威专家的积极参与和支持。钢铁工业绿色制造节能减排先进技术涉及钢铁制造的全流程，这套丛书的编写和出版，既是对我国钢铁行业节能环保技术的阶段性总结和下一步技术发展趋势的展望，也是填补了我国系统性全流程绿色制造节能减排先进技术图书缺失的空白，为我国钢铁企业进一步调整结构和转型升级提供参考和科学性的指引，必将促进钢铁工业绿色转型发展和企业降本增效，为推进我国生态文明建设做出贡献。

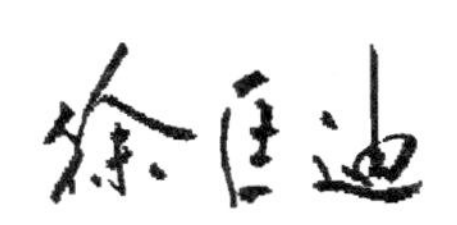

2020 年 10 月

前　　言

转炉炼钢作为钢铁生产中一个非常重要的环节，生产能耗比重大，属于高能耗的工序，由于目前钢铁企业严峻的市场竞争，低成本高质量的钢材是企业立足于钢铁市场成败的关键，所以实现转炉炼钢节能减排是必须的选择之一，对钢铁行业的发展具有非常重要的现实意义。

绿色节能减排现今已成为钢铁工业发展最重要的科技创新任务之一，转炉炼钢肩负着实现钢铁工业绿色可持续发展的重担，因此进一步降低该工序能耗、物耗，实现更加高效的能源转换和回收，更加有效地利用二次能源，开发低温余热回收利用新途径等许多问题还有待进行深入研究和优化。近年来，我国在转炉冶炼方面的技术和设备不断进步、绿色化冶炼技术越来越成熟、生产成本降低、产品质量提升、自动化水平提高，但仍存在污染物排放大、技术创新能力不足等问题。为了实现转炉炼钢流程的绿色可持续循环发展，作者以丰富的长期在生产一线的科研成果和实践经验为基础，参阅了国内外大量的文献和技术资料，撰写了本书，在内容上力求理论联系实际，概述了转炉炼钢流程绿色节能技术，以期对我国转炉炼钢绿色节能技术水平的提升有所帮助。

本书共分为 8 章，第 1 章总结概括了转炉炼钢的能源消耗现状、污染物排放现状并预测了转炉炼钢技术的未来发展趋势；第 2 章介绍了高废钢比冶炼、少渣冶炼、CO_2 炼钢、底吹转炉炼钢等节能减排新工艺；第 3 章介绍了转炉烟气产生及净化技术，实现转炉煤气净化回收、降低钢厂污染物排放；第 4 章通过建立余热回收系统模型及对炼钢工序进行热力学分析，介绍了转炉烟气余热利用及钢渣显热利用技术；第 5 章介绍了转炉炼钢固体废弃物处理技术，包括转炉炉渣处理及转炉尘泥处理等相关技术；第6章介绍了转炉煤气的产生及回收措施、转炉煤气的直接利用与间接利用等技术；第7章介绍了转炉在线检测技术、智能炼钢模型及控制；第8章介绍了转炉炼钢流程绿色节能技术，包括钢包节能技术、RH真空精炼干式真空泵技术、近终形连铸技术、连铸坯热送热装技术等。

参与本书编写的人员有：朱荣、魏光升、董凯、杨文、王春阳、任鑫、陈圣桢、夏韬、赵瑞敏、王美晨等，本书撰写过程中参阅了国内外专家、学者的文献资料以及一些企业的生产实例、图表和数据等，在此向他们表示由衷的感谢。

由于作者水平有限，书中不妥之处敬请广大读者批评指正。

作 者

2020年8月

总　目　录

上部：转炉炼钢

下部：电弧炉炼钢

上部：转炉炼钢

目　录

1 转炉炼钢流程绿色节能概论

钢铁工业是能源消耗的大户，2018 年世界钢铁工业能耗约占全球工业能耗的21%，CO_2 排放量约占全球工业 CO_2 排放量的24%，我国重点大中型企业的能耗与国际先进水平相比大约高 10%，因而在提高能源效率方面还有很大的提升空间，具体表现为我国钢铁行业整体技术及装备水平存在差距，节能环保方面的投入不足。虽然吨钢能源消耗、污染物排放量在持续降低，但与钢铁产量增长相关的能耗相比，减少幅度有限，污染物排放总量不断增加。

转炉炼钢是世界主要炼钢方法之一，以铁水、废钢、返回含铁原料为主要原料，不需要提供额外热源的一种炼钢方法。转炉炼钢在世界粗钢总产量中占比已达 70%，而我国转炉炼钢占粗钢产量的比例接近 90%，远远高于电炉钢比例。我国钢产量从 2000 年的 1. 07 亿吨增长到 2019 年的 9. 96 亿吨。

1.1 转炉炼钢的能源消耗

转炉炼钢工序能源消耗是指在统计期内转炉工序生产 1t 合格产品所消耗的能源量，主要包括电能、煤气、氧气、氮气、蒸汽消耗等。在操作过程中的能源消耗可划分为[1,2]：（1）直接能耗，即炼钢相关的能源消耗；（2）间接能耗，主要包括相关附带、损失的能耗；（3）回收能耗，当能量消耗量小于回收量时，转炉工序能耗为负值，称为“负能炼钢”。虽然我国重点钢铁企业转炉工序能耗水平于 2010 年实现了“负能炼钢”[3]，2011 年吨钢能耗达到-3. 21kg（标煤），但是与当时的国际先进水平仍相差 4. 87kg（标煤）以上。2018 年我国转炉工序的铁水预处理、转炉冶炼、转炉精炼和连铸的吨钢能耗值分别为 0. 34kg（标煤）、-18. 57kg（标煤）、8. 68kg（标煤）和 6. 29kg（标煤），取得了长足的进步。

转炉工序煤气消耗占转炉工序能源消耗总量的 42%，电力和氧气各占能源消耗总量的 20%，其余约占 18%。而在能源回收方面，煤气约占 73%，其余为蒸汽的回收。2011 年我国转炉炼钢先进企业的煤气回收量超过 $100m^3/t$。随着转炉型号扩大，转炉煤气和蒸汽的回收与利用水平的提高，2018 年中钢协会员单位转炉煤气回收量为 $115.32m^3/t$，同比升高 $1.25m^3/t$[3,4]。实际生产过程，很多因素都会影响到转炉炼钢工序能耗，如工艺操作、设备状况及原料条件、产品等，此外，还有能源和物流相关的因素。影响因素不同，对工序能耗的影响程度也存在差异性。

1.2　转炉炼钢的污染物排放

转炉冶炼过程中会产生废气、粉尘、废水和钢渣等污染物，下面将分别进行介绍。

1.2.1　大气污染

大气污染主要存在于以下工艺阶段：（1）铁水预处理的倒包及出渣、铁水脱硫；（2）转炉运行过程中的装料、吹氧、出钢和出渣；（3）二次冶炼过程中出钢操作、脱气、耐火材料预热等；（4）铸锭或连续浇铸过程。无论上述过程产生的废气是否被完全捕获，这些过程都存在扩散排放。此外，由于冶炼过程采用废钢的质量差异，有机物（油类、油漆类、润滑油或塑料等）热降解产生的PCB及氯苯等各种其他有机污染物也会存在于废钢装料排放的污染物中。

通常转炉炉气被认为是初级废气，其后的回收和除尘系统被称为初级除尘系统。来自其他与转炉炼钢工艺相关的工序的排放污染物通常被认为是二级废气，并通过二级除尘系统进行除尘处理。另外，铁水预处理的排放物被单独分离处理，通常它们是二级除尘系统的一部分。

1.2.2　铁水预处理的污染物排放

铁水预处理过程中铁水倒包、脱硫剂出渣过程会产生粉尘排放，在脱硫过程及后续的炉渣分离和称重过程中所产生的废气中粉尘浓度高达10000mg/m^3或1000g/t。铁水预处理过程中利用合适的除尘罩和存储室能够有效收集该过程排放的污染物，例如，通过湿式洗涤塔或其他与布袋除尘器或静电除尘器相同去除效率的除尘系统（二级或单独除尘系统）进行废气净化。当粉尘经过全部收集后通过布袋除尘器（或静电除尘器），排放浓度可低于10mg/m^3。在某些情况下，脱硫过程可采用碳化钙作为脱硫剂。此时，为了预防粉尘排放而采用水冷却时，会产生严重的臭味问题。其原因是硫与残留碳化物反应形成H_2S及有机硫化物。利用氧化钙来代替碳化钙，炉渣自然冷却时其气味非常小。

1.2.3　转炉操作过程污染物排放

转炉炼钢过程中的装料、吹氧及溢出以及出钢出渣是主要的污染物排放工序。在装炉或出钢过程中，转炉作倾斜状，通常会配置二级通风和除尘系统来削减粉尘排放。二级通风系统通常是由转炉倾斜位置时顶部的伞形罩和包围转炉剩余3/4炉体的存储室组成。在吹氧过程中，二级除尘系统能够抽取初级通风系统未捕集的大部分污染物。抽出的这些气体后续处理通常采用布袋除尘器或静电除尘器。在吹氧过程中，炉气会从转炉中释放出来。转炉气中含有CO、CO_2、大量粉尘（主要包括金属氧化物，尤其是重金属）、相对少量的 SO_2 和 NO_x。此外，也会释放出非常少量的二噁英（PCDD/F）和多环芳烃（PAH）等毒害物质。

通常可以采用两种系统回收煤气中的能量：部分/完全燃烧或抑制性燃烧。在完全（或敞开式）燃烧系统中，转炉中的过程气体在烟气管道中燃烧。位于转炉与初级通风（或转炉煤气）之间的开口可以使周围空气进入，从而使转炉煤气发生部分或完全燃烧。在此情况下，过程气体包含每吨铁水 15～20kg 粉尘和 7kg CO。通过废热锅炉的显热可以回收能量。需要注意的是，敞开式燃烧系统（500～1000m^3/t）具有比抑制燃烧系统（50～100m^3/t）更大的气流量，这是因为向转炉煤气管道中引入了空气。当抑制性燃烧采用可伸缩的水冷式裙罩时，会降至低于转炉口，通过这种方式，烟道气管道内 CO 燃烧被抑制，从而可以回收 CO。由于炉气中没有氮气存在（因为空气被排除在外），意味着吹氧速率可能会更高，从而缩短处理时间。

转炉煤气中的粉尘通常是用湿法除尘器去除的，也可以用干式或湿式静电除尘器去除。抑制燃烧法中，湿法除尘能够达到粉尘在煤气管网中的浓度为 5～10mg/m^3，所回收的粉尘中铁含量可达 42%～75%，管网煤气中的粉尘在煤气焚烧之处排放。在鼓风前后，收集到的相对少量的废气会点火燃烧。完全燃烧法中，处理后排向大气的粉尘浓度在 25～100mg/m^3 范围。由于开放式燃烧系统的废气流量相对较高，导致相应的粉尘排放浓度高达 18g/t。

抑制燃烧和充分燃烧之间存在不同的渐变过程，其中抑制燃烧之后回收转炉气是最常用的工艺。在采用抑制燃烧时需要一个具备转炉气体质量控制功能的大容积气罐，便于长期使用，且回收的煤气必须在当地使用。粉尘排放过程中，喷枪至关重要，由于氧枪需要伸缩，废气管道中的粉尘就会通过喷枪溢出而进入建筑物环境中，加保护罩或喷射蒸汽或惰性气体可以预防这些污染排放，采用非沥青类耐火材料可以减少 PAH 排放。

1.2.4　转炉炼钢过程中的扩散排放

炼钢过程若污染物不能被完全捕集时会存在扩散式排放，在任何情况下都应该尽可能避免发生扩散式排放。鉴于此，应该优化初级和二级抽气系统，尤其是二级抽气系统。通常二级除尘系统的抽气流量相当高。充分预防或减少扩散排放和限制需要的抽气流量这两种措施可以捕集离污染源尽可能近的污染物。虽然在转炉顶部增加抽气装置不可能捕集所有的粉尘，但为了减少钢铁厂污染物的总排放，顶部抽气系统是相对更经济有效的方法。

虽然采用近污染源排气罩且排气流量达 30000～100000m^3/h 的有效二次通风和除尘系统，但客观上仍会有相当数量的粉尘通过顶部开口排入大气。一般地，顶部排放粉尘量为每吨粗钢水 8～120g。炼钢炉倾倒等操作条件会导致短时的较高粉尘排放，具体排放浓度主要取决于捕集效率及废钢和钢水的加料顺序。

1.2.5　废水排放

炼钢过程中排放的水主要包括：转炉炉气处理中的废水、真空生产过程产生的废水，连续浇铸产生的废水等。

（1）转炉炉气处理中的废水。转炉炉气处理方法主要包括干法处理和湿法处理两种。湿法净化过程中产生的废水在处理后便可回收，第一步是分离粗颗粒物质（颗粒大于200μm），第二步是在圆形沉淀池中加入絮凝剂沉淀在电絮凝过程中，带有相同极性的颗粒之间会发生排斥现象，从而降低沉淀的速率，而离子通过电场时，其表面电荷会被电场作用消除，实现颗粒的聚集。电絮凝系统节块安装在沉淀池中靠近废水入口的地方，每个节块都包含一个阳极管和四个阴极管。池中废水通过，由阴极到阳极可以产生模数转换电流，从而产生电场。沉淀池的处理能力因此得到显著提升，该过程还具有防结垢功效，可以阻止沉淀池表面出现颗粒沉淀。沉淀物可以通过旋转式真空过滤器、箱式压滤器或离心机来脱水。

（2）真空生产过程产生的废水。在真空处理工序中通常处理每吨钢液需要5~8m^3水量，这些工艺用水基本上都会被回收。但是，并非所有的钢液都需要经过真空处理。因此，真空处理中具体废水排放量更低，通常这一废水会与其附近的渣钢机排放的废水一同处理。

（3）连续浇铸产生的废水。连铸过程排放的污水来自直接冷却系统。该冷却系统中的水为板坯、大方坯以及浇铸机器进行直接冷却。冷却系统排放的废水中含有轧屑和石油/油脂。通常这一废水会与其附近的轧钢机排放的废水一同处理。废水的排放量很大程度上都取决于当地条件和用水管理。连铸的用水量一般在5~35m^3/t，而产生的废水高达2m^3/t。

1.2.6　工艺残渣

（1）脱硫炉渣。脱硫炉渣为部分溶解的多样性炉渣，其成分很大程度上取决于脱硫剂的使用量。其高含硫量及无法令人满意的化学性能使得脱硫炉渣无法成为理想的回收再利用材料，但是这种炉渣通常都会被回收成为集成炼钢的烧结混合材料，或者部分用于填埋工程中、制作隔声障碍墙，也可以采用垃圾填埋的方式。

（2）转炉炉渣。多数碱性氧气转炉炉渣都被用作道路建设中地基层或底层地基、沥青混合料与水路施工中的骨料（在水利工程中，例如加固海堤），或以填埋方式处理，也可以作为石灰材料用于烧结混合料或直接用在高炉或者是碱性氧气转炉内（内部使用）。由于炉渣拥有大量的游离氧化钙成分，所以炉渣还可以用作农业化肥和浸灰剂。

（3）二次精炼炉渣、碎石及连铸产生的轧屑。二次精炼炉渣的成分取决于生产工艺及所生产钢铁种类，它是炼钢车间所产生的残留物中的小部分。碎石主要为废弃的耐火材料，此类材料会被部分回收至转炉中，或用来制备新的耐火材料，也有采取填埋方式处理。连铸产生的轧屑含有大量的铁元素，通常情况下都回收至烧结机中。

（4）转炉炉气处理的粉尘与沉淀物。首次除尘会产生粗颗粒粉尘，二次除尘会产生细颗粒粉尘。通过单独捕获以及连续除尘步骤中粉尘的分离，或者粗颗粒沉淀物等通过处理之后的粉尘/沉淀物可以在预沉淀池中得到回收，而细颗粒沉淀物在二次沉淀池中得到分离。配制后的粗颗粒粉尘通常都会被送回转炉炼钢工艺中，或者回收至烧结机或冷压成型机中，供高炉使用。与粗颗粒粉尘相比，细颗粒粉尘拥有更高含量的铅、锌。这些重金属主要源于向碱性转炉中添加的废钢。由于含锌量的缘故，一部分细颗粒粉尘或沉淀物不能够被回收，而是直接送到垃圾场填埋。沉淀物产生于洗涤水循环过程中的水力旋流分离环节和悬浮物质的沉淀环节。在钢铁制造过程中，这种沉淀物可以被冷压成型之后100%回收至烧结工厂或碱性氧气转炉中，但前提是通过废钢加入的含锌量必须得到严格控制。很多炼钢厂中，这种沉淀物无法得到内部运用，只能供外部水泥制造行业使用或储存处理。

1.3 转炉炼钢技术的发展现状及趋势

1.3.1 转炉炼钢技术的发展现状

转炉炼钢工艺经过多年的发展，生产技术不断成熟，如下所述[5~8]。

（1）转炉钢产量高速增长。在电价和废钢资源短缺因素的限制下，我国的电炉钢产量相对有限。近年来，在市场需求的促进作用下转炉钢产量开始大幅度增长。相关统计结果表明，2020年我国粗钢产量超过10亿吨，其中85%以上为转炉钢。

（2）转炉大型化趋势明显。我国转炉向着大型化方向发展，设备的技术水平也显著提高，自动化水平接近国际领先水平。在我国转炉产能中，100t及以上转炉的产能占比较高。2009年后新投产转炉中大部分为高于100t的转炉。目前，我国开始大力进行产业升级改造，加快淘汰落后产能的速度，这也促使转炉规模进一步提高[9]。钢铁工业发展过程市场集中度也明显提升，大中型重点钢铁企业转炉钢产量比例明显提高，在新建的钢厂中，大部分为大、中型转炉，并且这类转炉钢产量在总钢产量中的比例也明显的增加。一些学者分析发现2018年我国重点大、中型钢铁企业转炉钢产量比例达到76.08%[10]。

（3）高附加值钢种增加。在目前石化、汽车、造船等行业迅速发展的形势下，工业生产对优质钢需求也在明显的增加。目前我国正加速研究转炉生产高强钢、压力容器用钢、集装箱用钢相关的工艺技术，且对特殊钢生产工艺加大了研究力度，这对提高钢的质量也起到很大促进作用，目前此类技术已逐步应用。

（4）能耗指标降低。在转炉技术迅速发展和过程控制水平提升的形势下，我国的转炉炼钢物料和能源的消耗水平也显著降低。一些大、中型转炉可通过高效回收煤气而实现负能炼钢目的。在未来的发展中，还应该进行转炉降罩控制，提高能源的回收和利用水平。虽然转炉-连铸全工序负能炼钢技术在一些大型钢厂中已经应用，但总体来看，和国外先进水平相比，我国转炉炼钢的消耗水平还较高。因而，在以后的发展中，还应该进一步推进长寿复吹、干法除尘等技术的应用，同时做好相应的节能环保工作，为实现环保目标打下良好的基础。

（5）转炉智能化控制水平不断提高。目前智能化控制技术在大型转炉控制中逐步被应用，这对提高控制和管理效率有重要的意义。转炉炼钢厂纷纷引入了副枪和气体传感器等设备，从而更好地满足转炉终点控制相关要求，在提高生产效率方面有重要的意义。

（6）转炉生产工艺进一步优化。为更好地满足钢材质量相关要求，精炼设备及铁水预处理装置开始被大量地引入到转炉炼钢中，以及现代炼钢工艺流程使各工序功能得到进一步细化和优化，从而为高附加值钢种的生产提供了有利条件。

1.3.2 转炉炼钢技术的发展趋势

钢铁生产的技术进步必须与环境协调发展，冶炼过程中降低能耗和物耗，提高能源的利用效率，更加有效地利用二次能源、开发低温余热回收利用新途径、通过智能化控制进一步降低工序能耗和物耗等许多问题仍要进行深入开发和优化。钢铁工业与环境的可持续协调发展将是未来的必然趋势。

（1）转炉高效冶炼技术。为有效提升市场竞争力，炼钢厂开始提高转炉生产效率，更好地进行供氧控制，提高炼钢质量，降低能耗。一些新型转炉高效冶炼技术也开发成功[11]。在提高供氧强度方面一般可选择如下技术。

1）采用少渣冶炼。渣量减少可大幅提高供氧强度。采用复吹工艺提高吹炼前期熔池的搅拌强度，可以提高前期成渣速度，实现平稳吹炼。

2）优化改进氧枪结构，提高喷枪化渣速度。

3）采用底吹强搅拌工艺，实现渣钢反应平衡[12]。

4）引入终点动态控制技术。这样在生产中可精确地进行终点控制，而不倒炉出钢，对减少出钢时间等有重要意义。

（2）开发转炉少渣冶炼工艺。转炉少渣冶炼工艺在提高钢水收率方面有重要的意义，且废弃物排放量以及污染处理成本都降低。表 1-1 给出了转炉吨钢渣量与铁损的关系[13]。少渣冶炼技术应包括：优化炼铁原料结构，降硅提铁，提高入炉矿石品位；高炉低硅冶炼；转炉少渣冶炼。

表 1-1 转炉吨钢渣量与铁损的关系 (kg)

铁损	渣 量				
	100	80	60	40	20
渣中带铁量	13	10.4	7.8	5.2	2.6
渣中 FeO 损失	15.6	11.2	10.8	9.2	4.3
金属料消耗	1087.6	1078.6	1069.8	1063.2	1058.3
节铁量	标准	-7	-13	-19.4	-24.3

(3) 节能减排技术。随着环境保护理念被广泛接受，钢厂开始向着节能减排、提高环保水平方向发展。因而在钢铁行业的未来发展中，必然要进行节能环保优化改造[3]。炼钢过程大量排烟，必须进行烟尘处理。脱尘一般采用干法除尘，并适当降低水量消耗，为钢铁工业的高效节能方向提供支持[14]。采用的减排技术主要有铁水脱硅、精炼渣回用、烟气除尘回收、二次资源重复利用、干法除尘、余热综合利用等。

(4) 吹炼终点动态控制技术。炼钢过程中的终点控制具有重要的意义。国内钢厂在生产中一般基于经验进行终点控制，而在高品质钢种生产中，经验控制有明显的局限性，需要引入计算机控制计算而有效地提高终点控制的精度，避免人工控制的局限性。通过优化复吹工艺、促进钢渣平衡、稳定终点操作这些技术进行控制时，主要是根据炉内温度、组分相关的数据而确定出炉内反应进度，并据此来控制炼钢终点。

(5) 智能控制生产技术。随着信息技术的发展、大数据的应用，钢厂将逐步实现智能控制，充分挖掘、筛选、分析和运用钢铁生产过程中的装备大数据、工艺大数据，开发智能控制模型，实现转炉炼钢全自动控制。

参 考 文 献

[1] 刘浏，余志祥，萧忠敏．转炉炼钢技术的发展与展望 [J]．中国冶金，2001 (1)：17~23.

[2] 富志生．转炉炼钢工序能耗计算与分析 [J]．冶金能源，2010，29 (9)：15~17.

[3] 周松林．祥光“双闪”铜冶炼工艺及生产实践 [J]．有色金属（冶炼部分），2009 (2)：11~15.

[4] 王维兴．2018 年我国炼钢生产技术述评 [N]．世界金属导报，2019，B03.

[5] 刘超．中国转炉炼钢技术的发展、创新与展望 [J]．特钢技术，2013 (4)：6~9.

[6] Heikki Jalkanen, Lauri Holappa. Converter steelmaking——Sciencedirect [J]. Treatise on Process Metallurgy, 2014: 223~270.

[7] 吴计雨. 浅谈我国转炉炼钢技术的发展与展望 [J]. 中国金属通报, 2017 (11): 99~100.

[8] 王承宽. 我国转炉炼钢现状与发展 [J]. 钢铁技术, 2004 (5): 1~6.

[9] 姜晓东. 小议我国转炉炼钢的现状和发展 [C]//2008 年全国炼钢-连铸生产技术会议文集, 2008: 168~172.

[10] 孙贺, 李勇强. 转炉炼钢的技术进步及新技术应用分析 [J]. 山西冶金, 2017, 40 (4): 55~57.

[11] 王勇, 杨宁川, 王承宽. 我国转炉炼钢的现状和发展 [J]. 特殊钢, 2005, 26 (4): 1~5.

[12] 王昊, 吕罕轶. PLC 技术在转炉炼钢自动化系统中的应用研究 [J]. 科技与创新, 2016 (14): 68.

[13] 刘浏. 转炉炼钢生产技术的发展 [J]. 中国冶金, 2004 (2): 7~11.

[14] 任虎成. 浅谈转炉炼钢技术的应用和革新途径 [J]. 山东工业技术, 2017 (16): 35.

2 转炉冶炼过程的节能减排新工艺

2.1 转炉高废钢比冶炼技术

废钢是炼钢的重要原材料，提高废钢比可降低炼钢综合能耗[1]。因此，提高转炉废钢比是全世界炼钢工作者长期的追求与梦想。目前，全球转炉加电弧炉炼钢总废钢量维持在35%~40%的水平，平均在37%。发达国家中，美国的废钢使用量最高，在75%上下；欧盟也较高，大体在55%~60%的水平；日、韩平均也能达到50%[2]。无论从国内外的行业要求来看，还是从长期经济效益和社会效益来看，提高废钢用量是历史发展的必然趋势，同时也是钢铁企业发展的最佳选择。

2.1.1 高废钢比的关键单元技术

高废钢比冶炼中除需要提供附加热量外，还需要提供相配套的技术。这些技术主要包括：废钢预热技术、二次燃烧技术、燃料添加技术和转炉底喷粉技术。以下对这些技术进行具体论述[3]。

2.1.1.1 废钢预热技术

目前转炉生产中应用比例较高的废钢预热技术为炉内预热法。这种方法是加入废钢后，适当地喷吹燃料来提高废钢温度，但是这个方法会延长炼钢冶炼时间，导致生产效率降低。

另外，也可以通过炉气的热量来对废钢进行炉外预热，相关的方法主要有：设置预热带、铁水包内废钢预热、电磁感应预热废钢等，但各种方法都有各自的优缺点。

2.1.1.2 二次燃烧技术

在转炉吹炼过程中，存在着C→CO的一次燃烧和$CO \rightarrow CO_2$的二次燃烧，且二次燃烧的反应热更大。提高二次燃烧比率，可以在冶炼时间保持不变的条件下，有效地提高废钢比，进而提升冶炼效率。

提高二次燃烧率的方法包括：提高顶吹氧枪的枪位，但该方法会降低氧气射流的冲击能力，并大幅增加渣中FeO含量，甚至引发喷溅；采用通过副孔吹氧的二次燃烧氧枪；在转炉侧安装喷嘴。在通常的转炉操作中，通过二次燃烧来提高废钢比的增幅有限。

2.1.1.3　燃料添加技术

在废钢比增加到一定值后，就需要额外添加燃料，而为满足燃料的成本要求，一般要用到煤系燃料。具体的燃料添加模式主要有：（1）从顶部加入，不过这种模式下加入易出现燃料的利用效率不高的问题；（2）喷吹碳粉，在50%以上废钢比冶炼中，底喷碳粉模式的应用比例较高。这种方式具有强搅拌功能，而且熔碳速率也可达到较高水平，在高废钢比条件下也可满足应用要求。

2.1.1.4　转炉底喷粉技术

为了促进废钢的熔化，除了提高钢液温度外，提升钢液的碳含量以及熔池搅拌强度是更好的方式，因而目前在转炉生产中，主要采用底吹碳粉和底吹转炉生产模式。

国外在转炉底喷粉方面的研究已经有很多经验，相比而言国内在此领域的研究相对较少，相关的工艺设计和炉底维护方面，还需要开展更多的研究。

2.1.2　转炉高废钢比新技术

2.1.2.1　新日铁SMP流程

废钢熔化工艺（SMP）是新日铁Hirohata工厂环境友好工艺之一[4]。如图2-1中左侧框架内所示，SMP的熔化炉是对普通转炉的改造，该转炉配有从底部吹入细煤的额外设施。图2-2显示了SMP熔化过程的步骤。废钢和其他来源物料被装入容器，在那里留有部分上一炉的钢液。然后，通过底部吹入的细煤与顶部

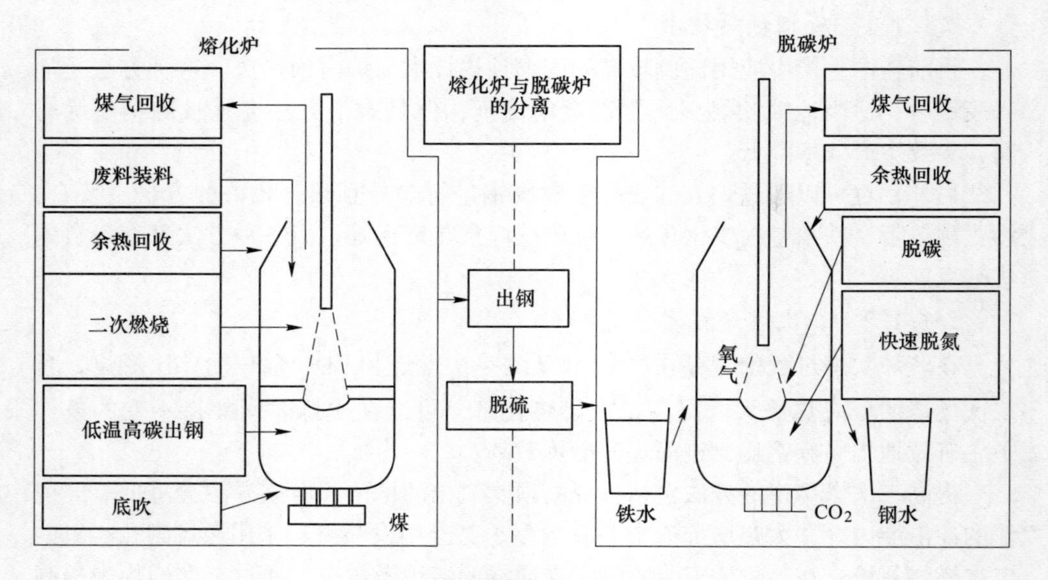

图2-1　废钢熔化工艺专用转炉

吹管中的氧气的燃烧热将加入的物料熔化。吹入的煤中的碳渗入金属（渗碳），使金属能够在高炉内金属熔化温度范围内熔化。熔化完成后，将熔化的金属倒出，并排出熔渣，而一部分熔化的金属留在炉中供下一炉使用。

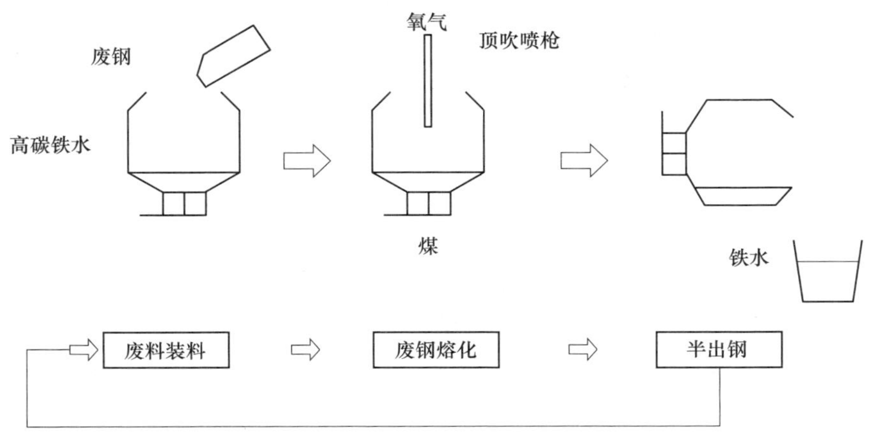

图 2-2 熔化工艺流程

SMP 具有以下 5 个特点：（1）废钢迅速稳定熔化，利用上一炉的高碳熔化金属；（2）适用于常规转炉稳定生产高洁净钢的铁水生产；（3）炉内耐火材料低温熔化热负荷低；（4）通过适当控制二次燃烧率和使用回收的可燃气体，可产生足以熔化废料的热量；（5）原料的选择具有很大的灵活性，并配备了废铁溜槽和其他物料的连续上料设施。

经济活动和消费生活方式的多样化导致了废物排放量的增加，进而导致了全球环境问题。因此，对废物的排放控制、适当处理和循环利用变得越来越重要。Hirohata 工厂自 1999 年以来，已使用 SMP 废轮胎碎片作为废铁和细煤的部分替代品（如图 2-3 所示），以帮助解决这些废物问题。钢丝绳作为废料熔化，轮胎橡胶的成分与煤的成分相似。除了通过 SMP 回收，废旧轮胎也被热裂解成气体，并在工厂内用作高热量燃料。建筑机械的废橡胶履带也被回收利用。由于这些履带比轮胎碎片的尺寸更大，因此使用斗式溜槽将其装入熔炉[5]。

2.1.2.2 达涅利他热式转炉

达涅利林茨技术公司开发了他热式转炉技术，其冶金特性如图 2-4 所示[6]。作为一项降低成本的特殊途径，其可以将废钢比提升到 60%，且无需预热。他热式转炉在运行过程中也可满足预熔要求，这种条件下装填的废钢比可达到 100%，因而表现出很高的性能优势。他热式转炉技术在诸如额外能量过程中主要选择浸没式方法，对比分析发现这种方式下热传递过程明显改善。可通过后燃烧模式而有效地对钢水进行强力搅拌，同时结合底部吹氧和注入石灰模式满足要求。根据

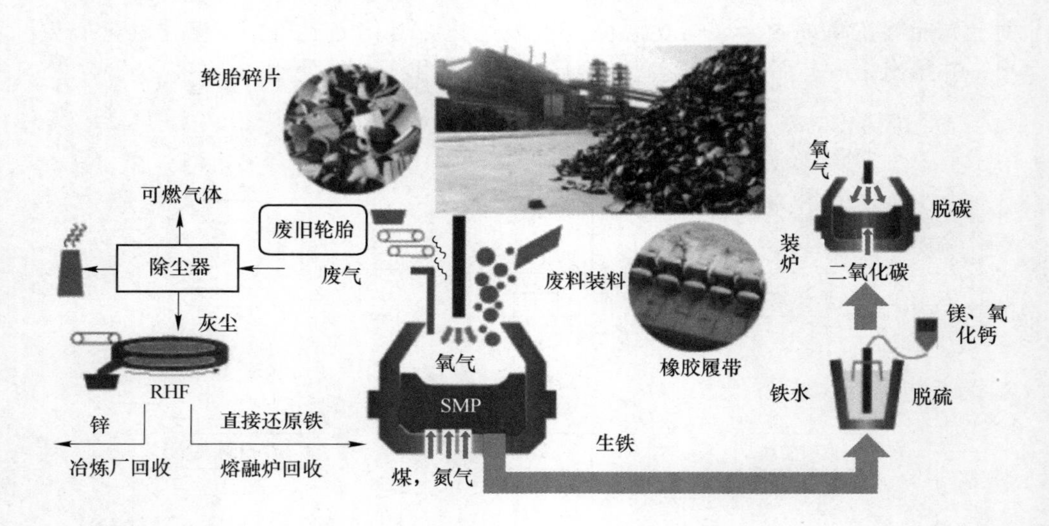

图 2-3　通过 SMP 工艺回收废旧轮胎

实际的应用经验表明，这种模式的优点表现为优化脱磷和脱硫过程；无双渣操作条件下，对铁水的硅含量要求不高，而钢水质量和产量都提高；底部吹氧量少，节约了资源。

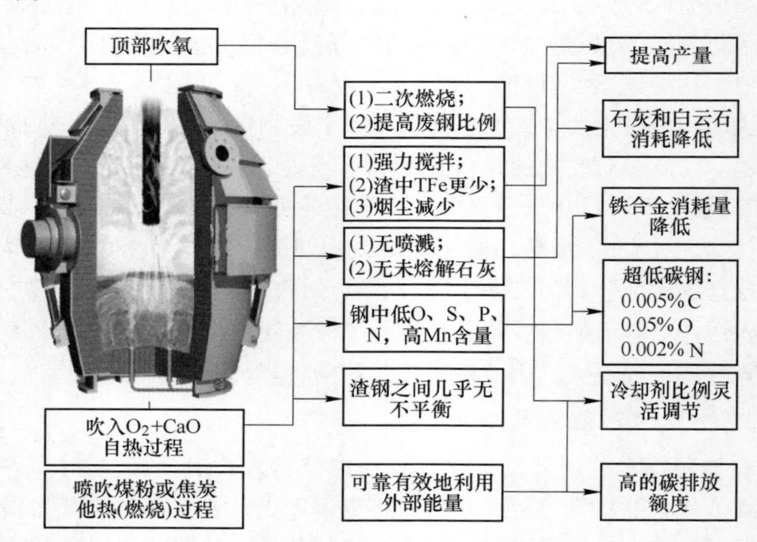

图 2-4　达涅利提出的他热式转炉技术方案及其冶金特性

这种工艺是在一定铁水总量下，适当地增加废钢用量而满足钢产量要求的一种冶炼模式。这种转炉生产中，不需要喷吹煤，以自热模式加入较高比例的废钢就可实现冶炼目的。这种工艺条件下，吹氧速率（标态）可达 5m^3/(min·t)，相应的吹氧时间明显减少。

2.1.2.3 西门子 Jet Process 工艺

西门子的 Jet Process 工艺[7]相关操作如图 2-5 所示。这种工艺操作过程中，从转炉顶部喷吹 1300℃的富氧热风，在喷吹时可同步吹入石灰粉和氧气，通过 C_xH_y 进行保护，这种工艺模式下相应的废钢比可达到 50%，而平均冶炼周期延长大约 6min，其冶炼特性见表 2-1。

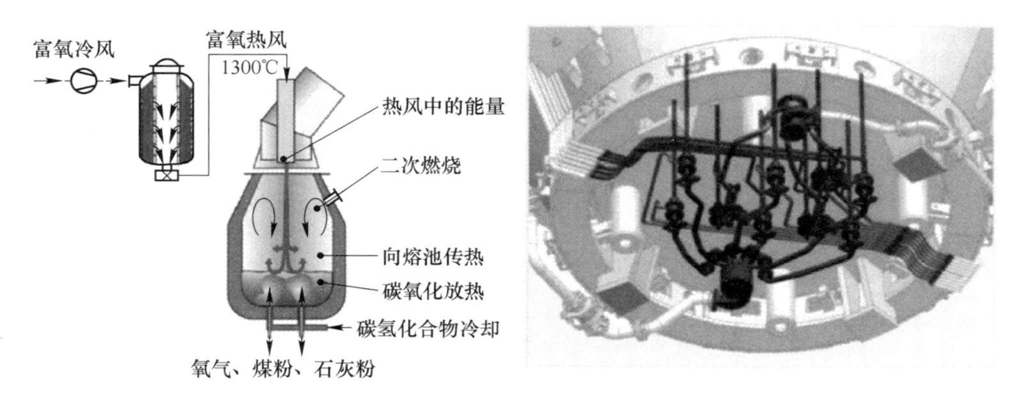

图 2-5 Jet Process 工艺及其炉底结构

表 2-1 多种炼钢工艺的冶炼特性比较

项目	LD	Jet Process	EAF	EAF
是否喷吹煤粉	否	是	是	是
废钢比/%	20	50	50	100
二次燃烧率/%	12	60	—	—
收得率/%	92	94	91	91
CO_2 排放量/kg·t^{-1}	1600	1000	900	500

2.1.2.4 转炉高废钢比高效节能冶炼新工艺

2017 年天津天钢联合特钢有限公司与江苏集萃冶金技术研究院有限公司合作，开发了转炉高废钢比高效节能冶炼新工艺。其主要特色是改变单纯依靠转炉提高废钢比的传统方法，将转炉高效冶炼与提高转炉废钢比相结合，避免了传统工艺因提高废钢比而降低转炉生产效率的技术问题。

针对该新工艺，开发了一系列技术[8]：（1）全流程废钢管理；（2）多元废钢装入制度；（3）预热技术；（4）高废钢比；（5）转炉无化渣剂造渣工艺；（6）完善转炉加碳热补偿技术；（7）全流程高效快节奏生产技术。

该工艺于2017年3月开始在天钢联合特钢有限公司正式实施。经过技术的应用后取得明显的冶金效果[5]：

（1）显著提高废钢比，降低铁水消耗：废钢比从2016年全年平均3.673%提高到2017年的32.469%，最高月水平达到35.72%；铁水消耗大幅度降低，和上年的1049kg/t相比降低到当年的734kg/t。

（2）降低炼钢成本：石灰消耗大幅度降低，比例可达26.6%，轻烧白云石降低比例接近1/3，在冶炼中使用烧结矿，也能有效地节约造渣料和氧气消耗量。

（3）提高钢产量：统计结果表明这种生产工艺下，单座转炉日产炉数增加到50炉以上，每月钢产量增加近14万吨。

（4）吨钢综合能耗明显降低：吨钢综合能耗降低166.25kg（标煤），在节能减排方面有显著的效果。

（5）减少环境污染：统计发现CO_2排放量降低35.5%；SO_2排放量则降低38.8%；氮氧化物的排放量降低比例达到61.2%。

2.2　转炉少渣冶炼技术

转炉少渣冶炼由于在节能减排、降低炼钢原辅料消耗方面具有显著的工艺优势而越来越多地被企业所采用。"少渣冶炼"是20世纪90年代在日本首先被提出并得到推广的。主要从两个方向降低渣量：一是在转炉冶炼中对工艺模式等进行适当的调节，从而控制原料的消耗，从源头上减少炉渣量；二是在炼钢期间，对转炉渣的成分和冶炼工艺的相关性进行研究，从而循环利用炉渣，也可节约原料。

2.2.1　少渣冶炼工艺

日本在少渣冶炼领域的研究相对深入，且提出了多种冶炼模式，研发了相关的设备[9]，如LD-NRP（New Refining Process）双联法、H专用炉法、SRP（Simple Refining Process）法、LD-ORP（Optimizing Refining Process）双联法、MURC（Multi Refining Converter）法等。这些冶炼模式在实际钢铁生产中都不同程度地被应用。我国学者也研究了少渣冶炼相关技术，根据我国钢铁生产特点而形成了适合自身的少渣模式。目前应用成熟的如宝钢的BRP（Baosteel Refining Process）法、首钢的SGRS（Slag Generation Reduced Steelmaking）法等，这些技术在降低能量消耗、提高原料利用效率方面表现出良好的效果，在提高生产效益方面也有重要的意义。

2.2.1.1　LD-NRP法

20世纪90年代开始，日本福山制铁所采用LD-NRP工艺进行钢铁生产[10]。这种工艺在不同的转炉上进行炼钢的脱磷和脱碳操作，相关工艺流程如图2-6所示。在生产中炉役的前半段转炉主要起到脱磷作用，而在后半段主要是脱碳，这样就可满足双联操作要求。这种模式下铁水都经过预脱 S 处理，在脱磷处理后接着进行脱碳处理。前期进行了铁水预处理，这样在脱磷过程中产生的渣很少，因而这种工艺也被称“零渣过程”（Zero Slag Process，ZSP）工艺。图 2-7 对比分析了这种工艺下使用前后的渣量情况，从图中可以看出，选择这种工艺处理后，渣量大幅度降低，从原来的 100kg/t 以上，减少到了 50kg/t。这种工艺显著提高了锰矿石在炉内直接合金化水平，而锰铁消耗量降低，也延长了耐火材料的寿命，钢产品质量也有一定幅度提高，同时渣料组成更简单，这对其进一步应用也打下了良好的基础，扩大了使用领域。

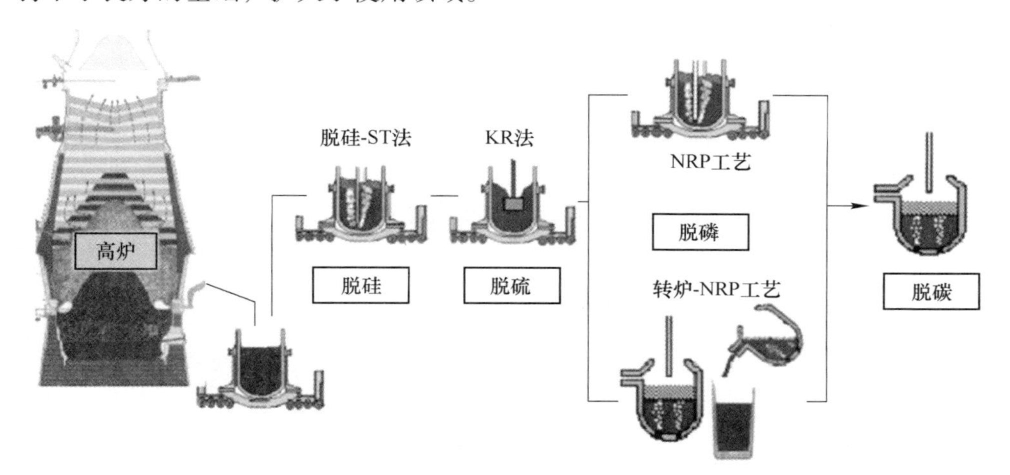

图 2-6 JFE 福山厂 LD-NRP 工艺流程示意图

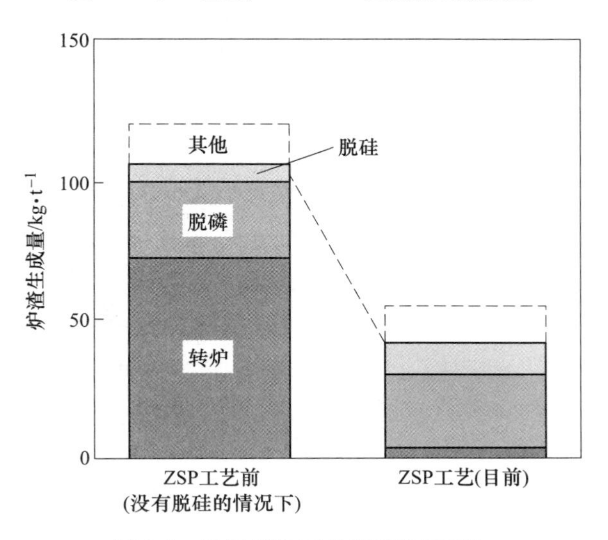

图 2-7 采用 ZSP 工艺前后渣量对比

2.2.1.2 SRP 法

SRP 冶炼方法是 20 世纪 90 年代住友金属开发的，其后开始被广泛地应用[11]。SRP 炼钢包括两个环节，其一为转炉内吹炼，在此过程中需要进行脱硫、脱磷处理，其二是二次精炼。在二次精炼环节需要进行二次脱硫和脱气。在进行吹氧时，顶底复吹转炉有两个，分别进行脱磷和脱碳。SRP 法和 LD-NRP 工艺有一定类似性。脱碳炉的部分脱碳渣被回收，这样可更好降低渣料消耗。SRP 与传统炼钢技术的对比情况如图 2-8 所示。

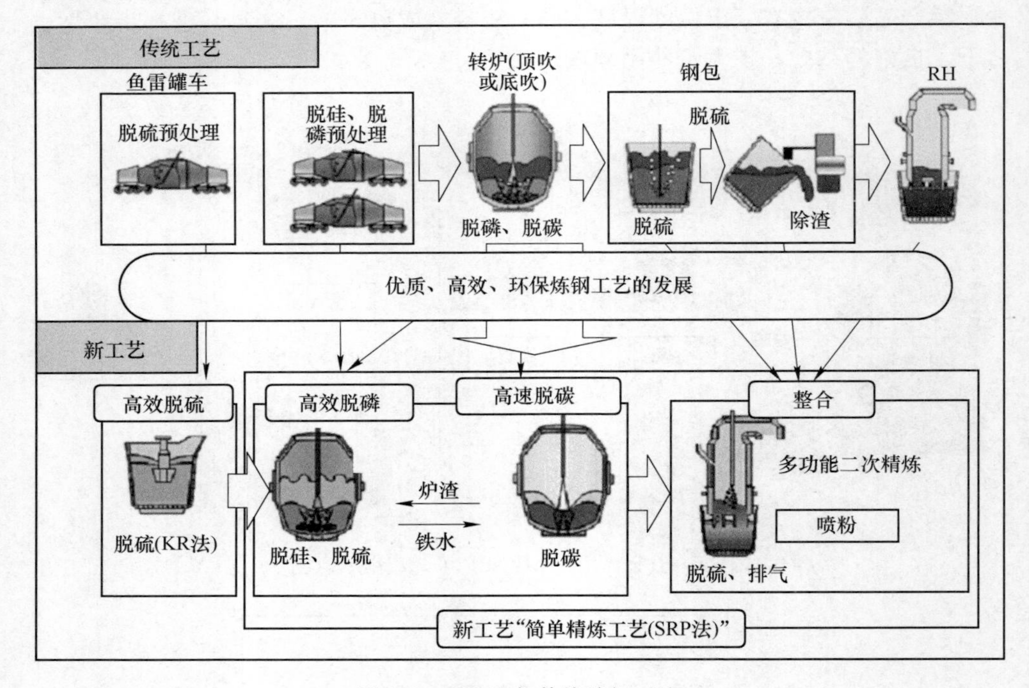

图 2-8 SRP 法与传统炼钢对比

2.2.1.3 H 炉法

神户制钢开发了专用 H 炉法[12]，这种技术是针对铁水预脱磷和预脱硫而提出的，目前较为成熟，工艺流程如图 2-9 所示。在冶炼中对应的流程为：铁水在出铁钩中预脱硅处理铁水，其后将满足要求的铁水送到专用 H 炉脱去磷和硫，在完毕后通过转炉来脱碳。H 炉脱磷时一般用石灰，同时配合顶吹氧气技术，在脱硫过程中则应用苏打粉系造渣料。

2.2.1.4 LD-ORP 法

LD-ORP 法是新日铁提出的，目前在少渣冶炼领域被广泛地关注[13]，图 2-10 显示出这种方法的工艺流程。在处理过程中铁水脱除磷、硫后，转入到另一个转

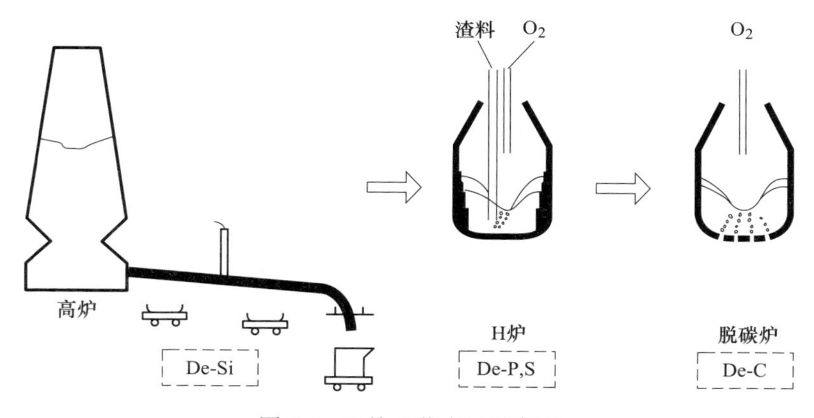

图 2-9 H 炉工艺流程示意图

炉脱碳。实际应用结果表明，这种方法的优点为脱磷效率高，在磷脱除后，脱磷渣会被全部倒掉再脱碳处理，这样可预防出现回磷问题。不过在冶炼期间需要频繁地倒炉、加料，因而会产生较多的热量损失，同时也降低了生产效率，而且由于脱碳和脱磷分别在两个转炉进行，要求设备投资较高。

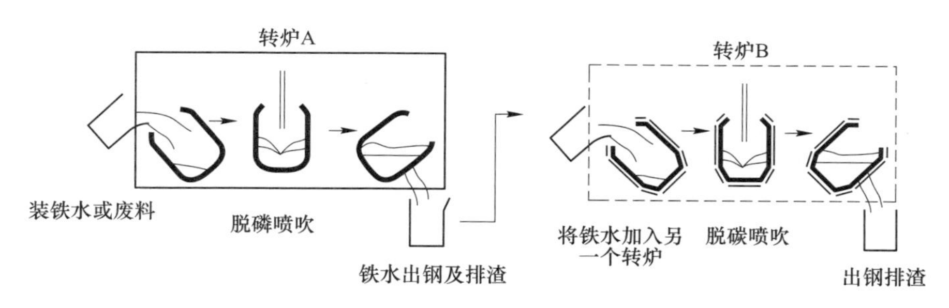

图 2-10 LD-ORP 工艺示意图（名古屋工厂）

LD-ORP 法冶炼工艺目前已经成熟，并在新日铁、八幡制铁所应用，表现出较高的应用价值。20 世纪 80 年代开始，名古屋制铁所开始应用 LD-ORP 技术。其实际应用结果表明，该冶炼工艺需要将铁水从一个转炉转移到其他转炉，从而引发一定浪费问题，不过其优点表现为降低了氧化钙的损耗，金属收得率明显提高，可更好地满足稳定性要求。

2.2.1.5 MURC 法

MURC 法也是新日铁公司开发的工艺，工艺流程如图 2-11 所示。该方法的特点：（1）在同一个炉中脱磷、脱碳，可更好地满足改造灵活性，即在不增加设备条件下改进；（2）脱磷渣碱度低；（3）辅料应用效率高，脱碳渣可部分循环应用。

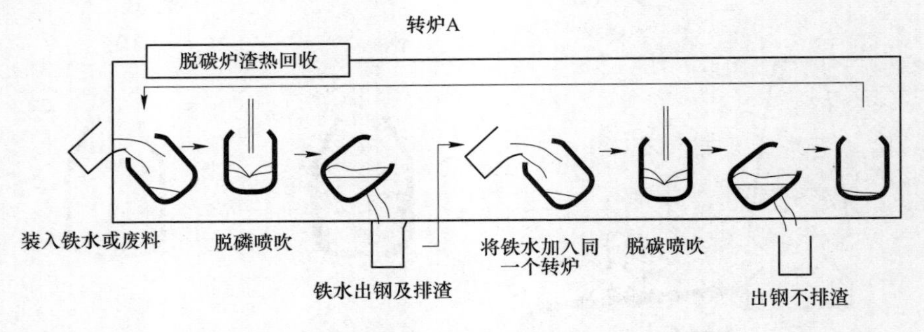

图 2-11 MURC 工艺流程示意图（君津室兰厂）

具体分析现场采集结果可发现[14]，35min 内就可实现从铁水加入到脱碳结束的操作。而根据脱磷率进行对比分析可知，这种方法与不回收脱碳渣的炉次比，脱磷率基本上相同。MURC 法的优点为：（1）应用一个转炉，相应的投资小；（2）可回收一部分脱碳渣，这种条件下渣量大幅度降低，降低幅度近 50%，也为其后的处理提供支持；（3）脱磷前可适当加入废钢，铁水比和传统冶炼工艺的一致，比喷吹溶剂法高 10%；（4）和脱碳渣全部排出冶炼技术相比，这种方法可回收利用高碱度渣，相应的造渣剂的用量降低。

2.2.1.6 宝钢 BRP 工艺

20 世纪 90 年代宝钢开展转炉少渣冶炼的试验，根据所得结果分析了少渣冶炼期间的脱碳、脱磷、脱硫相关情况，对处理效果的影响因素进行分析，并对少渣吹炼技术进行了探讨[15]，在转炉内脱磷的效果显著提高[16]，代表了当今转炉炼钢工艺的发展方向。宝钢在大量研究基础上，进行多次的改进和优化，从而研发出宝钢 BRP 技术，这种技术的处理流程情况如图 2-12 所示。

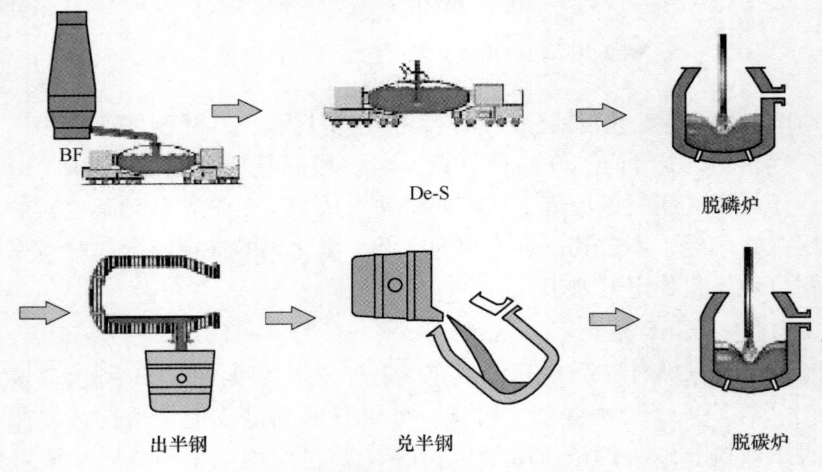

图 2-12 宝钢 BRP 工艺流程示意图

对比分析可知此技术和LD-ORP工艺有一定类似性，在操作过程中都是基于两座转炉进行处理，分别脱磷和脱碳，因而属于双联法。宝钢很早就进行了“双联”工艺的研究，并积累了丰富的经验。首钢京唐公司也是设计了此工艺流程，在2008年投产后“双联”工艺比例也是逐渐增大。

2.2.1.7 首钢SGRS工艺

首钢最早开始进行“留渣+双渣”氧气转炉炼钢新工艺研究，并应用在实际生产中。根据实际经验可知，这种工艺的特征表现为减少渣量，原料消耗量也降低，其也被称作SGRS技术。主要目的是降低石灰和白云石消耗，减少渣量，实现绿色的钢铁制造。图2-13显示出对应的工艺流程情况，分析此图可知这种工艺的特征为[17]：（1）相应的冶炼过程被划分为脱磷和脱碳阶段；（2）每炉钢冶炼操作完毕后，不需要倒出高碱度炉渣，将其保留在炉内为其后的操作提供支持；（3）采用顶吹氮气溅渣并结合化学剂而固化处理炉内液渣；（4）装入废钢、铁水后适当的脱磷处理；（5）在温度提高到一定水平前停止脱磷而进行倒渣操作；（6）脱碳阶段进行冶炼操作；（7）脱碳满足要求后直接出钢，而炉渣保留并为后一炉的冶炼提供支持。因为炉渣可循环回收利用，因而这种条件下石灰、白云石消耗量显著下降，炉渣中氧化亚铁的含量高，这对金属收得提供支持。

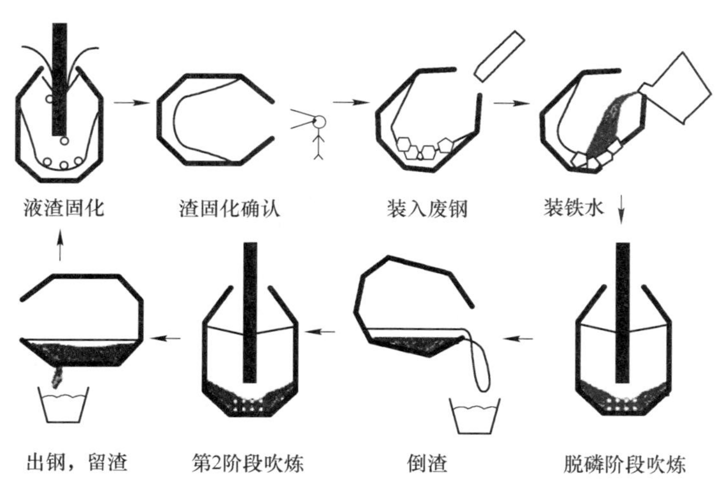

图2-13 首钢SGRS工艺流程示意图

该工艺在操作过程中重点是进行脱磷，促使铁水中的磷高效地进入到炉渣中，在脱磷结束后进行倒渣操作。如果不能快速足量地倒渣，则会对脱磷结果产生影响，且会使得冶炼期间炉渣量不断地增加，而不能满足生产要求。在实际的应用中，为确保足量倒渣，应该对炉渣的黏度进行适当的控制，确保处于较低水平。因而一般选择低碱度炉渣，一般情况下应该控制其碱度为1.3~1.5，不过在此过程中需要同时进行摇炉操作，倒渣量高于60%，则可为SGRS工艺顺利实施提供支持。不过和传统工艺脱磷相比，受到上炉留渣因素影响，选择SGRS工艺操作过程中，炉渣已经出现了较高比例的五氧化二磷。在操作过程中需要选择低碱度炉渣。这样才可以为顺利倒渣提供支持。由此分析可知这种技术改变了必须进行高碱度炉渣脱磷理念，在进行脱磷过程中选择了低枪位、高供氧强度，而更好地满足了脱磷的热力学相关要求，这种技术可有效地满足低碱度炉渣脱磷相关要求。在选择SGRS技术后，转炉炼钢石灰、轻烧白云石的消耗量都明显地降低，节能效果显著。

SGRS技术的优势之一表现为可降低石灰、轻烧白云石的消耗水平，其特征表现如下：（1）炼钢炉渣中有较高比例的氧化铁，渣量显著地减少；（2）常规炼钢模式下的炉渣碱度高，其中含有较多的氧化钙，而炉渣处理的操作流程显著地简化，更好地满足自动化生产要求；（3）常规工艺炼钢，出钢后的炉渣需要清除，而新技术条件下终点不倒渣，这样缩短了操作流程，且有利于提高钢水收得率。

2.2.2　双渣法少渣冶炼基本原理

双渣法主要用来冶炼高硅、高磷铁水，或者在铁水硅、磷不高时要冶炼低磷钢或超低磷钢。双渣法之所以能够在吹炼前期造渣倒掉，吹炼中期再造渣，减少了总渣量也能够达到单渣法吹炼大渣量的那种脱磷效果，原因就在于利用了脱磷与温度的关系和基本原理。脱磷反应如式（2-1）、式（2-2）所示：

$$2[\mathrm{P}] + 5[\mathrm{O}] = (\mathrm{P_2O_5}) \tag{2-1}$$

$$\lg K = \lg \frac{a_{(\mathrm{P_2O_5})}}{a_{[\mathrm{P}]}^{2} \cdot a_{[\mathrm{O}]}^{3}} = \frac{43443}{T} - 33.02 \tag{2-2}$$

由式（2-2）可知，温度对脱磷反应的影响非常显著。如图2-14所示，转炉吹炼前期温度为1320~1380℃，转炉吹炼终点温度为1630~1680℃，吹炼前期较后期温度低300℃左右，脱磷反应平衡常数可大幅度提高4个数量级以上。少渣冶炼的基本原理[18]便是利用了转炉冶炼前期温度低这一有利于脱磷反应的热力学条件，将上炉终渣用于下炉吹炼初期脱磷，并在温度上升至对脱磷不利之前，倒出其中一部分炉渣，并收入少量的渣料进行后期的脱磷。

上一炉的终渣之所以能够用于下一炉的前期脱磷，是由于上一炉终渣在高温下的脱磷能力低，以致渣中含磷量远低于前期低温时的平衡值，且含有大量的氧化铁，从而在下一炉吹炼初期低温下有较高的脱磷能力。在操作过程中下一炉温度提高到设定值前倒出一部分炉渣，接着向其中加适量的渣料，持续的冶炼直到终点，炉内的磷远远少于原有的量。由于上一炉的炉渣可在其后被利用，这样可有效地减少出渣量，同时炼钢石灰、白云石相关的消耗也显著降低，表现出较高

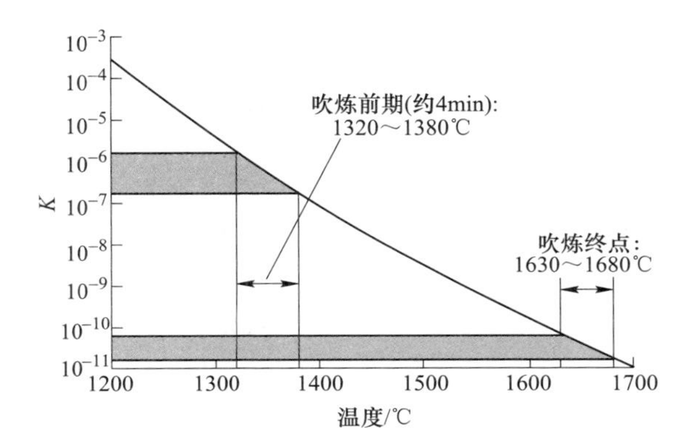

图 2-14 温度对脱磷反应平衡常数的影响

的经济效益优势。

由以上介绍可知，少渣冶炼有如下三个主要优点：（1）减少了转炉排出渣量，就减排了渣中的铁，因此可以降低钢铁料消耗；但没有减少排磷量，前期渣中排出。（2）终渣碱度高、自由 CaO 含量高而不外排；排出的前期渣中自由 CaO 含量低（前期造的低碱度渣），而节省了 CaO 用量。（3）传统工艺出钢后会有钢水留在炉内，倒出一部分渣，并据此进行少渣冶炼，在终点时不进行倒渣操作，这对提高钢水收得率有重要的意义。

2.3 CO_2 绿色洁净炼钢技术

随着全球变暖问题突出，国际社会对碳排放要求日趋严格，如今我国正在逐步建立具有自身特色的排放交易体系，近几年内包括《碳排放权交易管理暂行条例》在内的一系列配套法律法规陆续出台；而钢铁工业是我国碳交易市场的主要目标和核心参与者，是我国 CO_2 气体排放大户[19]，年排放量约为 18.23 亿吨（2019 年全国粗钢产量 9.96 亿吨，吨钢排放约 1.83t CO_2 气体），约占全国工业总排放量的 20%，如图 2-15 所示，钢铁工业 CO_2 气体的大量排放，严重制约我国低碳经济可持续发展方式的转型升级。因此，寻求如何减少 CO_2 排放新技术刻不容缓。

2.3.1 国内外研究现状

强制性减排 CO_2，将倒逼钢铁企业发展低碳技术，目前减少 CO_2 排放或利用 CO_2 的途径主要有以下三种，如图 2-15 所示：（1）新工艺或新能源的开发，同时尽量减少使用化石能源；（2）CO_2 封存技术的开发；（3）CO_2 的资源化利用。目前冶金过程的 CO_2 减排主要依赖第一种方法，即工序节能及余热利用等。若能将 CO_2 作为资源循环利用，在完成冶金功能过程中实现节能减排，是一举两得的

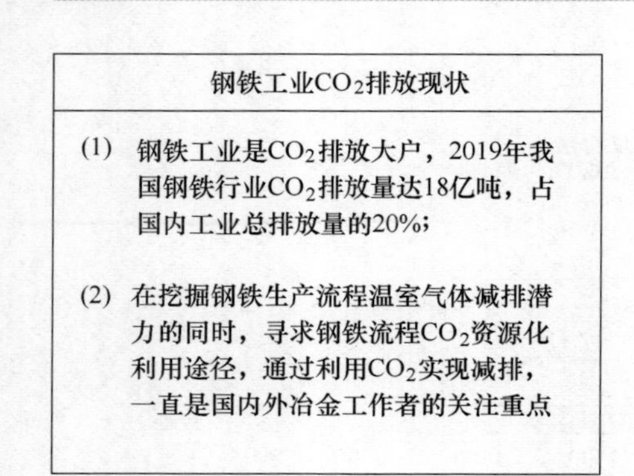

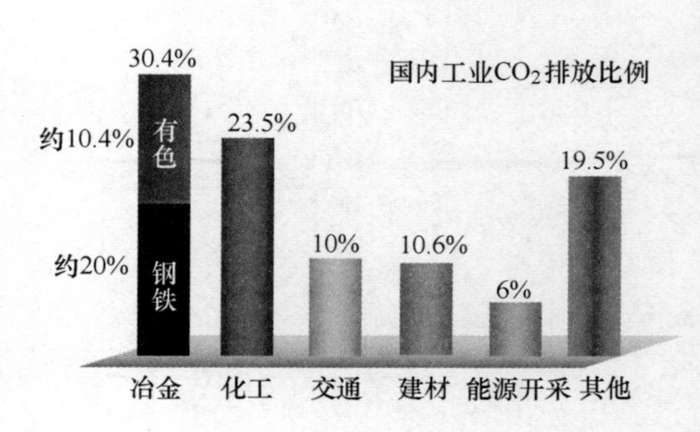

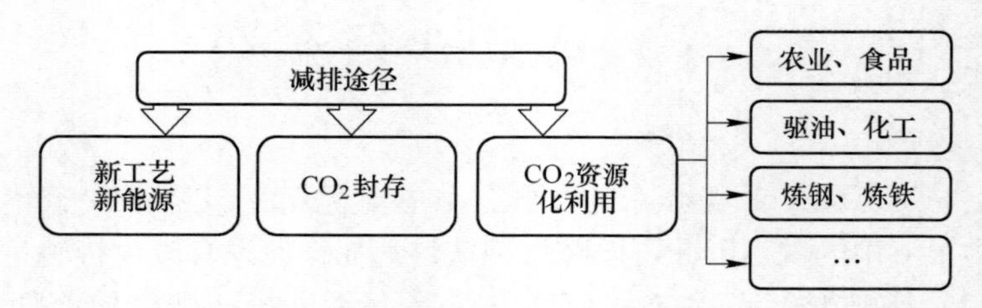

图 2-15 钢铁工业 CO_2 排放现状

节能减排环保新技术。

国内外从 20 世纪 70 年代开始，开展了 CO_2 气体应用于冶金过程的研究工作，但大部分工作集中在基础理论研究及中试试验研究。1975 年 Sain 等研究了采用 CO_2 作为脱碳剂进行脱碳反应，1989 年，Mannion 等阐述了采用 CO_2 作为钢液的脱碳剂原理，发现部分 CO_2 可以被有效地利用在脱碳反应中，CO_2 应用于炼钢过程的反应动力学研究，主要是针对 CO_2-CO、CO_2-O_2、CO_2-Ar 等气体与 Fe-C 熔体的脱碳动力学的实验研究，对 CO_2 的界面分解机理及影响因素进行了探讨。

CO_2 在钢铁行业的工业应用已有部分报道[20]，但仅限于小规模工艺试验性质，未开展连续规模化工业应用，以上报道也对 CO_2 应用于冶金过程中的工程问题进行阐述与研究。20 世纪 80 年代，如日本福山厂的 180t 和 250t 转炉应用底吹 CO_2 技术，降低了生产成本，改善了高碳钢脱磷效果。美国 50t LF 炉、法国 120t LF 炉利用 CO_2 阻止钢液外露与空气接触吸氮，增氮量减少 63%~75%；加拿大 IPSCO 钢铁厂利用 CO_2 取代氩气进行中间包保护，取得了夹杂物减少等冶金效果。

美国专利 US4891063《Process for stirring steel in a ladle with the aid of carbon dioxide》提出在钢包精炼过程中利用 CO_2 代替 Ar 和 N_2 搅拌金属熔池可冶炼镇静钢；美国专利 US3861888《Use of CO_2 in argon-oxygen refining of molten metal》公开了将 CO_2 用于不锈钢生产过程中代替部分 Ar 和 O_2。但这些均没有相关理论研究的报道。

国内研究者早期也进行了底吹 CO_2 热态实验。研究发现同等流量、压力条件下，底吹 CO_2 比底吹 N_2 或 Ar 气泡鼓峰高 1/3 左右。鞍钢早期对底吹 CO_2 工艺进行了工业试验研究，但由于底吹砖寿命问题而没有使用。

1989 年，何平等人对底吹 CO_2 的脱碳能力、CO_2 的利用率等进行了研究。发现在熔体碳含量较高时，CO_2 气体的利用率和对熔池的搅拌强度均较高。1993 年，陈襄武探讨了在 CO_2 作用下的熔池中氧传质特点，提出底吹 CO_2-N_2 混合气体时，低碳域中 C-O 反应模型。以上研究均没有进一步的研究结果报道。

2.3.2 炼钢过程 CO_2 喷吹技术原理

2.3.2.1 CO_2-O_2 喷吹降尘技术研究

A 炼钢烟尘的产生原因

转炉冶炼过程中，氧气射流与高温熔池反应形成 2500～3000℃ 的高温火点区，造成火点区周围元素蒸发、氧化形成粉尘、被炉气带走产生烟尘。

通常认为炼钢烟尘的产生机理主要有两种形式[21]，如图 2-16 所示。一是蒸发理论，即熔池中蒸气压大的元素在熔池及火点区的高温作用下蒸发，遇冷凝结进入集尘系统，绝大多数金属沉积以这种方式进行，约占烟尘产生量的 60%；二是气泡理论，即随着熔池脱碳反应的进行，大量炉气带走熔池中一部分微小物质和渣中氧化物，在上升过程中通过碰撞黏附形成小粉尘颗粒，约占烟尘产生量的 40%。

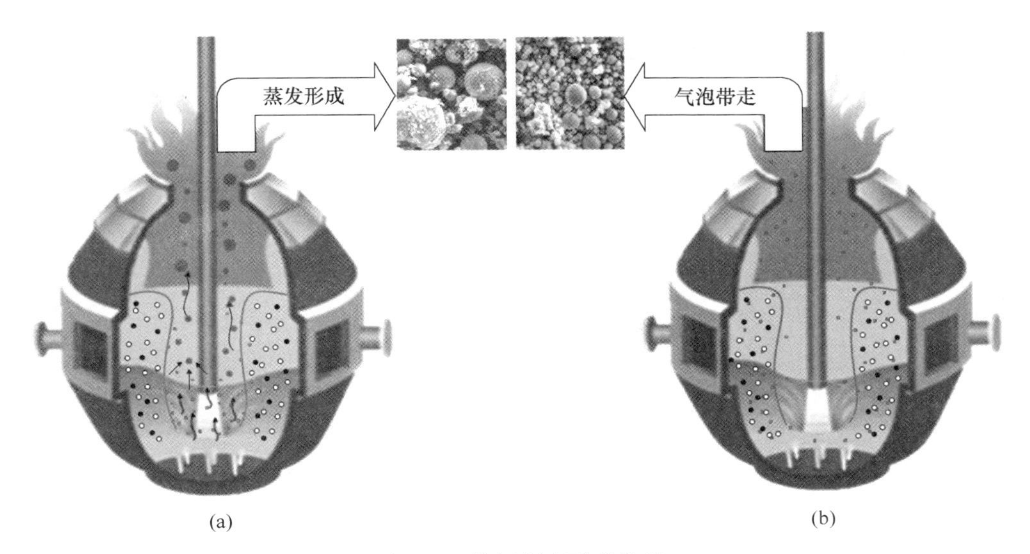

图 2-16 炼钢烟尘形成机理
(a) 蒸发理论；(b) 气泡理论

吹炼中期，脱碳反应产生大量 CO 气泡，熔池加剧沸腾，当 CO 气泡上浮至渣层表面时，冲破渣层带走少量金属铁及炉渣，烟尘弥散分布在气泡表面，此阶段形成的烟尘中含有较多的 FeO、CaO、SiO_2 等细小颗粒，烟尘粒径最小为 0.3μm 以下；吹炼后期，随着熔池碳含量的降低，脱碳反应产生的 CO 气泡量急剧减少。烟尘及铁损的产生以铁的蒸发为主要影响因素。粉尘的显微形貌如图 2-17 所示。

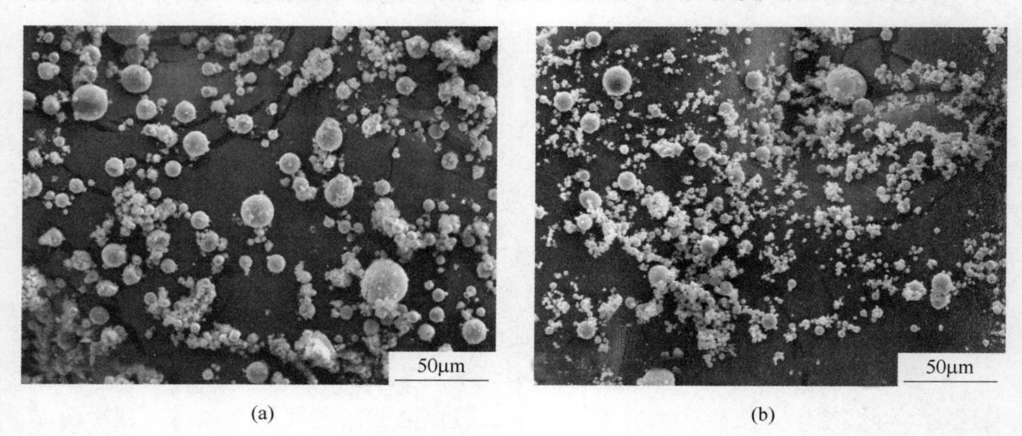

(a)　　(b)

图 2-17　粉尘的显微形貌

（a）吹炼中期粉尘；（b）吹炼后期粉尘

B　CO_2 降低炼钢烟尘的机理

测量不同 CO_2 比例参与炼钢反应时的火点区温度，如图 2-18 所示。火点区温度随着 CO_2 反应比例增加而降低，当反应比例超过 5%时，火点区温度将低于 2400℃，远小于铁的蒸发温度 2750℃，从而可有效抑制金属铁的蒸发氧化，减少烟尘产生。

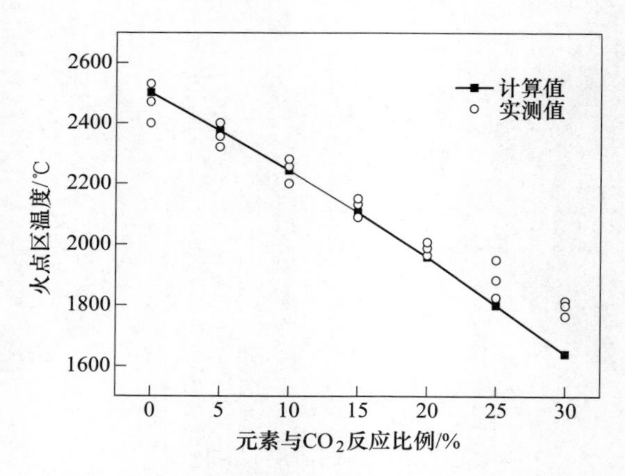

图 2-18　火点区温度随 CO_2 比例的变化

通过分析喷吹 CO_2 对炼钢熔池吸/放热影响及火点区温度的变化，发现炼钢氧气射流中喷吹 CO_2，有利于降低火点区温度，如图 2-18 所示。当 CO_2 喷吹比例为 15%时，火点区温度降低至 2100℃，可抑制金属铁的蒸发，减少烟尘产生，如图 2-19所示。

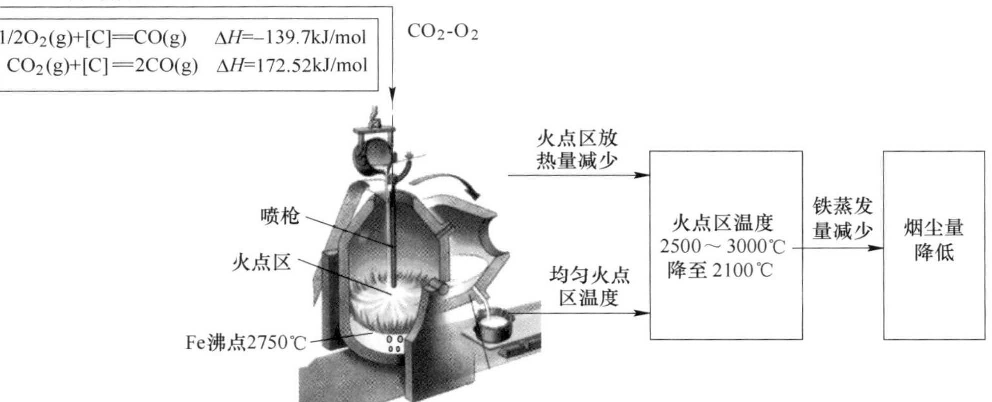

图 2-19 利用 CO_2 降低炼钢烟尘机理

2.3.2.2 CO_2 高效脱磷关键技术研究

A CO_2 脱磷反应

CO_2 是一种弱氧化性气体，在炼钢温度下能够参与脱磷反应，反应过程如式（2-3）和式（2-4）所示：

$$CO + [O] = CO_2 \quad \Delta G^{\ominus} = (-162366 + 87.88T)\text{J} \tag{2-3}$$

$$2[P] + 5[O] + 4(CaO) = (4CaO \cdot P_2O_5) \quad \Delta G^{\ominus} = (-1528830 + 652.7T)\text{J} \tag{2-4}$$

由式（2-4）−5×式（2-3），可得 CO_2 脱磷反应式，如式（2-5）所示：

$$2[P] + 5CO_2 + 4(CaO) = (4CaO \cdot P_2O_5) + 5CO \tag{2-5}$$

$$\Delta G^{\ominus} = -1528830 + 652.7T - 5 \times (-162366 + 87.88T)$$

$$= (-717000 + 213.3T)\text{J}$$

则在不同温度下式（2-5）的 $\Delta G^{\ominus}$ 见表 2-2。

表 2-2 不同温度下 CO_2 参与脱磷的 $\Delta G^{\ominus}$

温度/K	1573	1673	1773	1873
$\Delta G^{\ominus}$/kJ	−381.48	−360.15	−338.82	−317.49

铁液中磷含量通常在 0.010%～0.200%范围内，因此，可通过式（2-6）热力

学计算，得出在不同温度、不同磷含量的条件下，CO_2 参与熔池脱磷的吉布斯自由能。

$$\Delta G = \Delta G^{\ominus} + RT\ln \frac{a_{(4CaO \cdot P_2O_5)} \left(\frac{P_{CO}}{P^{\ominus}}\right)^5}{a^4_{(CaO)} \left(\frac{P_{CO_2}}{P^{\ominus}}\right)^5 a^2_{[P]}} \tag{2-6}$$

$$= \Delta G^{\ominus} + RT\ln \frac{1}{a^2_{[P]}}$$

式中，$a_{[P]} = w[P]\gamma[P]$；$\gamma[P] \approx 1$；$a_{(4CaO \cdot P_2O_5)} = 1$；$a_{(CaO)} = 1$；$P_{CO_2} = P_{CO} = P^{\ominus}$。

故：

$$\Delta G = \Delta G^{\ominus} + RT\ln \frac{1}{w^2[P]}$$

将 $\Delta G^{\ominus} = (-717000 + 213.3T)$ J，$w[P] = 0.20\%$、0.15%、0.10%、0.05%、0.01%，$T = 1573K$、$1623K$、$1673K$、$1723K$、$1773K$、$1873K$ 分别代入上式，可得表 2-3。

表 2-3　不同温度、不同磷含量喷吹 CO_2 脱磷的 ΔG　(kJ)

磷含量/%	温度/K					
	1573	1623	1673	1723	1773	1873
0.200	−339.38	−327.38	−315.38	−303.37	−291.37	−267.36
0.150	−331.81	−319.58	−307.37	−295.09	−282.89	−258.40
0.100	−321.22	−308.63	−296.09	−283.47	−270.93	−245.78
0.050	−303.12	−289.97	−276.81	−263.66	−250.50	−224.19
0.010	−260.98	−264.48	−232.04	−217.49	−203.05	−174.06

从以上分析可知，炼钢温度下利用 CO_2 可参与炼钢脱磷反应，完成脱磷任务。与纯氧相比，采用 CO_2 作为炼钢过程氧化剂时，由于 CO_2 参与熔池反应为吸热或微放热反应，反应的热效应降低。因此，可利用喷吹一定比例的 CO_2 实现炼钢脱磷过程温度的调控，为脱磷反应的发生创造良好的热力学条件；同时利用 CO_2 参与反应可产生更多的气体，有利于强化熔池搅拌能力，为脱磷反应创造良好的动力学条件，实现炼钢过程深脱磷。

B　CO_2 控温机理

提高熔池温度，会使磷的分配比降低，不利于磷从金属向炉渣的转移。但温度升高降低了炉渣黏度，加速了石灰的熔解，从而有利于磷从金属向炉渣的转移。因此，脱磷应有一个最佳温度范围。

根据脱磷的经典计算公式，STB 复吹转炉脱磷经验公式如式（2-7）所示：

$$\lg \frac{w(\mathrm{P})}{w[\mathrm{P}]} = \frac{12210}{T} - 9.332 + 0.745\lg w(\mathrm{TFe}) + 2.358\lg w(\mathrm{CaO}) \tag{2-7}$$

图 2-20 为熔池温度对磷分配比的影响，低温条件下，渣-金间磷分配比值比高温条件下高很多，1350℃铁水下，渣金间的磷分配比为 924，而 1600℃条件下磷的分配比仅为 91，表明低温条件下脱磷具有较好的热力学条件。

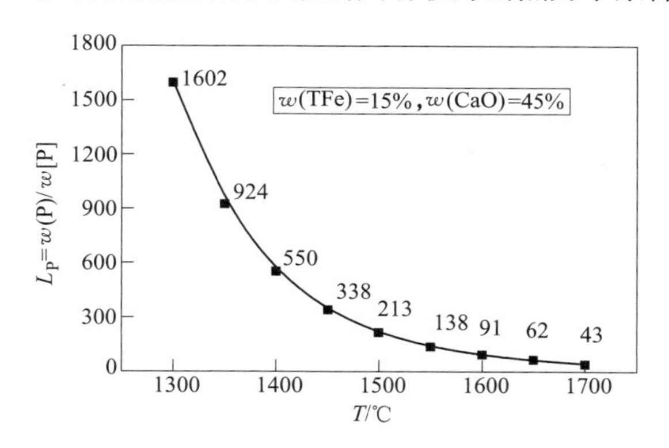

图 2-20 温度对磷分配比的影响

脱磷反应是典型的渣-钢界面反应，渣的形成速率对脱磷有关键性影响。熔渣形成后，它在渣-钢界面上的反应速率很快，反应的控制环节是界面两侧的传质。

温度过高磷在渣铁相间的分配比很小，温度过低不利于前期脱磷渣的熔化，当温度<1300℃时，渣、钢不易分离，造成炉渣特别黏稠，脱磷动力学条件极差，不利于脱磷。因此项目团队及前人研究结果证实，脱磷满足热力学和动力学条件的合适脱磷温度区间为 1350～1390℃，如图 2-21 所示。当使用 CO_2-O_2 混合喷吹技术时，可有效控制冶炼前期因硅锰剧烈氧化而造成的熔池快速升温，延长最佳脱磷温度区间，如图 2-22 所示。

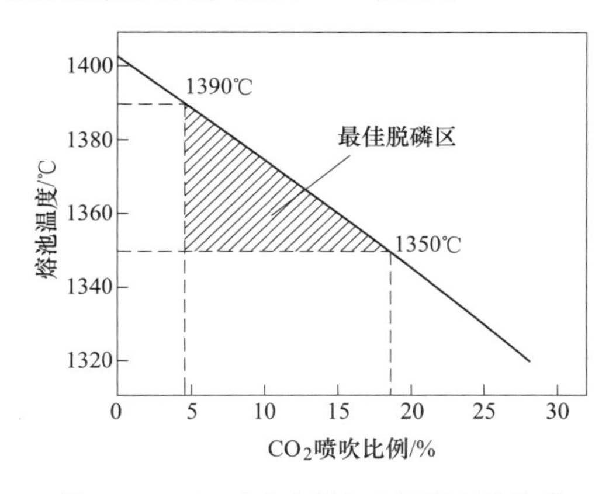

图 2-21 CO_2 喷吹比例与出钢温度的关系

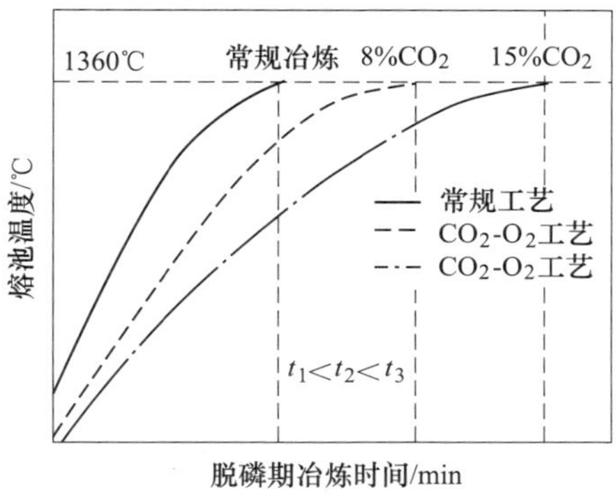

图 2-22 脱磷期冶炼时间

以首钢京唐 300t 脱磷转炉为例进行热平衡分析，得到 CO_2 喷吹比例与脱磷转炉出钢温度的关系如图 2-21 所示。当 CO_2 喷吹比例为 30%，脱磷转炉出钢后包内温度为 1327℃（出钢过程降温 20~40℃），满足首钢京唐公司对脱磷转炉出钢温度的最低要求；当采用纯氧喷吹时，脱磷转炉出钢温度为 1404℃，因此在相同固体冷却剂加入量的条件下，通过调节 CO_2 喷吹比例可控制脱磷炉内温度处于最佳脱磷区间。

实际冶炼过程中，首钢京唐公司脱磷转炉 CO_2 喷吹比例为 12%。CO_2 喷吹比例每增加 1%，熔池温度降低 2~3℃，因此脱磷过程的固体冷却剂需根据 CO_2 喷吹比例相应调整。

2.3.2.3　CO_2 脱氮、控氧技术研究

A　CO_2 脱氮技术

项目团队提出了一种转炉炼钢动态调节底吹 CO_2 流量改善脱氮的方法[22]。实时监测炉气成分和流量，将冶炼过程进行模块化划分，根据冶炼钢种及工况建立 CO_2 流量和压力自动监测及控制模型。

冶炼前期，由于 CO_2 与 Si、Mn 的反应为微放热反应产生大量 CO 气泡，此时采用小流量底吹模式；冶炼中期，底吹 CO_2 进入脱碳模式，既保证搅拌效果，又形成蘑菇头覆盖；冶炼后期，采用底吹 CO_2/Ar 多种混喷模式，满足不同钢种对氮含量的要求。

系统研究了不同底吹气体介质钢液脱氮动力学规律，探明了 CO_2-Ar 高效吸附脱氮机理如图 2-23 所示，发现在浮力、黏性力、表面张力和惯性力的共同作用下，CO_2 气泡在钢液内脱氮反应时间更长，CO_2 脱氮表观反应速率常数约是 Ar 的 10 倍（如图 2-24 所示）。

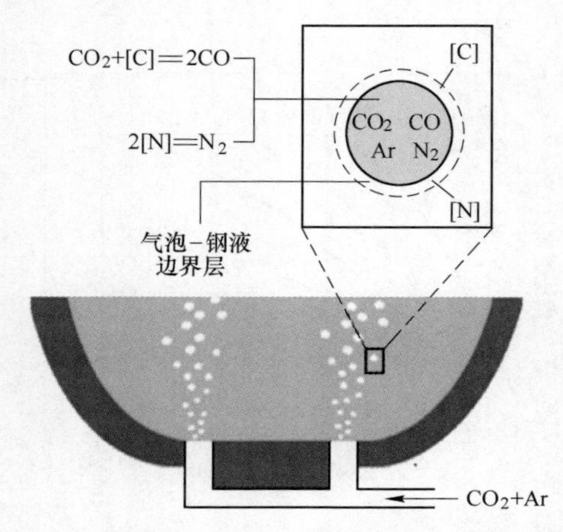

图 2-23　CO_2-Ar 高效吸附脱氮机理

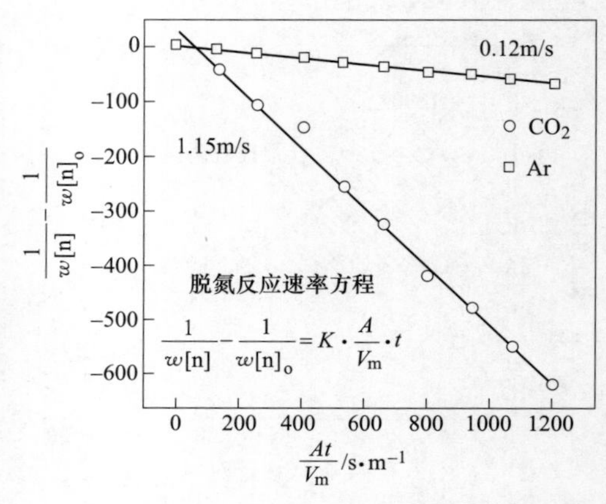

图 2-24　不同底吹气体的脱氮动力学

B CO_2 控氧技术

炼钢终点主要通过强化熔池或降低供氧速率的方式减少钢液过氧化现象，降低钢液氧含量，项目团队开发了在转炉冶炼过程中，顶吹 O_2-CO_2 混合气体，冶炼后期提高 O_2-CO_2 混合气体中 CO_2 气体比例，在保证冶炼后期钢液脱碳所需供氧强度的同时保持气体射流搅拌强度，同时全程底吹 CO_2 气体。

30t 转炉底部吹入的 CO_2 相比于 N_2 和 Ar，加强了熔池搅拌，使钢渣反应表面积增大，从而更有利于达到反应平衡，降低了炉渣铁损；顶部吹入的 CO_2 与氧气相比，氧化性较低，在吹炼末期，碳、硅、锰等元素含量较低，CO_2 氧化铁的能力远小于氧气，因此减少了铁的氧化损失，降低了炉渣氧化性，如图 2-25（a）和(b)所示。

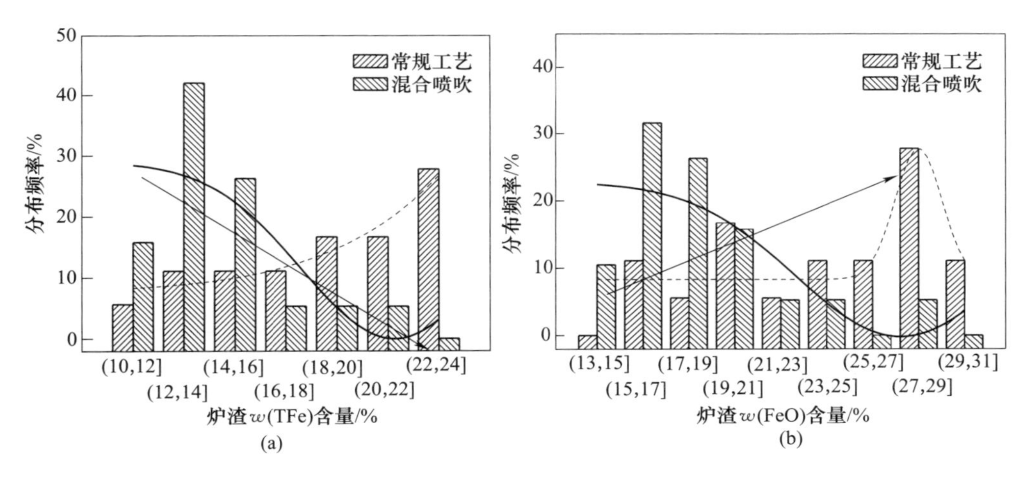

图 2-25 渣钢氧含量分布图

（a）炉渣（TFe）含量频率分布；（b）炉渣（FeO）含量频率分布

炉渣 FeO 和 TFe 的分布基本相同。炉渣的氧化性主要和气体氧化性、终点冶炼枪位、底吹搅拌强度等因素有关。从图 2-25 可以看出，炉渣 FeO 和 TFe 分布范围较大，分布频率峰值均向左偏移，说明炉渣铁损减少。炉渣 FeO 降低了 5.88%，炉渣 TFe 降低了 4.6%，降幅均为 24.5%。

将该技术应用于 300t 转炉炼钢过程，开发了如图 2-26 所示的 CO_2 动态供气模式。根据铁水条件和钢种要求选择供气方案，方案 1 适用于铁水温度低硅含量低热量不足的炉次，方案 2 适用于铁水温度高硅含量高的炉次。

利用吹炼过程动态调整 CO_2 比例并吹炼后期增加底吹 CO_2 强度，在保证后期熔池搅拌强度的同时，降低渣-钢过氧化程度，终点碳氧积平均下降了 0.0001。进一步研究发现：当采用新工艺 CO_2 流量约为 5000m^3/h（标态），碳氧积下降非常明显，终点碳氧积为 0.0018，比原工艺下降 0.0004，如图 2-27 所示。因此，

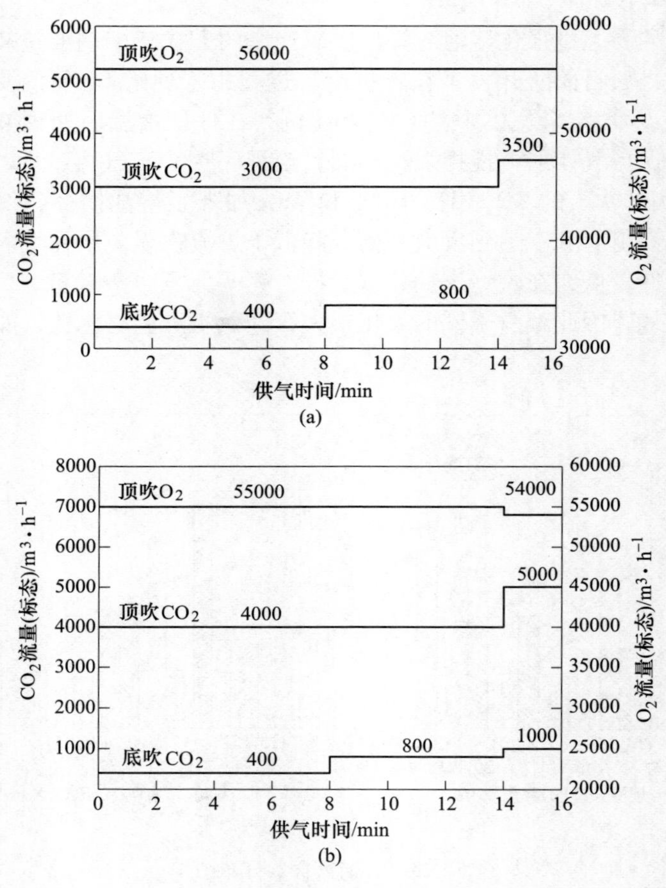

图 2-26　300t 转炉供气模式

(a) 方案 1；(b) 方案 2

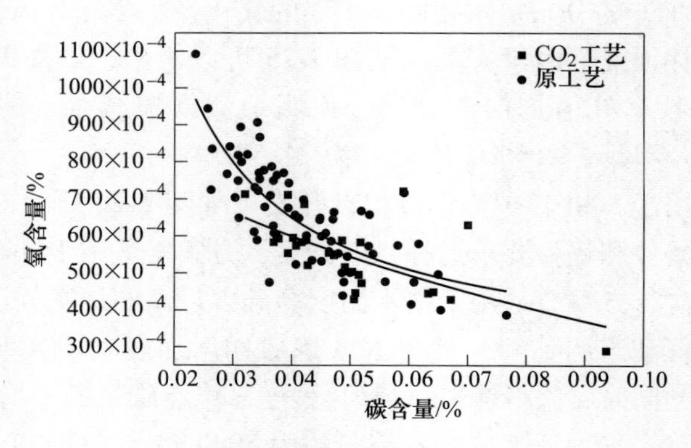

图 2-27　终点碳氧积

增加 CO_2 供气强度可以更好改善转炉熔池搅拌，降低终点碳氧积。

在电弧炉冶炼过程中，开发了电弧炉 CO_2-Ar 动态底吹技术，通过动态可能控制底吹气体中 Ar 与 CO_2 的混合比例和流量，电弧炉冶炼终点钢液碳氧积显著改善。生产数据表明，与电弧炉底吹 Ar 相比，采用电弧炉 CO_2-Ar 动态底吹技术后，电弧炉冶炼终点钢液碳氧积明显改善，钢液洁净度进一步提升，如图 2-28 所示。研发团队基于 CO_2 与钢液元素反应吸热原理，发明了“CO_2 喷吹提高电弧炉底吹透气砖寿命的控制方法”，通过动态控制底吹气体中 Ar 与 CO_2 的混合比例与流量，降低电弧炉底吹透气砖的侵蚀速度，底吹寿命最高达 800 炉次以上。

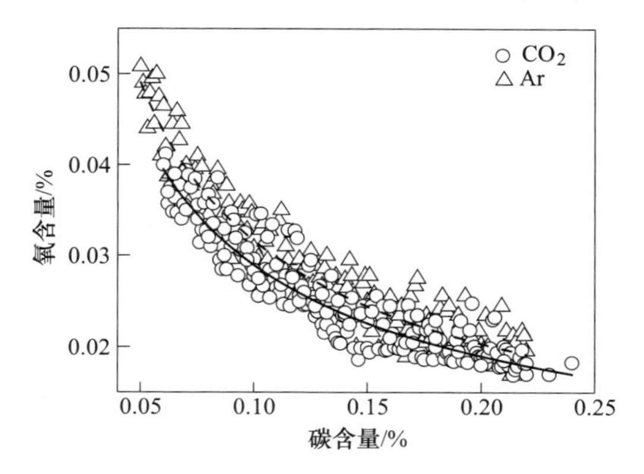

图 2-28　电弧炉底吹 Ar 和 CO_2 终点钢液碳氧积对比

2.3.2.4　CO_2 长寿底吹关键技术

A　CO_2 长寿底吹机理

为解决底吹元件的侵蚀问题，项目研发团队提出利用 CO_2 气体的冷却效应，结合底吹透气元件改善和底吹工艺优化的方式，在吹炼初期熔池温度较低时利用气体强冷作用形成“蘑菇头”，保护炉底喷嘴。“蘑菇头”是由于吹入熔池气体的冷却作用，使喷嘴附近的液态金属凝固而生成。因此，在冶炼过程中是否生成“蘑菇头”以及其大小主要取决于气体的冷却能力等因素。

当底吹气体为 N_2、Ar 时，吹入的气体与熔池元素不反应，熔池热量的变化主要是底吹气体由常温加热到炼钢温度所吸收的热量。底吹气体由常温被加热到炼钢温度所吸收的物理热如式(2-8)所示。

$$\Delta H_{T_{ph}} = \int_{298}^{T} C_p \mathrm{d}T \tag{2-8}$$

式中　T——冶炼温度，K；

$\Delta H_{T_{ph}}$——冶炼温度为 T 时底吹气体吸收的物理热，J/mol；

C_p——气体介质的等压热容，J/(mol·K)。

当底吹气体为氧化性气体，如 CO_2、O_2 时，底吹气体会和熔池中［C］、

[Si]、[Mn]、Fe 等元素发生化学反应。CO_2、O_2 与熔池中 [C]、[Si]、[Mn]、Fe 等元素的化学反应热可根据式（2-9）进行热效应计算。

$$\Delta H_{T_{ch}} = \Delta H_{298} + \int_{298}^{T} \Delta C'_p \mathrm{d}T \tag{2-9}$$

式中　$\Delta H_{T_{ch}}$——温度为 T 时 CO_2 与元素的化学反应热，J/mol；

ΔH_{298}——298K 时反应热，J/mol；

C'_p——反应中各物质的等压热容，J/(mol·K)。

CO_2 在炼钢高温条件下具有一定的氧化性。在 1573～1923K 范围内 CO_2 与 [C]、[Si]、[Mn]、Fe 均可反应。CO_2、O_2、N_2、Ar 的化学反应热和物理吸收热的计算式见表 2-4。

表 2-4　底吹气物理热和化学热的计算式

CO_2 与元素的氧化反应式	化学反应热(ΔH_T)/J·mol^{-1}
CO_2+[C]＝2CO	$165896-11.75T-6.36\times10^{-4}T^2-3.92\times10^6T^{-1}$
$2CO_2$+[Si]＝SiO_2+2CO	$-417433+11.75T+1.22\times10^{-3}T^2+2.31\times10^6T^{-1}$
CO_2+[Mn]＝MnO+CO	$-104629-15.31T+1.59\times10^{-3}T^2+2.31\times10^6T^{-1}$
CO_2+Fe＝FeO+CO	$24137+11.46T-2.47\times10^{-3}T^2-8.08\times10^5T^{-1}$
O_2 与元素的氧化反应式	化学反应热(ΔH_T)/J·mol^{-1}
$1/2O_2$+[C]＝CO	$-108411-4.31T-5.606\times10^{-3}T^2-6.575\times10^5T^{-1}$
O_2+[C]＝CO_2	$-394059+5.06T-4.182\times10^{-3}T^2+0.67\times10^5T^{-1}$
O_2+[Si]＝SiO_2	$-876097+6.13T+0.998\times10^{-3}T^2-5.21\times10^5T^{-1}$
$1/2O_2$+[Mn]＝MnO	$-387277+7.65T-4.056\times10^{-3}T^2+1.275\times10^5T^{-1}$
$1/2O_2$+Fe＝FeO	$-277522+18.33T-9.24\times10^{-3}T^2+2.474\times10^5T^{-2}$
底吹气	物理热(由 298K 加热到熔池温度 T)/J·mol^{-1}
CO_2	$-16421+44.14T+4.52\times10^{-3}T^2+8.54\times10^5T^{-1}$
O_2	$-9674+29.96T+2.092\times10^{-3}T^2+1.67\times10^5T^{-1}$
N_2	$-8495+27.87T+2.14\times10^{-3}T^2$
Ar	$-6234+20.92T$

当熔池温度为 1873K，熔池底部通入 1m^3（标态）的 CO_2 时，CO_2 100%被钢液加热，根据表中可知，此时 CO_2 吸收的物理热为 $\Delta H_{T_{ph}}$＝82566J/mol。因物理热对吨钢的温降为 $\Delta T=\dfrac{\Delta H_{物}}{C_{p,Fe}}=4.4℃$，其中，$C_{p,Fe}$ 为钢水比热容，0.837kJ/(kg·K)。

CO_2 与 [C]、Fe 反应为吸热反应，与 [Si]、[Mn] 反应为微放热反应，但放热量仅为 O_2 与之反应的 30%～50%。在底吹气体流量相同时，CO_2 的物理吸热最多，其次为 O_2、N_2，分别为 CO_2 的 65%和 62%左右；Ar 物理吸热最少，为 CO_2 的 40%左右。1873K 时吹入 CO_2 后，吨钢每氧化 0.1%的 C 时，反应吸收的热量可使吨钢温度降低 13.9℃；每氧化 0.1%的 Si 时，反应放出的热量可使吨钢温度升高 8.3℃；每氧化 0.1%的 Mn 时，反应放出的热量可使吨钢温度升高 2.7℃。

因此，CO_2 的综合冷却能力（包括化学反应热和物理吸收热）强于 O_2、N_2、Ar。但在吹炼初期，CO_2 氧化大量［Si］、［Mn］为放热反应；在吹炼中后期，CO_2 氧化大量的［C］，在冶炼终点前 Fe 被 CO_2 氧化的量有所增加，由于这两个反应均为吸热反应，因此，在吹炼中后期的冷却作用强于吹炼初期。

CO_2、N_2、Ar 的物理及化学冷却效应见表 2-5。从表中可以看出 CO_2 底吹的冷却效应达到燃气裂解吸热量。

表 2-5　底吹气冷却效应

介质	CO_2	CO_2（带化学反应）	N_2	Ar	甲烷	丙烷
物理及化学效应吸热量/$MJ \cdot m^{-3}$	2.51	8.50~10.36	1.55	1.00	8.40	14.80

项目团队利用 200kg 感应炉，采用等静压成型方法制作的镁碳质底吹砖（如图 2-29 所示），底吹强度为 0.07~0.2m^3/(t·min)，对比了底吹 N_2、50%N_2+50%CO_2、纯 CO_2 时底吹砖温度变化，如图 2-30 所示。

图 2-29　感应炉底吹元件实物图

底吹砖初始温度即熔清后铁液温度与熔化时间有关，不同炉次调控略有不同。底吹纯 CO_2 时底吹砖温度下降，冷却保护效果较好；底吹 50%CO_2 实验时底吹砖温度变化平稳，保持在 250℃ 左右；底吹纯 N_2 实验时底吹砖温度出现上升。说明底吹 CO_2 可以保护底吹元件，减少对底吹砖的烧损侵蚀，提高底吹元件寿命。

底吹 CO_2 后炉底情况及底吹砖的侵蚀情况如图 2-31 所示。实验进行约 105 炉次后，底吹孔未发生堵塞，底吹砖侵蚀量为 5mm，金属管周围耐材侵蚀较强，形成一个以金属管为中心半径 3mm 的凹坑。可以清楚看到火红炉衬里的黑色底吹孔。底吹 CO_2 不会因为吸热而造成底吹元件的堵塞。

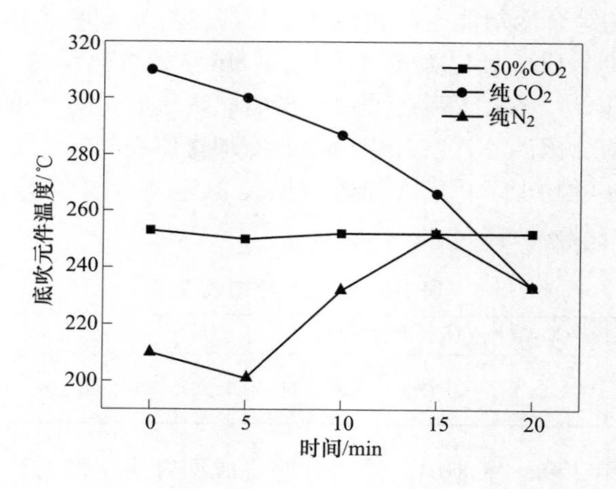

图 2-30　底吹砖温度变化

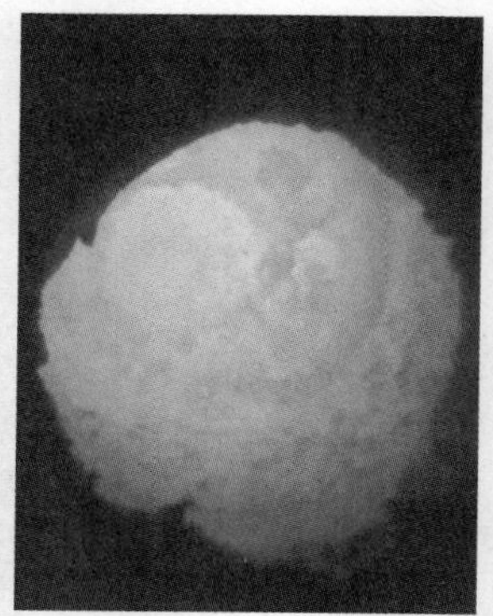

图 2-31　感应炉实验出钢及底吹砖侵蚀情况

B　CO_2 延长转炉底吹寿命技术

研发团队发明了利用 CO_2 延长底吹氧气转炉寿命的炼钢方法。利用数值模拟的方法研究了底吹元件的温度场分布，发现底吹内管由于同时受到中心气流和环缝气流的冷却，温度最低，外管仅一侧受到环缝气流的冷却，另一侧与耐火材料相邻，其温度较高，而耐火材料端部温度最高，且随着径向距离的增大，耐火材料的温度逐渐增大，因为径向距离越大，气流对其冷却效果越差，温度越高。外管壁中心线温度分布如图 2-32 所示。

对比了在 O_2 射流中混入部分 CO_2 对底吹喷嘴温度的影响，随着 CO_2 混入比例的增大，各位置温度均下降。由于同时受到中心气流和环缝气流的冷却，内管壁的温度低于外管壁和外围耐火材料。由于面积较大，镁碳质耐材上端面的热流量是最大的，尽管内管上端面面积小于外管上端面，但是内管上端面的热流量略大于外管上端面，这是由于内管上端面的温度明显低于外管上端面，其单位面积上的热流量大于外管上端面。两者之间的差值随着 O_2-CO_2 混合气中 O_2 比例的提高而提高（如图 2-33 所示）。

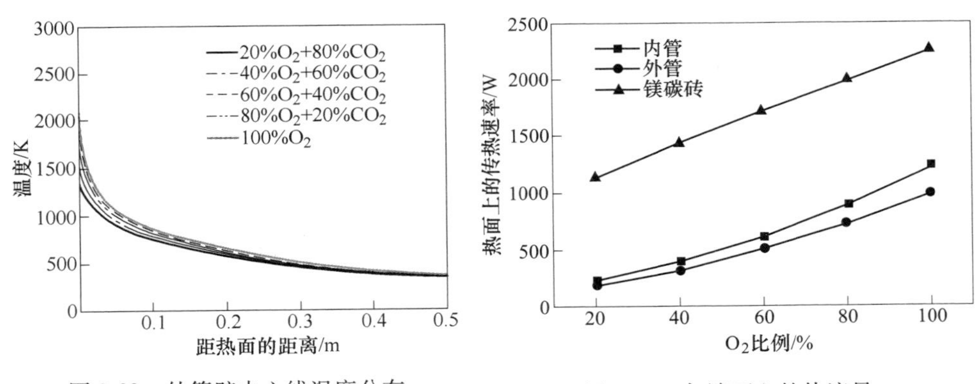

图 2-32 外管壁中心线温度分布

图 2-33 各端面上的热流量

利用热重分析技术研究了镁碳砖在氧化性气氛中的脱碳速率，发现在 1200~1400℃之间，随着气氛中含氧量的增加，镁碳砖脱碳速率也急剧增大，而 CO_2 的脱碳速率仅是 O_2 的 30%~40%，如图 2-34 所示。

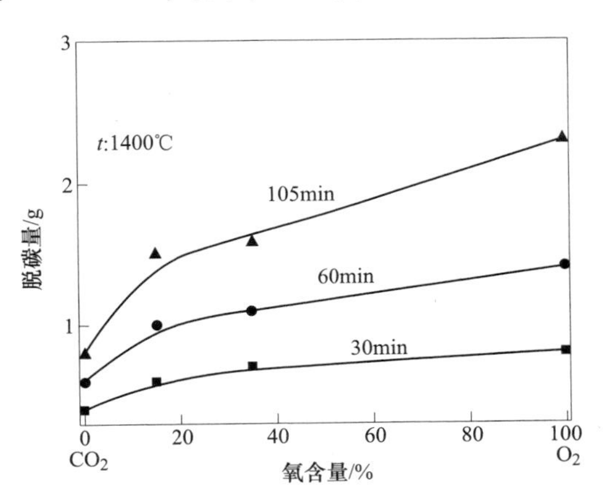

图 2-34 CO_2 对镁碳砖的脱碳速率

2.3.3 转炉炼钢过程喷吹 CO_2 技术应用案例

研发团队依托“十二五”国家科技支撑计划，在首钢京唐 300t 双联炼钢转炉完成了该技术的工业示范。项目团队根据原料条件及钢种要求，以发明专利 ZL200810104127.2《一种利用 CO_2 气体减少炼钢烟尘产生的方法》为依据，对 CO_2-O_2 混合喷吹过程的喷吹模式进行分阶段动态控制，如图 2-35 所示。

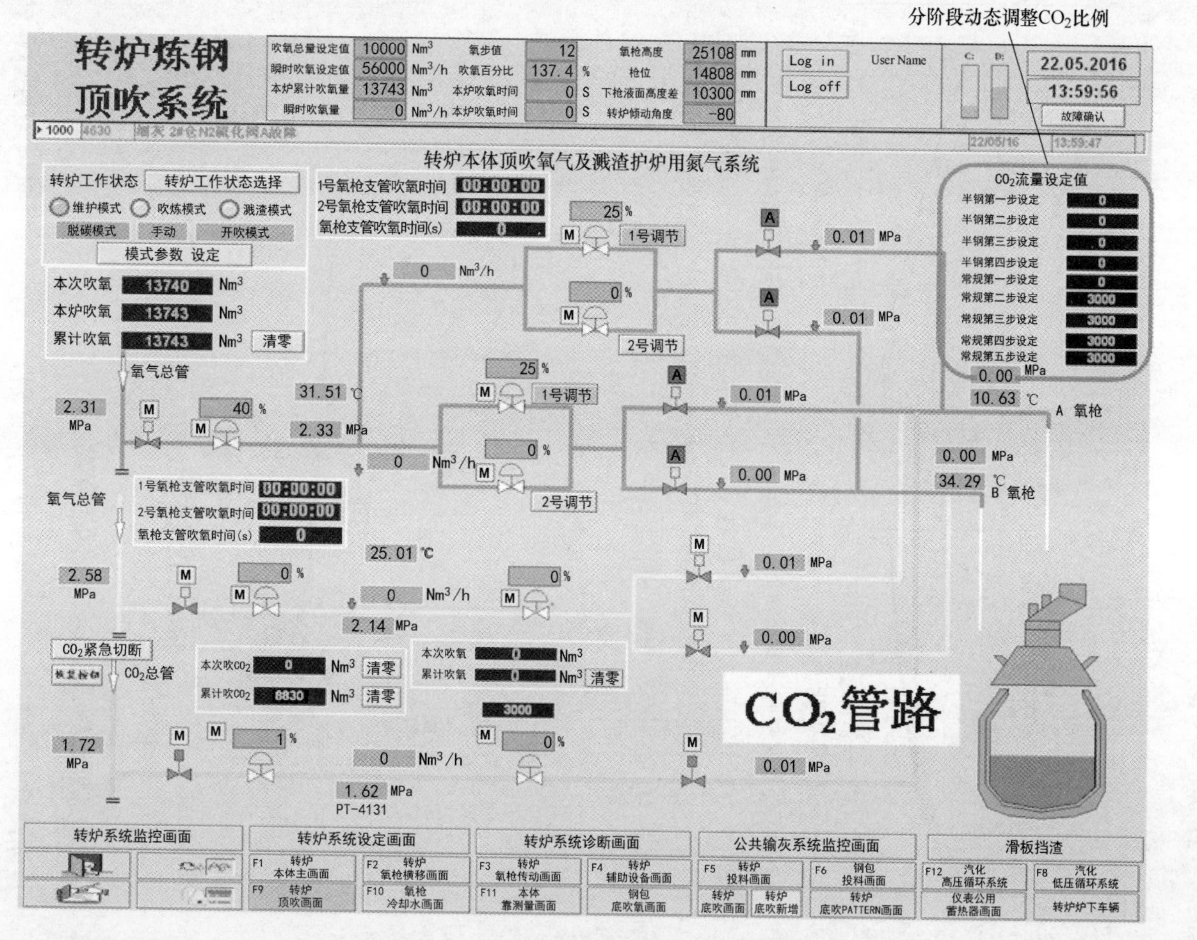

图 2-35　300t 转炉炼钢动态控制 CO_2-O_2 界面

研发确定了 300t 转炉 CO_2-O_2 喷吹炼钢的操作模式。吹炼前期（0~5min），主要完成造渣脱磷任务，要求控制熔池温度，强化熔池搅拌能力，利于脱磷反应发生，因此，顶吹 CO_2 比例设置为 10%~15%；吹炼中期（6~14min），主要完成脱碳及熔池快速升温任务，要求强化供氧，促进碳氧反应的发生，因此，顶吹 CO_2 比例设置为 5%~10%；吹炼后期（15min~吹炼结束），主要实现降低炉渣铁损、均匀成分和温度要求，强化熔池搅拌能力，减少过氧化，因此，顶吹 CO_2 比例设置为 10%~15%。

项目取得了控制炼钢火点区温度、减少烟尘产生量 9.95%的冶金效果（如图 2-36所示），钢铁料消耗降低 3.73kg/t，煤气回收量增加 5.2m^3/t（标态），煤气中 CO 浓度提高 2.66%（$CO_2+C=2CO$），实现了 CO_2 的质能转换。采用“钢铁流程全生命周期法（LCA）”评价了 CO_2 资源化应用于炼钢的能耗及 CO_2 排放量，实现吨钢 CO_2 减排 20kg 以上。

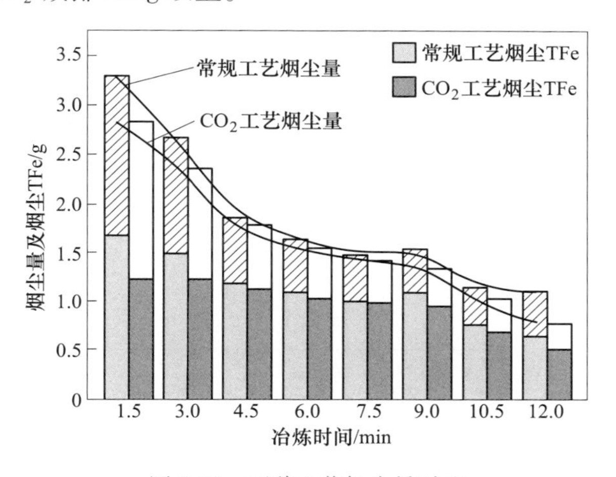

图 2-36 两种工艺烟尘量对比

建立了 CO_2-O_2 混合喷吹熔池“升温-控温”热平衡模型，通过动态调节炼钢过程 CO_2 喷吹比例，调控脱磷温度区间和低温脱磷时间，解决了熔池快速无序升温的问题，确保了脱磷最佳热力学时间窗口。开发了 CO_2 动态底吹调控模型，根据冶炼状态及脱磷需求，改变底吹流量及 CO_2 比例，满足了炼钢脱磷的动力学需求。建立了不同钢种的 CO_2 双联转炉脱磷模式及常规转炉阶梯式脱磷方法，优化了转炉顶吹 CO_2-O_2、底吹 CO_2 的工艺参数，实现了碳、磷含量的稳定控制。

项目应用后，脱磷转炉终点磷从 0.051%降至 0.044%（如图 2-37 所示），渣中 w(TFe) 降低 0.64%；常规转炉终点磷含量从 0.011%降至 0.006%，渣中 w(TFe) 含量降低 3.59%；电弧炉实现低磷钢高效冶炼，终点磷控制在 0.008%以下，彻底解决了长期困扰炼钢的脱磷不稳定、深脱磷难等问题。

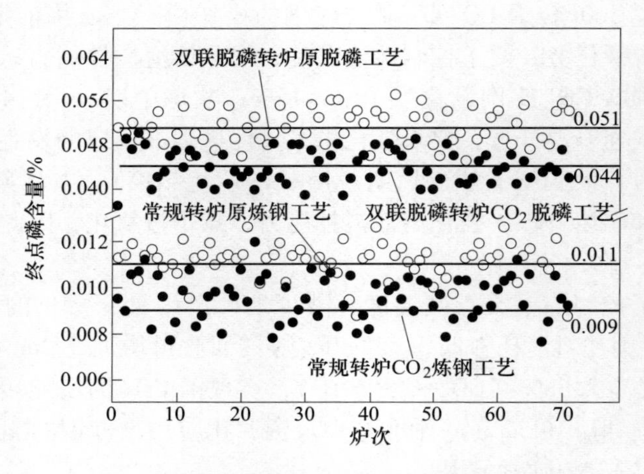

图 2-37　300t 转炉终点磷含量

通过控制火点区温度，增强 O/S 元素表面活性，减少钢液裸露区吸氮；同时利用弥散 CO_2-CO 微小气泡高效吸附钢中氮，实现炼钢深脱氮，出钢平均氮含量由 $17\times10^{-4}\%$降至 $11\times10^{-4}\%$（如图 2-38 所示）。

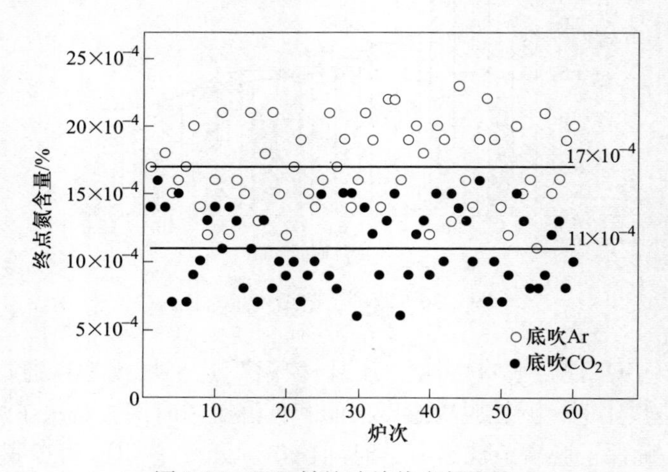

图 2-38　300t 转炉冶炼终点氮含量

开发了炼钢高强度供气底吹长寿技术，基于熔池温度及碳含量调控的底吹 CO_2-Ar 动态切换技术，保持底吹“蘑菇头”稳定生长，同时充分发挥 CO_2-CO 气体搅拌效果，提高炼钢供气强度。该技术应用于 300t 转炉，底吹供气强度提高 10%，搅拌强度提高 50%以上，同时底吹元件侵蚀速度显著降低，寿命提高 20%以上。

300t 转炉底吹元件侵蚀量监测如图 2-39 所示。

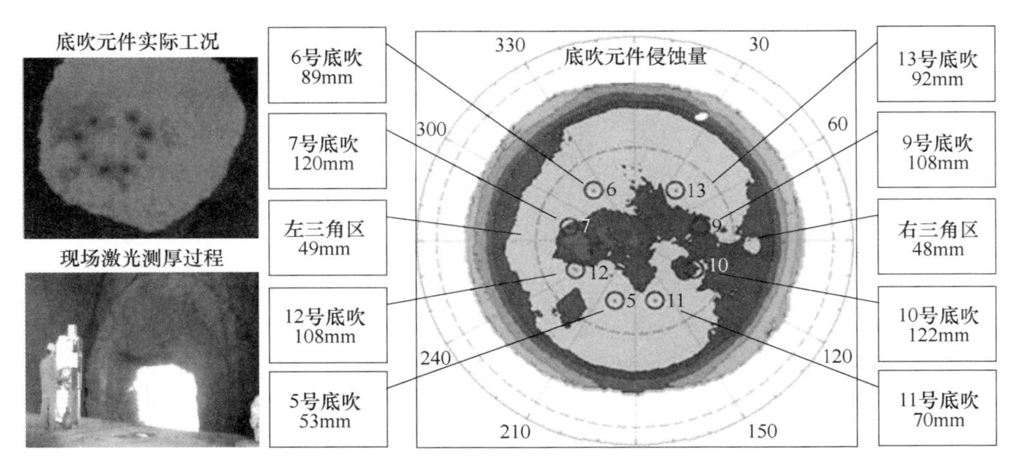

图 2-39　300t 转炉底吹元件侵蚀量监测

2.4　转炉底喷粉节能冶炼技术

2.4.1　喷粉冶金工艺介绍

喷粉冶金是向铁水或钢水中喷吹反应性气体或气粉混合物进行搅拌和精炼的一种冶金工艺[23]。根据喷吹气体、粉剂和冶金目的的不同分为表 2-6 所列的几种喷吹类型。

表 2-6　喷射冶金方法的分类

喷吹类型	喷吹物质	冶金方法
惰性气体鼓泡	Ar，N_2	钢包搅拌，转炉复合吹炼
喷吹反应性气体	O_2	底吹转炉，转炉复合吹炼
喷吹反应性气体混合物	Ar（N_2）-O_2	AOD（Argon Oxygen Decarburization）炉
喷吹气-粉混合物	Ar（N_2）-粉剂 O_2-粉剂	钢包喷粉精炼，铁水喷粉脱硫，转炉电炉等喷粉脱磷

喷粉冶金是 20 世纪 60 年代发展起来的一项新的冶金技术。它改变了冶金物料传统的以“块状”和“批料”入炉的加入方式，而是将固体物料制成粉剂或细颗粒，利用气体做载气，连续的喷入熔池深部。因此，底喷粉冶金具有下列优点[24]：

（1）由于喷吹粉剂，显著地扩大了粉剂与金属液的接触面积，增加了粉剂的局部浓度；同时由于气体的搅拌作用，加速了传质过程，从而极大地改变了熔池中反应动力学条件，加快了反应速度。

（2）由于粉剂被直接喷入熔池深部，避免了与空气和熔渣的接触，防止了它们的氧化，因而提高了合金元素的收得率。特别是解决了易氧化元素（如 Al、Ti、B 和稀土元素）和在炼钢温度下蒸汽压高的元素（如 Mg 和 Ca 等）的加入问题。

（3）由于气体的搅拌作用，有利于反应产物的聚集和上浮。

（4）容易实现连续的、可控的配料和供料，能合理的控制钢液内的反应，从而实现改变钢中夹杂物的组成和形态。可以经济有效地、大量地生产易切削钢、Z 向钢和抗氢诱发裂纹钢，避免铝镇静钢在浇铸时产生堵塞水口等问题。

（5）能提高生产能力。

（6）喷粉冶金设备简单，投资少，操作费用低，灵活性大等。

因此，喷粉冶金的研究在世界各国发展迅速，实际应用也取得进展。例如在铁水预处理中应用于脱硅、脱硫和同时脱磷脱硫；在顶吹转炉、底吹转炉、顶底复吹转炉中用于脱磷；在电弧炉中用于脱碳、脱磷、脱氧和脱硫以及不锈钢返回法熔炼中用还原法脱磷和脱硫；在钢包精炼中用于各种特殊元素的合金化、脱氧、脱硫以及改变钢中夹杂物的形态等。综上所述，喷粉冶金技术有效地提高了钢的质量并降低了成本。

2.4.2　转炉喷粉冶金技术

目前为止，转炉喷粉技术主要包括将氧气和石灰粉一起经炉底吹入炉内的 Q-BOP 和 K-BOP 技术、利用顶吹氧枪将氧气和石灰粉一起吹入炉内的 KG-LI 技术、喷吹铬矿粉进行熔融还原直接合金化的不锈钢冶炼技术、喷吹碳粉补充热量的转炉高废钢比冶炼技术、喷吹铁精粉的转炉提钒技术。

1977 年千叶制铁所第三炼钢厂引入 Q-BOP 底吹转炉，以此为契机，对转炉炼钢方法熔池搅拌的重要性有了认识，利用所开发的技术，在过去已有的转炉上增设了底吹气体搅拌，于是，诞生了顶底吹转炉。该所开发了占顶底吹总氧量 30%~40%的氧量，混同石灰粉一起从底部吹入的 K-BOP 法，其搅拌力可与底吹转炉相近。1980 年 4 月，日本川崎制铁将水岛第二炼钢厂的 250t 转炉改成 K-BOP炉，将 30%的氧气和全部的石灰粉由底部喷入炉内。其后，经过设备和装置的改善，开发出能适应生产多种钢种的 K-BOP 操作技术，取得了满意的结果。

常规顶底复吹转炉的副原料为块状石灰，但是块状石灰化渣晚，甚至直到吹炼结束还有未化的石灰，要比底吹石灰粉的 Q-BOP 法利用率低。鉴于常规顶底复吹转炉的底吹气量不能满足底吹石灰粉的要求，故由顶枪来使氧气混合石灰粉一起吹入，并经炉底喷嘴吹入惰性气体搅拌熔池，在千叶制铁所第二炼钢厂设置了 KG-LI 试验设备，如图 2-40 所示。

转炉铬矿熔融还原工艺是在不锈钢精炼之前把铬矿粉和碳粉喷入专用的转炉中，如图 2-41 所示，利用焦炭或煤和氧气的反应热以及碳的还原能力将铬矿熔融并将铬还原进入钢液来生产不锈钢母液的工艺。日本川崎制铁是最早开发应用转炉熔融还原法制备不锈钢母液的钢铁联合企业，它成功地实现了不锈钢生产工业化，形成了独特的不锈钢生产线。

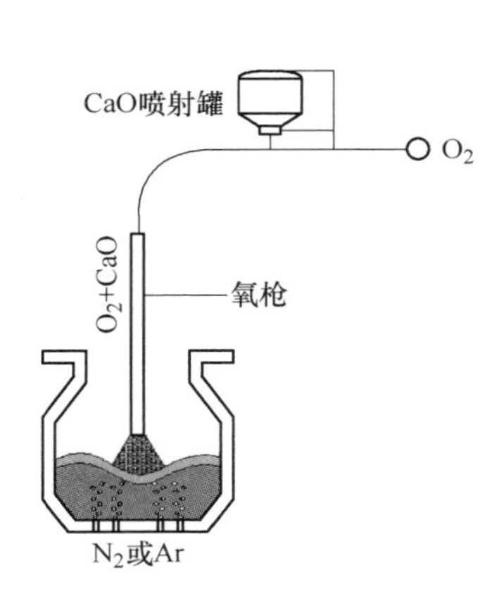

图 2-40 KG-LI 顶吹氧气喷粉炼钢设备示意图

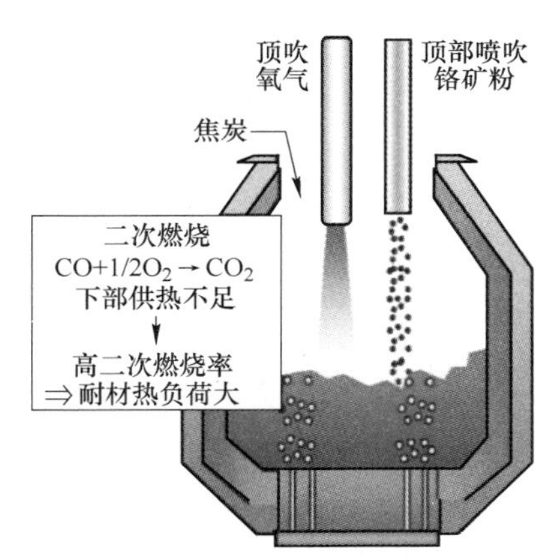

图 2-41 铬矿熔融还原转炉示意图

成功开发 OBM 技术的 Maxhutte 公司根据德国的原料和废钢状况，开发了铁水比 50%的 KMS 转炉。该工艺的关键在于，炉底喷嘴群中的一部分具有可喷吹炭材和煤粉的功能，废钢熔化器由该喷嘴吹入炭材；一旦接近熔化终了进入精炼，该特殊喷嘴就终止吹入炭材，改成喷吹 O_2 和石灰粉。

转炉提钒是“提钒保碳”的过程，提钒过程对熔池温度要求非常严格，现阶段主要通过加入块状冷却剂进行控温，延长提钒反应时间，但转炉提钒温度较低、吹炼时间短，因此，块状冷却剂的冷却作用不能完全释放，无法有效控制熔池升温。为提高转炉提钒效率，承钢将喷粉冶金与转炉提钒工艺相结合，由转炉侧面喷吹铁精粉，代替传统转炉提钒所需的“块状”冷却剂，如图 2-42 所示。通过喷吹铁精矿粉改善提钒反应的热力学和动力学条件，使转炉提钒的主要技术指标得以优化[25]。

2.4.3 转炉底吹氧气-石灰粉的冶金优势分析

相比于顶吹转炉和底吹惰性气体的复吹转炉，底吹氧气-石灰粉转炉以氧气为载气将石灰粉直接喷入熔池内部，显著增大了氧气-石灰粉与熔池元素的反应界面面积，增强了熔池搅拌，具有如下的冶金优势[26]：

(1) 更低的钢铁料消耗。得益于更强的熔池搅拌和更佳的反应效率，冶炼终点的炉渣过氧化现象被明显抑制，终渣（FeO）含量更低；由于底吹氧气-石灰粉可以提供强烈的熔池搅拌，顶吹氧枪产生的超音速氧气射流不再承担冲击搅拌熔池的任务，氧枪枪位得以大幅提高，有利于减少射流冲击区的金属蒸发量，

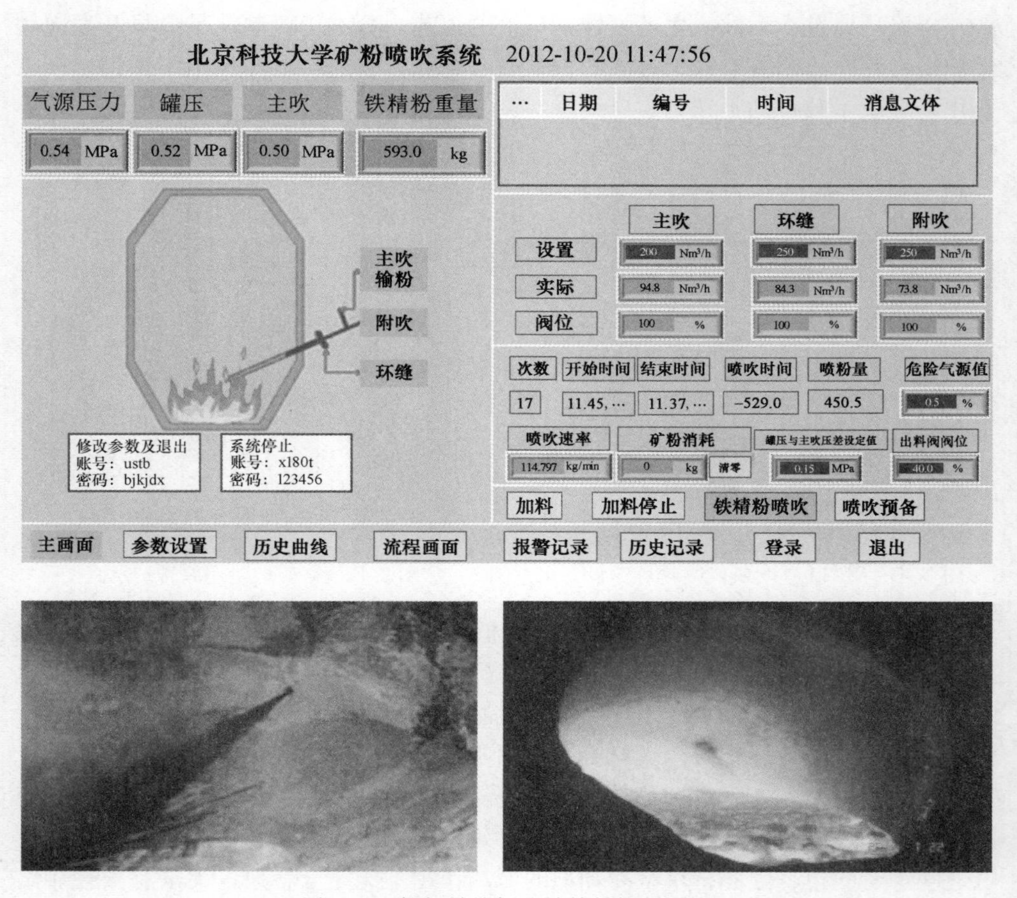

图 2-42　提钒转炉侧吹铁精粉控制系统

从而减少转炉炼钢烟尘的产生量；粉状石灰的连续喷入减轻了传统块状石灰批量加入引起的熔池温度、成分波动，使得冶炼过程更加平稳，熔池搅拌增强和渣中（FeO）含量的降低抑制了炉渣的泡沫化，使得冶炼过程更加可控，可有效避免冶炼过程中溢渣现象和喷溅现象的发生。总而言之，底吹氧气-石灰粉可以减少炉渣铁损、烟尘铁损和溢渣（喷溅）铁损，使得转炉冶炼过程的钢铁料消耗得以降低。

（2）更高的渣-金反应效率。石灰粉由转炉底部喷入金属熔池后，形成大量的脱磷、脱硫反应界面，显著增大了渣-金反应界面面积，配合更强的熔池搅拌，使得转炉的脱磷、脱硫效果显著改善；在获得更高脱磷率和脱硫率的同时，转炉渣量得以降低，减少了固废排放；磷在炉渣与钢水之间的分配比增大，使得炉渣之中 P_2O_5 含量富集，拓宽了转炉炉渣的资源化利用途径。

（3）更低的钢水［N］和［O］含量。熔池搅拌的增强使得熔池内部元素的传质加快，在转炉冶炼末期的低碳范围内，碳氧反应仍能剧烈发生，改善了冶炼末期的脱氮热力学和动力学条件，可以获得更低的钢水［N］含量；同理地，熔池内部元素传质的加快，抑制了转炉冶炼终点的钢水过氧化现象，在相同的碳含量条件下，可以获得更低的钢水［O］含量，钢水［O］含量的降低对于降低脱氧合金的消耗量和减少钢水中夹杂物数量有重要意义。

（4）更高的终点温度和成分命中率。粉剂的连续喷入和剧烈的熔池搅拌使得“底吹氧气-石灰粉”转炉的冶炼过程几乎不会发生熔池温度和成分的剧烈波动，炉渣泡沫化程度也更低，使得转炉冶炼过程更加平稳和可控，降低了转炉终点温度和成分预测的难度，提高了转炉冶炼终点的钢水温度和成分命中率，对转炉炼钢的终点控制意义重大，为转炉自动化和智能化炼钢提供了良好的基础条件。

（5）更强的废钢消纳能力。底吹氧气-石灰粉转炉的顶吹氧枪操作枪位更高，有助于提高转炉炉气的二次燃烧率，增加炉内的热量供给，使得转炉可以消纳更多的废钢，实现转炉的高废钢比冶炼。

综上所述，底吹氧气-石灰粉转炉在降低转炉炼钢的原辅料消耗、改善转炉炼钢的钢水质量和简化转炉炼钢的过程操作等方面均具有显著优势，对于降低生产成本、提高产品质量有重要意义。

2.4.3.1 成渣机理分析

A 常规顶底复吹转炉成渣机理

造渣工艺是转炉炼钢过程中的一个关键单元，对提高转炉冶炼效率、降低铁水中磷含量和硫含量、提升冶炼过程中的稳定性、节省钢铁材料消耗都有重要意义。在转炉成渣的整个过程中都伴随着石灰的熔解，石灰熔解的快慢决定成渣的速度。也就是说，石灰熔解的好坏对转炉成渣有着至关重要的作用[27]。

常规顶底复吹转炉采用从炉顶加入活性石灰块进行熔解造渣。熔渣浸润石灰表面，而活性石灰表面大量孔洞及裂纹的存在，为熔渣组元向石灰内部扩散提供一个良好的渗透通道。熔渣中的 FeO 等物质与 CaO 发生反应导致石灰的渣化，在熔池强搅拌条件作用下，石灰由外到内发生解体，从而分裂成为彼此独立的石灰小颗粒弥散于渣中。解体后的石灰颗粒继续被熔渣渣化，连续解体成更小的颗粒，整个活性石灰的熔解过程正是通过上述的渣化—解体—熔解的形式完成的。石灰的熔解速度和熔解程度直接影响到炉渣性质，通常转炉渣中都会含有一定量的未熔石灰，一方面是因为石灰加入量超过了它在渣中的饱和度，另一方面也与石灰的熔解速度缓慢有关。如图 2-43 所示，活性石灰块具体熔解成渣过程如下：

（1）渣中 FeO 从石灰表面向内部渗入，石灰逐渐熔于渣中，界面处 CaO 含量增加；

（2）渣中 SiO_2 在石灰表面富集与 CaO 反应形成 xCaO · SiO_2 层；

（3）FeO 持续从熔渣中向反应界面处继续扩散；

（4）高 FeO 含量的 CaO-FeO 液相层形成于 xCaO · SiO_2 层与石灰之间；

（5）在高 FeO 含量的 CaO-FeO 液相层的作用下 xCaO · SiO_2 层剥落，熔解于渣中；

（6）重复上面 5 个步骤逐步成渣。

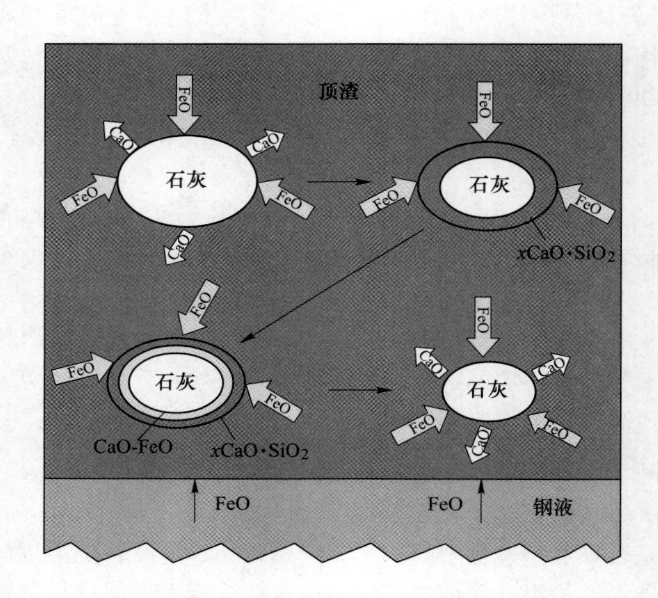

图 2-43　石灰熔解成渣机理

B　底吹 O_2-CaO 转炉成渣机理

底吹 O_2-CaO 转炉是从转炉底部以氧气作为载气喷吹石灰粉进行造渣，由底部喷嘴吹入的 O_2 与熔池中的 Fe、Si、Mn 和 P 等元素发生氧化反应的同时，通过喷嘴吹入熔池的 CaO 在上浮的过程中直接与 FeO、SiO_2 和 P_2O_5 等氧化产物发生反应使石灰粉渣化。由于石灰粉本身就是极细的颗粒，比表面积大，在钢液中成渣速率非常快，并可以随底吹氧气射流快速上浮直接熔解进入渣中。同时由于底吹氧气射流吹入熔池，使渣中含有大量 FeO 和 SiO_2 等物质，部分石灰粉上浮进入渣层便直接发生反应，使石灰粉渣化熔解于渣层中。如图 2-44 所示，石灰粉上浮成渣的具体过程如下[28]：

（1）CaO 由熔池底部吹入，在上浮的过程中与 FeO、SiO_2 发生反应等形成 FeO-CaO 固溶体、xCaO · SiO_2 固体颗粒和 xCaO · P_2O_5 固体颗粒等；

（2）FeO-CaO 固溶体、xCaO · SiO_2 固体颗粒和 xCaO · P_2O_5 固体颗粒等上浮至渣中熔解；

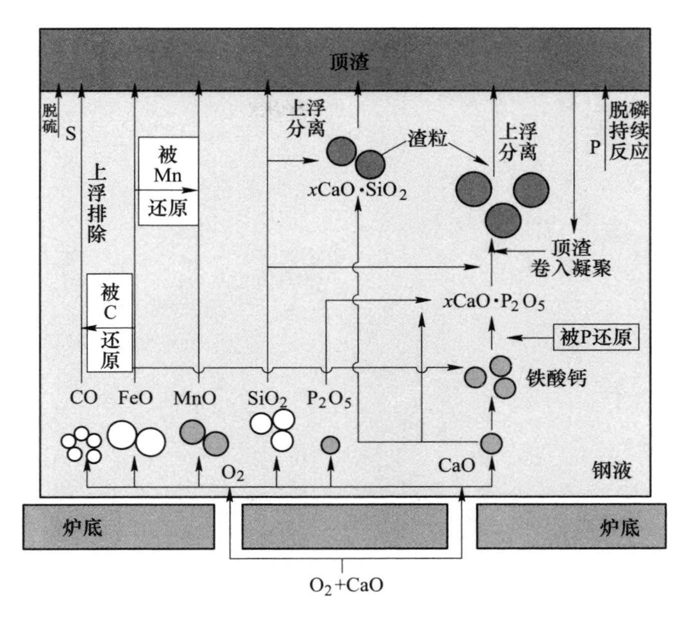

图 2-44 底吹 O_2-CaO 成渣机理

（3）部分未反应的 CaO 进入渣层与渣中 FeO 和 SiO_2 等物质发生渣化熔解；

（4）重复上面 3 个步骤快速成渣。

2.4.3.2 脱磷过程分析

A 脱磷机理

底吹 O_2-CaO 转炉将石灰粉从炉底喷嘴吹入，粉剂在上浮的过程中发生的脱磷反应是一种"瞬息反应"，同时依靠底部吹入的氧气得到充分的搅拌，可以进行高效脱磷，再配合顶枪合理的操作制度，快速、良好化渣，充分利用顶底复吹转炉的优势，促进脱磷反应持续进行。

如图 2-45 所示，对底吹 O_2-CaO 转炉脱磷具体的过程做出说明。底部吹入的氧气与金属液反应形成底吹火点区，被吹入的 CaO 粉与在火点区附近大量生成的 FeO 反应，形成 Ca-Fe 酸盐颗粒。该颗粒在上浮的过程中将磷氧化，变成近似 $3CaO \cdot P_2O_5$组成的渣粒，但是在脱硅期大量生成的 SiO_2 会使渣粒中的(P_2O_5)含量有所减少。

在此过程生成的 $3CaO \cdot P_2O_5$与卷入的顶渣和脱硅期间生成的悬浊不上浮的低 CaO/SiO_2 渣粒聚合在一起，该渣粒的上浮分离进一步促进脱磷。另一方面，碱度较高的顶渣也具有一定的脱磷能力，配合底吹过程共同进行脱磷。

B 脱磷过程动力学分析

脱磷反应限制性环节分析：转炉底吹 CaO 时，铁水中的磷浓度 $w[P]$降低行

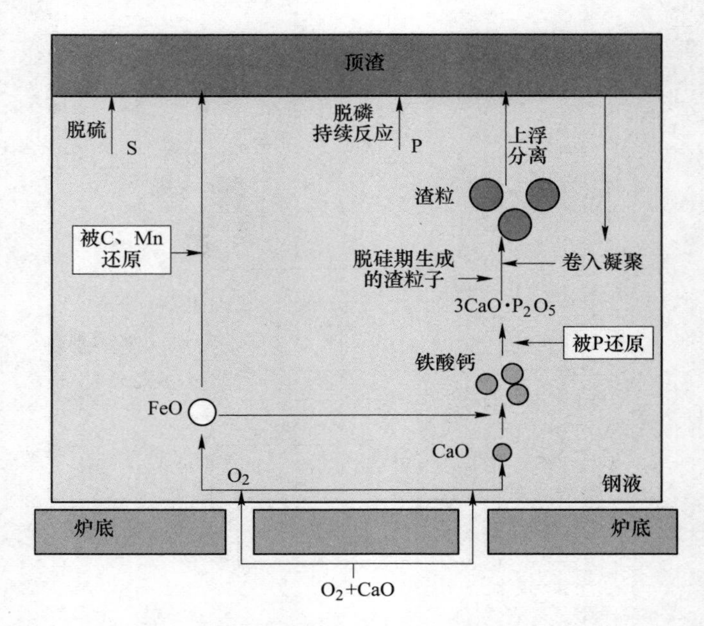

图 2-45　底吹 O_2-CaO 转炉脱磷过程

为如图 2-46 所示，其过程分为三个阶段，第Ⅰ阶段 $w[P] \geqslant 0.1\%$时，脱磷速度较为缓慢，第Ⅱ阶段 $w[P] < 0.1\%$时，脱磷速度较为缓慢几乎与 CaO 的加入成正比关系，第Ⅲ阶段为冶炼后期脱磷速度逐渐变缓。

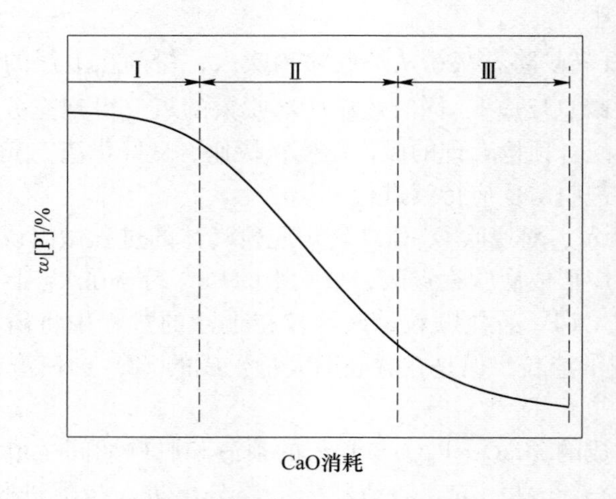

图 2-46　铁水中 $w[P]$浓度变化

对以上脱磷过程进行动力学分析，脱磷渣-金反应速度公式可用式（2-10）表示：

$$-\frac{\mathrm{d}w[\mathrm{P}]}{\mathrm{d}t}=k\times\frac{A}{V}\left(w[\mathrm{P}]-\frac{w(\mathrm{P})}{L_{\mathrm{P}}}\right) \tag{2-10}$$

式中 k——综合反应常数，cm/s；

A——有效反应面积，cm^2；

V——金属体积，cm^3；

L_P——渣-金磷分配比。

脱磷反应的阻力 K 与金属侧传质系数 K_M、化学反应常数 K_f及渣侧传质系数 K_S关系如式（2-11）所示：

$$\frac{1}{K}=\frac{1}{K_{\mathrm{M}}}+\frac{1}{K_{\mathrm{f}}}+\frac{\rho_{\mathrm{M}}}{\rho_{\mathrm{S}}K_{\mathrm{S}}L_{\mathrm{P}}} \tag{2-11}$$

式中 ρ_M，ρ_S——金属和渣的密度，g/cm^3。

在炼钢温度下，化学反应速率是很快的，K_f与 K_M、K_S、ρ_S、L_P/ρ_M相比是较大的，所以在接下来的讨论脱磷过程限制性环节时，忽略式（2-11）中的第 2 项，即脱磷反应限制性环节有以下两种情况。

金属侧传质限制： $\frac{1}{K_{\mathrm{M}}}\gg\frac{\rho_{\mathrm{M}}}{\rho_{\mathrm{S}}K_{\mathrm{S}}L_{\mathrm{P}}}$

渣侧传质限制： $\frac{1}{K_{\mathrm{M}}}\ll\frac{\rho_{\mathrm{M}}}{\rho_{\mathrm{S}}K_{\mathrm{S}}L_{\mathrm{P}}}$

因为已知 ρ_M、ρ_S，所以如果能估算出 K_M和 K_S的值，就可以推断出随 L_P 变化的限制性环节的转变。

a K_M的估算

在底吹 O_2-CaO 工艺中，大流量的氧气射流造成熔池内的强制对流，渣粒周围的 K_M可由式（2-12）和式（2-13）给出。

（1）在渣流内有内部循环时：

$$K_{\mathrm{M}}=\frac{D_{\mathrm{M}}}{\pi\theta}=\left[\frac{D_{\mathrm{M}}u_{\mathrm{S}}}{\pi(2a)}\right]^{1/2} \tag{2-12}$$

（2）在渣流内没有内部循环时（把渣流看成固体球）：

$$K_{\mathrm{M}}=\frac{D_{\mathrm{M}}}{2a}Sh=\frac{D_{\mathrm{M}}}{2a}(2+0.6Re^{1/2}Sc^{1/3}) \tag{2-13}$$

式中 D_M——铁水中磷的扩散系数，$D_M=8.2\times10^{-5}cm^2/s$；

θ——根据 Higbie 的浸透学说的渣粒表面滞留时间，s；

a——渣粒直径，cm；

u_S——渣粒对铁水的相对速度，cm/s，根据 Stokes 法则，$u_S = \frac{2}{9} \times ga^2 \frac{\rho_M}{\mu_M}$；

g——重力加速度，$g = 980\text{cm/s}^2$；

μ_M——铁液黏度，$\mu_M = 0.06\text{P}(1\text{P} = 0.1\text{Pa} \cdot \text{s})$；

Sh——舍伍德数；

Re——雷诺数，$Re = 2au_S \frac{\rho_M}{\mu_M}$；

Sc——施密特数，$Sc = \rho_M \frac{\mu_M}{D_M}$。

按照以上的公式将各值代入式（2-12）和式（2-13）计算，得到 $K_M = 5.8\times10^{-2}$ cm/s、$K_M = 4.7\times10^{-2}$cm/s。

b K_S 的估算

对于渣粒侧 K_S 计算可按照式（2-14）和式（2-15）。

（1）在渣流内有内部循环时：

$$K_S = -\frac{a}{3\tau}\ln\left\{1 - \left[1 - \exp\left(\frac{-2.25\pi^2 D_S \tau}{a^2}\right)\right]^{1/2}\right\} \tag{2-14}$$

（2）在渣流内没有内部循环时：

$$K_S = -\frac{a}{3\tau}\ln\left[\frac{6}{\pi^2}\sum_{n=1}^{8}\frac{1}{n}\exp\left(\frac{-n^2 D_S \tau}{a^2}\right)\right] \tag{2-15}$$

式中 D_S——渣粒内 P 的扩散系数，$D_S \approx 10^{-7}\text{cm}^2/\text{s}$；

τ——渣粒上浮时间，s。

根据佐野·森提出的钢液上升流域的钢液速度 u_{L_P}，如式（2-16）所示。

$$u_{L_P} = 1.17 \times \left(V_{GM} g \frac{H_0}{A_P}\right)^{0.346} \tag{2-16}$$

式中 V_{GM}——经温度、压力修正后的气体流量；

H_0——吹入深度；

A_P——上升流域断面积。

基于本团队在 120t 转炉上的试验条件代入可得，$\tau = H_0/u_{L_P} = 0.18$s，计算得 $K_S = 1.3\times10^{-3}$cm/s、$K_S = 8.8\times10^{-4}$cm/s。

限制性环节的变化：由于渣粒粒径小，渣粒在上升的过程中由于氧化磷的原因，Fe_xO 含量降低导致黏度增加，可以将渣粒视作半熔融体，即认为渣粒内部没有循环流。那么，取 $K_M = 4.7\times10^{-2}$cm/s、$K_S = 8.8\times10^{-4}$cm/s，可以得出脱磷过程限制性环节随着 L_P 从 100→10^4变化情况，如表 2-7 所示。

表 2-7 限制性环节随 L_P 的变化情况

L_P	$\frac{1}{K_M}$	$\frac{\rho_M}{\rho_S K_S L_P}$	$\frac{1}{K_M} : \frac{\rho_M}{\rho_S K_S L_P}$	限制性环节
10^0	21	4400	1 : 210	渣侧传质
10^1		440	1 : 21	渣侧传质
10^2		44	1 : 2.1	渣侧传质+金属侧传质
10^3		4.4	1 : 0.21	渣侧传质+金属侧传质
10^4		0.44	1 : 0.021	金属侧传质

由表 2-7 可知，$L_P<10$ 时，渣侧传质为限制性环节；$L_P>10^3$ 时，金属侧传质为限制性环节；在 $10<L_P<10^3$ 时，为渣侧传质+金属侧传质混合控速。

2.4.3.3 脱磷反应速度推导

A 渣粒侧传质为限制性环节时脱磷反应速度

在脱磷初期，渣-金间的 L_P 较小，此时渣粒侧为限制性环节。取一个渣粒为研究对象，则单位时间从渣粒表面转移到渣粒内部的磷 n'_P（mol/s）可用式（2-17）表示。

$$n'_P = \frac{4\pi a^2 K_S \rho_S}{100 M_P}[w(\mathrm{P})^{\mathrm{i}} - w(\mathrm{P})^{\mathrm{b}}] \approx \frac{\pi a^2 K_S \rho_S}{25 M_P} w(\mathrm{P})^{\mathrm{i}} \tag{2-17}$$

式中 i，b——渣金界面和渣粒母相；

M_P——磷的相对分子量（$M_P=31$）。

假设 CaO 吹入的速度为 ψ(kg/s)，渣粒的生成速度为 N_S(个/s）可用下式表示。

$$N_S = \frac{1000\psi}{\frac{4}{3}\pi a^3 \rho_S} = \frac{750\psi}{\pi a^3 \rho_S} \tag{2-18}$$

CaO 单位消耗量 m(kg/t）用 ψ 和铁水重量 W_{HM} 表示在式（2-19）中。

$$\frac{\mathrm{d}m}{\mathrm{d}t} = \frac{\psi}{W_{HM}} \tag{2-19}$$

单个渣粒在上浮时间 τ 内脱磷量 n_P 可用式（2-20）表示，即可得每消耗单位 CaO，$w[\mathrm{P}]$的减少速度如式（2-21）所示。

$$n_P = n'_P \times \tau = \frac{\pi a^2 K_S \rho_S \tau\, w(\mathrm{P})^{\mathrm{i}}}{25 M_P} \tag{2-20}$$

$$\begin{aligned} -\frac{\mathrm{d}w[\mathrm{P}]}{\mathrm{d}m} &= -\frac{\mathrm{d}w[\mathrm{P}]}{\mathrm{d}t} \times \frac{\mathrm{d}t}{\mathrm{d}m} = \frac{M_P n_P N_S}{W_{HM} \times 10^6} \times 10^2 \times \frac{W_{HM}}{\psi} \\ &= \frac{3 \times 10^{-3}}{a} \times K_S \tau\, w(\mathrm{P})^{\mathrm{i}} = K_S\, w(\mathrm{P})^{\mathrm{i}} \end{aligned} \tag{2-21}$$

式中，$w(\mathrm{P})^{\mathrm{i}}=L_{\mathrm{P}}\cdot w[\mathrm{P}]$。

B　金属侧传质为限制性环节时脱磷反应速度

脱磷中后期 L_{P} 变得很大，此时是金属侧传质为限制性环节。同样地，取一个渣粒为研究对象，单位时间内从渣粒表面转移到渣粒内部的磷 n'_{P}（mol/s）可用式（2-22）表示。

$$n'_{\mathrm{P}}=\frac{4\pi a^2 K_{\mathrm{M}}\rho_{\mathrm{M}}}{100M_{\mathrm{P}}}(w[\mathrm{P}]^{\mathrm{b}}-w[\mathrm{P}]^{\mathrm{i}})\approx\frac{\pi a^2 K_{\mathrm{M}}\rho_{\mathrm{M}}}{25M_{\mathrm{P}}}w[\mathrm{P}]^{\mathrm{b}} \tag{2-22}$$

同理：

$$-\frac{\mathrm{d}w[\mathrm{P}]}{\mathrm{d}m}=\frac{3\times10^{-3}}{a}\times\frac{\rho_{\mathrm{M}}}{\rho_{\mathrm{S}}K_{\mathrm{M}}\tau}w[\mathrm{P}]^{\mathrm{b}}=K_{\mathrm{S}}\,w[\mathrm{P}]^{\mathrm{b}} \tag{2-23}$$

即：

$$w[\mathrm{P}]=w[\mathrm{P}]_0\exp(-K_{\mathrm{M}}\cdot m) \tag{2-24}$$

2.4.3.4　转炉内脱碳、脱氧数学模型

底吹 O_2-CaO 转炉具有很强的搅拌效果，熔池内的钢液处于循环流动状态，因此，根据以下 7 点假设建立转炉内熔池循环反应带模型，如图 2-47 所示。

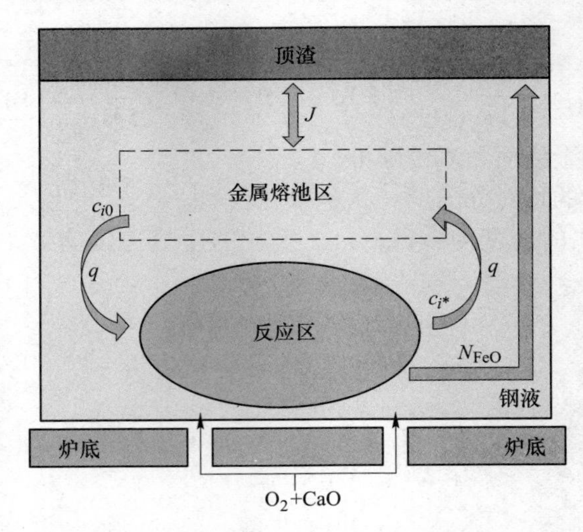

图 2-47　转炉内熔池循环反应带模型

（1）转炉内钢液由两部分构成，一部分是氧气射流火点反应区，另一部分是金属熔池区。

（2）钢液中物质依靠循环流来到反应区与氧气发生反应，即钢中的 i 成分浓度从 c_{i0} 迅速变成反应区的 c_{i*}，再依靠循环流进入金属熔池区。

（3）来自反应区的钢液与金属熔池完全混合。

（4）由于反应区和金属熔池区的体积比率可以忽略，在反应区 i 成分的蓄积可忽略。

（5）整个熔池的混合状态为完全混合。

（6）反应区存在过剩氧气，所以反应区的 $a_{FeO}=1$。

（7）供给熔池的氧气大部分用于脱碳，剩余的氧气熔解于熔池或者作为渣中的 FeO 蓄积。金属和渣中有氧位差，所以金属和渣之间会发生氧的迁移。

以(1)~(7)为条件，取金属中的［C］与［O］的物料平衡和渣中的（FeO）平衡，则有下式成立。

$$W\left(\frac{\mathrm{d}c_{O_0}}{\mathrm{d}t}\right)=q(c_{O_*}-c_{O_0})+J(c_{O_{**}}-c_{O_0}) \tag{2-25}$$

$$W\left(\frac{\mathrm{d}c_{C_0}}{\mathrm{d}t}\right)=q(c_{C_*}-c_{C_0})$$

$$W_S\frac{\mathrm{d}c_{FeO_0}}{\mathrm{d}t}=N_{FeO}-c_{FeO_0}\frac{\mathrm{d}W_S}{\mathrm{d}t}+\frac{72}{16}\cdot J(c_{O_0}-c_{O_{**}}) \tag{2-26}$$

式中 W——钢液质量，kg；

q——钢液循环质量流量，kg/min；

J——渣-金间氧的传质因子，kg/min；

N_{FeO}——反应区中 FeO 的生成速度；

W_S——渣的质量，kg；

c_{C_0}——熔池中 C 的初始浓度；

c_{C_*}——反应区 C 的浓度；

c_{O_0}——熔池中 O 的初始浓度；

c_{O_*}——反应区中 O 的浓度；

$c_{O_{**}}$——与渣中 a_{FeO} 相平衡的金属中的氧浓度，%。

根据文献：

$$c_{O_{**}}=a_{FeO}\cdot 10^{\frac{-6150}{T}+2.604} \tag{2-27}$$

那么与反应区 $a_{FeO}=1$ 平衡的［C］、［O］浓度可用式（3-28）和式（3-29）表示。

$$c_{O_e}=10^{\frac{-6150}{T}+2.604} \tag{2-28}$$

$$c_{C_e}=\left(\frac{P_{CO}}{c_{O_e}}\right)\cdot 10^{\frac{-1160}{T}-2.003} \tag{2-29}$$

反应区中［C］、［O］和（FeO）的物料平衡可用式（2-30）~式（2-32）表示，其中式（2-30）为反应区中总的氧平衡式。

$$q(c_{C_0}-c_{C_*})=I(c_{C_*}-c_{C_e}) \tag{2-30}$$

$$q(c_{O_0}-c_{O_*})=I(c_{O_*}-c_{O_e}) \tag{2-31}$$

$$N_{FeO}=\frac{72}{11.2}\cdot Q_{O_2}+\frac{72}{16}\cdot I\cdot(c_{O_*}-c_{O_e})-\frac{72}{12}\cdot I\cdot(c_{C_*}-c_{C_e}) \tag{2-32}$$

式中　I——反应区混合强度因子，kg/min；

Q_{O_2}——供氧速度，m^3/min。

2.4.3.5　渣中（FeO）含量和锰氧化行为分析

底吹 O_2-CaO 工艺中终点钢水氧含量有所降低，根据式（2-26）可知，若金属侧与渣侧氧位差降低，渣中（FeO）含量也随之降低，而且由于底吹搅拌效果较好，反应区中的脱碳速度增大，也进一步降低 FeO 的生成速度。

在底吹 O_2-CaO 转炉中，Mn 的氧化反应式如下：

$$[Mn] + O = (MnO)$$

$$(FeO) + [Mn] = (MnO) + [Fe]$$

渣中（FeO）含量降低，钢水氧化性减弱，抑制了上述 Mn 氧化反应的发生。另外，根据文献报道[29,30]，无论是在顶吹转炉、底吹转炉还是顶底复吹转炉中，钢水中的 Mn 几乎由渣中 FeO 值决定并几乎与其成反比关系，如图 2-48 所示。

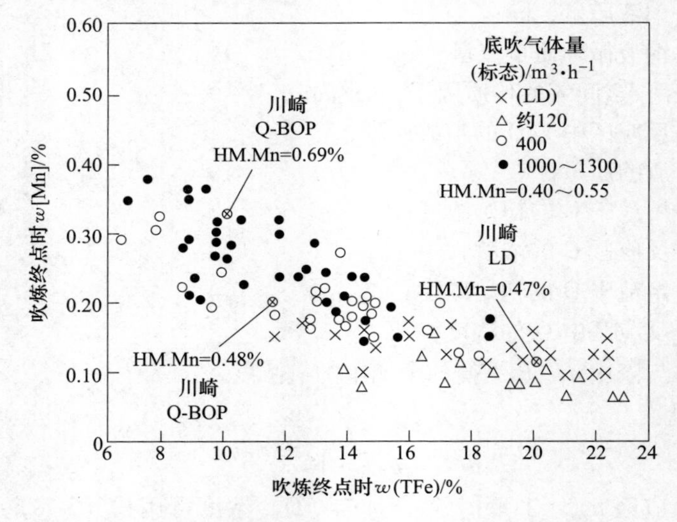

图 2-48　吹炼终点时（FeO）与［Mn］的关系

2.4.4　底吹氧气-石灰粉转炉炼钢工业应用实例

加拿大 Dofasco 公司将传统的 300t 顶底复吹转炉改造成为 KOBM 工艺，改造完炉底如图 2-49 所示，该工艺不再使用块状石灰，造渣所需的石灰全部以粉剂的形式由底部经底吹喷枪吹入炉内。石灰粉剂的最大喷吹速率达到 5kg/(t · min)，底吹供氧强度达到 1.0m^3/(t · min)（标态），该工艺取得了优异的冶炼效果[31]：

（1）终点磷含量可稳定控制在 80×10^{-4}%以内，特殊要求可达到 50×10^{-4}%以下；

（2）终点钢水碳氧积可控制在 0.0023 以下，冶炼过程平稳，不易出现喷溅；

（3）渣量下降20%~40%，渣中（FeO）含量降低到12%以下，钢铁料消耗下降10~30kg/t；

（4）底喷吹砖寿命达到2400炉左右。

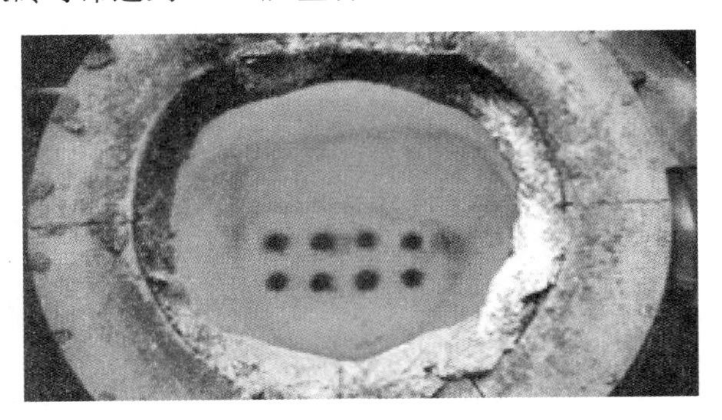

图2-49 Dofasco公司KOBM转炉炉底

北京科技大学也完成了转炉底吹氧-石灰粉技术的工业试验，并在120t和300t转炉推广，将底吹氧-石灰粉技术应用于国内某钢厂120t转炉上，取得了优异的冶金效果。炉底布置有2根底吹氧枪，其布置方案如图2-50所示，底吹氧枪采用双层套管结构，底吹氧气流量为2000~2400m³/min（标态），保护气可在天然气、氮气和氩气之间切换，流量为100~180m³/min（标态），石灰的喷入速度为100~160kg/min。冶炼期间，平均每炉喷入1000kg以上石灰粉，总的石灰加入量可减少650kg，且脱磷率提升4%，终点磷稳定控制为0.010%，终渣

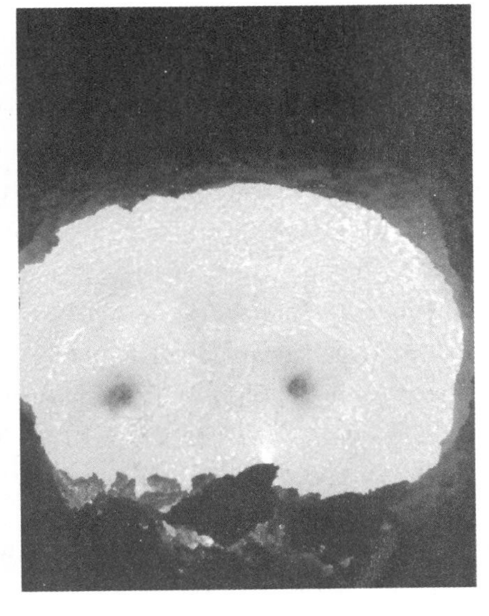

图2-50 国内某钢厂120t底吹氧气-石灰粉转炉

w(FeO) 平均为18%。在氮气作为冷却保护气体的情况下，底吹枪烧损速率为0.5~0.6mm/炉次，与国外底吹氧气石灰粉转炉炼钢的效果相当。

参 考 文 献

[1] Entremont J D, Moon R E. All-scrap charged BOF [J]. JOM, 1969, 21 (7): 53~56.

[2] Wang C, Mming B, Larsson M. Numerical model of scrap blending in BOF with simultaneous consideration of steel quality, production cost, and energy use [J]. Steel Research International, 2013, 84 (4): 387~394.

[3] 朱荣，胡绍岩．转炉高废钢比冶炼的技术进展 [C]//中国金属学会.第十一届中国钢铁年会论文集．北京：中国金属学会，2017：7.

[4] 刁江．中高磷铁水转炉双联脱磷的应用基础研究 [D]．重庆：重庆大学，2010.

[5] 文德．炼钢工艺的资源回收利用技术 [N]．世界金属导报，2019-07-09 (B12).

[6] 邓帅．首钢京唐“全三脱”炼钢过程铁素物质流调控的应用基础研究 [D]．北京：北京科技大学，2020.

[7] 姜周华，姚聪林，朱红春，等．电弧炉炼钢技术的发展趋势 [J]．钢铁，2020，55 (7)：1~12.

[8] 刘浏．转炉高废钢比高效节能新工艺开发 [C]//中国金属学会炼钢分会.2018年转炉炼钢技术交流会会议论文集．北京：中国金属学会炼钢分会，2018：9.

[9] 姚娜，兴超．150t顶底复吹转炉少渣冶炼工艺实践 [J]．特殊钢，2017，38 (4)：13~15.

[10] Mohammed A. Tayeb, Stephen Spooner, Seetharaman Sridhar. Phosphorus: the noose of sustainability and renewability in steelmaking [J]. JOM, 2014, 66 (9).

[11] Wang Z, Xie F, Wang B, et al. The control and prediction of end-point phosphorus content during BOF steelmaking process [J]. Steel Research International, 2014, 85 (4): 599~606.

[12] 王德永，李勇，刘建，等．钢渣中同时回收铁和磷的资源化利用新思路 [J]．中国冶金，2011，21 (8)：50~54.

[13] Kitamura S, Naito K, Okuyama G. History and latest trends in converter practice for steelmaking in Japan [J]. Mineral Processing and Extractive Metallurgy, 2019, 128 (1~2): 34~45.

[14] Emi T. Steelmaking technology for the last 100 years: toward highly efficient mass production systems for high quality steels [J]. ISIJ International, 2015, 55 (1): 36~66.

[15] 侯安贵，蒋晓放．宝钢炼钢的技术进步与展望 [J]．宝钢技术，2008 (2)：1~10.

[16] 康复，陆志新，蒋晓放，等．宝钢 BRP 技术的研究与开发 [J]．钢铁，2005 (3)：25~28.

[17] 何肖飞，王新华，梁秀兰，等．低碱度脱磷渣在转炉少渣冶炼中的作用 [J]．东北大学学报（自然科学版），2015，36 (7)：947~951，965.

[18] Kitamura S, Miyamoto K, Shibata H, et al. Analysis of dephosphorization reaction using a sim-

ulation model of hot metal dephosphorization by multiphase slag [J]. ISIJ International, 2009, 49 (9): 1333~1339.

[19] Hickman R, Banister D. Looking over the horizon: transport and reduced CO_2 emissions in the UK by 2030 [J]. Transport Policy, 2007, 14 (5): 377~387.

[20] 谭琦璐. 中国主要行业温室气体减排的共生效益分析 [D]. 北京: 清华大学, 2015.

[21] 朱荣, 易操, 陈伯瑜, 等. 应用COMI炼钢工艺控制炼钢烟尘内循环的研究 [J]. 冶金能源, 2010, 29 (1): 48~51.

[22] 朱荣, 胡绍岩, 董凯, 等. 一种转炉炼钢动态调节底吹 CO_2: 中国, CN108251593A [P]. 2018.

[23] Mazumdar D, Evans J W. Modeling of steelmaking processes [M]. CRC press, 2009.

[24] 张信昭. 喷粉冶金基本原理 [M]. 北京: 冶金工业出版社, 1988.

[25] 白瑞国, 吕明, 朱荣, 等. 150t转炉喷粉提钒的水模拟研究 [J]. 钢铁, 2012, 47 (10): 34~39.

[26] Li W, Zhu R, Feng C, et al. Influence of bottom blowing oxygen on dust emission in converter steelmaking [J]. Journal of Iron and Steel Research International, 2021: 1~9.

[27] 郭戌. 转炉双联法脱磷炉石灰溶解行为研究 [D]. 重庆: 重庆大学, 2011.

[28] 朱英雄, 钟良. 转炉炼钢用石灰和石灰石熔化成渣机理及应用 [J]. 炼钢, 2017, 33 (1): 12~17.

[29] 熊勇. 基于转炉留渣-双渣工艺的锰氧化及脱磷行为分析 [D]. 武汉: 武汉科技大学, 2017.

[30] 张伟, 李智峥, 朱荣, 等. 炼钢过程喷吹 CO_2 的实验研究 [J]. 工业加热, 2015, 44 (2): 41~44.

[31] 王金木. 多法斯科公司KOBM工艺的冶金操作性能 [J]. 浙江冶金, 1991 (3): 84~90.

3 转炉炼钢烟气净化技术

转炉煤气作为转炉炼钢生产过程中的副产品，是钢铁企业重要的二次能源之一，提高转炉煤气的回收能力，是实现炼钢低成本的有效手段，能够在一定程度上降低钢厂的污染物排放，同时也是实现转炉“负能炼钢”的重要途径。因此，转炉煤气净化回收已经成为现代转炉炼钢的重要技术之一[1]。

3.1 转炉炼钢烟气特点

3.1.1 转炉烟气的产生

转炉吹炼过程反应剧烈，生成大量的 CO 和少量的 CO_2 气体。同时由于熔池温度很高，尤其反应区可高达 2600~2800℃，使得部分铁和杂质蒸发，熔池沸腾也常带出少量微小液滴，在随炉气上升期间会不断地氧化而转变为烟尘[2]。因此，从转炉炉口直接排出的高温、含有粉尘的炉气不能直接使用，需要经过降温冷却、除尘净化后收集到储气柜中，再进行多方面的利用。

在转炉冶炼期间，烟气量及其温度都表现出明显的周期性波动特征。吨钢产生烟尘量一般为 10~20kg，烟尘中金属铁约占 13%，FeO 约占 68.49%，Fe_2O_3 约占 6.8%；吨钢可回收转炉煤气 60~90m^3、粉尘 10~20kg、蒸汽 60~70kg。因为转炉煤气含有较高浓度的 CO，体积比可达到 55%~66%，热能价值较高，其回收利用有利于降低能源消耗，因此必须对转炉烟气进行净化处理和回收利用。

3.1.2 转炉烟气的性质

3.1.2.1 烟气成分

吹炼过程中 CO、CO_2 变化规律如图 3-1 中 CO、CO_2 两条曲线所示[3]。

在吹炼过程中，熔池碳氧反应生成的 CO 和 CO_2 是烟气的基本来源。其次是炉气从炉口喷出吸入部分空气燃烧所生成的废气，也有少量来自炉料和炉衬中的水分及生烧石灰中分解出来的 CO_2 气体。CO 和 CO_2 的浓度随吸入空气量多少而定，若吸入空气较少，烟气主要成分是 CO，含有少量 CO_2 和 N_2；若过剩空气量很大，N_2 会成为主要成分，其次是 O_2、CO_2，而 CO 含量很少。

转炉烟气处理方法包括未燃法和燃烧法。未燃法控制烟气可燃成分尽量不燃烧，通过冷却、净化后通过风机抽引送入回收系统中贮存并加以利用；燃烧法令

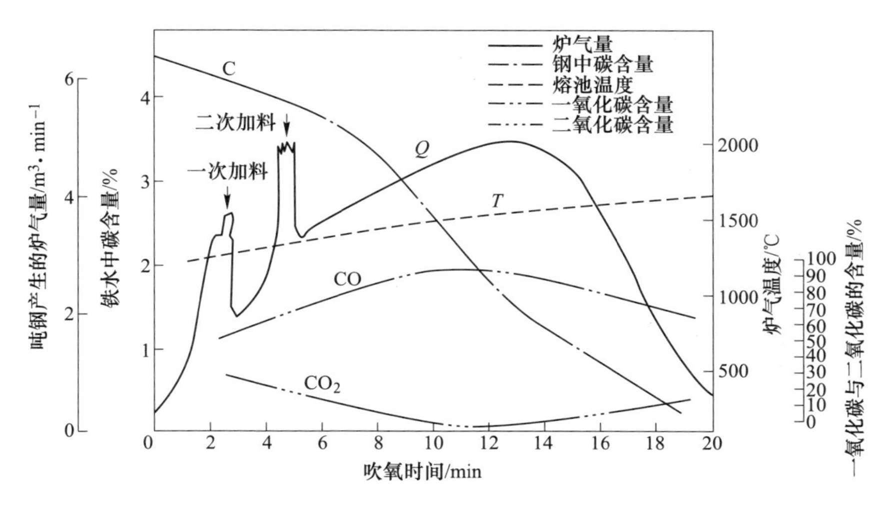

图 3-1 炉气量、炉气成分、熔池温度随吹炼时间变化规律

烟气与足够的空气混合，使烟气中可燃成分完全燃烧，形成大量的高温废气，再经冷却、净化，通过风机抽引排放到大气之中。转炉未燃法和燃烧法处理烟气成分见表 3-1。

表 3-1 未燃法和燃烧法烟气成分范围比较 (%)

项 目	CO	CO_2	N_2	O_2	H_2	CH_4
未燃法（烟气）成分	60~80	14~19	5~10	0.4~0.6	0.2~2.0	—
燃烧法（废气）成分	0~0.3	7~14	7~80	11~20	0~0.4	0~0.2

3.1.2.2 烟气温度

烟气的温度来源于铁水的原始温度（物理热）和元素氧化反应放出的热量（化学热）。化学热主要是由下述氧化反应决定：

$$2[Fe] + O_2 = 2(FeO) + Q$$

$$Si + O_2 = SiO_2 + Q$$

$$2Mn + O_2 = 2MnO + Q$$

$$4P + 5O_2 = 2P_2O_5 + Q$$

$$2P + 5FeO = P_2O_5 + 5Fe + Q$$

$$n CaO + P_2O_5 = n CaO \cdot P_2O_5 + Q$$

$$FeO + C = Fe + CO + Q$$

$$2C + O_2 = 2CO + Q$$

$$CO + O = CO_2 + Q$$

根据计算，1%的元素氧化在不同的温度下可使熔池升温数值见表 3-2。

表 3-2　1%的元素氧化可使熔池理论升温数值

项　目	熔池温度/℃		
	1200	1400	1600
$C+O_2 = CO_2$	244	240	236
$2C+O_2 = 2CO$	84	83	82
$2[Fe]+O_2 = 2(FeO)$	31	30	29
$2Mn+O_2 = 2MnO$	47	47	47
$Si+O_2 = SiO_2$	142	142	132
$4P+5O_2 = 2P_2O_5$	180	181	173

铁水温度高，铁水中硅、磷、锰、碳含量高，炉气的温度就高。随着吹炼的进行，熔池温度不断升高，炉气的温度也在不断增高。炉气的温度与炉内反应及工艺操作有关，一般在1450~1600℃之间波动，平均温度为1520℃左右。炉气进入烟罩内时它的温度也在发生变化，其变化程度决定于从炉口与烟罩之间缝隙吸入的空气量。

“未燃烧”法只吸入少量的空气，炉气中大约10%的CO燃烧，烟气的温度从1520℃升到1700~1800℃。燃烧法中，从炉口喷出的高温可燃气体与大量的空气混合而燃烧，当空气过剩系数 $\alpha=1$ 时，烟气理论燃烧温度可达到2500~2800℃。在用余热锅炉回收余热的情况下，按照现有的技术水平，空气过剩系数 α 最少可达1.2，而一般为1.5~2.0，这时烟气温度为1800~2400℃。当空气过剩系数大于1时，其大于1的部分空气没有CO与之进行反应，故不能使烟气温度升高，由于吸入大量的冷空气反而起降温作用。因此只有当空气过剩系数为1时，烟气温度最高。故不回收余热的情况下，为了避免过高的烟气温度，一般要求较大的空气过剩系数，通常为3~4，有时更大一些，这时烟气温度为1100~1400℃。

3.1.2.3　转炉烟气量的计算

转炉炼钢过程中，前期、后期的脱碳速率较小，吹炼中期最大，即此时的炉气量也达到最大[4]。实际烟气量与烟气的净化处理方式密切相关。转炉烟气量与烟气处理方式有关。

（1）未燃法（回收煤气法）：设炉气中含有86%CO，其中10%燃烧成 CO_2。

$$CO + \frac{1}{2}O_2 + \frac{1}{2} \times \frac{79}{21}N_2 = CO_2 + 1.88N_2 \qquad (3\text{-}1)$$

可以求出最大烟气量 Q^{W}_{max} 如式（3-2）所示：

$$Q^{W}_{max} = V_{max} + 86\% \times 10\% \times 1.88V_{max} = 1.16V_{max} \qquad (3\text{-}2)$$

而最大炉气量 V_{max} 计算如式（3-3）所示：

$$V_{max} = \frac{G}{\varphi_{CO} + \varphi_{CO_2}} \times \frac{60 \times 22.4}{12} v_{C,max} \tag{3-3}$$

式中 V_{max}——最大炉气量，m^3/h；

$v_{C,max}$——最大脱碳速率，%/min；

G——炉役后期最大金属装入量，kg。

（2）燃烧法（回收余热）：设炉气中含有 86%CO，且全部燃烧生成 CO_2，空气过剩系数 $\alpha=1.5$。

$$CO + 1.5\left(\frac{1}{2}O_2 + 1.88N_2\right) = CO_2 + 0.25O_2 + 2.82N_2 \tag{3-4}$$

可以求出最大烟气量 Q_{max}^{r1} 见式（3-5）：

$$Q_{max}^{r1} = V_{max} + 86\% \times 3.07V_{max} = 3.64V_{max} \tag{3-5}$$

（3）燃烧法（不回收余热）：设炉气中含有 86%CO，仍全部燃烧生成 CO_2，但空气过剩系数 $\alpha=4$。

$$CO + 4\left(\frac{1}{2}O_2 + 1.88N_2\right) = CO_2 + 1.5O_2 + 7.52N_2 \tag{3-6}$$

可以求出最大烟气量 Q_{max}^{r2} 见式（3-7）：

$$Q_{max}^{r2} = V_{max} + 86\% \times 9.02V_{max} = 8.76V_{max} \tag{3-7}$$

上述结果表明，未燃法的烟气量只有燃烧法的 1/8～1/3。

3.1.3 炼钢粉尘产生的机理

转炉炼钢粉尘产生的主要过程[5]为：转炉冶炼过程中的高温熔池及火点区温度过高造成熔池内部元素蒸发氧化形成粉尘，同时熔池元素和炉渣中的氧化物部分被熔池内部产生的 CO 气泡及热气流带走，过程如图 3-2 所示。

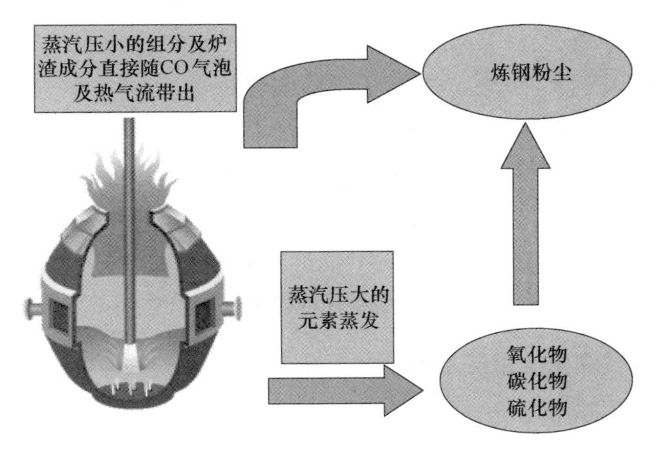

图 3-2 转炉炼钢粉尘形成过程

转炉炼钢粉尘的产生机理主要有两种[6]，如图3-3所示。第一种为蒸发理论，即熔池中蒸汽压大的元素在熔池及火点区的高温作用下蒸发，遇冷凝结进入集尘系统，为保持粉尘具有较低的表面能，绝大多数金属沉积以这种方式进行，因此粉尘中较小的颗粒逐步团聚为较大的相对规则的颗粒。第二种为气泡理论，即随着熔池脱碳反应的进行，大量上浮的CO气泡或热气流带走熔池中一部分微小物质，在这一过程中渣中的氧化物也会被带出，这些微小颗粒在上升过程中通过碰撞黏附形成小粉尘颗粒。以废钢为原料冶炼时，熔池碳含量低，此时粉尘的形成机理主要为蒸发理论。而以生铁为原料冶炼时，熔池碳含量高，脱碳反应激烈进行，炼钢粉尘的形成是蒸发理论与气泡理论共同作用的结果。

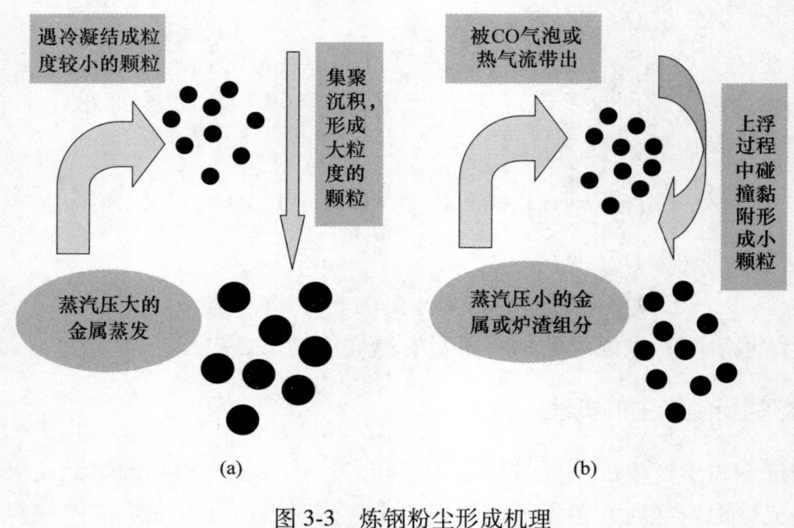

图3-3 炼钢粉尘形成机理

（a）蒸发理论；（b）气泡理论

3.2 转炉煤气除尘技术

自20世纪60年代初，为了更好地发展生产、节约利用二次能源以及解决环境问题，日本、西德、法国开始试验未燃法，将转炉煤气不再放散燃烧，而是通过一系列工艺流程收集起来，用作燃料或基本化工原料，自此便打开了回收利用转炉煤气资源的大门。回收利用转炉煤气，不仅可以处理工业废气，减少钢厂的污染排放，还可以变废为宝，将转炉煤气供给不同的用户，产生可观的经济效益。

3.2.1 转炉煤气除尘技术的发展

3.2.1.1 国外发展状况

20世纪50年代末，法国钢铁研究院和卢尔锻造公司首先开展转炉烟气未燃回收的试验研究工作，创造了著名的I-C法，1962年第一个未燃回收系统在北法和东法黑色冶金联合公司敦刻尔克钢厂投入运行。与此同时，日本新日铁公司和川崎重工公司联合开发OG（Oxygen Converter Gas Recovery，简称OG）技术，1962年3月日本第一套OG装置在130t转炉上投入运行。从此，I-C法和OG法成为未燃法净化回收的两种主要形式，在世界范围内竞相发展。而到20世纪70年代，OG法逐渐显示领先的势头。此间，还出现了德国的克房帕系统和Baumco Demag公司的B-D法，一度在欧洲流行。1979年日本全国平均吨钢回收煤气73.1m^3（标态），新日铁君津钢铁厂创造了吨钢113.1m^3（标态）的先进纪录。

转炉煤气干法除尘代表性的为LT（Lurgi-Thyssen）法，是德国Lurgi（鲁奇）公司和Thyssen（蒂森）公司在20世纪60年代末联合开发的转炉煤气净化回收工艺，是继传统OG法之后更为先进的煤气净化回收技术，其采用干式电除尘器来对其中的粉尘进行回收。西门子-奥钢联公司加以改进，集成了富锌粉尘收集系统，能够更好兼顾CO收集与粉尘循环，这种方法被称作DDS法，在1997年应用于奥钢联林茨钢厂[7]。

3.2.1.2 国内发展状况

我国转炉煤气一次除尘普遍采用OG湿法除尘、LT干法除尘或半干法除尘方法。我国转炉煤气一次除尘设备的成长进程：

1966年，中国开始采用国产OG湿法除尘；

1985年，中国首次引进OG湿法除尘；

1998年，中国首次引进新LT干法除尘；

2001年，中国首次引进新OG湿法除尘；

2004年，中国在世界上首次采用半干法除尘。

由表3-3可知，截至2018年，国内转炉煤气回收水平参差不齐，虽然个别重点钢铁企业煤气回收量超越100m^3/t（标态），可以实现负能炼钢，但总体水平依然不高，与发达国家先进水平依然有较大差距，转炉煤气回收技术还存在较大发展空间[8]。

表3-3 截至2018年国内部分钢厂煤气回收现状

项 目	煤气回收量（标态）/$m^3 \cdot t^{-1}$	热值/$kJ \cdot m^{-3}$
京唐300t转炉	85	1802×4.18
迁钢210t转炉	99.5	1756×4.18
宝钢300t转炉	99.5	2000×4.18
莱钢120t转炉	102.6	1544×4.18
攀钢120t转炉	81.5	1333×4.18
天钢180t转炉	130	1300×4.18
八钢150t转炉	91	2000×4.18
宣钢80t转炉	96	—

3.2.2 转炉煤气湿法除尘技术

3.2.2.1 转炉湿法除尘概述

随着对资源循环利用和节能环保的日益重视，世界各国开始发展转炉烟气净化及煤气回收技术。当前，转炉烟气净化及煤气回收技术主要有两大类型：即日本的湿法系统（OG 法）和德国的干法系统（LT 法）。

目前世界上 90%以上钢铁企业都采用文丘里除尘器湿法除尘方式，形成了以串联的双极文氏管为主流程的烟气净化与回收系统，称为 OXYGEN CONVERTER GAS RECOVERY，简称 OG 系统[9]。所谓 OG 装置，是指在将烟气未燃状态下净化回收，通过活动烟罩和炉口差压控制装置来完成，使得在回收过程中烟气尽量不燃烧或者少燃烧，同时用活动烟罩上方的差压检测装置检测差压，差压控制器对差压处理后，产生二文喉口的开度信号，从而控制二文喉口的开度变化，使得烟气不从炉口外溢或吸入空气。

OG 装置主要由烟罩、烟气冷却装置、烟气净化装置、煤气回收系统以及其他附属设备所组成，其工艺流程如图 3-4 所示。烟罩用于收集烟气，主要在裙罩、上下烟罩、汽化冷却烟道以及第一级文氏管（简称“一文”）中进行烟气的冷却。烟气净化装置由一文、二文（二级文氏管）、弯头脱水器以及水雾分离器等组成，它是 OG 装置的主要组成部分，主要作用是冷却并净化转炉烟气，其使用好坏直接影响回收煤气的质量。

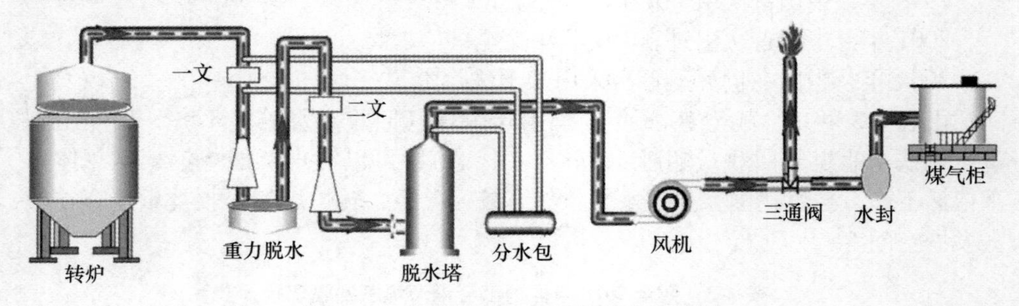

图 3-4　OG 法转炉烟气净化回收流程图

3.2.2.2 OG 湿法除尘的发展

近年来，转炉烟尘湿法除尘技术取得了极大的发展，主要经历以下几个阶段[10]。

A 传统 OG 湿法除尘

传统 OG 湿法除尘是指 1962 年日本新日铁公司和川崎重工公司联合开发 OG 技术，即常说的“两文三脱”。传统 OG 湿法除尘技术成熟可靠，系统相对简单，但存在处理烟气量偏小、易堵塞、脱水效果差、除尘效果一般等问题。最初的传统 OG 湿法除尘工艺流程如图 3-5 所示。

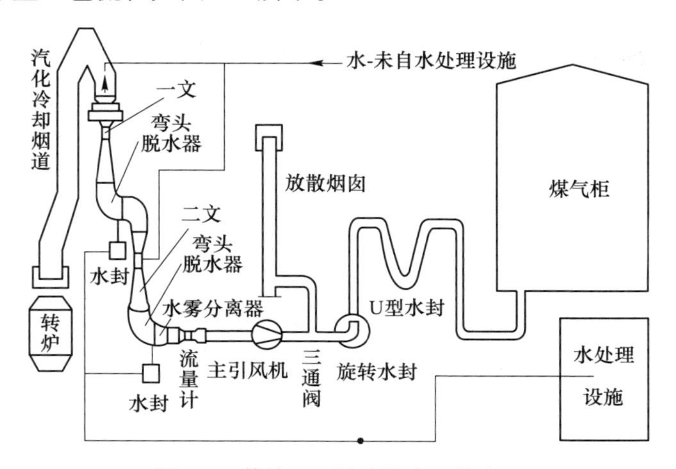

图 3-5 传统 OG 湿法除尘工艺流程

B 改进后的传统 OG 湿法除尘

目前国内一些钢铁企业仍在使用传统的 OG 法，但已经在最初的工艺方案上做了很多的适应性改进。例如，将一文喉口的定径喉口改为矩形可调喉口，增加了一文的可调节性，提高了一文粗除尘的效率。同时为适应一文粗除尘，利于大颗粒的脱除，将一文后的弯头脱水器改为重力脱水器，缩短了二文喉口配套液压伺服装置的响应时间，提高了二文精除尘效率的同时增加了煤气回收量。用湿旋脱水器替代了水雾分离器，从而改善了风机前的脱水效果。通过这些改进，传统 OG 湿法除尘得以继续使用，在正确使用和维护下，除尘效果可以达到 100mg/m^3。但改进的 OG 湿法除尘仍存在系统阻力大，二文 RD 喉口无法全程线形可调等问题。其工艺流程如图 3-6 所示。

C “塔文”式湿法除尘

作为湿法第三代向第四代技术过渡的中间阶段，“塔文”式湿法除尘，也就是常说的“三代半”湿法除尘，是湿法除尘技术发展的必然阶段。其工艺模式为：用喷淋塔代替了传统 OG 湿法中的一文和重力脱水器，这部分的设备阻损可由原来的 4500Pa 降低至 500Pa，从而很大程度上解决了湿法除尘系统阻力大的问题，同时将部分节省下来的设备阻损用在二文 RD 喉口上，提高了精除尘的效率，使得除尘系统排放浓度降低至 80mg/m^3。这种形式的除尘系统可极大降低系统阻损，在不换风机的条件下，提高了除尘系统的处理能力，在国内一些老转炉扩容改造中广泛应用。其工艺流程如图 3-7 所示。

承钢集团[11]针对转炉一次除尘系统工艺对炉口溢烟、降温、除尘及排放的要求，结合炼钢工况，在塔文除尘器的基础上，设计出基于西门子 S7-300 系列

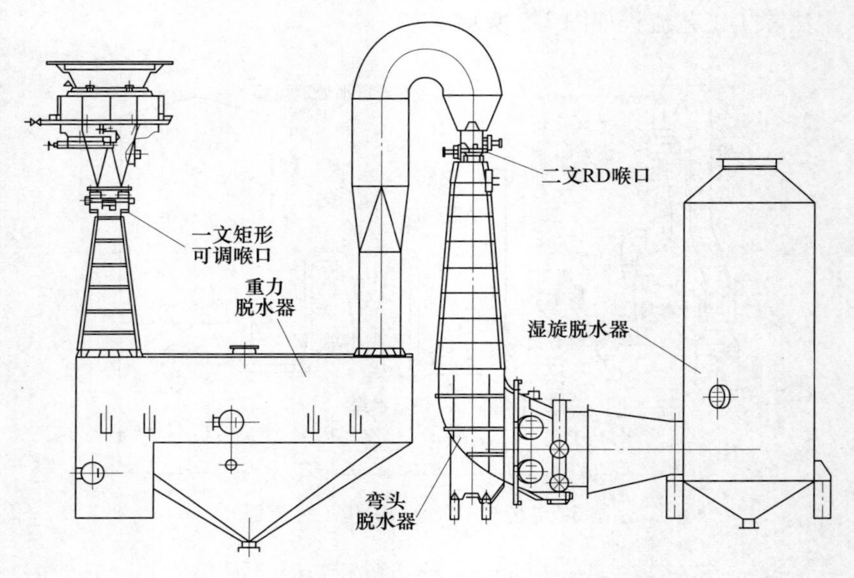

图 3-6 改进后的传统 OG 湿法除尘工艺流程

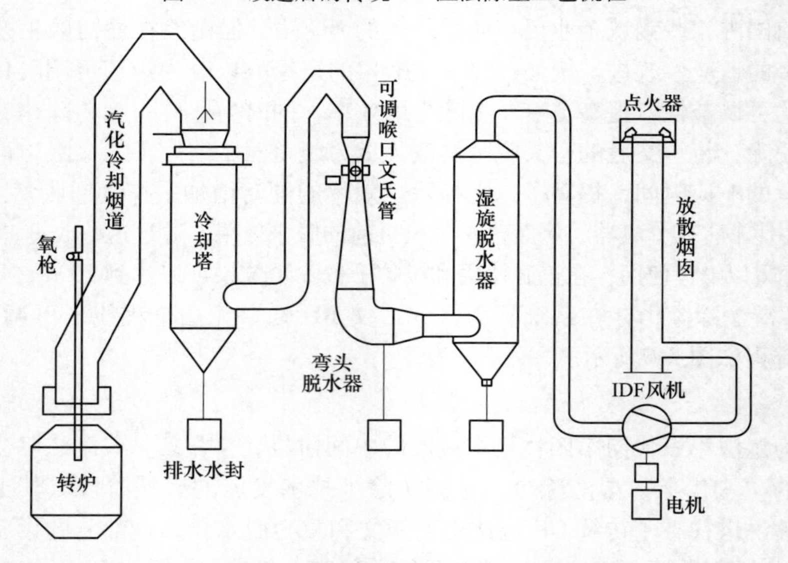

图 3-7 “塔文”式湿法除尘工艺流程

PLC 及 WinCC. 上位机软件的控制系统。通过炉口微差压、系统参数监测以及按吹氧时间分阶段对文氏管重锤位置的调整，满足了炼钢过程对一次除尘系统的控制需要。该系统可快速采集各个工艺参数，对实施工况条件做出准确判断，控制液压伺服装置与风机转速调节相配合，降低排放浓度，达到除尘环保的目的。

基于 PLC 的塔文脱（即洗涤塔-文氏管-脱水器）控制系统，根据吹氧时间，在吹氧前期一段、吹氧前期二段、吹氧中期、吹氧后期一段、吹氧后期二段 5 个阶段调整重锤位置，满足了对炉口微压差、降温、除尘和排放的要求。考虑煤气回收与不回收时工况的不同，还可以划分为回收五阶段与不回收五阶段，这种划分更接近实际。该系统在承钢得到应用，取得了很好的经济与社会效益。

D 第四代“塔环”式湿法除尘

第四代“塔环”式湿法除尘，在“塔文”式之后，由于新时期环保要求的需要，对二文精除尘进行了改进，用 RSW 洗涤器，即环缝洗涤器替换了原来的 RD 阀式喉口。RSW 洗涤器解决了 RD 阀自身无法克服的问题：首先，RSW 洗涤器全程线形可调，突破了 RD 阀可调范围 30°~90°的限制；其次，RSW 洗涤器的线性变化度更好，喉口通过面积变化更平顺，有利于更好地进行炉口微差压控制，提高烟气净化效果和煤气回收率；最后，RSW 洗涤器克服了 RD 阀式喉口两侧喷嘴易堵易变形以及阀板两侧易卡等问题。综上，RSW 洗涤器的使用进一步降低系统排放浓度，可达到 50mg/m^{3}的水平。当前，“塔环”式湿法除尘正越来越得到用户的青睐，国内各大钢厂相继新建或改造项目，应用的工程实例也越来越多。工艺流程如图 3-8 所示。

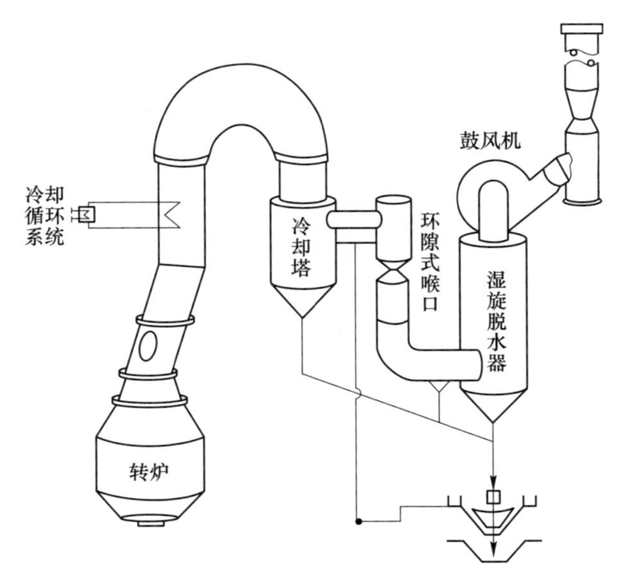

图 3-8 第四代“塔环”式湿法除尘工艺流程

环缝湿法除尘技术中，转炉吹炼过程中通过精确调节环缝开度控制炉口微压差是保证除尘效果的关键。宝钢湛江 1 号转炉成功应用环缝炉口微压差全自动控制技术[12]。该系统运行稳定，控制效果良好，满足工艺要求。

该系统主要工艺流程：转炉烟气经汽化冷却烟道冷却后进入洗涤塔粗除尘，通过设置在烟道内部的五层喷淋水嘴持续向烟气喷水冷却和粗除尘，烟气低速通过烟道可将烟气迅速冷却到饱和温度，将烟气冷却到约75℃以下。将粗颗粒烟尘从烟气中利用重力分离出来，将除尘水收集到喷淋塔底部，经过密封排水箱，再经明槽流到粗粒分离器。

预除尘后的转炉烟气进入环缝除尘系统，在环缝元件内进行喷淋精除尘。转炉烟气在环缝中被加速，烟气在此节流件内高速通过，此时烟气中的颗粒与喷淋水充分接触并凝结成颗粒，以重力方式沉淀至下部密封排水箱，含尘水经过密封排水箱，和粗除尘的含尘水一起再经明槽流到粗粒分离器，在粗粒分离器中进行含尘废水的第1级处理净化。

经两级除尘后的干净的转炉烟气，在进入并列的4个旋风脱水器进行脱水处理，处理后的煤气通过轴流风机加压。不符合回收条件的转炉煤气经三通阀放散，通过转炉放散塔燃烧排放。合格的转炉煤气经三通阀和水封逆止阀控制，通过V型水封阀送转炉煤气管网回收。转炉环缝湿法除尘工艺流程如图3-9所示。

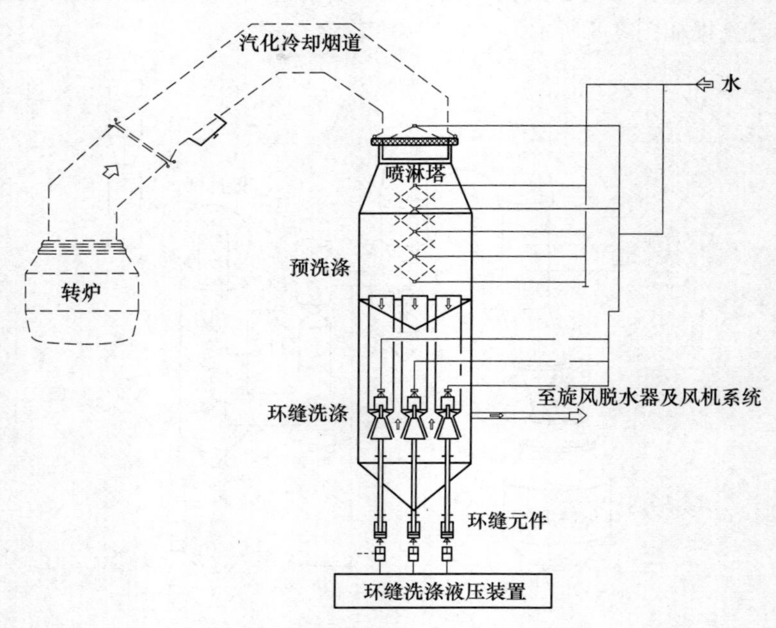

图3-9　环缝湿法除尘工艺流程图

该工艺有效改善了环缝响应滞后性和控制过程的扰动，实现了炉口微压差控制在±25Pa以内，保持时间大于吹炼时间的85%。通过炉口微压差的精确控制，炉口煤气泄漏量和燃烧量减少，煤气回收量明显增加，排放效果达到20mg/m^3。

3.2.2.3 OG 系统主要设备

OG 湿法除尘系统主要由烟罩、一级文氏管、二级文氏管、引风机、三向切换阀及旁通阀和放散塔组成[13]。

A 烟罩

烟罩的作用是收集烟气，这就要求罩内保持较小的负压。因此，如何使烟气在罩内有一定的缓冲空间，并改善对炉口差压的调节效果，减少烟气外溢，提高回收煤气回收的质量是设计烟罩时在形状上和尺寸上必须考虑的因素。

根据炉口烟罩的形状，基本上可分为单烟罩、双烟罩。单烟罩又可分为大罩、小罩和 OG 烟罩。双烟罩由主罩和副罩一起组成，两罩同时升降。副罩用来收集主罩溢出的烟气，通过副罩系统的净化和排烟设备排入大气，通常这种烟罩回收的煤气质量较高，但回收率低，设备结构较复杂，投资较高。目前，国内外采用单烟罩者较多，从使用的情况来看，如果另设辅助排烟系统，同时自动调节炉口差压，同样可能获得双烟罩所取得的效果。

OG 系统中使用的烟罩属于小罩型，由裙罩、上烟罩、下烟罩及台车台架组成。裙罩通过液压缸带动可做上下运动。为了兑铁水、出钢和烟气回收，裙罩升降比较频繁。吹炼期间，根据作业顺序，启动液压缸升降，在吹炼期间降至下限，覆盖炉口部，以保证炉内外的微小差压，防止煤气外溢或空气吸入烟罩。在吹炼各阶段调节与转炉炉口的间隙。OG 烟罩如图 3-10 所示。

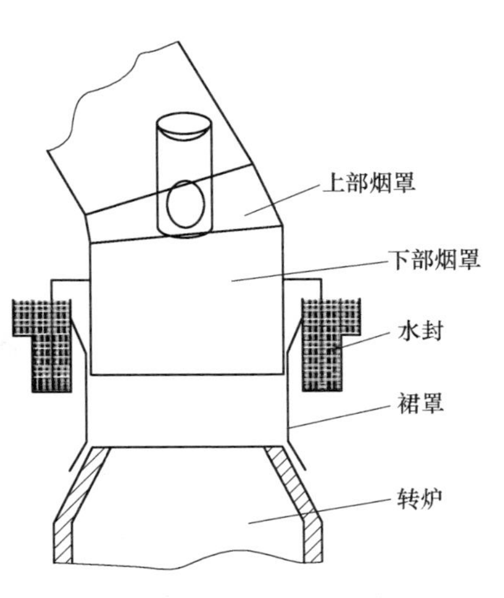

图 3-10 OG 烟罩结构示意图

OG 烟罩的下部裙罩口径略大于水冷炉口的外缘，喉封最小尺寸为 50mm，这样改善了差压控制的条件，也避免了降罩操作造成的粘罩而使裙罩不能抬起的可能。

上部烟罩开有散状材料投料孔、氧枪和副枪插入孔，并装有水套冷却。为了防止烟气的溢出，对散状材料投料孔、氧枪和副枪插入孔等均采用氮气或蒸汽密封。

B 一级文氏管

文氏管是一种烟气除尘降温的重要设备。文氏管按结构可分为定径文氏管和调径文氏管。OG 法烟气净化回收系统中以串联的双级文氏管为主流程，通常以定径文氏管为一级除尘装置，并加溢流水封，以调径文氏管作为二级除尘装置。文氏管是当前效率较高的湿法净化设备，由收缩段、喉口段和扩张段三部分组成，如图 3-11 所示。

一文采用手动可调喉口文氏管。为使转炉烟气降温，并进行粗除尘，在试车时用手动调节喉口挡板的开度，控制一文阻力损失在 2500Pa 左右，然后固定喉口使用。一文又称为“溢流文氏管”。

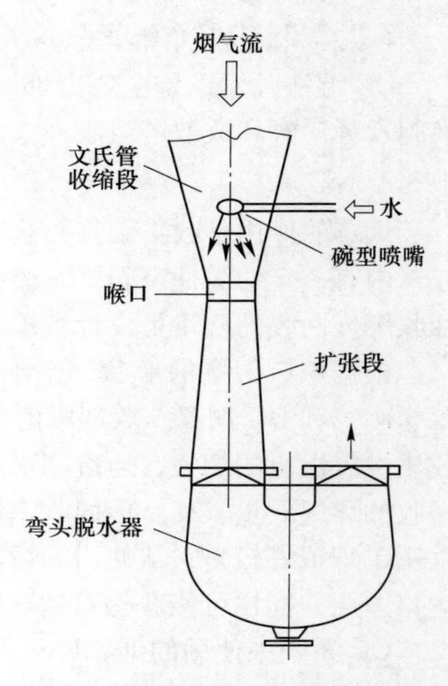

图 3-11　文氏管除尘器的组成

一文的除尘用水由喷嘴供水和溢流供水两部分组成，喷嘴可直接使用二文喷雾后的回水。实践证明，用污水不影响一文的除尘效果。这种用二文回水供一文的方式可节约 1/2 的用水。喷嘴可采用渐开线喷嘴，或者直接用水管将二文水喷向反溅板，反溅出的水滴，经高速烟气流（60m/s）撞击后充分雾化，使烟气流中的粗尘黏附于雾化水滴中，再通过一文后的弯头脱水器脱除污水水滴。

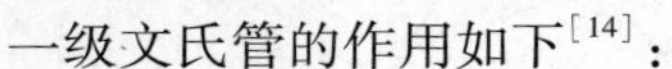

一级文氏管的作用如下[14]：

（1）降温将烟气温度从 750~850℃降到烟气饱和温度 75℃。

（2）除尘去除大颗粒灰尘（占全部烟尘量 70%）。

（3）灭火通过一级文氏管喷水，将从炉口出来的煤气中的火熄灭，防止一级文氏管发生爆炸。

（4）泄压防爆由于一级文氏管是一种溢流文氏管，溢流水封是敞开式结构，可用来泄压防爆，也可以补偿系统的热膨胀。

C　二级文氏管

转炉烟气经一级文氏管粗除尘后，进入二级文氏管进行精除尘。为了保证良好的除尘效果，必须保持喉口有一定的压损，即要求喉部的进水量和通过喉部的气体流速保持一定。因为转炉烟气量时刻在变化，如果喉口固定，则通过喉口的烟气流速要发生变化，除尘效果也将发生变化，所以必须让二级文氏管喉口开度随烟气量而变化，使烟气通过喉口的流速和阻损保持一定，这样就能始终保持二级文氏管的高效工作状态。二级文氏管又称为“除尘文氏管”，除尘率可达 99%以上。

二级文氏管与一级文氏管结构相似，也由收缩段、喉口段和扩张段等组成。喉口结构形式主要有 3 种[15]：

（1）翼板式调径文氏管简称 P-A 文氏管（Plateau Tomatic），结构如图 3-12 所示。喉口为矩形，在矩形喉口上部两长边设两片板，作为烟气流量的调节使用，在喉口两长边设喷水小孔，相向喷水。为防止灰尘堵塞喷水孔，设有气动捅针机构，定期自动清捅。

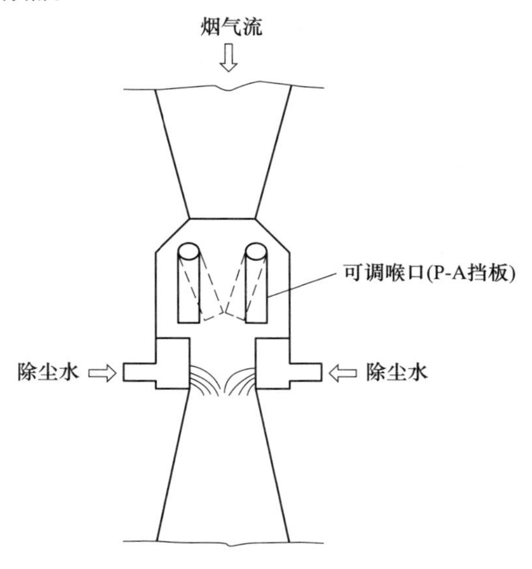

图 3-12 P-A 文氏管结构示意图

（2）米粒形阀板调径文氏管又称 R-D 阀板（Rice Damper），结构如图 3-13 所示。在 OG 系统中普遍采用此种结构，是日本的专利。阀板为一椭圆米粒状，置于矩形喉口中心[16]。

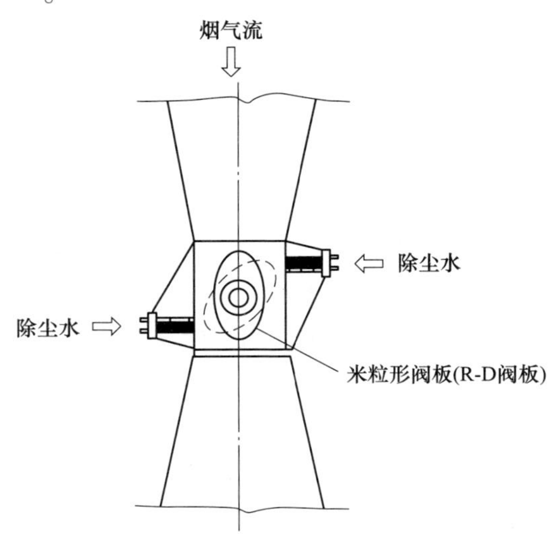

图 3-13 R-D 阀板结构示意图

（3）锥形重铊调径文氏管喉口是圆形，调径通过安装在扩张管中心的锥形重铊上下运动来改变通道截面。为保证重铊的直线上下，重铊采用倒装。1998

年，作为环保示范项目，日本政府在马钢三炼钢厂70t转炉扩容改造项目中无偿向马钢提供了一套新型“OG”法除尘技术和设备。这项技术对二文喉口进行了技术改进，即将二文可调喉口改为重铊式，采用重铊技术，使得系统阻力低，除尘效率高，易于控制，且不易堵塞，除尘效果保证值为≤50mg/m^3。

马钢第二炼钢厂OG装置的二文喉口采用R-D阀板。挡板的调节范围在30°~90°之间，喉口开度与通过烟气量在相同阻损下，基本上为一次函数关系，在30°~80°范围内线性度最好，有利于调节流过喉口烟气量。而开度较大时非线性严重，喉口的开度几乎不能调节流过喉口烟气量。二文喉口的输出性能曲线如图3-14所示。

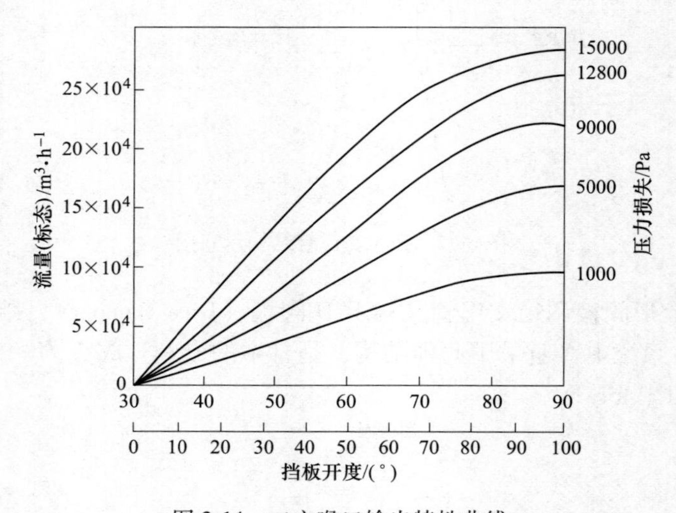

图3-14 二文喉口输出特性曲线

D 引风机

转炉在吹炼过程中产生了大量烟气，在引风机的作用下将其吸入到烟道中，经冷却、净化后，将其排至烟囱放散或输送到煤气罐中备用。因此引风机是煤气净化回收系统中最关键的心脏设备。风机的工作环境比较恶劣。例如，未燃法全湿净化系统，进入风机的气体（标态）含尘量为100~120mg/m^3，温度在36~65℃，CO含量在60%左右，相对湿度为100%，并含有一定量的水滴，同时转炉有周期性间断吹氧。基于以上工作特点，对风机的要求是：

（1）调节风量时其压力变化不大，同时在小风量运转时风机不喘振；

（2）叶片、机壳应具有较好的耐磨性和抗蚀性；

（3）具有良好的密封性和防爆性；

（4）应设有水冲洗喷嘴，已清除叶片和机壳内的积泥；

（5）具有较好的抗震性。

E　三向切换阀及旁通阀

三向切换阀由程序自动控制，实现对 OG 煤气的回收和放散。它由两台密封型蝶阀组成，放散侧蝶阀由两只气缸驱动，并通过同步连杆带动回收侧蝶阀旋转，二阀相互切换由限位开关限位。旁通阀由密封蝶阀组成，在煤气回收过渡到放散时三通阀发生故障，煤气可不经过三通阀，而由旁通阀进入放散塔，作为应急的安全设备。旁通阀能在中央操纵室自动运行，在现场可手动操纵。

F　放散塔

放散塔为 OG 煤气燃烧放散之用，每座 OG 装置设置一个烟囱，三个烟囱呈三角形自立式进行组合。这种多筒组合烟囱为日本新技术并获得专利。它与传统单体烟囱相比可获得稳定的热力动力抬升高度，基础小，节省钢材。

3.2.3　转炉煤气干法除尘技术

3.2.3.1　转炉干法除尘概述

转炉煤气干法除尘代表性的为 LT 法，是德国 Lurgi（鲁奇）公司和 Thyssen（蒂森）公司在 20 世纪 60 年代末联合开发的转炉煤气净化回收工艺，是继传统 OG 法之后更为先进的煤气净化回收技术，其采用干式电除尘器来对其中的粉尘进行回收。我国的钢铁厂大部分选择了传统的湿法技术进行回收，但新型 OG 系统的煤气含尘量也处于较高水平，不满足国家标准排放要求，而且煤气回收量相对较低，水耗、电耗和系统阻损等指标改善程度也不显著。因此，随着 LT 法技术的不断优化改进，其应用比例在不断提高。此外，《钢铁工业“十二五”发展规划》也对这种技术的应用起到促进作用，国内越来越多的企业采用 LT 法，新建大转炉也基本采用的是 LT 法[17]。

2006 年以后，很多钢铁企业为满足节能减排要求开始引入转炉煤气干法除尘技术，从而有效地降低粉尘排放、满足煤气的回收和利用要求，目前这种技术的应用比例在不断提高。煤气干法除尘系统在应用过程中也会产生一定泄爆问题，因而为避免这种问题出现，一些钢铁厂还研发出煤气泄爆控制技术，这样可更好地满足安全回收要求。目前此类设备的国产化进程在日益加快，100～150t 级转炉煤气干法除尘装备大部分都是国产的。

干法除尘的特征具体表现如下：

（1）技术要求较高，在对煤气进行除尘前，需要先对温度和湿度进行适当地控制，且在操作中对安全性要求较高。

（2）这种除尘模式有一定的安全风险，同时操作难度大、不容易控制管理，因而对相关设备的制造、安装要求也较高，增加了设备的投入和管理成本。

（3）在运行过程中对相关控制管理的要求高，需要严格的基于“控制烟气、控制监测、控制温度”原则进行管理。在实际应用中为满足这些要求，一般需要引入自动化控制模式。

（4）与转炉生产工艺存在一定制约和协调关系，在应用中需要对转炉生产工艺进行适当地改进，并据此满足有机结合要求。

近年来，随着干法除尘技术的不断完善，世界各国的钢铁厂应用逐渐增多，除尘效果明显，成本也低，粉尘处理难度降低。我国从宝钢 1994 年引进第一套 LT 系统以来，已经有近百套转炉煤气干法除尘系统投入运行。表 3-4 和表 3-5 概括了国内外采用干法除尘的部分转炉[8]。

表 3-4 国外采用干法除尘的部分转炉

技术总负责	钢厂	转炉公称容量/t	投产年份
鲁奇	德国格奥尔格斯马林冶金公司 Osnabruck 厂	1×130	1982
	德国蒂森 Bruckhausen 厂	2×400	1983
	德国蒂森 Beeckerwerth 厂	3×265	1988
	德国 EKO Eisenhuttenstadt 厂	2×225	1984
	德国普鲁士钢公司 Salzgitter 厂	3×210	1986
	奥地利奥钢联 Linz 厂	3×150	1988
	奥地利奥钢联 Donawitz 厂	2×67	2000
	乌克兰 Dneprodzershinsk 厂	1×250	1995
	意大利鲁奇尼冶金公司 Piombino 厂	3×130	2000
	韩国浦项公司光阳厂	3×250	1987
奥钢联	韩国浦项制铁浦项厂	2×300	2010
	韩国浦项制铁光阳厂	1×280	2010
	巴西蒂森克虏伯 CSA	2×330	2010
	乌克兰 Zaporizhstal	2×250	2010
	乌克兰 Alchevsk	2×300	2008
	斯洛伐克 US Steel Kosice	2×180	2005
	德国艾森许滕施塔特钢厂	2×210	2009
	德国萨尔茨吉特钢厂	3×230	2001
	澳大利亚 Voestalpine Donawitz	2×67	2000
	澳大利亚 Voestalpine Linz	3×160	1994
西马克	PT 喀拉喀托-浦项公司	1×300	2013

表 3-5 国内采用干法除尘的部分转炉

公司或钢厂	转炉公称容量/t	技术总负责/中国设计单位	投产年份
宝钢	2×250	奥钢联/中冶京诚	1998
	1×300		2006
莱钢	3×120	鲁奇/山东冶金院、西重所	2004（2套）、2005（1套）
	1×80	鲁奇/山东冶金院	2005
包钢	2×120	奥钢联/中冶东方	2005
	2×210		2006
太钢	2×180	鲁奇/中冶赛迪	2006
	2×150	鲁奇/西重所	2006
	1×180	奥钢联/宣化冶金环保	2010 开建
邯宝	3×250	鲁奇/中冶京诚	2008（2套）、2010（1套）
首钢京唐	5×300	奥钢联/中冶京诚	2008（3套）、2009（2套）
首钢迁钢	2×210	奥钢联/首钢国际工程	2009
江阴兴澄特钢	1×120	鲁奇/中冶京诚	2005
	1×120	中冶京诚	2009
	2×150	奥钢联/中冶京诚	2009
国丰钢铁	2×120	奥钢联/中冶京诚	2007
天铁	2×180	奥钢联/中冶京诚	2007
武钢集团鄂城钢铁	1×130	奥钢联/北京国华	2009
涟源钢铁	2×210	奥钢联	2009
济钢	1×210	鲁奇/西重所	2009
凌钢	1×120	鲁奇/山东冶金院	2007
攀钢	1×120	鲁奇/中冶赛迪	2007
	2×200	西重所	2010（中标）
福建三钢	3×120	鲁奇/中冶东方	2010（2套）、2011（1套）
唐山渤海钢铁集团	3×120	奥钢联	2011 开建
宣钢	2×150	北京国华	2011

3.2.3.2 转炉 LT 法除尘的工艺

顶吹转炉冶炼过程中，氧气和碳之间发生化学反应会产生含高浓度 CO 的烟气。转炉煤气热值约 7000J/m^3，属于中热值煤气，可用于锅炉或煤气发电，有着非常可观的经济价值[19]。

为了利用热值高的废气，首先必须对其进行冷却和净化。在烟气降温除尘后，发热值很高的转炉煤气将储存在转炉煤气柜以供用户使用。LT 干法除尘主要由烟气净化及煤气回收系统两部分组成，烟气经过蒸发冷却器冷却降温和粗除尘后进入静电除尘器进行精除尘，静电除尘器处理后不合格的煤气点火放散，合格的煤气降温后送往煤气柜进行储存[20]，其工艺流程如图3-15所示。

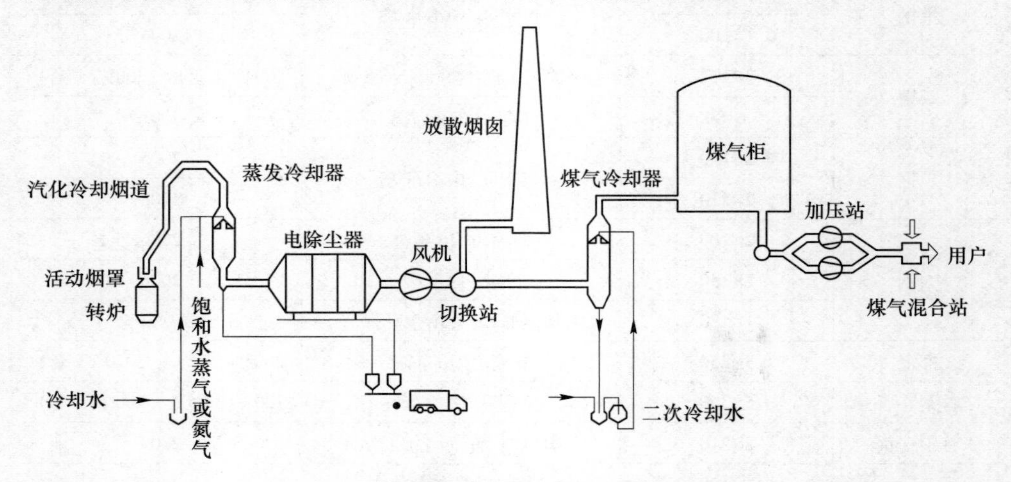

图3-15　LT法转炉煤气净化回收系统示意图

转炉煤气净化回收的过程实际上是对转炉烟气降温和粉尘颗粒分离的过程。两个过程同时进行，转炉烟气产生时高达1600℃，通过汽化烟道直接降到1000℃左右，随后进入蒸发冷却器。蒸发冷却器通过喷射装置雾状喷水直接冷却烟气，喷射装置包括一套双流量喷嘴。必要的冷却水是与蒸汽同时从喷嘴中喷射出来的。这样，当水从喷嘴排出时，水被雾化，以确保喷射水完全蒸发[21,22]。检测计算烟气的热值，根据热值精确调节喷水量，确保水完全转化为蒸汽。此过程必须保证烟气出口温度降到200℃，同时占烟气中总灰尘含量40%~50%的粗灰将在此过程中收集，粗灰通过重力作用沉降到蒸发冷却器下部的集灰仓，通过卸灰阀输出。蒸发冷却器的主要工作是降低烟气温度、提高露点、改变粉尘比电阻，满足电除尘器的要求。

转炉烟气通过蒸发冷却器第一道除尘工序后，温度和粉尘含量大幅度降低，通过输送管道进入电除尘器[23]。电除尘器内部由平行布置的收集电极组成，它们和除尘器的外壳一起接地。这些电极构成了煤气净化的流动通道。在煤气通道的中心上布置的是放电电极，配有负高压并且由绝缘装置支撑。放电电极附近的磁场强度极大，在特定电压下会产生端部放电，从而形成带负电的气体离子，这些气体离子向收集电极移动，因而又形成了微弱的电流（放电电流）[24]。干式系统由一个配备有隔热装置的圆形钢板外壳组成。4个串联布置的带有若干个煤气通道的静电磁场依次安装在外壳内。由接地的收集电极和高压放电电极组成的煤气通道布置在它们之间。每个静电磁场上都配备有一个振打系统。每个收集电极上都有一个落锤。这些自由落下的落锤布置在固定在煤气通道内部过滤空间内的落锤转轴上，以便它们可以接连落在振打棒的前端，从而可以周期性的连续振动和清洁收集电极排。放电电极的振打系统是以类似的操作原理为依据的。每个放电电极的框架和放电电极夹具都是使用一个落锤来振动的。落锤转轴借助于一个凸轮式抓卡装置启动，并在一定的位置断开，以便确保落锤的自由下落。静电除尘器中的细颗粒粉尘将通过链式运输机运输。进一步运送到细粒粉尘灰仓将由随后的汽化冷却器机械粉尘运输系统来完成。

含尘量75g/m^{3}的烟气经电除尘器净化后，烟气的含尘量降至20mg/m^{3}以下。煤气切换站用于将LT工艺中生成的高热值煤气送入煤气柜。主要在喷吹开始以及喷吹结束时生成的低热值煤气将借助于切换站送入废气燃烧烟道，并通过燃烧释放到大气中。切换站主要由两台带有一个专用连接链的杯形阀组成，这样可以补偿转换过程中的压力损失。进行修理或检验时，眼镜阀下游配备的杯形阀可以观察到进入煤气柜的煤气流动方向[25]。

3.2.3.3 LT法除尘系统

干法除尘系统主要由蒸发冷却器、烟气输送管道、静电除尘器、ID风机、煤气切换站、煤气放散塔、煤气冷却器、液压站以及煤气检测设备等部分组成[26]。下面对该系统的结构和工作情况进行详细论述。

A 蒸发冷却器

蒸发冷却器是干法除尘工艺和半干法除尘工艺都可以采用的转炉炼钢烟气净化回收系统中的粗除尘（一级除尘）装置，安装在汽化冷却烟道末端。

在运转炉烟气经汽化冷却烟道降温后温度为800~1050℃，然后进入蒸发冷却器。蒸发冷却器上端的内部有8~12个双流汽雾喷嘴，利用氮气或高温、高压蒸汽通过喷嘴将水以雾状喷射到高速的烟气流上，对烟气进行灭火、降温、除尘、调质处理。

双流雾化喷嘴的水量可根据进入蒸发冷却器内的干气体的热含量进行调节。通入的蒸汽使水雾化成细小的水滴，水滴被高温烟气加热蒸发，水滴在汽化过程中吸收烟气的热量，从而降低烟气温度。蒸发冷却器除冷却烟气外，由于细小的水滴对烟尘的润湿以及凝聚作用，粗颗粒的烟尘依靠重力从烟气中分离出来，达到粗除尘的目的。灰尘聚积在蒸发冷却器底部由链式输送机输出。经蒸发冷却器分离出的灰尘为烟气中总灰尘含量的30%~50%[27]。

此外，蒸发冷却器还具有烟气调质功能，即在冷却烟气的同时提高其露点，改变粉尘电阻率，使粉尘性能满足静电除尘器的工作要求，提高静电除尘器的除尘效率。由双流雾化喷嘴喷出的高压蒸汽和水也能起到灭掉烟气中火种的作用，减少烟气爆炸和静电除尘器“泄爆”的概率。

B 静电除尘器

干式除尘系统由平行布置的收集电极组成，它们和除尘器的外壳一起接地。

这些电极构成了煤气净化的流动通道。在煤气通道的中心上布置的是放电电极，配有负高压并且由绝缘装置支撑。放电电极附近的磁场强度极大，在特定电压下会产生端部放电，从而形成带负电的气体离子，这些气体离子向收集电极移动，因而又形成了微弱的电流（放电电流）。干式系统由一个配备有隔热装置的圆形钢板外壳组成。4 个串联布置的带有若干个煤气通道的静电磁场依次安装在外壳内。由接地的收集电极和高压放电电极组成的煤气通道布置在它们之间。每个静电磁场上都配备有一个振打系统。每个收集电极上都有一个落锤。这些自由落下的落锤布置在固定在煤气通道内部过滤空间内的落锤转轴上，以便它们可以接连落在振打棒的前端，从而可以周期性的连续振动和清洁收集电极排。放电电极的振打系统是以类似的操作原理为依据的。每个放电电极的框架和放电电极夹具都是使用一个落锤来振动的。落锤转轴借助于一个凸轮式抓卡装置启动，并在一定的位置断开，以便确保落锤的自由下落[28]。

经蒸发冷却器净化、冷却后温度为 180～250℃的烟气，由静电除尘器入口进入静电除尘器，通过两块分流板进入电场，尘粒经电离后落在阳极板上，被振打器震掉，又被刮灰器刮下，通过链条刮灰机输出。经静电除尘后，烟气中含尘量（标准状态）不大于 $10mg/m^3$。静电除尘器的结构如图 3-16 所示。静电除尘器由外壳、进口第一块分流板、进口第二块分流板、收尘电极、电晕电极、电晕电极上架、电晕极下架、收尘极上部支架、绝缘支座、石英绝缘管、电晕极悬吊管、电晕极支撑架、顶板、电晕极吊锤、电晕极振打装置、收尘极振打装置、收尘极下部隔板、排灰装置、出口分流板等部分组成。

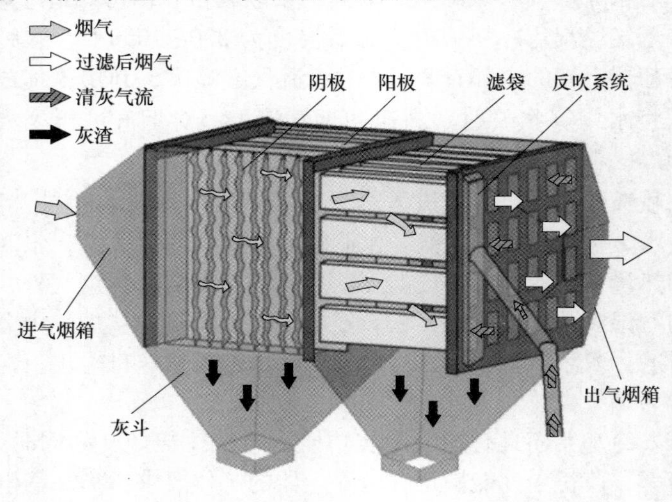

图 3-16　静电除尘器结构示意图

静电除尘器是干法转炉烟气净化除尘系统中的关键设备，其工作的安全性、可靠性、除尘效率是最关键的内容。为此，人们不断地对静电除尘器的结构进行研究和改造，力求取得更安全、更稳定的工作性能和更好的除尘效果。

目前转炉煤气干法净化回收系统中的静电除尘器均采用卧室圆筒结构。由于转炉炼钢所产生的烟气不连续，为了使电除尘器有较好的空气动力特性，避免在除尘器内形成烟气和空气的可燃性混合气体，防止在除尘器内形成回流和死角，最佳的流动方式是以柱塞状流动通过除尘器内部，同时圆形断面还使除尘器的壳体能承受较大的冲击强度。

C ID 风机

除尘风机是转炉烟气净化系统的关键设备，是烟气在整个净化处理系统中流动的动力来源。选择风机时，要求其抽气量大于或等于进入风机的最大工况烟气量，风压应足以克服净化系统的阻力损失。

最大工况烟气量 Q_{max}^{g} 按式（3-8）计算：

$$Q_{max}^{g} = Q_{max}^{y}\left(1 + \frac{f}{0.804}\right)\frac{273 + t_f}{273} \tag{3-8}$$

式中 Q_{max}^{y}——最大烟气量，m^3/h；

t_f——进入风机的烟气温度，℃；

f——t_f 下的烟气含湿量，kg/m^3（干气）；

0.804——标准状态下的水蒸气密度，kg/m^3。

系统的阻力损失包括管道阻损（含局部损失和摩擦损失），冷却、除尘和脱水等设备的阻损，阀门和孔板的阻损以及风机排除端的正压等。实际所需风机风压 P_f 如式（3-9）所示：

$$P_f = \frac{\gamma_0}{\gamma}P_z \tag{3-9}$$

式中 γ_0——风机铭牌介质密度，kg/m^3；

γ——风机前的烟气密度，kg/m^3；

P_z——风机前后的总阻损，N/m^2。

风机本体主要由进气箱、机壳、转子部、叶轮、扩压器、石墨密封部、底座、轴承箱及轴承冷却风机等部件组成。风机的大部分零件采用钢结构焊接件。风机的静止部件中除扩压器外，其余部件都是水平剖分的，因此叶轮能够方便地调换，所有静止件之间用螺栓连接，并考虑到热膨胀的影响，使其在任何情况下不至于危害到转子部件。风机带有轴承温度测试与元件，能遥测、监护和联锁，可保证风机的安全、稳定运行。

由于转炉干法除尘系统采用静电除尘工艺，静电除尘器内的泄爆是经常发生的。采用轴流风机时，气流在风机内处于轴向流动，当静电除尘器内发生爆炸时，风机内部可直接通过一部分爆炸气体，对减轻静电除尘器的爆炸影响是有利的。

在转炉干法除尘系统中没有可调喉口文氏管，因此，煤气回收时转炉炉口处微差压的调节只能依靠风机转数的调节来实现。为此，ID 风机采用变频调速（VVVF）改变转数调整风量（个别的还辅加改变叶轮襟叶角度以协助调整风量），既适应了转炉不同冶炼状态的风量需要，也可以在回收时保持较高的压头与风量以保证煤气的顺利回收。

D　煤气切换站

煤气切换站用作煤气回收与放散之间的切换。当需要煤气回收时，水封逆止阀通往煤气柜的阀门打开，同时关闭通往放散烟囱的阀门，将煤气经柜前水封送至煤气柜；当不进行煤气回收而放散时，打开水封逆止阀通往放散烟囱的阀门，同时关闭通往煤气柜的阀门，烟气经放散烟囱燃烧放散。

对切换阀的要求是密闭性强，动作迅速、灵敏，不能因为通过烟气量的波动引起风机喘振。常用的切换阀（站）有 4 种形式，即球形三通切换阀、双联三通切换阀、箱式水封三通切换阀和双杯型三通切换阀站[29]。前 3 种多用于湿法转炉烟气净化及回收系统，后者则用于干法转炉烟气净化及回收系统。

E　煤气柜

在转炉烟净化回收系统中，煤气柜是主要设施之一，它可以起到以下 3 个作用：

（1）贮存。转炉在生产过程中产生的煤气量是很不稳定的。产气是间断性的，气量也是波动的。同时煤气回收后当作燃料或原料使用，用户的用量也可能是波动的。为了解决产气和用气之间经常变化的矛盾，设置一个具有一定容量的贮气柜，起到调节气量的作用，可使燃料得到充分利用。

（2）稳压。转炉煤气在净化过程中，压力是波动的，如直接送往用户，将会使燃烧设备极不稳定，甚至造成事故。回收的煤气先送入煤气柜，再送入用户，就可以达到稳压要求，燃烧设备就比较容易控制。

（3）混合。在转炉吹炼过程中的 CO 含量是在不断变化的。因此转炉生产的煤气，每一炉吹炼过程中其成分都是波动的。冶炼过程中脱碳速度波动大，煤气的热值波动也大。在相邻的炉次中，由于供氧强度、冶炼条件的变化，对产生的煤气热值也有影响。为使用户得到热值较稳定的煤气，就必须有一个混合设备，煤气柜就可以起到这个作用。

煤气柜的种类很多，按其压力不同可分为低压煤气柜和高压煤气柜，压力低于 7000Pa 者为低压煤气柜，压力大于 0.5MPa 者为高压煤气柜。按其密封方式不同又可分为湿式煤气柜和干式煤气柜；按结构形式不同又可分为直升式煤气柜和螺旋式煤气柜；按水槽形状不同又可分为满膛水槽煤气柜和环形水槽煤气柜；按水槽的材质不同又可分为预应力钢筋混凝土水槽煤气柜和钢结构水槽煤气柜。

湿式煤气柜靠水密封，比较安全可靠，气柜容积可调节性较大。由于有水槽、煤气中含有水分，为防止柜体受腐蚀，柜体应定期刷油，此外一般无需其他检修，但气柜水槽，特别是钢筋混凝土水槽容易漏水，因而在日常操作时需要补充水。我国转炉煤气回收系统多采用湿式煤气柜。湿式煤气柜的分类如图 3-17 所示。

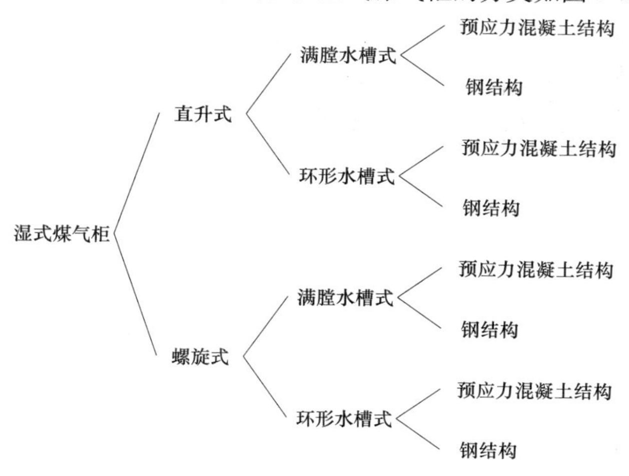

图 3-17 湿式煤气柜的分类

3.2.3.4 静电除尘器除尘效率的影响因素

静电除尘器是转炉干法除尘的核心设备，其工作原理如图 3-18 所示。一般以导线作放电电极负极，金属板作集尘电极的正极。在接通几万伏高压电后，两极间形成强大的电场，由于两个电极形状存在差异，因而形成的电场为非均匀的。导线附近电场强度高，这样可更强的约束正电荷，因而此区域附近的空间负离子较多。通过静电除尘器后的烟尘大部分捕获了电子，并在电场的作用下进入到正极，在达正极后，会沉降而跌落，在此基础上对粉尘进行有效分离。

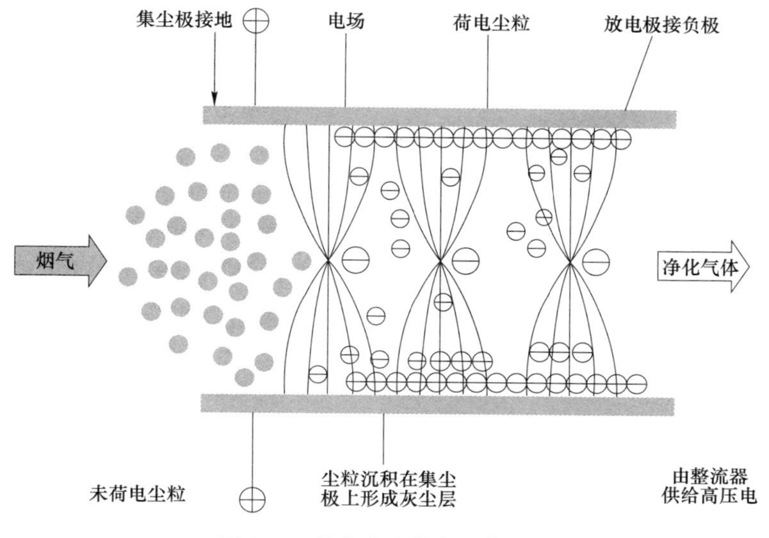

图 3-18 静电除尘器的工作原理

静电除尘的一大指标即除尘效率，是指同一时间内除尘装置去除的污染物数量与进入装置的污染物数量之比的百分数，它是衡量除尘装置性能的主要技术指标。除尘效率的高低，意味着除尘装置对含尘气体所能达到的净化程度。理论上讲，影响电除尘器除尘效率的因素主要包括以下几个方面：粉尘的比电阻、气体温度、湿度、含尘气体的流量和流速、含尘浓度、气流分布均匀性以及除尘器本身的结构等[30]。

A　含尘烟气的物理性质对除尘效率的影响

转炉冶炼产生的废气具有一定的能量和高温特征，在进入除尘器之前通过蒸发冷却器进行降温、调制处理，改变粉尘的物理性质使其更容易荷电化，提高静电除尘器的除尘效率，因此含尘烟气的温度和电场内的运行速度直接影响除尘器的除尘效率。

a　粉尘比电阻对除尘效率的影响

粉尘比电阻是衡量粉尘导电性的一项指标，粉尘的比电阻越小，其导电性能越好，粉尘的比电阻对电除尘器除尘效率影响较大。当利用电除尘器处理比电阻小于 104Ω · cm 的低阻型粉尘时，其除尘效率较低，而电晕电流则越高。产生这种现象的原因是低阻型粉尘导电性能好，当它在晕外区带上负电荷后，立即向降尘极运动，到达降尘极后，粉尘马上释放负电荷而使尘粒本身电性中和，中和后的尘粒，在降尘极处立即因为感应带电而带上正电荷，从而被降尘极所排斥，再次进入晕外区，与负离子中和，中和后的尘粒又在负离子流中重新带上负电荷，向降尘极运动，重复上述过程。这样，不但多消耗了电流，而且很难把粉尘捕集下来，使电除尘器除尘效率大大降低。对于比电阻在 104 ~ 1011Ω · cm 之间的正常型粉尘，电除尘器的除尘效率较高，电晕电流消耗亦较低，电除尘器工作稳定，这类粉尘是电除尘器最适宜处理的粉尘。当利用电除尘器处理比电阻值大于 1011Ω · cm 的高阻型粉尘时，随着粉尘比电阻的增大，电除尘器除尘效率急剧下降，电晕电流开始下降，随后急剧上升。这是由于这类高阻型粉尘在晕外区带上负离子后，被带正电的降尘极所吸引，但当到达降尘极后，粉尘的负电荷不能迅速释放，因而被降尘极牢牢吸引。当这层粉尘的负电荷得到中和后，对随后而来的粉尘起到绝缘或阻碍其负电荷中和的作用。因此，随着粉尘越聚越多，粉尘层积聚的负电荷也越聚越多，于是在先后聚集的粉尘层之间出现电位梯度，并出现微电场，从而减慢带负电离子的尘粒向降尘极沉积的速度，并使电晕电流下降。随着尘粒不断地在降尘极上沉积，负电荷数量不断增加，粉尘层中的气体发生电离。当聚集的电荷达到一定数量后微电场发生局部击穿，在粉尘层最外层到降尘极极板之间形成通道并发生火花放电现象。局部放电的存在，改变了电除尘器内电力线的分布，使通道处电力线高度集中，其他地方电力线变稀疏。局部放电所产生的正离子离开降尘极而移向晕外区，与电晕极产生的负离子及带负电粉尘粒子中和，使除尘状况恶化，电晕电流急剧上升，电除尘器除尘效率显著下降。

b 废气温度对除尘效率的影响

转炉废气在进入除尘器时具有一定的温度，废气温度直接决定着粉尘比电阻，对于不同极间距的除尘器对粉尘比电阻的要求不同，通过控制烟气温度使粉尘比电阻达到静电除尘器需要，使其更有利于粉尘的荷电化而被吸附阴阳极上。粉尘比电阻是指单位面积、单位厚度粉尘的电阻值。其计算公式见式（3-10）：

$$\rho = (U/I) \cdot (A/d) \tag{3-10}$$

式中 ρ——粉尘比电阻，$\Omega \cdot m$；

U——电场电压，V；

I——电场电流，A；

A——极板面积，m^2；

d——极间距，m。

粉尘比电阻受到很多因素的影响，如烟气温度、湿度、成分、粉尘性质（如粉尘粒度、分布）等，由于静电除尘是被动地接受转炉冶炼产生的废气，其他因素无法改变有效的方式控制烟气温度来改变粉尘比电阻，特别是恒温的影响。粉尘比电阻必须处于合适的范围内，否则比电阻过高或过低都会影响到除尘效率，比电阻过小的粉尘到达集尘极后，很快释放出负电荷而变成中性，从集尘极脱落返回气流中，降低除尘效率；比电阻过大粉尘到达集尘极后，由于无法释放负电荷而堆积在集尘极表面形成反电晕，阻碍其他粉尘相集尘极运动。因此，必须通过温度的控制使粉尘比电阻达到除尘器的需要。

电除尘器对粉尘的荷电化通过两种方式进行：一是通过粉尘表面荷电化形成导电体；二是通过粉尘本体荷电化形成导电体。表面导电主要靠水蒸气分子和其他吸附剂，如果恒温时间越长则水蒸气的蒸发越多，吸附剂的结合排除也越多，因此，比电阻也会逐渐增大，则电场之间形成的电晕电流减小，电场的强度降低，除尘器的除尘效率也随之降低。当温度逐步升高时，粉尘表面的水蒸气和吸附剂必然降低，粉尘表面导电必然降低，此时以粉尘本体导电为主，恒温时间越长，各种元素的原子核外电子获得的能量也越多，导电性能增加，极间电晕电流则越强，电场强度则增大，除尘器的除尘效率也随之提高。

试验证明，当烟尘温度小于120℃时，粉尘导电以表面导电为主，温度越低则表面导电越强，粉尘本体荷电化越发困难；当温度高于150℃时，粉尘中水蒸气和表面吸附剂就会非常稀少，粉尘导电基本以本体导电为主，此时粉尘导电将会变得困难。粉尘的导电必须使表面导电和本体导电结合起来才能更好地达到除尘效果。因此，电除尘器入口的含尘上烟气温度应控制在120~150℃，更有利于粉尘荷电化，有效提高静电除尘的除尘效率。

c 气体含尘浓度对除尘效率的影响

在电晕极和降尘极所形成的非均匀电场中，气体发生电离。电离产生的正离子向电晕极运动；电离产生的负离子（包括电子）向降尘极运动。正负离子各自向相反的方向移动，形成电风，这种电风的速度可达0.6~1.0m/s。由于晕外区比电晕区大得多，所以负离子在电场中的运动居于主导地位，即由负离子形成的电风是主要的。通过电场的粉尘微粒捕获负离子后，也成为带负电荷的粒子向降尘极运动，这种带电微粒的运动速度很慢，只有每秒几厘米，在电场中形成空间电荷。当气体的含尘浓度较低时，带电粉尘微粒受到电风的影响而加速向降尘极移动，改善了除尘效率，但当气体含尘量过大时，气体电离而成的正负离子为粉尘微粒所饱和，高速运动的电风为低速运动的带电微粒所代替，电风停止，高压电流几乎降低到零，电晕受到抑制，气体电离受到影响，电除尘器除尘效率大大下降，导致电晕封闭现象的发生。为此，必须降低电除尘器入口处的含尘浓度，可以采取二次除尘的办法来解决，即含尘气体在进入电除尘器之前，先经过旋风除尘器或其他除尘设备进行预处理，以降低电除尘器的含尘浓度。此外，改变电晕极的形状，例如采用芒刺形电晕极也有助于减少电晕封闭现象的发生。目前对造成电晕封闭的含尘浓度极限值尚无实践资料，一般认为入口含尘浓度在40~60g/m^3（标态）以下尚不致造成电晕封闭现象[31]。

d 烟气驱进速度对除尘效率的影响

粉尘在电场内受到重力、电场力、风机驱动力的共同作用。重力作用使粉尘落到除尘器底部，有利于含尘烟气的净化，并且转炉烟气中粉尘的颗粒非常小，粒径一般在0.01~1mm，在风机驱力的作用下，粉尘所受重力可以忽略，因此对粉尘的作用力只有电场力和风机驱动力。

粉尘在进入电场后，在风机驱动力作用下具有的速度，称之为驱进速度。不考虑粉尘重力作用的情况下，粉尘在电场内运行类似于平抛运动（如图3-19所示）。如果将粉尘看成一个单位的带电体，则粉尘在电场内受到的电场力如式（3-11）所示：

$$F = qE \tag{3-11}$$

式中 F——电场力；

q——电荷；

E——电场强度。

带电粉尘从极板的阴极移动到阳极所需的时间为：

$$t = (2s/a)^{1/2} \tag{3-12}$$

$$a = F/m \tag{3-13}$$

由式（3-12）和式（3-13）可知：

$$t = [2sm/(qE)]^{1/2} \tag{3-14}$$

式中 t——时间；

s——异极距；

m——粉尘质量。

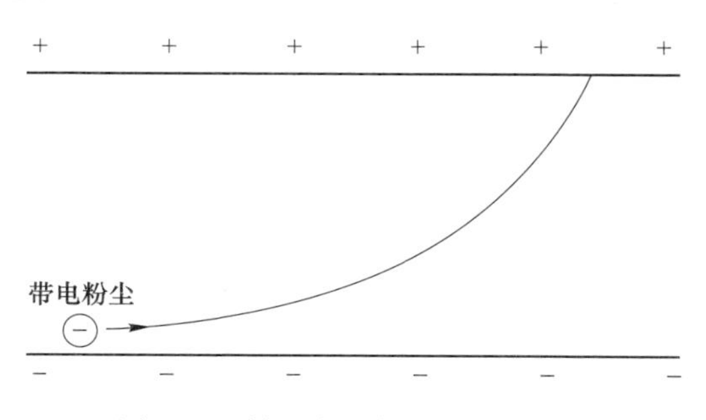

图 3-19 粉尘在电场中运动示意图

由式（3-14）可知，电场强度越强，粉尘在极间运行的时间越短。

由于粉尘在驱动速度的作用下，以相同的速度穿过电除尘，通过电场所需的时间为：

$$T = S/v \tag{3-15}$$

式中 T——粉尘通过电场的时间；

S——电场的有效长度；

v——粉尘的驱进速度。

由式（3-14）和式（3-15）可知，如果粉尘通过电场的时间低于其极板移动的时间即 $T<t$，这种情况下除尘的性能会受到明显影响，减低除尘效果。

由式（3-15）可知，控制粉尘通过电场时间主要是对其驱进速度进行调节而此速度和风机转速密切相关。在风机转速降低后会使转炉冶炼过程中产生的烟尘从炉口溢出，造成转炉周围环境的污染，因此驱动速度降低并非是无限的，必须使粉尘的驱进速度既能满足转炉除尘要求，同时控制在电场内粉尘的运行速度。除尘效率与粉尘驱进速度的关系如图 3-20 所示。

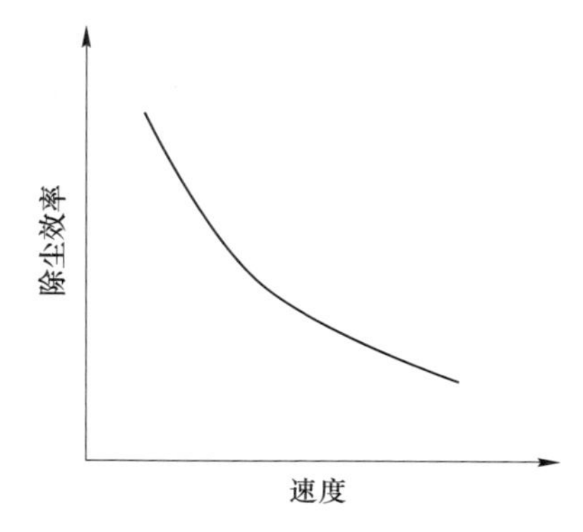

图 3-20 除尘效率与粉尘驱进速度的关系

e 含尘气体湿度对除尘效率的影响

进入电除尘器的含尘气体很难避免水蒸气的存在，这些水蒸气在电除尘器内，温度如果低于其露点温度，则一方面会使捕集到的粉尘结块黏结在降尘极和电晕极上，难于振落，影响电除尘器除尘效率；另一方面，由于水蒸气冷凝成水后，水中溶有酸性物质，从而造成电除尘器极板和极线的严重腐蚀，缩短电除尘器的使用寿命。但是，水蒸气温度如果高于其露点温度，则不仅无害，反而有益。因为在极间距相同的条件下，湿度高的含尘气体，其击穿电压相应增高，电除尘器工作性能稳定，因而提高了电除尘器的除尘效率；同时黏附在粉尘表面的水蒸气分子薄膜又改善了粉尘的导电性能，使比电阻较高的尘粒降低其比电阻，因而提高了电除尘器的除尘效率。向烟气中喷水可以达到同时增加烟气湿度和降低温度的双重目的，因此对降低水泥厂中高比电阻粉尘特别有效，可以达到提高电除尘器除尘效率的目的。

B　除尘器自身影响因素分析

静电除尘器自身影响除尘效率的因素主要包括极距变化和振打系统。极距变化造成静电除尘器电压升高受到限制，电场强度下降，导致转炉冶炼产生的含尘烟气通过电场时，部分粉尘无法荷电化而随烟气通过除尘器，降低电除尘器的除尘效率；振打系统的振打力度和周期设定不合理，必然造成粉尘无法被除尘器吸附或产生二次扬尘均造成静电除尘器除尘效率下降[32]。

a　极间距变化对除尘效率的影响

极间距的变化对静电除尘器除尘效率的影响最直接、最明显的，当除尘器的极间距出现变化，电场强度就随之发生明显变化。静电除尘器的工作电压基本在击穿电压区运行，一旦极间距缩小，击穿电压就会降低，电场强度就会降低，不利于粉尘荷电化，降低静电除尘器的除尘效率。稳定极间距是电场强度的有效保证，影响极间距的主要因素是设备制造偏差、安装偏差等，在集尘极和电晕极制造和组对的过程中必须严格按照图纸要求进行，安装时必须检查质量，并有效调整存在的缺陷，通过这些手段确保极间距能够满足静电除尘器的除尘要求。

b　振打系统对除尘效率的影响

粉尘进入除尘后，不同性质的粉尘分别被吸附在集尘极或电晕极的表面，如果集尘极和电晕极表面堆积大量的粉尘势必影响除尘器的除尘效率，因此必须将堆积的粉尘通过振打装置振落。振打装置在清灰的过程中既能把粉尘振落，同时要抑制二次扬尘的出现。通过控制振打装置的振打力和振打周期来保证除尘器的除尘效率。静电除尘的集尘极和电晕极均是悬挂方式，清灰方式通过振打装置敲击集尘极和电晕极使其发生振动而使表面的粉尘脱落。如果振打力较大造成极间距发生较大变化，电场的击穿电压下降，电场强度降低，导致部分粉尘无法荷电化而影响除尘效率；反之如果振打力不够，粉尘在集尘极和电晕极堆积多而形成反电晕降低除尘效率。所谓反电晕是指集尘极表面堆积大量的负电荷粉尘，形成与电晕极相同的极性而阻碍荷电化粉尘相集尘极运行，降低了除尘效率。因此必须控制振打装置的振打力，使静电除尘器的集尘极和电晕极产生合适的频率和振幅，既能使集尘极和电晕极表面的粉尘能够脱落，又要保证电除尘的电压受到的影响最小，避免电场的击穿电压大幅降低合理的振打周期是避免二次扬尘的有效手段，在振打的过程中很难有效控制二次烟尘，必须采取措施来消除二次扬尘产生的后果。通过设定静电除尘器各个电场的振打周期，避免不同电场同时振打或集尘极和电晕极同时振打的情况出现，前一个电场振打产生的二次扬尘利用下一个电场进行消化，保证静电除尘器的除尘效果。

3.2.4 半干法除尘与湿法电除尘技术

针对转炉一次除尘系统的改造方法大多分为两种。第一，彻底拆除原有的二文三脱湿法除尘系统（即 OG 法），新建干法除尘系统（即 LT 法），改造完成后能够彻底解决转炉一次烟气排放不达标的状况，但是这种改造形式存在造价高、投资大、占地面积大和自动化控制繁杂等缺点，因此很多企业对该种改造形式存在顾虑。第二，将原有的二文三脱湿法除尘系统（即 OG 法）改造为半干法除尘系统或者湿法电除尘系统，这种改造形式主要对转炉车间内系统进行局部改造，风机房等设施大多可利用，因此节省了很大的投资，是目前大多数企业所采用的主要改造形式。改造后，使转炉生产过程中产生的一次烟气经除尘设施净化后，排放的烟气中含尘浓度小于国家相关规范规定的排放标准。

3.2.4.1 半干法除尘技术的发展

2001 年在马钢引进的新 OG 湿法投产后，提出并逐步应用半干法。提出半干法的初衷是实现新 OG 湿法进口喷嘴的国产化并进行改进，核心工艺步骤是采用蒸发冷却和一次风机前湿式静电除尘。半干法从原理层面彻底淘汰了湿法，如今已经与干法一样并列成为转炉一次除尘环保达标的可选择技术。

目前，半干法已经日趋成熟，逐步显示出其适合国情厂情的优势，不仅能轻松达标，最大的优势是投资少、能产生经济效益。转炉半干法的主要发展过程如下[33]。

2002 年马钢 70t 转炉引进的新 OG 湿法投入运行，排放烟气平均达到了 50mg/m^{3}以下，所用全部喷嘴由喷雾系统日本分公司制造，但在全球的销售权被一家日本工程公司买断，而且该公司只为他们提供的系统卖喷嘴备件，不单独销售喷嘴。为此马钢提出了在洗涤塔内组合采用喷雾公司标准气体雾化喷嘴+螺旋水喷嘴的技术方案，以期实现喷嘴国产化，同时实现蒸发冷却，升级改进新 OG 湿法。

2004 年河北承钢新建 100t 转炉采用新 OG 湿法，洗涤塔喷嘴设计选用国产化方案，剩余部分沿用原来 OG 湿法的设计，投产后排放达到 50mg/m^{3}以下，并成功实现了喷嘴国产化。随后在承钢 40t、120t、150t 改造和新建过程中，对二文和脱水器的设计也进行了改进后，该方案在我国迅速推广应用到数百座转炉，成为完全国产化的一种新型湿法，或称第一代半干法。虽然没能收干灰，但其冷却原理为蒸发冷却，而不是原来的饱和冷却，属于半干法工艺的初级应用，最大优点是改造实施容易。

2005年山东莱钢新建80t转炉一次除尘设计采用干法，属于国家重大装备国产化项目，以实现干法国产化。由于电除尘器交货期等原因，投产初期先安装了干法的蒸发冷却器，在设计的电除尘器旁并联建设了老OG湿法。长期运行检测结果，这种半干法煤气柜后的煤气粉尘浓度一直在$3mg/m^3$以下，并且没有经过湿式静电除尘器再净化，在与干法并联可以选择使用的条件下，成为转炉主要运行的除尘系统。江苏永钢新建120t转炉、南钢新建100t转炉都采用了类似的工艺，直接采用干法的蒸发冷却器，湿法部分采用新OG法，淘汰了一文。这种半干法工艺能达到新标准、甚至更高的超低排放要求，比如小于$20mg/m^3$。

2013年福建三钢两座100t转炉老OG湿法达标改造选择了半干法，干式蒸发冷却器采用了两级蒸发冷却，不用刮板机卸灰，采用了直接重力卸灰，二文环缝的压差只需达到10kPa就可以达标，风机可以降速运行。如果风机保持原来湿法的转速，粉尘浓度能降低到$15mg/m^3$。在环保达标的同时，运行成本也有所降低。同年唐山经安的三座30t转炉在扩容到60t的改造过程中选择了半干法，进行了更多升级改进，主要是解决了蒸发冷却器内壁的积灰问题、降低了阻损，还尝试了停开原循环水和消纳利用焦化废水。

2014年唐山市丰南环保局协助三家钢厂组织了新型湿法的技术评审，并被省、市环保部门认定为转炉湿法除尘淘汰落后的可选择技术。

半干法除尘是我国发明专利、上海市高新技术。中国半干法除尘方法不管是对新建项目还是改造项目，相比于干法除尘总投资都可以节约50%以上（比如80t转炉一次除尘系统选用半干法除尘约可节省950万元投资），特别是对原来湿法除尘的改进，使投资减少、改造量和安置施工时间缩短，只有几年时间就在我国拥有超过100座转炉成功地选用半干法除尘技术，半干法除尘技术在迅速推广的过程当中获得不断改善与进步[34]。

3.2.4.2　半干法除尘技术原理

半干法除尘净化技术就是将烟气中分离出来的烟尘（既有干灰，又有泥浆）采用干法净化装置和湿法净化装置联合作业的净化系统进行净化。一般是以蒸发冷却器作为粗除尘（这与干法相同），以环缝可调喉口文氏管作为二级精除尘（这与湿法相同），经脱水除雾器后烟气进入鼓风机。半干法转炉烟气净化系统工艺流程如图3-21所示。

在半干法除尘系统中也采用平旋器进行粗除尘，它能除掉70%的粗颗粒，剩余的30%细颗粒灰尘主要是通过文氏管来凝聚。但是因为由平旋器进入文氏管的烟气温度有400℃左右，由于气温高，被凝聚了的灰尘会有一部分随着水的蒸发仍可返回到烟气中去，使文氏管的凝聚效率受到影响。如果在文氏管前增设溢流

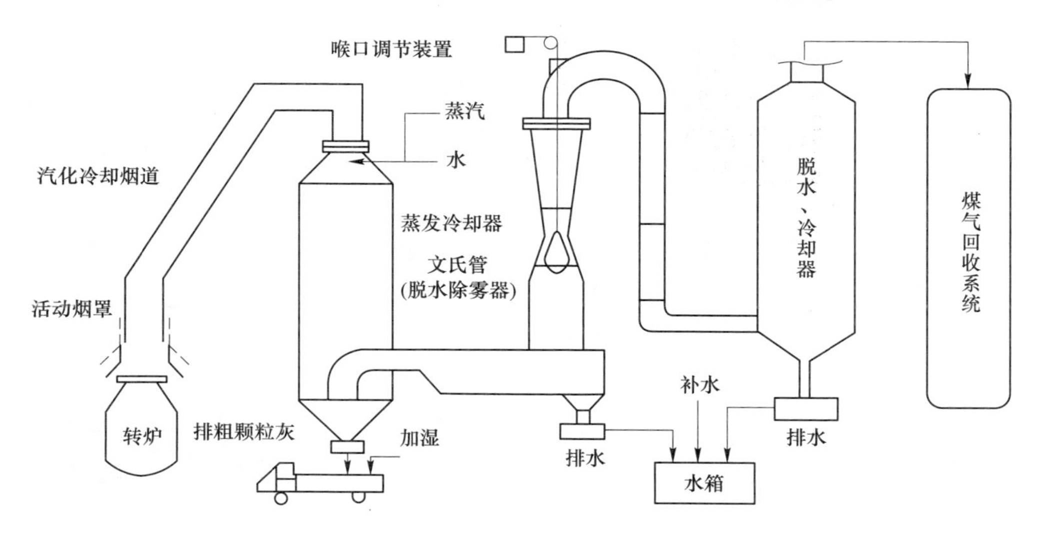

图 3-21 半干法转炉烟气净化系统工艺流程图

饱和喷淋段，则可以消除干湿交接而带来的堵塞问题，同时也能使烟气在饱和之后再进入文氏管，不仅可以减轻文氏管的除尘负荷，而且可以充分发挥文氏管对灰尘的凝聚作用，从而提高其净化效率。

烟气经过平旋器温度可降至400℃（低于 CO 的燃烧温度），而分离出来的灰尘温度又很高，如果系统不严密，容易引起爆炸，故加强系统的密封性是确保系统安全运行的必要条件。平旋器的卸灰方法是影响系统密封性的一个很重要的方面，同时它还严重地影响平旋器的净化效率。实践证明一般采用仅带有灰封的螺旋输灰机是不够严密的，必须在螺旋后边增设密封性能较好的灰仓。

精除尘采用环缝重砣调节式文氏管，出口烟气含尘量不大于 $80mg/m^3$。如果对环缝重砣调节式文氏管进行改进，如采用逆向雾化喷嘴，提高雾化效果、改善喉口扩张段净化效果，可使出口烟气含尘量达到 $50mg/m^3$甚至更低。

3.2.4.3 半干法除尘的应用

基于以上对半干法除尘技术的分析，本节以浙江某钢铁企业 180t 转炉煤气除尘系统为例进行说明[35]。

（1）设备改造：为满足汽化冷却烟道热膨胀冷缩产生的横向、纵向位移和防爆泄压要求，烟道和蒸发冷却塔之间用无收缩段水封连接。将原有一文更换为一次蒸发冷却塔，降低烟气温度，粗除尘并收集干灰，系统阻力 0.3～0.5kPa，降低系统阻力 2.5～3kPa，大幅降低用水量。增加二次蒸发冷却塔，进一步降低烟气温度，粗除尘。二文采用环缝可调喉口文氏管，对烟气精除尘，进气口在文氏管的下口，出气口在文氏管的上口，利于粉尘颗粒的排除，系统阻力 10～

12kPa。用复合脱水器替代传统的湿旋水雾分离器，下面装有导流板，下部入口处装一组喷枪，内部安装旋流叶轮，既能对烟气降温，脱水效果还更好，系统阻力1~1.5kPa。其他设备比如风机、水处理系统等基本使用原湿法除尘设备。改造后主要设备如图3-22所示。

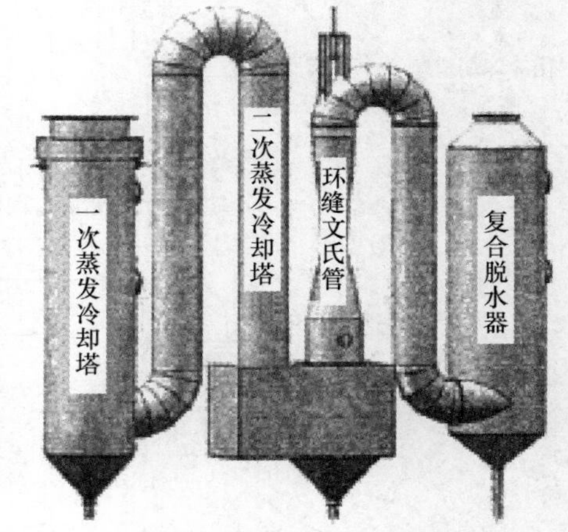

图3-22 改造后主要设备示意图

（2）工艺流程：在转炉吹氧过程中，1450℃左右的烟气携带平均100g/m³的粉尘从炉口进入烟罩，通过汽化冷却烟道后，在烟道的末端经过一个无收缩段水封，进入一次蒸发冷却塔，入口处布置的多个喷枪将烟气迅速（1~2s）冷却到260℃左右，出口粉尘浓度降低到40g/m³以下，底部收集干粉尘。烟气通过干烟气连接管道进入二次蒸发冷却塔内，烟气温度降低到75℃左右的饱和温度，粉尘浓度降低到5g/m³以下。湿烟气通过底部水槽进行冷凝除尘，冷凝后的饱和烟气向上进入上行式长径环缝文氏管，通过调整压力可以精除尘到30mg/m³以下。从文氏管出来的烟气经过脱水器下面的导流板，改变烟气方向且分布均匀，在与导流板碰撞的过程中部分机械水得到分离，后面的脱水器是一个低流速（≤5m/s）的空心塔，在入口位置的喷枪能使烟气中的小雾滴凝聚长大，实现与烟气分离；内部的旋流叶轮，改变烟气方向的同时与叶轮接触，使水雾和烟气进一步分离；底部设有排水水封，可以将水及粉尘从底部排出，经过简单过滤后通过循环泵供二次洗涤使用。净化后的煤气进入煤气柜或放散，干灰和污泥压球进入烧结工序。工艺流程如图3-23所示。

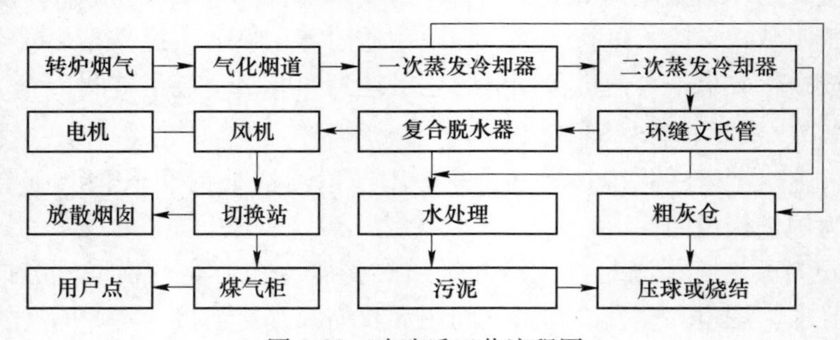

图3-23 改造后工艺流程图

（3）改造效果：投资成本远低于干法和湿法。改造后，设计粉尘排放浓度≤30mg/m³，实测为28.8mg/m³（风机转速1200r/min）和27.3mg/m³（风机转速 1250r/min)，达到设计要求，符合新环保要求。煤气回收量基本在 110～120m^3/t，与原湿法基本相当。吨钢回收干灰量为 8.5kg。除尘耗水量由原 950t/h 减少到 450t/h，减少了近 50%，同时有效提高了污水处理能力，使污水处理得到了足够的沉淀时间，除尘用水质量有所改善。降低了除尘系统内部风阻，降低一次除尘风机转速，由正常转速 1250r/min 降至 1150r/min，电流由原来 311A 减少到 275A，减少电能消耗。同时生产运行过程，粉尘含尘量减少，有效降低一次除尘风机动平衡调试次数。运行成本大幅降低，人员工资成本、备品备件成本与原湿法基本相当。

3.2.4.4 湿法电除尘技术

随着国内钢铁企业环保要求的提高，现有的湿法除尘工艺已不能满足新的烟气排放要求。基于此，在现有湿法除尘系统中增加一级湿式电除尘器，接入到现有湿法除尘系统中，可实现烟气粉尘排放值≤10mg/m^3（标态）。转炉湿式电除尘器可以采用立式结构（1 个电场）或卧式结构（2 个电场），湿式电除尘器烟气入口及收尘板顶部均设置有喷嘴，可实现烟气预除尘并有效冲洗收尘板上收集到的粉尘。转炉湿式电除尘器上设置有泄爆阀、煤气爆炸分析控制盒，可实现主动防爆，另外，转炉湿式电除尘器具有运行稳定、可靠性高、改造周期短、一次性投资低的特点[36]。

《2035 我国基础材料绿色制造技术路线图研究——钢铁绿色制造技术路线图研究》报告指出，2016 年底，转炉湿式电除尘器开始陆续应用在国内钢铁企业的转炉一次湿法除尘系统的改造上，至今，数 10 套系统已投运。转炉湿式电除尘器是在传统湿式电除尘器技术基础上，增加煤气主动防爆、泄爆、抗爆的功能，并实现高效除尘。国内外生产厂家多有制造、生产的能力，核心的部件如高压电源、泄爆阀、烟气成分传感器、防爆分析控制盒均实现了国产，通过对投运的转炉湿式电除尘器调研表明，通过防爆分析控制盒等技术，泄爆率低于 3‰，可保证设备稳定高效运行。

2016 年，首钢迁安 3 座 210t 转炉的一次除尘 OG 系统改造工程[37]。为满足新的环保法规要求，计划将现有转炉的一次除尘系统（湿法洗涤塔系统）升级改造为混合湿法过滤系统，利用现有湿法系统设备，只在现有洗涤塔下游安装一台特殊设计的湿式静电除尘器，以满足达标排放要求。

从转炉炉口收集的约 1000℃的高温烟气经汽化冷却烟道和湿法洗涤塔将温度降至 70～100℃后进入圆筒型湿式电除尘器，湿式电除尘器布置在洗涤塔后面（如图 3-24 所示），大部分粉尘在洗涤塔内被去除，依据静电沉积原理，烟气通过由阴、阳极单元组成的电场区域，粉尘荷电后被吸附在阴、阳极上（如图 3-25所示）；为确保除尘器内部处于湿度饱和状态，在气流分布板及每个电场前安装了足够数量的雾化喷嘴，雾化水系统连续工作；为有效清洗收尘极和放电极上的粉尘，每个电场都安装了冲洗水系统，在冲洗水管路中混合了一定比例的氮气，以保证冲洗水具有良好的雾化效果和安全性；为确保最佳的清洗效果，冲洗喷嘴不仅安装在电除尘器顶部，而且安装在每个电场的前面和后面，通过雾化水系统和冲洗水系统收集的雾化水和冲洗水最终被收集到电除尘器底部的下灰槽内，然后由灰斗排入沉淀池，而净化后的烟气通过电场至出口处、流经设置在出口喇叭内的除雾器，除去部分水分后流出至加压机加压后供给用户。

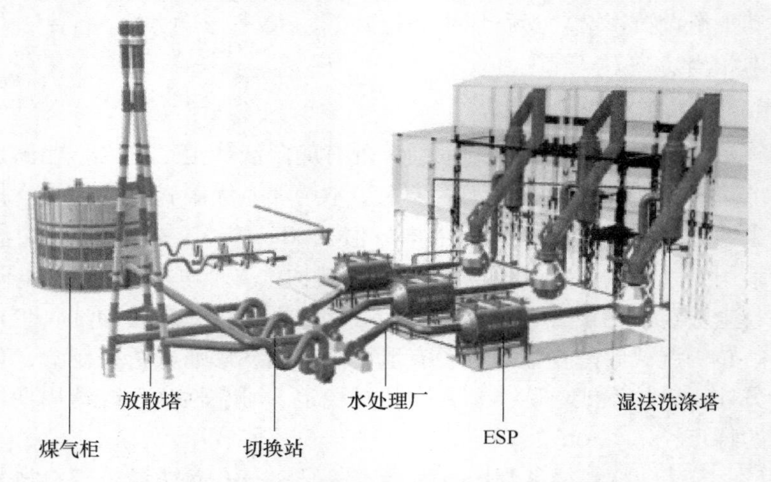

图 3-24　湿电除尘系统流程图

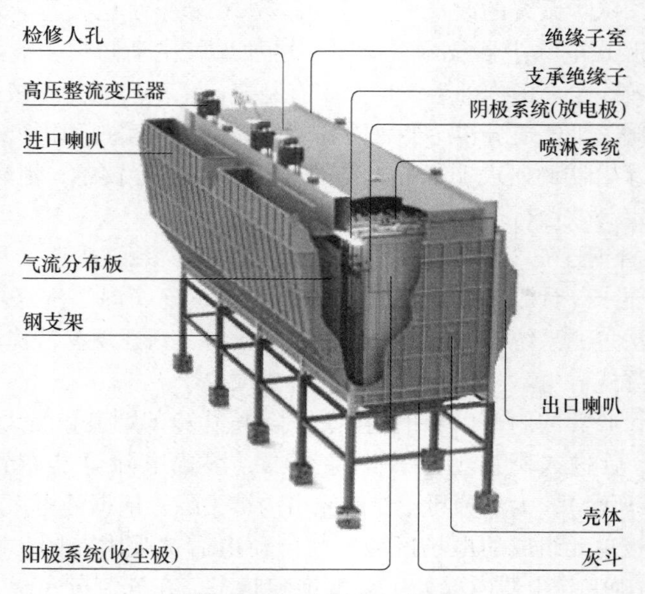

图 3-25　湿式电除尘示意图

该项目采用两电场的湿式电除尘器，保证了一次除尘系统排放符合最严格的环保法规（净煤气含尘量）。一方面，净煤气的含尘量足够低，允许转炉煤气直接从煤气柜到用户点而不需要额外的净化；另一方面，系统设计可实现节电，因为在满足净煤气含尘量的同时减小了二文压降。主要设备组成：（1）带进口和出口锥的圆形外壳；（2）进口锥内部的煤气分配器；（3）带高压整流装置的阴极系统；（4）收尘极系统；（5）雾化水系统；（6）冲洗水系统；（7）泄爆阀；（8）高低压控制装置。

自2016年4月投入运行至今，设备运行状态良好，各系统工作正常，设备运行稳定可靠，当入口烟气粉尘浓度为150mg/m^3（标态）时，经过转炉湿式电除尘器除尘，排放浓度为10mg/m^3（标态），每年可减排约120t微小颗粒物。

采用圆筒型湿式电除尘器加湿法洗涤塔技术可以以最低的投资，利用原有转炉洗涤塔来满足环保新规定，非常适用于现有湿法工艺系统的升级改造。

3.2.5　湿法、干法、半干法转炉除尘工艺的对比

相关文献对两台300t转炉新OG法、LT法做出对比，见表3-6和表3-7[38]。

表3-6　300t转炉新OG法、LT法的对比

序号	项目	新OG法	LT法
1	主要设备组成	喷淋塔+环缝文氏管+脱水器	蒸发冷却器+静电除尘+冷却塔
2	风机风量/$m^3\cdot h^{-1}$	20000	20000
3	风机全压/Pa	24000	8000
4	装机容量/kW	5000	2850
5	最终烟气温度/℃	65	70
6	系统耗电/$kW\cdot h\cdot a^{-1}$	2640×10^4	1364×10^4
7	耗水量（浊环水）/$t\cdot h^{-1}$	1300	300
	耗水量（补新水）/$t\cdot h^{-1}$	40	110
	耗水量（年耗水）/t	29	51.6
	耗水量（耗蒸汽流量）/$t\cdot h^{-1}$	20（每炉1.5min）	11（每炉1.5min）
	耗水量（年耗蒸汽流量）/t	8578	47174
8	总图面积/m^2	9175	7437
9	水处理占地面积/m^2	6400	484
10	塔楼布置	两个塔，塔楼布置较难	一个塔，塔楼布置较易
11	安全性	灭火很好	泄爆频繁
12	排放烟气含尘量/$mg\cdot m^{-3}$	≤40	≤10
13	风机噪声	高	低

续表 3-6

序号	项目	新 OG 法	LT 法
14	风机叶轮清洗	不易清洗	很少清洗
15	净化系统密封	好	好
16	维护管理	重点风机清洗及系统排堵	重点电除尘器的维护，泄爆阀、电极板更换

表 3-7 投资、运行及投资回收期总表

序号	项目（与新 OG 法国产相比）	新 OG 法（国产）	新 OG 法（引进）	LT 法（引进）
1	建设投资之比	1（国内部件及技术）	1.5414（引进关键设备及技术）	2.3679（引进关键部件及技术）
2	总成本费之比	1	1.052	1.283
3	收益	中	中	高
4	装机容量之比	1（含水处理）	1（含水处理）	0.5167（含压块）
5	每年电费之比	1	1	0.375
6	耗水之比	补充新水 1	补充新水 1	补充新水 1.78
7	水费之比	1	1	1.775
8	年运行费用	1	1	0.493
9	投资回收期（不含建设期）/年	3.37	5.02	3.90

文献对新建设的 4 座分别采用的 OG 法和 LT 法烟气净化除尘系统的 210t 转炉进行了对比，其结构见表 3-8[39]。

表 3-8 OG 法和 LT 法的对比

项 目	OG 法	LT 法	OG/LT
系统风量（标态）/$m^3 \cdot h^{-1}$	11.8×10^4	11.8×10^4	1
系统阻力/kPa	23~26	8.12	3
主风机电机容量/kW	4101	1150	1.91
其他电器容量/kW	945	14595	
循环水量（净环水+浊环水）/$t \cdot h^{-1}$	1240	340	3.6
用气量氮气（标态）/$m^3 \cdot h^{-1}$	53167	36700	
压缩空气（标态）/$m^3 \cdot h^{-1}$	2530	2150	
焦炉煤气（标态）/$m^3 \cdot h^{-1}$	150	150	1.43
饱和蒸汽/$t \cdot h^{-1}$	9		
吨钢回收煤气（标态）/$m^3 \cdot h^{-1}$	≥70	≥85	0.824

续表 3-8

项　目	OG 法	LT 法	OG/LT
回收煤气含尘量/mg·m^{-3}	100~150	10~15	10~15
粉尘回收方式	含水 30%泥饼 4 万吨/年	干粉块 3 万吨/年	
工艺操作	容易	要求高、泄爆频繁	
设备投资/万元	3300	4500	0.733

转炉煤气干法、湿法和半干法除尘系统经济效益比较见表 3-9。

表 3-9　转炉煤气干法、湿法和半干法除尘系统经济效益比较表

项目内容	120t 转炉干法除尘			120t 转炉湿法除尘			120t 转炉半干法除尘		
	吨钢耗量	吨钢费用/元	全年费用/万元	吨钢耗量	吨钢费用/元	全年费用/万元	吨钢耗量	吨钢费用/元	全年费用/万元
备品备件（按 4%）		0.82	-123		0.56	-84		0.62	-93
新水耗量/m^3	0.2	0.96	-144	0.32	1.536	-230.4	0.26	1.248	-187.2
循环水耗量/m^3	1.1	0.33	-49.5	3.3	0.99	-148.5	2.3	0.69	-103.5
电耗/kW·h	3.5	2.8	-420	7.2	5.76	-864	5.6	4.48	-672
蒸汽/t	0.02	1.6	-240	0	0	0	0	0	0
氮气/m^3	5	1	-150	5	1	-150	10	2	-300
操作人工成本/万元	28		-112	28		-112	28		-112
运行成本/万元			-1238.5			-1588.9			-1467.7
固定资产折旧/万元			-205			-140			-155
回收煤气/m^3	100	22	3300	90	19.8	2970	100	22	3300
效益合计/万元			1857			1241			1677

3.3　除尘风机变频技术

炼钢厂的大型辅机设备除尘风机的耗电量很大，在经济发展的今天，高能耗已经逐渐不被人接受。因此，在工厂中要尽力改造高耗电量设备，以达到更好的经济效益[40]。转炉吹炼具有周期性，为节能降耗，要求与转炉配套的转炉除尘风机在整个炼钢周期内风压和风量也要相应的调节。吹氧炼钢时产生大量的烟气，除尘风机的风压和风量应相应调大；不吹氧时烟气较少，除尘风机的风压和风量应相应调小。但当前部分钢铁企业的老旧除尘风机处于全天高速运转的状态，无法根据生产情况来实时调节转速，因此造成了电能的极大浪费，同时除尘风机自身的损耗也很大，由于长期过度使用，风机寿命缩短，更换频率加快，给工厂带来了额外的生产开销，不利于工厂的竞争和发展。因此，通过加强技术改造，采用智能化自动控制方式实现炼铁厂的变频除尘是钢铁产业技术革新的关键之举[41]。

目前对钢铁厂除尘风机的节能降耗可以通过高压变频控制技术进行改造，节能效果明显且提高了电机的使用寿命本，降低了厂家成本。采用变频技术后，风机的转速运行情况将根据生产情况受变频器直接控制，避免了空转带来的能源浪费，达到了节能减耗和系统智能化控制的目的。

3.3.1　风机变频控制原理

工业上的风机通常是以额定功率运行的，此时风机的流量一直以最大出风量运转不停，电机上电后直接控制启动风机全速运转，无法改变风机的转速，长此以往就造成了能源的巨大浪费与设备的严重损耗，也给生产环境带来了巨大的噪声污染，风机利用率和功率因数也并没有得到改善。鉴于实际生产中风机并非长期处于工作满负荷状态，可以采用科学有效的风机变频控制技术，在保证风压下直接调节电机的转速降低风机的使用功率，不但满足系统的压力要求，还节省了生产成本。通常情况下风机出风量 Q 与转速 n 成线性正比例，风压 H 与转速 n 的平方成正比，功率 P 与转速 n 的立方成正比[42]，风量、转速、风压、功率之间的关系如表 3-10 所示。

表 3-10　风量、转速、风压、功率之间的关系

转速 n 占额定转速的比例/%	风量 Q/%	风压 H/%	功率 P/%
100	100	100	100
90	90	87	72.9
80	80	64	51.2
70	70	49	34.3
60	60	36	21.6
50	50	25	12.5

由表 3-10 可知：风量及风压和功率是受控于风速的，可以根据需求风量降低风速，由此带来风压和功率的能源节约。根据生产情况在风量需求减少时，通过变频技术改变风机转速，例如目前生产环节只需满额出风量的 70%，可以使转速也降低到高速运转的 70%，带来的效果是用原先一半的电压仅需 30%的功率即可完成生产需求，理论上可以节省 70%的电能，可见带来的经济效益和环境改善的优良效果巨大，变频控制技术将充当节能降耗的重要手段。而实际生产中大多数的炼铁厂除尘控制系统中的风量调节方式大都是通过风门挡板来实现，虽然也可相应降低使用功率，但挡板产生了额外的能量浪费，节能效果无法与变频相

比。为此，各钢铁企业都大力推行变频除尘系统，改良风机风量调节方式，提高风机和能源利用率，将变频风机控制系统应用到实际生产中，提高生产效益和企业竞争力。

3.3.2 变频除尘风机的概述

（1）变频除尘风机特点：变频器的启动比较平衡，启动时的电流可以控制在限定的电流之内，这样一来就可以减少启动时压力太大对电流的冲击。变频的功能让除尘机的平均转速降低了，也可以减少它的伤害，延长它的使用寿命。虽然变频除尘风机在低速运转的时候，它的工作电流较小。因此，最高频率的功率一定要确定为变频时的最高功率，这样才能达到变频的真正效果[43]。

（2）变频除尘技术的实现：通过安装在除尘管网上的压力传感器，这样一来就可以把压力转换为模拟信号。通过它里面含有的控制器，可以改变风机的转速。当灰尘流入量大的时候，变频可以根据灰尘多量，进行设定值的增加，就可以保证风机的转速提高、风量增大，完美的吸入灰尘。当风机的转速不再变化，这说明没有大量的灰尘需要调高变速。因此，它实现了控制设备的软起软停，一来降低了设备的故障出现率，二来是减少了电能的消耗。变频技术可以达到长期的系统安全、稳定、正常运行，是钢铁生产中的好帮手。变频技术不仅解决了钢铁生产中的管道除尘功能，它还成功解决了能源消耗快和污染的两大难题。

（3）变频除尘风机的性能分析：随着电力电子技术的发展，变频技术也在各行各业中被广泛应用并取得了非常良好的效益。当变频运用在除尘风机上，就可以对风机的速度进行调控。这样一来，不仅可以达到除尘的效果，还可以节省电能，是一种比较理想经济型的运行方式。变频除尘风机的主要性能就是消除启动的时候对于电流的强大冲击，可以有效地进行调速控制。变频除尘器的性能主要体现在以下方面：

1）节能用电。与传统的除尘风机相对比，变频除尘风机可以减少 1/3 的电量，这一点就可以实现绿色节能的性能。

2）操作简单，灵活自如，配置繁杂，功能齐全。合理的运行状态，由于增加了变频，也减少了平均的磨损，减少了维修的费用，大大增加了风机的使用寿命。

3）改变频风机的系统，控制比较的方便，它设有报警措施，一旦变频出现故障，它可以自动切换到工频运行，减少损失。在保证安全的前提下，运行自如。

3.3.3 变频技术应用和研究现状

变频调速技术[44]在一些工厂内已得到了应用并取得了很好的节能效果。太原钢厂、邯郸钢厂等单位将变频技术应用在风机、机组上，既保证了生产，又节约了能源；九江石化工厂已将变频调速技术应用在常减压和催裂化装置上，取得了节能、增产的显著效果；甚至有的工厂在各工艺环节广泛采用变频器，低压变频调速普及率达 70%，取得了明显的生产效益和很好的能耗指标。

变频调速技术不仅节约了能源，同时还提高了产品的质量。很多用户实践结果证明，采用变频调速技术后，节电率一般在 10%~30%，高的可达 40%，此外还攻克了一些技术难点，例如：宝钢冷轧薄板厂采用变频装置后，年节约电费约 50 万元，同时大幅度地提高产品质量和产量；沙桐泰兴化学有限公司在焦油工段应用 30 台变频器，控制精度达到 0. 1，从投入至今未发生一起事故。

开发高压变频器取得了成功，并已经应用于生产过程。目前，国产高压变频器有北京利德华福公司、成都东方日立公司、北京合康亿盛公司等约 10 来个厂家，这些公司进入该领域，对我国自主高压变频器品牌抢占国内市场起到了积极作用，至今国内已经投运的高压变频器接近 3000 套。

3. 3. 4 130 万立方米除尘风机变频改造实践

3. 3. 4. 1 改造背景

炼钢厂的大型辅机设备除尘风机的耗电量很大，在经济发展的今天，高能耗已经逐渐不被人接受。因此，在工厂中要尽力改造高耗电量设备，以达到更好的经济效益。但目前的情况是，很大一部分风机不是在设计工况下运行，而是处于变工况下运行，为满足其要求，就需对风机进行调节。采用变频调速技术不仅可以克服执行机构非线性严重、反应迟钝等问题，还具有效率高、能耗低、调节精度好、运行可靠和自动化程度高等优点。通过改变设备运行速度来调节现场所需风压、风量的大小，同时增创炼钢厂效益[45]。

方大特钢炼钢厂 3 座转炉的二次除尘及 2 号 LF 炉的除尘等的 130 万立方米除尘风机（风量 $1300000m^3/h$，配套高压电机额定功率 3150kW/6kV)，同时这些除尘点除尘风量的需求依靠风门实现，风门控制点达到了 13 处，控制节奏变化频繁，因此风机不宜恒速运行。目前除尘风机的变速启动是使用液力耦合器实现，而液力耦合器不能实现风机转速的变速自动控制，所以除尘风机长期接近满负荷高速运行，导致 130 万立方米除尘风机日耗电量平均约 68626kW · h。

随着炼钢厂除尘系统的不断完善，130 万立方米除尘系统只负责 3 座转炉的二次除尘。130 万立方米除尘器可通过 3 座转炉炉体状态信号及系统管路阀门的联锁控制信号实现变速运行。因此，完善后的 130 万立方米除尘风机电机已具备变频调速改造的条件，通过变频改造可以取得明显的节电效果。

3. 3. 4. 2 改造方案

取消现有的液力耦合器，并将高压电机移位重新安装。利用 130 万立方米除尘系统的 80 万立方米除尘器主电室西面房间改建成高压变频器室（长 9.5m，宽 5m，高 4.3m）；新增一台高压变频器，由于高压变频器运行会产生 4%的损耗而发热，所以变频器室内需安装工业空调；利用一根 YJV-10kV-3×240mm²高压电缆用于变频器输出到高压电机，长度约 60m（原高压电机出线柜利旧，原高压电机电缆作为高压变频器的进线电缆）改造后，高压主回路原理如图 3-26 所示。

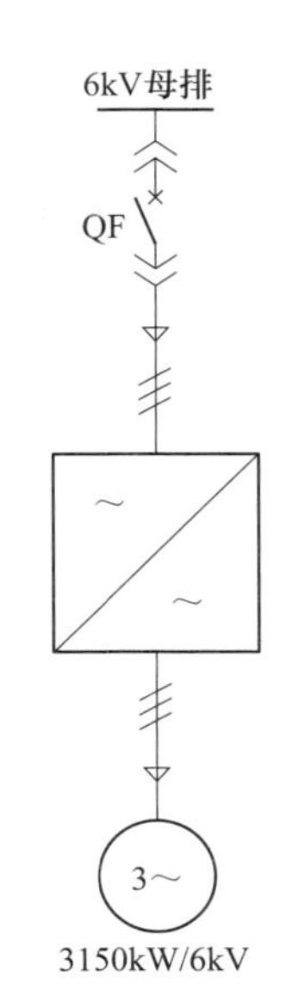

图 3-26　高压主回路原理

（1）新增一台上位工控机，并编写相应 PLC 程序及上位机画面。

（2）通过 PLC 程序实现风机的自动变频调速，130 万立方米除尘 PLC 系统通过工业以太网通信分别读取 3 座转炉的冶炼状态信号并参与到高压电机变频器调速控制。

（3）兑铁水及加废钢状态：取转炉溅渣结束氮气切断阀关闭信号开始，炉体摇正开始吹炼氧气阀门打开信号结束，此时除尘风机按 130m³/h 风量运行。

（4）吹炼及出钢状态：取开始吹炼氧气阀门打开信号开始，出完钢后转炉溅渣结束氮气切断阀关闭信号结束，此时除尘风机按 100m³/h 风量运行。

（5）转炉工艺检修、设备检修及停炉大修状态：操作工点击上位机画面上检修按钮，检修转炉二次除尘阀门关闭，此时除尘风机按 100m³/h 风量运行；检修完成操作工点击上位机画面上冶炼按钮，按转炉不同状态进行高压电机变频器调速控制。

3.3.4.3　效益分析

（1）采用变频器控制电机的转速，取消液力耦合器加放空阀门控制调节，降低了设备的故障率，节电效果显著。

（2）采用变频器控制电机，实现了电机的软启动，延长了设备的使用寿命，避免了对电网的冲击。

（3）电机将在低于额定转速的状态下运行，减少了噪声对环境的影响。

（4）具有过载、过压、过流、欠压、电源缺项等自动保护。

（5）采用变频调速控制方式，减少了液力耦合器的维护、维修等，大大降低了运行成本。实践证明，变频改造具有显著的节电效果，是一种理性的调速控制方式。既提高了设备效率，又满足了生产工艺要求，并且还大大减少了设备维护、维修费用，另外当采用了变频调速时，由于变频装置内的直流电抗器能很好地改善功率因数，也可以为电网节约容量，直接和间接经济效益十分明显。

变频调速控制技术，能达到很好的节能效果，同时，也降低了电机启动时对电网的冲击，提高了设备的功率因数，延长了机械系统的使用寿命，提升了系统的可靠性。另外，因为变频器强大的保护功能，对设备起到了很好的保护作用，有效降低了设备的维护成本。近几年，随着变频调速技术的不断推广与应用，从实践结果来看，得到了良好经济效益与社会效益。

3.4　转炉煤气除尘净化新技术

3.4.1　顶底复吹 CO_2 减少炼钢粉尘

文献［46］提出在转炉炼钢过程中顶底复吹 CO_2 技术，该技术可从源头降低粉尘的产生量，极大减轻转炉除尘系统负担。研究发现：弱氧化性气体 CO_2 在炼钢温度可掺入顶吹超音速氧气射流，利用 CO_2 与铁、碳、硅、锰元素反应的吸热或微放热效应，控制炼钢过程的火点区温度，减少粉尘产生。

结合顶底复吹转炉炼钢技术的优点，利用某钢厂 30t 顶底复合吹炼转炉进行试验，试验钢种为 HRB400 螺纹钢。试验过程采用顶底混合喷吹 CO_2 气体的炼钢新工艺，通过对比分析炼钢粉尘产生量、粉尘成分、钢液成分、炉渣成分、终点温度、氧气消耗、吹炼时间的变化，探索转炉炼钢过程利用 CO_2 气体时的冶金效果。

试验统计分析了采用两种炼钢工艺冶炼的 42 炉次冶金效果数据，其中常规炼钢工艺 20 炉次；顶底混合喷吹 CO_2 冶炼工艺 22 炉次。发现混合喷吹 CO_2 冶炼工艺对控制转炉粉尘及铁损有一定效果：粉尘量及粉尘 TFe 量随着冶炼时间呈下降的趋势。采用混合喷吹 CO_2 冶炼工艺降低粉尘效果显著，冶炼前期和后期粉尘量及粉尘 TFe 降低较多，中期降低比例略有下降。平均粉尘总量及铁损均比常规炼钢工艺有明显减少，常规炼钢工艺粉尘量平均每炉 14.7g/100mL，混合喷吹 CO_2 炼钢工艺粉尘量平均每炉 13.08g/100mL，粉尘量降低 1.6g/100mL，平均每炉减少粉尘产生量 11.15%。常规炼钢工艺粉尘 TFe 平均每炉 8.9g/100mL，混合喷吹 CO_2 炼钢工艺粉尘 TFe 平均 7.79g/100mL，降低了 1.1621g/100mL，平均每炉减少粉尘 TFe 产生量比例为 12.98%。

综合试验过程粉尘、金属液、烟气以及炉渣的分析，结合炼钢粉尘形成机理，认为喷吹 CO_2 降低炼钢过程产生粉尘的机理主要为[47]：

（1）由粉尘显微形貌分析及粒径分析可知，炼钢粉尘的形成机理主要是蒸发理论，即由熔池高温引起元素蒸发造成的。而混合喷吹 CO_2 时熔池内部发生 C-CO_2 的氧化反应 CO_2+［C］═2CO，大量产生的 CO 气泡可加速熔池搅拌，均匀火点区和熔池温度；混合喷吹 CO_2 有利于加速熔池反应，提高反应速率，同时降低铁的氧化损失，与硅、锰等的反应也可降低反应放热量，可降低吹炼初期反应区的温度及其过热度，降低粉尘的析出强度。

（2）粉尘的产生过程还有气泡理论的作用，随混合气体中 CO_2 比例的增加，熔池的搅拌强度增加，反应产生的 CO 气泡总量增加，气泡上浮长大带走的熔池中铁及其元素的氧化物量增加。

3.4.2　吸附分离技术

吸附分离（PSA，Pressure Swing Adsorption）技术为钢铁企业气体净化提供了技术支持[48]。现有转炉煤气主要通过降温除尘技术进行净化，净化后的烟气中依然含有较多的硫、磷、砷相关的有害物，此类物质的利用难度大，很少被回收利用，因而会导致资源的浪费问题。所以，为了提升煤气的应用价值，更好地满足资源利用要求，需要对烟气深度净化。

化工原料对硫、磷、砷相关杂质的比例要求很低，一般体积比不超过 0.1×10^{-6}，进行净化时可选择湿法和干法技术。湿法脱硫一般通过氢氧化钙等碱性溶液进行吸收转化，化学吸附脱除方法可对硫化氢进行有效的去除，不过精度有限；干法脱硫则主要通过固体吸附剂进行吸附，这样可更好地满足精度要求。不过硫容偏低，也存在局限性。目前应用比例较高的脱硫技术包括石灰石-石膏法、喷雾干燥法、氨法等。这种烟气中硫化物大部分为二氧化硫和 COS 形式的，为满足脱硫要求，需要水解转化为硫化氢，其后进行回收，这样工艺很复杂，不满足效益要求。

某公司研发出一种独特的吸附剂，在应用过程中这种吸附剂可有效地吸附转炉煤气中的有害气体，使其体积比降低到 1×10^{-6}级。这样净化处理后的煤气可满足制甲醇的补碳要求，相应的操作流程简单，同时也可高效的进行自动化控制，成本也较低。图 3-27 显示出其吸附净化流程相关情况[49]。

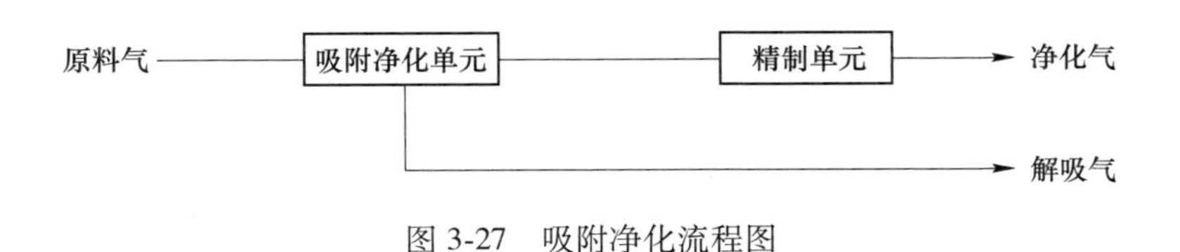

图 3-27　吸附净化流程图

原料气在输送过程中主要途径吸附净化和精制单元。在前一个单元中对其中的杂质进行适当地加热后洗脱，然后输送到精制单元，后者中的净化剂可在大修期间更换，这样可有效地满足持续运行要求，净化后的气体在满足要求后排放。

此技术的特征表现为成本低，流程简单，可使煤气中杂质含量处于较低水平，为化工生产提供支持；通过专用吸附剂进行吸附，在改性处理后吸附剂的表面活性高，且表现为弱碱性，这样可更好的吸附硫、磷、砷相关的有害成分，且脱除精度也达到较高水平。选用变温吸附方式，在常温下吸附、在较高温度条件下进行冲洗。在煤气处理中应用了吸附分离工艺，这种处理工艺下相应的硫、磷、砷等有害物都被有效去除，脱除精度可达到较高水平，而其他杂质的质量浓度可降低到体积比低于 1.0×10^{-7}，可进行自动化控制操作，再生简便、成本低，有较高的适用性。

3.4.3　转炉煤气新干法除尘技术

现有转炉煤气除尘方式均没有实现转炉煤气 900℃ 以下温度显热能的回收。转炉煤气除尘降温消耗大量的冷却水，转炉煤气显热能也白白浪费，同时冷却后的水含有大量粉尘，还需要进行水处理。即使干法静电除尘系统也会产生少量浊环水，需要送往水处理站进行处理回收。

现有转炉煤气除尘方式均没有实现真正的干法除尘，无论是干法静电除尘还是湿法文氏管除尘，都需要向煤气中喷入大量水，以抵消煤气中的大量显热。转炉煤气高温除尘技术可以有效解决以上问题。

高温陶瓷过滤器被认为是最具发展潜力的高温气固分离技术[50]。目前已经用于国内外发电和煤化工商业运营项目，其中包括增压流化床燃煤联合循环发电和整体煤气化联合循环发电项目等。高温燃气温度范围是 540~900℃，燃气净化目的是保护燃气轮机叶片，使进入燃气轮机的气体含尘浓度小于 $20mg/m^3$。

高温陶瓷过滤器最高耐温可达 800~900℃，是普通纤维滤料最高耐温的 3 倍。和金属滤料过滤器相比，高温陶瓷过滤器具有较好的耐腐蚀性和较高的耐热性。

以下为采用高温陶瓷过滤的一种除尘方式：转炉煤气产生后进入汽化冷却烟道，煤气温度由 1500℃ 降至 900℃，然后进入高温陶瓷过滤器中进行除尘，煤气含尘量由 $100g/m^3$ 降到 $20mg/m^3$ 以下，煤气中带火星粉尘被除去，净煤气已不具备爆炸的条件。900℃ 煤气进入余热锅炉换热，温度降至 250℃ 左右（余热锅炉换热经济温度），最后进入喷淋洗涤塔。煤气进入喷淋冷却塔时温度已经较低，因此喷淋洗涤塔中只需喷入少量水，将煤气温度降到 70℃ 左右。喷水能除去煤气中的盐离子，防止煤气在管道及设备中结垢结盐，同时也保证了煤气管网及煤气柜的安全。陶瓷过滤除尘流程如图 3-28 所示。

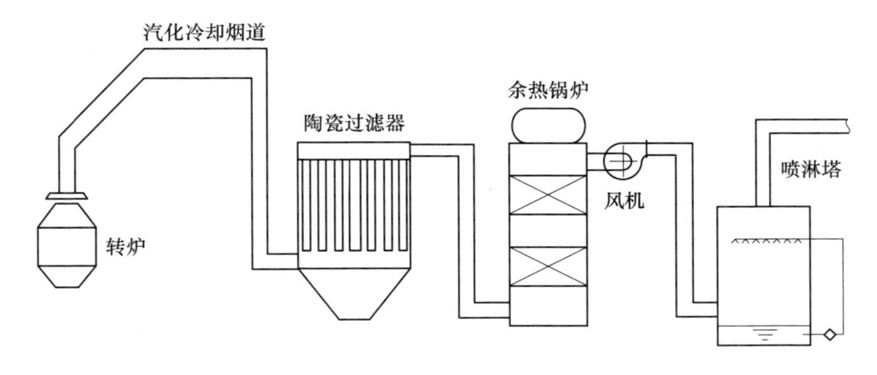

图 3-28 陶瓷过滤除尘流程图

由于采用间接冷却方式，转炉煤气能够多产生 40%以上的蒸汽，同时含水量较低的转炉煤气热值更高。

参 考 文 献

[1] Amelin A V, Koverzin A M, Utrobin M V, et al. Development of steelmaking [J]. Metallurgist, 2014, 58 (5~6): 496~499.

[2] 冯聚和. 炼钢设计原理 [M]. 北京：化学工业出版社，2005.

[3] 于雷. 东北特钢 100T 转炉烟气净化回收系统的设计与应用 [D]. 大连：大连理工大学，2013.

[4] Wang A H, Cai J J, Li X P, et al. Affecting factors and improving measures for converter gas recovery [J]. Journal of Iron and Steel Research (International), 2007 (6): 22~26.

[5] Lv M , Zhu R, Wei X Y , et al. Research on top and bottom mixed blowing CO_2 in converter steelmaking process [J]. Steel Research International, 2012, 83 (1): 11~15.

[6] 毕秀荣，朱荣，吕明，等. CO_2-O_2 混合喷吹炼钢烟尘形成机理的探索性研究 [J]. 冶金设备，2011 (6): 21~24.

[7] 葛雷. "WISDRI 干法" 转炉煤气净化及回收技术的应用 [J]. 炼钢，2013, 29 (6): 66~70.

[8] 师小文. 浅谈转炉煤气的合理利用 [J]. 科技与企业，2014 (4): 146.

[9] Song W C, Li H, Guo L F. The practical value research of converter gas [C]//2013 可再生能源与环境材料国际会议论文集，2013.

[10] 王宇鹏，王纯，俞非漉. 转炉烟气湿法除尘技术发展及改进 [J]. 环境工程，2011, 29 (5): 102~104.

[11] 曹永雷. 基于 PLC 的转炉塔文脱一次除尘控制系统设计及应用 [J]. 冶金自动化，2016: 4.

[12] 郭海卫，刘双力，刘松，等．转炉湿法除尘中环缝炉口微差压全自动控制［C］//中国钢铁工业协会、中国钢研科技集团有限公司、河钢集团有限公司．第二届钢铁工业智能制造发展论坛会议论文集，2019.

[13] 马中海．转炉煤气回收过程优化控制技术研究与应用［D］．马鞍山：安徽工业大学，2011.

[14] 杜一文．转炉烟气净化回收系统的设计与实现［D］．沈阳：东北大学，2005.

[15] 冯聚和．氧气顶吹转炉炼钢［M］．北京：冶金工业出版社，1995：199~225.

[16] 杨振祥，谭清，李明会，等．100t 转炉二文喉口 RD 阀存在的问题及改造［J］．冶金设备，2001（129）：27~29.

[17] Wang K, Wang C, Lu X. Scenario analysis on CO emissions reduction potential in China' s iron and steel industry［J］. Energy Policy, 2007, 35（4）: 2320~2335.

[18] 张东丽，毛艳丽，曲余玲，等．转炉煤气干法除尘技术［J］．世界钢铁，2012，12（5）：51~59.

[19] 张红军．首钢京唐炼钢厂干法除尘控制系统研究与设计［D］．沈阳：东北大学，2011.

[20] Andreas Klugsberger, Ainetter A, Neuhold R, et al. Dry top gas cleaning technology for blast furnaces［J］. BHM Berg-und Hüttenmännische Monatshefte , 2013, 158（11）.

[21] Kanenko G M. Ecology and Resource Conservation Purification of Converter Gases without CO Combustion［J］. Steel in Translation, 2005, 35（12）: 80~82.

[22] Ma Q T. Research and application of the method of recovering converter gas purification［J］. Metallurgical Engineering, 2015, 2（1）: 8~14.

[23] 张燕，李小川，牛小月．100t 转炉煤气干法除尘技术的应用实践［J］．环境工程，2016（S1）：464~467.

[24] 任涛，陆显然，杨兆成．日钢 300t 转炉干法除尘条件下工艺优化［J］．山东工业技术，2016，22：9~10.

[25] Li S, Wei X L. Numerical simulation of CO and No emissions during converter off-gas combustion in the cooling stack［J］. Combustion Science and Technology, 2013, 185（1/3）: 212~225.

[26] 刘强．转炉干法除尘控制系统设计与实现［D］．唐山：华北理工大学，2017.

[27] Lozin G A, Sav' yuk A N, Saprygin A N, et al. Ecology and resource conservation: Electro filter gas-purification systems in smelting［J］. Steel in Translation, 2005 .

[28] Janadams, Thilowubbels, Helmuthester. New technologies for BOF primary gas cleaning: 2nd generation of dry-type ESP and Hydro Hybrid Filtertechnology［J］. Iron & Steel Review, 2011, 55（2）.

[29] Wang A H, Cai J J, Li X P, et al. Affecting factors and improving measures for converter gas recovery［J］. 钢铁研究学报（英文版），2007，14（6）：22~26.

[30] 李海英，多鹏，滕军华，等．转炉粉尘静电除尘器数值模拟［J］．过程工程学报，2016，5：833~839.

[31] 陈鹏．静电除尘器除尘效率影响因素的研究［D］．沈阳：东北大学，2009.

[32] 姚东红，青士诚，闫静敏．LT 系统静电除尘器除尘效率主要影响因素分析［J］．中国战

略新兴产业，2018（24）：159.
[33] 陈立田．80吨转炉半干法除尘设备的应用研究［D］．唐山：华北理工大学，2019.
[34] 殷瑞钰．我国炼钢-连铸技术发展和2010年展望［J］．炼钢，2008，24（6）：1~12.
[35] 宋鑫晶，刘坤，徐其言，等．转炉煤气除尘系统半干法改造［J］．冶金动力，2016（11）：51~52，54.
[36] 任小岩．转炉煤气一次湿法除尘系统的创新技术及应用——湿式电除尘器超低排放［J］．中国设备工程，2020（16）：175~177.
[37] 巩婉峰．转炉一次除尘新OG法与LT法选择取向探析［J］．钢铁技术，2009（4）：46~50.
[38] 邢文伟，徐蕾．转炉煤气半干法除尘系统工艺［J］．冶金动力，2012（4）：22~23，25.
[39] 吕平，郑鹏辉，沈建涛，等．湿电技术在转炉一次烟气治理中的应用［J］．中国金属通报，2017（6）：92~94.
[40] 朱正中，胡亚非．风机变频调速应用综述［J］．煤矿机械，2005（7）：5~6.
[41] 白剑宁．炼钢厂除尘风机的高压变频改造［J］．能源与节能，2014（7）：116~117.
[42] 孙檬．应用于变频风机控制系统的FPGA数据处理模块的设计［D］．北京：北京交通大学，2015.
[43] 丁江卫．钢铁厂变频除尘风机的节能效果分析及设计［D］．沈阳：东北大学，2015.
[44] 薛亮．钢铁厂变频除尘风机的节能效果分析及设计［J］．节能，2019，38（5）：126~127.
[45] 熊季就，彭修云，吴湧涛．方大特钢炼钢厂130万除尘风机变频改造实践应用［J］．江西冶金，2019，39（4）：38~42.
[46] 朱荣．二氧化碳炼钢理论与实践［M］．北京：科学出版社，2018.
[47] Zhu R，Bi X R，Lv M，et al. Research on steelmaking dust based on difference of Mn，Fe and Mo vapor pressure［J］. Advanced Material Research，2011，284~286：1216~1222.
[48] 杨云，张信凯，李小荣．钢厂转炉煤气的净化新方法［J］．天然气化工（C1化学与化工），2014，39（1）：57~59.
[49] 武乐，杨国华．新型炼钢转炉煤气净化回收系统［J］．冶金能源，2009，28（5）：47~50.
[50] 胡建亮，盖东兴．转炉煤气除尘技术比较和新干法除尘技术探析［J］．冶金动力，2015（4）：13~15.

4 转炉炼钢余热利用技术

从广义上讲，工业系统中凡是具有高出环境的温度、压力、浓度等排气、排液和高温待冷却的物料所包含的能量，统称为余热余能。钢铁工业本质是典型的煤-铁化工过程，以煤为主的能量流推动物质流前进，实现了从矿石到铁、钢及材的转变，同时在过程中产生了大量的余热余能[1]。余热余能是冶金能源的重要组成部分，主要储存在产品、熔渣及废气中，包括：各种烟气（废气）携带的显热（高炉煤气、转炉煤气、焦炉煤气等同时携带内能的可燃气体），最终轧制成材或成材前铁水、钢水、坯料具有的显热，烧结矿、球团矿具有的显热，高炉渣和钢渣等熔渣显热，生产中各种冷却水及产生的蒸汽携带的热能，高炉炉顶煤气的余压，少许带有压力的冷却水等。

转炉工序伴随着大量余热余能产生，余热资源主要包括转炉烟气显热、钢渣显热两部分，本章将通过分析转炉余热回收系统能量流确定高温、中温、低温余热的利用方式，并详细阐述转炉烟气余热利用技术及钢渣显热利用技术，实现转炉余热的有效回收[2]。

4.1 钢铁生产余热回收利用分析

4.1.1 钢铁行业余热利用现状

我国钢铁行业从优化能源结构、优化工艺过程、开发高效余热余能回收技术和设备三个方面进行了深入研究开发，使我国钢铁行业余热余能、副产煤气回收水平和利用水平取得了显著提升，但较国际一流水平仍有较大差距。据统计我国钢铁行业余热回收量为 207.3kg/t（标煤），回收率约 45.6%，其中余热资源回收量为 243.8kg/t（标煤），回收率 15.1%，余能资源回收率 80.7%（国内钢铁行业技术水平参差不齐，余热余能回收水平差距也较大）[3]。据 2007 年数据，国外先进企业余热余能回收利用率高达 90%，日本新日铁更是达到 92%[4]。表 4-1 是东北大学蔡九菊[5]研究团队测算的我国钢铁冶炼主要工序余热余能回收率及潜力，可见我国钢铁行业尚有巨大的节能潜力[6]。

表 4-1 钢铁主要工序余热余能回收率及潜力

项 目	焦化	烧结/球团	炼铁	炼钢	轧钢
吨钢资源量（标煤）/kg	31.9	53.4	273.4	62.0	34.5
吨钢目前回收量（标煤）/kg	2.6	9.6	157.9	27.8	9.4
吨钢未来回收量（标煤）/kg	14.0	23.0	189.0	42.0	20.0
吨钢回收潜力（标煤）/kg	11.4	13.4	31.1	14.2	10.6

直接将热量用于工艺过程本身是利用效率最高的方法，产品显热直接输送到下道工序，如高温铁水供转炉炼钢（一罐到底），烟气显热预热煤气、助燃空气、干燥物料等。热经转换后，再进行热利用、动力利用或者热电联合利用，如烟气显热经余热锅炉生产蒸汽或热水。因此，在余热利用时，应尽可能将工序富余资源及时有效、因地制宜、最大限度地用在工艺过程本身，如果不能或有剩余再考虑其他方式[7]。

若将冶金行业余热资源按照品种分类，可将余热资源分为产品显热、废气显热、冷却水显热和熔渣显热。其中，产品显热占40%，废气显热占37%，冷却水显热占15%，熔渣显热占9%。若将余热资源按品质分类（见表4-2），分为高品质、中品质和低品质的余热资源。若将温度作为分类依据，可划分为高温余热、中温余热和低温余热，2011~2018年中国钢铁行业余热资源如图4-1所示。2018年我国钢铁行业余热资源总量为1.93亿吨标煤，包含高温、中温、低温余热。中高温余热往往具有温度高、热量较集中的特点，回收难度低，通常进行蒸汽转换发电方式，企业投入优先向此类项目倾斜。低温余热较分散且热源波动频繁，不容易集中回收，通常进行换热后用于生产过程，比如预热空气或者煤气、制备热水。钢铁企业各工序余热资源及利用情况见表4-3。

表 4-2 余热资源按品质分类

等级	气体	液体	固体	主要存在形式
高品质	>400℃	>200℃	>700℃	荒煤气、转炉烟气、电炉烟气、煤气化学热、高压热水、熔渣显热、高温钢材、红焦、高温烧结料等
中品质	250~400℃	95~200℃	400~700℃	烧结中温废气、烧结主排烟气、高炉煤气、热风炉烟气、转炉烟气、炉窑烟气等
低品质	<250℃	<95℃	<400℃	焦炉烟气、烧结低温废气、电站锅炉烟气、热风炉低温烟气、转炉烟气、轧钢炉窑烟气、放损蒸汽、冲渣水、低温物料等

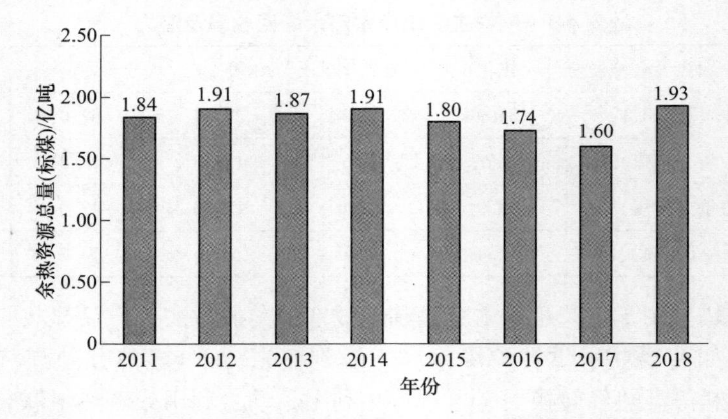

图 4-1 2011~2018 年中国钢铁行业余热资源总量[8]

表 4-3 钢铁企业各工序余热资源及利用情况

	焦化	烧结	高炉	炼钢	轧钢	公用
高	●红焦显热 ●焦炉煤气化学热 ○荒煤气显热		●高炉煤气化学热 ●炉顶余压 ○熔渣显热	●转炉煤气化学热 ●转炉煤气高温显热 ○熔渣显热 ○电炉烟气	※ 炉窑高温烟气	
中		※ 烧结矿中温显热 ●烧结机中温烟气	●热风炉烟气	○转炉煤气中温显热 ○连铸坯辐射热	※ 炉窑中温烟气 ※ 板坯辐射热 ※ 汽化冷却	○放散蒸汽 ○蒸汽余压
低	○焦炉烟气 ○氨水	○烧结矿低温显热 ○烧结机低温烟气	○冲渣水显热 ○热风炉低温烟气	○转炉煤气低温显热 ○连铸坯辐射热	○炉窑低温烟气 ○各类冷却水	○锅炉排烟 ○冷凝水 ○焙烧烟气

注：●—大部分回收；※—部分回收；○—基本未回收。

4.1.2 余热回收系统的分析方法

4.1.2.1 余热回收的评价指标

在焓分析中，评价能量利用系统的指标是热效率；在㶲分析中，评价能量利用系统的指标是㶲效率；能级分析提出以能量利用过程中的能级降作为评价指标。焓分析只考虑能量的数量而忽略了能量的质量，因此热效率也只是能量数量的一个指标；而能级分析的能级降只考虑能量的质量而忽略了能量的数量，这两个指标都不能全面评价能量利用优势。就能源转换设备而言，热效率、㶲效率、单位产品能耗三个指标的评价结果是一致的；但对于工艺性用能设备或用能系统而言，受热工制度的影响，三者的评价结果有时会不一致。另外，由于效率指标在不同热工设备之间或者在同一种设备的不同工况条件下缺乏可比性的缘故，热工设备的热力学完善性与它所在更大用能系统的合理性时常是矛盾的，所以只有余热回收利用环节所在工序产品能耗的改变量才是评价热工设备完善性和用能系统合理性的统一判据。钢铁企业与单位产品能耗相关联的指标有各生产工序能耗和整个企业的吨钢能耗。

4.1.2.2 余热回收系统模型

图 4-2 是余热回收利用系统各个环节的热/㶲流量示意图。如图所示，设某工序的余热余能回收经过 n 个环节。

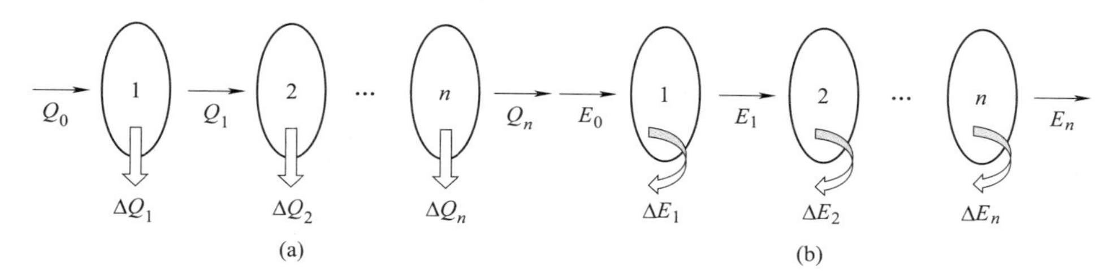

图 4-2 余热回收利用系统各个环节的热/㶲流量示意图

（a）热流图；（b）㶲流图

Q_0—余热资源的能量，kJ；E_0—余热资源的㶲量，kJ；

Q_1，Q_2，…，Q_n—第 1，2，…，n 个环节的余热回收产品的热值，kJ；

E_1，E_2，…，E_n—第 1，2，…，n 个环节的余热回收产品的㶲值，kJ

由图 4-2 建立热平衡方程见式（4-1）：

$$Q_0 = Q_1 + \Delta Q = Q_2 + \Delta Q_1 + \Delta Q_2 = \cdots = Q_n + \Delta Q_1 + \cdots + \Delta Q_n \tag{4-1}$$

由图 4-2 建立㶲平衡方程见式（4-2）：

$$E_0 = E_1 + \Delta E_1 = E_2 + \Delta E_1 + \Delta E_2 = \cdots = E_n + \Delta E_1 + \cdots + \Delta E_n \tag{4-2}$$

余热回收的节能量 ΔB 计算方法见式（4-3）：

$$\Delta B = \frac{E_0 - \Delta E}{\Omega_0} \times \kappa \tag{4-3}$$

式中 κ——余热资源的折标煤系数；

Ω_0——余热资源的能级，可表示为 E_0/Q_0；

ΔE——余热资源回收过程中的㶲损失，kJ。

余热回收过程中的总㶲损失还可以表示为式（4-4）：

$$\Delta E = E_0\left[1 - \eta\left(1 - \frac{\Delta\Omega}{\Omega_0}\right)\right] \tag{4-4}$$

式中　η——余热资源回收过程的热效率,%;

$\Delta\Omega$——余热资源和回收产品的能级降。

由前面的理论可知，对余热资源的回收利用分析必须以热力学第一定律和第二定律为基础，结合本节的模型，分析余热回收的分析思路。

（1）评价余热回收效果的指标是能耗指标，即节能量。从式（4-3）可以看出，余热资源一定时，E_0、Ω_0、κ 都是定值，余热回收的节能量 ΔB 与回收过程中的㶲损失 ΔE 有关，ΔE 越小，ΔB 越大。

（2）余热利用过程中，要尽量减少回收环节。每个能量转移、转换环节必然会产生㶲损失。一般情况下，余热回收环节越少，㶲损失越少。

（3）节能就是节㶲。分别算出余热回收环节各个环节的㶲损失，㶲损失大的环节即更需要改进的环节。㶲损失反应能量损失的实质。

（4）在寻找减少㶲损失的途径方面，应从热效率和能级降两方面入手。从式（4-4）可以看出，余热资源一定时，E_0、Ω_0都是定值，余热回收的 Ω 损失与热效率和能级降两个方面有关。热效率越高，Ω 损失越小；余热资源和回收产品的能级降越小，Ω 损失越小。

4.1.2.3　余热热回收和动力回收基本原则

图 4-3 是余热回收利用某一个环节的热/㶲流量示意图。其中，输入给系统的余热资源量为 Q_1（能级为 Ω_1），输出的热量为 Q_2（能级为 Ω_2），输出的动力为 W（能级为 1.0），系统损失的热量为 Q_L（能级为 Ω_L）。

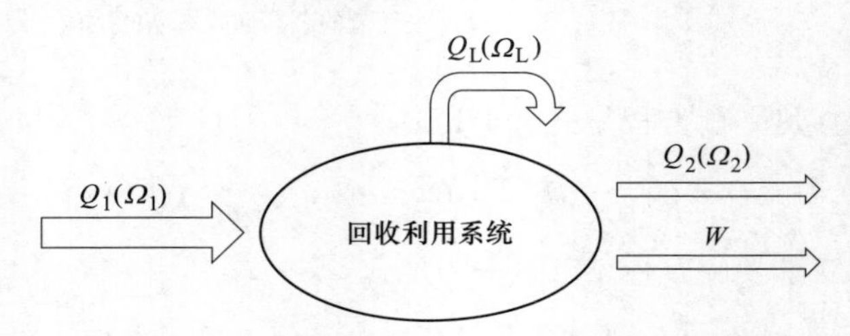

图 4-3　余热回收利用系统热流量（㶲流量）示意图[9]

则系统热效率、系统输出的热量和动力的总能级、系统㶲效率分别如式（4-5）~式(4-7）所示。

$$\eta_1 = \frac{Q_2 + W}{Q_1} \tag{4-5}$$

$$\overline{\Omega_2} = \frac{Q_2\,\Omega_2 + W}{Q_2 + W} = \alpha\,\Omega_2 + 1 - \alpha \tag{4-6}$$

$$\eta_n = \eta_1 \frac{\overline{\Omega}_2}{\Omega_1} = \eta_1\left(1 - \frac{\Delta\Omega}{\Omega_1}\right) \tag{4-7}$$

式中 α——输出热量占输出总能量的比例,%;

$\Delta\Omega$——输入热量与输出能量的能级降。

由式（4-7）可以看出，㶲效率取决于系统的热效率和输入输出间的能级降，前者与热力学第一定律有关，后者与第二定律有关。

输入输出的能级降可表示为温度的函数：

$$|\Delta\Omega| = \left|\frac{T_0}{T_1} - \alpha\frac{T_0}{T_2}\right| \tag{4-8}$$

式中 T_0——环境温度，K;

T_1——余热资源的温度，K;

T_2——输出热量的温度，K。

由式（4-8）可知，纯热利用时的能级降（$|\Delta\Omega|_r$）与纯动力利用时的能级降（$|\Delta\Omega|_d$）在不同的 T_1、T_2 下，具有如下关系：

当 $T_1=2T_2$时，$|\Delta\Omega|_r=|\Delta\Omega|_d$，热利用和动力利用的效果是一致的；

当 $T_1>2T_2$时，$\Omega_1>1/2$、$|\Delta\Omega|_r>|\Delta\Omega|_d$，动力利用效果优于热利用；

当 $T_1<2T_2$时，$\Omega_1<1/2$、$|\Delta\Omega|_r<|\Delta\Omega|_d$，热利用效果优于动力利用。

由此得出回收利用余热资源的总原则为：根据余热资源的数量、品质（温度）和用户需求，按照能级相匹配的原则，按质回收、温度对口、梯级利用。

（1）若有合适热用户，直接利用余热最为经济。如产品显热不经转换直接供给下一道工序，用余热预热空气和煤气、预热或干燥物料、生产蒸汽和热水，在夏季热用户减少时用多余的热量制冷等。

（2）对于高温余热应采用动力回收，如发电或热电联产。

（3）对于低温余热应首选直接热利用，对不能直接利用的低温余热，先将其作为热泵系统的低温热源，提高其温度水平后再加以利用。

（4）对于中温余热资源宜采用热回收或动力回收。

4.1.3 炼钢工序余热回收热力学分析

转炉工序余热主要有转炉煤气的余热和化学热、钢坯的余热、钢渣的余热。

（1）转炉煤气的余热㶲：转炉煤气温度通常为 1450~1500℃，以 1500℃进行计算，煤气的平均比热容为 1.42kJ/(m^3·K)，假设煤气回收量为 100m^3/t，则转炉煤气余热的㶲值为：

$$E_x = c_p m(T - T_0)\left(1 - \frac{T_0}{T - T_0}\ln\frac{T}{T_0}\right)$$

$$= 1.42 \times (1773 - 298)\left(1 - \frac{298}{1773 - 298}\ln\frac{1773}{298}\right) \times 100 = 133.99\text{kJ/t} \quad (4\text{-}9)$$

$$\Omega = 1 - \frac{T_0}{T - T_0}\ln\frac{T}{T_0} = 1 - \frac{298}{1773 - 298}\ln\frac{1773}{298} = 0.639 \quad (4\text{-}10)$$

（2）转炉煤气的化学热：假设转炉煤气的发热量为 8373.6kJ/m^3，吨钢产煤气 400m^3，能级为 1。

$$E_x = 0.95 \times 0.92 = 880\text{kJ/t}$$

（3）钢坯的余热：连铸坯出坯的温度一般为 900℃，20~900℃之间钢坯的平均定压比热容为 $c_p = 0.695\text{kJ/(m}^3 \cdot \text{K)}$。

钢坯余热的烟值为：

$$E_x = c_p m(T - T_0)\left(1 - \frac{T_0}{T - T_0}\ln\frac{T}{T_0}\right)$$

$$= 0.695 \times (1173 - 298)\left(1 - \frac{298}{1173 - 298}\ln\frac{1173}{298}\right) \times 1000 = 324.34\text{kJ/t}$$

$$\Omega = 1 - \frac{T_0}{T - T_0}\ln\frac{T}{T_0} = 1 - \frac{298}{1173 - 298}\ln\frac{1173}{298} = 0.533$$

（4）钢渣的余热：设钢渣的温度为 1600℃，钢渣比热容 c_p 为 $1.25\text{kJ/(m}^3 \cdot \text{K)}$，以吨钢水产生钢渣量 150kg 计算。

钢渣余热的烟值为：

$$E_x = c_p m(T - T_0)\left(1 - \frac{T_0}{T - T_0}\ln\frac{T}{T_0}\right)$$

$$= 1.25 \times (1873 - 298)\left(1 - \frac{298}{1873 - 298}\ln\frac{1873}{298}\right) \times 100 = 128.4\text{kJ/t}$$

$$\Omega = 1 - \frac{T_0}{T - T_0}\ln\frac{T}{T_0} = 1 - \frac{298}{1873 - 298}\ln\frac{1873}{298} = 0.652$$

则炼钢工序余热资源总量和能级见表 4-4[10]。

表 4-4　炼钢工序余热资源总量的热力学分析

余热资源	烟值/$\text{kJ} \cdot \text{t}^{-1}$	能级
转炉烟气余热	133.99	0.639
转炉煤气化学热	880	1
钢坯余热	324.34	0.533
钢渣余热	128.4	0.652

下面将对转炉生产过程产生的烟气、钢渣的高温预热、中低温余热利用技术进行详细的介绍。

4.2 转炉烟气余热利用技术

转炉炉气通过“燃烧法”或“未燃烧法”处理后变成转炉烟气，以某一钢铁企业转炉烟气为例（如图 4-4 所示），转炉出口处总热量为 998. 970×10^3kJ/t，其中潜热占主要部分，约 83. 6%，显热仅占 16. 4%。在降罩过程中，烟气部分燃烧，增加显热 16. 7%，但裙状罩及防护罩同时也吸收大量热量，占 7. 9%，再经除尘后得到可供企业利用的转炉气，显热和潜热分别损失 15. 6%和 7%。实际上，可回收的显热仅占 9. 6%[11]。

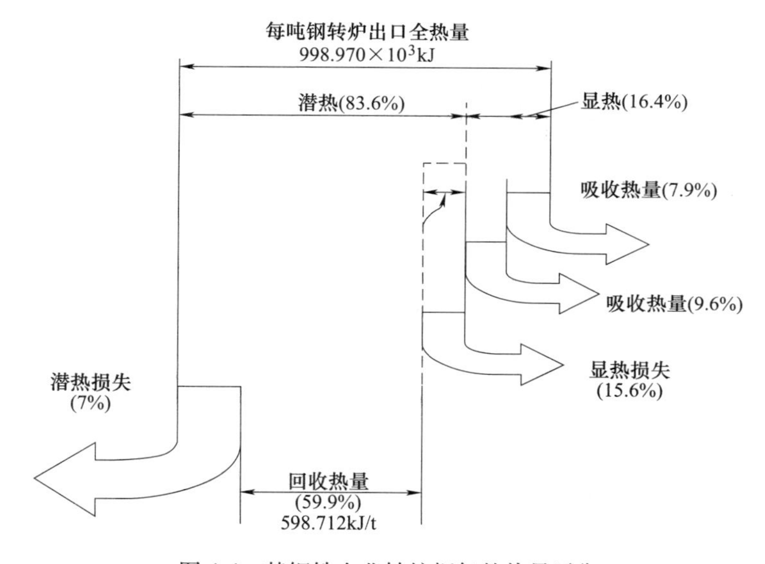

图 4-4 某钢铁企业转炉烟气的热量平衡

随着我国能源短缺的日益剧增和人们环保意识的逐渐增强，钢铁企业对转炉烟气的回收和综合利用显得越来越重要和必要，它可以提高钢铁企业节能降耗、降本增效、环境保护的能力，对建设资源节约型、环境友好型、生态文明型社会具有重要的推动作用[2]。

4.2.1 转炉烟气余热利用现状

最初的转炉烟气处理采用全燃法系统，利用显热效率低，大大增加了废气处理量，致使除尘系统庞大，投资费用和运行费用昂贵，同时也增加了转炉炼钢的能源消耗。因此，该治理技术较早地被“未燃法”转炉炼钢工艺所取代。日本和其他发达国家针对转炉一次烟气的 CO 高浓度特性，推出了未燃法转炉炼钢先进工艺，将转炉煤气作为优质能源加以回收利用，合理地利用废气中的化学能和显热及含铁粉尘，未燃法转炉烟气的处理方法经过多年的发展，逐渐形成了两大类：湿法处理和干法处理。

20 世纪 60 年代，日本新日铁和川崎公司联合开发出湿法煤气净化回收技术 OG 法，将原来的一文改为喷淋塔，二文改为换隙洗涤器，经过运行，效果理想[12]。我国第一座湿法除尘回收装置由上海宝钢工程技术公司研发[13]，并于 1966 年在上海第一钢铁厂成功投产。1985 年 9 月，宝钢引进日本转炉 OG 法，国内冶金部建筑研究总院环保研究所在立足自力开发的基础上对这项技术进行了消化吸收，使 OG 法技术在国内得到了较快的发展而占据主要地位，并取得了一些成熟经验。

20 世纪 60 年代末德国鲁奇公司和蒂森钢厂成功开发 LT 法干法处理技术。西门子-奥钢联公司加以改进，集成了富锌粉尘收集系统，能够更好地兼顾 CO 收集与粉尘循环，这种方法称为 DDS 法，在 1997 年应用于奥钢联林茨钢厂[14]。1994 年，在宝钢三期工程 250t 转炉项目中，我国首次引进奥钢联 LT 转炉煤气回收技术，这也是国内首次在转炉炼钢中采用干法电除尘的技术回收转炉煤气。

近些年来，国内各钢铁厂也不断改进尝试新方法，并取得了一定的成效，介绍如下：

成功将转炉汽化冷却蒸汽应用于真空精炼系统，宝钢 1 号、2 号 300t RH 精炼炉真空系统使用转炉蒸汽，北台钢铁也在 120t VD 和 RH 真空精炼系统使用转炉蒸汽。

济钢第一炼钢厂 4×45t 转炉烟道余热发电系统是国内首例利用转炉烟道汽化冷却蒸汽进行发电的节能减排项目[15]，为公司创造了巨大的经济效益，促进了公司发展循环经济。

新余钢铁公司转炉烟道余热发电工程，建设了 1 台 6MW 余热汽轮机，工程投资为 0.2993 万元/(kW · h)，平均利用饱和蒸汽量为 45t/h，发电量为 5.1MW。冷凝水回水率达 90%[11]。

中科院等离子体与燃烧中心（CPCR）李森、魏小林等[16]为提高转炉烟气回收率和显热利用，采用反应动力学知识和提出的新模型对氧气顶吹转炉炼钢过程进行了模拟，结果表明，吹氧强度越大，烟气显热越大，且在吹炼期 40%～80% 时间段烟气显热最高。

Nobuhiro Maruoka 等[17]提出了一种利用转炉烟气余热分解甲烷合成甲醇的余热回收方法，其合成路径如图 4-5 所示，该工艺通过在转炉上方烟道布置一 PCM 蓄热体，蓄积周期性的转炉烟气余热并用作甲烷裂解的连续热源，较传统甲醇合成工艺㶲损失降低 72%。

东方环境研究所张鹏等[18]提出了一种 DDH 法——转炉一次干法负能除尘工

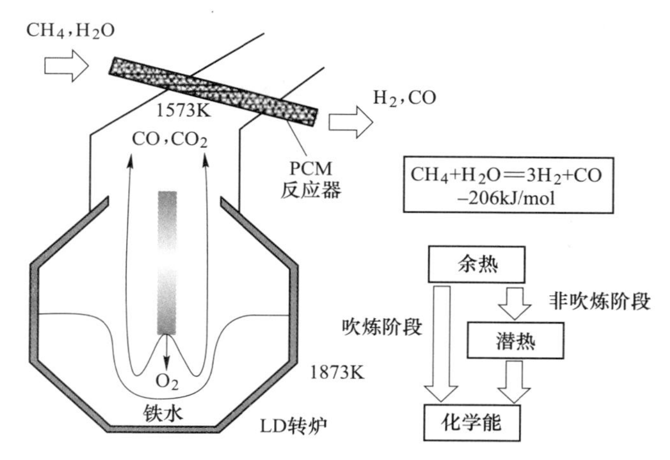

图 4-5 转炉和 PCM 反应器组成示意图[17]

艺，该工艺余热回收系统包含汽化冷却烟道和抗交变热应力的列管式换热器两部分，可实现烟气温降至 200℃。

2010 年，承钢[12]对 40t 转炉进行“余热锅炉+布袋除尘”的烟气显热回收、除尘的干法实验，烟气温降至 120℃，吨钢蒸汽回收量增加 40kg。

钱卫强等[19]提出了一种转炉烟气显热分级回收技术，高温转炉烟气依次通过热管组成的汽化冷却烟道、1 级热管换热器和 2 级热管换热器，产生高压、中压和低压蒸汽，烟气温度分别降至 900℃、220℃及 100℃以下。在 1 级、2 级热管换热器前端分别布置有粗除尘设备和精除尘设备。

大连理工大学李岳、毕明树等[20]提出了一种转炉烟气显热分段回收的膜式壁结构换热装置，如图 4-6 所示，其包括三段由弯头连接的高温、中温和低温余热锅炉，该装置可实现 200℃以上转炉烟气显热的回收，其第二段弯头布置有弯道式水封除尘装置用于干法除尘。

赵锦等[21]提出了一种汽化冷却烟道+余热锅炉的新型全干法余热回收及烟气除尘技术，工艺流程如图 4-7 所示。采用该技术可实现 150℃以上转炉烟气显热回收，吨钢蒸汽最大回收量可达 137.10kg(2.5MPa)，㶲效率提高 5.3%。

三钢集团二炼钢厂研发了一套转炉低温段余热蒸汽回收的技术装备，通过控制蒸发冷却器内烟气的喷水量和蒸汽量，使得蒸发冷却器的出口烟气温度维持在 250~450℃，从蒸发冷却器出来的低温烟气经过余热锅炉进行热量交换，烟气所释放的热量由软水站供给的软水吸收，热水进入除氧器，最后烟气以 150~170℃进入 EP 入口，原理如图 4-8 所示。该技术自投入生产以后，运行良好，经济效益显著。

据了解，国内主流钢铁企业 LDG（高 CO 浓度转炉煤气）吨钢回收量普遍在

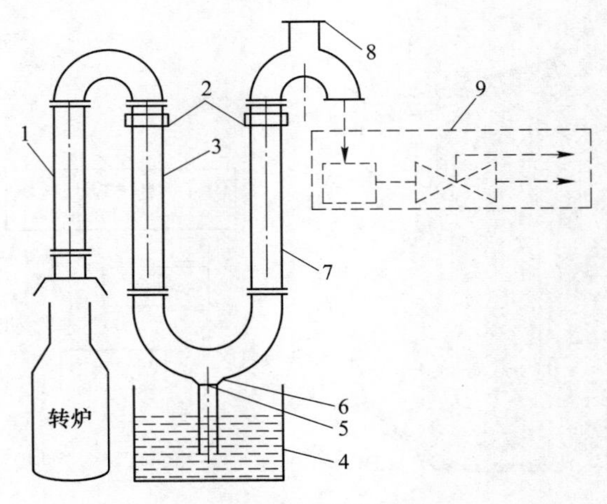

图 4-6　膜式壁冷却结构

1—汽化冷却烟道；2—水雾喷淋防爆系统；3—中温烟道式余热锅炉；4—水封除尘柜；5—单向活动门；6—弯道式水封除尘通道；7—低温烟道式余热锅炉；8—弹簧式防爆门；9—降温后煤气后处理系统

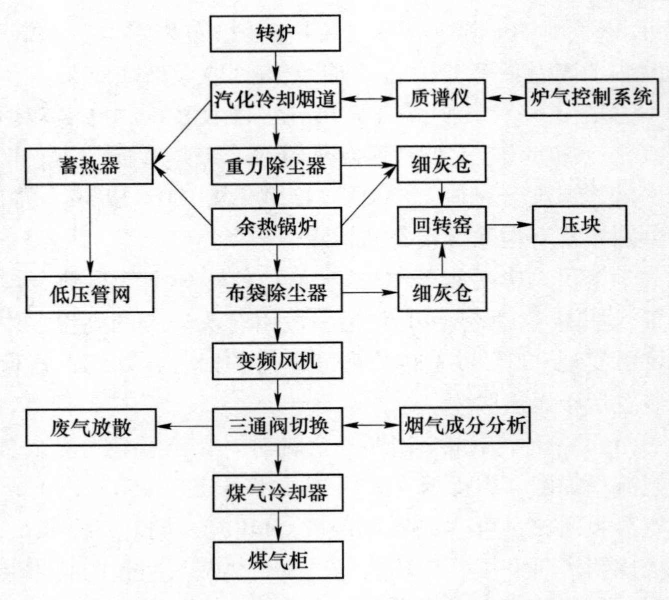

图 4-7　转炉烟气全干法工艺流程[12]

100m^3 以下，且回收 LDG 平均热值均低于 2000×4. 187kJ/m^3 水平，而日本主流钢铁企业，通过铁水预处理和高效煤气回收技术与装备，LDG 吨钢回收量普遍高于 100m^3，且热值大于 2000×4. 187kJ/m^3，差距较大。因此加强转炉工序烟气显热、潜热回收，提高转炉工序能效和“负能炼钢”技术水平是目前亟待解决的问

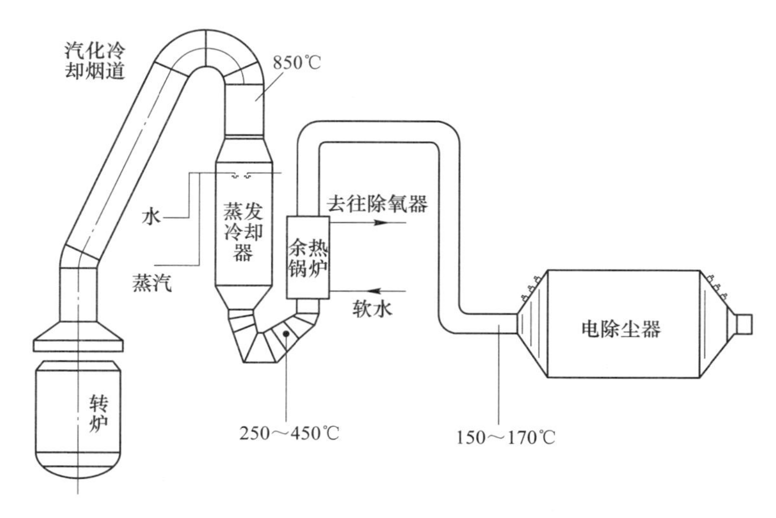

图 4-8 低温段余热锅炉原理图

题[1]。本着就近、梯级利用的节能原则，转炉一次烟气的冷却和余热利用主要可分为以下 4 个回收利用途径：

（1）新增余热锅炉生产饱和蒸汽，用于钢水真空处理、发电、供暖、蒸汽制冷；

（2）生产过热蒸汽外供供暖、发电、蒸汽制冷；

（3）消纳处理焦化等有机、有毒、含盐、含重金属等难处理或处理成本高的特种废水，在排水中回收余热；

（4）采用省煤器生产热水供汽化系统或外供供热、ORC 发电[22]。

下面将分别介绍烟气余热回收利用的各种技术。

4.2.2 转炉蒸汽余热利用技术

转炉蒸汽在产生的过程中具有如下特点[8]：

（1）转炉蒸汽发生量不稳定性。钢铁企业的余热蒸汽受到冶炼特征的影响，而表现出间歇性、波动性特点，这对此类热量资源的利用有一定不利影响。转炉炼钢烟气流量和温度的变化也表现出周期性特征，因而转炉汽化冷却系统接收的蒸汽量也同样的周期性波动，如图 4-9 所示。这样在回收利用过程中如果将这些热量直接输入蒸汽管网，则很容易引发冲击问题，因而应该设置一定的蓄热器进行热量缓冲。蒸汽蓄热器在引入后对蒸汽的性能也会产生影响。

（2）由于转炉蒸汽属于饱和性的，这样在输送和应用中很容易出现高的疏水量。

（3）供转炉的软水中盐度高，也使得蒸汽含盐量大，因而并网后的蒸汽无

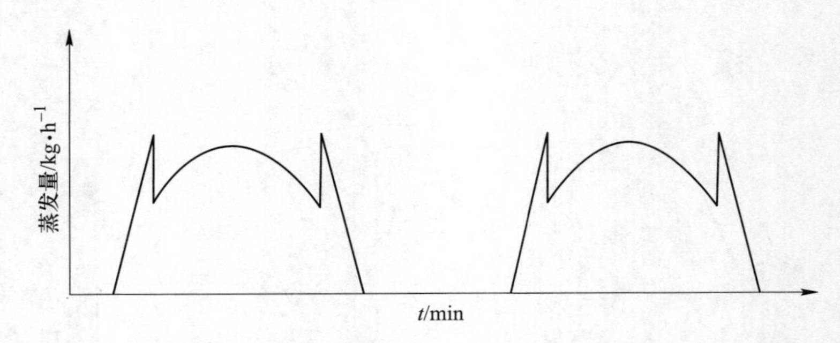

图 4-9　典型的转炉汽化冷却装置蒸发量曲线图[23]

法发电，这对此种蒸汽的利用产生一定限制。

（4）转炉蒸汽温度存在明显的波动。

（5）并网难度较大，不利于高效利用。

（6）管网运行安全也会受到影响。

这些特点也造成了在回收转炉蒸汽时的很多难题，具体表现在如下方面：

（1）蒸汽量存在明显的波动，这也导致系统内部压力周期性波动，增加了管理和维护的难度；

（2）蒸汽在输送时有很多会转变为水，这会导致管道振动，对蒸汽回收产生不利影响，也不满足安全使用相关要求；

（3）各处管道长时间处于蒸汽环境下，容易导致阀门密封腐蚀而引发一定的泄漏问题，且可能由于保温层剥落而影响了蒸汽的利用价值。

4.2.2.1　转炉蒸汽回收规律[1]

转炉烟气显热来源于炉气带出转炉高温物理热、炉气中部分可燃物燃烧热和吸入空气带入物理热之和，炉气的余热余能量计算如下：

（1）转炉有效吹炼时间（一个冶炼周期）内烟气中 CO 总量 q_{CO}（m^3/炉）计算如式（4-11）所示：

$$q_{CO} = \frac{1000 \times \int_{t_0}^{t_3} q_t \times c_{t-CO} \mathrm{d}t}{60} \tag{4-11}$$

式中　q_{CO}——转炉一个冶炼周期内烟气中 CO 总量，m^3/炉；

t——吹炼时间，min；

c_{t-CO}——煤气中 CO 的瞬时浓度，%；

q_t——煤气流量，可用平均流量进行计算，km^3/h；

t_0，t_3——一个吹炼周期起点、终点，min。

（2）一个吹炼周期内炉气量 q_{lq}（m^3/炉）计算如式（4-12）所示：

$$q_{lq} = \frac{q_{CO} \times (c_{aCO} + c_{aCO_2})}{c_{aCO} \times (\varphi_{CO} + \varphi_{CO_2})} \tag{4-12}$$

式中 q_{lq}——一个冶炼周期内炉气量，m^3/炉；

c_{aCO}，c_{aCO_2}——烟气分析仪测得干烟气中 CO、CO_2浓度，一个冶炼周期的积分平均值,%；

φ_{CO}，φ_{CO_2}——炉气中 CO、CO_2浓度,%。

（3）一个吹炼周期内炉气 CO 量 q_{lqCO}（m^3/炉）计算如式（4-13）所示：

$$q_{lqCO} = \frac{q_{CO}}{1 - \alpha} \tag{4-13}$$

式中 q_{lqCO}—— 一个吹炼周期内炉气 CO 量，m^3/炉；

α——空气燃烧系数，即实际空气吸入量与转炉炉气完全燃烧所需理论空气量的比值。

（4）转炉炉气的定压比热容 c_p[kJ/(m^3·K)]近似计算如式（4-14）所示：

$$c_p = 1.2636 + 2.165 \times 10^{-4}T - 3.0230 \times 10^{-8}T (273\text{K} \leqslant T \leqslant 2273\text{K}) \tag{4-14}$$

根据上述计算方法可求得吨钢炉气显热量 Q_1 和潜热量 Q_2（kJ/t）分别如式（4-15）和式（4-16）所示。

$$Q_1 = q_{lq}(c_{p1}T_1 - c_{p0}T_0)/m_{CS} \tag{4-15}$$

式中 Q_1——吨钢炉气显热量，kJ/t；

m_{CS}——单炉钢平均产量，t。

$$Q_2 = q_{lqCO} \times Q_{CO}/m_{CS} \tag{4-16}$$

式中 Q_2——吨钢炉气潜热量，kJ/t；

Q_{CO}——纯 CO 热值，计算中取 3018×4.187kJ/m^3。

以某钢厂数据为例计算，代入数据 c_{aCO} = 49.81%，c_{aCO_2} = 20.59%，α = 0.18，T_1 = 1873K，T_2 = 298K，近似取 $\varphi_{CO}+\varphi_{CO_2}$ = 1。则 $Q_1 = 2.66\times10^5$kJ/t，$Q_2 = 1.14\times10^6$kJ/t，炉气总热量 $Q = Q_1+Q_2 = 1.41\times10^6$kJ/t（$c_{aCO}$、$c_{aCO_2}$、$\alpha$ 根据特征模型得到）。

蒸汽极限回收量计算[1]如下：

蒸汽极限回收量定义为考虑烟气显热和转炉吹炼初末期烟气潜热（未回收 CO 化学热）全部回收的理论可回收蒸汽量（不考虑烟气中烟尘所含显热）。

根据能量守恒原理可知：烟气显热=炉气显热+炉气中 CO 燃烧热+吸入空气物理热。假设烟气温度降至 298K，吸入空气温度 298K，则烟气显热=炉气显热+炉气中 CO 燃烧热。其中吨钢炉气中 CO 燃烧热 Q_3（kJ/t）可由式（4-17）计算：

$$Q_3 = q_{lqCO}\alpha Q_{CO}/m_{CS} \tag{4-17}$$

转炉吹炼初末期吨钢烟气潜热量（未回收 CO 的化学热）Q_4（kJ/t）可由

式（4-18）计算：

$$Q_4 = (q_{CO} - q_{phCO}) \times Q_{CO}/m_{CS}$$

或
$$Q_4 = q_{CO} \times (1 - \eta) \times Q_{CO}/m_{CS} \tag{4-18}$$

式中 q_{phCO}——回收 LDG 中 CO 量，m^3/炉。

故蒸汽极限回收量可按照式（4-19）计算：

$$m_{str} = \frac{Q_1 + Q_3 + Q_4}{h_q - h_s} \cdot \xi \tag{4-19}$$

式中 m_{str}——吨钢蒸汽极限回收量，kg；

h_q，h_s——蒸汽焓值与锅炉给水焓值，kJ/kg。

4.2.2.2 余热回收系统

转炉烟气余热回收采用烟道式余热锅炉的形式，冷却烟道的冷却方式一般包括水冷却和汽化冷却两种方式，大部分钢铁企业的转炉烟道都采用汽化冷却的形式[11]。

汽化冷却原理：汽化冷却是采用软化水以汽化的形式冷却钢铁冶金设备并吸收大量的热量而产生蒸汽的装置。高温烟气通过汽化器，因烟气与壁面温差大，发生热量传递，将热量传递给受热面的同时自身温度降低；受热面另一侧管道中的水吸收烟气热量后部分蒸发，并在蒸发管内形成了汽水混合物。由于水蒸气密度小于水，在压力作用下，蒸汽在蒸发管内上升，通过上升管最终进入汽包，经汽水分离后，水蒸气从汽包引出进入蓄热器储存，最终送入蒸汽管网供生产生活使用。同时水下降到蒸发管底部重新进入汽化器的下联箱内，补充的水供给蒸发管内继续蒸发使用。如此反复循环，不断冷却高温烟气，产生蒸汽[13]。氧气转炉余热锅炉工作原理如图 4-10 所示。

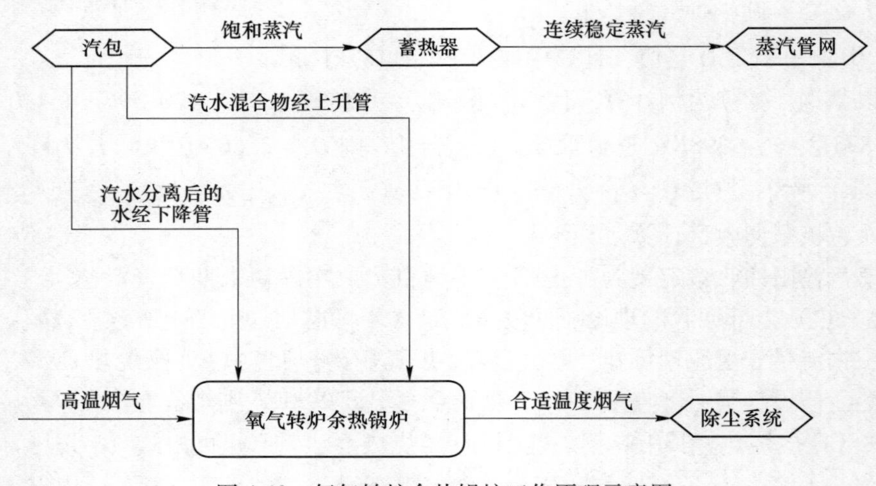

图 4-10 氧气转炉余热锅炉工作原理示意图

A 汽化冷却系统

汽化冷却系统用水作为介质，利用转炉炼钢时释放的高温烟气余热作为热源产生蒸汽。烟道式余热锅炉设置在转炉炉顶，起到冷却烟道以便于除尘的作用。烟道余热锅炉中的主要设备包括汽化冷却装置、活动烟罩、炉口可移动烟道、固定烟道、金属软管、汽包等[14]。

（1）冷却装置。氧气转炉炼钢是连续性的、周期性的，在吹炼期产生大量含有 CO 和氧化铁烟尘的高温烟气，烟道式余热锅炉采用汽化冷却技术对转炉烟气进行冷却。汽化冷却利用冷却管道中水的汽化吸热原理吸收烟气热量，一般分为自然循环汽化冷却、强制循环汽化冷却和复合式冷却（据烟道不同段的特点分别采用不同的循环方式）。

（2）活动烟罩。活动烟罩由众多的汽化冷却管道密排组成，活动烟罩与转炉炉口之间的密封采用蒸汽密封。为使每根汽化冷却管道流量均匀，在管道入口处设置节流装置，结构如图 4-11 所示。若按冷却方式进行划分，活动烟罩可分为水冷烟罩、汽化冷却烟罩；若按照 CO 燃烧量划分，活动烟罩可分为燃烧法烟罩和未燃法烟罩；若按照烟罩形状划分，活动烟罩可分为双烟罩、大罩、小罩和 OG 罩，如图 4-12 所示[24]。当吹炼结束后，进行出钢、出渣、加废钢、兑铁水等程序时，烟罩可升起；当需要更换炉衬时，活动烟罩可平移出炉体上方。由于活动烟罩所处的环境恶劣且易损坏，为保证其可靠运行并延长其工作寿命，设计时将活动烟罩与除氧器通过循环泵连接，组成低压强制循环冷却系统，既可起到冷却烟气的作用，又可作为除氧器的热源。

图 4-11 活动烟罩

（3）炉口可移动烟道。由于炉口可移动烟道所处的环境恶劣易损坏且结构特殊，为保证其可靠运行并延长其工作寿命，设计时将炉口可移动烟道与汽包通过循环泵连接，组成强制循环汽化冷却系统。在炉口可移动烟道和固定烟道之间

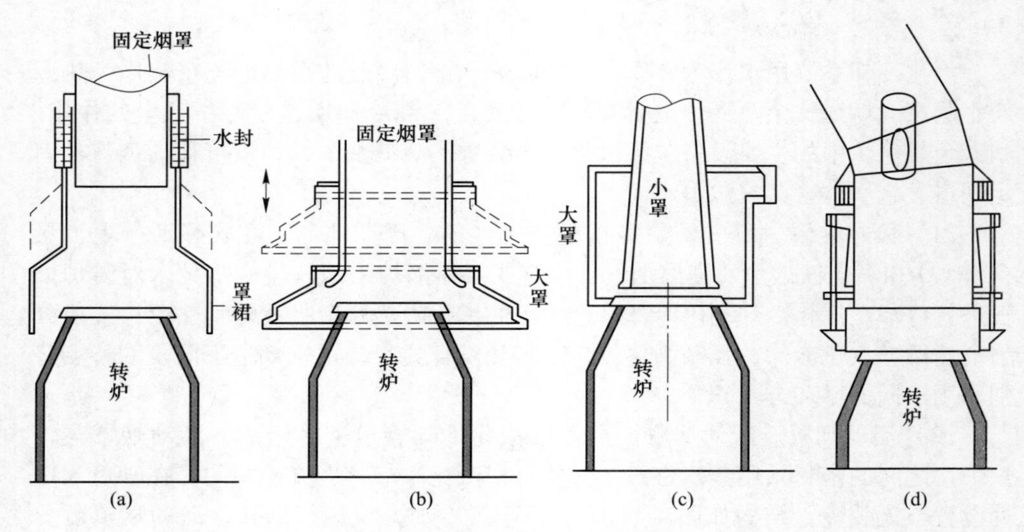

图 4-12　活动烟罩示意图[24]
（a）水封连接烟罩；（b）大罩；（c）双罩；（d）OG 罩

设波纹管以吸收烟道的热膨胀位移，且便于炉口可移动烟道和固定烟道之间脱开。炉口可移动烟道和活动烟罩均由平移小车支撑，可水平移出，实物如图 4-13 所示。

图 4-13　转炉炉口段汽化烟道

（4）固定烟道。固定烟罩具有以下功能：1）实现垂直烟罩向倾斜烟道的过渡；2）保证活动烟罩升降时固定烟罩与活动烟罩之间的密封；3）支撑氧枪口和副枪口；4）进一步冷却烟气[24]。由于固定烟道工作条件相对较好，其结构具备采用自然循环汽化冷却的条件，同时为了节约电能，采用自然循环汽化冷却方式。固定烟道各段之间采用法兰连接，其上设有人孔、吊装检修孔及泄爆孔，均采用工业水冷却。固定烟道各段的汽化冷却管道规格为每段均设独立的上升管、下降管。

（5）金属软管。汽化冷却烟道与上升管、下降管采用金属软管连接，既可满足活动烟罩的升降，也可吸收由于其他装置受热变形不均匀引起的错位和热膨胀位移。

（6）汽包。汽包是转炉蒸汽回收系统中的主要设施之一。它的作用是储存一定量的水，并将进入汽包的汽水混合物进行分离，从而获得一定品质要求的蒸汽。汽化冷却装置将烟气中的热量回收后，管道中的水变为汽水混合物，汽水混合物通过自然循环或强制循环进入汽包，并被汽包分离。分离出的饱和蒸汽经管道送至蓄热器，经薄膜调节阀调节压力后，由管道送至过热器，在过热器被过热后，送至蒸汽管网供用户使用。其结构如图 4-14 所示。

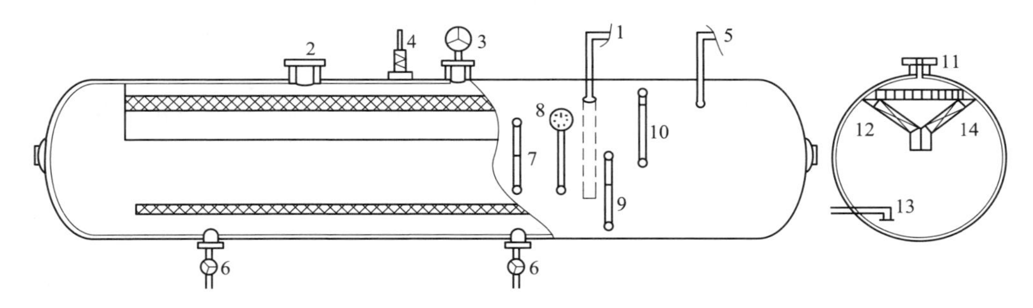

图 4-14　汽包的结构示意图

1—进汽管；2—蒸汽出管；3—放散阀；4—安全阀；5—上升管；6—排污阀；7—衡管；8—压力表；9—低位水表；10—高水位表；11—孔板；12，14—汽水分离器；13—加药管

B　汽化冷却特点

（1）汽化冷却的耗水量比直接用水冷却少得多，且冷却效果更显著。以工作压力为 0.5MPa 的汽化冷却系统为例，10kg 饱和水受热蒸发变成蒸汽时所吸收的热量是 20892GJ，如果给水温度为 18℃，将 10kg 的水加热至沸点（158℃）所吸收的热量为 612.8GJ。将这两部分热量加在一起，则 10kg、18℃ 的水在 0.5MPa 下的汽化冷却系统转变为 10kg 饱和蒸汽吸收的热量为 1304.8GJ。如果采用水冷却方式，则 10kg 水仅能带走 837.4GJ 的热量，达到同样的冷却效果，汽化冷却耗水量仅为水冷却的 1/28 左右。

（2）一般采用工业水进行水冷却，由于其硬度较高，所以管道易结垢，结垢后传热系数变小，影响传热效果，同时使部分管道发生过热烧坏。汽化冷却时一般采用软水，可以避免结垢，从而延长水冷管的使用寿命，减小检修的工作量。

（3）用工业水冷却时，冷却水全部排放掉，其带走的热量全部流失，未得到回收利用。采用汽化冷却，不仅能达到冷却烟气的目的，还可以产生蒸汽，回收丰富的热量，供生产、生活方面使用，如果蒸汽品质较高还可以用来发电，极大地降低了炼钢成本，有效节约了能耗。

（4）从经济角度看，汽化冷却省水省电，综合投资费用较少，而且投资回收期较水冷却短。

4.2.2.3 转炉蒸汽的利用

A 转炉蒸汽余热发电技术

转炉炼钢余热发电工艺流程主要包含以下几个步骤：

（1）余热采集存储。在冷却系统转换下产生汽化冷却蒸汽，将这些蒸汽收集到蓄热器中。

（2）余热汇总。通过热力管道输送不同来源的蒸汽并适当的汇总。

（3）蒸汽加热或过热。为满足余热发电相关的要求，需要将汇总来的蒸汽输入前置锅炉进行适当地加热到目标温度。

（4）发电。在温度满足要求后输送到蒸汽发电机发电，对输出电能进行输送和分配。工艺流程如图 4-15 所示，饱和蒸汽发电装置如图 4-16 所示。

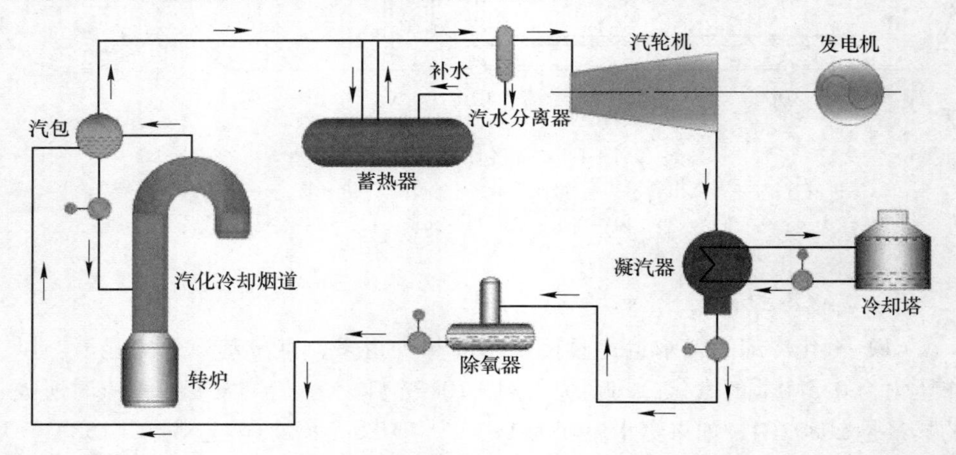

图 4-15 转炉余热发电系统工艺图[25]

此项技术不但利用了转炉余热，避免能源浪费，为企业创造了较好的经济效益，且不产生额外的废气、废渣、粉尘和其他有害气体，是节能环保型技术。

为降低烟气温度、回收高温烟气中的余热，转炉配套设置了烟道式汽化冷却余热锅炉。由于转炉吹炼具有周期性，余热锅炉产生的蒸汽量也随之急剧波动。因此，为保证汽轮机进汽流量的连续性和稳定性，设置了蓄热器系统。在吹炼期内，余热锅炉产生的蒸汽被引入蓄热器内，蒸汽将热量传递给蓄热器内的水后凝结成液态水，使蓄热器内水焓值升高，这样就完成了蓄热器的充热过程，同时供

图 4-16 饱和蒸汽发电技术装置图

出饱和蒸汽；在非吹炼阶段，余热锅炉不产生蒸汽，调压阀前的压力不断下降，蓄热器中的饱和水降压后迅速闪蒸，饱和水成为过热水，立即沸腾而自然蒸发，产生连续蒸汽，经调压阀调压至 0.8~1.3MPa 的饱和蒸汽进入汽轮机，在汽轮机内膨胀做功，驱动发电机发电[4~7]。因此，转炉蒸汽余热发电系统可分为烟道蒸汽产生系统、蓄热系统、汽轮机发电系统、凝汽系统等[23,26]。

（1）烟道蒸汽产生系统。转炉汽化冷却产生的饱和蒸汽通过汽包进行汽水分离，蒸汽自汽包流出后，一部分进入蓄热器内，通过内部充热装置喷入热水中，由于蒸汽温度高于水温，蒸汽迅速冷凝、放热，使蓄热器内部水升温；另一部分蒸汽经调压阀减压后送入汽轮机。在非吹炼期，余热锅炉不产生蒸汽，调压阀前的压力不断下降，蓄热器中的饱和水降压后发生闪蒸，饱和水成为过热水，立即沸腾而自蒸发，产生连续蒸汽，经调压供汽轮机使用。蒸汽在汽轮机内膨胀做功，最终在冷凝器内凝结成水，冷凝水泵将冷凝水从冷凝器抽出，送至除氧器，除氧后由给水泵送至蒸汽制取系统，进行再循环。

（2）蓄热系统。蒸汽蓄热器的工作原理是：在压力容器中储存水，将蒸汽通入水中，使容器内水的温度和压力升高，形成压力一定的饱和水，在容器内压力下降的条件下，饱和水转化为过热水，并立即沸腾蒸发产生蒸汽。转炉余热发电蒸汽蓄热器系统如图 4-17 所示，转炉烟道产生的周期性、不连续的蒸汽进入转炉余热锅炉，多台余热锅炉蒸汽分别接至集汽缸，蓄热时，蒸汽由集汽缸集中供出，经自动调节阀 V_1、止回阀进入蓄热器蓄存。放热时，蒸汽由蓄热器汽水分离器经止回阀、自动调节阀 V_2 供出接至汽轮机。当新蒸汽压力高于蓄热器的饱和压力时，部分新蒸汽进入蓄热器存储起来使蒸汽压力不会过快上升。当新蒸汽压力低于蓄热器中的饱和压力时，蓄热器则产生二次蒸汽补充到蒸汽母管中以维持母管中的蒸汽压力不会过快下降。蓄热器通过上述机制和调压阀配合，实现蒸汽的稳压和稳流。蓄热器的进汽蒸汽压力为 2MPa，输出蒸汽压力为 1.1MPa。

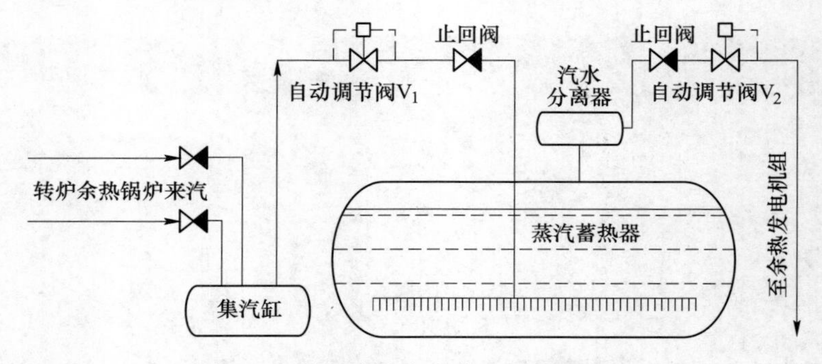

图 4-17　转炉余热发电蒸汽蓄热器系统

蓄热器容积可通过式（4-20）进行计算[27]：

$$V = \frac{1000(q_{m,b,a} - q_{m,a})}{g_0 \eta \varphi} \tag{4-20}$$

式中　V——蓄热器容积，m^3；

$q_{m,b,a}$——吹炼期平均产汽量；

$q_{m,a}$——发电期平均产汽量；

g_0——单位蓄热能力，kg 蒸汽/m^3；

η——蓄热器热效率，一般取 0.99；

φ——蓄热器的充水系数，一般取 0.8~0.9。

蓄热器的蓄热质量 G_x 主要取决于充热蒸汽的流量，计算公式如式（4-21）所示：

$$G_x = D_c \cdot t_c/60 = D_y \cdot t_y/60 \tag{4-21}$$

式中　G_x——计算蓄热量，kg；

D_c——吹炼期平均产汽量，kg/h；

t_c——充热时间（吹氧时间），min；

D_y——冶炼期平均产汽量，kg/h；

t_y——转炉冶炼周期，min。

蓄热器的单位蓄热能力可按照式（4-22）计算：

$$q_0 = \frac{i_1' - i_2'}{\frac{1}{2}(i_1'' + i_2'') - i_2'}\gamma_1' \tag{4-22}$$

式中　q_0——单位需热量，kg/m^3；

i_1'，i_2'——压力为 P_1、P_2 时饱和水的焓，kJ/kg；

i_1''，i_2''——压力为 P_1、P_2 时饱和蒸汽的焓，kJ/kg；

γ_1'——压力为 P_1 时饱和水的密度，kg/m^3。

蓄热器容积可按照式（4-23）计算：

$$V = \frac{G_x}{q_0 \eta \varphi} \tag{4-23}$$

式中 V——蓄热器的容积，m^3；

η——蓄热器的热效率（0.95~0.99），取 $\eta=0.99$；

φ——蓄热器的充水系数（0.75~0.95），取 $\varphi=0.9$。

（3）蒸汽发电系统。蒸汽发电系统是发电系统的原动机，它将蒸汽的热能转换成汽轮机转子旋转所需的机械能，带动发电机组发电。汽轮机是特殊非标汽轮机，该汽轮机具有级间再热除湿功能，适合利用饱和湿蒸汽发电。根据机组的装机容量和型式进行汽轮机设备选型[25]。根据转炉工艺中汽化冷却及蓄热系统的变工况蒸汽参数，分别计算汽轮机组的发电功率，合理地确定机组的装机容量。避免因选型时装机容量过大增加额外的设备投资。转炉余热发电系统配置的中小容量饱和汽轮机组有关设计变量的选取参照设计手册和现场实际经验确定。

（4）凝汽系统。凝汽系统是凝汽式汽轮机的一个重要组成部分，主要由凝汽器、凝结水泵、循环水泵、射水抽气器和管道附件等组成。凝汽系统工作性能的好坏，直接影响到整个机组的热经济性和可靠性。凝汽系统采用闭式循环系统，冷却水的补充水由动力厂提供。冷凝器、冷油器、发电机空气冷凝器冷却水的补充水由本循环冷却水系统供应。电动冷凝水泵配置两台：一台运行，一台备用。冷凝水泵将冷凝水送至为转炉冷却供水的软水池，实现软水的回收利用[11]。

B 在真空精炼炉的利用

自“转炉汽化冷却系统向真空精炼供汽技术”被列为国家重点发展清洁生产技术后[4]，转炉余热蒸汽用于 RH 精炼的技术在国内迅速发展，相继出现了燃气式蒸汽过热装置系统[5]、转炉蒸汽与外网蒸汽合并用于 RH 真空精炼等利用方案[6]，并分别在安钢[7]、南钢[8]等国内大型钢厂应用[28]。

该项技术采用转炉汽化冷却回收的蒸汽作为汽源，运用低压蒸汽燃气式过热装置供应真空精炼用气，稳定性高、燃料消耗量小、成本低，便于启停和管理[29]。由于转炉炼钢过程中产生的蒸汽是间歇性的，尽管真空炉精炼也是周期性操作，但是蒸汽喷射泵在工作期间连续使用蒸汽，故通过变压式蒸汽蓄热器将间断产生的转炉蒸汽转换成连续的蒸汽热源，以保证真空精炼的连续用汽[30]。

在转炉蒸汽蓄热器放热过程，蓄热器内的饱和水由于压力下降而过热蒸发产生湿饱和蒸汽，而蒸汽喷射泵真空系统抽真空所需蒸汽必须是过热干蒸汽。因此转炉蒸汽用于真空精炼需要解决的主要问题是将出转炉蓄热器的饱和蒸汽处理为压力 0.9~1.0MPa，温度 185~190℃的微过热蒸汽。对具有代表性的方案形式进行说明如下。

（1）过热装置过热。过热装置过热流程如图 4-18 所示，来自蓄热器的饱和蒸汽被送入过热装置，过热装置一般采用电加热或燃气加热，饱和蒸汽在过热装置中吸收热量，达到额定的过热度后供真空泵系统使用。电加热就是采用电加热器将电能转化为热能来加热蒸汽以实现饱和蒸汽过热。燃气式过热装置通过燃气燃烧产生的高温烟气对饱和蒸汽进行加热过热，为保护换热装置的安全，通常燃烧产生的高温烟气需在进入换热装置前与冷空气混合[4]，但这个措施降低了系统的热效率。

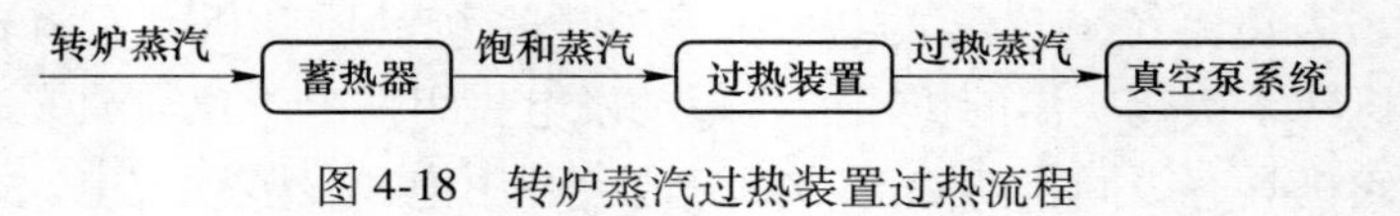

图 4-18　转炉蒸汽过热装置过热流程

（2）与过热蒸汽混合过热。与过热蒸汽混合过热流程如图 4-19 所示，将高品质蒸汽通过减压阀节流膨胀，快速减压为过热蒸汽，然后与饱和的转炉蒸汽混合，从而得到一定过热度的过热蒸汽。

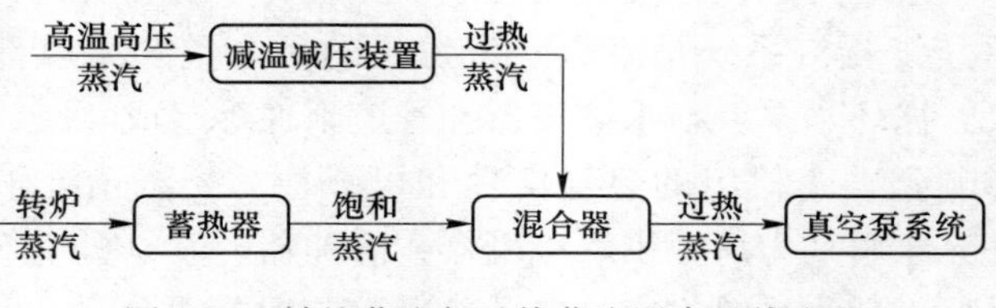

图 4-19　转炉蒸汽与过热蒸汽混合过热流程

（3）直接减压过热。转炉蒸汽减压过热流程如图 4-20 所示，出蓄热器的饱和蒸汽经调节阀组的节流降压后具有一定的过热度，再经管道输送到真空泵系统。

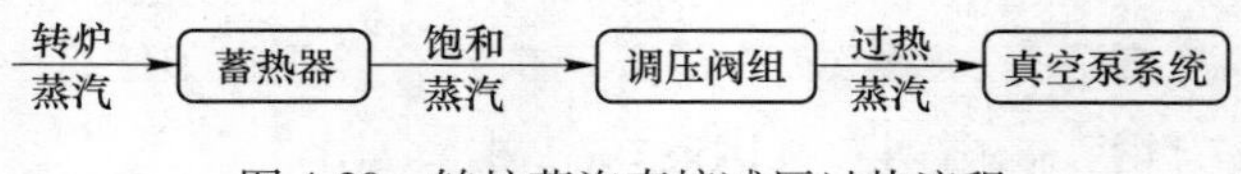

图 4-20　转炉蒸汽直接减压过热流程

（4）直接利用。通过调整真空抽气系统的浊环水参数，放宽了蒸汽喷射泵对所需蒸汽质量的要求，可将通过压力调节阀、滤洁器后的转炉蒸汽直接应用于真空系统。实践证明，当转炉蒸汽压力控制在 1.2MPa 左右时，可满足真空系统的需要，且不影响真空效果[31]。

（5）蓄热器微过热。微过热变压蓄热系统：出蓄热器的饱和蒸汽，通过拉伐尔限流喷管的节流与绝热膨胀作用以及在热管换热器内与蓄热器中的高压饱和水的显热换热，可在不需外部热源加热的情况下实现蓄热器出口蒸汽过热 10～20℃，达到了蒸汽的微过热，有利于蒸汽的有效利用和并入蒸汽管网[32]。

在微过热变压蓄热系统中，蓄热器内的压力和温度随着蓄热器的连续放热而逐渐降低，饱和水和蒸汽之间的换热温差逐渐减小，且蓄热器中的水是相对静止不流动的，其换热效果也会逐渐变差直至无法将饱和蒸汽加热到过热；由于蒸汽流量不同，其获得的过热蒸汽的过热度差别较大；由于换热器设置在蓄热器内，占据了蓄热器内一定的空间，大大减少了蓄热器的蓄热量。

上述各种方案的比较分析见表 4-5。

表 4-5 转炉蒸汽应用于真空精炼系统方案对比[33]

方案	优　点	缺　点
电加热过热装置	投资小、占地较小	升温慢，耗电大，运行费用较高
燃气加热过热装置	可利用钢厂富余煤气，运行费用低	热效率低，调节灵敏度不高，设备体积宽大，系统较复杂
与过热蒸汽混合过热	初期投资小，可利用低品质转炉蒸汽	需外部高品质蒸汽，阀组较多，系统复杂
直接减压过热	系统简单，仅需一套蒸汽前处理装置	对蒸汽压力、真空泵要求较高
直接利用	系统简单，无需消耗外部能源	对蒸汽压力、真空泵要求较高
蓄热器微过热	系统简单，无需消耗外部能源	蒸汽过热度波动大

C　转炉蒸汽用于干法除尘 EC 喷枪

以包钢薄板厂为例进行该应用的说明[34]，该薄板厂 2×210t 转炉采用干法除尘技术，其汽化系统自产蒸汽平均 35t/h，RH 正常生产所需要的蒸汽量大约为 14t/炉，连续生产 16t/h，EC 喷枪每小时消耗蒸汽 7t。转炉正常的生产节奏生产蒸汽量能够满足 RH 连续生产和 EC 喷枪。

（1）管道接入。根据蒸发冷却器的蒸汽用量，从现有的两座 $80m^3$ 蓄热器出口 V_2 阀（气动压力调节阀）前管道接 DN150 管道至蒸发冷却器的蒸汽压力切断阀前，作为该用户的蒸汽供应管道。

（2）自动控制。在新的蒸汽供应管道上布置气动压力调节阀一台、止回阀一台、电子压力表两块，将压力表信号、调节阀信号及控制程序接入 PLC，通过压力联锁控制调节阀开度，保证供 EC 蒸汽压力稳定。

（3）转炉送 RH 蓄热器总管和 RH 蓄热器送 RH 蒸汽总管间加装了 DN80 的止回阀和闸阀，当两座转炉长时间不生产时，能利用 RH 蓄热器返送部分蒸汽回转炉蓄热器，保证转炉生产时 EC 喷枪的蒸汽压力。

通过改造转炉蒸汽供 EC 使用系统，避免了转炉蒸汽的放散，降低了吨钢能源消耗，提高了转炉蒸汽利用价值，避免造成能源浪费。

D　回收热水和过热蒸汽技术

回收转炉一次烟气余热付产饱和蒸汽如果用于发电，发电量少，用于外供则运输距离长、输送过程损失多，还存在产生水锤现象损坏管网设备的潜在风险，因此有必要研究回收热水和过热蒸汽的可能性。经验表明，如果用饱和蒸汽发电，假设蒸汽量 50t/h、压力 1.0MPa 的饱和蒸汽可发电 6000kW · h，而相同流量、压力的饱和蒸汽适当过热则可以发电近 9800kW · h，提高发电能力

63.3%[35]，因此回收过热蒸汽或对回收的饱和蒸汽进行过热具有显著的经济效益。

回收转炉余热付产饱和蒸汽、过热蒸汽用途多，但改造投资多、实施难度大，采用省煤器回收高温热水具有投资少、实施容易等潜在优势，热水首先可以供汽化系统增加蒸汽回收量，也可以采用大温差外供热，为企业和临近社区提供生活热水和采暖[36]。热水还可以用于南方夏季制冷。转炉余热回收额外的效益解决了循环水系统的处理问题，为转炉各种除尘浪费的浊循环水处理降低成本创造条件。

E　转炉蒸汽用于氧枪口封火

酒钢集团采用蒸汽代替氮气进行氧枪口封火，增强了氧枪在冶炼时的密封效果，节约了冶炼成本。以酒钢集团碳钢薄板厂三座转炉为例，碳钢薄板厂三座转炉氧枪口均采用氮气密封，但随着产能的不断提升，三座转炉对三机状态明显增多，当三座转炉同时冶炼时，氮气总管压力下降至0.2MPa，当两座转炉同时冶炼时，氮气总压力为0.4MPa，由于压力不足，氮封无法起到灭火和隔烟作用，导致氮封处冒烟频繁，平台烟尘量大，煤气超标。因此采用转炉蒸汽代替氮气进行氧枪口封火，从活动烟罩处引入蒸汽管路，将电动阀的流量设计为自动调节并与氧枪升降联锁，实现控制蒸汽的开关，增强氧枪口的密闭性，满足冶炼时的密封要求。使用蒸汽代替氮气可迅速冷却氧枪粘渣，利于氧枪刮渣脱落，且能够迅速降温，降低氮封口温度，起到有效灭火作用[37]。

F　转炉蒸汽用于大气式除氧器

转炉蒸汽通过调节阀往低压蒸汽管网送汽，在低压蒸汽总管上接支管供除氧水箱作为加热蒸汽。除氧水箱蒸汽总管上增加压力调节阀，控制除氧头内部压力在0.02~0.05MPa之间，保证除氧蒸汽压力、除氧水箱压力和水温正常，并且保证冷轧生产和浴池使用[38]。

4.2.3　煤气余热利用技术

转炉煤气利用技术在本书第6章会着重介绍，此节着重介绍煤气余热利用技术。

4.2.3.1　干法净化余热回收技术

目前，国内外转炉煤气除尘普遍采用两种方式：OG湿法除尘系统和LT干法除尘系统，两种方法的本质都是“湿法”，即对经过汽化冷却烟道降温至800~1000℃的转炉煤气进行喷水或喷水蒸气，使烟气急速降温至200℃以下，这种技术对1000℃以下转炉煤气的余热均未进行回收，浪费了能源，增加了水和蒸汽的消耗，湿法系统还产生了大量的工业废水，增加处理成本。孙明雪等[39]对此问题进行研究，研发出了一种相变材料，并通过其进行煤气干法净化和余热回收，根据实际的应用效果发现，其可很好地满足此领域的处理要求。系统流程相关情况如图 4-21 所示，该种系统的组成单元包括蓄热器、除尘设备、换向设备、回收设备、煤气净化设备等。在操作中引入相变材料进行热量的吸收和转换，有效的代替了显热换热，储能密度显著提高，降低了蓄热设备空间，投资成本也显著降低，余热被更高效地回收利用，目前在转炉煤气干法净化领域，该种系统正在推广中。

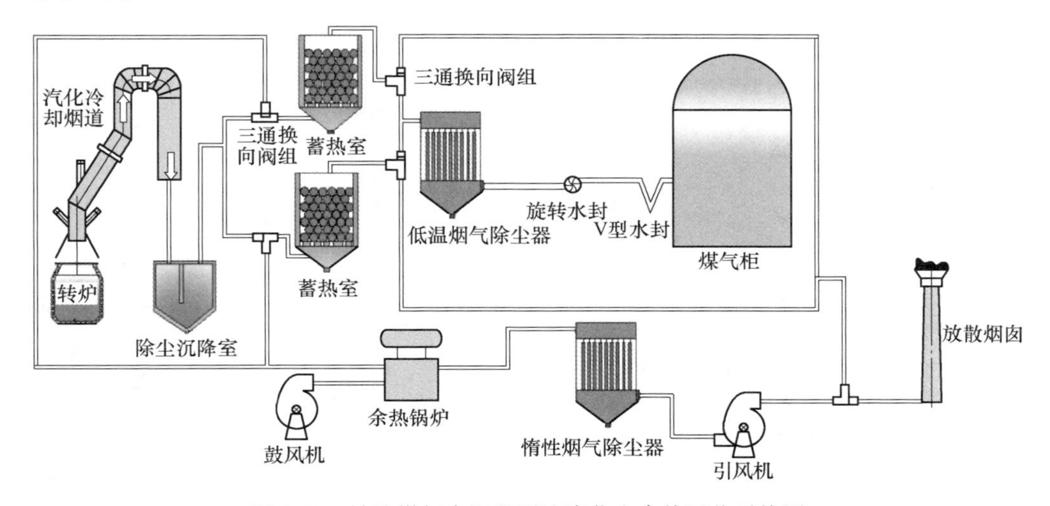

图 4-21 转炉煤气中温段干法净化和余热回收系统图

4.2.3.2 高温膜管干法除尘余热回收技术[40]

高温膜管属于一种高性能太棉或陶瓷膜材料，其可以有效地捕捉粉尘粒子，相应的机理包括拦截、惯性碰撞和布朗扩散。粒子直径较大的一般因惯性碰撞而沉降；中等尺寸的粒子被过滤层拦截而被过滤掉；非常小的粒子布朗运动更强烈，扩散后进入到微孔中或被孔壁吸附而聚集。

高温膜管除尘器净气室和尘气室压差大于 3kPa 时，会进行 N_2 反吹操作，而实现清灰目的。处理后的滤芯的阻力会恢复到初始阻力 2.5kPa 左右，继续进行其后的除尘操作，如此反复周期变化，实现除尘器的连续工作。

转炉烟气通过冷却烟道进入高温换热降尘塔，在其中进行一定的换热和喷水雾化冷却处理后，其温度降低到 600℃以下，然后进行粗除尘处理。烟气接着通过除尘器精除尘，当烟气中的氧含量<1%，CO 的含量也满足回收要求条件，则进一步通过冷却塔冷却到 70℃，其后转入到煤气柜。当烟气中氧含量≥3%或 CO 气体含量达不到煤气回收条件时，则将其经过净煤气换热冷却塔进行处理，使其温度降低到 200℃以下，最终通过放散烟囱进行点火后释放到空气中。高温膜管除尘器收集下的粉尘适当地加湿后排出。除尘工艺相关的设备和工艺流程如图

4-22所示。根据杨倩等计算转炉炉气量及热量平衡可知该种方法的除尘换热吨钢回收热量为22~33kg蒸汽，效果良好。

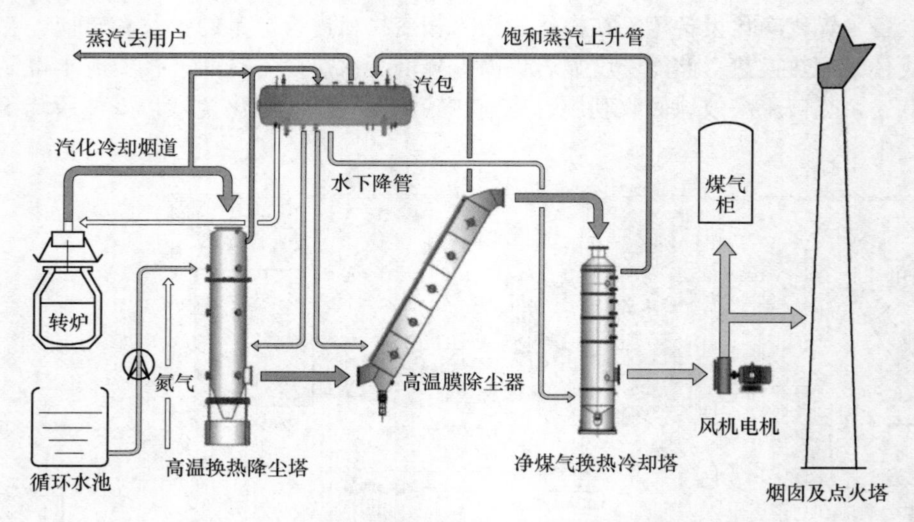

图4-22 高温膜管干法除尘工艺流程图

根据实际的应用经验可知，这种工艺的特征具体表现如下：

(1) 通过“高温换热降尘塔”系统进行高效地回收余热、除尘，效率显著提高。

(2) 除尘过程中不需要进行火花放电，这样有效地提高操作安全性。

(3) 设有汽化冷却骨架梁，在除尘过程中也可以对煤气中的热量进行回收。

(4) 转炉净煤气的温度较高，其后进行冷却回收，这样回收效率更高。

(5) 在煤气的余热回收过程中，应用“高温换热降尘塔”汽化冷却骨架相关的设备，这样可更好地回收热量。同时运行阻力也显著低于湿法的运行阻力，风机的消耗量降低2/3，粉尘可更高效地回收，在提高回收经济性方面有明显的优势。

4.2.3.3 处理和利用焦化废水

焦化废水是一种典型的有毒难降解有机废水，对环境造成严重污染的同时也威胁到人类健康。它主要是来自焦炉煤气初冷和焦化生产过程用水及蒸汽冷凝废水。焦化废水中污染物浓度高，难于降解，且由于焦化废水中氮的存在，致使生物净化所需的氮源过剩，给处理带来较大的困难。目前世界上没有任何一种水处理工艺可以将其中污染物全部去除，焦化废水回用必须经过深度处理，现有的几种深度处理技术投资巨大，还增加废水成本，比如日处理量800t焦化废水的深度处理系统投资上千万元，1t焦化废水的成本在20~30元，是焦化企业的一个重大负担。

在转炉一次半干法、干法除尘系统中可以消纳处理和利用焦化废水，通过泵送、槽罐车运送来的焦化厂蒸氨出水或生化出水，全程密闭送到转炉车间除尘系统，再将焦化废水喷入高温烟气中，利用烟气的高温和含氧量，快速热解氧化有机成分、高效灭菌、喷雾干燥晒盐、分离重金属，实现焦化废水的低成本无害化深度处理，且废水中的耗氧成分能消耗转炉煤气中的自由氧，有利于增加转炉煤气回收量并防卸爆，节省转炉除尘的新水消耗，其主要相关反应原理如下。

（1）酚：$C_6H_6O+7O_2 = 6CO_2+3H_2O+\Delta Q$；

（2）苯：$C_6H_6+15/2O_2 = 6CO_2+3H_2O+\Delta Q$；

（3）氨：$2NH_3+7/2O_2 = 2NO_2+3H_2O+\Delta Q$；

（4）硫化氢：$2H_2S+3O_2 = 2SO_2+3H_2O+\Delta Q$；

（5）氰化氢：$2HCN+9/2O_2 = 2CO_2+2NO_2+3H_2O+\Delta Q$。

对于反应（1）和（2），反应产物为 CO_2 和 H_2O，能够彻底实现焦化废水的无害化；对于反应（3）~（5），反应产物虽产生了酸性气体，但两种气体都易溶于水，由于半干法仍有湿法洗涤的步骤，产生的气体被喷水洗涤吸收后会与炼钢烟尘中的 CaO 等碱性成分反应变成盐而实现脱硫、脱硝去除[41]。

利用转炉一次烟气处理和利用焦化废水，冶炼期转炉煤气中氧含量接近 0，利于转炉煤气系统减少泄爆隐患、提高煤气回收能量，吨钢回收煤气量可以增加到 130~150m^3（标态）。利用钢铁工业大量富裕的余热来消纳和处理大宗社会废弃物符合我国钢铁企业的绿色发展道路，也是摆脱困境的可行途径[22,42]。

4.2.3.4 利用烟道中余热气体喷煤生产 CO 技术

目前，大多数钢厂使用转炉煤气进行发电，供应家庭供暖和其他燃料。但是较少的工厂具有较高的转化气回收水平，这主要取决于炼钢操作水平。转炉气体的热值很大程度上取决于 CO 的含量，一般来说，转炉煤气中 CO 高于 55% 时[43]，转炉煤气被称为高发热值的高品质煤气。此外，CO_2的产生量也是不可忽略的，每年不经过任何处理就排放至空气中超过 2.6 亿吨[44]。因此，减少 CO_2排放并提高转炉气的热值对于实现可持续发展具有重要意义。

研究者提出[45]在转炉煤气回收过程中，利用位于转炉汽化冷却烟道（VCF）前端靠近转炉炉口处的喷枪，向废气中注入大量余热，该技术操作原理如图 4-23 所示。在 VCF（内径：1480mm）周围开了两个圆形孔，圆孔以 60°的角度均匀分布，并且孔和 VCF 嘴之间的垂直距离为 2180mm。开始吹氧后通过喷枪将 PC 喷入烟道，PC 通过 N_2进行运输（由于 N_2含量很低，可忽略其对反应环境和气体浓度的影响）。气体在线分析系统对气体浓度进行监测，当 CO 和 O_2含量达到回收水平，启动回收阀，气体回收结束则停止煤粉的喷射。

在 1200~1350℃时，喷吹的煤粉中的碳与烟气中的 CO_2和 O_2反应生成 CO，同时有机化合物[46]分解生成 CH_4和 H_2，提高了转炉煤气的热值，解决了转炉煤

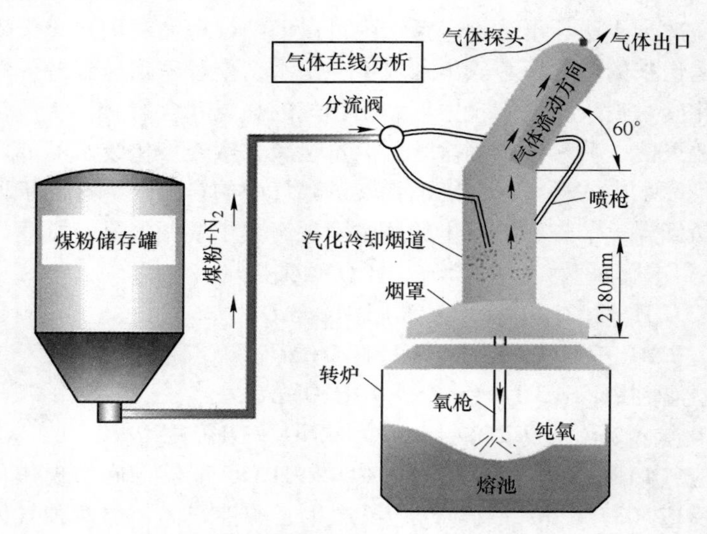

图 4-23 喷射 PC 生产 CO 气体原理图

气回收效率低和 CO_2 排放量大的问题[47]。

4.2.4 转炉低温段烟气余热利用技术

目前，国内外转炉煤气除尘的本质均为湿法，即对转炉余热锅炉出口 800℃左右的转炉煤气进行喷水或者喷蒸汽，使烟气急速降温到 200℃左右。这样会导致煤气中 200~800℃中温段的大量显热无法被利用，浪费了能源，增加了水和蒸汽的消耗，湿法系统还产生了大量的工业废水，增加了处理成本。

将冷却至 800℃的烟气通过转炉粗除尘器将烟气中带明火的大颗粒去除，经初步除尘后的烟气通过绝热烟道进入布置在塔楼边的中低温余热锅炉，在余热锅炉内转炉烟气被冷却至 200℃以下，进入静电除尘器进行精除尘，最后不达标的煤气通过烟筒放散，合格的煤气进入煤气回收系统。经过国内外多家单位的研究，发现转炉煤气中低温段余热回收技术的主要问题有：

（1）转炉煤气在中低温段的爆炸；

（2）烟道和余热锅炉内积灰引起传热恶化；

（3）设置余热锅炉后造成除尘效率下降，不能达到烟尘排放标准。

因此，对转炉中低温余热回收技术的可行性进行分析。

引起气体爆炸（燃烧）有 3 个主要因素：可燃物、助燃物和点火源，满足这 3 个要素才能发生爆炸。因此，转炉余热回收系统的防爆工艺方案设计也需要避免这 3 个因素。为保障转炉中低温余热回收系统安全，遵循防爆安全理论，采取从系统上和设备上进行一体化保护措施。从系统上：通过设置粗除尘器去除火星、设置绝热烟道消除爆炸性气氛、设置调温调质装置调节温度和成分降低爆炸风险。从设备上：在除尘器和余热锅炉流场死区处设置氮气吹扫、双层翻板密封装置控制爆炸性气氛和合成，以及在关键部位设置泄爆门，即使发生爆炸也能保证设备安全，及时恢复生产[48]。

以福建三钢转炉低温段烟气余热回收利用技术为例[49,50]进行介绍。

（1）项目情况：三钢二炼钢厂现有 3 座 120t 转炉，配套有 3 套 120t 转炉余热锅炉及附属设置。转炉吹炼过程产生的大量高温烟气经汽化冷却烟道冷却后温度降为 850℃左右，然后通过蒸发冷却塔（EC），高压水经雾化喷嘴喷出，烟气直接冷却到 210～280℃，然后经过管道冷却到 150～170℃进入电除尘器（EP）进行除尘。该种方法对于 850℃以下的低温烟气热量未有效利用，为了将低温段烟气余热进行利用，三钢设计了一套低温段余热锅炉，对低温烟气进行利用。

（2）技术方案：根据转炉吹炼的特点，实现转炉低温段余热锅炉回收余热必须解决 3 个技术问题：一是供水周期与转炉冶炼的同步性；二是降低供水电耗；三是解决煤气爆炸问题。针对以上问题，三钢二炼钢厂研发出了一套转炉低温段余热蒸汽回收的技术装备，对低温烟气回收利用，提高蒸汽回收量。

（3）基本原理：控制蒸发冷却器内烟气的喷水量和蒸汽量，使得蒸发冷却塔的出口烟气温度维持在 250～450℃，然后从 EC 出来的 250～450℃的低温烟气经过余热锅炉进行热量交换，烟气所释放的热量由软水站供给的软水吸收，热水进入除氧器，最后烟气以 150～170℃进入 EP 入口，原理如图 4-24 所示。

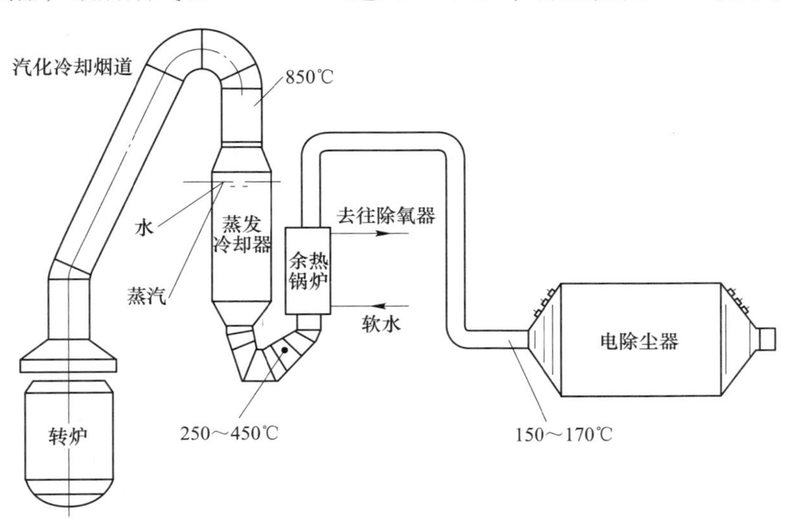

图 4-24 低温段余热锅炉原理图

（4）工艺流程：

1）烟气流程。由汽化冷却烟道进入蒸发冷却器（EC），在 EC 中经喷淋水降温到 250～450℃，然后进入低温段余热锅炉进行热交换，最后经由煤气管道冷却至150~170℃进入电除尘器。

2）水、蒸汽流程。由软水站出来的低于30℃的冷水，进入低温段余热锅炉吸收热量变为汽水混合物，最后进入除氧器。工艺流程图如图4-25所示。

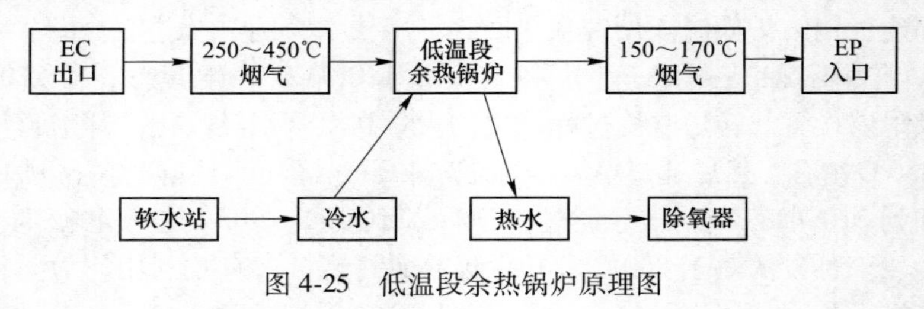

图4-25　低温段余热锅炉原理图

（5）方案实施：

1）蒸发冷却塔控制。原有的喷水量、蒸汽量是与蒸发冷却塔出口温度相联锁进行控制的；现有系统围绕EP入口的烟气温度调节EC的喷水量、蒸汽量，确保进入电厂的烟气处于150~170℃。

2）除氧器补水控制。转炉兑铁水时除氧器开始补水，转炉溅渣完成后除氧器液位大于800mm时停止补水，补水期间根据汽包补水流量及除氧器液位变化调节除氧器补水流量，确保整个冶炼周期内均有冷水流过余热锅炉，最大化地吸收低温段热量。

3）节能控制。优化余热锅炉的供水方式，不增设循环水泵，利用除氧器补水的软水泵作为循环动力，冷水先流经余热锅炉升温后，再进入除氧器使用。同时对软水泵进行变频改造，确保除氧器小流量补水时降低电耗。

4）煤气爆炸控制。在余热回收装置上增加泄煤阀，以便发生泄爆时，释放能量。

三钢炼钢厂二炼钢1号转炉自2017年低温段余热锅炉投入使用以来，运行良好，降低了EC用水量，降低EC筒体结垢，增加了蒸汽回收量，经济效益明显。

4.2.5　典型案例

在对热能利用方案的合理性进行评价时，需要考虑到很多因素，因而相应的评价难度高，并不能单纯从技术或者经济等角度评价。在此评价过程中需要确定出减少损失的理论根据，同时还应该对技术的可行性进行分析。在满足实现要求条件下，还应该对相关的物质条件、成本以及引入后是否明显地提高了整体效益等进行分析，在此基础上确定出最合适的热能利用方案。在过程的决策中，经济因素一般是考虑的重点。在实际评价中，经济性评价往往是最终评价。与此同时还应该对方案的环境保护情况进行评价，确定出方案是否满足环保、噪声方面的要求。

4.2.5.1 马钢转炉烟气余热利用技术[51]

A 马钢转炉烟气温度损失的现状

马钢拥有3座300t转炉、3座120t转炉、4座75t转炉，除尘时均采用湿法一次除尘。以120t转炉为例，在炼钢期间其炉口溢出的高温烟气经汽化冷却处理后温度为800~900℃，然后经过净化系统，通过喷入大量煤气洗涤水持续对烟气降温、除尘，烟气温度降至70℃。虽然通过汽化冷却烟道处理回收了一部分烟气余热，但汽化烟道出口处的800~900℃烟气余热被直接喷水降至约70℃，这部分约800℃的余热资源损失造成了大量热量的浪费且污染了环境，因而对烟气除尘工艺进行改进。

B 马钢改造方案

a 工艺及设备

分析已有的LT和新OG系统优缺点，马钢采用转炉余热深度回收加一次除尘超低排放系统（简称“DHE”系统）进行改造，该系统主要包括汽化烟道锅炉+余热深度回收锅炉+喷淋塔+环缝洗涤器+脱水塔+湿式径流式电除尘器，系统流程如图4-26所示。净化后的煤气经三通阀、水封逆止阀后进入煤气柜供用户使用，不具备回收条件的煤气经三通阀至烟囱点火放散。

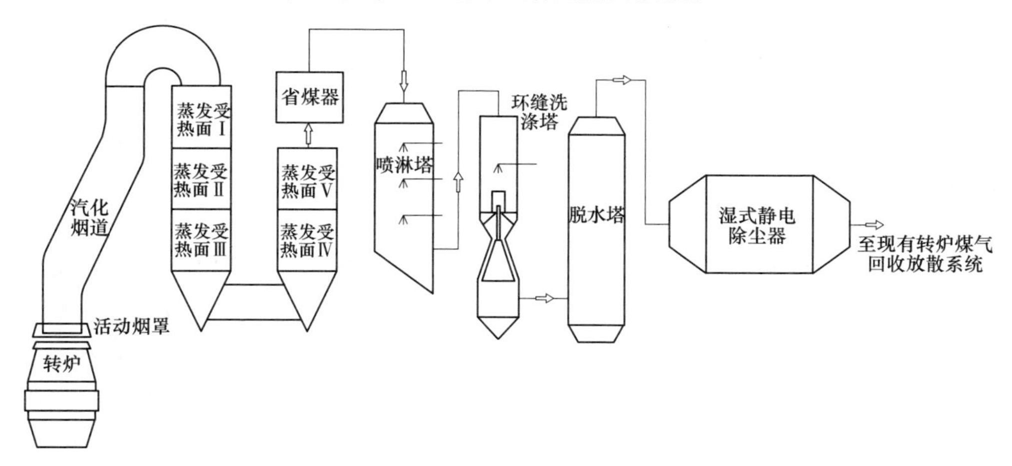

图4-26 “DHE”系统流程示意图

汽化烟道锅炉+余热深度回收锅炉将煤气温度降至200℃左右生产饱和蒸汽供生产生活使用；余热锅炉对流受热面和转弯烟道具有粗除尘功能，大颗粒的粉尘流经此处由于碰撞和惯性分离作用沉降。经过粗除尘后的煤气通过烟道进入精除尘系统：喷淋塔+环缝洗涤器+脱水塔+湿式径流式电除尘器，经过精除尘系统净化，粉尘排放浓度不超过10mg/m^3，可满足目前环保领域的粉尘排放标准要求。

余热深度回收锅炉进口烟气与现汽化烟道出口烟气相同，相应的烟温、含尘量也保持一致。余热深度回收锅炉的组成主要包括汽包、蒸发受热面段、省煤器等。一次烟气先通过汽化冷却烟道冷却后，温度降至 700～800℃，粉尘浓度 100～150g/m^3，然后进入新建深度余热锅炉内，烟气流经深度余热锅炉 5 级蒸发受热面后烟气降温至 300℃以下，随后经过省煤器继续降温至<200℃，接着进入一次除尘系统。在烟气降温过程中，锅炉生产饱和蒸汽，经蓄热器后送全厂低压蒸汽管网供生产使用。省煤器出口烟气温度 150～200℃，粉尘浓度小于 90g/m^3。

从省煤器出来的烟气传入喷淋塔后进一步降温除尘，然后约 70℃的饱和湿烟气进入环缝洗涤器、脱水塔和布置在厂房外的湿式静电除尘器进行除尘，然后饱和湿烟气进入湿式径流式电除尘器进行精除尘，达到超低排放。

深度余热锅炉和转弯烟道沉降后的灰尘都为干灰，为方便地对这些粉尘进行处理，采用浊环水混合送入现有 OG 浊环水溜槽。而转入到对应的 OG 浊环水溜槽中。在此处理过程中喷淋塔、环缝洗涤器中的污水全部排放到 OG 浊环水溜槽中。电除尘器中的污水则引入到水封池，其后进一步处理。余热喷淋塔中的污水排放到水封池后通过 OG 系统处理。

b　辅助系统

（1）清灰及除灰系统。在高温区锅炉蒸发受热面采用光管受热面、管间距适当放大，或适当提高流经受热面的烟气流速，以达到自清灰的目的。其次，设置了高效的清灰装置，在炼钢过程中可高效动态进行清灰处理。在本体设置了机械振打装置，将这种装置设置在蒸发对流受热面，在运行过程中可对流管进行清洁。蒸发受热面中的灰尘在振打处理后进入灰斗，接着通过 2 组星型卸灰阀破碎排入浊环水管。

（2）排污取样系统。在运行过程中对余热锅水的酸碱度进行适当地调节，一般需要加入适当的药剂，而在锅水持续地蒸发后，其中药剂的浓度也会持续地提高。因而需要频繁对浓度进行检测，为此安装了一套炉水取样装置。在运行期间还应该将沉积在锅炉底部的污垢和锅炉水定期排放，这样才可为锅炉的高效运行提供支持。一般情况下锅炉的出水为高温高压饱和水，应该对其温度和压力进行降低后才可排放。

（3）设备布置。转炉炼钢产生的煤气中 CO 的浓度高，粉尘也很多。CO 在一定浓度条件下遇到氧气会爆炸，同时也有一定毒性；其次，粉尘含量高，这样很容易导致严重的积灰。因而在对锅炉布置时，为了气体的流通选择了上下直通型，转弯处设置了保护设施，从而满足安全运行要求。

c　实施效果

进行这种改造处理后，相应的烟气经过两级降温后温度降至 200℃以下，从而回收了转炉汽化烟道后烟气余热，也为其后的处理提供支持，改进后同等质量

2.5MPa 的饱和蒸汽产量增加，吨钢回收的饱和蒸汽明显增加。同时余热锅炉在运行过程中起到粗除尘效果，相应的除尘效率约为40%。这样有效地降低了后一级除尘系统负荷，也为达到除尘排放指标提供支持，确保最终的除尘效果 $\leqslant 10mg/m^3$，满足环保标准要求。

4.2.5.2 转炉蒸汽用于 RH 精炼炉技术[52]

武钢三炼钢分厂根据转炉和 RH 炉运行机制及相关蒸汽系统，确定了蒸汽系统和 RH 供汽系统设计方案，通过设置调节阀组、汽水分离器、分汽缸及相关检测仪表等设施，实现了转炉余热蒸汽在 RH 真空装置中的应用。

A 蒸汽系统现状及参数

武钢三炼钢分厂有 3 座 250t 转炉，配套有 3 套 250t 转炉汽化冷却余热锅炉和一台工作吊车。另有 2 套 250t RH 真空精炼装置，为双工位配置，每套 RH 均配有单独的蒸汽减温减压系统。该厂转炉汽化冷却系统有大量富余蒸汽，直接排入外部低压蒸汽管网，利用率不高，蒸汽损失较大。同时 RH 精炼炉需要消耗大量蒸汽，一次蒸汽引自公司电站过热蒸汽管网，造成电站锅炉高品位蒸汽损失及电站用汽波动性过大。该系统显然不能满足钢厂节能降耗的发展要求。相关设施的工程设计参数见表 4-6~表 4-8。

表 4-6 RH 精炼炉设计参数

序号	蒸汽流量/t·h⁻¹		蒸汽温度/℃	蒸汽压力/MPa	使用制度	冶炼周期/min	用汽时间/min
	平均	最大					
1号	24	28	205~215	1.2	间断	36~40	20~25
2号	36	40	200~210	1.0	间断	36~40	20~25

表 4-7 250t 转炉设计参数

炉钢产汽	蒸汽流量/t·h⁻¹		瞬时最大	蒸汽温度/℃	蒸汽最高压力/MPa	冶炼周期/min	用汽时间/min
	回收期最大	冶炼期平均					
16~25	84~104	28~48	138~160	232	2.9	35~40	15.5

表 4-8 转炉蒸汽蓄热器设计参数

蓄热器容积/m³	设计温度/℃	设计压力/MPa	数量/台	蓄热器型式
192	250	3.2	3	湿式变压式

电厂过热蒸汽压力为 1.2~1.3MPa，温度为 270~280℃。根据上述数据可知，3 台转炉余热锅炉的平均产汽量之和为 84t/h，而 2 台 RH 真空处理设备的平均耗汽量之和为 60t/h。理论上 3 台转炉足够供应 2 台 RH 真空处理设备所需蒸汽，但由于转炉和 RH 的生产均具有周期性，且转炉蒸汽为饱和蒸汽，无法直接

应用于 RH 真空泵。

图 4-27 为原有三炼钢转炉余热锅炉蒸汽输出系统，主要包括汽包、蓄热器、送外网调节阀组以及汽水管道及阀门等设施。从图中可以看出，汽包出口未设置调节阀，余热锅炉汽包工作压力无法控制。系统设有两组外送低压管网的调节阀组，其中 V2. 1 采用定流量调节，蒸汽流量约 90t/h；V2. 2 采用阀后定压力调节，阀后压力 1. 2MPa，蒸汽流量 40～66t/h。该系统由于管道和蓄热系统容量很大，所产蒸汽压力始终在较低范围内波动，无法满足 RH 真空装置用汽压力要求，另一方面蓄热器的充热压力过低，起不到应有的蓄热能力，无法保证蒸汽供应的稳定性[9]。

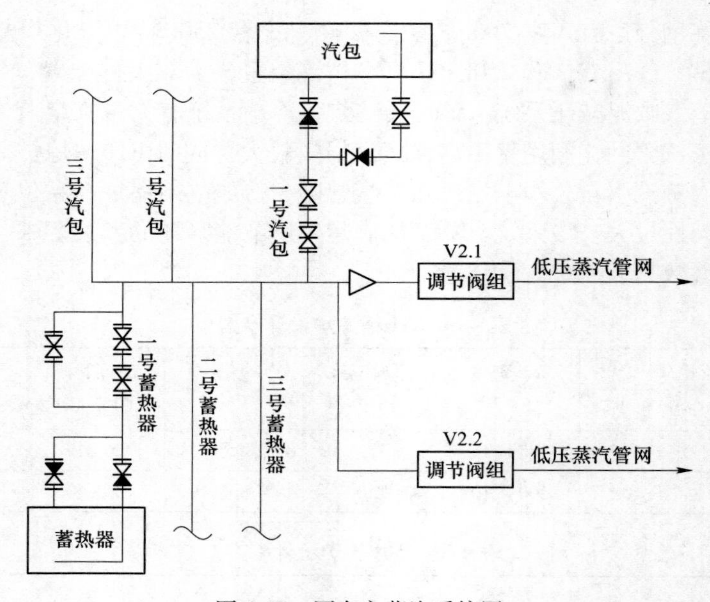

图 4-27　原有主蒸汽系统图

B　改造方案

a　主蒸汽系统改造

（1）在每台汽包出口增设一套调压阀组。阀组开启压力为 2. 0MPa，汽包高压报警值调至>2. 5MPa，放散阀开启压力改为 2. 7MPa，关闭压力改为 2. 3MPa。提高系统供汽压力的同时，提高蓄热器的充热压力，充分发挥蓄热器的能力。改造后维持汽包供汽压力≥2. 0MPa。

（2）蓄热器出口至外网上两组调节阀组均增加压力控制联锁，当阀前压力>2. 2MPa 时，打开 V2. 2 调压阀组，采用阀后定压方式向外网送汽；当阀前压力>2. 4MPa 时，打开 V2. 1 调压阀组，采用定流量方式向外网送汽；当阀前压力≤2. 0MPa 时，两组调节阀均关闭。

（3）对现有管路的疏水系统进行优化，更换已经损坏的疏水阀，在相应的阀门前后增加疏水点，提高主蒸汽的干度。

b 蓄热系统校核

图 4-27 中主蒸汽管道上并联设有 3 台 192m^{3}的蓄热器。对转炉的产汽和 RH 炉的用汽机制进行分析，并通过理论计算核算蓄热器的蓄热能力。

（1）产汽和用汽机制研究。3 座转炉的吹炼间隔根据冶炼强度可以调整，但是根据公用吊车工作负荷经验，炼钢厂房内不同的转炉最短开吹错开时间一般不小于 7min。

当转炉和 RH 均满负荷生产时，转炉蒸汽供 RH 使用的不利情况出现在 3 座转炉均未产汽时，且当 3 座转炉相继连续吹炼之后，该极端工况持续时间最长，下面按每座转炉吹炼期 15. 5min，每炉钢产汽量 18t 对该系统进行研究。

当转炉工作制度为 3 吹 3 时，极端情况出现的最长时间间隔约为 11min，若该段时间内两个 RH 都在用汽，根据 RH 炉的设计参数，11min 内 RH 需要的最大微过热蒸汽量 = (24+36) t×40min÷60min×11min÷20min = 22t（RH 的冶炼周期取 40min，用汽时间取 20min），其中 1 号 RH 耗汽 8. 8t，2 号 RH 耗汽 13. 2t。当工作制度变为 3 吹 2，而 2 座 RH 并未因此停炉，此时 2 座转炉的平均产汽量约 56t/h，小于 2 座 RH 的平均用汽量 60t/h，无法满足用汽需求，此时由电厂蒸汽补充。

（2）蓄热能力的核算。蓄热系统的蓄热能力主要由充热压力 P_1、放热压力 P_2、蓄热器容积 V 以及蓄热器充水系数 ϕ 等因素决定。系统采用的是湿式变压式蓄热器，其单位蓄热能力可根据式（4-22）、式（4-23）进行计算。

通过分析，蓄热器的放热压力 P_2按要求较高的 1 号 RH 为准，取 1. 25MPa，充热压力 P_1根据主蒸汽系统改造参数，取 2. 0MPa，蓄热器容积 V 为 3×192m^3，计算可得改造后蓄热系统的计算蓄热能力为 21. 1t 蒸汽。

c RH 供汽系统改造

改造前，RH 用汽为电厂过热蒸汽经减温减压后微过热蒸汽。改造后，转炉余热蒸汽作为主要汽源供 RH 使用。为了解决转炉蒸汽温度不高、产汽不稳定的问题，现对 RH 供汽系统进行改造，具体方案如图 4-28 所示。

2 座 RH 炉分别增设汽水分离器和分汽缸各一台，从余热锅炉产生的饱和蒸汽经调压阀 V1. 1 定压力调节后，进入汽水分离器，除水除垢后进入分汽缸，在分汽缸内与从过热蒸汽管网上接入的加热用一次过热蒸汽混合变成微过热蒸汽，送入 RH 蒸汽包使用。分汽缸各蒸汽入口管道均设有止回阀，一次过热蒸汽管道上设有一台控制阀门 V1. 2。

原系统过热蒸汽经减温减压后直接进入 RH 蒸汽包，改造后该二次过热蒸汽接入新增的分汽缸，作为转炉蒸汽的备用回路，当转炉蒸汽不足时开启减温减压装

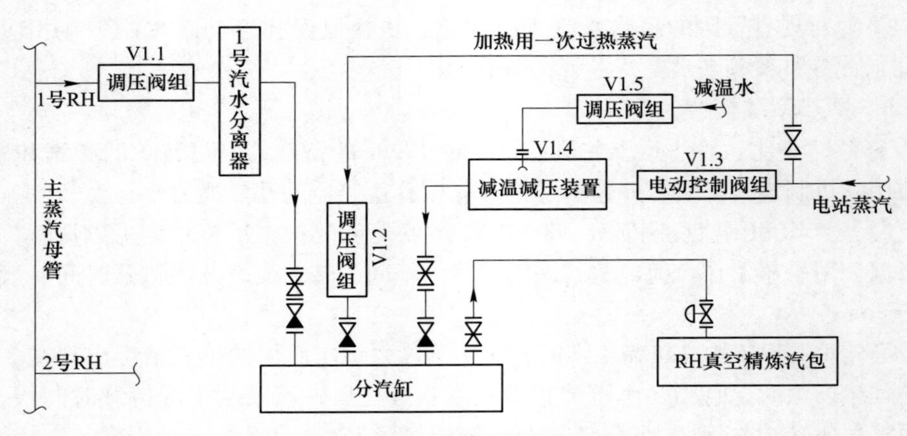

图 4-28　RH 供汽系统设计方案

置，满足 RH 的生产需要。主要控制参数和要求如下（括号内为 2 号 RH 参数）。

（1）调节阀组 V1.1：阀前压力变化范围 1.25(1.05)~2.6MPa，控制阀后压力 1.25(1.05)MPa，蒸汽流量 20~28(30~40)t/h。

（2）控制阀门 V1.2：其开度通过分汽缸出口混合蒸汽温度自动控制，温度维持在 210℃左右，当 V1.3 打开时，V1.2 关闭，也可切换为手动控制。

（3）电动阀门 V1.3：分汽缸出口混合蒸汽压力 $P>1.25$MPa 时关，当 $P<1.0$MPa 时开。

（4）减压阀门 V1.4：该阀的联锁控制压力由减温减压器后蒸汽压力改为分汽缸出口混合蒸汽压力，根据分汽缸出口混合蒸汽压力自动调节，维持分汽缸出口混合蒸汽压力稳定在 1.2MPa。

（5）减压水调节阀 V1.5：该阀的联锁温度由减温减压器后蒸汽温度改为分汽缸出口混合蒸汽温度，根据该蒸汽温度的自动调节，维持分汽缸出口混合蒸汽温度稳定在 210℃左右。

通过对转炉余热锅炉蒸汽输出系统和 RH 耗汽系统的研究分析，提出了转炉余热蒸汽供 RH 真空装置存在的供汽压力偏低、汽量不稳定、温度较低等关键问题，对原有 RH 供气系统进行了改造，解决了转路口余热蒸汽供汽不稳定和温度较低的问题，实现了转炉余热蒸汽用于 RH 真空精炼。在 3 座转炉对应 2 座 RH 的情况下，转炉蒸汽完全能满足 RH 真空装置的用汽需求，节能效果显著。

4.3　钢渣显热利用技术

目前国内外钢铁企业都比较关注钢铁渣的后期应用，而非冷却过程中余热的回收。由于处理方式不同，钢铁渣的物理和化学性质也有所不同。众所周知，急冷的渣活性较好，尤其是高炉渣，急冷时玻璃体含量比较高，活性较好，可以在建材行业得到很好的应用；而钢渣受到成分和处理方式的影响，活性相对较差，同时形成的铁橄榄石等矿物耐磨，在建材行业的应用受到了一定的限制。从全球范围来看，钢铁渣处理过程中的余热回收问题，大多数还处于研究和试验阶段。随着人们对环保的日益重视和企业自身降低成本的需求，钢铁渣的余热利用也被日益重视。

以年产10万吨钢渣为例，转炉高温熔融渣可利用的资源价值分析见表4-9。

表4-9 转炉高温熔融渣可利用的资源价值分析

项目	显热利用	废钢回收	废渣利用
渣量/万吨	10	10	10
可用程度	1600～100℃	5%～10%	90%～95%
每10万吨钢渣可利用量	1.5×10^{11}kJ	5000～10000t	90000～95000t
技术难度	复杂	易	中
回收方式	每吨渣蒸汽（约0.39t）	废钢	建材等
回收价格	100元/t	2500元/t	10～80元/t
经济效益/万元	390	1250～2500	90～760

注：以上资源可用程度和回收价格可按具体情况作出调整，从而得出不同的结论。

由表4-9可知，熔融渣中废钢回收价值最大且回收技术最简单，废渣利用的价值因为技术水平不同而有差异，显热的利用价值比较稳定，但是技术相对复杂[53]。

4.3.1 钢渣余热利用现状

欧美、俄罗斯、日本为代表的钢铁生产国在节能、减排、环保等方面做了大量研究及应用工作，具体如下。

4.3.1.1 国外钢渣余热利用现状

俄罗斯采用滚筒法进行钢渣的余热回收开发。钢渣通过渣罐进入滚筒内，生成的蒸汽混合气体温度为90～170℃，可直接用于生活设施或将其加热至600℃用于发电，热利用系数可达到50%。俄罗斯乌拉尔钢铁研究院研制了一套附有热能回收装置的风淬钢渣处理工艺。其基本原理是：在钢渣倾倒过程中，渣与空气流接触产生辐射热并在第一余热回收室收集辐射热，熔渣冷却成晶体小颗粒后，进入第二余热回收室进一步冷却至160～200℃，通处理后的钢渣粒经链板输送机输送至储渣槽，其工艺流程如图4-29所示。

1977年，Mitsubishi和NKK合作研发了风淬粒化融渣余热回收系统，并于1981年末在日本福山制铁所建成世界上第一套转炉钢渣风淬粒化热回收装置，

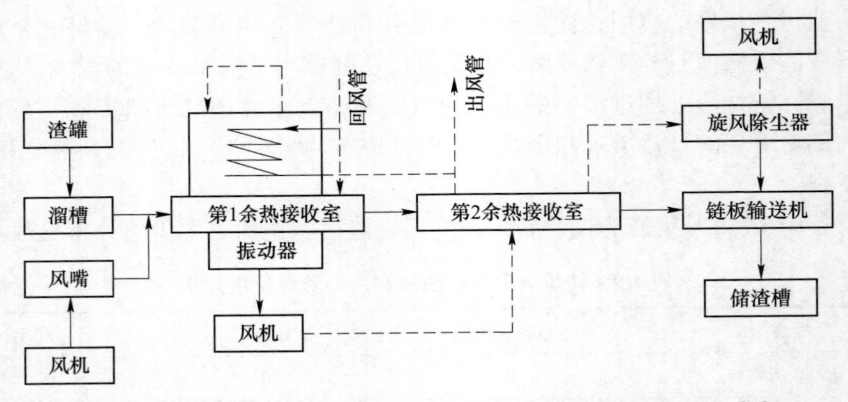

图 4-29 俄罗斯乌拉尔风淬粒化流化床熔融钢渣热能回收装置[54]

通过辐射和对流换热，渣温从 1500℃降到 300℃左右时，之后送至冷渣机继续冷却至 150℃左右，最后送至储渣场，其工艺流程如图 4-30 所示，热能回收装置如图 4-31 所示，总热回收率可达 40%~45%[55,56]。

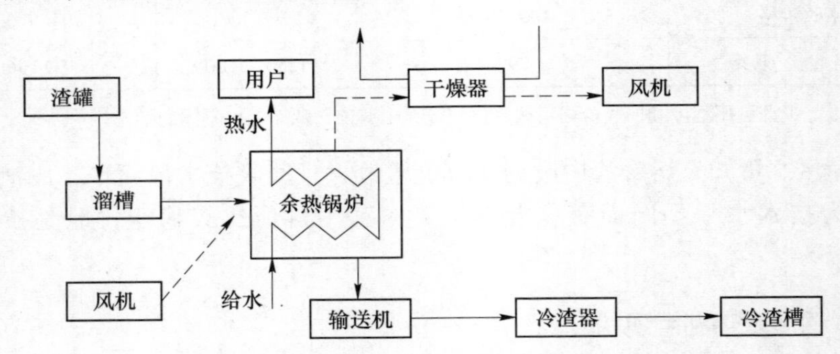

图 4-30 日本风淬粒化熔融钢渣-显热回收装置[54]

日本川崎制铁公司开发了一种以机械搅拌为破碎方式的钢渣热能回收系统[57]，其热能回收装置示意图如图 4-32 所示。熔融渣在特制的碗状搅拌器内搅拌破碎并飞向容器侧壁，搅拌器内排布冷却水管，通过冷却水管将钢渣热能回收，破碎后的钢渣细粉被送入流化床，钢渣细粉与流化床中的空气完成热量交换，被加热的空气送往热能锅炉，该回收系统钢渣显热回收率约达 76%[58]。

20 世纪 80 年代，Pickering[59] 等发现利用离心力能够很好地将钢渣进行粒化，给热能回收创造良好条件，并提出转杯法热能回收系统，转杯法热能回收装置如图 4-33 所示。该方法的热能回收率可达到 60%。

日本北海道大学 Akiyama 提出转碟法，2002 年澳大利亚 CSIRO 的研究组[60]对该方法进行改进，采用高压空气破碎转碟甩出的渣膜，加热空气完成部分热量交换，破碎的渣粒落入下部的填充床内，再对其进行热量回收，该方法热能利用

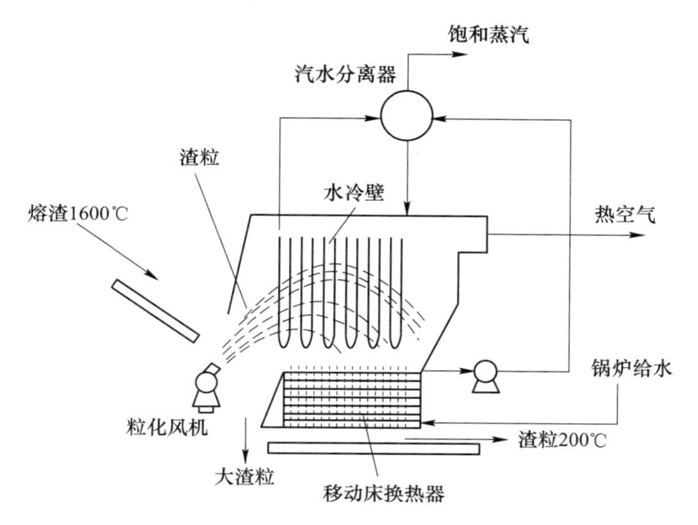

图 4-31 风淬法钢渣热能回收装置示意图[57]

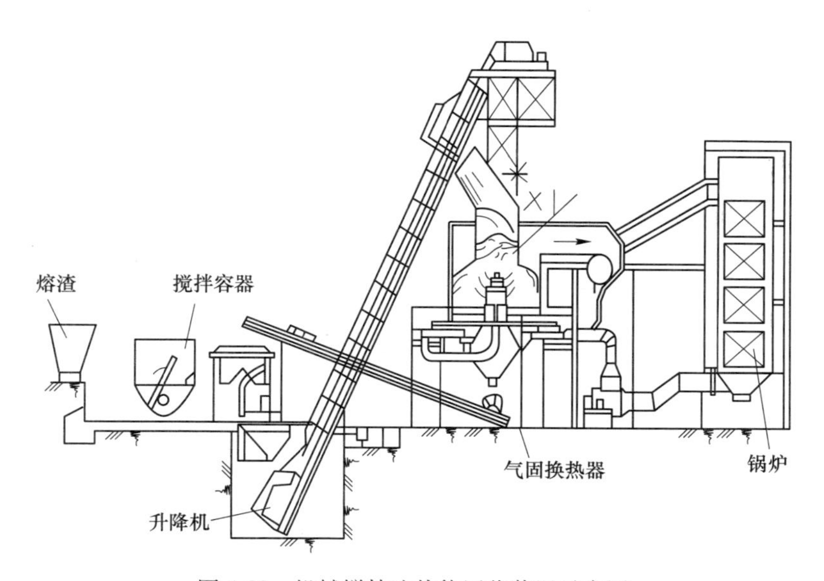

图 4-32 机械搅拌法热能回收装置示意图

率达 58.5%。

1986 年乌克兰德聂伯彼得罗夫斯克冶金学院基于连铸-连轧的原理，开发研制了熔渣连铸后再进行碎渣，并利用余热锅炉回收熔渣热能的熔渣粒化显热回收技术，热回收率可达 66.5%[61]。

NKK 公司的另外一种热回收设备是将熔融钢渣通过渣沟或管道注入两转鼓之间，转鼓在电动机的带动下连续转动，转鼓中通过热交换空气，转鼓内吸收空

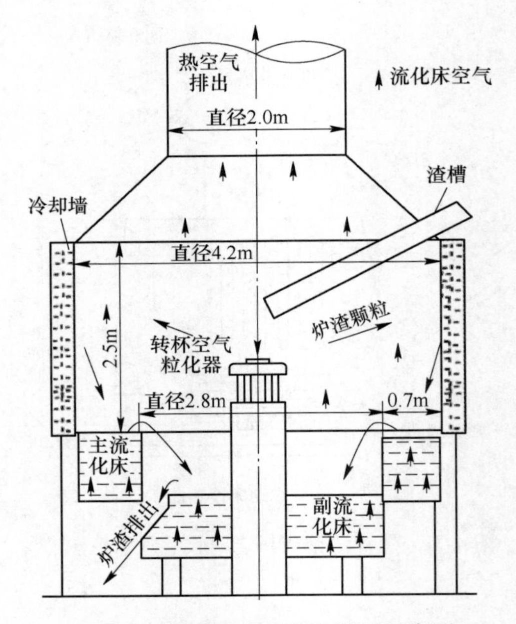

图 4-33　转杯法热能回收装置示意图

气热量实现能量回收，转鼓法热能回收装置如图 4-34 所示。但该方法热量回收效率波动大，一般在 35%～45%[57]。

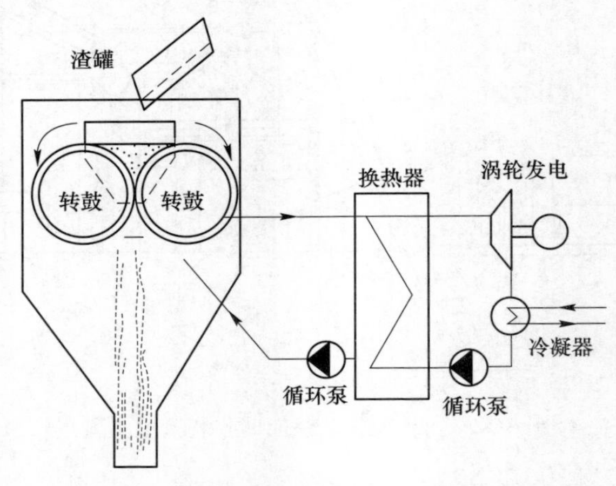

图 4-34　转鼓法热能回收装置示意图[57,62]

Bisio 等[55]研究采用将高炉渣显热转换成化学能的方式回收转炉渣余热。采用高速喷出的 CH_4 和 H_2O 混合气体对液态渣进行冷却、液化，并生成 H_2 和 CO 的混合气体；混合气体在下一反应器内，再次反应生成 CH_4 和 H_2O 并放出热量，但此方法由于伴随着化学反应，热利用率较低[63]。

2013 年，以普锐特冶金技术有限公司为首的研究团队主导开发了一项采用空气冷却熔渣，同时回收损失热量的干法雾化技术。该项目的第一阶段已经完成，2012 年建立了一个试验装置。研究结果显示，该工艺适于工业应用，随即计划建造一座半工业化规模的中试装置。自 2017 年 6 月起，该中试装置已经进行了批量试生产[64]。

JFE 钢铁公司在进行高温钢渣制成钢渣制品研究时，提出一种回收钢渣显热技术。这种技术在应用过程中主要是针对热量高的钢渣进行显热回收。为满足这种热量回收要求，该公司还研发出双辊式连续制作片状渣工艺，进行适当的热交换处理，这样处理后对应的显热回收率一般可超过 30%。JFE 公司在进行回收过程中，提出了双辊式钢渣连续凝固与回收装置。这种装置的主要组成单元为熔渣辊、渣罐倾倒机，其中冷却辊主要是进行熔渣连续凝固处理，此外还设置了运输成型钢渣的运输设备。对这种装置的性能进行测试，结果发现可有效地满足应用要求。相应的操作流程为：在液压的作用下促使渣罐倾倒装置倾动，将熔渣通过溜槽传输到两个冷却辊中。在此过程中为有效地延长熔渣凝固时间，控制冷却辊向外转动，其表面上冷却的凝固渣附着在辊面并被卷起。冷却辊的材质采用铜，这样可更好地满足散热要求，冷却辊内通过水冷进行降温。冷却辊在运行过程中供给熔渣的速度是 1t/min，不断地处理而促使熔渣温度降低，且在压制作用下形成渣片。冷却辊转动半周凝固渣落到输送带上，而运动到末端后进入渣坑。检测结果表明，在显热回收中对凝固的 7mm 厚的片状凝固渣，相应热回收率可达三分之一。

4.3.1.2 国内钢渣余热利用现状

随着能源瓶颈问题的加剧，国内许多钢铁企业和能源开发研究机构也都致力于钢渣余热回收技术的研究，经过多年的努力，已经研发出了多种钢渣显热回收工艺技术，得到了工业验证和应用。

20 世纪 90 年代宝山钢铁公司将由俄罗斯国立冶金工厂设计院设计的熔融钢渣粒化轮法和显热回收工艺装置（又名图拉法）从俄罗斯引进后，在中国扩展应用到钢渣处理领域中。有关公司在用该技术处理熔融钢渣过程中，对钢渣的显热加以回收利用。热回收效率为 30%左右。液态钢渣“高压风-导热油”热能回收装置是以高压风和导热油为传热介质，对钢渣的显热进行综合回收利用，热回收率高达 60%[61]。

2011 年首钢开发的钢渣显热回收与密闭式连续化及稳定化技术采用空气作为冷却介质，在处理设备中利用机械力搅动，切割钢渣的同时实现余热回收，重点解决了热态钢渣入料的普适性、钢渣间歇进料与连续出料、热态钢渣持续稳定换热和游离氧化钙快速稳定化处理 4 项问题，在对钢渣干法粒化处理的同时，实现了对钢渣余热的回收，同时通过稳定化处理和钢渣后续处理技术，达到一条龙处理钢渣的目的。钢渣显热回收与密闭式连续化及稳定化技术项目设计年处理熔融钢渣 30 万吨，回收余热 50%以上，预计年可节约标煤 9000t，相应减少 CO_2 排放 26100t，节水 30 万吨。

2014 年由唐钢公司承担的“钢铁企业低压余热蒸汽发电和钢渣改性气淬处理技术及示范”项目在国际上首次研制出钢渣氮气气淬与余热回收成套技术与装备，攻克了钢渣粒度控制技术、双层流化床余热锅炉高效换热技术、气淬渣微观结构控制技术等多项关键技术。应用后每年减排 SO_2 约 800t、CO_2 约 21800t、吨钢能耗降低 5%~7%，吨钢节能 30~40kg（标煤）。

各技术对比见表 4-10。

表 4-10　钢渣处理及余热回收技术比较

机构名称	处理方法	粒化方式	工艺特点	优点	缺点	换热介质	热回收率
日本-NKK 和 Mitsubishi	风淬法	高压鼓风	液态渣受高压风强吹被粒化，热渣和热空气通过余热锅炉进行热交换，回收钢渣余热	工艺流程简单，占地少，热回收率较高	对渣流动性要求高，处理率低	空气、冷却水	40%~45%
日本-NKK	内冷滚筒法	固化机械破碎	液态渣经两反向滚筒挤压粉碎，并被转筒内部循环的热媒介质冷却，然后从热媒介质中换热产生蒸汽发电	热回收率高	设备寿命低，处理量小，渣片不宜利用	有机液体烷基联苯	77%
乌克兰-德聂伯彼得罗夫斯克冶金学院	连铸连轧法	固化机械破碎	液态渣被连续压轧粉碎，热由冷却系统和余热锅炉冷水壁吸收，产生过热蒸汽回收热能	热回收率高	工艺流程较复杂，投资高	空气、冷却水	66.5%
俄罗斯-乌拉尔	风淬法	高压鼓风	液态钢渣被高压风击淬，进入两级余热回收室逐步放热，热能以空气为媒介传导，经交换加以回收	渣粒稳定无污染，热回收率高，渣粒度小且均匀	对渣流动性要求高，处理率低	空气	70%

续表 4-10

机构名称	处理方法	粒化方式	工艺特点	优点	缺点	换热介质	热回收率
英国-Teesside Nottinghan	转杯-连铸法	固化机械破碎	液态渣被机械粉碎固化后，在空气流化床和冷却水系中冷却，热能经交换回收利用	热回收率高	对渣流动性要求高，处理率低	空气(流化床)、冷却水	60%
中国-宝山钢铁公司	粒化转法	机械冲击	液态钢渣由高速旋转的粒化轮切削成渣粒，并落池水淬、固化，热能通过水水交换回收	流程简单，占地少，排渣快，污染小	处理率低，故障率和维修费用高，金属回收率低	冷却水	30%
中国-宝山钢铁公司	滚筒法	机械力	液态钢渣在高速旋转的滚筒内，在水的作用下急冷水淬、固化，热能通过水水交换回收	流程简单，占地少，排渣快，渣粒性能稳定，污染小	处理率低，渣粒不均匀，设备复杂	冷却水	50%
中国-某公司	高压风-导热油	高压鼓风及离心力	液态渣在离心力和高压风冲击下被破碎，通过导热油进行热交换，回收余热	设备简单，能耗小，粒度小且均匀，热回收率高	导热油泄漏易爆炸	黑体导热油（流化床）、空气	60%
中国-本溪钢厂，首都钢厂，鞍山钢厂	热闷法	热闷粉化	高温渣利用余热与水反应，产生热水和蒸汽，通过换热器回收余热	粉化率高，渣钢分离效果好，渣稳定性好，污染小	占地面积大，投资高，热利用率低	冷却水	50%

4.3.2　钢渣余热回收利用技术

转炉钢渣的温度高于钢水温度，并且钢渣的热熔值较大。熔融钢渣温度在1400～1750℃，渣的比热容约为 1.25kJ/(kg·℃)。通过计算可知，钢渣从1400℃降低到400℃，每吨熔渣可回收 1.2×10^9J 的显热，相当于 40kg 标煤完全燃烧后所产生的热量[1]。因此回收转炉钢渣的热能，能够降低钢铁企业的能耗。

由于钢渣的主要岩相结构属于硅酸盐系，硅酸盐类炉渣具有如下特点：

(1) 导热系数低。1400～1500℃的液相阶段为 0.1～0.3W/(m·K)，玻璃相阶段为 1～2W/(m·K)，晶体相阶段约为 7W/(m·K)，平均的导热系数只有 0.4W/(m·K)。

(2) 钢渣的黏度随温度降低急剧升高。钢渣的预处理工艺和钢渣的结晶过程有着较为紧密的联系，钢渣的处理工艺过程中，各项渣处理的工艺参数波动较大。

(3) 熔渣热焓大。钢渣中的热含量随着渣的温度变化波动很大，加上其热导率低，换热慢，换热介质难以选择。

(4) 转炉液态钢渣采用水淬工艺处理，高温蒸汽内含有的 f-CaO 对于回收热能的设备损坏严重。

钢渣的特性决定了回收其含有的热能工艺难度大。目前，钢渣显热回收利用技术开发已有成功的方法，按照回收过程采用的回收介质有无发生化学反应，可将这些方法分为物理回收方法和化学回收方法。

4.3.2.1 钢渣热能物理回收方法

高温钢渣热能物理回收方式是指在热能回收过程中，采用的回收介质不发生化学变化。回收原理是通过介质（水或空气）与高温钢渣直接或间接接触，利用回收介质与高温钢渣之间存在的温度差，将热量从高温钢渣中转移出来，从而达到高温钢渣热能回收的目的，主要分为热碎法和冷碎法。热碎法即趁钢渣从转炉流出时还处于液态或者红热状态下，采用风、水、汽进行粉碎；冷碎法即采用机械对冷钢渣进行破碎，主要有固体颗粒冲击法、机械搅拌法和转鼓法。下面介绍几种典型的钢渣热能物理回收技术。

A 风淬法余热回收技术

(1) 风淬法余热回收原理。高温液态下钢渣分子间的引力较小，用高速气流将在空中降落下的高温液态钢渣流迅速击碎为细小液滴，并随气体定向飞行，在飞行过程中迅速冷却为半固态渣粒。风淬后，渣中不稳定成分都转化为铁酸钙、铁酸镁等稳定成分，可以有效降低渣中 f-CaO 和 f-MgO 含量，有利于钢渣的后续利用。另外由于液态钢水和渣液表面张力不同，风淬过程可使渣铁得到良好分离，减少后续破碎工序。

粒化和冷却过程中钢渣中的不稳定相基本消失，由于冷却速度快，钢渣颗粒表面非晶态矿物相显著增加，钢渣的潜在活性提高。

(2) 风淬法余热回收工艺流程：渣罐接渣后，由行车运到倾翻装置（或吊车吊运倾翻渣灌），熔渣进入中间渣罐后从中间渣罐流出，被粒化器喷嘴喷出的高压气流（氮气或压缩空气）吹散，钢渣破碎成微粒，在罩式锅炉内回收高温空气和微粒中所散发的热量并捕集渣粒，锅炉排除的废气可用于干燥设备或物料。

（3）技术经济指标见表4-11。

表4-11 技术经济指标

序号	名称	单位	技术参数
1	渣处理型式		风淬
2	气源		氮气或压缩空气
3	耗气量（标态）	m^3/t	40~60
4	处理能力	t/min	2~2.5
5	钢渣粒化率	%	≥95
6	成品渣粒度	mm	≤5
7	蒸汽回收率	%	50

（4）风淬法余热回收的优点：

1）避免了熔渣遇水爆炸的问题，增加了生产上的安全性，钢渣粒化可达到5mm以下，钢渣处理后利用率100%，热量回收率大于50%，减少了后续破碎工序。

2）粒化渣全部进入罩式锅炉内，改善了处理炉渣时的高温、粉尘多的操作环境，有效减少热量的损失。

3）显著降低渣中的不稳定成分，有利于钢渣的后续利用；能够以蒸汽形式回收熔渣热量，实现钢渣余热利用。

在风淬法处理钢渣工艺的基础上，增加余热回收工艺，实现对钢渣余热的回收，是一种有效的钢渣余热回收技术[65]。

B 钢渣余热粉碎技术

钢渣余热粉碎法是将小于1000℃的红热钢渣用翻斗车从钢铁厂运输至斜坡粉碎炉内，将炉盖密封，四周用水隔离避免透气。经过多次间断喷水，使其快速冷却，并产生大量水蒸气渗透渣中进行碎裂粉化。反应过程有物理和化学两个方面：物理方面主要是水与热渣相遇急剧冷却，产生大量的热应力，使渣块外层发生碎裂，随之水和蒸汽一方面又沿裂缝向渣的内层渗透；另一方面与渣中的游离氧化物接触，产生水化反应，如游离的氧化钙与水发生反应生成氢氧化钙，在释放大量熔解热的同时，体积膨胀可达1~3倍，这种膨胀力又使钢渣进一步碎裂和粉化。

红热钢渣自身具有的物理热和化学能，加上水和蒸汽的渗透和接触，就发生了钢渣自我粉碎的行为。红热转炉钢渣自我粉碎的行为，主要包括三个过程：一是高温热渣吸水汽化冷却过程；二是由温度梯度变化产生的热应力使钢渣碎裂过程；三是渣中游离氧化物水解粉化过程。

钢渣自我粉碎行为主要从两个方面进行保护：一方面要使水和蒸汽尽可能地

与钢渣各个部分，表层的、深部的充分接触，使之产生物理化学反应。因此保证粉碎炉密封的同时还要保持6500~13000Pa的压力，使饱和蒸汽（甚至是过饱和蒸汽）从上到下无孔不入地充满粉碎炉的整个空间，并从排水沟逸出；另一方面避免炉内产生积水，大块钢渣中可能存在熔融的液态渣，一旦喷水碎裂，便有可能流出。这种液态渣若将积水覆盖或包住，就可能产生爆炸[66]。

C　固体颗粒冲击法余热回收技术

固体颗粒冲击法由瑞典Merotec公司开发，基本原理是利用已固化的循环渣粒将新渣进行淬碎粒化，粒化后的钢渣被送入流化床换热，然后对热量进行回收，固体颗粒冲击法热能回收装置如图4-35所示。此方法可产生大约250℃的饱和蒸汽，热能的回收效率大约为65%。

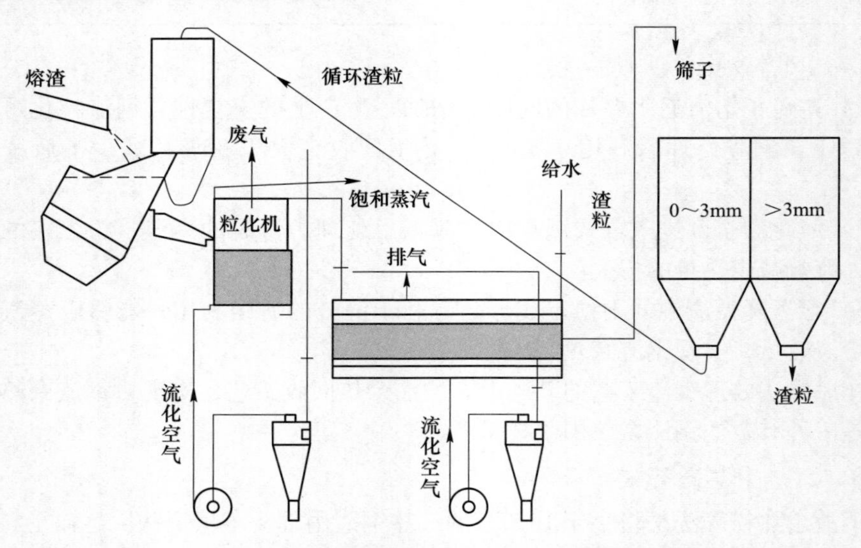

图4-35　固体颗粒冲击法热能回收装置示意图

钢渣热能物理回收方法中普遍存在的问题就是热能回收效率低，通常不超过60%。因此，为了提高钢渣热回收效率，要对钢渣进行细化处理，以便更高效地回收热量。但随着细化程度的提高，需要额外消耗更多的能量，结果降低了热量回收率，由于物理方法存在这样的问题，所以很难提高热能回收效率[67]。

4.3.2.2　钢渣热能化学回收方法

钢渣热能化学回收方法是将钢渣的热量作为化学反应的热源进行热能回收。按反应物和生成物的不同，可将钢渣热能化学回收分为两类：一类是制氢法；另一类是煤气化法[67]。

A　制氢法回收

在制氢法回收钢渣热能时，利用CH_4和$H_2O(g)$或CO_2反应来实现热能的转换，其反应化学式如式（4-24）和式（4-25）所示。

$$CH_4 + H_2O(g) = 3H_2 + CO \qquad \Delta G^{\ominus} = 338554 - 252.32T \qquad (4\text{-}24)$$

$$CH_4 + CO_2 = 2H_2 + 2CO \qquad \Delta G^{\ominus} = 257594 - 281.67T \qquad (4\text{-}25)$$

转炉钢渣温度一般大于1400℃，远高于反应式（4-24）和反应式（4-25）所需的温度，因此以上反应可顺利进行，且反应吸收的热量越多，热能转化为化学能就越多。

B 煤气化法回收

煤气化法是利用高温下C与CO_2或$H_2O(g)$反应来实现，其化学反应式如式（4-26)和式（4-27）所示。

$$C + CO_2 = 2CO \qquad \Delta G^{\ominus} = 166550 - 171T \qquad (4\text{-}26)$$

$$C + H_2O(g) = H_2 + CO \qquad \Delta G^{\ominus} = 133100 - 141.65T \qquad (4\text{-}27)$$

反应式（4-26）和反应式（4-27）的最低反应温度分别为：$T_4 = 974K$，$T_5 = 940K$。由于反应式（4-26）中C与CO_2的煤气化反应需要的最低温度比式（4-27）中C与$H_2O(g)$的煤气化反应高，在反应过程中钢渣温度会逐渐降低，因此反应会受到限制，不利于对钢渣余热的吸收，但从反应吸热能力角度考虑，式（4-26）比式（4-27）效果好。

图4-36为反应式（4-24）~反应式(4-27）在不同温度下的平衡常数。

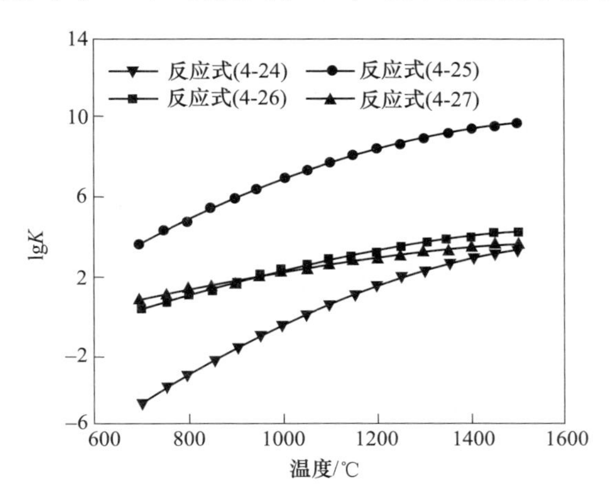

图4-36 不同温度下的平衡常数比较

由图4-36可知，在转炉钢渣温度范围内，反应式（4-25）的平衡常数最大，这表明CH_4和CO_2的制氢反应进行的更彻底，热能转化为化学能效率更高。反应式（4-24）的平衡常数最小，表明CH_4和$H_2O(g)$的制氢反应相对进行的不够彻底，对钢渣余热的回收能力有限，因此制氢法回收钢渣余热应该选择发生反应式（4-25）的反应。而对于煤气化法，在钢渣温度范围内，反应式（4-26）的平衡常数略高于反应式（4-27），因此煤气化回收钢渣余热应选择反应式（4-26）。

C 处理含锌粉尘

高春群等[68]提出利用钢渣显热处理含锌粉尘，回收锌、铁有价金属的方法。其原理是利用熔融钢渣的显热来还原含锌粉尘、回收锌等金属，这样既利用了熔融钢渣的显热，又改变了熔融钢渣的特性，还能够减少含锌粉尘的派出，回收锌，保护环境。含锌粉尘中存在的反应见表4-12。

表4-12 含锌粉尘中存在的反应

存在的反应	$\Delta_r G^\ominus = A+BT$		开始反应温度	$\Delta_r H$
	A/J·mol^{-1}	B/J·mol^{-1}	/℃	/kJ·mol^{-1}
$ZnO(s)+C(s)=Zn(g)+CO(g)$	352060	−289.3	944	137.8
$ZnO(s)+CO(g)=Zn(g)+CO_2(g)$	185510	−118.3	1295	65.14
$FeO(s)+C(s)=Fe(s)+CO(g)$	143300	−146.45	705	161.5
$(FeO)+C(s)=[Fe]+CO(g)$	113400	−127.6	888.71	113.4
$FeO(s)+CO(g)=Fe(s)+CO_2(g)$	−19490	21.35	639	161.5
$C(s)+CO_2(g)=2CO(g)$	170460	−174.43	704	172.43
$(Fe_2O_3)+3C(s)=2[Fe]+3CO(g)$	134000	−224.25	552	455.6
$3Fe_2O_3(s)+C(s)=2Fe_3O_4(s)+CO(g)$	134000	−224.25	552	129.2
$Fe_3O_4(s)+C(s)=3FeO(s)+CO(g)$	182270	−192.8	673	191.72
$MnO(s)+C(s)=Mn(s)+CO(g)$	268650	−158.4	1033	274.39
$(MnO)+C(s)=[Mn]+CO(g)$	68250	−40.55	1423	68.25

根据表4-12中各反应的计算数据可知，理论上熔融钢渣的显热还原钢厂的含锌粉尘是可行的。该方法将含锌球团预先铺放在钢渣罐中，利用转炉熔融钢渣的显热加热、还原含锌球团，之后利用钢铁厂现有的钢渣处理设备对钢渣进行处理。含锌球团中的氧化锌被还原挥发，挥发出的高锌烟气可利用锌的回收设备进行回收，作为锌精矿等副产品进行利用。熔融钢渣处理含锌粉尘，不需要使用燃料加热，可节省大量能源，而且除少量冷态混合、造球、加料设备外，不需建设专用设备，仅利用钢厂现有的钢渣处理设备即可实现，投资费用低。但该技术需控制适宜的含锌球团量，保证反应后的钢渣流动性。

4.3.2.3 钢渣热能的利用技术

A 利用液态钢渣的热能对冶炼渣改质

利用钢渣的热能对部分无法用于热闷渣处理的冶炼渣（主要指转炉的脱硫渣和高炉的瓦斯灰、轧钢的含酸尘泥与含油氧化铁泥）进行改质，将这部分冶炼渣加入转炉的液态氧化钢渣中，利用反应吸热将转炉的液态钢渣迅速降温至约1400℃，使冶炼渣加热到热闷渣工艺能够实施的温度，利用这些冶炼渣中间的还原性物质还原转炉液态钢渣中的氧化物，将热能向反应的化学能转移，然后将处于接近固态的钢渣用于热闷处理，在随后的工艺环节进一步回收利用。这种工艺方法主要在渣罐内进行，反应过程的化学热基本由液态钢渣提供，脱硫改质的主要方程如式(4-28)~式(4-32)所示。

$$3(Fe、Mn) + 2Al = 3Fe/Mn + Al_2O_3 + Q \tag{4-28}$$

$$Si + 2FeO = 2Fe + SiO_2 - Q \tag{4-29}$$

$$Mn + FeO = Fe + MnO - Q \tag{4-30}$$

$$C + 2FeO = 2Fe + CO_2 - Q \tag{4-31}$$

$$2P + 5FeO = 5Fe + P_2O_5 - Q \tag{4-32}$$

式（4-28）中的 Al 来源于 KR 脱硫渣中没有反应完全的高铝渣粉，式（4-29）~式(4-32)反应中的 Si、Mn、C、P 等来源于脱硫渣扒渣过程中进入渣罐的铁液或者铁珠。

改质反应结束后的氧化物 SiO_2、MnO、Al_2O_3等，在温度合适的条件下，还有可能与渣中的 f-CaO 和 f-MgO 进行成渣反应，有利于钢渣处理后的稳定性改善。其中成渣反应需要的热能仍然来源于钢渣的显热，钢渣的成渣反应主要方程式如式(4-33)~式(4-36)所示。

$$SiO_2 + 2f\text{-}CaO \longrightarrow C_2S - Q \tag{4-33}$$

$$SiO_2 + 3f\text{-}CaO \longrightarrow C_3S - Q \tag{4-34}$$

$$Al_2O_3 + f\text{-}CaO \longrightarrow C_mA_n - Q \tag{4-35}$$

$$f\text{-}CaO + SiO_2 + 2f\text{-}MgO \longrightarrow CMS - Q \tag{4-36}$$

B 钢渣余热用于烘烤潮湿的合金和渣辅料

炼钢使用的原料，如废钢、萤石、石灰石、白云石等通常露天堆放，在雨雪天气及空气湿度较大的时候会吸潮。当应用于炼钢工艺环节时，原料中水分一方面会吸收炼钢的热能，增加能耗；另一方面，在炼钢环节使用，水分与高温钢水接触，会发生分解反应，存在发生爆炸事故的安全隐患。为了避免爆炸事故的发生，提高冶炼钢水的质量，大多数钢厂对于这些原料采用烘烤的方法来保持干燥，烘烤通常采用燃气和其他的能源介质气体，但这种方法会增加炼钢工序成本和 CO_2的排放量。转炉液态钢渣含有较高的热能，且炼钢的渣罐采用铸钢件制作，既可承装液态钢液，又可承装炼钢使用的原料，比如一座 120t 转炉使用的容积为 $11m^3$铸钢件渣罐，其铸造重量在 30~35t，当其盛装液态转炉钢渣以后，渣罐本体在 30min 左右，温度达到 350~550℃，倒出其中的钢渣，向这个渣罐内装入需要加热或者干燥的炼钢原料，在 3~6h，渣罐本体的大部分热能被需要干燥的炼钢原料吸收，实现干燥物料的目的[69]。

C 利用红热钢渣烘烤冷固球团

冷固球团是利用炼钢和轧钢的氧化铁皮、OG 泥等含铁尘泥，在压球机上添加黏结剂压制成为 TFe 含量在 45%以上的含铁球团。球团的尺寸控制在 30~50mm，直接用于炼钢，替代炼钢的球团矿、部分废钢和铁矿石等。由于冷固球团的黏结剂多采用水溶性材料，故球团在成球以后，需要烘烤去除其中的水分，提高球团的强度，减少水分入炉以后对于冶炼造成的负面影响。八钢钢渣厂采用在热闷渣渣池子内倒入约 150t 的红热钢渣，不打水降温，直接将装筐的冷固球团吊入渣池子内，然后盖上热闷渣的盖子以烘烤冷固球团，解决了八钢的球团烘烤难题。

D 钢渣用于预热废钢

钢渣在 1100℃时完全凝固后打击或振动可变成碎片，尤其倾倒在凹凸不平的多孔物体上时更易打击或振动破碎，可将钢渣倾倒在废钢上，在充分接触换热后可实现钢渣凝固。红热的废钢被钢渣包裹后可减少氧化。然后击打和振动使渣破碎再筛分。此时，钢渣温度高，仍可继续与打水热闷工艺衔接。经过此过程废钢可能会带有部分渣滓，但转炉炉渣碱度高，含有金属且有助于成渣，相当于炉渣的二次利用。

E 利用红热钢渣烘烤新修砌的铁水包

炼钢使用的铁水包，其外壳由压力容器钢制作，内壁通常由永久层、隔热层和工作层组成。其永久层使用镁铝浇注料或者铝碳质浇注料浇铸而成；隔热层是由轻质镁砖或者硅砖修砌；工作层是与铁水接触的耐火砖，通常是由铝碳砖修砌。由于在修砌过程中，采用水作为结合剂使用，新修砌的铁水包中间含有一定的水分，此外铝碳质在生产过程中采用的黏结剂中间含有一定的挥发分，如果直接用于与高温的铁水接触，新铁水包中间的水分和挥发分在短时间内受热气化，从砖体和浇注料中间逸出，引起修砌的耐火材料垮塌等事故，故铁水包修砌好后，需要采用燃料或者燃气对其进行烘烤升温，并且烘烤升温的供热制度严格按照从低温阶段向高温阶段缓慢进行的原则实施。利用高温固态红热钢渣烘烤新修砌的铁水包，具体的工艺操作方法如下：

(1) 将转炉的液态钢渣热泼在渣池子中间，选取一定量的热泼后凝固的红热态钢渣（表面发红的钢渣渣温在 750~1100℃）装入渣罐，然后将红热态钢渣倒入新修砌好的铁水包内。铁水包倒入钢渣前，里面铺垫部分的废弃木板，防止钢渣砸坏铁水包底部。

(2) 按照铁水包的烘烤曲线，使用热态钢渣烘烤铁水包。

(3) 铁水包烘烤到 500℃，倒出铁水包内的固态钢渣，将铁水包采用燃气或者燃油继续将铁水包烘烤到 900℃，投入使用即可[70~72]。

4.3.3 转炉钢渣余热利用案例

4.3.3.1 钢渣余热发电利用

以某钢铁厂钢渣处理生产线旁建成的一条钢渣余热发电中试试验线为例说明

钢渣辊压破碎-有压热闷技术的应用，该项目于 2015 年 12 月建设完成并试运行，整体运行稳定。

A 钢渣余热发电的工艺及设备

某钢铁厂开发了一种高效汽水换热装置，将间断的热闷蒸汽转换成连续输出的热水资源，结合 ORC 发电技术（ORC 有机朗肯循环发电技术，利用有机工质进行发电，以代替水蒸气作为循环工质进行发电，是低品质热源发电的首选设备）实现钢渣余热的发电利用，工艺及 ORC 如图 4-37 和图 4-38 所示。

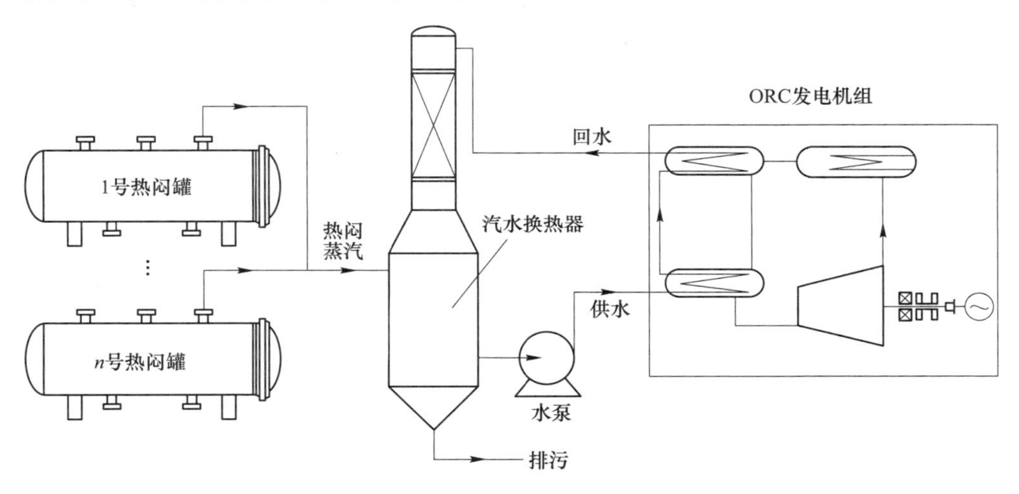

图 4-37 钢渣余热发电工艺示意图

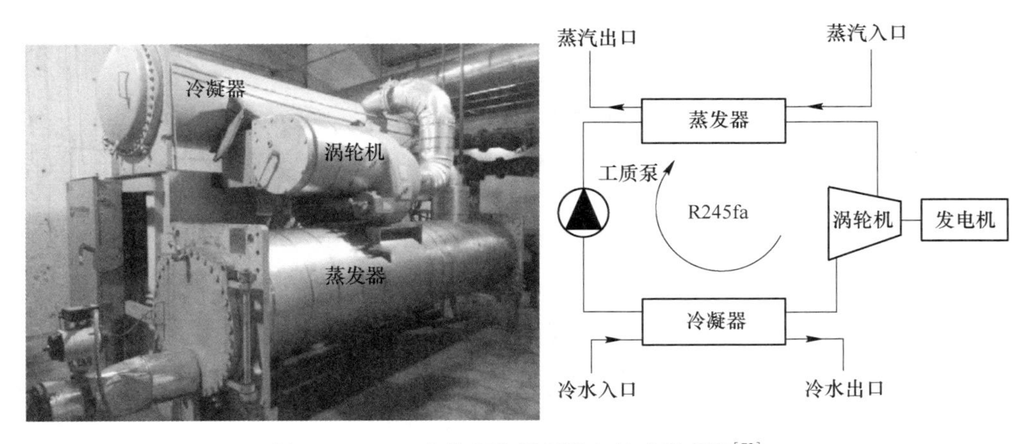

图 4-38 ORC 有机朗肯循环发电技术示意图[73]

具体工艺步骤如下：

（1）将钢渣余热产生装置优选为钢渣有压热闷罐，在有压热闷过程中，将周期排放的不连续低压含尘蒸汽引入汽水换热器。

(2) 回水在汽水换热器中与蒸汽换热，形成热水。

(3) 利用热水资源驱动 ORC 发电机组，用于发电。

(4) 发电后，热水降温成冷水循环返回，并再次从所述回水口输入与所述蒸汽换热，形成循环。

钢渣余热发电工艺的关键技术是实现热闷蒸汽的洁净化与连续化。其核心设备即高效汽水换热器，如图 4-39 所示。

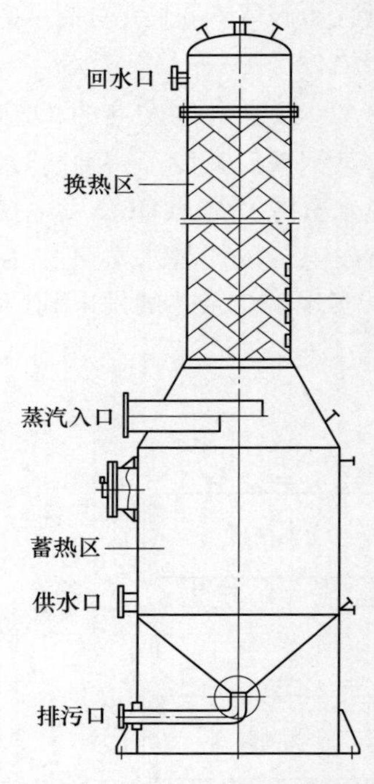

图 4-39 汽水换热器结构示意图

该设备以填料塔结构为基础进行优化，汽水从汽水换热器顶部回水口输入，流经换热区与热闷蒸汽直接接触换热，热闷蒸汽冷凝，冷水升温，最终混合形成热水落下，在蓄热区聚集，供水口位于蓄热区，用来提供连续的热水资源。热闷蒸汽中携带的粉尘会变成污泥沉积在汽水换热器底部，因此在汽水换热器底部设排污口，并设阀门，定时利用热水冲刷排污，同时维持工艺系统水平衡。

ORC 发电机组由蒸发器、汽轮机发电机组、凝汽器和预热器 4 部分组成，工作流程如下：

(1) 由汽水换热器提供的热水资源在蒸发器内与液态有机工质换热，并使液态工质蒸发变成有压气态，之后降温后的热水进入预热器。

(2) 利用气态有机工质驱动汽轮机发电机组发电。

(3) 发电后，有压气态工质变成常压气态液态混合物进入冷凝器，在冷凝器中冷凝至液态。

(4) 冷凝后，液态有机工质由工质泵送入预热器，与降温后的热水换热后，进入蒸发器，进行下一个发电循环[74]。

降温后的热水预热有机工质后，返回汽水换热器。某钢厂的现场设备安装如图 4-40 所示。

B 试验线运行状况

图 4-41、图 4-42 为试验线在 2016 年 1 月两个热闷周期的运行数据。

一个热闷周期主要分为两个步骤，一是辊压破碎，二是罐式有压热闷，热闷罐控制压力为 0. 2MPa，高压 0. 2MPa 则排放蒸汽。

统计热水量与发电量数据，热水量与发电量关系如图 4-43 所示。经过拟

图 4-40 汽水换热器和 ORC 汽轮机安装

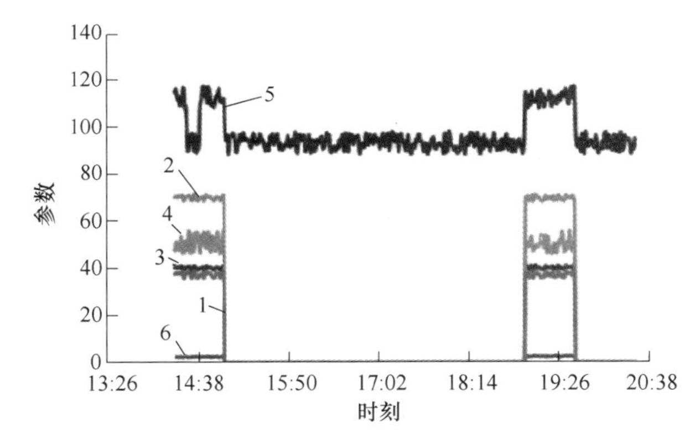

图 4-41 试验线 1 月 8 日运行数据

1—净发电量，kW · h；2—发电量，kW · h；3—供发电热水量，m^3/h；

4—热水流量，m^3/h；5—蒸汽温度，℃；6—蒸汽流量，t/h

合，在热水温度为 95℃ 左右，热水流量 40 ~ 42t/h，热水量与发电量成正比，吨热水额定发电量约为 1.73kW · h，去除发电机组自耗电，吨热水净发电量约为 1.12kW · h。每罐热闷钢渣量约为 45t，产热水总量约为 57t/h，即吨钢渣额定发电量约为 2.19kW · h，净发电量约为 1.42kW · h，可发电根据钢渣生产线的现有生产规模，若热闷蒸汽全部利用，发电量可达 320kW · h。由于中试机组的装机容量较小，导致自耗电占比高，实现产业化后，净发电量会进一步提高。

C 结论

(1) 采用 ORC 发电技术，配套开发高效汽水换热器及相关设备，实现了转

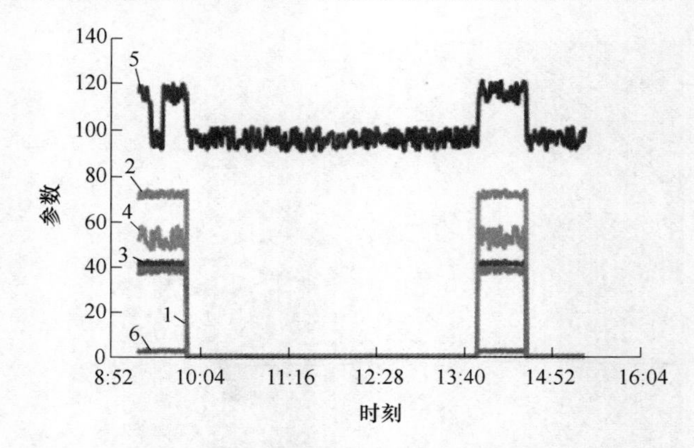

图 4-42　试验线 1 月 9 日运行数据

1—净发电量，kW·h；2—发电量，kW·h；3—供发电热水量，m^3/h；

4—热水流量，m^3/h；5—蒸汽温度，℃；6—蒸汽流量，t/h

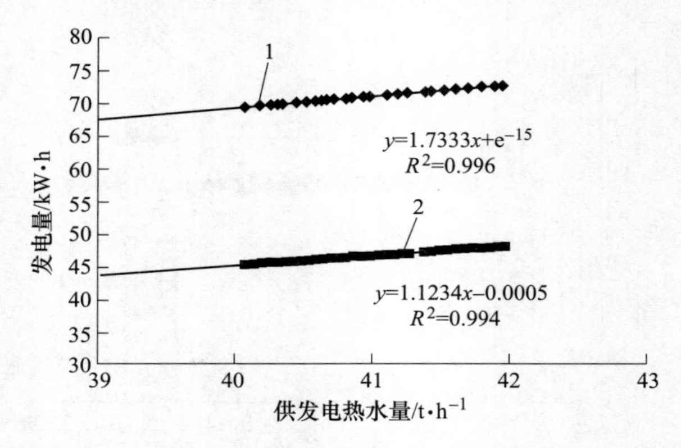

图 4-43　ORC 汽轮机发电量统计

1—发电量；2—净发电量

炉钢渣的余热发电，验证了该技术和工艺的可行性。

（2）本项目研发的汽水换热器，将钢渣热闷过程中的低压、含尘、不连续蒸汽转化为热水，实现热水连续输出，保证发电设备的稳定运行。

（3）整套发电机组运行表明，钢渣通过热闷工艺处理后，吨渣净发电量约为 1.42kW·h；该中试机组的装机容量较小，导致自耗电占比高，实现产业化后，净发电量会进一步提高[61]。

4.3.3.2　钢渣热闷蒸汽余热利用技术

钢渣热闷系统中，转炉钢渣含有大量余热，在热闷过程中，喷水产生的蒸汽放散到周围环境中不仅造成能源的浪费，且蒸汽夹杂有钢渣颗粒弥散在空气中，对环境造成污染。目前，蒸汽利用存在的难点有：

（1）热闷过程中产生的热量是间断的、不连续的，无法实现热源的稳定供应；

（2）闷渣产生的蒸汽压力不高，利用不方便；

（3）蒸汽及循环水洁净度很差，其中含有大量碱性杂质，易结垢、堵塞管道，且会对金属产生腐蚀作用，不能直接利用；

（4）闷渣蒸汽及循环水温度不高。

为了在不影响取暖的情况下充分回收闷渣蒸汽，蒸汽余热利用技术采用两级换热方式，闷渣蒸汽先通过汽水直接混合产生热水，然后热水通过换热器与用户采暖水进行间接换热。

A 闷渣蒸汽利用技术方案

a 系统组成

蒸汽回收系统主要由汽水直接换热装置、水-水间接换热站、热力外网3部分组成。

（1）汽水直接换热装置。汽水直接混合换热装置一般是将蒸汽混合装置置于水中。但考虑到闷渣产生的蒸汽压力仅在0.003~0.005MPa，本装置最多置于水下300mm处，否则蒸汽无法进入，而在此深度下汽水无法正常进行换热。当汽水换热装置发生事故或闷渣产生的蒸汽大于换热速度时，为防止水箱里的水沸腾导致意外发生，每套换热装置设置自动安全连锁装置。当水箱里的水温高于95℃时自动打开原有蒸汽管道排放阀门，蒸汽自动对空排放。因闷渣蒸汽中杂质含量较高，在蒸汽进换热器前给水泵进口设置简易过滤装置，防止管道及换热装置堵塞；在水箱底部设置人孔，以便及时清洗。

（2）水-水间接换热站。汽水换热器外供送来的约85℃热水到经过水-水换热器与外部采暖回水进行间接换热，将其由60℃加热到80℃左右后，再经水泵加压后送到采暖供水主管道送到采暖用户。由于闷渣蒸汽中氯含量较高，换热器材质选用耐氯离子腐蚀的不锈钢材料。

b 工艺流程

闷渣余热利用系统由闷渣系统和换热采暖系统两个子系统组成。

（1）闷渣系统。闷渣过程中，循环冷却水与高温钢渣换热后水温升高，由冲渣沟流入沉淀池。连通闷渣坑与冲渣沟的蒸汽管道，蒸汽经过设置冷水喷淋装置的管道后冷却为热水，与冲渣沟中的闷渣热水一起流入沉淀池。沉淀池中的热水经沉淀后流入集水池用于换热采暖，换热后的冷水回到冷水池由泵组分别供闷渣和蒸汽的喷淋冷却使用，形成闷渣子系统的循环。

（2）换热采暖系统。闷渣产生的热水经沉淀池流入集水池，由泵组抽引至过滤器，经过滤净化处理后进入换热器与采暖水换热，换热后的热水供居民采暖使用，冷水回到冷水池，由泵组供闷渣及蒸汽喷淋，参与闷渣子系统的水循环，剩余的冷水流入沉淀池，与由冲渣沟流入的热水混合，形成循环。

c　主要工艺设施

闷渣蒸汽余热利用主要工艺设施包括：冷水泵组、热水泵组和换热器。

（1）冷水泵用于向闷渣坑注水和冷却产生的蒸汽，以实现钢渣降温和冷凝回收蒸汽并产生热水，回流至沉淀池。

（2）热水泵组用于向换热器循环供应热水，用于换热。

（3）换热器采用无阻塞智能化换热器。换热器由管程与板程板片组成的换热本体、冲洗阀、污泥斗、排泥阀、螺旋输泥机、自动排气阀、浊度仪及远程装置、温感及远传装置、HydroFLOW 防垢除垢装置、PLC 控制装置等组成。

B　闷渣蒸汽余热利用系统主要工作参数

（1）冷水泵组（3 用 1 备）：闷渣注水量约 $70m^3/h$，冷却水蒸汽量约 $850m^3/h$，水泵（4 台）流量 $300m^3/h$。

（2）热水泵组（3 用 1 备）：循环水量约 $920m^3/h$，热水温度 95℃，冷水温度 60℃，水泵（4 台）流量 $300m^3/h$。

（3）换热器（2 台）：供回水温差 15℃，换热面积约 $500m^2/h$，传热系数 1500~1600W/(m^3·℃)，换热功率 7~9.96MW。

该种方法利用集水池中热水作为换热器的热源，实现了热源的稳定供应。将蒸汽用冷水喷淋后，冷水被加热，蒸汽冷凝，热量得到回收，同时避免了蒸汽排放造成的环境污染。闷渣子系统与换热采暖子系统通过换热器进行换热，两系统的水互不相通，故采暖循环水可以始终保持清洁，解决了闷渣水质差不能直接利用的问题。同时降低了能耗、改善了环境、提高了收益，实现了节能减排和资源综合利用[75,76]。

参考文献

[1] 王明月．提升转炉余热余能回收系统能效的技术研究［D］．马鞍山：安徽工业大学，2019.

[2] 罗智恒，杜涛，宋延丽，等．转炉烟气余热回收的研究［C］//第八届全国能源与热工学术会议：372~376.

[3] 张战波．钢铁企业能源规划与节能技术［M］．北京：冶金工业出版社，2014.

[4] Xie S S，Li H. Waste heat recovery technology of iron and steel enterprises［C］//5th International Conference on Advanced Design and Manufacturing Engineering，2015：2060~2063.

[5] 蔡九菊，王建军，陈春霞，等．钢铁企业余热资源的回收与利用［J］．钢铁，2007（6）：1~7.

[6] 孟凡凯，陈林根，谢志辉，等．钢铁工业余热回收技术的评价指标体系［J］．中国冶金，2015（11）．

[7] 代铭玉．钢铁制造全流程余热余能资源的回收利用现状［J］．冶金经济与管理，2017（2）：52~56.

[8] 万亚男．中国余热发电行业市场前瞻与投资战略规划分析报告［R］．前瞻产业研究院：2019．https://www.qianzhan.com/analyst/detail/220/190131-06a23396．html.

[9] 项新耀．工程㶲分析方法［M］．北京：石油工业出版社，1990：96~99.

[10] 陈春霞．钢铁生产过程余热资源的回收与利用［D］．沈阳：东北大学，2008：20~23.

[11] 姬立胜．转炉烟气余热的充分回收与合理利用［D］．沈阳：东北大学，2012，6.

[12] 周荣．余热发电在济钢炼钢厂的实现［J］．中国科技信息，2011，4（2）：18~20.

[13] 王永忠，施锦德．转炉煤气节能减排的几种技术措施［J］．世界钢铁，2009，9（4）：39~44.

[14] Puschitz P，Lahner T. Latest developments for dry and wet dedusting systems for converter steel making［J］．Baosteel Technical Research，2010，4（SI）：133.

[15] 曹武，韩惠珍．炼钢转炉烟气余热饱和蒸汽发电［J］．煤气与热力，2005，9（25）：56~57.

[16] 李森，魏小林，余立新．Numcrical simulation of off gas formation during top-blown oxygen converter steelmaking［J］．Fesl，2011，90（4）：1350~1360.

[17] Maruoka N，Akiyama T. Excrgy recovery from steelmaking off-gas by latent heat storage for methanol production［J］．Energy，2006，31（10）：1632~1642.

[18] 张鹏，谈庆．转炉一次干法负能除尘新工艺-DDH 法探索［C］//2010 年全国冶金安全环保学术交流会论文集，2010.

[19] 钱卫强，陈凌，戴连鹏，等．一种转炉煤气干法布袋除尘及余热回收方法：中国，CN 101671757［P］．2010-03-17.

[20] 李岳，毕明树．一种高温转炉煤气余热回收方法：中国，CN 101974663 A［P］．2011-02-16.

[21] 赵锦．转炉烟气全干式除尘及余热回收新工艺研究［D］．沈阳：东北大学，2012.

[22] 刘晨．转炉干法除尘烟气的冷却与余热回收利用途径［C］//第十届全国能源与热工学术年会，2019：142~146.

[23] 王冠，安登飞，等．工业炉窑节能减排技术-第二节转炉烟气余热回收技术［M］．北京：化学工业出版社，2015.

[24] 马春生．转炉烟气净化与回收工艺［M］．北京：冶金工业出版社，2014.

[25] 曹武，韩慧珍. 炼钢转炉烟气余热饱和蒸汽发电［J］．煤气与热力，2005，25（9）：56~57.

[26] 祝亚峰，喻晓炜，张爱芳，等．转炉余热发电技术在钢铁企业的典型应用［J］．节能，2014（8）：40~42.

[27] 王华锋．蒸汽蓄热器在炼钢厂转炉余热发电中的应用［J］．节能，2013，2：58~60.

[28] 毛华芳，阮祥志，平风齐，等．转炉余热蒸汽用于 RH 真空精炼系统优化及分析［J］．冶金能源，2017，36（1）：6~10.

[29] 陈远飞，温治，丁建亮，等．线材控轧控冷过程数学模型及其数值仿真系统 [J]．工业加热，2009，38（6）：16~19.
[30] 田旺远，卢宏．转炉蒸汽供RH真空精炼炉使用可行性分析 [J]．山东冶金，2008（2）：60~62.
[31] 胡圣飞．转炉汽化蒸汽在武钢一炼钢厂真空中的工程应用 [C]//2012中国（唐山）绿色钢铁高峰论坛，2012：151~154.
[32] 刘旭，姜小萍，孙明庆．一种带微过热的变压蓄热器系统：中国，CN1912459 [P]．2007-02-14.
[33] 刘攀．转炉蒸汽用于真空精炼的探讨 [J]．冶金动力，2019（1）：40~42.
[34] 王海兵，赵保民，李文辉．210t转炉自产蒸汽充分利用实践探索 [J]．包钢科技，2017，43（5）：11~13.
[35] 蔡九菊，王建军，陈春霞，等．钢铁企业余热资源的回收与利用 [J]．钢铁，2007，42（6）：1~7.
[36] 吴强，周茂林，崔金强，等．提高120t转炉蒸汽回收量的研究与实践 [J]．莱钢科技，2009（4）：14~15.
[37] 王具才．浅析蒸汽封火在120t转炉氧枪口上的应用 [J]．酒钢科技，2014，2：83~85.
[38] 王海冰，赵保民，李文辉．201t转炉自产蒸汽充分利用实践探索 [J]．宝钢科技，2017，43（5）：11~13.
[39] 孙明雪，秦勤，杨凡，等．应用相变材料回收转炉煤气余热技术 [C]//第八届全国能源与热工学术年会，2015：3.
[40] 杨倩，杨慧斌，杨印东，等．转炉一次烟气高温膜管干法除尘及余热回收系统研究开发 [C]//第十一届中国钢铁年会论文集，2017：1~8.
[41] 苏国留，刘文东，魏久鸿．转炉半干法除尘消纳利用焦化废水的原理及应用 [C]//2014青岛国际脱盐大会，2014.
[42] 张春霞．钢铁工业绿色发展工程科技战略及对策 [C]//全国冶金能源环保生产技术会论文集，2014.
[43] Lin B Q, Tan R P. Sustainable development of China's energy intensive industries: from the aspect of carbon dioxide emissions reduction [J]. Renewable and Sustainable Energy Reviews, 2017, 77: 386~394.
[44] Ozturk F, Keles M, Evrendilek F. Quantifying rates and drivers of change in long-term sector-and country-specific trends of carbon dioxide-equivalent greenhouse gas emissions [J]. Renewable and Sustainable Energy Reviews, 2016, 65: 823~831.
[45] Harris D J, Roberts D G. Gasification behaviour of Australian coals at high temperature and pressure [J]. Fuel, 2006, 85: 134~142.
[46] Xu Y, Zhang Y F, Zhang G J, et al. Pyrolysis characteristics and kinetics of two Chinese low-rank coals [J]. Journal of Thermal Analysis and Calorimetry, 2015, 122: 975~984.
[47] Xie J B, Zhou J N, Zhang H, et al. Utilization of waste heat gas in converter flue for CO generation by coal injection [J]. Energy & Fuels, 2017 (5): 1~13.
[48] 周涛，侯祥松，谢建，等．转炉烟气中低温余热回收工艺研究 [J]．能源环保，

2019（3）：37~39.
[49] 张成义.120t 转炉低温段烟气余热回收利用［J］. 福建冶金，2018，6：23~24.
[50] 魏淑娟，王映红，王爽. 转炉饱和蒸汽发电在莱钢永锋钢厂的应用［J］. 环境工程，2017，35：414~417.
[51] 徐兆春，王军，章香林. 马钢转炉烟气余热深度回收技术探研［J］. 冶金动力，2019，5：38~40.
[52] 毛华芳. 转炉余热蒸汽用于 RH 真空精炼系统优化与分析［J］. 2017，36（1）：6~10.
[53] 雷震东. 汽碎浅闷余热回收法处理转炉熔融钢渣［J］. 技术论坛，2011，2：20~23.
[54] 张宇，张健，张天有，等. 钢渣处理与余热回收技术的分析［J］. 中国冶金，2014，8（24）：33~37.
[55] Bisio G. Energy recovery from molten slag and exploitation of the recovered energy［J］. Energy，1997，22（501）：12.
[56] Kasaily. New energy conservation technologyies［M］. Berlin Springer，1981：1811.
[57] 李德军，刘清海，许孟春，等. 钢渣余热回收方法分析［J］. 鞍钢技术，2018，1：7~18.
[58] 吴文斌. 钢铁熔融渣余热利用技术发展现状与展望［J］. 企业科技与发展，2019，4：66~67.
[59] Pickering S J，Hay N，Roylance T F，et al. New process for dry granulation and heat recovery from molten blast-furnace slag［J］. Ironmaking and Steelmaking，1985，12（1）：14~18.
[60] 王海风，张春霞，齐渊洪. 高炉渣处理和热能回收现状及发展方向［J］. 中国冶金，2007，17（6）：53~58.
[61] 吴桐，张延平，彭犇，等. 转炉钢渣余热发电技术研究［J］. 环境工程，2017，35：304~307.
[62] 冯向鹏，廖洪强，余广炜，等. 熔融钢渣显热回收技术现状与展望［J］. 企业节能减排与资源综合利用，2008：435~438.
[63] Toshio M，Junichirof Y，Tomobiro A. Granulation of molten slag for heat recovery［C］//37th intersociety energy conversion engineering conference，2002：641~646.
[64] 吴文斌. 钢铁熔融渣余热利用技术发展现状与展望［J］. 企业科技与发展，2019，4：66~67.
[65] 李平. 钢渣处理余热回收技术［J］. 山东工业技术，2018（7）：62.
[66] 王昌汾. 转炉钢渣余热粉碎理化行为的研究［J］. 涟钢科技与管理，1995（2）：59~60.
[67] 李德军，柳清海，许孟春，等. 钢渣余热回收方法分析［J］. 鞍钢技术，2018（1）：7~14.
[68] 高春群，郝素菊，蒋武锋等. 熔融钢渣显热处理含锌粉尘的热力学研究［J］. 冶金能源，2015，34（3）：14~18.
[69] 李金刚，陈亚团. 转炉钢渣显热高效利用创效构想与实施建议［J］. 酒钢科技，2020，1：71~75.
[70] 赵旭章，俞海明. 转炉钢渣热能回收利用的理论分析和实践［J］. 新疆钢铁，2015，4：42~44.

[71] Tobo H, Shigaki N, Hagio Y. Development of heat recovery system from steelmaking slag [J]. JFE Technical Report, 2014, 3 (19): 126~132.

[72] Hui Z, Hong W, Xun Z, et al. A review of waste heat recovery technologies towards molten slag in steel industry [J]. Applied Energy, 2013 (112): 956~966.

[73] Kaka N. Energy and exergy analysis of an organic Rankine for power generation from waste heat recovery in steel industry [J]. Energy Conversion and Management, 2014 (77): 108~117.

[74] Macchi E, Astolfi M. Organic rankine cycle (ORC) power systems: Technologies and Applications [M]. Elsevier, 2016.

[75] 程志洪，孙璐，秦川，等．钢渣热闷蒸汽余热利用技术 [J]. 山东冶金，2016，2 (38): 47~48.

[76] Ortega F I, Rodríguez A J. Thermal energy storage for waste heat recovery in the steelworks: the case study of the REslag project [J]. Applied Energy, 2019 (237): 708~719.

5 转炉炼钢固体废弃物处理与利用

随着我国钢铁行业的快速发展，各种固体废弃物的产生量也是呈指数型上升，但其综合利用率低，大量堆存的各种炼钢固废将会造成土壤污染和资源的浪费。随着国家对绿色生产要求的提高，需要对转炉固体废弃物进行资源化处理及综合应用，即通过各种技术手段对转炉固体废弃物中有用的物质和能量的回收，使无用的部分达到无害化、效益化。转炉炼钢流程中固体废弃物主要包括转炉炉渣和除尘污泥等。本章将从转炉炉渣和转炉尘泥的处理和利用展开，着重介绍转炉炼钢固体废弃物的处理与利用技术。

5.1 转炉炉渣处理和利用技术

钢渣的合理利用和有效回收是现代钢铁工业技术进步的重要标志之一[1]，其综合利用途径主要分为钢厂内循环和外循环。据相关资料介绍[2~4]，美国、德国、日本等国家的钢渣利用率都在85%以上，而我国钢渣综合利用率仅为30%左右，与发达国家有着明显差距。若我国能实现钢渣的资源化利用，并确保资源利用过程中的环境友好性，势必将有效解决钢渣大规模堆积对经济发展的制约，实现工业发展的可持续性[5]。

转炉钢渣是转炉炼钢过程中产生的废渣，主要来源于铁水与废钢中所含元素氧化后形成的氧化物、金属炉料带入的杂质、加入的造渣剂（如石灰石、萤石、硅石）、氧化剂、脱硫产物和被侵蚀的炉衬材料等。钢渣物理化学性质和化学成分、冷却条件等因素存在密切关系，在不同状态下其各组分的比例也不同，一般来说其化学成分包括 CaO、SiO_2、FeO、Al_2O_3、MgO 等，各成分含量大体见表 5-1[6~8]。从化学组成看，钢渣中含有大量高密度化合物（FeO、MnO 等），因此钢渣密度较高，为 3.1~3.9g/cm^3，又由于钢渣铁质多、硬度大，所以耐磨性较好。同时，钢渣的抗压性能好，压碎值为 20.4%~30.8%。

表 5-1 钢渣的主要成分 （质量分数/%）

CaO	SiO_2	Al_2O_3	FeO	Fe_2O_3	P_2O_5	MgO	Fe
45~60	10~15	1~5	7~20	3~9	1~4	3~13	余量

5.1.1 钢渣处理工艺

20 世纪 70 年代初，美国的钢渣就已达到排用平衡，实现了钢渣利用的资源化、专业化、企业化，历史上的钢渣堆现已基本消除。根据相关统计数据表明，从 2005 年以来，美国钢渣 37%用于路基工程，22%用于工程回填料，22%用于沥青混凝土集料，利用率基本达到 100%。

2007 年以来，日本钢总产量基本稳定在 1.2 亿吨左右，所产钢渣中 21%用于道路工程，40.7%用于土木建筑工程，19.3%用于回炉烧结料，8%用于深加工原材料，5.9%用于水泥原材料，1%用于肥料，4%用于回填料，基本达到 100%回收利用。而据统计数据表明，整个欧洲每年产钢渣约 1200 万吨，其中 65%已得到高效率地利用，但仍有 35%的钢渣堆积未利用。相比之下，德国的钢渣利用率相对较高。2005 年，德国约 97%的钢渣已作为基料广泛应用于公路交通、地下工程及民用建筑。

尽管发达国家钢渣总体利用率相对较高，如美国、日本、德国的钢渣利用率已接近 100%，但钢渣在混凝土生产中利用的效率还相当低。日本的资源再利用技术世界领先，但其钢渣在水泥生产中的利用率也不到 6%；德国的钢渣利用率虽高，但基本上全部用作了基料，很少用于水泥。美国在 20 世纪 90 年代以前仅 1%的水泥生产利用到钢铁渣，而且主要是矿渣，钢渣基本没有在水泥生产中利用[9]。

我国冶金渣利用始于 20 世纪 60 年代，最初以水淬矿渣生产水泥为主。钢渣中因含有大量游离氧化钙等物质，因此钢渣基本被抛弃，渣山成为钢厂“标配”。20 世纪 80~90 年代，钢渣处理以回收其中的金属为主，至 2000 年，国内大部分钢厂建有废钢回收线，尾渣则多用于铺路和填埋。

在钢渣处理的工艺方面，2000 年以前，我国钢渣预处理基本上采用热泼工艺或在此基础上进行的局部改良工艺，其优点是处理量大、投资低、操作简单、安全性好；缺点是占地面积大、污染严重、处理后钢渣粒度大。2000 年以后，陆续出现了很多预处理技术，经过 10 余年发展演变，目前仍有一定规模应用的主要有以下两大类：（1）以风淬、水淬以及滚筒法工艺为代表的在线处理技术；（2）介于在线处理和传统热泼工艺之间的热闷工艺。具体的工艺介绍在 5.1.2 节继续展开[10]。

从相关专利的统计上可以看出，钢渣经过处理作为水泥或者混凝土应用在道路工程中是其专利技术研发的主要方向，最重要的性能是透水功能，高价值专利技术在这个研发方向分布也是最多的。通过年际变化上也可以看出，这个技术方向也是最先发展起来的技术。作为熟料或者掺杂应用在地砖和陶瓷中也是其重要的技术研发方向，另外钢渣的磁选技术、造渣技术、余热利用技术、热闷技术等也是其重要的技术方向[11]。

5.1.2 转炉钢渣的处理工艺

5.1.2.1 传统处理工艺

(1) 热泼法[12,13]：热泼法是我国比较常见的钢渣处理方法，曾在唐钢、武钢等国内钢厂都有广泛运用。其工艺流程是：在钢渣超过可淬温度时，用大量的水向钢渣进行喷洒，所形成的温度应力使钢渣破碎，游离氧化钙的水化也会使钢渣进一步破裂，然后装车运送至钢渣处理车间，进行破碎、筛分。热泼法排渣速度快、冷却时间短、处理速度快，且能力大，可更好地满足机械化处理要求。缺点是生产设备损耗较大、占地面积大、破碎加工粉尘量大、蒸汽量较大，对环境和节能两方面都不利。并且渣加工量大，钢渣的安定性较差。鉴于我国环保压力较大，一些处理效果较好且能实现低排放的钢渣处理新工艺已研发应用，比如：滚筒法、风淬法和池式热闷法。

钢渣热泼现场如图 5-1 所示。

图 5-1　钢渣热泼现场

(2) 水淬法[12,13]：水淬法是 20 世纪 70 年代日本新日铁公司开始采用的一种钢渣处理方法。其处理方法是高温熔融态钢渣缓慢流出，下落时被高压水进行切割、击碎，并且高温熔渣遇水会急冷收缩形成应力集中而破碎，再同时进行了热交换，使熔渣在水幕中发生粒化作用。这种方法在原济钢、美国伯利恒钢铁公司等钢铁企业有所使用。水淬法处理量大、效率较高，处理后的钢渣游离氧化钙较低、粒化较为均匀且粒度分布较为理想，自由氧化钙消解也较为理想，渣中铁较少氧化，多以二价铁或金属铁存在，利于后续磁选分离。缺点是对渣流动性要求较高，因冷却速度快，其结构内应力较大，化学活性相对较高，易发生爆炸，钢渣粒度无法保证均匀性，并存在时效相变的潜在机制。

钢渣水淬工艺如图 5-2 所示。

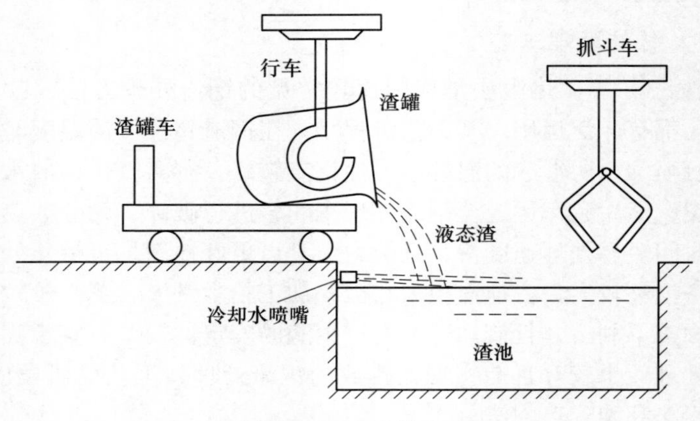

图 5-2 钢渣水淬工艺

（3）风淬法[12,13]：20 世纪 80 年代中期，马钢提出新的风淬技术，作为马钢自主研发的一种转炉钢渣处理工艺，于 90 年代末期正式投入实际生产。作为一种较为成熟的工艺技术，此技术在宝钢、成都钢厂、日本钢管公司福山厂、中国台湾中钢集团等都有过运用。

转炉渣风淬技术是用高速气流对熔融和半熔融渣粒冲击、分割、粒化，并随高速气流飞行落入水中迅速冷却为固态渣粒。在这个过程中，压缩空气对高温液态钢渣产生较强的氧化作用，钢渣中的 FeO 相因氧化作用消失，使得含 FeO 的石灰不稳定相明显减少，而 C_2F 稳定相增加，这也是这种处理方式的独特之处。风淬工艺的优点是占用场地少、处理能力大、安全高效、工艺简单投资少。缺点是金属铁烧损问题，且只能对液态渣进行处理。

钢渣风淬现场如图 5-3 所示。

图 5-3 钢渣风淬现场

5.1.2.2 先进钢渣处理工艺

（1）滚筒法[12~14]：国内外有多家钢厂采用了滚筒法炉渣处理技术，其中宝钢经过多年探索，将1995年从俄罗斯拉乌尔钢铁公司引进的滚筒技术进行了多项改进，成功应用于宝钢、马钢等企业。除此以外，韩国浦项、印度JSW、中国台湾中龙、巴西CSP都采用了该技术。

该技术的工艺流程为：在密封滚筒中处理高温熔态钢渣，滚筒不断地向钢渣中喷水使其温度急速冷却后变硬变脆，然后在筒内由钢球挤为小块。在多种工艺介质处理条件下，对应的钢渣被急速冷却、碎化，而为其后的进一步处理提供有利条件。

由于渣和钢的凝固点不同，在冷却过程中钢率先固化，然后适当的冲击和冷却处理后，可和渣分离开，再经过不断地冷却、破碎处理，钢渣的粒度处于合理范围后，即成为稳定性和粒度都满足要求的成品钢渣。热渣在二次浸泡的作用下溶解游离氧化钙，因而进行这些处理后钢渣的稳定性明显提高。在此处理中浊水流入沉淀池可不断地循环，从而提高利用效率。这种模式下蒸汽集中排放，产生的污染也明显地降低。滚筒钢渣中的游离氧化钙含量不高，可高效地进行造粒处理，级配好，同时化学性能也高，在一些条件下可替代天然砂配制砂浆，既可降低钢铁行业钢渣对大气、水资源及土资源等环境的影响，还可以提高处理钢渣的经济效益和附加值，缺点是钢渣粒度大、渣处理效率低、设备投资大，且对渣的流动性要求较高（必须是液态稀渣）[15]。

滚筒法处理现场如图5-4所示。

图5-4 滚筒法处理现场

（2）热闷余热自解法[16]：热闷法是中冶建研总院于20世纪90年代研制成功的一种钢渣处理技术，也被称作为焖罐法，已在首钢京唐、重庆钢厂等多家钢铁企业推广应用，效果良好。工艺流程如下：钢渣在自然环境条件下进行适当地冷却到温度满足要求后，运送至焖罐设施，封上罐盖。罐体附近设置有自动喷淋水枪，不断地向其中喷洒水。在热作用下水会蒸发而产生大量的水蒸气，钢渣在喷洒期间也会产生很复杂的物化反应，这样会不断地膨胀裂解而转变为尺寸较小的颗粒，打开装置盖，用挖掘机将钢渣铲出，进行磁选回收等进一步处理。

热闷法工艺优点：1）利用钢渣余热产生蒸汽，而将其中的游离氧化钙快速的处理，这样可不必加入额外的蒸汽，可更好地满足处理性能要求，同时表现出节能的特点，且能够改善钢渣稳定性，为实现100%利用创造条件；2）适应性强，可满足各类型与各种流动性的钢渣的处理要求，在炼钢过程中选择溅渣护炉技术，钢渣黏度大，不容易流动情况下，这种技术可很好地满足应用要求，处理效率可达到很高水平；3）对高碱度钢渣有更好的处理效果，处理后的钢渣活性较高、稳定性较好。缺点是处理后钢渣粒度均匀性差、破碎加工量大、较长处理周期。

钢渣热闷工艺如图5-5所示。

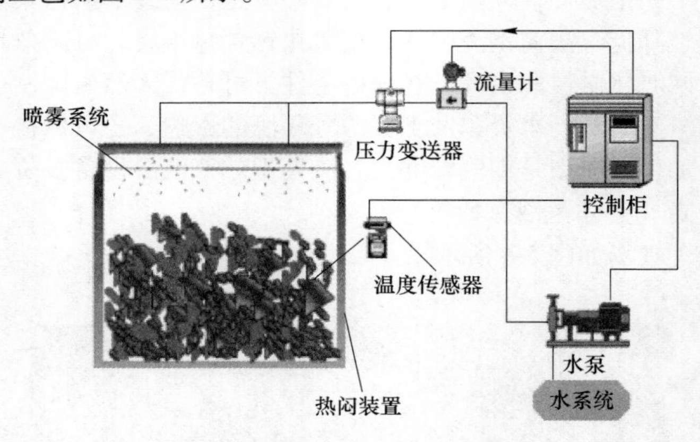

图5-5　钢渣热闷工艺示意图

（3）钢渣辊压破碎-余热有压热闷技术[17~21]：在钢渣常压池式热闷技术基础上，中冶建筑研究总院有限公司和中冶节能环保有限责任公司开发了钢渣辊压破碎-余热有压热闷新型钢渣稳定化处理技术。该工艺是在钢渣池式热闷技术上的创新技术，是国内最先进的技术。目前珠海粤裕丰、济源钢厂、沧州中铁、江苏镔鑫等10多家钢厂采用此技术处理钢渣。

该技术钢渣处理的三维效果如图5-6所示，从图中可知该工艺由辊压破碎工序和余热有压热闷工序两部分工序组成，具体包括钢渣倒渣过程、辊压破碎过程和有压热闷过程，如图5-7所示。首先将渣罐中的钢渣（1600℃左右）通过倾翻机构倾倒在辊压破碎区内进行辊压破碎、喷水冷却，然后利用破碎辊将破碎降温后的钢渣（600~900℃）推至渣槽内并通过吊车送至转运台车上，之后将破碎降温后的钢渣倒运至热闷区的压力设备内，密闭后进行打水作业。液态水遇到高温钢渣变成水蒸气，从而产生 0.2~0.4MPa 的压力，使钢渣中 f-CaO 快速消解，完成钢渣的稳定化处理，并使钢渣粉化。有压热闷完成后，通过卸料装置卸至自卸车并送至钢渣加工线进入“破碎→筛分→磁选”的加工工艺。与钢渣常压池式热闷相比，钢渣辊压破碎-余热有压热闷技术热闷工序可以使 f-CaO 消解时间大幅降低至 2h 左右，吨渣需要 0.3~0.4t 水；热闷后钢渣中粒度低于 20mm 含量大于 70%；最重要的是处理过程中产生的蒸汽通过管道进行有组织排放，环境污染更小。

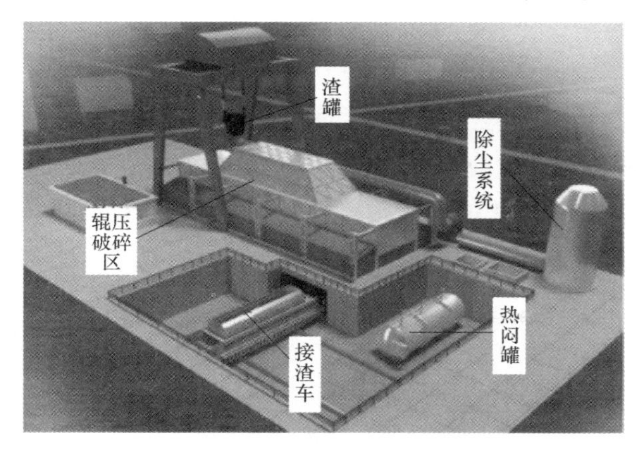

图 5-6 有压热闷生产线三维示意图

5.1.2.3 对预处理渣的再加工技术

若根据破碎原理的差异对钢渣处理技术进行划分，可将其分为机械破碎和自磨破碎，目前在钢渣处理中一般选择机械破碎工艺。机械破碎工艺主要设备包括破碎机、磁选机、网筛、提升机等。在实际的处理过程中通过皮带运输机和提升机对其他设备进行连接，并在此基础上不断进行处理，确定出合格的成品钢渣。钢渣自磨工艺主要是对钢渣进行磨压和摔打而形成粒度较小的渣。

图 5-7 钢渣有压热闷处理示意图

机械破碎工艺处理钢渣模式下，相关技术装备表现出更高的机械化、自动化特征，所加工形成的中间物可更有效地满足其后的使用要求。在机械破碎和磁选出钢渣中的渣铁后，将其返回烧结、炼铁系统，进行回收利用，而最后的尾渣通过其他的方法进行处理而满足应用要求。钢渣磁选生产线在生产过程中对应的产品主要包括渣钢和磁选粉，渣钢在处理后一般回用，而磁选粉则进行烧结处理。不同的处理和回用模式下，对渣钢粒径和品味的要求也不同，一般情况下需要其品位适当的高。

钢渣磁选二次处理工艺相关操作可进一步划分为精选提纯、钢铁回收、渣钢提纯等操作。根据实际的回收利用经验发现，风淬法、水淬法、滚筒法形成的钢渣粒径小，适当地进行脱水处理后，可直接磁选回收，而不需要进行其后的破碎处理，因而操作更简单；热闷法和热泼法对应的钢渣一般体积大，需要进行其后的多级破碎处理才可以满足应用要求。

下面介绍钢渣多级破碎流程中的一些重要设备。

（1）颚式破碎机：20 世纪 80 年代我国引进了德国 KHD 公司的成套设备，其核心设备是带有液压保护的颚式破碎机，如图 5-8 所示。工艺要求它必须具备足够大的生产能力以确保后续任务的生产加工，因此合理的选择设备的型号是工艺硬件配置的重中之重。

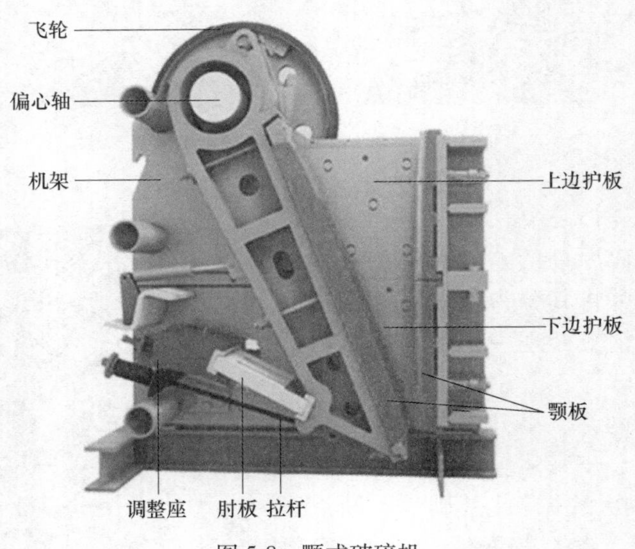

图 5-8　颚式破碎机

（2）圆锥破碎机：作为钢渣破碎工艺的核心设备——圆锥破碎机具有破碎比大、操作使用简单等优势，这些特性与特点提高了设备的工作性能，同时也降低了设备使用难度，破碎比越大，出料粒度才更加均匀，对钢渣加工所呈现出的结果有很大的帮助，如图 5-9 所示。

（3）钢渣棒磨机：钢渣棒磨机源自砂石处理用棒磨机，不同的是这种棒磨机是尾部排料，进料口大，传统磨机只能进 25mm 以下物料，而这种磨机适合于

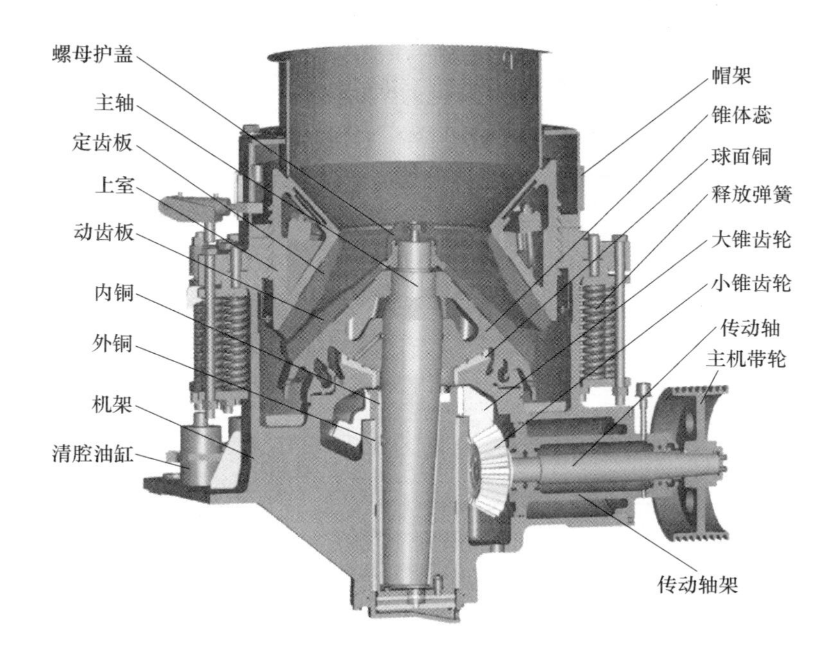

图 5-9 圆锥破碎机

80mm 以下物料进入，出料可达到 8mm 以下，且绝大部分物料可以达到 0~1mm。如此大的破碎比是因为其内部奇特的衬板结构和恰如其分的钢棒配比以及合理的设备转速、合理的配套辅机设备等，同时该设备产量巨大、环保节能。这种棒磨机既可用于废渣的进一步破碎，又可用于破碎提纯后渣钢的进一步提纯。用于渣钢提纯时可将粒级为 10~80mm、TFe 为 50%~60%的渣钢提纯至 TFe 大于 90%；用于钢渣破碎时可将 10~80mm 的钢渣破碎至 10mm 以下。较为先进的棒磨机可以实现入料 200mm，出料 10mm 以下。

国内常见的典型钢渣二次处理工艺流程如图 5-10~图 5-12 所示[22~26]。

在上述的流程中，作为传统钢渣破碎工艺的颚式破碎在工艺流程上存在如下的问题：

（1）由于钢渣中含有钢块，传统的破碎设备存在“卡钢”问题，无法保证设备的连续正常运转，严重时会导致破碎机损坏，生产效率低。

（2）传统的破碎设备很难将钢渣破碎到需要的粒度，将“钢”和“渣”充分解离，尾渣粒度大将导致磨矿能耗高，尾渣含铁量较高，造成资源的浪费，限制了尾渣的使用范围，降低了尾渣的价值。

（3）传统的钢渣破碎采用三段可能四段闭路循环工艺流程，循环量大，流程复杂，基建投资大，能耗高，易损件消耗快，运营成本高。

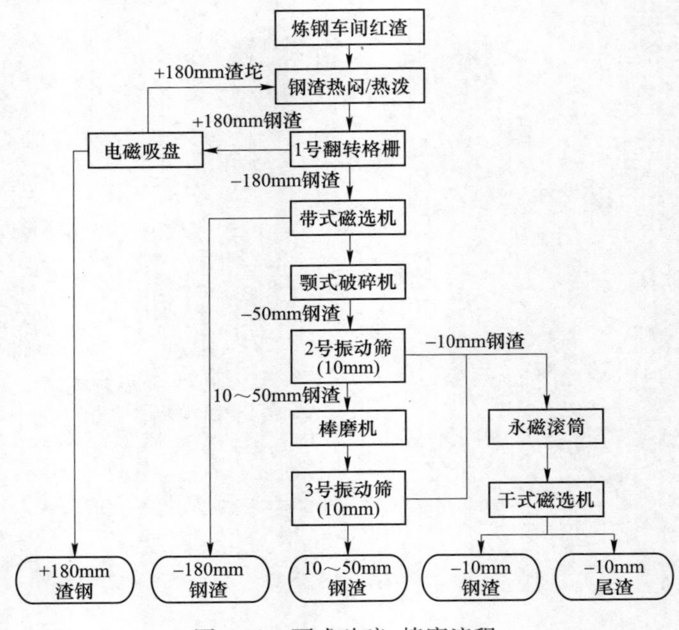

图 5-10　颚式破碎+棒磨流程

而作为新型钢渣破碎工艺的圆锥破碎与传统的钢渣破碎工艺流程相比，具有如下几个特点：

（1）流程配置简单。开路细碎，流程简洁，辅助设备少，基建投资低。

（2）技术性能优异。对应于 GYP-600、GYP-900、GYP-1200 3 种不同的破碎工艺流程，产品粒度 80%以上分别为 5mm、8mm、10mm，钢和渣充分解离。

（3）系统稳定性高。惯性圆锥破碎机的特别结构及工作原理特点决定它细碎钢渣时不存在“闷车”问题，过铁时不会损坏机器，生产效率高。

（4）运营成本低。能实现 24h 连续工作，单位破碎比功耗低，衬板使用寿命长，有效处理量大，运营成本仅为使用其他设备细碎时的 1/3~1/2。

（5）尾渣利用好。尾渣粒度细、均匀，便于磨矿，满足冶金、建材、农业等的使用要求，附加值高。

作为新型破碎工艺的惯性圆锥破碎已广泛应用于钢渣细碎，传统的钢渣细碎设备如液压圆锥破碎机、锤式破碎机、立式冲击破碎机已基本上被淘汰。随着惯性圆锥破碎机的大量应用，运营成本降低，利润也大幅度提高。目前大型国有企业如首钢、迁钢、部钢、唐钢、莱钢、本钢、济钢、湘钢、凌钢、天铁、北满特钢，大型民营企业如晋钢、中天钢铁、山西建邦、浙江元立、泰山钢铁已有上百条钢渣处理生产线使用惯性圆锥破碎机，年细碎钢渣超过 1500 万吨。

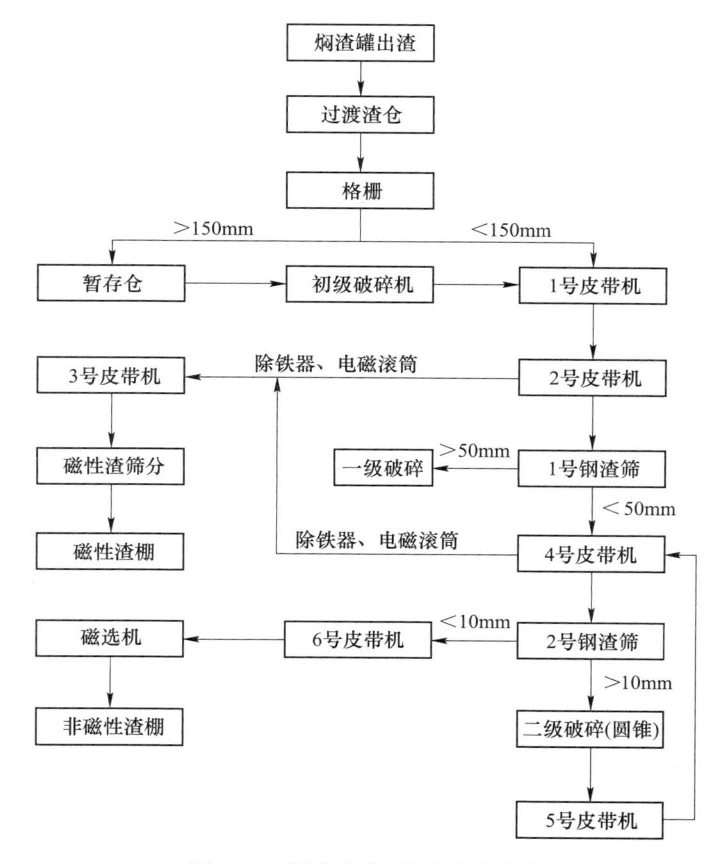

图 5-11 颚式破碎+锥式破碎流程

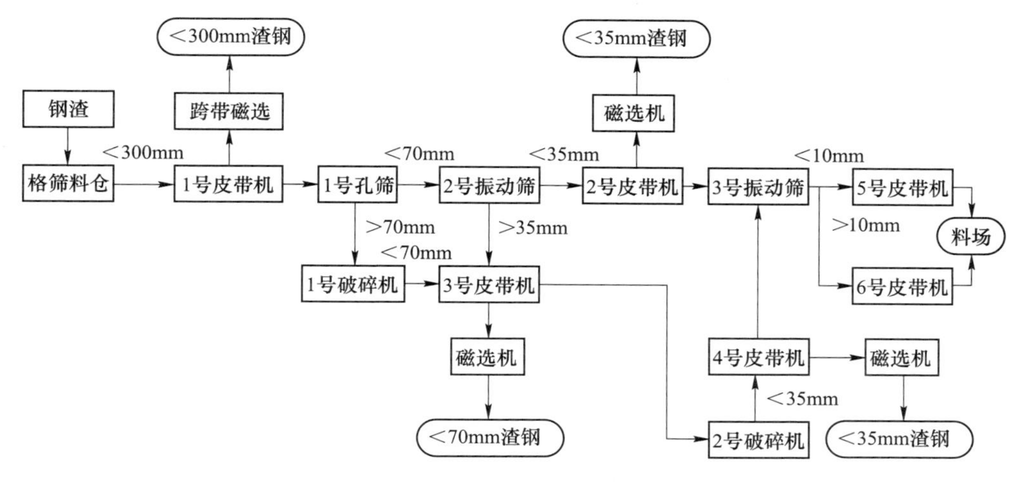

图 5-12 颚式破碎+圆锥破碎流程

以邯郸钢铁为例，邯郸钢铁集团附属企业钢渣厂于 2011 年 3 月购买了两台 GYP-600 惯性圆锥破碎机细碎钢渣，细碎产品经磁选后，磁性料直接回转炉；小于 8mm 的尾渣作为烧结原料，在烧结混合料中配 3%~4%的钢渣尾渣，不但可以提高炼钢生产率，改善烧结矿强度，降低原料成本，而且可以降低固体燃料消耗；大于 8mm 的尾渣用于铺路，所有钢渣百分之百得到利用。

新的钢渣处理生产线开路破碎产品粒度近 90%在 5mm 以下，磁性铁回收率在 98%以上，回收的磁性料品位也得以提高，生产效率高，成本费用大大降低，使用效果良好，经济效益突出。该厂钢渣破碎工艺流程取样筛分结果见表 5-2，两条钢渣生产线产量为 35~40t/h，一天产量为 800~1000t[27]。

表 5-2　GYP-600 惯性圆锥破碎机细碎钢渣取样筛分结果

粒度/mm	<1	1~3	3~5	5
产率/%	26. 5	40. 5	20. 5	12. 5

5. 1. 3　转炉钢渣的利用

钢渣在利用时可根据钢渣特征和应用要求选择不同的利用模式，主要包括含渣废钢的应用和提取后的综合应用。目前我国对此类钢渣主要应用在地基回填、道路铺筑以及粉料相关领域[28]。图 5-13 为统计的 2016 年欧洲地区的钢渣产生（左）和利用情况（右）[29]，由图可知，钢渣主要应用于道路施工的建筑材料、生产水泥或用作肥料等。

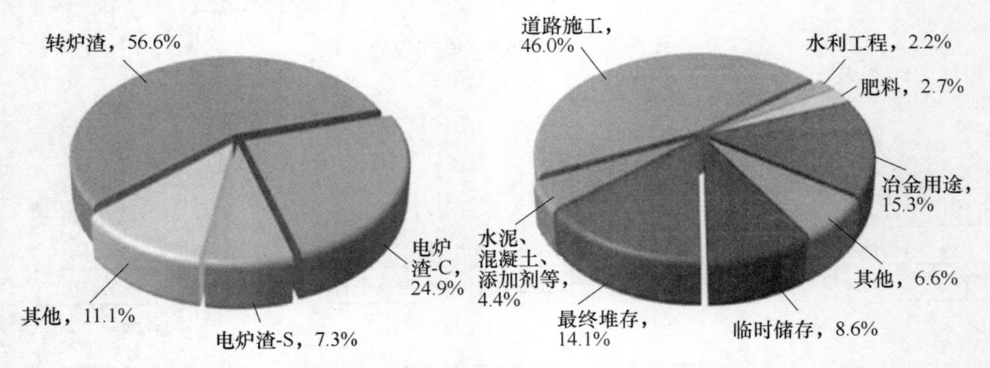

图 5-13　2016 年欧洲地区的钢渣产生（左）和利用情况（右）

炼钢炉渣经过以下处理步骤后，被运送到最终用户：（1）通过自然冷却或水喷雾冷却，使炉渣露天冷却至室温；（2）破碎和磁选以回收混合的金属铁；（3）破碎和分级以控制颗粒尺寸；（4）时效处理以稳定产品质量。采用时效处理的原因是炼钢渣中部分 CaO 和 MgO 会在渣凝固和冷却过程中析出，这些自由 CaO 和自由 MgO 会与水反应使体积膨胀接近两倍，为了避免体积膨胀，对炉渣进行时效处理，即在装船前完成渣的水化反应。近些年，日本采用蒸汽时效处理或高压时效处理，以确保熔渣的适度、均匀膨胀，尤其是当熔渣膨胀可能成为主要问题时，例如用于道路基层材料，钢渣加工一般工艺流程如图 5-14 所示。

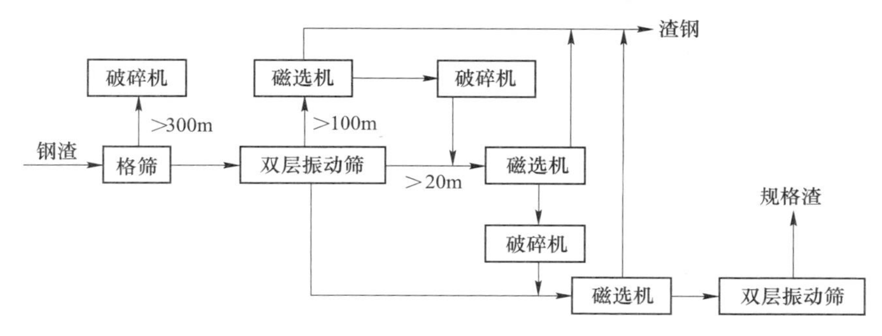

图 5-14 钢渣加工一般工艺流程图

5.1.3.1 转炉渣在企业内部的应用

（1）回收钢渣中的铁。钢渣中一般含有 12%左右的废钢或渣铁，经破碎、磁选、筛分等分选技术可回收其中 90%以上的废钢，可以分选出不同粒级的渣钢和磁选粉。渣钢可以直接加入转炉返回利用，磁选粉返回烧结利用。这是钢铁企业最普遍的利用措施。对钢渣采用磁选工艺进行充分利用，一方面可以减小对环境的污染，另一方面可以更加充分地对资源进行有效利用。同时，还回收了钢渣中的 Fe、Ca、Mg、Mn 等金属。钢渣中回收的铁的流向如图 5-15 所示。

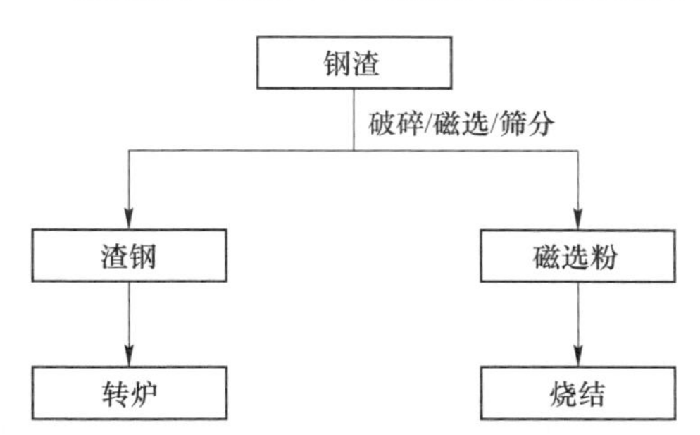

图 5-15 钢渣中回收的铁的流向示意图

（2）直接作为烧结配加料。钢铁企业一直重视和普遍采用内部循环这种转炉渣利用方式。目前，世界上几个产钢大国一直坚持转炉渣返回做熔剂，而且占转炉渣资源化综合利用的比例较大，美国把转炉渣配入烧结和高炉等再利用，利用率大约为 56%，德国约为 24%，日本约为 19%。钢渣中含有 CaO、Fe、MnO、MgO、Fe_2O_3等成分，可以作为钢铁烧结原料组成，如少量的铁酸钙能够改善烧结矿强度；镁、钙组成以固溶体形式存在，适当添加钢渣于烧结原料，可以节省大量的石灰石和白云石的投入，降低原料成本。但由于钢渣质量原因，国内钢铁企业在烧结料中的配加量相对较低。

（3）钢渣返回炼钢作为造渣剂。转炉炼钢过程中选择低磷高碱度返回钢渣，并向其中加入适量的白云石，促使炼钢成渣时间提前，减轻钢渣对炉衬的影响，减小耐火材料消耗量，为维护与管理提供便利。双联法操作过程中脱磷负荷主要由脱磷炉分担，这样处理后的炉渣碳含量低，可直接进行回用。在不断地改进和优化后，这种技术目前已经成熟，铸余渣及脱碳炉的钢渣的回用比例在不断提高，辅原料的消耗也显著地下降，同时回用后钢水质量没有受到显著地影响，表现出较高的适用性。

5.1.3.2　转炉渣应用于其他方面

A　转炉钢渣在筑路方面应用[30]

由于钢渣具有较高的耐磨性和硬度，安定性较好的钢渣可以以路基材料的形式用于公路行业，一定粒度经过分选后的尾料，可用作公路基层、垫层、面层及铁路路基的修筑。钢渣和沥青之间较好的亲和性可使钢渣用于高质量柔性道路的修筑。因钢渣具有优良的抗冻解冻性，使得其更适合寒冷地区开放道路的使用。

美国转炉钢渣约20%用于沥青混凝土集料，近半钢渣用于公路行业；英国使用98%的钢渣用作道路骨料；德国约95%的转炉钢渣用作道路集料。Perviz[31]在进行研究时应用钢渣掺沥青进行铺路，对其力学和电学性能进行检测，加入钢渣的沥青导电性高于不加入的。Hisham 等[32]所做的研究结果表明，钢渣代替黄沙进行铺路，可有效地节约资源，同时施工成本也有所降低。2014 年，Chia-Jung Tsai 等[33]用转炉钢渣、高炉矿渣替代水泥制得钢铁渣混合砂浆（SISBM），试验结果表明，钢渣与高炉渣的比例为 3∶7~5∶5（重量比）时 SISBM 的抗压强度最优。91 天龄期的 SISBM 的抗压强度比作为对照组的普通水泥砂浆的抗压强度高 80%~90%。根据 pH 值、游离氧化钙含量、微观分析得知钢渣提供的f-CaO、$Ca(OH)_2$使反应环境呈碱性，且其与高炉渣中的 SiO_2、Al_2O_3进行反应，形成的水合硅铝酸钙（C-A-S-H）水合硅酸钙（C-S-H）、钙镁铝硅晶体（C-M-A-S）有利于强度形成、强化微观结构。2009 年，Shen 和 Zhou 等[34]用固体废弃物制备了一种可应用于道路基层的新型的钢渣-粉煤灰-磷石膏胶结材料，优化材料的配比后，此胶结材料的最佳配比（粉煤灰/钢渣=1∶1，磷石膏剂量=2.5%）能产生最高的强度。该材料的 28d、360d 无侧限抗压强度分别为 8MPa、12MPa，间接抗拉强度能达到 0.82MPa。

乌鲁木齐钢渣沥青混凝土试验段，结果表明该段满足 JTG F80-1—2019《公路工程质量检验评定标准》的技术要求。山西太钢哈斯科科技有限公司在太原市内建成全国首条全钢渣道路，如图 5-16 所示。宝钢成功开发了彩色转炉渣混凝土路面砖，在2010年上海世博会中60%以上的透水和透气路面均使用此砖。目前，我国道路建设中的路基和路面材料仍是转炉渣大宗量应用的一个重要领域。但目前借助冷却介质进行稳定化处理的转炉渣仍难以满足高质量工程的要求。

图5-16 全国首条全钢渣道路

B 生产钢渣水泥和混凝土

将转炉渣磨细为符合应用规定的钢渣微粉并掺和在水泥中应用，已成为国内外研究与应用的一个热点，如图5-17所示。生产水泥钢渣含有与硅酸盐水泥熟料相同的硅酸二钙（C2S）和硅酸三钙（C3S），含量在50%以上，具有耐磨性好、耐腐蚀和抗冻等特点，是生产水泥的良好原料。国内一般认为转炉渣在生料中的掺量以10%~15%为宜，但也有专家认为掺量可达20%~30%。与用作筑路材料相比，转炉渣微粉的附加值相对较高，但仍属大宗量低附加值利用的范畴。随着转炉渣处理技术的发展，我国主要钢铁企业均将转炉渣微粉作为转炉渣大宗

图5-17 转炉钢渣微粉

量利用的方向之一。目前，我国已有钢渣水泥系列品种，如钢渣矿渣水泥、钢渣道路水泥、低热钢渣水泥、钢渣砌筑水泥等并有相应的国家标准及国家行业标准。国内，武钢利用水淬钢渣研制的钢渣砖所建的三层楼房已使用 25 年之久，证明钢渣砖质量可靠、性能稳定、强度高。Tsakiridis[35] 和 Monshi 等[36] 在研究中选择钢渣作为生料进行水泥生产，结果发现水泥的性能较高，但钢渣的水硬性变化慢，需要较长时间后其胶凝性能才能表现出。Shi 等[37] 通过碱性激发剂对钢渣进行处理，发现这样可使得其胶凝性能激发的时间明显减少。

目前，转炉渣微粉的规模化利用受到两大因素制约：（1）以介质冷却为主导的转炉渣稳定化处理技术无法彻底解决组织稳定性差以及组分不合理问题，所以其只适合于工程质量要求较低的项目。（2）转炉渣自身成分、组织与结构性能波动大，会因冶炼时间、地点、所炼钢种、入炉原料组成不同而波动，很难实现质量的稳定化、标准化控制。故转炉钢渣微粉作为水泥掺和料加以利用，存在其资源禀赋不理想的问题。

C 转炉钢渣制备微晶玻璃

利用废渣制备微晶玻璃起于高炉渣。1959 年，苏联学者在 20 世纪 50 年代末至 60 年代初进行了大量的研究工作，他们探索了微晶玻璃的理论基础与制备工艺，突破了一系列的关键性问题，比如矿渣微晶玻璃的组成与配料、玻璃的形核与晶化机制以及制备技术等，其后则将主要研究方向转移到了实现矿渣微晶玻璃的工业化生产上，于 1966 年建成世界上第一条辊压式矿渣微晶玻璃生产线并顺利投产，1971~1975 年五年间其矿渣微晶玻璃板材的年产量就翻了近 50 倍，从年产两三万吨增至上百万吨，矿渣微晶玻璃飞速发展形成了规模化生产，在工业与民用建筑方面广泛应用，产生了相当可观的经济效益[38]。欧美、日本等国进一步对废渣微晶玻璃的工艺技术进行了改进，积极投入到了矿渣微晶玻璃的研究与开发工作当中，研究了各种不同类型的工业废渣对玻璃的制备、适用晶核剂的选择及其用量、玻璃析晶行为的影响，采用不同原料和组成制备的微晶玻璃的析晶能力，在此基础上制备出了不同体系的矿渣微晶玻璃。完善了废渣微晶玻璃化的一些关键性技术问题。1974 年，日本电气硝子株世会社运用陶瓷工艺中的烧结法成功地制备出了新型微晶玻璃，这一创新改变了传统的微晶玻璃生产方式，以往整体析晶法不能制备的微晶玻璃采用此法可以进行生产，从而使基础玻璃的组成范围得以拓宽，丰富了微晶玻璃产品的种类[39]。

与国外相比，我国转炉渣微晶玻璃应用研究起步较晚，利用高炉渣、矿渣和尾矿制备微晶玻璃取得了一定的成绩。迄今为止，国内外有许多大型企业已工业化生产微晶玻璃。与普通玻璃相比，微晶玻璃的晶化过程可以被控制，促进产品的耐磨、抗风化、抗热震、耐腐蚀、强度等指标提高。但与高炉渣、矿渣和尾矿相比，转炉渣应用性能更差，制备微晶玻璃难度更大，国内外也鲜有报道。

利用转炉渣制备的微晶玻璃具有很高的耐磨性、轻质高强、很好的热性能和化学耐腐蚀性能等，可以代替铸石和陶瓷用作建筑材料、装饰材料和化工机械材料等，市场容量非常可观，是转炉渣高附加值利用领域之一。但是，转炉渣具有化学成分复杂（尤其铁的含量很高）、熔化温度高和晶化时间长等特点，用其制备微晶玻璃的工艺相对复杂，成本高，制成的微晶玻璃颜色较深，应用范围较窄，因此目前转炉渣在制备微晶玻璃中的利用比例一直很低。但是，转炉渣用来替代现有原料制备微晶玻璃的市场前景是巨大的。其关键是如何低成本解决转炉渣中铁分离、降低熔化温度和控制晶化时间的问题，而这些问题均涉及转炉渣资源禀赋的改善。通过转炉渣的热态改性技术，选择合适的改性剂对渣中的物相构成进行重构，可以从根本上改善转炉渣的资源禀赋，使其适合微晶玻璃的生产。因此，热态转炉渣改性，将是转炉渣用于微晶玻璃制备领域最合适的技术。

a 建筑材料上的应用

近年来，人们开始选择一些力学强度高、耐腐蚀性佳、色泽艳丽光泽度好的微晶玻璃板材作为高档的建筑装饰用材料，还可根据实际需要生产各种花纹、形状和规格的异型微晶玻璃建材。微晶玻璃已经成为世界各国机场航站楼、地铁墙面装饰、银行、别墅、宾馆等各类型建筑理想的装饰材料，广泛应用于高档建材领域，如图 5-18 所示[40]。在这个倡导绿色建材、构建低碳经济的时代，用微晶玻璃代替其他天然石材已成必然之势。

图 5-18 北京大兴机场所用钢渣微晶玻璃砖

b 化学工业上的应用

利用微晶玻璃优异的耐磨耐腐蚀性，可用于制造输送矿浆流、腐蚀性液体或者煤炭等物质的管道、衬里、阀门、泵等，也可用作反应容器、电解池及搅拌器内衬。在化学工业及食品加工工业的大型金属器皿里作内衬材料。晶粒尺寸细小致密的微晶玻璃衬里更加优越，它出色的耐热冲击能力及高强度使它可允许的操作条件得以放宽。由 Sandford[41] 报道的适合此种用途的微晶玻璃衬里与一直沿用的搪玻璃衬里相比，具有更好的化学稳定性、抗热震性以及更好的力学性能。

在新型环保材料及新能源开发这些重要领域，微晶玻璃也有独特的用武之地，例如在喷射式燃烧器中采用多孔微晶玻璃以去除汽车尾气所含的碳氢化合物，此外，微晶玻璃还可作密封剂出现在钠硫电池的制造中，作为一种在高温条件下能和 β 氧化铝陶瓷电解质相容的密闭材料，必须能抵抗住熔融态钠的侵蚀与破坏。在核能开发利用领域，微晶玻璃可以用来制造核反应堆密封剂、用作核废料储存材料等。

近年来，多孔泡沫微晶玻璃也是新材料研究上的热点之一，这种微晶玻璃具有大的比表面积和很强的耐酸碱性，因而广泛地应用于环境工程当中，例如用作过滤器、催化剂载体以及生物体反应器等。

c 机械工程上的应用

类比于金属材料，微晶玻璃具有更好的耐磨耐侵蚀性，电导率和磁导率低且重量轻。其优异的力学性能加上可容易获得光滑的表面使它可用于特殊轴承的制造。高强度和较好的耐磨特性使其可替换其他材料用以制作球磨机内衬、料槽或管道，可极大地延长设备使用寿命。据相关文献报道[42]，以 PVD 法将氧化铝氧化硅系微晶玻璃蒸镀至金属轴承上形成涂层，可使轴承获得更为光滑的表面，提高其耐磨性和散热能力。微晶玻璃也属于脆性材料，具有高抗张强度，抗热冲击能力较强，有的可以抵抗 5~1000℃ 的温度骤变且不被破坏，甚至可以在温差 400℃ 的极端条件下使用。而 Prewo 等用碳化硅纤维增强堇青石微晶玻璃[43]，增强后的微晶玻璃抗折强度达到了 550~620MPa 且耐热冲击能力较好。微晶玻璃作为结构材料，其强度和可被机械加工的能力（可切削性）是最重要的两个参考指标。通过前人的试验研究现已有多种提高微晶玻璃强度的方法，比如通过合理的成分设计和工艺控制，促使高膨胀相在基础玻璃的热处理过程中析出；对制品的表面进行涂层处理从而形成压应力层；对制品添加第二相粒子及纤维增强等[44]。微晶玻璃的可切削性也拓宽了其作为特殊无机材料的应用范围，这一性质使得它可使用普通车床进行机械加工。利用云母特殊的取向性和可切削性，可制备出可切削加工的云母微晶玻璃[45,46]。但云母晶体本身的强度较低，因此制备出的可切削云母微晶玻璃的强度一直在一个较低的水平上徘徊，日本有人使用氟金云母、含钙碱云母及纳米级氧化锆（20%，质量分数）制备出复相高强微晶玻璃[47,48]，在保持了良好可切削性同时强度提高到了 500MPa。

微晶玻璃的热膨胀性也是它作为结构材料使用时的重要参考指标。低线膨胀系数的产品具有更好的尺寸稳定性及抗热冲击能力，这类微晶玻璃可用来制造高精密的器件，比如哥伦比亚号航天飞机就采用了许多由低膨胀微晶玻璃制作的零件。当把微晶玻璃用作封接材料时，一般要有较高的线膨胀系数以实现热匹配。

微晶玻璃这一优秀的力学材料已经广泛应用于旋转叶片、活塞等机械材料的制造上，而且由于其具备的一些独特的力学性能，使其在某些特定的高科技领域也得到一定应用，比如，利用其可机械加工和脆性研制出的多级火箭隔仓材料。

D 转炉渣在农业方面的应用

钢渣中含有较高的硅、钙及各种微量元素，经高温煅烧后的钢渣溶解度有着很大的改变，使得钢渣中含有的 P、Ca、Si 等成分容易被植物吸收利用，因此可作为肥料[49]。式（5-1）~式(5-4）为钢渣磷肥的反应方程式：

$$Ca_4P_2O_9 \cdot CaSiO_3 + 6CO_2 + 4H_2O \longrightarrow 2CaHPO_4 + 3Ca(HCO_3)_2 + SiO_2 \tag{5-1}$$

$$Ca_4P_2O_9 + 2H_2O \longrightarrow Ca_3(PO_4)_2 \cdot H_2O + Ca(OH)_2 \tag{5-2}$$

$$Ca_3(PO_4)_2 \cdot H_2O + H_2CO_3 \longrightarrow 2CaHPO_4 + CaCO_3 + H_2O \tag{5-3}$$

$$2CaHPO_4 + 2H_2CO_3 \longrightarrow Ca(H_2PO_4)_2 + Ca(HCO_3)_2 \tag{5-4}$$

一般情况下钢渣呈碱性，可用来改良酸性土壤环境。随着时间的推移，渣中的 CaO 可慢慢改良土壤的土质，进而改善农作物的生长环境，且经过处理后的钢渣也不会引起土壤中重金属离子的增加[50]。发达国家一般有 10%的冶金渣用于农业，日本将钢渣、矿渣的硅酸质确定为普通肥料；德国将其用于改良酸性土壤，利用率达到了 18%；我国钢渣在农业改良土壤的应用始于 20 世纪 50 年代末，目前用钢渣生产的磷肥品种有钢渣磷肥和钙镁磷肥[51,52]，但该技术的应用十分有限。

E 在海洋方面的应用

为了解决日本沿海海水富营养化和贫营养化的问题，新日铁研究了转炉钢渣在海洋中的应用[53]，利用钢渣修复海域环境。

a 钢渣水化基质

钢渣水化基质（SSHM）是一种不使用天然集料（砂和砾石）的环保混凝土砌块替代品。它使用细粉高炉渣作为混凝土中水泥黏合剂的等效物，使用转炉渣作为集料的等效物，根据需要添加碱激发剂来促进硬化。由于主要黏合剂是高炉渣的细粉，故可以通过结块减少比表面积，且碱组分在海水中的洗脱量很小，因此也可以抑制海水 pH 值的上升。利用这一技术，新日铁开发并商业化了“Frontierrock®和“Frontierstone® 1”，以替代用于回填、倾斜表面筑堤和护面石的天然石材，以及用于制造海藻床的“Beverly® block”和“Beverly® rock”，如图 5-19 所示。

此外，随着水化反应硬化性能的进一步应用，新日铁已开发出一种廉价、易用的路面材料，可以取代传统的沥青路面。这种路面使用的是高炉矿渣和转炉渣的混合料，将其摊铺在现场，并由压路机压实，同时将水喷洒在混合料上，形成一个坚硬的表面层。这种简单的路面材料确保了森林道路、农场道路、停车场等

图 5-19　含铁钢渣制成的 Beverly 铁肥

具有足够的强度，防止杂草生长在铺砌的道路、铁路沿线的斜坡、闲置地块和光伏发电场地上。

b　为制造海藻床提供铁的材料

自 20 世纪 70 年代以来，日本沿海地区的海藻床已广泛消失，这种现象对渔业产生了极其不利的影响。钢渣中的二氧化硅含量较高，这种物质对海藻生长起到较大促进作用。因而可通过钢渣制造海藻场基质材料。此外钢渣中的氧化钙也较多，可有效地固定海域营养富化的磷元素，在控制富营养化问题方面也有显著的效果；碱性钢渣还可对硫化物还原为硫化氢起到一定抑制效果，避免了基材分解，这对改善海底基材质量有重要的意义。新日铁和住友公司对此进行了深入研究，并通过这种技术对日本邻海进行改善，取得很好的效果。JFE 公司在实际应用中，已经研发出一种钢渣造人工礁，如图 5-20 所示。在处理过程中对钢渣粉

图 5-20　人工礁石修复海洋生态模拟图

碎后，基于喷吹 CO_2 和其中的自由氧化钙反应，这样就可得到碳酸钙带孔物，将所得产物沉入海底后，海藻类就可以在其中茂盛的生长，这对改善海洋生态有重要意义。

F 转炉渣的其他高附加值利用

转炉渣的高附加值利用是近年来转炉渣利用研究新出现的热点。该类研究针对转炉渣含有多种有价组分的特点，将其材料化制备具有特定功能的材料，如利用其制备锂离子电池阳极材料、制备水处理剂。这类研究将有效拓展转炉渣高附加值利用的途径，大大提升其利用的附加值。比如，由于多孔结构、较大比表面积、自由能高等特性，钢渣能够应用于环境污水中重金属（磷、铜、镍、镉、铅和砷等）脱除的工程。此外，相比于其他材料，钢渣密度较大，有着很强的吸附作用和化学沉淀作用。包勇超[54]选用 100 目（147μm）钢渣粉末作为吸附剂进行水中重金属的去除，发现钢渣代替石灰去除水中的重金属时，不仅去除效果好，而且产生污泥量小，污泥含水率低，可以实现“以废治废”的目的。郑礼胜等[55]在钢渣处理含铬废水的研究中发现，钢渣对废水中的铬去除率达 99%。钢渣对含 P 废水中 P 的去除率达到 90.6%。钢渣还可以用于去除含汞、砷及含其他贵金属的废水。张顺雨等[56]对钢渣用于烧结烟气脱硫方面进行了动力学研究与分析。

5.1.4 转炉钢渣处理利用典型案例

5.1.4.1 宝钢节能绿色智慧钢渣处理技术（滚筒法）[57]

上海宝钢节能环保技术有限公司 BSSF 滚筒法渣处理技术是由宝钢自主研发的具有世界领先水平的冶金熔态渣处理技术。该技术的工作原理如图 5-21 所示，将高温熔态冶金渣在一个转动的密闭容器中进行处理，在工艺介质和冷却水的共同作用下，高温渣被急速冷却、固化和碎化，实现破碎和渣钢分离同步完成。在这个工艺过程中，由于熔渣与钢水冷却的收缩率不同，所以互不包容；同时，熔渣的处理是在滚筒的介质中进行的，熔渣无法包裹水形成密闭空间，也不会发生爆炸，安全性好；在处理过程中，滚筒的工艺介质将熔渣充分地颗粒化，同时冷却水又将游离氧化钙消解，因此该工艺处理后的渣稳定性好；处理过程污水循环使用，实现了污水零排放；同时，蒸汽易于集中收集处理排放。

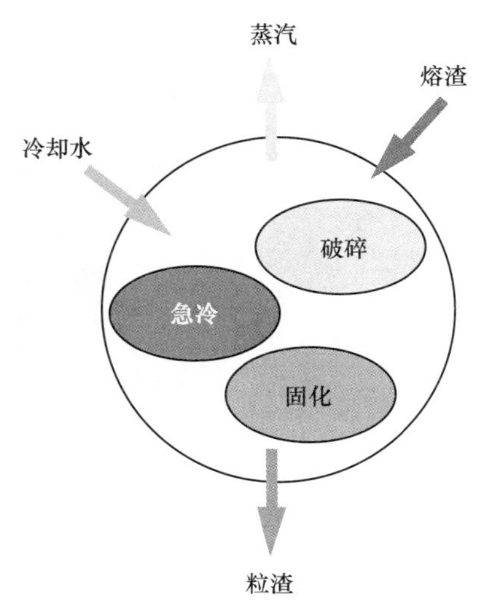

图 5-21 宝钢节能 BSSF 熔渣处理原理

宝钢不断改进工艺后，成功实现了低成本的钢渣处理，烟气集中超净排放，处理过程渣不落地以及尾渣的多渠道全利用。

（1）钢渣经滚筒法处理后，成品渣粒度均匀，粒径 70%以上<5mm，MFe<3%，从经济效益考虑，无需配置二次分选线，降低二次分选线的配置及运行成本。滚筒渣处理装置可将尾渣中 70%的金属铁留在渣处理车间无需进入二次处理直接返回炼钢废钢堆场，大大降低物流成本压力。滚筒法渣处理系统自动化程度高，人员配置大大减少，一人可同时操作多台滚筒系统，一般整个车间一个班的滚筒生产操作人员只需 3 人。

（2）滚筒法渣处理过程在封闭的容器内进行，产生的烟气集中排放，为烟气的净化处理提供了良好的基础条件。针对滚筒尾气粉尘浓度高、易板结、气量波动大、高湿度的特点，从技术及经济角度进行了多种方案的比选，成功开发了具有自主知识产权的动力湿式除尘系统，使整个生产过程负压运行，不扬尘、不外溢，并形成了粉尘排放浓度<50mg/m^3（标态）、<30mg/m^3（标态）、<10mg/m^3（标态）及消白功能等的除尘系统系列配置，满足国内外不同地区的除尘要求。

（3）为减少二次倒运带来的污染，通过增设斗提机或链斗机和料仓（如图 5-22 所示），将处理好的钢渣通过斗提机提升至料仓，卡车在料仓下接料，实现渣不落地。为回收废钢及渣钢，还可以增设振动筛和在线磁选机，为钢渣分选创造条件。

图 5-22　滚筒法渣处理流程

（4）滚筒渣粒度均匀，具有以下优良的综合性能。

1）胶凝性：化学活性高；可快速释放 $Ca(OH)_2$ 于溶液体系；提高混凝土工作性能；改善混凝土耐久性能。

2）稳定性：岩相结构均匀，稳定性好；压蒸粉化率低，一般小于 2%；压碎值低，一般小于 20%。

3）级配性：颗粒分布窄；做碎石，5~15mm 自然级配良好；做砂，细度模数 3.6 左右。

4）易磨性：渣铁分离性好；大大减少粉磨过程中的能耗。

5）高硬性：莫氏硬度一般大于 6；表观密度一般大于 3500kg/m^3。

在钢渣利用领域，宝钢建材已成功开发了“钢渣在水泥生料中的应用”“钢渣在干粉砂浆和灌浆材料中的应用”“钢矿渣微粉复合掺合料”“钢渣用于人工湿地污水处理应用”“钢渣混凝土应用技术”及“钢渣用于冶金辅料技术”等应用技术，获得发明专利 3 项，参与相关钢渣利用国家标准的制定 6 项[58]。

2019 年宝武环科在宝武集团厂区道路上推广滚筒法钢渣沥青的应用，总计近 20 万平方米。除宝钢内厂区道路的应用外，也有社会道路的应用案例。宝山区月罗路大修工程，道路全部采用钢渣沥青，施工面积为 320m^2，取得了极大的经济效益[59]。

5.1.4.2 新余钢铁钢渣处理（热闷法）[60]

新余钢铁厂原有钢渣处理工艺对高温钢渣只采用简单打水堆放处理，钢渣粉化程度较差，不仅使得钢渣堆存形成渣山，占用大量土地，而且在冷却过程中钢渣中不稳定物质 f-CaO 及 f-MgO 未能得到有效消解，钢渣的稳定性较差，工艺流程如图 5-23 所示。后续钢渣筛分磁选工艺流程较简单，主要设备只有条筛、振

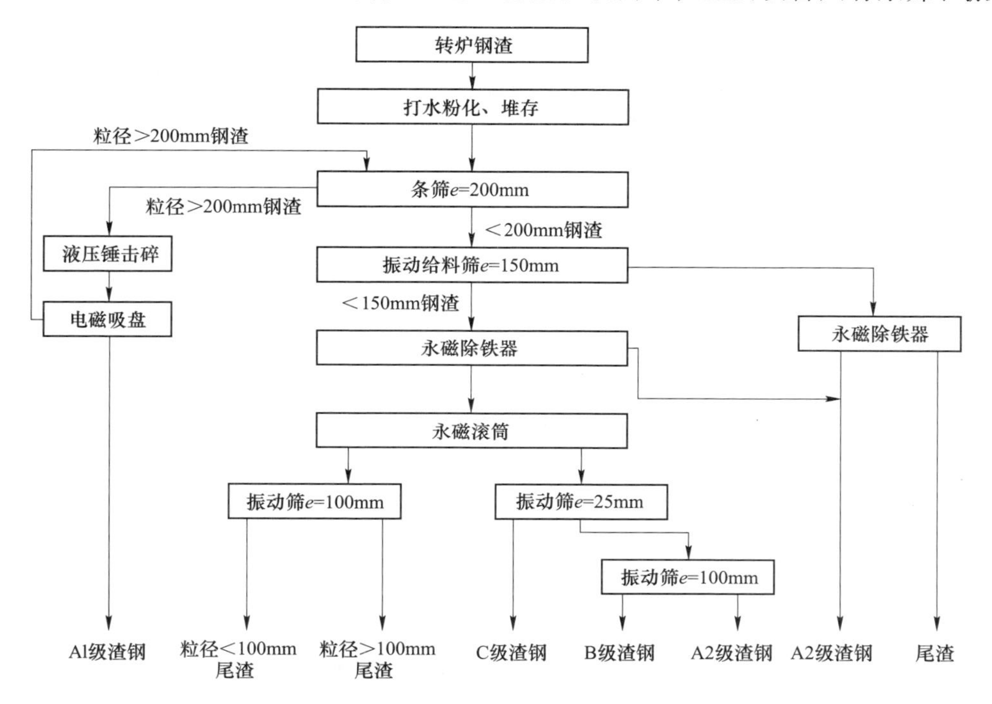

图 5-23 新钢原有钢渣处理工艺流程

动给料筛、永磁除铁器、磁滚筒及液压锤等，其中对钢渣的破碎仅是通过对大块钢渣进行液压锤破碎，并通过振动筛对钢渣进行分级。由于液压锤破碎效果不佳，使得处理后钢渣的渣铁分离效果不佳，得到的 A1 级渣钢、A2 级渣钢、B 级渣钢及 C 级渣钢的铁品位不高，而后续对渣钢的处理采取“湿磨湿选”深加工工艺，使得尾渣无法利用，同时也造成了二次污染。

2008 年，新余中冶环保资源开发有限公司建设了一条规模为 116 万吨/年钢渣热闷、磁选、筛分生产线，工艺流程如图 5-24 所示。

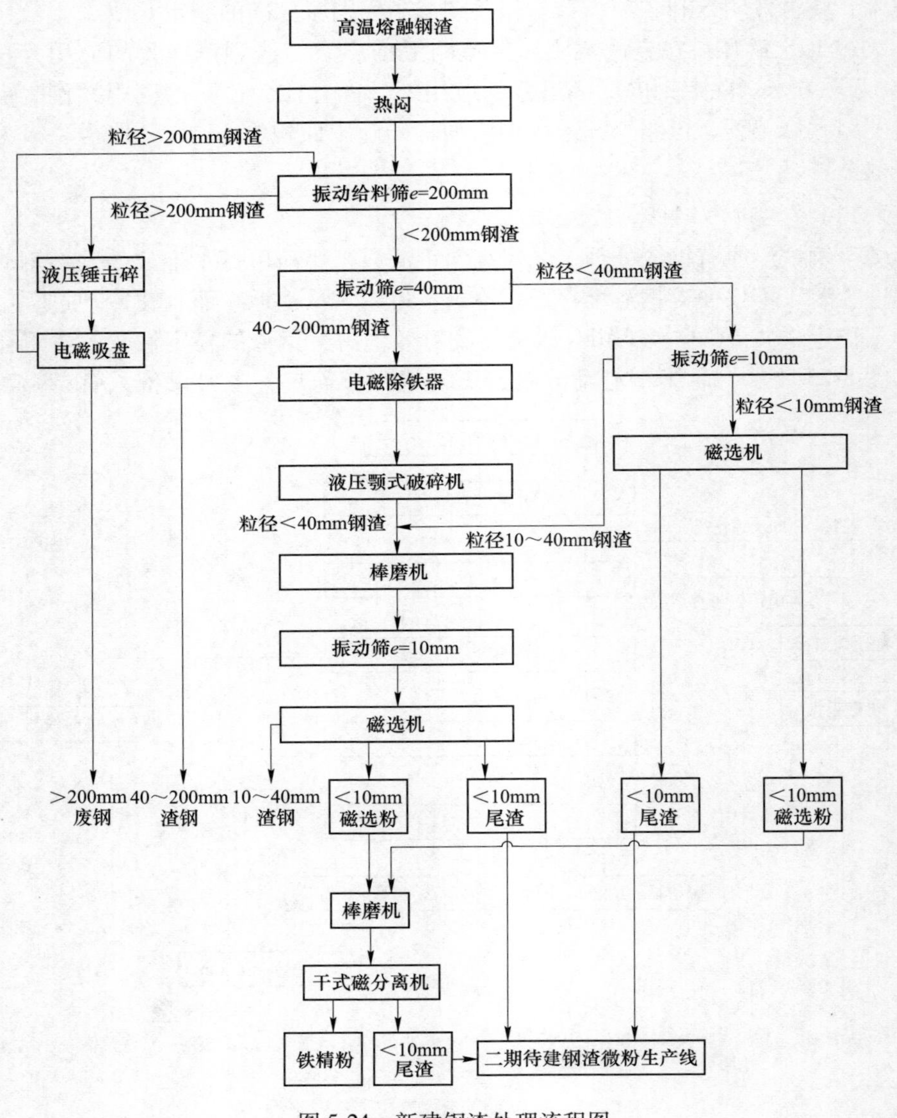

图 5-24 新建钢渣处理流程图

在现有工艺中，钢渣热闷处理主要过程为高温熔融热渣由渣罐车运至钢渣热闷处理生产线，用铸造桥式起重机将渣罐中热渣倒入热闷装置后，开始打水冷却直到表面凝固为止，用挖掘机松动钢渣，保证装置内钢渣表面无积水，然后进行第二次倒渣（重复上一次过程），直至热闷池倒满钢渣后，盖上热闷装置盖，由PLC 总控制室自动打开喷水系统进行喷雾，喷雾装置设置在装置盖顶部。当装置内温度过高时自动打开排气阀放气。为保证安全，盖上装有安全阀。温度传感器设在装置内特殊部位，以防止碰击和热辐射对仪器造成偏差。热闷结束后则自动打开排气阀，卸出装置内余汽，用桥式起重机将装置盖移至装置盖支架后，热闷装置开始出渣。

后续钢渣磁选筛分过程中，主要设备包括振动筛、液压破碎锤、液压颚式破碎机、棒磨机、电磁吸盘、电磁除铁器、干式磁分离机、磁选机等，其中通过液压破碎锤、液压颚式破碎机及棒磨机很好地实现了对钢渣的破碎，破碎后的钢渣中渣铁分离良好，而整套工艺的磁选分别针对不同粒级钢渣选用电磁吸盘、电磁除铁器、磁选机及干式磁分离机等设备实现，对铁的分选效果也较好。而且经分选后的不同粒度的尾渣可以进行后续资源化利用。

现有钢渣处理工艺与原有钢渣处理工艺相比：

（1）钢渣热闷处理工艺是利用钢渣本身余热产生的蒸汽来完成对钢渣中不稳定物质游离氧化钙（f-CaO）和游离氧化镁（f-MgO）的稳定化，不仅缩短了处理周期，而且提高了处理后钢渣稳定性。

（2）破碎筛分磁选工艺采用“干磨干选”，全流程无生产污水和湿式尾渣进入环境；采用周边排料式干式棒磨机，克服了中心排料式干式球磨机处理能力低、易堵料等缺点，使钢渣中相互包裹的渣与金属铁充分解离；采用干式盘式钢渣磁分离机，克服了常规干式磁选机处理细粒物料由分散差、磁团聚等造成的选择性差的缺点。

（3）经热闷工艺处理后的钢渣解决了原有工艺处理后钢渣体积不稳定的问题，钢渣因此能应用于水泥和建材等领域。

钢渣热闷及破碎筛分磁选线于 2009 年 2 月份投产，自投入运行以来，生产线运转正常，工艺指标达到了设计要求，部分指标优于设计要求，具体如下：

（1）技术指标：渣钢品位达到 85%以上，可直接返回炼钢使用；热闷后钢渣中小于 10mm 粒级含量达到 60%以上；尾渣中 MFe 品位由原来的 3.8%下降至 1.6%，f-CaO 含量由原来的 8%降至 3%以下，满足用于生产钢渣微粉的原料要求；磁选粉 TFe 品位达到 40%以上，经干磨干选深加工处理可达到 65%以上。

（2）经济效益：新的钢渣处理工艺与原工艺相比，每年可多回收废钢资源 2.5 万吨，每吨废钢以 1500 元计，可增加产值 3750 万元，增加利润 2590 万元/年，尾渣可全部资源化利用。

(3) 社会效益和环境效益：新的钢渣处理工艺解决了原有钢渣堆存占用土地、污染环境的问题，同时尾渣用于钢渣粉可等量代替水泥做混凝土掺合料。生产每吨钢渣粉与水泥相比可节约煤105kg，节电73kW·h，减排 CO_2 0.68t。以生产80万吨/年钢渣粉计算，可节约标煤8.4万吨/年，节电 5.84×10^7kW·h/a，减排 CO_2 54.4万吨/年。

5.1.4.3　马来西亚联合钢铁钢渣处理技术[61]

马来西亚联合钢铁作为海外一带一路的重点项目，钢渣处理应用的是国内最先进的有压热闷及磁选工艺。该工艺是在钢渣池式热闷技术上的创新技术，首先将渣罐中的钢渣（1600℃左右）通过倾翻机构倾倒在辊压破碎区内进行辊压破碎、喷水冷却，然后利用破碎辊将破碎降温后的钢渣（600~900℃）推至渣槽内并通过吊车送至转运台车上，之后转运台车将装满钢渣的渣槽送至密闭压力容器中，喷水形成0.4~0.6MPa的饱和蒸汽压，对钢渣进行有压热闷稳定化处理，工艺流程如图5-25所示。有压热闷完成后，通过卸料装置卸至自卸车并送至钢渣加工线进入“破碎→筛分→磁选”的加工工艺。

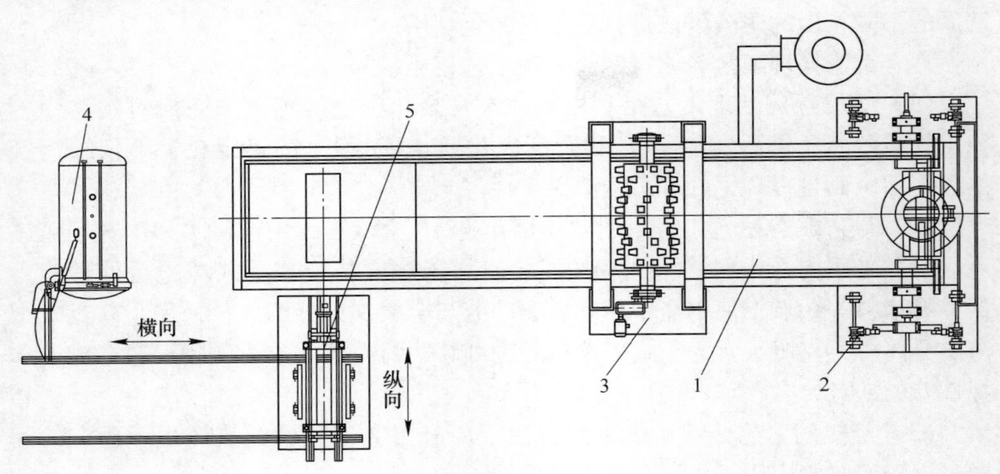

图5-25　余热有压热闷工艺示意图
1—倾翻熔融钢渣；2—辊压破碎；3—推渣；4—转运；5—消解

上述钢渣热闷工艺在生产过程中，因热闷处理过程中所产生的可燃气体无法顺畅排放时，则会出现爆燃或爆炸等安全事件。为提高钢渣有压热闷工艺生产应用的安全性，利用原有钢渣热闷工艺生产过程中的气体检测仪器，对钢渣有压热闷新工艺生产过程中氢气的生成进行定量的测量分析，并通过对氢气生成规律的分析研究，制定行之有效的安全防范措施，从而确保钢渣有压热闷工艺的安全运行。

钢渣有压热闷工艺主要分为钢渣辊压破碎和有压热闷两个作业工序，配套的工艺装备主要有渣罐倾翻机、辊压破碎机和有压热闷罐等。钢渣辊压破碎工序主要是完成熔融钢渣的快速冷却、破碎，此工序的处理时间 20~35min，经过此工序的处理，可将熔融钢渣的温度由 1600℃左右冷却至 500℃左右，粒度破碎至 300mm 以下。

钢渣有压热闷阶段主要是完成经辊压破碎后钢渣的稳定化处理，此阶段的处理时间为 1.5~3.0h，处理后的钢渣稳定性良好，其游离氧化钙质量分数小于 3%，浸水膨胀率小于 2%。有压热闷完成后，通过卸料装置卸至自卸车并送至钢渣加工线进行磁选加工。钢渣磁选加工是指借助破碎筛分、磁选干燥等工艺方法，将炼钢尾渣中排放的金属铁回收。

该新技术作为一种新型钢渣处理技术，其安全性、洁净化和机械化程度等均较现有工艺有了很大的提高，可满足海外钢铁企业严格的环保政策要求，同时也为"一带一路"钢铁企业节能降耗创造了有利条件。

5.2 转炉尘泥处理和综合利用

通常每生产 1t 钢约产生 600kg 的固体废弃物，其中尘泥占 5%~8%。目前在铁矿资源紧张、环境治理力度日益提升形势下，钢铁企业也加大了污泥处理力度，一般通过返回烧结模式处理，不过粉尘中 Zn、Pb、K 相关元素会明显地影响到烧结机产能、降低其使用寿命，这对粉尘的利用有一定的不利影响，既污染了环境，也浪费了宝贵资源。因此，实现钢铁厂含铁粉尘的高效利用对于炼钢流程的绿色节能发展具有重要意义。

转炉炼钢尘泥主要包括转炉 OG 泥和炼钢二次泥，其含铁量均较高。根据含铁尘泥内锌、碱质量分数等特性，在处理时可大致分为 4 类，见表 5-3。一类含铁尘泥锌的比例低于 1%，可直接进行烧结处理，或作为转底炉配料，转炉 OG 泥主要用于烧结。二类含铁尘泥一般选用转底炉进行处理或应用于混匀配料。三类含铁尘泥则进行脱锌回转窑处理，这样可更好地满足此类污泥处理要求。四类含铁尘泥进行转底炉处理或直接进行烧结。通常情况下，转炉 OG 泥属于一类含铁尘泥，炼钢二次灰属于二类含铁尘泥。

表 5-3 不同尘泥分类，来源及去向

类别	标准	来源	去向
一类	$w(Zn)<1.0\%$	主要来源于料场除尘灰、高炉炉前灰	混匀造堆后适当地进行烧结或者当作配料
二类	$1.0\% \leqslant w(Zn)<2.8\%$	高炉瓦斯泥	烧结混匀配矿
三类	$w(Zn) \geqslant 2.5\%$	高炉布袋灰、电炉除尘灰	转底炉处理
四类	$w(K_2O) \geqslant 1.0\%$	烧结机头除尘灰	烧结原料

目前炼钢尘泥处理工艺有多种，如转底炉工艺、回转窑工艺、等离子炉工艺、韦氏炉工艺、竖式炉工艺、垂直喷射火焰炉工艺、电炉还原工艺等。其中回转窑工艺及转底炉工艺是目前世界上处理钢厂含锌粉尘技术相对成熟、应用较多的工艺技术，也是目前国内比较受关注的用于处理钢厂含锌铅粉尘的技术。

5.2.1 转炉尘泥的处理工艺

5.2.1.1 厂内循环处理工艺

将钢铁厂产生的各种固废尘泥返回烧结工序重新配料，或者将固废尘泥压制成球或块进转炉炼钢，进行循环利用，这两种方式大都利用了固废尘泥中的Fe、C等有价元素，但其他有价元素Zn、K、Na、Pb未能得到有效利用，含有Zn、K、Na、Pb的固废尘泥易造成高炉内有害元素的恶性循环和富集，国内钢铁企业也早已经开始对高炉有害元素质量分数高的固废尘泥不再循环利用。

5.2.1.2 湿法处理工艺

湿法处理工艺一般用于中锌和高锌粉尘的处理，低锌粉尘必须先经过磁选或者离心方式富积氧化锌粉尘，再进行湿法处理。湿法处理工艺是采用酸、碱、氨等溶液来浸出分离锌、铅等物质；或者用水浸法浸出溶入水的化合物，然后通过蒸发进行结晶分离；或是利用固废尘泥颗粒大小进行水力旋流分级，从而提取所需物质，工艺流程如图5-26所示[62]。该工艺浸出产品质量高、能耗少、设备投资低、投资成本低、但浸出率偏低、生产处理工艺较长、操作条件较恶劣、设备腐蚀严重、容易造成二次污染、废水处理成本较高、处理量难满足生产需要。

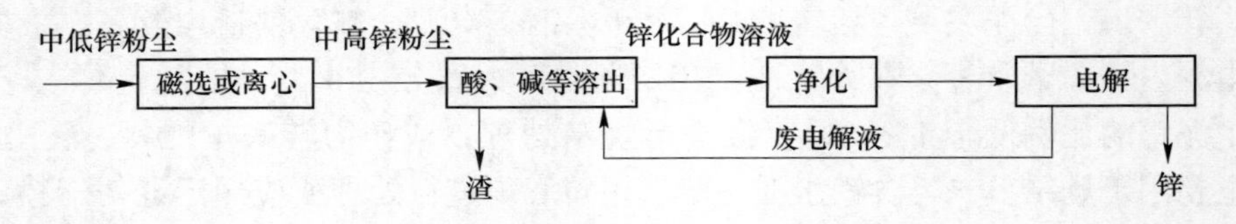

图5-26 湿法处理工艺流程

5.2.1.3 火法处理工艺处理含锌粉尘[62,63]

近年来，我国取缔地条钢生产后，大量废钢进入炼钢生产环节，很多钢厂废钢消耗达150~200kg/t，废钢中轻薄料中含有大量镀锌板，造成炼钢转炉除尘灰中锌质量分数急剧升高，炼钢转炉除尘灰进入烧结配料后造成高炉入炉Zn负荷上升，高炉除尘灰中的锌质量分数随之上升，进入烧结配料，形成恶性循环。目前，国内钢铁企业对于含锌粉尘的典型处理工艺有OxyCup竖炉工艺、转底炉工艺及回转窑工艺等。

A OxyCup竖炉工艺

OxyCup竖炉处理含锌粉尘是通过将含锌粉尘造块后与焦炭及造渣剂一起装

入 OxyCup 炉冶炼，随着冶炼进行，炉料不断下行，持续加热升温、还原，在炉底形成金属和渣相熔池，通过铁口和渣口实现铁水和熔渣的分离，并进一步富集收取重金属[64]，工艺流程如图 5-27 所示。

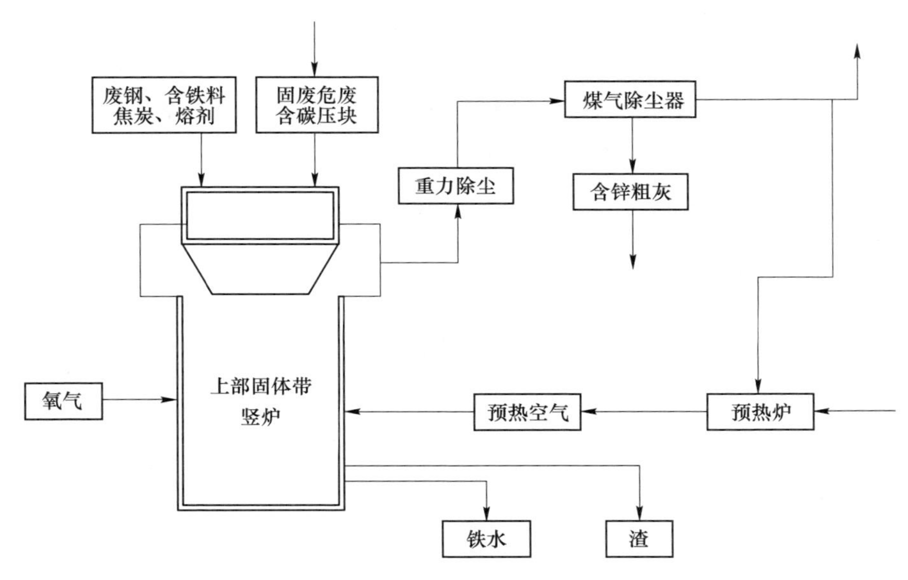

图 5-27 OxyCup 竖炉工艺流程

B 转底炉工艺

转底炉工艺处理含锌粉尘是将尘泥配料压块后直接放在转底炉内还原，生成直接还原铁，并将锌、钠、钾等元素以粉尘的形式回收，使尘泥中的有价金属得到很好地回收利用[65]。转底炉工艺流程如图 5-28 所示。

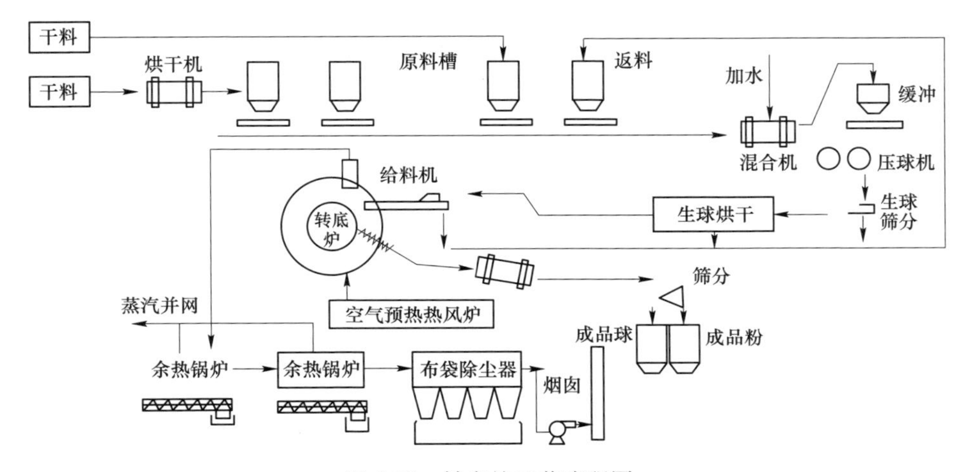

图 5-28 转底炉工艺流程图

目前，转底炉处理含锌粉尘工艺已在国内多家钢厂应用，包括宝钢湛江、江苏沙钢、安徽马钢、山东日钢等多家钢厂均有建成投产的转底炉。其中，宝钢湛江固废处理转底炉可生产成品金属球20万吨/年，粗锌粉约0.7万吨/年，脱锌率大于85%，金属化率大于75%。2017年湛钢基地产生的固废总量中的21种固废（约182万吨）由炼铁厂返回生产使用，二次资源返炼铁利用率达到30%以上。江苏沙钢集团的蓄热式转底炉具有年处理尘泥42万吨，生产金属化球团25万吨，氧化锌粉1万吨的能力。该转底炉直径45m，宽度5m，转速20~30r/min，金属化率在72%~96%之间，脱锌率可达到90%左右，回收氧化锌中的平均锌含量在6%以上。安徽马钢的转底炉产能为20万吨/年。该转底炉直径20.5m，宽度4.9m，作业率平均为80%（最高可达95%），成品球能耗为248.57~297.43kg/t（标煤），系统脱锌率达85%以上，排碱率达60%，烟尘浓度低于50mg/m^3，回收含锌55%的粗锌粉0.3万吨/年，生产金属化率大于80%的金属化球团14万吨/年[66]。

转底炉工艺用来处理钢铁企业含锌粉尘，反应速度快，生产成本较低，可以实现高温快速还原，生产周期短，只需10~20min。与其他炼铁工艺相比，转底炉生产工艺在铁矿石、能源和基建投资上有很大的优势，投资成本只占炼铁工艺的80%~90%[67]。此外，转底炉整个工艺流程比较紧凑，自动化程度高，可靠性高，便于操作和维护。并且转底炉生产工艺可以实现余热回收，环保措施良好，废气中含有大量显热，可预热空气、干燥原材料，也可产生蒸汽。但是，转底炉中含碳球团的热量主要靠辐射获得，而辐射传热的效率较低，严重影响了转底炉本身的热效率。通常，转底炉内热量的利用不到50%，其余部分会由烟气带走。其次，转底炉工艺中硫及脉石成分含量高。含碳球团内配大量煤粉，带入硫的同时也带入了大量脉石成分，这不仅增加了金属化球团中的脉石含量，降低了金属化球团的铁品位，也降低了金属化球团的质量[68]。

C 回转窑工艺

回转窑工艺是用固体燃料作还原剂，以回转窑为反应器。20世纪20年代德国克虏伯公司为处理锌精炼渣而开发了回转窑工艺，基本工艺流程如图5-29所示。回转窑处理含锌粉尘工艺流程是将含锌粉尘和还原剂（煤、焦粉或含碳粉尘）辅以石灰等，经配料、混合造球（也可不造球）送入回转窑，经1100~1300℃高温处理，物料中的金属氧化物与碳质还原剂发生反应，还原的锌挥发进入烟气并二次氧化，烟气经冷却（或余热锅炉换热）后集尘。其中氧化锌含量55%~60%，可作为锌冶炼厂的粗氧化锌原料；还原后的窑渣经破碎、磁选等过程后，金属化铁料可作为炼铁高炉或烧结原料，残留的炭粒也可被回收[69]。

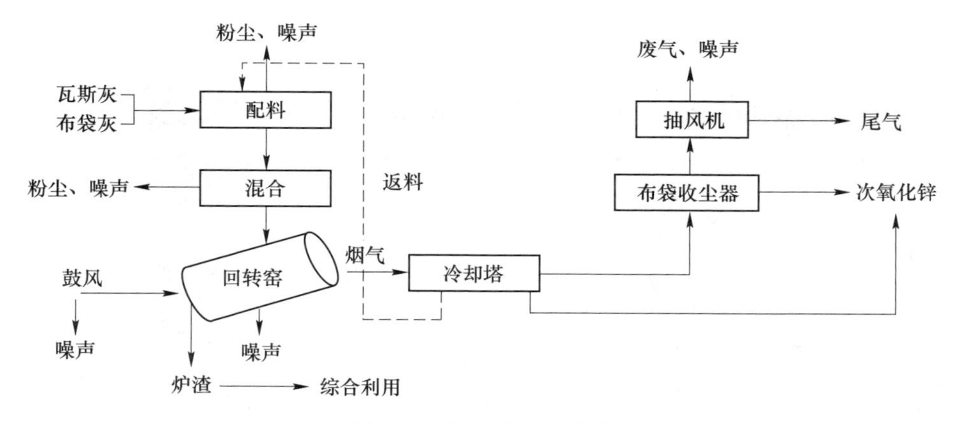

图 5-29 回转窑工艺流程

目前，国内红河锌联科技有限公司的回转窑技术较为成熟，此外，包钢、宣钢、昆钢及中国台湾钢联 TSU 等多家企业也都设有回转窑生产工艺线。其中，包钢工业试验实践表明，使用火法回转窑工艺可以有效地将高炉布袋灰中的有害元素特别是锌提取出来，形成含铁渣和高锌料两种产品，高锌料氧化锌含量达到50%以上，可以作为电解锌的原料，含铁渣可以返回钢铁流程使用。

回转窑工艺脱锌率较高，普遍能达到90%以上，除尘灰利用自带碳，不用加燃料直接入窑，运行成本低，且具有工艺成熟、投资低、运行简单等显著优点。但是，回转窑工艺处置低锌物料不太适宜，铁料金属化率也低，生产过程中常发生结圈现象[70]。

5.2.1.4 火法-湿法联合处理工艺

火法-湿法联合处理工艺是利用火法和湿法各自的优点，分步对粉尘进行处理的方法。火法-湿法联合处理工艺可以先火法后湿法，也可先湿法后火法，火法通过高温还原反应去除锌、铅等，湿法通过水或者添加添加剂（酸、碱、化合物等）浸出或者通过化学反应等方法过滤、结晶蒸发分离所需回收物质。常用的火法-湿法联合处理工艺可以先进行火法还原焙烧，锌及其他金属挥发收集后对其进行湿法浸取；也可以先对粉尘进行湿法浸取，分离其中的一些成分，然后对过滤后的浸渣进行高温处理，回收粉尘中有价值的物质。中国辽宁葫芦岛、广东韶钢、广西柳钢都有应用，并且取得较好经济效益和环保效益。火法-湿法联合处理工艺能耗和原料消耗较少，处理方式灵活，所获产品质量高，粉尘利用率高，但是流程长，设备投资大[62]。

钢铁烟尘等含重金属固、危废“火法富集-湿法分离多段耦合提取技术”已发展到第七代，如图 5-30 所示。该项目设计生产能力为 200 万吨/天，预计每年可获得 20 万吨锌锭，30 万吨粒铁，其他稀贵金属 2000t 以上[71]。

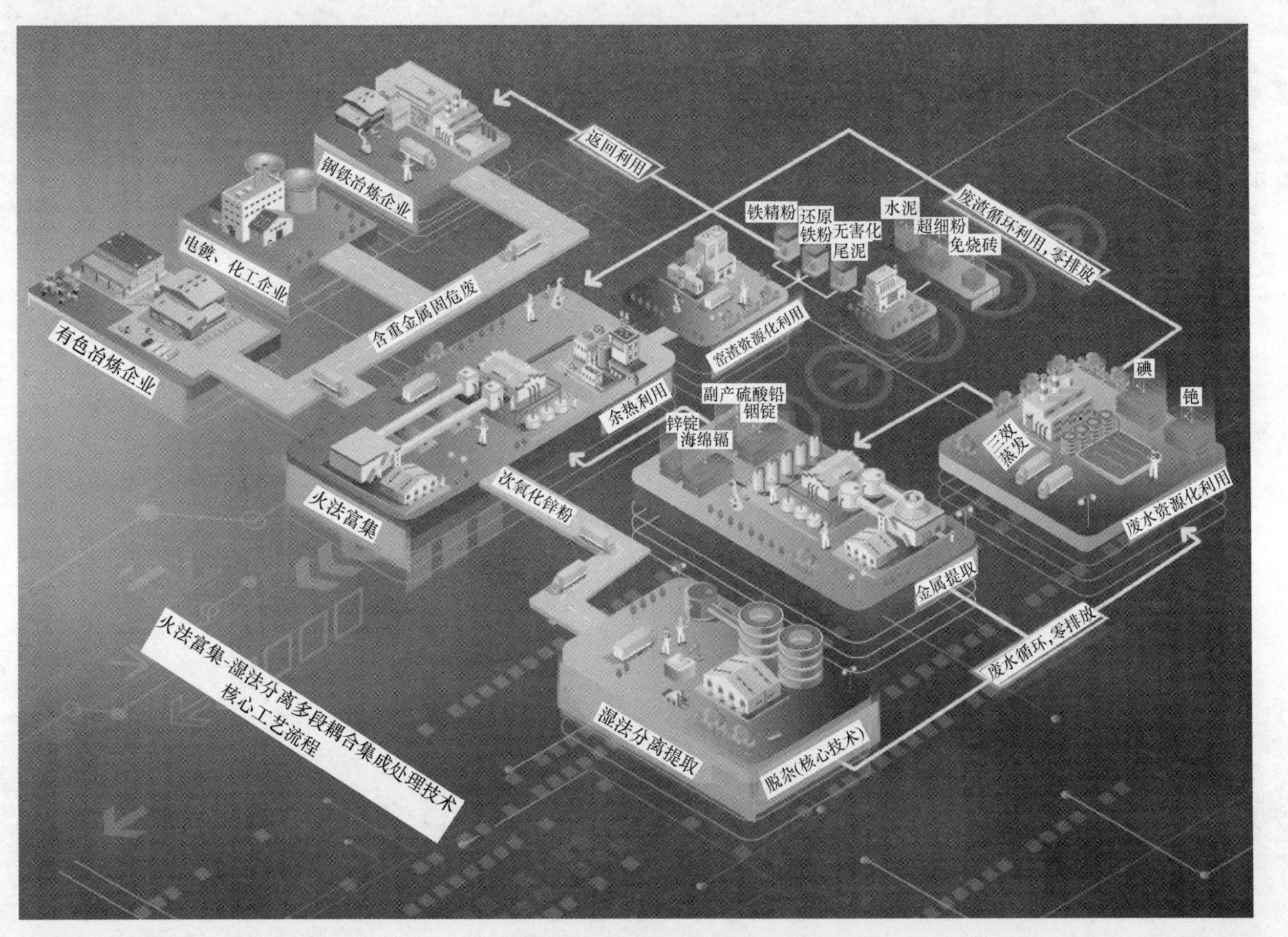

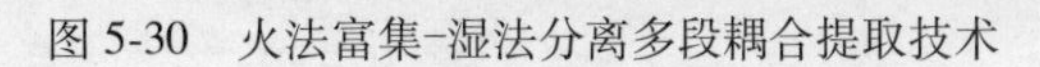
图 5-30　火法富集-湿法分离多段耦合提取技术

5.2.2 转炉尘泥处理和利用典型案例

5.2.2.1 马钢含铁尘泥综合利用[72]

A 转炉 OG 泥管道输送返烧结资源化利用

转炉 OG 泥管道输送返烧结资源化利用 OG 泥是转炉炼钢生产过程中煤气湿法除尘的副产物，含有铁、钙、镁和碳等元素，其粒度极细，小于 5μm 的占 70%以上，脱水后泥饼黏度大，运输、处理利用难度大。为解决这一难题，马钢自 2002 年开始开展了多年的专题研究，于 2007 年成功开发出转炉 OG 泥管道全封闭输送喷淋利用技术。同年在马钢新区建成应用，解决了 OG 泥浓缩、脱水系统占地面积大、脱水成本高、循环利用难度大等一系列问题，节约了烧结用水，利用了其中的铁、钙、镁等有益元素，并有利于提高烧结混合料的造粒效果，改善烧结料层透气性，起到了降低烧结固体燃耗的作用，变废为宝。

马钢目前有两套转炉 OG 泥综合利用系统，分别为马钢第三炼铁总厂、第二炼铁总厂转炉 OG 泥综合利用系统。其中，马钢第二炼铁总厂转炉 OG 泥综合利用系统于 2011 年 6 月底竣工，用于处理第一钢轧总厂、第三钢轧总厂产生的转炉 OG 泥。输送泵将质量分数为 8%~10%的泥浆通过管道长距离输送至第二炼铁总厂烧结污泥处理站，污泥经浓缩池浓缩进入搅拌站搅拌均匀，螺杆泵喷浆到烧结配混系统参与配料，设计喷浆质量分数为 20%~30%。工艺流程如图 5-31 所示。

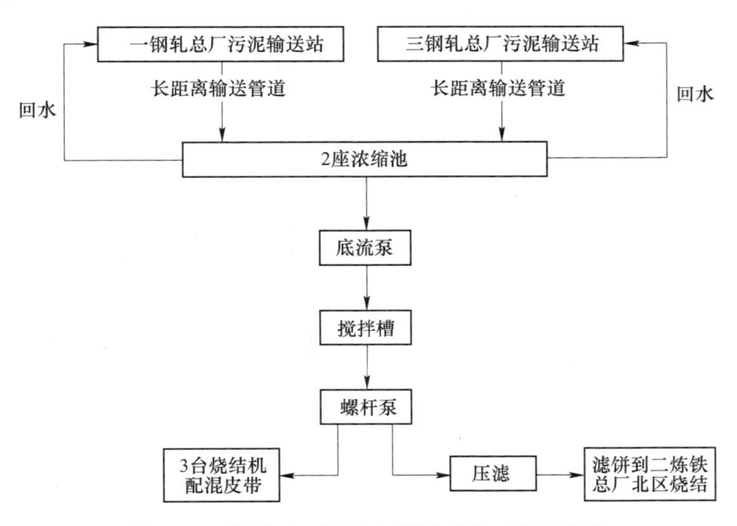

图 5-31 转炉 OG 泥综合利用系统工艺流程图

将转炉 OG 泥喷点设置在烧结一混前皮带后段，喷洒出口适当收缩，基本覆盖皮带上的返矿料流。OG 泥的配入明显增强了烧结返矿颗粒的造球核心作用，改善了混合料造球性能，提高了混合料粒度。转炉 OG 泥的喷加能有效提高烧结混合料造球效果，小于3mm比例减少了7.64个百分点，原因是转炉OG泥本身黏性大，分散在混合料中起到了黏结剂的作用，较好地改善了烧结混合料的制粒特性。

B 转底炉处理含锌尘泥技术

马钢转底炉（RHF炉）是国内第一条含锌尘泥脱锌工业化生产线，于2009年6月建成投产，用于处理2座4000m^{3}高炉、2台360m^{2}烧结机及1条年产225万吨球团的链箅机—回转窑生产线所产生的含锌尘泥及除尘灰，设计处理量为20万吨/年。

马钢转底炉系统工艺流程如图5-32所示，主要为将脱水的高炉污泥、除尘灰、黏结剂按要求配料，经润磨、造球、生球筛分、生球干燥，均匀布到转底炉环形台车上，然后进行加热、还原。在此过程中，物料中的锌、铅、钾、钠等有害元素被气化脱除进入高温烟气而回收。

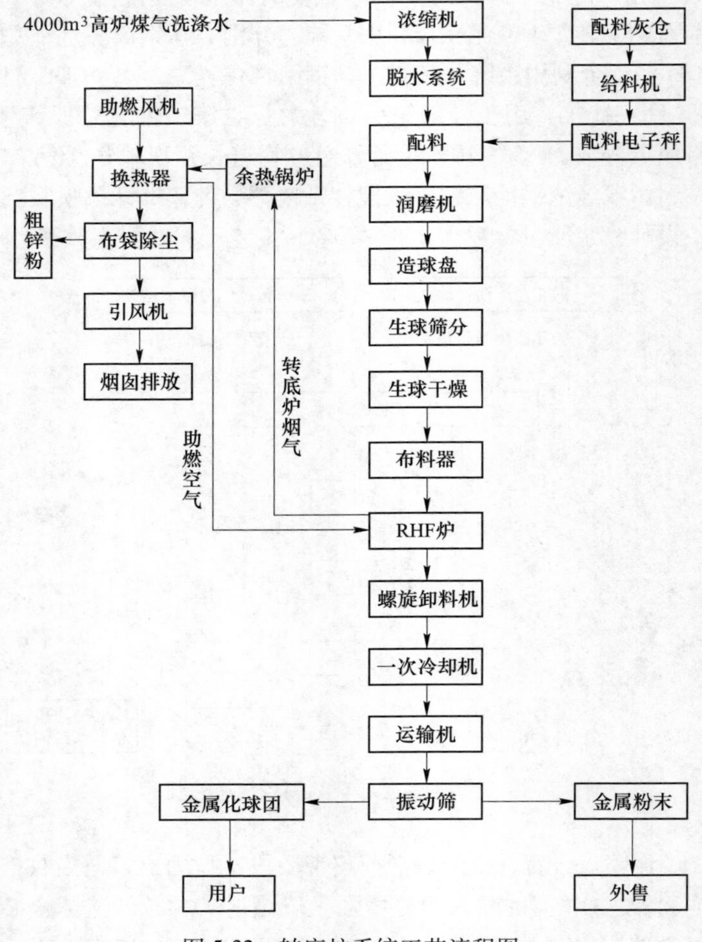

图5-32 转底炉系统工艺流程图

转底炉系统主产品为金属化球团、粗锌粉和过热蒸汽。其中金属化球团铁质量分数大于65%，金属化率大于70%，抗压强度大于1000N；粗锌粉ZnO质量分数为40%~50%，外售供专业公司进行深加工；过热蒸汽压力为1.6MPa，温度为260℃。经过8年多生产实践，通过采取技术改造、优化工艺参数等措施，马钢已摸索出一套较为成熟的生产操作标准，转底炉各项经济技术指标均有显著提高，目前转底炉系统作业率达92%以上、脱锌率达91%以上。

C 回转窑处理含锌尘泥技术

为进一步提高含锌尘泥的处理能力，与转底炉系统形成互补，2016年9月马钢投产一3.5m×54m回转窑脱锌生产线，设计处理能力为15万吨/年。脱锌回转窑主要用于处理高含锌尘泥，如电炉除尘灰、高炉布袋灰及锌质量分数大于2.5%的瓦斯泥等。在高温还原条件下，物料中锌的氧化物被还原，并在高温条件下气化挥发变成金属蒸气（锌沸为908℃）。锌蒸气在上升过程中，温度较高，由于回转窑窑尾有空气不断被鼓入其中，活性高的锌蒸气极易与空气中的氧气发生反应，生成金属氧化物微粒，在窑尾的负压引风机作用下进入除尘系统，从而使得锌与固相分离。窑渣经水淬冷却后，可以作为烧结料使用或进一步加工成铁粉，选铁后的尾渣可返水泥厂配料使用。具体工艺流程如图5-33所示。

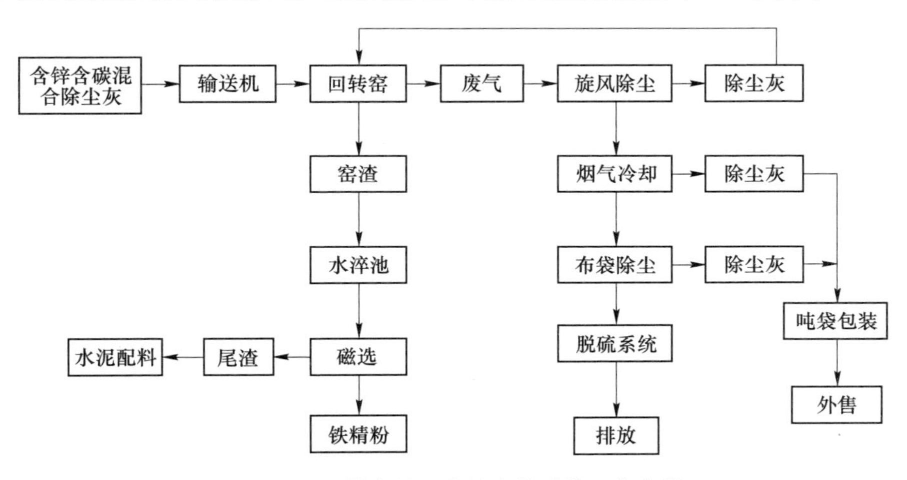

图5-33 回转窑处理含锌尘泥系统工艺流程

回转窑除尘系统采用低压长袋脉冲除尘器，出口含尘质量浓度小于30mg/m^3，除尘效率达99.9%。除尘后的烟气采用碳酸钠进行洗涤后排放。回转窑产品包括粗锌粉和脱锌后富铁窑渣。粗锌粉中ZnO质量分数为42%~65%，外售供专业公司进行深加工。富铁窑渣ZnO质量分数低于1%，经颚式破碎机破碎至粒径250mm以下，经球磨机湿式球磨至粒径180~250μm（60~80目），再经过两级磁选即可得到副产品铁精粉。选铁后的尾渣返水泥厂配料使用。

D 系统评价

回转窑处理含锌尘泥系统投资成本较转底炉低，且因不需消耗煤气，运行成本也较转底炉低。但回转窑处理含锌尘泥系统的局限性在于存在窑内结圈问题，从而影响系统作业率，且该系统更适合处理高含锌含铁尘泥，因此，在同一钢铁企业中，组建“转底炉+回转窑”联合处理含锌尘泥模式是个不错的组合选择。

5.2.2.2 首钢转炉尘泥的利用[73]

京唐公司炼钢厂转炉干法一次除尘灰全铁含量46%~47%、CaO含量15%~20%、SiO_2含量1.2%~1.5%、S含量0.06%、粒度<0.075mm的占80%以上。由于单纯使用转炉除尘灰生产冷固球团，其产品含铁品位达不到转炉使用要求，需要配加一部分含铁品位较高的氧化铁皮。同时为了促进在造球过程中的固化效果，还需配加一部分黏结剂。配料见表5-4。

表5-4 冷固球团配料表

成分	转炉除尘灰	氧化铁皮	黏结剂	水
含量/%	65	15	10	10

转炉干法除尘灰冷固球团工艺上划分为以下几个系统：原料系统、消化系统、混合压球系统和成品干燥及返料系统。转炉干法除尘灰冷固球团工艺为原料接收、配料、消化、混合、压球、成品烘干存储。主要流程是将除尘灰加湿后加入氧化铁皮，再经过强力搅拌机加胶搅拌后进入高压压球机，经过筛分后的成品通过皮带机进入成品仓进行烘烤和存储，成品装车过程再进行一次筛分处理，筛下物返回原料堆存区。工艺流程如图5-34所示。

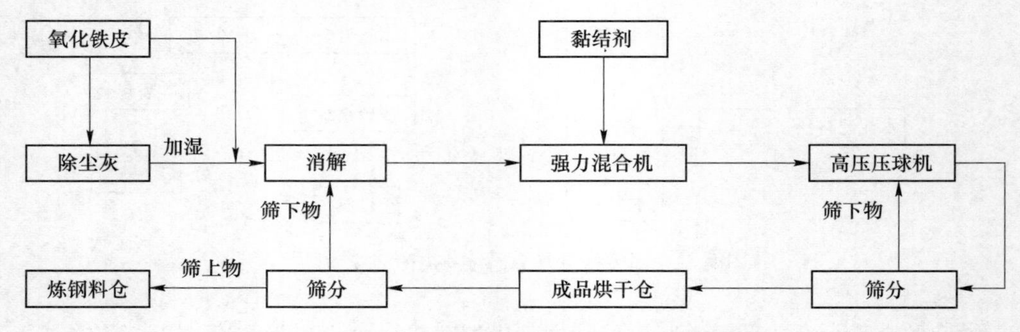

图5-34 转炉干法除尘灰冷固球团工艺流程

冷固球团经首钢京唐公司炼钢厂转炉使用，作为转炉炼钢的冷却剂、造渣剂，具有以下优点：

(1) 加快成渣。冷固球团的加入，在转炉炼钢过程中增加了前期渣中的FeO含量，加快成渣速度，提高了前期渣的形成速度及中期渣的物化性能，改善了冶炼过程中的脱P、脱S效果。

（2）冷却效果较好，改善渣料结构。由于渣中分批加入冷固球团，其熔解吸热可相应减少其他渣料的投入。冷固球团加入转炉后，石灰熔化率的提高加上冷固球团带入的一部分CaO可减少石灰的消耗。

（3）简化炉前操作，因冷固球团良好的起渣、化渣效果，可以减少甚至不加萤石。

（4）加入冷固球团可使转炉炼钢初期炉渣碱度提高，使MgO在渣中的溶解度降低，减少炉衬侵蚀，有利于提高转炉炉龄。

5.2.2.3 太钢冶金除尘灰再利用

太钢于2011年10月份开始，以不锈除尘灰为主要原料，配加不锈渣钢等原料，制定严格的工艺操作制度，以高富氧和合理的碱度控制作为冶炼铬、镍铁水的突破口，开始工业化生产。在生产过程中，逐步解决渣量大、炉内负压高、铁水流动差、熔炼率低、耐材侵蚀严重等问题，实现了富氧竖炉冶炼铬、镍铁水的生产[74]。

太钢提出利用OxyCup工艺回收不锈钢粉尘中铬、镍及铁资源思路为：首先对不锈钢粉尘、不锈钢氧化铁皮等固体废物进行含碳化造块，其次将造块与焦炭一起加入OxyCup炉冶炼回收铬、镍及铁资源，工艺流程如图5-35所示。

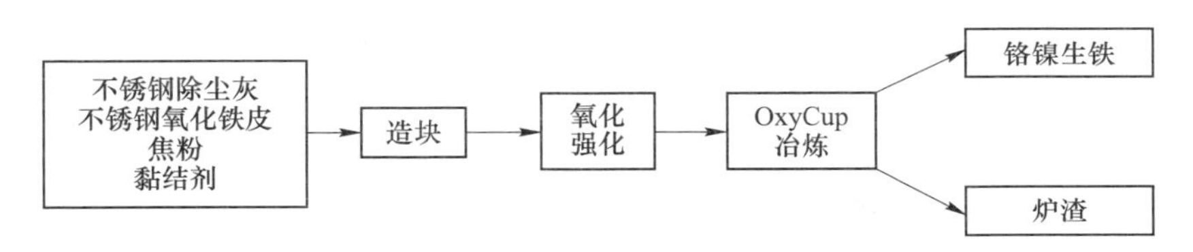

图5-35 利用OxyCup工艺处理不锈钢粉尘工艺流程图

OxyCup工艺冶炼不锈钢粉尘造块时，富氧率达10%，故炉内温度很高，风口区理论上燃烧温度高达2000℃，且炉保持还原气氛，所以采用OxyCup工艺的不锈钢粉尘镍、铬及铁收得率高，镍、铬及铁收得率见表5-5。

表5-5 OxyCup工艺金属元素收得率

金属元素	Ni	Cr	TFe
回收率/%	98.6	90.5	98.0

从表5-5中可看出，采用OxyCup工艺回收不锈钢粉尘的收得率比较高，Ni、Cr、Fe收得率均高于90%，说明OxyCup是回收不锈钢粉尘中镍、铬及铁的理想工艺。对不锈钢粉尘采用内配碳造块+OxyCup炉富氧冶炼，不锈钢粉尘中镍、铬及铁的收得率均可达到90%。太钢的富氧竖炉法生产铬、镍铁水技术集成新一代炼铁技术，以高锌和高硫、不适合高炉和转炉使用的含铁废料和渣钢等为原料，

生产出可直接应用于不锈钢生产的热态铁水，具有良好而广阔的推广应用前景[75]。

太钢的冶金除尘灰资源化装置正式投产后，每年可回收红泥3万吨，处理不锈钢除尘灰23万吨、碳钢除尘灰25万吨、废钢和钢渣15万吨左右，生产出的铁水直接供给炼铁炼钢工序，排出的水渣进入太钢高炉矿渣超细粉装置加工成水泥原料，生成的煤气进入公司煤气管网统一调配使用。

全功能冶金除尘灰资源化装置正式投产后，每年可生产含铬镍的铁水16万吨、普通铁水16万吨，全部回收的冶金除尘灰、红泥、废钢、废渣等作为富氧竖炉生产原料，相当于太钢每年可少采购精矿粉53.3万吨或矿粉（贫矿）266.5万吨，不仅产生可观的经济效益，同时也实现了环保效益和社会效益。

参考文献

[1] 赵俊学，李小明，唐雯聃，等．钢渣综合利用技术及进展分析［J］．鞍钢技术，2013（3）：1~6.

[2] 韩雪．冶金行业含铁固体废弃物资源化综合利用研究［J］．中国资源综合利用，2018，36（11）：58~60.

[3] 张作顺，徐利华，余广炜，等．钢渣在水泥和混凝土中资源化利用的研究进展［J］．材料导报，2010，24（s2）：432~435.

[4] 卿年春．钢渣应用于沥青路面的研究现状与展望［J］．城市建设理论研究：电子版，2015（22）：4319.

[5] 吴跃东，彭犇，吴龙，等．国内外钢渣处理与资源化利用技术发展现状［J/OL］．环境工程，2020：1~6.

[6] Tsakiridis P E，Papadimitriou G D，Tsivilis S，et al. Utilization of steel slag for portland cement clinker production［J］．Journal of Hazardous Materials，2008，152（2）：805~811.

[7] Wang Q，Yan P，Wang Q，et al. Hydration properties of basic oxygen furnace steel slag［J］．Construction & Building Materials，2010，24（7）：1134~1140.

[8] Wu X，Hong Z，Hou X，et al. Study on steel slag and flyash composite portland cement［J］．Cement & Concrete Research，1999，29（7）：1103~1106.

[9] 王东梅，郑玉荣，陈瑜，等．钢渣高效利用技术发展研究专利分析［J］．再生资源与循环经济，2018，11（11）：18~21.

[10] 徐永华．钢渣处理工艺对比及应用论述［J］．中国废钢铁，2016（2）：28~32.

[11] 李泽理，李葆生，吕进锋．钢渣处理工艺与装备的现状与创新［J］．矿山机械，2016（2）：1~6.

[12] 陈虎，陶钰禧，周朝刚，等．转炉渣热闷法直接上线工艺处理概况及应用［J/OL］．有

色金属科学与工程，2020：1~12.
[13] 夏春，彭犇，岳昌盛. 钢渣资源化利用处理工艺的现状与展望 [C]//《环境工程》编委会.《环境工程》2019 年全国学术年会论文集 . 工业建筑杂志社有限公司，2019：752~757.
[14] 胡绍洋，戴晓天，那贤昭 . 钢渣的处理工艺及综合利用 [J]. 铸造技术，2019，40 (2)：220~224.
[15] 张建国 . 转炉渣的应用及其发展方向论述 [J]. 资源再生，2017 (6)：53~56.
[16] 王会刚，吴龙，彭犇，等 . 中外钢渣一次处理技术特点及进展 [J]. 科学技术与工程，2020，20 (13)：5025~5031.
[17] 王延兵，宋善龙，范永平 . 一种钢渣有压热闷处理新技术 [J]. 环境工程，2014，32 (S1)：664~666.
[18] 陈荣凯，刘坤. 钢渣有压热闷磁选工艺的海外应用分析 [J]. 炼钢，2018，34 (6)：75~78.
[19] 程志洪，孙璐，秦川，等. 钢渣热闷蒸汽余热利用技术 [J]. 山东冶金，2016，38 (2)：47~48.
[20] 齐宝祥 . 钢渣热焖处理系统的循环供水控制 [D]. 天津：天津大学，2017.
[21] 唐祁峰，敖进清，蒋睿. 攀枝花某转炉钢渣的热闷工艺及磁选试验研究 [J]. 非金属矿，2019，(422)：9~11.
[22] 夏春 . 钢渣资源化利用处理工艺的现状与展望 [C]//《环境工程》2019 年全国学术年会论文集，2019.
[23] 张燕涛 . 一种高效经济的钢渣二次处理工艺浅析 [J]. 科技风，2016 (2)：116.
[24] 程志洪 . 钢渣二次加工处理技术优化 [J]. 山东冶金，2016，38 (5)：53~54.
[25] 许立谦，张德国，唐卫军，等 . 钢渣二次处理生产线的改造与创新 [C]//第十六届全国炼钢学术会议论文集，2010.
[26] 彭锋，邹真勤 . 钢铁渣处理和综合利用技术浅析 [J]. 中国钢铁业，2007(10)：13~17.
[27] 唐威，陈帮. 惯性圆锥破碎机细碎钢渣的应用研究 [C]// 2016 第二届冶金渣处理工艺与综合利用先进技术成果交流会论文集，2016：58~65.
[28] 王少宁，龙跃，张玉柱，等 . 钢渣处理方法的比较分析及综合利用 [J]. 炼钢，2010，26 (2)：75~58.
[29] Horii K，Kato T，Sugahara K，et al. Overview of iron/steel slag application and development of new utilization technologies [J]. Nippon Steel & Sumitomo Metal Technical Report，2015，10 (9)：5~11.
[30] 赵俊学，李小明，唐雯聃，等 . 钢渣综合利用技术及进展分析 [J]. 鞍钢技术，2013 (3)：1~6.
[31] Ahmedzade P，Sengoz B. Evaluation of steel slag coarse aggregate in hot mix asphalt concrete [J]. Journal of Hazardous Materials，2009，165 (1~3)：300~305.
[32] Hisham Q，Faisal S，Ibrahim A. Use of low CaO unprocessed steel slag in concrete as fine ag-

gregate [J]. Construction and Building Materials, 2009, 23 (2): 1118~1125.

[33] Tsai C J, Huang R, Lin W T, et al. Mechanical and cementitious characteristics of ground granulated blast furnace slag and basic oxygen furnace slag blended mortar [J]. Materials & Design, 2014, 60 (8): 267~273.

[34] Shen W, Zhou M, Ma W, et al. Investigation on the application of steel slag-fly ash-phosphogypsum solidified material as road base material [J]. Journal of Hazardous Materials, 2009, 164 (1): 99~104.

[35] Tsakiridis P E, Papadimitriou G D, Tsivilis S. Utilization of steel slag for Portland cement clinker production [J]. Journal of Hazardous Materials, 2008, 152 (2): 805~811.

[36] Monshi A, Asgarani M K. Producing portland cement from iron and steel slags and limestone [J]. Cement and Concrete Research, 1999, 29 (9): 1373~1377.

[37] Shi C J. Characteristics and cementitious properties of ladle slag fines from steel production [J]. Cement and Concrete Research, 2002, 32 (3): 459~462.

[38] Markgraf S A, Halliyal A, Bhalla A S, et al. X-ray Structure refinement pyroelectric investigation of fersonite bali Si_2O_8 [J]. Ferroelectrics, 1985, 5: 20~25.

[39] 张培新，文岐山，刘剑洪，等. 矿渣微晶玻璃研究与进展 [J]. 材料导报，2003, 17 (9): 45~47.

[40] 龙文志. 微晶玻璃及微晶玻璃幕墙 [J]. 中国建材，2001, 12 (3): 47~49.

[41] Sandford E A, Hall D H, Chu G. Semicrystalline glass and method of applying the same to metallic bases [J]. US, 1968. E A Sandford, D H Hall and G P K Chu (1968). C. S. Patent No. 3368712.

[42] Rother R, Mucha A. Transparent glass-ceramic coatings property distribute of 3D parts [J]. Surface and Coatings Technology, 2000 (124): 128~134.

[43] 黄惠宁. 微晶玻璃和陶瓷增强微晶玻璃的发展 [J]. 江西建材，1995 (3): 44~47.

[44] Jantzen C M. Nuclear waste glass durability: Ⅰ, Predicting environmental response from thermodynamic (pourbaix) diagrams [J]. Journal of the American Ceramic Society, 2010, 75 (9): 2433~2448.

[45] 乔冠军. 以 Ba 云母为主晶相的可切削玻璃陶瓷 [J]. 无机材料学报，1996, 3 (1): 30~32.

[46] 程慷果. 热压云母微晶玻璃的晶体取向与力学性能 [J]. 无机材料学报，1997, 12 (6): 779~783.

[47] 乔冠军，金志浩. 微晶玻璃的发展-组成、性能及应用 [J]. 硅酸盐通报，1994, 4: 52~56.

[48] 施其祥. 玻璃性能及成型方法 [J]. 云南建材，2000, 2: 4~8.

[49] 李婕. 浅谈钢渣的综合利用与资源化 [J]. 山西冶金，2005, 28 (3): 32~34.

[50] 吴志宏，邹宗树，王承智. 转炉钢渣在农业生产中的再利用 [J]. 矿产综合利用，2005 (6): 25~28.

[51] 李灿华，钟风万．钢渣治理与利用技术的进展［J］．武钢技术，2006，44（1）：50~52.
[52] 任玉森，张宏伟，顾德仁，等．钢渣在农业领域的应用研究（一）［J］．宝钢技术，2005（3）：61~63.
[53] Kazuhiro H. Processing and reusing technologies for steelmaking slag［J］. Nippon Steel Technical Report，2013，10（4）：123~129.
[54] 包勇超．钢渣粉末处理含重金属废水实验［J］．环境工程，2018，36（9）：125~127.
[55] 郑礼胜，王士龙，刘辉．用钢渣处理含铬废水［J］．材料保护，1999，32（5）：54.
[56] 张顺雨，贵永亮，袁宏涛，等．钢渣用于烧结烟气脱硫的动力学分析［J］．铸造技术，2017（3）：662~665.
[57] 宝钢节能绿色智慧钢渣处理技术［N］．世界金属导报，2019-11-19（B1）.
[58] 刘然．走绿色路 保零废弃 全返生产 高产品化——钢渣联盟上海宝钢新型建材科技有限公司考察见闻［J］．中国新技术新产品，2013（13）：30~32.
[59] 李嵩，王林．宝钢节能 BSSF 钢渣用作道路材料的应用研究［N］．世界金属导报，2019-12-03（B1）.
[60] 陈荣凯，刘坤．钢渣有压热闷磁选工艺的海外应用分析［J］．炼钢，2018，34（6）：75~78.
[61] 王纯，钱雷，杨景玲，等．熔融钢渣池式热闷在新余钢铁钢渣处理中的应用［J］．环境工程，2012，30（4）：90~92，113.
[62] 杨春善，任明欣．日照钢铁固废尘泥处理实践［J］．钢铁，2019，54（4）：83~91，98.
[63] 吕冬瑞．中国钢铁企业含锌粉尘处理工艺现状及展望［J］．鞍钢技术，2019（3）：7~10，18.
[64] 刘尚超，陈鹏，项茹，等．焦炭热性能影响因素分析［J］．煤炭科学技术，2008，36（5）：104~108.
[65] 庞克亮，刘冬杰，王明国，等．煤岩学在炼焦生产中的应用［J］．钢铁，2015，50（10）：26~29.
[66] 庞克亮，刘冬杰，王明国，等．基于煤显微结构的炼焦用煤评价及应用［J］．洁净煤技术，2016，22（4）：85~91.
[67] 庞克亮，王明国，赵恒波，等．鞍钢鲅鱼圈煤岩配煤技术的开发与应用［J］．鞍钢技术，2015（5）：13~16.
[68] 田英奇，张卫华，沈寓韬，等．镜质组反射率指导优化配煤炼焦方案的研究［J］．煤炭科学技术，2016，44（4）：162~168.
[69] 唐莉．炼焦用单种煤的特性研究及其选择［J］．鞍钢技术，2002（1）：13~16.
[70] 孟敏．炼焦配煤及焦炭质量预测研究现状［J］．煤炭加工与综合利用，2011（1）：40~43.
[71] 牛福生，倪文．京津冀冶金尘泥资源综合利用产业现状和建议［J］．中国资源综合利用，2015，33（8）：30~33.
[72] 刘自民，饶磊，桂满城，等．马钢含铁尘泥综合利用研究与实践［J］．中国冶金，2018，

28 (9): 71~76.

[73] 赵海泉，齐渊洪，史永林，等. Oxycup工艺处理不锈钢粉尘的试验研究 [J]. 材料与冶金学报，2017，16 (1): 58~62.

[74] 樊猛辉. 太钢冶金除尘灰再利用技术研究与实践 [J]. 山西冶金，2016，39 (1): 46~48.

[75] 武国平. 首钢转炉一次除尘尘泥生产转炉冷却造渣剂应用研究 [C]// 第十届中国钢铁年会暨第六届宝钢学术年会论文集Ⅲ，2015.

6 转炉煤气回收与利用

6.1 转炉煤气回收

转炉煤气作为转炉炼钢生产过程中的副产品，是钢铁企业重要的二次能源之一。提高转炉煤气的回收能力，是实现炼钢低成本的有效手段，能够在一定程度上降低钢厂的污染物排放，同时也是转炉实现“负能炼钢”的主要途径。因此，转炉煤气回收已经成为现代转炉炼钢的重要技术之一。

6.1.1 转炉煤气的产生

在转炉炼钢（如图 6-1 所示）过程中，铁水内部会发生剧烈的碳氧反应，通常将反应的气体产物称作转炉炉气。

图 6-1 转炉炼钢

转炉吹炼过程中，氧枪将大量氧气射流喷入铁水中，铁水中碳元素被迅速氧化，生成大量 CO、CO_2 气体。在反应中心区域，局部温度可以达到 2773～3173K。熔池内温度较高，气体产物主要为 CO，其他气体包含少量 CO_2、O_2、N_2。炉气温度比熔池温度低 100K，与大中型转炉相比，小型转炉的炉气温度更低，炉气温度范围在 1673～1753K 之间。大中型转炉炉气温度为 1873K 左右。由于炉内温度较高，炉内部分铁水和杂质有蒸发现象。产生的蒸汽在上升过程中又被氧化冷却，转化为极细的 FeO_x 颗粒[1]。冶炼一炉钢的周期 28～40min，其中吹氧期时长占冶炼周期的 40%～45%，一般为 12～18min。吹氧期碳氧反应剧烈，伴随产生大量含铁量约为 60%烟尘，炉气生成量也是在吹氧期达到最高值。

当转炉炉气进入汽化冷却烟道时，活动烟罩和转炉炉口存在一定空袭，由于炉口微差压防止炉气外泄，此时会有少量空气从该处吸入，空气中的氧气会与炉气中的 CO 燃烧，释放出大量 CO_2，同时放出大量热，反应后的不包括 FeO_x颗粒的气体被称为转炉煤气。此过程如图 6-2 所示。煤气量、煤气成分等参数与空气吸入系数有关。

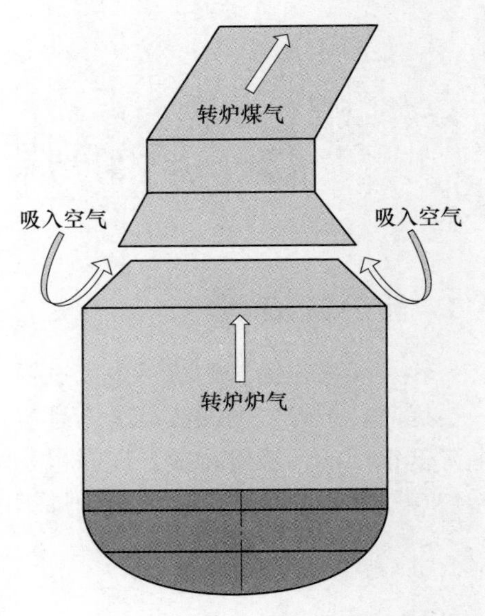

图 6-2 炉气反应示意图

6.1.2 转炉煤气生成规律

碳氧反应贯穿整个冶炼过程，但是不同时期脱碳速率有所不同，如图 6-3 所示。在冶炼初期温度比较低，Si、Mn 等元素与 O 的亲和力远大于 C 元素对 O 的亲和力，低温更有利于 Si、Mn、P 等元素的氧化反应，碳氧反应速率逐步上升[2]。随着 Si、Mn 氧化放出大量的热，熔池温度逐渐上升到 1823K 以上，此时 Si、Mn 等元素的氧化反应受到抑制，脱碳反应开始剧烈进行[2]。尽管如此，在吹炼初期的氧气射流高温反应区，温度到达 2373～2873K，该处 Si、P、Mn 等元素反应受到抑制，而 C 元素在此处反应剧烈。吹炼中期碳氧反应剧烈，脱碳速度处于临界碳量以上，此时钢液温度对脱碳速率影响不大，脱碳过程中的活化能低于 120～170kJ/mol，此时脱碳速率的快慢与 C 含量

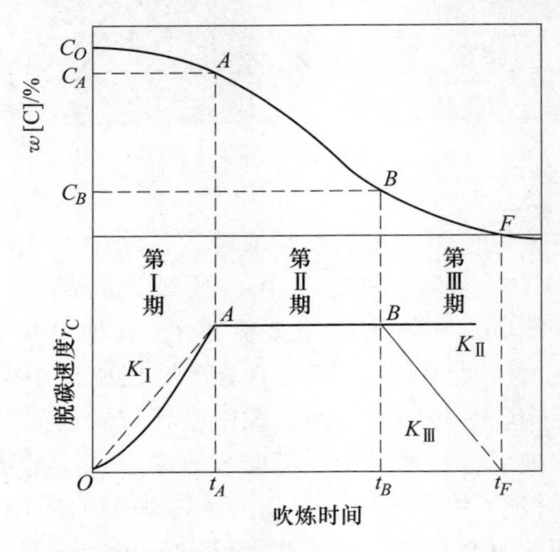

图 6-3 脱碳速率与冶炼时间的影响

的浓度无关。临界碳量以上的脱碳速率受到渣中（FeO）含量或钢液中［O］的传质所限制[2]，［O］传质的组成环节如图6-4所示。此时增加熔池的［O］的传质速率，脱碳反应速率便能够随之增加。此时脱碳反应的速率的公式可借用钢液中［O］的扩散速率式来表示，即 $v_C = v_O$。

$$v_C = -\frac{dn[C]}{dt} = -V_m\frac{dc[C]}{dt} = -V_m\frac{d}{dt}\left(\frac{w[C]}{100}\times\frac{\rho_m}{12}\right)$$

$$v_O = -\frac{dn[O]}{dt} = -V_m\frac{dc[O]}{dt} = -V_m\frac{d}{dt}\left(\frac{w[O]}{100}\times\frac{\rho_m}{16}\right)$$

因此得到：

$$v_C = -\frac{12}{16}\frac{dw[O]}{dt}$$

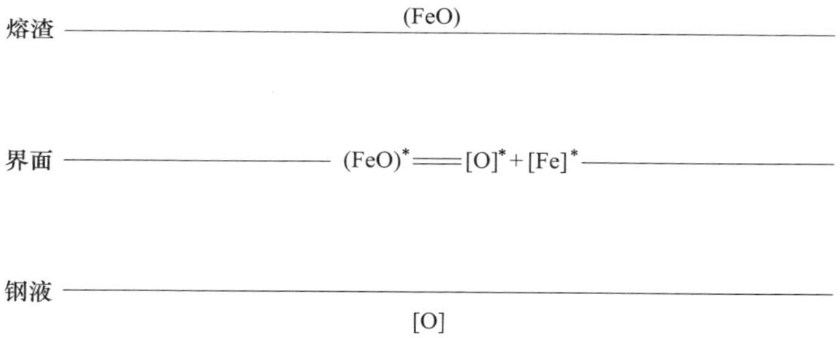

熔渣 (FeO)

界面 $(FeO)^* = [O]^* + [Fe]^*$

钢液 [O]

图6-4 ［O］传质的组成环节

6.1.3 转炉煤气回收量的影响因素及提升措施

6.1.3.1 影响转炉煤气回收因素

从环保和经济角度出发，回收利用转炉煤气已成为国内冶金工作者的一项重要内容。本书从原料、工艺、设备等各个方面分析，总结了目前国内转炉煤气回收过程的影响因素，有利于更好地改进工艺，提高煤气回收量。

A 原料与钢水碳含量影响

转炉炼钢需要依靠碳、锰、硅、磷等元素的还原氧化反应，从而产生大量的热量以及高温、高热的烟气，将这些烟气进行回收后，便能形成可以回收利用的转炉煤气。

在炼钢的温度范围内，温度对脱碳反应的影响不大，但是在转炉冶炼的前期，Si、Mn等元素与O的亲和力大于C，且低温有利于Si、Mn、P等氧化反应的进行，故优先进行Si、Mn、P的氧化反应，直到熔池温度上升到1450℃以上，Si、Mn反应受到抑制，脱碳反应才开始剧烈进行。尽管如此，在吹炼前期，氧气射流冲击的高温反应区（称为第一反应区）温度高达2100~2600℃，减小了

Si、Mn、P 对氧的亲和力，而 C 则和 O 发生反应生成 CO 或 CO_2，也就是说碳氧反应是贯穿整个冶炼过程的，仅有脱碳反应速率的区别[3]，如图 6-3 所示。

冶炼前期，脱碳反应较弱，产生的 CO 立即被渣中的过剩氧氧化成 CO_2，或被炉口吸入的空气所燃烧，一般达不到烟气中 $w(CO) \geqslant 30\%$、$w(O_2) \leqslant 1.5\%$ 的煤气回收条件，造成了一定的“碳损失”，冶炼前期时间越长，则碳燃烧量越大，煤气回收的碳总量则减少，即煤气回收量减少。

转炉的原料条件主要是指铁水耗（铁水装入量/出钢量）、铁水成分、铁水温度、生铁配比（生铁装入量/出钢量）等，这些条件主要与转炉生产节奏的快慢、冶炼钢种的变化以及高炉成分控制水平等因素相关，任何一个原料条件改变都会影响到转炉煤气回收。根据文献［4］，郦秀萍等根据冶金反应原理，按照热平衡和物料平衡建立了回收量计算模型，并且折算成标准热值，计算出了部分因素对转炉煤气的定量关系，结果见表 6-1。

表 6-1　部分因素对转炉煤气的影响理论关系

项　目	单位变化量	煤气回收量（标态）/m^3
铁液比	+1%	0.939
铁液含碳量	+0.1%	1.860
钢液含碳量	+0.01%	−0.200
碳质发热剂等加入量	+1kg	1.138
转炉煤气回收比	+1%	0.970
空气吸入量	+0.01	−0.920

由表 6-1 可以看出，影响煤气回收量的主要因素分别是铁液比、铁液含碳量以及碳质发热剂的加入量。原料条件影响了转炉煤气的回收量，但实际过程中不能为了提高煤气回收量而刻意改变原料条件。以下具体分析铁水耗、铁水成分、铁水温度等因素对转炉冶炼的前期时间及转炉煤气回收量的影响。

（1）铁水耗。为了保证总碳装入量和出钢量基本不变，一般会根据铁水耗大小计算配入相对的生铁和废钢量，所以铁水耗高低主要在于铁水量和冷料的加入量，它们决定了熔池的初始温度。铁水耗越高，铁水量越大，冷料加入量也就越低，熔池初始温度越高，冶炼前期时间短，越早进入脱碳反应激烈期，使煤气回收时间增加，煤气回收量增大，反之则煤气回收量减少。

（2）铁水成分。铁水成分中波动较大且对煤气回收有影响的主要是 C 和 Si。根据煤气回收量理论计算公式[5]可知，煤气回收量与铁水 C 含量成正比。若铁水中 Si 比较高，一方面 Si 的氧化反应时间会增加，另一方面冶炼前期为了造碱性渣，会加入更多的 CaO，从而降低熔池温度，抑制了脱碳反应，延迟煤气回收开始时间，增加“碳损失”，使吨钢煤气回收量减少。铁水中 Si 若比较低，冶炼前期渣不好化，不得不多加渣料和助溶剂，冶炼中期容易出现“返干”，不利于脱碳反应，增加中期脱碳反应时间从而增加了碳的燃烧量，同样会使吨钢煤气回收量减少。故铁水 Si 含量处于适中范围利于吨钢煤气回收量的提高，这主要由高炉来控制。

（3）铁水温度。在装料制度、炉膛温度恒定的情况下，铁水温度决定了熔池的初始温度。铁水温度越高，则冶炼初始温度越高，经过 Si、Mn 的氧化放热反应使熔池温度迅速上升到 1450℃ 左右，渣化得好，此时 Si、Mn 反应受到抑制，脱碳反应逐渐增强，CO 大量生成，很快可达到煤气回收条件，反之则前期反应时间更长。所以，铁水温度与煤气回收量呈正比。原料条件中，生铁配比也一定程度地影响了转炉煤气的回收量。原则上，铁水耗、铁水温度确定后生铁和废钢加入量就已经确定了，但是企业也会根据废钢市场做一定调整，废钢价格高则多加生铁，提高生铁废钢比。而生铁中含有 4% 左右的碳，故生铁比例越大，熔池初始碳总量就越大，煤气回收量也会随之增大。

B 供氧强度

转炉冶炼进入冶炼中期后，熔池内碳开始大量氧化，此时炉内反应以脱碳为主，脱碳速度主要取决于氧枪的供氧强度和熔池温度，供氧强度的提高加快了碳氧反应的速率，增大了脱碳速度，转炉煤气发生量显著提高。供氧强度与转炉煤气发生量的统计关系如式（6-1）所示[6]：

$$Y = 79.875 + 11.955X \tag{6-1}$$

式中 X——供氧强度（标态），$m^3/(min \cdot t)$；

Y——煤气发生量（标态），m^3/t。

供氧强度每提高 $1m^3/(min \cdot t)$（标态），转炉煤气发生量提高 $11.955m^3/t$（标态）。即氧气流量每提高 $10000m^3/h$（标态），吨钢转炉煤气发生量提高 $7.19m^3/t$（标态）。但是，转炉吹炼过程中供氧强度大小及枪位控制原则要与不同吹炼阶段的工艺需求相匹配，不能随意改变。

C 空气吸入系数

空气吸入系数（α）是空气的吸入量与转炉煤气完全燃烧所需要的理论空气量的比值。很难通过测量炉口空气量得到空气吸入系数。王爱华[7]等借助转炉烟气的成分反算推导得 α 如下：

$$\alpha = \frac{1}{1 - 3.76\dfrac{w(O_2) - 0.5(w(CO) + w(H_2)) - 10^{-6}\mu(3w(Fe) + 0.778w(FeO))}{N_2 - \dfrac{(100 - O_2^{\phi})V_{O_2}^{\phi}}{V_{干}}}}$$

式中 $w(CO)$，$w(H_2)$，$w(N_2)$ ——风机前干煤粉成分，%；

O_2^{ϕ} ——氧枪供氧的氧气浓度，%；

μ ——烟尘浓度，mg/m^3；

$w(Fe)$ ——烟尘中的铁含量，%；

$w(FeO)$ ——烟尘中氧化亚铁的含量，%。

α 越大，炉口处的空气吸入量越大，越多的 CO 燃烧转变成 CO_2。由于 α 增加导致 CO 浓度降低，回收煤气热值降低，同样相当于减小了回收量。理论上讲，若 $\alpha=1$，煤气中 CO 已完全燃尽，此时煤气的化学潜热值为零；若 $\alpha=0$ 时，煤气中 CO 含量最大，所回收煤气量对应的热值亦最高。

在生产操作中主要受活动烟罩与炉口间隙大小及炉口压力大小的影响。因此，在实际生产中要做到精准控制降罩和烟道抽力操作，维持炉口微正压，以保证所回收煤气热值和提高回收量，控制转炉煤气外溢。

D 设备条件

转炉煤气回收水平高低与吹炼工艺、设备状态和控制水平之间存在必然联系[8]。主要体现在以下方面：

(1) 活动烟罩的质量直接影响空气的吸入量，一旦空气吸入量过多，将会导致煤气在炉内发生二次燃烧，不仅会降低转炉煤气的回收量，还会对煤气的回收质量造成不良影响。

(2) 蒸发冷却器出现喷嘴堵塞的情况，引起温度控制不正常，导致喷淋冷却效果变差，直接影响下游电除尘器的安全稳定运行，严重影响煤气的回收质量。

(3) 电除尘器阳极板和阴极线变形老化，腐蚀现象严重，电场频繁出现断线状况，导致电场短路失电，非计划检修次数较多，严重影响生产的正常进行和除尘效果。

(4) 煤气柜的容积有限，当炼钢吹炼时回收的煤气量远多于用户所使用的煤气时，导致外部煤气管网压力高，造成转炉煤气柜满放散。此原因导致的煤气放散量占总放散量的80%。

(5) 气体检测仪故障造成部分煤气放散。由于气体分析仪出现故障，导致无法正确测量 CO 和 O_2气体的浓度而放弃回收。吹炼时 CO 浓度较高，更换 CO 检测取样过滤器会造成煤气泄漏和中毒，更换只能在吹炼结束后进行。

因此，在实际操作中应保持设备的稳定运行。

某厂 15 万立方米转炉煤气柜如图 6-5 所示。

E 回收限制性条件

煤气回收限制性条件主要是防止回收爆炸性混合气体，它是安全进行煤气回收的基本条件。在确保有足够的煤气柜容量的条件下，煤气回收的操作条件也是影响转炉煤气回收的主要因素。煤气回收以烟气中的 CO 和 O_2含量为依据：CO 浓度不低于预定值，且 O_2浓度不高于预定值。一般钢铁企业将该条件设置为 CO

图 6-5 某厂 15 万立方米转炉煤气柜

不低于 30%，且 O_2不高于 2%。

6.1.3.2 提高转炉煤气回收量的措施

为了减少炼钢成本，降低污染物排放，如何提高转炉煤气回收水平已成为近年来冶金工作者在转炉技术上的攻关热点，并在原理、工艺、设备等方面开展了有益改进工作。通过对影响回收转炉煤气的因素进行分析，可以得到一些提高转炉煤气的回收质量的启示。

王爱华根据图 6-6 中 CO 和 O_2含量变化均值线，绘制出图，进行了提高煤气回收量的理论分析。将 CO 含量曲线对时间进行积分，得到转炉煤气单位体积热值，乘以煤气流量，再把热值折算为 8360kJ/m^3（标准热值），所得到的煤气体积量就是转炉煤气的回收量。

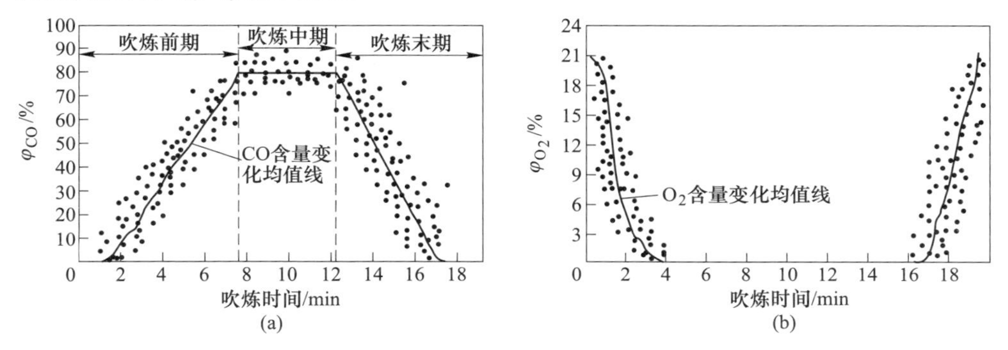

图 6-6 转炉煤气中 CO、O_2含量随吹炼时间变化散点图

（a）CO 含量变化均值线；（b）O_2 含量变化均值线

可从以下几方面来提升转炉煤气的回收量。

A　设备改进

首先，要对转炉煤气回收利用系统中的计量与分析仪器进行改造，有效地解决分析仪在测量过程中不够精准的问题，确保转炉煤气回收过程中，能够准确地对氧气含量、CO 含量等相关信息进行测量。其次，优化转炉煤气的回收运行条件。由于回收运行条件是影响到转炉煤气回收量的主要因素之一。一方面，可以在技术方面，对转炉煤气回收设备进行改造，提高其工作能力。另一方面，可以加强设备的维护与检修，及时发现设备中存在的问题，并采取有效的措施予以排除，以免影响回收设备的正常使用。

煤气柜柜容有限，不论多大，在炼钢高强度的生产吹炼且用户不足的情况下，都可能出现满柜而引起放散。因此，煤气柜容这个不可变条件不应作为影响转炉煤气的主要因素和关注点，要充分挖掘避免煤气柜放散的潜力，以此来提高转炉煤气回收量。

承钢在煤气柜进出口管道之间加了一条连通管，当煤气柜检修时，煤气柜进出口阀门关闭，煤气柜退出运行。进出口管道的连通在不影响煤气的正常回收和外供的同时，煤气柜可以随时退出运行，减少因柜满或煤气柜故障而引起的煤气损失。承钢转炉煤气系统改造后流程如图 6-7 所示。

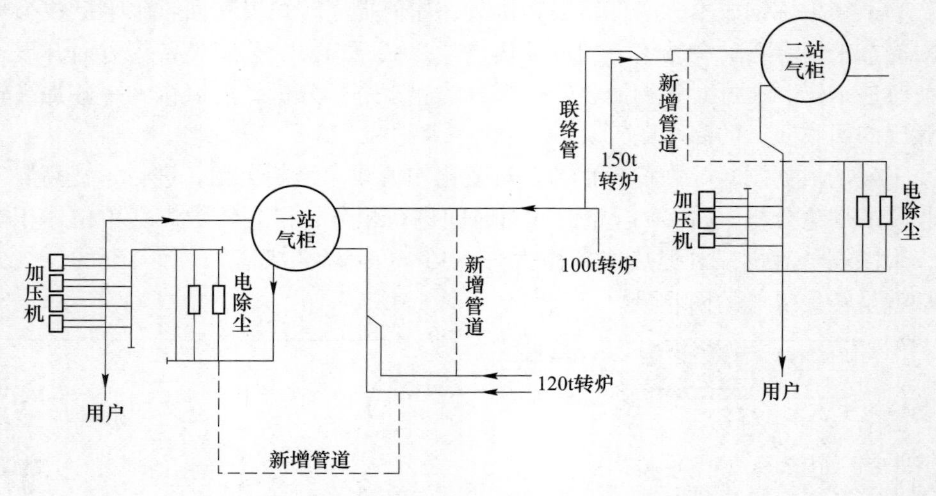

图 6-7　承钢转炉煤气系统改造后流程图

太钢针对蒸发冷却器水口堵塞问题，提出将汽化冷却系统排出的高级除盐水作为蒸发冷却器喷淋用水的方案。高级除盐水基本不含导致结垢的离子，远低于水质指标硬度要求。金亚飚指出经深度处理后的焦化废水、冷轧废水硬度小于 10mg/L，也可应用于蒸发冷却器喷淋水。

迁钢水源泵站中的供水泵采用变频调节水量技术，实现供水的保压保流量及减量供应节能的双重功能，提高了蒸发冷却的安全运行可靠性。

马钢引入了日本新日铁公司的过程控制系统，该系统在烟罩上设立了测压点，可以检测罩口内外气压差并且送出信号，通过信号调节单元带动执行机构动作，使内外压差维持在稳定的范围内，达到控制风量的目的[9]。微压差的测量值直接影响回收效果，理想的控制效果应使压差稳定在±100Pa，但受到工况条件限制，孙蓉琳将其定为±300Pa，该数值也可以根据回收煤气质量要求进行调整。迁钢对210t转炉的干法除尘系统的除尘设备进行了优化[10]。用净水代替煤气冷却塔的回水作为蒸发冷却塔喷嘴的供水，改善了喷嘴工作条件并且保证了喷嘴工作稳定性。通过改变电除尘器分布板的材料并且加厚电场极线，延长了电除尘器的寿命，使干法煤气回收系统更加可靠。

B 炉口微差压调控

空气吸入系数 α 受活动烟罩与炉口间隙的大小和炉口微压差的影响。当烟罩内部压力高于大气压时，炼钢过程中产生的转炉煤气会逸散到炉外，一方面降低了煤气的回收量，另一方面会对炉外环境造成污染，损坏设备。当炉内压力小于大气压力时，易引发大量空气被吸入炉内与CO燃烧，生成大量 CO_2，降低了煤气的热值。

在转炉正常吹炼期，炉口是转炉煤气外泄的重要通道，在炉口差压相对稳定的情况下，缩短烟罩和炉口之间的距离，对转炉煤气回收的品质影响很大。部分钢厂采用在吹炼开始时先降罩、后下氧枪的模式，并对烟罩下极限调整至与炉口的距离150mm左右。八钢把极限距离压缩至70~80mm，以此来阻止空气吸入烟罩。据统计，降罩吹炼能够延长煤气回收40s左右。此外，提高炼钢一次终点命中率，避免因二次降枪导致的煤气回收终止，能够有效延长煤气回收时间。

控制炉口微压差，是改善煤气质量的重点。LT法煤气回收装置的转炉微压差与风机转速有关。潘秀兰[11]提出在吹炼不同阶段设置不同的微压差值，充分发挥风机的变速调节能力，使空气吸入系数接近0，抽风机与冶炼规律匹配，达到最佳控制效果。

采用湿法进行煤气回收的设备是通过调节二文喉口的开度来实现炉口压力控制的。武钢根据不同吹炼时期生成的煤气量不同，采取不同时间段调整微压差大小的方式，对有效回收煤气起到了一定的作用（见表6-2）。宣钢将吹炼期更细致的分为5个区间，与吹炼规律相结合，反复调整微差压，控制在0~20Pa。延长煤气回收时间，CO含量由35%提高到65%。马钢调整了RD二文的开口度，由设计最小值38°调整为42°，实现回收期炉口完全达到微正压。一些企业针对RD阀的结构、控制模式、阀喷嘴等不合理之处进行改进，实现了较好的压差控制效果。

表 6-2 武钢一炼钢分时段煤气回收控制参数

吹炼时间/s	0~250	250~750	750~850
微差压范围/Pa	0~+10	-5~+5	0~+5
风机转速/$r \cdot min^{-1}$	2150~2300	2400~2500	2300~2450
RD 阀开阀/%	55~60	60~85	60~70

C 改变回收条件

国内部分钢厂对煤气回收条件的改进见表 6-3。通过表 6-3 可看出，国内绝大多数钢厂都采用降低转炉煤气回收起始或终止 CO 浓度的方法来增加煤气回收量，但这却降低了转炉回收煤气的热值。此方法虽表观上增加了转炉煤气回收数量，但由于煤气热值降低，实际改进煤气回收水平的意义不大，反而可能增加煤气柜容不足的压力，造成不必要的煤气外溢。在供氧强度较低的情况下，煤气 CO 浓度存在波动，采取时间控制的方式代替浓度控制能够提高煤气产量。

表 6-3 国内部分钢厂煤气回收改进效果

项目	回收条件	改进后回收条件	效 果
京唐 300t 转炉	CO 起始浓度≥38%	CO 起始浓度≥40%	煤气热值提高为 252.88kJ/m^3（标态），热值波动减小
八钢 120t 转炉	CO 起始浓度≥35% CO 终止浓度≤30% O_2 起始浓度≤0.9%	CO 起始浓度≥30% CO 终止浓度≤25% O_2 起始浓度≤0.9%	煤气回收量提高 17.3m^3/t（标态）
宝钢 250t 转炉	CO 起始浓度≥40% O_2 起始浓度≤1%	CO 起始浓度≥30% O_2 起始浓度≤1%	煤气回收量提高 2.57m^3/t（标态）
莱钢 120t 转炉	CO 起始浓度≥35%	CO 起始浓度≥16%	煤气回收量提升 17.3m^3/t（标态），煤气热值降低 646kJ/m^3
攀钢 120t 提钒转炉	CO 起始浓度≥35% CO 终止浓度≤30%	CO 起始浓度≥25% CO 终止浓度≤22%	煤气回收量提升 10.8m^3/t（标态），煤气热值降低 427kJ/m^3
马钢 300t 转炉	CO 起始浓度≥35% O_2 起始浓度≤1.5%	CO 起始浓度≥18% O_2 起始浓度≤1.5%	煤气回收时间增加 30s，煤气回收量提升 3m^3/t（标态）

6.1.3.3 回收转炉煤气的安全事项

在转炉吹炼过程中，产生的烟气中含有大量转炉煤气，它由 CO、CO_2及少量的 H_2组成，CO 是无色无味、易燃易爆的有毒气体，化学活动性强。转炉煤气的 3 大特性为：易中毒、易着火、易爆炸，是可以利用的燃烧能源，如果不进行回收，会造成大气污染及周围人身伤害，也会引起能源浪费。因此，转炉煤气回收利用能给企业降低吨钢能耗，经济成本十分显著，即起到节能降耗的效果，同时达到环境保护要求。深入了解煤气的危险性也是十分重要，要保证系统的安全平稳运行，在对系统各个环节充分了解的基础上，制定相应的措施和处置程序是十分必要的。

转炉煤气回收装置的安全性直接与转炉的安全生产密切相关。CO 对人体影响见表 6-4。首先，控制烟气中的组成成分含量，降低回收过程爆炸的可能性；其次，回收装置要有较高的密封性，避免吹炼过程造成煤气泄漏；最后，考虑煤气系统设备上的泄爆板安全性。

表 6-4　CO 对人体伤害对照表

影响情况	CO 浓度/%
在其中工作 8h 的允许浓度	50×10^{-4}
暴露 1h 不产生明显影响的浓度	$(400\sim500)\times10^{-4}$
1h 暴露后有明显影响的浓度	$(600\sim700)\times10^{-4}$
1h 暴露后引起不适，但无危险症状的浓度	$(1000\sim1200)\times10^{-4}$
暴露后 1h 有危险的浓度	$(1500\sim2000)\times10^{-4}$
1h 内即会死亡的浓度	4000×10^{-4} 及以上

转炉炉口烟气外溢、燃烧不完全、空气中残留一定浓度的煤气（CO），在炉口周围区域中的操作人员有可能发生煤气 CO 中毒。固定段两侧散装下料口、氧枪插入口等处氮封装置的密封效果不好，使冶炼产生的烟气外冒，造成空气中残留较多的煤气，该区域的操作人员可能引起煤气中毒。各排水器管路接口存在开裂、缺水现象，排水水封无溢流水的情况下，均会造成煤气泄漏。在对烟气净化回收系统中管道及设备检修时，由于未彻底吹扫置换残余煤气，施工过程中同样会导致操作人员引起中毒。煤气回收阀组或备用风机切换阀组未可靠切断，会导致煤气外溢引起中毒事故的发生[12]。

（1）防治煤气中毒的措施：在炼钢操作过程中及时观察炉口微差压，炉口差压保持微正压，减少烟气外溢。

对于散装下料口及氧枪插入口等处要注意观测密封用气的压力及氮封环是否正常工作，保证良好的密封效果。必须要按照检修维护规程定期对烟气净化回收系统设备进行检修，吹扫维护发现问题及时解决，保证密封良好，管路畅通，保证有足够的水封高度，防止煤气外溢。系统管道设备检修时确保彻底吹扫置换，经安全专业仪器检测合格后，方可施工作业。加强风机房的通风，并对危险区域设立固定测量煤气含量的仪器，方便实时动态检测。在运行中检查系统设备密封性时，可采用涂抹肥皂水的方法来鉴别是否有泄漏，切勿采用点火实验的方法。

（2）煤气爆炸的原因和措施：转炉煤气中含有大量的 CO 及少量的 H_2，这种煤气与空气或 O_2（从氧枪中泄漏出纯氧）混合，在特定条件下会发生速燃，使相关设备中压力突然增高而造成设备损坏甚至人身伤害。CO 属于乙类火险物质，其在空气中的爆炸浓度范围是 12.5%～74%；在氧气中爆炸浓度范围是 15.5%～94%。可见，随着氧气浓度的增加，爆炸范围增大。此外，火源能量、温度、压力等，也是影响 CO 爆炸极限和范围的主要因素。

1）在一文溢流水盆以前的烟气温度低于 630～650℃时可能引起爆炸。

2）在一文溢流水盆后的烟气被冷却到 100℃以下时，如遇到明火可能会引起爆炸。

3）由于转炉烟气净化系统负压区密封性能不好时，吸入外界空气，当出现明火时也会引起爆炸。

4）在散装下料溜槽及料仓等处，若气封效果不好，溢出的烟气与空气混合，并有红渣等火源进入可能引起爆炸。

5）因为氢气属于甲类火险物质，其在空气中的爆炸范围是 4%～75%，爆炸下限比 CO 低得多，所以烟气中增加的氢气含量极易引起转炉煤气爆燃。由于散装下料口、氧枪插入口、氧枪、烟罩及余热锅炉等均为水冷设备，如发生漏水事故，均可使煤气中的氢气含量增加，因此增加了爆炸的可能性。

6）在有残留煤气的区域动火作业，可能引起爆炸。

7）煤气水封亏水密封不严、防爆板破损发现不及时、氧含量分析仪表突发故障，造成外部氧气含量增高，达到极限范围引起爆炸。

控制回收煤气成分，首先把煤气成分含量控制在爆炸范围以外，为此可采取以下措施：在煤气回收操作制度上采用中间回收法，就是回收前点火燃烧掉和后期烧掉成分含量不合格的烟气。在吹炼后期抬罩，使烟气尽可能大量燃烧，防止停止供氧时空气大量吸入并与未燃烧的煤气混合而发生爆炸。回收期间控制好炉口微差压，以微正压操作防止空气吸入系统。散装料溜料口处用氮气密封好，防止烟气进入料仓与空气混合发生爆炸。氧枪插入口氮封效果要好，防止空气吸入系统引起爆炸。严格控制散装料、合金及废钢的水分，加强烟罩、余热锅炉、炉口等设备的维护管理，不能在漏水的情况下运行，这样可能会发生水煤气反应，即：$CO+H_2O \rightarrow H_2+CO_2$（600～1000℃），从而防止烟气中氢气含量的增加。

6.1.4　天津联合特钢转炉煤气回收工艺探索

天津联合特钢有限公司（以下简称联合特钢）有 3 座 120t 转炉，煤气回收采用 OG 湿法除尘净化回收工艺[13]，开展工艺优化前，由于转炉采用低铁耗、快节奏冶炼，平均煤气回收为吨钢 95.79m^3/t。2019 年炼钢厂组织攻关团队进行提高煤气回收工艺的研究，通过对现有转炉冶炼工艺、煤气回收工艺及设备运行情况进行分析找出了煤气回收过程中存在着工艺及设备上的不足，并有针对性地对煤气回收工艺进行优化和改进。

6.1.4.1 转炉煤气回收工艺

联合特钢煤气回收采用OG湿法除尘，其回收主要工艺流程如图6-8所示。

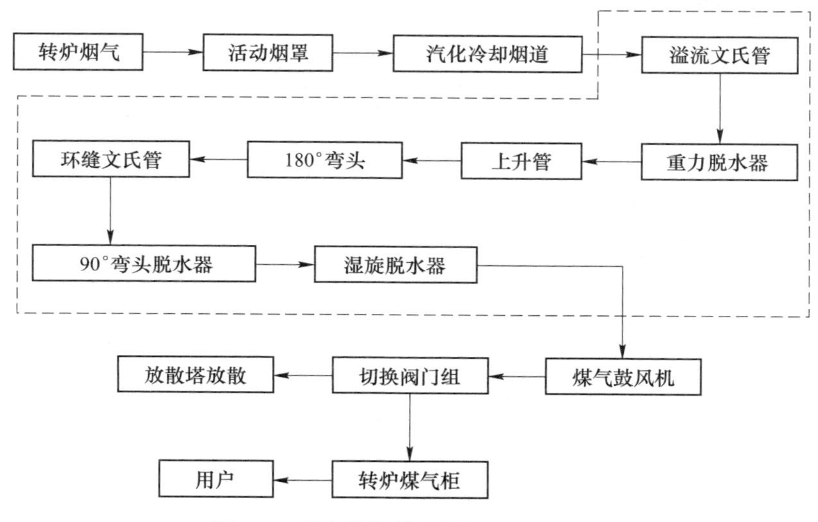

图6-8 联合特钢转炉煤气回收流程图

转炉吹炼开始，风机提速至1200~1250r/min，煤气回收条件满足时，打开水封逆止阀，三通阀回收侧打开，转炉煤气经水封逆止阀和U型水封进入转炉煤气总管，通过管道送入转炉煤气柜，转炉煤气被回收储存。当煤气回收任一条件不满足时，三通阀放散侧打开，关闭水封逆止阀，转炉煤气经三通阀送入燃烧放散塔，经点火装置点燃放散。当转炉出钢时，风机降至600r/min。当三通阀发生故障时，旁通阀打开，转炉煤气经旁通阀点燃放散。

6.1.4.2 提高转炉煤气回收量的措施

（1）优化转炉操作。兼顾转炉冶炼脱碳及煤气回收的关系，对炼钢操作工艺进行优化。在吹炼前期减少造渣料的加入量，以避免大的造渣量影响熔池升温速度和碳氧反应速率，保障煤气回收的时长。吹炼中期造渣料采用少量、多批加入，保证吹炼平稳，化好过程渣，避免过程喷溅或返干，防止碳氧反应过于集中煤气外溢。吹炼后期，及时降低枪位，避免枪位过高，脱碳反应速率减慢，造成煤气中氧含量高停止回收。制定采用双渣操作的技术标准，规定铁水$w[Si]>0.80\%$、铁水$w[P]>0.15\%$、铁水$w[Mn]>0.5\%$或钢种成品$w[P]<0.015\%$时转炉采用双渣操作，避免不必要的双渣操作造成煤气回收中断现象发生，最大限度保证煤气的回收。转炉加料操作方案如图6-9所示。

（2）优化供氧强度和操作。提高前期供氧强度，将前期的供氧强度由$3.0m^3/(min \cdot t)$提高到$3.6m^3/(min \cdot t)$，加快前期炉内的碳氧反应速率，使吹

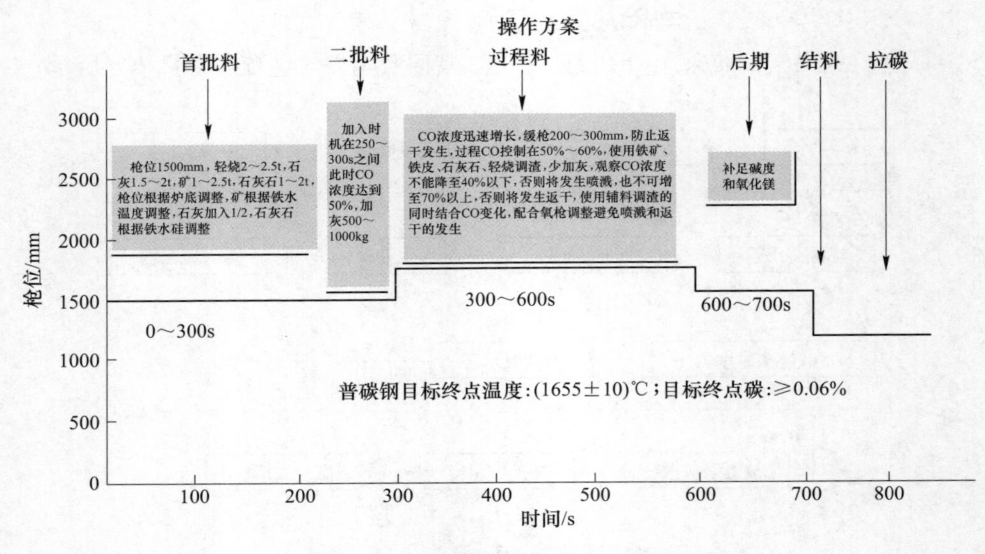

图 6-9　转炉加料操作方案示意图

炼初期煤气的 CO 含量上升速率加快，提前煤气开始回收的时间，以增加煤气回收时间、提高煤气回收量。

通过在转炉操作画面上加入煤气 CO 浓度值实时显示画面，操枪工在冶炼操作时可以实时观察煤气浓度变化，及时调整操作，保证煤气一直处于回收状态，这样不仅可以提高操作水平，还可以有效避免因过程布料或者枪位变化而造成的煤气回收中断现象，有效提高煤气回收量。

（3）优化煤气回收条件。联合特钢回收的煤气主要用于厂内铁包、钢包、中间包等耐火材料的烘烤，原回收标准要求煤气中 O_2 含量低于 1.5%、CO 含量大于 15%，过于严格的回收条件虽然提高了煤气的热值，但减少了煤气的回收量，在满足用户热值需要的前提下，适当降低回收标准，可有效提高煤气回收量。调整后的回收标准要求煤气中 O_2 含量要求不变，放宽了 CO 回收条件。

（4）炉口微差压。天钢联合设备中不具备炉口微差压检测功能，在炉口微差压控制上采用分段设定喉口开口度的方法。原设定参数见表 6-5。

表 6-5　原喉口开度设定值

吹炼时间/min	0~1.5	1.5~3	3~10.5	10.5~13	>13
喉口开度/%	10	30	55	20	10

现场观察炉口烟气情况发现，吹炼过程中出现烟气外溢，且时间较长。根据现场的观察统计，对现有设定值进行优化，优化后的设定值见表 6-6。优化后，吹炼过程烟气外溢问题明显改善。

表 6-6 优化后喉口开度设定值

吹炼时间/min	0~1	1~1.5	1.5~13.5	13.5~14	>14
喉口开度/%	10	35	60	35	25

（5）缩短控制开关反应时间。更换原有水封逆止阀，缩短水封逆止阀开关反应时间，开关转换由原来的35s降至5s，使得煤气回收时间延长了近30s。

（6）减少非必要放散。利用大修期间，对煤气柜组漏点进行修复，保证转炉煤气的正常回收。加强设备点检，减少由于设备故障造成的煤气放散。强化调度管理，实现转炉错峰冶炼，避免煤气回收的瞬时峰值过高造成的拒收。专人负责统计每天的转炉煤气放散数量与原因，制定解决方案。

6.1.4.3 实践效果

2019年7月份开始通过对联合特钢3座120t转炉烟气净化及煤气回收系统实施上述措施，加强了煤气回收管理措施，3座120t转炉煤气回收数量达到135.57m^3/t，相比原水平提高了41.53%，取得了显著效果。

6.1.4.4 总结

通过调整转炉操作、优化喉口开度设定、优化煤气回收条件、加强生产调度和设备管理等措施，延长了煤气回收时间，减少了煤气回收中断和拒收现象的发生，使煤气回收量由原来的95.79m^3/t提高到135.57m^3/t，相比原水平提高了41.53%，达到了攻关的预期目标，取得了良好的经济效益和社会效益。

6.2 转炉煤气利用

转炉煤气是钢铁企业重要的二次能源，可以再次被利用。直接利用转炉煤气主要分为两个方面：其一，它携带大量的显热，并且还是中等热值的燃料（热值8373.6~9210.96kJ/kg），很多钢铁企业直接将其作为燃料利用；其二，转炉煤气含60%~80%的CO、15%~20%的CO_2以及氮、氢和微量氧，可以设计并推动钢厂副产煤气为原料，与化工产业联合生产，既节约成本，又大幅降低能源消耗，且将钢厂尾气“变废为宝”，符合绿色节能的发展方向。此外，转炉煤气亦可以间接用于化工生产，由转炉煤气提纯CO和CO_2，它们都是重要的化工原料。

6.2.1 煤气燃料

6.2.1.1 煤气发电

常见的转炉煤气利用方式主要有钢包烘烤、热轧加热炉燃料以及民用。相比于以上方式，煤气发电技术可以更加充分利用企业生产富余的煤气，化害为利，既获得了更高的经济效益，又减少煤气放散造成的环境污染，符合国家节能减排的产业政策。

煤气发电技术主要是通过燃气锅炉燃烧厂区富余的煤气产生蒸汽，通过对蒸汽参数进行调节优化，将蒸汽供入蒸汽轮机发电。目前，高温超高压煤气发电是一种效率高、技术成熟的钢厂余能利用方式，通过进一步提高蒸汽初参数和增加一次中间再热，尽可能提高机组的热效率。

（1）超高压煤气发电的工艺流程。超高压煤气发电通过锅炉将燃料燃烧，释放的化学能由受热面使水加热、蒸发、过热转变为蒸汽，蒸汽进入汽轮机驱动发电机产生电力。全燃煤气锅炉发电技术在2020年为我国钢铁工业的二次能源利用做出重要贡献，逐步由中温中压发电向高温高压、高温超高压等高参数方向发展[14]。

80MW高温超高压煤气发电厂如图6-10所示。

图6-10　80MW高温超高压煤气发电厂

超高压煤气发电项目的工艺流程为：煤气（高炉煤气、转炉煤气）和空气分别经由煤气干管和送风机输送入煤气锅炉燃烧，将锅炉给水加热成为过热蒸汽，经蒸汽管道送进汽轮机做功并带动发电机发电。做功后的蒸汽由循环冷却水冷却成为凝结水，经除氧后由给水泵送进锅炉，如此往复[15]，具体流程如图6-11所示。

（2）超高压煤气发电的特点。

1）技术比较成熟。超高压发电技术是火力发电的成熟技术在小容量低热值煤气发电领域的扩展和延伸。随着高参数小容量汽轮发电机组设备的发展，超高压一次再热发电项目近年来得到了推广。

2）设备国产化率较高。超高压发电项目的核心设备燃煤气锅炉、汽轮机、发电机由火力发电设备发展而来，均已实现了国产化。装备国产化降低了项目投资及项目运营和维护成本，也使设备的运营及维护较为简单快速。

3）年运行时间较长。由于工艺流程成熟、设备运行稳定、故障率较低，设

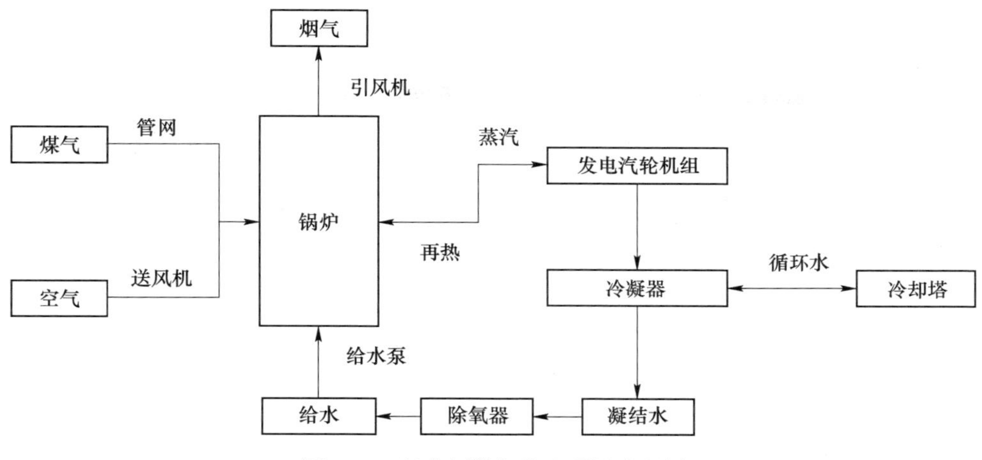

图 6-11　超高压煤气发电项目流程图

备年运行时间可达 8200h 以上。

4）热效率较传统煤气发电优势明显。传统煤气发电技术由于燃气锅炉及汽轮机发电机组参数较低，从而导致系统整体转换效率较低，全厂热效率为 24%~30%，相比之下超高压煤气发电热效率可达 36%左右，比常规中压和高压机组发电量高出 41%和 18%。

以某钢铁企业为例[16]，该企业生产过程中存在大量的煤气放散现象，既严重污染环境，又造成大量能源浪费，富余煤气资源情况见表 6-7。

表 6-7　某钢铁企业富余煤气资源情况

项　目	单位	数值
2 座高炉富裕高炉煤气量（标态）	m^3/h	84900
高炉煤气热值（标态）	kJ/m^3	3643
2 座转炉富裕转炉煤气量（标态）	m^3/h	11800
转炉煤气热值（标态）	kJ/m^3	7741

为了充分回收利用企业富余的高炉、转炉煤气，该企业增加了煤气锅炉及汽轮发电机组。结合企业实际电负荷分配情况，并考虑企业将来煤气富余增多的情况，该工程采用 130t/h 高温超高压再热燃煤气锅炉及 1×35MW+40MW 凝汽式高温超高压汽轮发电机组，电站实际发电量为 34MW，装机方案如图 6-12 所示。按年利用 7200h 计算，机组年发电量可达 2.448×10^8kW·h，年外供电量 2.27×10^8kW·h。

6.2.1.2　生产活性石灰

石灰是钢铁冶炼过程中重要的物料，国内许多大型企业需要大量高质量、高

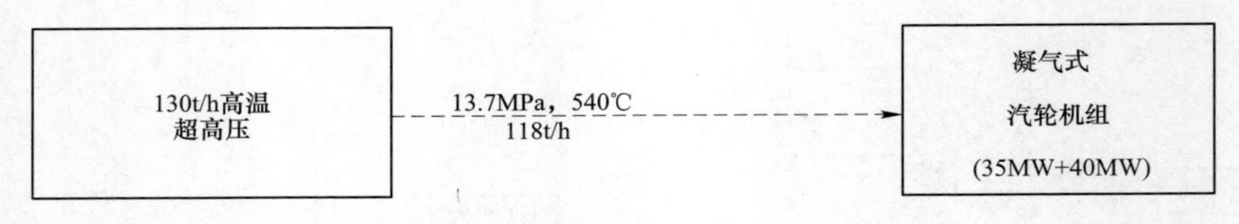

图 6-12　装机方案

活性度的冶金石灰，以满足高品质钢材的冶炼需求[17]。目前，以工业煤气为气源煅烧石灰已经是相对成熟的技术，现代钢铁企业一般采用燃气炉窑如回转窑、弗卡斯窑等窑型，利用企业自身的副产煤气（如焦炉煤气、高炉煤气）或外购燃气作为燃料[18]来煅烧石灰石。根据工艺对温度的要求，石灰窑煅烧一般采用热值中等的气体燃料，目前国内石灰行业的煅烧石灰方式通常是用高热值气体（焦炉煤气）作为主要燃烧气体，低热值气体（高炉、转炉煤气）只能起到辅助燃烧作用。因此在生产过程中，通过添加转炉煤气降低燃料成本，是降低能源消耗的有效途径。与固体燃料相比，煤气石灰窑不仅使得工业废气资源得到有效利用，而且燃烧后排放的有害气体减少，从而保护了环境，并且煤气石灰窑炉内因气体燃料可在所有空隙中充分燃烧，故而气烧火焰和温度十分均匀，可做到快速燃烧和快速冷却，石灰活性更好。因此，若将目前我国放空的可观数量的工业煤气进一步加以回收利用生产石灰，经济效益将十分显著，不仅可以节约大量煤（焦）资源，实现三废综合治理，还可以减少污染排放，有利于环境保护。

以某钢铁企业为例[19]，为降低成本，该企业对回转窑燃烧系统进行了改造，尝试使用单一转炉煤气煅烧炼钢活性石灰取得成功，为同类型产线提供了实践经验。

（1）回转窑石灰煅烧工艺流程：

1）石灰石煅烧前预热：石灰石→振动给料机→皮带→筛分→输送机→预热器（在预热器内石灰石被来自回转窑窑尾的1000℃左右的高温烟气预热）→推杆→回转窑。

2）回转窑内煅烧：石灰石在回转窑内经高温烟气进一步加热煅烧，窑内温度一般在1300℃左右，不断分解并向窑头移动。

3）冷却储存：煅烧的石灰→窑头排出→冷却器冷却→振动给料机→输送机→筛分→成品仓。

回转窑基本结构如图 6-13 所示。

（2）回转窑燃烧系统改造：

1）煤气系统改造。将原来焦炉煤气管道与转炉煤气柜出口处的转炉煤气管道联通，实现“双套”转炉煤气管道向回转窑提供燃气，以满足回转窑正常煅烧对转炉煤气的需求，改造后的燃烧系统如下。

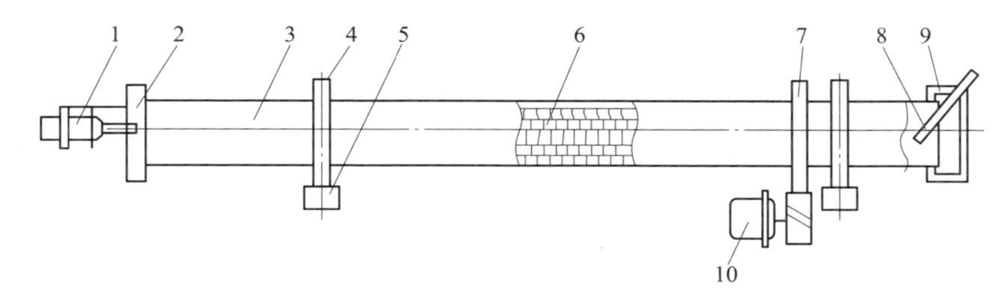

图 6-13　回转窑基本结构图

1—燃烧器；2—窑头罩；3—筒体；4—滚圈；5—支承装置；
6—窑衬（耐火砖）；7—传动装置；8—齿圈；9—进料口；10—窑尾罩

转炉煤气系统：气柜过滤器调压装置仪表阀门燃气枪燃烧器；

空气系统：风机仪表阀门燃气枪燃烧器。

2）燃烧器改造。回转窑原燃烧器为 5 通道燃烧器，采用焦炉煤气和转炉煤气通过燃烧器各自通道进入窑内混合燃烧的模式。因转炉煤气热值较低，简单的扩散燃烧不能达到工艺要求的煅烧温度和火焰长度。为解决此问题，企业与某公司合作，设计研发了以半预混湍流掺混式燃气燃烧技术为核心的燃烧器，它在燃烧效果上可以达到预混燃烧，火焰长度可以调节，不脱火，不回火，且具备较好的安全性。

3）改造内容。包括自动点火系统、火检系统、安全切断装置、PLC 自控系统等。

（3）活性石灰应用及经济效益评价：

1）理化指标。改造之后回转窑采用新工艺（单一转炉煤气煅烧）生产的活性石灰指标达到企业内部二级石灰标准，并优于改造前原工艺条件下生产的石灰指标，具体理化指标见表 6-8。

表 6-8　活性石灰理化指标

理化指标	$w(CaO)/\%$	$w(SiO_2)/\%$	$w(S)/\%$	灼碱/%	活性度/mL
内部标准	≥85.0	≤4.5	≤0.040	≤9	≥280
原工艺石灰	85.7	4.6	0.093	5.9	301.1
新工艺石灰	86.4	3.5	0.036	6.1	303.8

2）经济效益。由于转炉煤气的价格低于焦炉煤气价格（转炉煤气单价是焦炉煤气单价的 20%），所以在新工艺条件下生产活性石灰的单位制造成本大幅降低，经测算，每吨活性石灰的单位成本比改造前降低了 17.7%。另外，炼钢工序的生产成本也因石灰单价的降低（比原外购石灰价格低 36%）而下降，与之前使用外购活性石灰比较，吨钢成本也随之降低。

6.2.2　生物法制燃料乙醇

开发新能源，实现低碳减排，是世界各国共同关注的热点问题。乙醇具有含氧、无水、高辛烷值等特点，既可直接作为液体燃料，又能作为添加剂与汽油混合使用[20]。乙醇可以代替传统的汽油添加剂甲基叔丁基醚（MTBE），从而避免因使用 MTBE 对地下水造成的污染[21]。燃料乙醇的制备方法可以分为两大类：化学合成和生物转化[22]。生物转化法分为生物质发酵和合成气发酵。

合成气发酵是 20 世纪 90 年代发展起来的一项新技术，它以生物质、有机废物等的气化合成气为原料，利用特定的厌氧微生物进行发酵，产物包括乙酸、乙醇、2，3-丁二醇，丁酸和丁醇等[23,24]。

常规燃料乙醇来源及用途如图 6-14 所示。

图 6-14　常规燃料乙醇来源及用途

转炉煤气有效成分主要是 CO（含量 50%以上），其资源化利用首选利用微生物发酵生产燃料乙醇。据统计，到 2017 年我国燃料乙醇已推广使用的省份数量达到 12 个，我国也成为继美国和巴西后的第三大燃料乙醇生产国；2018 年全国燃料乙醇产能约 326 万吨，产量约 280 万吨。按照 2018 年国内汽油消费量 1.26 亿吨，乙醇添加量 10%计算，2020 年燃料乙醇需求量将超过 1200 万吨，缺口超过 1000 万吨。面对巨大的市场缺口，煤制乙醇尤其是煤基合成气生物法制乙醇有可能得到快速发展[25]。

以 CO 为有效成分的工业煤气主要发酵反应可表示为：$6CO+3H_2O = C_2H_5OH+4CO_2$+热量（CO+水经生物发酵生成燃料乙醇和 CO_2），1t CO，经菌体的生物发酵转化，可生产 0.274t 乙醇。

2017 年全球燃料乙醇产量区域分布如图 6-15 所示。

6.2.2.1　工艺流程

转炉煤气经压缩机加压后送至精脱萘器 TSA 和脱硫塔脱除芳烃类等有害物

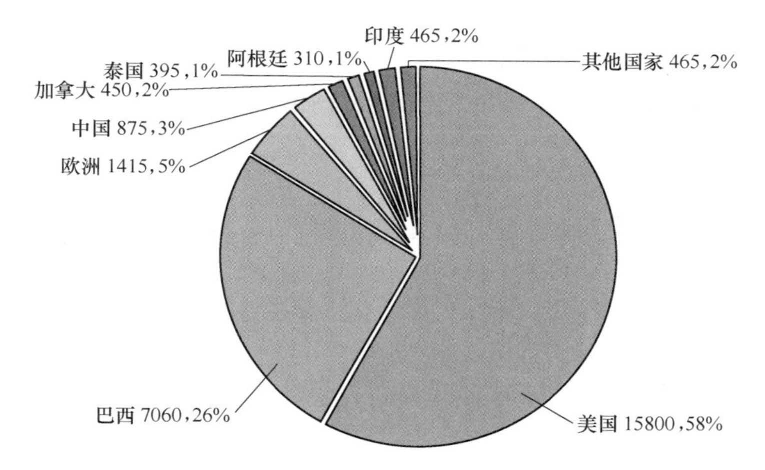

图 6-15 2017 年全球燃料乙醇产量区域分布（单位：百万加仑（1 百万加仑 = 3785m³））

质，再经过脱氧后送至发酵，发酵以水为载体添加微生物必需的微量元素及维他命维持生命活动，在发酵罐中菌体将 CO 进行转化，生成乙醇醪液，发酵尾气残余的 CO 送至 RTO（蓄热式焚化炉）回收热能产生蒸汽用于蒸馏，乙醇醪液送至蒸馏产出 99.5%的乙醇成品。经过蒸馏处理后，含菌体的余馏水进行分离、烘干，生产菌体蛋白用于饲料替代鱼粉。分离出菌体后的余馏水部分直接回用发酵，部分送至污水处理，处理后进行回用，同时污水处理产生的沼气经过提纯压缩后产出 CNG[26]（压缩天然气）。

（1）气体预处理。原料气进入压缩机，经压缩后，出口压力为 0.5MPa，进入 TSA 脱除煤气中的萘、苯等杂质，再通过精脱硫塔进一步脱除原料气中的硫化氢到 0.1×10^{-6}内（目的保护脱氧剂）。净化后的煤气经过除油除尘过滤器后，温度在 80~120℃、油含量 $\leqslant 1\times10^{-6}$，进入脱氧塔脱氧到 100×10^{-6}以内，产品气经冷却到 (37±2)℃并气液分离后送出至发酵工段。

（2）发酵。种子经种子罐扩大培养。种子罐启用前先用热水清洗，然后加入培养液并充入氮气。原料气通过气体分布器进入种子罐。菌体经过种子罐扩培到所需的细胞密度，然后送往发酵罐。发酵共有 3 条生产线并联运行，每条发酵生产线包括 2 台发酵罐，采用串联方式。发酵罐先用热水冲洗，然后加入培养液并充入氮气。原料气通过气体分布器通入发酵罐。发酵液被不断循环并由控制系统加入原料气体和所需的营养素。并通过添加酸和碱以控制发酵液 pH 值。经过二级发酵，发酵液通过膜过滤器，透过膜的清液进入清液罐，菌体则回到发酵罐。

种子罐和发酵罐排出的气体先经气液分离，再经过洗涤器用培养液逆流清洗，其中残留的乙醇被吸收到培养液中并返回发酵罐，气体则送往尾气利用系统。

（3）蒸馏。分为蒸馏和脱水两部分。蒸馏部分将酒精浓度蒸馏至 95%（体积分数）并排出有害杂质，脱水部分将浓度进一步提高到99.5%（体积分数）达到企业质量内控标准。发酵成熟的醪液酒精含量达到62.5mL/L，分为清液和浓液（未分离菌体蛋白），分别进入两个不同的粗馏塔，将酒精浓度提升至50%后共同进入精馏塔进一步蒸馏，精馏塔在一定压力下工作，一台粗馏塔在微正压下工作，一台粗馏塔在负压状态下工作，不同的发酵醪液进入不同温度的粗塔，可降低蒸馏过程中因高温致使蛋白质变性堵塞塔板，同时利用热耦合技术将精馏塔产生的酒精蒸汽作为热源带动微正压塔工作，微正压塔带动负压塔工作，热能逐级传递并冷凝了酒精蒸汽，节约了热能和冷却水。从精馏塔采出浓度95%的酒精气体输送至脱水装置。脱水后得到99.5%的燃料乙醇达到企业内控质量标准。按照GB 18350—2013《变性燃料乙醇标准》加入变性剂和金属阻蚀剂后成为产品变性燃料乙醇。粗馏塔产生的残液送至污水处理厂进行处理回用，精馏塔产生的塔底液直接回用至发酵工段工艺配水。

（4）产品。主产品为燃料乙醇，副产品包括蛋白粉、CNG以及BDO（2,3-丁二醇）[27]。

成熟醪液送蒸馏脱水生产酒精的同时将醪液内细菌经分离干燥后成功获取干粉蛋白，经中华人民共和国农业农村部饲料中心检测，蛋白质含量在80%以上。污水处理工段经厌氧发酵后将蒸馏废水中有机物进一步分解产生热值22990kJ/m^{3}的沼气，经脱硫脱水、脱碳后可生产热值在33440kJ/m^{3}的CNG。同时首钢朗泽仍在进一步研究BDO的分离提纯工艺，菌体经基因改造后可定向增加BDO的产量，产生附加值更高的产品。

发酵尾气经尾气处理工段后可产生CO_2浓度在50%左右的烟气，可作为钢铁厂当中优质CO_2捕捉原料气进一步提纯。

6.2.2.2 工艺流程简图

工艺流程简图如图6-16所示。

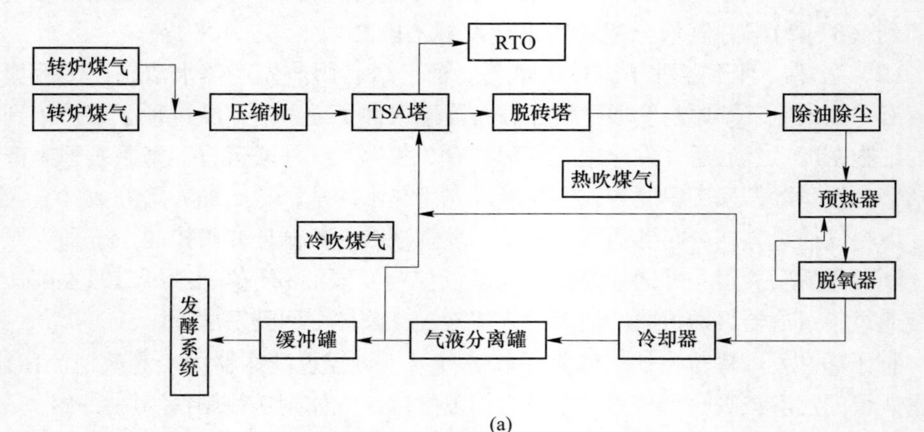

(a)

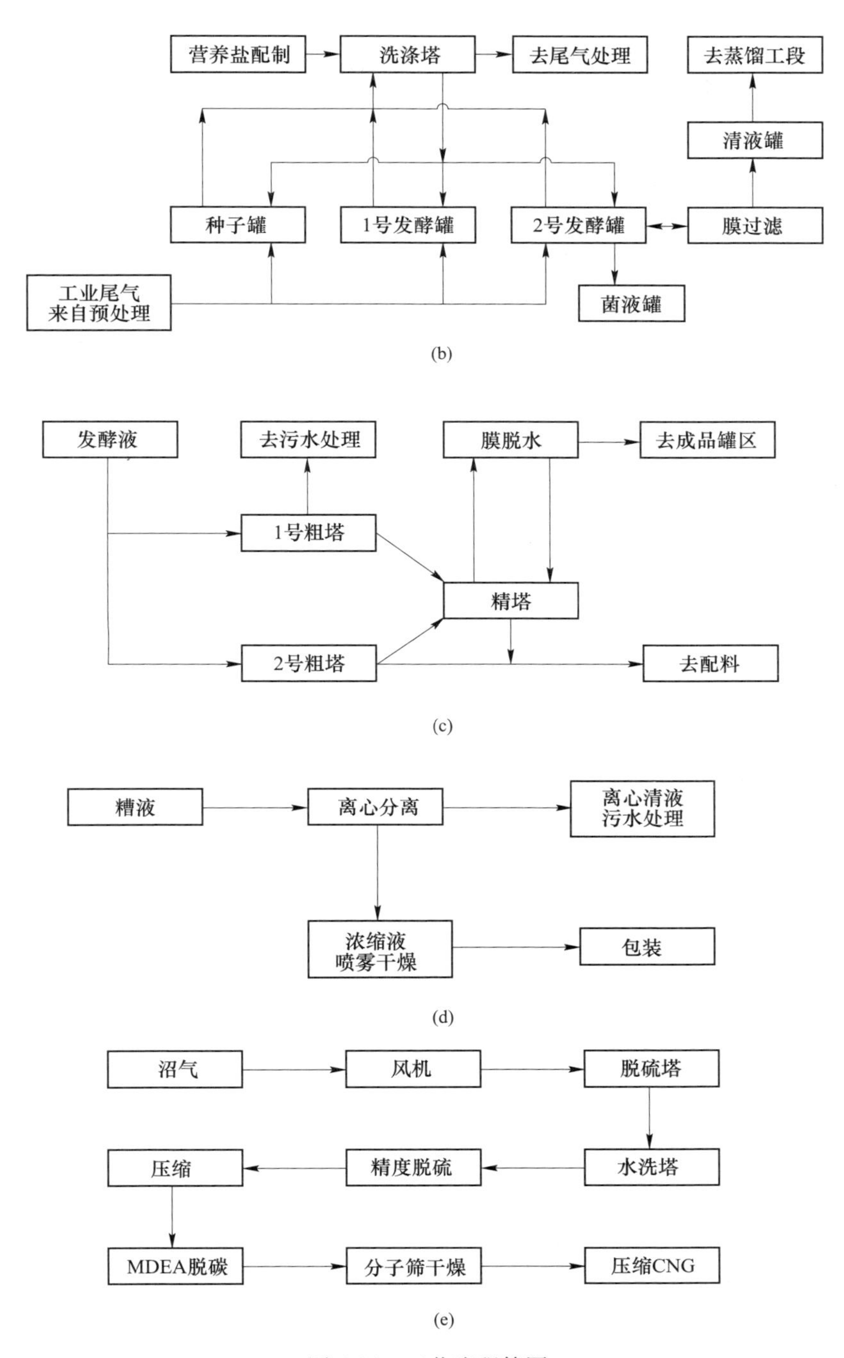

图 6-16 工艺流程简图

(a) 气体预处理工艺；(b) 发酵工艺；(c) 蒸馏工艺；(d) 蛋白饲料流程工艺；(e) CNG 工艺

6.2.2.3 经济和环保效益

将钢厂煤气用来生产燃料乙醇与发电相比，提高了煤气经济效益。根据首钢煤气发电水平，1t 碳资源可发电 2642kW · h，按每度 0.6 元计算，可创造价值 1585 元；若用来生产燃料乙醇，可产乙醇 0.6t，按 2017 年 4 月 18 日起燃料乙醇的出厂价格 5467 元/t（90 号汽油（标准品）出厂价 6000 元，价格折合系数 0.9111），将创造价值 3280 元。同时本工艺减少了 1/3 的 CO_2 排放，降低氮氧化物、颗粒物排放约 67%，与常规汽油加工相比，煤气发酵制乙醇方法还可减少 60%左右的 CO_2 排放。生产每吨燃料乙醇，可减少 CO_2 排放 1.9t。使用 E10 乙醇汽油，汽车尾气的 CO 排放还可减少 30%。

按乙醇汽油 10%的乙醇含量测算，燃料乙醇的市场容量将达到 30 万吨以上。燃料乙醇可以就近供应河北省内的乙醇汽油市场，以减少对汽油等化石燃料的消耗量，同时可降低石油冶炼过程中产生的颗粒物、碳氢化合物、二氧化硫和氮氧化物等有害气体的排放，根据清华大学对车用燃料全生命周期碳排放的研究，以工业尾气制乙醇将比从石油中制取汽油减少碳排放 41%，有助于改善当地的大气环境质量。

随着国家环保治理的力度加大，排放标准越来越严格，燃煤气锅炉也存在烟气中氮氧化物排放超标的问题，建设发电锅炉需要同步考虑脱硝的问题，转炉煤气发酵生产燃料乙醇可大大降低氮氧化物和颗粒物排放，理论上可比发电降低 67%的氮氧化物排放。

煤气发酵制乙醇和煤气热电联产工艺排放对比见表 6-9。

表 6-9 煤气发酵制乙醇和煤气热电联产工艺排放对比

工 艺	颗粒物/$g \cdot MJ^{-1}$	氮氧化物/$g \cdot MJ^{-1}$
煤气热电联产	0.015	0.070
煤气发酵制乙醇	0.005	0.024

6.2.3 制 LNG 以及甲醇

6.2.3.1 制 LNG

焦炉煤气中 H_2 含量远大于 CO 和 CO_2 含量，即使通过甲烷化后，还剩余大量 H_2，采用向焦炉煤气中补充 CO 或 CO_2，可进一步提高 LNG 的收率。甲烷化时，CO 比 CO_2 消耗的氢气少，故最好补充 CO 含量高的转炉煤气，当无剩余转炉煤气时，也可补充高炉煤气。下面的方案就以补充转炉煤气对 $40000m^3/h$ 焦炉煤气甲烷化制 LNG 流程进行说明[28]，详细如图 6-17 所示。

经过粗脱硫的焦炉煤气与经过增压、预处理的转炉煤气混合后经煤气压缩机压缩至约 0.35MPa，加压后的混合煤气进入预处理工序除去苯、萘、焦油、氨及

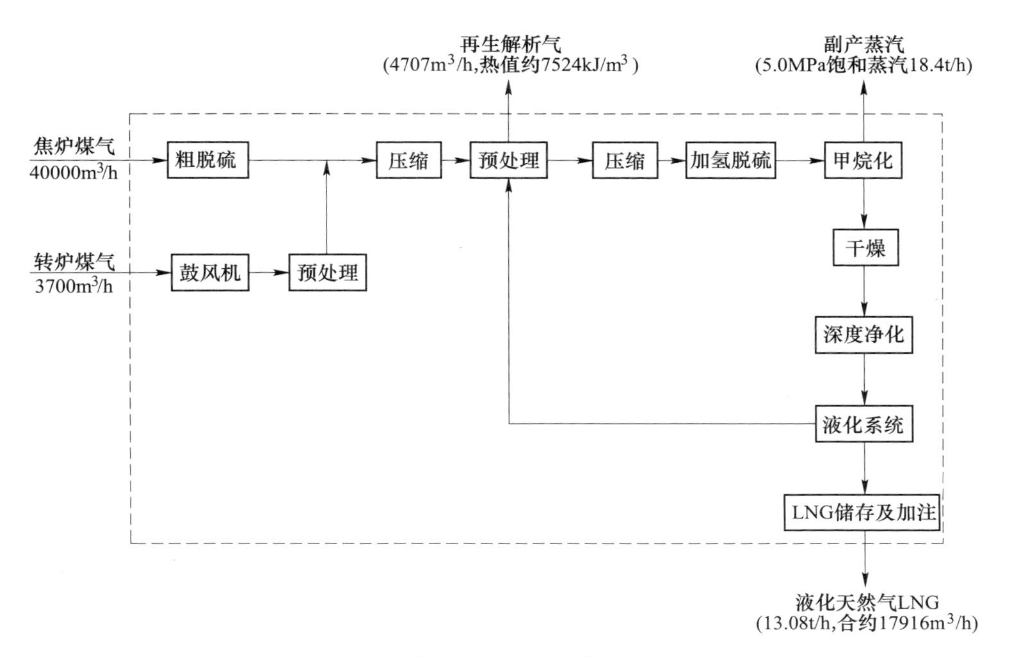

图 6-17 焦炉煤气+转炉煤气甲烷化制 LNG 工艺流程简图

其他重烃化合物等。净化后的混合煤气再进入煤气压缩机压缩至约 1.5MPa，然后进入加氢脱硫工序将有机硫转化为无机硫后一并脱除，自加氢脱硫工序来的原料气进入甲烷化反应器，在催化剂的作用下，CO、CO_2与 H_2发生甲烷化反应，甲烷化反应属于强放热反应，副产 5.0MPa 的饱和蒸汽。来自甲烷化工序的甲烷化气进入干燥工序吸附水分干燥后进入深度净化工序，将原料气中可能含有的微量汞脱除，然后送液化工序进行液化分离，最终以 LNG 形式出冷箱，通过低温管道输送至 LNG 储罐储存，生产 LNG 后剩余的排放气作为预处理等工序的再生气源，再生后的解析气返回煤气管网作为燃料使用。

6.2.3.2 制甲醇

将焦炉煤气 CH_4等轻烃分离液化出 LNG，剩余的富氢气送往甲醇合成工序，经过合成和精馏得到甲醇[29]。甲醇合成的反应方程式为：

$$CO + 2H_2 \longrightarrow CH_3OH$$

$$CO + 3H_2 \longrightarrow CH_3OH + H_2O$$

甲醇合成工艺分为高压、中压和低压法，其中高压法合成压力约 30MPa，已逐步被淘汰；中压法合成压力为 8~10MPa，适用于大规模甲醇合成装置；低压法合成压力在 6.0MPa 左右，是国内中小规模甲醇合成装置普遍采用的方式，钢铁企业内甲醇合成装置一般规模不大，采用低压法比较合适。甲醇合成需要合理氢碳比例，体积比一般应满足：$(H_2-CO_2)/(CO+CO_2)=2.05\sim2.15$，可以采用转炉煤气进行补碳，达到合理的碳氢比。

焦炉煤气联合转炉煤气生产甲醇工艺流程为[30]：压力约7kPa的焦炉煤气进入过滤吸附系统，除去焦炉煤气中的焦油和萘等，然后进入气柜。焦炉煤气经压缩后在2.0MPa、20~40℃条件下进入除油器除去压缩机所带来的润滑油等，再由TSA脱除高烃类杂气，经压缩后在2.0MPa、20~40℃条件下进入除油器除去压缩机所带来的润滑油等，再由TSA脱除高烃类杂成系统。

转炉煤气首先进入压缩机，经3段压缩升压至1.8MPa，再经气液分离器除去机械水后进入由4台净化器构成的净化单元及2台脱砷器构成的精制单元，原料气中的微量杂质被净化塔中装填的吸附剂选择性吸附，获得达标净化气。

焦炉煤气提取的氢气与净化后的转炉煤气混合成原料气，原料气进入2台装有特种吸附剂的吸附罐脱除H_2S、CS_2及SO_2，然后经过换热器和加热器将气体加热到150~200℃，进入脱氧器脱除氧气，从脱氧器出来的气体温度为200~250℃，进入转化脱硫器，通过脱硫催化剂将气体中微量COS转化成H_2S后吸收，从脱硫催化剂出来的气体经换热器及冷却器冷却到不大于40℃，送至合成压缩机。

来自联合压缩系统的合成气，先在入塔预热器中与出塔气换热，升温至反应起始温度后进入甲醇合成塔进行反应。合成塔出口气体换热降温后，依次进入甲醇水冷器、甲醇分离器，未反应气体从分离器上部排出，其中部分作为循环气返回联合压缩机，甲醇驰放气经水洗后减压至2.0MPa与净化后的焦炉煤气混合，用PSA提氢后返回合成系统。从甲醇分离器分离出的液体粗甲醇进入闪蒸器除去溶解的气体后，送往精馏工序生产精甲醇，闪蒸气返回焦化系统作燃料。

粗甲醇经计量、加碱中和、预热后进入预蒸馏塔，从预蒸馏塔顶除去比甲醇沸点低的低沸点物质及溶解的气体，如甲酸甲酯、二甲醚、CO、CO_2等。

从预蒸馏塔底出来的甲醇（基本不含低沸点杂质）用泵送入加压精馏塔，加压精馏塔顶出来的甲醇蒸汽作为常压精馏塔再沸器热源。冷凝的甲醇蒸汽一部分冷却后作为产品精甲醇送到计量槽，其余部分作为回流液回到加压精馏塔顶部。

从加压精馏塔底出来的釜液全部送到常压精馏塔中部作为常压精馏塔的进料，塔顶甲醇蒸汽经冷凝冷却后，除部分作为精甲醇产品送到精甲醇计量槽外，其余部分作为回流液回到常压塔顶部。常压塔得到的精甲醇产品约为本装置总产量的一半。

甲醇合成过程由于副反应而生成微量乙醇、异丙醇、丁醇、高级烷烃类等杂质，这些杂质与水和甲醇形成共沸物不易与甲醇完全分离，从而影响精甲醇质量。为了控制这些杂质，从常压精馏塔中下部杂质富集区抽出部分杂醇油经冷却后装桶出售，使精甲醇产品满足相应的指标。

从常压精馏塔底部排出比甲醇沸点高的高沸物（如水、乙醇等），经废水泵送到回收塔，在回收塔顶蒸出的甲醇作为杂醇，采出到杂醇罐，回收塔底废水送焦化厂污水处理装置。

预蒸馏塔、加压精馏塔和回收塔再沸器的热源采用低压蒸汽，蒸汽的加入量根据精馏塔灵敏板温度来控制。蒸汽冷凝水先用作预蒸馏塔进料预热的热源，然后返回焦化装置的锅炉给水系统。加压塔顶出来的甲醇蒸汽作为常压精馏塔再沸器的热源，工艺流程简图如图 6-18 所示。

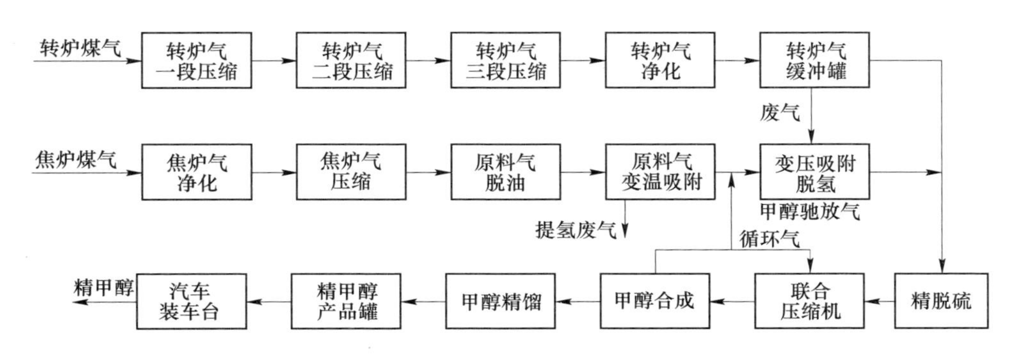

图 6-18 焦炉煤气+转炉煤气制甲醇工艺流程简图

甲醇生产工艺比较见表 6-10。

表 6-10 制甲醇生产工艺比较

名称	COG 制甲醇	COG 补 LDG 制甲醇	LDG 配 COG 制甲醇
LDG 利用情况	没利用	部分利用	全部利用
合成气氢碳比	2.15~2.58	2.05~2.1	2.05~2.1
投资	较高	高	低
操作、安全性	难度大、不高	难度大、不高	简单、较高
能耗	较高	低	低

6.2.4 提纯制备 CO

转炉炼钢过程中，由于中期的脱碳反应剧烈，产生大量的 CO，回收的转炉煤气中 CO 成分超过了 50%。转炉煤气主要成分见表 6-11。CO 是重要的基础化工原料，可用于生产合成氨、甲醇、醋酸等。转炉煤气变压吸附提纯的 CO 可用于开发高附加值的产品，具有很高的经济价值和环保价值。

表 6-11　转炉煤气主要成分

干煤气成分	CO	CO_2	H_2	N_2	CH_4	C_2H_6	O_2
含量/%	52.2	19.3	2.5	25.3	0.5	0.1	0.1

6.2.4.1　提纯方法

研究分析一系列高效的 CO 吸附分离方法及工艺，对混合气中重要化工气体的有效分离应用具有重要的工业应用价值。常见的 CO 分离提纯方法有以下几种[31]。

(1) 气体深冷分离法：该法是一种物理分离方法，其实现气体的分离与净化的主要途径是在低温条件下根据组分的沸点相异实现气体液化分馏进而分离开来。但深冷分离法有其局限性，并不适用于沸点相近的 CO 和 N_2，难以实现 CO 从 N_2 中脱离。另外由于低温条件下各杂质组分较易固化，容易堵塞管道，而深冷法实现的分离提纯需要进行较复杂的预处理操作，因此造成深冷法设置设备相对复杂、不节能、系统投资大、运行费用高，也不能实现 CO 和 N_2 分离，进而该方法在 CO 分离方法中已很少应用[32]。气体深冷分离法流程如图 6-19 所示。

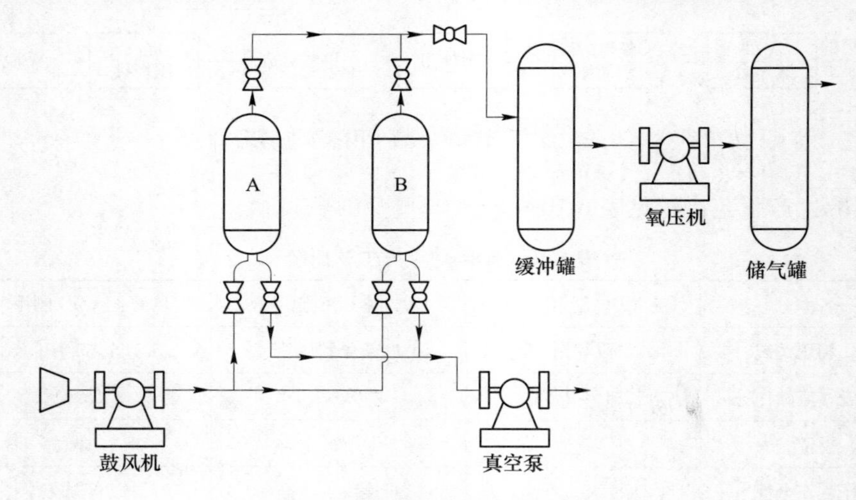

图 6-19　气体深冷分离法流程图

(2) Corsorb 气体分离法：该方法是由美国 Tenneco 公司 20 世纪开发的一种溶液吸收分离法。其特点是在低温一定压力下，吸收溶剂甲苯溶液中含四氯化亚铜铝与 CO 高效结合形成 π 络合物，大大提高了选择性吸收 CO 的效率，同时吸收溶液无腐蚀，对设备没有损害，具有一定的优越性。但缺点是在利用该法时，由于混合气体需要复杂的预处理操作，溶剂氯化亚铜铝会结合原料气中的 H_2S、氨等成分进而形成不可逆反应，进而减弱对 CO 的吸收有效度。因此，Corsorb 法分离吸收 CO 对原料气净化阶段较为苛刻，并加上其设备和操作投资费用高，会对环境产生污染，不太符合环保要求。

（3）气体吸附分离法：吸附分离法是目前应用较为广泛的净化气体方法，目前从吸附条件的不同分为两种吸附方法，一种是变压吸附法（PSA），另一种是变温吸附法（TSA）[33]。PSA 和 TSA 法是利用固体络合吸附剂吸附气体组分性能根据压力因素（或温度因素）的不同而吸附性能发生变化的特点，气体组分形成增压达到较好吸附，降压达到较好脱附的变化过程，达到分离提纯目标气体组分的目的。TSA 变温吸附气体分离技术由于其能耗和设备费用高，吸附剂的使用寿命较短并且操作更复杂较难控制，在工业化发展中较多应用 PSA 分离技术。目前 PSA 技术广泛应用于 CO 从含有 CO_2、H_2以及 CH_4等混合气体中高效分离。变压吸附法适应不同混合气体，预处理过程相对简单，系统装置可在室温下操作，无腐蚀无污染环保，整体工艺设置简便，智能化成本低。PSA 技术在 CO 的分离提纯工艺中应用前景广阔。

6.2.4.2 用途

转炉煤气提取的 CO 是一种重要的基础化工原料，以 CO 为基础制取各种化工产品，具有很高的经济价值。

（1）氢的制造。当前世界各国所用的氢大部分由天然气、石油精制气和石油用水蒸气重整法制造，约 12%由重油部分氧化法制造。两者都同时产生氢和 CO，其中的 CO 不经分离，而直接与水蒸气作用转化为 H_2。由 CO 转化制造的 H_2，约占 1t 整气的 10%以上，可见，CO 在化学工业中利用规模最大的是 H_2的制造。这些 H_2的 50%用于合成氨，13%用于合成甲醇，30%的应用与石油精制有关。在 350~500℃，$FezO_2$-CrzO 催化剂上 CO 进行高温转化制出的氢中，有 2%~4%的 CO 残存；若在 200~300℃，CuO-ZnO-Cr_2O_3催化剂上进行低温转化，残存的 CO 为 0.2%，这种 H_2很适合合成氨。四川三台氨肥厂用黄磷尾气（约含 89%的 CO）代替部分天然气生产合成氨获得成功。在 CO 气源靠近氨肥厂的情况下，这是增产氮肥的有效途径。

（2）合成甲酸钠。在一定压力和温度下，CO 和碱作用生成甲酸盐[34]。其化学反应如下：

$$CO + H_2O \xrightarrow{120 \sim 150℃, P_{CO} < 4 \sim 5\text{气压}} HCOOH$$

$$HCOOH + NaOH \xrightarrow{120 \sim 150℃} HCOONa + H_2O$$

热碱洗涤 CO 生产甲酸钠的工艺流程如图 6-20 所示。

（3）制甲酸。甲酸在纺织、医药、饲料、皮革、稼胶、染料和化学品合成方面是不可缺少的基本有机原料。在酸洗钢板、纸浆生产、合成氮等方面，甲酸可同盐酸、硫酸和醋酸相竞争。传统的生产方法是甲酸胺法、甲酸钠法和从轻油氧化制醋酸的副产物中制取。前两者在生产过程中要消耗大量的氢氧化钠和硫

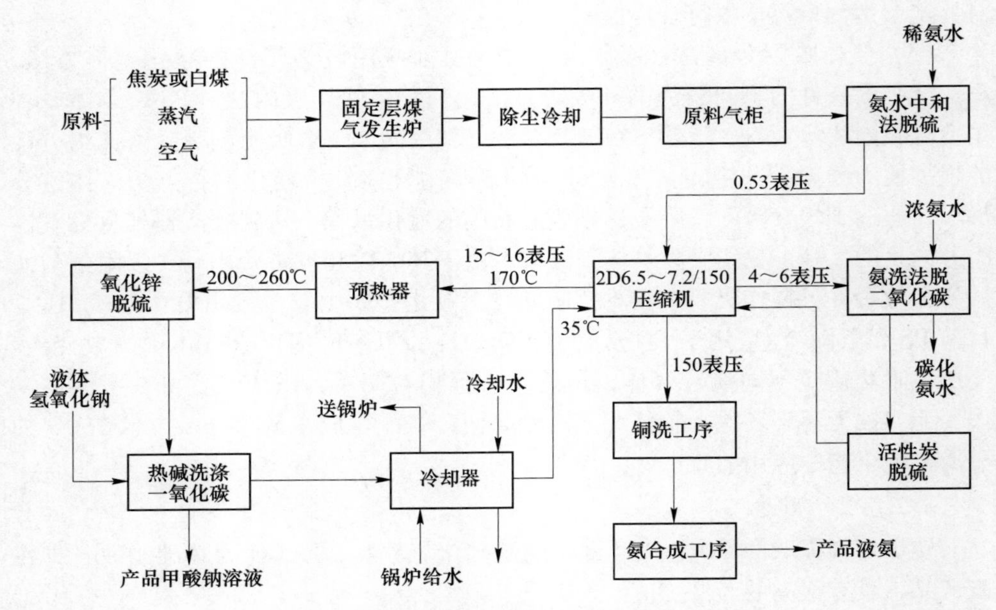

图 6-20 热碱洗涤 CO 生产甲酸钠工艺流程

酸，而副产的硫酸铵在经济上吸引力较小而难以发展。新的路线是甲醇液相羰化制甲酸甲酯，再水解成甲酸，实质是 CO 与水变成甲酸。

转炉煤气制甲酸案例[35]：山东石横特钢集团有限公司原来将转炉煤气用于燃烧发电，不仅效率低，且产生大量温室气体 CO_2。在我国大力推进碳减排和钢铁去产能背景下，企业为了进一步降低碳排放并寻求新的利润增长点，以转炉煤气作为原料生产甲酸产品。该项目将石横特钢副产的 45000m^3/h 转炉煤气，经除尘、压缩、脱硫、脱水、除氧及 PSA 等工序后得到产品气（18200m^3/h，CO 含量 98.5%），输送到化工产线，每年可生产 20 万吨甲酸、5 万吨草酸及下游甲酰胺、甲酸钾、甲酸钙等产品，同时实现年减排 CO_2 30 万吨，已于 2018 年 4 月开车投产，稳定运行至今，项目流程如图 6-21 所示。

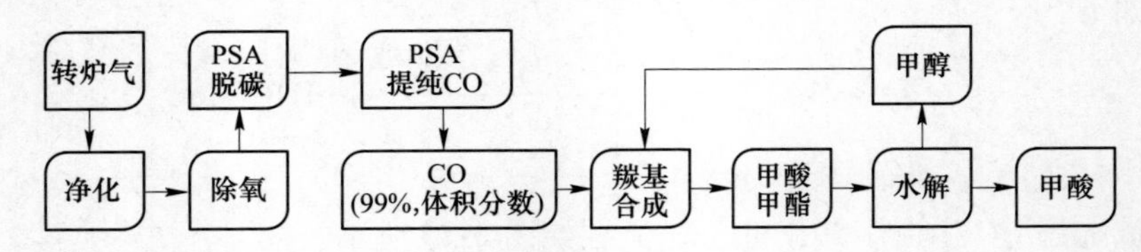

图 6-21 山东石横特钢转炉煤气制甲酸流程

（4）碳酸二甲酯。以 CH_3OH、CO 和 O_2 为原料，在催化剂作用下进行羰基化反应，生成碳酸二甲酯。碳酸二甲酯是用途十分广泛的有机合成中间体[36]。

由于它具有羰基、羰甲基和甲基的独特结构，因而有望在诸多领域全面替代光气、硫酸二甲酯（DMS）、氯甲烷及氯甲酸甲酯等剧毒或致癌物，进行羰基化、甲基化、甲氧基化和羰甲基化反应，以制备异氰酸酯、聚碳酸酯、聚氨基甲酸酯、聚碳酸酯二醇、烯丙基二甘醇碳酸酯以及苯甲醚等多种化工产品。另外，碳酸二甲酯作为溶剂、汽油添加剂等也颇受关注。1992 年，碳酸二甲酯在欧洲被列为无毒化学品进行了登记，被称作“绿色”化工产品，其应用甚为广泛。

6.2.5 提纯制备 CO_2

CO_2在工业生产中具有非常广泛的应用[37]，利用其物理化学性质可以在饮料、食品保藏、低温萃取、金属加工、医疗、无机化工等轻工业、机械工业各生产领域进行使用。我国 CO_2 消费市场活跃，消费潜力巨大，新的消费领域不断涌现和扩展。除了传统应用在金属焊接气体保护、食品加工行业及作为植物气肥外，CO_2目前还可以代替氟氯烃用作发泡剂，用于超临界萃取、污水处理、油田助采剂，也可用于生产聚合物。而目前大气中的 CO_2含量正逐年增加，温室效应已经成了当今迫在眉睫的问题[38]，但大多工业气体都含有较高含量的 CO_2，这些气体总量巨大，因此如何提取这部分气体中的 CO_2，实现其分离、回收及综合利用，使之产生经济效益，降低 CO_2排放量，保护环境，将成为 21 世纪亟待解决的问题。对大量工业煤气中的 CO_2进行回收利用，以满足现代工业对 CO_2的需要，减少 CO_2排放，是促进工业可持续发展和社会环保的重要措施之一，同时又可以达到对工业煤气中可燃气体的提纯以增加热值的目的[39]。转炉中的 CO_2含量达到 20%，也是需要回收处理的重要资源。目前采用醇胺连续吸收与脱附法回收 CO_2技术成熟，浓度可达 99.9%以上。而提取出的 CO_2也是重要的基础化工原料。另外，由于环境恶化和资源匮乏，我国对商品 CO_2的需求量也将迅速上升，因此，充分利用工业副产煤气，采用低成本 CO_2大规模固定技术不仅能生产出高价值的化工产品，而且具有良好的环境效益，对国民经济的发展和节能减排都具有重要的意义。

6.2.5.1 提纯方法

A 化学吸收法

该方法采用含有化学活性物质的溶液对原料气进行洗涤，CO_2与之反应生成介稳化合物或者加合物，然后通过加热，使生成物分解，释放 CO_2，解吸后的溶液循环使用。

目前低浓度的 CO_2 回收主要采用化学吸收的方法[40~42]。该方法的特点为：（1）CO_2回收率高，溶液循环量相对较小，能耗较低；（2）热稳定性好，不易溶解，溶剂挥发性小，溶液对碳钢设备腐蚀性弱；（3）工艺成熟，操作简便，系统控制完全自动化；（4）系统安全可靠，近年来应用广泛，工艺流程如图 6-22 所示。

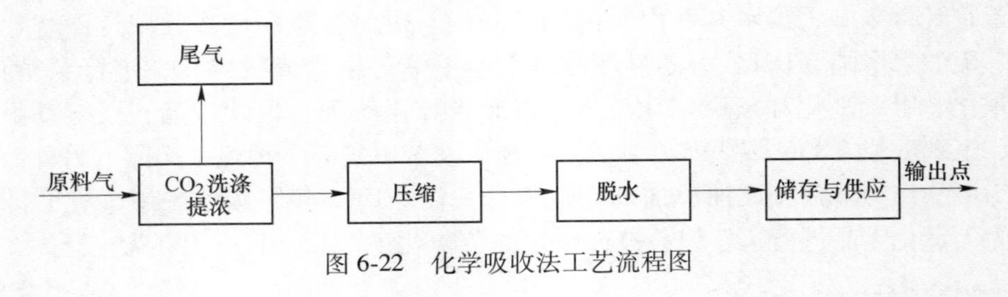

图 6-22 化学吸收法工艺流程图

化学吸收方法主要有两种[43]：一种是以碳酸钾溶液为基础；另一种是以醇胺类溶液为基础。两种化学洗涤方法均添加活化剂或促进剂，以提高对 CO_2 的吸收能力和解吸能力。两种方法均采用从工艺气体回收的热量或低压蒸汽对富液进行加热再生的方法。

热钾碱系列脱碳工艺是世界上广泛使用的脱碳工艺，在我国约有 60%的大、中型合成氨厂采用该工艺。该工艺早期以美国苯菲尔脱碳工艺和意大利 GV 脱碳工艺为主，同期的还有美国的 Catacarb 脱碳工艺（它们只是采用了不同的活化剂）。该工艺具有溶液吸收能力强、净化度高、再生气纯度高、溶液价格便宜等优点，再生热耗高是其主要缺点。

醇胺法主要有 MEA（一乙醇胺）法、MDEA（N-甲基二乙醇法）法、DEA（二乙醇胺）法、TEA（三乙醇胺）法、ADIP（二异丙醇）法等，以上几种胺法特点如下：

乙醇胺（MEA）是伯胺，是一种有机强碱，对酸性气体（H_2S 和 CO_2）具有吸收速度快、吸收能力强、残留 CO_2 少、投资省等优点，但也存在再生能耗高、MEA 降解损耗大及设备腐蚀严重等缺点，本工艺适合于低压混合气中 CO_2 的脱除。甲基二乙醇胺（MDEA）是其中性能较好的醇胺类物质，广泛用于原料气体的脱硫。1971 年德国 BASF 公司开发了以哌嗪为活化剂的“活化 MDEA 脱碳工艺”。叔胺 MDEA 吸收 CO_2 后的生成物，加热再生时所需的热量，比伯胺和仲胺与 CO_2 生成的较为稳定的氨基甲酸盐再生时所需热量明显减少，且再生温度较低。同时，由于 CO_2 在 MDEA 溶液中溶解热较小，因此同样数量 CO_2 在 MDEA 溶液再生时需要热量少，所以再生热耗较低。MDEA 溶液碱性较弱，适合于中、高压混合气中 CO_2 的脱除。三乙醇胺溶液碱性很弱，与 CO_2 反应很慢，且溶剂较贵，一般不采用。ADIP 发展较晚，溶剂较好，但与氧反应较快，造成溶液降解损耗大，与 MEA 相比，吸收速度慢，溶剂贵。氨水吸收法广泛应用于小氮肥厂脱碳，但反应生成的碳酸氢铵在加热放出 CO_2 的同时也放出大量的氨，污染环境，这对回收、净化 CO_2 不利，仅在联产碳铵的装置上应用此法。

B 变压吸附法

变压吸附法，简称 PSA 法，是一种干法工艺，这些年广泛地用于提纯 CO_2 的工艺里。变压吸附法的基本原理是利用吸附剂对差异性气体在不同吸附量、推力以及速度条件下，随压力变化而发生变化的特性，采用加压方式来实现混合气体的有效分离采取降压式充分发挥吸附剂再生功能，进而实现混合气体之间的相互分离，吸附剂也可以二次应用[44]。

由于可用于变压吸附法生产液体 CO_2的气源很多，情况不尽相同，如原料气压力不同，CO_2含量相差较大，气源中硫化物、氮氧化物等杂质含量不同等，因此需根据气源的不同情况设计工艺流程。图 6-23 为 PSA-CO_2装置最典型的流程框图。当原料气为常压时，在预处理之前还有压缩工序；当原料气为石灰窑气时，因其含尘大、温度高，首先要降温除尘等，在此不再详述[45]。

$\xrightarrow{\text{原料气}}$ 预处理 → PSA–CO_2 → 压缩、冷凝 → 纯化处理 → $\xrightarrow{\text{液体}CO_2\text{产品}}$

图 6-23 PSA-CO_2装置典型流程框图

6.2.5.2 用途

A 炼钢中的应用[46]

（1）转炉底吹 CO_2气体。底吹 CO_2由于存在反应 CO_2+C ═ 2CO，气体分子体积增加 1 倍，可强化熔池搅拌。此外，CO_2气源也不难获得，从转炉废气和石灰窑废气中回收的 CO_2均可作为气源。但由于 CO_2具有一定的氧化性，底吹系统的寿命相对较短，限制了其大规模的使用。2009 年在 30t 转炉上进行底吹 CO_2工业试验[47]结果表明：转炉底吹 CO_2是完全可行的，试验未发现对炉底有明显侵蚀作用。与常规冶炼模式相比，底吹 CO_2模式渣中（TFe）的质量分数从 18.74%降低到 12.81%，降低了 5.94%；渣中（FeO）的质量分数从 23.99%降低到 16.39%，降低了 7.60%，降幅均达到 31.68%。在一倒碳含量基本保持不变的情况下，与常规模式相比，底吹 CO_2 模式一倒磷的质量分数从 0.030%降至 0.023%，平均降低 0.007%，降低幅度达到 23%。

（2）CO_2代替氩气搅拌钢包钢液。Bruce T 等人[48]报道了利用 CO_2代替氩气对钢液进行搅拌，在 60t 和 200t 钢包中采用 CO_2 流量 1.5L/(min · t) 和 4.0L/(min · t) 喷吹搅拌。结果表明：冶炼高品质钢时，底吹 CO_2对钢液基本没有不良影响；冶炼铝镇静钢时，由于存在如下反应，钢液铝收得率略有降低，但不显著，钢液溶解氧含量并没有增加[49]。

$$3CO_2 + 2Al \xlongequal{} 3CO + Al_2O_3$$

$$3CO + 2Al \xlongequal{} Al_2O_3 + 3C$$

（3）CO_2代替 N_2用于溅渣护炉。中国科学院研究人员利用 CO_2取代传统的 N_2进行溅渣护炉操作[50]，并在转炉内加入合适的焦炭粉或煤粉和添加剂，与转炉炉渣调节成流动性良好的高温熔渣，通过多孔氧枪喷头形成的 CO_2超音速射流使调节好的熔渣喷溅至转炉内壁表面，烧结形成高熔点的含 MgO 溅渣层，达到提高转炉炉龄的目的。同时溅渣护炉用 CO_2 与配入的碳发生高温化学反应生成 CO，对 CO 和 CO_2 混合烟气进行回收，分离得到的 CO_2 再次作为溅渣护炉技术用气源，可实现废气在转炉炼钢车间的循环利用，有效地减少 CO_2 的排放，缓解对环境压力。同时，分离出的 CO 气体可作为重要的能源，用于炼钢厂烘烤钢包和中间包等。

（4）CO_2 作为炼钢反应的介质。将 CO_2 掺入氧气射流中进行 CO_2-O_2 混合喷吹，利用 CO_2 作为氧化剂参与熔池反应，由于 CO_2 与碳及铁反应为吸热反应，因此可降低熔池火点区温度，减少金属铁的氧化蒸发。通过实验室试验[51,52]和工业试验[53,54]研究发现：随着射流中 CO_2 比例的提高，烟尘的产生量逐步减少。当 CO_2 比例达到某一定值时，烟尘基本不再产生，如图 6-24 所示。图 6-25 为 CO_2 喷吹比例为 5%时烟尘量的变化。与常规炼钢工艺相比，烟尘总量减少了约 25%，烟尘中 TFe 质量分数平均减少了 15. 3%。进一步研究[55]发现 CO_2-O_2 混合喷吹炼钢工艺可利用其有效控温和强搅拌作用提高脱磷率 7%，渣中氧化铁质量分数降低 1%~5%，并可提高转炉煤气中 CO 的比例。

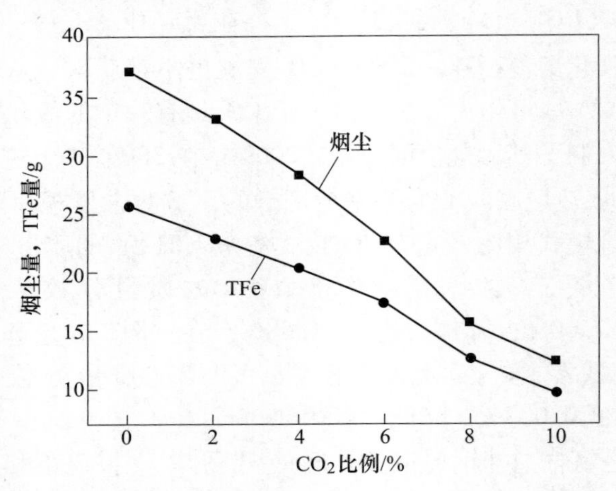

图 6-24　不同喷吹比例下烟尘量及 TFe 量的变化

（5）CO_2 作为炼钢保护气。

1）出钢时钢包内钢液保护。出钢时钢包顶部采用 CO_2 密封，可控制精炼炉增氮，利用固态 CO_2（即干冰）可起到同样的效果。将干冰置于出钢前钢包内，干冰升华产生 CO_2 气体将钢包内的空气驱赶至包外，使包内空间保持微正压。由于 CO_2 的比重大，与氩气相比不易上浮，与 N_2 相比不易造成钢液增氮。

2）LF 炉内钢液保护。LF 炉内加热过程中电弧或吹氩搅拌时钢水容易裸露，造成钢液吸氮及二次氧化。利用 CO_2 使炉内保持正压且在钢液面上形成 CO_2 气体保护层，可避免或减少钢液吸氮及二次氧化的发生，有效地对 LF 炉内钢液进行

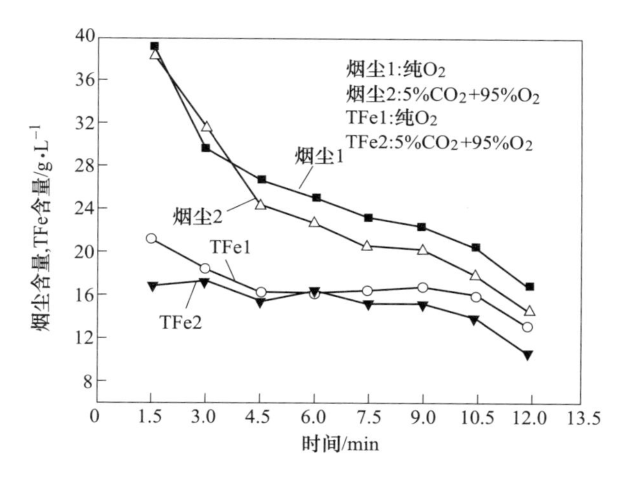

图 6-25 烟尘、TFe 平均含量随冶炼时间的变化

保护。

3）中间包钢液保护。连铸钢液进入中间包之前，包内不能放保护渣，否则会有混渣的危险，因此可使用 CO_2充满中间包进行保护，以防钢液增氮、二次氧化，这样钢的纯净度得到改善。

B 化工原料

如图 6-26 所示以 CO_2为化工原料，制取各种化工品，也有着很广泛的应用前景。

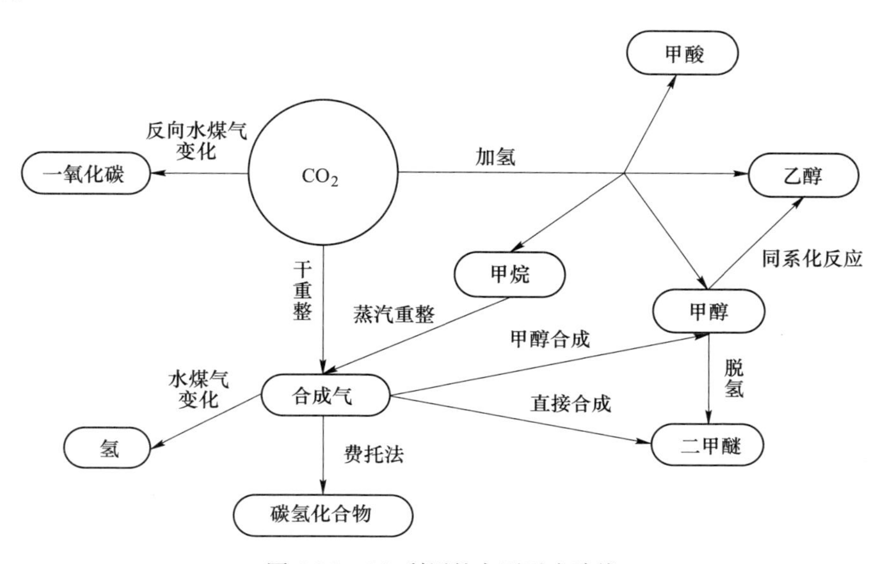

图 6-26 CO_2利用的主要反应路线

（1）CO_2制备甲醇/乙醇。CO_2加氢合成甲醇反应机理如图 6-27 所示，化学反应方程为：

$$CO_2 + 3H_2 \longrightarrow CH_3OH + H_2O$$

$$2CO_2 + 6H_2 \longrightarrow CH_3CH_2OH + 3H_2O$$

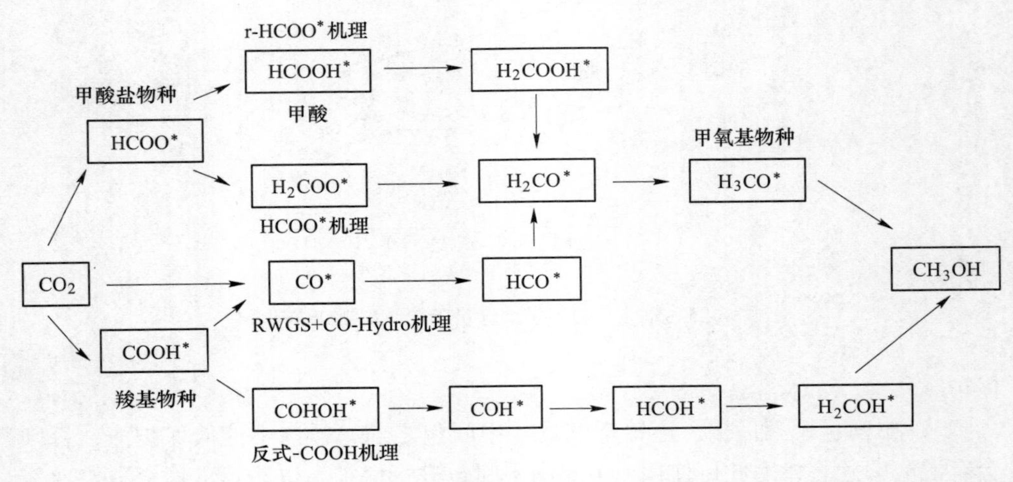

图 6-27 CO_2加氢合成甲醇反应机理[57]

CO_2制备甲醇、乙醇的化学反应中需要大量的H_2[56]，倘若H_2来源于煤气化，则CO_2的加氢反应将毫无意义。因为在得到H_2的同时，必然会通过水煤气变换反应排放出大量的CO_2，因此CO_2加氢反应的关键是解决H_2的来源问题（如风电、太阳能电水解制氢等），才能使CO_2的利用变得有意义。

（2）CO_2与CH_4干重整制备合成气。

化学反应方程：

$$CO_2 + CH_4 \longrightarrow 2CO + 2H_2$$

此反应可用于甲烷制合成气，但是用于CO_2减排是不可取的，因为该反应为强吸热反应，在总的热力学平衡和工艺过程中，需要补充大量的能量，能量的补充又将消耗大量的煤炭等燃料，就又产生了新的CO_2，总排放的CO_2要多于利用的CO_2。

（3）乙酸。乙酸是大宗化学品，2018 年中国乙酸产量为 616.42 万吨。传统的乙酸生产方法有乙醇氧化法、乙醛氧化法、乙烯氧化法等。2001 年以来，多名国外科学家发现了甲烷和CO_2直接反应可以合成乙酸，而CH_4和CO_2化学性质不活泼，热稳定性很高，需要克服较高能垒才能发生反应。

化学反应方程：

$$CO_2 + CH_4 \longrightarrow CH_3COOH$$

$$CO_2 + CH_4 + CH_3OH \longrightarrow CH_3COOCH_3 + H_2O$$

$$CO_2 + CH_4 + C_2H_2 \longrightarrow CH_3COOCH = CH_2$$

为了降低热力学上的限制，可以采取耦合的方法，加入甲醇或乙炔等化学性质较为活泼的物质，生成乙酸甲酯或乙酸乙烯酯。醋酸甲酯可以代替丙酮、丁酮、醋酸乙酯、环戊烷等，用于涂料、油墨、树脂、胶黏剂等行业；醋酸乙烯酯是聚乙烯醇树脂和合成纤维的单体。

（4）CO_2制备碳酸乙（丙）烯酯。CO_2和环氧乙烷发生共聚反应生成碳酸乙烯酯，和环氧丙烷反应生成碳酸丙烯酯，不同分子量的聚碳酸乙（丙）烯酯可生产聚碳酸亚丙酯多元醇、聚碳酸亚丙酯基水性聚氨酯乳液、CO_2基阻燃保温材料、全生物降解材料、高分子共聚生物材料。目前市场上已成熟应用的聚碳酸乙（丙）烯酯主要有三大利用方向：水性聚碳酸乙（丙）烯酯乳液，生物降解聚碳酸乙（丙）烯酯塑料和阻燃泡沫材料。

1）水性 PPC 乳液：可生产水性木器树脂、水性胶黏剂、水性可剥离树脂、水性金属树脂。产品具有优异附着力、色彩展示性等特点，能够完全替代进口水性涂料。2）生物降解聚碳酸乙（丙）烯酯塑料：可广泛应用于农业地膜、一次性餐具、饮料包装盒、包装膜、保鲜膜、购物袋、3D 打印耗材、缓冲包装材料、缓释化肥包覆料等。其中，用量最大的为农业地膜，采用地膜种植比裸地种植普遍能增产 40%以上，尤其西北干旱地区地膜增产保产效果更佳显著。3）阻燃泡沫材料：可应用于高阻燃外墙保温材料、高阻隔（阻氧、阻水）新材料。聚碳酸乙（丙）烯酯的 CO_2 含量达到 40%~50%，是目前 CO_2 含量最高的化工产品，能够减少了 CO_2 的排放量、减轻了“白色污染”问题，对环境保护具有重大意义。

（5）碳酸二甲酯。碳酸二甲酯（DMC）可以与苯酚合成碳酸二苯酯、进而与双酚 A 缩聚为聚碳酸酯、异氰酸酯（TDI、MDI、HDI）及烯丙基二甘醇碳酸酯（ADC）；也可用于合成氨基甲酸酯类农药（西维因）、苯甲醚、甲基芳胺等[58]。碳酸二甲酯的非光气法合成工艺现在已经被淘汰，目前主要有甲醇液相氧化羰基化法、尿素二步法、酯交换法。酯交换法工艺技术成熟，目前国内的生产厂家均以酯交换法进行生产，该工艺以 CO_2和环氧丙烷（环氧乙烷）为原料，生产碳酸二甲酯的同时副产的丙二醇（乙二醇）。

日本旭化成、壳牌、成都有机所等开发出了经酯交换反应制备碳酸二甲酯，然后制备聚碳酸酯的技术，此工艺可以利用 CO_2，是一种环境友好工艺，可以减少 CO_2的排放。泸天化采用成都有机所和中蓝晨光研究院开发的非光气法聚碳酸酯生产技术，计划建设 20 万吨/年聚碳酸酯项目，一期为 10 万吨/年，已于 2019 年 5 月成功投产。

(6) 苯氨基甲酸甲酯。二苯基甲烷二异氰酸酯（MDI）是生产聚氨酯最重要的原料之一，目前国内外均采用液相光气法生产 MDI，因此，各国化工企业都在寻求一条非光气法合成 MDI 的工艺路线。其中苯氨基甲酸酯是非光气法合成 MDI 的最重要的中间体，也用于农药、杀虫剂和医药，是 CO_2化工利用技术的一个重要方面。苯氨基甲酸酯可以由苯胺、甲醇、CO_2进行缩合反应生成。

(7) 丙烯酸。丙烯酸是一种大宗化学品，主要用来生产丙烯酸类树脂。乙烯（或丙烯）和 CO_2合成丙烯酸是一条较新的反应路线，该反应条件温和、无副产物、具有原子经济性，比烯烃氧化更具经济性和绿色化。

(8) 长链二元酸。长链二元酸是合成高级香料、高性能工程塑料、高档尼龙、热熔胶等的重要原料。以丁二烯和 CO_2为原料合成长链二元酸是一种全新的工艺路线[59]，该反应条件温和，使用的催化剂主要为镍、钯、铑的有机金属，同时添加含磷、氮有机化合物等各种助催化剂，合成出长链一元酸或二元酸及其内酯，转化率可达到40%以上，内酯经过简单的水解即可生成羧酸。

参考文献

[1] 赵锦．转炉煤气全干式除尘及余热回收新工艺研究［D］．沈阳：东北大学，2012.
[2] 黄希祜．钢铁冶金原理［M］．3版．北京：冶金工业出版社，1981.
[3] 肖后全．分析原料条件对转炉煤气回收量的影响［J］．冶金能源，2013，32（5）：48~51.
[4] 郦秀萍，蔡九菊，王爱华，等．转炉煤气回收量极限值的研究［J］．节能，2004，24（5）：13~15.
[5] 郦秀萍．转炉炼钢工序能耗模型及最小值［J］．钢铁，2003，(5)：60~62.
[6] 王爱华，蔡九菊，王鼎，等．转炉煤气回收规律及其影响因素研究［J］．冶金能源，2004，23（4）：52~55.
[7] 马良．转炉煤气干法除尘回收系统关键技术的优化应用［J］．环境工程，2013，31（3）：51~54.
[8] 周茂林，刘文松，陶智，等．提高 120t 转炉煤气回收量的生产实践［J］．山东冶金，2013，35（1）：72，74.
[9] 孙蓉琳，曹烈．马钢第三炼钢厂转炉煤气回收装置的过程控制［J］．冶金自动化，2002（5）：54~56.
[10] 陶有志，韩渝京，孙东生．迁钢 210t 转炉煤气干法除尘工艺生产实践［J］．冶金能源，2010，29（5）：15~17.
[11] 潘秀兰，常桂华，冯士超，等．转炉煤气回收和利用技术的最新进展［J］．冶金能源，2010，29（5）：37~42.
[12] 陈凤生．转炉煤气回收系统的安全运行措施［J］．天津冶金，2017（4）：72~74.

[13] 马桂芬，张一臣．联合特钢转炉煤气回收工艺探索 [J]. 天津冶金，2020 (3)：11~13.

[14] 熊超，李冰．大型钢铁企业煤气发电最优配置模式研究 [J]. 中国钢铁业，2013 (10)：26~28.

[15] 周雪鹿．钢铁企业剩余煤气高效再利用研究 [D]. 西安：西安建筑科技大学，2017.

[16] 张海荣．煤气发电技术在某钢铁企业的应用 [J]. 节能与环保，2017 (8)：72~74.

[17] 刘辉，王雯，魏晓明，等．工业副产煤气的资源化利用研究进展 [J]. 现代化工，2016, 36 (4)：46~52.

[18] 夏玉平，范跃翔，闫炳宽，等．高炉煤气在活性石灰回转窑中节能降耗的探讨 [J]. 价值工程，2015，34 (9)：63~65.

[19] 吴优，谢文峰，崔树钧，等．转炉煤气在石灰回转窑的应用 [J]. 冶金设备，2016 (6)：73~75.

[20] Balat M, Balat H, Öz C. Progress in bioethanol processing [J]. Progress in Energy & Combustion Science, 2008, 34 (5): 551~573.

[21] Olson E S, Aulich T R, Sharma R K, et al. Ester fuels and chemicals from biomass [J]. Applied Biochemistry and Biotechnology, 2003, 108 (1): 843~851.

[22] 张玉玺．生物乙醇原料的发展现状及展望 [J]．当代化工研究，2016，4：43~44.

[23] Daniell J, Köpke M, Simpson S D. Commercial biomass syngas fermentation [J]. Energies, 2012, 5 (12): 5372~5417.

[24] Henstra A M, Sipma J, Rinzema A, et al. Microbiology of synthesis gas fermentation for biofuel production [J]. Current Opinion in Biotechnology, 2007, 18 (3): 200~206.

[25] 娄岩．中国乙醇汽油和燃料乙醇市场供需现状 [J]. 国际石油经济，2019，27 (7)：68~74.

[26] 王洪军，赵泽东，王永强，等．钢铁企业转炉煤气资源化高效利用途径研究 [J]. 冶金动力，2018 (5)：22~24.

[27] 汪洪涛．钢铁工业煤气生物发酵法制燃料乙醇工艺研究与应用 [J]. 冶金能源，2017 (A2)：31~33.

[28] 李全权，钱卫强．焦炉煤气和转炉煤气资源化利用途径探讨 [J]．冶金动力，2020 (4)：17~20.

[29] 张瑞红．焦炉煤气制甲醇合成系统补碳的研究 [J]. 石化技术，2018，25 (11)：62.

[30] 刘建勋，张朋海．用焦炉煤气和转炉煤气生产甲醇 [J]. 燃料与化工，2013，44 (1)：51~52.

[31] 李丽，智芳芳，马茹燕．一氧化碳分离提纯方法分析研究 [J]. 山西化工，2018, 38 (5)：156~157.

[32] 肖景春．国外一氧化碳分离精制技术的进展 [J]. 石油化工，1988 (2)：117~125.

[33] 陈健，古共伟．变压吸附分离一氧化碳技术的应用 [J]. 低温与特气，1996 (2)：70~71.

[34] 彭才斗．以热碱洗涤合成氨原料气中的一氧化碳付产甲酸钠的探讨 [J]. 湖南化工，1979 (4)：97~100.

[35] 李京社，郭皓．钢厂煤气资源化利用技术进展 [J]. 冶金经济与管理，2020 (1)：

32~34.

[36] 李仲来．一氧化碳的提取及化工应用（下）[J]．氮肥技术，2006（2）：9~17.

[37] 刘辉，王雯，魏晓明，等．工业副产煤气的资源化利用研究进展 [J]．现代化工，2016，36（4）：46~52.

[38] Houghton J T，Ding Y，Griggs D J，et al. Climate Change 2001：The Scientific Basis [M]. Cambridge University Press，New York，2001.

[39] 孙正平．工业废气二氧化碳的回收利用 [J]．中国高新技术企业，2009（13）：88~89.

[40] 曾小涛．旋转床醇胺吸收法分离沼气中 CO_2 技术研究 [D]．北京：北京化工大学：2018.

[41] 刘昌俊．溶剂吸附法回收熟料窑尾气中 CO_2 的研究 [J]．轻金属，2004（4）：13~16.

[42] 沈洪士，张永春，陈绍云，等．填料塔中混合胺吸收二氧化碳的研究 [J]．现代化工，2010，30（2）：70~73.

[43] 崔敬杰，李红伟，汤志刚，等．碳酸二甲酯吸收捕集 CO_2 工艺流程 [J]．化学工程，2014，42（9）：1~5.

[44] 张屹东．变压吸附提纯二氧化碳技术应用 [J]．中国石油和化工标准与质量，2013，33（18）：32.

[45] 唐莉，王宝林，陈健．应用变压吸附法分离回收 CO_2 [J]．低温与特气，1998（2）：3~5.

[46] 朱荣，毕秀荣，吕明．二氧化碳在炼钢工艺的应用及发展 [C]// 中国金属学会．第八届（2011）中国钢铁年会论文集，2011：6.

[47] Hornby A S，Doulas C L，Bermel C L. Use of CO_2 in the AOD [C]//Electric Furnace Conference Proceedings. New Orleans：ISS-AIME，1990，48：297.

[48] Bruce T，Weisang F，Allibert M，et al. Effects of CO_2 stir-ring in a ladle [C]//Electric Furnace Conference Proceeding. Chicago：ISS-AIME，1987，45：293.

[49] 宋士超．转炉顶底复合吹炼效果分析 [J]．炼钢，1986（1）：54~59.

[50] Zhao H X，Yuan Z F，Wang W J，et al. A novel method of recycling CO_2 for slag splashing in Converter [J]．钢铁研究学报：英文版，2010，17（12）：11~16.

[51] 尹振江，朱荣，易操，等．应用 COMI 炼钢工艺控制转炉烟尘基础研究 [J]．钢铁，2009（10）：92~94.

[52] 宁晓钧，尹振江，易操，等．利用 CO_2 减少炼钢烟尘的实验研究 [J]．炼钢，2009，25（5）：32~34.

[53] Cao Y I，Zhu R，Chen B Y，et al. Experimental research on reducing the dust of BOF in CO_2 and O_2 mixed blowing steelmaking process [J]．ISIJ international，2009，49（11）：1694~1699.

[54] 易操，朱荣，尹振江，等．基于 30t 转炉的 COMI 炼钢工艺实验研究 [J]．过程工程学报，2009，9（S1）：222~225.

[55] 吕明，朱荣，毕秀荣，等．应用 COMI 炼钢工艺控制转炉脱磷基础研究 [J]．钢铁，2011（8）：36~40.

[56] 王彦，王晓月，曹瑞文，等．二氧化碳加氢制甲醇反应机理研究进展 [J]．辽宁石油化

工大学学报，2020，40（4）：11~20.

［57］Zhong J W，Yang X F，Wu Z L，et al. State of the art and perspectives in heterogeneous catalysis of CO_2 hydrogenation to methanol［J］. Chemical Society Reviews，2020，5（49）：1385~1413.

［58］袁伦天，李晓雪，周广文．由二氧化碳合成碳酸二甲酯技术进展［J］. 河南化工，2013，30（15）：17~19.

［59］方向晨，张志智，张喜文．CO_2的化工利用技术展望［J］. 当代化工，2011，40（3）：221~231.

7 转炉炼钢智能化技术

智能化转炉炼钢技术已成为当前转炉炼钢领域的重要研究方向。研究转炉自动化冶炼控制技术，完善冶炼过程系统控制、冶炼过程动态监控、终点成分预测，实现转炉从开始吹炼、脱氧、合金化、溅渣护炉到出钢的冶金全过程智能化控制技术越来越重要。利用自动化技术和数据库技术实现转炉出钢过程数字化监控和可视化分析，进而提高转炉操作和控制水平，通过标准化操作，配合自学习模型，实现炼钢工艺优化，进而提高操作稳定性和钢液质量。

7.1 转炉在线检测技术

随着计算机技术与自动化控制技术的发展，转炉炼钢实现了由经验炼钢到科学炼钢的变革，由人工操作加料、吹氧、倒炉拉碳、取样到自动智能炼钢，如图7-1 所示。本节主要介绍转炉炼钢副枪测量、炉渣在线检测、炉气分析检测、火焰分析等在线检测技术及相关自控控制模型。

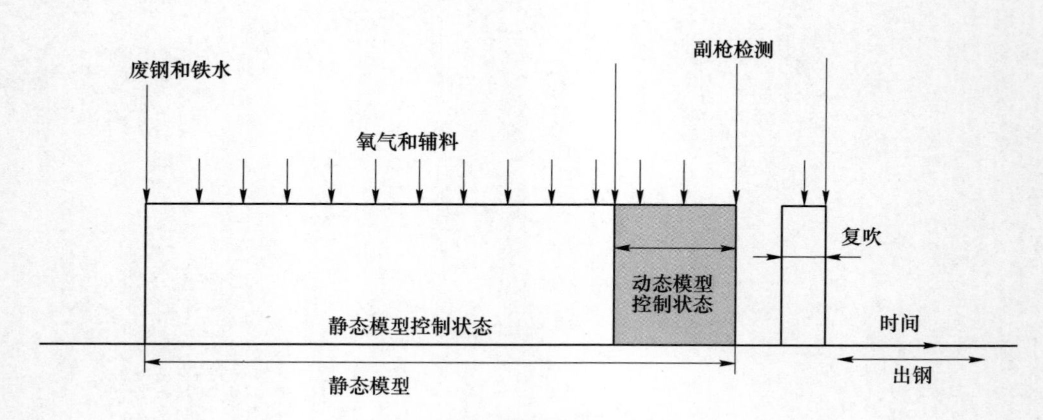

图 7-1 转炉炼钢生产及控制

7.1.1 副枪在线检测技术

副枪在线检测技术的使用缩短了冶炼周期，提高了转炉寿命，减少了钢水过氧化和铁水、石灰、氧气、铝及铁合金的消耗量，并增加了连浇炉数。副枪控制自动化炼钢如图 7-2 所示。

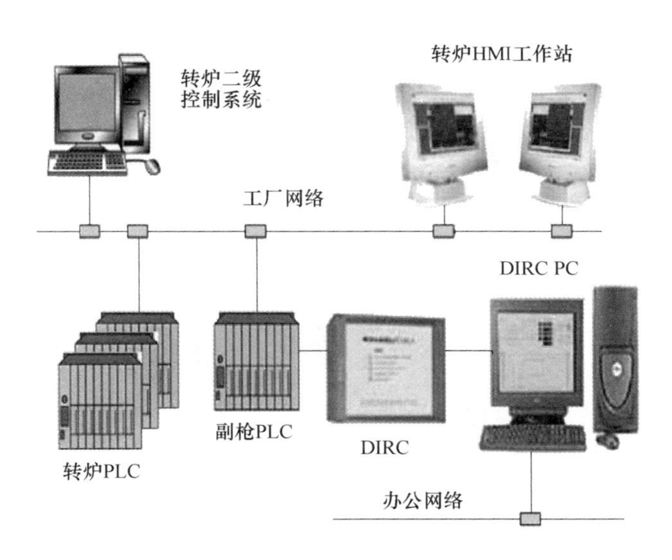

图 7-2 副枪控制自动化炼钢

副枪检测模型和静态动态过程控制模型（SDM）结合使用，可大幅减少冶炼时间，从而提高生产率，同时降低了耐火材料成本。Danieli Corus 报告[1]显示，其安装的副喷枪系统在一家巴西钢厂投产，产能提高了25%，转炉生产周期缩短了17%，炉衬寿命增加了41%。与废气质谱仪控制原理不同，副喷枪系统在停止吹氧前约2min不间断校正温度和钢液成分。副枪和静态动态过程控制模型结合，提高了碳和温度的目标命中率，而无需重新吹氧。

7.1.1.1 转炉副枪碳氧检测技术

A 副枪系统

副枪系统包括副枪本体设备和副枪自动化控制系统两部分。副枪自动化控制系统由副枪检测系统和副枪 PLC 控制系统组成，如图 7-3 所示。副枪检测系统是在副枪杆内安装的感应探头组件，所述感应探头组件包括探头套管、密封套和导线管，导线管和密封套设置在副枪杆内，导线管的端头与密封套的一端连接，导线套管的一端穿过副枪杆端头的插接孔与密封套的另一端连接。

B 副枪设备

副枪本体设备包括副枪枪体、副枪升降小车、副枪导向小车、副枪升降传动装置、副枪旋转传动装置、顶滑轮、副枪探头、副枪探头存储装卸机构（APC）、副枪密封刮渣装置等。通过探头检测、副枪控制系统应与铁水预处理、炼钢主副原料、氧枪、复吹、精炼 PLC 系统相联系，实现计算机二级系统控制炼钢。

副枪是一根水冷式三层管，下端有一个一次触发的探头电极夹，电极夹上安

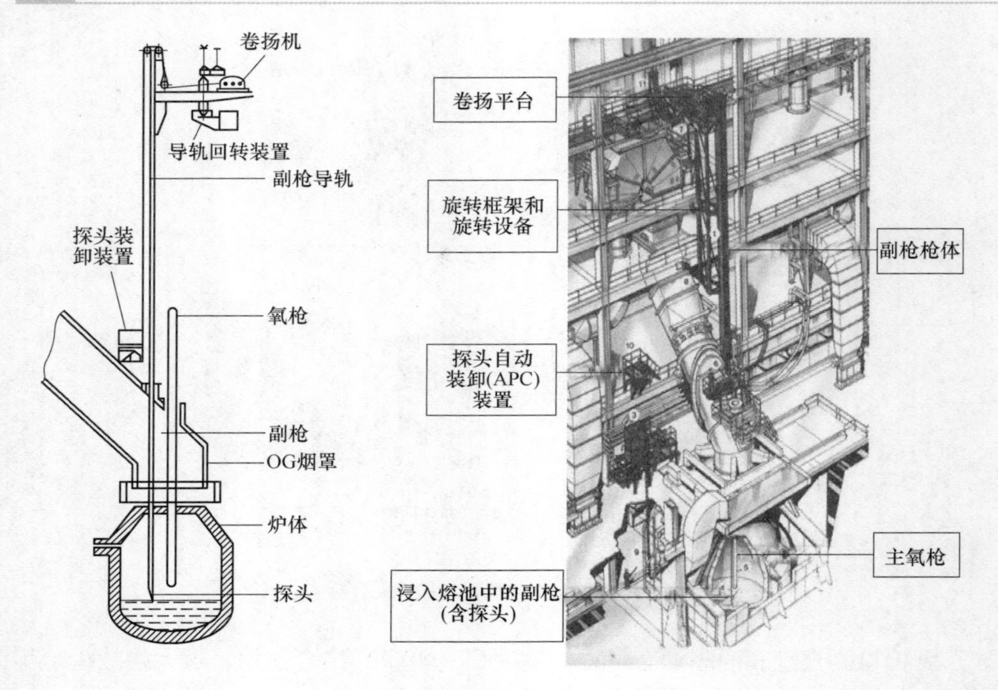

图 7-3 转炉副枪设备

装探头如图 7-4 所示，探头的主要部件有 U 型石英管内的热电偶，用于测定钢水温度；同时安装取样口和取样杯，探头插入钢水中后，钢水从取样口流入取样杯。提升副枪，样杯中的钢水逐渐降温和凝固，通过测量出现平台的温度确定钢水碳含量[2]。

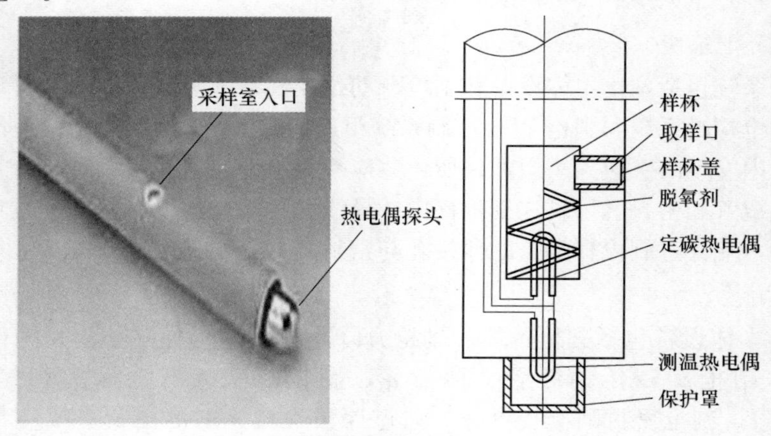

图 7-4 转炉副枪探头示意图

TSC 探头：用于测定冶炼过程中的钢水温度、结晶定碳和取样操作。根据静态模型的计算，在吹炼到达一定的氧步，即吹炼接近终点前的2~3min，副枪连接好TSC探头后插入熔池中迅速测出熔池温度和钢液凝固温度，通过结晶定碳的原理计算出熔池的［C］含量。同时，探头还会从钢液中取出钢样，供化验室分析。

TSO探头：用于测定冶炼终点的钢水温度、定氧定碳和取样操作。当转炉结束吹炼后，副枪连接好TSO后，可以在不倒炉的情况下插入熔池内测量钢水温度、钢液的［O］含量，并取钢液试样。根据吹炼终点的钢水温度和氧活度值，通过碳-氧平衡的关系可以计算出熔池的［C］含量，即所谓的定氧定碳。此外，TSO还有测量熔池液面的功能，即在副枪提枪过程中，由于熔池内钢水和炉渣的温度和氧电势是不同的，当TSO探头经过钢液/渣的界面时，可以捕捉到温度和氧电势的跃变信号，这样就能计算出熔池内的钢水液面高度。表7-1介绍了TSC、TSO型探头的使用条件。

表7-1　TSC、TSO型探头的使用条件

项　目	副枪TSC探头	副枪TSO探头
使用温度	T>1540℃，废钢全部熔化	吹炼结束后，氧枪提升至等候点
探头插入深度/cm	50~70	70
测量时间/s	6.5	9.5
测试条件	（1）吹氧消耗下降至标准的50%； （2）碳含量不能过低，至少应大于0.2%	—

C　副枪在线检测技术

（1）副枪动态控制。副枪在线检测的转炉终点动态控制方法如图7-5所示，包括：选取多个参考炉次、收集参考炉次数据、去除含有异常信息的炉次、根据参考炉数据计算参考炉次的升温速率和脱碳速率、根据渣量获取每个参考炉次的升温速率和脱碳速率的补正量、计算机优化控制模型计算当前炉次的预测升温速率和预测脱碳速率、根据当前炉次的预测升温速率和预测脱碳速率计算当前炉次的吹氧量和矿石量。副枪探头精确控制转炉吹炼过程和终点，实现转炉炼钢自动化，同时提高转炉炼钢碳和温度双命中率。

图7-5　副枪检测技术

（2）副枪检测流程。一般在冶炼每炉钢过程中副枪测量两次。第一次测量是吹氧后期测量（供氧量达到85%时），即静态控制结束动态控制开始时，副枪开始第一次测量，主要测量凝固温度和碳含量。在吹炼终点前2min左右，用装有 TSC 探头的副枪插入熔池内，插入液面以下 50cm，迅速测出熔池温度和钢液凝固温度，根据设定程序，以一定速度进行数据测量，当操控室人员收到后台数据，一个测量周期结束，进入动态控制模式。动态控制模型根据副枪测量结果对吹炼前静态控制模型（物料平衡、热平衡、氧平衡等）计算的数据进行校正，同时实时预测钢水的温度和碳含量，如图 7-6 所示。当预测值进入吹炼终点目标范围，发出提枪停吹指令。TSC 探头测量曲线如图 7-7 所示，图中紫线表示喷枪位置，红线表示熔池温度，黄线表示结晶温度。

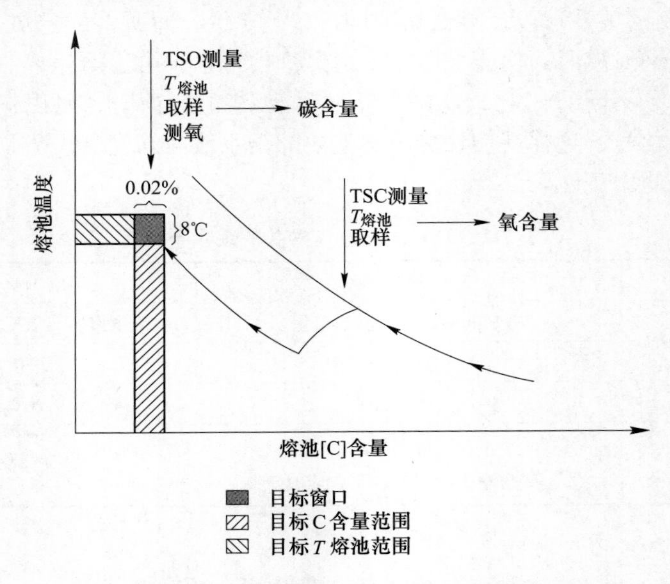

图 7-6　温度和碳含量变化的过程控制

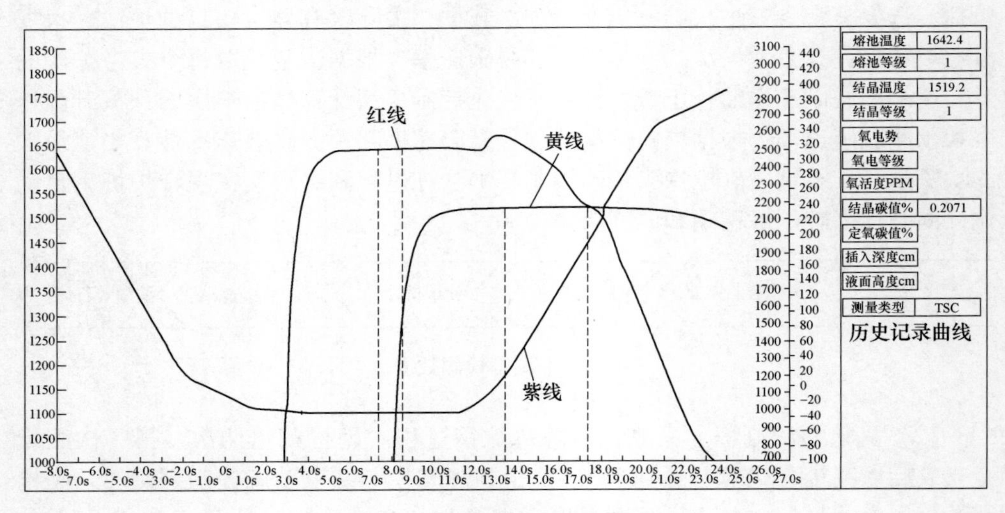

图 7-7　TSC 测量 DAS 曲线

吹炼停止后，副枪开始第二次测量，用 TSO 探头进行检测，将 TSO 探头插入液面以下 70cm，测量温度及氧含量，还可测量钢水液面高度[3]，终点碳含量也可由氧活度根据碳氧平衡计算得到，这些参数将被输送至后台，操作人员依据这些参数做出相应的判断，确定是否可以立即出钢。

D 应用效果

对某 160t BOF 转炉吹炼结束时的实际测得温度出钢温度与专家预测出钢温度的计算结果作图如图 7-8 所示。对于所有分析的测试热，出钢温度的命中率（T 目标窗口：±15K）为 90%，出钢碳含量（C 目标窗口：±0.010%）处的碳命中率可达到 88.9%。

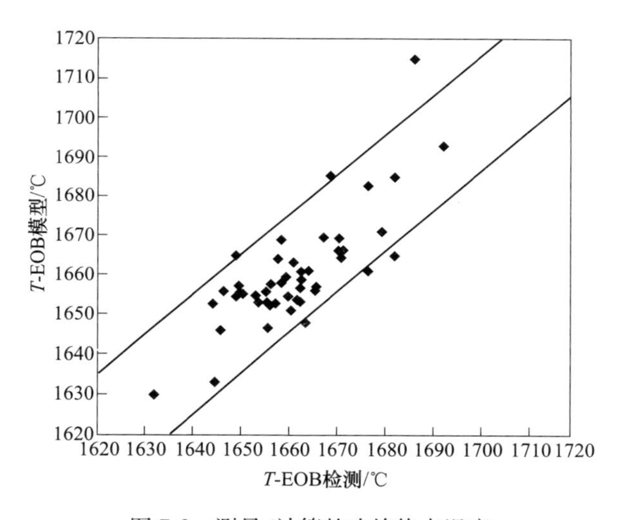

图 7-8 测量/计算的吹炼终点温度

迁钢计算机炼钢系统随转炉开炉同步投运，成功用于实际生产，使生产工艺指标大幅度改善，具体如下。

（1）提高了终点命中率：转炉炼钢一次拉碳出钢率从使用副枪及自动化炼钢前 71.63%提高到 95%以上，目前达到 96.84%。实际生产中转炉终点碳、温度双命中率已达 90.51%，碳命中率 96.34%，温度命中率 93.67%。

（2）改善钢水质量：由于终点碳和终点温度的命中率提高，大幅度减少了后吹次数，钢水中氧含量低，提高了钢水的清洁度，钢水质量得到很好的改善。

（3）减少钢水温度和成分的波动：由于提高了终点命中率，降低后吹次数，缩短冶炼时间，稳定钢水温度和成分的波动，为后期精炼、连铸创造良好工艺条件。

（4）提高金属收得率：模型通过对吹氧制度和加料制度的调整可以控制渣中（FeO）的含量，使终渣（FeO）含量限制在下线；后吹次数的减少也使得渣中（FeO）的含量降低，进一步提高金属收得率[4]。

（5）提高生产效率：由于实现了自动化不倒炉炼钢，使得冶炼时间缩短了3~5min，大幅提高了钢水产量。

7.1.1.2 转炉副枪终点锰含量检测技术

由于转炉吹炼过程中的化学反应非常复杂，难以建立准确的数学预测模型。近来，随着转炉副枪的广泛使用，如何利用转炉副枪的数据准确地预测转炉中的终点锰含量已成为一项重要的任务。基于某厂250t转炉炼钢自动化数据、副喷枪的数据建立了转炉终点锰含量的预测模型，实现了副喷枪转炉自动化炼钢，缩短了在吹炼端与出钢口之间间隔时间，减小了终点锰含量的波动范围，降低了成本，提高了经济效益[5]。

A 检测原理

转炉中，与锰有关的主要反应过程如下[3]，冶炼初期，铁水中的锰被氧化，成为炉渣的一部分，促进了炉渣的初次熔化，反应式见式（7-1）。冶炼中期，随着温度的升高和钢水的脱碳反应的加速，炉渣中的一部分氧化锰被还原，被还原成锰回到钢水，反应式见式（7-2）。冶炼后期，随着钢水的碳含量下降以及钢水和炉渣的氧化显著增加，钢水中的锰再次被氧化成炉渣，见式（7-3）和式（7-4）。

$$[Mn] + 1/2O_2 = MnO \tag{7-1}$$

$$(MnO) + [C] = [Mn] + CO \tag{7-2}$$

$$[Mn] + [O] = MnO \tag{7-3}$$

$$[Mn] + (FeO) = Fe + (MnO) \tag{7-4}$$

B 在线检测技术

基于某厂转炉副炉的冶炼数据[6]，分别通过多元线性回归（MLR）和BP神经网络（BP-NN）建立了转炉终点锰含量的预测模型，结果如图7-9~图7-12所示。预测结果表明，MLR模型很容易建立，但不能准确地描述炼钢过程，而BP神经网络模型得到了基于模型结构的正确选择在转炉终点更准确的锰含量预测结果，适当的培训使用样本数据，然后正确确定权重。根据现场测试，预测相对误差命中率在±10%内为90.38%，在±15%以内为96.15%。

7.1.2 炉气分析检测技术

工业应用的在线气体分析方法主要有质谱仪、气相色谱仪、红外和激光原位气体分析方法。转炉炉气分析系统结构框架如图7-13所示。

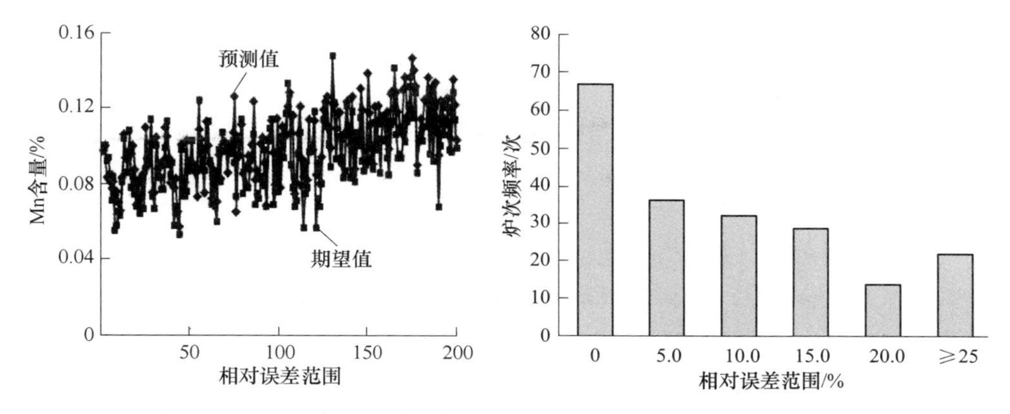

图 7-9 转炉终点锰含量 MLR 模型预测结果

图 7-10 转炉终点锰含量预测结果的相对误差

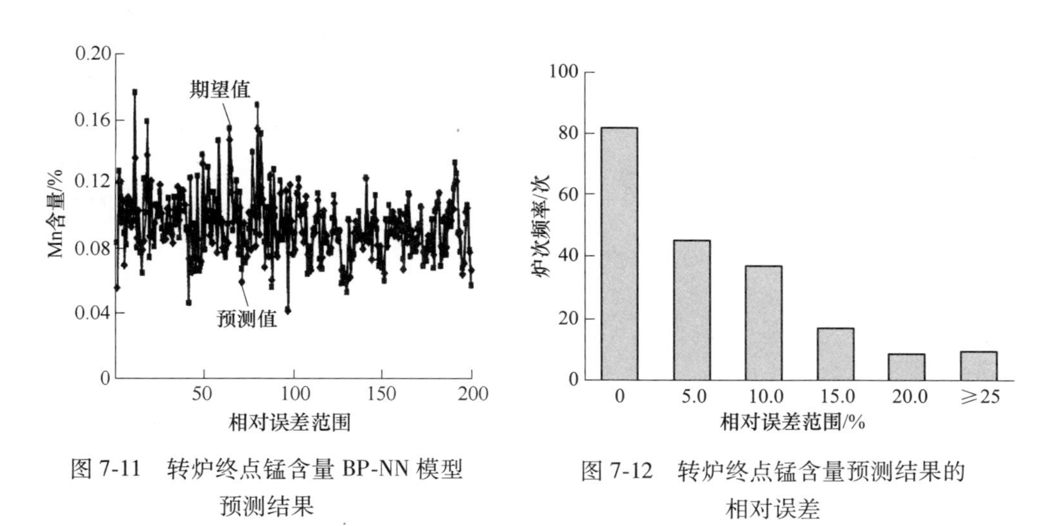

图 7-11 转炉终点锰含量 BP-NN 模型预测结果

图 7-12 转炉终点锰含量预测结果的相对误差

采样口
初级过滤除尘装置
除尘单元 除油单元 除水单元
CO分析仪 CO_2分析仪 N_2分析仪 H_2分析仪 水分分析仪
数据处理传输系统
控制系统
取样系统
分析系统
1 2

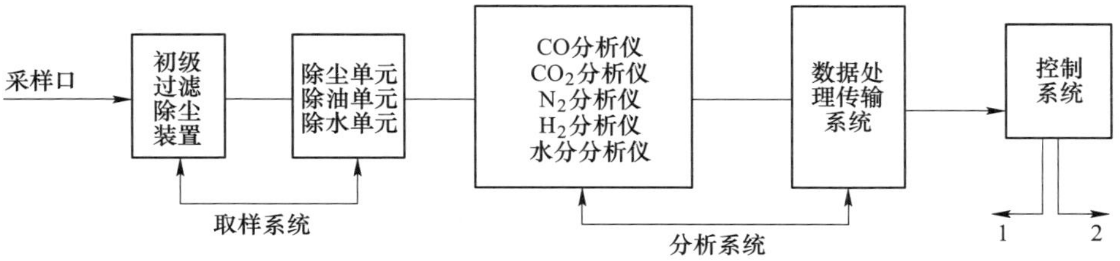

图 7-13 炉气分析系统

7.1.2.1 炉气分析控制原理

转炉烟气炼钢技术自动化系统一共有三个组成部分：（1）负责转炉烟气采集、处理的 LOMAS 系统；（2）在线分析质谱仪；（3）转炉烟气分析动态控制系统。

烟气采集和处理系统可以采集温度高达1800℃、烟尘含量高达的$100mg/m^3$气体。系统由两个气体采集探头、现场处理柜、气体处理柜、控制柜、分析柜组成。分析系统借助每一转炉上的两个探头来保证无间断连续性测量的进行，其中一个探头用于烟气周期性取样，另一个进行清洗备用，将多余的测量烟气反吹到烟气冷却段[7]。

在线分析质谱仪对LOMAS系统采集处理后的转炉烟气进行成分分析，其主要特点是分析速度快、精度高，分析转炉烟气中的6种主要气体成分的周期小于1.5s，可根据转炉烟气中CO、CO_2和O_2含量的变化进行及时准确的测定，以便动态模型对吹炼后期脱碳速率变化进行计算，为终点碳和温度预报提供准确的计算依据。

转炉烟气分析动态控制系统为了实现准确又高效的转炉烟气分析检测工作，总系统一般由静态与动态两个部分构成。静态控制模型的主要任务是依据原料条件寻找最佳原料配比，并根据实际配料确定冶炼方案进行吹炼，在吹炼过程中一级系统根据静态模型的设定值自动进行加料、吹氧等操作，并根据铁水、废钢以及造渣料的信息计算终点钢水温度。动态控制模型能够给予静态模型一定的补偿，确保其内部物质的平衡，建立转炉生产平衡体系，对分析结果进行及时的矫正与修改，确保转炉生产出高质量的产品[8]。

本钢从达涅利（Danieli Corus）引进的转炉炉气分析在线控制系统核心设备为磁扇式vG PRIMA 8B质谱仪。该系统由取样、分析、数据通信等系统组成。取样系统由探头和样气预处理系统组成[9]。探头位于炉气管道最顶端，重力除尘之前，由于转炉冶炼条件恶劣，大量烟尘的存在会对炉气各成分摩尔含量构成影响，因此采集的样气需经样气预处理系统的降温、除尘、除湿、过滤等处理后，再进行分析处理，其结果经数据通信系统传给主控室[10]。

7.1.2.2 碳、熔池温度预测

采用碳质量平衡的方法，通过炉气量和CO、CO_2含量计算熔池［C］含量，计算如式（7-5）和式（7-6）所示：

$$\Delta w[\mathrm{C}] = \int_{t-\Delta t}^{t} \frac{\mathrm{d}w[\mathrm{C}]}{\mathrm{d}t}\mathrm{d}t \approx Q \times (k_1 w(\mathrm{CO})\% + k_2 w(\mathrm{CO_2})\%) \times \Delta t \quad (7\text{-}5)$$

$$w[\mathrm{C}]_t = w[\mathrm{C}]_0 - \sum_0^t (\Delta w[\mathrm{C}]) \quad (7\text{-}6)$$

式中 k_1，k_2——CO和CO_2转换为C的转换系数；

Q——烟气流量；

$[\mathrm{C}]_0$——金属炉料初始碳含量。

熔池温度可通过以下步骤进行预测：

（1）根据炉气 N_2 含量，得到炉口和烟罩之间吸入的空气量；

（2）根据吹入氧气量和炉气 CO、CO_2、N_2 含量，得到 C、Si、Mn、P、Fe 氧化量和燃烧比率；

（3）由 C、Si、Mn、P、Fe 氧化量和燃烧率等，得到化学反应热；

（4）由化学反应热、废钢量、渣料量等，得到熔池温度变化；

（5）由熔池温度变化得到废钢熔化速度、成渣速度等；

（6）控制模型的重点放在吹炼后期，根据后期炉气成分变化推测熔池［C］含量、温度等钢液和炉渣的成分、重量、活度、温度等降低烟罩口吸入空气对 CO、CO_2 影响。

7.1.2.3 使用效果

（1）提高转炉冶炼终点命中率。将气体分析方法应用于转炉终点控制可以提高转炉终点命中率，尤其是碳终点命中率。例如韩国 PoscoKwangyang 工厂采用炉气分析控制转炉生产，终点碳、温度命中率超过 95%。

（2）节约副枪消耗。副枪消耗包括副枪及探头，累计消耗成本和维护成本非常高。采用炉气分析测温定碳，不消耗原料，维护也很方便。在炉气分析+副枪动态控制中，炉气分析系统与副枪系统可以同时使用，减少了副枪点测量的次数和副枪枪头的消耗。

（3）提高转炉煤气回收率。质谱仪测得的成分数据不仅可以用于转炉生产的控制，而且可以提高转炉煤气的回收率。质谱计采样点位于转炉顶部与废气冷却系统、除尘系统的前面，加上质谱仪分析数据速度快的特点，可使煤气回收站的操作者至少提前 20s 获得炉气信息，当炉气流量为 150000m^3/h 时，转炉气回收率可提高 1640m^3。瑞典 SSABTumnplatAB 工厂转炉车间的实践也证明，采用质谱仪分析转炉气体，可使气体回收率提高 2%~5%。在 230t 转炉上采用炉气分析系统后，得到了较好的效果。同时质谱仪可以用来测量炉气的气体组分，可通过控制转炉烟罩的升降，调整吸入的空气量，使炉气成分能够满足回收的要求，进一步提高气体回收率[11]。

（4）提高金属收得率。采用动态模型预测控制喷溅能有效提高金属的收得率。通过计算炉渣组成和调节供氧系统，可以控制炉渣中氧化铁的含量。另外，后吹率的降低也会使炉渣中氧化铁含量降低，从而进一步提高金属的收得率。

（5）减少铁合金的用量。利用喷溅预报模型（总含氧量主要包括炉渣和钢中的含氧量）可以准确计算转炉内的总含氧量，从而对铁合金的含量进行精确控制[12]。

应用烟气分析动态控制系统，降低终点目标碳范围，开发出低碳模型

(LCM)，利用烟气在线分析技术对吹炼全过程中炉渣和金属成分进行实时预报，并通过烟气分析在线实时校正熔池脱碳速度，实现全程动态控制取得很好效果，终点碳温命中率见表7-2。

表7-2 SSAB炉气分析控制精度

终点碳范围/%	碳控制精度/%	温度/℃	碳命中率/%	温度/℃
0.03~0.05	±0.007	±8	95	95
0.05~0.07	±0.009	±8	95	95
0.07~0.11	±0.012	±8	95	95

7.1.3 副枪+烟气分析控制技术

国外先进炼钢厂普遍采用转炉自动化吹炼控制技术，见表7-3。从表中可知，副枪技术、烟气分析动态控制技术在国外已经相当普及，并有一部分将烟气分析与副枪结合进行控制[13]。

表7-3 国外部分钢厂转炉控制技术现状

应用厂家	炉容/t	年产量/万吨	控制技术
日本住友金属和歌山三炼钢厂	3×175	510	副枪+烟气分析
日本川崎钢铁公司千叶二炼钢厂	3×165	550	烟气分析
日本新日铁大分厂	3×330	400	副枪+烟气分析
德国赫斯公司多特蒙德厂	3×210	400	烟气分析
德国曼内斯曼胡金根厂	2×245	300	烟气分析
德国蒂森克虏伯一炼钢厂	2×400	500	副枪+烟气分析
德国蒂森克虏伯二炼钢厂	3×270	600	副枪+烟气分析
德国 Salzgitter	3×280	409	烟气分析
德国迪林根	2×185	220	烟气分析
荷兰霍戈文	3×325	650	副枪+烟气分析
韩国浦项光阳厂	2×250	270	副枪+烟气分析
卢森堡阿尔贝德公司迪德朗日厂	1×150	120	烟气分析

从表7-3中可以看出采用副枪+烟气分析技术的厂家比较多，这说明近年来国外转炉自动化吹炼与终点控制技术已有新的变化，其技术发展趋势主要表现为：

(1) 转炉控制由人工经验控制转变为计算机全自动控制；

(2) 由静态模型和终点动态控制模型转变为吹炼全过程的动态控制模型；

(3) 检测技术由副枪逐渐向以烟气分析为主、副枪为辅的方向发展；

（4）终点控制由碳、温逐渐发展到对碳、温和磷、锰、硫、氧的全面控制；

（5）由静态的程序控制向动态的全自动吹炼控制方向发展。

利用烟气分析实现过程控制优化副枪终点动态控制案例如下：

瑞典 SSAB 钢厂两座 180t LBE 转炉都安装了副枪系统和烟气分析系统[14]，研究表明低碳范围内烟气分析控制精度已经很接近副枪模型控制精度。因此，可以逐步减少副枪点测次数和点测用元件数量，用廉价的测温探头（T 探头）取代昂贵的 TSC 和 TSO 探头。SSAB 钢厂已实现了完全用 T 探头取代 TSC 碳头；仅使用 T 探头，副枪点测时不必降低氧气流量，可延长煤气回收时间，煤气回收率增加 2%~5%；以烟气分析计算熔池碳含量为判断依据，95%炉次实现后期自动下枪测温。

日本住友余属鹿岛第二炼钢厂 280t 转炉同时安装了副枪和烟气分析系统，在吹炼后期副枪点测后，利用检测的烟气成分开发出了模型参数自适应的终点控制技术[15]。在一个炉役内无需人工调整模型参数的情况下，实现了很高的终点碳温控制精度和较低的补吹率。

日本几家钢铁公司在大型转炉上同时采用副枪和烟气分析技术，实现了全自动炼钢。日本神户钢铁公司加古川钢厂采用全自动吹炼控制 240t LD/OTB 转炉，取得很好效果。其控制技术的主要特点如下[16~18]：

（1）根据初始条件和终点目标，用静态模型制订吹炼方案；

（2）采用氧枪加速度仪测量吹炼过程中的炉渣液位，判断化渣情况，动态调整枪位和氧流量，控制吹氧和造渣过程，避免喷溅；

（3）连续检测吹炼过程中的烟气成分，在线全程预报熔池 C、Si、Mn、P、S 含量和熔池温度；

（4）接近吹炼终点时，用副枪测温，进行动态校正，确定吹炼终点。实行全自动吹炼技术后，能得到理想的控制效果：1）减少喷溅，冶炼高碳钢喷溅率从 40%下降到 8%[19]；2）减少后吹次数，冶炼高碳钢后吹率从 1.4 次/炉，炉下降到 1.1 次/炉；3）冶炼高碳钢缩短冶炼时间 10min。

与转炉副枪、废气质谱仪控制结合后，副枪检测温度命中率高，结合烟气分析质谱仪后 C 命中率提高，温度命中率反而下降。综合对比发现使用枪检测准确率高、比较经济。

对比转炉副枪、副枪+烟气分析质谱仪结合使用效果见表 7-4。

表 7-4 对比转炉副枪、副枪+烟气分析质谱仪结合使用效果

项 目	C 目标窗口：±0.010%	T 目标窗口：±15K
副枪检测效果/%	88.9	90
副枪检测+烟气分析效果/%	91.1	85.6

7.1.4 炉渣在线检测技术

转炉在炼钢时产生大量熔融态钢渣，每吨钢产生氧化性炉渣100~150kg，由于钢渣比重小于钢水，是钢水的0.4~0.6倍，所以浮在钢水表面上，其化学成分复杂如FeO、SiO_2、P_2O_5和MnO等氧化物，其中FeO的含量通常在15%~25%，尤其是其中夹杂的硫磷对钢水质量影响很大：磷带来的危害是使钢冷脆，使钢种的焊接性能、塑性、冷弯性能变差；硫带来的危害性是产生热脆性，延展性和韧性能变差，锻造及轧制时易产生裂纹，焊接性也变弱，而且降低了钢种的耐腐蚀性[20]。这些氧化物的不稳定性也会带来如图7-14所示的危害。

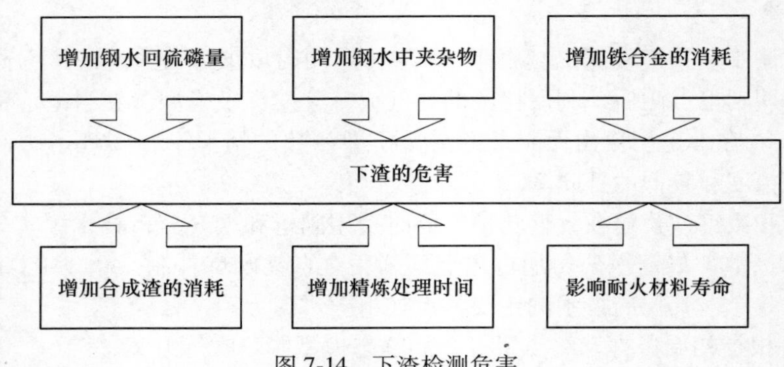

图7-14 下渣检测危害

控制好转炉出钢过程中的下渣量，能够减少炼钢下一阶段脱氧剂和合金的消耗量，即减少了钢水中磷、硫及氧化物夹杂的含量，故减少了钢水精炼过程中材料的消耗，并提高了钢水的清洁度，即提高合金收得率[21]。所以出钢过程中要严格控制流入钢包中钢渣的含量，检测出钢水下渣的情况，以便可以及时挡渣或者停止出钢，从而减少硫磷元素重新渗入到钢水中。近几年转炉中使用的声呐化渣、红外热像仪下渣检测技术，实现了实时在线检测技术，检测过程连续性好、精度高，合理控制成本，可实现对转炉化渣过程实时检测。

7.1.4.1 声呐化渣

A 基本原理及设备简介

声呐化渣是通过超音速氧气流股的气体动力学噪声、冲击铁液、渣液和固相颗粒的噪声、CO气泡破裂和溢出的气流噪声及金属熔池和渣液与炉壁摩擦的噪声等噪声变化的规律判断炉内渣系的变化[22]。渣面和音强成反比，如果化渣良好、渣层厚，则炉渣的消音能力强，炉内发出的音声水平低，这是采用声音强度测量化渣状况的一种方法，具体应用如图7-15所示。

氧气转炉炼钢过程中，高速氧流冲击熔池发出噪声，根据噪声强度大小测量炉渣液面高度。转炉炉口附近选择合适的取声点获取特征频带，通过隔声、滤

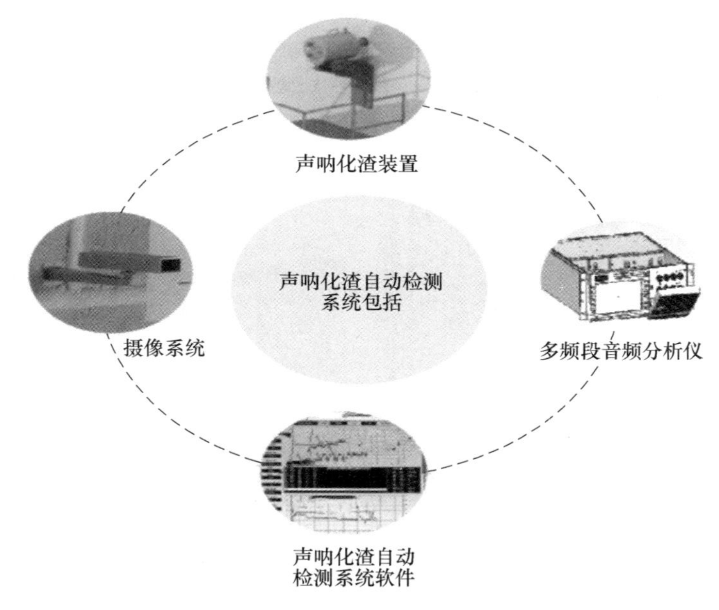

图 7-15 声呐化渣

波、定向等技术处理后在计算机屏幕上显示该噪声强度随吹炼时间的变化情况，即声呐去向。通过声呐去向了解炉内泡沫渣情况，为操作人员提供炉渣状态的信息，及时避免冶炼过程中喷溅与返干现象。同时，冶炼过程中的造渣剂的加入量通过信号的传输、转换在 CRT 显示器上及时显示出来，使操作人员对每炉的造渣料加入量、加入时间准确记录。

炉渣液面高度与炉内噪声强度关系见式（7-7）[23]：

$$I = 134\exp(-0.81S_Z) \tag{7-7}$$

式中 I——噪声强度分数，%；

S_Z——炉渣液面高度，m。

该系统由声处理器（主机）、拾音器、配水、配气系统组成。它们的作用分别是：声处理器对拾音器采集的信号进行放大处理，获得一个与渣平面相对应的信号分别送往计算机或可编程控制器；拾音器用来采集炉渣噪声，因其工作在高温区域，所以必须给它增加水冷和惰性气体（氮气）保护置；配水、气是为探头（拾音器）保护装置配水和气的系统。

氧气转炉吹炼情况，有 3 种噪声与吹炼有关：

（1）超音速氧气流股的气体动力学噪声及其冲击铁液、渣液和固相颗粒时的噪声；

（2）CO 气泡破裂和溢出的气流噪声；

（3）金属熔池和渣液与炉壁摩擦的噪声。

在实际检测过程中，只要泡沫渣能保持正常状态，噪声强度最低时恰恰是碳氧反应最剧烈、熔池运动最活跃的时候，由此可以推断，超音速氧气流股是产生吹炼噪声的最主要的噪声源。

声呐化渣检测装置如图 7-16 所示。

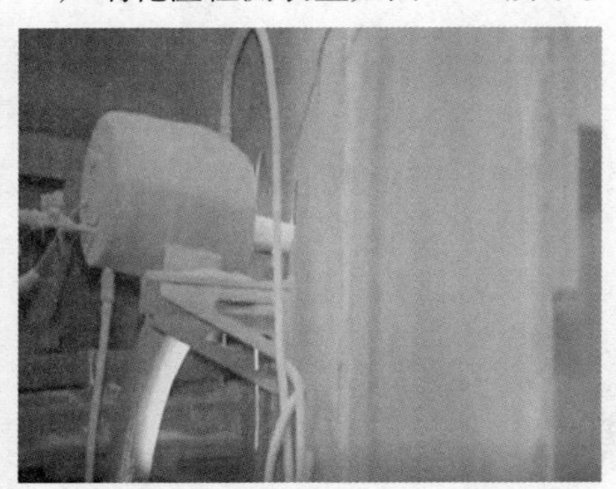

图 7-16　声呐化渣检测装置

B　系统工作过程

声呐化渣技术的关键在于该系统能将炉内炉渣的状况及时且真实反映在电脑画面上，并有效地指导操作。声呐化渣技术可以在屏幕上自动设置和调整“喷溅线”“返干线”和“正常化渣区”，在线显示声呐化渣曲线；报警提示喷溅和返干；枪位曲线实时显示工艺参数的存储、统计、制表和打印等功能[24]。

在采用声呐化渣技术以前，操作人员在返干或喷溅发生时才开始采取具体措施，不能做到提前预判，采取措施太晚。通过观察声呐曲线的变化率，可做到提前预判这一点。图 7-17 中正常化渣区可以根据生产实际情况调整。一般情况而言，声呐曲线靠近正常化渣区上部运行时表示化渣良好，声呐曲线在中下部运行表示炉渣偏干，返干报警就会闪烁，声呐曲线在喷溅线以上运行表示即将或正在喷溅，此时会出现喷溅报警。实际生产中，操作人员可以根据声呐曲线变化的斜率和声呐曲线的运行情况来判断化渣情况，然后实时调整枪位高度。当声呐曲线开始向返干线靠近，并且其斜率较大时，说明将要发生返干现象，当声呐曲线开始向喷溅线靠近，并且其斜率较大时，说明将要发生喷溅现象[25]。声呐化渣控制界面如图 7-17 所示。

随着冶炼的进行，若声呐曲线升至喷溅线附近，声呐路线向上走，此时有发生喷溅的趋势，此时，枪位虽然不变，但渣中氧化铁的含量继续增加，再加上铁水温度较低，脱碳反应滞后，泡沫渣和碳氧反应突然爆发重合，易造成喷溅。此时正确的操作是稍微加入一些石灰或者白云石等，压下泡沫渣，同时等碳氧反应开始时稍微提高氧压。

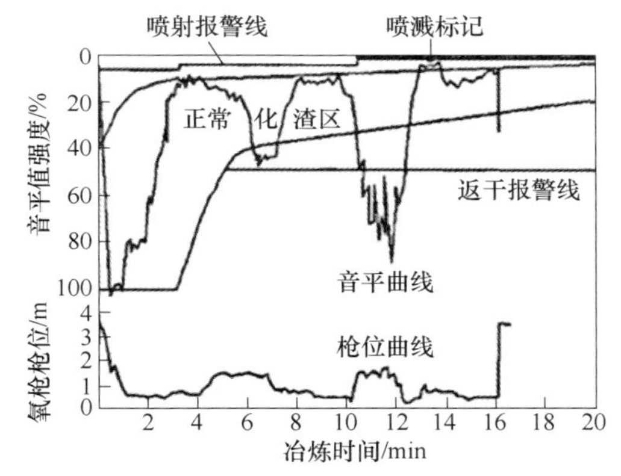

图 7-17 声呐化渣控制界面

若声呐曲线靠近返干线，或者声呐路线向下走，此时即将发生返干，可以通过提高枪位或者加入铁矿石来调节渣中的氧化铁含量，从而达到控制炉渣状态的目的。

C 应用效果

声呐信号、氧枪枪位实现联动后，由于化渣效果好，所以在磷的成分控制、散装料消耗等方面也要好于其他转炉，具体如下：

(1) 普通钢脱磷率对比。以某钢厂 1 月份全月 7 号转炉生产炉数 10 炉以上的普通钢种脱磷率数据与同期 2 号转炉数据进行对比，见表 7-5。由表可以看出：在铁水条件基本相当的情况下，7 号转炉脱磷率较 2 号转炉提高 0.044%[26]。

表 7-5 7 号转炉和 2 号转炉普通钢脱磷对比

7 号转炉			2 号转炉			脱磷对比/%
终点氧/%	终点温度/℃	脱磷率/%	终点氧/%	终点温度/℃	脱磷率/%	0.044
548.9×10^{-4}	1686	0.861	529.2×10^{-4}	1683	0.817	

（2）品种钢脱磷率对比。以1月份全月7号转炉生产炉数10炉以上的品种钢脱磷率数据与同期2号转炉数据进行对比，见表7-6。由表可以看出：在铁水条件基本相当的情况下，7号转炉脱磷率较2号转炉提高0.02%。

表7-6　7号转炉和2号转炉品种钢脱磷率对比

7号转炉			2号转炉			脱磷对比/%
终点氧/%	终点温度/℃	脱磷率/%	终点氧/%	终点温度/℃	脱磷率/%	0.02
665.3×10^{-4}	1691.7	0.84	572.9×10^{-4}	1688.1	0.82	

（3）吹炼溢渣控制。自7号转炉使用声呐控枪以来，吹炼过程溢喷率仅为1.38%，远低于其他转炉2.44%的平均水平，说明声呐控枪对喷溅溢渣的发生也有明显的抑制作用。

（4）散装料消耗。由图7-18可以看出，7号转炉纯灰硅比、综合灰硅比、白云石硅比等散装料消耗指标均优于车间其他转炉指标。

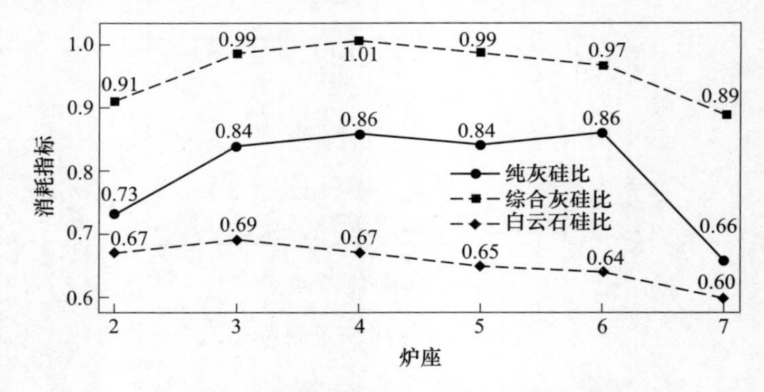

图7-18　7号转炉和其他转炉散装料消耗对比

声呐曲线的曲线图为操作工提供了很好判断炉渣动态状况的依据，在吹炼过程中能参照声呐曲线来调整枪位和散装料加入量。声呐化渣技术的应用和操作工技术水平的不断提高，减少了转炉冶炼喷溅的发生。同时，转炉因返干致使烟罩粘钢所引起的生产事故也极少发生过程的化渣效果，满足了脱磷、脱硫的要求且效率提高，因此，显著提高了一次拉碳时温度、成分的命中率，使一次拉碳率大大提高。一次拉碳率的提高，显著缩短了转炉的冶炼周期，为加快生产节奏和提高产量创造了条件，还为今后的稳产、高产奠定了基础[27,28]。

7.1.4.2　红外热像仪下渣检测技术

红外热像对转炉出钢下渣识别的原理是红外热图像成像，依靠红外摄像机对转炉出钢状态进行监测，摄像机负责采集图像，然后传输给计算机进行计算，采用图像识别对出钢过程进行掌握，其原理如图7-19所示。

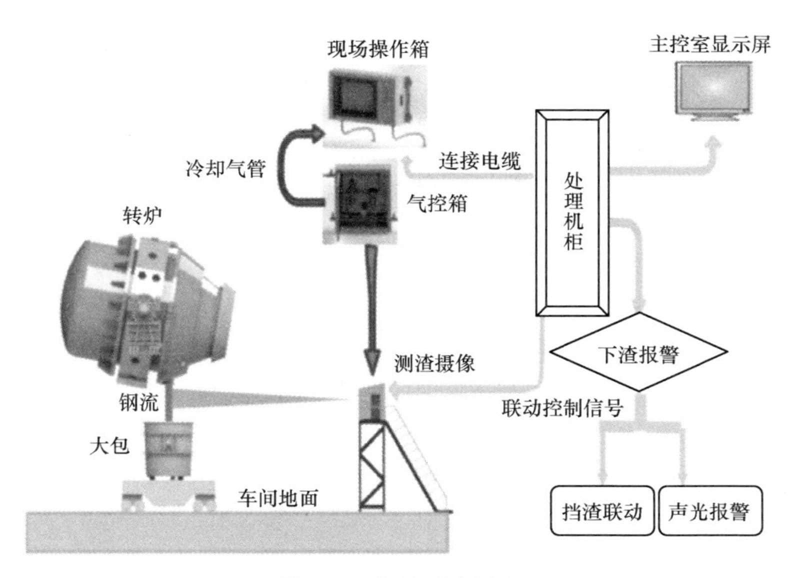

图 7-19 红外下渣原理

远红外下渣检测系统在传统下渣检测系统报警判断逻辑的基础上，引进了智能挡渣抬炉控制单元，将瞬时钢渣含量比例作为一个重要参数进行应用，并引入卷渣状态、出钢时间、烟雾影响和历史数据等参考因素进行综合判断，可以给出相当精确的挡渣抬炉报警信号。在工况正常情况下，该系统的报警准确率可达99%以上，完全可以代替人工判断并指导抬炉和挡渣操作。同时该系统保留了传统下渣检测系统的夹渣报警信号，用以提示操作人员修正出钢中期的摇炉节奏，进一步减少进入钢包的钢渣总量[29]。远红外下渣检测系统挡渣抬炉报警控制信号的判断逻辑图如图 7-20 所示。

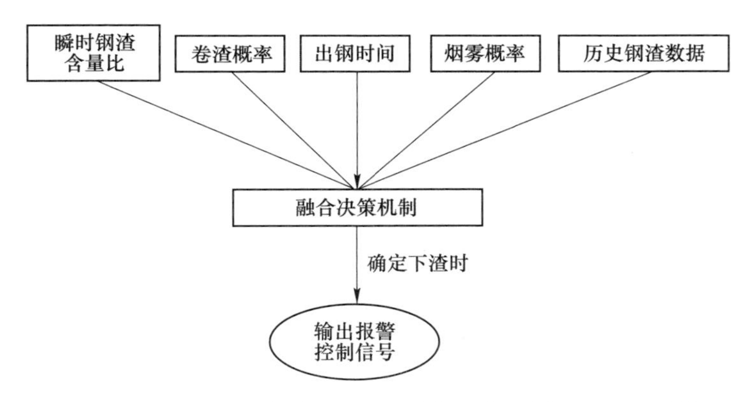

图 7-20 远红外下渣检测系统挡渣抬炉报警控制信号判断逻辑图

A　红外热像仪原理

钢水和钢渣有不同的热辐射系数，红外热图像识别转炉出钢下渣根据这一检测原理来识别下渣的。红外线辐射量的大小取决于物体结构、表面特征及它的温度。因为钢水与钢渣辐射系数不同，所以同样温度的钢渣与钢水有不同的辐射能力[30]，利用在红外频率范围内钢渣的放射率比钢水要高的原理，使用摄像机对准钢水来监测出钢状态就可以分辨出是钢水还是钢渣，当钢流夹渣量达到5%～10%时能够被检测到。当钢渣出现超过设定阈值时就进行报警[31]。

红外热像仪基本工作原理是红外线透过特殊的光学镜头，被红外探测器所吸收，探测器将强弱不等的红外信号转化成电信号，再经过放大和视频处理，形成可供观察的热图像显示到屏幕上，原理如图 7-21 所示。

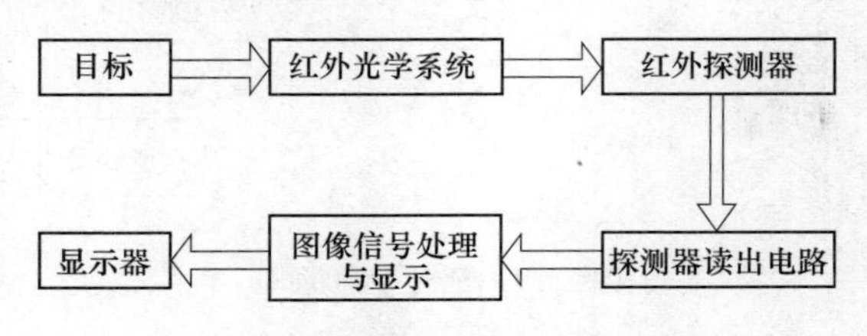

图 7-21　红外探测器的工作原理

B　红外热像仪系统构成

热像仪系统构成包括红外光学系统、模拟信号调制、A/D 数据采集电路、TEC 温控电路、数字信号处理部分及 D/A 视频显示电路等，如图 7-22 所示。

图 7-22　红外热像仪

C　红外光学系统硬件设计

热探测器是利用辐射热效应，使探测原件接收到辐射能后引起温度升高，进而使探测器中依赖于温度的性能发生变化。检测其中某一性能的变化，便可探测出辐射。多数情况下是通过热电变化来探测辐射的。当原件接收辐射，引起非电量的物理变化时，可以通过适当的变换后测量相应的电量变化[32,33]。

热成像系统具有的优点：

（1）红外热成像技术是一种被动式的非接触的检测与识别，隐蔽性好。由于热成像系统成像技术是一种对目标的被动式的非接触检测与识别，使红外热像仪的操作者更安全、更有效。

（2）红外热像技术不受电磁干扰，能远距离精确跟踪目标。

（3）红外热成像技术能够做到24h在线监控。

（4）可以远程工作，因为红外辐射的穿透能力很强，能够不受雾、雨、雪等极端天气因素的影响，可以避免现场一些近距离不利因素的影响，例如转炉等高温热源，保护热成像设备不受到损坏及干扰。

（5）红外热成像技术能够直观地显示物体表面的温度场，不受强光影响，应用广泛。转炉炼钢时温度为1300～1600℃，由维恩位移定律 $\lambda T=b$（b 为维恩常量），可以得知钢水波长范围为1.8～2.28μm，选择韩国生产的索马泰克 Thermoteknix 红外热像仪，其性能参数见表7-7。

表7-7 红外热像仪的性能参数

名称	参数	名称	参数
视场范围/(°)×(°)	22×17	帧频率/Hz	60
焦距/m	0.33	光谱波宽范围/μm	1～14
像素	321×241	操作温度/℃	-15±50

D 应用效果

（1）钢水回磷量得到了有效控制，平均回磷量下降了50%，因回磷而导致的回炉次数也大幅度减少。

（2）摇炉操作人员不再担心因钢水下渣而提前抬炉，最大限度地保证了钢水出尽。转炉钢水收得率由89.4%提高到91.9%，降低了吨钢钢铁料消耗量。

（3）钢渣量减少后，降低了钢渣对钢包内衬的侵蚀速度，钢包的平均包龄延长了2%。

（4）由于钢水杂质减少，钢水纯净度得到提高，从而提高了产品质量。

基于红外测温原理的转炉下渣检测系统，应用结果表明，该设备能够实现对转炉出钢过程下渣量的实时监控，从而控制钢包中钢渣的含量，较好地满足了钢水炉外精炼的要求。新钢第一炼钢厂采用的远红外线下渣检测与控制系统，在出钢环节控制下渣量发挥了重要作用，达到了提高钢水质量、降低消耗的目的。

7.1.5 转炉火焰分析系统

转炉火焰分析系统通过对转炉炉口火焰信息进行实时采集和分析，在冶炼后期对熔池碳含量和温度进行实时预报，准确命中冶炼终点，系统远离转炉，维护量低，对提高转炉冶炼水平、提升钢材质量具有积极意义。

7.1.5.1 系统组成

系统主要由机械密封结构、光学模块、光强采集模块、视频采集模块、数据处理模块、工控机等部分组成，如图 7-23 所示。

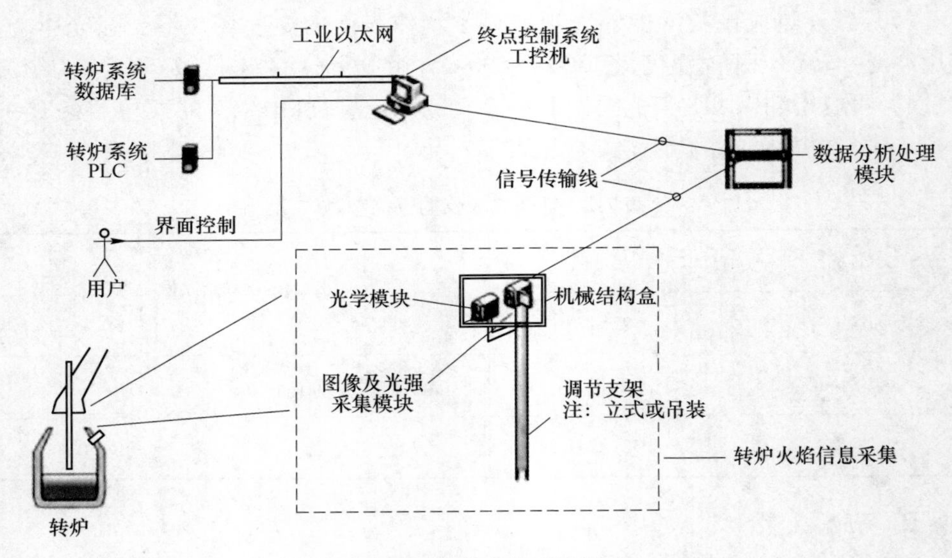

图 7-23 火焰分析系统组成

光强采集模块：用于将光强信号变成电信号再变成数字信号便于计算机分析处理，采用硬件滤波电路、软件算法修正等方法来滤除噪声、降低采样的失真率。

视频采集模块：采用高清工业相机，保证采集图像的真实有效。

数据处理模块：现场噪声及光照、灰度偏移、几何变形原因使得图像变得模糊不清，影响分析精度，采用中值滤波、直方图修正、直方图均衡化等技术有效降低火焰图像的失真率、滤除噪声、还原图像真实信息。

7.1.5.2 系统工作原理

A 碳含量预报原理

转炉吹炼过程中，金属熔池中脱碳速度分为3个阶段，前期以硅、锰氧化为主，脱碳速度逐渐加快；中期以碳的氧化为主，脱碳速度达到最大，几乎为常数；吹炼后期，脱碳速度逐渐降低。各阶段的脱碳速度可用式（7-8）~式(7-10)表示：

$$-\mathrm{d}w[\mathrm{C}]/\mathrm{d}t = k_1 t \tag{7-8}$$

$$-\mathrm{d}w[\mathrm{C}]/\mathrm{d}t = k_2 \tag{7-9}$$

$$-\mathrm{d}w[\mathrm{C}]/\mathrm{d}t = k_3 w[\mathrm{C}] \tag{7-10}$$

式中 k_1，k_2，k_3——系数，分别受各阶段主要因素影响；

t——吹炼时间，min；

$w[\mathrm{C}]$——熔池中碳的质量分数,%。

反映到炉口火焰上，则表现为前期火焰从暗红色渐渐变红，且浓度变淡；当红色火焰中有一束束白光出现时，冶炼中期开始，此后火焰红色逐渐减退，白光逐步增强；进入到冶炼后期，随着碳含量减少，碳氧反应减弱，火焰浓度降低，白亮度变淡，火焰开始向炉口收缩。因此，基于炉口火焰信息，可以对熔池后期的碳含量进行预报，指导终点操作。转炉火焰分析系统如图7-24所示。

图7-24 转炉火焰分析系统

B 温度预报原理

根据辐射传热的观点：物体在每一个温度下都有一个最大辐射强度的波长，而且随着温度的升高，最大辐射强度的波长变短，物体的颜色由红变白。所以火焰的颜色在很大程度上反映了火焰的温度高低。根据光辐射理论，当 $c_2/\lambda T$ 远大于1时，在某个特定的波长下，单色辐照度计算如式（7-11）所示：

$$E_{\lambda}(T)=c_{1}\lambda^{-5}e^{-c_{2}/\lambda T}\varepsilon_{\lambda}(T) \tag{7-11}$$

火焰图像经彩色 CCD 系统采集后按每像素 24 位方式存储，其中包括各 8 位的红色（R）绿色（G）蓝色（B）。对各自通道，通道采集值正比于各自的单色辐照度，若 $R_1G_1B_1$ 为 CCD 器件 RGB 通道的亮度，$K_RK_GK_B$ 为各通道的光电相应特性系数，$R_1G_1B_1$ 计算公式如式（7-12）~式(7-14）所示：

$$R_{1}=K_{R}E_{\lambda_{R}}(T) \tag{7-12}$$

$$G_{1}=K_{G}E_{\lambda_{G}}(T) \tag{7-13}$$

$$B_{1}=K_{B}E_{\lambda_{B}}(T) \tag{7-14}$$

对式（7-12）~式(7-14）取对数，然后采用两两相比再相比的方法，即可得到要测的温度 T 如式（7-15）所示：

$$T=\frac{c_{2}\left(\frac{2}{\lambda_{G}}-\frac{1}{\lambda_{R}}-\frac{1}{\lambda_{B}}\right)}{\ln\frac{R_{1}B_{1}}{G_{1}^{2}}+\ln\frac{\varepsilon_{\lambda_{R}}(T)\ \varepsilon_{\lambda_{B}}(T)}{\varepsilon_{\lambda_{G}}^{2}(T)}+5\ln\frac{\lambda_{R}\ \lambda_{B}}{\lambda_{G}^{2}}} \tag{7-15}$$

转炉炉口火焰的温度是由两部分混合组成的：一部分是从钢水中逸出的 CO 气体所具有的温度，反映了钢水温度；另一部分是 CO 气体在炉口与氧进行完全反应后放出的化学热，使火焰温度升高，在一定碳含量下，其值可以认为是恒定的，因此可以从火焰颜色来计算火焰温度，进而计算钢水的温度。现场操作如图 7-25 所示。

图 7-25　转炉火焰分析系统现场操作

7.1.5.3　火焰图像预报原理

转炉吹炼过程的炉口火焰图像处理分为图像预处理及特征提取、模型训练及分类两部分。系统识别过程的流程如图 7-26 所示。

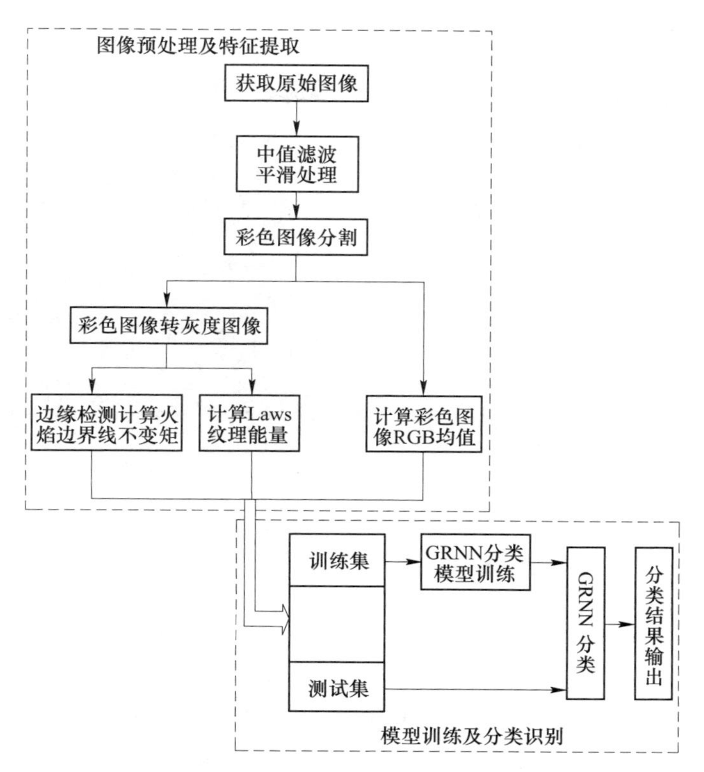

图 7-26 转炉火焰图像状态识别流程图

现场对 586 炉进行预报[34]，如图 7-27 所示，其中 * 点代表样本，蓝线代表预报值和实际值相等线，两条红线，从图中可以看出，大部分样本都位于两条红线之间，控制精度在±0.02%范围内，命中率达到 92.2%。

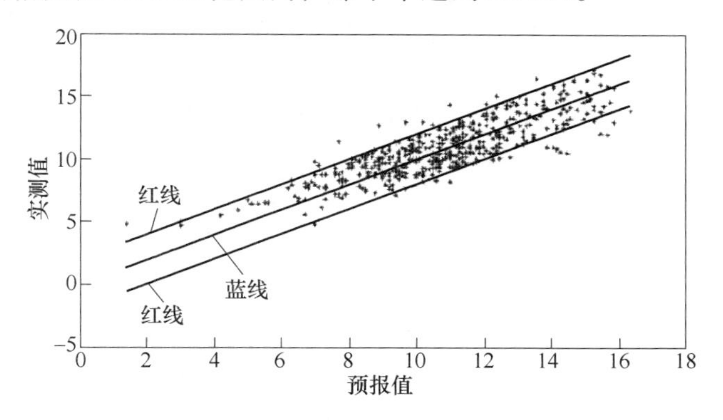

图 7-27 碳含量实测值与预报值比较

某一瞬时火焰原始图像如图 7-28（a）所示。采用 RGB 三色测温法获得其温度云图如图 7-28（b）所示。

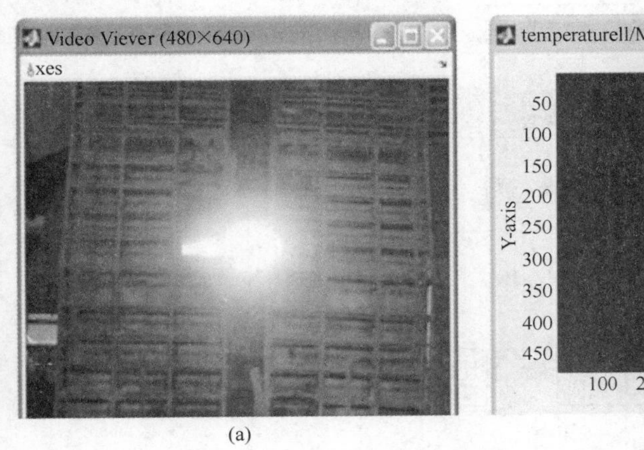

(a)

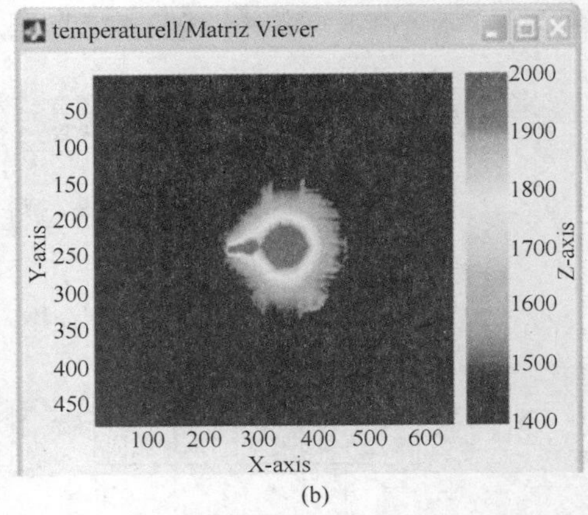

(b)

图 7-28　温度预报

（a）瞬时火焰图像；（b）瞬时火焰温度场

7.1.5.4　应用效果

采用火焰分析技术，在以下方面对钢厂产生显著效应[35]。

（1）提高终点命中率，减少倒炉次数；倒一次炉需要 3～5min，按 4min 计算，假设提高终点命中率 30%，一炉钢的冶炼周期 30min，按 80%作业时间计算，则每天可多生产：24h/0.5h/炉×30%×4min×80%/30min/炉＝1.5 炉，全年可多生产 1.5 炉/天×365 天×60t/炉＝32850t，产量提升 3.9%。

（2）提高终点命中率，补吹次数减少，可以降低钢铁料消耗，一般在 0.2%～0.5%之间，按 0.2%计算。60t 的炉子，按年产量 80 万吨计算，钢铁料价格 3000 元/t，则减少钢铁料消耗产生的经济效益为：800000t×0.2%×3000 元/t＝4800000 元。

（3）提高终点命中率，避免了钢水过氧化，降低锰铁合金、铝等的使用量。铝的用量减少约 3kg/每炉，锰铁合金用量减少约 6kg/炉。按 80%作业时间计算，锰铁合金价格约 8000 元/t，光锰铁合金一项，一年可节约：365 天×80%×24h/0.5h/炉×6/1000×8000 元/t＝672768 元。

（4）提高终点命中率，炉衬侵蚀减少，减少约 6%，耐材侵蚀约为钢铁料的 0.4%，转炉耐材价格在 2500 元/t 左右，则可节约：800000t×0.4%×6%×2500 元/t＝480000 元。

（5）节能减排，减少了由于补吹造成的转炉来回翻转的能量损耗，补吹造成的氧气消耗、CO_2排放等。

（6）工作环境改善，降低操作工人的劳动强度和精神压力。

7.2 智能炼钢模型及控制

7.2.1 静态模型及控制界面

静态控制是根据吹炼前的初始条件（如铁水、废钢成分和铁水温度）及吹炼终点所要求的钢水量、钢水成分和温度而进行的对操作条件如吹炼所需要的原料装入量、氧气量和造渣材料的用量等的计算[28~30]。静态控制属于预测控制类型，据此而建立的数学模型有3种：理论模型、统计分析模型、增量模型[36~38]。

转炉的静态模型计算是以物料平衡和热平衡为基础的，它包括以下4个平衡[6]：

铁平衡：$w(\mathrm{Fe})_{钢水}+w(\mathrm{Fe})_{渣}=w(\mathrm{Fe})_{铁水}+w(\mathrm{Fe})_{废钢}+w(\mathrm{Fe})_{矿石}+w(\mathrm{Fe})_{损失}$

热平衡：$Q_{钢水}+Q_{渣}=Q_{初始}+Q_{反应}-Q_{损失}$

氧平衡：$\varphi_{\mathrm{O}_{终点钢液}}+\varphi_{\mathrm{O}_{终点钢渣}}=\varphi_{\mathrm{O}_{吹}}\times\eta+\varphi_{\mathrm{O}_{矿石}}+\varphi_{\mathrm{O}_{其他熔剂}}-\varphi_{\mathrm{OCO}}-\varphi_{\mathrm{O}_{\mathrm{CO}_2}}-\varphi_{\mathrm{O}_{损失}}$

镁平衡：$m_{\mathrm{MgO}}=m_{\mathrm{MgO}_{炉衬}}+(m_{\mathrm{MgO}_{石灰}}\times w_{石灰_{吨钢}}+m_{\mathrm{MgO}_{轻烧}}\times w_{轻烧_{吨钢}})/w_{炉渣_{吨钢}}$

式中，铁平衡中$w(\mathrm{Fe})_{钢水}$表示钢水中Fe含量；$w(\mathrm{Fe})_{渣}$表示钢渣中Fe含量；$w(\mathrm{Fe})_{铁水}$表示铁水中Fe含量；$w(\mathrm{Fe})_{废钢}$表示废钢中Fe含量；$w(\mathrm{Fe})_{矿石}$表示矿石中Fe含量；$w(\mathrm{Fe})_{损失}$冶炼过程Fe损失；热平衡中$Q_{钢水}$表示钢水中的热量；$Q_{渣}$表示钢渣中的热量；$Q_{初始}$表示原料初始带入热量；$Q_{反应}$表示化学反应产生的热量；$Q_{损失}$表示反应过程损失的热量；氧平衡中$\varphi_{\mathrm{O}_{终点钢液}}$表示终点钢液的氧含量；$\varphi_{\mathrm{O}_{终点钢渣}}$表示终点钢渣的氧含量；$\varphi_{\mathrm{O}_{吹}}$表示吹入氧含量；$\eta$表示氧气的利用率；$\varphi_{\mathrm{O}_{矿石}}$表示矿石中带入的氧含量；$\varphi_{\mathrm{O}_{其他熔剂}}$表示其他溶剂带入的氧含量，$\varphi_{\mathrm{O}_{\mathrm{CO}}}$表示产生的CO气体中氧含量，$\varphi_{\mathrm{O}_{\mathrm{CO}_2}}$表示产生的$\mathrm{CO_2}$气体中的氧含量，$\varphi_{\mathrm{O}_{损失}}$表示损失的氧含量；镁平衡中$m_{\mathrm{MgO}}$表示吨钢渣中MgO含量；$w_{炉渣_{吨钢}}$表示吨钢渣中MgO的质量百分数；$m_{\mathrm{MgO}_{炉衬}}$表示炉衬带入吨钢的MgO量；$m_{\mathrm{MgO}_{石灰}}$表示吨钢添加石灰量；$w_{石灰_{吨钢}}$表示吨钢添加石灰中MgO的质量百分数；$m_{\mathrm{MgO}_{轻烧}}$表示吨钢添加轻烧白云石量；$w_{轻烧_{吨钢}}$表示吨钢添加轻烧白云石中MgO的质量百分数。

理论模型是根据炼钢反应过程物料平衡和热平衡为基础建立的，虽然具有一定的通用性，但实用效果不好，在实际过程中产生的一些情况在模型中并没有得到完全的反映。建立理论模型的大致步骤如下：

（1）确定建立物料平衡和热平衡时的假定条件及其经验值。

（2）确定物料平衡和热平衡的方程式。

（3）把平衡方程式转换为控制方程。

（4）从控制方程角度对物料平衡和热平衡中的各项进行分类，主要分为待测量、应求量、未知量和目标值，并应用假定和经验式解出未知量。

（5）联立方程式，解出供氧量和冷却剂的消耗量。统计分析模型是应用数理统计方法，对大量生产数据进行统计分析并确定各种原材料加入量与各种影响因素之间的数量关系后，所建立的数学模型[39]。

某厂转炉静态模型根据功能要求设计为原料计算、温度计算、熔剂计算、氧量计算等4个主要的计算模型画面，如图7-29所示[40]。其中熔剂计算、氧量计算主要运用了T-S模糊神经网络模型（即冷却剂计算模型、吹氧量计算模型）进行冷却剂（矿石）的计算和吹氧量的计算，转炉吹炼其他相关物料则根据碱度方程或其他固定公式计算。

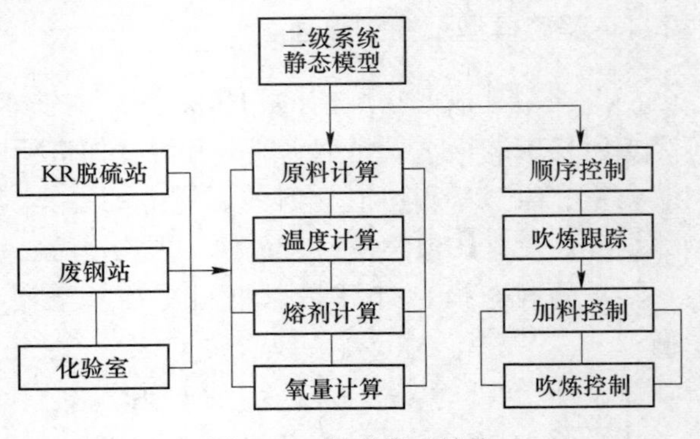

图7-29　静态模型结构

主原料计算模型的主要功能是按目标出钢量对铁水、废钢、生铁块等主原料进行配料计算。二级系统自动获得铁水温度、成分信息，模型自动计算生铁块、废钢等冷料的装入量，以提供废钢装入指导。主原料计算模型操作画面如图7-30所示。

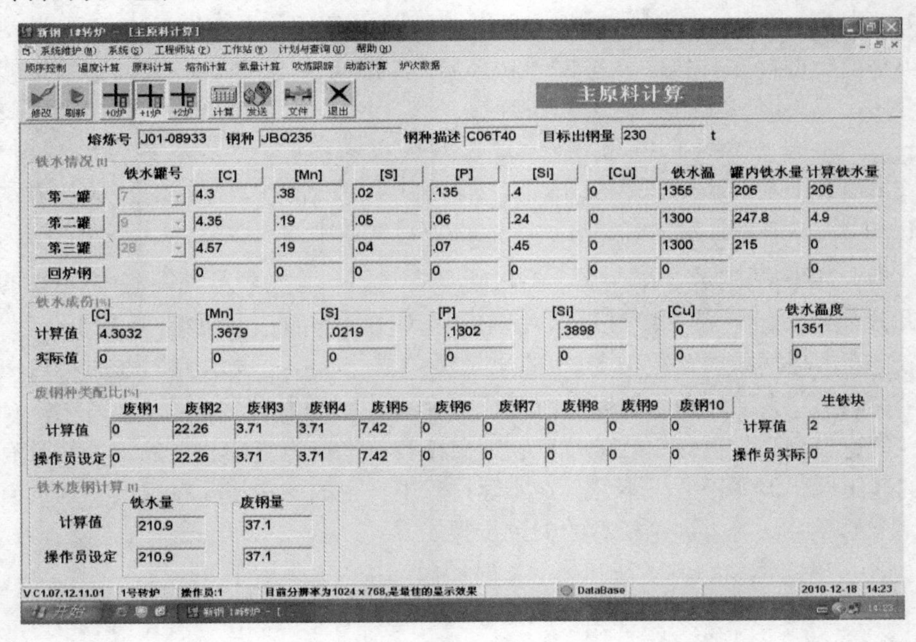

图7-30　主原料计算模型画面

温度计算模型是在已设定的钢种标准的基础上，以钢种工艺规定的目标出钢温度为基准，综合考虑转炉炉衬散热、空炉时间、出钢时间、生产节奏以及钢包状况、是否中间包开浇炉次等情况的影响，最终计算出冶炼炉次的目标出钢温度的优化参考值，模型功能画面如图 7-31 所示。

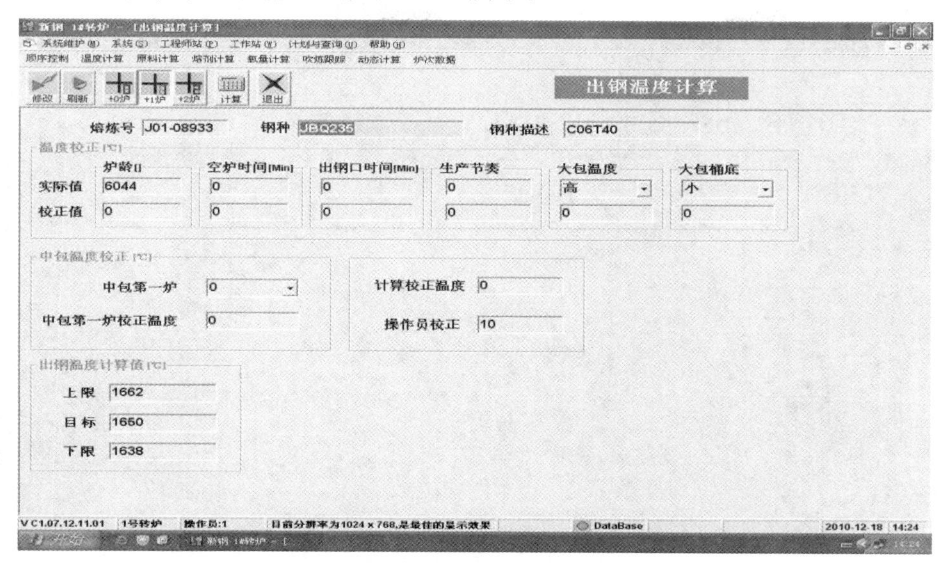

图 7-31 温度计算模型功能画面

熔剂计算模型是根据入炉物料的温度、成分以及计划钢种工艺要求等信息，计算本炉次的熔剂和其他副原料的合理加入量，如：石灰、轻烧白云石、生白云石、矿石等。熔剂计算模型功能画面如图 7-32 所示。

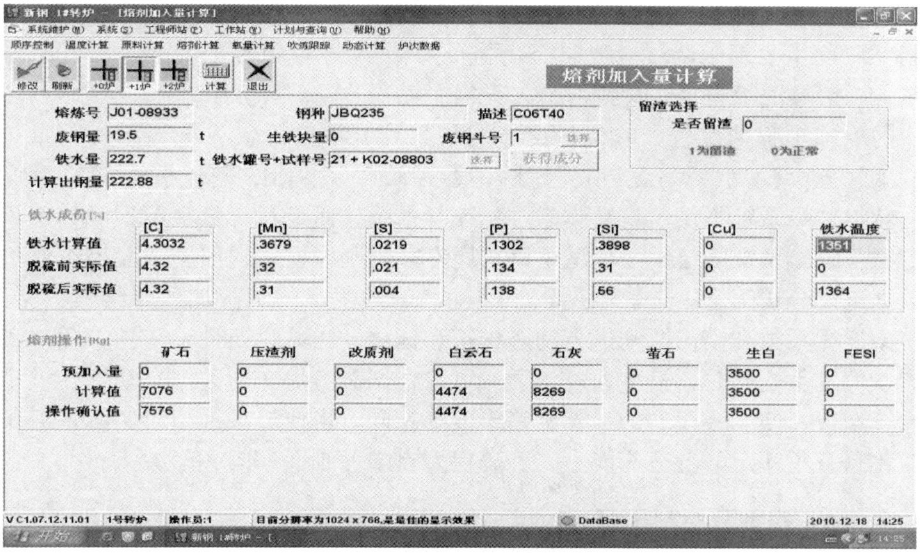

图 7-32 熔剂计算模型功能画面

氧量计算模型是在熔剂计算完成后，根据各种物料的加入量及其相应的氧当量系数，计算出该炉次吹炼所需的理论耗氧量。模型功能画面如图 7-33 所示。

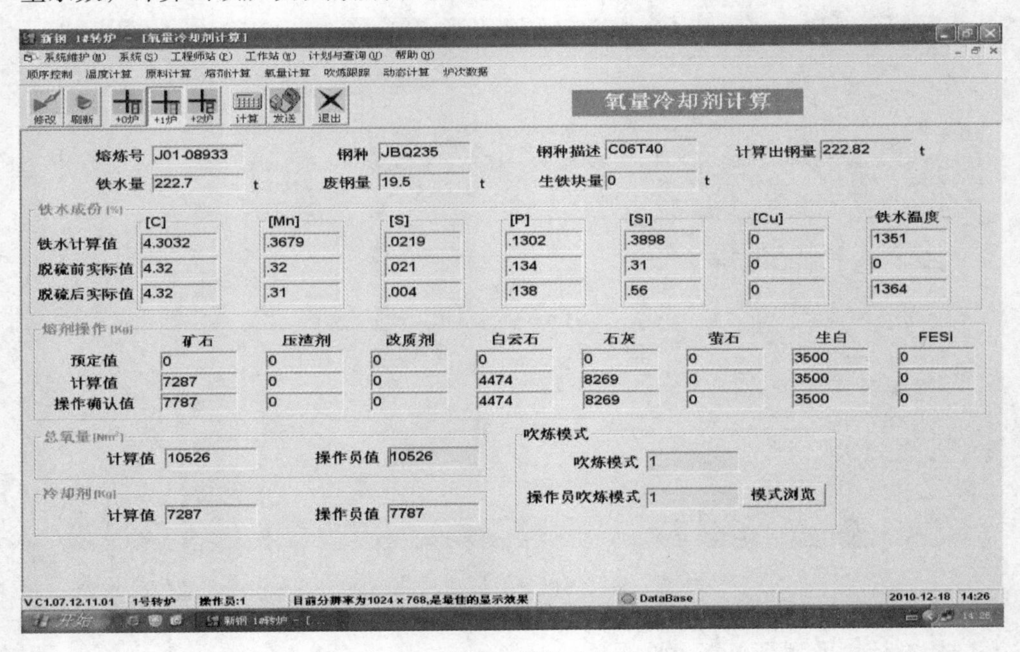

图 7-33　氧量计算模型功能画面

除上述 4 个计算画面外，静态控制模型还具有“顺序控制”和“吹炼跟踪”两个功能画面，且其中隐含了“加料控制”和“吹炼控制”等功能[41]。“顺序控制”画面主要用于调整三级 MES 系统的炉次计划号和转炉实际炉次号的对应关系，一般情况下自动按规则对应，无需手动操作。“吹炼跟踪”主要显示当前炉次的冶炼进程情况，如吹炼进度、加料累计、氧枪枪位、氧气流量、底吹流量、烟气分析 CO 含量等。“吹炼跟踪”监控画面显示如图 7-34 所示[42]。

转炉二级系统不仅仅是简单的过程控制系统，而是具有自学习功能的转炉炼钢专家系统。系统的自学习模型可以按照专家规则库设定的原则，对已生产炉次的数据进行分析筛选，选取数据较为准确且最近生产的炉次加入自学习数据库，对模型计算系数和模糊原则进行动态校正和优化，当原料条件、转炉炉况或其他生产条件发生变化时，模型通过自学习可以根据参考炉次的数据自动优化模型相关计算系数，使二级模型的计算更趋于准确，同时也使二级模型对实际生产条件的变化具有了一定的自适应能力。静态模型自学习画面如图 7-35 所示[43]。

7.2.2　动态模型及控制界面

静态控制只考虑始态和终态之间的变量关系，不考虑变量随时间的变化，所

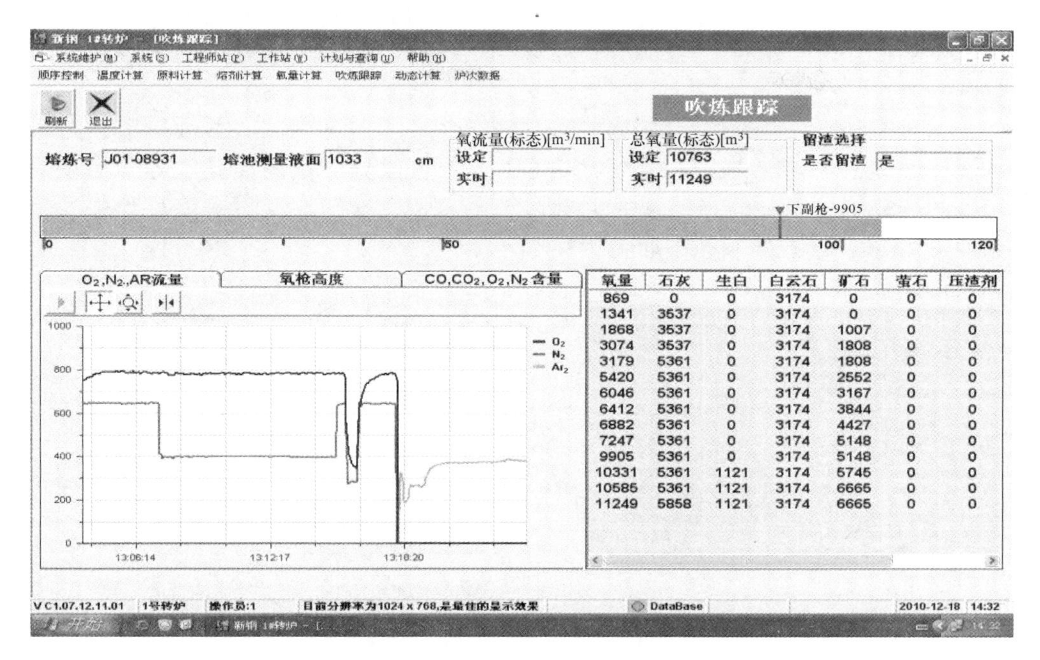

图 7-34 “吹炼跟踪”监控画面

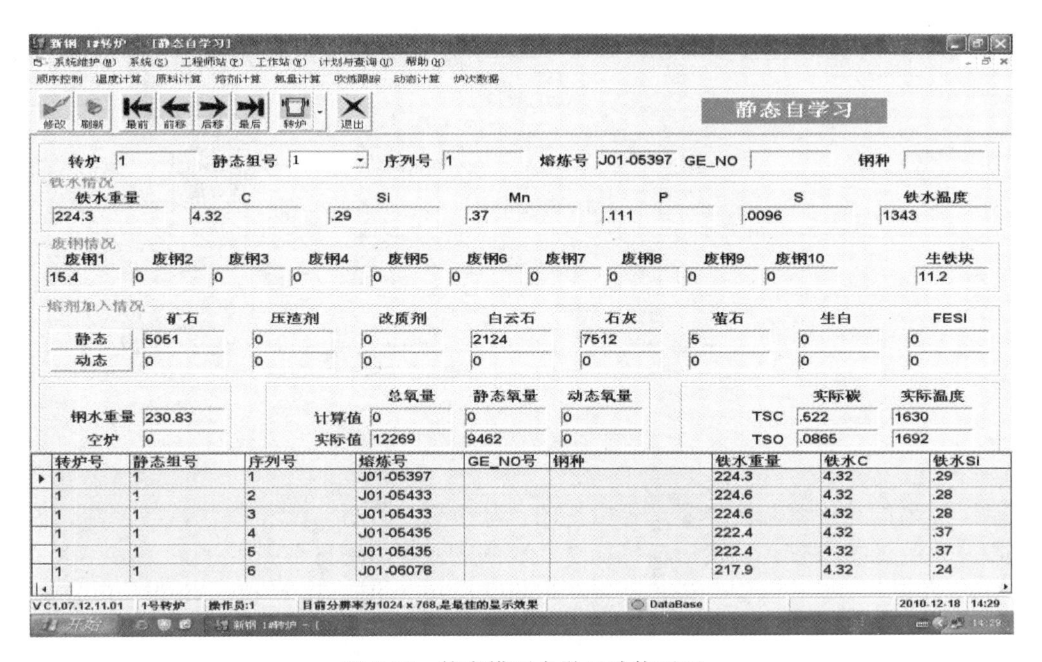

图 7-35 静态模型自学习功能画面

以一次命中率是有限的，无法适应吹炼中炉子不断变化的特点要求，为了使控制精度得到进一步的提高，必须在冶炼过程中对变量不断进行修正，即实现转炉变量的动态控制。

动态控制是在静态控制的基础上，根据吹炼过程中检测到的铁水成分，炉渣状况和温度，含碳量，废气中的 CO、CO_2、O_2 等成分以及渣面高度等来实现对过程的计算机控制。动态控制的关键在于要迅速、准确地取得吹炼过程中的信息[44]。某转炉动态控制模型如图 7-36 所示。

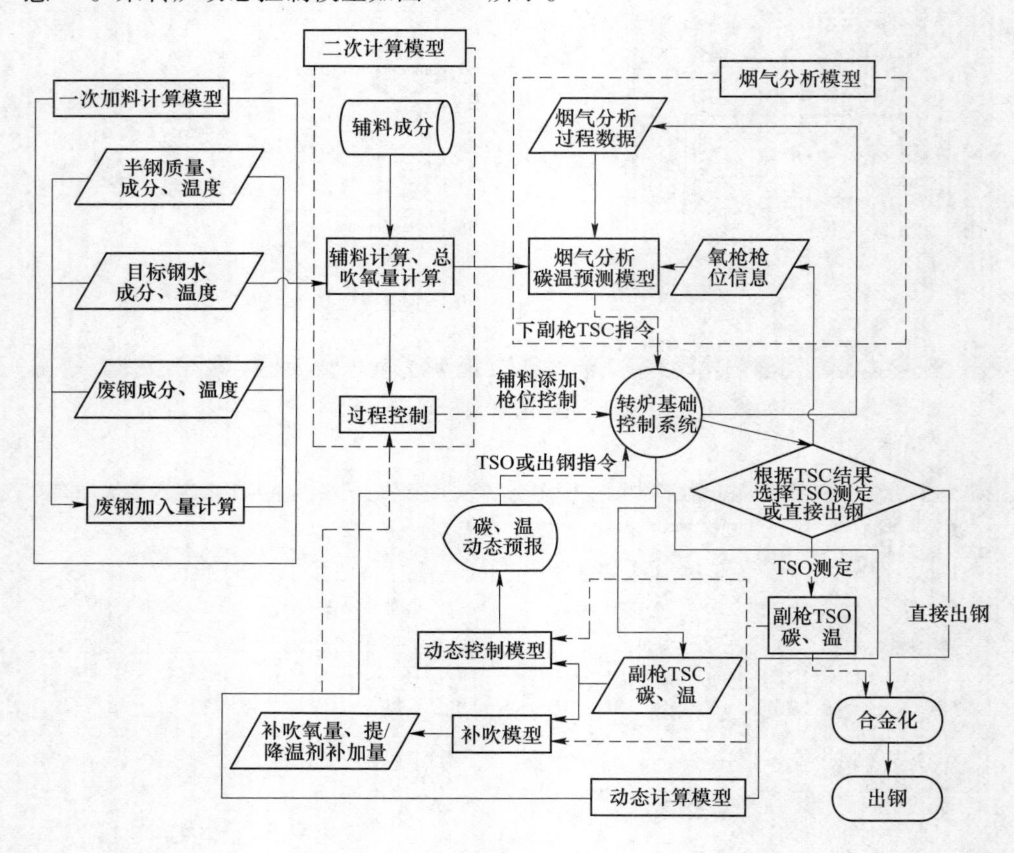

图 7-36 某转炉动态控制模型[50]

新型的冶炼系统已经实现了数据的自动搜集与分析、配料的计算与控制、控制过程的动态修正、人机对话等功能。有的还通过对历史数据的采集、储存以及分析，并加入专家规则，使系统具备了自适应能力。

目前钢厂使用最多的检测方法有以碳平衡法为基础的炉气定碳法、声呐化渣法、火焰分析、副枪在线检测技术等。采用声呐化渣可以检测冶炼过程炉渣高度。火焰分析后期可以分析炉内冶炼情况。副枪动态控制技术是在吹炼接近终点时，插入副枪测定熔池中的碳和温度，校正静态模型的计算机误差并计算达到终点所需要的氧气量或冷却剂加入量的方法。炉气分析控制技术是指通过连续监测炉内逸出的炉气成分来计算熔池的瞬时脱碳数量和硅、锰、磷的氧化速率，从而进行动态连续校正调高控制精度和命中率的方法[45~49]。目前，转炉炼钢的动态控制主要用的是吹炼条件控制和终点控制两种方法。

（1）吹炼条件控制：吹炼条件控制的基本原理是，根据炼钢反应机理所确定的物料平衡和动力学方程来调整吹炼条件，并使吹炼全过程都按照目标状态进行[51]。例如，根据氧平衡可以调整供氧强度、氧枪高度；根据成渣状况可以调整渣料、底吹时间和助溶剂的用量；根据脱碳速率和熔池温度的关系可以调整冷却剂的用量。

（2）终点控制：终点控制指控制炼钢过程的终点含碳量和出钢温度。终点控制多采用副枪动静态结合的方法测量。静态控制主要用于吹炼的前半期，此时熔池中的碳、硅的含量较高，吹入的氧气几乎全部被用于氧化这些元素。但到吹炼的后期，有一定量的氧被用于对铁的氧化，此时氧的分配不好掌握，致使含碳量和温度容易偏离模型预测的轨道，因此需要采用动态控制的方法。根据对转炉的冶炼过程分析建立起脱碳速率、升温速率与氧气消耗含碳量相关的数学模型。将检测到的钢水含碳量和温度信息输入到计算机后可以判断最佳停吹点，停吹后可按需进行相应的修正动作[52]。

动态转炉吹炼控制模型：

第一阶段为吹炼前的准备，确定吹炼方案。主要由静态控制或预报模型来完成。给出本炉次主料、辅料的用量，吹炼过程中的枪位调整以及低吹、合金化操作方案等。

第二阶段为吹炼过程控制。根据采集的吹炼过程信息，对吹炼预案进行修正。如通过测量炉口处的噪声，判断炉内的化渣情况，通过连续测量废气量、废气温度及其成分，推断炉内脱碳速度及化渣情况，通过测量熔池中指定元素的放射光谱确定钢水的在线温度，通过副枪测温定碳和预吹炼目标进行比较等。这主要由过程控制模型来完成。开发过程控制模型，实现转炉炼钢过程控制是世界各大钢铁企业正在努力的方向，它是实现转炉炼钢闭环控制的基础[53]。

第三阶段为吹炼终点控制。终点控制是转炉吹炼后期的重要操作。终点控制主要是指吹炼终点成分和温度的控制。由于转炉炼钢工艺的进步，对于在冶炼过程中难以脱除的硫、磷等杂质，一般采用预先脱硫、磷或在转炉炼钢中提前脱除到终点要求的范围，硅在吹炼初期基本已除去。通常所说的终点控制指的是终点钢水温度和碳含量的控制。终点控制不准确，会延长冶炼时间，降低炉衬寿命，增加金属消耗，影响钢的质量。

总之，转炉炼钢控制包括两个方面：一是终点控制，二是过程控制。终点控制的目的是在吹炼终点使钢水达到要求的温度和成分，但目前尚达不到一次命中，所以还需要副枪检测，并依据检测的结果进行补吹，而过程控制的目的是控制造渣，造出具有较强脱出杂质能力、流动性好的碱性渣，使冶炼过程平稳，减少溢渣和溅渣[54,55]。

吹炼终点控制由终点动态控制模型来实现。如根据副枪检测的信息，进行终点碳温预报，确定终点操作方案，具体的包括对补吹所需氧量的确定，对冷却剂加入量、底吹气体量以及合金化操作、枪位调整等进行修正。

据文献报道，全自动吹炼技术能有效地减少喷溅和后吹次数：吹炼高碳钢时，喷溅率从 40%下降至 8%，后吹率从 1.4 次/炉下降到 1.1 次/炉。表 7-8 是对 2 种转炉自动控制技术控制效果的比较。

表 7-8　3 种转炉自动控制技术控制

控制方式	检测内容	控制目标	控制精度	命中率
静态模型控制	铁水成分、温度、重量，辅料成分、重量，氧气流量和枪位	根据目标终点 $w[C]$、T 的要求确定吹炼方案、供氧时间和辅料加入量	$w[C]\pm0.015\%$，$T\pm12℃$	≤60%
全自动吹炼控制	部分或全部动态检测内容，包括炉渣状况检测、炉气成分检测和 Mn 光谱连续检测等	在线计算机闭环控制： （1）顶吹供氧工艺； （2）底吹搅拌工艺； （3）造渣工艺； （4）终点预报 T、$w[C]$、$w[Si]$、$w[Mn]$、$w[S]$、$w[P]$，并全程预报 T、$w[C]$	$w[C]\pm0.015\%$，$T\pm12℃$	≥90%

动态控制模型在转炉冶炼的后期启动，根据静态模型计算设定值进行吹炼和下副枪（TSC）操作，当吹炼进程达到设定状态时，计算机自动降低顶吹氧气和底吹 N_2/Ar 气的流量，副枪下 TSC 进行测量，测量数据反馈至二级模型，动态模型根据副枪测量数据和终点目标要求，计算出动态吹氧量和冷却剂量，并判断动态过程［C］含量、T 是否能够直接命中冶炼终点目标。如果计算出冶炼终点能够直接命中目标，则不需要进行调整，可直接按原模型计算值继续完成冶炼过程；如果计算出不能直接命中，则根据 TSC 测温定碳值及终点目标温度、［C］含量计算出理论上需继续吹入的氧量和冷却剂加入量，并发出指令要求转炉一级基础自动化系统（L1 级）按计算值进行加入冷却剂及调整吹氧量的操作。同时，动态模型会根据动态过程的实际吹氧量和实际冷却剂加入量对实际吹炼的 $w[C]$-T 曲线做出修正，同时继续实时预测炉内钢水的温度和［C］含量，并与钢种冶炼标准确定的冶炼终点目标范围进行比对，当预测值进入目标范围时，向 L1 级

PLC 发出停吹指令并控制氧枪关氧提枪。吹氧停止后动态模型计算也即停止，动态控制过程即告完成[56~59]。

动态模型主要功能包括以下几点：

（1）计算出最终控制阶段的理论供氧量和理论冷却剂加入量；

（2）依据副枪第一次测量后的实际供氧量及冷却剂实际加入量进行循环计算，实时预测炉内钢水的碳含量和温度；

（3）不断对比计算值与目标值，当计算值到达吹炼终点目标范围内时，向一级机发出提枪停吹指令；

（4）吹炼停止时，动态控制模型停止计算。

新钢 210t 转炉二级系统动态模型画面如图 7-37 所示。

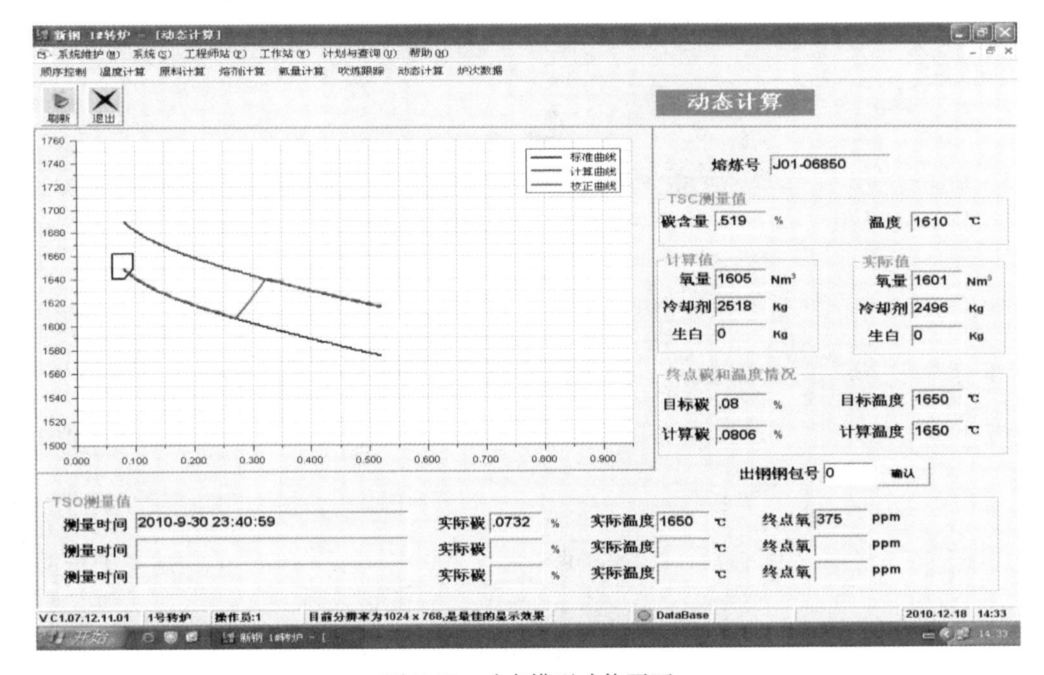

图 7-37　动态模型功能画面

动态模型系数的调整可以通过两种方式：其一，可以动态模型本身的自学习功能，按照相应的规则，参考历史炉次的数据，自动调整动态计算系数；其二，当在实际生产中发现动态计算出现明显偏差时，可以由工程师根据经验直接对动态计算系数进行手动修改。动态自学习界面设计如图 7-38 所示[60]。

宝钢炼钢厂动态控制案例：宝钢炼钢厂宝钢一、二炼钢 250t 和 300t 转炉是全套引进日本新同铁设备、技术和控制系统，采用副枪技术进行吹炼过程动态控制[57~61]原有控制系统，静态控制模型为增量模型，副枪点测后动态控制模型对熔

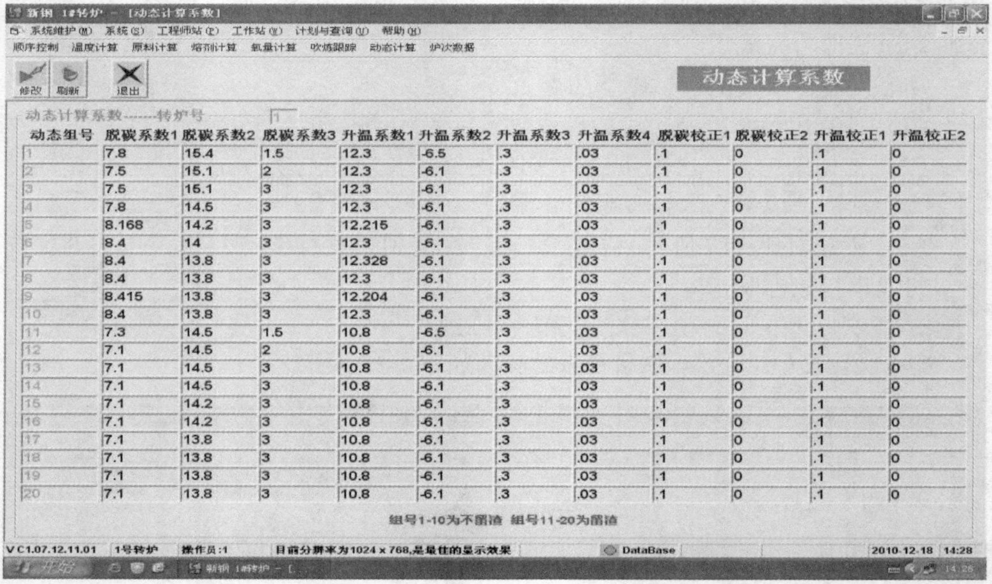

动态计算系数

动态计算系数------转炉号　1

动态组号	脱碳系数1	脱碳系数2	脱碳系数3	升温系数1	升温系数2	升温系数3	升温系数4	脱碳校正1	脱碳校正2	升温校正1	升温校正2
1	7.8	15.4	1.5	12.3	-6.5	.3	.03	.1	0	.1	0
2	7.5	15.1	2	12.3	-6.1	.3	.03	.1	0	.1	0
3	7.5	15.1	3	12.3	-6.1	.3	.03	.1	0	.1	0
4	7.8	14.5	3	12.3	-6.1	.3	.03	.1	0	.1	0
5	8.168	14.2	3	12.215	-6.1	.3	.03	.1	0	.1	0
6	8.4	14	3	12.3	-6.1	.3	.03	.1	0	.1	0
7	8.4	13.8	3	12.328	-6.1	.3	.03	.1	0	.1	0
8	8.4	13.8	3	12.3	-6.1	.3	.03	.1	0	.1	0
9	8.415	13.8	3	12.204	-6.1	.3	.03	.1	0	.1	0
10	8.4	13.8	3	12.3	-6.1	.3	.03	.1	0	.1	0
11	7.3	14.5	1.5	10.8	-6.5	.3	.03	.1	0	.1	0
12	7.1	14.5	2	10.8	-6.1	.3	.03	.1	0	.1	0
13	7.1	14.5	3	10.8	-6.1	.3	.03	.1	0	.1	0
14	7.1	14.5	3	10.8	-6.1	.3	.03	.1	0	.1	0
15	7.1	14.2	3	10.8	-6.1	.3	.03	.1	0	.1	0
16	7.1	14.2	3	10.8	-6.1	.3	.03	.1	0	.1	0
17	7.1	13.8	3	10.8	-6.1	.3	.03	.1	0	.1	0
18	7.1	13.8	3	10.8	-6.1	.3	.03	.1	0	.1	0
19	7.1	13.8	3	10.8	-6.1	.3	.03	.1	0	.1	0
20	7.1	13.8	3	10.8	-6.1	.3	.03	.1	0	.1	0

组号1-10为不留渣　组号11-20为留渣

图 7-38　动态模型自学习画面

池碳含量和温度计算分别采用指数函数和线性函数，见式（7-16）和式（7-17）：

$$c_{\mathrm{C}} = c_{\mathrm{C_0}} + \beta \ln\left\{1 + \left[\exp\left(\frac{c_{\mathrm{C_M}} c_{\mathrm{C_0}}}{\beta}\right) - 1\right] \cdot \exp\left\{-\frac{10\alpha}{\beta}\left[\frac{V_{\mathrm{O}} - V_{\mathrm{O_M}} + \Sigma_i (h_i \times y_i)}{WST}\right]\right\}\right\} \tag{7-16}$$

$$T = T_{\mathrm{M}} + \gamma \frac{V_{\mathrm{O}} - V_{\mathrm{O_M}}}{WST} + \delta - \Sigma_i (k_i \times r_i) \tag{7-17}$$

式中，V_{O} 为副枪点测后某一时刻的供氧量（$V_{\mathrm{O_M}}<V_{\mathrm{O}}<V_{\mathrm{O_E}}$）；$V_{\mathrm{O_M}}$ 为吹炼中副枪测定时供氧量；WST 为转炉总装入量；c_{C} 为供氧量为 V_{O} 时的碳浓度；T 为供氧量为 V_{O} 时的钢水温度；$c_{\mathrm{C_M}}$ 为吹炼中副枪测定时结晶碳浓度；T_{M} 为吹炼中副枪测定时的钢水温度；α、β、γ、δ 为常数；$c_{\mathrm{C_0}}$ 为临界碳浓度常数；r_i 为副枪测定到供氧量为 V_{O} 时投入的类型为 i 的冷料量；h_i 为 i 类型的冷料单位含氧量；k_i 为 i 类型的冷料的冷却能系数。

为提高静态模型计算的准确性和自学习能力，静态模型参考炉次的选取按以下原则进行：根据钢种划分 N 个静态学习组，每一个学习组取 n 炉次作为参考炉，参考炉次必须是在正常操作下碳温命中目标的炉次，当有新的参考炉次出现时，用最新参考炉次替换最旧的参考炉次，组成某个静态学习组中的 n 个参考炉次，可使参考炉次更接近当前实际情况，增加模型的自适应能力[61~64]。

由于动态模型在线运行时，参数自动调整经常出现发散情况，模型维护人员不得不重新恢复初始参数设置。因此，宝钢开发出基于专家知识的神经元网络模型，如图 7-39 所示。并将基于专家知识的神经元网络模型和代数学经验模型有机结合，形成图 7-40 中的复合转炉动态控制模型。专家知识在建模过程中的作用：确定输入输出变量的范围，确定预报模型的输入输出变量，确定有关规则。

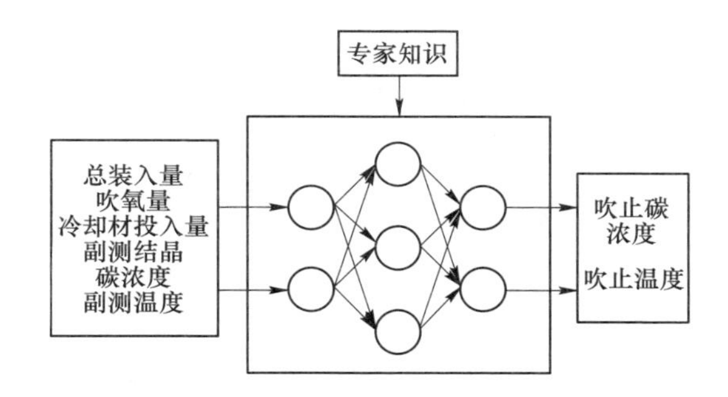

图 7-39 基于专家知识的神经元网络模型结构示意图

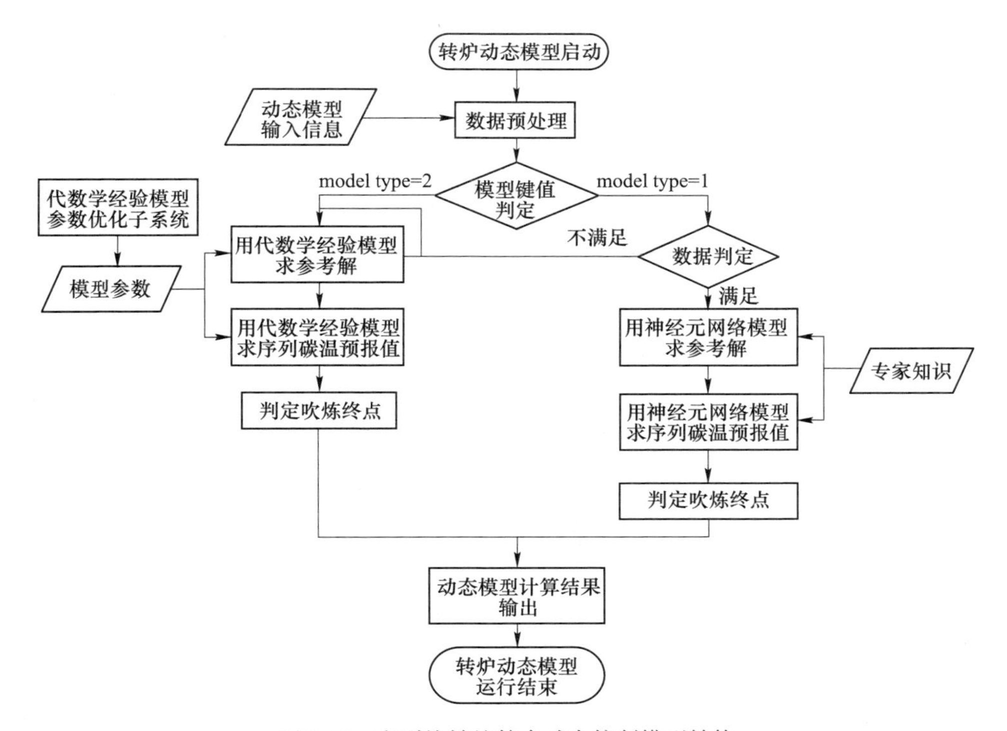

图 7-40 有副枪转炉符合动态控制模型结构

采用复合动态控制模型后，宝钢二炼钢终点碳温控制精度为±0.015%C 和±13℃ 时，双命中率达到 90%。

7.2.3 “一键式”炼钢技术

“一键式”自动炼钢生产工艺流程如图 7-41 所示。

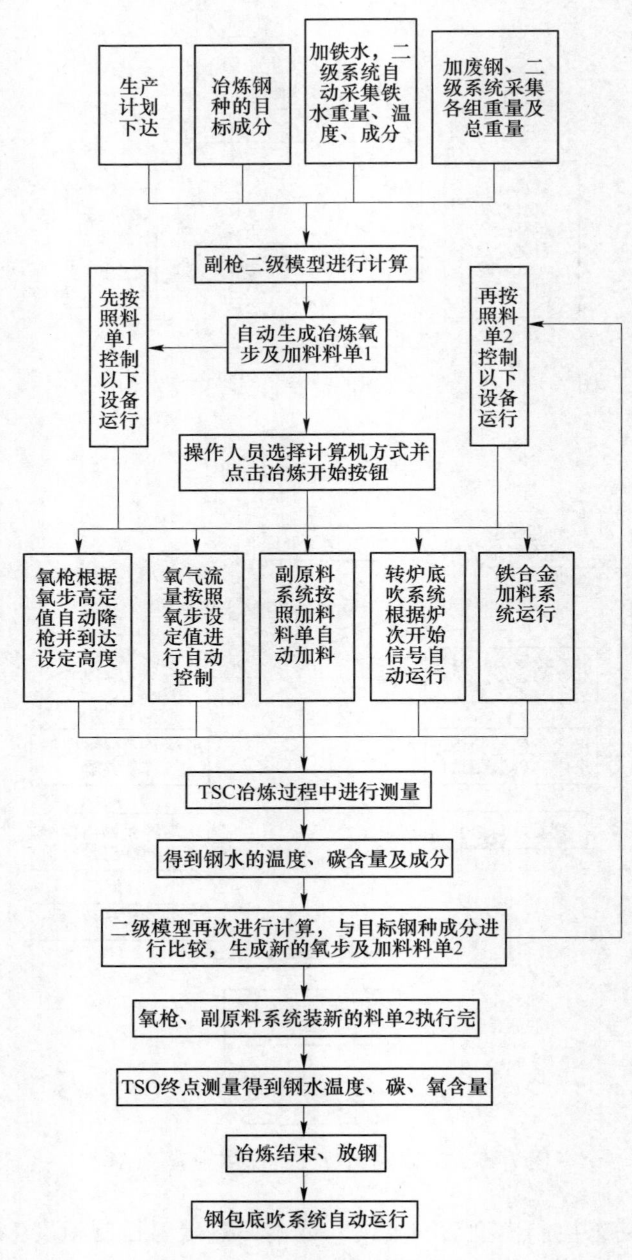

图 7-41 “一键式”炼钢工艺流程图

为实现现场设备运行的全自动控制，一级 PLC 控制系统也要进行相应的改造，需实现如下几个功能：与上级系统实现同步控制、控制副枪设备的动作、控制转炉本体设备的动作。

（1）与上级系统实现同步控制：编写时间同步软件，与 MES、L2 系统进行通信，实现一级 PLC 时间与三级 MES 系统、L2 系统等上级系统的时间同步。

（2）控制副枪设备的动作：副枪本体系统控制包括副枪 PLC 控制、探头自动装卸、副枪升降/旋转等控制。要实现“一键式”炼钢，不仅要实现副枪单体的 PLC 控制，还要建立副枪的计算机自动控制模式，与二级系统及转炉本体 PLC 建立连锁。当吹炼开始后，副枪自动启动连接周期连接 TSC 探头，冶炼进程进行至二级模型计算设定点时，自动旋转至测量孔位置并发出降流量信号，转炉本体 PLC 收到信号并执行降流量操作到位后，副枪 TSC 降枪至转炉炉内指定高度进行测量，测量结束后自动启动复位周期提枪旋转至探头连接位并卸载探头，随后自动连接 TSO 探头，吹炼结束后自动启动 TSO 测量，并且副枪测量过程中（副枪在炉内），向转炉本体 PLC 发出禁止转炉摇炉的连锁信号[76]。

（3）控制转炉本体设备的动作：在自动炼钢的过程中，必须要达到氧枪升降自动控制、吹氧流量自动控制、辅料加料自动控制、转炉底吹自动控制，因此，在转炉本体控制系统（PLC）的相关程序段必须进行修改，增加 L2 自动控制模式，各相关的参数完全由二级模型计算机进行设定，按其计算值将辅料加料料单、氧枪控制氧步、底吹强度（分段）及吹炼终点控制等指令下发至转炉本体控制系统执行[65]。

7.2.3.1 转炉在线检测控制

为了达到“一键式”炼钢的要求，充分利用转炉在线检测技术，如副枪测量、炉渣在线检测、炉气分析检测、火焰分析等在线检测技术，通过控制系统的热力学计算、数学建模，可实时计算冶炼全程钢水、钢渣和温度变化从而控制冶炼过程，将数据计算和烟气检测分析设备结合起来可实现全程动态炼钢，同时可以通过下渣检测实现自动出钢，如图 7-42 所示。可以提高炼钢效率、实现终点双命中率[66~68]。

7.2.3.2 转炉智能底吹控制

底吹控制系统 PID 的控制原理为：流量反馈环节对气体流量进行检测，与气体流量设定值进行比较，运算结果通过 PID 控制器控制，对执行单元气体调节阀进行调节，使实际气体流量按照设定值进行输出[69,70]。

基于经典 PID 调节算法模型基础上，开发了专家变参数 PID 调节相结合的控制技术，并采用西门子 S7-300 系列 PLC 进行设计控制系统，同时结合 WinCC 组态软件编程实现对现场仪表的实时监控。根据转炉冶炼的过程分成：兑铁装料、吹炼前期、吹炼中期、吹炼后期、测温取样、点吹、出钢、溅渣、倒渣等待等 9

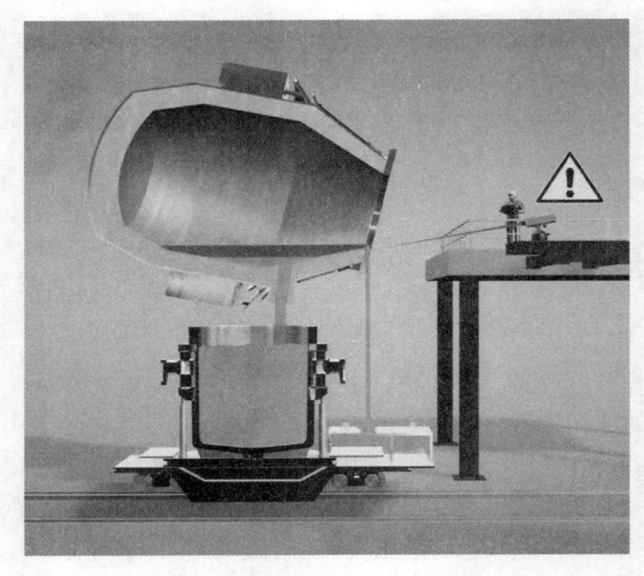

图 7-42 转炉自动出钢示意图

个阶段，控制不同阶段的气体流量大小和种类。转炉底吹系统原理包括压缩气源、主氮气源、主氩气源等，通过主路切断阀和支路调节阀进行各个管道气体流量的单独控制[71]。

120t 转炉采用 6 支路底吹供气系统，优化底吹元件布置，选用环缝式底吹供气元件以及相配套的上、下护砖，开发了底吹气体自动控制模型（底吹自动化设备和控制软件），底吹管路各支流量可单独控制，通过底吹控制画面可以实时掌握各支管路的流量、压力变化以及通畅度情况，并且可以根据需要设置自动、半自动或手动状态以及强搅模式等[72,73]。

复吹转炉冶炼技术的核心是底吹供气元件的长寿维护，要求在炉底供气元件端部生成“炉渣-金属永久性透气蘑菇头”，在整个炉役期或相当长的时间内，保持稳定、良好的形态和透气性能[74]。在开新炉时，要求连续采用开炉模式，在保证安全的前提下，快速生成“炉渣-金属蘑菇头”。炉役初期持续溅渣，在炉底尽快形成一定厚度的渣层，保证底枪不受损坏；同时，保证终渣具有一定的黏度和适当的 MgO 含量，促进炉底挂渣。正常冶炼时，根据钢水终点碳控制要求，选择合适供气模式，底吹自动控制系统根据转炉炉体位置和吹氧状态等实时数据自动判断当前冶炼阶段，自动根据系统中的流量设定值和气源种类进行底吹供气，无需人工干预即可由计算机自动完成对底吹气体的控制。

7.2.3.3 底吹工艺冶金效果

（1）底吹供气设备选择、供气模式及维护工艺不当会使得底吹元件侵蚀较快，形成凹坑，虽然短时间内通气效果良好，但是底吹寿命大打折扣。选用环缝式供气元件，由于其本身具有透气能力强、不易堵塞的特点，配合合理的维护供气使得底吹元件上方形成透气性能良好的“炉渣-金属蘑菇头”，既保证良好的底吹效果，又能很好地保证元件寿命[75]。

（2）转炉底吹工艺系统经过改进后，系统运行良好，管道气体流量、压力控制稳定，炉底供气元件端部“炉渣-金属蘑菇头”在炉役期内可以保持稳定、良好的形态和透气性能[76]。

（3）工艺改进后根据现场取样的［C］、［O］含量数据得到的终点碳氧积为0.00273，相比工艺改进前的碳氧积0.00316降低显著，熔池搅拌动力学条件大为改善。

（4）工艺改进前，转炉终点炉渣TFe含量为19.49%，工艺改进后为17.80%，平均降低1.69%，渣中全铁降低显著，底吹气体搅拌有效促进了渣-钢传质。

（5）对炼钢辅料消耗、渣中TFe含量降低的效益、终点残锰效益、铝铁消耗和氧气消耗降低，节约成本。

由于副枪过程测量TSC下枪时对氧气和底吹气流量有特殊要求，一般要求副枪下TSC时顶底复吹的流量皆为正常流量的60%以下。因此，必须对转炉氧枪和底吹系统PLC控制程序进行必要的改进。转炉氧枪和底吹控制系统须在接收到副枪下枪信号时（TSC），将氧气流量和底吹流量同步降低至设定值，避免由于流量过大炉内沸腾剧烈，导致副枪测量过程中烧坏副枪测量配件或粘钢[77,78]。

7.2.3.4 转炉炼钢终点控制

终点控制是指终点温度和成分的控制。对转炉终点的精确控制不只要保证终点碳、温度的精确命中，确保硫、磷成分达到出钢要求，还要求控制尽可能低的钢水氧含量。转炉的终点控制包括经验控制和自动控制两种方式。经验控制只凭操作人员的炼钢经验，通过火焰、声音等进行判断，因而终点命中率较低，还因操作人员不同而出现较大的波动。随着计算机在转炉炼钢中的应用，转炉吹炼自动控制得到了迅速发展，出现了多种静态控制模型和动态控制模型以及取得吹炼过程信息的手段，可对吹炼过程中各种复杂参数进行快速、高效的计算和处理，并给出综合动作指令。因此，自动控制可以比较准确地控制吹炼过程和终点，达到较高的终点命中率。当钢水温度和成分达到所炼钢种要求的范围之内时，就可以出钢。

转炉炼钢是最主要的炼钢方法之一，其主要任务是冶炼出成分和温度均合格的钢水。由于钢水的成分和温度不能连续检测，同时冶炼过程控制的边界条件变化频繁，这给转炉冶炼过程的控制带来了困难，在实际生产过程中，难以准确控制熔池碳温，因而提高转炉炼钢终点控制技术具有重要意义。

（1）红外烟气分析机理及特点。红外分析仪取代在线分析质谱仪分析烟气组成，节约大量成本的同时，通过技术攻关解决了红外分析精度较差、响应时间长的缺陷，保证了烟气分析系统高效率、高精度、高稳定性地运行。红外分析仪响应时间 1.5s，系统处理数据时间<10s，系统稳定运行率达到 99.85%，满足使用要求，且吨钢维护费用仅 0.3 元。

转炉熔池碳含量低于 0.4%即吹炼 88%以后熔池碳含量和烟气中 CO、CO_2及O_2的变化趋势有较强的对应关系，系统在此区间启动终点碳预测模型，依据 CO、CO_2及 O_2含量变化对终点碳的影响程度，设定相关权重系数进行终点预测，达到较好效果。

（2）高低温切换模型开发。烟气分析系统对温度的预测模型是基于热平衡及各种热损失的静态模型。运行过程中发现，由于钢种等原因改变终点温度设定值后，温度命中率大幅度降低，成为影响温度命中的主要因素。自动炼钢模型参数为静态参数，无法根据外界条件的变化而自动变化，因此研究开发了加入二次燃烧比例、脱碳速率的参数、温度调整参数等的动态切换模型。通过以上对模型的优化调整，高低温切换期间温度命中率达到 95.2%，满足“一键式”自动炼钢稳定生产的要求[79]。

（3）终点碳分析软件开发。由于炉型、风机风量、底吹效果等因素的变化，冶炼过程会造成 CO、O_2、N_2其中一条曲线或多条曲线发生漂移，导致 LOMAS 烟气分析对终点碳含量的分析会出现系统性偏差。通过研究建立拟合模型，迅速找到影响因素并修正系统偏差，可有效地提高后续炉次系统预测碳的精度。

（4）高强度底吹及终点后搅技术。加强熔池搅拌促进渣-金反应平衡是提高转炉冶金效果的有效途径。转炉冶炼后期，随着碳含量的降低，熔池的搅拌能力降低，底吹搅拌的作用更加明显。冶炼后期及终点增强底吹对脱磷及降低碳氧积效果更为明显。

100t 转炉底吹采用 12 支底吹枪环绕分布形式，底吹枪直径 22mm，底吹工作压力提高至≥0.4MPa，有效防止了底吹枪堵塞，稳定了复吹效果。

转炉提枪后炉内［C］和［O］含量并未达到平衡，此时钢水中的［O］含量处于过饱和状态，碳氧积偏高。通过转炉终点适当静置，不但可以降低钢水中的［O］含量，磷含量也得到有效控制。目前，全炉役出钢碳氧积≤0.0025。

7.2.3.5 转炉在线成本质量控制

转炉成本控制模型如图 7-43 所示，转炉在线成本控制模型以转炉的 PLC 数据网络为基础，实时动态采集冶炼过程中的各项冶炼数据，实现全程冶炼监控和完整数据存储；以成本消耗为关键，精确计算冶炼各项的成本消耗，并与系统历史最佳冶炼炉次，理论冶炼消耗数据相比较，提高炉前操作人员的成本控制意识，提供了成本控制依据，能为降低冶炼成本提供帮助。

成本控制模型在控制冶炼成本的同时，并不放松对质量的关注，模型实时监控冶炼样品成分变化，自动比对钢水各元素含量与所冶炼钢种的要求，使模型成

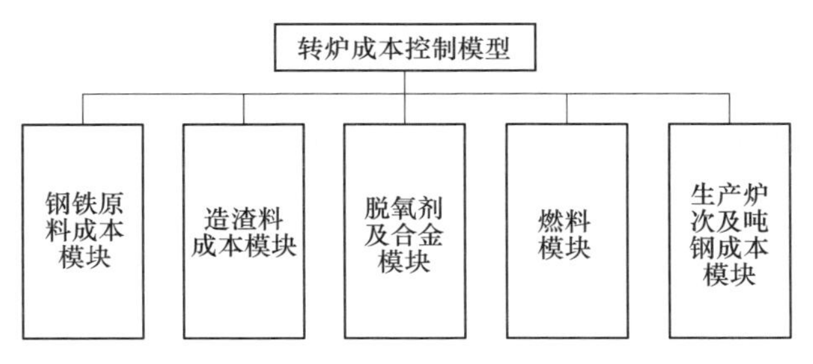

图 7-43 转炉成本控制模型

为基于产品质量控制的成本控制模型，达到产品质量合格下的成本最优。

转炉自动化计算机可进行多功能、多组态的过程监视及智能优化的过程控制，采集每炉钢的冶炼信息、各种工艺技术参数。包括炉号、炉龄、计划钢种、实际钢种、出钢量、铁水温度、铁水重量、铁块、废钢、合金消耗、枪龄、开吹时间、冶炼时间、冶炼周期、拉碳时间、拉碳温度、供氧时间、工作氧压、溅渣时间、压枪时间、出钢时间、炉口渣钢等数据内容。对钢水温度、碳氧等含量提供变量趋势图，可根据 PLC 通信网传来当前钢水成分、重量、合金等一些参量实现质量在线控制。

转炉冶炼过程成本控制界面如图 7-44 所示，由图可看出界面从左向右分别显示：冶炼过程消耗（当前/参考/理论）；冶炼状态动态显示（等待/兑铁/吹炼/出钢/溅渣/热停）；供氧参数（当前/参考）；化验数据（钢水成分/铁水成分）。界面显示冶炼过程的显示过程用曲线表示。曲线内容有：氧气流量/氧气压力/氧气枪位/氧气消耗，煤气流量/煤气总量，溅渣枪位/溅渣压力/溅渣消耗，冷却水流量/冷却水入水温度/冷却水出水温度。

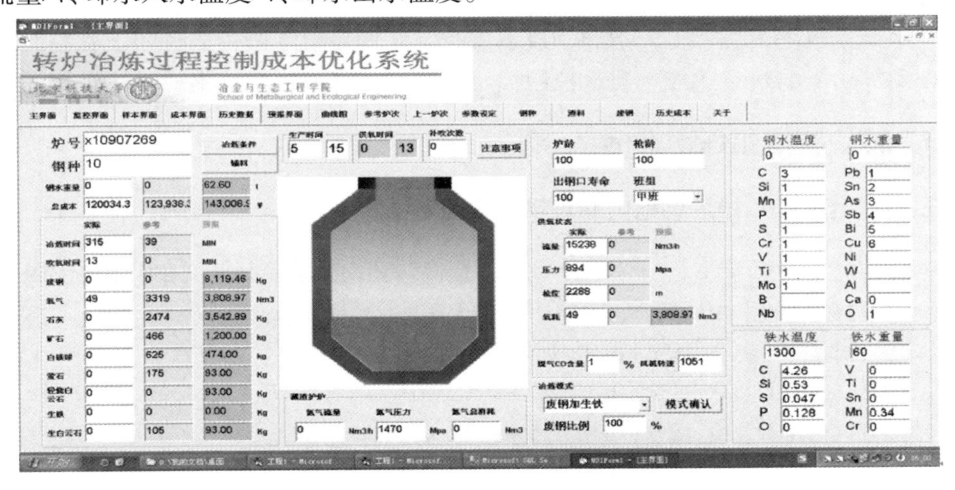

图 7-44 转炉冶炼过程成本控制界面

图 7-45 界面显示模型预测结果，包括：原料消耗（钢铁料/渣料/氧气等）、终点成分（钢水成分/终渣成分/炉气成分）、理论成本。

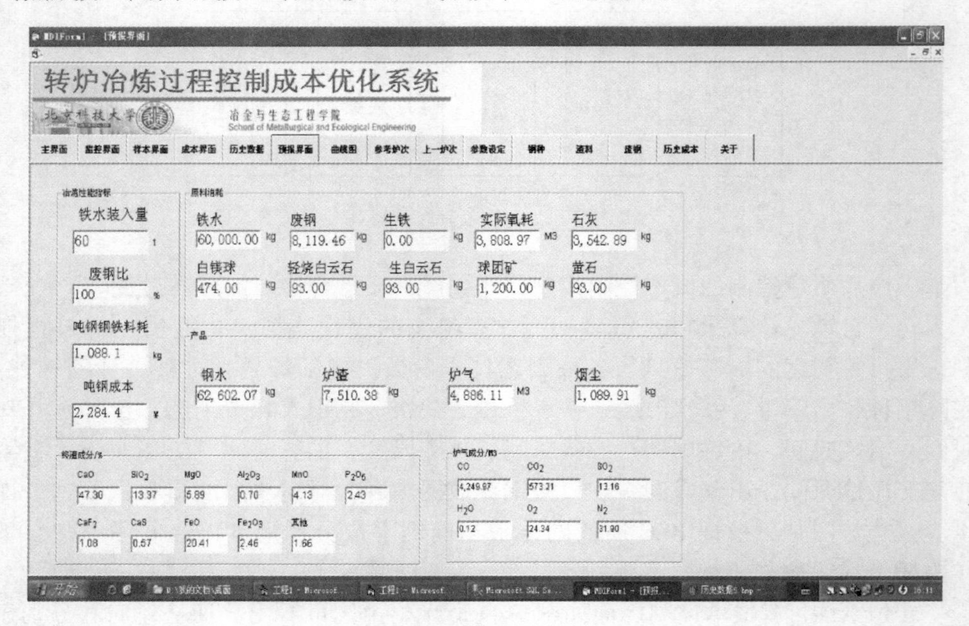

图 7-45　模型预测结果

利用计算机的记忆和计算功能优化转炉炼钢系统。转炉冶炼过程控制成本优化系统通过对转炉冶炼工艺历史数据的记录，建立数据库。根据成本、能耗最低或冶炼时间最短原则，选择与当前冶炼炉次炉料结构、冶炼环境等相近的最优历史数据，然后根据最优炉次的冶炼工艺进行冶炼，以达到最优的冶炼效果。建立各工序集成数据采集、工艺指导、成本监控与计算、质量监控与预报、数据维护与查询等功能的数字化成本质量控制模块，并实现全流程系统集成优化控制。

7.3　转炉智能化炼钢案例

7.3.1　新钢 210t 转炉副枪自动炼钢的应用效果

（1）转炉终点 $w[C]$、T 双命中率显著提高。新钢要求控制精度在以下范围内：

1）目标 $w[C] \leqslant 0.05\%$，±0.010%；

2）目标 $w[C]$ 0.05%~0.08%，±0.015%；

3）目标 $w[C]$ 0.08%~0.12%，±0.02%；

4）目标 $w[C] > 0.12\%$，±0.025%；

5）终点温度：目标温度±12℃。

新钢公司 210t 转炉副枪自动炼钢系统投入运行后，转炉终点碳温双命中率稳步提高，由之前经验炼钢的65%左右提高到了目前的92%以上。

（2）后吹率显著降低。由于副枪自动炼钢对钢水终点温度、$w[C]$ 计算的精确程度，远高于经验炼钢人工的肉眼判断，因此，自动炼钢的投运将可使转炉吹炼终点 $w[C]$-T 协调率及双命中率显著提高，减少因人工判断误差导致的后吹。新钢210t转炉副枪自动化炼钢投运后，炼钢后吹率有显著降低，由投运前最高27.8%减少到投运后最低7.6%，减少了20.2%，并且稳定保持在良好水平，转炉后吹率指标变化情况如图7-46和图7-47所示。

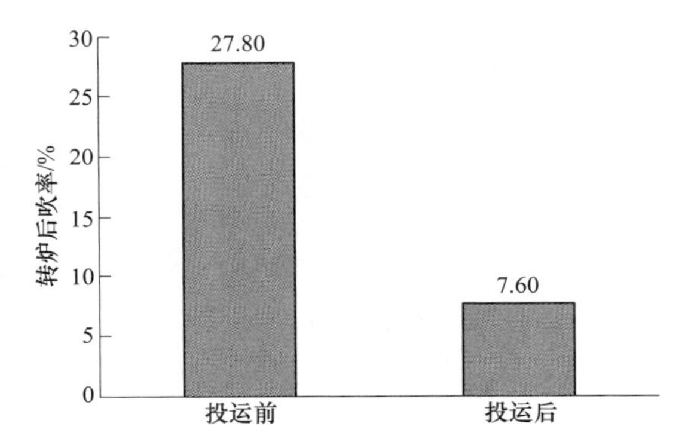

图7-46 自动化炼钢投运前后转炉后吹率对比

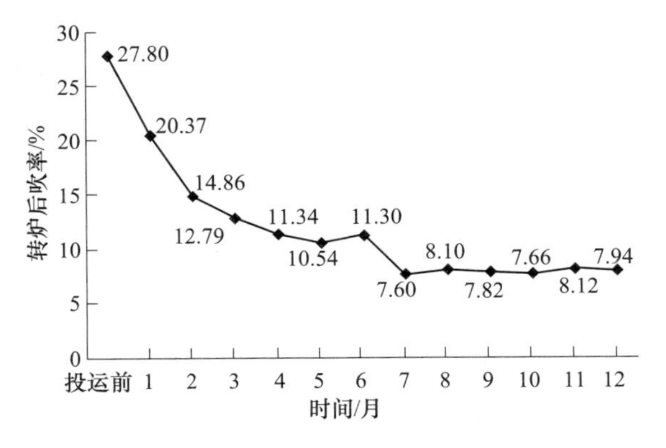

图7-47 自动化炼钢投运后转炉后吹率指标变化

（3）开吹到出钢时间缩短。采用副枪自动炼钢后，新钢210t转炉实现了90%以上的一倒出钢率，不仅有效减少了转炉补吹频率，而且节省了倒炉测温取样以及等样出钢的时间。使转炉吹炼开始到出钢结束时间比传统的工艺模式有了大幅缩短，转炉平均冶炼周期由原先的46min/炉缩短到43min/炉，转炉生产效率提高了约7.0%。

（4）提高钢水质量，钢水成分稳定。自动化炼钢投运后，转炉终点碳控制更加稳定，终点钢水氧含量降低，从根本上减少了氧化夹杂物的产生，从而提高了钢水质量，低碳铝镇静钢种可浇性显著提高，浇次平均包龄由8炉提高到了12炉。同时，投入副枪及自动化炼钢后，通过对吹炼模式的优化，获得良好的脱磷效果，转炉终点P得到有效控制，钢水成分的控制更加稳定，因P高导致成分出格、改判或并包的炉数比投运前减少了30%以上。

（5）为品种钢的开发和工艺优化创造有利条件。自动炼钢系统投运后，基础管理工作不断加强，炼钢操作也更加规范，转炉终点控制更加稳定、准确，同时副枪终点TSO的定氧定碳数据，为脱氧合金化操作提供更精确的指导，非常有利于优质钢冶炼工艺优化，同时也为新钢种开发创造了有利条件，到目前为止我厂已成功开发了以低碳低硅钢、冷轧硅钢和管线钢、IF钢等为代表的一系列高附加值钢种。

（6）降低氧气和原材料消耗。采用副枪自动炼钢工艺后，转炉过拉碳升温和补吹现象大量减少，吹炼氧气消耗也随之减少。根据统计，新钢210t转炉实施自动炼钢后，吨钢氧气消耗由之前的52m^3/t（标态）左右降低至50m^3/t（标态），降低了近2m^3/t（标态）。同时，由于氧气消耗的降低，钢水、终渣过氧化性程度随之下降，液态钢、渣对炉衬耐材的侵蚀也相应减少，加上溅渣护炉技术的应用，使得新钢210t转炉炉龄达到了近13000炉，在国内各大钢厂同类型转炉中属于领先水平。

（7）提高金属收得率，降低钢铁料消耗。由于终点命中精度提高，钢水过氧化现象减少，终点钢水平均氧含量降低，终点残［Mn］含量提高，既减少了转炉吹损，又提高了合金收得率。且在采用副枪及自动化炼钢后，可实现直接拉碳出钢，冶炼周期缩短，这样可减少热损失，在相同废钢消耗下，副枪及计算机自动化炼钢投运后，有利于增加烧结矿或球团矿等调温料用量，有效降低了钢铁料消耗；而且，由于吹炼稳定，过程喷溅减少，烟罩和炉口粘钢、粘渣也相应减少，从而减少了吹炼过程的金属损耗。综合如上几方面因素影响，在自动炼钢系统优化运行后，新钢210t转炉炼钢厂实际钢铁料消耗指标初步达到了降低10kg/t的目标[80]。

7.3.2　山钢日照公司实现210t转炉“一键式”炼钢

“一键式”炼钢技术是一种先进的转炉冶炼控制技术，该技术集理论计算、专家经验和先进的在线监测手段于一体，采用计算机L1模型和PLC控制转炉吹炼操作，可显著提高转炉终点碳、温度双命中率，缩短冶炼周期，提高生产效率，降低原材料消耗和生产成本，实现可观的经济效益[81]。

自动炼钢控制系统包括两级：L1级和L2级。L1级与L2级之间采用TCP/IP协议，基于流行的OPC方式。L1基础自动化级由控制系统S7-400系列PLC、监控站组成，主要实现对现场设备的逻辑控制和数据检测。L2 过程控制级，应用 VB 编程语言进行开发设计，数据库采用 oracle9i，采用典型的 C/S 两层架构。L2 主要实现对生产数据的过程控制与执行：通过设定各种设备的具体动作参数，进行各种模型计算和控制计算，同时收集执行过程中的实绩数据，实现对炼钢基础自动化工艺数据的分析和计算，发送自动炼钢指令。“一键式”炼钢工艺流程如图 7-48 所示[82]。

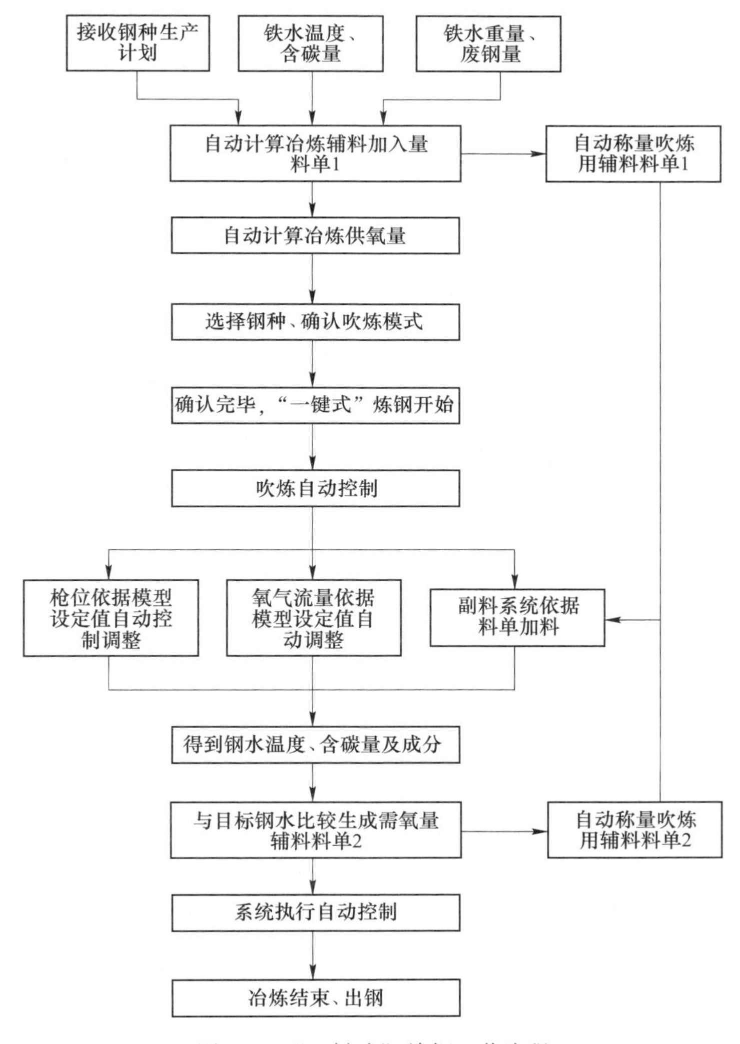

图 7-48 “一键式”炼钢工艺流程

结合公司炼钢生产工艺建立吹炼静态控制模型、动态控制模型，分析研究了生产中涉及自动化炼钢的相关内容和各种可能遇到的问题。(1) 根据自动化炼钢模型原始数据及工艺制度，建立了模型关键的造渣制度、物料平衡、热平衡制度。（2）建立了转炉终点控制数学模型，将转炉终点控制模型分为前期的静态控制建模、后期的终点温度动态控制模型，分别建立了相应的模型。（3）结合副枪及烟气分析系统提取的冶炼过程的相关数据进行计算机提取分析处理，在自动控制模式下，PLC 系统通过内部存储模式数据，完成对系统的控制，通过 PLC 系统接收计算机中的模型数据完成对设备的控制实现“一键式”炼钢技术[83]。

自 2018 年山钢日照公司炼钢部 210t 转炉成功实现全自动智能模型炼钢以来，连续 5 个月（7~12 月）均达 93%以上，模型使用率以及各项技术指标都不断提高，达到以下技术指标：

（1）有效降低钢铁料和脱氧剂消耗。7~11 月的 5 个月生产数据统计，共冶炼的 6800 炉中，6324 炉应用了智能模型炼钢（其余为双渣炉次），模型投用率 100%，自动化率达到 93%，通过 1~6 月（未实施自动炼钢）与 7~12 月（自动化比例 93%）比较可知，钢铁料消耗由项目实施前的 1098kg/t 降至1090kg/t（剔除钢种等影响），脱氧剂消耗由 2. 88kg/t 降至 2. 30kg/t。

（2）缩短冶炼周期，减少原材料消耗。冶炼周期由原来的 17min 缩短至目前的 14min，金属收得率提高约 0. 5%，石灰消耗减少 5kg/t，降低氧量消耗 2%~4%。

（3）全自动智能炼钢模型投用率达到 100%。

效益分析见表 7-9。

表 7-9　效益分析

技术指标	项目投用前	项目投用后
钢铁消耗/$kg \cdot t^{-1}$	1098	1089
脱氧消耗剂/$kg \cdot t^{-1}$	2. 88	2. 30
氧气消耗/$m^3 \cdot t^{-1}$	52	50
石灰消耗/$kg \cdot t^{-1}$	42	37

通过缩短冶炼周期，提高碳和温度命中率，可以提高产量和质量。由于一倒命中率的提高，转炉终点钢水氧含量稳定降低，终点余锰提高，既提高了转炉铁合金的收得率，又减少了转炉吹损。同时，因转炉冶炼周期的缩短，使得过程热损失减少，在相同的废钢装入条件下，自动化炼钢吨钢炉次冷料消耗数量提高约 5. 6kg，有效降低了钢铁料消耗。在“一键式”自动化炼钢技术投入使用后，钢铁料吨钢能耗降低了 7. 3kg。

“一键式”自动化炼钢技术的开发与推广实践效果显著：炼钢成本降低，转炉出钢碳和温度双命中率达到 84%以上，二次补吹率减少了 17. 8%，平均冶炼周期缩短了 3min，钢水质量得到显著提高。

7.3.3 迁钢全自动出钢案例

我国转炉炼钢实现了基于副枪或烟气分析技术的智能化吹炼，转炉终点命中率大幅度提高[84]。人工出钢操作钢流及钢包状态，存在着高温、灼烫风险，同时也承受着噪声、粉尘危害，作业环境相对较差，与工业 4.0 时代发展要求显得格格不入[85]。实现炼钢全流程的智能化控制，降低操作岗位劳动强度，提高炼钢过程控制的稳定性，迁钢二炼钢厂通过多边合作，利用协同创新平台，成功开发转炉自动出钢控制技术并应用于实际生产。

迁钢自动出钢控制技术是将转炉出钢的所有系统按照预定义的程式和逻辑进行关联，以实现出钢过程的全自动控制，包括转炉倾动系统、钢车系统、下渣检测以及滑板挡渣系统。倾动采用了 ACS800 一主三从变频器控制，设计在主控室、炉前、炉后三地主令控制；钢车采用 ACS800 变频器控制；下渣检测为杭州海城红外图像分析系统，配置了液压滑板挡渣系统。转炉控制采用西门子 s7-400PLC 系统[86]。钢水车采用激光测距技术进行实际位置的精准定位，合金溜槽通过编码器控制以实现定位旋转，转炉倾动采用有级调速。在单体设备固有运行逻辑基础上，通过预定义的安全可靠 PLC 程式实现相关设备的联动控制，辅之以视频监控系统，达到自动出钢的目的[87]。具备出钢条件时，操作员通过 HMI 点击“开始出钢”按钮，钢水车及转炉将按照预选的出钢序列自动进行，合金溜槽将自动旋转。在出钢过程中自动出钢系统会对整个过程进行全面监控，实时跟踪分析设备运行状态，同时视频监控系统进行实时图像分析，自动修正和调整出钢序列。出钢结束，转炉自动回摇到预定义角度，进入下一炉次出钢等待。迁钢自动出钢控制技术应用于二炼钢厂 4 号转炉[88]。

由于倾动设备和作业环境的特殊性，出钢操作存在风险，迁钢自动出钢系统建立了可靠的安全控制逻辑，如图 7-49 所示。

可以采用出钢时间模式、重量模式、数据模型模式出钢。自动出钢系统对炉口下渣程度进行实时检测运用图像分析技术判断，当下渣程度达到一定范围时，自动回调转炉倾角 1°~2°，如果炉口下渣得到缓和，系统判断安全后，转炉角度自动恢复到序列位置。炉口下渣检查将出钢全过程进行监控，确保了转炉摇炉过程的稳定，极大降低了炉口下渣的比例和出钢过程中由于辅料的波动或者人工操作上的失误。

应用效果如下：

（1）迁钢 4 号转炉自动出钢系统拥有完善可靠的安全控制逻辑，利用全流程的监控和智能判断，能够第一时间发现设备突发性问题，同时禁止设备带病运行，保证了自动出钢的安全可靠。

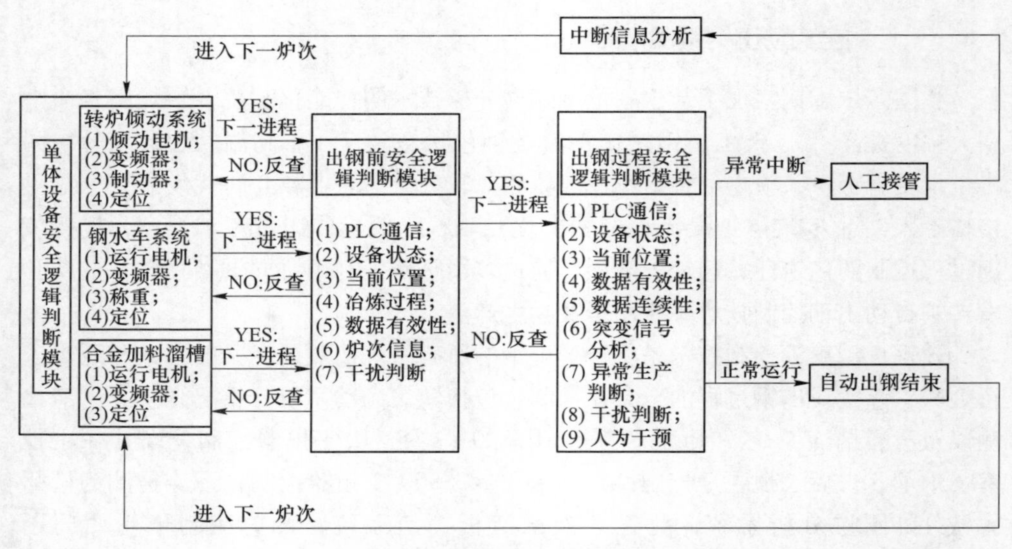

图 7-49　安全控制逻辑图

（2）综合 30 套时间模式控制曲线，30 套重量模式曲线，1 套完整的数据模型控制曲线的运用，能够实现全炉役范围不同炉况条件下的自动出钢。

（3）自动出钢系统的投用将人工操作经验优化为 PLC 控制程式，辅助以图像识别技术，大幅度提高了出钢控制的稳定，减少了炉口下渣，杜绝了出钢口卷渣现象，进一步提高了钢水质量，提升了转炉作业效率。杜绝了由于岗位操作失误引起的各类问题，保证了本质安全。在“一键式”炼钢的基础上，炼钢智能化又上升了一个台阶。

迁钢自动出钢控制技术已经投入实际生产，4 号转炉自动出钢率达到 100%，自动出钢成功率在 95%以上，极大地降低了岗位劳动强度，改善了作业环境。为下一步的全流程智能化炼钢打下了基础。

7.3.4　鞍钢 260t 转炉自动化炼钢的开发与应用

鞍钢股份有限公司鲅鱼圈钢铁分公司炼钢部配置有 3 座 260t 顶底复合吹炼转炉，2008 年 9 月开工投产。转炉炼钢过程自动化控制模型引进德国蒂森克虏伯 OTCBM（Optimized Thyssen-krupp Converter Blowing Model）系统，采用副枪和质谱仪作为自动化炼钢的主要检测设备。OTCBM 控制模型要求原材料优质稳定，过程控制模式相对固定，终点控制碳恒定。但是，系统出现故障后，维护周期较长，为了完全发挥自动化炼钢的优势，达到预期效果，引进了自动化炼钢系统的硬件和检测设备——自动化炼钢系统 ACSAS（Ansteel Converter Steelmaking Automatic System）。

7.3.4.1 ACSAS 构架设计

鞍钢自主开发的转炉自动化炼钢系统 ACSAS 的整体架构如图 7-50 所示。以二级服务器为中心，实现与相关设备及系统的数据通信与控制。仪表 PLC 主要功能是对相关作业的计量、显示与数据传输，如散料下料重量显示、铁水温度的传输等。电气 PLC 的主要功能是控制转炉炼钢相关电气设备的运行过程，如散料下料、合金下料、氧枪运行等。副枪 PLC 控制副枪运行和数据传输，如探头连接与测试、副枪运行控制参数、传输测试结果等。质谱仪 PLC 控制质谱仪运行，实时传输烟气成分。工程师站主要是后台监控与调整模型参数，转炉工作站实现操作岗位与 ACSAS 系统的人机交互，实时显示冶炼操作过程以及历史数据查询。MES 三级服务器与二级之间进行通信，主要是下达生产计划，传递钢种信息与试样成分，保存冶炼数据形成熔炼报表等功能。

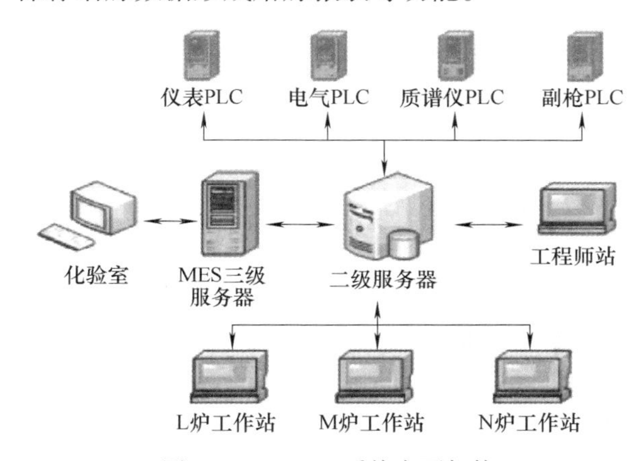

图 7-50 ACSAS 系统主要架构

7.3.4.2 ACSAS 模型介绍

ACSAS 由静态模型、氧枪模型、动态模型和自学习模型 4 个子模型组成，转炉自动化炼钢工艺控制流程如图 7-51 所示。

(1) 静态模型：静态模型 CSBM（Converter Static Blowing Model）的主要功能是以本炉入炉基础数据和钢种目标要求为基础，参考自学习参数，计算出本炉物料数量、氧气消耗量、预测终点温度及成分，同时控制物料称量和加入时机[89]。包括热平衡、氧平衡、碱度、黏度平衡、合金计算、副枪自动控制几个子模块。CSBM 的作用周期从开始吹氧至副枪过程测试。CSBM 的优点：

静态模型计算动态化，及时修正热平衡、氧平衡参数。它要求冶炼操作严格按照静态计算参数运行。CSBM 在开吹和吹氧量 72%各计算一次，在每批物料加入后实时计算相关控制参数。CSBM 根据实际的入炉物料等信息按式（7-18）进行重新计算，及时调整热平衡和氧平衡参数，保证了静态控制参数调整的及时性

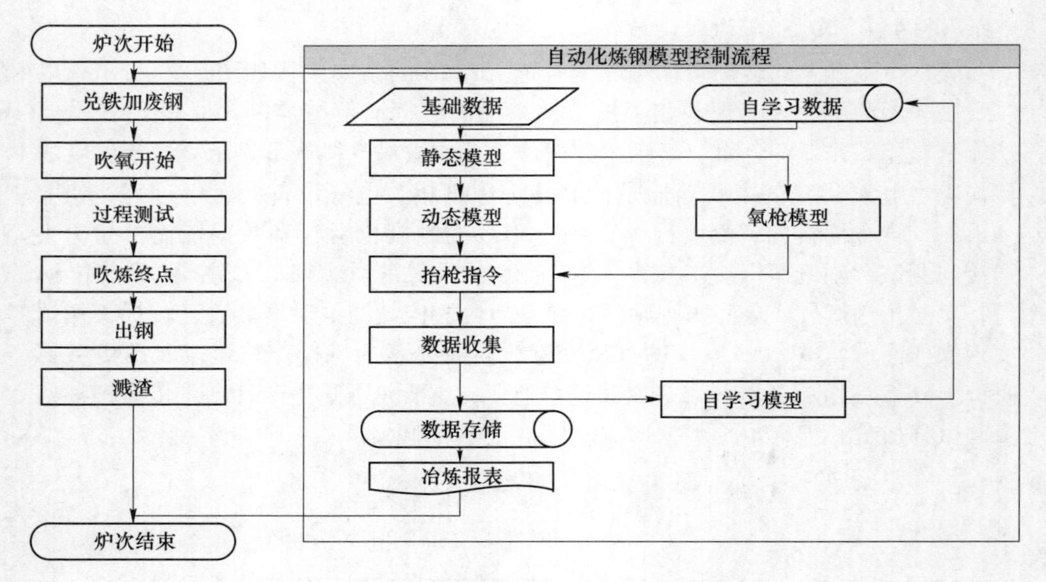

图 7-51　转炉自动化炼钢工艺控制流程图

和准确性，为精确的终点控制打下基础。

$$Y = Y_j + \sum_i f(X - X_j) \tag{7-18}$$

式中　Y——静态模型计算输出结果；

Y_j——参考炉次数据；

X——本炉次模型控制输入条件；

X_j——参考炉次模型控制输入条件。

自动调整炉渣中的 MgO 含量，合理控制炉底厚度。CSBM 可以根据熔池液位和复吹效果的变化情况，自动调整炉渣中的 MgO 含量，按式（7-19）和式（7-20）联立计算出活性石灰和轻烧白云石的加入数量，合理控制炉渣的黏度和碱度。

$$R = \frac{X \cdot w(\mathrm{CaO})_x + Y \cdot w(\mathrm{CaO})_y + \sum_i Z_i \cdot w(\mathrm{CaO})_z}{X \cdot w(\mathrm{SiO_2})_x + Y \cdot w(\mathrm{SiO_2})_y + W_{\mathrm{Hm}} \cdot w(\mathrm{Si})_{\mathrm{Hm}} \times 2.14 + \sum_i Z_i \cdot w(\mathrm{SiO_2})_i} \tag{7-19}$$

$$X \cdot w(\mathrm{MgO})_x + Y \cdot w(\mathrm{MgO})_y + \sum_i Z_i \cdot w(\mathrm{MgO})_i = W_{渣} \cdot w(\mathrm{MgO}) \tag{7-20}$$

式中 X——活性石灰重量，kg；

Y——轻烧白云石重量，kg；

Z_i——除活性石灰、轻烧白云石外的其他材料重量，kg；

W_{Hm}——入炉铁水重量，kg；

$w(MgO)$——目标 MgO 含量要求,%；

$W_{渣}$——总渣量，kg。

根据钢种要求确定多种冶炼模式。CSBM 根据钢种的实际要求，开发了与之相适应的多种冶炼模型，很好地适应了转炉炼钢工艺的实际情况。

（2）氧枪模型：氧枪模型 CLBM（Converter Lance Blowing Model）的主要功能是控制冶炼过程中氧枪的高度及供氧强度的变化，达到良好的化渣效果，作用周期从吹氧开始至吹炼终点。CLBM 的优点：

1）确定入炉含铁料收得率参数，提高熔池液位计算的准确性。鞍钢股份鲅鱼圈炼钢部兼顾原料成本，入炉铁料采取精料与“经料”相结合的方式。CLBM 模型确定了各种含铁物料的金属收得率，提高了熔池液位计算的准确性。常见含铁物料的收得率见表 7-10。

表 7-10 常见含铁物料收得率 （%）

扒渣	铁水	废钢	渣钢	粒铁	生铁	唐麻铁	块矿
94.7	94.2	97.0	70.0	40.0	94.7	80.4	35.0

2）氧枪运行曲线图形化直观显示。CLBM 从氧枪模型的设定、运行过程中的实时显示、历史曲线查询均采用直观的图示并同时显示数值，氧枪运行过程实时显示界面如图 7-52 所示。由图 7-52 可以看出，CLBM 模型不仅显示直观，而且存储信息量更多。因此，在进行数据查询分析方面的效率更高。

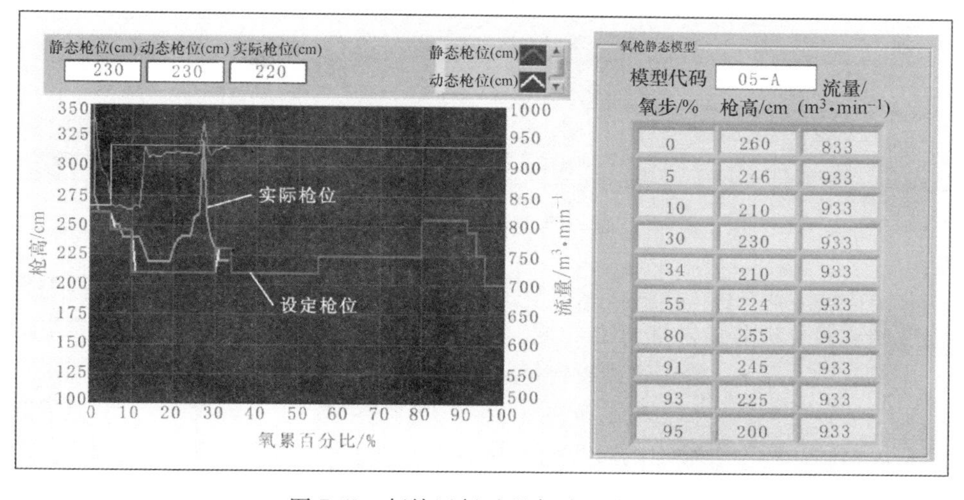

图 7-52 氧枪运行过程实时显示界面

3）增加氧枪动态调整功能。CLBM 模型增加了氧枪动态调整功能，利用质谱仪的实时烟气分析功能，判断炉内反应状态，调整氧枪运行方案[90]。如果烟气成分超出当前最佳区间，CLBM 模型能及时调整氧枪运行方案，使整个冶炼过程烟气成分的变化都在最佳区间波动，避免喷溅和返干，保证过程化渣良好，提高金属收得率和脱磷效率。

（3）动态模型：动态模型 CDBM（Converter Dynamic Blowing Model）的主要功能是根据过程测试数据和终点目标要求，修正热平衡计算参数，预测终点温度和碳含量[91]。利用质谱仪进行实时碳含量计算，利用过程温度和碳含量的变化计算实时温度，发出终点抬枪指令。作用周期从过程测试开始至吹炼终点。CDBM 的优点主要包括以下两点：

1）CDBM 模型单独一个页面显示，动态模型启动后自动弹出，将目标范围和实际预测值在数据显示的基础上，还采用图示化方式显示，如图 7-53 所示。由图 7-53 可以看出，目标控制更直观。

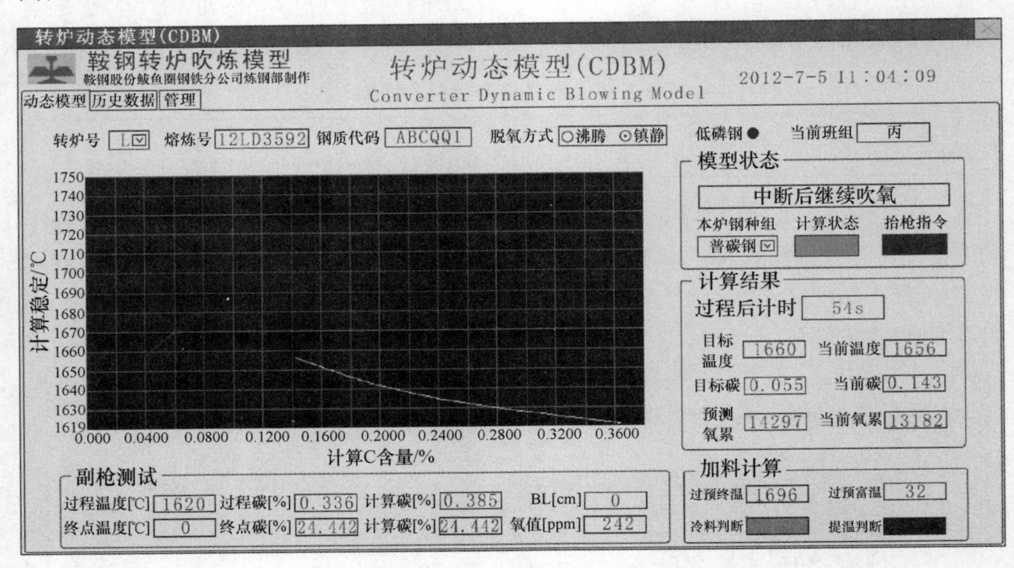

图 7-53　CDBM 显示界面

2）副枪过程碳和终点碳含量的修正。副枪仪表输出碳使用 CDBM 模型根据结晶温度和化验分析的碳含量历史数据，每炉都自动重新回归过程碳的计算式（7-21）中的参数 a 和 b，修正过程碳含量，用修正后的过程碳含量预测终点参数。

$$w[\mathrm{C}] = aT_{\mathrm{liq}} + b \tag{7-21}$$

式中　$w[\mathrm{C}]$——仪表输出的过程碳含量；

T_{liq}——钢水凝固温度；

a，b——参数。

转炉终点碳含量受转炉复吹效果的影响很大。而CDBM模型从副枪仪表取得温度和氧电势数据，采用自学习模型每炉修正定碳公式参数，将修正后的更加准确的碳含量输出到CDBM界面上，用于指导生产[92]。CDBM显示界面如图7-53所示。

温度预测参数自动修正。动态模型根据副枪过程测试结果预测终点温度，确定是否补加冷料或过吹。CDBM模型根据最近炉次的生产数据，每炉对温度预测参数进行自动回归修正，使温度预测参数总是与当前生产条件同步修正，提高了转炉终点的温度命中率。

（4）自学习模型：自学习模型CSAM（Converter Self-Adaptive Model）在炉次结束时启动，主要功能是对冶炼数据进行自动分析和过滤，将自动化控制较好的炉次数据单独存储，计算出相关控制参数[93]。CSAM进行了分类处理。首先是否加废钢分为正常生产和全铁生产两种模式，然后再按高磷钢、低磷钢、常规磷含量分别进行数据分类，自动识别和剔除异常数据，将符合条件的炉次数据存储到各自的自学习数据库中。自学习模型中常见的异常数据点见表7-11。CSAM不断地更新自学习数据库，重新计算相关控制参数，为下炉的模型计算提供最佳参数。

表7-11 自学习模型中常见的异常数据点

序号	未学习原因代码	异常事件
1	F1，L01	下料系统异常
2	F102	实际冷却剂加入量超出设定范围
3	F103	材料带入CaO总量不在设定范围内
4	HM01	全铁炉次
5	HM02	铁水Si超过设定值的炉次
6	HM03	热回收钢水炉次
7	HM04	铁水成分不全
8	OB01	吹炼中断
9	OB02	终点抬枪后测试前加料
10	OB03	多次点吹或点吹时间超过设定值的炉次
11	OB04	终点碳不在控制范围内
12	SS01	终点倒炉测温取样
13	SS02	终点温度不在温度控制范围内
14	TD01	停炉时间大于70min

7.3.4.3 ACSAS 模型应用

为了保证 ACSAS 模型的有效稳定运行，主要开展的技术工作有：

(1) 提高基础数据的准确性。主要包括入炉铁水自动采集，废钢装槽及补槽重量自动采集，各种造渣材料下料重量的自动采集，副枪测试过程碳和终点碳参数的实时回归，烟气分析仪、物料秤等测量仪表定期校准，定期化验活性石灰、轻烧白云石成分，及时维护自动化模型物料成分含量。

(2) 提高设备的可靠性。降低下料系统、副枪系统、质谱仪系统的故障率，提高设备运行的精度和稳定性。

(3) 稳定冶炼条件。主要包括稳定炼钢用氧枪参数、氧气压力。稳定铁水供应，减少铁水温度及成分的大幅度波动。稳定造渣材料和冷料成分，杜绝频繁调整物料种类及物理化学性能较大幅度波动。稳定复吹效果，组织连续生产，防止转炉频繁性凉炉。

ACSAS 的模型架构合理，数学模型科学。通过有效的管理措施，保证了自动化炼钢系统的稳定运行，充分发挥了自动化炼钢的优势，应用 ACSAS 后，主要技术经济指标得到明显提升。自主开发的 ACSAS 模型与引进的 OTCBM 模型的主要技术经济指标对比见表 7-12。

表 7-12 ACSAS 模型与引进的 OTCBM 模型主要技术经济指标对比

项目	一拉合格率/%	终点碳命中率/%	终点温度命中率/%	碳、温双命中率/%	脱磷效果/%	溶剂成本/元·t^{-1}
OTCBM 模型	88.4	94.7	81.3	78.5	88.8	35.2
ACSAS 模型	95.8	97.2	92.2	90.3	90.3	30.6
变化量	7.4	2.5	10.9	11.8	1.5	-4.6

由表 7-12 可以看出，终点碳的命中率（±0.01%）提高了 2.5%，达到 97.2%；终点温度的命中率（-5℃，+15℃）提高了 10.9%，达到 92.2%；终点碳、温双命中率提高了 11.8%，达到 90.3%。碳、温命中率的提高减少了补吹率，保护了炉衬，节约了脱氧铝铁的消耗。由于热平衡计算准确、氧枪模型合理，熔剂量降低但脱磷率却提高了 1.5%。ACSAS 应用后，磷、碳元素超标导致的质量事故下降了 52%，经济效益显著。

参考文献

[1] Zhang B, Xue Z L, Liu K, et al. Development and application of prediction model for end-point manganese content in converter based on data from sub-lance [J]. Advanced Materials

Research, 2013, 683: 497~503.

[2] Liu K, Liu L, He P. End point phosphorus and manganese content control model based on sublance technique and optimization of dephosphorization process [J]. Iron and Steel, 2008, 43 (7): 32~36.

[3] Hubmer R, Kck H, Pastucha K. Latest innovations in converter process modelling [C]//International Congress on the Science & Technology of Steelmaking, 2015.

[4] 于新乐. 迁钢 210 吨转炉自动化炼钢控制系统研究与设计 [D]. 沈阳: 东北大学, 2011.

[5] Hofinger S, Hubmer R, Hartl F. Modern automation solutions for BOF steelmaking [J]. Proceedings AISTech, 2014.

[6] Spanjers M, Glitscher W. Sublance based on line slag control in BOF steelmaking [J]. Accessed Dec, 2015.

[7] 吴明, 梅忠. 转炉烟气分析动态控制炼钢技术 [J]. 冶金设备, 2006, 2 (4): 19~21.

[8] 张旭升. 质谱仪在转炉炼钢终点控制中的应用 [J]. 鞍钢技术, 2003, 4 (6): 30~37.

[9] 万雪峰. 转炉炉气成分变化规律的初步研究 [J]. 中国冶金, 2006, 16 (1): 23~26.

[10] 安丰涛, 郝建标, 王文辉. 副枪测量与数据分析自动炼钢技术的应用 [J]. 河北冶金, 2019 (5): 47~50.

[11] Suito H, Inoue R, Takada M. Phosphorus distribution between liquid iron and MgO saturated slags of the system CaO-MgO-FeO_x-SiO_2 [J]. Transactions ISIJ, 1981, 21: 150~259.

[12] 刘莫岩. 转炉烟气分析动态控制及技术应用 [J]. 科技视界, 2015 (20): 11, 213.

[13] Iwamura K, Furusawa M, et al. Development of BOF blowing control system [J]. Transactions of the Institute of Systems Control & Information Engineers, 1996, 9 (11): 531~537.

[14] Suito H. Manganese equilibrium between molten iron and MgO-saturated CaO-FeO-SiO_2-MnO slags [J]. Transaction ISIJ, 1984, 24: 257~264.

[15] 吴建忠. 转炉副枪技术新发展 [C] //中国计量协会冶金分会冶炼传感器专委会 2011 年年会及技术交流会论文集, 2011, 11: 46~48.

[16] 刘忠建. 在线控制炉渣技术实践 [J]. 冶金丛刊, 2016, 46~49 (3): 109~111, 113.

[17] 贵玉, 万雪峰, 林东, 等. 转炉炉气分析技术在本钢的初步应用 [J]. 钢铁, 2006 (9): 23~25.

[18] 徐文派. 转炉炼钢学 [M]. 北京: 冶金工业出版社, 1991: 35.

[19] 副岛利. 耘炉吹炼制御技术 [J]. 神户制钢技报, 1986, 36 (1): 31~35.

[20] 何伟. 转炉出钢下渣检测方法与挡渣设备的研究 [D]. 黑龙江: 哈尔滨工业大学, 2016.

[21] 马娥, 张春杰. 基于 PLC 自动控制和红外下渣检测的滑板挡渣技术应用 [J]. 宽厚板, 2014, 2: 27~30.

[22] 安丰涛, 郝建标, 王文辉. 副枪测量与数据分析自动炼钢技术的应用 [J]. 河北冶金, 2019 (5): 47~50.

[23] 霍宏涛. 数字图像处理 [M]. 北京: 机械工业出版社, 2003.

[24] 康春颖. 网络二维码图片的生成算法研究 [J]. 黑龙江大学自然科学学报, 2009 (2): 216~219.

[25] 蒋明，李葆华．非 Windows 环境下 BMP 图像显示的 C 语言实现［J］．哈尔滨商业大学学报（自然科学版），2002（3）：315~318.
[26] 彭灿锋．CO 曲线与音频化渣应用生产实践［J］．冶金与材料，2018，38（5）：109~113.
[27] 孟凡玉，刘彦平，陶传俊，等．声呐化渣在济钢一钢厂的应用［J］．安徽工业大学学报，2005，22（4）：589~591.
[28] 张大勇，张彩军，徐志荣．声呐化渣技术在 150t 复吹转炉上的开发与应用［J］．中国冶金，2007（8）：20~22.
[29] 李国勇．智能控制及其 MATLAB 实现［M］．北京：电子工业出版社，2005：26~28.
[30] Qiu D. Novel continuous casting slag detection system using a single-coil sensor［J］. Scandinavian Journal of Metallurgy，1997，26（4）：178~182.
[31] 周贱生，万冬华．远红外线转炉下渣检测技术在新钢的应用［J］．江西冶金，2016，36（1）：36~38.
[32] 王晓刚，郭杏林．基于红外热像的疲劳评估方法的实验研究［C］//中国力学学会 2009 学术大会，2009.
[33] 张敬贤，李玉丹，金伟其．微光与红外成像技术［M］．北京：北京理工大学出版社，1994.
[34] 邵艳明．基于火焰多光谱分析的转炉终点控制研究［D］．南京：南京理工大学，2016.
[35] 田陆，刘卓民．基于炉口火焰分析的转炉终点预报技术［C］// 中国金属学会，“第十届中国钢铁年会”暨“第六届宝钢学术年会”论文集．中国金属学会，2015：5.
[36] 北京首钢国际工程有限公司．冶金工程设计研究与创新［M］．北京：冶金工业出版社，2013：434~436.
[37] 张弘，倪顺利．全新的自动化炼钢控制技术［J］．冶金动力，2002，97（4）：86~89.
[38] 关福生．转炉炼钢副枪基础自动化控制系统［D］．全国冶金自动化信息网 2012 年年会论文集，2012.
[39] Nagayasu B，Shuji T. Qualitative understanding of deeathurization rate in bottom blowing converter by waste gas analysis andits applieation to end point control and waste gas recovery［J］. Tetu to Hagane，1989，75（4）：41~47.
[40] 汪成义，吴巍，杨利彬，等．120t 转炉底吹供气系统控制模型与应用效果［J］．特殊钢，2020，41（3）：10~14.
[41] 付道宏．试论转炉炼钢终点控制技术应用现状［J］．冶金与材料，2020，40（1）：121，190.
[42] Daniel M. Mass spectrometry for oxygen steelmaking control［J］. Seeltimes，1997（11）：15~16.
[43] 彭霞林，吴平辉，苏风光．一键式自动炼钢技术在涟钢 210t 转炉上的应用［J］．金属材料与冶金工程，2014，42（1）：13~17.
[44] 王刚．转炉炼钢自动控制系统的研究与应用［D］．沈阳：东北大学，2014.
[45] 石艳，黄亚纯，曾维友，等．转炉炼钢动态控制模型研究与工程应用［J］．矿冶工程，2014（4）：87~91.

[46] 赖继宏．一键式炼钢自动控制系统设计研究 [J]. 中国金属通报，2018（11）：49~50.
[47] 栾昆玉，梁文斌．转炉炼钢的自动化控制技术探讨 [J]. 山东工业技术，2018（24）：54.
[48] 刘志远，王重君，栾文林，等．转炉炼钢智能制造关键技术的开发与应用 [C]//2019年炼钢生产新工艺、新技术、新产品研讨会，2019：506~509.
[49] 安丰涛，郝建标，王文辉．副枪测量与数据分析自动炼钢技术的应用 [J]. 河北冶金，2019（5）：47~50.
[50] 林文辉．210t 转炉副枪自动炼钢技术的开发与应用 [D]. 西安：西安建筑科技大学，2013.
[51] Wei E F, Yang Y D. Effect of carbon properties on melting behavior of mold fluxes for continuous casting of steels [J]. Journal of Iron and Steel Research, 2006, 34 (13): 22~26.
[52] 王勇，杨宁川，王承宽．我国转炉炼钢的现状和发展 [J]. 特殊钢，2005，36（4）：1~5.
[53] 谢书明，柴天佑．转炉炼钢氧枪枪位控制 [J]. 冶金自动化，1999，23（2）：12~15.
[54] 谢书明，陶钧，柴天佑．基于神经网络的转炉炼钢终点控制 [J]. 控制理论与应用，2003，12（2）：20~22.
[55] 姬厚华．120 吨转炉炼钢模型控制系统的研究与应用 [J]. 冶金动力，2008，128（4）：77~79.
[56] 赵舸，何平．顶底复吹转炉底吹流量优化控制技术 [J]. 特殊钢，2007，28（5）：48~50.
[57] Sahai Y, Guthrie R I L. The formation and growth of thermal accretions in bottom blown/combination blown steelmaking operations [J]. RON & STEEL MAKER, 1984, 11 (4): 34~38.
[58] 武瑚，包燕平，岳峰，等．影响转炉终点碳氧积的因素分析 [J]. 钢铁研究，2010，38（2）：26~29.
[59] 汪成义，吴巍，杨利彬，等．120t 转炉底吹供气系统控制模型与应用效果 [J]. 特殊钢，2020，41（3）：10~14.
[60] Leitzke V A. A closed loop control system for the basic oxygen steel process [J]. Iron and Steel Engineer, 1967, 44 (8): 120~121.
[61] 李梦龙．转炉一键式自动炼钢技术创新与应用 [N]. 世界金属导报，2017-3-28（B3）.
[62] Slatosky W J. End-point temperature control in LD steelmaking [J]. Journal of Metal, 1999, 12 (3): 226.
[63] Heinrieh R, Bodo R, Guenter U. Automation of a 100-ton BOF [J]. Mefoson News, 2000, 123 (10): 8~9.
[64] Zhang L F. Indirect methods of detecting and evaluating inclusions in steel [J]. Journal of Iron and Steel Research International, 2006, 13 (8): 1~8.
[65] Takagi T, Sugeno M. Fuzzy identification of systems and its applications to modeling and control [J]. IEEE Transactions on Systems, Man and Cybernectics, 1985, 15 (1): 116~132.
[66] 陈桦，程云艳．BP 神经网络算法的改进及在 Matlab 中的实现 [J]. 陕西科技大学学报，2004，16（11）：245~249.

[67] 远祯，罗波 . BP 网络的改进研究［J］. 信息技术，2006，25（2）：12~16.
[68] 胡金滨，唐旭清 . 人工神经网络的 BP 算法及其应用［J］. 信息技术，2004，22（6）：144~148.
[69] 何春来 . 炼钢技术 CISDI-iLance 转炉智能控制系统 CISDI-炼钢成本质量分析系统［J］. 钢铁技术，2018（2）：2.
[70] Wagenaar W，Groeneweg J. Accidentsat sea：multiplecausesand impossible consequences［J］. International Journal of Man-Machine Studies，1987（1）：586~597.
[71] 赵舸，何平 . 顶底复吹转炉底吹流量优化控制技术［J］. 特殊钢，2007，28（5）：48~50.
[72] Apeldorn G J，Hubbeling P D，Gootjes P. 达涅利康力斯副枪系统的应用［J］. 钢铁，2004，39（41）：29~32.
[73] 吴明，梅忠 . 转炉烟气分析动态控制炼钢技术［J］. 冶金设备，2006，8（4）：68~72.
[74] Wu W J，Yu H X，Wang X H，et al. Optimization on bottom blowing system of a 210t converter［J］. Journal of Iron and Steel Research，International，2015.
[75] 汪成义，吴巍，杨利彬，等 . 120t 转炉底吹供气系统控制模型与应用效果［J］. 特殊钢，2020，41（3）：10~14.
[76] 武瑚，包燕平，岳峰，等 . 影响转炉终点碳氧积的因素分析［J］. 钢铁研究，2010，38（2）：26~29.
[77] 樊建忠，李琦 . 推广应用全自动炼钢技术的必要性［J］. 自动化博览，2009，5（5）：76~79.
[78] 代江龙 . 副枪技术在转炉生产中的应用［J］. 天津冶金，2006，134（3）：9~12.
[79] 李梦龙 . 转炉一键式自动炼钢技术创新与应用［N］. 世界金属导报，2017-03-28（B03）.
[80] 林文辉 . 210t 转炉副枪自动炼钢技术的开发与应用［D］. 西安：西安建筑科技大学，2013.
[81] 路镇 . 一键式智能炼钢技术在小型转炉中的应用［J］. 自动化应用，2014（10）：54~55，60.
[82] 徐志成 . "一键式"自动化炼钢技术的开发与实践［J］. 科技创新与应用，2016（35）：114.
[83] 许维康 . 山钢日照公司 210t 转炉"一键式"炼钢技术的研究［J］. 科技视界，2019（14）：92~93.
[84] 王新华，李金柱，刘风刚 . 转型发展形势下的转炉炼钢科技进步［J］. 炼钢，2017，33（1）：1~11，55.
[85] 郭伟达，李强笃，任科社，等 . 转炉全流程智能炼钢控制技术开发与应用［J］. 山东冶金，2018，40（1）：4~7.
[86] 张士慧 . 转炉自动出钢功能开发与应用［J］. 电子世界，2020（13）：114~115.
[87] 于新乐 . 迁钢 210 吨转炉自动化炼钢控制系统研究与设计［D］. 沈阳：东北大学，2011.
[88] 江腾飞，朱良，成天兵 . 迁钢 210 吨转炉自动出钢技术的开发与应用［C］//中国金属学会第十二届中国钢铁年会论文集，2019：40~44.

[89] 邱成国，张红卫．转炉自动化炼钢动静态模型研究［J］．冶金自动化，2007（增刊 s2）：572~575.

[90] 翟宝鹏．自动化炼钢氧枪模型开发与应用［J］．高新技术，2015（8）：1~5.

[91] 应昊．碳钢转炉动态模型的应用［J］．冶金自动化，2006（增刊 s2）：696~699.

[92] 徐国义，牛兴明，魏春新，等．转炉终点定碳准确性改进实践［J］．鞍钢技术，2014（2）：45~48.

[93] 牛兴明，费鹏，赵雷，等．鞍钢 260t 转炉自动化炼钢的开发与应用［J］．鞍钢技术，2016（3）：41~46.

8 转炉炼钢流程绿色节能技术

8.1 绿色节能钢包应用技术

钢水温度作为重要的炼钢物流过程指标和工艺参数，对炼钢生产水平和产品质量影响较大。在与温度有关的炼钢反应容器中，钢包是移动范围最大、承钢时间最长的一种炼钢与连铸工序之间的主要衔接设备，无疑也是对钢水温度影响最大的环节。随着炼钢技术的发展，钢水温度控制越来越重要。本节将详细介绍蓄热式高温空气燃烧、全氧无焰燃烧烘烤和钢包全程加盖等绿色节能钢包应用技术[1~3]。

8.1.1 蓄热式高温空气燃烧技术

在目前钢铁生产过程中，传统的钢包烘烤一般采用套筒式或自身预热式烧嘴[4]，烘烤过程由人工凭经验控制，该烘烤方式加热极限温度低（400~800℃），烘烤时间长，包内衬加热不均匀，烘烤热效率低、能耗高，污染物排放量较大，钢包寿命低，有时还影响钢水的质量。普通钢包烘烤器的热效率低于30%，排烟温度在1000℃左右，排烟热损失占燃料燃烧能量的50%~70%。图8-1为国内某钢厂钢包烘烤时的状态[5]，从图中可以看出，由于钢包烘烤系统不完善，导致烘烤时火焰外窜严重，这样的结果必然带来能耗高、烘烤时间长、污染物排放大等问题。

图8-1　国内某钢厂钢包烘烤时的状态

20 世纪 90 年代，日本开发出了一项燃烧领域中的重要技术——蓄热式高温空气燃烧技术[6,7] HTAC（High Temperature Air Combustion），使用该技术后烟气余热回收利用率显著提高，大大降低了 CO_2 和 NO_x 的排放量，这一技术成为了企业实现节能降耗以及能源平衡的一项有力措施。

HTAC 技术在日本成功开发应用之后，许多国家和地区也采用了这种技术，广泛应用到了冶金机械行业、建材行业、石化行业和蒸汽热水动力行业中的各种工业炉窑上，应用范围非常广[8,9]。1999 年，我国也开始推广使用 HTAC 技术，蓄热式燃烧系统已在钢包烘烤器、热处理炉、轧钢加热炉、熔铝炉、均热炉、锻造炉、玻璃窑炉等成功应用，产生了巨大的经济效益。

8.1.1.1 技术原理

蓄热式高温空气燃烧技术的原理[10]如图 8-2 所示，当四通换向阀通向蓄热式烧嘴 A 时，空气经烧嘴 A 内的蓄热体加热后喷入包内后助燃；此时包内的烟气经烧嘴 B 内的蓄热体吸热后以低于 150~200℃ 的温度由引风机排出；经过一段时间（30~120s）以后，四通换向阀换向，这时蓄热式烧嘴 A 和蓄热式烧嘴 B 的功能进行互换；互换后空气经由烧嘴 B 喷入包内助燃，烟气经由烧嘴 A 吸热后由引风机排出，经过不断地切换，烧嘴 A、B 不断的交替工作，蓄热体被不断的加热和冷却，最终空气能被预热到 800~1100℃，而废烟气的温度能降低到 150~200℃，实现蓄热式烘烤，最大限度地回收热烟气中的热量，同时，余热回收方式较传统的集中式回收方式改进为分散式回收方式，温度控制更容易实现。在此燃烧过程中，高温空气与燃料边混合边燃烧，混合过程中大量炉内烟气参与混合，使氧气和燃料浓度降低，与低浓度氧气高温反应可实现低 NO_x 生成。因此，燃料得到充分燃烧，烟气排放有害成分浓度大大降低，排放烟气温度下降至 200~300℃，这正是传统燃烧技术所不能解决的。

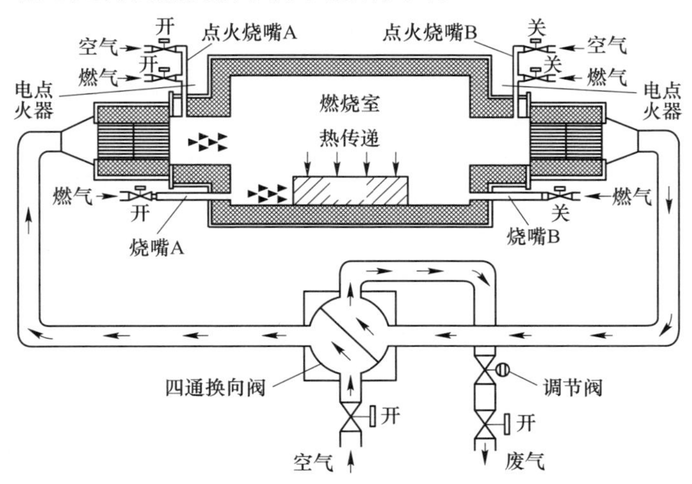

图 8-2 蓄热式高温空气燃烧技术原理图

蓄热式高温空气燃烧技术显著的优点主要表现[11~14]为：

（1）提高燃料的理论燃烧温度。烟气流经蓄热室时储存在蓄热体中的热量，会在常温空气流经蓄热室时被空气带走，达到预热空气的目的，经过蓄热室预热的空气能达到1100℃以上的水平。根据燃烧学理论，当空气的预热温度提高100K，燃料的理论燃烧温度会相应提高50K左右。

（2）高温烟气余热的极限回收。蓄热式燃烧技术最大的特点就是使用了蓄热室来实现热量的存储，当高温烟气流经蓄热室时，烟气的热量会传递至蓄热体，经过换向阀的交替切换，在最大程度上回收了烟气的余热，烟气温度能降低到150~200℃，节能效果非常显著。

（3）实现高温低氧燃烧。蓄热式燃烧技术对烧嘴进行了提升和优化，助燃空气喷入炉膛之后，会与烟气进行混合，降低了氧气的浓度，达到高温低氧燃烧的目的。并能扩大燃烧范围，消除了局部高温区域，有利于提高炉膛温度的均匀性。

（4）炉子分段控制降低了操作难度。在炉子对不同区域温度要求不一致的情况下，集中式余热回收方式难以达到理想的效果。而HTAC技术利用分散式余热回收方式，使调节手段更为方便高效。

（5）NO_x排放量大幅降低。传统的燃烧装置在燃烧过程中，会产生局部高温区，会大大增加热力学NO_x的生成。蓄热式燃烧技术对烧嘴进行了改进和优化，不会在燃烧室中形成局部高温区，取而代之的是一个均匀的温度场，能有效抑制热力学NO_x的生成。

（6）可以燃烧低热值燃料。不同的工业炉窑对温度的要求不一样，在使用低热值的煤气进行燃烧时，若不对煤气和空气进行预热，低热值煤气的燃烧温度达不到炉子的要求。如果使用常规换热器预热低热值煤气和空气时，成本很高，且换热器在长时间使用后会达不到使用要求。但在采用蓄热式燃烧技术之后，可以轻易地将空气和低热值煤气预热到高温，满足工业炉窑的生产要求。

8.1.1.2　蓄热式燃烧器结构形式

蓄热式燃烧器可以预热煤气和空气、组织燃烧气体燃烧和排烟，其核心是蓄热室和烧嘴[15]。工业炉窑的核心部分是燃烧器，使用结构合理的燃烧器能大大提升工业炉窑的产量，降低产品的能耗以及污染物的排放等。蓄热式烧嘴与传统烧嘴相比在结构上有着很大的改变和进步，因而蓄热式烧嘴的火焰特性也会发生显著的改变，主要表现在以下几个方面：（1）火焰亮度减弱甚至发光不明显；（2）火炬长度延长；（3）火焰的脉动不明显。

为了保证燃烧的速度和温度，传统燃烧方式是空气和燃料在喷出烧嘴之后就迅速地混合，因而火焰温度高，炉内温度分布不均匀，产生了局部高温，导致生成物中NO_x含量较高。但是蓄热式燃烧方式根据空气动力的特性采取了不同的方式，通过对空气和煤气的喷入角度的控制，使流场更加合理，在燃烧器和燃烧室中形成回流区，使氧气的浓度能稀释到2%～15%之后再与燃料混合，达到低氧燃烧或稀释燃烧的目的。采用这种燃烧方式之后，火焰较传统方式的火焰温度要高，燃烧更加完全，NO_x的排放量也减少了[16]。因此，在对蓄热式燃烧器进行研发时需要注意的一个关键问题是对流场的合理组织。

目前，国内常用的一种蓄热式烧嘴的结构如图 8-3 所示。通过合理设计计算，煤气入口和空气入口保持合适的距离以高效燃烧，烧嘴的空气和煤气的通路也互不影响。燃烧器喷口形状一般为圆形或扁平形。该蓄热式烧嘴一般分为两种类型：(1) 双预热式烧嘴，即空气和煤气均预热；(2) 单预热式烧嘴，即仅预热空气。

蓄热式钢包烘烤器烧嘴使用高速蓄热式烧嘴[17]，烧嘴设置燃烧室，煤气与空气在燃烧室混合燃烧后，高温膨胀的热烟气经缩颈的烧嘴喷口高速喷出，具有火焰长且刚性强的特点，烘烤均匀（如图 8-4 所示）。

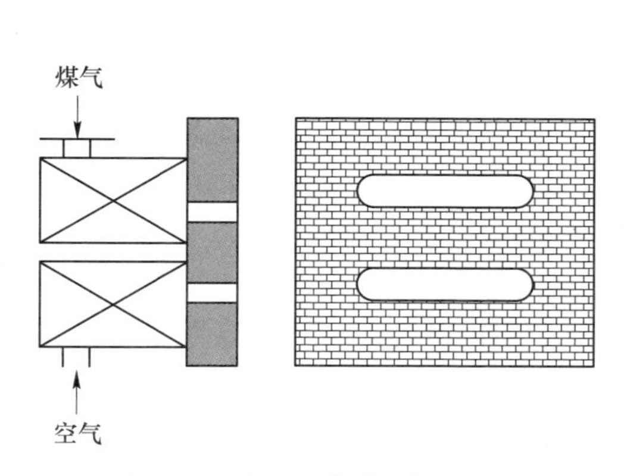

图 8-3　国内常用烧嘴结构示意图

图 8-4　高速蓄热式烧嘴

炼钢六台钢包烘烤器均在原烘烤器装备基础上优化改造为蓄热式烘烤器，装置示意和改造后实物如图 8-5 所示。

目前国内采用的蓄热式烧嘴在结构上都大同小异，但需要根据不同的工业炉窑的环境做出针对性的改变，以提升实际的燃烧效果，发挥蓄热式烧嘴的最大功效。在实际运用中，要根据工业炉窑需要的火焰长度、火焰温度等做出如下改变：(1) 合理地设计煤气和空气的管道；(2) 确定空气和煤气入口的距离以及两者之间的喷射角度；(3) 选取合适的空气和煤气入口速度等。

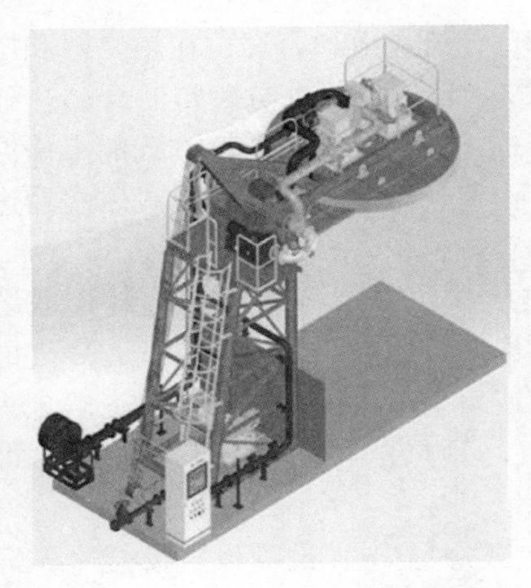

图 8-5　蓄热式烘烤装置示意及装备实物

8.1.1.3　典型案例

A　湘钢蓄热式高温空气燃烧技术应用实践[18,19]

湘钢某分厂钢包烘烤器是 2005 年投产使用的，为换热式烘烤器，但由于使用年限较长，设备陈旧，已基本不具备换热功能，浪费大量的能源（混合煤气），烘烤时间长，并且达不到理想的钢包烘烤效果。湘钢提出转炉煤气需就地使用，解决转炉煤气放散问题。由于转炉煤气相较原混合煤气热值较低，原有钢包烘烤器无法使用转炉煤气达到钢包烘烤温度及时间要求。故对 1 号、2 号、4 号、5 号共 4 台卧式烤包器进行新型烘烤器改造，4 台烤包器改造前煤气耗量见表 8-1，通过表 8-1 计算可知平均耗量 990m³/h。

表 8-1　4 台烤包器改造前小时煤气耗量表

烤包器	第一次流量计读数/m³	第一次计时器数字/h	第二次流量计读数/m³	第二次计时器数字/h	煤气耗量/$m^3 \cdot h^{-1}$
1 号烤包器	696375	724	1051498	1098	949.5
2 号烤包器	643970	846	1006168	1194	1040.8
4 号烤包器	810792	752	1166596	1089	1055.8
5 号烤包器	703863	800	1112376	1247	913.9

对上述 4 台卧式钢包烘烤器采用蓄热式高温空气燃烧技术进行改造，可以极限回收高温烟气余热，实行助燃空气与燃气的高温预热。改造后空气预热温度升高到 1000℃，燃气预热到 400℃，改造前后均采用 1.02 的过剩空气系数，通过计算，改造后的钢包烘烤器热效率提高了 30%。4 台烤包器改造后小时煤气耗量及节能率见表 8-2，通过表 8-2 计算可知 4 台烤包器改造后自投用到累计时间为止平均节能率为 30.51%。

表 8-2 4 台烤包器改造后小时煤气耗量及节能率表

烘烤位	累计流量 /m^3	累计时间 /h	平均小时能耗 /m^3	节能率 /%	使用率 /%
1 号烤包器	590903	930	635	35.86	19.44
2 号烤包器	1442216	2156	668	32.53	45.08
4 号烤包器	1202228	1725	706	28.69	32.37
5 号烤包器	738413	977	755	23.74	21.98
合计	3973760	5788	688	30.51	29.86

湘钢蓄热式高温空气燃烧技术应用实践绿色节能效果如下：

(1) 与改造前烤包系统相比，新型节能蓄热高温燃烧技术的烤包系统可实现转炉煤气就地消纳，且节气率平均 30%左右，达到钢包烘烤的先进水平。

(2) 新型烤包系统加热钢包速度快且均匀，钢包升温曲线平稳规律，在线钢包温度达到 1100℃，火焰直达包底，火焰刚性充足，缩短钢包平均烘烤时间至 4h 左右。

(3) 原钢包烘烤器煤气能耗 990m^3/h，作业率 50%。烘烤器技术升级后，节约煤气率约 30%，全年可节约混合煤气 520 万立方米。

B 马钢蓄热式高温空气燃烧技术应用实践[20]

马钢第一钢轧总厂原来使用的钢包立式烘烤器均采用常规的直接燃烧方式进行烘烤，煤气与空气在烧嘴出口处汇合，二者燃烧不充分，火焰外溢打飘，很少能直达钢包中下部甚至底部，且火焰高温区域相对固定集中，存在火焰外溢严重、升温速度低、包衬温度低且不均匀、能耗高、污染环境等弊端。现采用蓄热式燃烧技术，对部分烘烤器进行了改造，设备运行良好、安全可靠、具有很好的经济效益。钢包及蓄热式烘烤器技术参数见表 8-3。

表 8-3 钢包及烘烤技术参数

名　称	蓄热式钢包烘烤器	普通钢包烘烤器
工作衬厚度	底 300mm，熔池 180mm，渣线 200mm	
燃烧介质	混合煤气	混合煤气
大火时介质耗量/$m^3 \cdot h^{-1}$	600	1300
钢包初始温度	常温	常温
预热空气温度	1000℃	常温
烘烤内壁温度/℃	1000~1100	≤1000
排烟温度/℃	<150	约 750
煤气压力/Pa	5000~9000	5000~9000

分别对蓄热式及普通钢包烘烤器所烘钢包进行外壳测温，蓄热式烘烤的熔池测温数 20 个，渣线测温数 20 个，普通式烘烤的钢包熔池及渣线测温数分别为 57 个和 52 个。测温数据见表 8-4。从表 8-4 中可以看出，蓄热式烘烤的钢包外壳温度较普通方式低，分别降低为 11.9℃、3.2℃，表明其烘烤及蓄热能力强。

表 8-4　包衬温度情况

名　称	蓄热式钢包烘烤器	普通钢包烘烤器
熔池平均温度/℃	201.7	213.6
渣线平均温度/℃	242.6	245.8

通过对改造前后数据进行对比（见表 8-5），改造后烘烤器的烘烤效果优于改造前。改造后烘烤一个大修新钢包时间上缩短了 8h，节约煤气量约为 7549m^3。烘烤一个小修钢包时间上缩短了 6h，节约煤气量约为 2447m^3。

表 8-5　改造前后数据对比

项　目	蓄热式钢包烘烤器	普通钢包烘烤器
大修新钢包烘烤时间/h	48	56
大修新钢包煤气总耗量/m^3	3527	11076
小修钢包烘烤时间/h	20	26
小修钢包煤气总耗量/m^3	1668	4115

8.1.2　全氧无焰燃烧烘烤技术

目前，国内多数钢铁厂工业炉窑和冶金容器的耐材烘烤设备使用的主要燃料是混合煤气，助燃气体是空气，该种方式存在煤气燃烧不充分、火焰刚性不足、烘烤热效率低、烟气排放量大、污染物多等问题[21~23]。在高温加热工艺中，由于钢铁对高温非常敏感，而全氧无焰燃烧的火焰温度很高，会造成钢铁烧损，钢铁烧损意味着成本增加，而且，部分钢厂受限于制氧能力，无富裕氧气用于燃料助燃应用。

近几年，全氧无焰燃烧技术[24]的突破，使得全氧无焰燃烧在金属行业得到快速应用，由于它提供了优异的温度均匀性并降低了 NO_x 的排放量，安装管道紧凑，无需换热或蓄热解决方案，避免了燃烧风机和相关的低频噪声问题，特别适用于钢包的干燥和预热。

8.1.2.1　技术概况

A　全氧燃烧技术

全氧燃烧技术原理如图 8-6 所示。全氧燃烧是指使用工业级氧气代替空气来燃烧化石燃料。纯氧燃烧技术提供了超过空气燃烧的许多优点。在空气、燃料燃烧中，燃烧器火焰含有来自空气的氮气，需用大量的燃料来加热氮气；热氮通过烟囱排除，造成能量损失。通过使用工业级氧气，不仅燃烧本身更有效，而且传热更佳。

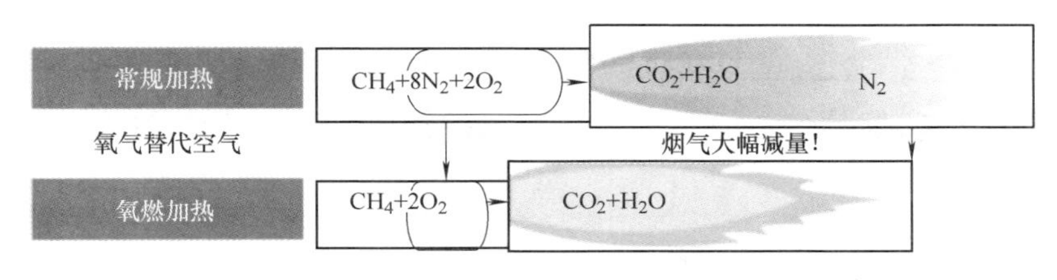

图 8-6 全氧燃烧原理图

全氧燃烧由于无氮气参与燃烧过程，理论上不会产生 NO_x，然而由于实际燃料中会含有少量氮气，以及燃烧过程中密封性能不佳会从大气中吸入少量氮气，但由于氮气浓度较低，即使全氧燃烧的火焰温度较高，NO_x的生成量比空气燃烧还要少，若能通过烟气回流等技术控制火焰的温度及燃烧区氧浓度，全氧燃烧的 NO_x的生成量会降到极低。全氧燃烧的理论烟气成分见表 8-6。

表 8-6 全氧燃烧的理论烟气成分 (%)

项目	$w(CO_2)$	$w(O_2)$	$w(N_2)$	$w(H_2O)$	合计
计算值	35.34	3.06	0	61.59	100

全氧燃烧以多种方式影响燃烧过程。首先由于废气体积的减少导致热效率提高，这对所有类型的燃烧器来说都是根本的和有效的。在燃烧气体中，热辐射主要来自 CO_2和 H_2O 分子，由于氧气炉气氛中没有氮或氮含量非常低，具有强辐射效果的 CO_2和 H_2O（三原子结构）的浓度非常高，通过气体辐射热传递显著增加[25,26]。其次是即使没有预热燃料或氧气，烟道温度高的情况下，热效率也非常高。燃烧火焰中的三原子结构，具有更强密度的红外辐射频谱，因而辐射效果更强。

常规空气助燃与氧气助燃的对比，如图 8-7 和表 8-7 所示。

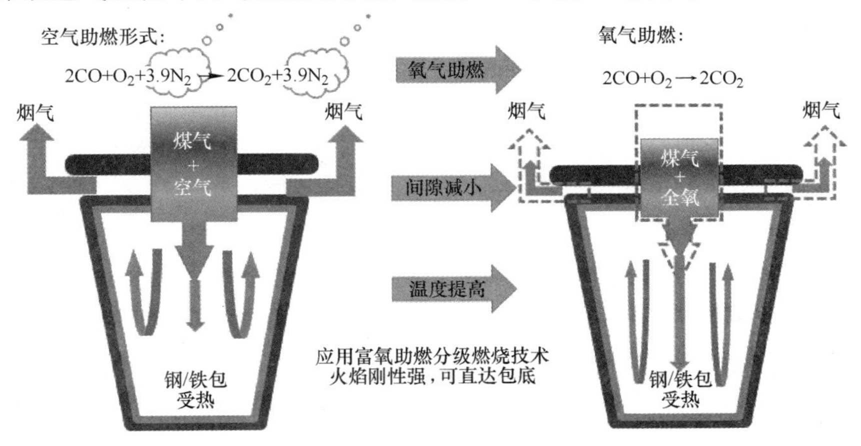

图 8-7 空气助燃与氧气助燃对比图

表 8-7　空气助燃-氧气助燃技术对比

常规空气助燃钢包烘烤器	氧气分级燃烧钢包烘烤器
烟气量大，导致热损失大	纯氧代替常规空气，烟气量降低，热损失小
热辐射系数低，$\varepsilon_{空气}=0.17$，钢包受热速度慢	燃烧产物“三原子气体”比例增高，热辐射系数增加，$\varepsilon_{氧气}=0.26\sim0.33$，钢包升温速度快
空气助燃峰值温度<1800℃，辐射传热效率低	氧气助燃升温速率高，传热传质效率高
包盖与钢包间距大，散热大	可降低包盖与钢包间距，减少散热
火焰刚性差，烟气行程短	火焰长度可调节，炉气停留长
空燃比控制精度差，燃烧效率低或过剩系数过高，导致能源浪费	氧气和煤气精确计量，燃烧效率高

注：双原子气体，如空气中的氧气和氮气等，无发射和吸收辐射热能的能力，认为是热辐射的透明体。而二氧化碳、水蒸气等三原子气体则具有很大的热辐射能力。

B　无焰燃烧

无焰燃烧由于火焰被稀释，火焰会延伸扩展到较大空间，同时温度会随之降低，因此火焰一般肉眼不易观测。目前，无焰燃烧技术主要分为两种：(1) 2003年，Linde公司开发的REBOX无焰氧燃技术[27]（如图8-8 (a) 所示），使用烟道气再循环至烧嘴稀释火焰；(2) 2001年，Bethlehem Steel与Indiana州及Praxair公司开发的DOC烧嘴分别将燃料和氧气高速地喷入炉内[28]（如图8-8 (b) 所示），氧气迅速与炉气相混合，形成高温低氧炉气反应，产生低的火焰温度。

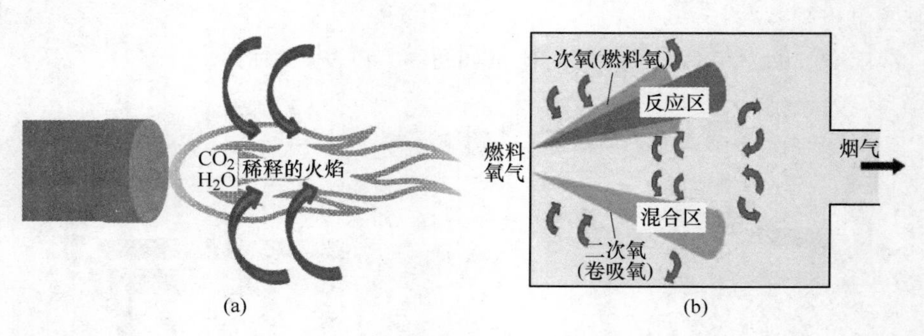

图 8-8　无焰燃烧技术原理
(a) REBOX；(b) DOC

钢包全氧烘烤器的核心设备是分级卷吸燃烧装置HTLO (High Temperature Low Oxygen)，如图8-9所示。通过不同烧嘴分别喷入氧气和燃料，并控制氧气、燃料的射流速度，使之在炉内卷吸稀释后再发生燃烧反应，从而降低火焰温度。

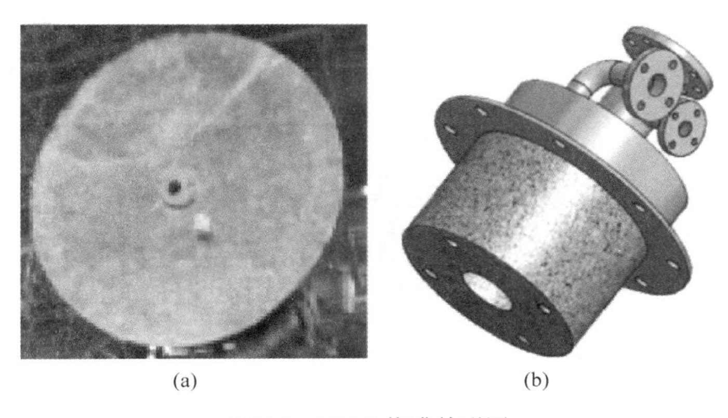

(a) (b)

图 8-9 HTLO 烧嘴外形图

（a）标准撬装块烤包器；（b）氧气分级卷吸烧嘴

全氧无焰燃烧技术的特点[28]：

（1）提高理论燃烧温度。燃烧是燃料与空气中的氧气进行的一种发光发热的氧化过程。增加助燃空气中氧气体积分数，单位燃料完全燃烧所需的理论空气量就会减少，在其他燃烧条件不变的情况下火焰的理论燃烧温度将有较大幅度提高。

（2）降低燃气燃点且提高燃烧速度。实际燃烧过程中燃料的燃点和燃烧速度等并不都是常数，随着助燃条件变化而改变，当助燃空气中氧气体积分数增加时，燃料的燃点会随之降低，燃烧速度会随之增加。

（3）提高烟气辐射能力。燃料燃烧过程伴随着发光和发热的过程，炉内实际换热过程中，传导、对流、辐射 3 种热交换方式同时存在，并且还受到燃料性质、供热量、供热方式等复杂因素的影响，工业炉窑和锅炉炉内主要以辐射换热为主。根据气体辐射理论，只有三原子和多原子气体具有较强的辐射能力，单原子和双原子气体几乎无辐射能力，可认为是热辐射的透明体。

（4）减少烟气量且降低 NO_x 排放。根据 Zeldovich 机理，燃烧过程中影响热力型 NO_x 生成的主要因素为火焰温度及氮气体积分数。使用空气助燃，火焰温度低于 1500℃时，NO_x 很难生成；随着助燃空气中氧气体积分数的增加，火焰温度也随之升高而起主导作用，导致热力 NO_x 急剧增加；当氧气体积分数增加接近纯氧时，由于没有氮气参与燃烧过程，因此理论上不会产生 NO_x。实际燃料中会含有少量氮气，燃烧过程中也可能从周围环境吸入少量氮气，但由于氮气体积分数较低，即使全氧燃烧的火焰温度较高，NO_x 的生成量也比空气燃烧还要少。

8.1.2.2 典型案例

某公司钢包烘烤技术原为套筒式烧嘴[29]，主要燃料是发生炉煤气。使用中主要存在以下几方面的问题：（1）高温烟气从包盖边缘直接排放，烟气带走绝大部分热量；（2）火焰刚性不足，温度均匀性差，为达到烘烤效果不得不延长烘烤时间；（3）为兼顾火焰刚性，空气严重过剩，无法准确控制空燃比；（4）大负荷时由于包内压力高，火焰乱窜，直接热损失大；（5）烘烤热效率低、能耗高、污染物排放量大。为了改善这些问题，该厂在钢包烘烤上采用了钢包全氧烘烤技术，将燃料由发生炉煤气改为天然气，助燃剂由空气改为纯氧，拆除原来的阀架、控制系统、烧嘴，只保留包盖和支架，新增气体流量控制系统、烘烤自动控制系统，全氧烧嘴，点火烧嘴。

在天然气和氧气流量分别为 $60m^3/h$ 和 $130m^3/h$ 的燃烧烘烤状态下，对尾气成分进行分析，分析数据见表 8-8。从现场实测烟气成分可以看出，全氧燃烧的燃烧效率非常高，尾气中残留的 CO 很低，NO_x 的生成量远低于国家环保排放标准；H_2O 含量高于理论值主要是由于耐材中水分析出影响了实际烟气成分。

表 8-8　尾气成分分析

项目	$w(CO_2)/\%$	$w(O_2)/\%$	$w(N_2)/\%$	$w(H_2O)/\%$	$w(CO)/\%$	$w(NO)/\%$	$w(NO_2)/\%$	$w(SO_2)/\%$
测量值	30.4	3.3	1.6	64.6	50×10^{-4}	14.3×10^{-4}	30.1×10^{-4}	1.5×10^{-4}

采集炼钢厂发生炉煤气加空气烘烤和全氧烘烤 3 个月的数据对比结果见表 8-9。

表 8-9　烘烤数据对比

项目	发生炉煤气+空气烘烤			全氧烘烤		
	2015 年 12 月	2016 年 1 月	2016 年 2 月	2016 年 3 月	2016 年 4 月	2016 年 5 月
吨钢消耗/m^3	117.58	113.39	124.77	2.71	2.85	2.94
燃料热值 /$kJ\cdot m^{-3}$	5230			35530		
等效热量/MJ	614.94	593.03	652.55	96.29	101.26	104.46

从表 8-9 可以看出，在生产稳定情况下，需要烘烤的包数不变，烘烤效果一样，和发生炉煤气+空气燃烧相比，全氧燃烧节约能源 83%以上。

8.1.3　钢包全程加盖技术

钢包加盖技术的原型在 20 世纪 70 年代末就有过相关报道，但当时钢包加盖技术需要利用主起重机作业，对起重机作业率影响较大，因此在国内没有得到广泛的推广使用。目前，钢包加盖技术在国外钢厂已经普遍应用。国内钢厂也进行了钢包加盖技术的实践[30]。最先引进钢包加盖技术的是马钢四钢轧 300t 钢，采取的是铰链式加盖法，其后，福建、河北等相关钢厂也在不同的时间段对钢包加盖进行了试验性应用，效果对比传统不加盖生产方式优势明显。根据现有的研究成果，如果需要钢包内衬壁温度维持在 1000℃ 以上，从钢水浇入钢包后 2h 便可以达到，超过2h温度将会逐步下降，3h以后钢包内温度仍然超过900℃以上。因此，在钢包上采取一定的措施，加装钢包盖，能够防止钢包散热过快，使钢包内的钢水保持一定的温度[31]，为钢铁企业炼钢工序降低生产成本提供了有效途径。钢包加盖现场图如图8-10所示。

图8-10 钢包加盖现场图

8.1.3.1 技术概况

通常钢包的散热由包衬和包壳之间的传导热和通过钢包顶部开口散向空气的辐射散热两部分构成。研究表明[32]，在钢包使用的动态过程中，钢包通过钢包口向空气中的辐射散热速度非常快，尤其是在空包时，包衬的辐射散热速度与由包衬外表面与钢包环境之间温差的四次方成正比。空包运行时间的长短对钢包的热状态影响最大，从而对钢水温度变化的影响也最为明显，因此应加快钢包的热周转，尽可能缩短空包时间。而钢包全程加盖技术的出现可有效缓解高成本的热能从包口向外散失的现象：一方面，通过在钢包上加盖，钢包通过其顶部开口向空气中的辐射散热损失显著减少；另一方面，由于炉次之间的钢包预热取消，加快了钢包的热周转，减少了由于包衬蓄热带来的热量损失。

国内某炼钢厂[33]炼钢工序钢包的周转过程（如图8-11所示）：转炉出钢至钢包→钢包运输、吊运至LF炉处理→处理完毕后加保温剂→吊运至大

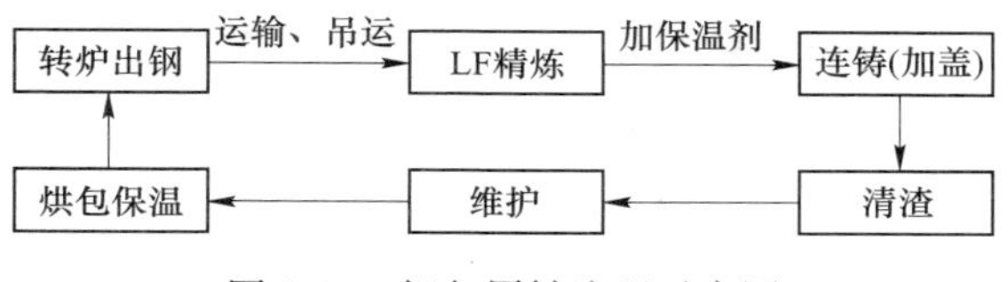

图8-11 钢包周转流程示意图

包回转台加保温盖待浇、钢包开浇至浇铸完毕→清渣、维护、烘包保温，等待下一包钢水出钢。

在这个过程中，钢水温降主要包括出钢过程中的温降、运输过程中的温降和浇铸过程中的温降。生产实践中为减少热损失速度，降低转炉出钢温度和稳定浇铸过程温度，原采取的措施是通过煤气烘烤钢包、在出钢后加入保温覆盖剂等，这种方式消耗大量煤气不利于节能减排，同时覆盖剂使用会造成扬尘污染环境，且保温效果不理想，为此，引进钢包全程加盖技术，并对存在的问题进行优化解决，实现全程加盖的正常化，大幅降低过程温度损失，实现节能减排和改善环境，在浇铸过程中，钢包内钢水液面逐渐下降，钢包内衬开始暴露出高温工作层，整个浇铸过程持续半小时左右，直至钢包内钢水浇铸完毕。钢包加盖过程是减少热量损失的过程，要了解这一过程，需要对钢包加盖前后的热损失方式进行比较。表 8-10 对比了钢包加盖前后不同部位的热损失方式[33]。

表 8-10 钢包加盖前后不同部位热损失方式

部位	加盖前损失方式	加盖后损失方式
包壁	热传导，外壁辐射，外壁对流	热传导，外壁辐射，外壁对流
包底	热传导，对流，辐射	热传导，对流，辐射
包口	包口对空气的热辐射，包内壁与空气对流	无包口对空气的热辐射，无包内壁与空气对流

假设加盖后，钢包盖绝热保温性能极好，钢包盖外侧与空气无热交换。由表 8-10 可以看出，加盖前后，包壁与包底的热量损失方式未发生变化，加盖后包口减少了包口对空气的热辐射以及包内壁与空气对流传热[34]。

为降低钢水在钢包周转过程中的温降，保证连铸的开浇温度，通常采用优化包衬结构、出钢前强化钢包烘烤、提高钢包热周转、适当提高转炉出钢温度、钢水运输过程加保温剂和连铸过程加盖保温等方法。

在转炉出钢线上增设一套固定插齿式钢包加脱盖机构，用于出钢后钢包进行加盖操作，以减少钢水运送至 LF 钢包精炼炉过程中的温降；也用于出钢前，带盖钢包在此位置进行脱盖操作，然后出钢。在 LF 钢包精炼炉区域增设两套液压升降式钢包加脱盖机构，用于精炼后钢包进行加盖操作，以减少钢水运送至大包回转台、连铸及浇铸结束后吊运至转炉出钢线过程中的温降；同时也用于 LF 处理前，带盖钢包在此位置进行脱盖操作。

钢包全程加盖的工艺流程为：

(1) 经预热或处于周转中的钢包带盖吊至位于转炉出钢线上的钢包台车等待出钢；

(2) 当转炉发出出钢指令时，钢包台车运行至转炉出钢线加脱盖工位进行脱盖操作后，开至转炉出钢位；

（3）转炉出钢结束，钢包台车运行至转炉出钢线加脱盖位进行加盖操作后，开至连铸钢水接受跨；

（4）将带盖的钢包吊至位于LF坐包位的LF钢包台车上；

（5）LF钢包台车运行至加脱盖位进行脱盖操作后，开至LF处理位进行钢包精炼处理；

（6）LF精炼完毕，LF钢包台车运行至加脱盖位进行加盖操作后，开至LF吊包位等待吊运；

（7）带盖钢包吊至大包回转台，进行连铸工序操作；

（8）连铸操作结束后，带盖钢包将包底余渣倒至渣罐；

（9）将带盖钢包吊至位于转炉出钢线上的钢包台车等待下一炉出钢。

从以上工艺流程分析可知，钢包全程加盖技术的应用，改变了原有的钢包周转流程，出钢后加盖保温，降低了钢水温降；取消了二次精炼后的保温剂加入；取消了原连铸过程中的加盖保温装置；带盖清渣，改善厂区环境；钢水浇铸后钢包不必烘烤，直接吊运至出钢区域带盖保温。采用钢包全程加盖工艺后钢包周转流程如图8-12所示。

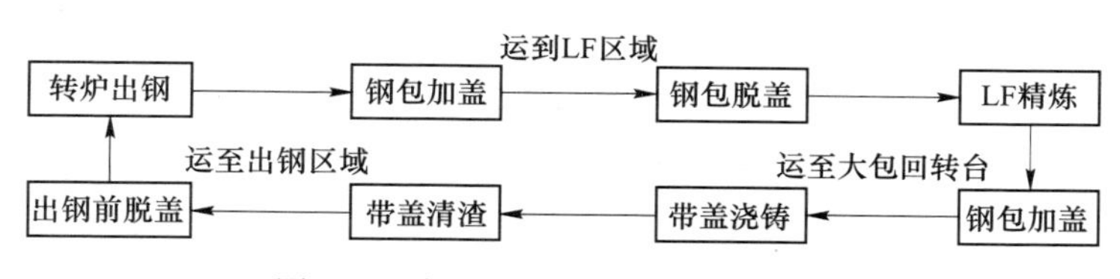

图8-12 钢包全程加盖的周转流程图

8.1.3.2 钢包全程加脱盖结构

钢包加脱盖机构是钢包全程加盖装置中的核心设备之一，有插齿式、移动插齿式、液压升降式、回转式、悬挂移动式等多种结构形式，结构形式依据不同炼钢厂工艺的需要而选择。

（1）固定插齿式钢包加脱盖结构：该机构由吊架、轴、支座及导轨等组成。导轨设在钢包运行方向的正上方，3根导轨呈品字形布置，通过轴连接于吊架上；支座焊接在钢结构平台上，与吊架螺栓连接。该机构的工作原理如图8-13所示，钢包脱盖时（自右向左），在钢包台车的驱动下，钢包盖耳轴座上的耳轴接触本机构上的导轨，然后沿导轨运动，将钢包盖挂在导轨上，实现包盖与钢包的脱离；钢包加盖时（自左向右），在钢包台车的驱动下，钢包支轴上的铰轴接触包盖上的挂钩，随着钢包台车的向前运行，包盖沿挂钩及导轨的倾斜角度翻转，进而使包盖从导轨上卸下并随钢包台车的运行沿导轨盖在钢包上。该结构简单可靠，只要导轨及钢包盖挂钩的结构设计合理，即可保证包盖与钢包连接和脱离安全、平稳运行。

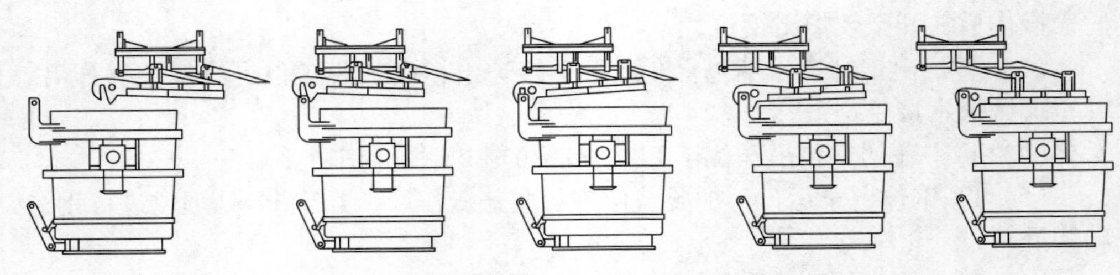

图 8-13 固定插齿式钢包加脱盖结构工作原理

(2) 液压升降式钢包加脱盖结构：虽然插齿式钢包加脱盖机构结构简单，运行可靠，但该厂由于 LF 处理线与转炉出钢线垂直，受到行车调运的限制，因此在 LF 处理线选用液压升降式钢包加脱盖机构。如图 8-14 所示，该机构包括包盖吊具、提升机构及驱动装置等。

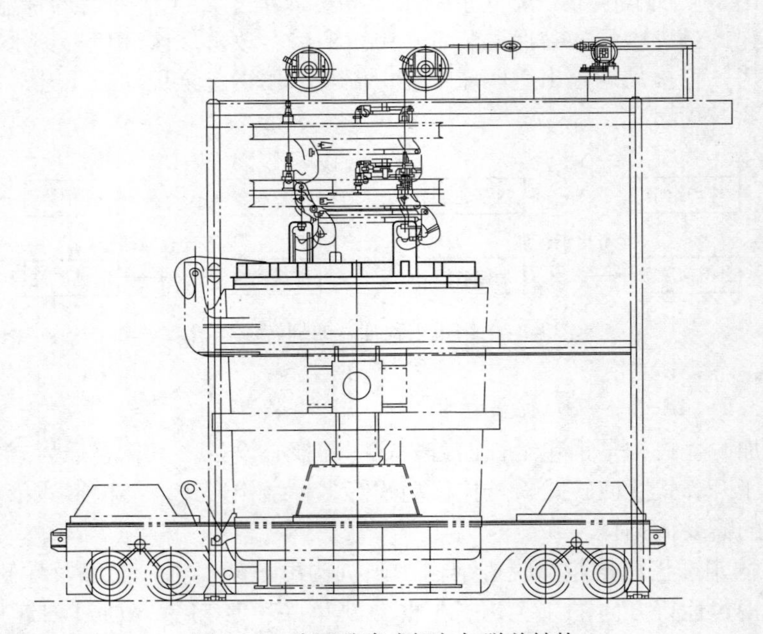

图 8-14 液压升降式钢包加脱盖结构

包盖吊具由 4 个吊挂机构通过链轮及链条吊在钢结构平台之上，同时吊具还设有一小油缸，用以驱动吊具挂钩的摆动；提升机构由 2 个液压缸、4 个链轮、4 条链条及连杆等组成，链条与包盖吊具相连，用以带动包盖吊具的升降；驱动装置为液压系统，为吊具的升降及吊具挂钩的摆动油缸提供动力源，其中吊具的升降，采用机械同步轴保证同步。通过精巧的机械设计，以上两种加脱盖机构，均可实现钢包的加、脱盖自动完成，而无需行车或人工的参与。

8.1.3.3 典型案例

A 马钢钢包全程加盖技术应用实践

马钢第四钢轧总厂炼钢区域于2007年3月建成投产，一期拥有2座300t顶底复吹转炉、1座300t双工位LF炉、1座300t双工位RH精炼炉、2台双流直弧形板坯连铸机，主要产品包括汽车用钢、管线钢、家电用钢及高强低合金板等[35]，下面介绍马钢第四轧钢总厂在实际炼钢过程中钢包全程加盖使用效果。

（1）降低出钢过程温降。为准确对比钢包加盖对出钢过程温降的影响，针对低碳铝镇静钢生产，在钢包热修后加盖和不加盖等待出钢过程温降进行了60炉对比试验，结果如图8-15所示。

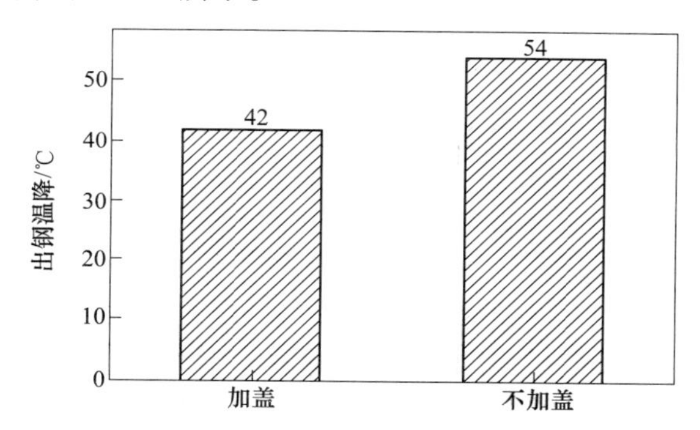

图8-15 加盖与不加盖出钢过程温降对比图

从图中数据可以看出，不加盖出钢过程温降为54℃，加盖后出钢过程温降为42℃，钢包热修带盖可降低平均出钢温度约12℃。说明钢包加盖后钢包蓄热效果良好，能够有效降低出钢温度。

（2）减少空钢包等待过程温降。在钢包加盖与不加盖状态下，连铸浇注结束4h后，分别对钢包内壁的上渣线部位、熔池部位、下渣线部位以及钢包底部进行了红外测温，测量数据如图8-16所示。

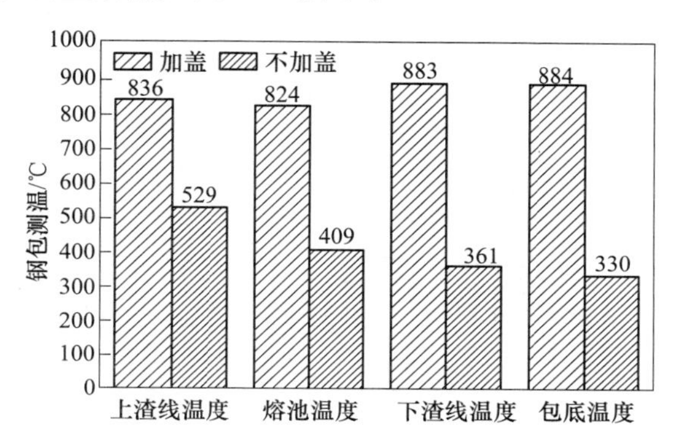

图8-16 加盖与不加盖钢包内壁各部位温度对比图

从以上数据可看出，钢包不加盖时温度最高部位为上渣线，平均温度为529℃，温度最低为钢包底部，平均温度330℃，各部位热损失较大，且包底热损失尤为严重，必须进行钢包烘烤以减少出钢过程温降。钢包加盖时上渣线、熔池、下渣线以及底部温度都大于800℃，说明钢包保温效果较好，且各部位间的热损失差异较小。

(3) 减少浇注过程温降并稳定中间包钢水温度。为准确衡量钢包全程加盖对连铸浇注过程中间包钢水温度的影响，对钢包加盖与不加盖情况下连铸中间包测量温度进行了60炉对比试验分析，对比情况如图8-17所示。

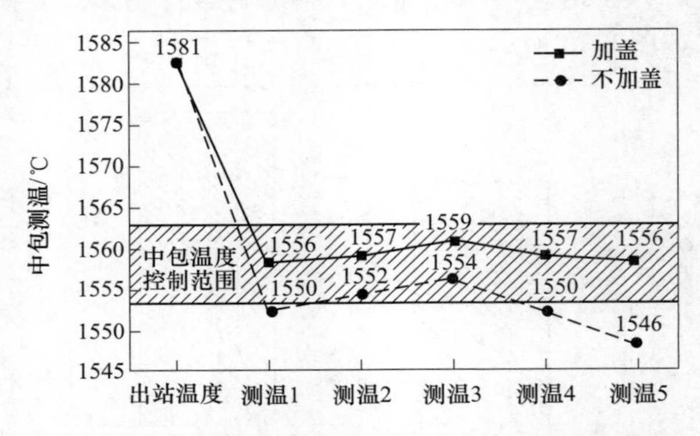

图8-17　钢包加盖与不加盖中间包钢水测温对比图

(4) 经济效益分析。从带盖实践应用来看，转炉可降低出钢温度1℃以上，以年产500万吨钢来计算，可节约氧气用量25000万立方米，节约烘烤煤气量4000万立方米，减少钢包烘烤烟气排放$6\times10^7m^3/h$，根据上述数值计算，可实现吨钢费用节约12~15元。

B　梅钢钢包全程加盖技术应用实践

上海梅山钢铁股份有限公司（以下简称“梅钢”）二炼钢厂主要生产装置[36,37]有：4号和5号转炉、3号LF双工位精炼炉、3号RH精炼炉，3号和4号连铸机生产线。转炉和精炼炉一列式布置在精炼跨，连铸设施布置在精炼跨南侧钢水接受跨。2013年二炼钢厂新上2台钢包热修倾翻装置，该装置受场地的限制，布置在接受跨的南侧，热修钢包倾翻的方向与浇铸后倒余渣的方向相反。根据梅钢二炼钢厂现状，在4号和5号转炉工位、3号RH炉工位、3号LF炉双工位、返包线共6个工位安装加、揭盖装置。

(1) 钢包加盖后钢水温度变化情况。根据现场实测结果，250t钢包加盖、不加盖钢包钢水温度如图8-18所示。在钢包不加盖情况下，前10min钢水温降15℃，速度为1.5℃/min；10~40min钢包温降20℃，速度约为0.66℃/min。在钢包加盖情况下，10min钢水温降12℃，速度为1.2℃/min；10~40min钢包温度14℃，速度约为0.46℃/min。

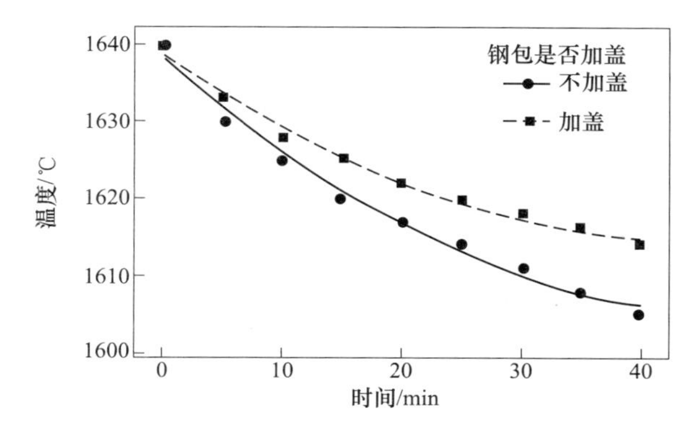

图 8-18 钢水温度变化按钢包是否加盖分组的时间序列图

根据上述结论，钢包加盖后在 40min 时间段内可减少温降 9℃左右，能显著降低钢水的热量损失。以此来计算钢包在加盖工况下减少的钢水显热。全年钢水产量 450 万吨，钢铁比热容为 0.46×10^{3}kJ/(kg・℃)，则可计算得钢包加盖后能量损失减少 1.86×10^{13}kJ，年节能量折合约为 6.3×10^{5}kg/t（标煤)。

(2) 钢包加盖后对转炉出钢温度的影响。钢包加盖工艺投用前后转炉出钢温度情况见表 8-11。同类钢种比较，加盖前平均出钢温度为 1662℃，平均温降 43.48℃；加盖后出钢温度降低为 1650℃，平均出钢温降 34.5℃。转炉终点温降平均下降 11℃，出钢温降减少了 9℃。

表 8-11 钢包加盖前后转炉出钢温度情况

项目	出钢温度/℃		出钢过程温降/℃	
	加盖前	加盖后	加盖前	加盖后
炉数	200	102	200	102
温度	1662	1650	43.48	34.5

(3) 钢包加盖后对上台钢水温度的影响。钢包加盖工艺投用前后上台钢水温度情况见表 8-12。同类钢种比较，加盖前平均上台钢水温度 1600℃，平均连铸实际温度 1556℃；加盖后平均上台温度 1595℃，平均连铸实际温度 1558℃。即加盖后上台温度减少 5℃，连铸实际温度增加 2℃，折合约 7℃的减少量，有效降低了精炼工序的升温成本以及缩短精炼处理周期 5min，进一步加快了生产节奏。

表 8-12 钢包加盖前后上台钢水温度情况

项目	上台温度/℃		连铸实际温降/℃	
	加盖前	加盖后	加盖前	加盖后
炉数	200	102	200	102
温度	1600	1595	1556	1558

钢包加盖炼钢系统温度稳定控制，钢包在周转过程中的温度损失小，炼钢各工序的温度控制难度减小，提高了连铸中包温度的稳定控制，延长了钢包使用寿命，减少了废气排放等，炼钢厂将大大降低工序成本及工序能耗。

梅钢二炼钢厂钢包加盖项目于 2015 年 8 月投产，项目建成投用后，有效减少了钢水出钢过程和流转过程的温降，根据生产前后数据对比，钢包加盖后温降可减少 10℃左右。可降低转炉脱磷难度，从而可节约石灰、轻烧白云石和钢铁料消耗，也降低了 LF 精炼炉电耗，同时也降低了 RH 精炼炉氧气和铝的消耗。钢包加盖投用后，转炉在线烘烤器的取消也可节约煤气的消耗。到 2016 年 8 月，钢包加盖项目投产一年，根据炼钢厂数据统计（数据来源于 L3 系统），钢包加盖后一年创造的经济效益可达 4000 万元。

8.2 真空精炼节能技术

随着我国国民经济的发展，用户对钢材品种的需求不断扩大，对钢材品质的要求也日益提高。RH 真空处理技术已成为一种扩大产品范围、提高产品品质行之有效的手段之一。在 RH 真空精炼用真空泵中，目前国内外有应用业绩的真空泵有 3 种形式[38,39]。第 1 种是结构形式较为简单的全蒸汽喷射泵（如图 8-19 所示），多数采用五级喷射泵配置形式，主要由三级增压泵、两级蒸汽喷射泵及它们之间的三级冷凝器串联组成。该技术成熟，控制程序稳定，但成本高，蒸汽消耗量大，能源费用高。此外，其工艺效果稳定性经常受过热蒸汽品质波动的影响。第 2 种是采用末级水环泵替代蒸汽喷射泵的四级蒸汽喷射泵与末级水环泵组合配置形式，主要用于替代末级蒸汽喷射泵，可根据工艺需要采用一用一备或两用一备等形式。通常，水环真空泵系统既可以安装在地面上，也可以安装在平台上。第 3 种是近年来在新建 RH 设施及原有 RH 设施真空泵系统上改造的被广泛

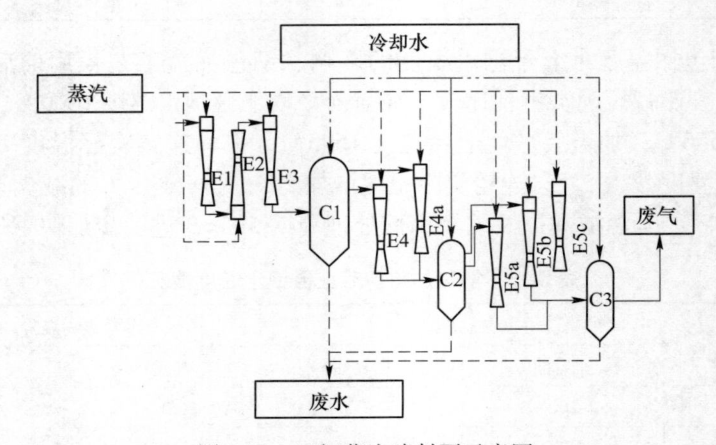

图 8-19 五级蒸汽喷射泵示意图

应用的全机械干式真空泵，由于单台机械泵的抽气能力较小，因此全机械真空泵系统是由许多台机械泵串并联而成。国内外使用的机械泵多采用不同抽气量的罗茨泵、螺杆泵各自并联，然后串联成多级整体系统或超级模块（每个模块包括串联的多级机械真空泵）并联组成两种形式，需要设置占地面积较大的一层或多层独立的机械泵房。与传统蒸汽泵真空系统相比，其启动和运行更灵活、可靠，节能环保效果十分明显。应用干式真空泵系统，可以取消传统的蒸汽供应系统、蓄热系统和相关的水处理系统，但设备本身一次性投资较大[40~43]。

8.2.1 干式真空泵技术原理

干式真空泵系统（VPS）也称无油真空泵系统[44,45]，不同于蒸汽泵通过蒸汽完成势能和动能的两次转变达到抽真空效果，干式真空泵是在电力带动下在泵腔内做机械运动产生吸气和排气动作，实现抽真空，在实际的抽真空过程中不使用水蒸气作为介质，因而成本显著地降低。另外由于在抽气中管道内没有液态物质，在很小的压力条件下可连续抽气，这样可有效地避免油封式真空泵在应用过程中常见的相关问题[46~48]。

河钢唐钢不锈钢公司 110t RH 真空精炼引进奥钢联（SVAI）的设备和技术[49]，真空系统采用欧瑞康（Oerlikon）进口螺杆泵和罗茨泵，以三模块 8-2-4 配置的标准化泵组，抽气能力为 300000m^3/h。第 1 级包括 4 台 DV1200 型螺杆泵，第 2 级包括 2 台 WH7000 型罗茨泵，通过快速接头连接，第 3 级包括 8 台与第 2 级完全相同的 WH7000 型罗茨泵，经同一根共用集管连接在一起，连接如图 8-20 所示，最高真空度 67Pa。

敬业钢铁有限公司 70t RH 精炼炉[50]干式机械泵真空系统配置了 30 台罗茨泵和 6 台螺杆泵，其以并联再串联的方式组合成四级机械泵系统，主要参数见表 8-13。当系统启动后，四级螺杆泵组快速达到最大抽速，真空槽内废气在压力作用下经气体冷却器冷却和布袋除尘器除尘，向四级泵组移动并排放到大气中；随着压力的下降，三级罗茨泵开始低速启动至全速；然后二级、一级罗茨泵依次启动。随着各级机械泵组的联动，抽速不断提高，槽内真空度快速下降到目标范围。

表 8-13 机械泵真空系统的主要参数

项目	型号	数量/台	系统压缩比	抽气能力/m^3·h^{-1}
一级泵组	罗茨泵	18	—	324000
二级泵组	罗茨泵	6	3	108000
三级泵组	罗茨泵	6	2.2	48000
四级泵组	螺杆泵	6	3.5	15000

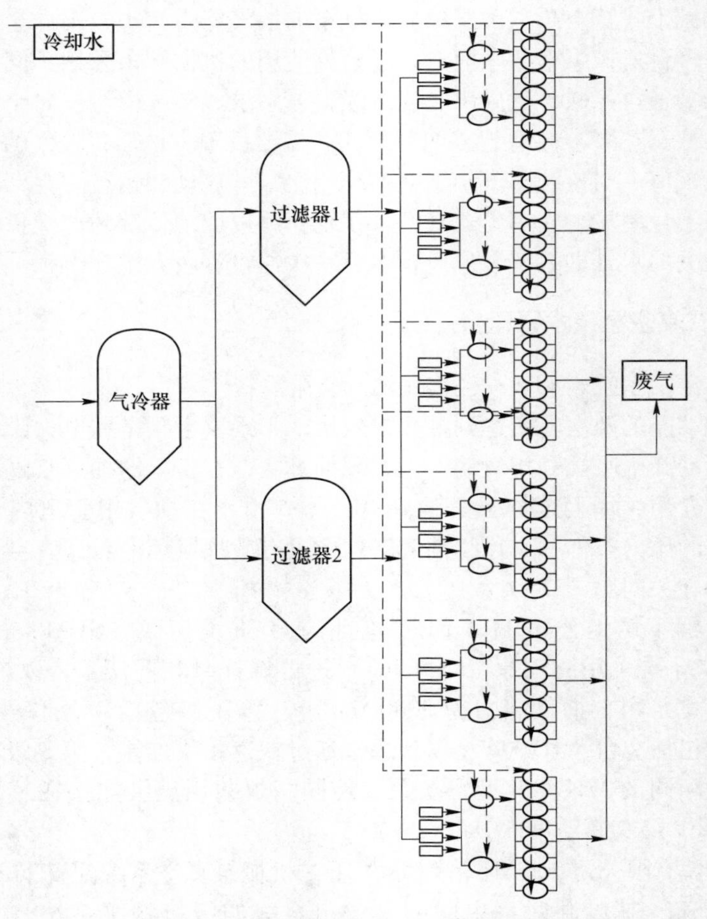

图 8-20　干式机械泵组（螺杆泵+罗茨泵）示意图
（图中长方形为螺杆泵，椭圆形为罗茨泵）

此外，为了保护泵体，在一二级、二三级泵组之间使用水冷管冷却烟气；在四级泵组进口前配有 6 台列管式换热器，以冷却进入四级泵前的烟气。为有效降低能耗，机械泵真空系统采用待机模式，系统根据设定的总进口压力自动平衡总抽速。如果抽速不足，系统会自动加速；如果抽速过剩，各级泵会自动联动，按照比例关系自动降低转速。

干式真空泵表现出如下几方面的性能优势[51]。

（1）真空度：极限真空度高。

（2）环保方面：排放的 CO_2 明显减少，也可更好的满足环保性要求。

（3）安全方面：在处理过程中不需要用到高压蒸汽、高温燃料，因而系统的安全性显著的提高。

（4）提高生产效率：在应用过程中可方便抽真空，系统的维护和管理难度显著降低。

（5）提高稳定性：在应用中真空度不会受到显著的影响，真空性能良好，相应的噪声也显著降低。

（6）无蒸汽污染：在抽真空过程中对应的机械泵性能曲线平滑，重复性好。

8.2.2 干式真空泵技术典型案例

8.2.2.1 重钢 RH 真空泵系统应用实践

重钢自主研发了干式真空系统作为真空获得装置的 RH 技术[52,53]，主要工艺参数见表 8-14。

表 8-14 重钢 210t RH 主要工艺参数

工艺参数名称	设计参数
公称容量/t	210
最大钢水处理量/t	230
最小钢水处理量/t	190
67Pa 时真空泵最大抽气能力/$kg \cdot h^{-1}$	800
极限真空度/Pa	20
浸渍管高度/mm	900
浸渍管内径/mm	600
浸渍管中心距/mm	1500
真空槽内径/mm	2146
浸渍管透气点个数/个	12
驱动气体流量/$m^3 \cdot h^{-1}$	90～180
真空槽高度/mm	11558

经生产实践表明，在钢水初始 $w[H]$ 小于 $4\times10^{-4}\%$，驱动气体流量为 90～120m^3/h 时，循环时间大于 15min 后，钢中 $w[H]$ 基本小于 $1.5\times10^{-4}\%$，循环时间大于 26min 时 $w[H]$ 基本达到 $1\times10^{-4}\%$。真空脱碳最低能达 $10\times10^{-4}\%$，平均值为 $12.1\times10^{-4}\%$。蒸汽喷射泵与干式真空泵系统 RH 的冶金效果见表 8-15。

表 8-15 蒸汽喷射泵与干式真空泵系统 RH 冶金效果对比

项 目	干式真空泵系统	蒸汽喷射泵系统
脱氢率最大值/%	64.2	55
$w[H]<1.5\times10^{-4}\%$所需循环时间/min	15	18
脱碳极限值/%	10×10^{-4}	10×10^{-4}
轻处理、脱碳处理 T.O 含量/%	10×10^{-4}～50×10^{-4}	10×10^{-4}～50×10^{-4}

采用干式真空泵系统的主要消耗能介包括电能、氮气和补偿冷却水三部分，与传统蒸汽喷射泵能源消耗对比见表 8-16。

表 8-16　干式真空泵与蒸汽喷射泵能源消耗对比

内　容	单位	数　据	
		重钢干式真空泵系统	某钢厂蒸汽喷射泵系统
RH 公称钢水处理量	t	210	210
年处理钢水量	万吨	220×10^4	200×10^4
真空泵级数	级	3	4
抽气能力	kg/h	800	750
蒸汽压力	MPa	—	1.0
蒸汽温度	℃	—	210
循环冷却水流量	t/h	234	1750
真空泵组总装设功率	kW	2610	—
真空系统用氮气流量（标态）	m^3/h	565	—
吨钢耗电	kW · h	2.15	—
吨钢耗电折标煤	kg	0.264	—
吨钢耗蒸汽	kg	—	77.2
吨钢耗蒸汽折标煤	kg	—	9.93
吨钢耗氮气（标态）	m^3	1.25	—
吨钢耗新水	t	0.016	0.158
吨钢耗水折标煤	kg	0.0014	0.0135
吨钢较国内某厂节能	kg	9.1781	—
节能比例	—	92.3	—
年节约标煤	t	20191	—

重钢同国内某厂同吨位应用多级蒸汽喷射泵的 RH 炉进行对比，对比数据见表 8-17。

表 8-17　干式（机械泵）真空泵与多级蒸汽喷射泵工艺参数及投资对比数据

项　目	重钢 210t RH	国内某厂 210t RH
RH 总投资/亿元	1.57	1.45
真空泵种类	18 组干式真空泵	5 级喷射泵
真空泵驱动能源介质	电能	蒸汽
67Pa 时最大抽气能力/$kg \cdot h^{-1}$	800	800
极限真空度/Pa	18	20

续表 8-17

项 目	重钢 210t RH	国内某厂 210t RH
抽气速率	抽空 4.5min，真空度达 67Pa	抽空≤4.5min，真空度达 67Pa
脱氢率/%	63.5	>50
极限脱碳能力/%	10×10^{-4}	10×10^{-4}
生产组织的灵活性	不受蒸汽温度，压力的影响，生产组织灵活	受蒸汽温度、压力的影响
除尘技术	采用布袋干法除尘，设施简单，粉尘便于回收利用	采用洗涤除尘，污泥回收利用难度稍大
真空系统吨钢运行成本/元·t^{-1}	1.56	9.3

干式真空泵与多级蒸汽喷射泵工艺参数及投资对比分析如下。

(1) RH 应用干式（机械泵）真空泵其总投资较多级蒸汽喷射泵高 1200 万元，但干式（机械泵）真空泵运行成本较多级蒸汽喷射泵低 7.74 元/t，重钢 RH 只需生产 155 万吨钢就可收回多投资的费用。

(2) 干式真空泵抽气能力、抽气速率、冶金效果与多级蒸汽喷射泵基本一致。

(3) 干式真空泵除尘技术优于多级蒸汽喷射泵。

8.2.2.2 包钢 RH 干式真空泵系统应用实践

包钢在 240t RH 炉上引入了干式真空泵系统[54]，主要组成包括 4 级并联的螺杆泵和罗茨泵，以及高性能的过滤器。在应用中可进行自动氮气吹扫，对粉尘进行过滤操作。在确定出抽气能力时主要的因素为工艺要求和系统气体流量。其 RH 设备主要参数见表 8-18。

表 8-18 包钢 RH 设备主要参数

项 目	参 数
RH 公称容量/t	240
RH 平均容量/t	240
RH 炉外精炼钢水量/t	235~270
处理周期/min	30~35
浸渍管内径/mm	720
提升气体流量/$m^3\cdot h^{-1}$	100~200
干式真空泵系统抽气能力（真空度 67Pa）/kg·h^{-1}	1100
钢液最大循环流量/t·min^{-1}	195

包钢 RH 干式真空泵系统不同时间氢含量检测结果如图 8-21 所示，在 10min 时氢质量分数达到 $2\times10^{-4}\%$左右，15min 时达到 $1.5\times10^{-4}\%$左右，20min 时达到 $1\times10^{-4}\%$以下。

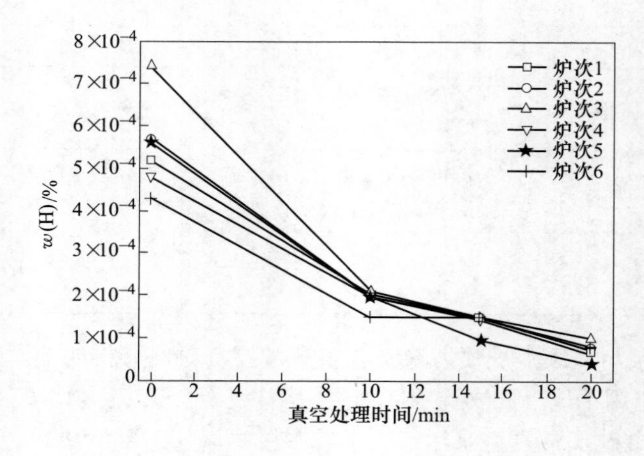

图 8-21　不同真空处理时间下的氢含量

干式真空泵系统在运行过程中不用到蒸汽和冷却水，因而能耗显著降低，运行成本和总消耗减少，节能效果十分显著。按照包钢 240t RH 精炼年处理能力 230 万吨钢水计算，在投资过程中这种系统的一次性投资相对多，不过其运行维护相关的成本较低。表 8-19 显示出其生产成本情况，对比分析可看出每吨钢可节约成本 6.4 元，一年可节约 1000 多万元。

表 8-19　蒸汽泵与干式真空泵系统成本对比

项　目	蒸汽泵吨钢成本/元	干式真空泵吨钢成本/元
电耗	0.35	3.6
能源介质	10.9	0.6
备件消耗	0.05	0.7

包钢 260t RH 干式真空泵系设计抽气能力在真空度 67Pa 时达到 1100kg/h，3min 真空度能够达到 67Pa 以下，钢水中的［C］的质量分数真空处理 15min 后达到了 10×10^{-6}以下，钢水中的［H］的质量分数真空处理 20min 后降到 1×10^{-6}以下。干式真空泵系统应用于 RH 炉，运行稳定，能够满足 RH 炉工艺性能要求，钢水处理后钢中的［C］、［H］等气体元素满足了工艺要求，极大地降低了 RH 工艺生产成本，为包钢的品种钢生产提供了保障。

8.3 绿色节能连铸技术

8.3.1 近终形连铸技术

随着连铸技术的发展，采用方（圆）坯连铸机生产长线产品和采用厚150~250mm板坯连铸机生产扁平产品的技术已经成熟[55,56]，为了降低能耗和生产成本，对材料的成型及其加工技术提出了更高要求，直接浇铸形状、尺寸及质量尽可能接近最终产品的铸坯成为连铸领域的研究重点。近终形连铸恰好是能解决上述问题的前沿技术。

近终形连铸是在满足产品质量要求基础上，缩小铸坯断面的一种加工技术。与此相关的技术主要包括薄板坯连铸连轧、带钢连铸、异型坯连铸、喷射沉积成型和线材铸轧，本节主要介绍薄板坯连铸连轧和薄带钢连铸技术，这也是目前发展比较快的两种工艺技术。与普通连铸技术对比分析可知，近终形连铸工艺更加简化，生产线明显的缩短，周期短，有效的节约能源。

8.3.1.1 薄板坯连铸连轧技术

薄板坯连铸连轧技术具有如下特点：（1）板坯厚度薄，一般要求厚度范围在40~70mm之间，由此会带来设备、工艺、操作等方面的问题；（2）生产过程连续；（3）特殊的金属学特点；（4）板坯凝固速度快；（5）板坯的比表面积大；（6）连铸冶金长度在5~6mm。

A 工艺关键技术

（1）结晶器及其相关装置：薄板坯连铸通常采用漏斗型结晶器。为提高薄板坯产量，更好地满足质量相关的要求，需要选择漏斗型结晶器。根据实际的经验可知，这种类型的结晶器为薄板坯连铸加工目标的实现提供了可靠支撑，同时也对结晶器的研究有一定促进作用。

（2）液芯压下技术：对比分析发现在细化晶粒方面，液芯压下铸轧可取得更好的效果，在实际的生产过程中，晶粒细化后，轧制温度保持一致情况下，晶粒细小则得到的铸坯韧性更好。该技术已得到广泛应用，并在不断改进完善。达涅利公司的灵活薄板坯连铸连轧工艺中应用了动态软压下技术，可根据带卷最终厚度的要求连续调整薄板坯的厚度。ISP和FTSRQ两种技术采用的带液芯铸轧工艺均根据浇铸速度、钢种和一冷、二冷及中间包钢水过热度及实际浇铸时间来计算薄板坯断面尺寸和液芯长度的变化，并通过调整辊缝来实现软压下。CSP和CONROLL生产工艺也采用了液相轻压下的铸轧工艺，液芯铸轧可以看成是降低能耗、提高产品质量的一种生产薄的板带的技术发展方向。

（3）加热方式：薄板坯连铸连轧的工艺要求铸坯直接进入精轧机，铸坯薄，这种条件下为满足加热要求，应该适当地进行加热保温。ISP生产线经铸轧后的铸坯为15mm，先进入感应加热区再由克日莫那炉（Cremona）天然气加热保温；CSP生产线50mm以下的铸坯，经剪切后长为47m，送到均热炉用天然气加热，均热炉可放多块铸坯。前者布置紧凑，对环境污染小，但设备较复杂，维修困难，后者有利于铸坯贮存，一旦轧机出现故障，整个生产线有缓冲时间。

（4）精轧机架：目前热精轧机组的机架有很多类型，其中常见的如4~7机架，相应的产能变化区间为每年135万~200万吨，显著高于单流生产能力。目前这种机组中设置的控制装置在不断增加，在应用中可进行轧辊轴向移动、板形平整度、厚度相关的调节，对厚度低于1.0mm热轧带卷也可以高效可靠地加工。其中重点在于发挥出轧机能力。从经济性来讲，薄板坯连铸在设置过程中未满足匹配性要求，需要配置两流，且控制薄板坯连铸机的拉速也在合理的范围内。

B　工艺技术类型

薄板坯连铸工艺的发展主要分为两代，第一代以紧凑式带钢生产线为主，其代表工艺技术主要有德国西马克公司的CSP技术、德国德马克公司的ISP技术、意大利达涅利公司的FTSR技术及奥地利奥钢联公司的CONROLL技术等。第二代超薄带生产线是在原紧凑式生产线上开发出半无头轧制工艺和铁素体轧制工艺，主要是轧制1.4mm以下的产品。

（1）CSP：CSP产量已占世界各类薄板坯连铸工艺的60%，产品质量也迅速提高，铸坯厚度一般为50~70mm，设备相对简单，流程顺畅，其连铸主要采用立弯式连铸机、漏斗型结晶器和液芯压下等。CSP工艺流程为：电炉或转炉→精炼炉→薄板坯连铸机→加热或均热炉→热连轧机→层流冷却→卷取机。武钢CSP产线工艺布置如图8-22所示。

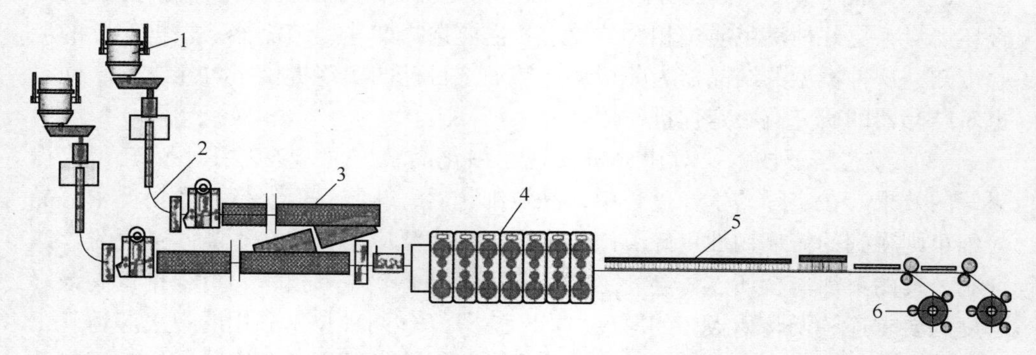

图8-22　武钢CSP产线工艺布置

1—钢包；2—薄板坯连铸机；3—辊底式均热炉；4—精轧机组；5—冷却线；6—卷取机

（2）ISP：ISP铸坯厚度一般为60mm，产品最薄1.0mm。该工艺技术复杂，感应加热炉庞大，生产、管理和技术要求高。生产线存在温度下降过快，缓冲时间短等矛盾。连铸机主要采用小漏斗型结晶器。ISP流程为：电炉或转炉→精炼炉→薄板坯连铸机→23 架大压下量初轧机→剪切机→感应加热炉→卷取箱→4~5 机架精轧机→层流冷却→卷取机。ISP 典型工艺布置如图 8-23 所示。

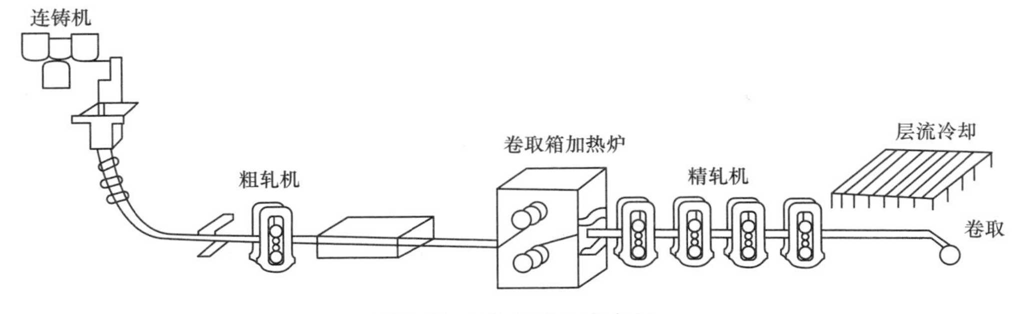

图 8-23 ISP 典型工艺布置

（3）FTSR：FTSR 铸坯厚度一般为 90mm，经连铸液芯压下至 70mm，在进入粗轧机后轧至 25~30mm，通过精轧机轧至 0.8~12.7mm，卷重最大为 30t。该工艺生产比较灵活，钢种范围广，能够生产高质量的带卷。FTSR 技术连铸机主要采用漏斗型结晶器、液芯压下等。FTSR 流程为：炼钢炉→精炼炉→薄板坯连铸机→旋转式除磷机→隧道式加热炉→二次除磷机→立辊轧机→粗轧机→保温辊道→三次除磷装置→精轧机→输出辊道和冷却段→卷取机。唐钢 FTSR 生产工艺布置如图 8-24 所示。

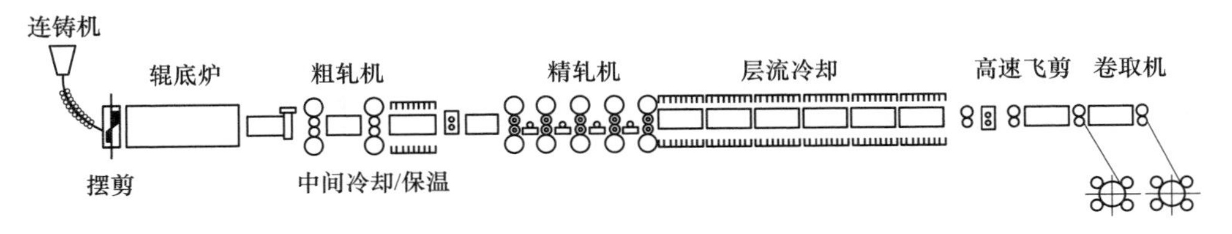

图 8-24 唐钢 FTSR 生产工艺布置

（4）CONROLL：CONROLL 技术特点是全部采用成熟技术，设备可靠，铸坯厚度一般为 75~125mm，铸坯在粗轧机进行可逆轧制，精轧最终厚度为 1.8~12.7mm，年产量最高为 180 万吨。连铸机主要采用平行板式结晶器和液芯压下等技术。CONROLL 流程为：常规连铸机→板坯热装（或直接）入步进式加热炉→带立辊可逆粗轧机→6~7 机架精轧机→输出辊道和层流冷却→卷取机。

8.3.1.2 薄带坯连铸连轧技术

薄带连铸将铸造与轧制联系起来，简化了从钢水到热卷的生产工序，使钢铁生产流程更紧凑、更连续、更高效、更环保。钢水被直接浇成 2~3mm 厚度的薄带钢，实现铸轧一体[3]。该工艺的优点主要有：与传统的板材生产工艺流程相比，基建投资大幅度减少，据测算，与传统工艺相比可节约基建投资 1/3~1/2；

由于实现了“一火成材”，钢材生产的节能效率和生产效率大大提高，与连铸连轧过程相比，每吨钢可节省能源约800kJ，CO_2排放量降低约85%，NO_x降低约90%，SO_2降低70%[4]。薄带铸轧技术尤其适合我国钢铁工业的发展情况，由于能够有效抑制Cu、S、P等夹杂元素在钢材基体中的偏析，从而可实现劣质矿资源（如高磷、高硫、高铜矿或废钢等）有效综合利用，节省宝贵资源，达到可持续发展目标。

薄带连铸设备投资成本低，改造费用少，产品周期短。研究中的薄带连铸工艺方案众多，主要区别在结晶器。按结晶器的不同可分为带式、辊式和辊带式三大类。带式还可分为单带式、双带式；辊式又可分为单辊式、双辊式等。其中研究最多、发展最快的是双辊式薄带连铸工艺。

A 薄带连铸机类型

薄带连铸机主要有双辊式、单辊式、轮带式、内环式等几种类型。下面简要介绍前两种。

（1）双辊式：双辊式连铸机包括水平双辊式、倾斜双辊式和异径双辊式，其中水平双辊式是目前带钢连铸机使用最多的形式。如图8-25所示为水平双辊式连铸机，该铸机冷却辊的直径为500mm，宽140mm。安装时控制辊面间隙一定，而在浇铸过程中间隙不变动。辊子两边通过耐火板材进行密封，通过螺栓对耐火材料板适当地固定，钢水由中间包浇入，可浇铸带钢厚度1~10mm。

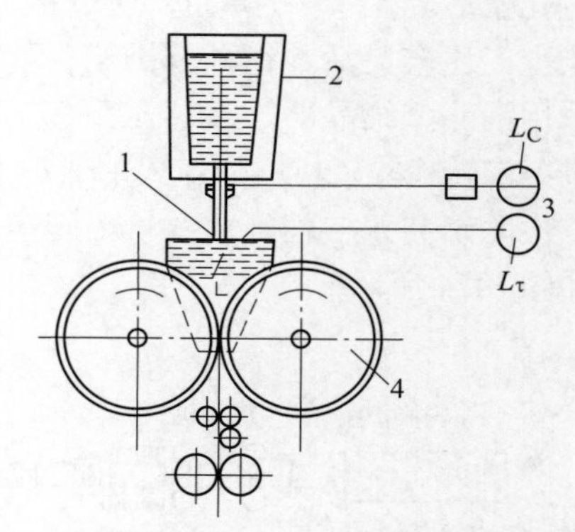

图8-25 CSM水平双辊式连铸机
1—浇口；2—钢包；3—自动液面控制；4—轮形结晶器

水平双辊式带钢连铸机的特征表现为控制方便，且内部质量高，管理维护简单，不过根据实际的应用经验表明，其液面稳定性差，在运行中不能有效地预防二次氧化，带钢质量也不能可靠地进行控制。而中间包侧封板的应用难度大，不方便更换维修。

（2）单辊式：这种机组主要是基于铜合金水冷旋转辊进行加工，将钢水从辊子上部注入而从其表面流出，在温度急速下降后形成一定厚度的带钢。这种方法在极薄材料加工方面有明显的优势，可生产非晶态合金等。根据钢水的注入方式，单辊式带钢浇铸法可分为：“平面流”法、“熔体拉拔”法、“熔体吐丝”法和“喷雾浇铸”法，如图8-26所示。

单辊式带钢连铸机的优点是设备简单且容易控制，有防止二次氧化挡渣措施，中间包加盖保护好，带钢宽度可由中间包铸嘴调节。缺点是单面结晶，铸坯质量不稳定。带钢的厚度主要取决于工艺条件。

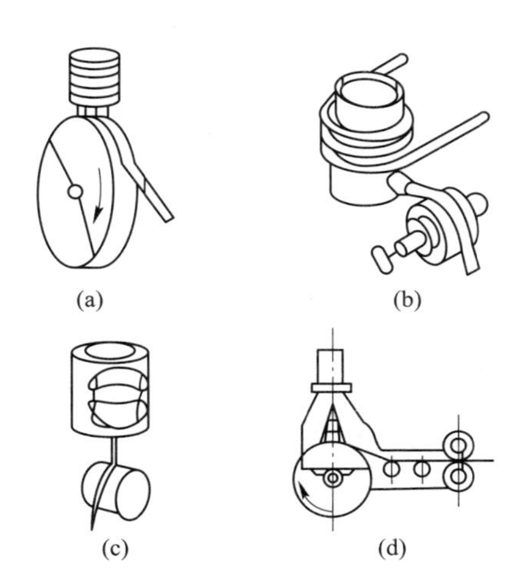

图 8-26 各种单辊式薄带钢浇铸法

(a)“平面流”法；(b)“熔体拉拔”法；(c)“熔体吐丝”法；(d)“喷雾浇铸”法

B 薄带连铸的有关技术

带钢连铸技术主要包括钢水流入（中间包至结晶器）、结晶器侧边挡板、过程自动控制、铸辊及带钢的质量，下面简要介绍部分技术。

(1) 侧挡板：在双辊式带钢连铸机中，侧挡板位于铸辊的两端，在应用中可通过其对带钢的宽度进行控制，带钢铸机效率也和此结构存在密切关系，是辊式带钢连铸技术中必须解决的一个关键问题。意大利 Terni 厂的侧挡板结构很简单，其中只有两个耐火板，由支承结构顶向铸辊边墙，如图 8-27 所示。

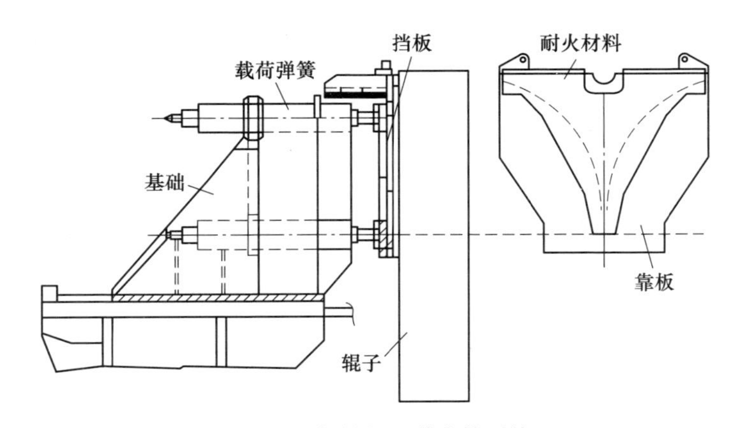

图 8-27 侧挡板及其支撑系统

在运行过程中其中的侧挡板用弹簧压向辊子，可以在此基础上起到一定固定作用，而避免钢水渗透。挡板受热侵蚀、热冲击和钢的化学侵蚀，选材时应特别注意。另外挡板应该满足的要求包括高热导率、承受强预热，在应用中可有效地避免出现表面凝固问题。挡板预热可通过烧嘴或电加热实施，为满足以上要求，该厂采用 Al-Si 质的耐火材料。

大多数双辊连铸机在进行侧封过程中一般选择固体材料，从化学组分看，主要有氮化硼、氧化铝和石墨等，根据应用结果表明固体材料进行侧封的弊端有成本高、寿命低、绝热性差、侧封不严等。宝钢薄带连铸工艺的侧封采用了柔性控制机构。

（2）铸辊：铸辊是辊式带钢连铸机的关键部件[57]。带钢连铸辊子处于强热交换状态下，带钢连铸所有的凝固热和部分显热都通过双辊传出，导致辊套温度高、温度梯度大，随之产生热应力。

意大利在研究初期采用直径 1500mm、宽度 400mm（接着改为 750mm）的耐热钢辊子进行了试验。经过大量试验后虽然热应力使套筒与接合材料处产生严重的应力变化造成辊子变形。辊子变形对辊子寿命和带钢断面尺寸都产生了影响，并给工业应用带来很多问题。接着又进行了 800mm 宽铜合金套筒的新型辊子的制造和试验。由于铜质套筒较钢质套筒的导热性大大提高，所以铜套筒辊子最高温度和套筒厚度的温度梯度都大大减小，且浇铸速度比钢质辊子提高 15%。宝钢薄带连铸工艺的结晶辊也选择了直径 800mm 的铜质等径结晶辊，基于复合布流系统而满足钢水供应要求。

铸辊除材质以外，设计时还应对水冷槽、支承形式、连接系统、套筒的尺寸等都进行优化，使应力集中低于材料的屈服极限，并消除带钢典型的中心凹面。

（3）带钢连铸过程的自动化：在实际的应用中带钢连铸技术的优势具体表现如下[58]：1）其厚度很薄，拉坯快，对液面高度控制精度高，必须控制在 ±2mm。2）带钢连铸二冷区可不需要水冷，在应用中为满足卷取温度要求，在卷取机前适当地冷却。3）选择了移动式结晶器，也不需要引入振动装置；在加工过程中带钢厚度的稳定性低，不容易控制，因而很有必要针对其长度方向的厚度进行重点控制，对铸轧力有较高的控制要求。

8.3.2 连铸坯热装热送技术

连铸坯热装热送技术是通过增加保温装置，将热连铸坯输送进加热炉加热后轧制或直接轧制的技术，如图 8-28 所示。一般来说，连铸坯热装温度每提高 100℃，加热炉燃耗可降低 5%~6%，产量可增加 10%~15%，还可大幅度缩短加热时间、减少钢坯氧化烧损。该技术实现了连铸与轧钢工序的紧凑式生产，能够有效地节约能源、降低消耗、缩短生产周期、节省成本并提高钢坯的产品质量，也是回收钢坯显热的最佳方式。

连铸坯的直装和热装技术起源于美国，效果良好，随后迅速运用到世界各

图 8-28 连铸坯热装热送生产实践

地[59,60]。1968 年，美国 McLouth Steel 把高温板坯直接装进感应炉加热，走在热装技术的先列。20 世纪 70 年代，爆发石油危机，面对能源短缺的恶劣情况，日本钢铁企业以此为契机，研发连铸坯的热装热送技术并迅速发展应用。日本钢管公司鹤见厂首先应用了连铸坯热装连轧技术，其后日本新日铁公司又研发了近程连铸直接轧制工艺（连铸末端和轧制起点相距 130m）及铸-轧远程工艺（连铸末端和轧制起点相距 620m）。日本在热装热送的尝试掀起了其他国家和地区对于此工艺研究的浪潮，随后德国克勒克纳钢 Bremen 厂、法国索拉克公司佛罗伦季厂、奥地利林茨厂、比利时考克里尔公司 Chertal 厂、美国钢公司大湖厂、意大利塔兰托厂、加拿大多法斯科厂等开始开发应用连铸坯热装技术。在 1983 年，日本各钢厂平均热装热送约占 58%，其中新日铁大分厂占比最高，超过 74%。

我国热装热送的发展起步于 20 世纪 80 年代，武钢最先试用热装热送技术，随后此工艺在国内大规模发展。截至 2004 年，武钢在试用了各种方法后，1700 热连轧热装率超过了 55%，板坯进入加热炉的温度在 550℃左右；上海宝钢的热轧热装率超过 60%，板坯的入炉温度在 550～600℃；在使用软件管理提高效率后，武钢 2250 直装率超过 95%，入炉温度基本超过 700℃。20 世纪 90 年代，上海宝钢、鞍山钢铁、广东韶钢、山东莱钢等也积极使用了热连轧技术。目前，钢铁行业节能减排不断受到重视，社会舆论不断关注，环境污染不断恶化，热装热送技术必然会在实际应用中不断完善[61]。

8.3.2.1 工艺分类

按温度曲线从冶金学特征对连铸坯热装热送技术进行分类，见表 8-20[62]。

（1）连铸坯直接轧制：1100℃条件下对生产后的连铸坯通过边角补热装置发送到轧制处加工，这种处理过程中不会产生相变再结晶现象。因而对应的铸态奥氏体晶被保留。因而应该通过新的轧制进行细化晶粒，为其后的处理提供支持，

表 8-20　连铸坯热装热送和直接轧制概念

分类	名　　称	热装热送温度	工艺流程特征
Ⅰ	直接轧制（CC-DR）	>1100℃	输送过程边角补热和均热后轧制
Ⅱ	热装直接轧制（CC-HDR）	A_3~1100℃	输送过程中补热和均热后直接轧制
Ⅲ	直接热装轧制（CC-DHCR）	A_1~A_3	铸坯直接装加热炉后轧制
Ⅳ	热装轧制（CC-HCR）	400℃~A_1	铸坯经保温缓冲加热炉加热后轧制
Ⅴ	冷装炉加热后轧制（CC-CCR）	室温	

而对微合金化钢而言，应该使其合金化元素更好地发挥作用。目前承钢正在建立这个技术的应用示范[63]。

（2）连铸坯热装直接轧制：铸坯的温度高于 1100℃，在输送过程中进行补热和均热处理后，使其温度达到可轧温度，然后进行轧制。轧制前仅一些微量元素有少量会析出。

（3）连铸坯直接热装轧制：连铸坯温度低于 A_3 而高于 A_1，在加工过程中直接加热后轧制。在此过程中加热炉表现出缓冲性，加热过程中铸坯处于（α+γ）两相区，在温度改变过程中也会产生 γ→α→γ 相变。因而铸坯中的组织主要为原始的奥氏体和细化奥氏体晶粒组织。因而可看出这种处理后的铸坯为混合型的。其中微量元素的析出和溶解表现出一定的差异性，需要通过轧制而避免这些缺陷。这样处理也可以有效地提高成品的质量。在应用过程中对高氮的低合金钢和中高碳钢，在处理过程中应考虑到 AlN 析出引发开裂问题，因而在操作中一般不可直接热装。

（4）连铸坯热装轧制：在这种处理过程中，铸坯不放冷直接送到相应的保温设备中保温，其后进行适当地加热然后轧制。具体分析可知在连铸机和加热炉中，保温炉起到一定的协调和连接作用。其铸坯组织状态与常规冷装炉铸坯没有明显的差异。不在冷却过程中有的中高碳钢产生裂纹的倾向明显，因而在加工时应该予以重视。

（5）连铸坯冷装炉加热后轧制：这种模式下将连铸坯先冷却到室温后装加热炉加热后轧制，在操作中不进行热装处理，目前这种模式的应用比例最高。不过其缺陷也很明显，主要是导致连铸坯显热浪费问题，且加热炉燃耗也明显地增加，出现氧化烧损的概率增大。

8.3.2.2　工艺优点和基本条件

热装热送技术即高温铸坯直接送入加热炉加热轧制，达到连铸轧制过程中的节能减排效果，这对提高生产效率、节省成本具有重要意义[64]。铸坯切割之后温度基本为 800~900℃。与连铸坯冷装相比其优点是：

（1）节约能源。铸坯的入炉温度越高，其能量损失越少。

（2）提高成材率，减少材料成本。热装热送缩短了铸坯加热时间，在温度达标时完全不用加热，降低了铸坯加热过程中的再次烧损，直接提高了生产效率。

（3）优化生产物流，减少板坯库房、劳动成本和运送成本。

（4）由于热坯直接进入加热炉，节省加热炉时间，加快了轧制材料，提高产量[65]。

温度在650~1000℃的铸坯直接入炉加热时，加热炉加热效率最高。为了优化节能减排效果，推动热装热送工艺的进步，规定热装温度超过600℃、热装比大于50%是清洁生产的一级标准[66]。另从金属学方向来看，在400℃以上，由于铸坯直接进入保温设备，其组织形态和冷装的铸坯形态基本相同。温度不到400℃时，温度过低，铸坯表面不再被氧化，热装节能效果较差，因此400℃为热装的低温界限。连铸坯热装热送工艺能显著减少铸坯表面氧化，使用良好的控冷控轧工艺可以轧制出性能良好的产品。

连铸坯热装热送工艺需要炼钢-连铸-热轧全流程达到一体化水平。这种流程在操作过程中，需要对节奏、温度相关的参数进行密切控制，同时要统一集中的管理钢水-钢坯-钢材相关的规格方面信息。这也是适当的协调冶金流程各工序而形成的。连铸坯热装热送技术在实现过程中需要用到很多相关的支持技术，主要包括炼钢技术、连铸技术、质量管理技术。总体上看连铸轧制过程热装热送工艺的基本条件[67,68]如下：

（1）无缺陷连铸坯生产技术：这种技术在实施时需要满足一定的基础条件，也就是可持续可靠地提供质量好的连铸坯。当钢厂的连铸坯无清理率≥90%条件下，就可进行热装热送操作。此外还应该适当地引入热检测手段，特别应该开发并用好计算机铸坯质量判别跟踪系统，以便分离少量需精整的连铸坯，确保热送去轧钢厂的连铸坯质量良好没有缺陷。

（2）高温连铸坯生产技术：为了在连铸坯热装热送工艺中获得尽可能高的装炉温度，在满足要求情况下可直接轧制。应该对铸机内连铸坯的冷却情况进行适当的控制，确保满足出机温度相关的要求。高温连铸坯的生产技术主要包括高速浇铸和弱二冷强度。

（3）过程保温及补热均热技术：切割后的连铸坯将经过各种方式被运输到加热炉或直接进轧机，如何减少连铸坯在这一过程中的温度损失也是一项十分艰巨的任务。人们根据不同连铸坯运输方式的特点，开发出了各种各样的保温、补热、均热技术，如连铸机机内保温、切割区保温与边角加热、运输与精整间的辊道保温与边棱加热、边角电磁感应加热、热带卷箱以及冷却水挡水板改进等技术。

（4）适应不同铸坯热履历的轧制技术：不同类型的热装热送工艺，改变了连铸坯在装炉、轧制前的热履历。而连铸坯热履历的变化，又会影响到轧制过程中产品的质量问题。因此，必须开发出能适应不同热履历要求的轧制技术。

（5）炼钢轧钢一体化生产管理技术：根据实际的应用结果表明这种技术引入后，有效地连接了炼钢与轧钢技术，在此基础上建立了一体化系统，这种系统的持续可靠运行，需要满足的要求之一为相关计划、操作有较高的一致性。此外还严格的控制不同工序产品的温度和质量。由此分析可知此生产系统可看作一个相对缓冲余地小的系统，表现出较高的抗干扰性。且其“纠错”能力也不高。因而在实际的应用过程中需要通过相关技术适当地进行处理，从而为系统运行目标的实现提供支持。与此相关的措施主要如下：1）各工序的产能匹配；2）炼钢-轧钢衔接技术；3）计划管理；4）动态调度管理；5）炼钢-轧钢品质一贯管理；6）炼钢-轧钢一体化计算机管理系统技术。

8.3.2.3　工艺节能减排效果

A　热装热送工艺节能效果

热装热送技术降低了加热炉能耗及热量损失。有统计表明连铸坯入炉温度在500℃左右时，热装热送可以节约能耗 0.25106kJ/t，占总燃耗的 30%；在 600℃时，可节省能耗 0.34106kJ/t，节省总能耗的 41%；800℃热坯直接进入加热炉，大约节省能耗 0.514106kJ/t，节省 50%左右总能耗。热装与冷装相比温度增加100℃，加热炉可以节省 5%~6%燃料，可减少能耗 0.08000~0.12106kJ/t，折合标准燃料 3~4kg/t，同时产量提高 10%~15%。随温度和效率的提升，加热炉燃料消耗明显降低。铸坯热装时的温度与节能关系如图 8-29 所示。铸坯节能量随温度升高而增加，因此，生产高温无缺陷铸坯更有助于节能减排，同时对推动热装热送技术的进行具有重要意义[69]。

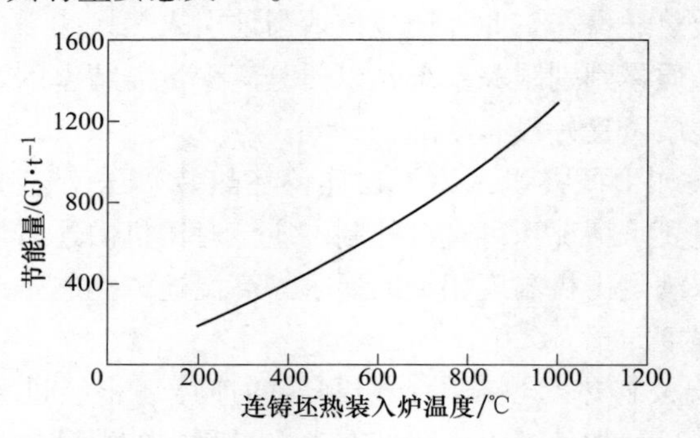

图 8-29　连铸坯热装温度与节能关系

表 8-21 为不同温度铸坯在加热炉加热至 1200℃时，钢坯获得热焓。从表中可以看出相对常温坯，当铸坯入炉温度分别为 200℃、400℃、600℃、800℃时，获得的热焓分别为常温的 0.89、0.75、0.58、0.32，加热炉效率一定时，随温度升高，加热过程所获得的焓降低，节省能量比例增加。

表 8-21 不同入炉温度钢坯在炉内的吸热

入炉温度/℃	20	100	200	300	400	500	600	700	800
低碳钢/$kJ \cdot kg^{-1}$	813.01	774.14	722.30	667.96	609.44	542.56	469.00	383.72	260.83
低合金钢/$kJ \cdot kg^{-1}$	773.30	734.84	683.85	629.51	571.82	508.71	433.88	352.37	234.08

连铸坯在加热炉中加热时，表面会有氧化铁皮产生，出现氧化烧损，此现象与铸坯表面温度、加热炉加热时间、加热炉气氛等多种因素有关，其中加热时间和炉温控制的影响最大。热装温度的提高会增加钢坯表面在高温下的停留时间，使烧损率增大，但影响较弱，同时加热时间的增长也会使烧损量增加。加热炉处于最佳节能生产率下，铸坯烧损量随着热装温度的上升呈下降趋势。连铸热连轧可以降低氧化烧损，在冷装时烧损 1.5%~2.0%，有时超过 2.5%，采用热装后可降到 0.5%~0.7%，金属收得率提高 2%~3%。

热装热送可以有效减少从钢液到轧制成品的流程时间，缩短加热炉加热时间，优化加热炉和轧制效率。尤其是相较普通的连铸冷坯-装炉-轧制工序而言，缩短了整体工序时间，铸坯不再堆垛缓冷，减少占地面积，加快产品生产速率，提高了效率。

宝钢经过对连铸坯热平衡测试进行研究，发现在保证产量一定时，冷装时加热炉加热过程能耗大约在 1213.56kJ/kg；而 445℃进行热装时，加热过程能耗为 919.12kJ/kg；在 652℃热装，加热过程能耗为 679kJ/kg，热装与冷装过程相比，其节能率分别为 24.3%、44%。热装温度提高时，节能效率随之升高。

宁钢在使用热装热送工艺并进行优化后，成功生产出高温无缺陷板坯。经优化以后，宁钢板坯热装率高达 55%，入炉温度达到 699℃，同时间接热装率在 75%左右，入炉温度约 650℃。在实行热装热送后，宁钢降低了氧化烧损，提高了生产效率。

舞阳钢铁有限责任公司生产的铸坯热装热送率达 52.5%，铸坯加热时间减少 0.5h，由之前的凉坯加热 4.0h 减少至 3.5h。同时热装热送技术可以减少吨钢天然气的消耗量，热装铸坯每吨节省 $15m^3$，热装钢锭每吨节省 $20m^3$，每年可节省成本约 0.41 亿元。

青岛特钢一炼钢厂拥有 3 条热装热送生产线，热装温度分别在 650~750℃、550~650℃和 350~500℃，热装比例不断增加。相比天然气，高炉煤气成本更低，使用全高炉煤气加热铸坯后，热装温度约为 700℃，热装率在 53.9%左右，煤耗减少 $141m^3/t$，节省煤气 20.7%，成材率增加 0.6%。在调节优化后，青岛特钢把铸坯热装率从现有的 52.25%提升至 81.63%，同时成材率提升 0.4%，吨钢煤燃耗节约 13.3kg，减少了生产周期，减轻了库存压力，二次倒运费节省 6 元/t，节省成本，提高利润。

陕西龙钢采用汽车运输进行热装热送，热装率在90%，年入炉平均温度超过600℃，最高可达900℃左右。2007年加热炉的加热能力从每小时50t提升至65t以上，年增产约10万吨，其中轧材2万吨。氧化烧损量降低，成材率提高了0.3%，产品质量稳定可靠，经济效益显著提升。

新疆八一钢铁在应用热装热送技术后，热装热送率达60%左右。当下热轧车间年轧制能力为300万吨热卷，以冷装时消耗煤气152m^3/t、单价0.35元/m^3计算，热装热送大约节约10%的煤气，可节省成本约957.6万元。

从各钢厂实际生产情况而言，热装热送作为一种节能减排技术被广泛应用于连铸生产中，使各钢厂的能源消耗显著减少，缩短了钢液到成品流程时间，提高了企业的经济效益和生产能力。

B　热装热送工艺应用前景

热装热送技术无法实现100%热装，必然会出现连铸坯热-冷或冷-热混装。热-冷混装指经热装坯后不间断地接着装入冷坯，由于之前按热装工艺进行加热，加热炉无法瞬间改变加热条件，紧接着的冷坯也是按热装工艺进行加热，冷坯加热出现不足。当温差不到300℃时，冷装坯出炉温度比较低、断面温度不均匀，但仍然在生产许可的范围之内。在热-冷混装温差过大时，由于冷坯加热严重不足，温度过低，铸坯可能会产生硬心的情况。相应地，冷-热混装指在一批冷装坯进加热炉加热后接着装热坯，紧接热坯在冷坯加热制度下加热温度过高，反而浪费能量，金属氧化烧损大量增加，甚至出现热坯温度达到加热炉炉温，使铸坯表面的氧化铁皮再次熔化过烧。连铸冷-热或热-冷混装会降低加热质量，影响热装效果。温差小于300～400℃，影响相对比较少，但当混装温差超过500℃时，需使用增加混装时间间隔等方法，设法降低铸坯冷-热或热-冷混装的频率[70,71]。

在首钢迁钢生产中，平均热装率大约为55%。耐候钢基本使用热装，管线钢X70以下钢种都可以进行热装，X70、X80等对性能要求较高的钢种较少应用，由于该钢种热装温度不易控制，如果温度在两相区，会发生板坯脆化现象，因此基本使用冷装。汽车大梁钢在生产过程中必须热装，因为富含Mn、Nb等元素的铸坯降温冷却过大时会产生微裂纹，使板坯轧裂概率增加，使用热装热送技术后可以防止板坯发生轧裂事故。热装率从15%提高到50%，热、冷装时温度分别为400℃、100℃，连铸坯年产量400万吨时，热装热送相比冷装工艺可节省成本550万元，降本增效明显。企业能否使用热装热送工艺，必须考虑生产的钢种可否适用。

使用热装热送技术后，减少了加热炉的燃料消耗，增加了加热炉产能，优化了铸坯质量，同时减少氧化烧损，提高成材率。热装热送工艺的应用目前已经成为衡量钢铁行业生产管理水平的重要指标，对钢铁行业的可持续发展具有重要意义。

参考文献

[1] 张琦，蔡九菊，沈峰满．钢铁企业系统节能减排过程集成研究进展［J］．中国冶金，2011，21（1）：3~6.

[2] 刘爱香．节能减排实现钢铁企业可持续发展［J］．中国环境管理干部学院学报，2007，17（4）：35~37.

[3] 陈军．蓄热式钢包烘烤技术在炼钢生产中的应用［J］．设备管理与维修，2017（10）：91~92.

[4] 高德才．绿色智能烘烤控制装置的应用［J］．科技致富向导，2014（17）：229.

[5] 刘竹昕，张卫军．高炉煤气双蓄热式钢包烘烤器的设计及研究［J］．冶金能源，2014，33（1）：23~25.

[6] 刘洪，温治．蓄热式高温空气燃烧技术［J］．金属世界，2003（6）：10~12.

[7] 周怀春，盛锋，姚洪，等．高温空气燃烧技术——21世纪关键技术之一［J］．工业炉，1998（1）：3~5.

[8] Pian C C，Yoshikawa K. Development of a high-temperature air-blown gasification systems［J］. Bioresource Technology，2001，79（3）：231~241.

[9] Hasegawa T，Mochida S，Gupta A K. Development of advanced industrial furnace using highly preheated air combustion［J］. AIAA J Propel Power，2002，18（2）：233~239.

[10] 高德才．绿色智能烘烤控制装置的应用［J］．科技致富向导，2014（17）：229.

[11] 欧俭平．高温空气燃烧技术在冶金热工设备上的应用及数值仿真和优化研究［D］．武汉：中南大学，2004.

[12] Kortschik C，Plessing T，Peters N. Laser optical investigation of turbulent transport of temperature ahead of the preheat zone in a premixed flame［J］. Combustion and Flame，2004，136（1）：43~50.

[13] Gupta A K，Li Z. Proceedings of the joint power generation conference［C］//Power Engineering Review，1997.

[14] 杨艳超．高温空气燃烧喷嘴的优化设计和燃烧特性的数值分析［D］．上海：东华大学，2009.

[15] 聂海金．蓄热式烧嘴的结构优化及热疲劳寿命预测［D］．武汉：武汉科技大学，2013.

[16] 彭好义，蒋绍坚，周孑民．高温空气燃烧技术的开发应用、技术优势及其展望［J］．工业加热，2004，33（3）：11~15.

[17] 张胜军．宝钢蓄热式钢包烘烤技术的应用［J］．冶金信息导刊，2019，56（4）.

[18] Gupta A，Natole R，Sanyal A，et al. Proceedings of the 1998 international joint power generation conference［J］. American Society of Mechani Cal Engineers，1998.

[19] 邓晓湖，沈毅，林建湘，等．高效节能蓄热式钢包烘烤技术在湘钢的应用［J］．冶金动力，2018（3）：4~6.

[20] 刘前芝．蓄热式钢包烘烤器应用与实践［J］．能源与节能，2014（7）：123~124.

[21] 贺智勇，敖雯青．全氧燃烧技术及其在高温工业中的应用［C］//武汉耐火材料学术年会．武汉：中国硅酸盐学会，2017：30.

[22] 胡昌盛，杨雪娜．陶瓷窑炉富氧燃烧的研究［J］．中国陶瓷，2012，48（2）：42.
[23] In Y，Sung H L. The fuel saving and operating cost through oxygen enriched combustion system in ladle preheater［C］//The Sixth China International Steel Congress. Beijing：Chana Iron and Steel Assocition，2010：835.
[24] 孙仁权．钢包烘烤——纯氧燃烧技术初探［J］．现代冶金，2018，46（1）：28~29.
[25] Joachim V S. Oxyfuel combustion in steel industry：energy efficiency and decrease of CO_2 emissions［J］．Energy Efficiency，2010：84~102.
[26] Fredriksson P，Claesson E，Vesterberg P，et al. Application of oxyfuel combustion in reheating at ovako hofors works，sweden-background，solutions and results［J］．Iron and Steel Technology，2008.
[27] Joachim V S，Mats G，Rainhard P，et al. Flameless oxy fuel combustion foeincreased production and reduced CO_2 and NO_x emissions［J］．Stahl and Eisen，2008，128（7）：35.
[28] Martoccl A P. Evaluation of a low-NO_x xoy-fuel burner［J］．AISE Steel Technology，2001，78（4）：41.
[29] 解养国，孙波，王勇，等．全氧燃烧在 120t 钢包烘烤器上的应用［J］．中国冶金，2020，30（6）：87~96.
[30] 宁知常．降低转炉出钢温度的实践［J］．江西冶金，2013，33（6）：28~30.
[31] 王桂平，顾经伟．250t 钢包全程加盖的设计分析［J］．现代冶金，2017，45（4）：34~38.
[32] 孙亚飞，王兆辉，崔立程．钢包全程加盖技术的应用［J］．重型机械，2017（2）：17~20.
[33] 张威，刘晓峰，朱光俊，等．炼钢厂钢水温降研究现状［J］．重庆科技学院学报，2005（4）：34~36，44.
[34] 安连志，朱海亮，曹寿君．钢包加盖技术的经济效益［C］//2014 年低成本炼钢共性技术研讨会论文集，2014：256~262.
[35] 焦兴利，王泉，张虎．300t RH IF 钢生产实践［J］．特殊钢，2010（6）：44~46.
[36] 刘晓峰．钢包全程加盖设备与工艺研究现状［J］．四川冶金，2011，33（3）：19~22.
[37] 王会超，黄光永．炼钢厂钢包全程加盖装置设计及实施［J］．冶金动力，2019（1）：4~6.
[38] 许畅．RH 真空精炼工艺用 3 种型式真空泵比较［J］．铸造技术，2018，39（1）：96~99.
[39] 汪龙，张文．具有节能特色的 RH 液压系统［J］．炼钢，2017，33（2）：33~37，62.
[40] 杨锦，成剑明，许海虹，等．节能技术在 RH 真空精炼工艺中的应用［J］．钢铁研究，2017，45（3）：56~58.
[41] 舒宏富，宋超，张晓峰，等．RH-MFB 真空精炼过程中循环流量的物理模拟研究［J］．材料与冶金学报，2004，3（2）：107.
[42] 区铁，李福燊，张捷宇，等．环流式真空脱气装置的钢水混合与循环［J］．钢铁，1999，34（11）：16.
[43] 蒋兴元，魏季和，温丽娟，等．150t RH 装置内钢液的流动和混合特性及吹气管直径的

影响［J］. 上海金属，2007（2）：34～39.

［44］汪龙，张文，许海虹，等 . RH 钢包顶升液压系统选择策略［J］. 炼钢，2016，32（1）：47～51.

［45］董荣华，周宏，胡兵，等 . 干式（机械泵）真空系统应用于 RH 工艺的实践［J］. 中国冶金，2011，21（4）：43～48.

［46］李波，李梦英，崔家峰，等 . 干式机械泵与蒸汽喷射泵的技术应用与比较［J］. 炼钢，2017，33（6）：26～29，36.

［47］李相臣，贺庆 . RH 真空精炼法浸渍管结构形式的发展［J］. 钢铁研究，2012，40（2）：59～62.

［48］Kuwabara T，Umezawa K，Mori K. Investigation of decarburization behavior in RH-reactor and its operation improvement［J］. Transactions of the Iron and Steel Institute of Japan，1988，28（4）：305～314.

［49］Young G P，Kyung W Y，Sang B A. The effect of operating parameters and dimensions of the RH system on melt circulation using numerical calculations［J］. ISIJ International，2001，41（5）：403～409.

［50］重钢 RH 干式真空工艺技术被评为 2012 节能中国十大应用新技术［J］. 冶金设备，2012（s1）：49.

［51］董荣，华周宏，胡兵，等 . 重钢干式真空装置优化及应用［C］//2012 年全国炼钢-连铸生产技术会论文集，2012：7～11.

［52］董荣华，周宏，胡兵，等 . 干式（机械泵）真空系统应用于 RH 工艺的实践［J］. 中国冶金，2011，21（4）：43～48.

［53］张嘉华，兰岳光，王俊刚 . RH 干式真空泵系统技术应用实践［J］. 炼钢，2018，34（3）：25～28.

［54］张嘉华，孙昕歆，刘亚雄 . RH 炉超低碳钢生产实践［J］. 包钢科技，2015，41（6）：29～32.

［55］郑林，赵俊学 . 近终形连铸技术的研究现状及发展前景［J］. 江苏冶金，2006（2）：8～11.

［56］杨劲松，谢建新，周成 . 近终形连铸技术的研究现状与发展［J］. 材料导报，2002（12）：9～11，36.

［57］Phinichka N，Misra P，Fang Y，et al. Initial solidification phenomena in the casting of steels［C］//Dr. Manfred Woll Symposium. Zurich，Switizerland，2002：46～59.

［58］Wechesler R，Campbell P. The first commercial plant for carbon steel strip casting at crawfordsville［C］//Dr. Manfred Wolf Symposium. Zurich，Switizerland，2002：70～79.

［59］于宏伟 . 热装热送工艺的研究［J］. 宽厚板，2011，17（2）：4～7.

［60］杜守虎 . 连铸坯余热利用技术现状及困境［C］//全国冶金能源环保生产技术会. 北京：中国金属学会，2013：3.

［61］陈小龙，余轶峰，董苑华，等 . 柳钢热装热送技术应用浅析［J］. 柳钢科技，2014（6）：23～26.

［62］余志祥 . 连铸坯热装热送技术［M］. 北京：冶金工业出版社，2002：46～51.

[63] 杨运增. 八钢小型厂热装热送工艺研究 [D]. 西安：西安建筑科技大学，2004.
[64] 葛建华，王明林，马忠伟，等. 连铸坯热装热送工艺的有限元模拟 [J]. 铸造技术，2017，38 (11)：66~71.
[65] Wang H M，Li G，Wang J J. Heat-transfer model on the improvement of continuous casting slab temperature [J]. Journal of University of Science and Technology Beijing (English Edition)，2004，11 (1)：18~22.
[66] 孙成礼，林健. 热轧板坯热装热送技术的应用 [J]. 新疆钢铁，2014 (1)：9~13.
[67] 陈红雨，于长春，张建方. 宁波钢铁连铸坯热装热送生产实践 [J]. 山东冶金，2012，34 (1)：57~58.
[68] 蔡开科. 连铸坯热装热送技术 [C]//昆明中国金属学会连续铸钢分会. 无缺陷铸坯及热装热送工艺技术研讨会论文汇编，2004：12.
[69] Chakravarty K，Das S，Singh K. Identification and improvement inboperating practices of reheating furnace to reduce fuel consumption in hot strip mill [J]. Ironmaking & Steelmaking，2013，40 (1)：74~80.
[70] 李继. 连铸坯热装热送的生产与实践 [J]. 甘肃冶金，2008，30 (4)：19~21.
[71] 葛建华. 板坯热装热送过程热能综合利用研究 [D]. 北京：钢铁研究总院，2017.

索　　引

国家出版基金资助项目
“新闻出版改革发展项目库”入库项目
“十三五”国家重点出版物出版规划项目

钢铁工业绿色制造节能减排先进技术丛书

主　编　干　勇
副主编　王天义　洪及鄙
　　　　赵　沛　王新江

炼钢过程节能减排先进技术

（下部：电弧炉炼钢）

Progress in Green Manufacturing and Energy Conservation Technology for Iron and Steel Industry

(Part Ⅱ: Electric Arc Furnace Steelmaking)

朱　荣　董　凯　魏光升　编著

北　京
冶　金　工　业　出　版　社
2020

内 容 提 要

炼钢过程节能减排先进技术包含转炉炼钢和电弧炉炼钢两部分。本书是电弧炉炼钢部分，主要介绍绿色电弧炉概述、新型绿色电弧炉系统、电弧炉生产原料多样化、电弧炉炼钢绿色供能技术、电弧炉炼钢烟气排放绿色先进技术、电弧炉余能余热利用技术、电弧炉炼钢固废绿色化综合利用技术、电弧炉炼钢智能化技术等。

本书可供电弧炉炼钢领域相关生产技术人员及研究人员阅读，也可供大专院校相关专业师生参考。

图书在版编目(CIP)数据

炼钢过程节能减排先进技术/朱荣等编著．—北京：冶金工业出版社，2020. 10

(钢铁工业绿色制造节能减排先进技术丛书)

ISBN 978-7-5024-8672-3

Ⅰ. ①炼…　Ⅱ. ①朱…　Ⅲ. ①炼钢—过程—节能减排　Ⅳ. ①TF703

中国版本图书馆 CIP 数据核字(2020)第 266486 号

出 版 人　苏长永

地　　址　北京市东城区嵩祝院北巷 39 号　邮编　100009　电话　(010)64027926

网　　址　www. cnmip. com. cn　电子信箱　yjcbs@ cnmip. com. cn

策划编辑　任静波

责任编辑　卢　敏　夏小雪　任静波　美术编辑　彭子赫

版式设计　孙跃红　责任校对　王永欣　责任印制　李玉山

ISBN 978-7-5024-8672-3

冶金工业出版社出版发行；各地新华书店经销；三河市双峰印刷装订有限公司印刷

2020 年 10 月第 1 版，2020 年 10 月第 1 次印刷

169mm×239mm；43. 5 印张；885 千字

168. 00 元（上、下）

冶金工业出版社　投稿电话　(010)64027932　投稿信箱　tougao@cnmip. com. cn

冶金工业出版社营销中心　电话　(010)64044283　传真　(010)64027893

冶金工业出版社天猫旗舰店　yjgycbs. tmall. com

丛书编审委员会

丛书出版说明

随着我国工业化、城镇化进程的加快和消费结构持续升级，能源需求刚性增长，资源环境问题日趋严峻，节能减排已成为国家发展战略的重中之重。钢铁行业是能源消费大户和碳排放大户，节能减排效果对我国相关战略目标的实现及环境治理至关重要，已成为人们普遍关注的热点。在全球低碳发展的背景下，走节能减排低碳绿色发展之路已成为中国钢铁工业的必然选择。

近年来，我国钢铁行业在降低能源消耗、减少污染物排放、发展绿色制造方面取得了显著成效，但还存在很多难题。而解决这些难题，迫切需要有先进技术的支撑，需要科学的方向性指引，需要从技术层面加以推动。鉴于此，中国金属学会和冶金工业出版社共同组织编写了“钢铁工业绿色制造节能减排先进技术丛书”（以下简称丛书），旨在系统地展现我国钢铁工业绿色制造和节能减排先进技术最新进展和发展方向，为钢铁工业全流程节能减排、绿色制造、低碳发展提供技术方向和成功范例，助力钢铁行业健康可持续发展。

丛书策划始于2016年7月，同年年底正式启动；2017年8月被列入“十三五”国家重点出版物出版规划项目；2018年4月入选“新闻出版改革发展项目库”入库项目；2019年2月入选国家出版基金资助项目。

丛书由国家新材料产业发展专家咨询委员会主任、中国工程院原副院长、中国金属学会理事长干勇院士担任主编；中国金属学会专家委员会主任王天义、专家委员会副主任洪及鄙、常务副理事长赵沛、副理事长兼秘书长王新江担任副主编；7位中国科学院、中国工程院院士组成顾问团队。第十届全国政协副主席、中国工程院主席团名誉主席、中国工程院原院长徐匡迪院士为丛书作序。近百位专家、学者参加了丛书的编写工作。

针对钢铁产业在资源、环境压力下如何解决高能耗、高排放的难题，以及此前国内尚无系统完整的钢铁工业绿色制造节能减排先进技术图书的现状，丛书从基础研究到工程化技术及实用案例，从原辅料、焦化、烧结、炼铁、炼钢、轧钢等各主要生产工序的过程减排到能源资源的高效综合利用，包括碳素流运行与碳减排途径、热轧板带近终形制造，系统地阐述了国内外钢铁工业绿色制造节能减排的现状、问题和发展趋势，节能减排先进技术与成果及其在实际生产中的应用，以及今后的技术发展方向，介绍了国内外低碳发展现状、钢铁工业低碳技术路径和相关技术。既是对我国现阶段钢铁行业节能减排绿色制造先进技术及创新性成果的总结，也体现了最新技术进展的趋势和方向。

丛书共分 10 册，分别为：《钢铁工业绿色制造节能减排技术进展》《焦化过程节能减排先进技术》《烧结球团节能减排先进技术》《炼铁过程节能减排先进技术》《炼钢过程节能减排先进技术》《轧钢过程节能减排先进技术》《钢铁原辅料生产节能减排先进技术》《钢铁制造流程能源高效转化与利用》《钢铁制造流程中碳素流运行与碳减排途径》《热轧板带近终形制造技术》。

中国金属学会和冶金工业出版社对丛书的编写和出版给予高度重视。在丛书编写期间，多次召集丛书主创团队进行编写研讨，各分册也多次召开各自的编写研讨会。丛书初稿完成后，2019 年 2 月召开了《钢铁工业绿色制造节能减排技术进展》分册的专家审稿会；2019 年 9 月至 10 月，陆续组织召开 10 个分册的专家审稿会。根据专家们的意见和建议，各分册编写人员进一步修改、完善，严格把关，最终成稿。

丛书瞄准钢铁行业的热点和难点，内容力求突出先进性、实用性、系统性，将为钢铁行业绿色制造节能减排技术水平的提升、先进技术成果的推广应用，以及绿色制造人才的培养提供有力支持和有益的参考。

中国金属学会
冶金工业出版社

2020年10月

总　　序

党的十九大报告指出，中国特色社会主义进入了新时代，“我国社会主要矛盾已经转化为人民日益增长的美好生活需要和不平衡不充分的发展之间的矛盾”。为更好地满足人民日益增长的美好生活需要，就要大力提升发展质量和效益。发展绿色产业、绿色制造是推动我国经济结构调整，实现以效率、和谐、健康、持续为目标的经济增长和社会发展的重要举措。

当今世界，绿色发展已经成为一个重要趋势。中国钢铁工业经过改革开放40多年来的发展，在产能提升方面取得了巨大成绩，但还存在着不少问题。其中之一就是在钢铁工业发展过程中对生态环境重视不够，以至于走上了发达国家工业化进程中先污染后治理的老路。今天，我国钢铁工业的转型升级，就是要着力解决发展不平衡不充分的问题，要大力提升绿色制造节能减排水平，把绿色制造、节能环保、提高发展质量作为重点来抓，以更好地满足国民经济高质量发展对优质高性能材料的需求和对生态环境质量日益改善的新需求。

钢铁行业是国民经济的基础性产业，也是高资源消耗、高能耗、高排放产业。进入21世纪以来，我国粗钢产量长期保持世界第一，品种质量不断提高，能耗逐年降低，支撑了国民经济建设的需求。但是，我国钢铁工业绿色制造节能减排的总体水平与世界先进水平之间还存在差距，与世界钢铁第一大国的地位不相适应。钢铁企业的水、焦煤等资源消耗及液、固、气污染物排放总量还很大，使所在地域环境承载能力不足。而二次资源的深度利用和消纳社会废弃物的技术与应用能力不足是制约钢铁工业绿色发展的一个重要因素。尽管钢铁工业的绿色制造和节能减排技术在过去几年里取得了显著的进步，但是发展仍十分不平衡。国内少数先进钢铁企业的绿色制造已基本达到国际先进水平，但大多数钢铁企业环保装备落后，工艺技术水平低，能源消耗高，对排放物的处理不充分，对所在城市和周边地域的生态环境形成了严峻的挑战。这是我国钢铁行业在未来发展中亟须解决的问题。

国家“十三五”规划中指出，“十三五”期间，我国单位 GDP 二氧化碳排放下降 18%，用水量下降 23%，能源消耗下降 15%，二氧化硫、氮氧化物排放总量分别下降 15%，同时提出到 2020 年，能源消费总量控制在 50 亿吨标准煤以内，用水总量控制在 6700 亿立方米以内。钢铁工业节能减排形势严峻，任务艰巨。钢铁工业的绿色制造可以通过工艺结构调整、绿色技术的应用等措施来解决；也可以通过适度鼓励钢铁短流程工艺发展，发挥其低碳绿色优势；通过加大环保技术升级力度、强化污染物排放控制等措施，尽早全面实现钢铁企业清洁生产、绿色制造；通过开发更高强度、更好性能、更长寿命的高效绿色钢材产品，充分发挥钢铁制造能源转化、社会资源消纳功能作用，钢厂可从依托城市向服务城市方向发展转变，努力使钢厂与城市共存、与社会共融，体现钢铁企业的低碳绿色价值。相信通过全行业的努力，争取到 2025 年，钢铁工业全面实现能源消耗总量、污染物排放总量在现有基础上又有一个大幅下降，初步实现循环经济、低碳经济、绿色经济，而这些都离不开绿色制造节能减排技术的广泛推广与应用。

中国金属学会和冶金工业出版社共同策划组织出版“钢铁工业绿色制造节能减排先进技术丛书”非常及时，也十分必要。这套丛书瞄准了钢铁行业的热点和难点，对推动全行业的绿色制造和节能减排具有重大意义。组织一大批国内知名的钢铁冶金专家和学者，来撰写全流程的、能完整地反映我国钢铁工业绿色制造节能减排技术最新发展的丛书，既可以反映近几年钢铁节能减排技术的前沿进展，促进钢铁工业绿色制造节能减排先进技术的推广和应用，帮助企业正确选择、高效决策、快速掌握绿色制造和节能减排技术，推进钢铁全流程、全行业的绿色发展，又可以为绿色制造人才的培养，全行业绿色制造技术水平的全面提升，乃至为上下游相关产业绿色制造和节能减排提供技术支持发挥重要作用，意义十分重大。

当前，我国正处于转变发展方式、优化经济结构、转换增长动力的关键期。绿色发展是我国经济发展的首要前提，也是钢铁工业转型升级的准则。可以预见，绿色制造节能减排技术的研发和广泛推广应用将成为行业新的经济增长点。也正因为如此，编写“钢铁工业绿色制造节能减排先进技术丛书”，得到了业内人士的关注，也得到了包括院士在内的众多权威专家的积极参与和支持。钢铁工业绿色制造节能减排先进技术涉及钢铁制造的全流程，这套丛书的编写和出版，既是对我国钢铁行业节能环保技术的阶段性总结和下一步技术发展趋势的展望，也是填补了我国系统性全流程绿色制造节能减排先进技术图书缺失的空白，为我国钢铁企业进一步调整结构和转型升级提供参考和科学性的指引，必将促进钢铁工业绿色转型发展和企业降本增效，为推进我国生态文明建设做出贡献。

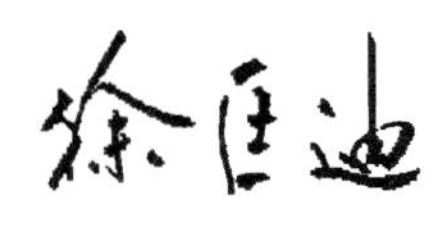

2020年10月

前　言

本书是“钢铁工业绿色制造节能减排先进技术丛书”之一，具体涉及电弧炉炼钢领域，介绍了近年来电弧炉炼钢绿色生产的设备与技术进步，是在作者多年来对该领域深入研究的基础上，广泛参考有关文献资料编写而成。本书从冶炼原料、生产设备、余能回收、绿色排放、副产品综合利用及智能化等多方面全面展示了目前电弧炉炼钢绿色生产设备技术现状及存在的问题。

近年来，电弧炉炼钢已成为世界主要炼钢方法之一，随着绿色生产概念深入人心，开发应用电弧炉炼钢绿色生产设备与技术已经成为广大冶金工作者的共识，同时也是我国钢铁工业发展的重要方向。

本书系统介绍了国内外电弧炉绿色生产面临的问题及研究取得的成果，可供电弧炉炼钢领域相关生产技术人员及研究人员参考。

在编写过程中，获得了北京科技大学刘润藻老师和陈煜老师的无私帮助，同时田博涵博士、张洪金博士、王春阳博士、宓宇硕士、唐逸兴硕士、章杰硕士等人参与了书稿的编撰整理工作，在此向他们表示感谢。作者参考了有关文献，并引用了一些内容，使本书得以充实，在此特向文献作者致谢。

书中不足和疏漏之处恳请读者批评指正。

作　者

2020 年 8 月

总　目　录

上　部：转炉炼钢

下　部：电弧炉炼钢

下 部：电弧炉炼钢
目 录

1 绪　　论

1.1 钢铁行业绿色生产

绿色生产（green production）是指以节能、降耗、减污为目标，以管理和技术为手段，实施工业生产全过程污染控制，使污染物产生量最少化的一种综合生产。人类长久以来对自然资源掠夺式的攫取，以污染环境为代价取得一时一地的利益，导致世界范围内资源和环境问题日益严重[1]。

1.1.1 绿色生产的内涵

绿色生产最基本的要求便是符合环保要求，有利于生态保护，其内容包括[2]：

（1）使用无公害的新能源、新资源，尤其是风能、太阳能等可再生新能源。

（2）实现矿物燃料绿色清洁使用，加速节能技术的创新推广，提高能源利用效率。

（3）采用绿色清洁的生产技术与设备，减少能耗，节约资源；开展原材料的循环和回收，提高资源利用率，减少浪费。

（4）强化生产过程管理，减少物料的流失和泄漏事故。

（5）对排放的污染物进行“三废”综合治理，减少其对环境的污染。

（6）使用无毒害原料生产产品，废弃物易分解处理。

（7）产品具备合理的使用功能和使用寿命，其生产过程具有节能、节水、省电和低噪声等特点。

（8）产品使用后不含危害人体健康和生态环境的因素，易于回收、复用和再生。

绿色生产的目标包括尽可能少地产生废弃物及污染物排放，减少对自然环境的危害；并通过资源的有效及循环再利用，减少资源浪费，缓解资源损耗。

绿色生产应当贯穿产品生产组织的全过程以及产品物料转换的全过程，保证从产品开发、规划、设计、建设到运营管理，生产加工到使用，乃至报废的各个环节中尽可能少地产生污染以及资源浪费。

绿色生产是一个相对的、动态的概念，是相对于原来的生产过程和产品而言的，其本身是一个不断进步完善的过程，随着技术和经济发展，绿色生产的内涵也在不断进行更新。

1.1.2 钢铁工业绿色生产

钢铁工业是现代工业体系的基石，对国民经济的发展有着举足轻重的作用，但同时也是重要的污染发生源。钢铁产品生产过程中，会产生各种各样的污染物，其中包括大气污染物（CO_2、SO_x、NO_x、煤尘、粉尘）、水体污染物（悬浮固体 SS、耗氧有机物、无机有害物）、固体废弃物（炉渣、污泥和灰尘）[3]。

由于钢铁行业耗能大、环境污染问题突出，人们提出了钢铁工业绿色冶金的概念，即改变钢铁厂资源消耗量大、能源消耗量大、气体及固体废弃物排放量大的状况，以适应工业生态化和构建循环转换型经济社会的要求，担当起具有钢铁产品制造功能、能源转换功能和社会大宗废物处理消纳功能的社会经济角色[4]。

钢铁工业绿色化旨在实现循环绿色经济，即只用最少量的自然资源就能满足经济社会发展的需求，遵循“4R”原则——“减量化（reduce）、再利用（reuse）、再循环（recycle）、能源回收（recovery）”，具体体现在以下几个方面：

（1）原料与能源。减少铁矿石等天然资源的使用，增加废钢铁等再生资源的使用；减少化石能源的输入，使用可再生的绿色能源。

（2）生产过程。推广生产流程中的循环利用，充分利用资源、能源，减少不必要的能耗物耗，减少废弃物、污染物和含毒物质的排放。

（3）终端产品。优化生产工艺，提高产品质量，延长使用寿命，增加使用效率，实现产品减量化要求；制定统一标准，有利于报废产品的回收利用。

（4）社会效益。向社会提供余热（供暖）和副产品（炉渣、煤气等）；消纳废钢、废塑料等社会废弃物；并与其他工业企业配套，形成闭环生态链。

随着钢铁工业的发展，实现其绿色生产有赖于新技术新设备的产生；在 20 世纪，转炉替代平炉成为炼钢的主要设备，极大地降低了钢铁行业的能耗；当前炼钢电弧炉设备及其配套工艺技术的发展，使其成为了钢铁工业绿色生产新的发展方向[5]。

电弧炉短流程和转炉长流程相比，其在钢铁绿色生产方面的主要差别和优势在于：

（1）所用主要钢铁原料不同。电炉炼钢以废钢为主要原料，及铁水（生铁）、直接还原铁、脱碳粒铁、碳化铁及复合金属料等废钢替代品；电弧炉将社会生产、生活产生的废弃物（废钢）作为原料重新制作成为合格的钢铁产品，从本质上就是一个绿色生产过程。转炉炼钢以铁水为主要原料，并配加一定比例废钢，但存在热量问题，合理的废钢比例一般不超过 20%；铁水的生产完全依赖铁矿石和矿物燃料的供给。

（2）能源消耗不同。电弧炉冶炼主要是依靠电能，以及废钢预热的物理热、化学热和少部分原料带来的物理热。随着新能源技术的快速发展，水利、风能、太阳能、核能等绿色能源发电的比例越来越高。转炉炼钢主要是依靠铁水带来的物理热和化学热，这都是基于矿物燃料能量的延续和转换。全废钢电弧炉冶炼能耗仅为相同规模高炉炼铁、转炉炼钢生产的1/3左右。

（3）流程规模不同。电弧炉冶炼以及配套的炉外精炼和连铸形成了短流程炼钢的主体工序，占地规模小、结构紧凑、人均产钢量高；以矿石为最初原料的长流程炼钢，包括了采矿、烧结、焦化、炼铁、炼钢等一系列的生产工序，往往需要更大的投资规模、空间占用和人员消耗。

（4）主要操作目标不同。转炉炼钢是在给定的时间内完成脱碳、脱磷及温度控制的冶金操作，实现成分（碳、磷）及温度的命中；电弧炉炼钢是在全废钢的条件下，在给定的时间内完成废钢的升温、熔化和过热等；另加铁水等废钢替代品的情况下，电弧炉炼钢也有部分脱碳的要求。另外电弧炉炼钢可分别控制成分和温度。

（5）产品定位不同。电弧炉炼钢适用于高合金、高品质、高均匀性的小批量、多规格的钢铁品种，或者废钢多次循环的钢种生产；转炉炼钢更适用于大批量连续生产的洁净钢种的生产。

1.1.3 电弧炉绿色生产

以电弧炉炼钢为核心的短流程炼钢工艺，在吨钢资源消耗、工程投资、占地面积，NO_x、SO_x 等污染物以及 CO_2 排放量方面均比长流程炼钢工艺大幅降低，符合绿色发展和低碳经济发展的要求。电弧炉炼钢自问世以来，呈现不断增长的趋势，迄今为止，已占世界钢铁总产量的30%以上。在欧美发达国家，电弧炉炼钢的占比往往超过50%。随着人们对环保需求的不断提高以及社会废钢资源的积累、电力价格的下调，可以预见，短流程炼钢工艺的普及将会是未来钢铁工业发展方式转变的重要方向。

传统电弧炉全废钢生产吨钢冶炼能耗超过400kW·h，同时消耗大量资源（钢铁收得率在90%以下），而且产生二噁英、NO_x 及粉尘等有毒污染物，对此，人们要求优化电弧炉生产工艺，实现绿色生产。

近年来，电弧炉炼钢在原有节能冶炼技术的基础上，在绿色清洁生产方面取得了长足的进步；水平加料电弧炉逐渐推广后，国内外先后开发出 Quantum EAF、FastArc EAF、EcoArc EAF、SHARC EAF、CISDI-Green EAF 等新型绿色高效电弧炉；同时废钢预热、二噁英治理、余热回收、炉气除尘、智能配料系统等技术的开发与应用逐步实现了电弧炉高效、低耗、绿色清洁生产的目标。表1-1为国内外新型电弧炉炼钢应用技术及环保指标。

表 1-1 国内外新型电弧炉炼钢应用技术及环保指标

企业名称	Primetal	Steel Plantech	TENOVA	SMS	CISDI
电弧炉	Quantum	ECOARC	Consteel	SHARC	Green EAF
公称容量/t	100	70	100	100	70
炉料结构	100%废钢	100%废钢	100%废钢	100%废钢	100%废钢
金属收得率/%	92	95	90	92	91~93
冶炼周期/min	45	42	39	55	45
氧气消耗（标态）/$m^3 \cdot t^{-1}$	35	34	33	35.9	20~30
电极消耗/$kg \cdot t^{-1}$	0.9	0.7	1.2	0.6	1.1~1.4
电能消耗/$kW \cdot h \cdot t^{-1}$	310	250	348	280	320
燃气消耗（标态）/$m^3 \cdot t^{-1}$	4.0	4.0	5.8	6.4	4.0
碳粉消耗/$kg \cdot t^{-1}$	17.0	40.0	16.0	8.0	20.0
粉尘排放/$kg \cdot t^{-1}$	<12	10	15~18	—	<12
二噁英排放（标态）/$ng\text{-}TEQ \cdot m^{-3}$	<0.1	<0.1	<0.1	<0.1	0.1~0.5
噪声/dB	94	87	95	—	—

1.2 绿色电弧炉的发展

绿色电弧炉能够以低的能耗、物耗，利用各类社会废弃物（包括废钢铁、废塑料、橡胶等）进行冶炼，实现对冶炼产生的废弃物、污染物和含毒物质有效治理。

与传统电弧炉相同，绿色电弧炉以电能为主要热源，以废钢铁为主要原料进行冶炼，同时采用其他含铁材料（DRI、HBI、生铁块、铁水等）进行补充，以优化炉料结构、降低生产成本、提高产品质量。绿色电弧炉是在普通超高功率电弧炉的基础上发展而来，拥有传统电弧炉不具备的特点。

1.2.1 绿色电弧炉的特点

（1）冶炼物耗低。绿色电弧炉优化了电弧炉供电供氧制度，可实现快速造渣，有效减少因电弧作用蒸发氧化进入渣中的铁元素；同时加入较少的辅料（石灰、白云石等）即可以达到冶炼要求。绿色电弧炉的金属收得率往往可以达到90%以上。

（2）冶炼能耗低。绿色电弧炉普遍利用炉气进行废钢预热，入炉废钢可达600℃以上[9]；并且配套有余热回收系统，可减少能量耗散，有效降低冶炼能耗。

（3）有效处理各类社会废弃物。绿色生产要求钢铁工业必须承担起社会大宗废物处理消纳功能；在电弧炉炼钢流程中，废钢、高合金废料等作为原料可得到回收利用，废塑料、废橡胶等作为燃料得到焚烧，难以处理的废弃物（如垃圾焚烧灰）也可以在炉内高温条件下得到处理[10]；与传统电弧炉相比，绿色电弧炉处理社会废弃物的效率更高、过程可控性更高，且产生的污染物更少。

（4）污染物和含毒物质排放少。通过对不同种类污染物和含毒物质的产生机理进行研究，绿色电弧炉建立起有针对性的处理措施，从源头、过程和末端对其进行控制，减少了污染物和含毒物质的排放；如采用高温急冷的手段促使二噁英分解，采用泡沫渣覆盖电弧的手段防止 NO_x 的产生，配套高效除尘系统减少粉尘污染等。

（5）电网公害少。电弧炉是电力传输系统中最密集的扰动负载之一，其特点是吸收功率快速变化，特别是在废钢熔化初期，会对电网产生较大的供电质量问题；绿色电弧炉通过留钢操作使熔池平稳，可保证电能稳定输入；同时利用先进的控制技术，匹配先进的补偿装置，实时高效地处理不规则负载，从而可降低对电网的干扰，减少电网公害的产生。

（6）自动化、智能化水平高。绿色电弧炉注重实现自动化和智能化，应用了许多先进的检测与控制技术（包括智能配料系统、泡沫渣监测系统、自动测温取样系统、电极智能调节系统等）[11]，减少了人为因素对电弧炉冶炼的影响，提高了产品质量和生产效率，这也是绿色电弧炉实现绿色、低耗、高效生产的关键。

1.2.2 绿色电弧炉发展方向

绿色电弧炉代表了短流程炼钢工艺主要设备未来的发展方向，是适应社会发展与人类进步的先进装备，为此，绿色电弧炉必须具备进行工业生产的经济性，其产品质量需要达到用户的要求，同时不可以违背国家相关法律法规，满足环保及可持续发展的要求。具体而言，其发展需符合下列要求[13]：

（1）生产要求。优化冶炼工艺及技术，拓展电弧炉冶炼钢种并确保产品满足冶炼钢种的质量要求。

（2）经济要求。应尽可能避免能源和资源浪费，降低电弧炉钢的冶炼成本，以提高产品的盈利能力和竞争力。

（3）环保要求。绿色电弧炉应在满足国家排放标准的基础上，对自身产生的废弃物、污染物和含毒物质提出更高的要求，尽最大的可能满足环保及可持续发展的要求。

（4）安全要求。注重自动化、智能化生产的实现，将现场工人从危险繁重的工作中解放出来，保护其身心健康。

根据国内外绿色电弧炉炼钢技术的发展现状，结合其发展要求，作者认为：

(1) 对废钢进行预处理。废钢的高效破碎与分选是保证电弧炉炼钢原料质量的前提与关键，开发先进的破碎和废钢处理技术对提高电弧炉的钢质量至关重要。

(2) 实现炉料结构优化。优化炉料结构，提高产品质量，减少能耗与污染物排放，采用部分 DRI 与 HBI。

(3) 提高监测控制水平。电弧炉生产现场复杂多变，如何提高冶炼过程监控水平，实现电弧炉炼钢的自动化与智能化，已成为未来绿色电弧炉发展的重要研究方向。

(4) 推动减排工作。绿色电弧炉是环境友好的新式电弧炉，需加强对废弃物、污染物和含毒物质的治理，推动减排工作。

1.3 绿色电炉钢厂

电炉炼钢厂实现绿色生产需要依靠绿色电弧炉的装备进步，并对电弧炉炼钢流程进行优化，以实现现代钢铁工业的三大功能，即钢铁产品制造功能、能源转换功能和社会大宗废物处理消纳功能。

绿色电炉炼钢厂的设计理念：通过冶金工程学理论的指导，构建起新一代绿色电炉炼钢厂，实现钢铁工业的“三大功能”；满足严格的质量与环保要求，降低生产成本，实现产品优质、环境友好。

1.3.1 绿色电炉钢厂设计

绿色电炉钢厂设计要以冶金流程工程学为原则，根据钢铁制造流程的物理本质对钢铁厂的建设、设备的匹配和产品的结构进行设计。现代冶金流程工程学，不仅仅关注于“三传一反”（即传质、传热、动量传递和化学反应过程）对工艺及装备的研究，同时注重“三流一态”（物质流、能量流、信息流和设备状态）对钢铁制造全流程的研究[14]。

绿色电炉钢厂的设计分概念设计与顶层设计，是绿色电炉钢厂设计的出发点。概念设计解决的是工程科学层次的问题：从流程的耗散结构、耗散过程出发，实现电弧炉炼钢流程动态—有序、协同—连续运行。概念设计的目的是通过解析与集成的方法对电弧炉炼钢制造流程动态运行规律进行研究，并以此为基础进行设计。顶层设计以概念设计为基础，由顶层（流程整体）决定底层（工序/装置），形成上层指导、规范下层的思维模式，保证电弧炉炼钢流程集成、动态、精准地运行[15]。

1.3.2 绿色电炉钢厂实例

1.3.2.1 大河钢厂

大河钢厂位于美国阿肯色州奥西奥拉，自 2017 年新钢厂投产以来，大河钢厂主要生产各种优质钢材，其产品包括管道带钢、硅钢与高强度钢，该厂年产量可达 170 万吨。

大河钢厂的工艺制造流程为：电弧炉→LF/RH→CSP→隧道式加热炉→热轧→卷取→酸洗连轧机组→镀锌线/罩式退火炉→精整。大河钢厂以废钢和生铁块为主要原料进行生产，并以热压块（HBI）作为补充。该厂装备有 1 台 150t 直流电弧炉并匹配了后续的精炼、连铸等工序装备，所有设备都安装有 X-Part® 电气和自动化系统，以提高操作水平和产品质量。该厂将机器学习技术融入工厂的日常运营，辅助生产并对维修计划、生产调度、物流运输、环境保护等领域进行预测，成为“学习型钢厂”[16]。

2019 年，大河钢厂与西马克集团合作，新增机械设备、电气和自动化系统以及数字化技术。扩建后，大河钢厂将拥有两个电弧炉和两个双钢包炉，并安装额外的气体清洁系统，以满足环保要求，实现绿色生产；西马克集团 MET/CON 公司开发的 PQA®（产品质量分析仪）系统将作为过程自动化系统的核心模块，对整个生产过程进行监控、记录，并确保生产过程中的成品冷轧带钢的产品质量；扩建后该厂年产量将提高到 300 万吨左右。

1.3.2.2　纽柯钢铁公司

美国纽柯钢铁公司的生产方式为电弧炉炼钢短流程，其钢材生产基地遍布美国 17 个州，其紧凑型钢厂的基建投资是大型联合钢厂投资的 1/4，产品生产成本比大型联合钢厂低 10%~15%，该公司管理机构精简、管理效率高，是全球第二大有竞争力的钢铁公司。

纽柯钢铁公司注重技术的创新与应用，该公司拥有完善的电弧炉炼钢工艺，包括先进的直流电弧炉及与之配套的复合吹炼、氧燃助熔等工艺技术，以实现电弧炉高效、低耗、环保冶炼，生产成本低、生产效率高。纽柯公司在短流程炼钢的基础上提出了微型钢厂的概念，主要采用双辊薄带连铸连轧工艺 Castrip®，实现更加紧凑的生产[17]。

纽柯钢铁公司注重回收废钢资源，其于 2008 年收购了美国最大的废旧资源回收公司 DJJ，拥有完善的废旧钢铁回收处理分选利用流程，基本实现了持续稳定的废钢供应；纽柯钢铁公司还拥有自己的直还铁生产基地，并大量使用天然气辅助炼钢；其污染物排放水平低，而完善的产业链保证了社会废弃物的有效吸纳。

1.3.3　我国电弧炉钢厂的绿色化发展

与国外先进的电弧炉炼钢企业相比，我国电弧炉钢厂存在以下问题：

（1）废钢分选有差距。我国电弧炉钢厂普遍按照块度对废钢进行分选处理，而不是按照合金元素种类进行分类，一方面导致产品质量低，另一方面也造成了一定程度上的合金元素的浪费；部分企业忽视废钢分选工作，甚至存在将大量生活垃圾与废钢一起入炉的现象，导致严重的污染问题。

(2) 能源资源浪费严重。我国电弧炉钢厂自动化和智能化水平低，主要依靠人工判断进行投料及冶炼操作，生产波动大，造成能源资源浪费，不利于实现绿色生产，产品成本高，也影响产品质量。

(3) 部分企业采用热装铁水工艺。我国许多钢厂兼有长流程与短流程，采用热装铁水工艺进行电弧炉生产，对电弧炉冶炼有降低电耗、提高钢水的纯净度、减轻有害元素的影响等作用，但是增加了电弧炉冶炼流程的能耗与碳排放，并不符合绿色生产的要求。

(4) 污染物/废弃物治理不完善。与西方发达国家相比，我国污染物/废弃物排放标准宽松，且对其治理及再利用技术研究较少，许多污染物/废弃物被直接排放，导致严重的环境污染以及一定程度上的资源浪费。

针对我国电弧炉钢厂现状，我国电弧炉炼钢发展急需解决以下问题：完善废钢供应、分选及处理体系，大力发展直还铁、热压块等技术；发展绿色电弧炉冶炼工艺，减少能耗物耗，加强污染物治理；提高电弧炉冶炼的生产效率，改善及提高产品质量；优化电弧炉炼钢短流程，构建全面的绿色电弧炉钢厂。

参考文献

[1] 叶生洪，杨宇峰，张传忠. 绿色生产探源 [J]. 科技管理研究，2006，26 (7)：82~84.

[2] Leff E. Green production: Toward an environmental rationality [J]. Contemporary Sociology, 1995, 78 (3).

[3] 李光强，朱诚意. 钢铁冶金的环保与节能 [M]. 北京：冶金工业出版社，2010.

[4] 殷瑞钰，张春霞，齐渊洪，等. 钢铁工业绿色化问题 [J]. 钢铁，2003，38 (s1)：135~138.

[5] 刘会林，朱荣. 电弧炉短流程炼钢设备与技术 [M]. 北京：冶金工业出版社，2012.

[6] Sahajwalla V, Zaharia M, Rahman M, et al. Recycling Rubber Tyres and Waste Plastics in EAF Steelmaking [J]. Steel Research International, 2011, 82 (5): 566~572.

[7] 朱荣，吴学涛，魏光升，等. 电弧炉炼钢绿色及智能化技术进展 [C]. 中国钢铁年会，2017.

[8] Bianco L, Baracchini G, Cirilli F, et al. Sustainable Electric Arc Furnace Steel Production: GREENEAF [C]. European Electric Steelmaking Conference, 2012.

[9] 李士琦，孙华，郁健，等. 我国电弧炉炼钢技术的进展讨论 [J]. 特殊钢，2010，31 (6)：21~25.

[10] 魏国侠，刘汉桥，蔡九菊. 冶金技术在城市固体废弃物处理中的应用前景 [J]. 工业炉，2009，31 (1)：33~37.

[11] 朱荣，魏光升，刘润藻，等．电弧炉炼钢智能化技术的发展 [J]. 工业加热，2015，44 (1)：1~6.

[12] 朱荣，田博涵．电弧炉炼钢成本分析及降成本研究 [J]. 河南冶金，2019，27 (3)：1~7.

[13] Toulouevski Y N，Zinurov I Y. Innovation in electric arc furnaces：Scientific basis for selection [M]. Berlin，Heidelberg：Springer，2010.

[14] 殷瑞钰，张寿荣，张福明，等．现代钢铁冶金工程设计方法研究 [J]. 工程研究，2016，8 (5)：502~510.

[15] 张福明，颉建新．冶金工程设计的发展现状及展望 [J]. 钢铁，2014，49 (7)：41~48.

[16] 张京萍．大河钢厂——美国新建短流程钢厂概况 [J]. 冶金信息导刊，2017 (5)：59~62.

[17] 朱婷婷，韩晓杰．美国纽柯钢铁公司技术发展历程 [J]. 世界钢铁，2013，13 (5)：71~76.

2 新型绿色电弧炉炼钢系统

近年来，随着国家产业政策调整和社会废钢资源的积累，电弧炉炼钢技术发展进入快车道，新炉型、新工艺层出不穷，技术经济指标大幅度提高，初炼钢吨钢电耗已经降到300kW·h左右，吨钢电极消耗也降到了1kg左右，冶炼周期降到40min以内，其中每炉通电时间不足30min。能取得这样显著的进步，是多项技术综合应用的结果，包括工艺及设备等多方面，其中新型电弧炉炼钢系统的作用功不可没。

新型绿色电弧炉炼钢系统与传统炼钢方式相比在炉体设计、装料方式、冶炼工艺、余能利用、污染物抑制和智能化等方面均有显著的改进，可逐步实现电弧炉高效、低耗、绿色清洁生产的目标。

2.1 Consteel 水平连续加料电弧炉

连续加料电弧炉指水平连续加料电弧炉（continuous steel furnace，Consteel 电弧炉），可实现炉料连续预热，也称炉料连续预热电弧炉（而竖炉仅为炉料半连续预热）。水平连续加料电弧炉20世纪80年代由意大利得兴（techint）公司开发，1987年最先在美国的纽柯公司达林顿钢厂（nucor-darlington）进行试生产，1990年后在美国、日本、意大利等推广使用，我国从开始引进到自主研发，也先后投产了百余条Consteel电弧炉炼钢生产线[1,2]。

2.1.1 工作原理和装备特征

先将废钢从料场或铁路车皮运到电弧炉车间的加料段附近，再采用电弧吸盘式抓手将炉料装入预热的传送机，通过加料传送机，自动、连续地从电弧炉1号和3号电极一侧的炉壳上部部位加入电弧炉内，并始终在炉内保持一定的钢水量；同时，电弧炉内的烟气逆向通过传送机不断地对炉料进行预热。

水平连续加料电弧炉具有独特的连续熔化和冶炼工艺。将预热的废钢和炉料连续加入到炉内的钢水中，并迅速熔化，以保证恒定的平熔池操作，这是水平连续加料电弧炉的关键所在。电弧能够稳定地在平熔池上工作，噪声明显减少。由于电极操作平稳，可以显著降低电压闪烁和谐波，并减少前级电网的冲击，故可降低电弧炉变压器容量，节约能源；同时可使烟气较为均匀地排放，有利于除尘系统的配置和控制。

典型的系统设备是：连续加料系统由3~4段（2~3段为加料段，最后1段为废钢预热段）传送机串联组成，其宽为1.2~1.5m，深为0.3m，长为60~75m，装入传送机的废钢高度为0.7~0.8m，传送机速度为2~6m/min可调。全封闭的废钢预热段为18~24m长，内衬耐火材料并用水冷密封装置密封，以防封闭盖和预热段漏气。预热段还可装置天然气烧嘴（因烟气的化学热和显热已足够，现在通常不设置）。废钢由烟气和燃料加热到600℃（设计加热温度）。

水平连续加料电弧炉工作原理如图2-1所示。

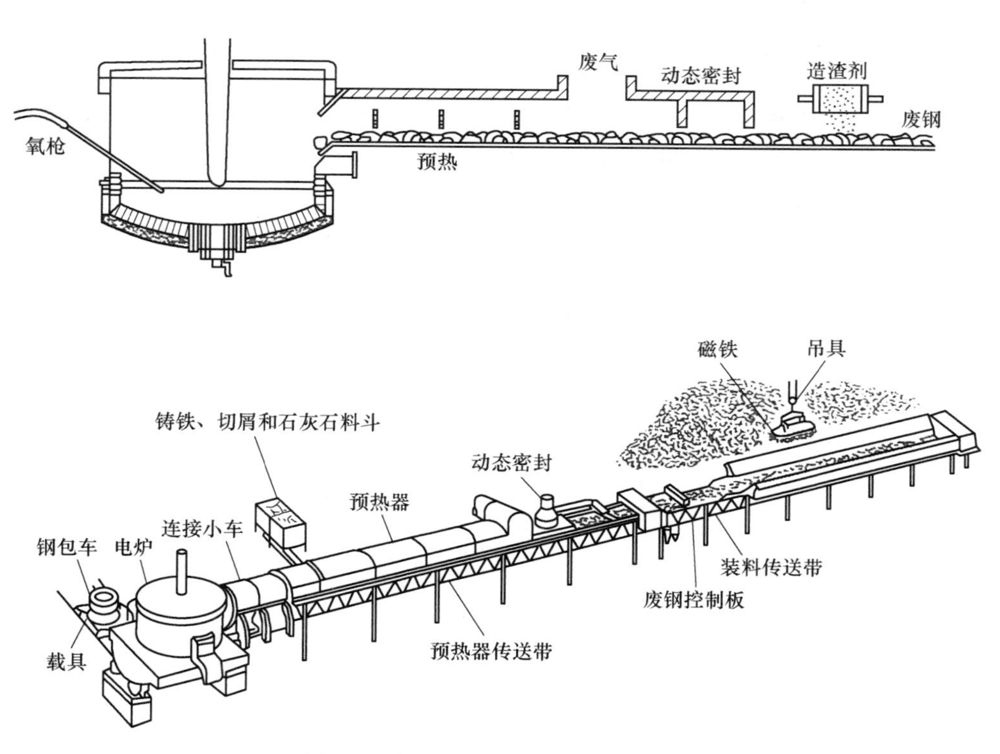

图2-1 水平连续加料电弧炉示意图

2.1.2 主要工艺特点

电弧炉连续炼钢工艺的主要特征：始终保持一定的留钢量（40%左右）用作熔化废钢的热启动；熔池温度保持在合适的范围内，以确保金属和熔渣间处于恒定的平衡和持续的脱碳沸腾，使熔池内的温度和成分均匀；泡沫渣操作可连续、准确地控制，这对于操作过程的顺利进行非常重要；废钢传送机内废钢混合的密度、均匀性和均匀分布，对炉内熔池成分能否保持在规定的范围内及烟气中可燃物质的均匀分布影响很大；炉内和预热段内烟气量和压力的控制对废钢预热非常重要。

预热装置的设计包括用于控制排放 CO 的“二次燃烧装置”。设计的废钢预热温度为 600℃（国内实际使用预热温度在 300℃左右）。水平连续加料电弧炉系统烟气出口温度约为 900℃（无辅助烧嘴时），烟气热量浪费严重，目前可采用气化冷却生产水蒸气等方法，进行热量回收。

水平连续加料电弧炉由于实现了废钢连续预热、连续加料、连续熔化，与传统的电弧炉比较，其主要优点有：

（1）节约投资和冶炼成本。该工艺降低了生产规模和投资比，车间布置更紧凑。与直流电弧炉相比，变压器容量可减少 35%～40%，变压器利用率高达 90%以上；与双炉壳电弧炉相比变压器热量可减少 20%～30%。一般不需静止式动态补偿装置（SVC）。此外，不需设置串联电抗器和氧燃烧嘴。烟气以低速逆向流过预热段，烟气中大量的烟尘在预热段沉降，因此布袋除尘量仅 10kg/t，比传统电弧炉可减少 30%除尘量；且布袋的数量也可大大减少，布袋风机由 3 台减少到 2 台。对变电所、闪烁控制系统等的要求均可大幅度降低。对于改造建设的情况，则用原有的变压器和除尘系统可大幅度提高电弧炉生产率。

该工艺采用连续预热废钢进行熔炼，电耗、电极消耗、耐火材料消耗等都可大大降低。电费至少降低 10%～15%。

（2）金属收得率提高。渣中 FeO 含量降低，使从废钢到钢水的金属收得率提高约 2%。因为熔池始终处于脱碳沸腾的精炼阶段（废钢进入留在炉内的钢水时，熔池的温度为 1580～1590℃），熔池搅拌强烈，使碳/氧的关系更接近平衡，所以渣中 FeO 含量可以降低，终点 FeO 含量为 10%～15%。

在预热废钢的过程中，烟气流速很低，烟气中的大量粉尘可以沉降（过滤）下来，重新进入炉内进行冶炼，从而可提高 1%～2%的废钢铁料回收率。

（3）钢中气体含量适当。因为原料进入熔池时，经预热段后其中的碳氢化合物已被完全燃烧，且一般不用氧燃烧嘴和天然气预热烧嘴，因此杜绝了氢等的产生。且在整个熔炼过程中，熔池始终处于脱碳沸腾的精炼阶段，熔池搅拌强烈，如果采用泡沫渣深埋电弧操作，可减少进入炉内的气体量及气体进入熔池的可能性。此外，钢水连续的脱碳沸腾也可保证良好的脱磷效果。

（4）对原料的适应性强。水平连续加料系统的原料可以使用废钢、生铁、冷态或热装直接还原铁矿（DRI）和热球团矿（HBI）、铁水和 Corex 海绵铁等含铁原料。其中，DRI 加入量可达 20%～80%，部分企业可连续在炉内加入热铁水。

（5）烟气的处理简便。因为有一段较长的预热段，确保了烟气在靠近电弧炉的 2/3 长度预热段进行充分反应，可方便地实现对释放的烟气中的 CO、VOC 和 NO_x 进行严格的自动控制。当因环保要求需提高烟气温度时，也只需在预热段加一个小烧嘴提高烟气温度，不用像其他电弧炉那样需特设专用的庞大的炉后处理系统。

目前水平连续加料电弧炉也存在一些问题：

（1）废钢预热温度低。多年来，电弧炉钢的工程技术专家致力于废钢预热装置的研究，发明了多种预热废钢炉料的方式。按回收能量的多少（即废钢预热温度高低），由低到高的顺序是：水平通道预热电弧炉（Consteel）、竖炉预热（Fuchs）及带燃烧器的竖炉废钢预热技术。水平通道连续加料电弧炉的高温烟气简单地从废钢炉料的上方通过，没有采用其他辅助措施，主要靠辐射将热量传给废钢并将废钢预热，与其他烟气穿过废钢料柱直接进行热交换的废钢预热方式相比，竖炉式电弧炉的废钢预热效果差。虽然其发明者认为水平连续加料工艺可将废钢预热至600℃左右，设备供应商也宣传可将废钢预热到400~600℃，但生产实践表明，经预热后的废钢温度上下不均（上高下低），距表面600~700mm处的废钢温度低于100℃，其节能效果仅为25kW·h/t，基本与理论计算值相符。我国引进的多台Consteel电弧炉，使用厂家普遍反映废钢预热效果不好，达不到供应商宣传的指标，一般只有200~300℃，特别是对配加生铁炉料的电弧炉，生铁预热的温度更低。

（2）预热通道漏风量大。Consteel电弧炉废钢预热装置的主要漏风点有电弧炉与废钢预热通道的衔接处（此处是必不可少的）、预热通道水冷料槽与小车水冷料槽的叠加处、上料废钢运输机与预热通道之间的动态密封装置处。动态密封装置设计思路是好的，但要准确控制却比较困难，较多单位的动态密封起不到应起的作用反而成为最大的野风进入点。对于出钢量65~70t的Consteel电弧炉，供应商给出的烟气量（标态）为7.8万~12万立方米/小时。按说10万立方米/小时（标态）烟气量是没问题的，但却有不少厂家反映除尘抽风量偏小，除尘效果不好。产生过多抽风量的主要原因是系统漏风量大，不仅造成除尘效果不好，而且经常堵塞烟道，还会影响烟气余热的再次回收。如某钢厂65t Consteel电弧炉，原设计烟气量（标态）为10万立方米/小时，再次用于余热回收的余热锅炉实际平均蒸发量为17t/h（设计蒸发量为30t/h），因动态密封装置长期没有起到应有的作用，漏风量非常大、烟道堵塞、除尘效果差，因此进行了增容改造，将抽风量（标态）定为20万~23万立方米/小时，风机电机也由800kW更换为1400kW。这样改造后，仅抽风电机一项每年增加运行费用200多万元，余热锅炉的蒸发量也降到3t/h左右。

（3）平面占地面积大。众所周知，Consteel电弧炉的废钢预热通道加上废钢上料运输机的长度一般达到50~60m，虽然高度不太高但长度太长，占地面积大。在旧有的炼钢车间厂房内安装也非常困难，一次性投资较大，早期65~70t/h电弧炉及其附属设施需投资近1亿元人民币，国产化后投资才显著降低。

（4）料跨吊车作业率过高。料跨吊车至少采用两台双吸盘电磁吊车给废钢运输机上料，吊车作业率相当高，这不但要求吊车司机要有熟练的操作技能，而且经常会因上料问题影响电弧炉生产。

电弧炉炼钢期间产生的高温烟气中含有大量的显能和化学能，随电弧炉用氧不断强化，产生大量高温烟气使热损失增加，吨钢烟气带走的热量超过150kW·h/t。这是电弧炉冶炼过程中最大的一部分能量损失，充分回收这部分能量来预热废钢铁料可以大幅度降低电能消耗。理论上废钢预热温度每增加100℃，可节约电能20kW·h/t。实际上，废钢预热温度每增加100℃可节约电能15kW·h/t左右。因此，利用烟气携带的热量预热废钢是电弧炉钢节能降耗的重要措施之一。

（5）炉体连续加料槽的寿命与堵塞。连续加料和炉体连接小车送料槽虽然是水冷构件，但是寿命较短。要延长使用寿命，就要从选材、结构和工艺上进行综合考虑。

水平连续加料，尽量不要采用在连续加料通道加入石灰等造渣炉料，而应采用在炉盖上单独开口进行加料，以防止因石灰结集在送料槽的头部，造成炉料在入口处堆积，不得不停炉处理。停炉处理堆积的炉料，需要打开与炉体衔接处的密封通道，是一件很困难的事情。

（6）对环境的污染尚待解决。金属废料不可避免会带有油污等可燃性物质，这些可燃性物质与通过预热通道的热烟气会因不完全燃烧生成的CO、NO_x和二噁英等有害气体，会污染环境。传统连续加料电弧炉均没有考虑二噁英的处理问题。通常二噁英的产生主要来自废钢预热过程，废钢中夹带的橡胶、油漆、塑料等在200~800℃的区间易产生大量二噁英，目前已找到其产生原因，也有解决方法。

2.1.3 Consteel 电弧炉应用实例

表2-1为国外现已投产的部分典型水平连续加料电弧炉系统概况。

表2-1 国外现已投产的水平连续加料电弧炉系统概况

投产厂	Ameristeel（美国）	东英制钢（日本）	纽柯（美国）	New Jersey（美国）	AFV BV（意大利）	NSM（泰国）
投产年份	1989	1992	1993	1994	1997	1997
生产率/$t \cdot h^{-1}$	54	125	100	82	135	229
电弧炉类型	AC	DC	DC	AC	AC	AC
电弧炉额定容量/t	75	120				328
变压器功率/MV·A	30	83	42	40	56	130
炉壳直径/m		7.3	6.5		6.8	8.5
废钢预热温度/℃	700	600		600	600	600

续表 2-1

投产厂	Ameristeel（美国）	东英制钢（日本）	纽柯（美国）	New Jersey（美国）	AFV BV（意大利）	NSM（泰国）
电耗/kW·h·t^{-1}	373	345	325	390		
氧耗（标态）/m^3·t^{-1}	22	35	33	23		
电极消耗/kg·t^{-1}	1.75	1.15	1	1.85		
金属收得率/%	93.3	94	93	90		
出钢量/t	40					180
留钢量/t	30~35					
冶炼周期/min	45					47

国内早期引进投产的部分水平连续加料电弧炉系统概况见表 2-2。

表 2-2　国内早期引进投产的部分水平连续加料电弧炉系统概况

使用单位	出钢量/t	变压器容量/MV·A	冶炼周期/min	数量/台	使用时间	备　注
西宁特钢公司	60	36	60	1	2002 年 2 月	国外引进
贵阳特钢公司	55	25	60	1	2000 年 6 月	国外引进
韶关钢铁公司	90	60	51	1	2000 年 12 月	国外引进
无锡钢铁公司	70	36	55	1	2001 年 9 月	国外引进
石横钢铁公司	65	36	60	1	2002 年 2 月	国外引进
鄂城钢铁公司	61	25	58	1	2002 年 9 月	国外引进
通化钢铁公司	65	36	60	1	2003 年 1 月	国外引进
宁夏恒力钢铁	75	45	51	1	2004 年 6 月	国外引进
嘉兴钢铁公司	75	45	51	1	2004 年 12 月	国外引进

我国某厂引进的 65t Consteel 电弧炉主要技术参数与技术经济指标见表 2-3。

表 2-3　我国某厂引进的 65t Consteel 电弧炉主要技术参数与技术经济指标

技术参数	数　值	经济指标	数　值
电弧炉出钢量/t	65	冶炼周期/min	60
变压器容量/MV·A	36	电耗/kW·h·t^{-1}	325
炉壳高度/mm	4650	电极消耗/kg·t^{-1}	1.7
电极直径/mm	550	氧气消耗/m^3·t^{-1}	35~37
输料带能力/t·min^{-1}	0.6~2.0	炭粉消耗/kg·t^{-1}	18

我国西宁特钢公司引进的 Consteel 电弧炉（90t/60MV·A，出钢量为 65t），

2000 年 12 月试投产，至 2019 年 12 月共生产钢水 11t。6 个月的试生产证明，该座 Consteel 电弧炉工艺基本成熟、稳定。在全冷料的情况下，最短冶炼时间为 54min，冶炼电耗为 380kW · h/t；在 30%铁水的情况下，最短冶炼时间为 48min，冶炼电耗为 250kW · h/t。

水平连续加料电弧炉与普通电弧炉冶炼指标的比较见表 2-4。水平连续加料与双炉壳、单炉壳生产成本的比较见表 2-5。水平连续加料交流电弧炉与直流电弧炉操作结果比较见表 2-6。

表 2-4　水平连续加料电弧炉与普通电弧炉冶炼指标比较

技术参数	水平连续加料电弧炉	普通电弧炉
冶炼时间/min	≤60	162
电能消耗/kW · h · t^{-1}	≤325	473
电极消耗/kg · t^{-1}	1. 7	4. 1
氧气消耗/m^3 · t^{-1}	35~37	30
炭粉消耗/kg · t^{-1}	18	定性加入
烟尘量/m^3 · t^{-1}	11	16
溅渣方法	软件	定性加入
吹氧方式	单根水冷式炭氧枪	3 根自耗式氧枪
废钢收得率/%	94	
电弧利用率/%	90~91	

表 2-5　水平连续加料与双炉壳、单炉壳技术指标比较

生产成本因素	交流水平连续加料	双炉壳交流电弧炉	单炉壳交流电弧炉
总电能消耗/kW · h · t^{-1}	340	395	
电极消耗/kg · t^{-1}	1. 75	2. 2（1. 3）	2. 2（1. 3）
废钢-钢水产量	+1%		
节省时间/h · t^{-1}	0. 22	0. 25	0. 25
电弧炉粉尘量/kg · t^{-1}	11	16	16
氧气总消耗/m^3 · h^{-1}	35	45	35
烧嘴燃料（标态）/m^3 · h^{-1}	0	9	7
除尘室电力消耗/kW · h · t^{-1}	14	17	17
功率利用率/%	93	83	72

表 2-6 水平连续加料交流电弧炉与双壳直流电弧炉操作结果的比较

项　目	Consteel 交流电弧炉	UHP 直流电弧炉	双炉壳 直流电弧炉
总电耗/kW · h · t^{-1}	340	420	380
电极消耗/kg · t^{-1}	1.7	1.4	1.4
总氧气消耗（标态）/m^3 · t^{-1}	35	35	40
氧燃烧嘴燃料消耗（标态）/m^3 · t^{-1}	0	6.6	8.6
布袋收尘室粉尘处理量/kg · t^{-1}	11	16	16
布袋功率消耗/kW · h · t^{-1}	14	17	17
人员配备/人 · 工时 · t^{-1}	0.22	0.25	0.25

2.2 达涅利 FastArc 电弧炉

达涅利推出的新型 FastArc™高阻抗电弧炉（图 2-2）采用炉顶和炉壁长寿节能水冷壁，可达到很高的比功率水平（可高达 1.4MV · A/t），配备有全套化学能熔炼系统，其中包括侧壁氧枪、燃气和碳粉喷枪、石灰喷吹系统，设有高效除

图 2-2 新型 FastArc™高阻抗电弧炉

尘和环保系统，并具有很高的基础自动化和过程控制水平。装有上述先进设备、采用单料篮废钢装料工艺的达涅利 FastArc™电弧炉的冶炼周期可缩短到 30min，吨钢电耗低于 350kW · h。

2.2.1　FastArc 电弧炉的特点

2.2.1.1　炉壳设计

FastArc 电弧炉对炉体形状和炉壳设计进行了很大的改造（图 2-3），目的是能够尽可能增加从电弧到废钢的能量转移，避免穿井，并能够根据电极动态选择合适的电压和电流。炉体倾动速度加快，缩短了倾动时间，使倾动过程变得更加平稳，可以防止动态老化。炉体能够快速向后倾动（速度大于 5°/s），并采用红外线钢水检测装置，可帮助操作人员防止炉渣随钢水进入钢包。炉壳采用模块结构，便于设备组装和耐火炉衬修砌（图 2-3）。炉壳可实现快速更换，使生产停炉时间缩短到仅仅 4h，从而显著提高炼钢设备利用系数。炉壳下半部分采用特殊设计以实现偏心底出钢，可平滑地过渡到偏心底出钢区域。炉体设计时，选用最佳熔池高度与炉壳直径之比（H/D），以便能够更好地进行钢水搅拌，从而加快冶金反应。设计人员对熔池优化设计所做的大量研究与开发工作，有助于为每项工程设计出理想的炉体形状[3]。

三维炉壳设计

图 2-3　达涅利 FastArc™电弧炉炉壳设计

2.2.1.2　长寿节能炉壁

达涅利电弧炉炉壁和炉顶均采用专利技术——长寿节能炉壁，以提高电弧炉工作的可靠性。这种炉壁能够保持稳定的自再生功能，设有绝热渣层和水冷管路，可有效降低能量损失，减小设备损坏的可能性。

节能炉壁包括两层水冷管路。其中直接暴露在电弧辐射作用下的一层管路，管与管之间采用较大的间距，以容纳电弧炉炉渣，使其起到热镜作用，并作为隔热层和电绝缘层使用。覆盖在炉壁表面上的渣层在出现峰值热流密度期间会部分熔化，从而降低作用在钢管上的热应力；而在形成泡沫渣期间，会重新形成一层较厚的渣层，并再次黏结在炉壁表面。这一过程将不断重复进行。为规避黏结在炉壁表面渣层过度脱落，可采用双层水冷壁设计，当出现漏钢或冷却水泄漏事故时，可避免出现重大安全问题和造成较长的停机时间。损坏层（通常为内层）可在几分钟内从水冷回路上卸下，清空后扔掉，不会造成停产。外层既可有效保护炉壁，炉壁又便于维修，在更换炉壳时可安装新层（见图 2-4）。

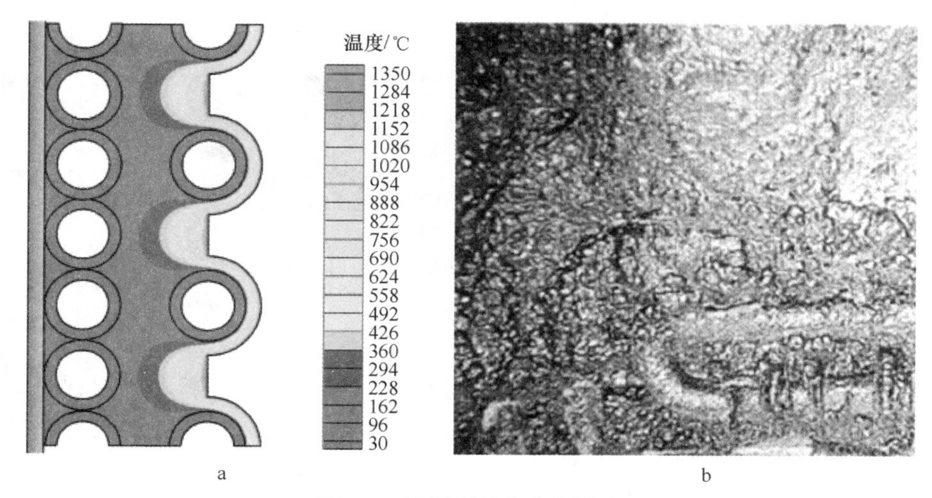

图 2-4　达涅利长寿节能炉壁

a—设计阶段；b—设备运行过程中

表 2-7 分别给出标准炉壁和节能炉壁热流密度和炉壁渣层表面温度平均值和最大值。

表 2-7　标准炉壁和节能炉壁热流密度和炉壁渣层表面温度平均值和最大值

项　目		节能炉壁	标准炉壁
热流密度	平均值/$kW \cdot m^{-2}$	310	335
	最大值/$kW \cdot m^{-2}$	452	563
炉壁渣层表面温度	平均值/℃	822	234
	最大值/℃	1111	640

可以认为，在使用节能炉壁时，不仅其最大热流密度（$452kW/m^2$）要比标准炉壁低 20%左右，而且热流密度平均值也低大约 10%。因此，节能炉壁可有效减小峰值热流密度。这将对延长炉壁使用寿命带来很大好处。达涅利长寿节能炉壁具有下列主要优点：可提高电弧功率、减少能量损失、提高设备生产能力、延长炉壁使用寿命、缩短设备故障停机时间、提高设备运行可靠性。

2.2.1.3　炉顶设计

达涅利 FastArc™电弧炉采用长寿节能炉顶，设有单点升降系统，可确保实现下列效果（图 2-5）：与传统炉顶相比，可减轻重量；能够最大限度地减少能量损失；提高设备运行可靠性；缩短炉顶更换时间；降低烟气速度，改善排气能力。

图 2-5 新型长寿节能炉顶

2.2.1.4 采用单料篮装料

达涅利 FastArc™电弧炉的一个显著特点是采用单料篮装料。达涅利是世界上第一家采用这种设计和进行这种生产试验的公司，并在 1997 年预热单料篮工业生产试验中取得良好效果。达涅利之所以坚持采用单料篮装料，其原因可从图 2-6 中看出：当采用 1-料篮和 2-料篮装料时，主要工艺参数会出现变化。

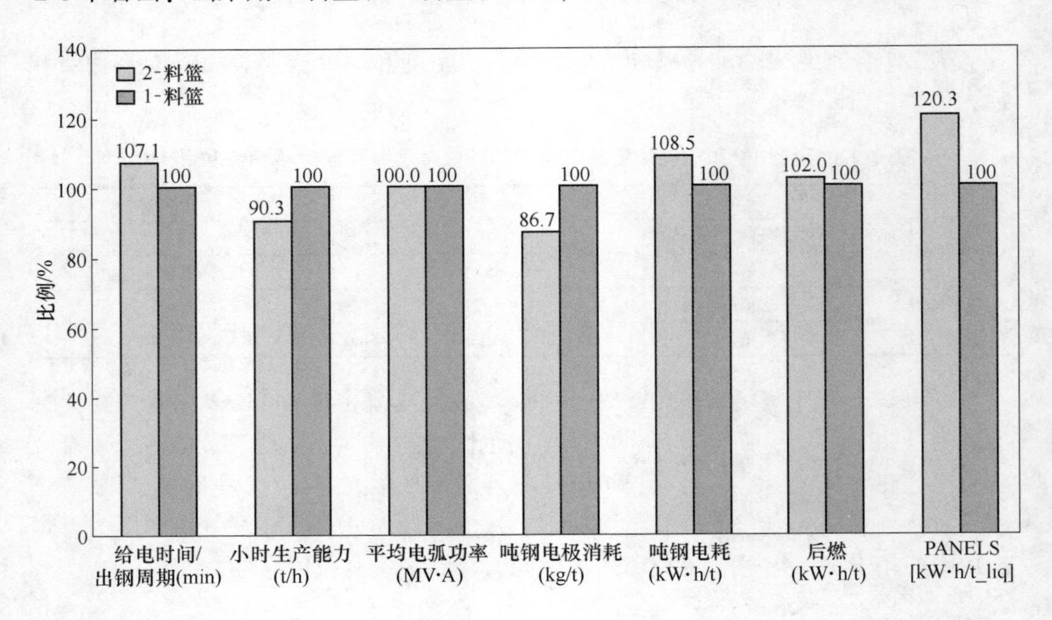

图 2-6 2-料篮和 1-料篮装料时电弧炉工艺参数对比

上面的量化说明二次料篮装料和单料篮装料带来的各种好处，可汇总如下：

（1）增加给电时间；

（2）降低废钢装料过程中的熔池辐射损失；

（3）由于延长了烟气在炉内的滞留时间，因此可改善后燃效果，提高传热效率，由于能够充分回收烟气热量，可提高废钢预热效率；

（4）由于增加了废钢向电弧炉炉壁的辐射屏蔽作用，因此可提高长弧操作过程中的电弧效率；

（5）由于减少了炉顶开孔，从而减少了电弧炉 CO 排放量，可改善对周围环境的影响；而且电弧炉的废钢过滤能力可减少电弧炉烟道烟尘排放量；提高设备生产能力，降低生产成本。

2.2.1.5 配备优良的喷吹系统

根据加入的炉料和添加剂，及变压器输入容量和炉容量，电弧炉的喷吹系统水冷设备围绕炉壳布置在合适位置，以使喷向冷点的化学能、氧气和碳粉在炉内分布均匀，获得均衡的炉内温度。

喷吹系统设备安装在一个铜制水冷箱上。水冷箱装在炉壁上靠近熔池液面且没有烧穿危险的地方（图 2-7）。水冷箱应便于喷枪调准方向，而且可在需要的时候进行一些微小调整。铜制水冷箱可提高氧气和煤粉使用效率，使炉内能量得到更好的平衡，提高设备生产能力，减少设备维护量。此外安装带有耐火材料的铜制冷板后，可显著延长渣线区耐火炉衬的使用寿命。

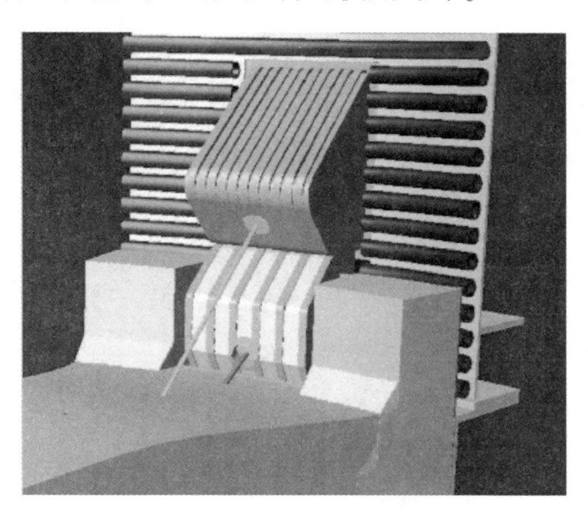

图 2-7 安装在氧燃烧嘴后的铜制水冷箱

2.2.1.6 优良的自动化控制水平

在设备改造的同时，对过程控制系统进行了升级，目的是最大限度地提高设备效率，提高设备安全性，并有效控制排放物，改善周围环境。采取的主要技术措施包括：

(1) 采用 Hi-Reg Plus 电极调节系统，以尽可能提高转移到炉料上的有功功率。该系统配备具有快速响应能力的电极位置控制装置，能够优化电能供给，降低电极消耗。

(2) 新建拥有创新功能的 2 级过程控制系统，可使自动控制系统成为电弧炉过程控制的可靠手段。

(3) 电极立柱可实现快速调节。

(4) 炉体可实现快速倾动，并配备有炉渣和出钢自动控制系统。

(5) 通过控制炭粉和石灰喷吹量，可有效控制泡沫渣高度。

(6) 在精炼阶段进行连续测温。

(7) 烟气成分连续检测，检测结果可用于喷枪反馈控制。

(8) 装有渣门清扫机械手（图 2-8）。

一体化 2 级过程控制系统还可提供下列功能：

(1) 连续显示过程状态：钢水和炉渣重量、温度、成分。

(2) 自动进行设备和工艺检查，以确认出钢准备状态。

(3) 生产操作效果检查和反馈。

(4) 生产线热效率评价指导。

(5) 用于模型参数优化的数据记录。

(6) 改善对每个工艺步骤的过程监视。

图 2-8 渣门清扫机械手

2.2.2 FastArc 电弧炉的性能指标

表 2-8 为达涅利 FastArc^{TM}电弧炉性能指标[4]。

表 2-8 达涅利 FastArc^{TM}电弧炉性能指标

电源	AC
电弧炉容量/t	120

续表 2-8

比功率/MV · A · t^{-1}	1.2~1.4
给电时间/min	≤28
出钢周期/min	35
出钢温度/℃	1630
装料方式	单料篮装料
废钢堆密度/t · m^{-3}	0.7~0.8
炉壁和炉顶	节能长寿
吨钢电耗/kW · h	340~355
吨钢电极消耗/kg	12
吨钢耗氧量（标态）/m^3	35~40
吨钢煤气消耗量（标态）/m^3	6
吨钢加碳量/kg	<12
吨钢喷碳量/kg	<10
吨钢石灰用量/kg	40
金属收得率/%	90

2.3 日本 ECOARC 环保型高效电弧炉

环保型高效电弧炉简称 ECOARC。为适应今后强化环保的需要，日本 NKK 公司从 1997 年开始新一代环保型高效电弧炉的开发。这种电弧炉的电耗低于 250kW · h/t（目标值是 200kW · h/t），如图 2-9 所示。

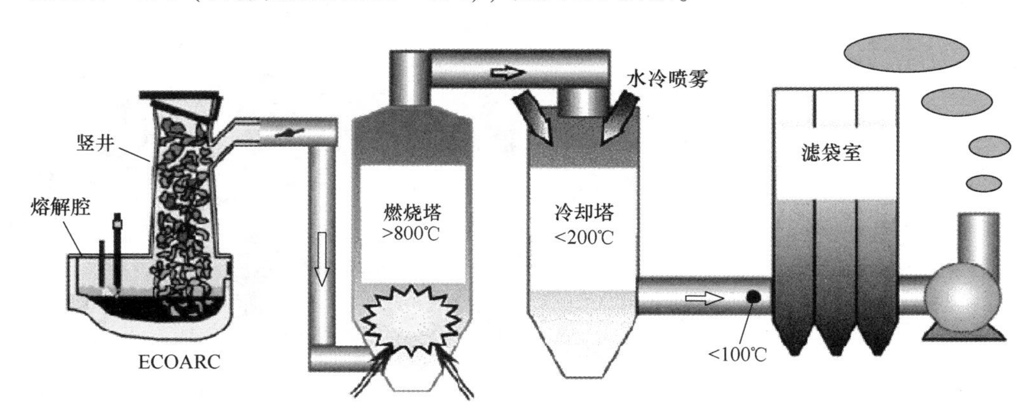

图 2-9 环保型高效电弧炉 ECOARC

2.3.1　ECOARC 系统结构特征

ECOARC 由熔化室和连接在一起的预热竖炉构成。由于熔化室和预热竖炉是完全连接在一起的，且预热竖炉和熔化室一起倾动，因此空气不会从连接处侵入竖炉。另外，熔化室周围空气的侵入也极少，整个炉子呈半密闭结构。熔化室吹入炭粉和氧作为辅助热源，竖炉下部装有吹氧装置，用于废钢加速熔化。另外，废钢采用连续式或间歇式方法从预热竖炉上部装入竖炉内，当炉内产生的烟气排出预热竖炉后，经烟气燃烧塔、急冷塔和除尘装置除尘后再放散[5~7]。

废钢的熔化操作除刚开始熔化时，一般熔池都是平稳的，从熔化室到预热竖炉的废钢均处于连续保有的状态。在熔化过程中，被预热的废钢在熔化室内进行熔化时，竖炉内的废钢量会减少，因此需采用连续式或间歇式方法从竖炉上部装入新废钢，使熔化室和预热竖炉一直处于连续有废钢的状态。在熔化过程中，由于钢水和未熔化废钢在熔化室内共存，因此钢水温度较低，为 1500~1530℃。基于此，当一炉废钢熔化完毕后，在熔化室和预热竖炉连续保有废钢的状态下，将炉子向出钢口侧倾动，进入升温期。在升温期，由于炉子的倾动，熔化室内的钢水与未熔化废钢的接触面积减少，钢水的温度升至 1600℃，升温后留下热金属，然后再将炉子摇到水平，开始下一炉的熔炼。

2.3.2　ECOARC 的工艺优势

ECOARC 将熔化室与预热竖炉直接连接，并在熔化室和预热竖炉连续保有废钢的状态下进行熔化，其特征和优点如下：

（1）废钢预热效果好。通过烟气预热废钢是电弧炉绿色节能生产的重要手段之一。现有的竖炉源于提高废钢预热器热效率的思想。竖井位于熔化室的正上方，烟气通过竖井与废料交换热量。废料预热效果比一般废料预热器好，但这仍然是间歇式炉，并且不能将废料均匀地预热到高温。只有装料的底部部分可以预热到高温，热回收仍是有限的。图 2-10 所示为传统竖炉预热器。

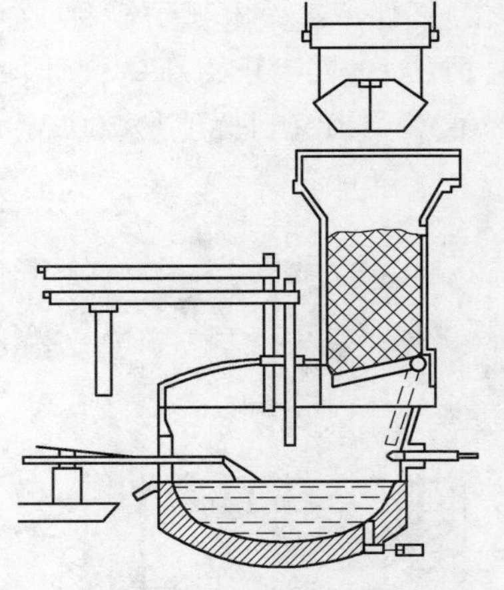
图 2-10　传统竖炉电弧炉预热废钢

传统竖炉的一个问题是废料支撑，以隔离废料与熔化室。废料支撑机构的可靠性和对氧气使用的限制可保护支撑机构免受热负荷。此外，轴和熔化室是分开的，两者之间的间隙是不可避免的。气隙的渗入导致废料在竖井中氧化，熔化产率降低，耐火材料消耗增加。由于离开竖井的烟气不够高，不能热分解白烟和臭味，产生污染问题。ECOARC 是一种全新的废料预热技术。ECOARC 可极大地提高热效率，同时解决废料预热的诸多问题，如废料过氧化、二噁英污染、白烟和气味。其独特的熔炼工艺可消除废料支撑机构的设备缺陷。

（2）高效率。新型竖炉由于吹入熔化室的氧和焦炭反应产生的 CO 和 CO_2 气体会与竖炉下方熔化室内的废钢瞬时接触，进行热交换，因此热效率极高。在熔化速度 150t/h、竖炉高度 6.7m，使用的氧量（标态）为 $33m^3/t$ 和竖炉内烟气的氧气度 $CO_2/(CO+CO_2)$ 为 0.7 的条件下，预热温度为 850℃、电耗为 210kW·h/t。如果采用前述的其他预热方式，由于用烟气预热的废钢远离熔化室，因此在烟气到达废钢之前烟气的显热就已损失了，导致电耗达到 270kW·h/t。

由于熔化室和预热竖炉是直接连接的，因此可以省去将废钢从预热竖炉装入熔化室的钩爪或推料杆等硬件设备。这样，可以增加氧的使用量，进一步提高废钢的预热温度。例如，在氧量为（标态）$45m^3/t$ 的情况下，预热温度可超过 1000℃，电耗有望降为 150kW·h/t。如果采用前述的其他预热方式，由于烟气预热的废钢远离熔化室，因此将废钢装入熔化室的硬件设备必不可少，这样，由于氧量增大后的热负荷有可能使废钢装料系统发生热变形等，导致使用的氧量受限制。

（3）烟气氧化度控制。保证炉内和预热室空气渗透的气密性是实现更低能耗的必要条件之一。如果废钢预热室和熔化炉不直接连接，则废钢预热室和熔化炉之间存在的间隙会增加空气的进入量，导致废钢过度氧化并降低预热室内的气体温度。而 ECOARC 的熔化室和预热竖炉是直接连接的，因此竖炉内的空气侵入极少。另外，由于整个炉子为半密闭结构，因此炉内气氛中的氧浓度可确保低于 5%，废钢在预热竖炉内不会出现氧化问题。如果氧浓度低于 5%，即使预热温度为 1000℃，也几乎不会发生废钢氧化。如果采用前述的其他预热方式，由于熔化室与预热室分离，是单独倾动的，因此熔化室和预热室之间必然存在间隙，空气会由此侵入，使预热室内的氧化度接近 1，氧浓度也有可能超过 10%。

采用 ECOARC 可以抑制空气的侵入，总烟气量是传统电弧炉的 1/3～1/4，因此烟气内的氧化度可保证在 0.6～0.7，大约 30%的未燃 CO 经设置在炉下部的燃烧塔的燃烧，可使预热温度超过 900℃，是防止白烟、恶臭等二噁英产生的有效措施。由于排出烟气量少，因此仅用大约 30%的未燃 CO 就完全能使预热温度达到 900℃。

（4）对供电质量要求低。由于 ECOARC 始终是平熔池操作，可以维持高功率因数、低闪烁和低谐波失真率，因此，可以减少电能质量调节所需的 SVC 电气设备（如图 2-11 所示），甚至不需要。图 2-12 和图 2-13 所示为传统炉和 ECOARC 之间的闪烁测量值比较。从这些测量中，很容易理解 ECOARC 在影响上述电能质量要求方面具有很大优势。

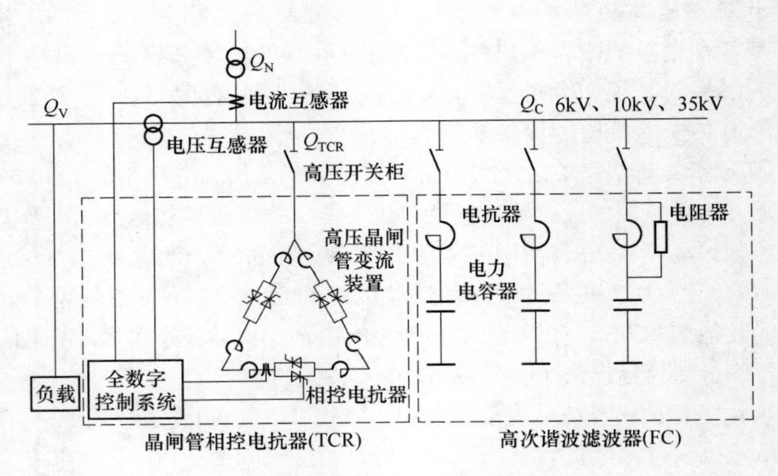

图 2-11　SVC 设备原理图

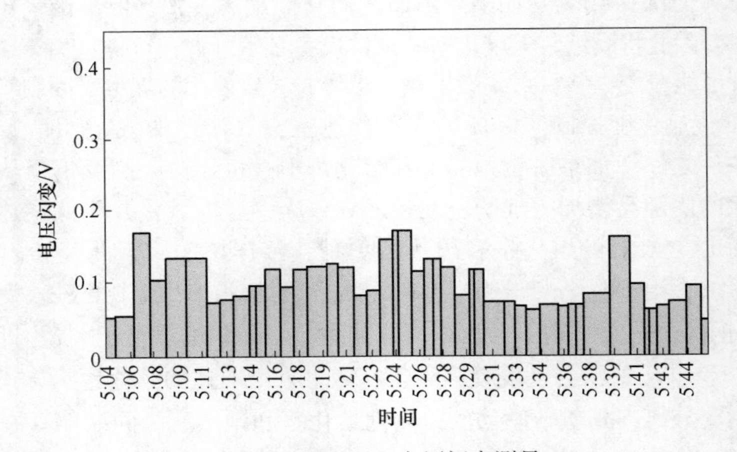

图 2-12　ECOARC 电压闪变测量

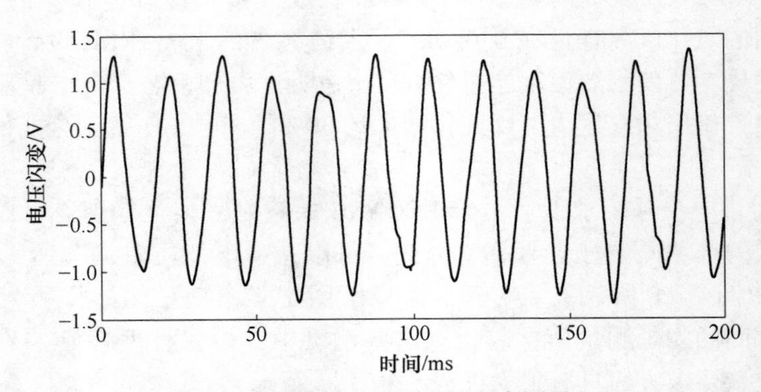

图 2-13　传统电弧炉电压闪变测量

（5）ECOARC 冶炼过程中，其熔化和升温阶段都在熔池状态下持续进行，具有如下优点：

1）降低钢液氮含量。冶炼过程可长期保持良好的泡沫渣操作，由于电弧始终被泡沫渣覆盖，钢液中的氮侵入会减少。与常规电弧炉冶炼相比，ECOARC 钢液氮含量降低了 10×10^{-6}。

2）降低电极消耗量。与常规电弧炉存在“穿井”期不同，ECOARC 电弧炉采用连续熔池生产，因此废钢滑落钢水造成的电极损坏情况极少，且稳定的熔池操作使得电极与钢液间通电时的电弧更为稳定，进一步降低了电极消耗量。据报道，ECOARC 电弧炉（AC）电极消耗为 0.75kg/t，远低于常规电弧炉（AC）。

3）提高钢水收得率。ECOARC 冶炼过程氧气一直向熔池喷射，避免了传统电弧炉氧枪的废钢切割工作，进而减少了过量 FeO 的产生；同时良好的气密性可减少废钢的氧化。

4）粉尘产生量少。ECOARC 电弧炉的竖式废钢预热室可有效除尘，且由于采用连续埋弧的熔池生产和废钢加料不开盖，因此冶炼过程粉尘产量明显减少。与常规电弧炉相比，ECOARC 电弧炉粉尘产生量可减少 50%左右，车间厂房内的环境也会更为清洁。

5）改善供电系统。由于为持续熔池生产，ECOARC 电弧炉并没有常规电弧炉冶炼较大的功率波动，整个冶炼过程保持较高功率因数、较低的闪烁和高次谐波，可有效保证电弧炉供电系统的可靠稳定运行和电能高效输入。图 2-14 所示为常规电弧炉和 ECOARC 电弧炉冶炼过程高次谐波产生情况，ECOARC 电弧炉冶炼高次谐波基本稳定保持在 5%以下，明显低于常规电弧炉。

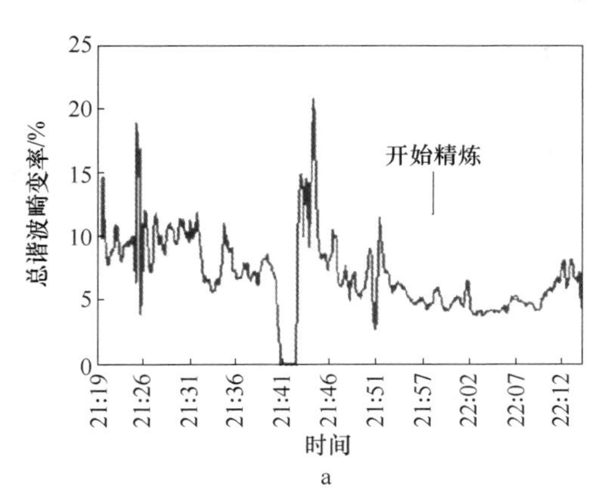

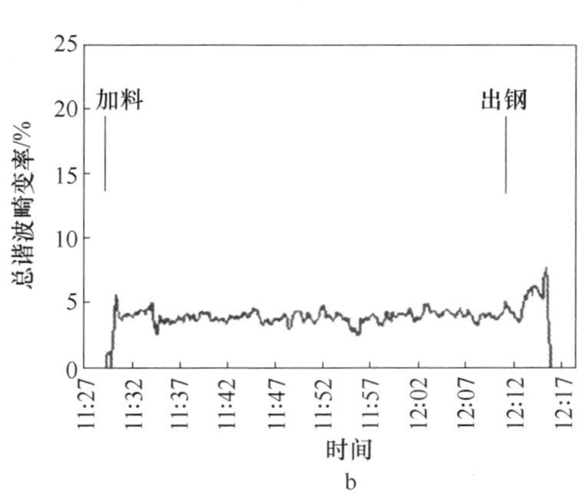

图 2-14 常规电弧炉和 ECOARC 电弧炉冶炼过程高次谐波比较

a—常规电弧炉；b—ECOARC

6）噪声较低。由于良好的泡沫渣操作和废钢装入不需打开炉盖，ECOARC

生产过程噪声大幅降低。图 2-15 所示为常规电弧炉和 ECOARC 电弧炉生产过程噪声测量情况，常规电弧炉熔化期噪声水平大于 100dB，而 ECOARC 的噪声水平始终小于 100dB，平均值为 90~95dB。

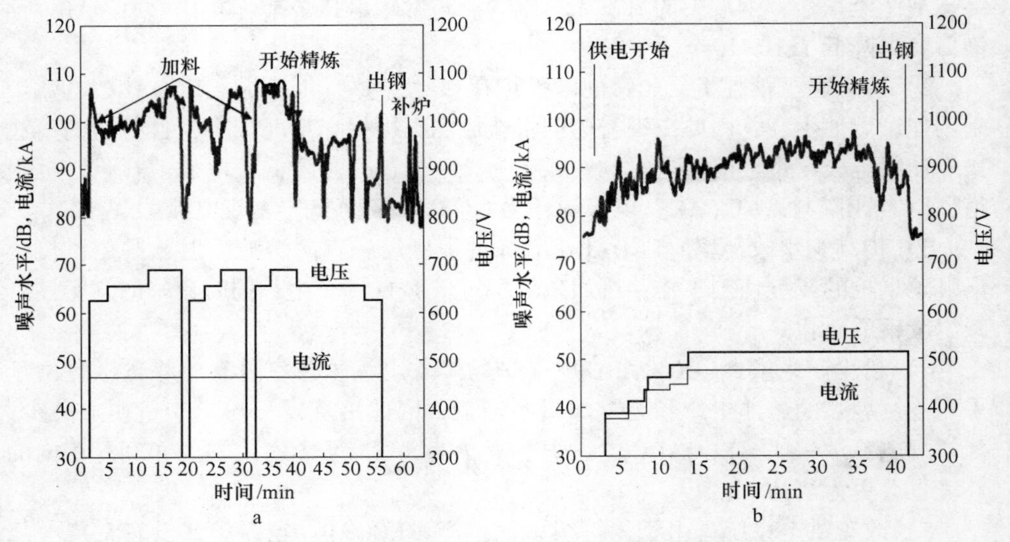

图 2-15　常规电弧炉和 ECOARC 电弧炉冶炼过程噪声水平比较

a—常规电弧炉；b—ECOARC

2.3.3　ECOARC 的应用情况

表 2-9 为 6 台已经投入商业运行的 ECOARC 电弧炉主要规格。已经投入运营的 ECOARC 电弧炉均已经实现了大幅节能和改善熔炼车间内外的环境污染。

表 2-9　已投产 ECOARC 的主要规格

序号	1	2	3	4	5	6
投产年份	2001	2005	2008	2010	2012	2014
国家	日本	日本	日本	韩国	泰国	日本
炉容量/t	70	140	130	120	70	200
炉型	AC	AC	AC	AC	AC	AC
变压器容量/MV·A	41	88	75	80	50	150
电极/mm	508	609.6	609.6	558.8	558.8	711.2
产品	D 型钢	H 型钢 汽车板 角钢	棒/线材 汽车板	D 型钢	D 型钢 方坯	特殊钢

表 2-10 为 ECOARC 节能电弧炉与原来常规电弧炉的操作成本。

表 2-10 ECOARC 节能电弧炉与原来常规电弧炉的操作成本

项　目	常规电弧炉	环保型高效电弧炉 ECOARC
电耗/kW·h·t^{-1}	380	210
氧耗（标态）/$m^3 \cdot t^{-1}$	33	33
碳耗/kg·t^{-1}	25	25
电极消耗/kg·t^{-1}	2	1
DXN 燃烧器的燃料消耗/L·t^{-1}	20	5
粉尘/kg·t^{-1}	18	9

2.4 Quantum 量子电弧炉

量子电弧炉（EAF Quantum）是德国 Siemens VAI 公司研发的高效、节能、环保型电弧炉，如图 2-16 所示。其废钢连续预热系统在热循环期间利用炉内烟气，可对所有待熔化的废钢进行均匀预热，可节约大量能源（电能≤280kW·h/t），缩短冶炼周期（<33min）和降低生产成本。此外，EAF Quantum 拥有 FAST 无渣出钢系统（furnace advanced slag-free tapping system）、可调式废钢加料和防塌技术、冶炼分析技术和烟气处理技术，不仅可以快速熔化炉料，还能在降低氧气和燃料消耗峰值的同时，将能源消耗降至最低。

图 2-16 EAF Quantum 出钢侧视图

1—废钢提升机；2—废钢上料；3—废钢加入；4—烟气处理；5—废钢预热；6—供电；7—电弧炉

2.4.1　炉体设计和结构特点

Quantum 电弧炉的预热竖井通过安装在炉顶的废钢提升机提升倾动料槽进行废钢装料操作，废钢料槽由已在废钢料场提前装好的矩形废钢料篮自动装满，废钢装料操作全自动进行。预热的废钢分批加入熔池，并由输入的电能和 2 支顶枪吹入的氧气熔化。炉壳本身可以在 4 个液压缸的驱动下倾动出钢或扒渣，而炉盖和竖炉则固定不动。造渣料可以通过炉盖加入，合金料在出钢时加到钢包中[8,9]。

其特点主要包括以下几个方面：

（1）升降机系统装入废钢。EAF Quantum 结合了许多成熟的应用技术，比如与高炉装料升降机类似的废钢料槽升降机。在墨西哥 Tyasa 钢厂，这种升降机从 2014 年开始正常使用，废钢用卡车装入提升系统的废钢溜槽，或用电磁铁和机械爪经中间装料站送入提升系统的废钢溜槽。采用这种加料方式，可用起重机将废钢直接装入两个废钢存放箱中的其中一个，然后将废钢卸入废钢溜槽。

加料是利用提升系统和废钢溜槽将废钢从地下卸料站送进电弧炉，这样不用起重机或料篮就可以实现按既定和灵活的加料比完成加料；同时，可以在严格的工作周期和加料次数的基础上实现完全自动化设计，也可在废钢密度为 0.5～0.8t/m^{3}的范围内进行加料。

（2）预热系统的改进设计。梯形竖炉设计加上保持系统的改进设计改善了废钢的分布和烟气的流动路径，优化了传热效果，避免了废钢在竖炉内发生黏结和堵塞。当废钢预热后，指算被拉向竖炉侧壁方向打开，新式打开机构和大容量“马蹄形”炉壳可保证预热废钢被加入至大留钢量熔池中。且指算能够在加料后立刻合拢以装入并预热下一批废钢。所有这些操作均在通电状态下完成。整套指算系统安装了坚固的固定式炉盖/竖炉结构等，避免了装入废钢时对水冷部件造成冲击。

废钢预热系统如图 2-17 所示。

图 2-17　废钢预热系统

2.4.2 Quantum 的工艺优势

炉体结构等系统装备的改变，带来了一系列工艺操作的改变，具体体现在以下几方面。

2.4.2.1 平熔池操作

如图 2-18 所示，大留钢量废钢熔炼可降低平熔池操作闪变，提高预热效率。先进的无渣出钢系统（FAST 虹吸设计）（图 2-19）、出钢和出钢口修复等，由于这些操作均可带电完成，实际上消除了断电时间，从而可将出钢到出钢时间缩短到最低程度，显著提高产能。通过炉子底部氩气搅拌可改善剩余钢液和预热废钢之间的传热效率，并提高熔池内钢液化学成分和温度的均匀性。此外出钢时钢液总是在出钢口之上，没有炉渣进入或被吸入钢包的可能，保证了钢水不被氧化。

图 2-18 电弧炉平熔池冶炼

图 2-19 FAST 虹吸设计

2.4.2.2 减少电弧炉动作

EAF Quantum 炉壳放置在带气缸和导向装置的底座上，可以向两个方向倾斜分别完成出钢和出渣（图 2-20）。虽然龙门起重架支承的电极提升系统和吹氧枪、碳喷枪支架不能倾动，但可以灵活转出，方便电极滑动和快速更换炉顶中心件。所以，炉子倾斜对支承结构、轴承、高强电缆等施加的载荷较小（不超过传统电弧炉的龙门起重架）。

Quantum 采用简单炉壳转运和移动方案以减少炉子移动，通过快速更换炉壳可减少炉体的动作，改善系统的维护，如图 2-21 所示。为了从底座上取出炉壳，转运车必须放入更换位置（即炉壳正下方），然后通过气缸和导卫装置下降炉壳并置于转运车上，随即将炉壳拉出炉外进行耐火材料修理或炉壳更换。为了准备炉子停产维修后再启动，可将剩余钢液或废钢在炉壳进入工作位置前装入炉壳。当炉壳回到操作位置时，气缸和导卫装置向上移动与炉壳一起连接到底座。

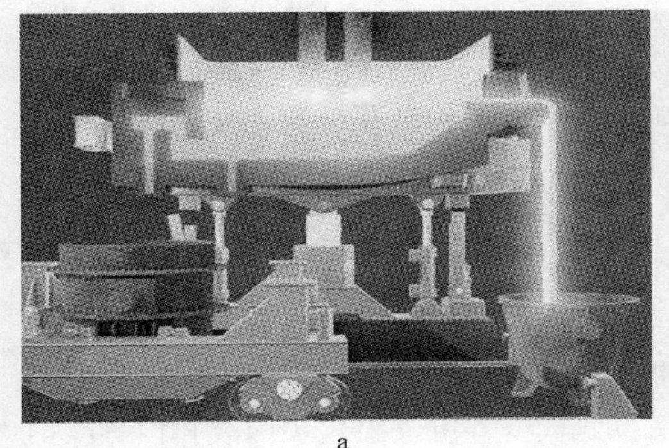
a

b

图 2-20　EAF Quantum 流渣和出钢过程
a—流渣过程；b—出钢过程

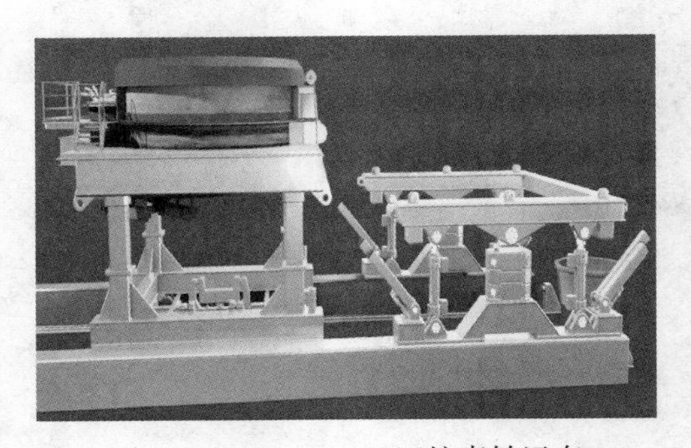

图 2-21　EAF Quantum 炉壳转运车

2.4.2.3　高效烟气治理

EAF Quantum 烟气系统综合性能良好，通过利用烟气流自动导向系统处理烟气，加大了烟气防漏措施，大大提高了密封性，特殊的烟罩保证了加料时灰尘和烟气排放物不会外溢，该方案满足了将来的环保要求，而且无需安装厂房天篷。

所有 EAF 废钢冶炼技术都会排放 CO、NO_x 和有机物（比如二噁英和呋喃）。其中有机物排放与废钢沾染的油污和彩色涂料直接相关。在废钢预热时，有机物很难像传统电弧炉那样简单地利用吸入空气进行二次燃烧而彻底烧掉。因此，所有废钢预热炉都需要 1 个装有烧嘴的二次燃烧室，将烟气加热到 850℃，最大限度地减少二噁英和呋喃及有机物的排放，电弧炉烟尘排放过程包括 3 个步骤，如图 2-22 所示。EAF Quantum 的除尘系统如图 2-23 所示。

图 2-24 所示的系统基本覆盖了所有环保因素。为了进一步减少二噁英和呋喃排放（标态）（$<0.1mgTE/m^3$），可以选择安装 1 套活性炭喷吹系统。

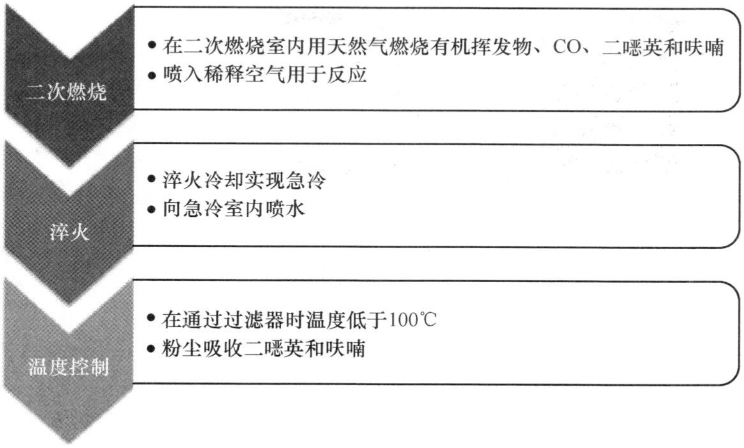

二次燃烧
• 在二次燃烧室内用天然气燃烧有机挥发物、CO、二噁英和呋喃
• 喷入稀释空气用于反应
淬火
• 淬火冷却实现急冷
• 向急冷室内喷水
温度控制
• 在通过过滤器时温度低于100℃
• 粉尘吸收二噁英和呋喃

图 2-22 EAF 减少二噁英和呋喃烟囱排放量的方法

图 2-23 EAF Quantum 顶部除尘系统

单侧
除尘罩
注入
添加剂
选项:
喷入活性炭
吸附二噁英
Quantum
电炉
二次
燃烧室
沉降室
热废气
水冷管道
淬火塔
脉冲
过滤器
风机
烟囱
850℃燃烧二噁英
和有机挥发物
短水冷管道
保持高温
快速冷却
通过混入二次烟
尘，降低温度

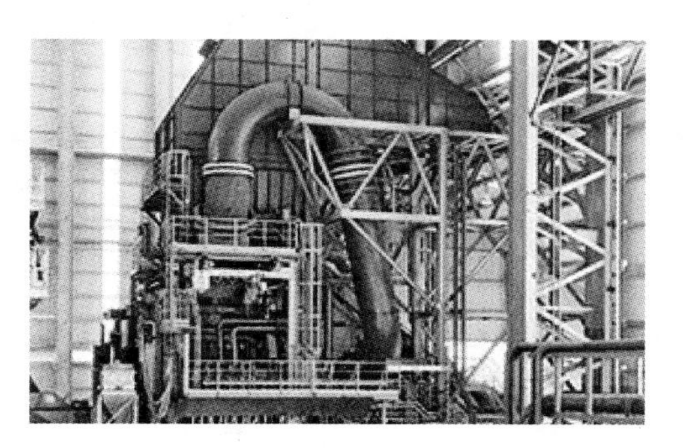

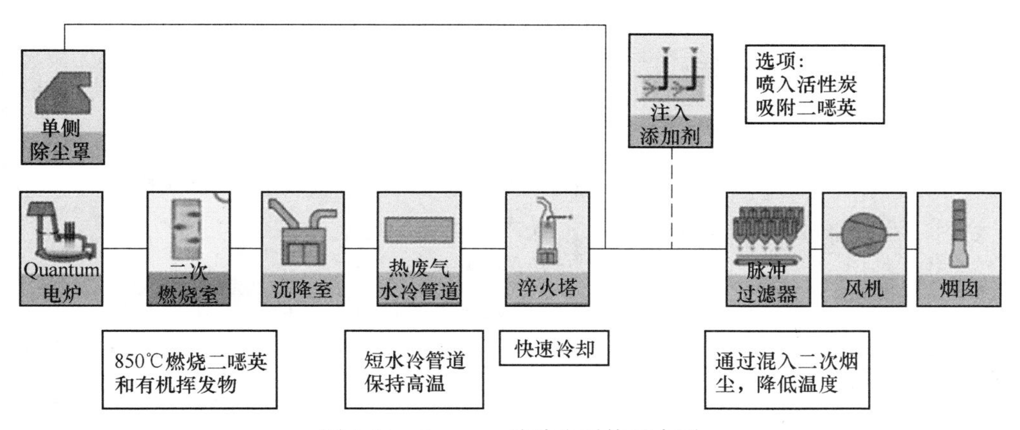

图 2-24 Quantum 炉除尘系统示意图

2.4.2.4 EAF Quantum 的冶炼电耗

电耗是电弧炉炼钢影响成本的主要因素。EAF Quantum 具有非常可观的成本节约潜力，图 2-25 所示为不同 EAF 技术电弧炉的电耗和氧耗之间的关系。EAF Quantum 能耗低，两项指标分别为 310kW · h/t 和 $25m^3/t$（标态）。

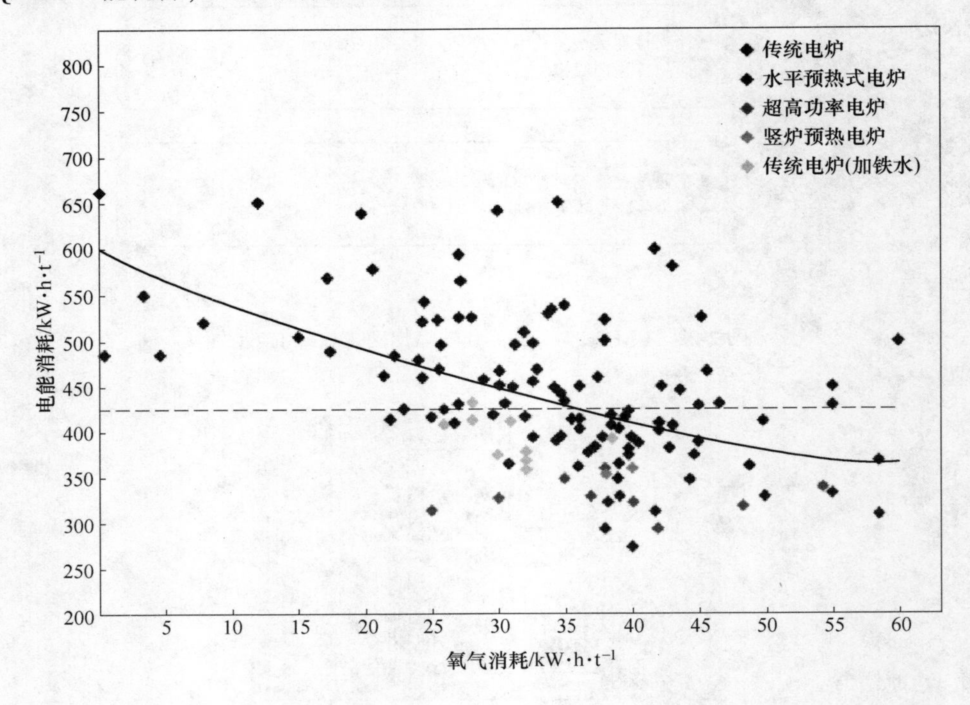

图 2-25 电耗和氧耗之间的关系

EAF Quantum 的能量平衡如图 2-26 所示，预热能量按照 95kW · h/t 计算，能量平衡中不包括二次燃烧室的天然气消耗，天然气的典型消耗水平为 $5\sim9m^3/t$（标态）。

2.4.2.5 原料的灵活性

Quantum 电弧炉的设计以 100%废钢炉料为基础，这种条件下预热的效益最大；同时，Quantum 炉也可以使用其他炉料，它们可随废钢一起装入，或者通过炉盖上的第 5 孔装入。

废钢的尺寸要求与其他传统电弧炉基本相同，单块废钢长度不超过 1.5m，重量不超过 500kg，废钢板厚度不超过 50mm。对废钢的密度有限制，堆密度较小的炉料（比如碎废钢）应控制一定的比例；否则，竖炉内的废钢不足以使来自炉膛的烟气顺畅地通过，竖炉内的压降过大会造成过多的空气进入 EAF。

废钢原料的可用量在技术和经济上有一定限制。为了获得足够好的预热效

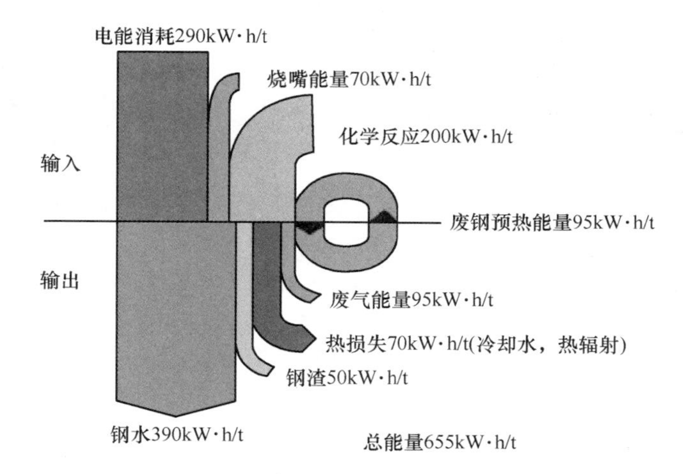

图 2-26 EAF Quantum 能量平衡图

益，应至少使用 50%废钢，采用的 DRI 和 HBI 可以直接通过炉盖装入，由于 EAF Quantum 留钢量大因而很容易使其熔化，甚至铁水也可以通过流槽从渣门加入，但不能超过炉料配比的 30%。

2.4.2.6 噪声污染

EAF 的最大噪声来源是开始熔化时电极与废钢之间的短路。一旦废钢全部熔化，噪声水平会明显下降。对传统电弧炉来说，精炼期是 1 炉冶炼中噪声水平最低的时候。

由于 EAF Quantum 留钢量约为出钢量的 70%，废钢主要是被留钢加热而间接熔化。这个过程类似于传统 EAF 的精炼期，所以 Quantum 炉的噪声水平低于传统 EAF。图 2-27 所示为两种炉型在距离渣门 5m 处 1 炉钢在冶炼过程中的噪声水平。

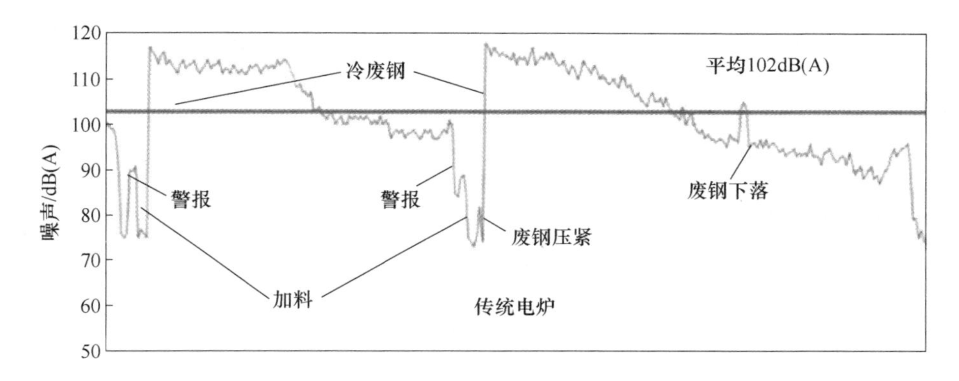

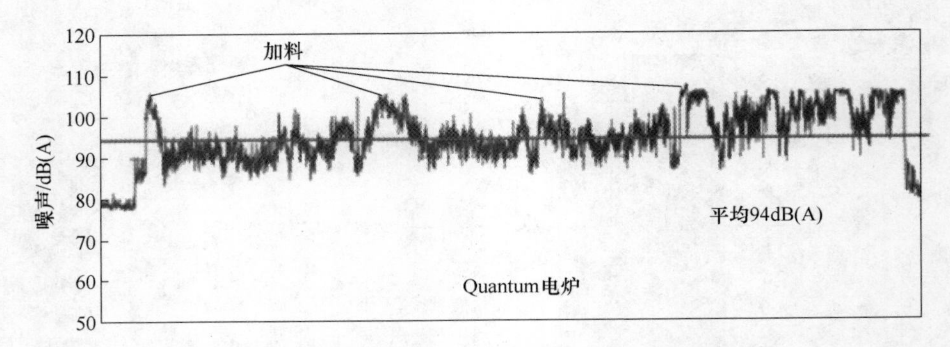

图 2-27 传统 EAF 和 EAF Quantum 的噪声水平比较

2.4.2.7 自动化水平高

EAF Quantum 电弧炉可适用于不同的炉容量和冶炼钢铁产品，可装入各类原料；同时其自动化程度高，从废钢装料到出钢，冶炼操作基本可实现自动执行，只需操作人员进行确认（表 2-11）；电弧炉既能与长材生产线也能与带钢生产线相结合，尤其是与 ESP 技术结合效果更佳。

表 2-11 EAF Quantum 自动化操作的工艺步骤

工艺步骤	操作模式	备　注
废钢装入料篮	手动	废钢料场天车司机
废钢装入升降机上的料槽	自动	移动式料槽
料槽废钢装入竖炉	自动	按照运行图
废钢从指算加入熔池	自动	按照运行图
吹氧/喷碳	自动	通过炉渣检测对顶枪进行控制
出钢	半自动	系统给出建议，由操作人员执行
出钢口填充	自动	自动填充装置
烟气系统和二次燃烧	自动	通过连续烟气分析和温度测量进行控制
取样测温	自动	由机械手通过炉盖开孔进行
渣门清理	手动	利用叉车

2.4.3 Quantum 应用指标

EAF Quantum 技术现有 70~150t 多种炉容量，墨西哥 Tyasa 已经投产了 1 座 100t 炉，孟加拉国有 1 个 80t 电弧炉项目正在执行中，另外还有多个电炉项目开始在中国建设。表 2-12 列出了已投产的 2 座 Quantum 电弧炉及 2 座竖炉电弧炉的主要技术数据对比。

表 2-12 Quantum 电弧炉及竖炉电弧炉的主要技术数据

项目	Quantum 电弧炉 Tyasa（墨西哥）	竖炉电弧炉（新加坡）	竖炉电弧炉（瑞士）	Quantum 电弧炉（孟加拉国）
配料	废钢+DRI	废钢	废钢	废钢+DRI+HBI
变压器/MV·A	80(1+20%)	57	75(1+20%)	60(1+20%)
出钢量/t	100	80	80	80
氧气消耗（标态）/$m^3 \cdot t^{-1}$	35	43	30	39
燃气消耗（标态）/$m^3 \cdot t^{-1}$	4	5.0	7.5	2.3
出钢周期/min	45	43	46	41
电耗/$kW \cdot h \cdot t^{-1}$	310	270	320	300
生产率/$t \cdot h^{-1}$	133	112	105	117
生产量/万吨·年$^{-1}$	100	75	72	84
安装年份	2014	2013	2007	2018

2.5 FAST DRI 电弧炉

传统电弧炉在每次出钢的时候，电极必须提升至较高位置，须中断供电，须停止氧枪和碳枪喷吹，这就必然拉长冶炼时间和浪费能源，阻碍了现代电弧炉生产率的提高。有鉴于此，西门子-奥钢联金属技术公司 2010 年研制成功适合冶炼直接还原铁的 Simetal EAF FAST DRI 型连续式电弧炉，从而解决了上述问题。

近 10 年来，在全世界范围内，直接还原铁（DRI）也称海绵铁的生产量显著增加，直接还原铁的生产区域主要集中在近东、中东、中美洲和东南亚地区。2018 年，全世界的直接还原铁产量达到了 1 亿吨，因此，开发适合熔炼直接还原铁的炼钢设备是有必要的。Simetal EAF FAST DRI 型电弧炉总图如图 2-28 所示。

2.5.1 工作原理和装备特征

Simetal EAF FAST DRI 型连续电弧炉具有倾动式下炉壳及旋转的上炉盖，全部电极升降系统和碳氧枪都固定安装在炉盖上，直接还原铁从炉体上方的料仓通过炉盖上第 5 孔连续加入炉内。为了保证大留钢量改进了下炉壳设计，使电能高效率地熔化直接还原铁。下炉壳安装在带升降缸和导向轨道的机架上，它能向出钢侧和出渣侧两个方向倾动。炉盖固定有电极升降系统和碳氧枪座，炉盖不能倾动，只能旋开，这就简化了电极的更换和能够快速地更换中央小炉盖，大大减轻沉重的负荷和轴承的磨损。出钢时，仅需下炉壳倾动至出钢位置[10,11]。

电弧炉中炉料熔化完全在留钢的熔池中进行，为了了解留钢操作的效果，掌

图 2-28　Simetal EAF FAST DRI 电弧炉

握该种工艺的基本传热机理是非常重要的。首先，废钢炉料在预热室中被预热到600℃以上，之后被加到电弧炉中，并被 1560~1600℃ 的钢水包裹。由于电弧炉始终被泡沫渣覆盖，所以加入到熔池中的废钢接受不到电弧的辐射热，而是借助于液态钢水和废钢之间的传导热及对流热来熔化废钢，这种加热方法，熔化废钢速度非常快，效率非常高。

新炉型保持高加热效率的纯平熔池操作，结合先进的虹吸式无渣出钢系统，这种设计思想是使加料、加合金料和出钢都是在不断电状态下进行的，因而能获得熔炼时间短、生产率高的效果。连续输入电能不仅能提高生产率，还能降低电压闪变和谐波，减少对供电电网的冲击。FAST 型电弧炉的剖面图如图 2-29 所示。

图 2-29　Simetal EAF FAST DRI 电弧炉剖面

该新型电弧炉的下炉壳由以下几部分组成：虹吸式出钢隧道槽、连续出渣的出渣隧道槽（耐火砖预制结构），以及当需要更换炉壳时，要求倒出全部钢水的常规出钢孔（图 2-30）。下炉壳的特殊设计，使得在熔炼过程中炉内始终保持平熔池操作。直接还原铁被连续加入到存有大量热态的留钢中熔炼，从热态留钢到直接还原铁之间的热传递和熔融金属的均质化都是依靠从炉底吹入的氩气搅拌完成的。

在冶炼和出钢操作时，获得专利的无渣出钢系统（FAST）的水平隧道槽被电弧炉中的留钢堵住，可以保证在运行时没有炉渣渗入到虹吸管中及在出钢时没有炉渣流到钢包中。

图 2-31 所示为无渣出钢系统（FAST）的出钢示意图。

图 2-30 无渣出钢系统（FAST）内视结构

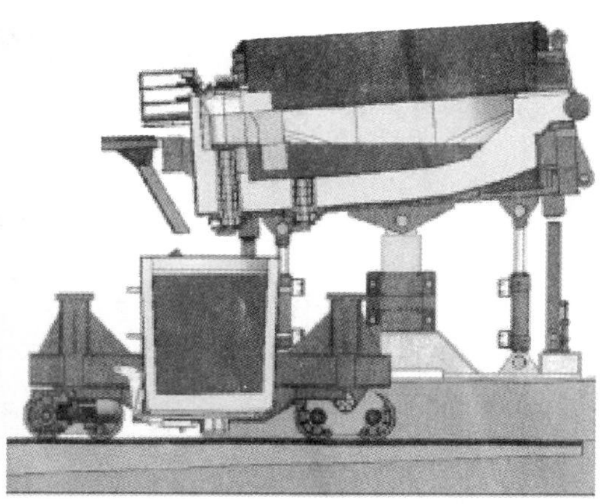

图 2-31 无渣出钢系统（FAST）的出钢示意图

传统的电弧炉在出钢之前需要排渣，这就需要外加动力将炉壳向出渣方向倾动；该新型电弧炉的优点是在出钢之前不需要排渣，因为炉渣是依靠重力连续排出的，因而节省了炉子的动力。熔池中钢液表面逐渐提高，由于泡沫渣的重力作用，不断地通过排渣隧道槽将废渣排到渣罐中，这既节省时间，又节省能源，如图 2-32 所示。

借助于测量钢水温度和通过排出气体、冷却水和渣的热损失等数据建立起的数学模型，能准确地计算出钢时间。在熔炼过程中，熔池中钢液表面不断升高，当达到设计的出钢数量和炉中的留钢数量时，出钢时间就到了。这时，虹吸隧道槽升高，直至出钢口被可靠打开，开始出钢。出钢过程中下炉壳向出钢侧倾动 4°~5°，由于倾动角度很小，所以在出钢操作时还能继续输入电能，保持连续熔炼，直接还原铁也同样可不间断加入，连续炼钢作业的时间模式如图 2-33 所示。

图 2-32　连续排渣图

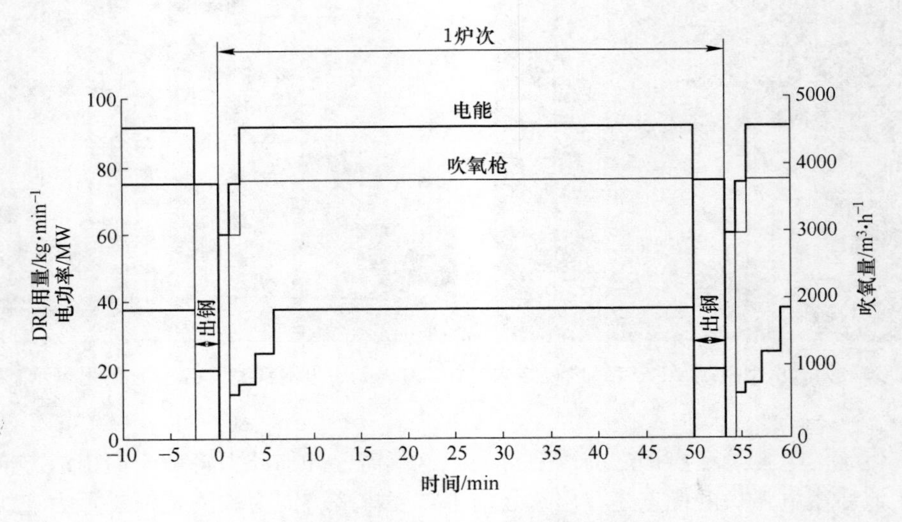

图 2-33　连续炼钢作业的时间模式

下炉壳的设计是使熔池中钢液上表面永远低于水平出钢隧道槽的最高点，以避免炼钢时炉渣流到虹吸管和在出钢时炉渣进入钢包中。出钢之后，熔池中钢液上表面降低，恰好堵住了出钢孔，这时还是在继续送电的情况下，这样就能缩短断电时间和减少电弧炉变压器调档次数，因而降低电气设备的磨损率。现场测试数据表明，该新型电弧炉与同等条件的传统电弧炉相比：出钢到出钢时间可缩短10%，吨钢电能消耗可减少 20kW · h，石墨电极消耗可减少 10%。出钢时，虹吸管中的温度下降也比常规出钢方式少。

另外，由于炉子连续作业，采取平熔池操作，所以氧气和碳粉的吹入量也非常准确，在传统的电弧炉中需要使用的氧燃烧嘴也可不再使用。由于平熔池操作，炉衬的热负荷均匀，因此能够延长炉衬耐火材料和炉子结构件的寿命。此外，无渣出钢还能延长出钢隧道槽的寿命。

新炉壳的特殊设计更有效地利用合金材料并改进了脱硫效果，因而提高了钢的质量。由于采用了无渣出钢，因此使钢水的纯净度提高、合金剂的损耗降低。该 FAST 系统已经成功地用于德国威兹拉尔市 Buderus 联邦钢厂。另外，为了利用热态直接还原铁，Simetal EAF FAST DRI 系统同热态运输系统（HTS）相结合已达到了成功的运行。第 1 台 HTS 系统于 2007 年在沙特阿拉伯 Hadeed′s AI-Jubail 钢厂成功地运行。

在原理上，对该炉型电弧炉采用侧枪替代顶枪是可行的，但最好采用顶枪，因为这样可保证最短的炉壳交换时间，Simetal EAF FAST DRI 系统的炉壳上没有附加氧-燃烧嘴，只有几根电缆连接，在更换炉壳时需要断开，其结果是炉壳更换时间非常短。

2.5.2 FAST DRI 的运行维护

FAST DRI 电弧炉的炉衬寿命为 14 天。为了更换炉壳，需将下炉壳从底架上移出来，这时，下炉壳和钢包共用车被放到炉壳下方的更换炉壳位置。然后，借助于升降缸的帮助，将炉壳向下移动，当炉壳放到车上之后，炉壳就可以被运出电弧炉区域进行维修了。维修后，为了准备炉子再启动，先把下炉壳装满废钢或液态钢水，然后再将下炉壳返回至炼钢区域，更换炉壳操作示意图如图 2-34 所示。

FAST 系统的耐火材料都是预制的，特别是成形耐火砖，因此简化了修补和维护工作。FAST 系统新的快速更换炉壳技术能显著提高生产率。图 2-35 所示为装有下炉壳的钢包车在维修场地。

图 2-34 更换炉壳操作示意图

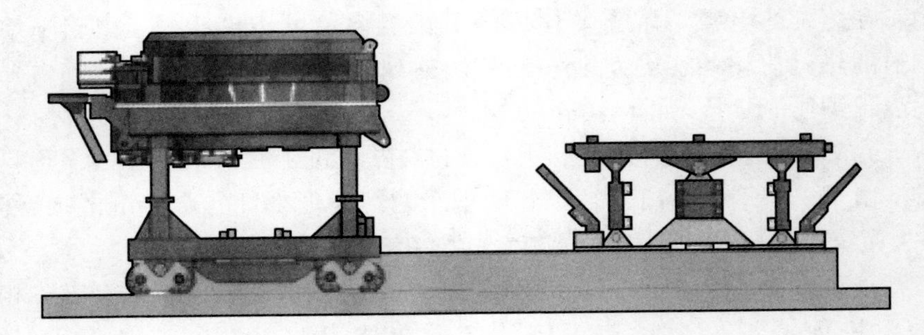

图 2-35　装有下炉壳的钢包车在维修场地

2.5.3　FAST DRI 性能指标

传统电弧炉同 Simetal EAF FAST DRI 型电弧炉比较见表 2-13。

表 2-13　传统电弧炉同 Simetal EAF FAST DRI 型电弧炉比较

项　　目	传统电弧炉	Simetal EAF FAST DRI 型电弧炉
电弧炉变压器/MV·A	120	120
平均输入功率/MV·A	84	84
出钢量/t	150	150
年工作小时/h	7200	7400
冶炼周期/min	64	57
每炉通电时间/min	56	54
每炉断电时间/min	8	3
生产率	141t/h 3390t/d 101 万吨/年	158t/h 3782t/d 116 万吨/年
生产率提高/%		15

2.6　西马克 SHARC EAF 电弧炉

2.6.1　创新设计

2.6.1.1　对称式双竖井

如图 2-36 所示，SHARC EAF 是由西马克（SMS）集团研制的一种新型竖式直流电弧炉，它的最大特点是电炉上有两个半圆形竖井，可保持竖井内废钢自然对流预热、熔池平稳，加料方式采用天车料篮，废钢可 100%预热。SHARC EAF 设计的热量分布完全对称，使得炉壳受热分布均匀，对炉壳产生的热负荷最小，同时还使有效废钢容积成倍增加，可以允许使用廉价、低密度的废钢，可大量采用轻薄料，即使堆密度在 0.25~0.3t/m³ 也可顺利生产，竖井中最多可加入 65%热压铁块（HBI），从而使得 SHARC 可用于高质量的长材及板材钢材生产[12]。

图 2-36 SHARC EAF 电弧炉

2.6.1.2 针式底电极

SHARC EAF 采用针式底电极，如图 2-37 和图 2-38 所示，其特征在于：

（1）接触针螺旋形布置；

（2）接触针使用普通碳钢材质 AISI 1018；

（3）接触针采用螺母形式固定于底板上；

（4）镀铝层用以保护底部件；

（5）绝缘环将阳极与壳体绝缘；

（6）螺旋气体导流叶片提供了高效的冷却。

针式底电极具有下列优点：

（1）强烈的钢液熔池垂直搅动效果；

（2）钢液熔池中各点温度以及化学成分均匀；

（3）采用空冷，防止漏水风险；

（4）减少耐材磨损；

（5）炉龄可达 2000 炉或者更高的炉次；

（6）重新砌筑成本低；

（7）多点配置温度监控装置用以监控耐材磨损率。

SHARC EAF 同时装备有底电极顶出装置（图 2-39），使得更换底电极更加高效快速，在运行过程中或者在维修区域皆可进行更换。

图 2-37 针式底电极 3D 全视角

图 2-38 电极接触针螺旋式分布

图 2-39 阳极更换推出装置

2.6.1.3 自动炼钢系统

SHARC EAF 配备有西马克集团开发的自动化系统，使工艺控制和炉子操作最优化，可以实现低耗高效生产。

炉壳无线测温系统提高了装备可靠性、操作安全性，并减少了维护工作量。全新优化的渣门使调整渣流量和高度成为可能，并使渣门区域保持清洁。可通过特有的炉气分析系统分析烟道中废气的成分，并将其用于优化烧嘴/喷射器和二次燃烧工艺。利用西马克 FEOS（炉子能源优化系统）可以维持生产的最佳状态，同时测量并分析工艺数据，如温度、噪声和废气控制能量输入。

2.6.2 低耗高效生产

SHARC EAF 安装了液压独立驱动指箅，这些指箅将废料保持在预热位置，炉子的内置后燃烧系统可对烟气进行二次燃烧预热废钢，可使废钢达到 500~700℃，当完成预热的废钢从预热区充入电炉中，由西马克公司开发的 SIS 组合燃烧/喷射系统熔化，这种能量组合输入非常高效，可以将废钢快速熔化。

在 SHARC EAF 的生产过程中炉料无需配碳，与传统的电弧炉相比可最大程度节省能源。在其生产过程中，电极消耗可以低至 0.57kg/t 钢，不仅如此，由于其对称设计，用于造泡沫渣的碳粉量低于 9kg/t 钢。

SHARC EAF 冶炼周期仅为 45min，电能消耗低至 280kW·h/t 钢。同时，SHARC 技术配备了最新设计的烟气净化系统，足以满足日益严格的环保要求。SHARC EAF 已经在希腊的 HLV 钢厂投入生产，该厂的 SHARC EAF 的功率为 54MW，出钢重量为 100t，取得了良好的经济效益。

2.7 中冶赛迪 Green EAF 绿色电弧炉

中冶赛迪联合国内多家单位组成了中国绿色智能电弧炉产业联盟，成功研发出新型节能环保型电弧炉 CISDI green EAF（图 2-40）。针对废钢尺度宽容性要求和废钢预热装置维护困难等问题，加料方式采用了独特的电弧炉差动密闭阶梯扰动连续加料和侧顶斜槽加料技术，把废钢加料到接近电弧炉中心区域，改善了废钢预热型电弧炉的冷区，配合烟气废钢预热技术，可显著降低电弧炉冶炼过程的运行电耗。

图 2-40 CISDI green EAF 电弧炉

CISDI green EAF 电弧炉开发了多项新型节能环保型电弧炉控制技术，包括废钢预热节能技术与环保生产控制技术、数字式网络技术和基于多传感器的物联网络技术、高度自动化的生产技术结合智能化冶炼优化模型为一体，从而实现了电弧炉生产过程中各设备互联互通，以及在大数据支撑前提下的初步智能化。采用的关键技术有：（1）电弧炉密闭加料、废钢烟气穿透式预热技术与高可靠废钢全自动上料控制系统；（2）高效节能的数字式智能电极调节技术（DMI AC 电极调节系统）；（3）基于网络数字化通信的多传感器检测和网络集成技术；（4）基于大数据的智能化冶炼优化模型技术。

2.7.1 全自动上料控制系统

CISDI green EAF 系列电弧炉，采用了全密闭加料方式，在除尘口结构配合除尘口开度控制，能够保证加料时粉尘和烟气最小溢出，解决了开盖加料造成的大量热散失问题；采用专利技术穿透式废钢预热技术，电弧炉烟气在穿透废钢的过程中过滤了部分金属粉尘，降低了生产过程的粉尘排放，提高了金属收得率；同时粉尘排放下降，减少了整个车间的除尘风量，节约了除尘风机等设备投资。采用了独特的电弧炉侧顶斜槽加料技术，利用斜槽内物料运动速度的水平分量把废钢加到接近电弧炉中心处（focus to arc），改善了废钢预热型电弧炉的冷区。采用了选择分流烟气废钢预热技术，通过调节分流除尘管道和主除尘管的流量比例，对废钢预热后的烟气温度加以准确控制，以抑制二噁英的形成[13]。

CISDI green EAF 电弧炉采用了斜轨倾翻料车自动上料技术，取消了吊车装料环节。采用多批次小批量装料（4~5 次加料）方式，配合大容量留钢操作和废钢预热技术，促使废钢在炉内迅速熔化，基本无穿井时间，冶炼周期内大量的平熔池操作降低了冶炼过程对电网的冲击，缩短了冶炼周期。斜轨倾翻料车采用了全机械倾翻，动作可靠，维护量小。

同时该产品采用电弧炉侧顶斜槽加料技术，在废钢预热室与电弧炉本体的接口侧相隔一定距离设置了一个调节挡料齿耙（或挡料门），通过挡料齿耙隔挡废钢或控制落料。在电弧炉加料过程中，挡料齿耙处于闭合状态，将废钢隔挡在预热室，电弧炉烟气经密封罩穿过挡料齿耙，穿透预热室中的废钢层，具有良好的预热节能效果。

新型 CISDI green EAF 控制系统采用 PLC+变频调速+现场仪表物联的控制方式，有效提升设备运行的可靠性和稳定性。通过 PLC 对设备进行自动化逻辑控制，通过变频器对运行设备进行速度控制，从而实现了精准定位的高度自动控制，通过简单友好的人机界面实现“一键加料”；通过对废钢配料、斜轨上料、废钢预热和废钢加料等冶炼全过程设备状态和动作的跟踪与自动控制，可保证电弧炉在高效、安全、连续和低耗状态下生产，降低成本，为企业提供竞争力。

CISDI green EAF 的控制系统最大程度地集成和优化了电弧炉各个控制子系统，同时现场仪表通过网关控制器（协议）实现物联互通，采用“一网到底”的信息传递方式，支持主流 19 种工业网络接入，通过数字网络技术，集成了电弧炉冶炼、废钢预热、二噁英治理、除尘系统，统一形成一套完整的系统解决方案。控制系统将各工序需求有机结合，紧密配合，以电弧炉冶炼为中心，各子系统高效支撑，实现了新型电弧炉高效节能和绿色环保的效果。

“一网到底”的信息传递方式提升了机电一体化、智能化的能力，通过网络实现了信息共享、数据集中和设备快速响应，冶炼模型能够直接快速得到数据，避免了数据延迟和数据错误（多次采样，避免数据错误），保证了模型计算的可靠性，同时冶炼后数据及时返回并不断在线修正模型的误差，通过大量数据的反复训练，使模型准确度大大提高。通过对冶炼钢种的工艺分析，结合废钢配料和生产过程的有效监控，使计算机冶炼模型的优势更加明显。

2.7.2 数字式智能电极调节技术

CISDI green EAF 电弧炉电极调节装置采用基于网络传输的数字式电弧炉电极控制，电极调节控制系统的基本单元主要包括电信号采集单元、前置数据处理模块、控制单元 PLC 系统和电极驱动单元；配合 DMISE 后台专家系统可以实现最佳工作点的自动调整和供电曲线的自动跟踪、学习等功能，从而实现系统的整体最优化控制。电极调节系统控制流程如图 2-41 所示。

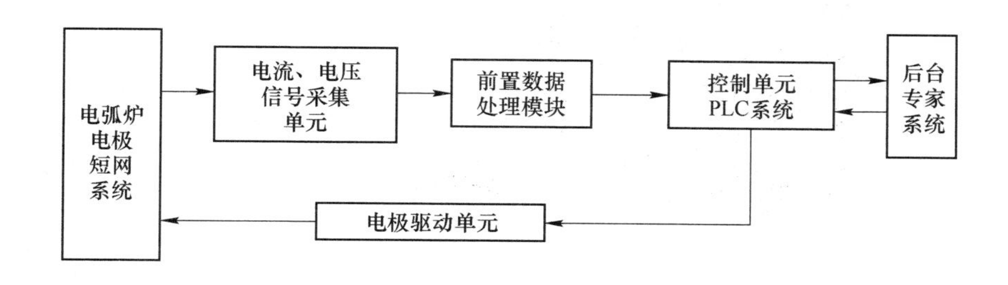

图 2-41 DMI-AC 电极调节系统控制流程

与传统电弧炉调节器相比，基于网络传输的数字式电弧炉电极控制系统DMI-AC具有以下技术特点：

（1）高速和可靠的数据采集处理模式。采用新型数字式高速数据采集和处理模块，确保了数据采集的高速、稳定。数据传输速度达到60ms，比传统的电流电压变送器采集方式提高了20~30ms，大幅提高了数据传输速度和可靠性；另外通过前置处理器的分步处理，减轻了中央处理器的运算负荷，提高了系统的整体动态响应时间，有效地稳定了电弧，节约电耗，降低石墨电极的消耗和降低噪声。

（2）基于专家系统多元化的控制策略。以减小三相电极相间的耦合影响和实现最小的电极扰动为基本控制思想，结合前置信号采集模块强大的数据采集和分析功能，运用后台专家启发式算法，可根据实时信息智能查找满足不同冶炼阶段的最优电极调节方法，实现电极的自动调节，从而做到电极升降的精准化控制。

（3）冶炼过程中最佳工作点的自动调整。采用 DMISE 后台专家系统对冶炼电气数据进行分析、跟踪和修正，根据修正后的电气特性动态调整阻抗设定点，使系统在生产过程中始终保持在最佳工作点附近，确保三相电极的输出功率最大化和电弧燃烧的长期稳定。

（4）供电曲线的自动跟踪和学习。通过后台专家系统的数据库分析和优化，实现对每一炉电气冶炼曲线的存储和数据分析，当存储到一定量的炉数后，启用后台人工智能模型，通过自学习功能分析出最优的冶炼加热曲线，实时指导后续电弧炉的冶炼生产。

（5）电弧炉冶炼的整体最优生产控制。通过电弧炉供电模型准确控制生产进程和预测炉内所处的冶炼阶段，并通过网络将冶炼目标数据实时传输给前端调节控制器，调节器根据收到的数据自动选择控制策略完成阶段内的冶炼控制，从而达到精准的终点控制，实现电弧炉冶炼的整体最优生产控制。

（6）高灵敏度液压比例阀控制。通过对三相电极升降立柱位置的实时定位，避免液压比例阀死区对控制的干扰，有效的在线检测使得控制系统具有高灵敏度和快速响应特性。

(7) 动态在线功率自适应技术。DMI-AC 系统通过对系统电抗和功率因素的合理选择，可以采用高弧压和小电流冶炼，并且在输入功率一定的情况下，获得稳定的电流条件，可以有效降低石墨电极损耗；长弧操作可以获得较大的穿井熔池，在穿井末期塌料时能够有效避免因塌料引起的电极折断风险；同时 DMI-AC 系统能有效避免电极在冶炼过程中的短路次数，减小短路电流，从而减少水冷电缆的机械振动，延长设备的使用寿命；稳定的电弧燃烧可有效抑制谐波的畸变和减少闪变的发生，从而降低对供电系统造成的不利影响。

DMI-AC 系统选用了智能化动态过程控制和能源输入最优化目标控制策略，具有最佳工作点自动调整、电能利用率提高、使电弧炉电气特性始终保持最佳状态等特点；同时 DMI-AC 电极调节系统电气响应时间小于 60ms，极大提高了电弧燃烧的稳定性。配合开发的短网平衡设计以及大功率供电技术，穿井期电流的平均波动率小于 33%，熔清期电流的平均波动率小于 10%。

此外该系统特有的防止电极折断硬件检测与防电极下滑检测功能，可以有效降低冶炼过程中电极折断的概率。

DMI-AC 电极调节工作效果如图 2-42 所示。

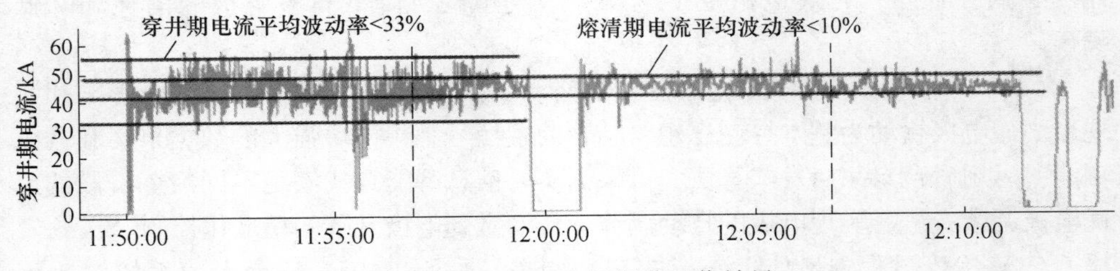

图 2-42 DMI-AC 电极调节工作效果

从图 2-42 可见，穿井期设定点电流为 42kA，穿井期实际电流波动范围为 32~56kA，平均波动率小于 33%；熔清期设定点电流为 45kA，熔清期实际电流波动范围为 41~49kA，平均波动率小于 10%。电弧炉电极调节器产品（均为传统全废钢电弧炉）的同类数据对比见表 2-14，设定电流偏差=(电流实际值-设定值)/设定值×100%（取平均值）。电弧炉电流的波动率是电弧炉电极调节系统可靠性的一个重要指标。

表 2-14 同类数据对比表

电极调节器	设定电流偏差/%	
	穿井期	熔清期
DMI-AC 系统	33	10
国内主流品牌	66	33
国内引进成套电弧炉电极调节系统	32	12

2.7.3 多传感器检测和网络集成技术

网关控制器（协议）不仅可实现现场仪表的物联互通，同时可扩展到电弧炉炼钢炉况实时监控的各个领域，如废钢熔清判断、泡沫渣监控、测温取样监测、非接触式连续测温以及烟气连续分析、自动测温取样机器人控制、电弧炉自动出钢控制等，真正实现了“一网到底”、信息互联，共联共享。现场测温仪表物联互通示意图如图 2-43 所示。

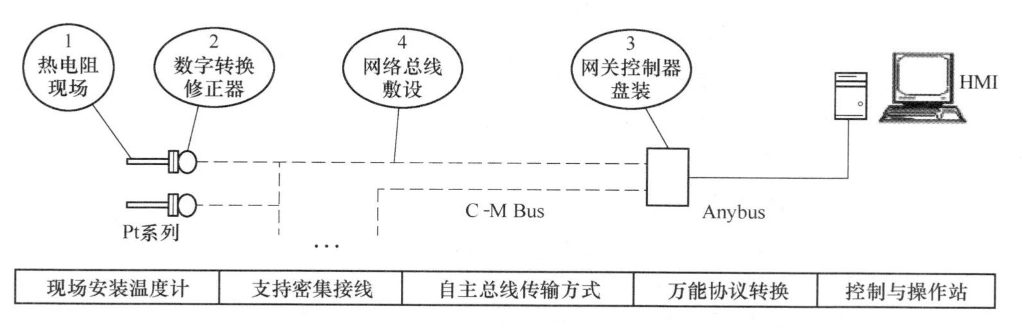

图 2-43 现场测温仪表物联互通示意图

（1）废钢熔清判断技术。通过“一网到底”将 DMI-AC 数据与 DMI-SE 系统共享，DMI-AC 在电弧炉冶炼过程中将采集到的高次谐波发生量实时传输给 DMI-SE 系统，DMI-SE 系统收集大量的实际生产数据，结合熟练操作工人判断熔清的经验，进行条件比对学习，从而实现炉内废钢熔化状态的自动判断。基于自适应技术、强化学习网络和模糊控制，判断炉内废钢熔化状态，能够有效调整炉壁氧枪的工作模式，准确判断加料时间点，缩短冶炼周期，提高能源的利用率，同时实现对电弧炉调节器系统的反馈和指导。

（2）泡沫渣监控技术。通过“一网到底”、系统信息互联共享，可收集 DMI-AC 实时监测的电流、电压、功率因数和电参数变化率，同时还可结合现场声纳仪表的数据，定性判定炉内泡沫渣的状态，结合冶炼模型调节泡沫渣的操作和修正调节器的设定值，达到稳定电弧、改善电弧炉能量消耗、提高电能利用率的目的。

（3）测温取样监测技术。通过“一网到底”，无论是传统的人工取样测温方式还是先进的自动测温取样装置（自动测温取样机器人），其检测数据均能通过网络实现数据共享，冶炼模型、泡沫渣监控系统和电极调节系统可根据共享数据实时修正参数，降低冶炼过程的能量消耗。

（4）非接触式连续测温技术。以前对熔池内钢液温度测定的主要手段是通过热电偶完成，随着检测技术的发展，红外测温技术逐渐成熟，非接触式连续测温技术成为今后的发展趋势。可将红外测温技术应用于电弧炉熔池连续测温的研究，开发多功能炉壁氧枪（CISDI SCAP）系统，通过在氧枪尾部安装双色红外测温仪，中心管道通保护氮气，环氧通道通氧气吹开渣面，可实现钢水温度的连续检测。通过“一网到底”、系统信息互联共享，冶炼模型可对有用数据进行筛选和拟合，从而对造泡沫渣、钢液脱磷、优化供电制度等相关工艺操作起指导性作用。区别于传统的测温方法，该系统能够在短时间内准确测出钢液温度及出钢时间，使电弧炉炼钢过程的通电时间和断电时间均为最佳。该系统可实现非接触钢液的连续测温，提高电弧炉炼钢的生产能力。

（5）烟气连续分析技术。通过从预热烟道或者除尘烟道中抽取烟气进行在线连续分析，可以准确测量烟气的温度、流量及烟气中的 CO、CO_2、H_2、O_2 和 H_2O 等成分。通过烟气连续分析技术，“一网到底”、共享数据信息，对冶炼过程进行分析、判断和控制，可优化冶炼时间，精准控制钢水成分，提升电弧炉的能源利用率，提高出钢口标的命中率；另外，通过分析烟气成分，利用模型监控电弧炉中水的渗入量，可以有效避免电弧炉因炉体漏水引起的爆炸事故。

（6）自动测温取样机器人控制技术。为改善操作人员劳动条件，减少劳动定员，电弧炉自动测温取样机器人作为机器人技术在钢铁领域的延伸应用已经在国外进行了初步尝试，并取得了一些成果。结合“一网到底”、系统信息互联共享技术，可在实现机器人自动测温取样动作的同时，与电弧炉模型、泡沫渣监控系统和电极调节系统完美结合，使冶炼过程更加快速更加高效。

（7）电弧炉自动出钢控制技术。电弧炉自动出钢控制技术，是通过图像视觉识别，跟踪电弧炉倾动角度下出钢钢流的落点位置，监测钢流流股的形态，预警出钢口的工作状态，通过网络互联共享技术，将钢包钢水称量、炉体倾动控制与定位有效连接，实现自动出钢。

CISDI green 电弧炉高效智能控制技术集多项专有技术为一体，从整体出发，将冶炼过程信息采集与过程基本机理结合起来，进行分析、决策和控制，追求电弧炉炼钢过程的最优化解决方案；以更短的冶炼周期、更少的能源消耗和电极消耗、更高的废钢收得率和尽可能低的人力成本为目标，形成控制手段更加多元化，性能更加稳定、可靠和高效的控制系统，实现电弧炉冶炼过程的高度自动化和初步智能化。

参 考 文 献

[1] 李淑琴，刘洪，李军．加热方坯、圆坯蓄热推钢式连续加热炉的开发和实践［J］．工业加热，2004，33（6）：36~39.

[2] 杨勇．管坯加热炉的发展历史及应用现状［J］．工业加热，2011，40（1）：4~7.

[3] Alzetta F. 达涅利 FastArc^{TM}高技术电弧炉 [C] //中国金属学会. 2007 中国钢铁年会论文集. 中国金属学会，2007：2.

[4] 王秉铨. 工业炉设计手册 [M]. 北京：机械工业出版社，1996.

[5] 菅澤敏明，加藤弘剛，永井孝佳. ECOARC/タイ-UMC プロジエクトの紹介（特集 製鉄機械）[J]. 産業機械，2013.

[6] Nagai T，Sato Y，Kato H. SPCO's most advanced power saving electric arc furnace（ecoarc^{tm}）[J]. Steel & Metallurgy，2018.

[7] 肖英龙，王怀守. 环保型高效 ECOARC 节能电炉的开发 [J]. 宽厚板，2001（3）.

[8] Apfel Jens，Beile Hannes，Winkhold Achim. EAF Quantum-新型电弧炉炼钢技术 [J]. 河北冶金，2018（10）：7~13.

[9] 王建荣. 斜底式管坯加热炉的设计及使用 [J]. 钢管，1999，28（2）：24~27.

[10] 张文怡，计宏，花皑. 适合熔炼直接还原铁的新型电弧炉 [J]. 工业加热，2013，42（03）：20~23.

[11] 肖仕长. 蓄热式燃烧技术在轧钢加热炉上的合理利用 [J]. 四川冶金，2008（4）：44~47.

[12] Jannasch O，Bader J. 应对中国市场挑战的西马克电炉技术优势 [C] //第十七届（2013年）全国炼钢学术会议，2013.

[13] 张豫川，杨宁川，黄其明，等. 中冶赛迪绿色电弧炉高效智能控制技术 [J]. 冶金自动化，2019（1）：53~58，72.

3 电弧炉绿色生产的原料多元化

电弧炉可以使用废钢、铁水、直接还原铁、生铁等作为原料。由于原料成本显著影响电弧炉生产成本，在世界不同的地区，根据当地能源结构、经济发展水平，电弧炉炼钢的主要原料有显著的差别：（1）在欧美发达国家，由于废钢资源充足，电弧炉主要以废钢为原料；（2）在中东等油气资源丰富的地区，较多以直接还原铁作为原料；（3）在中国由于废钢资源短缺，电弧炉使用部分铁水代替废钢作为原料。在环保要求越来越高的今天，电弧炉还有一项使命是消纳其他非金属的社会废弃物以达到资源再利用的目的。从节约资源、保护环境的目的出发，在电弧炉的生产原料组成上体现绿色化，是原料多元化的必然趋势[1]。

3.1 废钢和废钢处理

废钢是指已报废的钢铁产品（含半成品）以及机器、设备、器械、结构件、构筑物及生活用品等的钢铁部分。它是电弧炉炼钢的基本原料，用量约占钢铁料的70%~90%。废钢铁是二次炼钢铁源，世界钢产量的一半来自废钢。废钢是一种载能和环保资源，同采用矿石炼铁后再炼钢相比，用废钢直接炼钢可节约60%的能源，减少80%的废物排放；清除和处理折旧废钢和垃圾废钢不仅可以改善环境，更重要的是可以节约原材料，在炼钢时，每用1t废钢可节省约1.7t铁矿石、0.68t焦炭和0.28t石灰石[2]。

废钢分为普通废钢和返回废钢两大类。

（1）普通废钢。普通废钢来源很广，成分和规格较复杂，主要包括各种废旧设备，如报废的车辆、船舶、机械结构件和建筑结构件等，还有部分城乡生活用品废钢，如罐头盒、食品盒、包装、装潢等废钢铁料。这种废钢往往需要用几年甚至几十年的时间才能送回钢厂使用，也是不干净的废钢，混入了许多其他元素和非金属杂质，且形状和尺寸多种多样，极不规则，处理工作困难。生活用品废钢和大部分机械加工废钢属于低质轻薄废钢，需要专门加工处理。

（2）返回废钢。主要来自钢铁厂的冶炼和加工车间。包括连铸坯及钢材切头切尾、废钢锭、汤道、注余、废钢坯、废铸件和钢材废品等。这类废钢质量较好，形状较规则，大都能直接入炉冶炼。钢铁厂内的“返回废钢”又称“自产废钢”，它是在炼钢、轧钢和精整的生产过程中产生的，以各种切头和废品的形式存在。这类废钢没有混入其他元素，且形状较规则，几乎能立即装入炼钢炉。

它的加工准备工作量一般很小，随着它的产生在炼钢厂内就可处理掉。这种废钢占总废钢的比例各国不尽相同，一般在30%~50%。但随着连铸、连轧、无头轧制等工艺技术的不断进步及工业化进程加快，金属收得率与轧钢成材率不断提高，使得自产废钢量不断下降。钢铁制品制造工业中产生的“加工废钢”，大多是冲压边角料、车屑、料头等。如滚珠轴承钢的钢材利用率一般只有50%左右，约有一半钢材在制造中成了废钢。除车屑外，加工废钢一般没混入其他元素，所以只要进行简单的打包、压块，可以很快就送至钢厂使用。这种废钢占废钢总量的20%~25%。但随着钢铁产品近终型制造技术发展、表面质量的提高、尺寸公差的减小和机械加工的技术进步，这种废钢比例会逐渐减小。

废旧金属的回收利用，可大大减少对自然资源的开采耗用，达到节约能源、减少环境污染和提高劳动效益的目的。按循环经济理论的观点，任何一个环节产生的废弃物，绝大多数都能进入下一个再生环节。目前世界各主要产钢国都在努力提高炼钢炉料中的废钢用量比例，目前我国炼钢炉料中的废钢比远低于世界平均水平，甚至有下降趋势。铁钢比高，虽然有铁资源丰富、生铁价格便宜的原因，但废钢供应不足、质量低劣、流通环节多、价格高也是不可忽视的重要因素。

废钢是电弧炉炼钢的主要原料，废钢的质量好坏直接影响到电弧炉的各项技术经济指标及固体废弃物、烟尘的排放量。为了充分利用各种废钢铁资源，并使之能适用于炼钢过程，以提高效率和降低成本，必须对各种废钢进行有效加工处理。废钢处理的任务包括拣选、解体和收集废钢，之后尽可能经济地去除钢中各种无用的有色金属（如锡、铜等）和非金属有害杂质，并加工成为易于装运和适合于炼钢的具有一定尺寸、形状和致密度的废钢炉料。

3.1.1 国内外废钢利用现状

根据国际回收局的数据，2018年中国废钢消费量增长了27%，达到1.878亿吨，2017年中国的废钢消费量为1.479亿吨，是全球最大的废钢消费国[3]。

2018年，欧盟28国用于炼钢的废钢消费量同比增长0.3%，达到9381.2万吨；美国同比增长2.2%，为6010万吨；日本同比增长2.1%，为3650万吨；俄罗斯同比增长5.5%，为3100万吨。而主要废钢进口国土耳其废钢消费量同比下降0.4%，为3010万吨；韩国同比下降2.3%，为3000万吨。2018年，中国钢铁生产中使用的废钢比上升到20.2%，欧盟28国上升到55.9%，日本上升到35%，俄罗斯上升到42.5%；相比之下，美国下降至69.4%，土耳其为80.7%，韩国为41.4%。

2018年，上述七大重点国家和地区废钢消费量为4.29亿吨，同比增长10.1%，而相应的粗钢产量约为14.69亿吨。需要指出，这一产量数据代表了全球81%的钢铁产量。

近年来，全球废钢比维持在35%~40%的水平，平均在37%左右。日本由于以转炉炼钢为主，且日本钢厂参股或者控股着全球部分主流矿山，能够获得较低价格的优质铁矿石资源，因此废钢的消费量不高，废钢比在35%左右，产生的废钢主要用于出口。中国虽然废钢消费量居全球首位，但废钢比却是最低的（图3-1）。这是由于中国主要以长流程的转炉炼钢为主，钢材产量不断提高，加之废钢价格相对较高、电力成立高昂、废钢回收加工体系不完善以及废钢行业相关政策不成熟等原因，制约了我国废钢资源的回炉炼钢，导致废钢比长期低于全球平均水平。

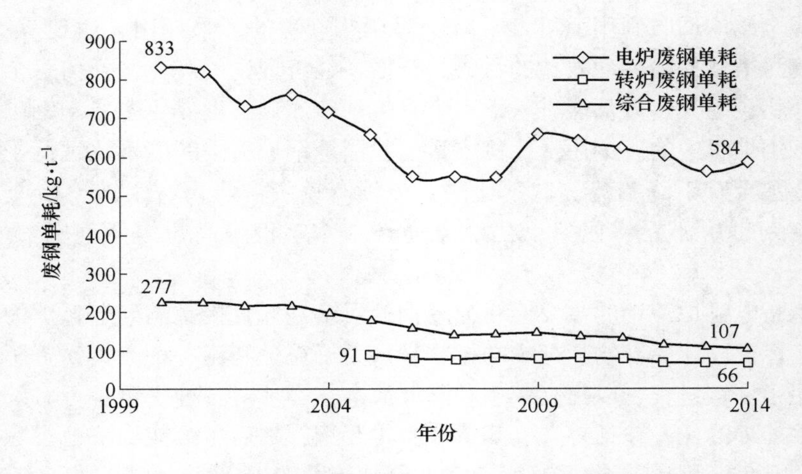

图3-1　我国炼钢工序的废钢消耗量（截止到2014年）

3.1.2　电弧炉对废钢的要求

为了将废钢高效、安全地冶炼成合格产品，对废钢有下列要求：

（1）废钢表面清洁少锈。因为铁锈会严重影响钢的质量。锈蚀严重的废钢会降低钢水和合金元素的收得率，对钢液质量和成分估计不准。废钢应力求少粘油污、棉丝、橡胶塑料制品以及泥沙、炉渣、耐火材料和混凝土块等物，以减少废渣及二噁英等的产生。油污、棉丝和橡胶塑料制品会增加钢中氢气，造成钢锭内产生白点、气孔等缺陷；泥沙、炉渣和耐火材料等物一般属酸性氧化物，会侵蚀炉衬，降低炉渣碱度，增大造渣材料消耗并延长冶炼时间。

（2）废钢中不得混有铜、铅、锌、锡、锑等有色金属，特别是镀锌、镀锡等。锌在熔化期挥发，在炉气中氧化成氧化锌使炉盖易损坏；锡、铜可使钢产生热脆，而这些元素在冶炼中又难以去除；铅密度大，熔点低，不熔于钢水，易沉积在炉底，造成炉底熔穿事故。

（3）废钢中不得混有爆炸物、易燃物、密封容器和毒品，以保证安全生产。

（4）废钢要有明确的化学成分。应尽可能在冶炼过程中将废钢中有用的合金元素回收利用。对有害元素含量应限制在一定范围以内，如磷、硫含量应小于0.06%。

（5）废钢要有合适的块度和外形尺寸。堆比重小的炉料，会增加装料次数，延长冶炼时间；过大、过重的炉料不能顺利装料，且因传热不好会延长冶炼时间，废钢堆密度与熔化时间的关系如图3-2所示。

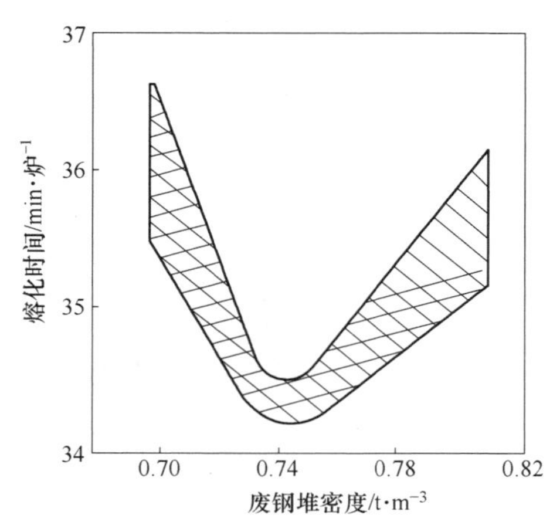

图3-2　废钢堆密度与熔化时间的关系

从图3-2中可以看出，废钢堆密度在0.74t/m^{3}左右熔化速率最快，而过低或过高的堆密度都会使熔化速度减慢。为此，应对废钢进行必要的加工处理。一种是将过大的废钢铁料解体成小块；另一种是将钢屑及轻薄料等打包压块，使压块密度提高至2.5t/m^{3}以上，经加工后的废钢尺寸与炉容量的配合见表3-1。

表3-1　不同吨位电弧炉的废钢块度参考

电弧炉公称容量/t	废钢最大断面尺寸（长×宽）/mm×mm	废钢最大长度/mm	废钢质量/kg
30~50	≤400×400	≤1000	≤1000
60~100	≤500×500	≤1100	≤1500
120~150	≤600×600	≤1200	≤2000

经过废钢破碎生产线加工处理的废钢是洁净的优质废钢，其自然堆积密度为1.2~1.7t/m^3，是理想的炼钢炉料，如图3-3所示。

在钢铁冶炼中，破碎废钢具有以下优点：

（1）收得率高，即炼出的钢水与投入的废钢比例增高；

（2）每炉钢的化学成分稳定；

（3）由于有色金属及非金属物质已被分选，因此钢水中的硫磷含量低；

（4）和其他废钢混合加料时，破碎料可填充空隙，提高加料密度；

（5）冶炼时，加料次数减少，电极破损减少，炉内受热均匀；

（6）炉内耐火材料衬里的寿命延长；

（7）空气污染及炉渣减少；

（8）每吨钢水的耗电量低。

图 3-3　废钢破碎料堆放

3.1.3　废钢处理技术

3.1.3.1　废钢处理发展现状

传统的废钢处理方法是由人工使用各种工具手工操作处理废钢。手工操作处理废钢的缺点是工作条件恶劣、生产效率低、劳动强度大、严重污染环境、对回收废钢的品质无多大改进。回收废钢炉料存在的问题包括：有害杂质多，影响炼钢质量；易爆物（密闭容器）未能除尽，存在爆炸事故风险；污垢杂物多，节能效果差。为避免事故，钢厂须花费大量人力反复挑选，装炉后仍然提心吊胆[4]。

国际废钢铁破碎研究始于 20 世纪 60 年代，最具代表性的是美国的纽维尔公司和德国的林德曼公司、亨息尔公司和贝克公司，他们率先推行破碎钢片（shred）入炉，在改善回收钢品质、提高经济效益方面取得了显著效果。而德国在 80 年代末推出的废钢破碎机（shredder）在某些方面超过了美国。目前纽维尔公司已经生产及交付使用了至少 400 多套废钢破碎生产线，市场份额居全球之首。世界上流行的破碎机大多数都是在美国纽维尔公司的基础上衍生出来的，占有量近七成。在废钢破碎机制造上形成以美国纽维尔公司为代表的美国制造技术、以德国林德曼公司为代表的欧洲制造技术和以日本富士车辆为代表的日本制造技术。我国台湾地区的正合兴重工业股份有限公司也提供废钢破碎机设备和技术服务。

废钢处理厂设置也选择不同的地点，美国等发达的产钢国均设有专业的废钢处理厂，其是社会公用的，不是隶属于哪个钢铁厂，这样的处理厂由于专业化管理，无论是在处理废钢质量上还是在成本上都具有竞争力。我国主要还是在钢铁厂内部设废钢处理车间进行废钢处理。但 2015 年后，受国家政策的鼓励，出现了专业化废钢处理厂，这对国内废钢质量的提高是有益的。

国内废钢铁处理的发展较晚，大型钢企的废钢加工设备一般配置较为简单，一般以大型打包、剪切设备为主，配置相关的上下料设备及运送系统，现场操作人员较少，自动化程度也较高。主要依靠收购轻薄废钢作为破碎机的原料，原料进场后首先通过人工进行分选，挑选出轻薄料（一般在 4mm 以下）作为破碎机原料，其余的废钢视情况通过液压剪、打包机及火焰切割进行处理。图 3-4 所示为废钢处理及破碎生产线。

图 3-4 废钢处理及破碎生产线

3.1.3.2 废钢处理流程

废钢进厂以后，必须按来源、化学成分、轻重、大小和清洁程度分类堆放。合金废钢应严格按类分组管理，一般不得露天堆放。易混杂的废钢，如含镍和含钨的废钢，不能相邻堆放。碳素废钢应按碳含量分组堆放。对成分不清或混号的废钢，可采用砂轮火花或手提光谱镜鉴别判定，有时可根据废钢外形结构与用途直观判定。必要时可对废钢进行放射性检测，防止由废钢带入放射性物质，污染钢水。在收购废钢的过程中，常遇到两端被封住的废钢管或者容器。废钢检验员目测验收时很难判断管内是否有杂质，因而很难正确评判该废钢的回收等级，可以运用热中子透射的方法，在不破坏钢管原状下的情况下，直接判断管内是否有杂质。

进入钢厂的废钢首先要经过分选和清洗等工序，除去非金属成分及油脂等有害成分，该工序主要包括磁选、清洗、预热等。磁选是利用固体废物中各种物质的磁性差异，在不均匀磁场中进行分选的一种处理方法。磁选是分选铁基金属最有效的方法。将固体废物输入磁选机后，磁性颗粒在不均匀磁声作用下被磁化，从而受到磁场吸引力的作用，使磁性颗粒吸在圆筒上，并随圆筒进入排料端排出；非磁性颗粒由于所受的磁场作用力很小，故仍留在废物中。磁选采用的磁场源一般为电磁体或永磁体两种。清洗是用各种不同的化学溶剂或热的表面活性剂清除钢件表面的油污、铁锈、泥沙等。常用于大量处理受切削机油、润滑脂、油污或其他附着物污染的发动机、轴承、齿轮等。

废钢经常粘有油和润滑脂之类的污染物，不能立刻蒸发的润滑脂和油会对熔融的金属造成污染。露天存放的废钢受潮后，夹杂的水分和其他润滑脂和油会对熔融的金属造成污染，同时也易气化物料，会因炸裂作用而迅速在炉内膨胀，也不宜加入炼钢炉。为此，许多钢厂采用预热废钢的方法，使用火焰直接烘烤废钢铁，烧去水分和油脂，再投入钢炉。在金属预热系统中，主要需解决两个问题：第一，不完全燃烧的油脂会产生大量的碳氢化合物，造成大气污染，必须设法解决；第二，由于输送带上的废钢大小不同、厚度不同，因此预热及燃烧不均匀，废钢上的污染物有时不能彻底清洗。

废钢加工方法：对重型废钢主要采用气割、剪切、落锤和爆破等方法；对轻薄料采用破碎机、分选法等；对于切屑可在破碎、去油、分选后采用冷或热压块的方法使之致密，也可将切屑先熔化成料锭。

实际运用中，对于不同来源的废钢铁的加工处理有以下几种方法：（1）破碎。废旧机电设备中的铸铁等部件、含铁矿渣均采用中吹法和压碎法破碎成小块的铁料。（2）剪断。后搭建废钢采用废钢剪断机剪成规定尺寸的块状。对于报废的船舶、大型容器和机架，先氧割解体后再进行剪切。（3）打包。对厚度为8mm以下的轻薄废料，如薄板冲压边角料、小型包装容器、汽车驾驶室等，采用金属打包液压机打包成密度为2t/m^{3}的包块，便于运输和冶炼。（4）压块。钢铁材料经过金属切削加工所废弃的切屑，则采用金属屑压块机，压成密度为4t/m^{3}的圆饼形状，作为优质的炼钢炉料。（5）剥离。对废旧金属导线、电缆采用导线剥皮机和破碎分离设备，将金属与橡胶塑料废料分离，再分别回收利用。

除以上传统方法废钢处理方法之外，随着冶金行业要求采用精料入炉及报废小轿车越来越多，大型废钢铁破碎、分选、打包生产线也进入了废钢加工回收行列。发达国家采用此类设备加工报废小轿车，做到分离金属与非金属、黑色金属与有色金属，清除泥沙、油漆、锈蚀，最后得到“光亮”级别的金属小块，成为冶炼高级钢种的“精料”。

3.1.3.3 废钢处理设备

废钢加工设备主要有废钢打包压块设备、废钢剪断设备及废钢破碎设备等，其中废钢破碎设备是公认的最先进高效的废钢加工设备，对于废钢资源的循环利用起着至关重要的作用[5,6]。

（1）打包压块设备。主要用来处理薄板、钢丝绳及机械加工过程中产生的切屑等轻薄料，以方便运输和提高堆比度。打包机是废钢加工的主要设备，在常温下可将厚度小于 8mm 的松散废钢挤压打包成长方形的高密度包块，便于存储、运输和冶炼，是废钢加工的理想设备。打包机主要有两种结构：一种为两向挤压的打包机，另一种为三向挤压的打包机。两向挤压式打包机的公称力一般在 6500kN 以内，适用于厚度 6mm 以内的松散废钢打包，包块密度一般为 1000~2000kg/m^3；三向挤压结构一般用在公称力在 4000kN 以上的大型打包机上，最大公称力可达到 16000kN，用于厚度 8mm 以内的松散废钢打包，包块密度可达到 2200~3000kg/m^3，包块更加致密且不易松散。

（2）剪断设备。主要用来处理重型废钢和大型构件，使其达到一定的尺寸和质量要求，便于入炉，其后也可配套相应的分拣磁选设备，以剔除异物、净化产品。废钢剪断机是传统火焰切割的替代产品，主要用于各种废钢型材、构件、轻薄废钢料及混合废钢料的冷态剪断加工。与传统火焰切割相比，废钢剪断机具有能耗低、无金属烧损、效率高、加工成本低等优点，是废钢加工企业的必备设备。废钢剪断机可分为鳄鱼式和门式两种。鳄鱼式废钢剪断机结构简单紧凑，剪切力一般在 5000kN 以下，人工上下料，效率低，适用于小型废钢加工领域；门式废钢剪断机拥有坚固的框架，最大剪切力可达 30000kN，能加工大中型型材和结构件，而且自动化程度高、效率高、产量大、安全性能好，适用于大中型废钢加工企业。

火焰切割机是重型废钢切割时普遍采用的设备，主要利用天然气配氧气或者乙炔气配氧气进行金属材料的切割。火焰切割机一般有悬臂式和龙门式两种结构。废钢火焰切割机的关键部分在割炬和喷嘴，好的割炬不但可以提高效率、降低耗气量，而且由于割缝小，使得废钢的烧损小、材料利用率高。

（3）废钢破碎生产线是目前世界上比较理想的先进的废钢加工生产线设备，主要用于处理未分类混杂的低质废钢（轻薄料），其后一般配备先进的磁选和分拣设备及除尘系统，组成破碎生产线，以剔除异物、净化产品以及增大堆比度。1959 年美国纽维尔公司发明了世界上第一台废钢破碎机，不但给废钢加工业带来巨大的利润，也为全世界的废钢破碎处理业带来了一场产业革命。废钢破碎机的加工种类多，生产率高，主要有碎屑机和破碎机两种。碎屑机用于破碎钢屑，破碎机用于破碎大型废钢；破碎机有锤击式、轧辊式和刀刃式几种。经破碎处理后的废钢铁可很容易地利用干式、湿式或半湿式分选系统将金属、非金属，有色金属、黑色金属分选回收处理，废钢表面的油漆和镀层均可清除或部分清除。

3.1.4 废钢处理典型案例

3.1.4.1 上海宝钢典型废钢处理线

A 系统组成

废钢处理线主要由上料系统、破碎系统、输送及分选系统、除尘系统、电气控制系统等部分组成，工艺流程如图 3-5 所示[7]。

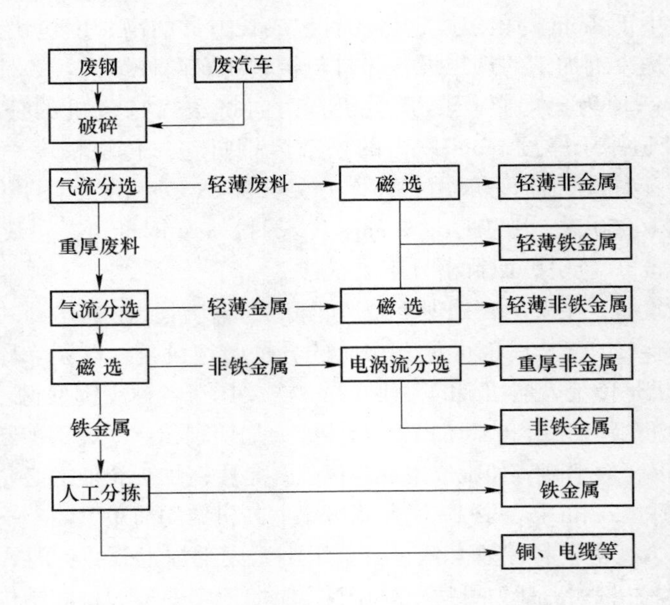

图 3-5　废钢处理流程

该流程适用于废钢整个的或压扁的汽车（部件已拆除），回收的各种废钢、家用电器等。如 1 号、2 号废钢，最大厚度不超过 13mm；密度≤1.0t/m³汽车压块，压块的宽度和高度不超过破碎机入料口尺寸的 90%；460mm 以下建筑用钢，例如工字钢等，圆钢直径不大于 50mm；钢丝绳、电线、电缆等，其中电缆尺寸不大于 ϕ25mm×3048mm 等。

以上种类废钢经处理后，成为不含铁锈、油漆等高纯度、高密度团聚体废钢；有效分开有色金属和各种非金属材料，并单独归堆。

B　上料及破碎系统

该废钢处理线上料系统由 3 台抓钢机和一条链板式输送机（带有电子称重系统）组成，负责将废钢从料堆按一定的工作节奏送至破碎机的进料溜槽内。一台抓钢机负责抓取一定量料至链板输送机，另外两台负责远处料场的转运。

破碎系统包含送料机、破碎机、震动给料机等设备，可将废钢破碎到符合要求的块度，并为后续的分选工序提供作业条件。破碎分为粗破碎和精破碎，在送料机内，具有液压驱动的双辊入料压辊起到粗破碎的作用，确保进入破碎机的物料大小符合进料要求。破碎机所有易磨损部位均采用耐磨高锰合金钢，进行精破碎以达到分选要求。震动给料机负责将破碎后的物料输送至主输送带上。

C　输送及分选系统

输送系统由数条输送带构成，通过连接各工序点之间的输送机和适合不同物料分选的各类分选设备（包括旋风分离机、磁选机、涡电流分选机）及振动给料机等，将从破碎机出来的物料运输到各个工序点。

分选系统分为4个系统，为轻薄废料、重厚废料、铁金属废料和非铁金属废料分选系统。

（1）轻薄废料分选。废钢经破碎机破碎后产生的含尘轻薄废料，在含尘轻薄废料旋风分离机风机的抽力作用下，通过破碎机顶盖上的吸风口和其连接的抽风管道，进入含尘轻薄废料旋风分离机进行分选，分选后的含尘烟气通过管道送往除尘系统处理，不含尘的轻薄废料落到轻薄废料输送机上向前输送，在输送的过程中由轻薄铁金属磁选机分离出轻薄铁金属，并落入轻薄铁金属料箱储存。留在输送机上的主要是由轻薄非金属组成的废料。这些废料继续由轻薄废料输送机送至轻薄非金属堆场储存。破碎机顶盖上开设抽风口，运行时使破碎机内保持负压，可有效避免破碎粉尘由破碎机的进出料口溢出。

（2）重厚废料分选。废钢经破碎机破碎后产生的重厚废料穿过破碎机下部和顶部的栅格，首先落于重厚废料振动给料机上，为重厚废料输送机加料，而后由重厚废料输送机送入Z型分离箱，送风风机将高速风送入Z型分离箱内将重厚废料中的轻薄金属吹起，飘散开的轻薄金属在轻薄金属旋风分离机风机的抽力作用下，通过Z型分离箱上部的出风口和其连接的抽风管道，进入轻薄金属旋风分离机进行分选，分选后的含尘烟气通过管道送往除尘系统处理，不含尘的轻薄金属落到轻薄金属输送机上向前输送，在输送的过程中由轻薄铁金属磁选机分离出轻薄铁金属并落入轻薄铁金属料箱储存，留在输送机上的轻薄非铁金属，继续由轻薄金属输送机送至轻薄非铁金属堆场储存。重厚废料通过Z型分离箱分离出轻薄金属后由Z型分离箱出料口排出，而后通过设置于Z型分离箱出料口处的强力磁选机将铁金属废料与非铁金属废料分离。

（3）铁金属废料分选。将强力磁选机磁选出的铁金属废料送入分料料斗，分料料斗将铁金属废料均匀分成两份，分别进入两台铁金属废料震动给料机，为两条人工检视输送机送料。工位设置人工分拣平台，对铁金属废料进行人工分拣，分检出的电缆、铜等非铁金属由人工送入废电缆输送机，由废电缆输送机送入铜、电缆等非铁金属堆场储存。分拣出的铁金属由输送机送至铁金属汇总输送机，通过设置于铁金属汇总输送机上的连续称重系统进行称重计量。铁金属称重计量后输送至回转式输送机，并由回转式输送机送入铁金属堆场储存。

（4）非铁金属废料。经强力磁选机磁选后留下的非铁金属废料落到一级非铁金属废料输送机上，经震动给料机输送到二级非铁金属废料输送机上均匀摊开并输送，在随后的输送过程中由残留铁金属磁选机分离出残留铁金属，并落入残留铁金属料箱储存。对留在二级非铁金属废料输送机上的非铁金属废料输送至涡电流分选机分选，分离出非铁金属和重厚非金属，由相应的非铁金属输送机和重厚非金属输送机分别送至相应的堆场储存。

D 除尘系统

该系统通过一台文丘里除尘器、一套排风系统、一套污水处理系统及相应的连接管道完成生产过程中产生的含尘废气的收集、净化和排放作业。由含尘轻薄废料旋风分离机和轻薄金属旋风分离机送来的含尘废气进入文丘里除尘器除尘、净化，净化后的达标气体通过排风系统高空排放，产生的含尘废水送入污水处理系统沉淀、净化，处理后的干净水再次送入文丘里除尘器循环使用，沉淀后的污泥由刮泥机捞出、晒干、运出。

E 电气控制

该系统设置了两台工业控制计算机且互为热备，并具有工况实时报警、实时数字显示、生产过程记录、报表打印、历史数据追忆等功能。系统具有自动控制/手动控制自由切换的功能，部分设备同时设置远程控制/本地控制互为备用，确保系统可靠工作。

3.1.4.2 废钢破碎线

废钢破碎线主设备包括链板式上料输送机、废钢破碎主机、液压单辊送料机、排料振动给料机、皮带式出料输送机、上吸式磁选机、出料输送机、排料输送机、除铁机、回转式输送机等。

配套系统包括电气控制系统、喷淋降尘分选系统、液压系统、电视监控系统，系统之间所需的电线、液压和喷淋管路等。

废钢破碎生产线工艺流程及常规配置设备示意如图 3-6 所示。经压扁或打包处理后的废钢原料，通过鳞板输送机运至进料斜面，进料斜面上装有可转动的一高一低的两个碾压滚筒，将其压扁并送入破碎机内。在破碎机内，有一组固定在主轴上的圆盘和一组装在圆盘之间可以自由摆动的锤头，通过高速旋转产生的动能，对废钢进行砸、撕等破碎处理，将废钢处理成块状或团状，并穿过下部或顶部的栅格，落于振动输送机上。第一次未能处理成尺寸足够小的废钢，会在破碎机内被转动的圆盘和锤头再次处理，直到能穿过栅格为止。

意外进入破碎机内的不可破碎物，由操作人员及时打开位于顶部下方的排料门，将它们弹出。破碎机进行破碎时，对破碎机内进行喷水，以便降温和避免扬尘。

从破碎主机出来的破碎物，经过振动输送机、皮带输送机、磁力分选系统、空气分选净化系统把黑色金属物、有色金属物、非金属物分离开，并由各自的输送机送出归堆。有色金属和非金属物在输送机上会再次受到磁选设备的筛选，把游离的黑色金属物拣出，从而提高黑色金属物的回收率，同时可自动进行有色金属的挑选回收，提高回收效益。

破碎机是废钢破碎的核心，其原理就是利用锤子击打撕碎废钢。在高速大扭

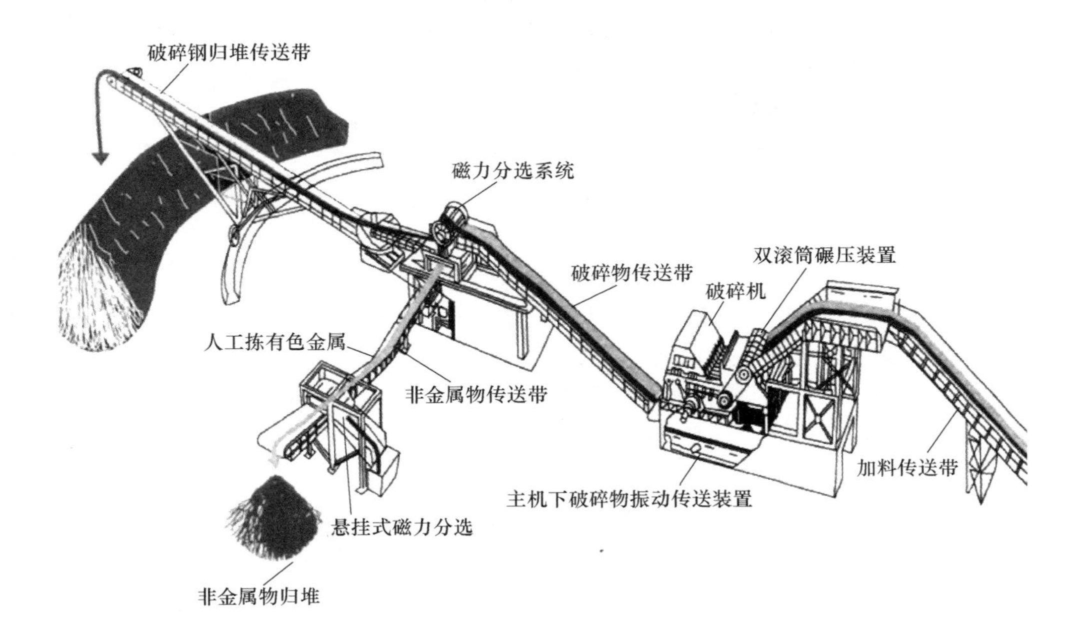

图 3-6 废钢破碎线生产工艺流程

矩电机的驱动下，主机转子上的锤头轮流击打进入容腔内的待破碎物，通过衬板与锤头之间形成的空间，将待破碎物撕裂成合乎规格的破碎物。破碎机的主机结构如图 3-7 所示。

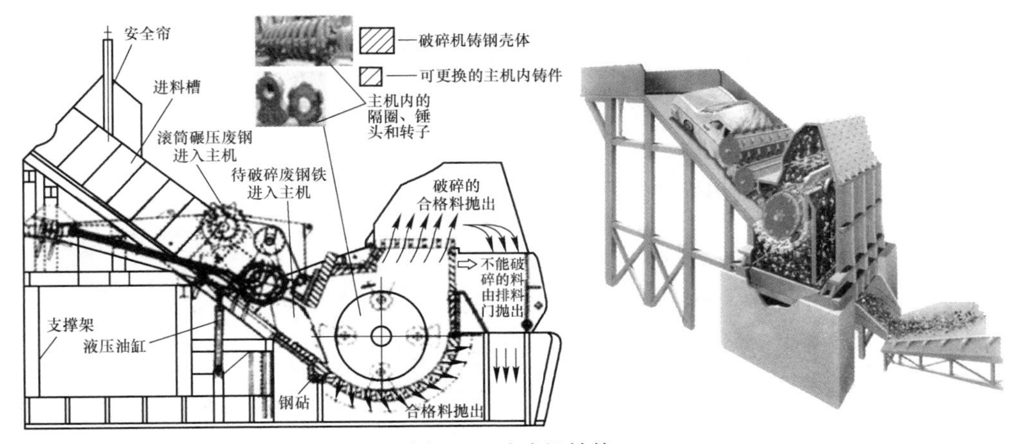

图 3-7 破碎机结构

从技术上分析，破碎机的主要结构特点：机身采用特厚钢板加斜撑的加强结构，能确保机器强力破碎的超负荷要求，而且直接受力部分采用“榫头”结构，进一步提高机器的可靠性。衬板、锤头采用特殊耐磨材料，提高了使用寿命；锤头采用活动安装结构，一旦遇到不可破碎物误入破碎机内，可以甩过避开，同时可打开破碎机专设的不可破碎物排放门，将其从机内排除，以降低对机器的破坏程度。带着锤头与隔套并高速旋转的主轴及独特的底栅板结构，是高生产效率的保障。液压双滚筒碾压装置作为破碎机的入料预处理机构，可将外形尺寸较大的薄壳类及轻金属构件压缩整形，变成可顺利进入破碎机进料喉口的物料，从而扩大破碎机加工物料的范围，同时能提高破碎机的生产效率。

整个破碎线由 PLC 控制，可实现自动控制和人机界面操作。

3.1.4.3　废钢加工厂实例

上海宝钢实业有限公司作为宝钢废钢供应服务的主体，负责生产现场各类废钢的回收、分选、加工、质检、仓储和供应工作，并及时对现场的废次材料进行回收、分选、加工和销售，保障现场物流的畅通和可利用价值的再开发，公司通过全力打造宝钢的最佳废钢供应链，为公司提供“安全、稳定、低成本”的废钢资源[8]。

A　料场及废钢物料组成

该公司拥有 4 个废料场，其中 1 个是中心料场，主要负责废料的收集、堆放、分选、加工。还有 3 个小的炉前料场，主要负责给电弧炉和转炉备料。一般认为废料堆场存放 1～1.5 个月的废钢消耗量即可，宝钢每日大概消耗 1.1 万～1.2 万吨的废钢，其中约 5000t 为宝钢自产废钢，其余为外购废钢。外购废钢包括重型废钢、破碎料及打包料。宝钢对于废钢的年需求量约为 380 万吨，而上海地区每年自产废钢约为 250 万吨，因此还需要从外部运进。

宝钢废钢大部分通过水路运输，比例超过 50%，并且有 2 个专用废钢码头（图 3-8），其余为汽车及火车运输。宝钢在废钢称重时要对废钢进行放射性检测。

图 3-8　宝钢废钢料场及运输龙门吊

宝钢电弧炉的装炉采取 4∶6 的装炉配比，即 4 成的重型料和 6 成的轻薄料

（包括破碎料及自产轻薄料），目前生产优钢也采用配加部分铁水的方法。破碎料具有很好的通用性，宝钢采购了大量优质的破碎料，并通过缩短使用周期解决破碎料容易生锈的问题。同时宝钢还大量购进打包料，通过对打包料进行抽检，防止掺假。

B 废钢加工设备

宝钢目前的主要废钢加工设备为一台1630t的HENSCHEL液压剪切机和一台HENSCHEL液压打包机，以及抓钢机、输送系统、行车和龙门吊车等辅助起重运输设备，如图3-9所示。剪切机的设计生产能力为年产20万吨，最大剪切力1630t，主要用来剪切分选出来的不合格大料，其剪切效果如图3-10所示。HENSCHEL液压打包机的打包重量是1.1t，打包尺寸是600mm×600mm×1000mm。

a

b

图3-9 液压剪切机及其上料设备

a—1630t液压剪切机；b—液压悬臂式抓钢上料机

图3-10 剪切机输出废钢及其剪切成品废料

C 宝钢资源公司废钢加工基地情况

宝钢除了本厂区的宝钢实业有限公司的废钢处理场之外，下属的宝钢钢铁资源有限公司也是宝钢合格废钢的主要来源。宝钢资源公司主要提供的废钢品种有剪切料、电工钢打包块、普通打包块、边角余料、冷却块、消耗资材、纯净废钢、矽钢片打包块、生铁、矽钢片散片、贸易破碎料、汽车切片打包块、热压铁块、热压铁（粉）球等。

宁波镇海基地是宝钢资源公司所属一个较大的基地，年废钢处理加工能力20万吨。主要设备为一台湖北力帝公司生产的PSX-6080型废钢破碎机，辅助设备为4台小型液压剪、3台小型打包机及若干台抓钢机。该基地主要收购轻薄废钢作为破碎机的原料，原料进场后首先通过人工进行分选，挑选出轻薄料（一般在4mm以下）作为破碎机原料，其余的废钢视情况通过液压剪、打包机及火焰切割进行处理。

3.2 其他含铁原料

3.2.1 生铁和热铁水

炼钢生铁是专供炼钢用的生铁。一般含硅量较低（不大于1.75%），含硫偏高（小于0.07%）。其特点是脆而硬，因为其中铁和碳处于化合状态，断口呈白色，所以也叫“白口铁”。生铁的使用主要是满足入炉钢铁料的配碳和稀释废钢中的有害元素含量，从而提高生产效率、节能降耗、改善产品质量。根据电弧炉冶炼工艺要求，一般全废钢需要配入10%～20%的生铁可满足熔池配碳的要求[9~11]。

炼钢生铁应符合GB/T 717的规定（表3-2）。

表3-2 炼钢生铁GB/T 717的规定

牌号		L04	L08	L10
化学成分/%	C	≥3.05		
	Si	≤0.45	>0.45～0.85	>0.85～1.25
	Mn	≤0.40		
	P	≤0.100		
	S	≤0.020		

注：各牌号生铁的含碳量，均不作为报废依据。

炼钢生铁是在高炉里连续生产的。采用铁矿石、石灰石及焦炭等原料，利用碳比铁的性质活泼，把氧从铁矿石中夺走，把铁元素提取出来，获得的主要产品为铁水，以及副产品水渣和高炉煤气等，然后经由铸铁机铸成铁锭。生铁的块度规定如下：

（1）小块生铁：每块生铁为2～7kg。

（2）大块生铁：每块生铁不得大于40kg，并有两个凹口，凹口处厚度不大于 45mm。

由于我国废钢资源较少，目前联合企业电弧炉生产采用部分铁水作为原料。铁水的特点是有热源和杂质少，使用它作为铁源可以降低熔化所需功率、提高生产率，还可以廉价生产杂质元素少的钢种。热装铁水是电弧炉炼钢的炉料结构的重大改变，但从能耗及电炉本身的优势看，不符合绿色电炉发展的方向。

一定条件下，热装铁水对电弧炉炼钢工序而言是有利的。除与使用冷生铁相同的优缺点外，热铁水带入大量的物理热可使电弧炉冶炼效率大大提高。在有廉价铁水资源的条件下，一些企业也采用适当的热装铁水的工艺。例如，多配 10% 的热铁水，带入的物理热约为 25kJ，化学热约为 25kJ，而氧耗量须增加 $6\sim7m^3/t$。铁水入炉温度大于 1200℃。

因此从环保角度看，铁水的使用，使电弧炉的烟气排放量及吨钢能耗增加，不利于发挥电弧炉炼钢的绿色优势。

电弧炉的炉料中通常配入一定比例的生铁，有利于加速电炉的冶炼节奏。电炉大量用氧后，提高了生铁的配入比例（20%~40%）。现代电弧炉采用热装铁水技术最初主要是为了代替冷生铁，优缺点如下：

（1）不仅利用了铁水的物理热，同时又不失去生铁提高炉料配碳量、增加化学能和稀释有害元素含量的优点。

（2）改变了炉料的初始状态，即将部分固态炉料变为液态。有利于快速形成熔池，快速熔化冷废钢；提高氧气利用效率，强化供氧的效果；有利于快速形成泡沫渣，提高供电热效率；缩短电弧加热时间，减少钢液吸氮；提高生产效率，增加产量。

（3）由于国内电价偏高，加大了电弧炉生产厂的成本压力，热装铁水可以使电弧炉在能源成本与原料成本的平衡上求得经济效益最大化。

（4）加一定量铁水使得电弧炉可以和转炉一样生产低氮钢及其他低有害元素的钢种。

实践表明，现代电弧炉热装铁水对于缩短冶炼周期，降低电耗、氧气消耗、电极消耗以及钢中有害元素含量等方面都具有非常明显的效果，具体见表 3-3 和表 3-4。且相对于转炉，电弧炉仍然保持着少批量、高合金钢和无渣出钢等方面的特点。

表 3-3 天津钢管公司 150t 电弧炉热装铁水后的电弧炉经济技术指标

炉料结构	冶炼周期 /min	冶炼电耗 /$kW\cdot h\cdot t^{-1}$	氧气消耗 /$m^3\cdot t^{-1}$	电极消耗 /$kg\cdot t^{-1}$
没有铁水，两次加料	67	400	45	1.35

续表 3-3

炉料结构	冶炼周期 /min	冶炼电耗 /kW·h·t^{-1}	氧气消耗 /m^3·t^{-1}	电极消耗 /kg·t^{-1}
15%铁水，一次加料	55	360	39	1.30
30%铁水，一次加料	48	310	37	1.20
40%铁水，一次加料	48	290	37	1.20

表 3-4 天津钢管公司 150t 电弧炉热装铁水后钢中有害元素含量变化

炉料结构	钢中有害元素含量/×10^{-6}		
	Sn	As	N
没有铁水，两次加料	90~100	80~90	110~120
15%铁水，一次加料	80~90	60~70	90~100
30%铁水，一次加料	70~80	50~60	70~85
40%铁水，一次加料	60~70	50~60	55~70

在电弧炉原料内配加一定量的铁水的确有很多优点，但也存在许多问题：

（1）受电弧炉供氧能力限制，大量的热装铁水会引起熔清碳高、磷高，从而延长冶炼周期，降低生产效率。

（2）从短期看，铁水代替部分废钢，稀释了炉料中杂质元素的含量，但从长远看，是扩大了金属资源的污染面和增加了以后循环使用时处理的难度。同时增加铁水的消耗量，引起了一系列环保问题。

（3）因电弧炉熔池形状和除尘系统的局限，提高电弧炉热装铁水比例，需对除尘系统作较大改造，长期来看，不利于绿色短流程炼钢技术发展。

（4）热装铁水一般适用于有高炉能够提供铁水的钢铁企业。要想真正采用以废钢为主要原料的电弧炉短流程炼钢取代以高炉为中心的长流程，装入铁水不是正确的发展方向。

3.2.2 直接还原铁

电弧炉炼钢采用直接还原铁代替废钢，不仅可以解决废钢供应不足的问题，而且可以满足冶炼优质钢的要求。由于直接还原铁生产的能耗及碳排放均明显低于铁水的生产，因此采用直接还原铁配入电弧炉流程是今后的重要发展方向[12,13]。

直接还原是铁氧化物不经熔化、不造渣，在固态下还原为金属铁的工艺。直接还原的铁产品统称为直接还原铁（direct reduction iron，DRI），由于 DRI 的结构呈海绵状，也称为“海绵铁”，为了提高产品的抗氧化能力和体积密度，将DRI热态下挤压成型的产品称为热压块（HBI），DRI冷态下挤压成型的产品称为DRI压块。

直接还原铁产品种类：

（1）海绵铁。块矿在竖炉或回转窑内直接还原得到的海绵状金属铁。

（2）金属化球团。使用铁精矿粉先造球，干燥后在竖炉或回转窑中直接还原得到的保持球团外形的直接还原铁。

（3）热压块铁。把刚刚还原出来的海绵铁或金属球团趁热压成形，使其成为具有一定尺寸的块状铁，一般尺寸为100mm×50mm×30mm。经还原工艺生产的直接还原铁在高温状态下压缩成为高体积密度的型块，具有高的电导率和热导率，可以促进熔化和减少氧化造成的铁损。热压块铁的表面积小于海绵铁与金属化球团，密度在4.0~6.5t/m^3之间。

2018年全球直接还原铁的产量约为1亿吨，生产方法有气基直接还原法（82.5%）和煤基直接还原法（17.5%），目前产能上以气基法为主。

最初，DRI主要是作为优质废钢的代用品，补充废钢的不足，目前已成为生产优质钢材必须配入的精料，用以降低钢中的杂质元素。DRI具有如下优点：化学成分稳定，杂质含量极低，特别是磷、硫、氮含量低，可提高钢材质量，尤其是生产优质纯净钢。

3.2.2.1 直接还原铁的质量要求

电弧炉采用直接还原铁主要的质量要求有全铁含量和脉石含量、金属化率、硫磷及有害元素含量、粒度和密度。

A 全铁含量和脉石含量

全铁含量和脉石含量是DRI两个最重要的质量指标。全铁含量直接关系到收得率的高低。全铁含量越高，说明海绵铁的品质越好，带入的渣量越少，有利于提高金属的收得率。

脉石含量及组成主要是通过渣量对电耗产生影响，脉石有酸、碱性两种。

酸性脉石主要成分为SiO_2+Al_2O_3，酸性脉石含量过高会造成电弧炉炼钢渣量增加，进而影响电弧炉电耗。因为按目前电弧炉冶炼造高碱度渣的操作制度，DRI最大配入量取决于DRI中的酸性脉石含量，因此，对于含量过高的酸性脉石需要调整当前的电弧炉冶炼制度，适应高酸性渣冶炼。

碱性脉石主要成分是MgO+CaO，故脉石的CaO含量允许适量增加，但脉石的总含量仍应保持在电弧炉冶炼的总渣量不过度增加的限度内。

B 金属化率

DRI中未被还原的铁氧化物（FeO）在炼钢过程中将进入炉渣，会直接导致金属回收率降低。如果要提高金属回收率，就需要额外补充C和热量，通过反应

(FeO) + [C] → [Fe] + CO 来回收金属。因此，金属化率高低将对电弧炉电耗及碳耗产生关键影响。目前，国际上使用的 DRI 的金属化率一般要求在 90%～92%。由于中国许多电弧炉冶炼时经常大量使用生铁或铁水，电弧炉的脱碳任务十分繁重，因此使用部分 DRI，将有利于改善电弧炉冶炼，同时，生产较低金属化率的 DRI 可大幅度降低 DRI 生产的能耗，提高直接还原设备的生产率。

C　硫、磷及有害元素含量

一般钢中的硫、磷含量应低于 0.03%，某些优质钢要求低于 0.015%，甚至更低。电弧炉冶炼优质低硫、磷钢的 DRI，其硫、磷含量对电弧炉冶炼的影响较小，这主要是由于海绵铁中含有较高的未还原的铁氧化物，在电弧炉的熔化期、氧化期阶段会形成强氧化气氛的氧化渣（FeO 含量高达 30%），磷直接被氧化进入炉渣，而硫由于加入了石灰造高碱度渣，也会部分脱除。

普通的 DRI 其他有害金属元素（如 Cu、Sn、Sb、Pb、Cr、Ni 等特殊元素）含量很低，而废钢循环在使用中残余金属元素不易去除，尤其在冶炼洁净优质钢时，经常因这些残余元素超标而出格，故使用 DRI 可以控制和稀释钢中这些有害金属元素的含量，特别是某些高级钢种要求杂质元素含量较低，就只能使用 DRI 作为原料。

D　粒度和密度

电弧炉冶炼要求 DRI 呈均匀规则形状，以便利用料管实施连续加料，或在筐装（或罐装）时填充废钢空隙，增大入炉料的堆密度，减少装料次数；同时，为了保证 DRI 能迅速穿过渣层与钢液相接触，DRI 又必须有适宜的粒度，一般要求 DRI 粒度在 5～20mm，平均粒度在 10～20mm，对于小于 3mm 的粉状 DRI 必须经过压块后用电弧炉炼钢，因为粒度过小会造成 DRI 被炉气或炉渣带走，损失增加。对电弧炉生产而言，DRI 密度高，有益于电弧炉作业和减少 DRI 再氧化。为直接满足电弧炉连续装料使用，目前生产的 DRI 适宜的堆密度为 1.8～2.2t/m^3。

3.2.2.2　DRI 在电弧炉应用

DRI 能够在转炉、电弧炉等炼钢设备上使用，热装或冷装均可，许多厂在装料时还掺加废钢。DRI 最有效的装料途径是向电弧炉连续给料。对于电弧炉炼钢车间，DRI 产品的形态首选球团（相对于热压块铁 HBI 而言），这是因为 DRI 球能够便于连续地送入电弧炉。DRI 球在电弧炉浅池中连续熔炼，在此过程中应将电弧炉的炉顶盖关闭，以减少热能散失。

中国新建和投产的大型电弧炉的废钢质量一般较差，密度从 0.3t/m^3 到 0.7t/m^3不等。有的电弧炉需要加 3～4 次废钢料，如果使用 DRI 则可以明显减少加料次数，从而缩短冶炼周期，炉料中连续加入 20%～50%的 DRI，可以大大提高生产率。

电弧炉使用 DRI 炼钢主要有两个好处：

（1）替代废钢或生铁。DRI 杂质少，能够提高整个炉料的质量。DRI 密度均匀，能够实现连续、自动装料，减少盛装桶的数量。DRI 可与廉价、劣质废钢一同使用，这种情况在北美地区和南美的部分地区比较常见。

（2）在废钢短缺或废钢价格高昂的地区需要 DRI。使用 DRI 能够降低钢厂的整个原料成本。这种情况在亚洲、中东和非洲地区比较常见。电弧炉使用的金属炉料包括 DRI/HBI 和废钢。

生产实践表明，配加 DRI 对电弧炉的生产率和收得率有较大的影响，随着氧燃助熔、泡沫渣和废钢预热技术的成熟应用，用 DRI 替换低密度废钢，提高了电弧炉的生产率。钢水收得率与 DRI 的金属化率、脉石含量及碳含量等有关。如果想得到高的收得率，必须向电弧炉加入更高金属化率的 DRI 或加入增碳剂促进铁的还原。炉渣的性质和渣量同样影响钢水收得率，在同样碱度下，造泡沫渣可以减少渣量。

电弧炉加入 DRI 后，应 适当加入增碳剂，使电弧炉内呈还原性气氛，减轻电极的氧化，消耗降低。由于 DRI 会同游离碳发生还原反应，导致溶入电弧炉炉渣中的 FeO 量减少，而大量的碳进入到熔池中，会加速 C 同 O_2 的反应，生成 CO，有利于形成泡沫渣。泡沫渣能够降低电耗。事实上，DRI 中的碳比喷吹碳对泡沫渣形成更加有效，尤其是能够加速熔池中发生的反应，这是由于 DRI 中碳含量较高的缘故。DRI 中大量的碳进入到电弧炉熔池中，提高熔池中的化学能，降低电能消耗。DRI 中大量的碳进入到电弧炉炉渣中，意味着铁元素得到回收。在电弧炉中使用高碳 DRI 并吹氧，可提高电弧炉生产率。碳含量高达 4%的 DRI 甚至比生铁还好。

分批加入 DRI 时，对原有的加料方法并无改变，耐材消耗不会增加；连续加料时将形成“飞溅”，荡开渣面使电弧暴露，耐材会有所增加。应用 DRI 后，渣中 FeO 含量较高，C 和 O 反应时间较长，也可能增加耐材的化学侵蚀，但通过泡沫渣工艺及其他参数的调节可以使耐材消耗保持在原有水平。

DRI 的使用会增加酸性脉石含量，要保持原有炉渣碱度显然会增加熔剂的消耗，研究表明，每增加 1% DRI 量要增加熔剂量 1kg/t。但是，用 DRI 作原料时，钢水含 P 和 S 量较低，炉渣碱度不需过高，故熔剂耗量并不增加。

加入 DRI 后会增加电弧炉炼钢的能量消耗。导致电弧炉炼钢能量消耗增加的原因主要有以下几个方面：

（1）DRI 的熔化增加了能量消耗，DRI 金属化率越低，则 FeO 含量越高，而电弧炉炼钢时 FeO 的还原反应是一个吸热反应。采用 DRI 炼钢与全部采用废钢操作相比，由于 DRI 含有 10%~15%的残留氧，需要在炼钢时进行还原，为此每增加 10%的还原铁，电能消耗便增加 13kW · h/t。DRI 中脉石含量对能量消耗影响明显，SiO_2含量越高必然会增加耗电量。而为保持渣的碱度，随着 SiO_2的增加，加入的生石灰也必然增加，这样就引起渣增加，而熔化 1t 渣需耗电约 530kW·h，并且 SiO_2和煅烧过的生石灰的熔化均需消耗能量。

（2）高碳 DRI 对耗电量也有影响。因为熔池中 [C] + [O] → CO 的反应为放热反应，如果在吹入合适氧量的范围内增加吹氧量，可降低一定的电耗。

（3）当采用连续加入 DRI 方式时，在供电功率与 DRI 加入速率（冷装 28~38kg/(MW·min)，热装 50kg/(MW·min)）相匹配条件下，可大幅度缩短冶炼时间，可维持电弧炉以最大的输入功率作业，有利于提高电弧炉的产量；而采用分批加入 DRI 方式时，若加料不当（如 DRI 过于集中或 DRI 靠近炉墙），则会造成 DRI 堆积或黏结在炉墙上，从而大大延长熔化时间和增加电耗。

（4）DRI 的炉料温度对电耗影响较大，对冶炼周期影响较小。当使用全冷装直接还原铁时，电耗会比全废钢冶炼高出 100~150kW·h/t；而如果是全热装，则电耗与废钢相当。

表 3-5 表明了配加不同含量的 DRI 对电弧炉冶炼时间、电耗、金属收得率的影响。

表 3-5　150t 电弧炉不同原料结构对冶炼指标的影响

炉料结构	冶炼时间/min	电耗/kW·h·t^{-1}	金属收得率/%
100%废钢	60	360	93
25% DRI+75%废钢	65	380	92
50% DRI+50%废钢	77	440	84

3.2.2.3　直接还原铁的生产方法

目前已实现规模化生产的直接还原法有 10 余种，包括气基竖炉、转底炉、煤基回转窑、流化床等。直接还原铁由于生产过程能耗低、环境友好，同时产品纯净、质量稳定、冶金特性优良，成为生产优质钢、纯净钢不可缺少的原料，直接还原是今后世界钢铁生产不可缺少的组成部分[14,15]。

气基竖炉 Midrex 法及 HYL 法是生产规模最大的直接还原铁工艺方法，而回转窑法是煤基直接还原主要方法。气基还原工艺的产量约占世界直还铁总产量的 75%，煤基直接还原约占 25%。MIDREX 气基竖炉产量占 63.2%，HYL/Energiron 气基竖炉产量占 15.4%，这两种工艺是气基竖炉直接还原技术的主体流程。

MIDREX 工艺是成熟的气基工业生产方法，它主要应用于盛产石油或天然气的国家。把石油或天然气通过转化器变成还原气体，用此气体还原矿石。MIDREX 工艺还原气是由天然气经催化裂化制取的，裂化剂采用炉顶煤气。炉顶煤气含 CO 与 H_2约 70%，加压后送入混合室与天然气混合均匀。混合气首先进入一个换热器进行预热，换热器热源是转化炉尾气。预热后的混合气送入转化炉中的镍质催化反应管组，进行催化裂化反应，转化成还原气。还原气含 CO 及 H_2共

95%左右，温度为850~900℃。剩余的炉顶煤气作为燃料与适量的天然气在混合室混合后送入转化炉反应管外的燃烧空间。助燃用的空气也要在换热器中预热，以提高燃烧温度。转化炉燃烧尾气氧含量小于1%。高温尾气首先排入一个换热器，依次对助燃空气和混合原料气进行预热。烟气排出换热器后，一部分经洗涤加压作为密封气送入炉顶和炉底的气封装置，其余部分通过一个排烟机排入大气。MIDREX竖炉属于对流移动床反应器，分为预热段、还原区和冷却区，预热段和还原区之间没有明确的界限，一般统称还原段。矿石装入竖炉后，在下降运动中首先进入还原段。还原段大部分区域温度在800℃以上，接近炉顶的小段区域（预热段）床层温度迅速降低。在还原段内，矿石被上升的还原气加热，迅速升温，完成预热过程；随着温度的升高，矿石的还原反应逐渐加速，形成直接还原铁后进入冷却区。在冷却区内，煤气洗涤器（完成煤气的清洗和冷却过程）和煤气加压机（提供循环动力）造成一股自下而上的冷却气流，直接还原铁进入冷却区后，在冷却气流中冷却至接近环境温度，排出炉外。

在带有重整器的工艺（图3-11）中，超过90%的重整反应发生在重整器中，重整器设备处于反应器的外部，但在工业煤气回路内。重整器所用燃料是由循环利用的炉顶煤气及天然气组成的混合气体，因此在混合气体进入反应器之前，需对流经重整器的循环利用工业煤气进行净化和加压，以生成还原反应所需的CO和H_2。在反应器中使用重整后的煤气进行操作的温度比不经重整降低了大约100℃，反应器内部的残余压力比零重整工艺降低了0.21MPa~0.25MPa（1.2~2.5bar）。还原反应在1000℃以上的温度下进行时，CH_4浓度高、Fe_3C（碳化铁）量多，而低温直接还原工艺更容易产生石墨。此外，当大部分的碳以碳化铁的形式存在时，DRI球碳含量将高达4.3%[16,17]。因此，低温直接还原工艺将更有前景。

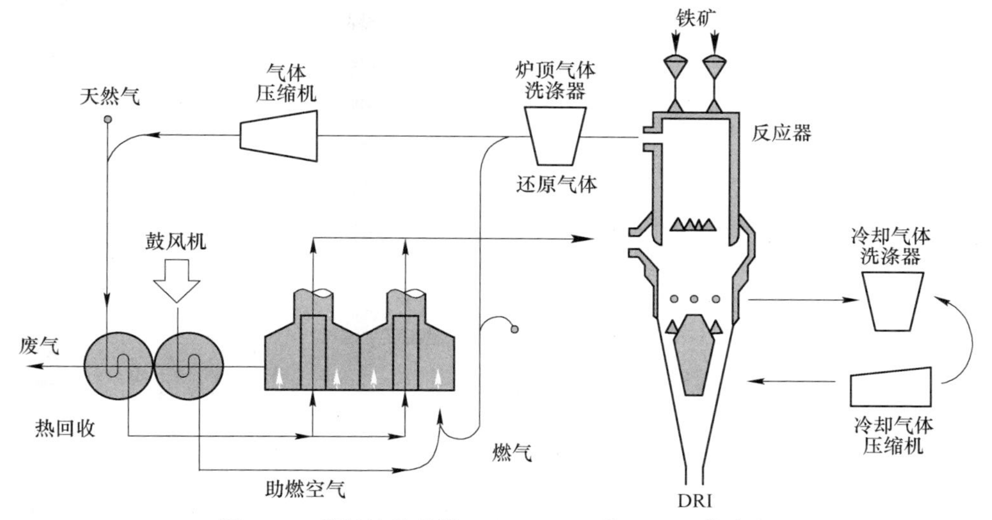

图3-11 带气体重整器（MIDREX）的DRI工艺流程

气基竖炉生产 DRI 可以实现 DRI 热出料、DRI 热装电弧炉炼钢。500～700℃的 DRI 热装电弧炉炼钢可以节约电能 60～80kW · h/t（钢）。同时，简化 DRI 出炉后的处理过程，可以减少 DRI 在冷却、运输中的再氧化及能量损失。

回转窑法是煤基直接还原技术中最成熟、规模最大的方法。目前应用最广泛的回转窑流程为鲁奇公司的 SL-RN 法，其基本工艺流程如图 3-12 所示。将 80%的非焦煤、矿石和辅助原料从窑尾送入回转窑，其余 20%非焦煤自窑头喷入燃烧供热，沿窑壁布置燃烧器控制窑体温度在 900～1000℃。原料在回转窑中停留约 10～20h 后自窑头排出进入冷却桶冷却，后经磁选后将金属材料压块或送入电弧炉炼钢，从窑尾排出的烟气用于余热锅炉或加热发电。SL-RN 法不仅可生产 DRI，还可用于含铁粉尘及多元素复合矿的综合利用，机械化程度高；但存在易结圈等问题。回转窑对原燃料的要求苛刻，能耗高（实物煤的消耗约 950kg/t）、投资高、运行费用高、生产运行的稳定难度大，生产规模难以扩大（最大 15 万吨/座）。因此，回转窑法在资源条件适宜地区，对中小规模 DRI 生产可能得到运用。

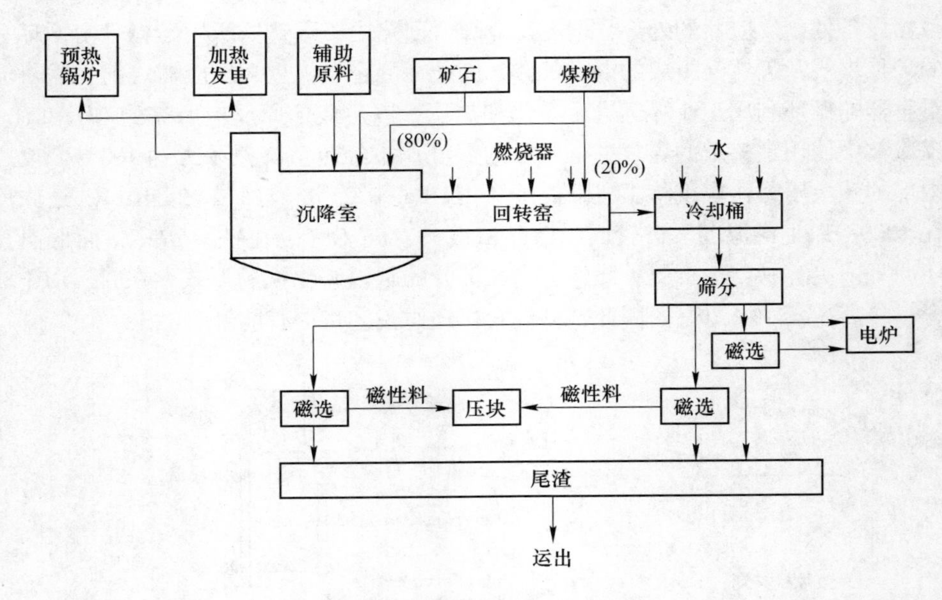

图 3-12　回转窑法生产 DRI 流程

隧道窑法生产直接还原铁是最古老的炼铁方法之一，世界其他地区隧道窑法仅用于粉末冶金还原铁粉生产的一次还原工序。除中国外，很少见到用隧道窑生产炼钢用直接还原铁的报道。隧道窑法技术含量低，适合于小规模生产，投资小，近年在中国得到一定的发展。中国已建成的隧道窑约有 200 多座，设计年产能超过 400 万吨。但隧道窑采用罐式法还原热效率低、能耗高，还原煤 450～

650kg/t；加热用煤450~550kg/t；生产周期长（48~76h）、污染严重（还原煤灰、废还原罐等固体废弃物多，粉尘多），是不符合绿色发展的。

转底炉技术（Votary hearth furnace），其基本工艺流程如图3-13所示，因采用含铁原料与还原剂混合造球，还原条件好；能源来源广泛；对原料的适应性强，在钢铁厂粉尘、复合矿利用有优势，因而受到人们重视。中国从20世纪90年代开始，先后在舞阳、鞍山、河南等地建成试验装置或工业化试生产装置多座，对转底炉煤基直接还原技术进行了大量研究。近年来，随着钢铁工业发展、环境保护的需要、含铁尘泥的处理、复合矿的综合利用，以及扩大产能的需要，转底炉工艺越来越受到人们的关注。国内外的研究表明，转底炉是以含碳球团或含碳压块为原料、快速还原为特征的煤基直接还原装置，处理冶金厂含铁尘泥（含锌粉尘、冶炼不锈钢的粉尘）是有效的、成功的。但作为生产炼钢用DRI，由于煤灰的掺入，产品铁品位低、含S高，难以满足炼钢生产的需要。

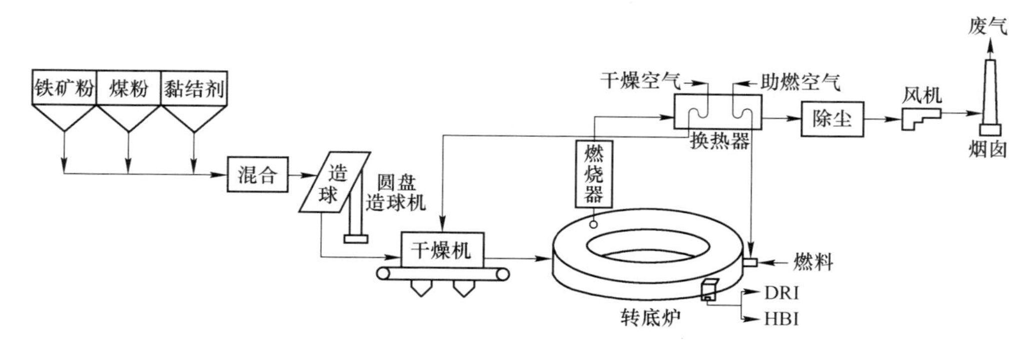

图3-13 转底炉生产DRI示意图

流化床法采用粉状原料、铁矿粉单体颗粒在高温还原气流中时FeO进行还原，粉矿不必造块、还原速度快，在还原机理上是气基法中最合理的工艺方法，在直接还原开发过程中备受关注。但生产实践中，因物料流化需要的气体流量远大于还原需要的气量，还原气一次通过的利用率过低（约10%），气体循环消耗的能量高；流化床是全混床，产品的还原程度不均匀；“失流”及黏结一直困扰流化床生产稳定等问题至今未得到有效的解决，造成已建成的多个流化床直接还原装置法中只有Finmet法（委内瑞拉Matazas的OrinocoIron）和Circored法（特里尼达与多巴哥PointLisas的Cliffs&Associates）还在生产，且产量仅为生产能力的50%左右[18~20]。

3.2.3 脱碳粒铁

脱碳粒铁的全称为脱碳粒化生铁，是在高炉出铁时，采用高压水淬火制取不同粒度的粒化生铁（3~10mm），然后将其装入回转窑，通入一定量的混合气体，加热至一定温度，进行生铁脱碳的氧化工艺。在铁矿石质量良好时生产的脱碳粒铁杂质含量低、成分稳定，是可供电弧炉生产优质钢的良好原料。脱碳粒铁的成分见表3-6。

表 3-6　粒铁的性质

化学成分/%	C	Si	S	P	氧化铁	Cu	As+Sn+Pb+Sb+Bi+Zn
	1.5	0.6	<0.04	<0.05	<2	<0.01	<0.007
物理性质	粒度/mm			堆密度/$t \cdot m^{-2}$			抗再氧化性
	5~15（>90%）			3.5~4			良好

3.2.3.1　粒铁的脱碳机理

由氧化铁还原平衡气相图（图3-14）可知，在一定温度下（超过700℃），将铁置于一定的CO_2气氛中（$w(CO_2)<20\%$），铁可以不被氧化，而碳被CO_2氧化成CO逸出。在$w(CO_2)/w(CO)$比值比较高的条件下，碳可加速氧化，但铁被氧化得不多。高温下粒化生铁内部的碳可通过固相扩散到达粒铁表面。当温度超过900℃后，碳的固相扩散速度急剧增加。粒铁脱碳的反应机理可由下列反应式表示：

$$C_{内} = C_{表}$$

$$C_{表} + CO_2 = 2CO$$

$$2CO + O_2 = 2CO_2$$

$$C_{内} + 1/2O_2 = 2CO_2$$

式中　$C_{内}$——粒铁内部的碳；

　　　$C_{表}$——生铁表面的碳。

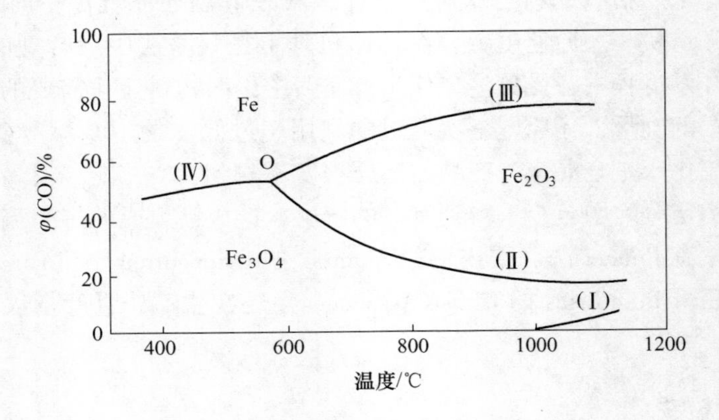

图 3-14　氧化铁还原平衡气相图

上述反应是强烈的放热反应，每千克碳被氧化后能放出 9757kJ 的热量，如按生铁脱碳 3%计算，则每吨生铁可从脱碳反应中获得 292710kJ 的热量，基本上可满足反应过程自热进行的热量平衡需要。实验研究表明，影响粒铁脱碳速度的主要因素是温度和生铁粒度。脱碳粒铁的微观结如图 3-15，它由表面氧化亚铁薄层、中间基本不含碳的铁素体脱碳层和保持原生铁成分的粒铁核心组成。随脱碳时间和脱碳强度的增加脱碳层逐渐增厚，粒铁平均碳含量降低。

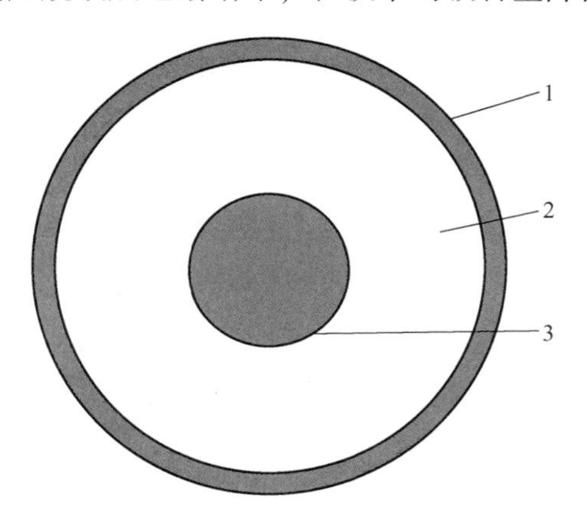

图 3-15 低温下脱碳粒铁的微观结构

1—FeO 层；2—脱碳层；3—生铁核心

3.2.3.2 脱碳粒铁生产方法

脱碳粒铁生产首先将炼钢生铁用高压水冲制成 3~15mm 的粒铁（可以通过调节水压和水的流速来控制粒铁的粒度分布），然后在回转窑或竖炉中进行固态脱碳，其中回转窑脱碳技术较为成熟。

回转窑的窑头装有高炉煤气燃烧装置。在回转窑的不同位置分别装有数个二次风机和热电偶。回转窑转速可在一定范围内任意调节，粒铁脱碳的工艺流程如图 3-16 所示。

通过窑尾给料装置将粒铁均匀连续地加入回转窑，依靠窑头高炉煤气及粒铁脱碳后的产物 CO 燃烧放出的热量来加热粒铁。在适当的温度范围及一定的氧化性气氛下进行粒铁脱碳，通常窑内最高温度控制在 800~1100℃。在回转窑运转一定的时间后，粒铁随着窑的转动逐渐移至窑头，并在运动过程中与窑头高炉煤气燃烧产生的高温氧化性气体相遇，发生激烈的热交换和脱碳化学反应。最后脱碳粒铁从窑尾排出。脱碳粒铁的碳含量主要通过粒铁在回转窑内的停留时间及回转窑内的温度来控制，而前者可借助回转窑的转速来调节。

因为粒铁脱碳过程是一个不需要耗用能量的自热过程，所以脱碳粒铁的加工费用很低，主要由回转窑运转炉料的动力费用、粒铁减重费用（3%~4%）及设

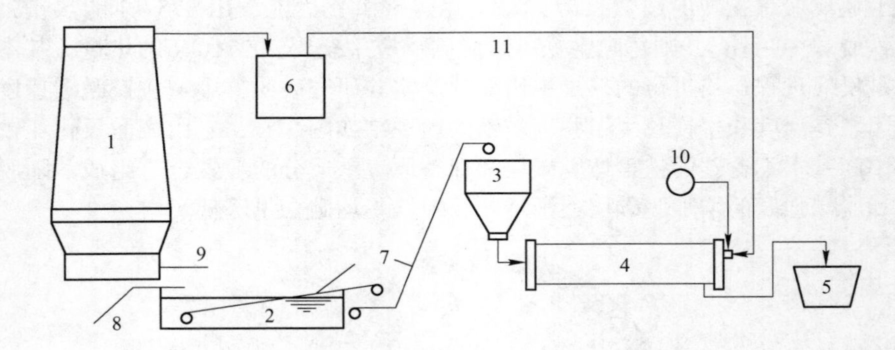

图 3-16　粒铁脱碳工艺流程

1—高炉；2—水池；3—料仓；4—回转窑；5—粒铁罐；6—除尘设备；
7—皮带输送机；8—高压水；9—铁水；10—风机；11—高炉炉顶煤气

备折旧费组成。脱碳粒铁的生产成本低于目前市场上海绵铁的价格，它主要取决于生铁价格，生产加工费用仅相当于生铁成本的5%~7%。

3.2.3.3　电弧炉应用效果

概括起来，脱碳粒铁具有以下特点：

（1）脱碳粒铁的碳含量可根据要求在0.2%~2.0%之间调整。采用较纯净的铁矿石生产的脱碳粒铁纯净度更高，有害金属元素（Cu、Sn、Zn、As等）含量极低，完全可以替代海绵铁。

（2）脱碳粒铁表面少量的FeO有利于电弧炉造泡沫渣。

（3）脱碳粒铁的金属铁含量比直接还原铁高，而且它不像直接还原铁那样含有脉石，可使电弧炉炼钢过程中的渣量减少、电耗降低。

（4）脱碳粒铁是在高温氧化气氛下生产的，所以耐再氧化性高，便于电炉热装，可进一步降低电耗。

（5）脱碳粒铁的比表面积大，在电炉中熔化速度快。

（6）另外，脱碳粒铁的堆比重大，可降低电炉装料次数，这些都有利于降低电耗。

分别在30t和150t电炉上使用脱碳粒铁进行试验。脱碳粒铁配比为15%~30%。冶炼结果证明，脱碳粒铁是一种可代替废钢用于电炉生产的优质原料，它对冶炼时间及吨钢电耗均无不利影响，对最终产品的质量也没有影响。脱碳粒铁表面的少量氧化亚铁有利于电炉炼钢过程中的脱磷。使用脱碳粒铁后，电炉加料次数减少，热量损失减小，从而使电耗降低。为便于熔化，装料时脱碳粒铁应装在电炉中部，避免装在边缘炉墙位置，造成与炉墙黏结，延长熔化时间。

脱碳粒铁的堆密度很大，可代替重废钢配合轻废钢作炉料。粒铁和DRI相似，在试用期间通常和其余废钢一起装入料堆。在成批装料时，粒铁的用量占装料量的25%~35%，装料方式一般应该是待炉底加入部分轻薄废钢料以后集中加入脱碳粒铁，使脱碳粒铁处于料层的下部位置较为适宜。

3.2.4 碳化铁

碳化铁是铁精矿粉经天然气改制后所得还原气还原后得到的混合物，其主要成分为 Fe_3C，其余为脉石和铁氧化物。碳化铁的成分见表3-7。

表3-7 碳化铁的成分 (%)

成分	Fe_3C	Fe_3O_4	$SiO_2+Al_2O_3$	MFe	Fe	C	O
含量范围	88~94	2~7	2~4	0.5~1	89~94	6~6.4	1.4~0.4
典型含量	92	2	2	1	90.8	6.2	1.0

作为炼钢替代钢铁原料，碳化铁的主要优点如下：

(1) 具有很高的化学稳定性、不自燃、对二次氧化不敏感，因此便于储存和运输。

(2) 自身的硫、磷等有害杂质含量低，同时在炼钢生产中还可以降低钢中的有害杂质浓度。

(3) 只含2%~3%（质量分数）的氧化铁，且含高达6%的碳。碳在炼钢时通常以燃烧形式产生热能，因此可比使用废钢或直接还原铁炼钢节约一个数量级的热能。

(4) 可直接使用精矿粉生产碳化铁，无需造块，因而可实现喷吹速熔。

(5) 可以作为炼钢过程中的增碳剂和冷却剂。

(6) 还原反应在较低温度和流态化条件下进行，故具有较高的热效率，并且由于温度不高，生成的不是金属化铁，所以在反应器内壁上无结块附着和非流态化问题。

(7) 采用气体闭路循环工艺，不存在反应物损失问题，唯一的副产品是水蒸气，可减少对环境的污染。

(8) 工艺设备投资少、成本低。据资料表明，与生产直接还原铁的工艺相比，每吨钢的生产成本可降低20美元。

3.2.4.1 碳化铁的生产

目前，制备碳化铁的方法有机械化学铁粉和石墨粉、一氧化碳还原并碳化氧化铁、分解 $Fe(CO)_5$、等离子气相化学沉积以及碳氢化合物与铁的反应等。最广泛的碳化铁制备的基本原理是将铁矿石（Fe_2O_3）送进具有一定温度、压力的流化床反应器中，通入预热的工业气体（含 CO、CO_2、CH_4、H_2 和 H_2O 蒸气）与其发生反应，生成碳化铁。其化学反应式为：

$$3Fe_2O_3 + 7H_2 + CH_4 = 2Fe_3C + 9H_2O$$

图 3-17 所示为 ICH 公司碳化铁的生产工艺流程。按还原铁矿所用气体种类可将生产碳化铁的工艺分为 CH_4—H_2、CO—H_2 和 CO—CO_2—H_2 三个系列。碳化铁生产对天然气资源的依赖程度较高。

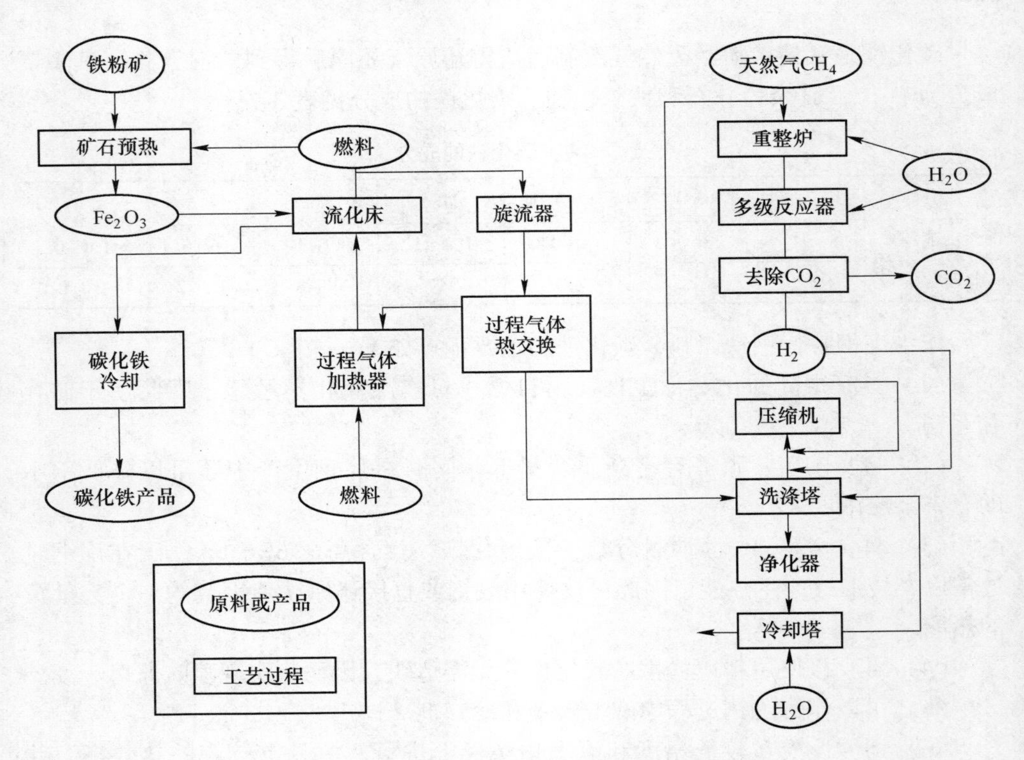

图 3-17　ICH 公司碳化铁生产工艺流程

美国纽柯公司利用 60%CH_4+34%H_2+2%CO+1%H_2O（其余为 CO_2 和 N_2）混合气体，在温度为 843K，压力为 3×10^5Pa 的条件下，成功制得碳化铁。利用 H_2 还原铁矿粉，使之达到较高的还原度；然后用合适的渗碳性气体，如 CH_4，进一步还原并碳化金属铁成功制备出碳化铁。

3.2.4.2　碳化铁的应用

碳化铁可压块向电弧炉中加入，也可喷吹加入。由于碳化铁坚硬、无黏性、流动性好，因此不会在喷吹过程中发生由于黏结造成的管道堵塞，喷吹加入可在冶炼过程中进行而不必中断冶炼，缩短冶炼时间，还可减少热损失，提高效率。

碳化铁应在废钢大部分熔化后开始加入，以避免在冶炼后期由于使用大功率加热而使钢中氮含量升高，碳化铁的熔点是 2100K，难以熔化在钢水中，而是按以下反应式进行溶解。

$$Fe_3C = [C] + 3Fe$$

碳化铁以溶解方式进入炼钢熔池，因此首先必须加入部分废钢，冶炼前期废钢熔化形成熔池，用碳化铁炼钢，若要求其熔化时间不高于用废钢炼钢的熔化时间，就必然限制了碳化铁实际喷吹时间，也就限制了碳化铁的加入量。

Nucor 公司在 32t 电弧炉以 90kg/min（Ar 或 N_2 为载体）的速度将碳化铁粉末喷入炉内进行实验，北极星钢公司也在 115t 电弧炉上进行了相同的实验，其结果均表明碳化铁作为炼钢原料完全可行，同时发现金属收得率比单独使用废钢提高 3%左右，冶炼过程更加平稳，并且所得产品杂质元素含量较低。

在电炉中使用碳化铁作炼钢原料时发生的反应如下：

$$Fe_3C = 3Fe + C \qquad \Delta H_{(298K)} = 125.6kJ/kg$$

$$4Fe_3C + Fe_3O_4 = 15Fe(s) + 4CO(g) \qquad \Delta H_{(298K)} = 2512kJ/kg$$

$$C(s) + 1/2O_2 = CO(g) \qquad \Delta H_{(298K)} = 13125kJ/kg$$

可见碳化铁中所含的碳在炼钢中以燃烧的方式产生热能，若将碳化铁预热至 1100℃热装，炼钢过程就可以实现能量自给而无须外来能源，见表 3-8。

表 3-8 不同炉料对电炉能耗的影响

电炉原料	能耗/kJ · t^{-1}
废钢	1369368
DRI	1738044
Fe_3C	711018
Fe_3C（预热至 1100℃）	热量自给

同时还发现，使用碳化铁作为炼钢原料，当碳化铁中 Fe_3O_4 低于 19%时，随着炉料中碳化铁含量的增加，电能消耗大幅降低，如图 3-18 所示。

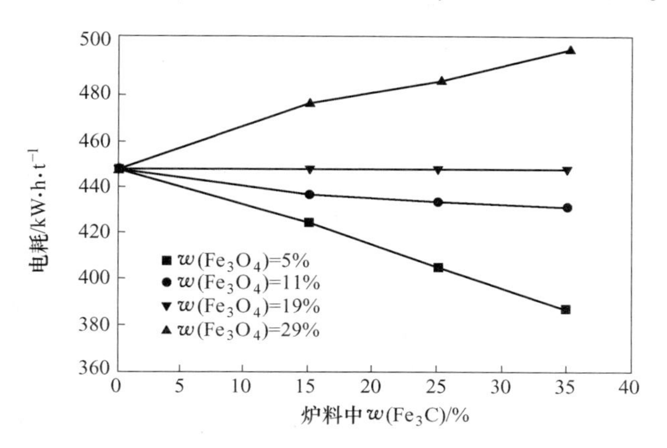

图 3-18 碳化铁入炉量与电炉电耗的关系

3.3　电弧炉炼钢辅料

在电弧炉冶炼过程中除废钢及其他含铁原料外，还需加入各种炼钢辅料以完成各种冶金任务，得到成分温度适宜的钢水。

3.3.1　合金、脱氧剂和增碳剂

在电弧炉冶炼过程中，需要向钢液中加入合金、脱氧剂和增碳剂来实现脱氧、脱硫、合金化等冶金任务，以达到出钢终点成分要求。为了使钢具有所需的不同力学性能、物理性能和化学性能，必须向钢液中加入不同的合金材料，进行合金化，以达到要求的化学成分。脱氧剂主要用于对钢液进行脱氧，并回收渣中的合金元素对炉渣进行还原以及对夹杂物进行形态、大小、分布控制或变性处理，脱氧剂对钢液也具有脱硫作用。在炼钢过程中加入增碳剂，是为了补足钢铁熔炼过程中烧损的碳含量，使钢液碳含量达到炼制预期的理论值。

3.3.1.1　铁合金

对合金材料总的要求是，合金元素的含量要高，以减少熔化时的热量消耗；有确切而稳定的化学成分，入炉块度应适当，以便控制钢的成分和合金的收得率；合金中含非金属夹杂和有害杂质硫、磷及气体要少。电弧炉炼钢常用合金材料主要有以下变化：

（1）铬。铬铁主要作为含铬钢种的合金材料。按照碳含量的多少分为高碳铬铁、中碳铬铁、低碳铬铁、微碳铬铁、金属铬和真空压块铬铁等多种。铬可以和碳形成各种稳定的碳化物，故铬铁含碳越低冶炼越困难，成本也越高。在冶炼一般钢种时，应尽量使用高碳铬铁和中碳铬铁。除金属铬和真空铬铁外，所有铬铁的铬含量都波动在50%~65%之间。

在冶炼低碳或超低碳不锈钢或镍铬合金时，可使用微碳铬铁或金属铬。铬铁中往往含有较高的硅，在大量使用铬铁时应控制脱氧剂硅铁粉的用量，以免因硅高而出格。

高碳铬铁的冶炼方法有高炉法、电炉法、等离子炉法等。使用高炉只能制得含铬在30%左右的特种生铁。目前，含铬高的高碳铬铁大都采用熔剂法在矿热炉内冶炼。

中、低、微碳铬铁一般以硅铬合金、铬铁矿和石灰为原料，用1500~6000kV·A电炉精炼脱硅，采用高碱度炉渣操作（CaO/SiO_2为1.6~1.8）。低、微碳铬铁还大规模采用热兑法进行生产。

（2）钒。钒铁主要用于钢的合金化材料。钒在钢中与碳有较强的亲和力，可形成高熔点的碳化物。钒的碳化物有着显著的弥散硬化作用，可提高钢的切削性、耐磨性和红硬性。钒铁也是一种比较好的脱氧剂，而且适量的钒还能起到细

化晶粒的作用。钒铁中钒含量在40%~75%之间。钒铁中磷含量较高，炼高钒钢时应注意控制钢中的磷含量。钒铁中的硅、铝含量也是比较高的，在计算成品时要考虑。

（3）氮化钒与氮化钒铁。氮是含钒微合金钢中的重要元素，含钒钢中含一定量的氮有助于热处理过程中铁素体晶粒组织的细化和更有效地析出V(C，N)，从而增加钢的强度和韧性。单纯增加钢中钒的含量虽可以增加钢的强度，但是效果没有增氮好且成本较高。氮化钒和氮化钒铁均可用于生产微合金钢。氮化钒铁与氮化钒相比，较少使用量即可获得更好的强化效果，而且钒收率较高。氮化钒铁的生产方法主要有固相渗氮法、熔体渗氮法和自蔓延高温合成法。氮化钒的生产方法主要有两步法、钒酸铵还原氮化法和V_2O_3直接氮化法。

（4）镍。镍用于不锈钢、高温合金、精密合金以及优质结构钢的合金化。通常金属镍中含镍和钴的总量达99.5%以上，其中钴小于0.5%。金属镍中含氢量很高，还原期补加的镍需经高温长期烘烤。

镍铁是含镍量为20%~60%的镍铁合金，镍铁的熔点为1430~1480℃，相对密度为8.1~8.4，同时含有Cr、Si、S、P、C等杂质元素。在炼钢工业中镍铁作为合金元素添加剂，可提高钢的抗弯强度和硬度，也可以代替金属镍有效降低不锈钢冶炼成本。

通过镍铁高炉生产的镍铁水，既可以作为合金元素添加剂使用，同时由于带有大量的物理热，也可以有效降低电炉冶炼过程的能源消耗。

3.3.1.2 脱氧剂

电炉炼钢常用的脱氧剂大致分为块状脱氧剂和粉状脱氧剂两类。块状脱氧剂一般用于沉淀脱氧，粉状脱氧剂一般用于扩散脱氧。锰铁、硅铁和硅锰铁等既是大量使用的铁合金原料，也是最基本的块状脱氧剂，此外硅锰合金、硅钙合金、硅锰铝合金等一般作为复合脱氧剂使用。电弧炉炼钢常用的粉末状脱氧剂还包括硅钙粉、电石和稀土金属等，科研人员还开发出许多新型钢砂铝、铝渣等脱氧剂[21~23]。

（1）锰铁。锰铁是炼钢生产中使用最多的一种合金材料和脱氧剂。锰铁随碳含量的增加而成本降低，在保证钢质量的基础上，应尽量采用含锰约75%的高碳锰铁。在冶炼低碳高锰钢和低碳不锈钢等钢种时，可使用低碳锰铁或用金属锰。

锰铁的冶炼方法有高炉冶炼法和电炉冶炼法两种。

高炉法一般采用1000m^3以下的高炉，设备和生产工艺大体与炼铁高炉相同。锰矿石在由炉顶下降的过程中，高价的氧化锰（MnO_2、Mn_2O_3、Mn_3O_4）随温度升高被CO逐步还原到MnO。但MnO只能在高温下通过碳直接还原成金属，所以冶炼锰铁需要较高的炉缸温度，为此冶炼锰铁的高炉均采用较高的焦比

（1600kg/t 左右）和风温（1000℃以上）。为降低锰损耗，炉渣应保持较高的碱度（CaO/SiO_2大于 1.3）。

电炉法锰铁的还原冶炼有熔剂法（又称低锰渣法）和无熔剂法（高锰渣法）两种。熔剂法原理与高炉冶炼相同，只是以电能代替加热用的焦炭，通过配加石灰形成高碱度炉渣（CaO/SiO_2为 1.3~1.6）以减少锰的损失。无熔剂法冶炼不加石灰，可形成碱度较低（CaO/SiO_2 小于 1.0）、含锰较高的低铁低磷富锰渣。此法渣量少，可降低电耗，且因渣温较低可减轻锰的蒸发损失，同时副产品富锰渣（含锰 25%~40%）可以作为冶炼锰硅合金的原料，取得较高的锰的综合回收率（90%以上）。现代工业生产大多采用无熔剂法冶炼碳素锰铁。

纯净锰铁的锰含量大于90%，硅含量小于1.5%，碳含量小于0.1%。常用的生产方法有电炉电硅热法和炉外精炼法。

电炉电硅热法也叫三步法。第一步，在电炉内用碳热法生产出高碱度低磷低碳富锰渣；第二步，在电炉内用碳热法生产出低碳高硅的硅锰合金（硅含量大于30%）；第三步，在另一电炉中用硅热法，以高碱度低磷低碳富锰渣和高硅硅锰合金为原料，生产出锰含量大于97.5%、铁含量小于1.5%、碳含量小于0.1%的金属锰产品，其电耗小于3692kW · h/t。该工艺方法比较成熟，产品的质量也易于控制。该方法的缺点是，多一套精炼炉，增加了基建投资，由于在精炼炉内使用石墨电极可使产品增碳，故增加了精炼时的电耗；另外，由于在精炼炉内温度分布不均，特别在电弧高温区发生锰的挥发，会降低锰回收率；又由于在电炉内渣-金界面上发生反应，动力学条件不好，脱硅速度慢。

炉外精炼法有多种技术流程。第一种流程是将优质锰矿和适量的熔剂（$CaO+CaF_2$），用煤气预热到500℃后装入摇包中，再缓慢兑入硅锰合金熔体，开始时以5~10r/min 摇包，待包内还原反应开始后，再以45r/min 速度摇 10min，去掉包中熔渣后，再向包中添加500℃的熔剂（$CaO+CaF_2$），继续摇包进一步脱硅，到锰铁中 Si 合格为止。第二次摇包后渣中 MnO 还很高，不能扔掉，应用适量的硅铁回收此渣中的锰，可在摇包内进行，一般摇 3~5min 即可使渣中 Mn 降到弃渣水平。

第二种是用含 Mn 10%~40%的锰渣熔体作原料，1500℃下以硅锰合金（可以是固体或熔体）为还原剂，加入适量熔剂（CaO 或 $CaO+CaF_2$），在作水平偏心运动的摇包内进行还原反应，摇包转数为45r/min，时间为9~23min，可获得上面提到的纯净锰铁，Mn 回收率为86%~93%。这种炉外精炼直接生产纯净锰铁的方法工艺简单易行，有推广价值。它使用锰合金产品的出炉渣作原料，因而成本低，反应后渣中残余 Mn 降至2%~3%，使渣有效贫化，且充分利用了资源，摇包内反应避免了 Mn 的挥发损失，提高了 Mn 回收率。

（2）硅铁。硅铁也是炼钢生产中常用的一种合金材料和脱氧剂。硅铁按含硅量分为含硅45%、75%和90%三种。含硅45%的硅铁比含硅75%的硅铁的密度大，因而增硅能力也要大些，一般用作沉淀脱氧和增硅的合金材料。含硅75%的硅铁既可用于沉淀脱氧也可磨成粉状用于扩散脱氧，它是电炉用量最大的一种合金。含硅90%的硅铁可用于冶炼含铁较低的合金。含硅在50%~60%的硅铁极易粉化，并放出有害气体，一般不应生产和使用这种中间成分的硅铁。

传统的硅铁生产方法是以焦炭、钢屑、石英（或硅石）为原料，用电炉冶炼制成。该方法生产特殊低碳硅铁，即使采用低铝低碳原燃料，合金中铝只能控制到0.5%左右，远远不能满足某些钢种对硅铁合金杂质元素的要求。人们也在探索更多其他的工艺，目前经过工业试验验证的硅铁精炼工艺有倒包混冲和热分解气体搅拌法、合成渣团精炼法、合成渣+摇包精炼法、合成渣+顶（底）吹氧气（或氧气+空气）精炼法、氯化精炼法、感应炉精炼法等。其中合成渣+顶（底）吹氧气（或氧气+空气）精炼法效果较好，国内应用较多。

合成渣+混合底吹精炼技术是在氧化精炼技术与热冲倒包渣洗降碳脱硅技术的基础上进行优化，即在矿热炉出铁过程中，在75%硅铁溶液中加入一种钙质造渣剂。造渣剂要待铁水包盛装一定量的铁水后再加入，且在加入铁水包的过程中要缓慢而均匀，加入量应根据所需产品的规格确定；同时，向铁水包内吹入干燥的压缩空气和氧气的混合气体。吹氧的目的首先在于防止造渣剂结块或球团化，促进化渣，并补偿铁水温度不足；其次通过氧化作用使铁水中的杂质形成较为稳定的氧化物进入渣相中，达到除杂提纯的目的。底吹时应掌握合适的风量，以刚好能使铁水翻腾为宜，吹炼时间也视取样棒黏结硅铁颜色而定，颜色发亮即可停止吹炼；吹炼完毕后，要尽量在熔渣形成大量固态物之前扒除。固态渣形成后，扒渣的过程要短，以减少硅铁的损失。浇注完成后，应清除成品上的少量余渣再入库。

国内有关厂家曾做过验证试验，研究结论是，采用合成渣+底吹压缩空气与氧气混合底吹精炼，设备简单、运行可靠、操作简便，是一种理想方式。混合底吹精炼方式不仅脱碳效果良好，且脱铝、钙能力也较好，脱除率可达90%以上；底吹透气砖工作状态良好，硅铁熔体搅拌效果也很好；没有渣铁挂在坩埚壁上的现象，渣铁分离良好；停气后，透气砖无堵塞情况。

（3）铝。铝是强脱氧剂，也是合金化材料。脱氧用金属铝含铝在98%以上。几乎所有钢种都用铝作为最终脱氧剂，并用以细化奥氏体晶粒。在某些耐热钢和合金钢中，铝可作为合金化材料加入。

铝粉是很强的扩散脱氧剂。主要用于冶炼低碳不锈钢和某些低碳合金结构钢，以提高合金元素的收得率和缩短还原时间。铝粉使用前也应干燥，使用粒度应不大于0.5mm，水分不大于0.20%。现代电弧炉生产过程中也会采用喂铝线工艺来提高铝的利用率，降低铝耗，提高钢材质量。铝以铝铁（含铝20%~55%）

形式加入，或以硅铝钡铁合金加入时，由于密度较大，铝的收得率较高。

钢砂铝可以替代金属铝进行钢液脱氧，是通过将高纯度钢砂以不规则形状弥散于铝液中凝固而成，与纯铝脱氧相比，弥散均匀的钢砂可增加产品比重，延长铝在钢液中的时间，使其充分与钢水进行界面反应，提高脱氧能力，提高铝收得率；且与纯铝脱氧相比，钢砂铝脱氧相比具有用量调整灵活、减轻劳动强度等优点。

铝渣。铝渣又名铝灰，是铝熔炼时产生的一些不纯混合金属的结渣，其中含有15%的金属铝、70%的氧化铝，并有 SiO_2、MgO、C 等杂质。铝渣可作为造渣剂应用于电弧炉生产，造渣效果好，有良好的脱硫能力，并且可以减小炉渣对炉衬的侵蚀。

3.3.1.3　增碳剂

在冶炼中用于给钢液增碳的材料称为增碳剂。广义上来说，能够对铁水起到增碳作用的物质都可以称为增碳剂，从煤炭类、焦炭到煅烧石油焦再到高温石墨化的增碳剂都可以对铁水增碳，但其石墨化的程度不同，低端的增碳剂石墨化程度低，碳原子为散乱排布，经过高温石墨化的增碳剂的原子排列有序。电弧炉冶炼中增碳剂随废钢等炉料一起投放，既可以小剂量添加在钢水表面，也可采用向包内喷吹增碳剂粉来增碳[24~29]。

电炉传统的增碳剂有焦炭粉、电极粉、生铁、石油焦、天然石墨和人造石墨等。目前，许多新型含碳替代材料开始作为脱氧增碳剂，包括无烟煤、兰炭和铁碳球团等。

（1）无烟煤。无烟煤是煤化程度最高的煤。其固定碳含量高、挥发分产率低、密度大、硬度大、燃点高、燃烧时不冒烟、黑色坚硬、有金属光泽。无烟煤的一般含碳量在 90% 以上，挥发物在 10% 以下，热值 6000 ~ 6500kcal/kg（1kcal = 4.1868J）。文献显示，无烟煤经煅烧后可以作为炼钢的脱氧增碳剂，可替代传统的增碳剂，且增碳效率高、使用成本低。

（2）兰炭。兰炭又称半焦、焦粉，是利用神府煤田盛产的优质精煤块烧制而成的一种新型的碳素材料，拥有固定碳高、比电阻高、化学活性高、含灰分低、铝低、硫低、磷低的特性，是一种优质的炼钢脱氧增碳剂。

兰炭生产多以低温干馏为主，干馏温度一般在600℃左右。目前兰炭低温干馏炉设备的单炉年产量多数在3万吨/年上下，5万吨/年以上规模大型化设备的技术工艺仍不成熟，仅能运用一炉多门等组合技术实现集中化大规模生产。

（3）铁碳球团。北京科技大学开发了一种用于电弧炉冶炼脱氧增碳的铁碳球团，可在渣-钢界面以下对钢水进行稳定高效的增碳，同时能够在渣-钢界面以下进行良好的碳氧反应，进行夹杂和气体的脱除，还能促进泡沫渣的大量形成，稳定电弧，缩短冶炼时间，可有效降低铁损，提高金属收得率，减少冶炼成本。

3.3.2 造渣材料

炉渣在电弧炉冶炼过程中具有重要地位，人们常说炼钢即炼渣，炉渣性能的好坏与炼钢生产的各项经济指标息息相关。碱性电炉常规使用的造渣材料主要有石灰、白云石、镁球，以及萤石、球团矿等，但萤石会带来污染，目前用量越来越少。近年来，各种固体废弃物，如转炉渣、除尘灰、废塑料等，开始大量用作电弧炉造渣。

3.3.2.1 *石灰*

石灰是碱性电炉炼钢的主要造渣材料。根据煅烧温度的高低和升温速度的快慢，可以得到过烧石灰或软烧石灰。由于电炉冶炼周期较长，成渣速度可适当慢些，为减少石灰吸水和便于保存，电炉宜采用新烧的活性度中等的普通石灰。石灰极易受潮变成粉末，因此在运输和保管过程中要注意防潮，氧化期和还原期用的石灰要在700℃高温下烘烤使用[30,31]。

常规电弧炉生产的石灰块度一般为20~60mm，石灰应焙烧透，灼减量要小于5%。石灰中不应混有石灰粉末和焦炭颗粒，超高功率电炉采用泡沫渣冶炼时可用部分小块石灰石造渣。近年电炉大量采用喷粉脱磷工艺，石灰粉和钝化石灰粉开始成为新的电弧炉炼钢造渣材料。

国内外生产炼钢活性石灰的方法主要有竖窑法、回转窑法、套筒窑法。

(1) 竖窑法。竖窑法又被称为立窑法，是国内外非常普遍的石灰生产装备，如美国煅烧石灰的立窑，大多是具有美国特点的VCC型和AZBE型竖窑，VCC型窑单窑的生产能力为100~686t/d，AZBE窑普遍采用天然气，也可烧重油和发生炉煤气。根据国内外经验，一般烧气竖窑生产的石灰比烧煤竖窑的活性度要高100mL左右。

机械竖窑窑顶采用旋转布料器，可使入窑的原料与燃料分布均匀；采用四层温度检测，使冷却带、煅烧带、预热带相对稳定，使石灰分解完全；窑下出料采用圆盘出料机连续出料，并采用两段密封阀锁气，使竖窑能连续鼓风，窑内含尘气体不外溢，同时保证窑炉内工况稳定。窑炉内部结构示意图如图3-19所示，窑炉生产系统全过程采用PLC计算机进行控制操作。

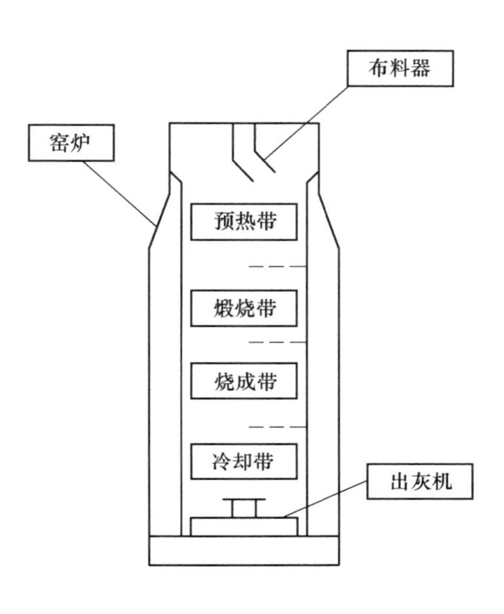

图3-19 窑炉内部结构

竖窑受燃料配比及煅烧工艺等诸多因素影响，生产过程中会出现石灰过烧现象，造成活性度降低，直接影响供应钢厂炼钢过程的成渣速度、能量消耗等，存在较大的质量隐患。

套筒式石灰窑，又称环形套筒窑，是能实现石灰石原料在同一座窑内逆流和并流焙烧，且并流带能延长焙烧时间的大型热工设备。套筒式石灰窑是 1964 年由德国贝肯巴赫公司发明的，它是一种可较为可靠的生产方解石石灰和白云石石灰的竖窑，发展至今已经在世界各地建成 500 余座。其主要由内衬有耐火材料的钢制外壳和上下内套筒组成，外壳与内套筒同心布置形成环形通道，物料在此环形空间通过，因此该炉型也被称为环形竖窑。上内筒悬挂在窑顶部，下内筒位于窑下部，结构均为双层空心钢结构并外衬耐火材料，中间通空气冷却，上内筒的主要作用是将废气排出并预热空气提供给燃烧系统，下内筒的主要作用是产生循环气流形成并流煅烧，并起到保证气流均匀分布的作用。

套筒石灰窑窑内为负压环境，因此无烟气和粉尘外溢。对窑炉炉体的热负荷冲击小，可提高窑炉的使用寿命，作业率可达 98%以上，平均 5 年左右中修 1 次。可实现在线检查、取样以及维护工作，大大提高了生产效率和安全性。

套筒窑对于原料和燃料变化的适应性强，可使用水洗石灰石，原料粒径比 1∶3，块度范围在 15~150mm。套筒石灰窑使用燃料范围广，可使用低热值煤气（发热值约 7000kJ/m^3），且煤气压力仅需 15kPa 左右的常规压力，与固体燃料相比，气体燃料不仅能与空气混合均匀，燃烧所需空气过剩系数小，可以达到较高的燃烧强度；而且气体燃料较清洁，烧制的石灰 S、P 等有害元素含量低，石灰中的瘤块较少。其产品质量高。石灰活性度达 350mL 以上，最高可达 400mL 左右，石灰中的残余 CO_2 含量小于 2%。其主要技术经济指标见表 3-9。

表 3-9　套筒窑的主要技术经济指标

序号	项　目		指标及说明	备注
1	煅烧原理		部分逆流，部分并流	50g 石灰，NH_4Cl 10min 测算（EDTA 滴定法）
2	石灰产品	石灰活性度/mL	≥360	
3		生过烧率/%	3~7	
4		CaO 含量/%	≥90	
5		SiO_2 含量/%	≤1.5	
6		含硫量/%	≤0.02	
7		残余 CO_2 含量/%	≤1.5	
8	原料石灰石粒度/mm		30~80	经工艺调整，可以适应其他粒度的原料矿石

续表 3-9

序号	项　　目	指标及说明	备注
9	单位热耗/kcal·kg^{-1}	850~900	
10	单位电耗/kW·h·t^{-1}	22~25	
11	年作业率/%	98	
12	大中修周期/a	5	
13	窑内工作压力/Pa	负压，-3430~-196 (-350~-20mm 水柱)	
14	操作维修的难易程度	简单，负压操作， 可在线维修和检测， 操作安全	
15	窑体密封	因负压，要求 不高测算	
16	单座窑造价	总投资约 5000 万元	以 600t/d 套窑筒为例

注：1cal=4.1868J。

（2）回转窑法。回转窑生产活性石灰具有大型化、大产量、高活性等特点，备受各行业客户的青睐。物料从回转窑窑尾进入，窑头出料，按窑内温度不同，分为窑尾、预热带、烧成带（也称煅烧带）、冷却带、窑头等段带。

窑内带热交换装置的长回转窑处理的石灰石的粒度在 10~40mm，单位产品的热耗为 6280~8374kJ/kg 石灰。短回转窑的石灰石粒度因预热器形式不同分别为 5~35mm，10~60mm，每千克石灰热耗为 4815~6071kJ，单窑生产能力为 100~1000t/d。

窑外预热器有竖式预热器、旋流预热器、炉箅式预热器等，图 3-20 所示为预热器的短回转窑流程。回转窑外冷却器有竖式冷却器、行星式冷却机、炉箅式冷却机及水平推动式冷却机等。长回转窑与短回转窑相比，结构与操作较简单、投资较省，但热耗较高。

与立窑相比采用回转窑生产石灰，设备费及基建投资比立窑高 10%~20%，单位产量钢耗高 30%~50%，耗电量多 20%~30%，占地是立窑法的 2~3 倍，燃耗高，即使是带预热器的短窑也比立窑法高 30%以上。回转窑生产石灰，具有生产能力大（最大可日产石灰 2000t）、石灰质量均匀、生烧与过烧比立窑少、原料利用率高的优点，在冶金工业中很有发展前途，尤其是大型企业，可以利用尽可能少的设备，生产炼钢、烧结用优质石灰。

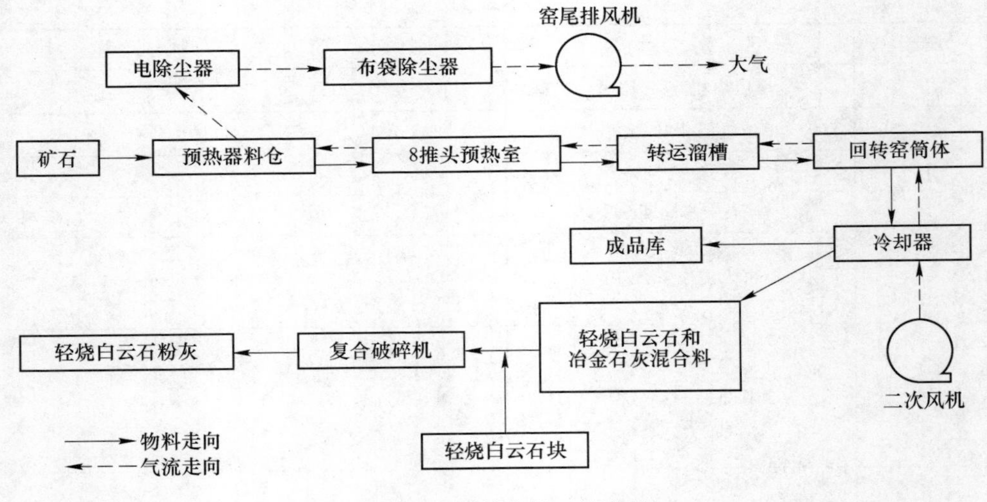

图 3-20 回转窑的工艺流程

回转窑的煅烧原理决定了其高质量，使之成为高端石灰用户的首选窑型。回转窑主要技术特点：

（1）品质较高。煅烧均匀、活性度高、生烧低、硫含量低。

（2）单机产能大。单机可达2000t。

（3）调节灵活。开放式煅烧，预热、煅烧、冷却三段独立可控。

（4）石灰石粒级范围广。10~20mm 小粒级及 40~80mm 大粒级石灰石煅烧入炉仍能保证煅烧品质。

表 3-10 为回转窑轻烧白云石和冶金石灰产品质量比较。

表 3-10 回转窑轻烧白云石和冶金石灰产品质量

产品名称	CaO 含量/%	MgO 含量/%	活性度/mL	产品粒度/mm	生烧率/%
回转窑轻烧白云块	≥55	≥28	≥200	3~5	40~45
回转窑轻烧白云粉	≥58	≥28	≥170	0~3	—
回转窑冶金石灰块	≥90	—	≥390	3~5	8~0
回转窑钙质石灰粉	≥88	—	≥340	0~3	—

一般石灰粉生产是利用炼钢活性石灰筛下物磨粉加工而成，专门生产石灰粉的方法主要有沸腾炉法和气体悬浮焙烧法。

（1）沸腾炉法。沸腾炉可以使用粒度为 0.2~0.6mm、0.2~3.0mm、3~12mm 以及 12~25mm 的粉状和细粒状石灰石，燃料可以用天然气、重油或粉煤。沸腾炉煅烧石灰时，料层温度均匀，可避免生烧与过烧，产品的活性度高、反应性强。其缺点是热耗高，一般达5024~7118kJ/kg石灰。

（2）气体悬浮焙烧法。该方法使用焦炉煤气作为燃料，石灰石进料的粒度为0~2mm，该流程的特点是具有干燥和四段预热、高温焙烧和三段冷却，整个工艺流程都是在密封状态中进行，生产的活性石灰经过冷却之后温度低于150℃，活性度为160mL。该流程具有很多优点，其生产的活性石灰质量好，而且工艺流程简单，设备少又简单，易于加工和维护，占地面积小，劳动条件好。回转窑和立窑生产石灰都要求采用块状石灰石，如果要使用粉状的石灰，则要增设块状石灰的破碎筛分系统，会恶化劳动条件，污染环境。采用气体悬浮焙烧法生产活性石灰，可以用0~3mm（或0~2mm）石灰石作原料，只需稍加扩大石灰石破碎筛分系统的能力，从筛下产品中分出部分0~3mm的石灰石送往焙烧车间即可，这对老厂改造、新建与扩建都很容易办到，而且，悬浮法煅烧的石灰也适宜用风力输送法送往用户。

由于生石灰硬度小、易于破碎的物理性质，因此要选取合适的粉碎机械。颚式破碎机结构简单，零件的检查、更换、维修容易，工作安全可靠、投资少、占地小；但由于受颚板强度等原因的限制，粉碎比不能过大。经颚式破碎机初碎后，可以用悬辊式环辊磨机（雷蒙磨）进行进一步的加工，这也是石灰钝化处理的关键环节。由喂料器将石灰均匀定量喂入磨机粉碎，同时将硅油一起连续均匀加入，鼓风机从磨机底部鼓入空气，细粉被气流带向上部的分析器过风筛，粒度大的被挡回再磨，小的随气流进入旋风收尘器或袋尘收尘器进行分离，收集成产品（成品粒度的控制是通过200目（200目=75μm）筛网的占90%左右），气流大部分循环使用。在磨体粉碎石灰的同时，进行石灰钝化处理。

传统石灰表面改性方法是将石灰石粉料烧成氧化钙后，再使二氧化碳与石灰颗粒的表面发生化学反应，得到碳酸钙包覆薄膜。这种处理方法技术要求严，成本较高，包覆层厚度不易控制，容易过度矿化，即过度碳酸钙化。

近年来石灰粉大都利用有钝化剂作用的包膜提高石灰流动性且效果理想。就是在温度大于50℃时利用分子之间普遍存在的范德华力，在石灰的表面吸附上一种有效的防水剂，该防水剂既能有效地将石灰钝化，又不至于给精炼钢液带来不利影响。由于防水剂不与水发生化学吸附或物理吸附，防水剂与石灰经过机械力的作用混合均匀，再用有机溶剂溶解或加热熔融的方法将有机物质均匀覆盖在石灰粉粒的表面，对石灰粉进行表面包覆改性处理后，能与氧化钙粉体发生吸附作用，均匀地包覆在氧化钙粉体表面，使氧化钙粉体与空气中的水和二氧化碳隔离，使石灰粉体不能与空气中的水和二氧化碳发生吸附作用，而且由于防水剂本身的比表面能较低。因而包覆在石灰粉体表面以后，可使生石灰粉的流动性比改性前明显增强。经过对石灰颗粒作表面覆层处理，可以使其抑制吸湿，改善表面性状。

钝化剂通常选用硅油、石蜡油或硬脂酸。基于石灰粉在磨体中的粉碎生产能力，同时加入适量硅油（0.05%左右），完全可以生产出钝化效果良好的成品。

3.3.2.2　转炉钢渣

转炉钢渣具有很高的利用价值，对于转炉钢渣的综合利用方式一般有回烧结、高炉替代石灰石做熔剂，作筑路和工程回填材料，生产水泥或渣砖。由于转炉钢渣具有较高的氧化钙含量，以及较低的熔点等特点，因此可以返回电弧炉中进行造渣[32,33]。

唐山钢铁公司进行过转炉钢渣用于电弧炉造渣的实验研究，研究采用的钢渣是炼钢厂侧吹氧气转炉钢渣，CaO 含量为 39.4%，SiO_2含量为 16.2%，mFeO 含量为 28.4%，碱度为 2.42，属于高碱度渣，熔点约为 1320℃，实验采用钢渣代替石灰作为铺炉底渣料，随同炉底增碳材料在装料前加入炉内。钢渣中含有较多的 mFeO，比单纯用石灰造渣有更强的脱磷能力，且由于其组成大多为蔷薇辉石、硅酸二钙等矿物，熔点低，故其熔化性和流动性均优于石灰，特别是在电炉炼钢中采用前期流渣的情况下，能够较好地完成脱磷任务。钢渣辅以适量的碳粉，可以进行反应生成 CO 气体，在冶炼前期形成较好的泡沫渣，从而屏蔽电弧，实现埋弧加热，提高热效率，这对于降低冶炼电耗十分有利。实验表明采用钢渣造渣工艺比使用石灰造渣工艺可降低电耗 5kW · h/t。另外，钢渣中含有 6.5%的金属磁选物，可视为金属铁，使用钢渣来造渣还能够回收一部分金属。但钢渣的加入量应适当，若加入过多，会引起炉渣量增大以及泡沫化严重，使得炉料间的搭桥现象增加，造成自然塌料困难，使化料时间延长引起冶炼电耗上升。

3.3.2.3　除尘灰

钢铁生产每年会产生大量的高炉瓦斯泥、转炉二次除尘灰和电炉粉尘，因其中含锌，故得不到利用，造成严重的环境污染和二次资源的浪费。高炉瓦斯泥含有较高的 C，而转炉二次除尘灰和电炉粉尘含 FeO 也较高，可考虑使用一定的造块手段用于电弧炉造泡沫渣。同时，其中的锌可挥发得到循环富集，以使得二次资源得到充分利用[34~38]。

高炉瓦斯泥全铁含量和碳含量较高，但由于内部含锌和水分限制了其循环利用，宝钢采用将瓦斯泥和其他添加剂通过合理配料之后进行冷压块成型的方法，在电炉富氧喷碳造泡沫渣的同时，采用合理的工艺将瓦斯泥压块加入电炉，以此增加外来碳源和氧源，强化泡沫渣的形成，以降低发泡剂的用量，提高泡沫渣的冶金效果。在此过程中压块中的铁和碳可以得到回收，使废弃物得到循环利用。粉尘中的锌可进入电炉除尘系统。由于现场应用，物料从炉顶料仓加入，所以瓦斯泥必须进行冷压块，得到所要求的强度。高炉瓦斯泥粒度很细，冷压块很难确保强度，为此，在配料中需配入少量的生白云石和石灰石颗粒，在冷压块时起到骨料的作用，另外也有利于泡沫渣的产生。现场实验表明，瓦斯泥压块的加入有助于泡沫渣的快速生成并达到最大泡沫高度，但加入量应该控制在合适的范围之内，在加入量1t的条件下，瓦斯泥压块中全铁携带量为351.1kg，碳的携带量为149.6kg。全铁含量和碳含量增加了泡沫渣的反应，强化了吹氧喷碳操作，并由此可减少相对应数量的金属损失和喷碳量，而且瓦斯泥压块加入之后对钢水和炉渣的成分没有明显影响，对钢水增硫也没有明显影响。

电炉粉尘因含有锌，故不能配入烧结矿进高炉炼铁，如果露天堆放还会对环境造成严重污染，必须加以处理。目前国外一些厂家在电炉冶炼过程中将电炉粉尘喷入炉内循环利用，以富集回收锌铅。实验表明，在温度为1530~1600℃范围内，在炉渣中加入0~30%的电炉粉尘和加入3%~12%的煤粉时，随粉尘和煤粉加入量的增加以及温度的提高，泡沫渣的最大高度增加；在1470~1530℃范围内，将电炉粉尘加入炉渣，随温度提高，ZnO的还原挥发速度加快，反应6min后，Zn的挥发率大于97%，渣中Zn含量小于0.1%。

不锈钢炼钢过程产生的除尘灰由于含有铬，在处理过程中容易产生剧毒的六价铬而造成环境问题，难以像普通除尘灰一样再利用。为循环利用不锈钢炼钢过程中带出的除尘灰，解决不锈钢固体废弃物排放带来的环保问题，宝钢不锈钢公司提出了短流程回收利用铁素体不锈钢除尘灰，进行不锈钢电炉发泡造渣冶炼的方法。宝钢不锈钢公司研制了以铁素体不锈钢除尘灰为主原料的不锈钢电炉发泡剂，开发了不锈钢电炉发泡造渣工艺。该工艺使用的利废型不锈钢电炉发泡造渣剂的主要原料采用铁素体不锈钢除尘灰，其主要化学成分中，$w(CaO)=30\%\sim38\%$，$w(MgO)=5\%\sim8\%$，$w(SiO_2)=3\%\sim6\%$，$w(TFe)=22\%\sim30\%$，$w(Cr_2O_3)=5\%\sim12\%$。在实际生产实践中，以铁素体不锈钢干式静电除尘灰为主要发泡造渣剂原料，采用冷压球黏结剂制作球态发泡造渣剂。实验结果表明，采用以铁素体不锈钢除尘灰为主原料的电炉发泡造渣剂，总体上可减少约5kg/t电炉冶炼铁素体不锈钢过程中的造渣料总量，并完全以发泡造渣剂替代氧化铁皮，石灰消耗降低4.06kg/t、白云石消耗降低3.78kg/t，氧化铁皮消耗降低40kg/t。在100t电炉的实际使用中，每炉可回收利用5t以上的铁素体不锈钢除尘灰，发泡效果良好，基本上可全量回收不锈钢电炉发泡剂中带入的金属铁，并减少3.85%电炉冶炼铬损。

镁铁球是除尘系统产生的污泥（主要成分Fe_2O_3、FeO、CaO、SiO_2）配加一部分MgO、石灰等材料造球烘干而成的。镁铁球中含有40%以上的FeO，以及MgO、CaO，将其加入电炉造渣可代替部分造渣料，降低渣料消耗；同时由于其熔点低、化渣良好，在电炉熔化早期能迅速增加渣中FeO含量，促使泡沫渣提前形成，有利于电炉内的钢渣反应及埋弧操作。而且冶炼初期温度低，正好满足氧化铁脱磷的基本条件，并随钢水温度的升高在渣中形成稳定的磷酸钙，从而可提高脱磷率并降低电炉终点磷含量。太原钢铁（集团）有限公司第一炼钢厂把镁铁球加入电炉进行造渣，达到了回收利用、降低成本和清洁生产的目的。

3.3.2.4 废塑料铁鳞球团

废塑料是城市垃圾中常见的组分，具有成分复杂、含水率高、热值波动大、燃烧温度宽等特点。塑料在自然环境中很难降解，对环境的危害很大，目前研究人员在探索各种回收利用塑料的方法。铁鳞（也称氧化铁皮）是炼钢厂及轧钢厂生产过程中的副产品，主要物相组成是磁铁矿（Fe_3O_4）和赤铁矿（Fe_2O_3），全铁（TFe）含量72%左右，属于低硫、低硅和低磷产物，可以代替铁矿石作为优良的造渣剂。但是，钢铁厂产出的铁鳞大都以粉状为主，如果不经造块，直接将氧化铁皮投入转炉会被高压气流吹走，造成污染和浪费。安徽工业大学包向军提出一种以废塑料和铁鳞为原料，生产制造废塑料铁鳞球团的炼钢造渣新方法，用来替代一部分矿石或OG泥冷固结球团，以实现资源再利用[39,40]。

该技术先将废塑料破碎处理成废塑料颗粒，然后将废塑颗粒与含油氧化铁皮按照一定比例混合均匀，采用多段加热和螺旋强制给料，将加热物料送入强力压球机，热压成球团。废塑料铁鳞球团经过热压成型时，废塑料与氧化铁皮相互渗透、紧密结合。在冶炼的高温条件下，废塑料首先受热分解产生氢气、甲烷等还原性气体，还原性气体被氧化铁皮的孔洞吸附，并发生还原反应，将磁铁矿（Fe_3O_4）和赤铁矿（Fe_2O_3）还原成氧化亚铁。氧化铁皮粒度细，与通常使用的铁矿石块矿相比，具有更大的比表面积，而且反应新生成的FeO具有更高的活性，所以更有利于与石灰及铁水中的硅、磷等元素反应，加速化渣及脱磷反应。废塑料氧化铁皮合成化渣剂的SiO_2含量低，石灰用量少，所以在电炉中形成的渣量少，因此用于化渣、维护渣温的能量消耗减少，并且可以提高炼钢过程中的合金回收率。而且废塑料主要由碳、氢两种元素构成，在炼钢过程中，废塑料中的碳可更多地转化为一氧化碳，通过二次燃烧放热，可以减少冶炼的能耗。但是塑料中含有较多氯，高温下可能产生剧毒的二噁英，应该采用烟气急冷等方法减少二噁英的生成。

3.3.2.5 炼钢石灰石

经过石灰窑煅烧的活性石灰是常用的造渣原料。生产活性石灰的原料为自然界中大量存在的廉价石灰石，其主要成分为碳酸钙（$CaCO_3$），在白灰窑中对石灰石进行高温煅烧，石灰石的开始分解温度约为400~420℃，随着煅烧温度的提高，石灰石的分解速度随之加快。生产生石灰对环境的破坏很大，因为氧化钙及其水合物具有强碱性而容易使土壤碱化板结。随着环保压力的增大，有必要寻找生石灰的替代品。国内已经有一部分企业在转炉生产中采用或部分采用石灰石炼钢，取得了较好的效果，但在电弧炉冶炼中使用石灰石炼钢还鲜有报道。

一般认为，电弧炉应尽量不用石灰石和没烧透的石灰，因为石灰石的分解反应是一个吸热反应，单纯从反应方程式来看，使用石灰石将降低钢液温度，增加电力消耗，且不能及时造渣，对冶炼不利。但使用石灰石全过程冶炼，石灰石在高温下分解可释放大量的CO_2气体，使得气源明显增加，炉渣发泡效果显著。在其他工艺及操作条件不变的情况下，采用石灰石在熔氧期造泡沫渣，炉渣的发泡效果明显优于原工艺，而且能活跃溶池，有助于去除钢中气体和夹杂物。对于电耗，在相同的供电制度下，使用石灰石冶炼电炉冶炼，电耗并没有明显增加的趋势，因为采用了泡沫渣埋弧操作，对提高电弧热效率和降低电炉冶炼电耗效果最为显著；而且石灰石价格低廉，降低的冶炼成本能一定程度上弥补电耗的损失。在钢产品的质量影响上，石灰石由于含有杂质，或多或少会对冶炼产生不利影响，这与石灰石的场地和地矿条件相关，建议使用CaO含量高、SiO_2和S等杂质元素少的矿石。石灰石入炉之后可以明显改善熔池的动力学条件，CO_2气体的不断释放有利于钢中气体及夹杂物的聚集、长大、上浮和去除，改善产品品质。

3.3.3 燃料

电炉炼钢过程中，废钢熔化的时间占整个冶炼时间的一半以上，其电耗也占熔炼总电耗的70%左右。因此，采用电炉氧燃助熔技术，强化熔化的过程、缩短熔化时间、减低熔化期的电耗，是电炉炼钢不可缺少的节能降耗手段。电炉中使用的燃料主要有天然气、焦炉和转炉煤气等气体燃料和煤或者焦炭等固体燃料，随着电弧炉绿色生产概念的普及，废橡胶和废塑料以及生物质燃料等新工艺开始得到利用[41~43]。

气体燃料主要包括天然气、焦炉和转炉煤气等，从生态学观点来讲，天然气要比煤或者焦炭更加洁净，在燃烧中不会产生灰尘和硫等污染物污染钢水。氧-煤气烧嘴的结构也比氧-煤烧嘴的更加简单。然而，在熔化的废钢表面，CO_2和H_2O（天然气完全燃烧的产物）到CO和H_2的化学还原过程限制了氧-煤气烧嘴在电弧炉中的有效使用。当废钢温度接近铁的熔点时，天然气的燃烧将会不充分，铁会被迅速氧化。长期的操作表明，只有当火焰区的废钢的平均温度低于1200℃时，氧-煤气烧嘴才能有效加热废钢，且不会产生明显的铁氧化和燃料的不充分燃烧。

电弧炉对固体燃料（煤或者焦炭）没有那么严格的限制，以煤或焦炭为主的镀钢KS和K-ES工艺和操作结果表明，固体燃料加上氧气不仅可以将废钢预热到1200℃以上，而且可以用于帮助熔化废钢，甚至用于钢水的加热，因为废钢会受到煤或者焦炭中的炭的保护而不被氧化。

为更好地实现电弧炉的废弃物消纳功能，研究人员提出将废橡胶和废塑料作为固体燃料用于电炉炼钢的工艺思路，通过将废弃橡胶和塑料作为碳元素的替代品投入电弧炼钢炉中，减少化石燃料的使用，从而减少温室气体排放量，同时也可缓解将废弃橡胶和塑料作为垃圾填埋对环境造成的污染问题。Onesteel 公司在2006 年进行了工业试验，将粒状的废橡胶和废塑料取代冶金焦作为电炉发泡剂，发现其有很好的发泡效果，可降低电炉炼钢能耗，提高熔融速率，减少每炉次碳添加量，减少氧气和天然气的消耗量。

生物质燃料是一种可再生的绿色能源，生物质燃料的燃烧基本可以实现 CO_2 的零排放。因为生物质在生长过程中吸收 CO_2，参与大气中的碳循环。生物质燃料是世界上第四大能源，据专家估算，每年地球陆地会产生约 1000 亿吨干生物质燃料，生物质燃料在我国的储量也非常丰富，我国的生物质燃料总量相当于 50 亿吨标准煤，其中每年可利用和可开发的约为 7 亿吨；生物质来源极其广泛，几乎涵盖了所有废弃物和垃圾。生物质燃料主要由木质纤维素组成，含有 C、O、H 及少量的 N、S 等元素，其中含有的 S 远低于钢铁工业中使用的主体燃料煤和焦炭，而且因生物质燃料燃烧温度较化石燃料低，在燃烧过程中氧化生成的 NO_x 减少，这对减少大气中 SO_2、NO_x 的排放是非常有利的，因此，生物质燃料将成为未来广泛利用的可持续性燃料之一。在炼钢中使用生物质燃料，可以把冶炼 1t 钢产生的 CO_2 由 2t 降低为 1t[44~46]。

3.3.4 氧化剂

氧化剂主要用于氧化钢液中碳、硅、锰、磷等杂质元素，电炉经常采用的氧化剂有矿石、氧化铁皮和氧气[47,48]。

（1）铁矿石。电炉用铁矿石的含铁量要高，因为含铁量越高密度越大，入炉后容易穿过渣层直接与钢液接触，加速氧化反应的进行。矿石中有害元素磷、硫、铜和杂质含量要低。要求矿石成分为：Fe 含量≥55%、SiO_2 含量<8%、S 含量<0.10%、P 含量<0.10%、Cu 含量<0.2%、H_2O 含量<0.5%。块度为 30~100mm。

铁矿石入库前应用水冲洗表面杂物，使用前须在 800℃ 以上高温烘烤，以免使钢液降温过大和减少带入水分。

（2）氧化铁皮。氧化铁皮是钢锭及钢坯在轧制过程中表面氧化层脱落产生的铁屑，俗称轧钢皮，常呈片状，故也称铁鳞。钢铁厂氧化铁皮数量为钢材产量的 2%~3%，是不可忽视的钢铁厂循环含铁原料之一，氧化铁皮一般含铁 70%~75%，从轧钢厂沉淀池中清理出来的细粉铁皮含铁也有 60% 左右；其中 SiO_2、CaO、Al_2O_3 及 MgO 含量约为 1%~2%，并残存有轧钢过程中混入的润滑油剂，其他有害杂质含量很少。氧化铁皮既可以直接投入电炉中，也可经球团工艺生产铁鳞球投入电炉中。电炉用氧化铁皮造渣，可以提高炉渣中的 FeO 含量，改善炉渣的流动性，稳定渣中脱磷产物，提高炉渣的去磷能力。

（3）氧气。氧气是电炉炼钢最主要的氧化剂。它可使钢液迅速升温，加速杂质的氧化速度和脱碳速度，去除钢中气体和夹杂，强化冶炼过程和降低电耗。

电炉炼钢要求氧气含 O_2 不小于 98%，水分不大于 $3g/m^3$，熔化期氧压为 0.3～0.7MPa，氧化期氧压为 0.7～1.25MPa。

现代钢铁工业一般采用制氧机制氧，除传统的深冷法制氧工艺，近年新兴的变压吸附法（PSA）和膜法富氧技术也开始大量投入使用。

（1）变压吸附法是利用分子筛吸附剂在常温下处于不同工况时对不同气体组分具有不同的吸附能力的特性，通过变压吸附剂完成空气分离研制的。在常温下，当空气在某一压力工况下通过吸附床时，吸附质（N_2、H_2O、CO_2 等）就被吸附于吸附床上，氧气被分离出来；当吸附床上的吸附质趋于一定的饱和状态时，切断空气，并使吸附床降压，吸附质会自行脱附；当吸附床的内压降到一定工况时，吸附质脱附完毕，吸附床重新恢复吸附能力。如此多床配合周期运行，可不间断分离出氧气。

变压吸附法具有一次性投资少、流程简单、操作方便、自动化程度高、劳动定员少、能耗低、开停车方便、可快速便捷获得氧且占地面积小等优点。其缺点是氧气产品纯度低，且产品单一；制氧规模受技术限制，其经济规模为 $2000 \sim 3000m^3/h$（标态），再提高制氧规模，就不具有优越性了；由于设备切换工作频繁，致使该工艺对设备质量要求非常高，设备质量的好坏直接影响出氧能力。

（2）膜法富氧技术是指利用空气中各组分透过高分子膜的渗透速率不同，在压力差驱使下，将空气中的氧气富集而获得富氧空气的技术。以负压操作系统为例，它具有能耗较低、前处理简单方便和安全、总投资少等优点，其工艺流程如图 3-21 所示。

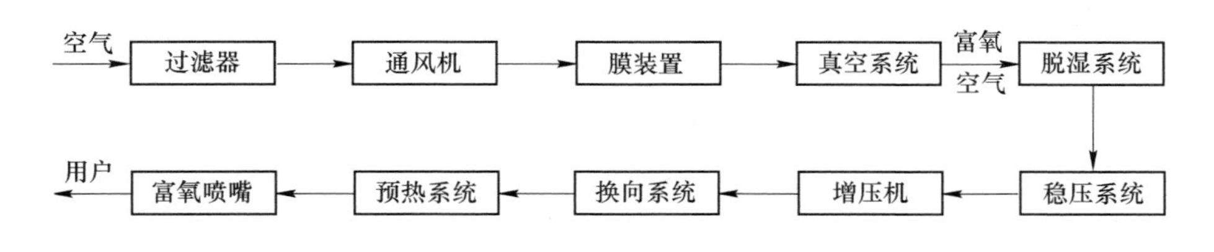

图 3-21　工艺流程

膜法具有设备简单、操作方便和安全、启动快、规模可中可小、不污染环境、投资少、节能效果显著等优点，在助燃、医疗保健等领域有着良好的应用前景。但由于高效膜分离材料较缺乏等原因，目前此法的应用有一定的局限性。

除以上三种氧化剂外，有时还会使用一些金属的氧化物。如在冶炼某些合金钢时，为了节省合金元素的用量，有时利用它们的矿石或精矿粉来代替部分相应的铁合金，如锰矿、铬矿、钒渣以及镍、钼、钨的氧化物，这些矿石在使钢液合金化的同时，也具有氧化剂的作用。

参考文献

[1] 艾磊，何春来．中国电弧炉发展现状及趋势［J］．工业加热，2016（6）：80~85.
[2] 宋嘉玮，韩长伟．重型装备制造企业废钢处理工艺方案［J］．一重技术，2016（4）：50~54.
[3] 李建国．关于废钢处理两个问题的探讨［J］．南京广播电视大学学报，2001（2）：79~80.
[4] 废钢铁回收处理方法介绍［J］．中国资源综合利用，2009，27（4）：32.
[5] 刘剑雄，刘珺，李建波，等．新兴的废钢铁破碎分选技术［J］．冶金设备，2001（5）：15，18~21.
[6] 程国营，钱兆华，姜睿．废钢放射性物质检测技术［J］．宝钢技术，2005（2）：18~20.
[7] 崔林，李炳奎．年处理 30 万吨废钢处理线的优化设计［J］．科技经济市场，2012（8）：3，4.
[8] 张建国．宝钢废钢加工应用情况调研分析［J］．资源再生，2015（2）：57~59.
[9] 周国元，彭自胜．45t 电弧炉高比例铁水冶炼实践［J］．工业加热，2013，42（2）：52~55.
[10] 张露，温德松，孙开明．现代电弧炉热装铁水实践与再认识［J］．天津冶金，2008（5）.
[11] 陈飞．电弧炉热装铁水生产实践［J］．浙江冶金，2012（4）：24，25.
[12] 李士琦．关于电弧炉炼钢能量问题的讨论［C］．北京：冶金工业出版社，2005：42~56.
[13] 赵庆杰，储满生．电弧炉炼钢原料及直接还原铁生产技术［J］．中国冶金，2010，20（4）：23~28.
[14] 张奔，赵志龙，郭豪．气基竖炉直接还原炼铁技术的发展［J］．钢铁研究，2016，44（5）：59~62.
[15] 贾江宁，魏征，董跃．煤基直接还原铁工艺及其在中国的发展现状［J］．能源与节能，2017（4）：2~4.
[16] 唐恩．直接还原铁与电弧炉炼钢的关联性综述［C］//中国金属学会．第十一届中国钢铁年会论文集——S02．炼钢与连铸．中国金属学会，2017：5.
[17] 武国平．150t 电弧炉热装直接还原铁工艺设计［C］//中国金属学会．2012 年全国炼钢—连铸生产技术会论文集（上）．中国金属学会，2012：7.
[18] Nandakumar V. Integration of DRI Technology with Electric Steelmaking & Blast Furnace［J］. Iron & Steel Review，2013（3）：12~18.
[19] Sharifi E，Barati M．The Reaction Behavior of Direct Reduced Iron（DRI）in Steelmaking Slags：Effect of DRI Carbon and Preheating Temperature［J］. Metallurgical & Materials Transactions B，2010，41（5）：1018~1024.
[20] 武国平，宋宇．150t 电炉热装直接还原铁工艺设计研究［J］．工程与技术，2012（2）：16~21.
[21] 梁连科，田辉，杨怀．纯净锰铁生产工艺简介［J］．铁合金，1993（1）：40~42，53.
[22] 陈亚团，王光胜．低碳优质硅铁生产技术研究［J］．酒钢科技，2017（4）：21~27.
[23] 彭灵芝．低碳锰铁的生产工艺探讨［J］．铁合金，2003，169（2）：22~24.
[24] 潘兆明，丁炳文．煅烧无烟煤作炼钢增碳剂的研究［J］．鞍钢技术，1989（3）：19，

29~34.

[25] 朱荣，宓宇，王宏阳，等. 一种用于电炉的高碳金属化球团的制备方法 [P]. 中国. CN201910434363. 2019-05-23.

[26] 惠国栋，许翔，张潇 . 增碳剂及其选用 [J]. 化工技术与开发，2016，45 (3)：50~53.

[27] 唐宗喜 . 土状石墨在电炉炼钢中的应用 [J]. 江西冶金，1990 (2)：38~40.

[28] 毛励刚 . 天钢使用类石墨作电炉炼钢的增碳剂 [J]. 冶金能源，1992 (5)：59，60.

[29] 郭田 . 高炉废次碳砖作钢水增碳剂的试验 [J]. 鞍钢技术，1990 (8)：37，38，41.

[30] 常作夫 . 烧结用活性石灰的生产方法 [J]. 烧结球团，1990 (2)：64~68.

[31] 汤晓辉，李瑞华 . 复合喷吹脱硫剂钝化石灰的生产及应用实践 [J]. 科技信息，2011 (17)：59，60，66.

[32] 孙宽，宋春英 . 电弧炉用转炉钢渣造渣的实验研究 [J]. 工业加热，1994 (2)：11~13.

[33] 何环宇，杨秀枝，倪红卫，等. 利用钢渣制备造渣剂的成型实验研究 [J]. 炼钢，2009 (5)：18~24.

[34] 沈中芳，池和冰，郑皓宇 . 铁素体不锈钢除尘灰在电弧炉发泡造渣工艺中的应用研究 [J]. 炼钢，2016，32 (2)：64~68.

[35] 王志军 . 镁铁球在电弧炉造渣中的应用 [J]. 山西冶金，2006 (3)：45，46.

[36] 王涛，陈伟庆 . 高炉瓦斯泥压块循环应用于电弧炉泡沫渣的研究 [J]. 中国冶金，2004 (1)：19~24.

[37] 王涛，朱立新 . 含锌粉尘造电弧炉泡沫渣的研究 [J]. 特殊钢，2003，24 (5)：25~27.

[38] 王敏，陈伟庆 . 电弧炉粉尘循环利用造泡沫渣 [J]. 北京科技大学学报，2001 (1)：15~17.

[39] 包向军，周剑波，陈光 . 废塑料炼钢造渣剂的制备工艺 [J]. 冶金能源，2016，35 (2)：38，39.

[40] 张勃 . 废塑料在冶金行业再利用的探讨 [J]. 经济研究，2010，2：180.

[41] 使用回收塑料和轮胎作为电弧炉泡沫渣成形剂的实验室研究和工业性试验 [J]. 世界钢铁，2009，9 (4)：72.

[42] 徐国华，肖恒. 电炉焦粉-氧气助熔技术的应用 . [J] 特殊钢，1994，5 (15)：45~47.

[43] 黄仁祥. 炼钢电弧炉用燃料代替部分电力 [J]. 冶金能源，1988 (5)：41~45.

[44] 张振国，刘泽常，廖洪强 . 煤与废塑料共焦化技术可行性分析以及在冶金工业中的利用 [J]. 能源环境保护，2005，19 (6)：8~11.

[45] 魏学峰，刘建平 . 生物质燃料的利用现状和展望 [J]. 云南环境科学，2005，24 (2)：16~19.

[46] 袁晓丽，李奇峰，黄维 . 生物质燃料在钢铁冶金中的研究进展 [J]. 重庆科技大学学报，2014，16 (1)：106~109.

[47] 罗宗山 . 氧气生产方法浅析 [J]. 工程设计与研究，2007，122：30，31.

[48] 王立，汤学忠 . PSA+ASU 氧气生产技术 [J]. 钢铁，1996，31：132~135.

4 电弧炉炼钢供能优化相关技术

4.1 电弧炉供电装备

4.1.1 变压器

电弧炉变压器是炼钢电弧炉的关键大型配套设备，电弧炉变压器的容量决定了与其配套的高压系统参数以及前置电力变压器的相应容量，同时它也决定了电弧炉的功率水平及其熔化速率，是电弧炉极为重要的参数。

电弧炉供电技术的发展：电弧炉经历了普通功率电弧炉、超高功率电弧炉及高阻抗电弧炉几个发展阶段，电弧炉变压器也随之发生很大的变化。普通功率电弧炉的整个炼钢过程分为熔化期、氧化期和还原期[1]。这3个时期在同一台电弧炉内完成，冶炼周期达2~4h或更长，生产率低且吨钢电耗大；超高功率电弧炉增加了电弧炉单位炉容输入的变压器功率，使电弧炉实现了大电流、短电弧操作，电弧稳定和热量集中，从而达到熔化快、节能及提高劳动生产率的效果；高阻抗电弧炉的基本原理是依靠大幅度提高变压器二次电压增加电弧功率和提高功率因数，依靠串联电抗器稳定电弧燃烧和限制工作短路电流倍数，依靠提高电效率降低电耗、提高生产率。显然，高阻抗电弧炉节能增效是采用长电弧、小电流操作的结果[2]。

电弧炉变压器的进步主要体现在容量的增大、一次电压及二次电压的提升、调压方式的变化、结构的变化上。

随着电弧炉变压器制造工艺的不断提升，变压器容量上也在不断增大。经过30来年的发展，目前中国已具备大型电弧炉变压器生产能力，已经生产了几十台30~140MV · A高阻抗电弧炉变压器，且已销往世界各地的电炉企业[3]。

在单台容量不断增大的同时，变压器的一次电压也在不断提高。高压直降式液压系统得到很快发展。高压直降式实际是一种将工厂降压站和电弧炉变压器组合布置在一起的作法，由于炉变直接从高压电网受电，所以可降低投资，提高用电效率。高压直降式炉变制造技术已日臻成熟，运行也十分可靠，目前国内外大型炉变已普遍采用66~154kV进线。在未来，220kV或更高的电压将在大型电弧炉中得到更多的应用[4]。

过去的普通功率电弧炉和超高功率电弧炉都是短弧操作，变压器二次电压低、电流大，大电流回路的无功功率和损耗也大。高阻抗电弧炉是长电弧、小电流操作，炉变二次电压比过去提高1倍左右，有效降低了二次电流，减少了输电线路上的损耗，同时缩短了冶炼周期，提高了生产效率。

电弧炉变压器的显著特点是它的调压范围很大，所以电弧炉变压器要比电力变压器电压调整方式复杂一些。它的调整方式很多，比较常见的有直接式电压调整方式、调变加固定变比炉变的电压调整方式和利用串变间接电压调整方式三种。第三种又称为间调式，具有调压范围广、一次电压可自由选择、过电压极小、充分利用材料、经济等优势，受到各电炉钢厂的推崇。

由于炉子的电阻随容量增加而减少，电抗值有所增大，所以电弧炉容量越大，功率因数越低，导致供电能力降低。电弧炉一般要求就地进行无功功率补偿。炉变分并联补偿和串联补偿两种。在并联补偿时，要考虑电容器组投入的瞬态涌流和分闸时可能伴有的电弧重燃，分闸的电弧重燃将使补偿绕组承受3倍或更大的暂态过电压；在串联补偿时，系统阻抗将大大降低，炉变二次线端短路时会产生更大的短路电流。理论上串联补偿具有即时补偿的优点，但由于它只能用于负荷比较稳定的电弧炉中，这个优点体现的并不明显；并联电容器出现故障不会影响炉变输出电压和炉子正常运行，而串联补偿却正好相反。实际上，不论是串联补偿还是并联补偿都不能改变炉子的参数，只要没提高炉变二次电流，二者都不能提高炉子的有功功率。

电极电流测量的方式也有了很大改进，传统测量电极电流的方法多为间接测量，且体积大、精度低。英国 Rocoil 公司生产的罗果夫斯基线圈（rogowski coil）可以直接准确测量电极电流。罗氏线圈是均匀密绕在环形非磁性骨架上的空心螺旋管，被测量导体在环中心穿过，线圈的感应电动势 $e=f(\mathrm{d}i/\mathrm{d}t)$，通过对 e 积分，可以还原出电流的波形曲线。据称它可测出1mA~100kA、0.1Hz~1MHz 的电流，精度为0.1%~1%，因此它特别适用于大电流、谐波含量丰富的电极电流测量，目前国内亦有多家公司代销或生产同类产品。

在未来，电弧炉变压器的几个主要的发展方向为：（1）更大的单台功率；（2）更高的一次受电电压；（3）炉变将向成套性发展，并将包含过电压抑制装置、电容补偿装置、电极电流测量系统、中性点绝缘电网的人造中性点及在线监测；（4）炉变制造技术不断进步；（5）新的绝缘系统和低噪声运行技术。

为了解决电网污染和无功功率损耗的问题，达涅利自动化公司设计了一套创新性解决方案，即采用达涅利无损耗电弧炉系统（Q-ONE）为交流电弧炉提供电能。Q-ONE 是一种创新的交流电弧炉供电解决方案，其采用高性能的电力设备为电弧炉提供高效能源，以取代传统电弧炉变压器。由于该技术采用最新的电力电子技术，故真正实现了电弧炉炼钢的数字化，可以以更灵活可靠的方式处理不规则负载，并使得功率因数接近于1[5]。

Q-ONE 技术的主要特点包括：

（1）无需采用昂贵的电弧炉特殊变压器，减少了后续的维修费用；
（2）无需采用 SVC 或者 SVG 无功补偿，减少了后续的维修费用；
（3）极低的电网闪变，可提供绿色供电；
（4）节约电能消耗，平均可以节能 15%左右；
（5）减少电极消耗，平均可以减少 15%左右；
（6）大幅提高功率因数（从当前低于 0.8 提高到 0.96 以上）；
（7）缩短冶炼时间，通电时间平均可以缩短 10%左右；
（8）降低电弧炉耐材的消耗；
（9）快速的投资回报率，平均 9~24 个月。

Q-ONE 系列特殊电源转换器可最大程度减少网络干扰，处理较大的负载不平衡，并从供电网络平衡吸收几乎所有的有功功率。控制系统经过专门设计并获得专利，通过该控制系统和配置可瞬间降低冶炼周期中磨损电弧炉部件的电压，大大减少了停机维护和耐用部件的成本，同时优化了冶炼过程[6]。

Q-ONE 的功率因数接近于 1（大于 0.95）。由于系统过滤了能量，可防止干扰在网络上传播，因此网络上不会出现闪烁干扰；电流控制十分快速且精确，电源管理范围介于 0%~100%之间，非常平稳可靠。Q-ONE 系统性能卓越，能够保证持续的电流控制，并将从网络获得的几乎所有可用能量传递到熔炉中（视在功率几乎与有功功率相等）。使用 Q-ONE 后，与交流电弧炉常见的最低标准相比，闪烁量大大降低。由于能量传递时间缩短，因此启动时间缩短了 10%左右。这种无功损耗的创新技术，是实现电弧炉炼钢智能化的第一前提（如图 4-1 所示）。

图 4-1　达涅利无损耗电弧炉系统（Q-ONE）

4.1.2 短网

短网是指从电弧炉变压器低压侧出线到石墨电极末端为止的二次导体，它主要包括石墨电极、横臂上的导电铜管（或导电横臂），挠性电缆及硬母线。由于这段导线流过的电流特别大，又称大电流导体（或称大电流线路），而长度与输电电网相比又特别短，仅 10~25m，故常称为短网或短线路。

短网阻抗的大小会影响电效率、功率因数及炉子热效率，因此，将影响输入功率的大小及电耗的高低；三相短网的布线方式影响三相电弧功率的平衡、炉衬寿命及冶炼周期，因此，会影响电弧炉的生产率及炼钢成本。而电弧炉短网的设计与改造直接受电弧炉供电的影响，因此，随着电弧炉向着超高功率的方向发展以及泡沫渣和水冷炉壁的出现，使得电弧炉的供电操作发展为高电压、低电流的长电弧操作，短网也要随之进行相应的改进。

目前电弧炉短网改造的重点是，设法降低短网电阻以及平衡三相电抗，以减小短网上的电能损耗以及三相不平衡现象。

短网导体的电阻主要包括短网导体自身电阻与接触电阻。自身电阻与导体长度、导体截面面积、形状及材质有关；接触电阻与导体接触面积、接触压力、形状及材质有关。所以要降低短网电阻应该从上述方向入手[7]。

首先，要降低导体的长度。变压器的二次出线三角形封口应在变压器内实施，以利于简化短网布线，有利于进一步降低短网电阻。对于水冷电缆来说，为了满足电弧炉生产的要求，应在变压器室墙外与电极横臂间采用挠性水冷电缆。水冷电缆的长度，在考虑炉体的倾动、炉盖的旋转，以及在保证其曲率半径及扭曲的要求情况下应尽量短，以减少短网导体电阻。石墨电极的电阻占整个短网 40%~50%，电弧炉运行时应使电极夹头下的电极尽量短，即不但设计时要考虑节约电线、减少电阻，而且在炼钢节奏允许的情况下，应当每炉或每两炉调节一次电极。

其次，采用合理的导体截面。主要从电流密度上进行考量，为了减小短网电阻，考虑到电弧炉短网导体工作环境温度高、粉尘大，并且经常过负荷运行，其电流密度不宜选的过大，即应采用经济电流密度。虽然采用较低的电流密度使导体截面面积增加，使设备一次投资增加，但运行成本将大为降低。导体截面的形状也很重要，会影响集肤效应[8]。因交流电集肤效应的影响，使得大部分电流由导体表面通过，因此，将导体截面制成空心水冷的有利于导体截面利用率的提高，使得导体截面相同时空心截面导体的电阻低、用铜量少。

短网是多个设备互相衔接，在衔接处还存在着接触电阻。正常时，电弧炉短网导体的接触电阻占整个短网 10%~20%，严重时可达到 30%以上，其中石墨电极与电极夹头的接触电阻占整个接触电阻的 95%以上。短网导体的接触电阻主要与导体材料、接触面表面状态、接触面的温度及接触面上的压力等有关。一般要求：(1) 接触面上的压力要足够大；(2) 要求接触面进行清洁及表面加工；(3) 要防止接触面氧化；(4) 接触面处的散热要充分。

因短网的电阻值远小于电抗值，所以三相电抗平衡能够反映电弧功率的平衡。这可以通过采取短网的合理布置，使三相电抗平衡，从而实现三相电弧功率平衡。短网合理布置的方法有三角形法、H 形法（修正平面法）及中相补偿器法等。其中三角形法或 H 形法可在短网的任一部分实施均有效果，且实施得越多效果越佳，如整个短网均采用三角形法，可使三相电抗不平衡达到 5%以下。

导电横臂的改进一般在材料与结构上。电弧炉电极导电横臂的基本功能一是支持电极，二是将电能输送至电极，并在金属炉料内产生强大的电弧电流。电极导电横臂直接与电极夹头和电极立柱连接，使电极在升降过程中可准确保持在电极中心圆的位置上，所以要求导电横臂既要电阻小，又要具有一定的支撑强度。传统的电极横臂是钢制的，它是将导电和支撑电极两个功能分开，电极夹头及夹紧机械固定在横臂上，横臂上安装导电铜管，通常每个横臂采用两根导电铜管。钢制电极横臂支撑电极，并带动电极上下移动，其本身承受较大的加速度和机械应力，电流沿着导电铜管、电极夹头流过石墨电极输入炉内，因为此结构的绝缘处在高温区，故工作环境恶劣；另外，由于粉尘等作用容易产生飞弧现象，造成法兰漏水故障需停工检修，因此维修量很大，电能损耗增加。后来导电横臂发展到了铜钢复合板结构，其外表面全部为铜板，内表面为钢板，整体导电、箱形结构，内部通水冷却。整个电极横臂刚度好，电极升降过程不振动，有利于电弧的稳定。电极夹持器为碟形弹簧拉紧抱圈，靠液压松开抱圈的结构，夹持电极可靠，调整维修方便。再到后来全铝合金的导电横臂也出现了，横臂本身为整体箱形结构，内部通水冷却，使机械强度得到保障，由于横臂为全铝合金，故导电截面积大、电导率高；另外由于导电横臂与立柱之间的绝缘不在高温区，因而故障少、维修费用降低。全铝合金电极导电横臂导电截面积增大，是原水冷导电铜管导电截面积的 5 倍以上，故使电抗值变小。因为交流电路的电能损耗是由电阻和电抗产生的，由于全铝合金电极导电横臂的电抗值减小，使电弧炉的电效率提高，故使电能损耗降低[9]。国内外有关资料表明，全铝合金导电横臂比全钢导电横臂的电抗值相对减少 14%，功率因素和有功功率均提高 10%，吨钢节电 30~80kW · h，其节能降耗效果显著[10]。

电极是短网中最重要的组成部分。电极的作用是把电流导入炉内，并与炉料之间产生电弧，将电能转化成热能。电极要传导很大的电流，电极上的电能损失约占整个短网上电能损失的 40%左右。电极工作时要受到高温、炉气氧化及塌料撞击等作用，这就要求电极能在冶炼的恶劣条件下正常工作。

交流电弧炉采用棒状石墨电极，其生产通常使用石油焦、针状焦作为主要原料，煤沥青作为黏结剂，通过煅烧、破碎筛分配料，经过压型焙烧，其间会添加冶金焦粒作为填充料等，再由浸渍及石墨化等工序得到工业上应用的棒状石墨电极[11]。其生产流程如图 4-2 所示[12]。

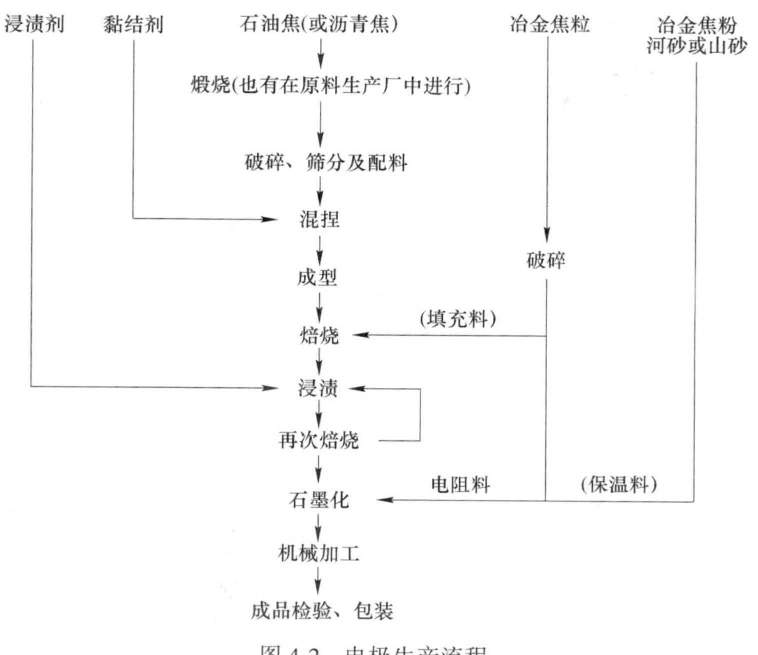

图 4-2　电极生产流程

电极工作时要受到高温、炉气氧化以及塌料撞击等作用，尤其是两根电极连接处，要比其他地方电阻大、导电系数低，易发生脱扣、氧化、脱落、折断，会造成电极的极大消耗，而且延长冶炼时间，降低生产率。电极在炼钢过程中，其表面与氧产生碳氧反应消耗，且在运行过程中会受到电磁力、机械力及固体原料冲击力而产生断裂、崩落。为提高电极寿命，优化电极性能，研究人员开发出了下列技术：

（1）水冷复合电极。由下部的石墨电极段和上部的水冷钢管段构成。其上下两段用水冷螺纹管接头，可提高电极接口的强度，从而显著降低电极上部柱体的损耗。由于水冷钢管段没有高温氧化，也减少了电极氧化。使用水冷复合电极炼钢可使石墨电极的消耗降低 20%以上。

（2）电极喷淋装置。其主要作用是阻止高温下石墨电极的氧化反应，通过喷淋管圈向电极表面喷水，在压缩空气作用下雾化，形成石墨电极的保护层，在炉内高温条件下，可对石墨电极的氧化起到良好的保护作用。

（3）抗氧化涂层。天然石墨抗氧化最有效的和最主要的手段，它可以大幅度提高天然石墨在氧化环境中的使用温度。它的基本功能是把基体材料和氧化环境隔离开来。电极涂层技术一般可使电极消耗降低20%左右。常用的电极涂层材料为铝及各种陶瓷材料，其在高温下有很强的抗氧化性，能有效降低电极侧表面的氧化消耗[13]。

(4) 浸渍石墨。将普通石墨置于多种无机盐组成的混合液的容器中，浸渍一定的时间，然后经过热处理等工艺而硬化，从而改善石墨材料的抗高温氧化、尖端耐磨以及抗破损等性能，达到提高材料的使用寿命与降低材料的消耗的目的。使用浸渍式电极可比一般电极降低电极消耗10%~15%左右，但是浸渍剂在高温下易挥发，在潮湿条件下易水解，很容易失效[14]。

直流电弧炉采用底电极解决了包括三相不平衡、电压波动大、电能质量差等传统电弧炉供电难题，目前得到广泛应用的有风冷多触针式底电极、钢片型风冷底电极、导电炉底和水冷棒式底电极，但不论是哪一种形式的底电极结构，都面临着底电极过热烧损和被炉料砸坏的风险，同时存在着更换难题。西马克集团开发了应用于风冷多触针式底电极并具有顶出装置（图4-3），使得更换底电极更加高效快速，在运行过程中或者在维修区域皆可进行更换。

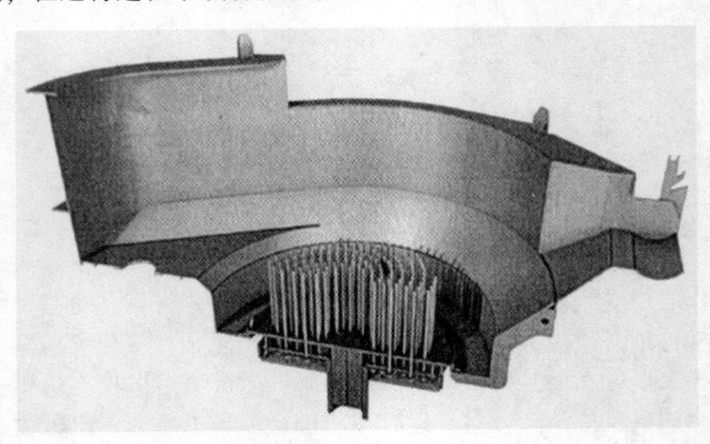

图4-3　风冷多触针式底电极

4.1.3　电能质量优化设备

电弧炉冶炼是电力传输中负载扰动最密集、吸收功率变化最快的系统之一，电弧炉在不同的工作阶段表现出的电气特性有很大差异，其中以熔化期的电能质量问题最为严重。在起炉阶段，电弧燃烧极不稳定，频繁熄弧和重燃，三相严重不对称；在炉料的熔化初期，容易发生相间及三相短路，造成有功和无功剧烈波动；在熔化过程中，由于大块炉料的剧烈振动、塌陷、熔化，三相电弧电流极不稳定，会引起电压闪变和谐波污染；在氧化期，由于金属液面在反应过程中持续晃动，电弧长度不稳定，电弧炉电流仍然会快速波动，但是其冲击性减弱，变化频率大幅降低；而在还原期，电弧燃烧相对稳定，三相电流的波动性显著降低[15]。电弧炉造成的电能质量问题会严重影响电网公共连接点（PCC）上其他用户设备的安全和经济运行，因此需要电弧炉用户安装电能质量优化设备，主要为无功补偿装置[16]。

电弧炉冶炼过程中会产生一定量的无功功率，这一部分功率不能用于加热炉料，如果不加装无功补偿装置的话，无功功率总量估算超过总功率的30%，同时限制了功率因数的提升，不仅会提高生产成本，还可能被电力管理部门罚款。因此，无功功率补偿对供电系统有着重要意义。对供电系统进行适当的无功补偿，可以稳定电网电压，提高功率因数，提高设备利用率，减小网络有功功率损耗，提高输电能力，平衡三相功率，为系统提供电压支撑，提高系统运行安全性。无功补偿装置能够抑制交流电弧炉引起的电压波动及闪变，减少或消除高次谐波，快速补偿无功功率，实现无功三相平衡，不但能够提高电弧炉的冶炼功率，而且可以提高附近电网的电能质量[17]。

无功功率补偿装置按照有无运动部件分为运动无功功率补偿装置和静止无功功率补偿装置。运动无功功率补偿装置主要是同步调相机，它是一种早期的无功补偿装置，它运行成本高、安装复杂、补偿容量有级、不能连续调节，而且可能与系统发生谐振，目前已不再使用[18]。

静止补偿装置又可分为传统补偿装置和现代补偿装置。传统静止补偿装置的最大特征是补偿功率不能随负荷无功功率的变化而变化，因此又称为静态静止无功补偿装置，而现代静止补偿装置的最大特征是补偿功率能够随负荷无功功率的变化而变化，因此又称为动态静止无功补偿装置。传统静止补偿装置主要包括固定电容器补偿装置（即FC，fixed compensator）和饱和电抗器补偿装置[19]。现代静止补偿装置主要包括SVC（static var compensator）（即静止无功补偿器）、STATCOM（static synchronous compensator）（即静止同步补偿器）、统一潮流控制器和有源电力滤波器，它们的输出功率都能动态跟踪负荷无功功率的变换[20]。

机械投切电容器组，(mechanical switched capacitor，MSC)，具有分级投切的功能，是介于传统补偿装置和现代补偿装置之间的一种补偿器。它是一种比较简单的无功补偿装置，可分级分组投切，但还不属于真正意义上的动态补偿。因其价格低廉，适用于负荷波动不频繁的场所，所以在国内也有一定的市场。

目前广泛应用的动态无功补偿装置是SVC（静止无功补偿器）。SVC是灵活交流输电技术（FACTS）的一种。SVC具有性价比高、技术成熟、性价比高的优良特性，近十多年来，始终占据着静止无功补偿装置的主导地位。SVC补偿装置在技术上具有响应速度快，可以连续调节无功功率输出的优点。但SVC补偿装置也存在着一些不足，如铜耗和铁耗都比较大，输出到交流系统中的高次谐波较多，电抗器的体积也较大，尚需进一步完善。

STATCOM，即静止无功发生器或高级静止无功补偿器（ASVC），它基于瞬时无功功率理论进行调控，采用 GTO 构成换相交流器，以实现动态无功补偿。STATCOM 分电压型和电流型桥式电路两种。由于电压型控制方便、损耗小，因此在实际应用中被广泛采用。它通过调节桥式电路交流侧输出电压的相位、幅值或者直接调节其交流侧电流进行无功功率的交换。与 SVC 相比，其调节速度更快，调节范围更宽，欠压条件下的无功调节能力更强，具有良好的补偿特性。STATCOM 最有希望在将来取代 SVC。

目前，在欧美、日本等一些发达国家 SVC 补偿装置已经获得广泛应用，STATCOM 补偿装置的产业化也有将近十年的时间。目前国内企业提供的 SVC 装置最高电压等级为 35kV，电压等级上已经能够满足钢铁企业无功补偿的需要，但在稳定性和控制精度上和 ABB、Siemens 这些跨国企业还有一定的差距。随着用户对电能质量要求的日益提高，市场对 SVC 的需求迅猛增长，国内企业必须迅速提高 SVC 产品的质量和产量，以满足国内需求，并发展高电压等级的 SVC 装置，以打破国外企业的垄断。目前国内的 STATCOM 技术尚处在试运行阶段，还要在技术上和产业化上继续努力。

采用无功补偿装置可解决电能质量问题，尤其容易实现谐波和闪变的治理，且效果良好，对于交流电弧炉引起的大部分问题可以有效地就地消除。此外还有其他的办法也能对电弧炉产生的谐波进行有效的治理[21]：

（1）优化电弧炉系统，能够较有效地降低炼钢时电弧炉对电网的冲击，减少电压波动和闪变，能够降低补偿容量。主要优化的方面有：1）选用高灵敏度、高速度的电极调节系统，提高响应速度；2）尽量消除或减小电极系统的共振性，缩小机械共振对电弧的干扰，进而提高电弧的稳定性；3）提高电弧炉变压器二次短网的功率因数；4）选择合理的三相电极的极心圆直径，增强电弧的稳定性。

（2）合理选用供电电源，提高电网的承载能力，针对有条件的厂家可以采用以下方式：1）采用专用配电线路给电弧炉供电，在电弧炉附近给电弧炉配置专用降压变压器；2）增大电网公共连接点的短路容量。电弧炉的容量受到电网短路容量的制约，在最小运行方式，供电系统的短路容量大于交流电弧炉变压器额定容量的 80 倍时，若不采用补偿措施，熔化期的电压波动值可小于 16%，闪变值可小于 0.4%；供电系统短路容量与电弧炉变压器额定容量的比值在 56~80 之间时，在采取一定的补偿措施后才可使电压波动和闪变保持在允许范围内；供电系统短路容量与电弧炉变压器额定容量的比值在 56 以下时，采取补偿措施后电压波动和闪变也无法达到允许范围。

（3）改进电弧炉供电设备，在设计阶段就对谐波治理问题进行考虑：1）对电抗器的投入进行有效的管理。电抗器的作用是抑制短路电流，使电弧燃烧更加稳定，但是电抗器的接入会增大电路中的感抗，从而降低功率因数，所以电抗器的接入和切除的时间应控制在合理的范围内。2）加装整流器，采用直流电弧炉。和交流电弧炉相比，直流电弧炉降低了对电网谐波、闪变、无功冲击等不利影响，且电弧稳定、石墨电极损耗降低、耗能低、噪声小、冶炼时间短[22]。

4.2 供电控制优化技术

4.2.1 电弧炉合理电气运行

电弧炉电气运行是冶炼最基本的工艺，它与原料、电气、设备等诸多方面有关，直接影响电弧炉炼钢生产的各项技术经济指标。随着水冷炉壁、水冷炉盖尤其是泡沫渣技术的出现和成功使用，“高电压、低电流、长电弧、泡沫渣”操作成为现实，并在20世纪80年代中期就已实现。同时在这个时期，炉子容量进一步大型化，功率级别有所提高，炉子变压器容量达到了70MV·A以上，其运行特点是高功率因数操作，使变压器的能力较充分发挥。到了90年代，电弧炉的容量进一步加大，炉子变压器容量达到了100MV·A左右，目前最大的变压器容量已达到200MV·A。

到了90年代末，在炉子电气运行特点方面出现了高阻抗和变阻抗技术；另外，由于神经元网络技术的成功使电弧炉的电气运行工作点的识别和控制有了很大改善[23]。这一阶段的电弧炉电气运行广泛采用“更高电压、更小电流、更长电弧”的操作制度。

冶炼一炉钢首先应确定需要多少能量，以电能为主要能源的电弧炉炼钢首先要保证安全、稳定的提供电能。电弧炉是用电大户，三相电弧炉变压器的容量可达上百兆伏安，且所需功率数值在炉子工作期间急剧大幅度波动，需提供合理的供电曲线[24]。

在制定供电工艺制度时，要考虑变压器容量、变压器的利用系数，对电网的干扰（闪变、谐波）、功率因数等电气问题，这关系到冶炼时间、冶炼反应、出钢温度等工艺基本问题。采取合理的供电制度不但可保证工艺顺行，还可缩短冶炼时间、降低吨钢电耗、减少对电网干扰。合理供电制度包括电弧炉变压器电气参数的分析、常用电压下特性曲线的制定、绘制电气参数圆图、制定供电工作点和确定供电曲线等步骤。制定供电制度（供电曲线）需要考虑电弧炉的容量、变压器容量及冶炼工艺等因素，即应充分考虑各种电气运行约束条件。

在电弧炉供电制度的设计中，确定合理的电弧炉电气运行约束条件是关键的一步。理论上讲，电弧炉在某一工作点是否可以进行操作是由该电弧炉的电气运行约束条件确定的。约束条件合理，电弧炉变压器的能力能够得到合理利用，供电也能得到优化，如果约束条件制定窄了，电弧炉及电弧炉变压器的能力无法得到充分发挥；如果制定宽了，电弧炉运行不稳定，影响设备寿命和人员操作。

电弧炉电气运行必须满足的约束条件包括：（1）电弧稳定燃烧。电弧稳定燃烧是电弧炉稳定工作的基础，要保证电弧稳定燃烧，必须采取相应稳定措施。通常是在交流电弧炉电路中串联电抗，使交流电弧炉电路中的电压和电流错开一定角度，这样当电弧电压过零点时，串联的电抗两端产生的感应电压可继续使电弧燃烧，应使电弧稳定燃烧功率因数的最大值为0.866，超过此值则电弧不稳定[25]。（2）变压器容量限制。电弧炉系统长期稳定运行的关键是电弧炉变压器的容量限制。实际运行中，既要充分发挥电弧炉变压器的能力，又不能长期过载运行。变压器的容量限制在实际操作中体现为视在功率不能超过变压器标定的额定功率。（3）变压器二次端电流的限制。即电弧炉工作电流要小于最大二次端电流。（4）能量的合理利用。要保证电弧炉有效合理的利用电能，则要保证功率因数 $\varphi \geqslant 0.75$，电效率 $\eta \geqslant 90\%$ 。

根据制定的电弧炉的电气运行范围，可以确定电弧炉变压器不同二次电压挡位下的合理工作点，进而制定该电弧炉的工作点总表。工作点总表给出的是电弧炉变压器不同二次电压级别下每个工作点处的视在功率和功率因数，由给出的视在功率和功率因数可以推断出每个工作点处的功率情况和电弧稳定性。工作点总表的制定在电弧炉供电系统的优化中起着承前启后的作用，有了工作点总表，才能够为制定供电曲线提供依据[26]。工作点决定了电弧炉变压器的工作状态，在很大程度上影响着电弧炉的生产效率。要想制定工作点总表，首先要选出电弧炉的合理工作点，就是要选择出那些能提高电弧炉电能利用率，降低电弧炉能量消耗，能够带来经济效益，并使电弧炉稳定顺利运行的工作点。此处的工作点主要是指确定的工作电流和相对应的电压，其他参数可以根据二者进行推导。由于二次电压级别由电弧炉变压器的挡位确定，所以选择合理工作点就相当于在电压已定的情况下选择合理的工作电流或功率因数[27]。基于以上的数据基础，开发实时可靠准确的电极调节系统，最终可以实现电弧炉合理电气运行。

4.2.2　制定合理供电曲线

供电曲线是一个冶炼炉次中，电弧炉内的供电功率、电压、电流与时间的关系曲线。制定交流电弧炉供电曲线的总的目标是快节奏、低成本冶炼出钢水；制定的供电曲线要能够安全、稳定运行，同时兼顾生产节奏，即保证电弧炉变压器承受的视在功率不过载，电弧稳定高效燃烧，电压有载开关切换次数尽可能少，对生产节奏的冲击要小。得到电弧炉各个生产时期内的可用工作点总表之后，即可根据冶炼实际电能需求制定供电曲线。

国内制定供电曲线的常规做法是采用短路法或在线测算法，但离最佳供电曲线尚有较大距离；同时无法合理解释电弧炉在复杂工作环境下面对的一系列生产难题。

现代电弧炉的供电曲线的制定应该以应用已知的炉料结构、冶炼能量需求总量、功率特性和采用工艺等冶炼条件为依据，以高产、低耗为最终目的。制定供电曲线主要解决以下两个问题：第一，在冶炼的某一时刻应该选择什么样的工作点；第二，电弧炉在此工作点运行多长时间。制定交流电弧炉供电曲线的目标是快节奏、低成本地冶炼出每炉钢水。因此要考虑冶炼特定的和实际的条件，即实际冶炼中能够保证按理论设定工作点运行的能力和输入功率的利用效率。此外，电极消耗、耐材消耗也是制定供电曲线需要考虑的主要因素[28]。

制定电弧炉供电曲线需要考虑炉子的容量、变压器的容量、冶炼工艺等实际条件，根据不同的原料结构和生产要求制定不同的供电曲线。一般来说，制定供电曲线主要从以下几个方面考虑[29]：

一是能量匹配。供电曲线要保证电弧炉冶炼时炉内金属在不同阶段熔化、升温时所必需的能量。例如在加铁水的情况下，铁水带进来的显热和化学能相当显著，此时电弧炉供电并不追求输入功率的最大化，应该通过核算确定输入的合适能量。

二是能量的有效利用。针对冶炼不同阶段特点把握有利的加热条件，选定合理的电压、电流。在起弧阶段，电弧在炉料上面敞开燃烧，一般以功率较低的低电压、低电流操作；在主熔化期中，电弧几乎完全被炉料覆盖，此时电弧与炉料间传热条件最好，可用长弧满功率工作；在精炼升温期，废钢熔清后，熔池面趋于平滑，电弧是“敞开燃烧”状态，此时一般吹入碳粉造泡沫渣，这一时期应根据泡沫渣状况调节电压及电流，控制电弧形态，以达到使熔池快速升温和减轻炉衬热负荷的双重目的。

三是弧长控制。在熔化废钢时，可采用低电压和短弧操作进行“穿井”，然后把电弧逐步拉长，以加宽废钢“穿井”且保护电极。当那一电压级对应的最大功率到达后，变压器切换到更高的电压并采用短弧操作，使功率更大。对每一电压级重复这一程序直至达到最大功率。为防止废钢塌下时损坏电极且避免电极消耗过快，常将电弧设定得比最大功率所需的弧长长一些。当炉子顶部的废钢熔掉后，此过程也随之反过来，对应每一电压级，电弧逐步变短直至到达最小弧长，然后变压器切换到较小的功率和电压级。在不同的操作时期都需要在工作点的基础上对弧长进行控制，以达到保护电极的目的[30]。

研究人员运用了多种算法来制定合理的供电曲线：邢栋提出了两阶段迭代优化算法，第一阶段确定模型未知参数，利用模型参数自适应方法结合电弧炉炼钢的历史信息将模型中未知参数进行迭代更新；第二阶段对参数更新后的供电模型进行求解。冯琳提出了改进多目标粒子群算法以求解所建立的电弧炉多目标供电曲线优化模型，实现了对电弧炉工艺指标和经济指标的优化控制；何玲通过分析电弧炉的等效工作电路，采用机理推导和统计建模相结合的混合建模方法，并采用改进遗传算法对模型进行求解，实现了对供电曲线的优化[31]。

4.2.3　电极调节技术

电极的自动调节是优化供电的关键技术之一，采用先进的电极调节系统是提高电弧炉效率的重要手段。电极调节需要遵循不同工艺期的工艺技术要求制定规则，采取适当的控制策略，从而改善电极调节的响应速度和控制精度，确保电弧炉三相电流的平衡及电极连续稳定的调节，从而实现节能降耗、提高产量和质量的目标。

在电弧炉炼钢生产过程中电弧炉主要是起熔化废钢调节温度和初步调整碳、硫、磷等成分的作用。其工艺过程包括穿井、熔化、升温和出钢4个阶段。

(1) 穿井。开始时电弧炉变压器送电，电极控制开关打到自动位。3个电极自动落下，第一根电极接触废钢料后停止，当第二根电极也接触到废钢料时产生电弧，电极调节器控制电弧电流达到设定值，电弧在废钢料中熔化出3个洞，该阶段叫穿井阶段。穿井过程中当电极接触到废钢中夹杂的大块木头、塑料、石块等不导电物电极时会及时停止下降并报警，以防止折断电极。熔化阶段要求电极调节器具有接触导电物自动停止功能、接触非导电物检测处理功能或电极短状态检测。

(2) 熔化。穿井完成后，初始钢液已积聚在炉底形成熔池，变压器要换高档熔化废钢，同时吹氧帮助熔化。在熔化过程中废钢易出现塌料砸断电极和埋住电极造成短路过流情况。熔化阶段要求电极调节器具有过流和短路后迅速提升功能和变压器换挡保护功能。

(3) 升温。废钢全部熔化后进入升温阶段，变压器换低电压挡操作。主要完成低温除磷、高温除硫和氧化钢中的碳和合金成分的工作，因此升温时间的控制比较重要。同时电极离钢水较近，容易由于电极动作过于频繁出现颤动，电弧的稳定比较重要。此阶段还要多次完成测温取样操作。升温阶段要完成变压器换挡保护功能和测温取样功能。

(4) 出钢。当磷、碳等成分达到合格标准，钢水温度达到出钢温度时，电极抬起，高压停电，出钢口打开，炉体倾动，完成出钢功能。此阶段需要完成高压停电保护功能。

因此在整个工艺过程中需要对以下各点进行控制：电极的阻抗控制、电弧炉的停送电、电弧炉接触到废钢料自动停止、电弧炉接触非导电物的处理、有载调压、电极短路、电极过电流、电极稳定性、测温取样。要求电极调节器应具有相应功能[32]。

目前，广泛应用的电弧炉电极调节系统采用的是经典PID控制，其结构简单，易于实现且具有较好的鲁棒性，但由于电弧炉对象的时变性，经典PID控制的稳定性和控制精度难以得到保证。为解决以上问题，需要开发电弧炉电极调节自适应系统。国内外大部分关于电弧炉电极调节自适应控制的研究是将电弧炉主电路作为线性系统进行辨识和控制，然后采用线性系统的自适应方法进行研究。分段线性化自适应控制的方法便是其中的一种，分段线性化自适应控制策略是将电弧炉电极调节系统由对非线性系统的控制转变成对分段线性化系统的控制，可解决三相电弧炉系统的自适应控制问题[33]。

随着智能控制原理的快速发展，研究人员广泛应用智能控制算法控制调节电弧炉电极调节。针对电弧炉冶炼两个时期的复杂非线性、时变性等特征，研究人员分别采用神经网络和模糊控制与传统 PID 相结合的控制方法，使冶炼的各时期都能得到满意的控制效果。美国 North Star 钢厂利用智能控制算法改善了 80t 电弧炉的电极控制系统，使得生产率提高 10%~20%，电极消耗降低 0.4~0.6kg/t，电能消耗减少 18~20kW·h/t。国内舞阳钢铁公司 100t 电弧炉电极系统采用恒阻抗神经网络调节后，每炉供电时间缩短 8min，电能消耗减少 60kW·h/t，实际生产效果显著[34]。

4.3 泡沫渣工艺

4.3.1 泡沫渣工艺概述

现代电弧炉炼钢为缩短冶炼时间、提高生产率，均采用较高的二次电压，进行长电弧冶炼操作，以增加有功功率的输入，提高炉料熔化速率。但电弧的热流向炉壁辐射，会增加炉壁的热负荷，使耐火材料的熔损和热量的损失增加，也导致铁元素大量蒸发；同时，电弧炉冶炼采用的供氧手段，会造成渣中 FeO 含量过高，钢铁料消耗及炉渣量增加。为提高供电效率、缩短冶炼时间、降低渣量消耗，需实现埋弧操作，因此泡沫渣冶炼工艺尤为重要。

在熔炼中适时采取泡沫渣进行埋弧操作，一方面可以降低电弧对炉衬的侵蚀，减小炉衬的热负荷，提高炉衬寿命；另一方面，由于电弧被泡沫渣覆盖，电弧产生的热量会更多地被熔池吸收，可有效提高电弧炉的热效率，缩短冶炼周期，降低电耗。

电弧炉采用泡沫渣冶炼，热效率可由 30%~40%提高到 60%~70%，节省 50%的补炉料，炉龄提高 20 余炉，功率因数由 0.6~0.7 提高到 0.8~0.9，电极消耗降低 20%左右，每炉冶炼时间缩短 30min，每吨钢节电 20~70kW·h。泡沫渣必须与富氧、长弧形成三位一体的集成操作才能发挥效益。

4.3.2 泡沫渣的节能降耗作用

电弧炉造泡沫渣的主要作用：

（1）可以采用长弧操作，使电弧稳定和屏蔽电弧，减少弧光对炉衬的热辐射。传统的电弧炉供电是采用大电流、低电压的短弧操作，以减少电弧对炉衬的热辐射，减轻炉衬的热负荷，提高炉衬的使用寿命。但是短弧操作功率因数低（$\cos\phi=0.6\sim0.7$），电消耗高，大电流对电极材料要求高，电极断面尺寸大，所以电极消耗也大。为了加速炉料的熔化和升温，缩短冶炼时间，向炉内输入的电功率不断提高，实现高功率、超高功率供电；此时，如仍用短弧操作，则电流极大，使得电极材料无法满足要求，所以高电压长弧操作势在必行。但是长弧操作会使电弧不稳及弧光对炉衬热辐射严重。而泡沫渣能屏蔽电弧，减少对炉衬的热辐射；泡沫渣还可减轻长弧操作时电弧的不稳定性。直流电弧炉采用恒定电流控制时，随流电弧电压波动很小，电极几乎不动。因此泡沫渣的稳定性相对较好。

（2）长弧泡沫渣操作可以增加电弧炉输入功率、提高功率因数和热效率。有关资料和试验指出，在容量为 80t 时，配以 90MV · A 变压器的电弧炉，功率因数可由 0.63 增至 0.88，在不造泡沫渣时炉壁热负荷将增加 1 倍以上，而造泡沫渣后热负荷几乎不变；泡沫渣埋弧可使电弧对熔池的热效率从 30%~40%提高到 60%~70%；使用泡沫渣可使炉壁热负荷大大降低，可节约补炉镁砂 50%以上和提高炉衬寿命。

（3）降低电耗、缩短冶炼时间、提高生产率。由于埋弧操作加速了钢水升温，缩短了冶炼时间，故可降低电耗。国内某厂 100t 电弧炉造泡沫渣后，1t 钢可节电 20~50kW · h，缩短冶炼时间 20min/炉，提高生产率 15%左右。由于吹氧脱碳及氧化反应产生大量热能，加上泡沫渣对电弧屏蔽作用，吹氧搅拌迅速、钢水温度均匀等方面的原因，吨钢电耗明显降低。据日本大同特钢公司知多厂 70t 实测，冶炼各期电弧加热效率 η 如下：熔化期加热效率 $\eta=80\%$，熔化平静钢液面加热效率 $\eta=40\%$，喷碳埋弧加热效率 $\eta=70\%$。可见，采用埋弧喷碳造泡沫渣的方式，可比传统操作热效率提高很多，使熔体快速升温，缩短冶炼时间。同时，由于炉渣大量发泡，使钢渣界面扩大，有利于冶金反应的进行，也使冶炼时间缩短，再加上电弧炉功率因数的提高，可使吨钢电耗下降[35]。

（4）降低耐火材料消耗。由于泡沫渣屏蔽了电弧，减少了弧光对炉衬的辐射，故使炉衬的热负荷降低；同时，导电的炉渣形成了一个分流回路，输入炉内的电能不再是全部由电弧转换为热能，而是有一部分依靠炉渣的电阻转换，因此在同样的输入功率下，就减少了电弧功率，这也有利于减少炉衬的热负荷，降低耐火材料消耗。使用泡沫渣使炉衬的热负荷明显降低。另一方面因电极消耗与电流的平方成正比，显然采用低电流大电压的长弧泡沫渣冶炼，可以大幅度降低电极消耗。另外，泡沫渣使处于高温状态的电极端部埋于渣中，可减少电极端部的直接氧化损失。

（5）泡沫渣具有较高的反应能力，有利于炉内的物理化学反应进行，特别有利于脱磷、脱硫。泡沫渣操作要求更大的脱碳量和脱碳速度，因而有较好的去气效果，尤其是可以降低钢中的氮含量。因为泡沫渣埋弧可使电弧区氮的分压显著降低，故钢水吸氮量大大降低。泡沫渣单渣法冶炼，成品钢的含氮量仅为无泡沫渣操作的1/3。单渣法工艺一般采用铺底石灰提前加入使炉渣泡沫化程度高，流动性好且不断吹氧搅拌钢液炉渣，大大增加了钢渣接触面积，有利于少氧化渣脱磷反应进行。冶炼实践证明，只有少数炉次熔清时分析磷在0.040%以上，一般来说磷都能小于0.020%。由于炉渣的发泡使渣-钢界面面积扩大，改善了反应的动力学条件，有利于脱磷反应的进行。同时，电弧炉可以一边吹氧一边流渣，可及时将含磷量高的炉渣排出炉外，这也是有利于脱磷的。此外，在进行泡沫渣冶炼时，一般熔池的脱碳量和脱碳速度较高，有利于脱[N]。因为有泡沫渣屏蔽，因此电弧去氮的分压可显著降低。

4.3.3 泡沫渣操作工艺

（1）强化供氧工艺。在电弧炉冶炼过程中采用全程供氧的冶炼技术，可保持比较高的喷氧量，降低熔清碳含量，利于脱磷，为氧化期喷碳还原创造条件。造泡沫渣时采用的供氧流量应当在相对较高的条件下，与此同时通过炉门碳氧枪向渣面喷碳吹氧，提高碳氧反应强度，增加渣中气体。

在电弧炉冶炼过程中，通过熔清碳含量对炉门碳氧枪的使用加以控制，并由此控制冶炼终点的碳含量，当熔清碳含量≤0.50%时，电弧炉炉门碳氧枪需调节供氧工艺，灵活调节吹炼模式，使钢液中的碳含量控制在0.10%左右，防止钢水过氧化。

（2）优化喷碳工艺。

1）喷粉量及喷粉强度。强化供氧会产生大量的FeO，使钢液氧化性高，碳含量降低，渣中FeO含量高达30%~50%，会影响炉渣发泡性能，同时产生相当大的铁损；而采用喷碳反应可使这部分氧化铁得到还原，从而回收铁元素，既优化了炉渣发泡性能，也可以使冶炼过程中的铁损得到降低，与此同时，FeO与碳粉反应产生的大量的CO气体利于熔渣发泡。

2）碳粉粒度。碳粉颗粒细，与熔渣反应的接触面积相应会得到增大，发生的化学反应会更快更剧烈，使炉渣更容易产生泡沫渣；但碳粉颗粒过小，易烧损且影响除尘，现使用的碳粉为1~5mm粒度级。

（3）调整供电制度。根据不同时期的冶炼条件，确定相应的冶炼供电制度，采用不同的供电工艺。其核心是实现长弧操作，并通过泡沫渣覆盖电弧，增加电能的效率，为此应当适当降低电流以达到埋弧的目的。

由表4-1可知，采用新的供电曲线后，渣中FeO含量明显降低，冶炼周期得到缩短，冶炼电耗得到降低，供氧量也有所降低，由于保证了泡沫渣冶炼，电弧炉冶炼经济性有明显提高。

表 4-1　新旧供电曲线冶炼指标情况对比

项　目	渣中 FeO 含量 /%	冶炼周期 /min	冶炼电耗 /kW·h·t^{-1}	供氧量（标态）/m^3·h^{-1}
旧供电曲线	31.48	54.5	310.11	45.01
新供电曲线	21.07	51.9	302.83	41.54

（4）炉渣性能。

1）渣中氧化铁含量。渣中悬浮点（$2CaO \cdot SiO_2$和 $MgO \cdot FeO$）可被渣中氧化铁溶解，且呈现正相关的关系，氧化铁同时可以降低熔渣黏度，其最终效果是降低熔渣的发泡性能。由于缺少了悬浮物质点，气体无法弥散分布在渣中，泡沫渣发泡时间短，因此泡沫渣操作渣中氧化铁含量应控制在 20%左右。

2）炉渣碱度。调整炉渣碱度主要通过碳量的加入进行。通过取样分析，当炉渣碱度在 2.0~2.5 时，渣中氧化铁活度最大，氧化铁含有较强的氧化性，在此时渣的氧化性也是最强的，与喷粉带入的 C 元素剧烈反应，产生大量的 CO 气体，使炉渣泡沫化，此时冶炼温度对炉渣黏度影响最小，可保证泡沫渣的形成和维持不受温度影响；此时渣中氧化铁活性最高，易于实现炉渣泡沫化。

3）熔池温度和炉渣黏度。大约在 1570~1580℃时，炉渣泡沫化的效果可以达到最佳状态，此时炉渣具有适宜的物理化学性质（黏度等），可以发生较强的碳氧反应，有很好的发泡条件。

4.4　集束射流供能技术和拓展应用

4.4.1　集束射流概述

近年来，国内外电弧炉炼钢技术取得迅速发展。围绕着扩大生产能力、降低消耗指标、降低生产成本，许多炼钢辅助技术应运而生。其中集束射流技术对提高电炉冶炼节奏，降低生产成本具有非常重要的作用。

电弧炉炼钢输入化学能是降低电能消耗、加快冶炼节奏最有效的方法。向熔池喷吹氧气是输入化学能最直接的手段，可以加快脱碳速度，缩短冶炼时间喷入的碳粉反应造泡沫渣、搅拌熔池等。电炉内吹氧的常用方法是采用普通氧枪，它产生的射流是以高压（0.5~1.5MPa）经过喷嘴得到超声速氧气射流。传统超声速氧枪主要缺点是：喷吹距离短且衰减快，氧气射流对熔池的冲击力小，钢液容易形成喷溅，炉内氧气的有效使用率低，节电效果较差。

为了克服普通超声速氧枪的不足，美国 Praxair 公司（聚合射流技术（coherent jet，Cojet））[36]和北京科技大学各自研发了集束射流技术。该技术与传统超声速射流比，在超过喷嘴直径 70 倍的喷吹距离内都可以保持其原有的射流速率、直径、氧气浓度，射流的喷吹冲击力不衰减；传统氧气射流出口 0.254mm

处的冲击力与集束射流 1. 37mm 处的冲击力相当；对熔池的冲击深度要高 2 倍以上，气流的扩展和衰减小，可减少熔池喷溅及喷头黏钢[37]。

集束射流的原理是在拉瓦尔喷管的周围增加燃气射流，使拉瓦尔喷管氧气射流被高温低密度介质包围，减少电炉内各种气流对中心氧气射流的影响，从而减缓氧气射流速度的衰减，在较长距离内保持氧气射流的初始直径和速度，以向熔池提供较长距离的超声速集束射流。

集束射流氧枪是应用气体力学的原理设计的。其要点是：喷嘴中心的主氧气流指向熔池。由于高的动能和喷吹速度不足以使射流在较长的距离上保持集束状态的，为了达到保持射流集束状态的目的，必须用另一种介质来引导氧气，即外加燃气流，使燃气流对主氧气流起到封套的作用。低速的燃气流比静止的气体提供更大的动能，有利于氧气射流高速喷吹，这样主氧气流就能够在较长的距离内保持出口时的直径和速率。

集束射流技术的核心是特殊喷嘴。当安装在炉墙上的喷嘴以集束方式向电弧炉熔池吹入氧气时，集束氧气流比普通超声速射流在较长距离内保持原有的速率和直径，如图 4-4 所示。

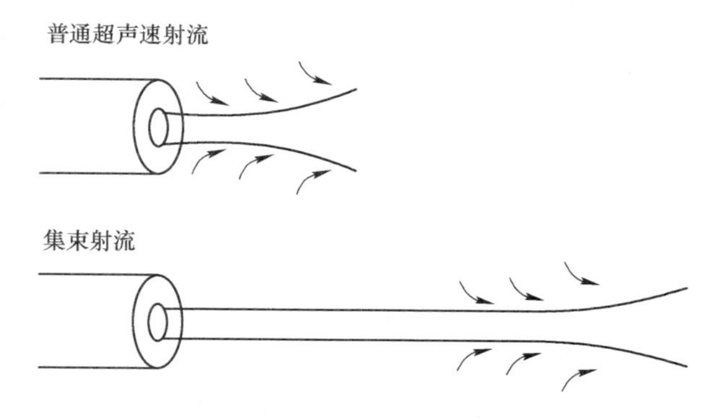

图 4-4 集束射流与普通超声速射流的比较

在出口气体速度和压力相同条件下，在射流中心，集束射流比同一点的传统超声速射流具有更高的气体流速，在距喷嘴出口 1. 4m 处，集束射流可仍然保持较高的气体流速。如图 4-5 所示，该图测试条件为：中心射流空气压力 0. 7MPa，保护气体流量 $80m^3/h$。

在距离喷嘴出口相同的距离上，集束射流流股的速度变化率比传统超声速射流流股的速度变化率大。集束射流具有较高的聚合度，而且这种较高的聚合度能够在较长的距离内一直保持。在距离喷头端部 1. 0m 和 1. 2m 处聚合射流仍然有特别高的聚合度，而传统超声速射流已比较发散。如图 4-6 和图 4-7 所示。

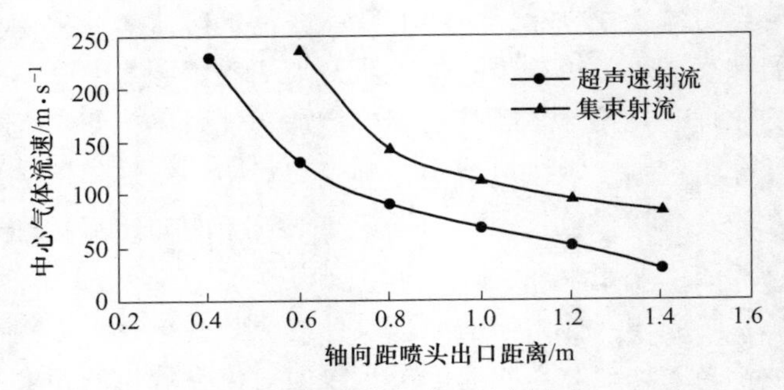

图 4-5　射流轴向中心流场分布

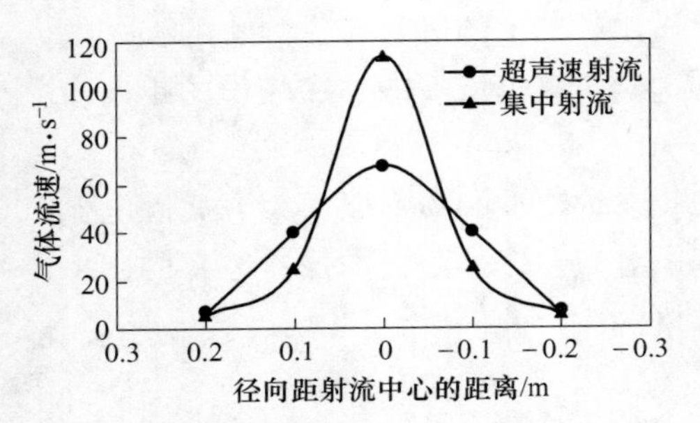

图 4-6　射流径向流速分布（$x=1.0$m）

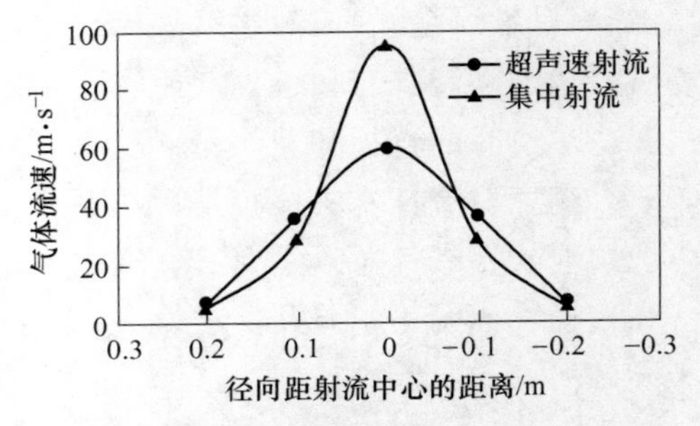

图 4-7　射流径向流速分布（$x=1.2$m）

集束射流具有其他特点[38~40]：

（1）比普通超声速喷吹带入的环境空气量要少 10%以上，NO 排放减少。

（2）射流扩散和衰减的速度也显著降低。

（3）冲击液体熔池的深度比普通超声速射流冲击深度深约 80%，水模型实验表明，集束射流进入熔池的深度比传统喷吹深 80%以上[41]。

（4）集束射流核心区长度、射流扩散、衰减及压力可以控制。

（5）水力学模型实验表明熔池均混时间与底吹混合时间相近。

（6）喷溅大大减少。

集束射流吹氧主要用于切割炉料，以防止废钢架桥；直接吹入熔池，与熔池中的铁及其他元素反应，产生热量，加速废钢熔化；进行熔池搅拌，使钢水温度均匀；参与炉内空间的可燃气体的二次燃烧；与熔池中的碳反应，生成 CO 造泡沫渣，屏蔽电弧，减小辐射，减少热量损失，提高炉衬寿命，加快脱碳速度；降低电耗，缩短冶炼时间[42]。

根据集束射流氧枪的工作原理可知，它是在传统氧枪的主氧中分出一部分环氧，另外，在主氧的外环处加两圈保护气体（环氧和环燃气），隔绝外界气流的影响，从而保护主氧。

如图 4-8 所示，整套氧枪喷嘴系统由主氧喷吹系统、主氧保护系统、水冷系统三部分组成。主氧喷吹系统位于集束射流氧枪的中心位置；主氧保护系统位于主氧喷吹系统的外层，设有环氧和环燃气喷口；水冷系统位于氧枪的最外层，在氧枪一端设有进水口和出水口；枪身由无缝钢管做成的4层套管组成。尾部结构应方便输氧管、进水、出水软管同氧枪的连接，保证4层套管之间密封及冷却水道的间隙通畅，以及便于吊装氧枪。实际喷吹火焰效果如图4-9所示。

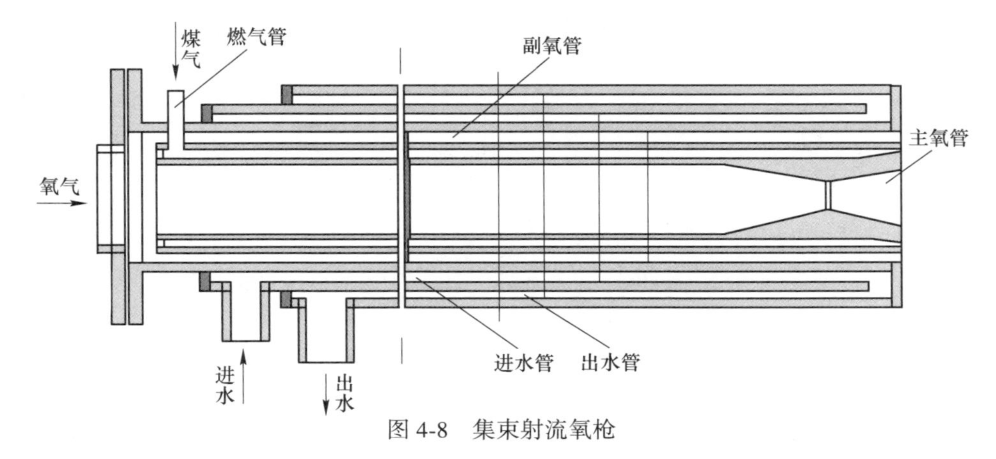

图4-8 集束射流氧枪

图4-9 集束氧枪射流效果

喷头常用紫铜材质，可用锻造紫铜经机加工或用铸造方法制成。主氧管、环氧管所用的材料为热轧无缝钢管，进水管和出水管采用铸造钢管，主氧喷管采用冷轧无缝钢管，喷头的端底及喷孔部分材质为无氧纯铜，含铜量大于99.9%，挡水板由于不承受高温，可采用铸造青（黄）铜或由铜板锻造而成，上部氧气喷管可采用铸铜、铜管、轧制不锈钢管等材质。

4.4.2　典型集束氧枪供能系统

根据不同的设计理念，不同生产厂家集束氧枪的形式各有不同。目前国内外主要的集束氧枪包括美国工艺技术公司生产的JetBox集束喷射箱，美国燃烧技术公司生产的ACI碳氧喷枪，意大利得兴公司生产的KT喷枪，美国普莱克斯公司生产的Cojet喷枪，奥钢联集团生产的RCB喷枪和北京科技大学冶金喷枪研究中心生产的USTB集束氧枪。

4.4.2.1　JetBox集束喷射箱

JetBox集束喷射箱由美国工艺技术公司开发生产，已经被成功地应用在各式电弧炉上，获得了良好的运行效果。

JetBox集束喷射箱中的集束氧枪和喷碳粉枪被平行嵌套在水冷铜箱内。JetBox碳氧枪结构如图4-10所示，铜箱安装位置如图4-11所示。集束氧枪布置在喷碳孔的左上方，这种平行布置更有利于泡沫渣的快速形成，并防止喷碳孔堵塞。在平行方向上，由氧流产生的伯努利效应对碳粉进行引流，并确保将碳流导入渣钢界面。JetBox技术通过把喷碳点移至炉渣下面，从而把除尘系统造成的碳

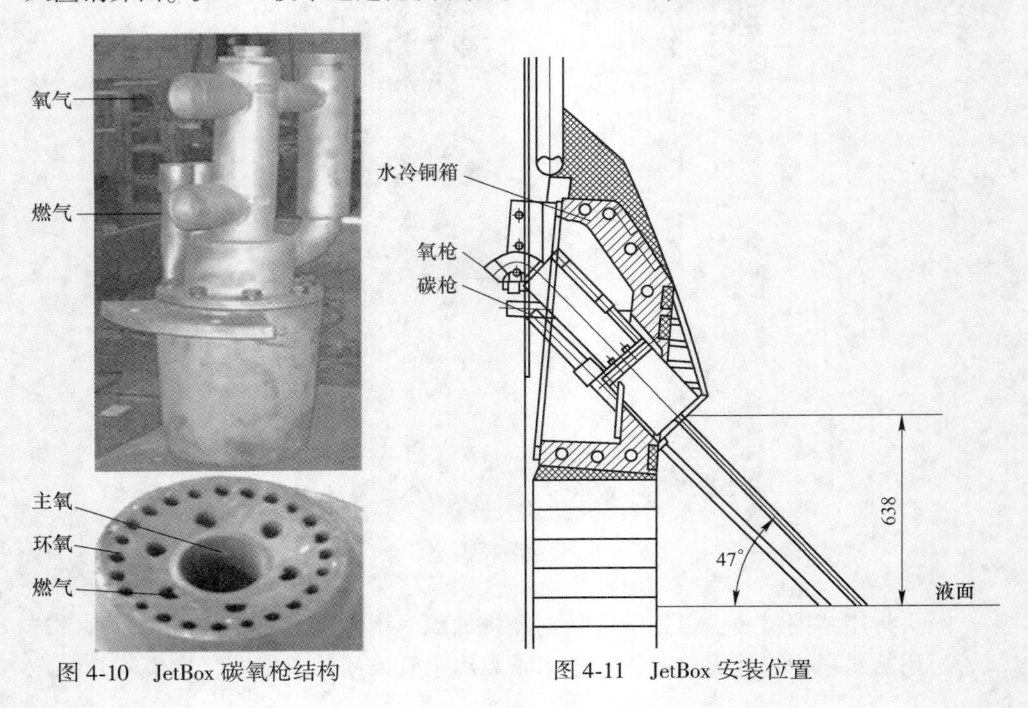

图4-10　JetBox碳氧枪结构　　图4-11　JetBox安装位置

损失和渣面燃烧损失的碳粉降到最低，碳粉可被喷到最需要的地方。集束氧枪和碳枪的冷却由水冷铜箱提供。集束氧枪的烧嘴包括超声速喷嘴和环氧喷嘴。当超声速烧嘴以 2Ma 的声速向熔池供氧时，环氧以最大 $8m^3/min$（标态）的速度对超声速射流进行保护，保证超声速射流紧凑、连贯和有效地进入熔池，同时提供二次燃烧用氧。JetBox 安装在炉壁耐火砖的上方，对炉子中心有一定的下倾角，既可保证喷射距离最短，又最大限度减少了喷溅，同时由于水冷箱的冷却作用，使得箱子下面的耐火材料侵蚀速度减慢。JetBox 集束喷射箱在电弧炉不同冶炼时期应用不同的工艺操作[43]：

（1）熔化前期，向炉内输出超过 4.5MW 的化学能以熔化废钢；

（2）熔化中期，在还存在半熔态废钢的情况下，切换到较大流量、低速的氧气以快速熔化废钢；

（3）在炉内废钢基本熔清后，吹入超声速氧气直到冶炼完成。

JetBox 集束喷射箱可在手动或自动方式下操作吹氧操作，包括 5 种不同的模式，分别是 OFF（关闭）、HOLD（保持）、LOW（低氧）、MEDIUM（中氧）及 HIGH（高氧），冶炼中可以根据不同的炉况选择不同的模式[44]。

JetBox 的技术特点如下：

（1）使用集束射流、炉中多点供氧喷碳，供氧强度大。

（2）烧嘴功率可达 5.0MW，能产生多种火焰结构，有效增加化学能输入，降低冶炼电耗。

（3）安装位置低，射流行程短，喷射角度大，射流冲击点远离电极，减少了电极消耗；同时吹氧产生的热源远离水冷板，可降低因飞溅或反吹损坏水冷板的风险。

（4）特殊的水冷铜箱设计。氧枪和碳枪都安装在铜箱内，受到铜箱的保护，并使氧枪和碳枪都保持最佳的喷射角度。

（5）脱碳速度快。JetBox 的喷碳点在熔渣下面，从而可把除尘系统造成的碳损失和渣面燃烧掉的碳粉降到最低，碳粉可被喷到最需要的地方，另外碳粉喷到吹氧点和炉壁之间，更靠近吹氧反应区的位置，能更准确控制碳和 FeO 反应，控制过氧化，同时还能降低耐材附件区域的 FeO 浓度，有助于降低耐材氧化及消耗[45]。

（6）良好的泡沫渣效果。通过 JetBox 从多点向炉内喷吹碳粉，可形成更厚实、更均匀、更持续的泡沫渣，有利于降低电耗和电极消耗，减少水冷炉壁的损坏[46]。

（7）设有水冷燃烧室，引导环绕射流，可在燃烧室内产生正压，有效防止超声速氧流孔和燃气孔的堵塞。

应用 JetBox[47] 集束喷射箱可以有效降低生产的电耗，缩短冶炼时间，减少电极消耗，其在淮钢 70t 电炉使用效果见表 4-2。

表 4-2　JetBox 在淮钢 70t 电炉使用效果

项目	通电时间 /min	冶炼周期 /min	电耗 /kW·h·t^{-1}	氧气（标态） /m^3·t^{-1}	电极消耗 /kg·t^{-1}
使用前	33.5~36.2	51~58	288.2~304	28	1.8
使用后	29~32	46.5~53	256.8~291.5	40	1.4

4.4.2.2　多功能喷枪

ACI 多功能喷枪由美国燃烧技术公司研发，其中包括 PyreJet、ALARC-Jet、ALARC-PC 等枪型。ACI 碳氧喷枪的技术特点见表 4-3[48]。

表 4-3　ACI 碳氧喷枪的技术特点

序号	名称	特　点
1	PyreJet	集烧嘴、超声速氧枪、二次燃烧和喷碳于一体的多功能组合枪
2	ALARC-Jet	平熔池钢水脱碳氧枪
3	ALARC-PC	专用的二次燃烧氧枪，利用熔化期产生的 CO 和 H_2 二次燃烧的热量助熔

ACI 碳氧喷枪可实现完全自动控制。操作工可在人机界面选择钢种和冶炼条件，然后由系统自动完成吹氧量和燃气量的计算并自动进行控制。

A　PyreJet 碳氧组合枪

PyreJet 多功能炉壁氧枪不仅具有熔化和切割废钢的能力，还可进行碳粉喷吹和超声速氧气射流，辅助泡沫渣生成及熔池精炼。铜质的长水冷燃烧室可以控制火焰的形状和火焰的生成。燃烧室可以保证氧气和燃气的开孔不被飞溅的钢水及钢渣堵住，燃烧室内部配有一个超声速烧嘴，在必要时可快速方便地从燃烧室上脱开和取出。在 PyreJet 多功能炉壁氧枪上还同时配有可更换的碳粉喷吹管，它的出口靠近中轴线。这样的布置有助于碳粉在中心超声速氧流带动下冲入渣层深入熔池内部进行有效的脱碳及帮助保护渣的生成。利用 PyreJet 多功能炉壁氧枪，电炉终点碳的含量可降低到 0.02%。PyreJet 多功能炉壁氧枪在炼钢生产中具有烧嘴模式和氧枪模式，根据冶炼的需要，两种模式可以自由。

PyreJet 枪体如图 4-12 所示，枪头如图 4-13 所示，安装位置如图 4-14 所示，ACI 多功能喷枪 PyreJet 在兴澄 100t 直流电炉上的使用效果见表 4-4。

B　平熔池氧枪 ALARC-Jet

ALARC-Jet 是平熔池脱碳氧枪，其特点是利用优化设计的喷嘴产生一个聚焦很长距离的射流。ALARC-Jet 氧枪可以放在比一般的氧枪离熔池远得多的位置，同时使超声速的射流始终保持聚焦。ALARC-Jet 最高脱碳速度可以达到 0.15%/min。

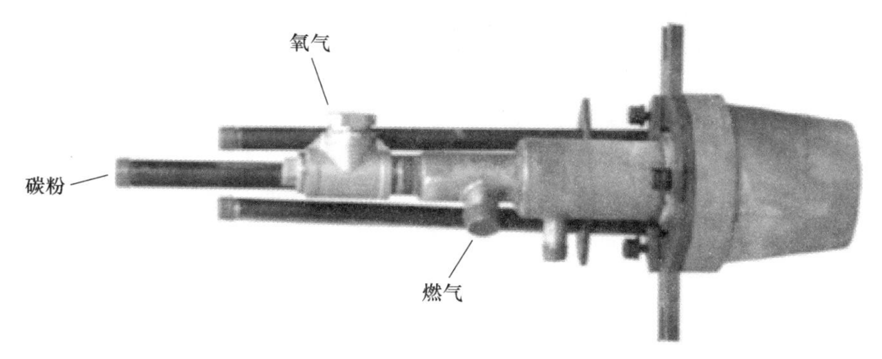

图 4-12 碳氧组合枪结构

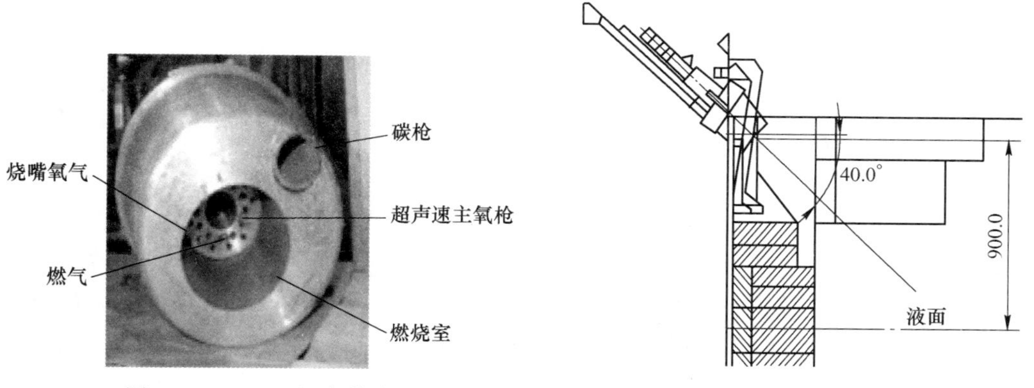

图 4-13 PyreJet 组合枪头

图 4-14 PyreJet 安装位置

表 4-4 ACI 多功能喷枪 PyreJet 在兴澄 100t 直流电弧炉上的使用效果

项目	通电时间 /min	电耗 /kW·h·t^{-1}	冶炼周期 /min	氧耗（标态） /$m^3 \cdot t^{-1}$	燃气消耗（标态） /$m^3 \cdot t^{-1}$	电极消耗 /kg·t^{-1}	碳粉消耗 /kg·t^{-1}	金属收得率 /%
使用前	54.4	346	63.3	46.8	0	1.04	7.6	91.5
使用后	45.3	324	52.4	51.9	1.25	0.99	6.4	91.5

ALARC-Jet 主要用于容易形成平熔池的电炉，如废钢连续预热电炉、使用直接还原铁或高比例热装铁水的电炉。

ACI 多功能喷枪在诸多电炉上的使用都取得了显著的冶金效果和经济效益，

主要表现为通电时间缩短、电耗降低、冶炼周期缩短等。

C　二次燃烧枪 ALARC-PC

专用的二次燃烧枪是 ACI 的一大技术特点。ALARC-PC 二次燃烧枪最多可降低电耗 30kW · h/t，其优点如下：

（1）覆盖面积更广。

（2）独立的二次燃烧枪，可以更好地控制。

（3）低速氧气喷吹，使氧气在炉内的停留时间更长，而且不影响电极。

（4）ALARC-PC 二次燃烧枪在炉内燃烧 CO，可降低除尘系统中的 CO 含量，降低除尘烟气温度。

（5）按一定合理角度，逆向炉气方向供氧，达到良好的二次燃烧效果。ALARC-PC 原理如图 4-15 所示。

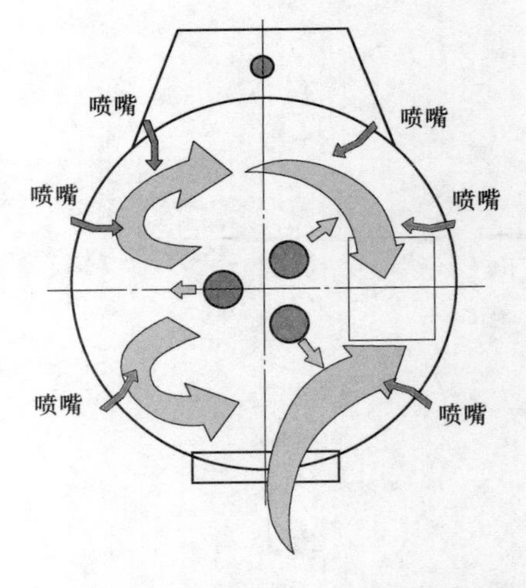

图 4-15　二次燃烧枪 ALARC-PC 原理

4.4.2.3　KT 碳氧喷枪

KT 碳氧喷枪由意大利得兴公司开发。KT 枪为分体式碳氧枪，氧枪为集速射流枪。KT 碳氧枪的一大技术特色是枪头采用特殊的气水雾化冷却技术，可以克服水冷铜枪头出现的“热障”现象，冷却效果很好、安全可靠。实验室试验证明，即使铜枪头烧漏，喷出的气雾也不会造成安全事故，KT 碳氧喷枪可以设置在熔池上方 200mm 处而不是通常设置在熔池上方 600mm 处，因此 KT 碳氧喷枪更接近熔池，在电炉回位通电后，KT 碳氧喷枪即可对留钢形成的熔池进行喷吹。

KT 碳氧喷枪内部为 4 层独立的环管结构，最内层为主氧通道；紧靠内层为天然气通道；接着是副氧通道；最外两层为进回水通道，用于氧枪冷却。主氧、天然气及副氧的分层由一体式主枪芯构成，用氟橡胶密封圈进行密封分隔，枪芯可进行单独更换，如图 4-16 和图 4-17 所示。

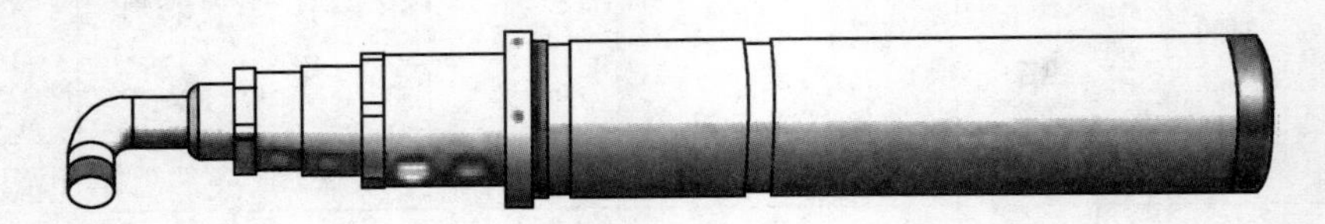

图 4-16　KT 碳氧喷枪总装示意

该氧枪具有氧枪和烧嘴两种工作模式，通过自动化程序的设计来控制各种气体介质的流量，以实现多种不同的枪模式、烧嘴模式及脱碳模式。烧嘴模式主要作用为熔化期进行预热和切割废钢；氧枪模式主要作用为在升温氧化期进行切割

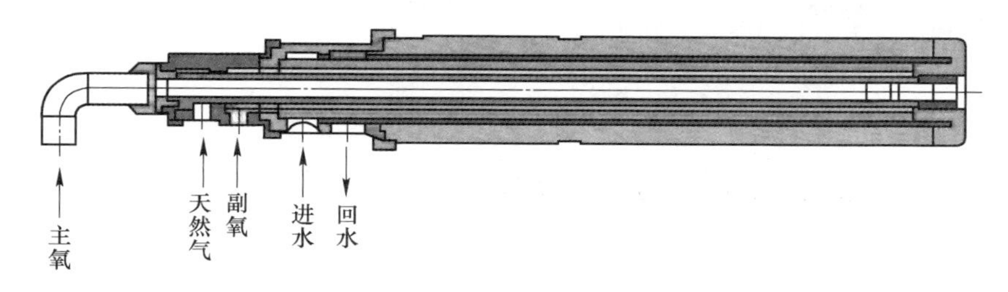

图 4-17 KT 氧枪剖面

废钢、升温；脱碳模式是在电极停电状态下直接用作钢水脱碳。当氧枪停止工作后，系统会自动或由操作工手动转为吹扫模式，即用氮气进行吹扫，以对枪芯进行冷却和防止钢渣堵塞枪头。吹扫气体还可以选择空气，但为了安全需要氮气作为过渡气体，这样的选择会降低一定的生产成本，但对空气质量要求比较高[49]。

4.4.2.4 Cojet 喷枪

Cojet 喷枪由美国普莱克斯公司开发。集束射流技术是普莱克斯公司最重要的气体应用技术之一。该技术的核心是多功能集束射流枪和气体供应监测系统。Cojet 喷枪具有输入化学能和向熔池吹超声速氧气射流的能力。碳粉喷吹系统能够有效与氧气系统配合造泡沫渣，对提高冶炼节奏和节约炼钢成本有显著作用。目前该项技术已在全球 100 多座电炉上得到了应用，国内用户有宝钢 150t 电炉、韶钢 90t 电炉等。

Cojet 喷枪为多功能枪，其功能包括吹氧、喷碳、预热和二次燃烧。

主氧枪为 3 层套管结构，有主氧、煤气、环氧喷嘴。主氧枪与水平向及炉体径向呈一定夹角，枪头距熔池表面适当，以确保主氧射流的脱碳效果及对熔池的搅拌作用。

主氧枪在冶炼前期用作烧嘴模式预热废钢。在冶炼中后期，氧气以集束射流形式从主氧枪吹入钢水中，提高氧气的利用效率，使钢水快速脱碳和升温。

Cojet 喷枪具有 1 个专用的碳粉喷枪，可以调节喷入的碳粉量。碳枪是一根自耗钢管，位于主氧枪侧，高度略低于主氧枪，并与主氧枪保持一定角度，以保证造泡沫渣的效果。主氧枪侧设二次燃烧枪，其作用是向炉内喷入氧气，与炉气中的 CO 反应产生热量，达到节电和提高生产率的目的。

Cojet 喷枪的基本工艺操作模式如下：

（1）吹氧模式。集束射流枪作为吹氧脱碳枪使用。

（2）混合模式。多种模式混合使用。除同时使用烧嘴模式和吹氧模式外，还可使用碳粉枪造泡沫渣。

（3）二次燃烧模式。用于燃烧在吹氧期间产生的 CO，回收热能。

（4）闲置模式。使用极少量的氧气吹扫，防止氧枪堵塞。

Cojet 喷枪在宝钢 150t 双壳电炉应用后，取得了冶炼周期缩短、电耗下降、电极消耗下降等显著效果[50]，见表 4-5。

表 4-5　宝钢 150t 双壳电炉应用 Cojet 的效果[1]

项　目	通电时间 /min	电耗 /kW · h · t^{-1}	冶炼周期 /min	电极消耗 /kg · t^{-1}
使用前	44	285	54	0.95
使用后	37	225	45	0.85

4.4.2.5　RCB 烧嘴

1999 年，奥钢联福克斯开发了组合式精炼烧嘴（RCB），直接、高效、低成本地提高了电弧炉生产率。RCB 烧嘴具有一种设计紧凑的水冷装置，可将氧燃烧嘴与非消耗式氧枪的功能有机结合在一起。中心的超声速氧气射流被氧燃烧嘴火焰环绕包围，从而得到保护，可减小动能损失。喷吹率高达 3500m^3/h 的氧气射流在炉膛内长达 2m 左右的距离内依然可保持凝聚（图 4-18）。

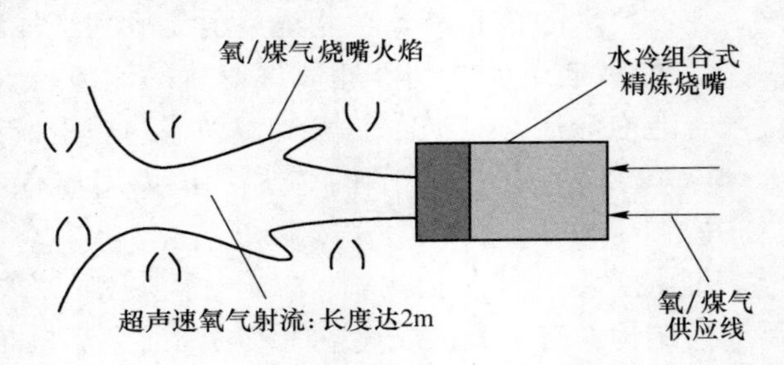

图 4-18　组合式精炼烧嘴（RCB）的原理

RCB 烧嘴的设计紧凑，可以有效防止喷溅现象，并提高氧气利用率。具体位置可以灵活确定，一般在冷点区或者偏心底出钢电弧炉的凸台水冷板中。

当 RCB 烧嘴安装在侧炉壁时，被专门设计的水冷板加以保护。水冷板略向炉内突出，以免耐材炉衬受到火焰的影响。这种设计还可保护 RCB 烧嘴免于受到废钢加料的破坏。采用这种安装方式时，RCB 烧嘴周围耐材的损耗情况与渣线部位相同[51]。

RCB 烧嘴拥有以下技术优势：

（1）被防护火焰围绕的超声氧气流能有效保持层状面，渣液或钢液也不产生喷溅。

（2）由于 RCB 装置的特殊设计，层状氧气流的角度和长度以及防护火焰的特点，使氧气流喷入钢液熔池的效果远远高于其他系统。

（3）热燃烧煤气有足够时间穿透并预热废钢。

（4）后燃烧反应可减少供电时间，节约电能。

（5）多点全自动喷碳使整个炉内产生了可保护炉衬的泡沫渣，从而允许废钢熔化期长电弧操作。

（6）采用碳喷射完全控制炉渣氧化，降低了渣中氧化铁含量，从而提高了全金属收得率。

（7）未增加 RCB 对置面炉墙或炉底耐火砖磨损。

（8）超声氧枪多点布置促进熔池钢水强烈搅拌，有利于钢液温度和成分均匀。

4.4.2.6 USTB 集束射流氧枪

北京科技大学研制的集束射流氧枪是集供氧、搅拌、喷吹燃气及碳粉于一体的电弧炉炼钢化学能高效输入装置。其应用气体可压缩的特性，在超声速氧气射流外部包裹高温气体“伴随流”，对主氧气流股起着“封套”的作用，隔绝了环境气流对主氧气流的影响，使主氧气流股处于“封闭”状态，形成在较长距离内速度不衰减的集束射流。集束射流能量集中，通过调整“伴随流”火焰温度可控制集束射流的形状和穿透深度，既可形成面状火焰预热废钢，又可形成集束流股强化脱碳。“伴随流”与碳粉形成气-固混合相，利用集束射流的冲击深度和颗粒的动能，可将碳粉高效均匀输送到多相反应界面，实现冶炼高质量泡沫渣操作。该技术可显著提高冶炼过程中化学能的供应强度，可提高氧气利用率 20%，提高碳粉利用率 30%。

北京科技大学研发的 USTB 集束射流氧枪包括单层环氧保护中心氧气射流和环燃料保护主氧，还有在中心氧气射流周围环低速喷射燃料和氧气的多功能多模式氧枪。USTB 集束喷吹系统能够根据冶炼条件在尽量降低炼钢成本的基础上达到安装氧枪的目的。USTB 集束喷吹系统还在与氧枪平行的位置安装了碳枪，尽量使氧气能够把碳粉引流到熔池内，提高碳粉利用率。根据冶炼原料的不同，氧枪在冶炼过程中有多种模式，可以快速输入化学能熔化废钢，也可提供高速的氧气射流切割废钢，冶炼后期能够快速脱碳。

4.4.3 集束射流技术的拓展应用

4.4.3.1 炉壁集束模块化供能技术

氧气射流在炉气中衰减速度快，有效射流长度较短，对电弧炉熔池的冲击力不足。冶炼过程中，为了降低渣中氧化铁含量、提高金属收得率，通常采用喷吹粉剂的方法，但粉剂颗粒运动速度小，易受炉内气流扰动，难以进入熔池参加反应，粉剂利用率低。为解决上述问题，北京科技大学冶金喷枪研究中心（简称喷枪中心）开发了炉壁集束模块化供能技术。该技术包括集束供氧、喷粉、一体化水冷模块等多个单元，以满足不同冶炼工艺的要求。

集束射流供氧单元具备助熔、脱碳等多种模式。图 4-19 所示，助熔模式下集束射流火焰呈面状分布，增加了与金属炉料的接触面积，可迅速预热废钢；脱碳模式下高温射流呈集束状态，中心氧流股具有极强的穿透能力，利于熔池脱碳。如图 4-20 所示，集束供氧和喷粉单元共同安装在电弧炉炉壁的一体化水冷模块上，高温“伴随流”与粉剂形成气-固混合相，可提高集束射流的冲击深度，并增加颗粒的动能，使粉剂高效输送到多相反应界面。

a　　　　　　　　　　b

图 4-19　集束射流喷吹模式

a—助熔模式；b—脱碳模式

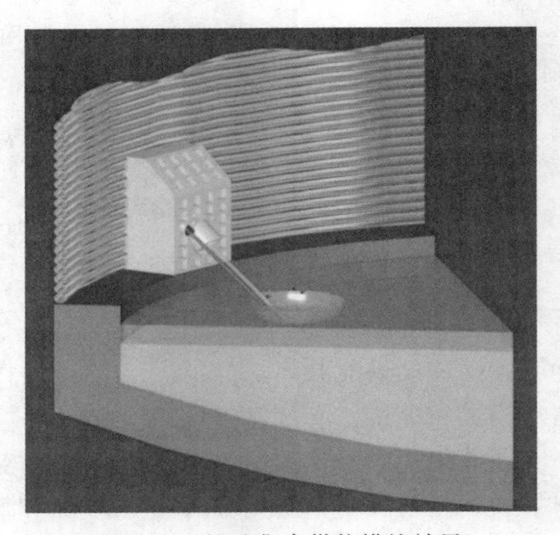

图 4-20　炉壁集束供能模块效果

冶炼过程中，各类粉剂（碳粉、脱磷剂等）的喷吹可实现动态切换，满足泡沫渣及脱磷的要求。该技术使碳粉利用率提高了 30%，保证了冶炼过程形成高质量泡沫渣，有效降低了终点氧含量，提高了金属收得率。100t 电弧炉采用该工艺喷吹脱磷剂，脱磷剂消耗量降低了 20%，脱磷率较常规工艺提升了 5%~10%，见表 4-6。

表 4-6 炉壁多功能喷粉脱磷与常规脱磷指标对比

脱磷方式	脱磷剂 /kg·t^{-1}	粉剂颗粒速度 /m·s^{-1}	喷粉强度 /kg·min^{-1}	P 变化 /%	脱磷率 /%
常规脱磷	42	—	—	0.080/0.012	80~85
喷粉脱磷	33	270	36	0.080/0.008	85~95

4.4.3.2 炉顶集束供氧喷吹技术

多元炉料（较高铁水比）会带入大量的物理热和化学热，可减少电弧炉炼钢过程的电能需求。北京科技大学冶金喷枪研究中心开发的电弧炉炉顶集束供氧喷吹技术，可在供电与炉顶供氧供能间切换，同时在热量不足时辅助喷吹燃料，如图 4-21a 所示。电弧炉炉顶集束供氧技术在炉盖上增加操作孔，通过升降机构调节氧枪枪位，完成脱碳、脱硅及造渣脱磷任务，如图 4-21b 所示。该技术可有效改善熔池中心区域的冶金反应动力学条件，提高熔池搅拌强度。

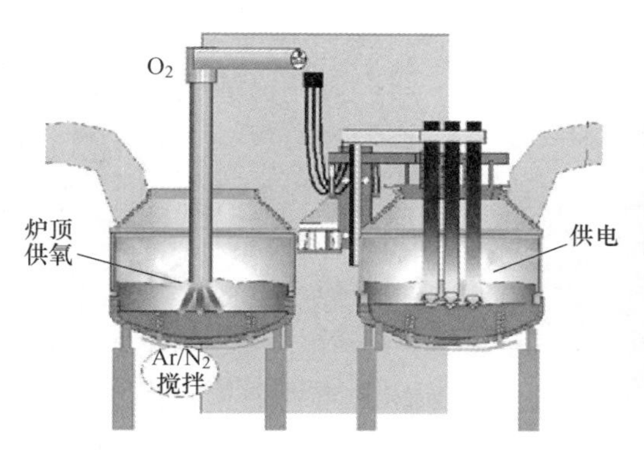

a

b

图 4-21 电弧炉顶吹供氧工艺

a—炉顶供电供氧切换示意图；b—炉顶氧枪

4.4.3.3 埋入式供氧技术

目前电弧炉炼钢供氧主要采用熔池上方喷吹方式。氧气射流需依次穿过炉内烟气流、泡沫渣层，最终与钢液接触进行反应，因此氧气射流速度快速衰减，氧气损耗不可避免。北京科技大学冶金喷枪中心开发了一种电弧炉双流道埋入式吹氧技术，如图 4-22 所示，该技术采用气态冷却保护方式将双流道氧枪出口埋入钢液面下，使氧气与钢水直接接触，有效地改善了熔池搅拌强度，提高了氧气利用率；通过优化冷却设计，稳定喷射参数，实现了埋入式供氧装置与炉龄同步。

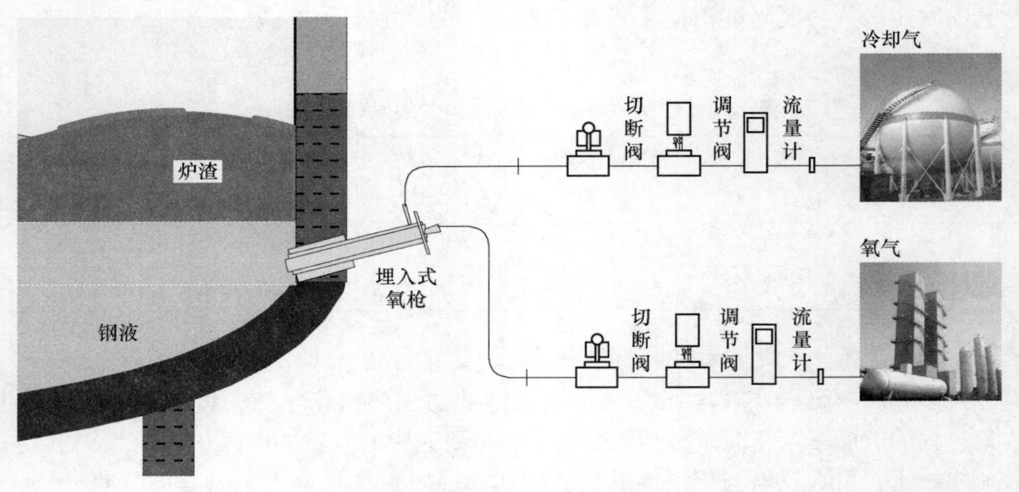

图 4-22　双流道埋入式氧枪工艺

通过集束射流技术的拓展应用研究，实现了电弧炉炼钢多方式多点供氧，扩大了氧气射流对熔池的作用区域，满足了不同炉料结构条件下的供氧需求，提高了供氧效率，进一步完善并发展了集束射流技术在电弧炉炼钢的应用。

4.5　二次燃烧技术

电弧炉冶炼过程中，节能的途径比较多，包括高功率长电弧操作技术、氧燃助熔技术、造泡沫渣技术、废钢预热技术等。这些技术的节能效果都比较好。但采用这些技术措施时，必须向电弧炉内加入新的热源（电能、煤粉等）或者增加辅助设备，相应地增加了炼钢成本。在电冶炼过程中，产生的烟气所携带的热量约为向电弧炉输入总能量的11%左右，有的高达20%。烟气能量分为两部分：一部分是由于烟气被熔池加热，具有较高温度而携带的物理显热；另一部分则主要是烟气中 CO 气体所携带的化学潜热。烟气中的物理显热很难被熔池吸收，只能作为废钢预热或其他的热源而利用；CO 气体所携带的化学潜热若能使其在炉内通过化学反应放出热为炉内熔池所吸收，则可以取得明显的经济效益。通过向炉内喷吹氧气使炉内 CO 气体进一步氧化生成 CO_2气体放出潜热的技术就是二次燃烧技术。实践证明二次燃烧技术具有节能降耗的优点，可以缩短炼钢的冶炼周期，提高电弧炉的生产率[52]。

电弧炉二次燃烧技术是 Air Li-guide 公司首先开发成功的，称为 ALARC-PC。1991 年 5 月瓦卢雷克集团在位于法国北部的圣索沃钢厂开始应用，此后 BSW 德国巴登钢铁集团公司（Badisthe Stahlwerke Gmbh）等一些欧洲的炼钢厂也相继使用。结果表明，采用了该技术后，送电到出钢时间缩短了 8~15min，吨钢电耗降低 25~50kW·h。法国圣索沃厂首次应用结果表明，炉内进行二次燃烧，炉气中 H 和 CO 含量大幅度降低。通过对炉气成分连续分析，来改进吹氧规程，便可以增加碳加入量和吹氧量，使氧碳放热反应的效果达到最佳化。在其他条件不变的情况下，缩短出钢到出钢时间 3min。送电到出钢时间从原来的 45~53min 缩短到 41~46min，相应的消耗可节省 9%，吨钢电耗从 441kW·h 降到 398kW·h，同时增加了氧气和碳的消耗，氧气消耗从 16.8m^3/t 增加到 30.3m^3/t；碳消耗从 11.5kg/t 增加到 16.6kg/t[53]。

4.5.1 二次燃烧技术的冶金原理

在电弧炉冶炼中必须配入一定量的碳，以保证电弧炉中有一定的脱气量，利于氩、氯及非金属夹杂物的去除，加速脱磷反应的进行，同时利用碳的化学热使钢液升温。冶金热力学表明，在电弧炉内，当［C］<0.05%时，主要控制反应为：$[C]+2[O]\rightarrow\{CO_2\}$；但在一般含碳量(C>0.1%)时主要控制反应为：$[C]+[O]\rightarrow\{CO\}$，因此在向熔池吹氧气的条件下，炉内的脱碳反应主要是下面两个反应：

$$2C + O_2 \longrightarrow 2CO,\ \Delta G = -223400 - 175.3T \tag{4-1}$$

$$2CO + O_2 \longrightarrow CO_2,\ \Delta G = -564800 + 173.64T \tag{4-2}$$

从式（4-1）和式（4-2）可以看出，1 体积的 O_2气［C］反应生成 2 体积的 CO 气体，2 体积的 CO 气体与 1 体积的氧气反应生成 2 体积的 CO_2气体。因此在采用二次燃烧技术时，虽然多吹入 1 倍的氧气，但对废气量没有多大影响，反应式（4-1）和式（4-2）均为放热反应，在炼钢温度范围内，利用各物质的标准生成焓及热容数据可推算出两个反应的放热值，见表 4-7。

表 4-7 推算出的两个反应放热值

反应式	热值/kJ		
	1673K	1873K	2073K
反应式 $[C]+\frac{1}{2}\{O_2\}\rightarrow\{CO\}$	58361.62	51891.44	45261.25
反应式 $\{CO\}+\frac{1}{2}\{O_2\}\rightarrow\{CO_2\}$	228716.36	225086.25	221966.05
反应式（4-2）和反应式（4-1）在相同反应温度下放热比值	3.93	4.34	4.95

从表 4-7 可以看出，废气中的 CO 气体携带有大量的潜热，其放热值为碳不完全燃烧放热值的 4 倍左右。这一部分 CO 气体本身是由于炉内加入的碳在冶炼

过程中产生的。在废气中 CO 气体没有被利用的情况下，说明向熔池中加入碳的化学热有 4/5 被浪费掉。若使 CO 气体进一步与氧气反应放出潜热，便可充分地利用这一廉价能源。一般在电弧炉中，熔池内的［C］与氧气主要生成 CO，生成的 CO 不能在炉内进一步与氧气反应生成 CO_2，这是由于提供的氧气量不充足，为此必须向炉内喷吹过量氧气，利用过量的 O_2 与 CO 气体反应放出潜热。

为了表明电弧炉中二次燃烧反应进行的程度将二次燃烧反应率定义为：

$$PC(\%) = \frac{100 \times CO_2}{CO + CO_2}$$

式中　$PC(\%)$——二次燃烧反应率,%；

CO_2——CO 气体生成 CO_2气体的百分率,%；

CO——未参与反应的 CO 气体的百分率,%。

$PC(\%)$ 值越大，表明二次燃烧反应越充分，CO 气体的潜热利用率也就大。国外有人指出，在向炉内喷吹纯氧的条件下，当 $PC(\%)=100\%$时，1kg 碳与纯氧反应可生成 7.49kW · h 的热量；而当 $PC(\%)=0\%$时，1kg 碳与纯氧反应只生成 1.43kW · h 的热量。当同炉内喷吹空气代替纯氧时，由于空气中有大量氮气，CO 气体不能充分燃烧等因素，在同等吹气量下，反应放出的热量要少得多，$PC(\%)$ 值也比较小。

4.5.2　二次燃烧系统组成

一般二次燃烧系统主要由以下三个部分组成：二次燃烧 PC 枪、氧气流量控制系统、炉气分析仪。

(1) 二次燃烧 PC 枪。在不改变原有的超声速氧枪功能的基础上，在主氧枪上复合 PC 枪的功能，即在主枪体内再套入一根管道，用于 PC 枪吹氧，好处是炉门结构和部分外部尺寸几乎不作改变，唯一的变化是主枪的内部结构和部分尺寸通过实施的方案把主氧枪和二次燃烧枪结合在一起。

(2) 氧气流量控制。用氧气流量控制阀组和 PIC 调节器对 PC 枪氧气流量进行控制，并且将两个分属不同系统的二次燃烧枪和原炉壁氧枪的控制系统的两支枪，通过 PIC 调节器纳入一个协调的操作系统之中。

(3) 炉气分析仪。由一个探头、一条送样线和一个气样处理分析柜组成，该分析仪能够快速分析，并自动冲洗探头和送样线。通过从炉气中取气样并连续分析炉气中 CO、CO_2、O_2含量，能够显示炉内的二次燃烧程度。一般用于在调试时测定 CO 生成模型，以便建立 PC 枪的用氧曲线。

4.5.3　二次燃烧技术应用

4.5.3.1　二次燃烧技术内容

二次燃烧技术主要是为了充分利用炉气中的潜能。电弧炉炉气中可以利用的潜能以 CO 和 H_2形式存在。

德国巴蒂斯赫钢法国与德国 Air Liquide 公司合作开发的 ALARC-PC 二次燃烧技术具有炉气成分连续测量、自动计算燃烧用氧数量的功能，并据此调节逆流喷入的氧气数量。炉气成分分析信号可立即传递到 ALARC-PC 控制系统。该系统设有由电弧炉计算机控制的接口。ALARC-PC 控制系统通过完全自动控制的安全氧气阀门组控制喷氧的喷嘴数量。氧气通过不锈钢管输送到每一个喷嘴上。考虑到最佳流场、二次燃烧的喷吹效率以及喷嘴寿命等各方面因素，每个电弧炉的喷嘴数目与位置有所不同，一般示意如图 4-23 所示。

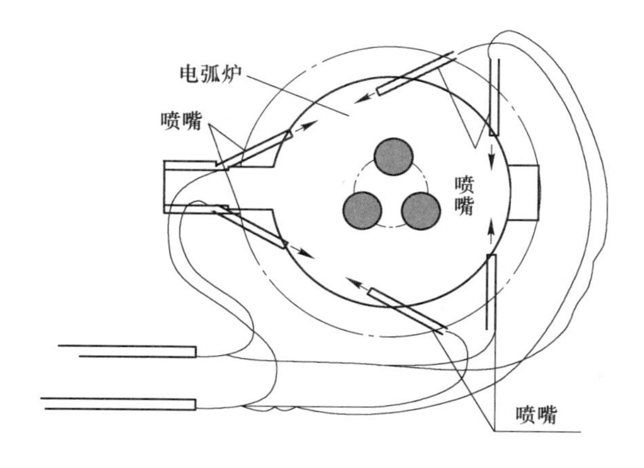

图 4-23 二次燃烧技术的喷嘴布置

ALARC-PC 二次燃烧技术的关键是喷嘴设计和布置、炉气测量系统取样探头设计与安放以及对二次燃烧控制参数的调整。

ALARC-PC 系统主要包括：

(1) 炉气取样探头与分析系统；

(2) 喷嘴；

(3) 控制系统；

(4) 电弧炉计算机与控制系统的接口；

(5) 控制阀门组；

(6) ALARC 控制计算机。

图 4-24 所示为 ALARC-PC 系统示意图。ALARC-PC 系统依据电弧炉第 4 孔附近炉气取样分析值操作。取出的气体经过专门导管传送到 ALARC-PC 冷却室。测量分析前先要除去炉气中的尘粒与其他有害物质，然后对炉气成分进行快速分析。取样分析的一个关键要素是分析响应时间须在 5~15s 之间。

4.5.3.2 ALARC-PC 二次燃烧技术的节能效果

1992 年 12 月，法国 Air Liquid 公司与德国巴蒂斯赫钢厂开始在 80t UHP（即

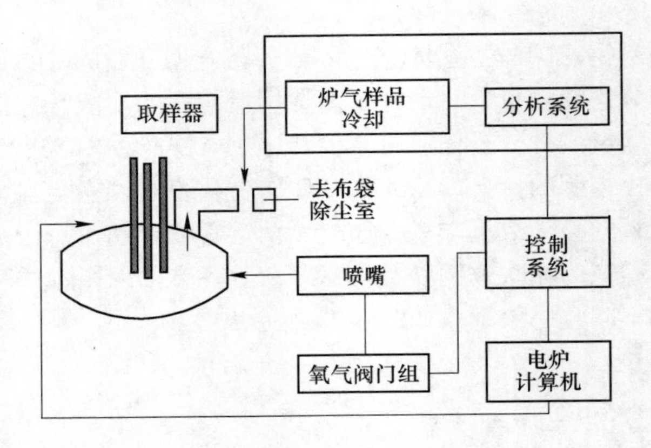

图 4-24 ALARC-PC 逆流系统

原来的 70t 电弧炉）电弧炉上安装 ALARC-PC 二次燃烧装置，并投入运行。

德国巴蒂斯赫钢厂使用 ALARC-PC 技术，利用 CO 二次燃烧带来的节能效果，并通过电弧炉废气中 CO 含量进行物质与能量的平衡计算，建立了节能模型。

德国巴蒂斯赫钢厂的电弧炉在独特的 ALARC-PC 炉气分析系统的支持下，可有效控制最佳的喷氧量（二次燃烧吨钢喷氧量为 $15m^3$），从而减少炉气中 CO 的含量，加速废钢熔化，炉气中 CO 含量从 25%降为 10%。

采用 ALARC-PC 技术后，德国巴蒂斯赫钢厂的 80t UHP 电弧炉的冶炼技术经济指标得到明显改善，见表 4-8。

表 4-8 ALARC-PC 二次燃烧技术对 80t UHP 电弧炉操作指标的影响

项　　目	使用前	使用后	变化值
炉数/炉 · 月$^{-1}$	723	488	−235
日产钢量/t	2202	2373	171
金属收得率/%	89. 1	88. 9	−0. 2
冶炼时间/min	51. 5	47. 8	−3. 7
供电时间/min	40. 5	36. 8	−3. 7
电耗/kW · h · t^{-1}	372	347	−25
天然气消耗/m^3 · t^{-1}	5. 3	3. 6	−1. 7
电极消耗/kg · t^{-1}	1. 6	1. 7	0. 1
碳消耗/kg · t^{-1}	12. 6	11. 8	−0. 8
氧气消耗/m^3 · t^{-1}	35. 6	45. 6	10. 0

注：“使用后” 为使用二次燃烧技术 20 天的操作数据。

4.5.3.3 二次燃烧系统分析

由于冶炼过程中产生的 CO 和 H_2 量不稳定，供给二次燃烧的氧量是不断变化的，为了使系统维持最佳的状态，有时二次燃烧用的瞬时氧量可达氧枪吹氧量的 2 倍。

收得率受氧化条件的影响，而氧化条件又受炉内气氛的影响。采用二次燃烧技术，渣中 FeO 含量能维持在较低水平，同时，也不会使废气流量大增。

二次燃烧技术的关键是喷嘴的设计和安装。炉气连续在线测量系统和对二次燃烧参数的控制、调整。对于 ALARC-PC 技术，测量分析前先要除去炉气中的粉尘与其他有害物质，然后对炉气进行快速分析。取样分析的一个重要环节是分析应答时间须在 5~15s 之间完成。

二次燃烧成功的关键包括控制吹入的 O_2，使之能够在炉内与 CO 尽可能充分燃烧的同时对废钢和电极的氧化尽可能地小，还包括将燃烧产生的热量最大限度地传递给熔池。二次燃烧吹入 O_2 的控制策略主要由电弧炉尾气浓度决定。而电弧炉的尾气由于其温度高、携带灰尘和渣尘，测量各成分的浓度十分困难，当今见于报道的尾气测量系统都是各公司的专利技术，还远未普及应用。并且各厂由于对吹入氧气的控制不同（包括吹入时间、吹入位置和氧气流量等），所得结果也不尽相同[54]。

4.6 电弧炉炼钢能量优化集成技术

传统的电弧炉炼钢供能的主导操作理念是强化供能，尽量提高生产速率；全废钢冶炼条件下，主要是超高功率供电。在配加铁水的工况下，操作理念转变为如何实现供电及供氧的匹配及提高能量利用效率。

在实际生产中，原材料条件、炉料结构各不相同，冶炼反应特征差异巨大，需根据每炉次、每个时段调整各功率单元操作，按能量需求匹配供能，才能达到电耗、能耗较低的效果[55]。

4.6.1 电弧炉炼钢反应特性研究

为实现电弧炉炼钢能量集成优化，应当首先对电弧炉炼钢反应特征进行研究，具体包括电弧炉炼钢动力学条件及各单元操作对熔池搅拌的影响，并基于此开发可行的电弧炉炼钢工艺，对其进行集成优化。

4.6.1.1 电弧炉炼钢动力学条件

熔池冶金反应动力学条件差，一直是电弧炉炼钢的技术难题。电弧炉炼钢熔池搅拌强度不足与其炉型特点有很大关系，传统电弧炉是以废钢为基本原料，以电能为主，辅以化学能生产合格钢水的装置，因此在炉型设计上具有炉膛大、熔池浅的特点。如表 4-9 和图 4-25 所示，100t 电弧炉的高径比仅为同容量转炉的

53%。通常来说，高径比愈大可承受的供氧强度愈大，考虑到废钢熔化和炉门流渣的影响，使得电弧炉熔池搅拌强度进一步受到限制，仅为转炉的10%~20%。

表 4-9　转炉与电弧炉炉型参数对比

项　目	电弧炉	转　炉
容量/t	100	100
熔池深度 H/mm	880	1170
熔池直径 D/mm	5988	4372
自由高度 h/mm	4650	6453
高径比 h/D	0.776	1.476

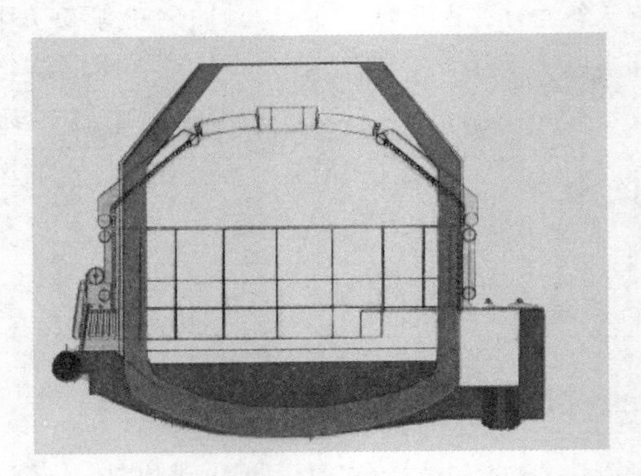

图 4-25　电弧炉与转炉炉型对比

熔池搅拌强度可由钢液流动速度描述。使用数值模拟方法对100t电弧炉的熔池钢液流动情况进行模拟研究，发现电弧炉的钢液平均流动速度为0.06m/s，而100t转炉的钢液平均流动速度为0.31m/s。电弧炉的熔池搅拌强度和转炉相差很大。

在实际生产中，电弧炉炼钢与转炉炼钢相比，冶炼消耗及生产成本差距明显。表4-10对比了国内某典型钢厂的生产指标，其70t电弧炉炼钢指标在钢铁料、合金、氧气消耗等方面均高于转炉，生产成本较转炉高约190元/t。

表 4-10　70t 电弧炉与转炉消耗及成本对比

成本项目	转炉（70t）		电弧炉（70t）	
	消耗/kg	成本/元·t^{-1}	消耗/kg	成本/元·t^{-1}
钢铁料	1087	2391.4	1104	2428.8
合金料	25.78	180.46	26.9	188.3
铁矿石	16.99	16.99	—	—

续表 4-10

成本项目	转炉（70t）		电弧炉（70t）	
	消耗/kg	成本/元·t^{-1}	消耗/kg	成本/元·t^{-1}
熔炼费	—	109	—	256.1
能源动力	减煤气回收	50.6	—	196.5
辅助材料	—	37.5	—	22.7
耐火材料	—	20.9	—	36.9
制造费用	—	36.6	—	51.8
变动成本合计	—	2734.56	—	2924.9

注：1. 假设废钢与铁水同价；2. 铁水比：转炉 93%，电弧炉 60%；3. 电弧炉废钢质量较差，收得率低。

炼钢终点碳氧积、氧含量和渣中氧化铁含量是体现熔池搅拌强度的重要指标，对产品的质量有显著的影响。图 4-26 和图 4-27 所示为多家先进钢铁企业提供的电弧炉及转炉冶炼终点碳含量、氧含量、终渣氧化铁含量等数据，由图可以看出电弧炉炼钢终点碳氧积平均值在 0.0032 左右，平均终渣氧化铁含量超过 22.00%，均高于转炉炼钢。

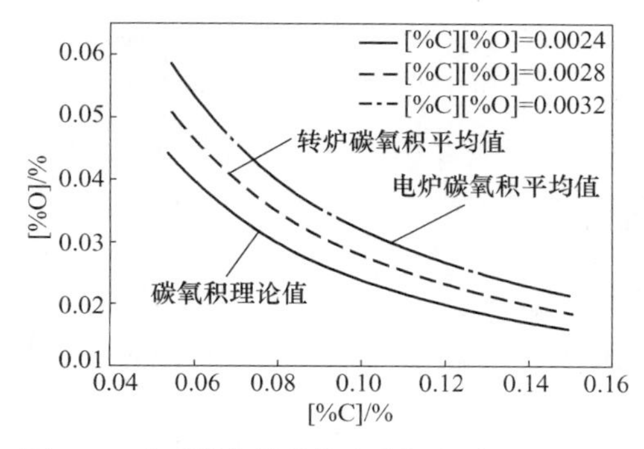

图 4-26　电弧炉与转炉终点碳氧积对比(1600℃)

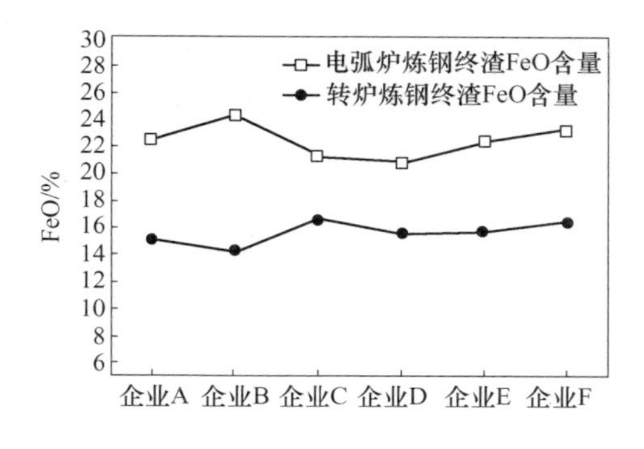

图 4-27　电弧炉与转炉终渣 FeO 对比

综上所述，受炉型和冶炼工艺等限制，电弧炉熔池搅拌强度低，制约了电弧炉炼钢的技术进步。

4.6.1.2　各单元操作对熔池搅拌的影响

A　电磁场对熔池搅拌的影响

在电弧炉冶炼过程中，通电既为熔池提供能量，同时也产生电磁场搅拌熔池。近年来，北京科技大学冶金喷枪研究中心采用 CFX、Fluent 等数值模拟软件研究了电磁场对 100t 电弧炉熔池的搅拌影响，并取得了较大进展。如图 4-28 所示，在仅有电磁场作用的条件下，电极附近区域钢液流动速度约为 0.03m/s（图

4-28a），而靠近炉壁和炉底的速度约为 0.006m/s（图 4-28b），黑色线条及封闭圆圈处显示流场内形成速度漩涡，可以看出电弧炉通电产生的电磁场对熔池电极附近区域有搅拌作用，但对远离电极的区域搅拌作用十分有限。

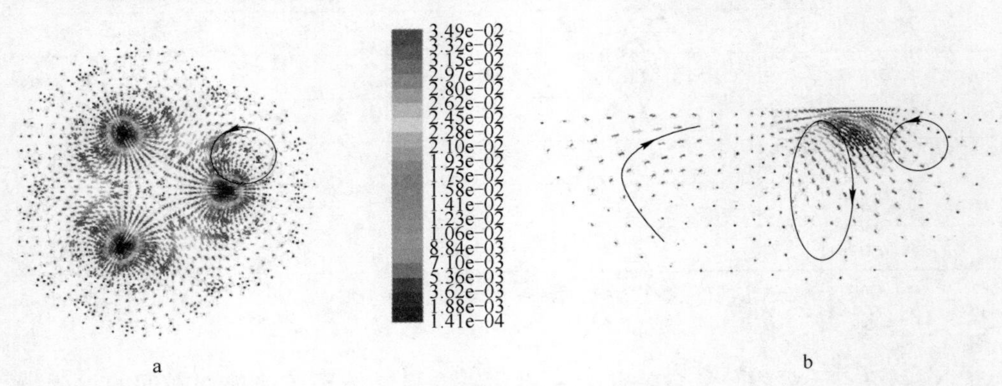

图 4-28　电弧炉电磁场的速度分布

a—俯视图；b—侧视图

B　氧气射流对熔池搅拌的影响

氧气射流射入熔池，对熔池的搅拌作用将加速冶金反应的进行。北京科技大学冶金喷枪研究中心对侧吹、顶吹氧气射流的熔池搅拌特性进行了多相流的研究，如图 4-29 和图 4-30 所示。利用 CFD 软件的 VOF 模型建立了不同供氧强度下氧气射流冲击电弧炉熔池的“气-渣-金”三相三维数值模型，证实随着氧流量的提高，熔池平均流动速度随之增加。100t 电弧炉炉壁采用 3 支集束氧枪，对比氧流量（标态）分别为 $500m^3/h$ 和 $2000m^3/h$，后者的熔池平均流动速度为 0.054m/s，速度分布呈现“周围高、中心低，表层高、底部低”的趋势。同样 100t 电弧炉采用单支炉顶集束氧枪，供氧流量（标态）分别为 $6000m^3/h$ 和

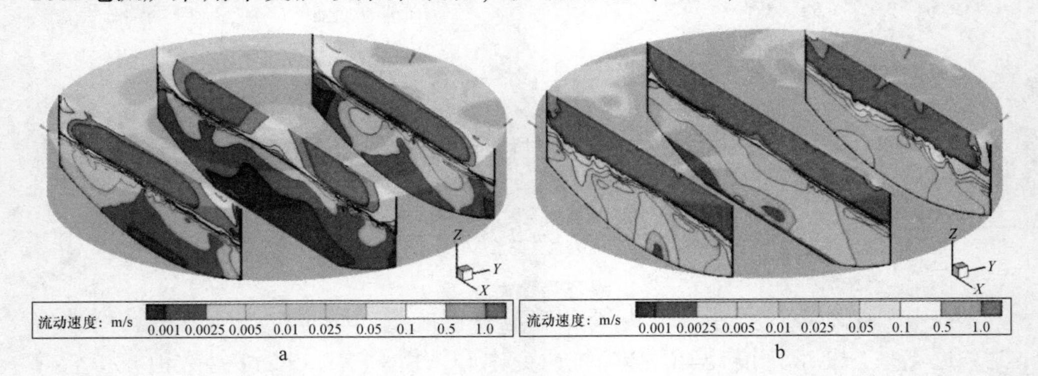

图 4-29　炉壁供氧条件下熔池速度分布

a—供氧流量为 $500m^3/h$（单支，标态）；b—供氧流量为 $2000m^3/h$（单支，标态）

4000m^3/h 条件下，熔池中部最大流动速度均超过 0.2m/s，有效改善了熔池中上部的搅拌强度。

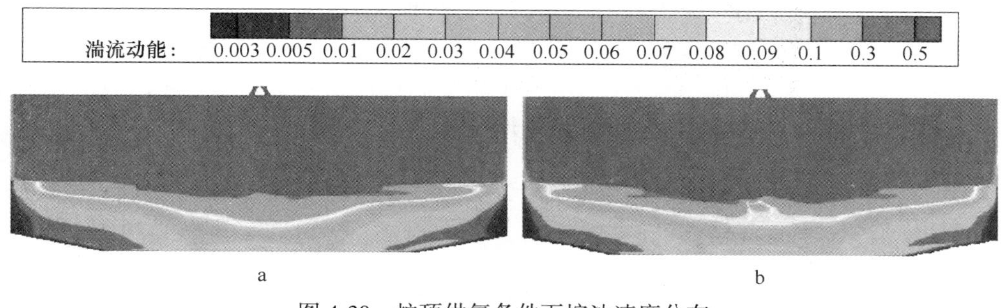

图 4-30 炉顶供氧条件下熔池速度分布

a—供氧流量为 6000m^3/h（标态）；b—供氧流量为 4000m^3/h（标态）

C 底吹流股对熔池搅拌的影响

通过电磁场和氧气射流对熔池搅拌的数值模拟研究发现，熔池底部和 EBT 区域钢液流动速度很低，难以满足高效冶炼的需求。因此借鉴转炉底吹技术，探究了底吹对电弧炉冶炼过程搅拌强度的影响。

数值模拟研究发现，底吹条件下，熔池平均湍流动能和速度分别达到了 0.142m^2/s^2和 0.011m/s，尤其是熔池底部的湍流动能和流动速度大大提高，分别达到熔池表面的 1/3 和 1/2，钢液流速提高了约 10 倍，如图 4-31 所示。

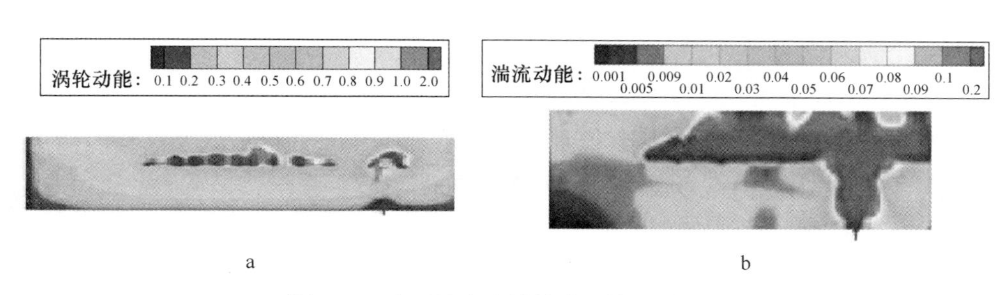

图 4-31 电弧炉底吹搅拌熔池模拟结果

a—湍流动能云图（m^2/s^2）；b—速度分布（m/s）

4.6.1.3 各单元对熔池搅拌的耦合影响

通过各操作单元对熔池搅拌影响的模拟研究，证实电磁场对熔池的搅拌主要集中在电极附近区域，氧气射流对熔池的搅拌主要集中在熔池上半部分和靠近炉壁的区域，而底吹流股对熔池的搅拌主要集中在熔池底部区域。但电磁场、氧气射流、底吹流股对电弧炉熔池搅拌的共同作用规律尚不明确，因此复合吹炼条件下熔池搅拌的多元耦合研究十分重要。

A “氧气射流+底吹流股”二元耦合对熔池搅拌的影响

不同冶炼工艺下，距熔池底部 200mm、400mm、600mm 截面的速度分布如图 4-32 所示。在“氧气射流+底吹流股”二元耦合条件下，熔池各个截面的速度均大于常规无底吹冶炼工艺，电弧炉熔池平均速度由 0.05m/s 升高到 0.07m/s，且速度小于 0.01m/s 的低流速区域也较常规无底吹冶炼工艺减小了 79.2%，电弧炉炼钢熔池搅拌强度与均匀性都得到明显改善。

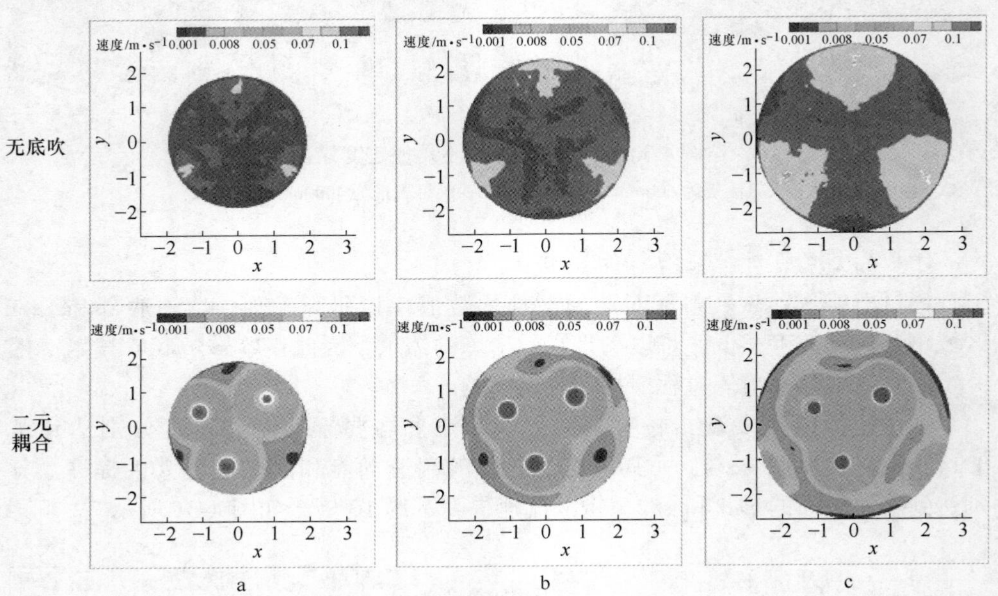

图 4-32 不同冶炼工艺熔池速度分布

a—距熔池底部 200mm；b—距熔池底部 400mm；c—距熔池底部 600mm

B “氧气射流+底吹流股+电磁场”三元等效耦合对熔池搅拌的影响

在二元耦合模拟研究的基础上，喷枪中心尝试将电磁场搅拌作等效处理，确定“氧气射流+底吹流股+电磁场”三元等效耦合对熔池搅拌的影响规律。

如图 4-33 所示，电弧炉熔池被划分为 8 个流动检测研究域，并细分为 A_1、A_2、B_1、B_2、C_1、C_2、D_1、D_2 动态观测块，实时记录和分析实体内部的瞬时质量、速度、湍动能、温度及磁场强度的变化情况，并将检测数据汇总进行全尺寸熔池的动态监测。

对数值模拟所得计算结果与水模拟所得数据（混匀时间、表面流动速度及熔池流线特征等）进行综合对比，发现计算模拟结果可靠。根据监测数据分别建立电弧炉侧吹、底吹、电磁搅拌及三元耦合计算模型，得出不同阶段内的熔池流动特性。不同冶炼工艺熔池各区域内的平均流动速度如表 4-11 和图 4-34 所示，三元耦合条件下的熔池搅拌强度大幅提高。

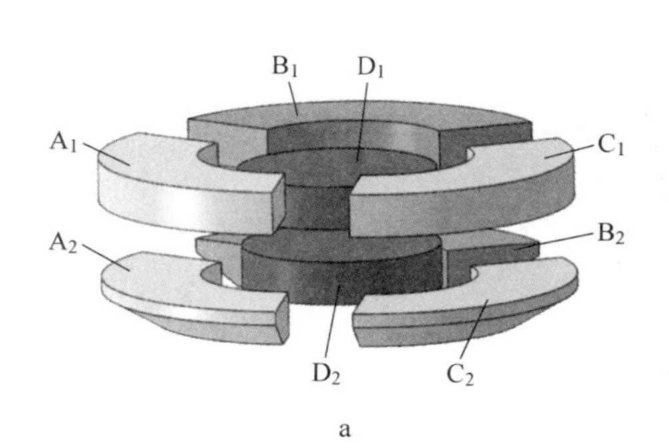

a

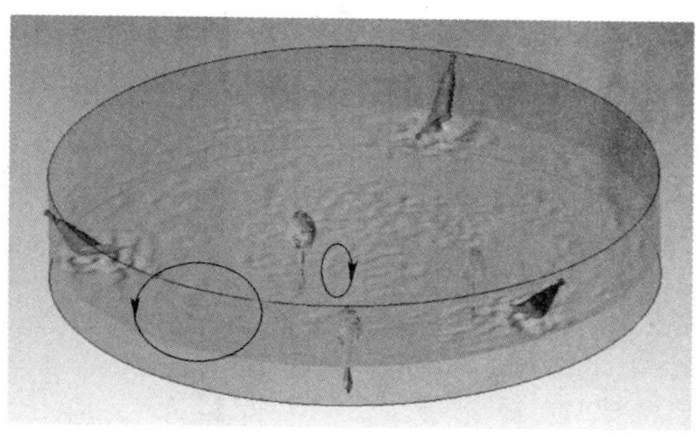
b

图 4-33 三元等效耦合对流场的影响

a—熔池的区域划分；b—流场模拟

表 4-11 各区域熔池平均流动速度 (m/s)

区域	侧吹 (2500/m³ · h⁻¹)	底吹 (20L/min⁻¹)	电磁搅拌 (视在功率 3000kV · A)	三元耦合
A_1	0.114	0.012	0.0093	0.143
A_2	0.074	0.017	0.0075	0.103
B_1	0.059	0.012	0.0093	0.115
B_2	0.027	0.017	0.0075	0.081
C_1	0.078	0.012	0.0093	0.134
C_2	0.045	0.017	0.0075	0.098
D_1	0.027	0.0071	0.0125	0.061
D_2	0.007	0.0075	0.0061	0.027
平均值	0.054	0.0127	0.0086	0.095

通过对熔池瞬时流动特性进行线性分析，得出熔池流动速度与侧吹流量、底吹流量及供电功率三者耦合关系的数学表达式：

$$v = 0.217 \times \log\left(\frac{Q_{侧}}{1094}\right) + 0.1039 \times \log\left(\frac{Q_{底}}{1.073}\right) + 0.0013 \times e^{\frac{S}{4539}}$$

式中 v——熔池平均速度，m/s；

$Q_{侧}$——侧吹流量（标态），m^3/h；

$Q_{底}$——底吹流量（标态），m^3/h；

S——视在功率，kV · A。

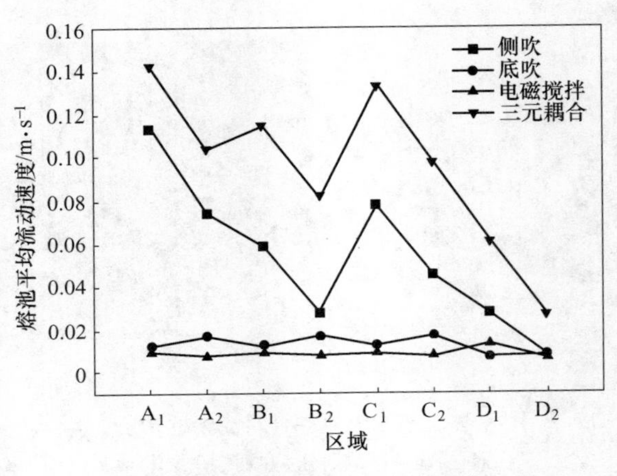

图 4-34 各区域熔池流动速度

该关系表达式是首次对熔池流动速度进行定量分析，探明了氧气射流、电磁场和底吹流股对熔池搅拌强度的耦合规律，可为电弧炉炼钢复合吹炼工艺参数的确定提供理论指导。

4.6.2 电弧炉炼钢能量集成优化方法

按现代电弧炉炼钢生产情况，粗炼钢水的成分和温度要求一般都少有变化，而入炉的原料条件变化较大，除了传统的冷废钢和冷生铁外，还有热铁水以及直接还原铁等含铁原料，原料种类和配比决定了整个冶炼过程的操作能量供应和生产速率、电耗等各项技术经济效果。电弧炉炼钢能量集成就是依据原材料结构及冶金操作将有效供能时间分成若干个时间段，以适应各种炉料结构。

对于全冷炉料（全废钢）的工况，以电能供应为主，首先考虑的是尽量发挥变压器的能力，而其他化学能和物理能则是“辅助能源”。在大量配加热铁水的多元炉料工况中，供能的决策顺序变成了“先氧后电”。因为供氧用于化学反应，其产生的热能与物质的投入和消耗有关，而电能是几乎不涉及物料的“纯”能量，可以最终根据不足的能量给予补充。

工艺操作氧气、电力的供应都必须相应分时段进行。可借助辅助软件工具，计算出总能量需求和各个时段内的能量需求，综合考虑两项功率单元技术，实现总能量和各个时段能量的供需接近理论平衡值，达到炼钢生产高效、节电、节能的目的，其示意如图 4-35 所示。

4.6.2.1 供电单元

供电是电弧炉工位重要的单元操作，在一定设备条件下，供电制度对电能消耗、炉衬寿命、冶炼时间和冶炼过程进行以及电弧炉工位级能量供应关系都会产生巨大影响。相关研究人员在该方面的研究取得长足进展。如图 4-36 所示为匹

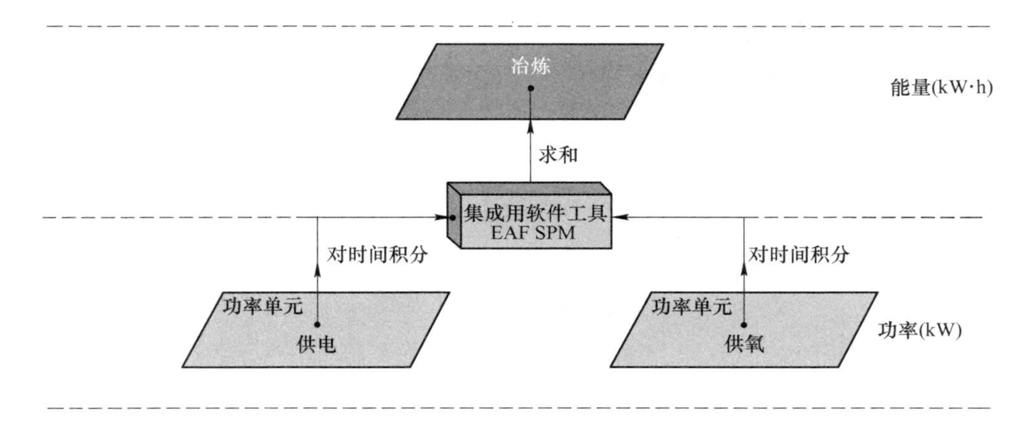

图 4-35　电弧炉炼钢能量集成优化方法

配特大型电弧炉变压器运行的供电操作数学模型和特征曲线。图 4-37 所示为 100MV · A 特大型电弧炉变压器 9 级电压工作电抗模型对比。目前已经可以实现电弧炉变压器定制化、标准化运行的工作目标，实现电能高效输出及变压器低耗稳定运行。

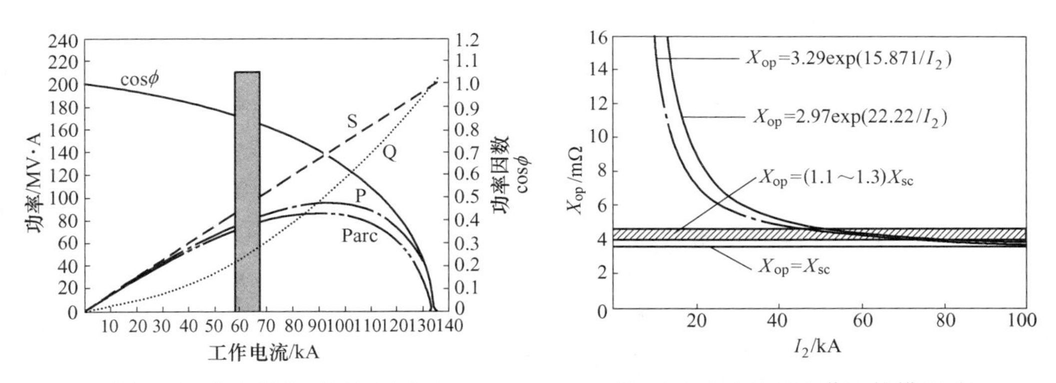

图 4-36　供电操作模型特征曲线　　图 4-37　9 级电压工作电抗模型对比

4.6.2.2　化学能输入单元

现代电弧炉可通过多种形式实现化学能的输入，包括供氧、底吹搅拌和气-固喷吹等工艺。现代电弧炉往往通过强供氧进行冶炼生产，供氧是电弧炉工位的重要单元操作，不但影响氧枪寿命、冶炼时间、氧气消耗和冶炼工艺操作，而且对电弧炉工位级能量供应关系产生巨大影响。

图 4-38 所示为电弧炉底吹搅拌技术，通过底部供气元件向电弧炉熔池喷吹 Ar、N_2、CO_2 等介质[56]，强化熔池内部搅拌，改善反应的动力学条件，加速熔池内的传质、传热，均匀钢液温度成分。

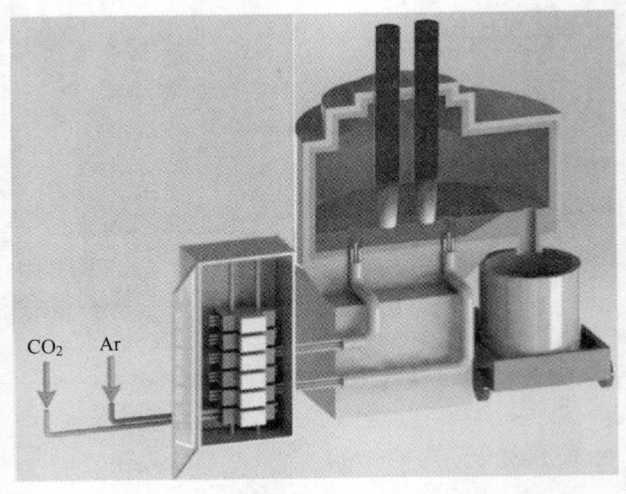

图 4-38　电弧炉多元介质动态底吹

现代电弧炉炼钢为实现更广泛的冶金目的，已开发出一种以压缩气体为载体，通过喷枪向熔池内的钢渣界面喷吹混合原料粉剂的冶炼操作工艺，实现对炉况的精准控制，强化冶炼，加快脱磷、脱碳反应，进而提高钢水质量和炼钢效率。电弧炉炼钢气-固喷吹工艺包括炉壁碳粉喷吹工艺、炉门碳粉喷吹工艺（图 4-39）以及电弧炉炉壁石灰粉喷吹工艺等。

图 4-39　电弧炉炉门碳粉喷吹工艺

图 4-40 所示为电弧炉熔池内气-固喷吹系统。该系统利用喷枪（埋入钢液面下）向电弧炉熔池内部直接喷射氧气及粉剂（石灰粉或碳粉），改善熔池内反应动力学条件，实现电弧炉内快速洁净化冶炼生产，提升钢液品质。

4.6.3　能量集成过程案例分析

电弧炉炼钢能量集成的过程是，根据炉料结构确定冶炼过程总的能量需求，

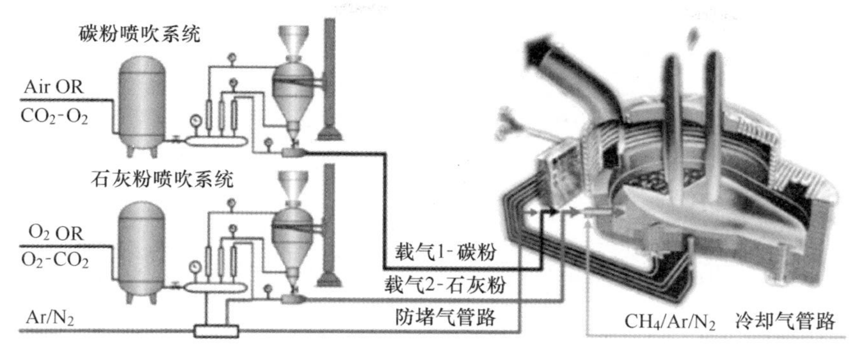

图 4-40 电弧炉熔池内气-固喷吹系统示意

按冶金操作确定各个时段的能量需求，每一时段内先确定物理热，然后确定需氧量和氧气流量，再确定电弧功率，进而使供氧和供电两项功率单元对时间的积分之和满足工位级该时段的能量需求，最终将各时段的能量供应求和，使之达到按有效供能时间要求实现物质转化的总能量需求的集成过程[57]。

在实际电弧炉炼钢过程中，由于原料结构不同，全工序对工位级时间节奏要求不同，冶金操作在时间轴上的展开并非均匀、线性的，特别是供氧操作不仅仅取决于能量需求，还必需适应冶金任务的顺序，故对于电弧炉炼钢不同的炉料结构、不同的装料制度以及相应的生产工艺要求，工位级跨尺度能量集成过程也不同[58]。

现以典型工况下的炼钢过程说明能量集成过程[59]。

4.6.3.1 工况

A 四元炉料结构

使用四元炉料结构，炼钢生产采用一篮装料制度。其炉料结构见表 4-12，各原料的化学成分见表 4-13。

表 4-12 炉料结构

冷废钢装入量	70t	占 43.8%
冷生铁装入量	20t	占 12.55%
热铁水装入量	40t	占 25.0%
直接还原铁装入量	30t	占 18.7%
总装入量	160t	占 100%

表 4-13 原料化学成分 (%)

名称	C	Si	Mn	P	S	TFe	灰分	合计
废钢	0.18	0.25	0.55	0.03	0.03	98.96	—	100.00
生铁	4.20	0.80	0.60	0.20	0.04	94.17	—	100.00

续表 4-13

名称	C	Si	Mn	P	S	TFe	灰分	合计
铁水	4. 20	0. 80	0. 60	0. 20	0. 04	94. 17	—	100. 00
DRI	0. 36	—	—	—	0. 02	90. 86	8. 76	100. 00

B　合格钢水

电弧炉炼钢的成品是 150t 合格钢水，其温度为 1640℃，化学成分见表 4-14。

表 4-14　钢水成分　(%)

名称	C	Si	Mn	P	S	Fe	合计
钢水	0. 10	0. 01	0. 06	0. 01	0. 02	99. 80	100. 00

4. 6. 3. 2　分时段控制技术

A　冶金操作时间表

上述四元炉料结构装一次料的分时段操作时间表如图 4-41 所示。

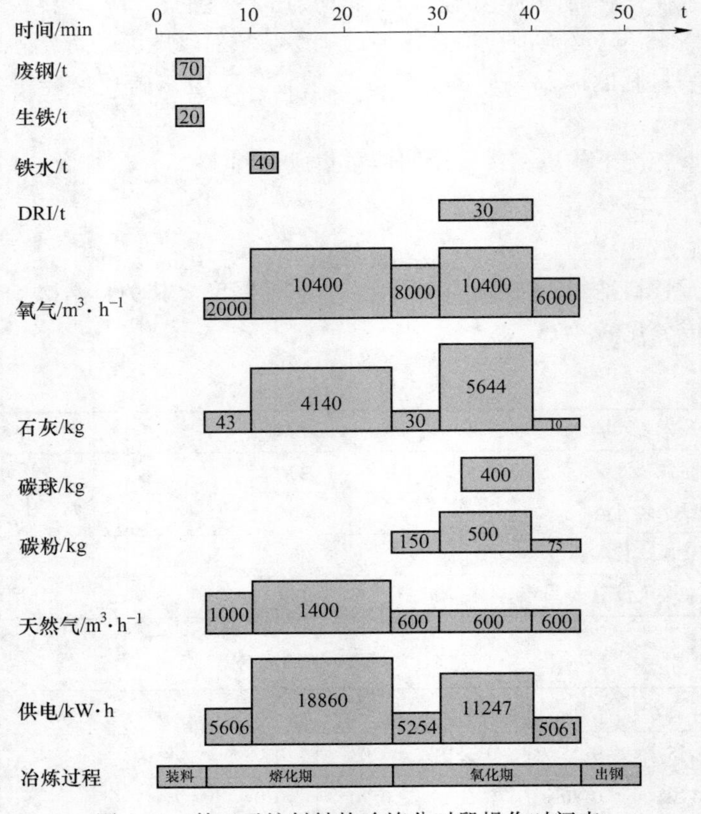

图 4-41　某四元炉料结构冶炼分时段操作时间表

B 选定有效供能时间

有效供能时间取决于整个生产流程的要求，现选定每炉钢的冶炼周期时间为54min，故150t电弧炉炼钢的有效供能时间（或通电时间）t_T =40min。

C 五个时段

根据冶金操作及工艺要求，将有效供能时间分为5个时段，冶金时间记为t，各时段的时间长度分别记为t_1、t_2、t_3、t_4、t_5，各时段的冶金操作见表4-15和图4-42。

表4-15 各时段冶金操作

时段	时间长度	冶金操作
时段Ⅰ	t_1 = 5min	装入废钢70t和生铁20t，开始通电至“穿井”结束
时段Ⅱ	t_2 = 15min	兑入铁水40t，加石灰，至熔化期结束
时段Ⅲ	t_3 = 5min	进入氧化期，喷入碳粉，测温、取样
时段Ⅳ	t_4 = 10min	加入直接还原铁30t
时段Ⅴ	t_5 = 5min	测温，至氧化期结束，停电，准备出钢
有效供能时间	t_T = 40min	$t_T = t_1 + t_2 + t_3 + t_4 + t_5$

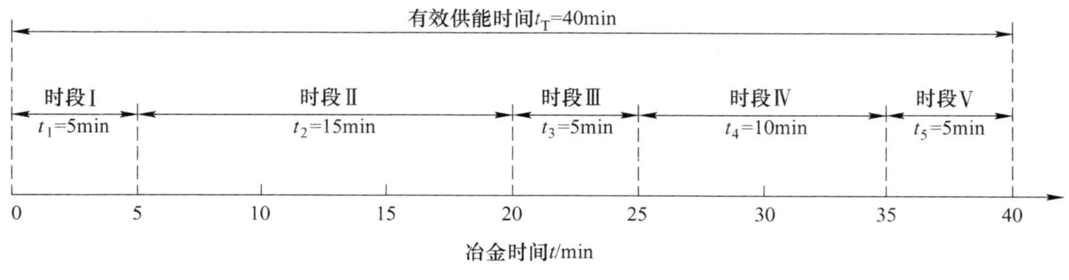

图4-42 各时段的划分

五个时段如下：

时段Ⅰ：冶金时间$t \in [0, 5]$，废钢和生铁由料篮直接装入电弧炉内完毕，开始通电的时刻取为$t = 0$时刻，至$t = 5$min时刻认为“穿井”结束，时间长度$t_1 = 5$min。

时段Ⅱ：冶金时间$t \in (5, 20]$，由炉门向炉内兑入铁水，铁水可认为是瞬间加入的，至熔化期结束，时间长度$t_2 = 15$min。

时段Ⅲ：冶金时间$t \in (20, 25]$，氧化期开始至第一次测温、取样结束，时间长度$t_3 = 5$min。

时段Ⅳ：冶金时间$t \in (25, 35]$，直接还原铁从炉盖第五孔向炉内开始以一定速度连续加入，至完全加完，时间长度$t_4 = 10$min。

时段Ⅴ：冶金时间$t \in (35, 40]$，第二次测温，至氧化期结束，准备出钢，

时间长度 $t_5 = 5\text{min}$。

4.6.3.3 能量集成过程

各时段能量集成的过程如下（以时段Ⅱ为例）：

时段Ⅱ（熔化期，时间长度15min）

能量需求：设定结束时刻钢液温度为1521℃，使用软件 EAF SPM，求出该时段的能量需求 $E_{q2} = 57557\text{kW}\cdot\text{h}$。

单元操作：

单元操作一：使用4支炉壁KT氧枪，每支氧气流量 $Q_{O_2 2} = 2000\text{m}^3/\text{h}$

天然气流量 $Q_{g2} = 350\text{m}^3/\text{h}$

功率 $P_{g2} = 3658\text{kW}$

使用1支炉门氧枪氧气流量 $Q'_{O_2 2} = 2400\text{m}^3/\text{h}$

使用3支KT碳枪，每支碳粉质量流量 $m_{C_2} = 0\text{kg/min}$

功率 $P_{C2} = 0\text{kW}$

单元操作二：电弧功率——使用第9级电压的5号工作点：

$$U_2 = 865\ \text{V}$$

$$I_2 = 66\text{kA}$$

$$P_{arc2} = 75440\text{kW}$$

能量集成：本时段时间长度 $t'_2 = 15\text{min}$

物理能：$E_{P2} = 12708\text{kW}\cdot\text{h}$

化学能：天然气燃烧放热：$E_{g2} = n\int_5^{20} P_{g2}\text{d}t = 3658\text{kW}\cdot\text{h}$

碳粉氧化放热：$E_{C2} = m\int_5^{20} P_{C2}\text{d}t = 0\text{kW}\cdot\text{h}$

熔池内元素氧化放热：$E_{CH2} = 22372\text{kW}\cdot\text{h}$

电能：$E_{e2} = \int_5^{20} P_{arc2}\text{d}t = 18860\text{kW}\cdot\text{h}$

总供能：$E_{s2} = E_{PH2} + (E_{g2} + E_{C2} + E_{CH2}) + E_{e2} = 57598\text{kW}\cdot\text{h}$

时段Ⅱ内冶金操作如图4-43所示，氧枪氧气流量、电弧输入功率以及能量供应量如图4-44~图4-46所示。

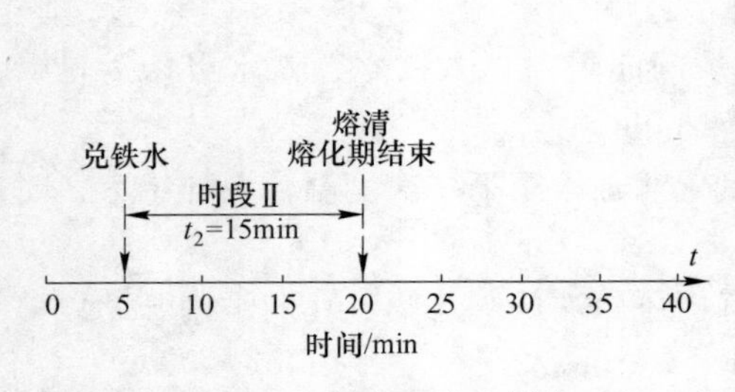

图4-43 时段Ⅱ冶金操作

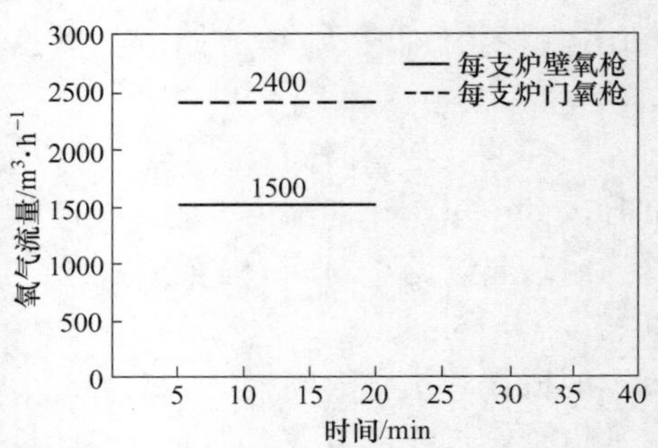

图4-44 时段Ⅱ内氧枪氧气流量

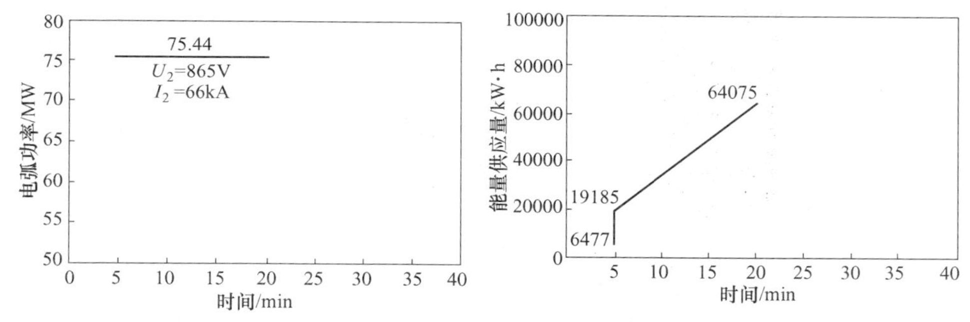

图 4-45　时段Ⅱ内变压器输入电弧功率　　　图 4-46　时段Ⅱ内能量供应

4.6.3.4　能量集成结果

将铁水物理热、4 支炉壁氧枪和 1 支炉门氧枪供氧、三相电弧功率供电进行能量集成，集成结果如图 4-47 和图 4-48 所示。冶炼过程的能量供需关系体现在数值上，如图 4-49 所示。

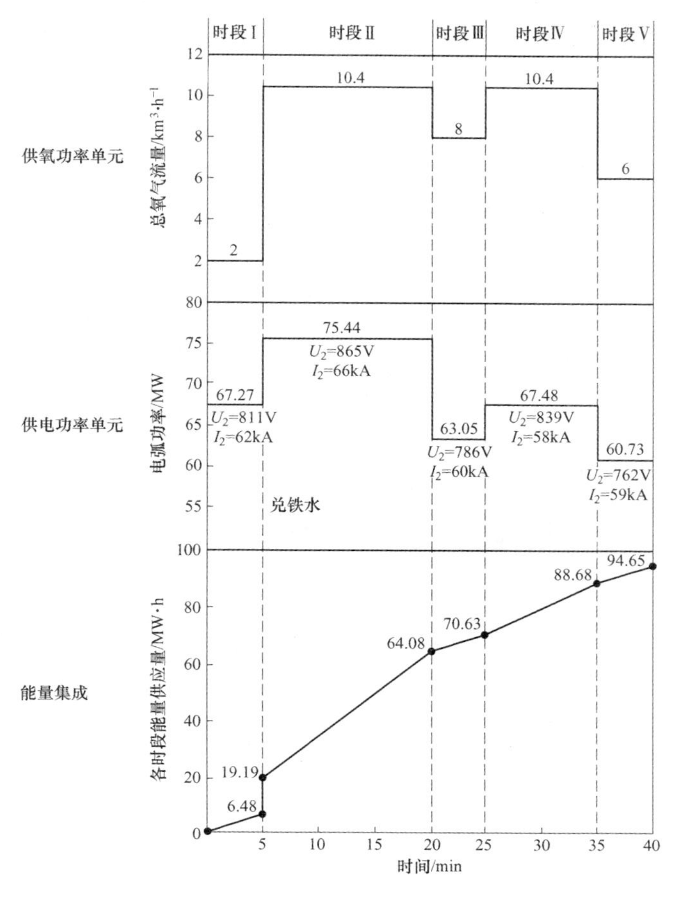

图 4-47　集成结果

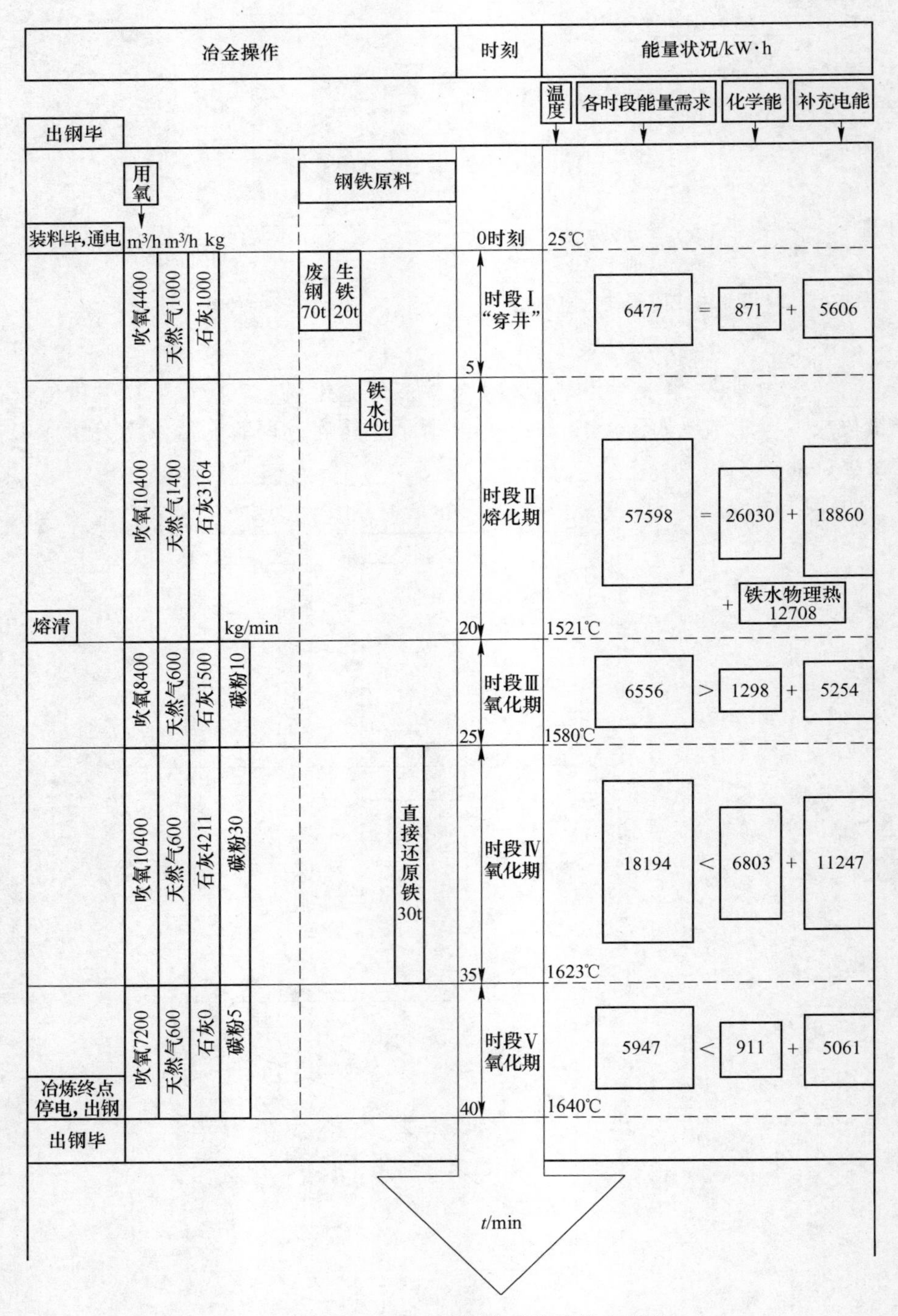

图 4-48 炼钢过程冶金操作及能量集成状况

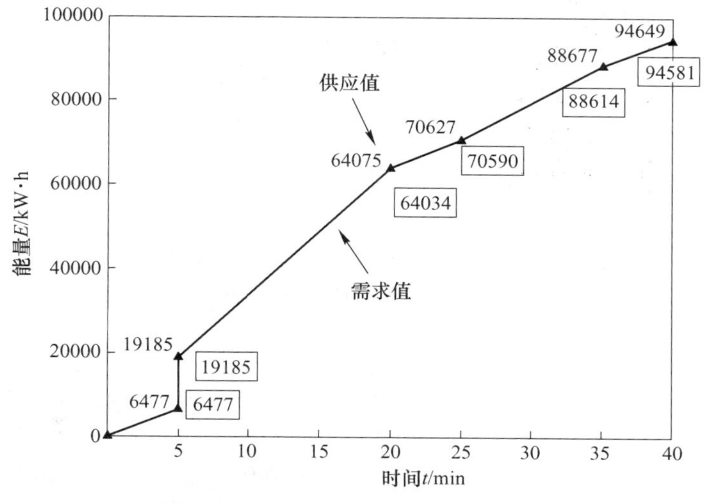

图 4-49 冶炼过程的能量供需值变化

集成结果：冶炼氧耗：$40m^3/t$；冶炼电耗：326kW · h/t；出钢量：141t。

参 考 文 献

[1] 冯建国．适用于电弧炉炼钢的 UHP 石墨电极生产技术路径分析［J］. 炭素技术，2015，34（2）：60~64.

[2] 侯栋．超高功率电弧炉供电制度的研究［D］. 沈阳：东北大学，2013.

[3] 高宪文，等．超高功率电弧炉炼钢过程自动化的现状与展望［J］. 冶金自动化，1997，9（5）：1.

[4] 宋文林．电弧炉炼钢［M］. 北京：冶金工业出版社，1996.

[5] Porracin P，Onesti D，Grosso A，et al. 泡沫渣的生成和交流电弧炉动态最优化控制［J］. 钢铁，2007（6）：88~90.

[6] 杨青杰．冶金用电弧炉控制系统的设计［J］. 河南科技学院学报（自然科学版），2007（2）：59~61.

[7] 郑孝东．炼钢电弧炉短网节电的途径和措施［J］. 节能技术，2001，19（6）：40~41.

[8] Billings S A，Nicholson H. Temperature-weighting adaptive controllers for electric arc furnace［J］. Ironmaking and Steelmaking，1977，4（4）：216~221.

[9] 黄胜．三相交流电弧炉合理供电研究［D］. 沈阳：东北大学，2001.

[10] 梁福彬，王祖宽．电弧炉电极导电横臂的改造与节能效果［J］. 冶金能源，1999（3）：43~45.

[11] 姬振发 . 60t Consteel 交流电弧炉特性及工艺［C］//CONSTEEL 国际学术研讨会论文集．北京：西宁特殊钢股份有限责任公司，2004：153~154.

[12] 冯建国．适用于电弧炉炼钢的 UHP 石墨电极生产技术路径分析［J］. 炭素技术，2015，

34 (2): 60~64.
[13] 乔兴武. 抗氧化石墨电极 [J]. 特殊钢, 1989 (6): 62.
[14] 慧敏科技研发新突破——石墨电极涂层抗氧化效果显著 [J]. 河北冶金, 2018 (1): 80~82.
[15] 张懋鲁. 电弧炉变压器的现状与展望 [J]. 变压器, 2011, 48 (8): 14~19.
[16] 阎立懿, 肖玉光, 李延智, 等. 现代炼钢电弧炉短网技术 [J]. 工业加热, 2006, 35 (3): 17~20.
[17] 张书维. 现代炼钢电弧炉短网的设计与优化 [D]. 沈阳: 东北大学, 2005.
[18] 卢晶, 茆华风, 傅鹏, 等. 静止无功补偿器和发射器在电弧炉动态无功补偿系统中的应用 [J]. 强激光与粒子束, 2019, 31 (5): 77~83.
[19] 李吉诚. 电弧炉短网设计应用及要求 [J]. 钢铁技术, 2002 (2): 36~40.
[20] 石山, 刘树, 梅红明, 等. STATCOM 在电弧炉电能质量治理上的应用 [J]. 电力电容器与无功补偿, 2015, 36 (6): 63~68.
[21] 金立军, 安世超, 廖黎明, 等. 钢铁企业无功补偿装置发展趋势 [J]. 电气传动自动化, 2009, 31 (3): 1~4.
[22] 王小虎. Q-ONE: 电弧炉数字化创新解决方案 [N]. 世界金属导报, 2018-12-11 (B06).
[23] 袁志明. 70T 高阻抗电弧炉的全自动化泡沫渣管理系统 [J]. 中国西部科技, 2014, 13 (2): 9, 10, 39.
[24] 朱加升. 电弧炉电极调节系统的控制方法研究 [D]. 沈阳: 东北大学, 2011.
[25] 王虎, 吕琨璐. 交流电弧炉对配电网的影响及其治理措施 [J]. 电气时代, 2015 (12): 60, 61.
[26] 刘小河. 电弧炉电气系统的模型、谐波分析及电极调节系统自适应控制的研究 [D]. 西安: 西安理工大学, 2000.
[27] 李连玉. 交流电弧炉电气系统建模与优化供电制度的研究 [D]. 天津: 天津理工大学, 2011.
[28] 崔存生. 电弧炉供电曲线浅析 [J]. 工业加热, 1998 (2): 43~45.
[29] 何玲. 电弧炉供电曲线的综合优化 [D]. 沈阳: 东北大学, 2009.
[30] 冯琳. 改进多目标粒子群算法的研究及其在电弧炉供电曲线优化中的应用 [D]. 沈阳: 东北大学, 2013.
[31] 邢栋. 炼钢电弧炉供电曲线的迭代优化 [D]. 沈阳: 东北大学, 2014.
[32] 张琳. 电弧炉电极调节系统控制方法的研究 [D]. 沈阳: 东北大学, 2008.
[33] 张豫川. 浅述新一代电弧炉电极调节智能控制系统的开发 [J]. 工业加热, 2017, 46 (4): 70~72, 76.
[34] 朱荣, 魏光升, 刘润藻. 电弧炉炼钢智能化技术的发展 [C] // 2017 高效、低成本、智能化炼钢共性技术研讨会论文集, 2017.
[35] Foaming of milten silicates Ito T, Freuhan RJ, 1989.
[36] Anderson J E, Mather P C. Selines R J. Method for introducing gas into a liquid [P]. U. S. patent No. 5, 814, 125, Scpt. 29, 1998.
[37] 王惠. 金属材料冶炼工艺学 [M]. 北京: 冶金工业出版社, 1994: 55, 56.

[38] Gavaghan B P. MacSteel Gains Efficiencies With Praxair Coherent Jet [J]. I&SM, 1997 (10): 78~79.

[39] Sarma B, Mathur P C, Selines R J, et al. Fundamental Aspects of Coherent Gas Jets [J]. PROCESS TECHNOLOGY CONFERRENCE PROCEEDINGS. 1998: 657~671.

[40] Lyons M, Bermel C. Operationalresults of coherent Jet at Birmmingham Steel- Seatle Steel Division [C] //Proceedings Electric Furnace Conference, Iron and Steel Society, Warendale, Pa, 1999.

[41] 孙宽，宋春英．电炉煤氧喷吹工艺的优化 [J]. 工业加热，1994 (5): 46, 47.

[42] 朱荣，张志诚，仇永全. 电炉炼钢炉壁碳氧喷吹系统的开发和应用 [J]. 特殊钢，2003, 24 (5): 39~40.

[43] Christopher Farmer, Val Shver, 等. 电炉 JetBOx™ 技术的发展 [J]. 钢铁，2007, 42 (1): 31~34.

[44] 刘阳春，徐迎铁，李晶，等．PTI JetBOx 系统的技术特点及其在超高功率电炉上的应用 [C] //2004 年中国金属学会青年学术年会论文集．北京科技大学，2004: 405~410.

[45] 韩建淮，王栋，王忠英，等．PTI Jetbox 系统在 70t 电炉上的应用 [J]. 工业加热，2003 (6): 34~36.

[46] 刘阳春，王栋．淮钢 70t 电弧炉 PTI JetBOx 系统的应用 [J]. 特殊钢，2003 (3): 50, 51.

[47] Guzela D D N, De Oliveira J G, Staudinger G, et al. The ultimate LD steelmaking converter [J]. Steel Times International, 2003, 27 (3): 20.

[48] 杜俊峰．现代电炉多功能炉壁碳氧喷枪技术的发展 [C] // 中国金属学会．第七届 (2009) 中国钢铁年会论文集 (上), 2009: 7.

[49] 崔高勇，王玉峰，王豪．60t 电弧炉 KT 炉壁氧枪的应用 [J]. 冶金设备管理与维修，2018, 36 (3): 19~22.

[50] 杨宝权．宝钢 150t 电炉多功能氧枪应用实践 [C] // 中国金属学会．2005 中国钢铁年会论文集 (第 3 卷), 2005: 4.

[51] Moxon P, 等. 电弧炉采用 RCB 吹氧技术冶炼不锈钢 [J]. 钢铁，2004, 39 (8): 64~66.

[52] 程常桂. 二次燃烧技术在电弧炉中的应用 [J]. 炼钢，1996 (3): 58~62.

[53] 袁章福，刘润藻，兰德年. 电弧炉炼钢的二次燃烧技术 [J]. 炼钢，1997 (2): 57~61.

[54] 韩建淮. 二次燃烧技术在 70t 超高功率电弧炉上的应用 [J]. 钢铁，2002, 37 (2): 11~13.

[55] 郁健，孙开明，王惠斌，等．电弧炉炼钢过程的跨尺度能量集成的探索研究 [C] //中国金属学会冶金反应工程学会．2009.

[56] 马国宏，朱荣，刘润藻，等. 电弧炉炼钢复合吹炼技术的研究及应用 [J]. 中国冶金，2013 (12): 16~19.

[57] 王顺晃，张俊杰．全国炼钢连铸自动化研讨会论文集 [C]. 北京：冶金工业出版社，1994: 117~123.

[58] 康健．传感器的线性度及其线性化处理 [J]. 电子质量，2002 (7): 26~29.

[59] 林腾昌，朱荣．冶金过程中炼钢洁净度控制的时空多尺度结构 [J]. 工业加热，2012, 41 (3): 34~37.

5 电弧炉炼钢烟气排放控制

5.1 粉尘控制及综合利用

5.1.1 电弧炉粉尘的产生

在电弧炉炼钢过程中，吨钢约产生粉尘 15~25kg。这种粉尘主要由铁氧化物、石灰和二氧化硅组成，另外还含有锌、铅、镉等重金属氧化物。以往，是将这些危险废弃物埋在特定的垃圾填埋场中。因此，粉尘处理是电弧炉生产的重要组成部分。随着国内环保意识的增强，电弧炉炼钢的产能进一步提高，粉尘将有增加的趋势。因此如何减少电弧炉产生粉尘，同时回收其有价金属非常有意义。

随着我国钢铁工业结构调整，环境保护要求的不断提高，电弧炉烟尘治理的形势日趋严峻。电弧炉排烟主要有炉内第 4 孔（或第 2 孔）排烟与炉外排烟两种方式，通常称为一次烟气排烟和二次烟气排烟。电弧炉炉内排烟主要捕集电弧炉冶炼时从电弧炉第 4 孔（或第 2 孔）排出的高温含尘烟气，良好的排烟装置可以捕获约 95%以上的一次烟气；炉外排烟主要捕集电弧炉在加料、出钢、兑铁水时的二次烟气以及电弧炉熔炼时从电极孔、加料孔和炉门等不严密处外逸于炉外的二次烟气，二次烟气通常具有突发性和排放无组织性，且易受车间横向气流的干扰，造成严重的污染，只能依靠炉外排烟装置进行捕集[1]。

通常，电弧炉粉尘的元素组成的大致范围为：Fe 10%~45%，Zn 2%~46%，Pb 0.4%~15%，Cr 0.2%~11%，Cd 0.01%~0.3%，Mn 1%~5%，Cu<3%，Si 1%~5%、Ca 1%~25%，Mg 1%~12%，Al 0.1%~1.5%，C 0.11%~2.36%，S 1.5%~2.5，Na 0.5%~1.8%，K 0.35%~2.3%，电弧炉粉尘的具体化学成分及含量与冶炼钢种及工艺有关，一般碳钢和低合金钢的粉尘含有较多的锌和铅，主要物相为 ZnO、$ZnFe_2O_4$、Fe_3O_4、SiO_2 等；不锈钢和特种钢的粉尘还含有铬、镍、钼等。表 5-1~表 5-3 是国内典型企业的电炉钢粉尘成分。

表 5-1　天津钢管电炉钢粉尘成分

成分	Fe	Zn	Ca	Si	Na	K	Cl	S	Mn	Pb	Cr
质量分数/%	37.29	7.79	5.33	2.21	2.78	3.11	2.63	0.70	1.18	1.16	0.15

不锈钢冶炼过程会产生大量烟气，该烟气通过设置的顶罩排出，然后通过烟

道引入袋式除尘器收集其中的粉尘。粉尘中含有大量的铬、镍、铁、铅、锌、锡等金属资源，一方面目前的简单堆放和填埋会造成环境污染，另一方面会导致有价金属资源流失，尤其尘中的镍、铬为我国匮乏的资源，见表 5-3。

表 5-2 贵阳钢铁电炉钢粉尘成分

成分	Fe	Zn	Ca	K	Na	C	Cl
质量分数/%	16.54	28.36	2.76	4.67	2.69	2.22	5.05

表 5-3 典型不锈钢电弧炉的粉尘成分

成分	SiO_2	Fe	Cr_2O_3	NiO	PbO	Zn	Al_2O_3	CaO	MgO	K_2O	S	Na_2O
质量分数/%	约 8	约 43	约 19.9	约 4.8	约 0.1	约 1.1	约 1.0	约 18.1	约 3.5	约 0.1	约 0.05	约 0.5

美国环保局（EPA）对电弧炉粉尘进行了毒性浸出试验（TCLP），其中铅、氟和铬浸出量不能通过环保法标准，因此将电弧炉粉尘分类为有害废物，禁止以传统的方式填埋弃置。现在电弧炉粉尘的处理越来越受到世界各国的关注，必须尽可能回收或者去除电弧炉产生的粉尘。图 5-1 所示为电弧炉冶炼示意图。

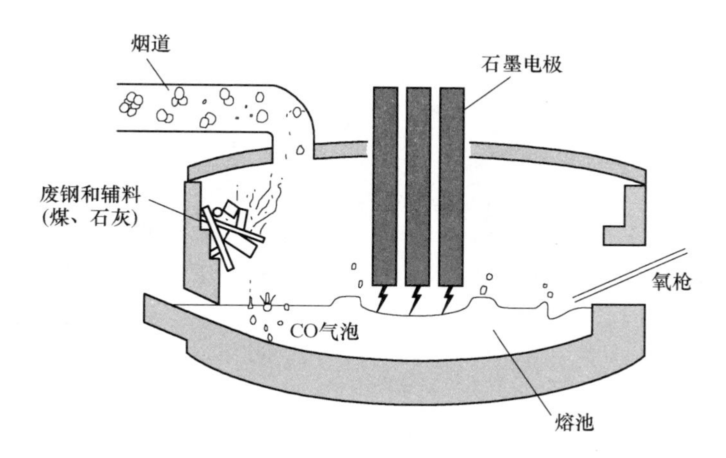

图 5-1 电弧炉冶炼示意图

电弧炉生产过程中粉尘形成主要在以下 5 个环节[2]：

（1）加料环节。将废钢和造渣剂（石灰、煤等）装入特殊的料槽中，然后将其倒入炉内。

（2）熔化环节。起弧后，在石墨电极和废钢之间产生电弧，超高温的电弧使废钢熔化并熔化造渣，挥发性溶质物质（例如锌）开始被除去。

（3）精炼环节。在精炼过程中，通过炉渣和钢液之间的界面反应从钢水中除去磷，向熔池吹氧促进碳氧反应，并形成一氧化碳（CO）气泡，有助于去除其他溶解的气体和夹杂物。

（4）造泡沫渣环节。穿过炉渣层的CO气泡使炉渣发泡，通过添加煤粉增强发泡过程。

（5）出钢环节。钢水温度和成分稳定后，出钢。

对电弧炉冶炼过程收集的粉尘成分分析研究后发现，电弧炉内粉尘有4种产生形式：

（1）冶炼过程加入的物料直接被热气流带出，如补充的造渣剂和喷入的煤粉等，这些粉料通常以固体颗粒状直接进入除尘系统。

（2）低沸点金属的挥发，入炉料中铅、锌、锡等金属被还原后在局部高温区或吹氧区挥发进入除尘系统。

（3）在炉内因剧烈的搅动，熔池内的熔体被搅起以小液滴进入烟气。

（4）电弧炉冶炼脱碳产生大量的CO气泡，气泡表面携带的熔体在气泡于熔池表面破裂时带出炉体，进入除尘系统。

在这4种粉尘产生的方式中，热气流直接带出约占8%（质量分数），低沸点金属的挥发约占27%，CO气泡破裂溅出的液滴约占60%，剧烈搅动带出的液滴占5%。溅射的液滴大部分体积较大，在正常冶炼过程操作条件下，热气流直接带出固体颗粒的部分相当少，部分溅射的较大的液滴会在重力的作用下返回熔池，因此由于CO气泡破裂产生的粉尘为其主要部分。关于熔体表面气泡破裂很少有人进行深入研究，为了解和掌握气泡破裂产生粉尘的现象，深入研究查清粉尘的产生过程及机理十分必要。

电弧炉（EAF）粉尘的特征分析表明，钢水表面的气泡破裂是粉尘产生的主要来源。与空气-水系统的情况一样，气泡破裂产生两种类型的液滴：薄膜滴和喷射滴。研究者通过高速摄像观察喷射液滴的形成情况。将薄膜滴颗粒收集在过滤器上，然后通过SEM对颗粒的粒度和重量进行表征，从而通过由各种粉尘样品的形态和矿相特征确定不同形成机制，然后着重研究主要的排放源，即钢水表面的气泡破裂。

通过SEM（扫描电子显微镜）观察来自不同电弧炉的若干粉尘样品，并通过EDS（能量色散光谱法）分析。如图5-2所示，电弧炉粉尘颗粒的尺寸多样。为了简化尺寸方面的研究，将所有粒子分为两类：从几十微米到几千微米的大颗粒粒子，以及小于20μm的细小颗粒粒子[3]。

5.1.1.1　大颗粒粒子

该类别的粒子中包含了3种不同来源的颗粒。

第一种由煤和石灰颗粒组成。它们的尺寸在20～500mm之间，且形状不规则。这种粒子主要是在装料过程中产生或在熔池反应（熔池中碳氧反应导致炉渣发泡、体积膨胀、再循环粉尘等）期间固体颗粒直接飞散进入气相中。

第二种由球形颗粒组成，其尺寸范围为20～200μm。它们的化学成分与炉渣

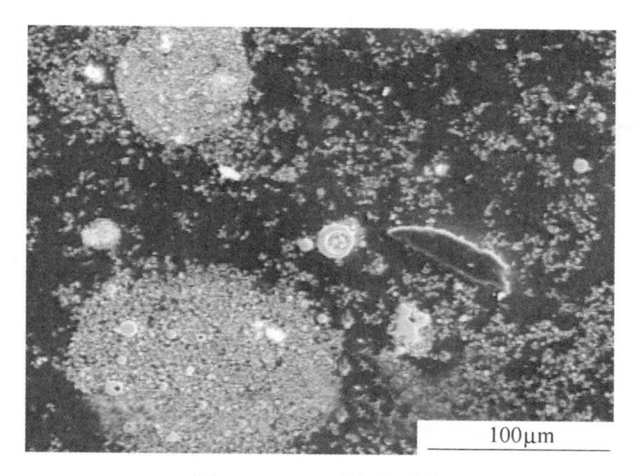

图 5-2 EAF 粉尘颗粒

（含 Ca、Al、Fe、Si 等）的化学成分相似。它们可能是氧气射流在冲击点或熔池上产生的飞溅液滴。

第三种颗粒为细颗粒的附聚物。它们的尺寸在 20~1000μm 之间。且容易破碎。因此，这些颗粒可能通过低温附聚（例如在除尘设备中）形成。

5.1.1.2 细小颗粒

尺寸小于 20μm 的细小颗粒为电弧炉粉尘的主要组成部分。在这些颗粒中氧化锌占一小部分。其尺寸一般不超过几百纳米。其他颗粒是球形的。它们的尺寸为 0.2~20μm 不等。以下三种类型的球体因其矿物学特征而彼此不同：

（1）均质球体。其成分对应于炉渣或钢水，富含锌，当其直径大于 2μm 时，它们通常是空心的。

（2）由渣相和富锌相组成的异质球颗粒。通过对样品的组织成分分析得到，其中一些玻璃相内含有铁的树枝状晶体结构。

（3）极小粒子颗粒。与单晶材料一样，其在电弧炉烟气锌蒸气的冷凝期间聚集形成。另外，该部分的烟尘主要来自于液滴的破裂与溅射。由于它们的尺寸很小，通常被认为是因钢水碳氧反应产物 CO 气泡破裂产生的。尺寸小于 2μm 或 3μm 的最细颗粒经常彼此聚集或围绕较大的颗粒聚集，这些聚集物的尺寸在 5~20μm 之间；其中一些达到 50μm，有些还显示出部分烧结的迹象。

CO 气泡破裂溅射形成液态钢和熔渣液滴是电弧炉粉尘产生的主要机制。关于钢液表面气泡破裂的研究报道很少。但可以参照大量空气-水系统的文献中的结论和测量数据。从这些研究中可以发现，气泡破裂过程可以分成 3 个步骤，产生两种类型的液滴（图 5-3）。

气泡到达钢液表面后（图 5-3a），停止，在浮力的影响下，气泡抬起液膜，并使液膜逐渐变薄。

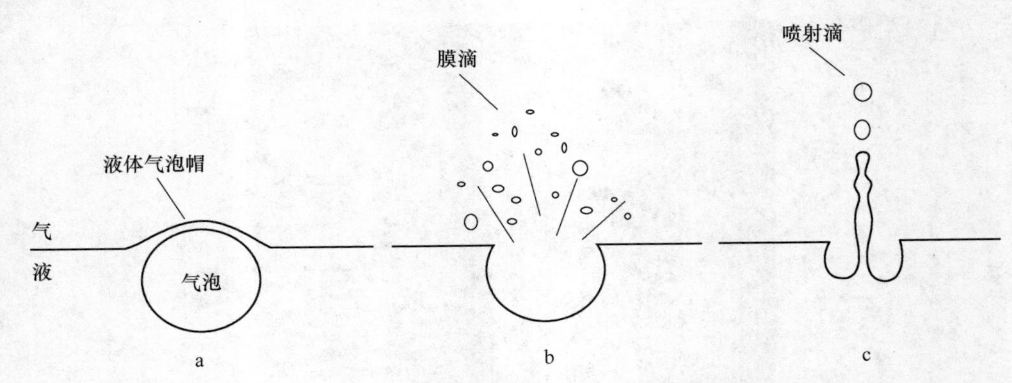

图 5-3 钢液表面气泡破裂的示意图
a—气泡脱离液面；b—液膜破裂；c—液滴射流和喷射滴形成

当薄膜达到临界厚度时，气泡膜破裂并产生细小的液滴（图 5-3b），该液滴也被称为膜滴。膜滴尺寸与薄膜表面大小成正比。膜滴尺寸大小分布：0.3~500μm。

在气泡膜破裂后，留在液体表面的空腔闭合，产生向上的液滴射流，该射流不稳定并且可能分解成喷射滴（图 5-3c）。喷射液滴的数量一般不会超过 10 个，当气泡尺寸增加时，其数量会减少。经研究空气-水系统模型发现，它们的尺寸是其气泡直径的 0.1~0.18 倍。

因此可得到如下结论：在电弧炉冶炼中，60%的粉尘来自钢液和炉渣表面 CO 气泡的破裂与溅射。在熔渣的存在和熔渣的发泡的影响下，电弧炉中喷射滴的形成机制可能与空气-水实验略有不同。

5.1.2 电弧炉炼钢除尘系统方案

自炼钢工艺问世以来，如何处理冶炼过程中产生的大量烟气一直是国内外冶金工作者研究的重点。随着科技进步及炼钢工艺的不断完善，使得对电弧炉所产生烟气的机制及相关除尘设备有了更加深刻的认识。近年来人们的环保、能源、资源、成本循环经济意识增强，在电弧炉炼钢除尘等方面做了大量工作，开发了许多新工艺、新设备，取得了良好的效果，促进了该领域的技术进步。我国电弧炉除尘技术的发展可以分为初始、摸索和成熟三个阶段[4]。

（1）初始阶段。20 世纪 70 年代末我国的除尘技术发展水平属于初级阶段。那时的电弧炉规模小，冶炼工艺简单，人们的环保意识尚处于萌芽状态，环保要求不高，除尘设备也相当简陋，产生的烟尘几乎都外溢，当时我国采用的是苏联的湿法除尘工艺，除尘效果不明显，二次污染问题也无法解决。总之，除尘没有得到相应的重视，其技术水平很低。

（2）摸索阶段。20 世纪 80 年代初到 90 年代初，人们的环保意识开始增长，对除尘工艺技术的研究开始深入，引进了国外的先进除尘技术，并带动了国内除尘技术的发展。

（3）成熟阶段。20 世纪 90 年代后，因为要弥补过去较多的失误、较大的损失及环保要求日益严峻，我国电弧炉除尘治理技术得以理性、成熟发展。该时期除尘技术方面较大突破的代表是“低阻、中温、大流量”工艺技术的创新以及“天车通过式”集烟罩的使用。该工艺主要有以下 3 方面的特点：一是能够一次性捕集电弧炉冶炼时产生的大量烟尘的捕集罩代替了从前层层叠叠的除尘套装设置，该捕集形式能够达到 96%以上的捕集率。二是利用热空气上升的自然引导捕集烟尘方式取代了以前利用外力强制性捕集烟尘的方式，除尘能耗降低，且效果大大提高。三是采用国内外的先进除尘技术，利用小电机，产生大流量风量，实现了节能降耗。

表 5-4 为几种常用的电弧炉烟尘捕集方案分析。

表 5-4 几种常用的电弧炉烟尘捕集方案分析

方式	优 点	缺 点
天车通过式+象屋	充分利用热烟尘气流上浮的特性，完全捕捉烟尘，不会影响加料	投资比较高，噪声比较大
天车通过式+二孔	充分利用热烟尘气流上浮的特性，能够完全捕捉烟尘，不会影响加料	投资比较高；噪声比较大；抽吸走大量的热量及合金料、钢铁成分等，需要净环水冷却及机力冷却器进行冷却，增加了能源消耗；冷却效果失效时易烧毁布袋；抽风点布置较广（2 个），各节点的风量比较难以平衡
密闭罩+二孔	烟尘被密闭抽吸，捕集率较高。密闭罩将电弧炉与车间隔离开来，电弧炉冶炼时产生的二次烟气被控制在罩内，而且不受车间横向气流的干扰。可以吸收和遮挡电弧产生的弧光、强噪声和强辐射等	生产加料过程中，大密闭罩需常常开启，造成冒烟，抽吸走大量热能以及合金料、钢铁成分等，需净环水冷却及机力冷却器进行冷却，不仅增加能源消耗，而且冷却效果也不好，也易烧毁布袋；炉盖设备处于高温下，使用寿命短；抽风点较广（2 个），各节点的风量难以平衡
密闭罩+二孔+屋顶罩	烟尘被密闭抽吸，捕集率较高。密闭罩可隔离电弧炉与车间，降低车间内噪声和辐射。屋顶罩可对罩体开启过程中的烟气进行捕集	生产加料过程中大密闭罩需经常开启造成冒烟，抽吸走大量热能和金属，以及合金料、钢铁成分等，需净环水冷却及机力冷却器进行冷却，冷却效果差、易烧毁布袋。炉盖设备处于高温下，使用寿命短；抽风点广（3 个），各节点风量难以平衡。投资比前一种更高

电弧炉炼钢车间除尘设计，因车间工艺设计和布置形式的不同，而可以组合成多种形式的除尘方案。电弧炉炼钢车间各生产作业点的除尘内容有电弧炉除尘

和电弧炉散状料和辅料除尘。这些除尘既可以分别单独设置，也可以按需组合成一套或多套除尘系统。因为电弧炉炼钢车间是电弧炉炼钢生产为核心，环境保护的重点和难点也主要是电弧炉炼钢除尘，故以下内容主要是围绕电弧炉炼钢除尘并兼顾其他除尘进行介绍。

电弧炉除尘系统通常由电弧炉炉内排烟装置（调节活套或称移动管）、屋顶罩、密闭罩、燃烧室（或沉降室）、水冷烟道、废钢预热装置、管道和膨胀节、调节阀门、火粒捕集器、强制吹风冷却器（或自然对流冷却器和蒸发冷却塔）、增压风机、主排烟风机、混风阀、布袋除尘器（或脉冲除尘器）、反吹（吸）风机、机械输灰装置（或气力输灰装置）、储灰仓、烟囱等设备组合而成。电弧炉散状料和辅料除尘系统通常由皮带机的转运站和卸料小车等卸料点的除尘抽气罩、管道和调节阀门、风机、布袋除尘器、机械输灰装置（或气力输灰装置）、储灰仓、烟囱等设备组成。辅助配套系统由仪表检测和电气自动化系统、冷却水系统、压缩空气系统、油润滑系统等组成。电弧炉散状料和辅料除尘系统既可根据需要单独设置，也可与电弧炉除尘系统组合为一套除尘系统。

5.1.3　电弧炉炼钢除尘器

除尘器是电弧炉除尘系统的核心，以下类型的除尘器被广泛应用。

5.1.3.1　布袋式除尘器

大多数电弧炉的除尘器均采用布袋除尘法。该方法通常用多孔编织物制成过滤布袋，有采用玻璃纤维的，工作温度260℃，但寿命较低，一般仅为1~2年；也有采用聚酯纤维，即涤纶的，工作温度低（135℃），但涤纶耐化学腐蚀性能好、耐磨，其寿命高，通常为3~5年。近年来也出现了一些新材料。

（1）布袋除尘法的特点。价格便宜、设备简单、运行可靠、操作容易以及便于增容；布袋工作温度低和除尘系统占空间较大。

（2）布袋除尘器结构与工作原理。若干条数米长的布袋布置在除尘室中，烟尘冷却后（<135℃）进入除尘室中，经布袋过滤后的净气离开除尘室进入排气筒（烟囱）排空。

当布袋中灰尘（外壁或内壁）聚积至一定厚度时，对气流的阻力加大，布袋的内外压差增大，此时触发一个信号，启动空气反吹或振打装置，使灰尘由布袋外壁（或内壁）下落，进入到布袋除尘器下部的灰仓中，再经铰笼运送至储灰室。储灰室灰尘会定期进行清理。

（3）布袋除尘器的效率。布袋除尘器是依靠织物滤料和黏附的灰尘层起过滤作用，把含尘气体中的尘粒分离出来。一般对亚微米的大气尘（数量中粒径0.5μm），当过滤速度为0.9~2.4m/min时，新滤料的基本除尘效率在50%~75%的范围。滤料上积累了灰尘以后，效率上升。当沉积粉尘达到大约2~3g/m^{2}时，除尘效率一般可超过90%。达到150g/m^{2}时，除尘效率一般可超过99%。滤袋清灰后还会残留一些粉尘，经历一段周期性的过滤、清灰后，残留粉尘就趋于稳定。这时的除尘效率一般保持在大于99%，如使用得当，可超过99.9%。

由于电炉除尘系统烟气量较大，因此，使用较多的布袋式除尘器有长袋脉冲式除尘器和反吹清灰袋式除尘器两大类。

5.1.3.2 长袋脉冲式除尘器

A 长袋脉冲除尘器的结构特点

常用的长袋脉冲式除尘器的外形结构如图5-4所示。装置系统主要由除尘器、风机、吸尘罩及管道等部分组成。其中比较典型的是脉冲喷吹布袋除尘器，其内部结构如图5-5所示。整个除尘器由多个单体布袋组成，布袋的材质采用合成纤维（如涤纶）、玻璃纤维等可适应130℃以下的温度。每条布袋的直径在150~300mm左右，布袋长度可达10m。通过风机将含尘气体吸进除尘器内，含尘气体由袋外进入袋内，粉尘被阻留在袋外表面，过滤后的净化气体由排气管导出。在每排滤袋上部装有喷吹管，在喷吹管上相应每条滤袋开有喷射孔。当需要脉冲除尘时由控制仪不断发出短促的脉冲信号，控制各脉冲阀的开启（约为0.1~0.12s）与关闭，这时高压空气从喷射孔以极高的速度喷出，在瞬间形成由袋内

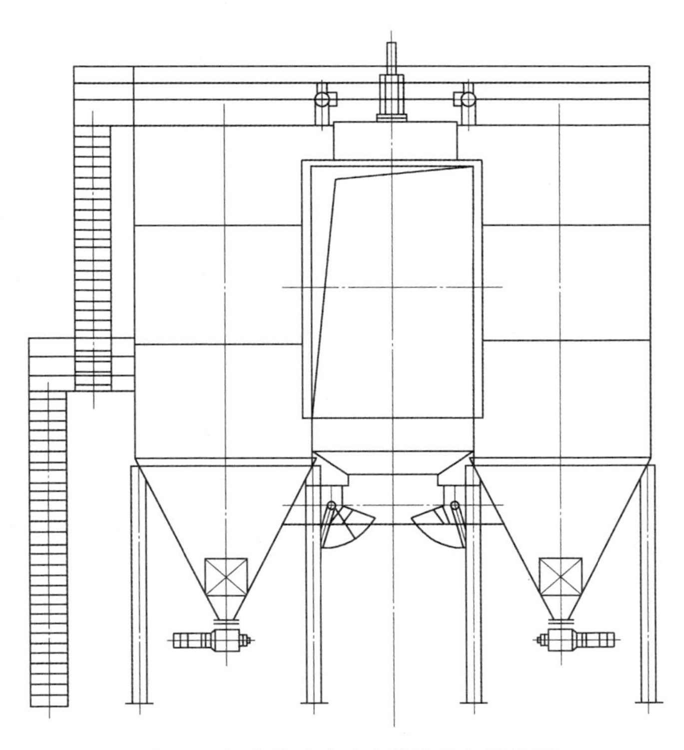

图5-4 长袋脉冲式除尘器的外部结构图

向袋外的逆向气流，使布袋快速膨胀，引起冲击振动，使黏附在袋外的粉尘吹扫下来，落入集灰斗内。由于定期吹扫，布袋可始终保持良好的透气性，除尘效率高、工作稳定。

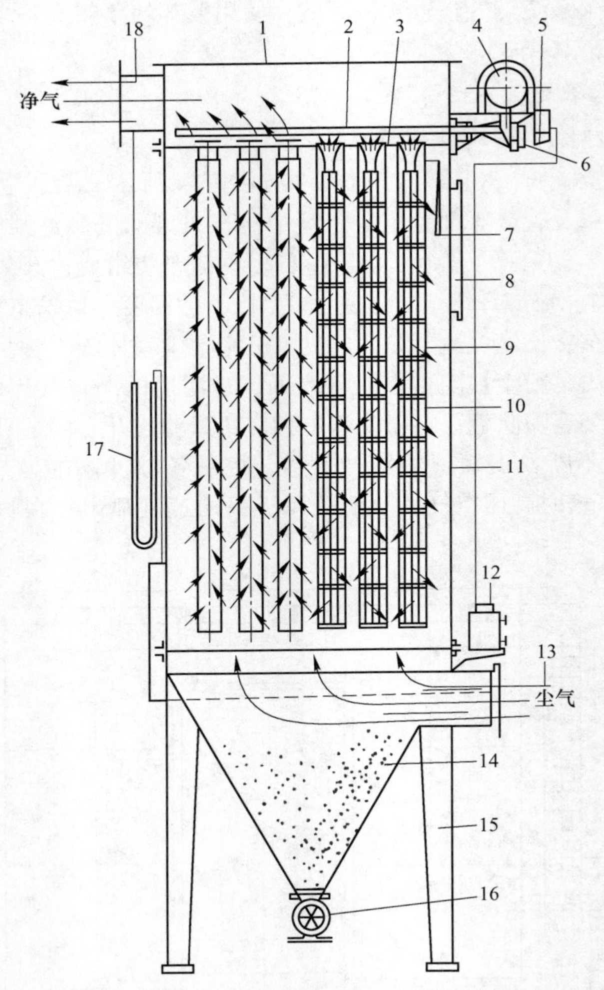

图 5-5 常用的长袋脉冲式除尘器的内部结构

1—上箱；2—喷吹管；3—花板；4—气包；5—排气阀；6—脉冲阀；7—文氏管；8—检修孔；9—框架；10—滤袋；11—中箱；12—控制仪；13—进口管；14—灰斗；15—支架；16—卸灰阀；17—压力计；18—排气管

大型长袋脉冲袋式除尘器分为高压长袋脉冲袋式除尘器及低压长袋脉冲袋式除尘器两种，高压与低压的区别在于脉冲喷吹所需的压力，按照袋式除尘分类标准，当其清灰压力高于 392kPa 时为高压；当其清灰压力低于 392kPa 时为低压。

B 长袋脉冲式除尘器的优点

(1) 过滤风速高，处理风量大；

(2) 清灰能力强，清灰效果好，可降低设备阻力；

(3) 脉冲阀喷吹性能好，压缩空气耗量少，清灰能耗低；

(4) 设备重量轻，占地面积小，造价低；

(5) 一个阀同时可喷吹 12~16 条滤袋，因而使用的脉冲阀数量少，减轻了维修工作量；

(6) 分室组合设计，能满足处理大风量的需要。

5.1.3.3 大型反吹风袋式除尘器

A 大型反吹风袋式除尘器运行特点

大型反吹风袋式除尘器的过滤、清灰过程如图 5-6 所示。

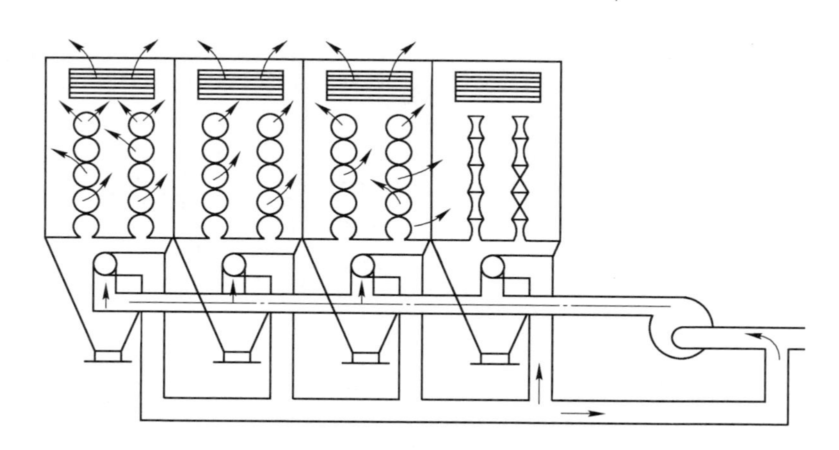

图 5-6 大型反吹风袋式除尘器

含尘烟气经过除尘器下部灰斗的入口管进入除尘器后，气体中的粗颗粒粉尘在挡板及自重、降速等作用下分离沉降至灰斗中，细小粉尘随气流经过花板下的导流管进入滤袋，通过滤袋过滤，粉尘被阻留在滤袋内表面，净化后的空气上升至各室的三通切换阀出口，由除尘系统风机吸出排入大气。随着过滤工况的不断进行，阻留在滤袋内的粉尘不断增多，除尘器阻力也相应增高。为维持一定的设备阻力，当达到一定阻力值（可以设定）时，由差压变送器发出指令或按预定的时间程序控制电磁阀带动气缸工作，使切换阀门接通反吹风管，逐室进行反吹清灰，被沉降在灰斗内的粉尘由输灰机构排出。

大型反吹风袋式除尘器有二状态清灰和三状态清灰、正压清灰和负压清灰，以及振动-逆气流联合清灰等方式。

B　大型反吹风袋式除尘器的特点

(1) 过滤风速较低，过滤面积大；

(2) 清灰能力强，清灰效果较好；

(3) 清灰能耗低，不需要压缩空气；

(4) 设备重量大，占地面积大，造价较高；

(5) 结构简单，维修工作量少；

(6) 能适应处理大风量的要求。

5.1.4　典型电弧炉炼钢除尘系统

现代电炉炼钢技术采用的电炉炉型各种各样，基本上都是围绕如何利用电炉排出的高温烟气和二次燃烧技术进行废钢预热，因此其除尘过程需考虑电炉烟气的热能回收。常用的电炉类型有交流电弧炉、直流电弧炉、炉外预热型电炉、双炉座型电炉、竖式电炉及 CONSTEEL 型电炉等，其配套的电炉除尘系统也可依据炉型进行分类。除尘系统通常不仅包含一次烟气的除尘装置，还包括二次烟气及相关精炼设备烟气的除尘装置，如图 5-7 所示。

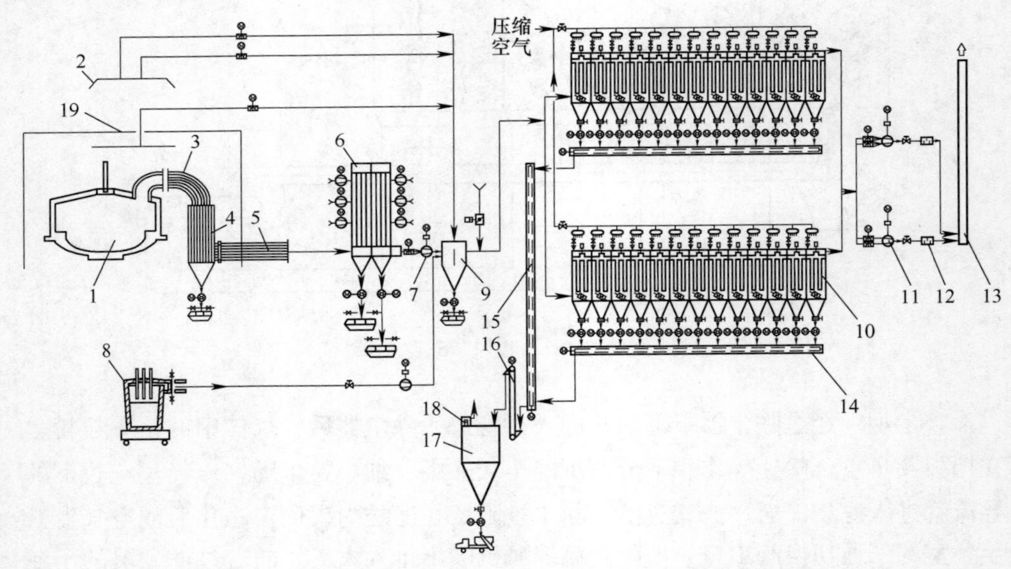

图 5-7　电炉和精炼炉炉内排烟与屋顶排烟和密闭罩排烟相结合

1—电炉；2—电炉屋顶烟罩；3—水冷弯头；4—沉降室；5—水冷烟道；6—强制吹风冷却器；7—增压风机；8—精炼炉；9—烟气混合室；10—脉冲除尘器；11—主风机；12—消声器；13—烟囱；14—刮板机；15—集合刮板机；16—斗提机；17—储灰仓；18—简易过滤器；19—密闭罩

5.1.4.1　交、直流型电炉除尘系统

交、直流型电炉直接在炉内以高温烟气和二次燃烧技术加热废钢，炉内一次

烟气从电炉炉盖第 4 孔或第 2 孔排除，直接进入除尘系统，与炉外排烟除尘及精炼炉除尘等结合性较好，是目前国内外使用最为普遍的工艺（图 5-8）。

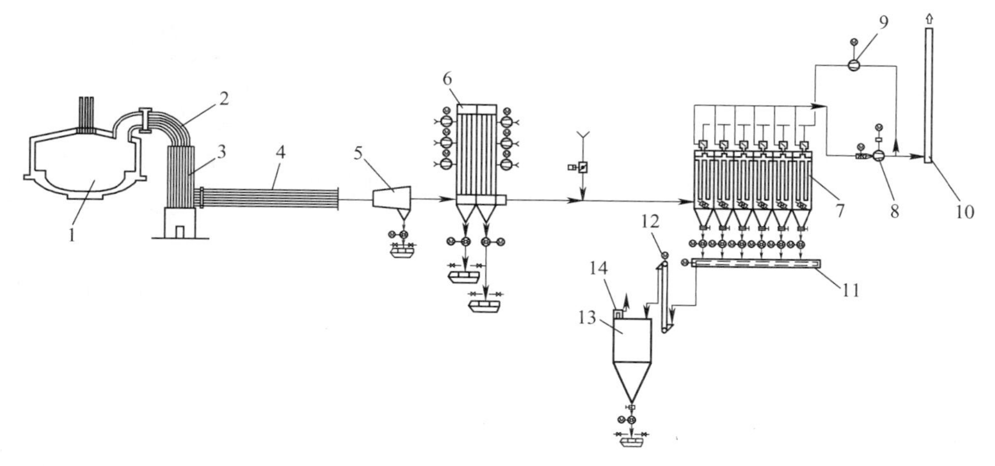

图 5-8 交、直流型电炉除尘系统

1—电炉；2—水冷弯头；3—沉降室；4—水冷烟道；5—火粒捕集器；6—强制吹风冷却器；7—大布袋除尘器；8—主风机；9—反吹风机；10—烟囱；11—刮板机；12—斗提机；13—储灰仓；14—简易过滤器

5.1.4.2 炉外废钢预热型电炉除尘系统

该电炉的废钢预热装置设置在炉外，电炉排出的高温烟气经除尘系统的燃烧室出口，进入废钢预热装置进行废钢预热，加热后的废钢平均温度 250℃，可节省吨钢电能消耗 25kW · h。由于需对炉外废钢预热装置进行维护和检修，故除尘系统还需配置空气冷却器。除尘系统如图 5-9 所示。

5.1.4.3 双炉座型电炉除尘系统

双炉座型废钢预热与炉外预热不同，它将一座正在工作中的电炉排出的高温烟气直接引入另一座装有废钢的电炉，用高温烟气和电炉二次燃烧装置对废钢进行预热，由于高温烟气在炉内与废钢直接接触，故节能效果显著，且冶炼时间紧凑。加热后废钢的平均温度约 600℃。考虑到电炉的维护和检修等因素，除尘系统还需设置旁通管道。除尘系统如图 5-10 所示。

5.1.4.4 竖式电炉除尘系统

竖式电炉通过带有指箅的炉顶结构将废钢托住，电炉冶炼时产生的高温烟气由竖式电炉手指处的下部向上从废钢块缝隙穿过，同时竖炉配置了后燃烧嘴和鼓风机，使烟气中 CO 燃烧率保持较高，恒定高温烟气温度并保持废钢与废气的全过程接触，竖炉指箅处的废钢预热温度高达 1300~1400℃，平均温度约 800℃，使得电炉吨钢耗电量显著下降，吨钢可节约电能消耗 90kW · h。另外，高温燃烧

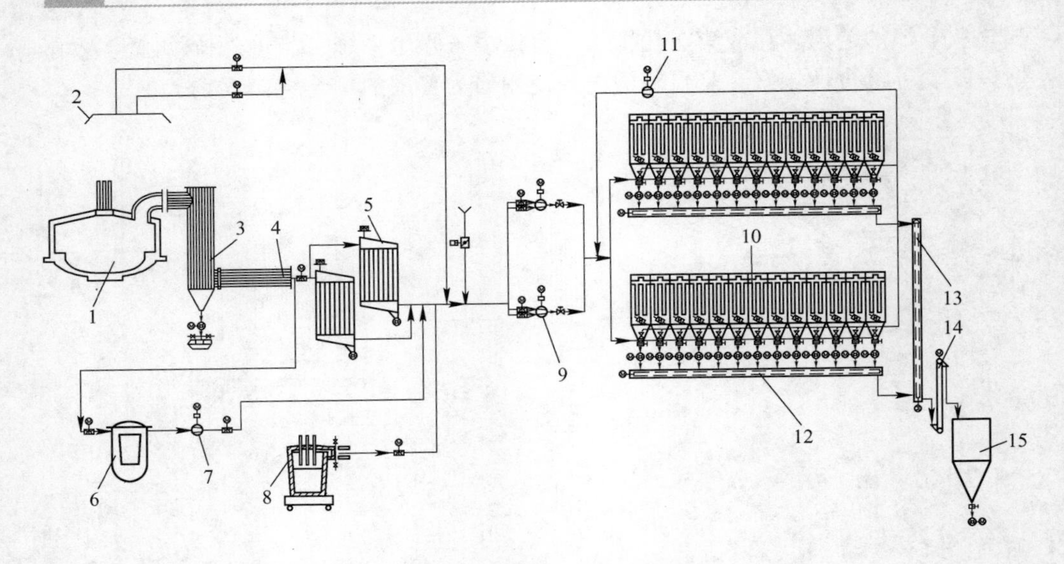

图 5-9 炉外预热电炉除尘系统

1—电炉；2—电炉屋顶烟罩；3—沉降室；4—水冷烟道；5—自然对流冷却器；6—强预热装置；7—增压风机；8—精炼炉；9—主风机；10—大布袋除尘器；11—反吸清灰机；12—刮板机；13—集合刮板机；14—斗提机；15—储灰仓

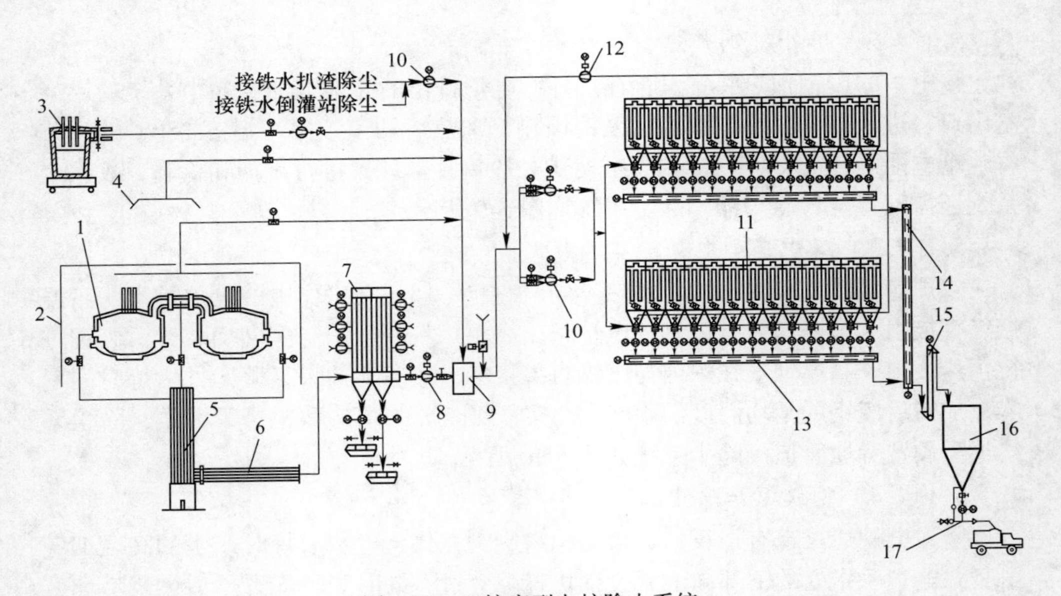

图 5-10 双炉座型电炉除尘系统

1—双炉座型电炉；2—电炉密闭烟罩；3—精炼炉；4—电炉屋顶烟罩；5—燃烧室；6—水冷烟道；7—强制吹风冷却器；8—增压风机；9—烟气混合室；10—主风机；11—大布袋除尘器；12—反吸清灰机；13—刮板机；14—集合刮板机；15—斗提机；16—储灰仓；17—吸引嘴

室的设置，可有效烧除烟气中的二噁英等有毒有害气体。竖式电炉除尘系统如图5-11 所示。

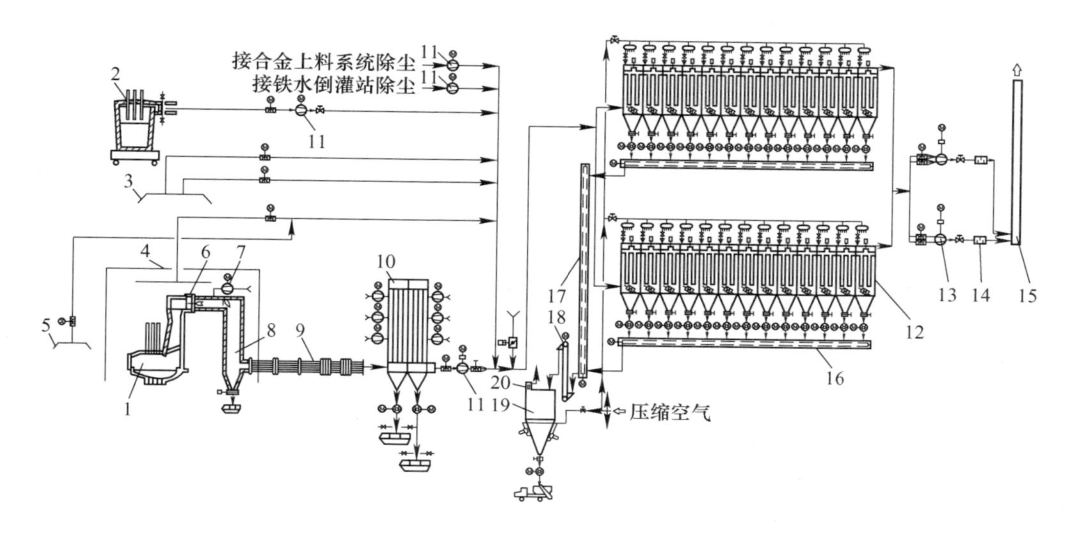

图 5-11 竖式电炉除尘系统

1—电炉；2—精炼炉；3—电炉屋顶烟罩；4—电炉密闭烟罩；5—兑铁水罩；6—水冷滑套；7—鼓风机；8—燃烧室；9—水冷烟道；10—强制吹风冷却器；11—增压风机；12—脉冲除尘器；13—主风机；14—消声器；15—烟囱；16—刮板机；17—集合刮板机；18—斗提机；19—储灰仓；20—简易过滤器

5.2 二噁英抑制技术

5.2.1 二噁英的理化特性

二噁英是两类三环芳香族有机化合物的统称，由 2 个或 1 个氯原子联结 2 个或多个氯原子取代的苯环，称为多氯二苯并二噁英（polychlorinated dibenzop-dioxins，简称 PCDDs）和多氯二苯并呋喃（polychclorinated dibenzofurans，简称 PCDFs），分子结构如图 5-12 所示。PCDDs 有 75 种异构体，PCDFs 有 135 种异构体。在 210 种二噁英同系物中，只有 2,3,7,8 四个平面位置同时有氯原子取代的二噁英是有毒的（17 种），其中 2,3,7,8-四氯二苯并二噁英（2,3,7,8-tetrachloro dibenzop-dioxin，简称 2,3,7,8-TODD）是最毒的二噁英异构体，其毒性相当于氰化钾（KCN）毒性的 1000 倍。环境中的二噁英类污染物主要以混合物的形式存在，为了准确表示二噁英类的毒性，一般以 2,3,7,8-TCDD 为基准，引入毒性当量因子（TEF，toxic equivalency factor），结合各同系物浓度折算出毒性当量（TEQ，toxic equivalent quantity）。

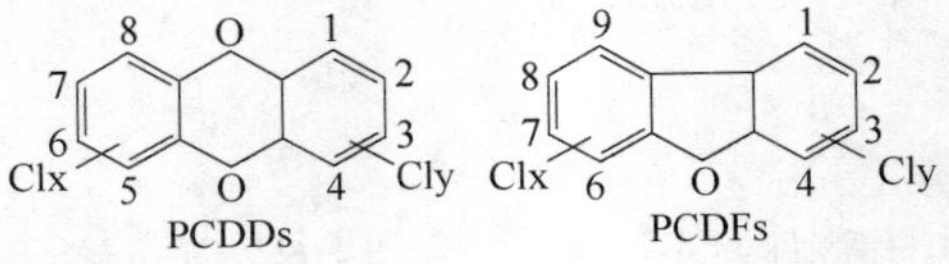

PCDDs　PCDFs

图 5-12　二噁英类分子结构

二噁英类熔点较高，室温下是无色结晶固体，是亲脂性和脂溶性化合物，极难溶于水和酸碱，但可溶于大部分有机溶剂，25℃时的密度为 1.827g/cm^3。500℃时开始分解，800℃时在 2s 以上完全分解。二噁英的物理化学性质表现为：(1) 没有极性，水溶性很低，溶解度随氯代数增加而减小；(2) 常温下为固体，熔沸点高，且随氯取代数增加而增加；(3) 蒸汽压低，挥发性小，蒸汽压随氯代数增加而减小；(4) 化学性质稳定；(5) 亲脂性强，溶于大部分有机溶剂。二噁英易在生物体内积累，受微生物和水解作用的影响较小。二噁英类可通过脂质转移富集于食物链，进而积聚于脂肪组织内，排出人体和动物体的半衰期为 5~10a；在自然界中同样极难自然降解，在土壤中的半衰期为 9~12a[5]。

5.2.2　二噁英的生成机理和排放现状

目前，电弧炉钢占全球钢产量的 30%左右，多数工业发达国家已超过 50%，如美国电炉钢比例为 62.7%。电弧炉生产时使用的废钢一般都含有油脂、塑料、切削废油等，废钢预热以及将废钢装入电弧炉都会产生含二噁英的烟气，烟气中二噁英的含量与废钢的种类、预热温度、工艺技术等密切相关。电弧炉烟气二噁英排放包括一次烟气、二次烟气以及未捕集烟气的无组织排放。

二噁英的生成机理较为复杂，对于炼钢过程中的二噁英普遍认为主要有 3 种产生途径：

(1) 由前驱体化合物（氯酚、氯苯、多氯联苯等）通过氯化、缩合、氧化等反应生成，含氯的前驱物在 300~700℃内可以通过重排反应生成二噁英[6]。

(2) 从头合成（de novo）。即大分子碳与飞灰基质中的有机或无机氯在 250~500℃低温条件下经金属离子催化反应生成，高温燃烧已经分解的 PCDD/Fs 会重新合成，飞灰中 Cu、Fe 等及其氧化物对“从头合成”反应有催化作用，烟气中的 HCl 会影响“从头合成”的反应速度。

(3) 由热分解反应合成（即“高温合成”）。含有苯环的高分子化合物经加热分解会大量生成 PCDD/Fs。

不管二噁英以何种方式形成，都必须具备 4 个基本条件：(1) 存在含苯环结构的化合物，既可以由热分解产生，也可以由碳氢化合物合成或其他途径生成；(2) 存在氯源，可由无机氯或有机氯提供；(3) 合适的生成温度，350℃左右为最佳生成温度；（4）存在催化剂，如铜等金属（铁、镍、锰、锌等亦具有催化作用）。

对于电弧炉炼钢，首先存在二噁英产生所必须的氯源。一是废钢中一般含有含氯塑料和氯盐类及其他含氯杂质；二是废钢中有可能含氯（如汽车废钢）；三是电弧炉电极表面可能生成氯化有机物；四是炉衬等也可能为二噁英的生成提供氯源。其次，电弧炉炼钢生产工艺具备二噁英产生的温度条件。电弧炉冶炼一次烟气温度在1400℃以上，此时二噁英及其他有机物已经全部彻底分解，在其后的烟气逐步降温过程中会从头合成二噁英。至于催化剂，铜、铁、镍、锰、锌等金属均可充当二噁英生成反应的催化剂。一些废钢，尤其是汽车废钢等中往往含有较高的锌，不少废钢中也可能会含有微量的铜。以上分析表明电弧炉炼钢工艺具备二噁英产生的基本条件，三种生成途径兼有。

具备了上述基本条件之后，电弧炉烟气中二噁英可由以下三种途径合成；一是前驱体合成。废钢在预热或电弧炉内初期熔化过程中，其中的油脂、油漆涂料、塑料等有机物因受热而先生成前驱体类物质（如各类含氯苯系物），然后通过一系列氯化反应、缩合反应、氧化反应等生成二噁英。二是热分解合成。含有苯环结构的高分子化合物经加热发生分解而大量生成二噁英。三是“从头合成”。在废钢预热时，烟气的降温过程可为二噁英的从头合成提供适宜的温度条件。第四孔排出的一次烟气温度在1000℃以上，且含有大量CO可燃气体，故在烟气降温过程中，此前已全部分解的二噁英及其他有机物又“从头合成”生成二噁英。

研究结果表明，添加含PVC废钢的电弧炉废气中二噁英和氯化有机物含量最高。在氯含量相同的情况下，废气中二噁英和氯化有机物在同一数量级；无氯的带塑料和油的废钢比有氯和油的废钢电弧炉废气中二噁英含量高。尽管一些废钢不含氯化物，但其废气中也含有二噁英和氯化有机物，这是因为废钢中并非完全无氯元素，电弧炉壁等提供了其他氯的来源。研究试验发现，废气中二噁英含量随氯化苯的增加而提高，线性关系较好。当安装了废气预热废钢装置后，随着废钢中氯化物含量和废钢预热温度的提高，废气中含有的氯代芳香族化合物也增加。由于废钢预热的温度往往和二噁英生成的适宜温度范围相重叠，且生成的二噁英不会、再经过高温燃烧分解，因此废钢预热系统往往造成电弧炉烟气中二噁英排放浓度大大提高。

目前，由于国内在用炼钢电弧炉相对数量较少，且二噁英检测周期长、费用高，因此国内电弧炉烟气中的二噁英含量数据比较欠缺。依据目前国内电弧炉采用铁水加废钢冶炼，且铁水占比较高的情况（国外多采用全废钢冶炼）估计，我国电弧炉烟气中二噁英含量较国外电弧炉烟气二噁英含量低。据《炼钢工业大气污染物排放标准》（GB 28664—2012）的要求，当前电弧炉烟气二噁英的排放限值为0.5ng-TEQ/m^3。国内某采用传统电弧炉烟气除尘系统的50t电弧炉检测结果指出，其一次烟气和二次烟气中排放的二噁英浓度分别为0.13ng-TEQ/m^3和0.17ng-TEQ/m^3；另据报道，我国台湾地区2座电弧炉炼钢排放烟气中二噁英浓度分别为0.35ng-TEQ/m^3和0.14ng-TEQ/m^3；对台湾8座电弧炉炼钢设施排放烟气中二噁英类进行测定发现，毒性当量浓度平均值为0.28ng-TEQ/m^3。奥钢联对两台电弧炉的测试结果显示，二噁英在烟气成分中的分布以炉内烟气浓度较高，二次烟气浓度较低，一次烟气一般在5~12 ng-TEQ/m^3，二次烟气一般在0.2~1.5 ng-TEQ/m^3之间，而无组织排放的二噁英根据烟气的捕集率不同而差异较大。

从2018年开始，国内采用全废钢冶炼的电弧炉开始增加，检测发现，在全废钢冶炼时二噁英的量基本与国外同级别电弧炉排放量相当。采用优质废钢时，即使采用废钢加料预热时，二噁英的检测范围仍在0.2~1.5ng-TEQ/m^3。

5.2.3　二噁英的抑制技术

5.2.3.1　基础研究

二噁英生成抑制技术作为一种源头治理手段，是利用一些特定组分改变或抑制二噁英生成路径，达到生成减量、源头减排的目的，具有良好应用前景。

依据抑制剂作用机理研究对象，可分为碱性、硫基、氮基、硫/氮复合、含特殊官能团。抑制机理较为复杂，一般仅以主导作用物质作为分类标识，目前对硫基、氮基抑制剂的研究相对集中且深入。

A　碱性抑制剂

碱性抑制剂的作用机理主要体现在以下三个方面：(1) 中和反应消耗氯源；(2) 提高飞灰表面碱度；(3) 以反应产物占位等方式阻碍二噁英类合成催化反应进程。

相关研究多集中在钙基抑制剂方面，如石灰石、生石灰等，在烧结中抑制二噁英的手段比较常见。研究表明烧结配料中加入2%的生石灰可使二噁英类排放减少30%，采用CaO含量高的生石灰也有助于降低二噁英类的产生量。其他碱性抑制剂因其抑制效率较低并未受到很多关注，但生石灰、石灰石等碱性物质属于熔剂的常规组分，通过调整熔剂即可达到简便和直接污染物减排的效果。如何提高效果是碱性抑制剂的研究重点。

B　硫基抑制剂

自Griffin于1986年首先提出煤中因含有较高含量的硫而导致其燃烧过程二噁英类排放量较低的理论以来，硫对二噁英类生成的抑制机理、反应路径、作用效果等方面的问题一直是有机污染物防控领域的研究方向。

硫对二噁英类生成的抑制作用主要体现在三个方面。

（1）SO_2会与Cl_2和H_2O反应生成HCl（式（5-1）），减少作为二噁英氯源的Cl_2含量，且HCl不容易进行芳香族取代反应：

$$Cl_2 + SO_2 + H_2O \longrightarrow 2HCl + SO_3 \quad (5\text{-}1)$$

（2）SO_2可以磺化生成二噁英类的酚类前驱物，生成二苯并噻蒽或二苯并噻吩，抑制氯化反应和乌尔曼（Ullmann）反应，影响后续生成二噁英类的氯化、缩合等反应，S/Cl比对抑制效果影响显著，有研究表明当气相中S/Cl摩尔比值为0.38时，二噁英类物质的抑制效果超过80%，比值为0.68时，抑制效果超过95%。

（3）气相中的SO_2能够与固相中的铜等具有催化作用的过渡金属反应，致使催化剂失活或生成催化作用较弱甚至不具有催化作用的金属硫化物（式（5-2）），占据催化活性位。这将使得提供氯源的迪肯制气反应无从进行，因为该反应需要在铜等金属催化剂的作用下才能进行。

$$MO + SO_2 + 1/2O_2 \longrightarrow MSO_4 \quad (5\text{-}2)$$

硫基抑制二噁英类生成过程影响因素主要包括S/Cl比、反应温度、物质存在形式等。抑制剂投加量（一般以S/Cl物质的量比例计量）是决定抑制效率的重要因素，也是技术经济分析的重要参数。

S/Cl比存在一个获得最优抑制效果的最佳临界值。实验表明在S/Cl比较低时，增加投加量可提高抑制效果；在S/Cl比较高时，增加投加量反而影响抑制效果。研究发现，当原料中S/Cl比大于0.5时，硫铁矿的添加对二噁英生成呈抑制作用且随着S/Cl比提高而强化，这是由于硫铁矿受热分解生成的SO_2和Fe_2O_3起到抑制作用。

当反应温度为670℃时，SO_2对二噁英类的抑制效果相当明显，而410℃时抑制作用十分微弱。在温度为300℃时，SO_2对氯代二苯并-对-二噁英（PCDDs）抑制效果强于多氯代二苯并呋喃（PCDFs）；400℃时SO_2反而会导致PCDFs/PCDDs的比值降低[7]。

硫的存在形式是影响硫基抑制剂抑制效果的另一重要因素。硫酸对二噁英类从头合成（de novo）的抑制效率高达69%，而相同摩尔的SO_2仅有21%的抑制效率。

C　氮基抑制剂

氮基抑制剂的抑制机理主要体现在以下三个方面。

（1）中和反应消耗HCl、Cl_2等，切断二噁英生成所需氯源：

$$NH_3 + HCl \longrightarrow NH_4Cl \quad (5\text{-}3)$$

$$2NH_3 + 3Cl_2 \longrightarrow N_2 + 6HCl \quad (5\text{-}4)$$

（2）通过提高飞灰表面碱度或与金属催化剂形成稳定的惰性化合物，减弱甚至消除其催化活性。

（3）与前驱物反应形成芳香胺、氰化物或吡啶类化合物等，阻碍前驱物生成二噁英类。

目前，针对氮基抑制剂的研究主要集中在尿素、氨气、氨水、二甲胺等含有或能够释放 NH_3 分子的化合物。

尿素对二噁英类的抑制效果可达90%左右，同时在尾气中检测到—NH_2 和—CN基团，说明苯环上的 H 和 Cl 会被含 N 基团取代。尿素抑制剂的用量在一定范围内与二噁英类抑制效果呈正相关，同时尿素分解释放的 NH_3 与 SO_2 反应可生成 $(NH_4)_2SO_4$，进入飞灰中，使得 SO_2 的排放量骤降。磷酸氢铵钠对二噁英的抑制效果可达90%，而尿素在70%左右。三聚氰胺对二噁英类减排效果在60%左右，这也指明了氨基官能团含量是抑制效果的关键影响因素。氨气、二甲胺等也被证明对氯酚及二噁英类的生成有抑制作用。

相对于非均相反应固体飞灰表面的异相催化反应在二噁英类生成机理中可能占据着主导地位，所以通过添加抑制剂使催化剂中毒失效也是影响二噁英类生成的有效途径。研究表明，质量分数 0.10% 的碳酰肼可使二噁英类减排率达到 78.79%，碳酰肼能够与 Cu 结合生成稳定的氮化物，削弱 Cu 催化剂的活性，同时碳酰肼也可以与 HCl 反应，消耗二噁英类生成的氯源。

D 硫/氮复合抑制剂

硫基和氮基抑制剂在作用机理上存在一些共性，这也使得一些学者对复合抑制剂进行了有益探索。

在二噁英类抑制剂筛选实验中，硫酸铵、硫代硫酸铵、碳酰胺复合 S 单质混合物从20余种研究对象中脱颖而出，获得了高达98%的抑制效率。对其他几种抑制剂，诸如氨基磺酸、羟胺磺酸、硫酰胺的实验中，均表现出超过尿素的抑制效果。使用硫脲、氨基磺酸和硫酸铵进行相关实验时，发现硫脲在加入质量分数为 0.50%时，可以获得 77.58%的二噁英类减排率，其原理是硫脲抑制了二噁英类迪肯制氯反应。

E 含特殊官能团抑制剂

含有如羧基（—COOH）、有机胺（—NH_2）等特殊官能团的抑制剂，对二噁英类生成的抑制路径各有异同。有机胺官能团是抑制二噁英类从头合成的主要因素，反应温度区间在325~400℃，反应时间2~4h时，二噁英类生成抑制率可达90%以上。乙二胺四乙酸（EDTA）和氨基三乙酸（NTA）两种同时含有羧基和胺基官能团的抑制剂进二噁英类生成抑制效果表明，抑制剂添加量为质量分数2%时，二噁英类生成抑制率超过80%，且温度在300~400℃区间内的变化对抑制作用效果影响较小，反应30min即可获得预期抑制效果，推测可能与抑制剂中羧基和胺基等官能团含量较高相关[8]。

5.2.3.2 电弧炉冶炼中的抑制手段

对电弧炉生产过程中产生的二噁英的减排，分为源头治理、过程治理和末端治理。源头治理即从原料出发，减少其生成的源头与条件；过程治理即采用相关的抑制措施抑制其生成；末端治理是对已经产生的二噁英进行脱除处理。其中末端治理的代价是最高的，源头治理和过程治理是未来环境治理的发展趋势[9]。

（1）对废钢进行分选，减少含有油脂、油漆、涂料、塑料等有机物废钢的入炉量，并对这类废钢另行加工处理，同时严格限制进入电弧炉的氯源总量。在入炉前进行挑选和预处理，控制红泥球（除尘灰压的球）的投入量，增加不锈钢废钢的投放比例，提高铁水的投入量，严格控制入炉有机物和氯的总量。

采用转底炉等处理含铁尘泥技术，回用物料如轧钢氧化铁皮、除尘灰等含有较高的氯元素，利用转底炉内约1300℃高温还原性气氛和球团中的碳进行还原反应，将氧化铁还原为金属铁，用高温分解消除二噁英。处理后的金属化球团可以作为洁净原料投入炉中。

（2）优化废钢预热。当含有机物的废钢采用废钢预热时，如果缓慢连续加入，可使废气达到较高的氧化程度和较低的氯苯产生量，二噁英的生成量明显少于快速加入。与传统的料篮加料电弧炉相比，欧洲2家采用Consteel连续废钢加料技术的电弧炉二噁英排放浓度明显减少。根据高温氧化技术的要求，为了降低二噁英生成的量，进行废钢预热后的电弧炉烟气温度不宜低于850℃。为了满足对废钢预热温度的要求，可以在废钢预热系统中设置煤气烧嘴，利用煤气燃烧加热废钢，可在满足废钢预热温度要求的同时，保证电弧炉烟气温度高于850℃。废钢预热时可以同时加入生石灰，生石灰随废钢进入电弧炉，可使可生成二噁英的氯源减少60%~80%，抑制二噁英的生成。向炉内喷氨和其他碱性物质也可以达到类似效果。由于生石灰本身是电弧炉炼钢的原料之一，在废钢预热时加入生石灰不会额外增加成本。

（3）电弧炉一次烟气温度在1000℃以上，此时二噁英及其他有机物已全部分解；可对燃烧后的烟气采取急冷措施，使其快速降至200℃以下，以最大限度减少烟气在温度区间的停留时间，从而减少“从头合成”。目前蒸发冷却塔大量用于高温烟气的冷却降温，喷入塔内的水雾可使高温烟气在短时间内迅速冷却；与传统的掺野风等降温措施相比，蒸发冷却塔具有烟气总量少、运行设备阻力小、噪声低等特点，尤其适合电弧炉高温烟气的快速冷却降温，预计可实现二噁英减排80%~95%。这种方法的缺点是控制要求精度高；因为炉气含湿量大，一般要求配合采用静电除尘器，除尘效率不如布袋除尘器；蒸发冷却塔后的管道要求保温；余热不能利用，喷入的水随废气排入大气不能循环利用。

（4）对未采取急冷降温的电弧炉烟气，可通过向烟道（或设置专用装置）喷入碱性物质粉料（如石灰石或生石灰）抑制二噁英生成，一般在600~800℃温度区间喷入。这种措施的原理是通过吸收烟气中的HCl和Cl_2生成$CaCl_2$，以减少有效氯源；在250~400℃温度区间喷入氨也可以抑制二噁英的生成。

（5）改进炼钢工艺。日本开发的 ECOARC 环保型电弧炉本体由废钢熔化室和预热竖炉组成。后段设有热分解燃烧室、直接喷雾冷却室和除尘装置。热分解燃烧室可将包括二噁英在内的有机废气全部分解，并能够满足高温区烟气的滞留时间要求；喷雾冷却室可将高温烟气快速降温，抑制二噁英的再合成。实测结果表明，废气中的二噁英含量大幅下降，而且与常规传统电弧炉相比，电耗、烟气量、烟尘产生量可分别降低 40%、40%和 50%以上，生产率可提高 50%以上[10]。

5.2.4　炉气中二噁英的后脱除技术

5.2.4.1　高效过滤技术

在温度低于 200℃的条件下，电弧炉烟气的二噁英绝大部分以固态形式吸附在烟尘表面（主要是细颗粒），采用高效除尘器可明显减少二噁英排放。湿法除尘对二噁英的净化效率为 65%～85%，静电除尘器实测平均净化效率为 95%，而袋式除尘器一般可以达到 99%或者更高。除尘器入口烟气温度越低，二噁英的净化效率越高。二噁英的排放浓度与烟气的含尘浓度成正比，通过降低烟尘的排放浓度可降低二噁英的排放量，但当烟尘浓度降低至一定水平（如 5mg/m^3 以下）后二噁英浓度不会再明显降低。

5.2.4.2　物理吸附技术

将物理吸附技术（喷入吸附剂）与高效过滤技术相结合，二噁英的净化效率可由 50%～85%提高至 90%～99%。物理吸附一般有携流式、移动床和固定床等 3 种形式。携流式是指在除尘器前烟道喷入吸附剂，吸附二噁英后被除尘器脱除实现减排目的，该方式投资及运营成本最省；移动床是在除尘器后设置吸附塔，吸附剂从吸附塔上部进入下部排出或下部进入上部排出，此方式一次性投资较大；固定床中的吸附剂是不动的，烟气流过其表面时二噁英被吸附脱除。HOK 褐煤吸附技术应用于欧洲 Schifflingen（1997 年）、Esch-Belval（2001 年）、Differdingen（2001 年）、Stalhl Cerlafingen（瑞士，1998 年）、ALZ Genk（比利时，2003 年）等 5 家钢厂电弧炉上，使烟气中的二噁英小于 0.1ng-TEQ/m^3。二噁英的去除效果主要取决于吸附剂的均匀分布及其与二噁英的接触概率。活性炭作为吸附剂，因为比表面积更大，具有更好的减排效果。采用活性炭作为吸附剂的吸附技术分为两种：一种工艺是在布袋除尘器前喷入活性炭粉末，吸附烟气中的二噁英，然后通过布袋除尘器去除，达到降低二噁英排放的目的[11]。该方法烟气中气相二噁英同活性炭的接触和被吸附的机会少，且布袋除尘器清灰周期短，活性炭在布袋上停留时间短，活性炭利用率低，二噁英去除效果有限。另一种工艺是设置固定床活性炭吸附装置，此技术投资成本较高，对于电弧炉烟气如设计不合理，还有爆炸燃烧的可能性。吸附剂一般使用活性煤或活性煤与石灰的混合物，但在喷入某些型号煤粉时最好用石灰与煤粉混合进行惰性化处理或喷煤的同时喷入石灰，以防引起火灾和爆炸。物理吸附的缺点是，吸附物质的增加给粉尘的综合利用增加了困难[12]。

5.2.4.3 高温氧化技术（“3T+E”技术）

“3T+E”主要适用于废钢预热之后的烟气的二噁英的减排。该技术要求的条件是：炉膛温度控制在850℃以上，烟气在高温区停留时间2s以上，高温区应有适量的空气（含氧量保持在6%以上）和充分的紊流强度。这种条件下99%以上的二噁英及其他有机物都会被高温分解，然后对烟气进行急冷降温至200℃以下，抑制二噁英的“从头合成”。该技术可以有效地脱除二噁英，但烟气中的热量无法用余热锅炉回收利用。

5.2.4.4 催化过滤Remedia技术

催化过滤Remedia技术由美国戈尔公司首创，通过将表面过滤技术同催化过滤技术集成在滤袋上，能够把二噁英在低温状态下（180~260℃）通过催化反应彻底分解成CO、H_2O和HCl，二噁英去除彻底且不存在二次污染。该技术较适合电弧炉烟气，而且适合现有布袋除尘器的技术改造，只需更换滤袋就可满足二噁英的排放要求。但滤袋价格昂贵，催化剂寿命不高，滤袋更换频繁，运行成本相对较高。

5.2.4.5 催化分解技术

催化分解主要适用于洁净烟气，宜设在除尘器后用于废钢预热烟气二噁英的减排。日本名古屋国家工业研究所开发的二氧化钛加紫外光催化分解技术，可使二噁英去除98.6%，同时还能分解烟气中55%的氮氧化物。其基本原理是：二氧化钛在紫外光照射下产生氧化性极强的竣基自由基，对所有的有机物都能氧化成二氧化碳和水，分解率高、降解速度快，处理彻底，不存在二次污染。我国西北化工研究院开发的氧化钛—氧化钒—氧化钨催化剂氧化分解技术，在24~320℃试验条件下二噁英去除率可达95%~99%，连续运行400h以上催化剂仍保持优良的活性。该技术设备投资比较大，运行成本也较高。

5.2.5 二噁英减排与余热回收结合技术

无论采用何种滤料，布袋除尘器要解决的首要问题都是控制烟气温度在布袋可承受的最高温度范围内。且一些研究还表明，某些条件下进入布袋除尘器的烟气温度越低，对二噁英的去除越有利，目前的整体余热锅炉技术将1400℃以上的高温烟气冷却到200℃以下，技术上已不是问题。有专家提出，现有的电弧炉应进行余热锅炉和常规布袋除尘器改为高效滤料（覆膜滤料）的升级改造，改造后将电弧炉烟尘排放浓度控制在10mg/m^{3}甚至5mg/m^{3}以下，二噁英达到0.5ng-TEQ/m^{3}的排放要求是完全可能的。鉴于此，可将高效过滤技术与烟气余热回收技术结合起来，使高温烟气首先通过余热锅炉吸收烟气中的热量，将烟气冷却至200℃以下，同时回收烟气废热，产生蒸汽，用于发电或供热。将冷却后的烟气再与电弧炉二次烟气混合，进一步降温后进入布袋除尘器净化后排放。该技术可回收烟气的废热，又能高效去除二噁英及颗粒物，设计合理，能够满足排放要求[13]。

此技术的难点在于如何保证余热锅炉能使烟气温度快速降至200℃以下，最大限度减少二噁英的再合成。因为随着烟气温度的降低，传热温差减小，需要更大的传热面积才能保证烟气温度的持续下降，要维持相同的烟气流速需要更长的余热锅炉烟道，势必会延长烟气在余热锅炉中的冷却时间，对减少二噁英的再合成是不利的。共有两种烟气快速冷却的解决方案，其共同特点都是将烟气降温区间分为两段，以500℃为界，此温度是将二噁英再合成的上限温度450℃提高50℃，高于此温度可认为是相对安全的，基本上不会合成二噁英。

方案一：采用双压余热锅炉+热管技术，500℃以上的高温烟气采用高压余热锅炉回收烟气热量，此温度区间传热温差大，且可以有效利用烟气辐射热，综合传热效率高；500℃以下中、低温段采用中压热管式余热锅炉回收低温段烟气热量，充分利用热管式余热锅炉相变介质的快速热传递性质，同样可以保持很高的传热效率。因此，两种技术的集成可使得只需较少的锅炉受热面积便可将温度快速降至200℃以下。该方案的优点在于既能有效减少二噁英的再合成，又可回收几乎全部可利用的烟气废热。但系统一次性投资较大，方案略显复杂，比较适合于50t以上一次烟气量较大的电弧炉。

方案二：采用高压余热锅炉+喷雾急冷技术，500℃以上烟气采用高压余热锅炉来回收大部分烟气热量，500℃以下烟气采用喷雾冷却，喷嘴设在余热锅炉尾部，通过蒸发冷却使烟气快速冷却至200℃以下，此小部分烟气热量不回收，可减少余热锅炉投资，并能显著降低二噁英再合成风险；同时，每标方烟气喷水量也大幅度减少，粗略计算约为传统的烟气急冷耗水量的1/6，经济、环境综合效益明显。该方案需要控制喷水量，使烟气温度在降到200℃以下的同时保证烟气在烟气露点以上，以确保后续布袋除尘器不糊袋，运行安全。现有的转炉一次干法除尘工艺中蒸发冷却器烟气冷却过程与此类似，可通过烟气温度、烟气流量、喷水量的闭环自动控制技术实现对喷水量的精确调节。实践证明，以上控制方法是可靠的。该方案的优点在于能有效减少二噁英的再合成，一次性投资较少，系统简单；不足之处在于仍然有小部分烟气废热未经利用，且有少量的冷却水消耗，较适合于50t以下一次烟气量较小电弧炉或者现有电弧炉的改造[14]。

5.3　电弧炉炼钢降硫降硝

目前，大气污染已成为人类社会生存和发展面临的重要问题之一。据统计大气中84%的氮氧化物主要由电力、热力的生产和供应业，非金属矿物制品业，黑色金属冶炼及压延加工业等行业排放，其中电力、热力的生产和供应业占64%左右。

粗钢产量持续增长导致黑色冶金行业二氧化硫排放量相应快速增长。黑色金属的冶炼和加工包括钢铁和铁合金工业，但后者对二氧化硫总排放量的贡献很小。2011年钢铁行业SO_2的总排放量为251万吨，仅次于电力工业，居于全国第二位。

尽管钢铁工业的二氧化硫排放量每年都在增加，但每吨粗钢的二氧化硫排放量总体上有所下降。来自供电工业锅炉和发电厂的二氧化硫排放量估计约占整个钢铁行业排放量的40%，它们的减排潜力最好通过分析发电行业内的二氧化硫减排量来实现。

5.3.1 电弧炉炼钢过程降硫降硝概论

5.3.1.1 氮氧化物的危害

氮氧化物主要指的是氮和氧的化合物（NO），主要的氮氧化物有N_2O、NO、N_2O_3、NO_2、N_2O_4、N_2O_5，常见的氮氧化物都表现出了一定的化学和生物毒性，特别是空气中的主要氮氧化物NO和NO_2对动物表现了较大的生物毒性。氮氧化物的危害主要体现在以下几方面[15]：

对于动物和人来说，NO与NO_2有一定的致毒作用。NO与NO_2能侵入肺部细支气管和肺泡，刺激肺部，降低人和动物对呼吸系统疾病的抵抗力，从而引发肺水肿等呼吸系统疾病。同时NO也会与血液中的血红素结合，导致动物和人体出现缺氧，造成中枢神经系统麻痹，而且NO_x同样会对心脏等人体器官造成一定损害。

对于植物来说，空气中的NO对植物的生长也有一定的损害作用。植物能通过气孔吸收NO_x，而吸收的NO_x会抑制植物的光合作用，导致叶脉坏死，叶片脱落，从而影响植物生长发育。

在空气中，NO能与一些碳氢化合物和其他物质在光照下形成光化学烟雾，会降低大气能见度，这种光化学烟雾毒性大，同时也是构成PM2.5的重要组分。而且氮氧化物在大气中会转化为硝酸或硝酸盐气溶胶，这种气溶胶是酸雨产生的一大原因。产生酸雨后，硝酸或硝酸盐会降落到地表并进入地表或地下水系中，导致地表和地下水系酸化、毒化和富营养化，引起水污染。同时酸雨还会对建筑物产生腐蚀，导致植被的破坏和枯死等，部分NO还会与其他污染物产生光化学反应，导致臭氧层破坏。因此控制和减少NO的排放，降解和去除NO刻不容缓。

5.3.1.2 硫氧化物的危害

空气中二氧化硫污染对人体危害较大，容易让人们出现眼、鼻黏膜刺激症状，甚至发生喉头与支气管痉挛，轻则昏迷，重则死亡。二氧化硫污染在对人们带来危害的同时，也将对植物带来损害，若是环境中二氧化硫浓度超标，会让植物的叶片逐步褪色，叶脉处也将产生黄白色点状“烟斑”，并逐步引起植物叶片萎蔫、叶脉变白，从而死亡。二氧化硫在被排放至空气溶于水后通过化学反应将产生硫酸型酸雨，这样不仅会让土壤和水体酸化，对人类与植物造成严重的危害，对建筑物造成腐蚀，同时也对农作物带来损害，使农业产量降低。此外，二氧化硫污染也将对人类生存环境造成巨大危害，不利于社会环境的可持续发展，二氧化硫污染与酸雨每年造成我国上千亿的经济损失，对社会经济发展造成了严重阻碍。

据有关资料统计反映，我国大气中的SO_2含量远远超过国际环境空气SO_2标准，为3~248mg/m^3，SO_2直接排入大气中污染大气，由于SO_2本身具有不稳定性，容易与水蒸气结合形成亚硫酸，亚硫酸被氧化成硫酸。SO_2在阳光的照射下，在金属粉尘铁、锰、钒的催化下，还可以氧化成三氧化硫。无论以什么形式形成的硫酸分子，在潮湿的空气中都可以与水蒸气结合生成硫酸雾，即酸雨，硫酸雾的毒性比SO_2的毒性强10倍[16]。

西方发达国家在很早之前就开始研究二氧化硫控制技术，由于忽略了氮氧化物的控制，直到20世纪70年代，西方发达国家才基于对SO_2排放控制技术，开始对工业烟气中SO_2和NO_x脱硫脱硝一体化技术进行研究。目前国内外现有的脱硫脱硝一体化技术主要有湿法、干法和半干法三大类。湿法脱除技术研究最多，具有工艺成熟、效率高、应用广泛等优点，但是存在成本高、占地面积大、会产生大量废水、易二次污染、氨泄漏以及设备腐蚀等诸多问题；虽然干法、半干法还存在一些技术缺陷和经济问题，但具有耗水量少、成本低、设备简单、占地面积小等优点。

5.3.1.3 冶炼过程氮氧化物来源

电弧炉（EAF）是全球钢铁生产的重要方法。2019年电弧炉生产了11.6亿吨粗钢，占全球钢产量的30.6%。除了生产率和运营效率之外，电弧炉炼钢企还要确保氮氧化物排放保持在环境法规要求的范围内也很重要。在钢铁生产过程中，氮氧化物（NO_x）是除二氧化碳之外最重要的空气污染物。

考虑到不同的燃烧源，NO_x的生成有3种方式：

(1) 热力型NO_x。高于1300℃的燃烧形成浓度较高的热力型NO_x。

(2) 燃料型NO_x。含氮燃料（如煤）通过氮的氧化生成燃料型NO_x。

(3) 瞬时型NO_x。瞬时NO_x是空气氮和燃料在“富燃料”条件下结合形成氰化物。随后，和燃料一起被氧化，在燃烧过程中变成NO_x。

对于电弧炉熔炼钢车间，凡是带有电弧或烧嘴的工艺或设备都应被视为NO_x的排放源。最初认为NO_x主要产生于以下熔炼车间区域：电弧炉（通过电弧和天然气烧嘴产生）、钢包精炼炉（通过电弧产生）、钢包烘烤器和烘干机（通过天然气烧嘴产生）、中间包烘烤器和烘干机（通过天然气烧嘴产生）。实际上，NO_x排放源不限于以上工艺过程。Tenova公司多年来对多个配置了实时和非实时NO_x检测设备和仪器的炼钢车间进行了监测。通过分析获得的数据，发现采用连续加料（通过 Consteel 设备连续加入废钢或者连续加入直接还原铁 DRI）的炼钢车间的 NO_x 排放量大大低于采用传统料篮分批量加入废钢的炼钢车间。显然，这与采用料篮加入废钢熔化期间电弧未被钢渣覆盖有关，电弧将其周围的空气电离，而在平熔池熔化过程中（不管是采用 Consteel 技术，还是通过炉顶加入 DRI），电弧通常被熔渣全部覆盖，而不与空气接触。

通过测量车间袋式除尘器排出烟气的 NO_x 含量，或者是所有车间袋式除尘器排出烟气中 NO_x 含量发现，NO_x 的排放流量非常清晰地显示出某些峰值。这些峰值的出现与车间执行的某些特定工艺操作相对应。事实上，在表 5-5 所列的情况与 NO_x 排放的峰值相关。

表 5-5 除尘器烟气中 NO_x 排放峰值的相关情况

序号	相关情况
1	EAF 炉渣（电弧部分或者完全未覆盖运行）厚度较薄
2	EAF 烧嘴在有较高燃气-氧气比的气氛下燃烧
3	EAF 在一定的钢包搅拌或增碳条件下进行出钢操作
4	在钢包精炼操作前，未优化钢包气氛
5	对耐火材料进行大量烘烤和干燥操作
6	加入某些特定原材料
7	EAF 降尘室内温度过高

5.3.2 冶炼过程中降硫降硝工艺

在电弧炉冶炼生产过程中，目前可以采用的 NO_x 减排工艺见表 5-6[17]。

表 5-6 NO_x 减排工艺

原因	NO_x 产生机理	NO_x 减排工艺
EAF 炼钢期间电弧暴露在环境空气中	将空气中的氮电离，并与氧气发生反应	（1）EAF 冶炼全程利用泡沫渣覆盖电弧 可以采取废钢连续加入技术，例如 Consteel，或使用 DRI/HBI 作为冶炼原料，或采用上述混合方式。在整个熔炼过程中采用平熔池操作可以实现全程泡沫渣。在此过程中金属原料的熔化通过液态钢水的对流而不是电弧的直接辐射，且电弧始终被钢渣包围。高碳混合原料，包括生铁/高碳 DRI/HBI 中的 C 主要以 Fe_3C 形式存在，可促进熔池内 CO 形成良好的泡沫渣，并使电弧周围气氛中的 CO 处于饱和状态。 （2）气密封式电弧炉 在冶炼开始就避免环境空气进入炉内，这可以通过以下方式实现：密封 EAF 炉壳和炉顶所有可能存在的缝隙，避免空气渗入；保持 EAF 炉内微正压

续表 5-6

原因	NO_x 产生机理	NO_x 减排工艺
EAF 烧嘴在高温条件下工作	由于 EAF 烧嘴的燃料不是空气而是富氧燃料，虽然火焰中没有大量的 N，在特定条件下（当火焰温度高于 1530℃，火焰十分紊乱，会从周围空气中吸收 N），会促进 NO_x 的形成	（3）取消烧嘴
EAF 喷枪喷吹高挥发分的碳	NO_x 的形成主要源于挥发性煤、氮的燃烧。这些燃烧的产物包括 HCN、NH_3、NO。蒸发的氮的比例随着温度升高而增加，氮的蒸发和产品的分布都取决于煤粉的品种以及颗粒的大小。气态的氮原子随后被氧化为 NO	（4）使用低挥发分的含碳材料 部分实验结果可能会显示 NO_x 排放与总的煤含量相关，但相关性很微弱，受其他因素的严重影响。随着挥发性物质的增加，NO_x 也呈明显的增加趋势，因此在电弧炉操作中使用低挥发分的碳粉不仅可以增加碳的收得率（喷吹效率），还可以降低 NO_x 排放。 （5）使用高碳原料 强烈推荐根据原料成本和市场情况，在主要金属原料中加入尽可能多的碳，例如生铁或高碳 DRI/HBI 原料
出钢时加碳	机理同上	（6）使用低挥发分的含碳材料 目标含碳量应尽量通过 EAF 脱碳工艺达到，如果需要再次碳化，则最好使用低挥发分的碳
出钢过程中过度搅拌	出钢过程中当钢水倾倒入钢包中时，大量氮通过钢流处涌入，可能会在高温下与空气中的或者溶解在钢水中的氧发生反应	（7）降低钢水中的氧活性度 只要冶炼钢种允许，就应该降低钢水中的氧活性度，最好使氧活性度可控，以防止搅拌时发生反应。 （8）使用氩气搅拌 虽然这个方案目前比较昂贵，但采用氩气取代氮气进行搅拌操作，可以避免这种特定的 NO_x 生成机理。从冶金角度而言，绝对推荐使用氩气
LF 电弧暴露在空气中	暴露的电弧将空气中的氮电离，并与氧气发生反应	（9）使用间接抽风的 LF 除尘罩 为了避免环境空气接近钢包炉内的电弧，可以使用间接抽风的除尘罩，从而使二次冶炼过程中产生的气体不会通过除尘“第四孔”溢出，而是向外扩散至钢包边缘，随后进入除尘罩的外环，外环可起到气体密封的作用。 （10）良好的造渣设计和通电时适当的气体搅拌可以避免电弧暴露在富氮的气氛中

续表 5-6

原因	NO_x 产生机理	NO_x 减排工艺
降尘室 DOB 温度过高	DOB 是典型的负压环境条件，可以使大量空气渗透。当 EAF 的炉气富含 CO 气体就会发生二次燃烧，产生高热量，氮的存在就会促进形成 NO_x	（11）气密式炉 建议保持炉的气密条件，以避免过多的空气进入。 （12）控制炉内温度 采用 Consteel 连续加料技术，较长的预热烟道可以提前完成 CO 的二次燃烧，是保持炉内温度很好的解决方案，也可减少此类 NO_x 形成的途径。 （13）密封 如果无法将 EAF 内的二次燃烧氧气引进 Consteel 系统，则应在 EAF 安装一套二次燃烧系统，这样可以在 EAF 内将多余的 CO 燃烧，提高炉内的温度，从而降低进入袋式除尘器内的烟气温度。EFSOP 气体检测系统可以自动完成 EAF 炉内用于二次燃烧的氧气的喷吹。EAF 炉内保持气密性很重要，应防止空气渗入

5.3.3 电弧炉炉气脱硫脱硝技术

烟气同时脱硫脱氮技术是 20 世纪 80 年代为了降低原有的烟气脱硫及脱氮工艺的净化费用，适应现有工业的需要发展起来的新型集成技术。烟气同时脱硫脱氮技术可分为湿法、干法和半干法烟气脱硫脱氮技术[18]。

5.3.3.1 湿法烟气脱硫脱硝技术（WFGD）

湿法烟气脱硫脱硝技术的脱硫脱硝剂和脱硫脱硝生成物均为湿态。目前，根据对 NO_x 的处理方式以及吸收原理不同，可将湿法烟气脱硝吸收技术分为氧化吸收、络合吸收及还原吸收三类。

A 氧化吸收

NO 除能够生成络合物外，均不溶于水或碱液。必须把 NO 氧化为 NO_2，再由碱液吸收脱除。目前研究较多的强氧化剂有 $NaClO_2$、H_2O_2等。

a 亚氯酸钠氧化

自 20 世纪 70 年代开始，研究者以亚氯酸钠为氧化剂，与碱性或者酸性溶液组成复合吸收剂，采用多种反应器进行了脱硫脱氮研究，研制了喷淋塔、鼓泡反应器、填充柱、以及平板式气液界面搅拌釜。在脱硝过程中 NO 被 $NaClO_2$ 氧化成 NO_3^-，ClO_2^-转化成 Cl^-、ClO^-。针对不同的吸收液中气-液反应机理也有所区别。

研究表明以亚氯酸钠为氧化剂形成的复合吸收剂在酸性条件下具有较好的脱硫脱硝效果，亚氯酸钠初始浓度、SO_2和 NO 初始浓度、吸收液 pH 值及温度对脱硝效率影响较大，脱硝主要产物为 NO_2^-。但此方法的产物复杂，难以再次利用，处理过程中易产生有毒气体，腐蚀设备。

b　过氧化氢氧化

H_2O_2在酸性条件下具有较强的氧化性，可将 NO 氧化成 NO_2且其还原产物为氧气和水，不会造成二次污染。Collins 等人利用 H_2O_2烟气喷射后配置典型湿式洗涤器实现了 SO_2和 NO 的联合脱除，其机理是通过高温下过氧化氢产生羟基、自由基和过氧自由基来实现 SO_2和 NO 的氧化。Jordan 等对该工艺进行了经济可行性分析，结果表明 H_2O_2/NO 摩尔比是关键因素，在摩尔比为 1.37 时，H_2O_2喷射工艺作为 SCR 法的替代工艺具有经济可行性[19]。

利用小型紫外光-鼓泡床反应器，对 UV/H_2O_2氧化联合 $Ca(OH)_2$吸收同时脱除燃煤烟气中 NO 与 SO_2的主要影响因素进行了考察，结果表明 H_2O_2浓度、紫外光辐射强度、$Ca(OH)_2$浓度、NO 浓度对脱除效率有较大的影响。

c　其他氧化剂氧化

用 $KMnO_4$为氧化剂与 $CaCO_3$共同进行了脱硫、脱硝实验研究，结果表明增大氧化剂加入量、SO_2浓度、浸没深度、浆液浓度或降低 NO 浓度均可提高 NO 的脱除效率。

对 $K_2Cr_2O_7$ 溶液作为吸收液进行同时脱硫脱硝实验研究，结果表明，$K_2Cr_2O_7$浓度、反应温度、NO 浓度、SO_2浓度、烟气流量对脱硫率、脱硝率影响显著[20]。

B　络合吸收

络合吸收是在液相脱硝溶剂中添加液相络合物，使其与 NO 发生快速络合反应，从而增大 NO 的溶解度，以实现脱硝的目的。

在分别使用双驱动搅拌反应器和鼓泡反应器中研究了 $[Co(en)_3]^{2+}$同时脱硫、脱硝的影响因素，实验结果表明，pH 值和脱硫剂种类是影响乙二胺合钴同时脱除 NO 和 SO_2的最重要因素，烟气中的氧促进乙二胺合钴吸收 NO 和 SO_2，而烟气中的 SO_2、CO_2和 NO_2对乙二胺合钴吸收 NO 具有抑制作用[21]。

Fe(Ⅱ)EDTA 是可再生试剂，且在弱酸条件下有较高的脱硝效率，Fe(Ⅱ)EDTA 具有容量大、价廉易得等特点，但在吸收过程中 Fe(Ⅱ)EDTA 损失大、再生困难、利用率低等原因制约了其工业应用，对以 $FeSO_4 \cdot 7H_2O$ 和 EDTA 为试剂配制了 Fe(Ⅱ)EDTA 吸收液，进行了脱硫、脱硝试验，结果表明 pH 值在 4~6 时脱硝效果较好，且随 pH 值的增加脱硝效率迅速增大，因为容易被氧化失效，随氧气量的增加 Fe(Ⅱ)EDTA 的脱硝效率降低。

C　还原吸收

还原吸收是指在液相中将 NO_2还原成 N_2吸收过程。目前研究最多的是尿素和亚硫酸铵。

采用鼓泡吸收反应器，对尿素/铵根溶液湿法脱硫脱硝一体化特性进行了实验研究，结果表明，在尿素/铵根溶液脱硫脱硝过程中，液相中的氧对 NO 具有一定的氧化作用，而 NO 气相氧化是脱硝的主要作用机制；O_2的存在是添加剂起催化作用的必要条件，SO_2的存在可对 NO 的吸收起到协同促效作用。

5.3.3.2 生物法脱硫脱硝技术

许多学者都利用生物法对烟气进行了脱硫和脱氮并取得了良好效果。但在生物法同时脱硫脱氮研究的相关文献很少。通过硫酸盐还原菌（SO_2、H_2S）和脱氮硫杆菌（H_2S、SO_4^{2-}）的分离培养或共同培养进行硫氮的同步脱除是有前途的。

1991 年，美国 Tulsa 大学环境研究技术中心将对硫酸盐还原菌 *D. desulfuricans* 和脱氮硫杆菌 *T. denitrificans* 采取分别培养和单个反应器中混合培养的方式，对冷烟气中 SO_2 和 NO_x 的生物法同时脱除进行了实验研究。实验结果表明，在当时采用生物法同时脱除 NO_x 和 SO_2技术上是不可行的，主要有以下原因：一是 NO 对 *D. desulfuricans* 菌有毒性抑制，影响了 SO_2还原；二是因为硝酸盐作为最终电子受体，更容易为 *T. denitrificans* 利用，从而对 NO 的脱除有竞争性抑制作用；三是烟气中的 O_2浓度超出了严格厌氧菌 *D. desulfuricans* 的耐受能力，同时也对 *T. denitrificans* 的 NO 还原产生竞争性抑制影响[22]。

脱氮硫杆菌作为一种严格自养与兼性厌氧菌，能够利用 S^{2-}、S、$S_2O_3^{2-}$为能源，并将其氧化为 SO_4^{2-}。在缺氧条件下，NO 被用作最终电子受体而被还原为 N_2。现在已经证实 NO 能够作为最终电子受体以 $S_2O_3^{2-}$为能源支持脱氮硫杆菌生长：

$$S_2O_3^{2-} + 4NO + H_2O \longrightarrow N_2 + 2SO_4^{2-} + 2H^+ \tag{5-5}$$

Hinz 等人研究了甲基营养菌 *Methylotrophic bacteria* 的 NO 消除。结果表明膜吸收技术可使烟气中 NO 的脱除水平较高。在这个膜体系中，微生物生长在一种膜管的内表面，将这个膜管置于 NO 气体中，营养物质在管内循环，NO 透过管壁与营养基质甲醇一同被吸附在膜上。并吸收这个技术为利用不同微生物的混合培养物，同时脱除 SO_2、CO、NO 和其他气体提供了新思路。

Ligy Philip 采用生物滴滤塔同步处理烟气中的 SO_2和 NO，实验发现，在 100%去除 SO_2的同时，仅有 20%的 NO 气体被脱除。Gommers 等人利用脱氮硫杆菌进行了脱硫除氮实验。结果表明，该细菌能以废水中的 NO^{3-}为电子受体，将硫化物氧化成单质硫，NO^{3-}则被还原为 N_2。实验还发现，在缺少 NO^{3-}时，细菌能利用单质硫作为电子受体，并将其还原为硫化物。Robertson 等人也进行了类似研究，他们将脱硫脱氮系统设置在厌氧产甲烷反应器之后，对其出水进行后处理取得了成功。目前，荷兰的 Gistbrocadcs 公司已将该脱硫脱氮系统申请了专利，推广应用于厌氧出水的后处理。

生物滴滤塔中粗糙的陶瓷填料表面覆盖有生物膜，废气流经填料床时，通过扩散使气相中的污染物穿过气液界面进入到附着在填料表面的生物膜中，同时微生物需要的营养物质也通过液相浓差扩散到生物膜，在适合的条件下，膜内的微生物通过发生生物化学反应，可使废气中污染物得到降解。

生物膜对废气的净化过程主要由物理、化学及生物反应组成，大体上可分为以下三个阶段，即物理吸收、生物吸附和生物反应阶段。

A 物理吸收阶段

废气中的污染物质首先与混合液接触并溶解或混合其中，即由气相扩散进入液相，溶解度受气泡大小和气体的停留时间影响。对于可溶性的SO_2气体，喷淋液对其进行物理吸收，从而将SO_2气体转化为液相中的SO_3^{2-}和SO_4^{2-}，对于不溶性的NO气体，则不存在物理吸收阶段。

B 生物吸附阶段

对于可溶性的SO_2气体，是由气相溶解或混合于液相的污染物质被吸附在生物膜表面，进而被微生物转化吸收，对于不溶性的NO气体而言，NO通过气相扩散到达生物膜表面，后通过生物膜的吸附作用进入膜内，并与膜内的微生物充分接触。

C 生物反应阶段

生物膜中的微生物，将吸收和吸附的污染物质作为能源和营养物质进行利用，通过分解代谢将其最终转化为无害的化合物或同化为自身的细胞组成。在此净化过程中，生物膜对废气中污染物的总吸收速率主要取决于气液两相中的气体污染扩散速率和生化反应速率。

生物脱除法虽然在实验室中有较好的表现，但要真正应用到工业化生产中，还存在一些实际问题。采用生物法进行工业废气中的SO_2和NO脱除，一个问题是废气温度过高。一般认为进入生物反应器的废气温度以不超过60℃为宜。温度太高，一方面会对反应器中的中温生物菌产生影响，另一方面会明显降低循环液对SO_2的吸收速率，因为该吸收反应为放热反应。但高温对于后续的硫化物生物氧化反应有利，氧化生成单质硫的反应在37℃时反应效率较高，并且一部分硫酸盐还原菌为嗜热菌，对于SO_2气体的吸收转化也有利[23]。

另一个问题就是烟气中通常含有2%~8%的氧气，对于单纯的厌氧生物反应不利。当NO进气浓度为500×10^{-6}、O_2含量小于3%时，NO去除率超过90%；当NO进气浓度为250×10^{-6}、O_2含量为5%时，NO去除率仅仅40%~45%。

第三个问题就是废液的处理。在SO_2和NO气体处理过程中，废气营养液与生物膜气、液、固三者之间充分进行吸附吸收传质，整个生物化学反应的中间产物和终产物大部分存留在液相中。

5.3.3.3 半干法脱硫脱硝技术（SDFGD）

半干法脱硫脱硝是指以水溶液或浆液为脱硫脱硝吸收剂生成的脱硫脱硝产物

为干态的脱硫工艺。其特点为：一般在湿态下脱硫脱硝，在干态下处理或再生。具有 WFGD 技术和 DFGD 技术的某些特点。

张少峰等以尿素为吸收剂在喷动床实验装置中进行半干式烟气脱硫脱硝研究，结果表明，其方法在适当的操作条件下可获得85%以上的脱硫效率和70%以上的脱硝效率，可以满足工业规模应用的要求。

赵荣志在90~160℃的低温条件下，研究了 SO_2对钙基吸收剂吸收 NO_x 的影响，考察了反应温度、含氧量、含湿量、二氧化硫浓度、氮氧化物浓度及电除尘灰等因素对钙基吸收剂同步脱氮的影响。在最佳的工况条件下钙基吸收剂也可较多地脱除烟气中的污染物质[24]。

5.3.3.4 干法脱硫脱硝技术（DFGD）

干法脱硫脱硝是指加入的脱硫脱硝吸收剂为干态，脱硫脱硝产物仍为干态的脱硫、脱硝工艺，其特点是固体吸收剂在干态下脱除 SO_2和 NO，并在干态下处理或再生吸收剂，无废液二次污染，但脱除效率低。

A 电子束法（EBA）

该方法是利用电子加速器产生强氧化性的自由基等活性物质，再与 SO_x 和 NO_x 反应生成硫酸和硝酸，并与加入的 NH_3反应生成硫铵和硝铵，脱硫、脱硝同时完成。电子束法处理法的优点：同时脱硫脱硝，去除效率高，无废水废渣且副产物硫酸铵和硝酸铵可作化肥使用，该方法具有系统简单、操作方便、易于控制等优点。电子束处理法的不足是：耗电量大、运行费用很高，烟气辐射装备还不适合用于大规模应用系统；处理后的烟气仍然存在排放氮、硫酸和一氧化二氮的可能性。

B 脉冲电晕等离子体法

电晕等离子体烟气脱硫脱硝是利用产生的高能电子撞击背景气体产生大量的自由基，将污染物氧化除去，或者打断污染物的分子键，直接将污染物分解脱除。等离子体法属于干法，较湿法相比无废液产生，脱除率高，副产物也可作为氮肥加以利用；但是在脱除过程中部分氨气未能完全反应，随废气排放，会对环境造成污染。

C 碳质材料吸附法

该方法使用的吸附材料主要包括活性炭和活性焦，脱除机理基本相似，主要步骤包括吸附脱除过程和吸附材料再生过程。

活性炭吸附法最早由美国和德国开始研究，经过发展成熟后，烟气脱除率高、运行成本低，具有较好的工业化应用前景。活性焦吸附法利用活性焦的吸附作用和催化作用对烟气中的二氧化硫和氮氧化物进行脱除，已进入工业化阶段，是一种先进、高效的烟气净化技术。活性炭的孔隙结构丰富、比表面积大、吸附性能好，它能够吸附、催化其他物质在其孔隙内的积聚，保持和碳及其基团的反应能力，且具有稳定的物理化学性能。因此活性炭是一种非常好的脱硫脱硝剂。

图 5-13 所示为活性炭联合脱硫硝工艺的全过程，它主要由吸收、解吸和硫回收三部分组成。进入吸收塔的烟气温度在 120~160℃之间时，该工艺具有最高的脱除效率，如图 5-14 所示，SO_2的脱除率可达到 98%左右，NO_x 的脱除率在 80%左右。吸收塔由上下两段组成，活性炭在重力的作用下从第二段的顶部下降至第一段的底部，烟气由下而上流过，流经吸收塔的第一段时 SO_2被脱除，流经第二段时喷入氨除去 NO_x。

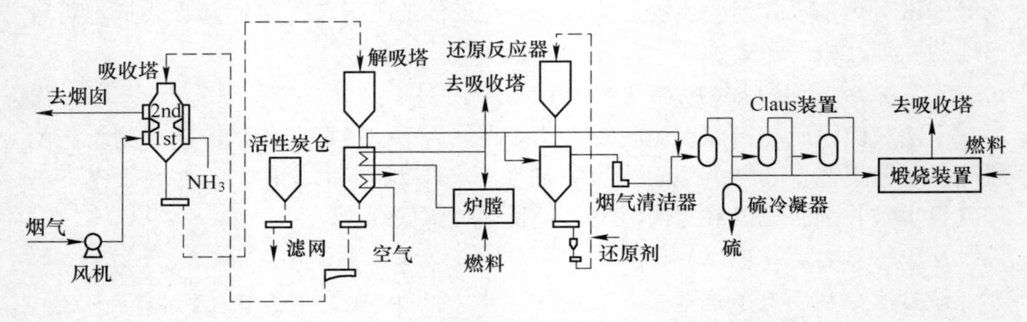

图 5-13　活性炭工艺联合脱除 SO_2/NO_x 装置系统

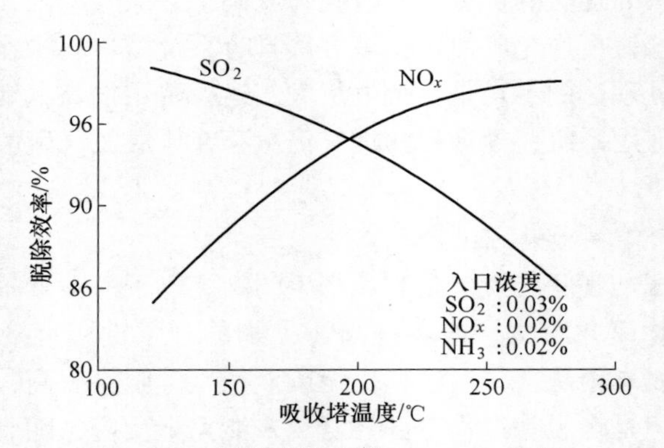

图 5-14　活性炭联合脱 SO_2/NO_x 效率

a　活性炭联合脱除 SO_2/NO_x 的反应机理

在活性炭的表面 SO_2被氧化吸收形成硫酸。其反应式如下：

$$2SO_2 + O_2 + 2H_2O \longrightarrow 2H_2SO_4 \tag{5-6}$$

吸收塔加入氨后，可脱除 NO，其反应式为：

$$4NO + O_2 + 4NH_3 \longrightarrow 4N_2 + 6H_2O \tag{5-7}$$

与此同时在吸收塔内还存在以下的副反应：

$$NH_3 + H_2SO_4 \longrightarrow NH_4HSO_4 \tag{5-8}$$

$$2NH_3 + H_2SO_4 \longrightarrow (NH_4)_2SO_4 \quad (5\text{-}9)$$

SO_2脱除反应一般优先于 NO_x 的脱除反应。烟气中 SO_2浓度较高时活性炭内进行的是 SO_2脱除反应；相反烟气中 SO_2浓度较低时，NO_x 脱除反应占主导地位。如图 5-15 所示，当入口烟气中 SO_2浓度较低时，NO_x 脱除效率高。而且 SO_2浓度越高，消耗的氨就越多，这就是采用两段式吸收塔的原因。

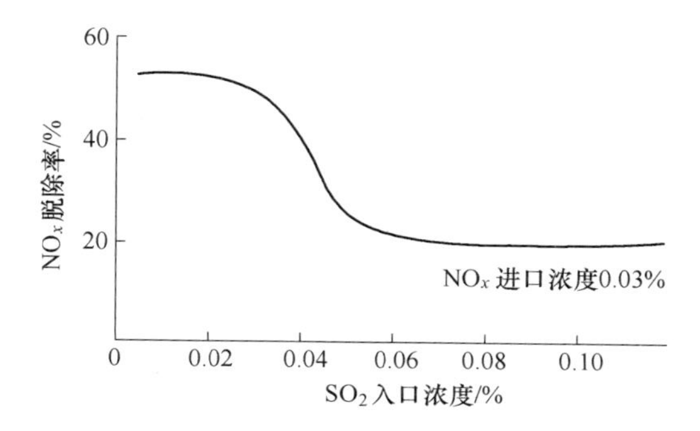

图 5-15 入口 SO_2浓度和 NO_x 脱除率的关系

b 活性炭的解吸反应机理

活性炭吸收 H_2SO_4、NH_4HSO_4和 $(NH_4)_2SO_4$后，被送至解吸塔，在温度约400℃进行加热再生。解吸过程的化学反应如下：

$$H_2SO_4 \longrightarrow H_2O + SO_3 \quad (5\text{-}10)$$

$$(NH_4)_2SO_4 + 2NH_3 + SO_3 + H_2O + 2SO_3 + C \longrightarrow 2SO_2 + CO_2 \quad (5\text{-}11)$$

$$3SO_3 + 2NH_3 \longrightarrow 3SO_2 + 3H_2O + N_2 \quad (5\text{-}12)$$

在此过程中，SO_2从解吸塔中释放出来，通过一定的工艺可转换为元素硫或硫酸。再生的活性炭直接空气冷却后再循环至吸收塔。

c 活性炭脱硫脱硝工艺的应用情况

于 1984 年在日本的大牟田（Omuta）用于处理烟气量为 30000m^3/h 燃煤锅炉的联合脱 SO_2/NO_x 装置开始运行。SO_2和 NO_x 脱除率可分别达到98%和80%左右。活性炭的损失为活性炭流量的 2%或为 8~9kg/h，电耗量为 142kW · h/h。

日本已逐渐将该技术用于各种工业装置上，如石油精炼、废液焚化炉、石油化工装置和钢厂的烧结装置。与传统的湿式洗涤工艺相比，活性炭工艺能更有效地脱除 SO_2及其他有毒物质，降低烟气的温度。

德国于 1987 年就成功地将活性炭联合脱 SO_2/NO_x 工艺用于 Arzberg 燃煤电厂的 5 号和 7 号机组，进行脱硫脱硝。该机组容量电功率分别为 107MW（处理能力 450000m^3/h）和 130MW（处理能力 660000m^3/h）。烟气中 SO_2和 NO_x 的浓度分别为0.13%和0.035%。SO_2的脱除率可达95%以上，NO_x 的脱除率在60%左右。

d　活性炭工艺的优点

(1) 活性炭工艺可以联合脱除 SO_2、NO_x 和粉尘。SO_2脱除率可达到98%以上，NO_x 的脱除率可超过80%，同时吸收塔出口烟气粉尘含量为20mg/m^3，不需要任何除尘装置即可将烟气排至烟囱。

(2) SO_2的脱除率可高达98%。

(3) 可脱除碳氢化合物（如二噁英）、金属（如水银）及其他有毒物质。

(4) 无需工艺水和废水处理。

(5) 无需烟气再热。

(6) 产生可出售的副产品，如元素硫、硫酸。

e　活性炭工艺存在的问题

(1) 该工艺最大的缺点是富集的 SO_x 气体需消耗大量的活性炭。

(2) 由于吸收塔与解吸塔间长距离的气力输送，容易造成活性炭的损坏。

(3) 喷射氨增加了活性炭的黏附力，造成吸收塔内气流分布不均匀。

D　氧化法和还原法

干法氧化法和湿法氧化法第一步基本相似，都是采用强氧化剂将烟气中的 SO_2和 NO_x 进行氧化再脱除。主要有臭氧氧化和光催化氧化。

臭氧氧化同时脱硫脱硝技术是利用臭氧的强氧化性对烟气中多种污染物进行氧化脱除，将 SO_2和 NO_x 氧化为高价态再结合尾部吸收装置进行脱除。王智化对臭氧氧化同时脱硫脱硝技术进行了研究，结果表明最佳反应温度为100～200℃，臭氧对NO的最佳脱除率达84%；并详细研究了 O_3与 NO_x 之间的化学反应机理，以指导实际生产。

光催化技术指催化剂在光照条件下吸收光能，使吸附在催化剂表面的污染物气体发生氧化还原反应，是一种在能源和环境领域有着重要应用前景的绿色技术，人们已经针对部分金属氧化物和硫化物催化剂做了研究，研究表明 TiO_2具有较好的催化活性。赵毅以 TiO_2为光催化剂，使用自己搭建的光催化反应器进行光催化脱硫脱硝一体化研究，研究各工艺条件对脱除效率的影响，其反应器的脱硫脱硝效率分别可达98%和67%。烟气中的 SO_2和NO是被氧化为 SO_3、NO_2以及 NO_3，最终得以脱除。

催化氧化还原法是利用负载型金属氧化物催化剂将NO还原为 N_2和 H_2O，并同时实现 SO_2的氧化脱除。该法使用最多的金属氧化物是CuO，载体采用 Al_2O_3 或 SiO_2。

整个反应分吸附和再生两步：第一步，CuO与 SO_2反应生成 $CuSO_4$，脱硝时，CuO和生成的 $CuSO_4$在 O_2和 NH_4的环境下将 NO_x 还原为 N_2。第二步，吸收

饱和后用 H_2 或 CH_4 还原，可得到高浓度 SO_2、Cu 或 Cu_2O，用氧气氧化成 CuO 后又可重复使用。

CuO 吸附法在较高温度时脱硫脱硝率可达到 90%以上，在脱除过程中没有二次污染，但反应过程中需要加热装置，而且存在催化剂中毒的问题。

E 其他干法脱硫脱硝技术

近年来，干法烟气脱硫脱硝技术不断发展，包括很多其他技术：电催化氧化法（ECO）、NH/VO-TiO 法、NO_xSO 法、Pahlman 烟气脱硫、脱硝工艺、有机钙盐脱硫、脱硝技术等技术，虽然干法烟气脱硫脱硝技术有广阔的发展前景，有些技术已经应用于工业生产或正在进行中间试验，但还是存在诸多问题。

5.3.3.5 其他脱硫脱硝技术

A 电化学法

电化学法包括两直接法和间接法两种，直接法是烟气被电池液吸收以及在电极反应中直接被转化，间接法是指烟气中的组分在与电池分设的吸收器中用氧化还原中介剂吸收并转化，吸收液在电池中进行电化学再生，工业应用一般采用两种模式的组合。

B 液膜法

采用液膜法脱出烟气中的二氧化硫和氮氧化物技术首先由美国提出。该法将液膜置于两组多微孔憎水的中空纤维管之间，组成渗透器，由于这种结构可以消除运行过程中时干时湿的不稳定性，故可延长设备的寿命。研究表明若采用含 0.01mol/L Fe^{2+} 的 EDTA 溶液作液膜，对二氧化硫和氮氧化物的脱除率分别可达到 90%和 60%。

烟气同时脱硫脱硝技术分类见表 5-7。

表 5-7 烟气同时脱硫脱硝技术分类

分类	脱除方法	原　理	技术评价
湿法脱硫脱硝技术	Tri-SO_2-NO_xSorb 工艺	烟气中的 SO_2 和 NO_x 在氧化吸收塔中被 $HClO_3$ 氧化，再经过碱式吸收塔吸收	操作范围宽，操作温度低，运行稳定，对 NO、SO_2 及有毒金属具有较好的脱除率；产生酸性废液，腐蚀性强，导致设备投资费用高
	PhoSNO_x 工艺	黄磷与 O_2 反应生成 O_3，黄磷被氧化转变为磷酸。O_3 快速氧化烟气中 NO 为 NO_2，NO_2 在溶液中将 SO_2 氧化为 SO_4^{2-}，自身被还原成羟基二磺酸盐、铵盐和其他 S-N 化合物	此法结合石灰石-石膏法，对二氧化硫和氮氧化物的去除率达到 95%以上，具有较好的发展前景；但黄磷具有易燃性、不稳定性和一定的毒性且由于高品位的磷矿源的缺乏，阻碍了其进一步的推广应用

续表 5-7

分类	脱除方法	原　理	技术评价
湿法脱硫脱硝技术	络合吸收工艺	向现有湿法脱硫的碱性或中性溶液中加入液相络合剂，与NO发生络合反应，生成复杂的化合物，以提高NO的溶解度	可除去难溶的NO_x；存在反应过程中螯合物的损失和金属螯合物再生困难、利用率低，生产工艺复杂、经济成本比较高等问题
半干法	半干氨法脱硫脱硝	向反应器中喷入被特殊活化剂活化和雾化的氨水，使气态氨、气态水与气态的二氧化硫、氮氧化物迅速反应并被强制性氧化，生成稳定的硫酸铵、硝酸铵，从而达到脱除二氧化硫、氮氧化物的目的	工艺简单，运行费用低，脱硫效率达98%，脱硝效率达70%以上，副产物为硫酸铵和硝酸铵，没有二次污染
干法	活性炭吸收脱硫脱硝工艺	该工艺主要流程为吸附、解吸和硫回收三个部分	该工艺具有操作简单、运行成本低、无需废水处理等优点；但存在消耗活性炭量大、吸收塔内气体分布不均匀等缺点
	金属氧化物脱硫脱硝工艺	该工艺是利用烟气中的SO_2、O_2与金属氧化物反应生成硫酸盐来实现脱硫的目的，同时将该反应的生成物作为催化还原氮氧化物的催化剂来完成脱硝过程。在该工艺中CuO工艺的研究最成熟，通常采用二氧化硅、三氧化二铝以及活性焦等作为载体	该工艺不产生二次污染物，可产生硫或硫酸等副产品，脱硫剂可再生循环利用，SO_2、NO_x脱除率分别能达到90%以上和75%～90%；缺点是吸收剂再生后性能下降，后处理过程复杂
	NO_xSO脱硫脱硝工艺	该工艺是将除尘后的烟气送入吸收剂流化床，SO_2和NO_x被吸附了Na_2CO_3的铝质吸收剂吸收	该工艺可脱除90%SO_2，脱硝率达到70%～90%，还不产生废水、废物等二次污染物；但是该工艺需大量的吸附剂，设备占地大，投资消耗大
	SNAP工艺	采用了气体悬浮式气速高，气相阻力较低吸收器	气速高、气相阻力较低、工艺复杂
	SNRB技术	其原理是采用钙基或钠基吸附剂吸收SO_2，NO_x在SCR催化剂作用下与喷入的NH_3反应而被脱除	SNRB技术占地面积小，具有较高的脱硫脱硝率，不产生设备腐蚀；但废渣较多，副产物利用价值不高

续表 5-7

分类	脱除方法	原　理	技术评价
干法	CFB 联合脱硫脱硝工艺	该工艺采用消石灰作为脱硫的吸收剂脱除二氧化硫，产物主要是 $CaSO_4$ 和 10% 的 $CaSO_3$；脱硝过程使用氨作为还原剂进行选择催化还原反应	该工艺投资费用较低，占地面积小，脱硫产物以固态排放，不产生废水；但是脱硝效果不能保证，脱硫过程会产生煤灰，易造成二次污染，运行稳定性差
	炉膛石灰/尿素喷射工艺	该工艺是把炉膛喷钙与选择非催化还原（SNCR）结合起来，实现同时脱硫脱硝的目的	烟气初始浓度对脱出效率的影响较小，对设备腐蚀较小，尾气可直接排放，从吸收剂中可回收硫酸铵但烟气处理量小，喷头易堵塞结垢
	SNOX 工艺	该技术是将 SO_2 氧化为 SO_3 后制成硫酸回收，并使用选择性催化还原法（即 SCR）去除 NO	此方法二氧化硫及一氧化氮脱除率分别能达到 95%、90%，除需要用氨还原 NO 外，不消耗任何其他化学品，无废水、废物等二次污染物
	DESONOX 工艺	是将 NO、催化还原、SO_2 氧化、CO 及未燃烧的烃类物质氧化为 CO_2 和水的烟气冷化工艺	该工艺具有较高的脱硫脱硝效率，无二次污染，技术简单，投资费用低；投资和操作运行费用较高
	尿素净化工艺	喷入吸收器的尿素溶液与 NO_x、SO_2 反应生成 N_2、水、$(NH_4)_2SO_4$ 和 CO_2，尾气可直接排放	设备简单，脱硝率高、投资成本低；工作效率低，吸收时间长
	干式一体化 SO_2 技术	通过 LNB（低 NO_x 燃烧器）OFA（燃尽风）、SNCR（选择性非催化还原）及 DSI（干吸附剂喷射）与烟气增湿共同完成	节省用地，投资较小；脱硫脱硝率低
	喷雾干燥 LILAC 工艺	将飞灰、消石灰和石膏的混合浆液喷入喷雾塔，与烟气中的 NO_x 和 SO_2 反应生成 $CaSO_4$ 和 $Ca(NO_3)_2$	投资费用少，工艺简单；脱硫率比湿式石灰石石膏工艺低

续表 5-7

分类	脱除方法	原　理	技术评价
干法	高能电子活化氧化法	该技术是利用高能电子束辐照烟气，将二氧化硫和氮氧化物转化成硫酸铵和硝酸铵的烟气脱硫脱硝技术	此技术脱硫脱硝效率高，能够生成硫酸铵和硝酸铵等副产品，没有废弃物，系统简单，操作方便，过程易于控制；但该法耗电量大，运行费用高，不适合用于大规模应用系统

5.4 电弧炉炼钢过程温室气体减排

5.4.1 炼钢过程温室气体排放概述

随着能源消耗的增加和温室效应的影响，CO_2 排放已成为全球关注的焦点[25]。2017 年中国粗钢产量约为 8.31 亿吨，如按照吨钢 CO_2 排放量 2.3t 计算，则全年 CO_2 排放量达到 19.1 亿吨，这将会对环境造成极大的影响，因此 CO_2 减排任务非常艰巨[26]。目前 CO_2 减排主要有三种途径：开发新工艺、新能源，减少化石能源的使用；开发 CO_2 封存技术；将 CO_2 作为资源循环利用。目前冶金过程中 CO_2 减排主要依赖于第一种方法。能否利用 CO_2 的高温特性并将其应用于炼钢过程是冶金科研工作者关注的新焦点[27]。

CO_2 是一种弱氧化性气体，在炼钢温度下可与碳、硅、锰、磷等元素发生氧化反应，并伴随着吸热或微放热效应。此外 $CO_2+C = 2CO$，气体体积增大，可增强搅拌效果。根据以上特性，CO_2 在钢铁冶金流程中可以起到搅拌作用、覆盖保护作用、稀释作用和控温作用。将 CO_2 引入到炼钢过程中，可实现 CO_2 的资源化利用，在完成冶金功能的过程中实现节能减排；减少炼钢过程的能源消耗；减少炉尘；代替氩气进行底吹，降低冶炼成本，是一举两得的节能减排新技术[28]。

自 20 世纪 80 年代起，日本、德国、美国、澳大利亚等国家相继在转炉、电弧炉及钢包炉开展了底吹 CO_2 气体代替氩气的工业实验，均取得了良好的降氮效果。研究表明，CO_2 气体可参与熔池反应，其底吹搅拌能力强于 Ar/N_2，同时 CO_2 不像底吹 Ar/N_2 型复吹转炉易使钢中［N］增加，也不像底吹 O_2/C_xH_y 型转炉使钢中［H］增加，是成本较高的 Ar 和有潜在危害的 N_2 的一种有效替代品。

5.4.1.1 国内炼钢过程温室气体排放

我国制造业碳排放近 20 年来呈“U”形变动趋势，且存在较大的行业差异。能源密集型行业碳排放总量较大，能源效率、能耗总量与结构上的行业差异是造成这一状况的根源。

我国钢铁行业生产工艺主要包括炼焦、烧结、炼铁、炼钢和轧钢 5 个工艺过程。其中，炼铁工艺又分为高炉炼铁、直接还原法炼铁技术；炼钢工艺分为转炉炼钢和电弧炉炼钢工艺[30]。从工艺流程可以看到，由于钢铁行业生产的特殊性，燃煤、焦煤、焦炭、天然气、燃料油不仅是生产动力燃料的来源而且也是源材料。这些能源中的炭在整个生产过程中，经还原反应或氧化反应最终以 CO_2气体的形式排放；电极作为原料在电弧炉炼钢过程中与氧结合，最终以 CO_2的形式排放出来[31]；作为熔剂的石灰石在煅烧过程中分解产生 CO_2气体，目前还没有消除 CO_2的技术；因此，生产中使用的燃煤、焦煤、焦炭、天然气、燃料油、电极和石灰石是我国钢铁行业排放 CO_2气体的主要来源，具体工艺流程分布表见表5-8。我们应在实现经济增长的前提下通过减少能源消耗和改变能源结构以减少 CO_2的产生[32]。

表 5-8 钢铁行业工艺过程中的碳源分布

工艺过程	焦化	烧结	炼铁	炼钢	轧钢
碳源	燃煤、焦煤	燃煤、燃料油、石灰石	焦炭、燃煤、石灰石、天然气、燃料油	燃煤、燃料油、天然气、电极	燃煤、燃料油

5.4.1.2 国外炼钢过程温室气体减排

在世界范围内，钢铁行业提高能效和减少温室气体排放主要通过以下几个方面体现[33]：

(1) 提高能源效率。推动提升能效和大量降低废物产量已经成为钢铁行业进步的主题。通过改善气体循环、产品和废料流，从而提升热量和能量的循环利用；通过粉末状煤炭投放，提升投放工艺、优化炼钢炉设计和过程控制；通过干熄焦、顶压透平装置等技术和薄带连铸生产等流程优化，降低温度循环数量，提高能源效率。

(2) 降低排放。从趋势上看，可实现超低二氧化碳排放钢铁生产方法包括4个生产工艺程序：应用于高炉的顶层气循环、熔融还原技术、先进的直接还原和电解技术。传统钢铁生产中大量使用煤炭和焦炭都产生高强度排放。木炭作为一种焦炭替代物，改善木炭的相关性能是正在发展的一种替代技术，目前也用于钢铁生产。其他替代途径包括使用铁焦作为还原剂和使用生物质和废塑料代替煤炭等技术，若使用氢气燃料也可降低排放。在经济可行地区，可采用气基直接还原技术和油气喷射技术[34]。

(3) 提高原料使用效率。提高原料使用效率是从源头进行节能减排。目前钢铁生产过程中仍有许多液体钢作为过程废弃物浪费掉了，消除这部分浪费可以带来较为明显的碳减排效果。此外，许多钢材可以被重复使用和循环利用。

5.4.1.3 钢铁行业碳减排案例分析

日本钢铁行业联合会曾实施一项企业自愿行动计划，主要的参与者为志愿推进环境保护和节能减排的钢铁企业，有多家钢铁企业参与其中。该计划主要是为了控制二氧化碳排放引起的全球变暖和促进工业废弃物的综合利用，提出和制定可行的政策和实施措施。这一计划的具体措施有以下方面：钢铁冶炼过程的节能措施；其他废弃物如塑料等回收和利用；钢铁产品及其副产品对社会整体节能的贡献；通过国际交流与合作对节能作出贡献；工厂周边地区对钢铁生产过剩能源的综合利用。

日本钢铁行业碳减排的主要方式是充分利用能源，主要手段是开发节能技术。他们对钢铁生产的整个流程和节能减排的相关生产环节进行了研究，开发和利用了一批节能减排和资源循环利用的技术，降低在钢铁生产过程中的资源和环境的负荷。在高炉和焦炉中利用废塑料，在炼焦的过程中掺入2%的废塑料，以代替作为还原剂的焦炭，可以减少30%二氧化碳排放，该技术已经投入到实际的利用中。除此之外，还有多项节能减排的新技术应用于日本钢铁企业的实际生产过程中[36]。

欧盟钢铁行业吨钢二氧化碳排放较低主要有两方面原因：欧洲钢铁行业发展时间相对较长，废钢资源丰富，有利于发展“短流程”电弧炉炼钢，其钢铁产品主要是以电弧炉钢为主；欧洲钢铁行业的能源效率高，节能减排技术比较先进。欧洲钢铁行业为了应对全球气候变暖采取的主要措施有开发高性能低碳的新品种；开发炼钢的新技术；开发新工艺，生产流程低碳化；回收和利用钢铁副产品；废钢的回收和利用；开展碳交易。

ULCOS是欧盟钢铁业为大幅减少CO_2排放而研发的突破性炼钢技术。目标是研发吨钢CO_2排放比目前最先进生产工艺的减少50%的技术。该项目得到15个欧盟国家和48家欧盟企业及相关机构的支持。该项目共分3个阶段实施：第一阶段是研究试验阶段，从2004~2009年。主要任务是测试以煤炭、天然气、电及生物质能为基础的钢铁生产工艺路线，判断是否具有满足钢铁业未来减排CO_2的需求潜力；第二阶段是示范阶段，从2010年开始，是在第一阶段测试成果的基础上，在现有工厂进行两个工业化试验，至少运行一年时间，以检验工艺中可能出现的问题，便于修正以及估算投资和运营费用；第三阶段是应用阶段，在对第二阶段工业化试验成果进行经济和技术分析的基础上，建设第一条工业生产线，进行真正的工业实践。

美国Berkeley国家实验室对钢铁企业的能源消耗与节能潜力进行了研究，利用分解分析方法对钢铁生产的经济能源强度和物理能源强度的影响因素进行了分析。利用该方法研究了钢铁产量、产品结构、工艺结构、能源结构、能源效率等对美国和墨西哥钢铁工业能耗和CO_2排放的影响。从钢铁生产工艺结构和最佳技术方面对比预测钢铁企业的节能潜力和CO_2减排潜力[37]。

美国还进行了广泛的国际合作，针对钢铁行业的节能减排开发出了很多新技术。如无焦炼铁技术：用转底炉生产DRI和粒铁，可以作为电弧炉的补充原料；LCS激光等值线测量系统：转炉和钢包耐火砖厚度测量，可以减少更换炉衬，还可以延长设备的寿命，确保操作的安全，减少钢材生产的能耗；长寿命、抗腐蚀的轧辊技术；DOC系统（稀释氧燃系统）：通过一个单独高速的喷口喷出烟气和氧，使燃气和氧混合之前就被加热，避免出现波峰温度，减少氮氧化物的产生，弥散的火焰在加热钢铁时更均匀，比直接喷空气消耗的燃料要少，而且安装简单成本低，可以提高轧钢企业的产量和效率；去除镀锌板废料锌的技术：用热腐蚀溶解法去掉镀锌废料表面锌镀层，最后把锌从污染物变成副产品，同时提高带钢废料的价值[38]。

5.4.2 电弧炉温室气体减排工艺

现代电弧炉炼钢工艺通常通过增加碳及各类碳氢化合物的入炉量减少电能消耗、加快熔炼速度、提升冶炼过程能量强度，降低成本，增加效率。但是当这些化学能未被充分利用时就会直接或间接导致CO_2排放量的增加。因此要进一步降低电弧炉能耗及减少碳排放，就必须要尽量减少废气显能及化学能损失[39]。

（1）优化利用电弧炉化学能。研究表明，吨钢生产会直接排放CO_2 100kg，间接排放CO_2 255~345kg。利用废气成分实时检测技术，通过改变烧嘴、喷枪、喷射器等强化了炉内二次燃烧，优化了电弧炉化学能的利用，提高电弧炉能量利用率，使吨钢能耗降低[40]。

（2）电弧炉废气显热回收。电弧炉能量输入中约有16%成为废气显热而损失，再加上未燃烧的CO，则可回收的热量大大超过电弧炉输入能量的25%，但由于电弧炉烟道系统环境恶劣以及分批装料具有间歇式特点等，电弧炉废气显热回收在各个环节未得到更大的发展。TenovaRe Energy公司在电弧炉上采用“蒸发冷却系统”（ECS）回收电弧炉热能。ECS系统是在废气离开废气管道冷却系统温度降到约600℃后，在216℃下利用蒸发热能生产高压蒸汽，用产生的高压蒸汽替代钢厂蒸汽锅炉，供厂内使用。意大利Arvedi钢厂230t电弧炉采用废气热回收技术，每年可节省锅炉烧煤57000t，从而每年减少CO_2排放112500t。

此外，还能用废热锅炉代替一般的急冷锅炉，用ECS系统与废热预热相匹配，回收的热量可占废气总含热量的75%~80%，相当于一次能量输入的20%。ORC透平发电机已成为相关行业热回收通用设备，一般效率可达20%，因此可以预期一座中等容量电弧炉估计可发电约4MW，可折合成年电量24000MW·h，相当于此电弧炉省电7.5%。故显热回收技术结合有可能使电弧炉能效水平跃上新台阶，由此减少温室气体的排放[41]。

5.4.3 电弧炉炼钢生产过程中 CO_2的循环利用

研究人员发现 CO_2具有独特的冶金功能，即平温控温能力，同时可以强化熔池搅拌并调控熔池氧化性强弱；将其进行资源化利用，可以解决炼钢中的各种共性问题，同时实现温室气体的消纳[42]。李智峥对 CO_2应用于炼钢的基础理论进行了研究，并对 CO_2应用于炼钢脱磷、脱碳等过程进行了详细的分析。毕秀荣[29]探明了 CO_2-O_2混合喷吹工艺冶炼不锈钢的机理，并在工业生产中取得了良好的效果。

CO_2在电弧炉炼钢过程的应用，主要集中在炉壁供氧、底吹搅拌和埋入式喷吹 3 个方式[33]，如图 5-16 所示。

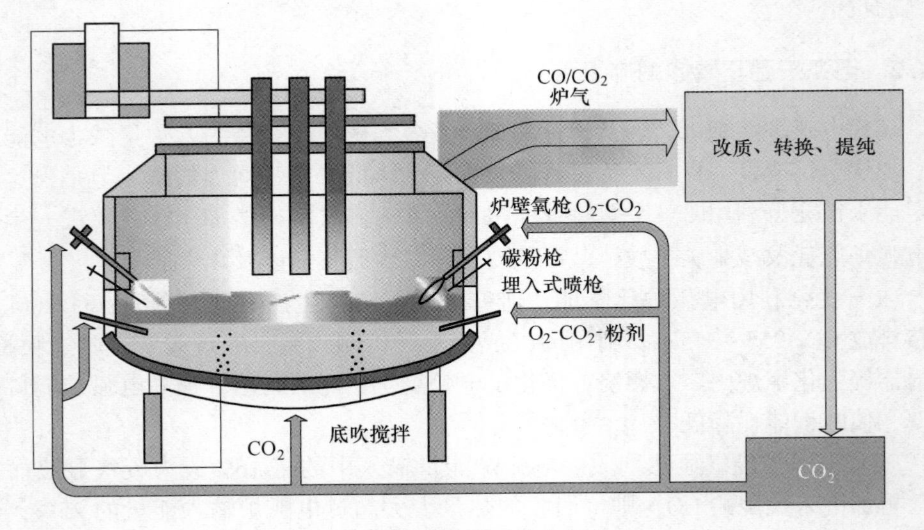

图 5-16 CO_2在电弧炉中的应用

在炉壁供氧方面，CO_2可代替部分 O_2以 CO_2-O_2混合气形式通过炉壁氧枪喷射进入电弧炉炼钢熔池，CO_2参与熔池反应为吸热或微放热反应，热效应较低，这有利于控制火点区温度，减少烟尘的产生量；此外由于 CO_2与钢液中的 [C] 反应生成 CO，可增强熔池的搅拌能力，为钢液脱磷反应创造良好的动力学条件，同时减轻冶炼终点的钢液过氧化，提高钢液质量[43]。

在底吹搅拌方面，可采用 CO_2代替 Ar 作为电弧炉底吹介质。65t Consteel 电弧炉底吹 CO_2的工业实验中初步验证了采用 CO_2替代 Ar 进行底吹搅拌是可行的。研究表明，与常规底吹 Ar 工艺相比，底吹 CO_2增加了终点 [C] 含量，氧化少量 [Cr]，但不会对 [Mn]、[Mo]、[O] 含量产生影响，并且能增强熔池搅拌、提高炉渣碱度、降低渣中（FeO）含量，为电弧炉脱硫提供良好的热力学和动力学条件，使得电弧炉脱硫率提高7%；此外，使用CO_2代替Ar作为底吹气体可进一步降低电弧炉冶炼成本，并且能够降低电弧炉底吹元件的侵蚀速度，提高电弧炉底吹元件的寿命[44]。

CO_2作为底吹气体取得良好效果的机理如下[48]：

CO_2为弱氧化性气体，在电弧炉底吹过程中可与熔池内元素发生反应，冶炼温度为1600~1700℃时，CO_2与钢液中［Ni］、［Mo］发生反应的吉布斯自由能均大于0，不会发生氧化反应，而与钢液中［Al］发生反应的吉布斯自由能非常小，较容易被氧化，其次是［C］，然后依次是［Si］、［Mn］、［Cr］、［Fe］。

在冶炼前、中期，底吹CO_2与钢液中［Si］、［Mn］、［C］、［Fe］会发生反应，尤其在冶炼后期，当钢液中［Si］、［Mn］被大量氧化，钢中［C］含量较低时，CO_2与［Fe］的反应量增加。同时，与底吹Ar工艺相比，CO_2能参与熔池的反应，由于CO_2与［C］反应会生成2倍的CO气泡，使得炉内气体体积增加1倍，导致底吹CO_2底吹搅拌效果更强，可很好地改善熔池内动力学条件。

在埋入式喷吹方面，可采用不同比例的O_2-CO_2混合气体进行埋入式供氧喷吹或作为载气向熔池内直接喷射碳粉和石灰粉。与纯O_2或O_2-CaO喷射相比，在O_2中混入一定比例的CO_2可明显降低火点区温度，减少埋入式喷枪及其附近耐火材料所受热辐射，显著提高埋入式喷枪附近耐材寿命。此外与空气作为载气埋入式喷吹碳粉相比，利用O_2-CO_2作为载气向熔池内喷射碳粉不仅可以消除空气喷射时带入的大量N_2，还可进一步脱除钢液中的［N］，提升钢液的洁净度。

参考文献

[1] 许亚华．电弧炉粉尘的处理和综合利用［J］．钢铁，1996，31（6）：66~69，42.

[2] 李明阳．电弧炉粉尘综合利用的研究［D］．重庆：重庆大学，2009.

[3] 魏红．杭钢80t大电弧炉除尘技术研究与改造［D］．赣州：江西理工大学，2011.

[4] 徐庆伟．大型电弧炉除尘系统方案的研究［J］．建筑工程技术与设计，2015（11）：1858，2222.

[5] 柴兴峰．硫铁矿影响二噁英生成的试验研究及医疗垃圾焚烧炉灰渣中二噁英分布特性［D］．杭州：浙江大学，2008.

[6] 贾建廷．钢铁生产二噁英减排技术探讨［J］．山西化工，2018，38（2）；179~181.

[7] Pekárek V，Punčochář M，Bureš M，et al. Effects of sulfur dioxide，hydrogen peroxide and sulfuric acid on the de novo synthesis of PCDD/F and PCB under model laboratory conditions［J］. Chemosphere，2007，66（10）：1947~1954.

[8] 孙晓宇，唐晓迪，李曼，等．电弧炉炼钢过程的二噁英及抑制措施［J］．环境与发展，2014，26（5）：79~82.

[9] 张斌，罗渝东，任佳．电弧炉烟气二噁英减排技术现状及发展趋势［J］．钢铁技术，2017（3）：42~45.

[10] 刘剑平．大型电弧炉污染物控制与减排［J］．炼钢，2009，25（2）：74～77.
[11] 孙毅．生活垃圾焚烧与钢铁生产中二噁英排放比较［J］．黑龙江环境通报，2008，32（3）：67～69.
[12] Griffin R. A new theory of dioxin formation in municipal solid waste combustion［J］. Chemosphere，1986，15：1987～1990.
[13] 侯祥松．高度重视电弧炉生产二噁英排放［N］．中国冶金报，2011-12-08（B01）.
[14] LEHNER J. 去除电弧炉烟气中二噁英的低成本解决方案［J］．世界钢铁，2004（2）：60～62.
[15] 王旭睿．氮氧化物危害及处理方法［J］．当代化工研究，2018，34（10）：121，122.
[16] 李兰新．燃煤硫氧化物排放及环境影响［J］．煤炭与化工，2018，41（4）：128～130.
[17] 降低 NO_x 排放的炼钢创新工艺方法［N］．世界金属导报，2019-07-B12.
[18] 张登峰．烟气同时脱硫脱氮技术［J］．环境科学与管理，2007，32（7）：110～114.
[19] 邓永强，谭庆锋．国外烟气同时脱硫脱氮技术研究现状［J］．江西化工，2006（1）：33～36.
[20] 祝社民，李伟峰，陈英文，等．烟气脱硝技术研究新进展［J］．环境污染与防治，2005，27（9）：699～703.
[21] 孙德荣，吴星五．我国氮氧化物烟气治理技术现状及发展趋势［J］．云南环境科学，2003，22（3）：47～50.
[22] 毛永杨，邹平，孙珮石，等．生物法烟气脱硫脱氮研究进展［C］//中国环境科学学会．中国环境科学学会 2012 学术年会论文集．2012：2136～2142.
[23] 刘涛，曾令可，税安泽，等．烟气脱硫脱硝一体化技术的研究现状［J］．工业炉，2007，29（4）：12～15，32.
[24] 蒋文举，毕列锋，李旭东．生物法废气脱硝研究［J］．环境科学，1999，20（3）：34～37.
[25] 董凯，朱荣，杨凌志，等．一种提高电弧炉底吹透气砖寿命的控制方法：103898273A［P］．2014-07-02.
[26] 朱荣，仇永全，韩丽辉，等．一种喷吹 CO_2 气体的电弧炉炼钢工艺：1664121［P］．2005-09-07.
[27] 刘仁生，何巍，王维兴．钢铁工业节能减排新技术 5000 问：炼铁系统分册［M］．北京：中国科学技术出版社，2009.
[28] 董凯，魏光升，朱荣，等．一种电弧炉炼钢脱磷方法：105803155A［P］．2016-07-27.
[29] 毕秀荣，朱荣，刘润藻，等．CO_2-O_2 混合喷吹工艺冶炼不锈钢的基础研究［J］．炼钢，2012（4）：67～70.
[30] 林立恒．炼钢降本增效减排温室气体技术［J］．世界金属导报，2011，11（16）：1～7.
[31] 赵杰，李昌建，袁向华．浅谈我国二氧化碳减排途径及对策［J］．环境科学导刊，2010，29（A01）：1～4.
[32] 宋师忠，焦艳霞．二氧化碳用途综述与生产现状［J］．化工科技市场，2003（12）：12～15.
[33] 梁聪智．我国钢铁行业碳足迹与碳排放影响因素分析［D］．秦皇岛：燕山大学，2012，12：12.

[34] GULYAEV M P, FILIPPOV V V. The First Systems of Bottom Blowing with Inert-Gas in Electric Arc Furnace [C] //Proceedings of the 6th Congress of Steelmakers. Chermetinformatsiya; [s. n.], 2001: 308.

[35] 朱荣，魏光升，董凯，等．一种全废钢电弧炉洁净化快速冶炼方法：201710678453.3 [P]. 2017.

[36] 张敬．中国钢铁行业 CO_2 排放影响因素及减排途径研究 [D]. 大连：大连理工大学，2008，12：12.

[37] ZHU R, BI XR, LYU M, et al. Research on steelmaking dust based on difference of Mn, Fe and Mo vapor pressure [J]. Advanced Materials Research, 2011 (284~286): 1216~1222.

[38] O' Hara R D, Spence A G R, Eisenwasser J D. Carbon dioxide shrounding and purging at Ipsco's Melt Shop [J]. Ironmaking & Steelmaking, 1986, 13 (3): 26.

[39] 李智峥，朱荣，刘润藻，等．CO_2 的高温特性及对炼钢物料和能量的影响研究 [J]. 工业加热，2015，44（6）：27~29，33.

[40] 郭敏晓，杨宏伟．我国钢铁行业温室气体减排机会分析 [J]. 研究与探讨，2018，08（40）：36~38.

[41] 李智峥．CO_2 应用于炼钢的基础理论研究 [D]. 北京：北京科技大学，2016：12.

[42] 王欢，朱荣，刘润藻，等．二氧化碳在电弧炉底吹中的应用研究 [J]. 工业加热，2014，43（2）：12~14.

[43] 朱荣，尹振江，董凯，等．一种利用 CO_2 气体减少炼钢烟尘产生的方法：101250606 [P]. 2008-08-27.

[44] 朱荣，魏光升，唐天平．电弧炉炼钢流程洁净化冶炼技术 [J]. 炼钢，2018，34（1）：10~19.

[45] 朱荣．二氧化碳炼钢理论与实践 [M]. 北京：科学出版社，2019：5~27.

6 电弧炉余能余热利用技术

电弧炉冶炼过程产生的余能余热主要分布于高温烟气、炉渣以及炉体散热。为满足构建节约型社会和钢铁行业绿色生产的要求，电弧炉余能余热回收技术的研究与应用发展迅速[1]。

6.1 电弧炉炼钢烟气余能的利用

在电弧炉冶炼的过程中，要产生大量的高温烟气，最高温度可达2100℃，含尘量高，且所含氧化铁尘具有工业回收价值。高温含尘烟气携带的热量约为电弧炉输入总能量的11%，最高达20%。高温烟气不仅带走大量的热，且给电弧炉的除尘系统带来巨大的负担，降低了氧化铁尘的回收率，造成严重的污染问题。随着钢铁行业的发展，电弧炉炼钢的铁水比例逐渐上升，有的甚至超过了30%。铁水比例的升高，造成电弧炉炼钢烟气量增加、热量浪费和除尘问题日趋严重。

传统的电弧炉生产并不重视余热的回收，大多为满足高温烟气的降温净化为目的，对烟道内的烟气进行水冷降温，该方法不仅不能够回收利用烟气中的显热，还浪费了大量的水和电能，显然不满足绿色生产的要求。

随着对节能环保要求的提高，如何将电弧炉高温烟气中的显热充分回收，变“废”为宝，使之转化为钢水热能并使得电弧炉烟气更加稳定，为高效除尘创造条件，从而降低除尘系统运行成本，是电弧炉绿色生产过程中节能降本的重要环节[2~6]。

6.1.1 电弧炉烟气的主要特点

电弧炉在各个冶炼阶段排放的烟气流量、温度、含尘量不断变化，其波动具有周期性。一般来说，氧化期的烟气温度最高、流量最大、含尘量最多，在出钢期的烟气温度最低、流量最小、含尘量最小。所以电弧炉产生的高温烟气具有间歇性的特点。

电弧炉冶炼过程中，排放出的烟气中粉尘浓度大、粒径小，属于微细尘。烟尘含量一般在 8~15g/m^3（标态），最大达到 30g/m^3（标态）；粒径分布在 0~30mm 范围内，附着力强、冲刷力大，容易造成管道堵塞和设备的冲刷损坏。

从图 6-1 可以看出，在全废钢冶炼条件下，炉气带走的能量占总能量支出的 5.39%，约为 32.5kW · h/t 钢；在 50%铁水比例的冶炼条件下，炉气带走的能量

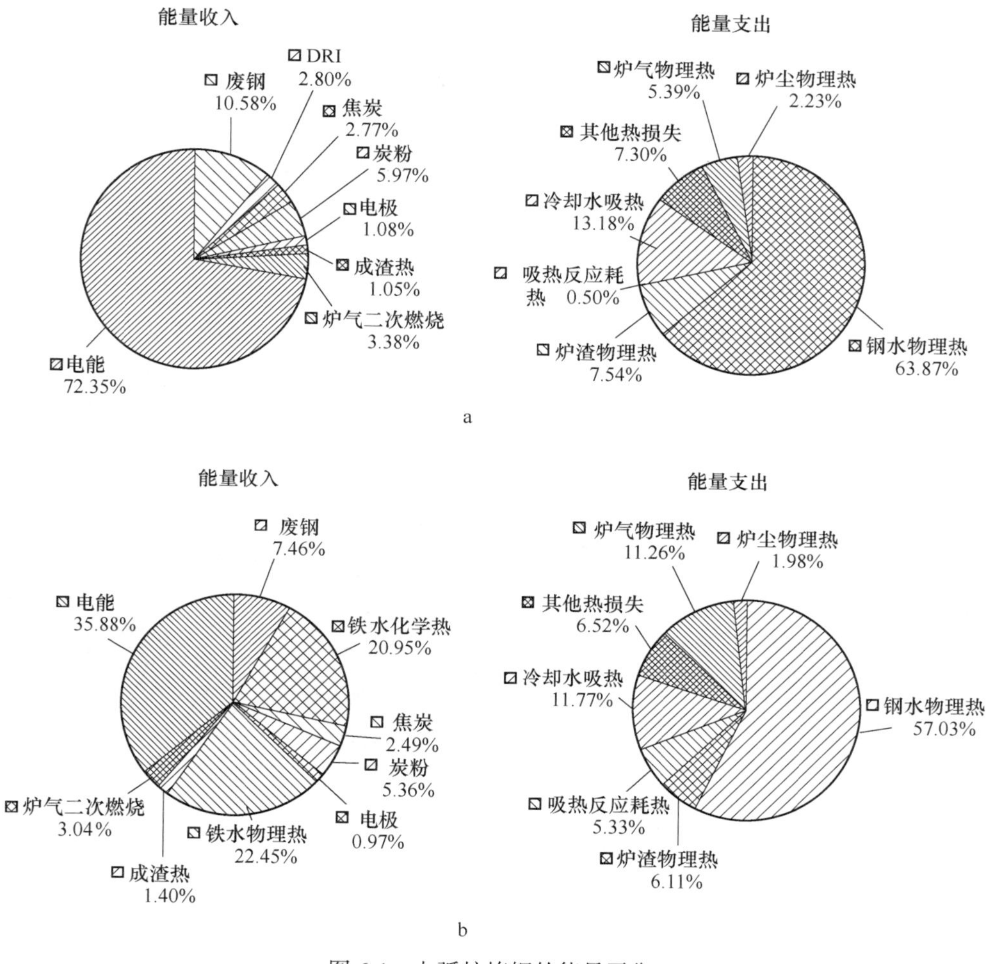

图 6-1 电弧炉炼钢的能量平衡

a—全废钢，总能量支出：602.9kW · h/t 钢；b—50%铁水，总能量支出：675.2kW · h/t 钢

占总能量支出的 11.26%，约为 76.0kW · h/t 钢。

炉气物理热是指脱碳反应生成的炉气与电弧炉外混入的空气形成的高温气体排出电弧炉带走的高温能量，同时，炉气中有未能完全燃烧的 CO，蕴含着丰富的化学能，回收潜力巨大，实现电弧炉烟气余能余热的回收利用，对节能降耗和清洁生产具有重要的意义[7~10]。

6.1.2 电弧炉烟气余能利用方法

充分利用电弧炉烟气余能是降低电弧炉炼钢总能耗的重要方法。现代电弧炉普及了炉内二次燃烧技术，燃烧炉气中的 CO，释放大量物理热，有效实现了电弧炉生产节能降耗的目标；同时增加炉气温度，电弧炉烟气物理余热可以通过废钢预热技术、炉气生产蒸汽技术、熔盐蓄热技术进行回收。此外，研究人员也还开发了利用电弧炉烟气生产煤气的技术，以利用炉气中多余的 CO。

6.1.2.1　废钢预热技术

废钢预热主要是利用电弧炉排出的高温炉气与冷废钢进行热交换，提高进入电弧炉的废钢温度，从而节省冶炼过程其他能量输入。最初的废钢预热采用料篮形式，即将盛有废钢料的料篮放入一密封装置内，然后向密封装置内通入电弧炉排放的烟气，采用热交换的方式进行废钢预热。但实际生产中这种方式预热废钢温度有限，未实现长期延续运用。目前比较成熟的废钢预热系统主要包括竖式、双炉壳、水平连续加料等多种预热技术。图 6-2 所示为三种基本废钢预热系统[11~14]。

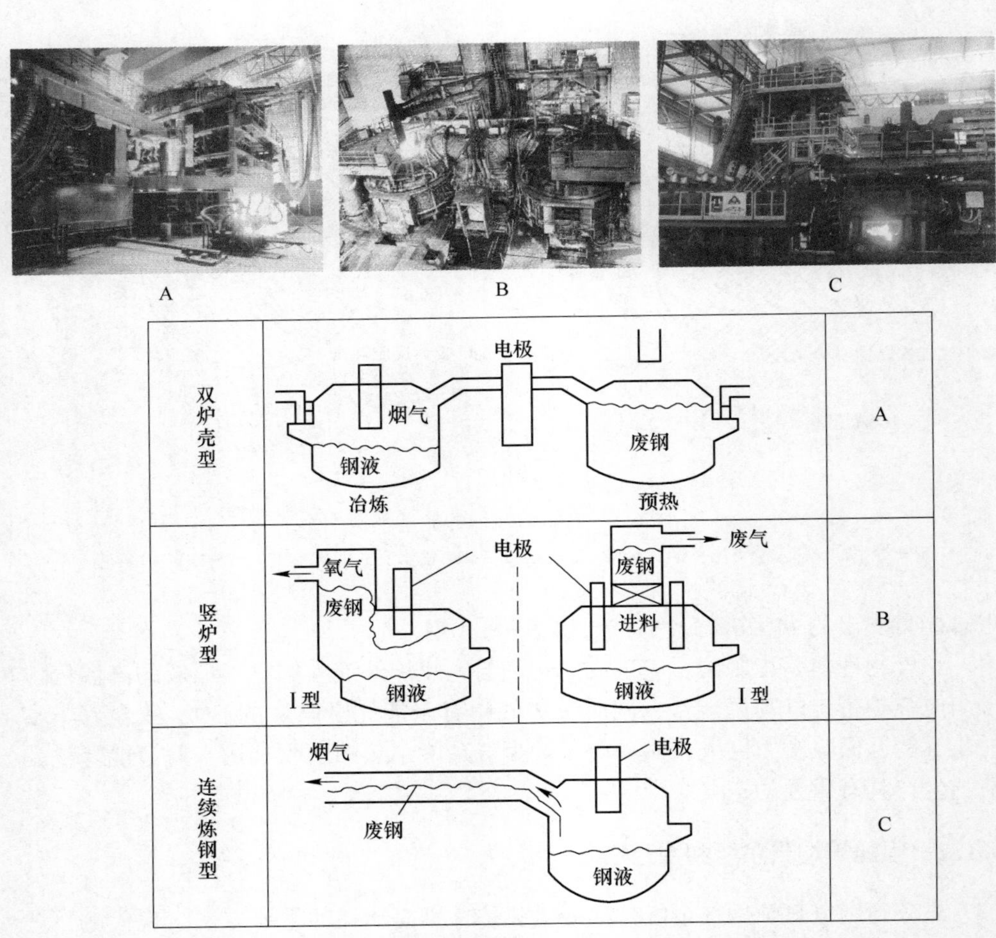

图 6-2　三种主要废钢预热方式（竖式、双炉壳及水平连续）

A 竖式废钢预热系统

竖式废钢预热系统最初由 Fuchs 公司研制，其余热利用率高且投资成本相应较低，是主要的废钢预热方式之一。该系统是将废钢预热装置置于电弧炉炉顶上方，实现烟气预热废钢的同时，又能够通过废钢的下落实现电弧炉直接进料。在预热废钢时，还可以向预热室内喷吹燃料，将废钢预热到更高的温度。但由于采用指箅方式将废钢支撑在竖炉内，因此指箅的寿命及废钢能否顺利下降至关重要。

主要优点：

（1）烟道粉尘量减少 20%。

（2）产生的废气量低，对排烟风机的功率要求低。

（3）电耗降低 17%，电极消耗降低 20%，生产率提高 15%。

主要缺点：

（1）由于竖式废钢预热系统的高度限制，使其不可能在旧有的炼钢车间装设，一次性投资较大，特别是基建投资较大。

（2）竖式废钢预热系统采用指箅实现托料操作，在生产过程中面临重废料冲击、轻薄料黏结等许多问题，极大地影响了设备的可靠性。

竖式废钢预热系统因其高效的废钢预热能力获得了冶金工作者的重视，许多新式电炉的预热装置在设计上延续了竖式废钢预热系统的思路：

（1）Quantum 电弧炉（图 6-3）的预热竖井通过安装在炉顶的废钢提升机提升倾动料槽进行废钢装料操作，废钢料槽由已在废钢料场提前装好的矩形废钢料篮自动装满，废钢装料操作全自动进行，经预热的废钢分批加入熔池。

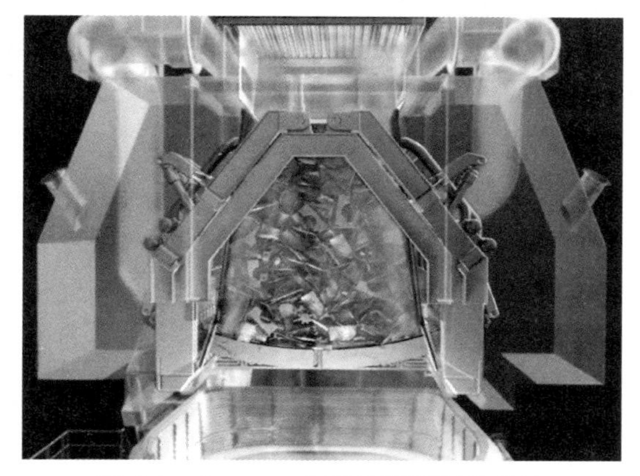

图 6-3 Quantum 电弧炉废钢预热系统

预热系统采用梯形竖炉设计，同时对废钢支撑系统进行了改进，改善了废钢的分布和烟气的流动路径，优化了传热效果，避免了废钢在竖炉内发生黏结和堵塞。

（2）SHARC EAF（图 6-4）的预热系统设计为两个完全对称的半圆形竖井，并安装有液压独立驱动指箅和二次燃烧系统，可以保持竖井内废钢自然对流预热，均匀地预热大量废钢，废钢入炉温度可达 500~700℃。

（3）ECOARC（图 6-5）电弧炉将熔化室与预热竖炉紧密连接在一起，竖炉内没有废钢支撑机构，在熔化室和预热竖炉连续保有废钢的状态下进行熔化，其特点是可以有效防止空气渗透进入竖炉，且在冶炼的全过程中预热竖炉都保持一定量的废钢进行预热。

图 6-4　SHARC EAF 废钢预热系统

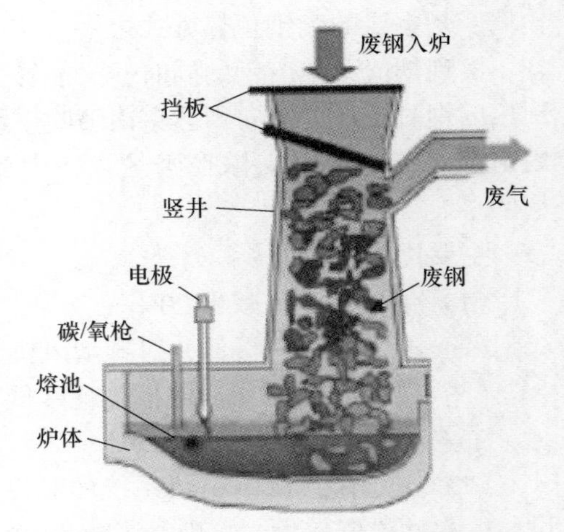

图 6-5　ECOARC 电弧炉废钢预热系统

B　双炉壳型废钢预热系统

双炉壳型废钢预热系统主要由两个标准炉体、一个炉顶、一个炉盖和一套共用电极壁及控制系统组成，主要有三种运行模式：

（1）1 号炉熔炼废钢的同时，2 号炉进行装料，然后利用 1 号炉冶炼排出的烟气预热 2 号的废钢，待 1 号炉精炼完毕，2 号炉开始冶炼，并利用 2 号炉排出的烟气预热 1 号炉废钢。

（2）1 号炉冶炼废钢时，2 号炉开始向炉内喷吹燃料加热废钢。当 1 号炉冶炼完毕，2 号炉内的废钢已处于熔融状态即开始冶炼，1 号利用喷吹燃料预热废钢。

（3）将以上两种方式混合运用，同样需要二座炉作交换运行：一个用于熔炼，另一个用于预热。即预热废钢时既要利用冶炼时排放的烟气来预热废钢，同时还要向炉内喷吹燃料预热废钢。

主要特点：

（1）提高变压器的时间利用率；

（2）缩短冶炼时间，提高生产效率 15%～20%；

（3）节电 40～50kW・h/t。

日本 NKK 公司率先开发的直流双壳电弧炉可达到 100%废钢预热，可减少电耗 60～90kW・h/t。由于两座电弧炉的烟气热交换和废钢类型的限制，直接单独采用烟气余热来预热废钢的双壳炉型很难取得预期效果，故多采用带有烧嘴的双壳炉型废钢预热方法。尽管吨钢耗电量降低，生产率提高 20%以上，通常节电

20~40kW·h/t，但由于需要增加其他燃料，导致节能效果下降。

C 水平连续加料系统

现阶段得到广泛应用的康斯迪电弧炉采用了水平连续加料系统进行废钢预热，水平连续加料系统由3~4段（2~3段为加料段，最后1段为废钢预热段）传送机串联组成，废钢由电磁吊到传送机上。全封闭的废钢预热段有18~24m长，内衬以耐火材料并用水冷密封装置密封，以防止封闭盖和预热段底漏气。预热段还可装置天然气烧嘴，废钢由废气和燃料加热到600℃。

通过水平连续加料系统进行废钢预热，使得电弧炉具有独特的连续熔化和冶炼工艺。将预热的废钢和炉料连续加入到炉内的钢水熔池中，并迅速熔化，可以保证恒定的平熔池操作；同时使废气较为均匀排放，有利于除尘系统的配置和控制。图6-6所示为水平连续加料系统。

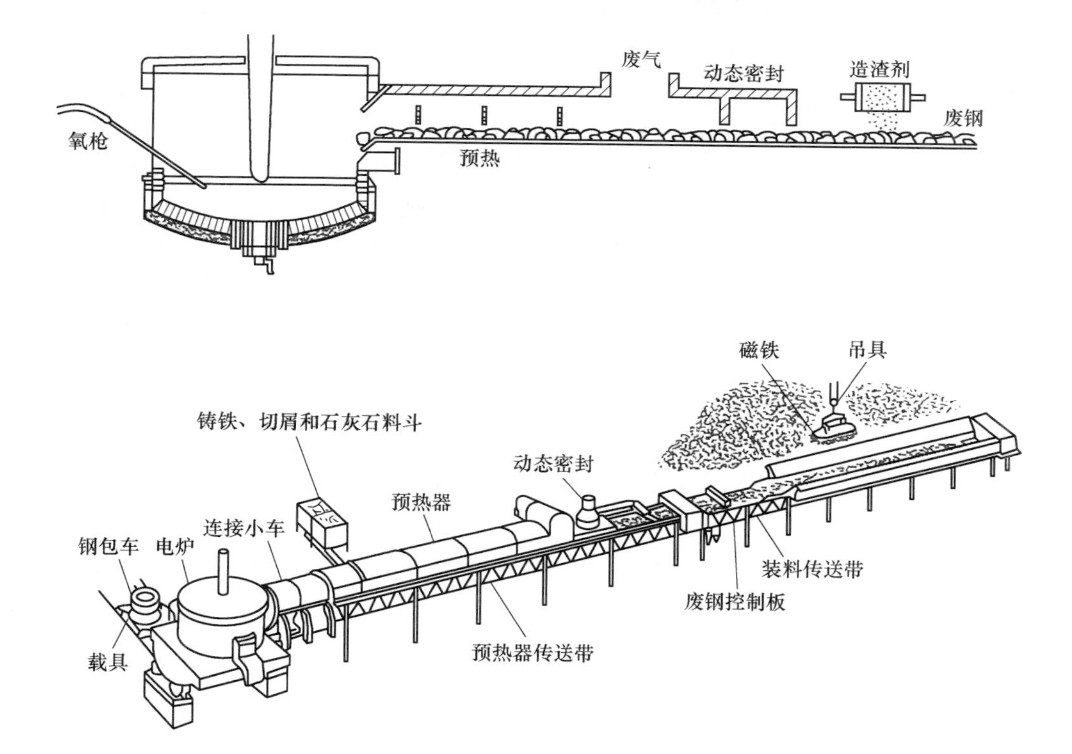

图6-6 水平连续加料系统

中冶赛迪基于传统的水平连续加料系统，开发了CISDI-Green EAF连续加料系统（图6-7）。该系统全密闭加料，应用输送废钢翻转预热、阶梯扰动-差动密闭涵道、振动输料-气流动态密封、“高温烟气分流-自控温”二噁英协同治理技术、低阻尼高效除尘技术等核心技术，保证了电弧炉在高效、安全、连续和低耗状态下生产，实现了下列应用效果：

（1）废钢预热温度 500～550℃；

（2）余能利用量增加 25%～30%（较康斯迪电弧炉）；

（3）全冷料加料时间≤28min；

（4）二噁英排放<0. 1ng-TEQ/m^3（标态）；

（5）粉尘排放<3mg/m^3（标态）；

（6）节省燃气消耗 8～10m^3/t（标态）。

图 6-7　CISDI-Green EAF 连续加料系统

6. 1. 2. 2　炉气生产蒸汽技术

利用高温炉气与水进行热交换来生产高温蒸汽，从而回收炉气中的物理热，理论可回收能量为 140kW · h/t 钢。炉气余热转变为蒸汽的主要设备包括水箱、汽包、储气器、给水泵和循环水泵等，来自水箱的水经增压后通过给水泵送到汽包，循环水泵使沸水循环与烟气管道的热表面进行热交换并部分蒸发，之后将水/蒸汽混合物返回汽包进行分离，最后将产生的蒸汽储存在储汽器，以便输送到用汽单位，如真空脱气站、空气分离制氧站、蒸汽透平发电机等用汽系统，如图 6-8 所示[15～17]。

蒸汽可用于钢的精炼工艺（如真空脱气或 RH 精炼设备）、发电、空气分离、冷冻行业制冷等方面。国内某企业 100t 电弧炉，利用余热锅炉回收电弧炉炼钢产生的高温炉气余热，每年可生产 33. 4 万吨 2. 0MPa 的饱和蒸汽，相当于每年可节约 2365t 标煤，结合企业实际电弧炉产量，平均每吨钢可回收能量 24kW · h。

在电弧炉的余能余热回收过程当中，如果要进行蒸汽的回收，最主要的设备就是余热锅炉和蓄热器，前者是实现烟气显热-高温蒸汽热转换的关键设备，其

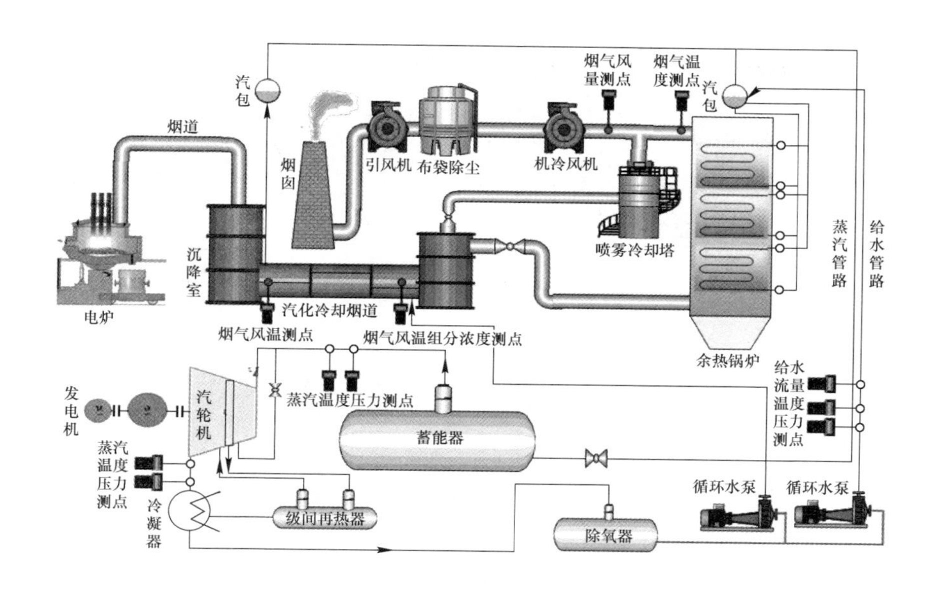

图 6-8 电弧炉烟气余热回收

产出的高温蒸汽可提供给发电机组或者厂内其他蒸汽用户；后者是利用蒸汽蓄热技术将间断供汽变为连续、稳定的汽源，以利于用户使用。

A 烟气余热锅炉

余热锅炉是利用烟气生产水蒸气的一种技术，将其应用在电弧炉后续工序 VD 生产或者生活应用，热效率可达到 75%，回收热量约为预热废钢回收热量的 2.5 倍。余热回收系统工艺装置如图 6-9 所示。由图可知，第四孔除尘的高温烟气经烟道及燃烧沉降室后，进入余热锅炉，并在余热锅炉中和软水完成热交换。烟气流出后进入除尘器，温度在 150~180℃。烟气进入除尘器净化后由风机排出到大气；软水通过余热锅炉加热至 200℃左右，产生饱和蒸汽，蒸汽可供 VD 炉生产或者生活使用。

目前电弧炉余热锅炉主要有热管余热锅炉、汽化冷却余热锅炉两种。

热管是利用热传导原理与工质在相变过程中吸收或释放潜热的原理，将热量高效快速地传递出去，其导热能力超过任何已知的金属。热管作为热管换热器的核心部件，将高温烟气的热量传递给水套内的饱和水并使其汽化，产生的蒸汽经过上升管升至汽包，集中分离后输出蒸汽，通过外部汽-水管道的上升及下降完成汽-水循环，使汽包内的水转化为饱和蒸汽，达到利用余热的目的。

汽化冷却是采用软化水以汽化的方式冷却高温烟气并吸收大量的热量从而产

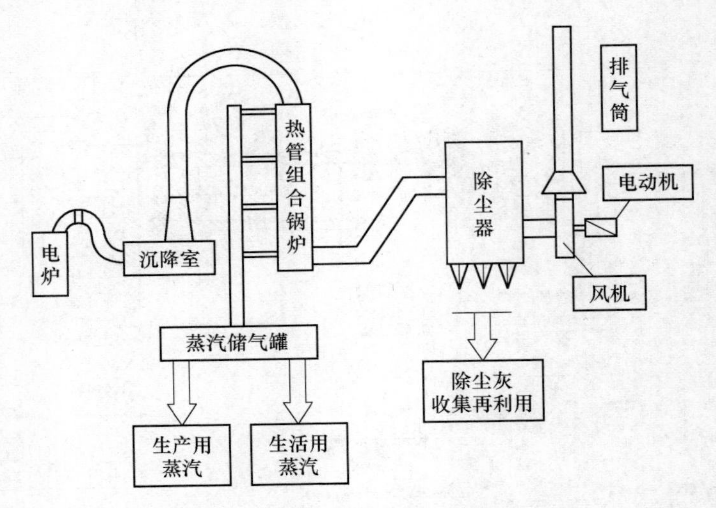

图 6-9　余热回收系统工艺布置

生蒸汽的装置。其工作过程是，高温烟气通过汽化冷却烟道壁面，将热量传导给壁面另一侧管道中的水，使其部分蒸发在蒸发管内形成汽水混合物，蒸汽上升进入汽包，经过汽水分离后，蒸汽引出进入蓄热器储存，最终送入蒸汽管网供给外部；而水则下降重新进入汽化器下联箱，补充的水供给继续蒸发，循环往复，达到冷却和产生蒸汽的目的。

两种技术的对比分析如下。

a　烟气余热的利用效率

汽化冷却技术：包含高温汽化冷却系统和低温汽化冷却系统，可以将烟气从1200℃冷却到200℃以下，同时吸收热能，产生大量的蒸汽。其蒸汽量供给较为稳定，不会随时间降低或衰减。

热管换热技术：由于采用了水作为热管的工作介质，靠对流辐射传导热量，最佳热能回收区在500℃以下，高温段的热能不能得到利用。

b　使用寿命和可维护性

汽化冷却技术：该技术已经投入使用了数十年时间，技术较成熟。其系统在保证制作质量基础上使用寿命可达 8 年以上，且维修方便。如果出现管道漏水，由于电弧炉后端采取了布袋除尘，不会产生泄爆现象，用户可以在合适的时候进行维修。系统采用的清灰方式是机械清灰，已经经过数十年的验证，运行良好。

热管换热技术：作为近年来新兴的余热回收技术，在低温和稳定温度下有较好的效果。如果一个热管的一端损坏，不影响系统正常运行；如果两端损坏，由于会产生漏水，而且热管损坏的部位很难被发现，即很难进行维修，所以，随着损坏的热管增加，产生的蒸汽会越来越少。由于热管系统不容易发现坏管，容易造成坏管累积导致系统寿命衰减，一般在投入运行4年左右就要根据热管的损坏情况考虑系统的更换问题。热管系统采用气体爆破清灰，效果并不理想。

c 蒸汽生产的稳定性及输送

汽化冷却技术：由于系统运行稳定，其蒸汽量供给也较为稳定，并不会随时间降低或衰减。该系统产生的蒸汽压力可达35~40bar（1bar=0.1MPa），高压蒸汽有利于降低蒸汽传输成本，例如保温处理、管道大小等，并具有长距离输送的优点。

热管换热技术：热管内部会产生原理性的化学相容反应，导致一系列化学连锁反应，在内部产生滞凝气体氢气，致使导热性能下降，从而导致蒸汽量衰减，生产的蒸汽会越来越少。由热管系统产生的蒸汽压力只有15bar（1bar=0.1MPa）左右，在蒸气传输过程中，需要采用较大口径的管道输送蒸汽，使得保温层的成本投入大。

可见，两种余热回收技术各有优劣，在实际生产中，要根据使用条件和成本综合选择。

B 蓄热器

电弧炉炼钢时，会产生大量的高温间歇性烟气，会对余热回收产生诸多不利影响：高温烟气尖峰烟气温度高，继而导致余热回收装置超温损坏；造成余热回收装置产汽不稳定，同时不利于保证设备的稳定性；无法利用烟气自身热量对蒸汽进行加热；加大了余热回收系统设计、制造、操作、维护难度；余热回收系统投资大、寿命短。为了克服蒸汽生产间歇性，保证蒸汽的稳定产出，需要使用蓄热器。

蓄热器是利用高压与低压时饱和水的焓差使水闪蒸，放出蒸汽。初期使用时充入除氧水，当高压蒸汽过量时，蒸汽通过内部充热装置喷入水中，并迅速凝结放热，使蓄热器内水位和压力升高，直至压力与蒸汽压力相等，完成充热过程，这时蓄热器内的水是高压下的饱和水。当低压蒸汽用量大于锅炉产汽量时，与蓄热器水汽空间相连的低压管道压力下降，蓄热器中的饱和水成为过热水，将自行沸腾放热，水位下降，产生低压蒸汽供给设备，完成放热过程。

6.1.2.3 熔盐蓄热技术

无机物熔融盐（简称熔盐）是盐的熔融态液体，由金属阳离子和非金属阴离子组成，具有大热容量、低黏度、低蒸汽压、宽使用温度范围等诸多优势，是一种公认的中高温传热蓄热工质，表6-1为不同传热蓄热工质的优缺点对比。熔融盐蓄热分为潜热蓄热和显热蓄热。显热蓄热主要是通过蓄热材料温度的上升或下降来储存或释放热能，在吸放热过程中蓄热材料本身不发生相变或化学变化，性能稳定；潜热蓄热通过固-液相变来储存或释放热能，具有蓄热密度高，而且吸放热过程接近于等温，易于进行控制和管理的优点[18~22]。

表 6-1　不同传热蓄热工质优缺点对比

工质	优　点	缺　点
水/水蒸气	经济方便、可直接带动汽轮机，省去了中间换热环节	系统压力大（10MPa 以上）、蒸汽传热能力差，容易发生烧毁事故
导热油	流动性好，凝固点低，传热性能好	价格贵，使用寿命短（3~5 年），使用温度低，泄漏易着火，有污染，系统压力较大（1MPa 左右）
液态金属	流动性好，传热能力强，使用温度高且温度范围广	价格昂贵，腐蚀性强，易泄漏，易着火爆炸，安全性能差
热空气	经济方便、能够直接带动空气轮机、使用温度可达千度以上	传热能力差，热熔小，散热快，高温难以维持
熔盐	传热无相变，传热均匀稳定，传热性能好，系统压力小，使用温度高，安全可靠	容易凝固冻堵管道

在现代工业中，尤其是在太阳能发电领域，熔盐蓄热技术获得了极大的应用，已经相当成熟，能够获得良好的热效率。太阳能由于受到季节、气候、昼夜、地理纬度和海拔高度等的影响，太阳辐射间断且不稳定，要使太阳能能够持续稳定被利用就必须解决蓄能问题。因其同样具有与电弧炉烟气余热回收相类似的间断性，因此，在太阳能发电领域获得广泛应用的熔盐蓄热技术及其配套设备的设计，对电弧炉烟气余热回收有重要的指导意义。

目前，熔盐用作余能储热介质和传热介质还在试验阶段，在使用时遇到的主要困难是腐蚀和过冷。利用熔盐进行蓄热有两个要点：第一是熔盐的选择，第二是熔盐换热装置的设计。

目前在工业应用中获得常见的熔盐主要有以下几种：

(1) 碳酸盐。优点是价格不高、熔融潜热大、腐蚀性小，按不同混合比例可以得到不同熔点的共晶混合物；但其熔点较高、黏度大，部分碳酸盐受热容易分解。

(2) 氯化物。氯化物种类繁多，价格低廉且可以按照不同工艺要求配置不同熔点混合盐；但其具有较强的腐蚀性，对设备要求高。

(3) 氟化物。氟化物具有很高的熔点及很大的熔融潜热，属高温型储热材料，广泛应用于回收工厂高温余热。氟盐和金属容器材料的相容性较好，其缺点是：由液相转变为固相时有较大的体积收缩且热导率低。

(4) 硝酸盐。硝酸盐的熔点多在 300℃左右。优点是价格低、腐蚀性小，分解温度高于 500℃；缺点是熔解热小，且热导率低，在使用时容易产生局部过热。

(5) 硫酸盐。与碳酸熔盐相比，硫酸熔盐热稳定性良好，加热不易分解，使用温度也略高，熔点、液态黏度等与碳酸熔盐相似。

在工业生产中，往往将多种熔盐混合使用，以提高其应用性能，如 Solar Slat 熔盐（40%KNO_3-60%$NaNO_3$），HTS 熔盐（7%$NaNO_3$-40%$NaNO_2$-53%KNO_3）因其优越的物理化学性能而被广泛应用于太阳能发电行业。针对电弧炉烟气余热回收用的熔盐研究很少，但其应当具有熔融潜热大、腐蚀性小、性能稳定、应用温度区间广、热导率高的特点，以满足生产需要。

熔盐换热装置主要有管式换热器与板式换热器：

（1）管式换热器以封闭在壳体中管束的壁面作为传热面，具有结构简单，造价低，流通截面较宽，易于清理，应用条件广泛，可适用于较大的压力、温度范围和多种介质热交换的优点；但相较板式换热器具有传热系数低、占地面积大的缺点。

（2）板式换热器由一系列具有一定波纹形状的金属片叠装而成，具有传热系数高、温差小、结构紧凑、适应性强的优点；在相同压力损失情况下，其传热系数比管式换热器高 3～5 倍，占地面积为管式换热器的 1/3，热回收率可高达 90%以上；但是其设备容量较小，工作压力不可过大，单位长度的压力损失大，且容易堵塞。

电弧炉烟气余热熔盐换热装置，因其特殊的应用环境及传热介质，应当具备耐腐蚀、耐高温、抗磨损、抗热冲击性强的特点。这就需要对换热器的材质和结构进行优化设计，相关研究人员提出了耐腐蚀塑料换热器、熔盐空心桨叶换热器等多种设想。

据报道，在德国 Stahlwerke Türingen 安装了一台采用管束式热交换机的试验装置。该装置采用熔盐混合物运行，工作时液体温度高达 450℃。

熔盐蓄热之后，可用于蒸汽发电、电力储能独立熔盐蓄热电站、热电厂蓄热调峰、移动式蓄热、高温间歇余热利用、低谷电加热恪盐蓄热供暖等领域，开拓了电弧炉余能余热利用的方向。

6.1.2.4 回收煤气技术

早期电弧炉主要的原料是废钢，电弧炉企业不回收煤气。随着电弧炉原料结构的变化，大量铁水入炉，生产条件与转炉越来越相似，脱碳任务增加，炉气中的 CO 含量提高。电弧炉对炉气的回收利用可以采用回收煤气的方式，回收煤气主要是对炉气中的化学热进行利用，理论回收能量为 134kW · h/t 钢。

具有回收价值煤气条件为 $w(CO) \geqslant 20\%$ 且 $w(O_2) < 1.5\%$，由于电弧炉炉气成分波动且炉气中 CO 含量较低，不能回收全部的 CO，在高铁水比例条件下 60%～80%的炉气能够被回收利用为煤气，平均吨钢回收能量为 95kW · h。

电弧炉煤气回收利用，关键是要去除炉气中的粉尘，进而利用炉气中的化学能，其处理过程主要通过滤袋除尘器、电除尘器和文氏管洗涤器等 3 大类净化设备实现[23~26]。

（1）滤袋除尘器。这种除尘器的净化效率高而且稳定，维护费用低，滤袋使用期较长，排放气体含尘量不高于 50mg/m^3，设备价格低，在国内外均得到广泛的推广和应用。

烟尘由进气管进入除尘器内，经分布管道分配到各组滤袋，过滤后的气流通过阀门由管道排出。过滤下来的粉尘落入灰斗中，滤袋悬挂在支架上，通过机械振动使滤袋得到清灰。通常是分组清灰，为了使清灰取得较好效果，滤袋在用机械振动清灰时打开反吹风气阀，使反吹风气流进入滤袋内，使用的滤袋料常常是涤纶和腈纶，耐温仅 135℃，如用玻璃纤维作袋料，其耐温为 250℃，所以必须预先将废气冷却到允许温度，才能进入滤袋室。

（2）文氏管洗涤器。这种净化设备易使高温烟气冷却，只设置一级降温文氏管即可获得常温的气温，再紧跟设置二级或三级文氏管系列，能获得排气含尘浓度小于 10mg/m^{3}的净化效果。但由于其系统阻力损失大，洗涤水和污泥处理的二次污染问题耗资很大，自 20 世纪 70 年代以后已很少再使用。

（3）电除尘器。这种除尘器净化效率高，能获得排气含尘浓度约 5mg/m^{3}的净化效果，维护费用较低，使用寿命长，但设备投资费用大，且在选用电除尘器时必须首先考虑设置增湿塔，先降低烟尘的电阻率值，而后进入电除尘器，才能发挥其特性。

基于以上设备，冶金工作者开发出了以日本 OG 法为代表的湿法炉气回收技术和以德国 LT 法为代表的干法炉气回收技术，这些技术已广泛应用于转炉炉气的回收，同样可以应用于电炉炉气回收。

OG 法除尘系统主要由烟气冷却、净化、煤气回收和污水处理等部分组成。其处理过程是：冶炼产生的大量高温含尘烟气被活动烟罩捕集，经汽化烟道冷却到 1000℃左右。初步冷却的烟气通过一次除尘器喷水冷却并除去大颗粒灰尘，再经过二次除尘器除去细小粉尘，最终得到合格的煤气。

LT 法除尘系统主要由蒸发冷却器、静电除尘器、煤气冷却器和切换站等部分组成。其处理过程是：冶炼产生的大量高温含尘烟气在蒸发冷却器中与水（蒸汽）进行热质交换，使大颗粒粉尘沉降，伴随蒸发高温煤气冷却至 200℃；经粗净化的煤气经室外管网再进入静电除尘器二次净化；在静电除尘器后的煤气冷却器将煤气冷却至 70℃，最终得到合格的煤气。

总体来说，电炉炉气回收利用技术的关键在于提高净化煤气的质量、减少或消除二次污染、减少投资、减少运行成本、提高操作性，以及提高经济效益、环境效益。最终获得的煤气产品经净化处理或转化、提纯后可用于生产甲醇、天然气或合成油等高附加值产品，也可以作为一次能源直接燃烧释放热能[27~31]。

6.1.3 电弧炉烟气余能回收系统

6.1.3.1 特诺恩 iRecovery 技术

特诺恩 iRecovery 技术能将废热转换为蒸汽。iRecovery 废气管道是一种管-管结构，类似传统的冷却管道，主要区别是它能使加压水在沸点温度下从管道中流过。所选温度-压力组合方案可根据厂家所需蒸汽的参数确定，标准组合值范围为 1.3MPa/192℃至 2.8MPa/230℃。

iRecovery 系统是按蒸发一部分水的原则设计的。正常运行时蒸发的水量不超过 5%～12%，也就是说此系统具有后备冷却能力。

iRecovery 系统的运作原理如图 6-10 所示。

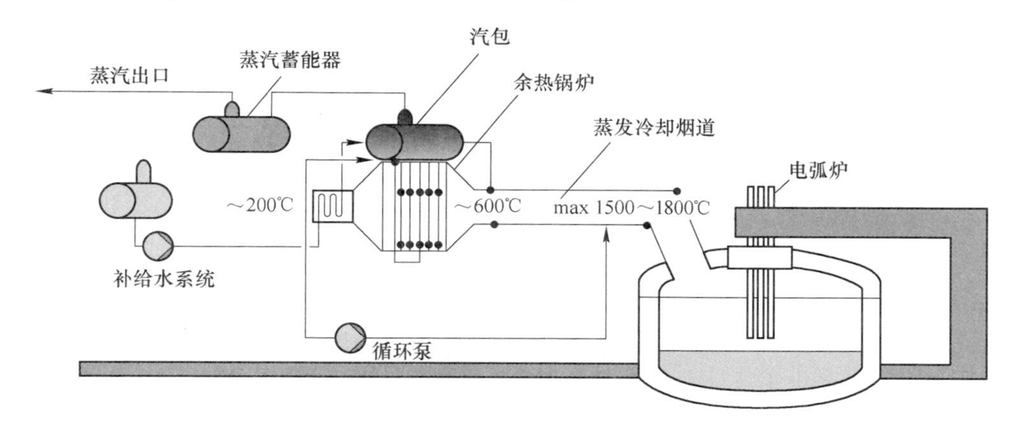

图 6-10 iRecovery 系统的运作原理

ECS（汽化冷却系统）是 iRecovery 系统的前身，也是其运作核心，从 20 世纪 80 年代就开始用于氧气顶吹转炉及步进式加热炉。当初 ECS 优先用于氧气顶吹转炉及大型加热炉上的主要原因是由于其具有的以下优点能保证炉子稳定运行：

(1) 整个冷却系统温度稳定（饱和蒸汽温度与水温相同）；

(2) 采用洁净锅炉水闭路循环，很少有腐蚀及其他化学反应问题；

(3) 在峰值能量、温度下仍能安全耐用；

(4) 供水中断时仍能正常运行（只要蒸汽不切断闭路系统就几乎无损失）。

随着余热回收越来越受到关注，ECS 得到极大改进，演化成特诺恩的 iRecovery 系统，进而成功用于电弧炉。与其他余热回收装置相比，这种升级系统能给电弧炉钢厂带来大量的额外效益，这是该系统的另一优点。

iRecovery 废气管道是通过辐射热传导进行冷却的，足以将废气温度降至约 600℃。低于此温度时借助对流换热可使热传导更为有效。换句话说，此时必须采用余热锅炉来回收约600℃与过滤装置入口处180~250℃之间存在的废气余热。由于EAF废气含尘量很高，所以设计废气锅炉时必须仔细考虑。

6.1.3.2 中冶赛迪烟气全余热回收技术

为了解决目前常用的几种电弧炉烟气冷却方式存在部分余热没有回收利用、增加除尘装置负荷、能耗高、余热蒸汽利用困难等问题，中冶赛迪开发了电弧炉烟气全余热回收装置用于工程实践。

电弧炉烟气全余热回收装置流程如图6-11所示，烟气从电弧炉抽出后，与从水冷弯头和水冷滑套间环缝混入的空气一起进入汽化冷却弯管，在汽化冷却弯管内的烟气经初步降温后进入燃烧沉降室。在燃烧沉降室内，烟气中剩余的CO会进行完全燃烧，同时烟气携带的粉尘粗颗粒也会经重力除尘沉降下来。其后烟气进入高压汽化冷却烟道进行换热，进一步降温后进入列管式余热锅炉，降温至250℃以下后与电弧炉密闭罩出口的除尘风混合，降温至80℃后送入布袋除尘器，除尘达标后的烟气经过风机、消声器从烟囱排出。

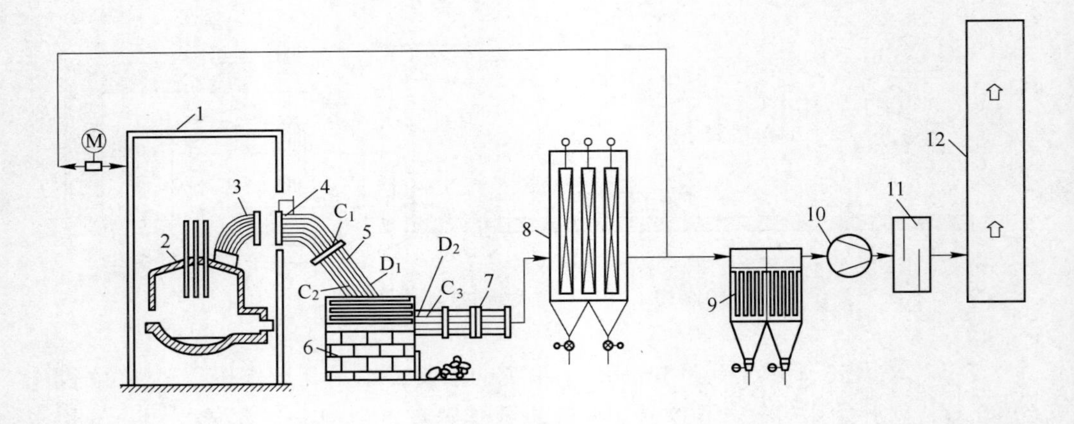

图6-11 电弧炉烟气全余热回收装置流程

1—电弧炉密闭罩；2—电弧炉；3—四孔水冷弯头；4—水冷滑套；5—汽化冷却弯管；6—燃烧沉降室；7—出口汽化冷却烟道；8—列管余热锅炉；9—布袋除尘器；10—风机；11—消声器；12—烟囱

该技术相比传统的余热回收技术，具有以下优点。

A 烟气全余热回收

电弧炉烟气全余热回收装置从水冷滑套开始到列管式余热锅炉采用多级回收的方式来回收电弧炉第四孔出口烟气约2100~250℃的全部余热，回收效率高。同时该装置采用高低压复合循环的冷却方式，可在充分回收电弧炉烟气余热的同时，采用自然循环的列管式余热锅炉，与水冷系统相比，循环水量显著减小，可节约电能。

B 保证空气过剩系数最佳

电弧炉烟气全余热回收装置可以根据燃烧沉降至出口的烟气成分，对水冷滑套的开度进行调节，从而确保燃烧沉降室内始终处在最佳的过剩空气系数范围内，有利于二次燃烧的顺利进行。

电弧炉烟气中含有一定浓度的 CO，由于 CO 含量低于煤气回收下限，一般采用二次燃烧技术回收一氧化碳的潜热，而不进行煤气回收。尽管目前国内出现了电弧炉兑铁水、CO 浓度显著增加的现象，但电弧炉的优势主要体现在短流程炼钢，因此将 CO 进行燃烧而不直接回收煤气的工艺不会改变，在这种条件下，合理控制电弧炉余热锅炉系统混风量，既保证 CO 的燃尽又保持余热锅炉尽量高的热效率就显得尤为重要。

电弧炉冶炼过程中，参与炉气燃烧的氧气主要来源由 3 部分组成：(1) 吹氧冶炼炉气中本身含有的氧气；(2) 从电弧炉的观察孔、电极孔等漏入的空气；(3) 为了保证炉气中的 CO 全部燃尽从水冷滑套进入的空气。因此根据燃烧沉降室出口烟气成分控制水冷滑套混入的空气，就能控制最佳的过剩空气系数，使得余热回收系统及除尘系统更加节能。

C 高效沉降

电弧炉烟气全余热回收装置另一个突出的优势是高效沉降。中冶赛迪根据电弧炉烟气粉尘浓度和粉尘粒径及粉尘的沉降机理，进行了数值模拟，开发了高效燃烧沉降室。燃烧沉降室的作用主要有 3 个：(1) 冶炼初期加热烟气，促进 CO 的燃烧；(2) 促进烟气与空气的混合，保证 CO 等可燃成分的燃尽；(3) 对电弧炉烟气进行粗除尘，减少进入余热锅炉烟道的烟尘量，保证余热锅炉的换热效率和使用寿命。

电弧炉在冶炼过程中，烟气的成分和烟气的温度都是随时间变化的，电弧炉烟气中的可燃成分主要为 CO。CO 在空气中的着火点为 610℃，即只有当 CO 和空气混合后的温度超过 610℃时，才能确保 CO 在燃烧沉降室内燃烧。

烟尘的有效沉降可以保障后续对流受热面余热锅炉的换热效率，同时减少烟气对锅炉壁面的磨损，因此实现燃烧沉降室内烟尘的有效沉降是非常重要的。

经过对燃烧沉降室内粉尘沉降的机理研究，电弧炉烟气全余热回收装置采用直角式的燃烧沉降室，即烟气从燃烧沉降室顶部进入，然后从侧向流出的形式。同时根据模拟分析确定了合理的燃烧沉降室流通截面，确保灰尘的高效沉降。

D 余热锅炉压力高、寿命长

传统余热回收锅炉采用热管式的居多，但热管会随使用时间的增加出现蒸汽回收量下降、坏管难以发现等问题。为了克服上述缺陷，电弧炉烟气全余热回收装置采用了列管式余热锅炉。列管式余热锅炉采用自然循环，吹灰装置采用激波吹灰，不仅提高了对流受热面余热锅炉的寿命，延长锅炉换热失效时间，而且提高了汽包出口蒸汽压力，便于蒸汽的利用。

6.1.4 电弧炉烟气余能回收案例

6.1.4.1 天津钢管公司的90t电弧炉余热利用系统

天津钢管公司（后扩容至100t）电弧炉余热利用系统在经过2015年的改造后采用了特诺恩的iRecovery的技术，主要是ECS烟道+余热锅炉的设计，提高了余热利用的效率，为VD炉提供了大量蒸汽，做到了节能降耗，同时也产生了大量经济效益[32]。

A 主要工艺参数

该电弧炉及余热利用系统的主要参数见表6-2。

表6-2 电弧炉及其余热利用系统主要工艺技术参数

序号	参数名称	参数
1	电弧炉公称容量/t	100
2	平均出钢量/t	100（最大出钢量105）
3	平均冶炼周期/min	50
4	炉气含尘量（标态）/$g \cdot m^{-3}$	18~30
5	年作业天数/天	300
6	烟气温度/℃	1300
7	烟气量（标态）/m^3	110000
8	热交换形式	ECS+余热锅炉
9	蒸汽产量/$t \cdot h^{-1}$	33
10	系统效率/%	89

B 系统组成

系统组成如图6-12所示。该系统分为高温汽化冷却系统和低温汽化冷却系统，由水冷汽化烟道、废热锅炉、除盐水包、高压汽水包、储汽包等组成。

C 烟气的余热利用

电弧炉高温烟气的余热回收经过两级处理。

第一级采用汽化冷却方式，将高达1500℃的高温烟气通过汽化冷却方式换热降至500~600℃的中温烟气，同时生产部分蒸汽。

电弧炉第四孔出来的高温烟气（1300~1500℃）首先进入汽化弯烟道，随后进入汽化燃烧沉降室，在燃烧沉降室内完成烟气可燃成分的完全燃烧以及大颗粒物的沉降；经过沉降室除去大颗粒后的高温烟气再进入汽化冷却烟道进一步换热降温，温度降至500~600℃。

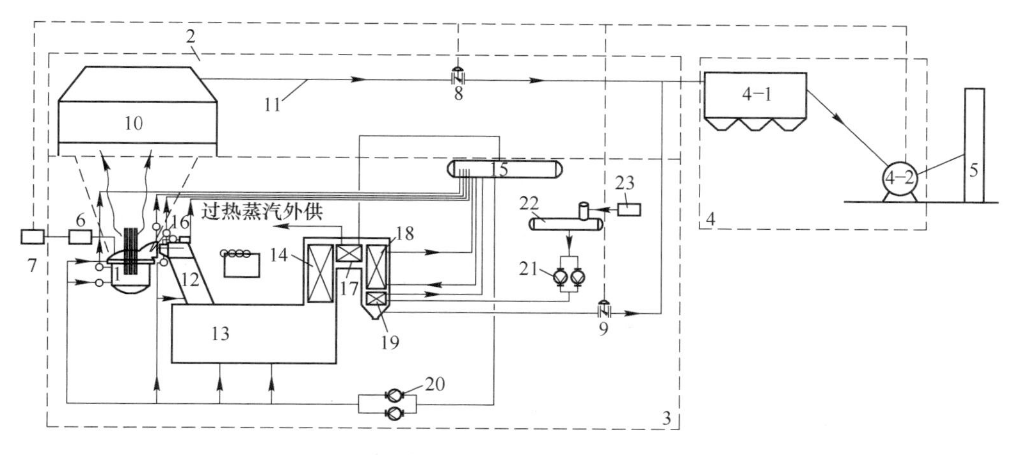

图 6-12　余热回收系统组成及烟气流程

1—电弧炉炉体；2—第一烟尘余热管路；3—第二烟尘余热管路；4—除尘器和风机；5—烟囱；6—电弧炉冶炼状态监测装置；7—风量调节 PLC；8—第一控制阀；9—第二控制阀；10—除尘罩；11—第一管路；12—导流装置；13—燃烧沉降室；14—间歇性高温烟气蓄热装置；15—汽包；16—电弧炉炉体的第四孔；17—对流换热过热器；18—对流换热蒸发器；19—省煤器；20—强制循环泵；21—锅炉给水泵；22—除氧器；23—锅炉给水装置

第二级采用对流锅炉方式，温度降至 500~600℃的烟气进入对流余热锅炉后进行换热，经余热锅炉换热后的烟气温度再降至 180℃，同时产出另一部分蒸汽。

最后经余热锅炉排出的烟气，同顶吸低温烟气混合后，温度降至 130℃以下后进入布袋除尘器。如图 6-13 和图 6-14 所示。

图 6-13　ECS 汽化烟道

D　汽水系统

(1) 系统供水。从除盐水站接入的除盐水，首先进入除氧器除氧，经除氧

图 6-14　余热锅炉

后的水由锅炉给水泵经省煤器提温后给汽包补水。

（2）汽水循环。该系统的汽水循环分为两部分，分别为自然循环和强制循环。其中，汽化冷却部分为强制循环，汽包水经强制循环水泵供至各汽化冷却装置，换热后产生的汽水混合再回到汽包；余热锅炉采用自然循环，汽包水下降至锅炉下联箱，经换热后产生的汽水混合物经锅炉上联箱回到汽包。回到汽包的汽水混合物经汽水分离后，生产出蒸汽。

（3）蒸汽的稳定连续性。因电弧炉生产的间断性，导致蒸汽生产波动性很大，为形成稳定可用的蒸汽，在系统后部配置 3 台蓄热器（如图 6-15 所示）。经蓄热器稳定后，根据用户需求向外输出所需的蒸汽。天管二炼钢电弧炉改造时采用了一种新型间歇性高温烟气蓄热装置。该装置可蓄热、平抑烟气温度波动，实现烟气温度平稳输出，同时还可满足后续余热回收装置饱和蒸汽过热需求。该系统包括蓄热主体、烟气入口和烟气出口，蓄热主体通过烟气入口与燃烧沉降室的高温烟气出口相连通，蓄热主体包括壳体，在壳体内部由下而上依次设置有支撑架、支撑箅子板、蓄热用耐材和顶部吹灰装置；蓄热用耐材包括多条供烟气导流的通道。

该系统最终实现了出口烟气温度的基本稳定。烟气稳定后，余热回收系统设计耐温大幅下降，其设计、制造、操作、维护难度也对应大幅下降，余热回收系统投资大大降低，系统使用寿命也得以延长。如图 6-15 所示。

E　控制系统

整套余热回收系统全部由 PLC 系统自动控制。

在控制系统中，设置了多达 15 个与电弧炉生产连锁的参数，以保证余热系统与电弧炉生产的完美匹配。根据电弧炉工作状态实时调控烟气量，从而实现烟气量优化控制，使得电弧炉热损失减少的同时，提高余热回收效率；通过分析烟

图 6-15 蒸汽蓄热器

气中的 CO 浓度，控制空气配风量，以实现 CO 的完全燃烧，在提高热效率的同时，避免了 CO 的安全事故。对炉水进行导电率监测，并自动连锁排污，保证炉水盐分控制在规定的范围内，以保障系统的换热效率和安全性。

余热回收系统设备通过专有的本地控制箱可以直接控制（用于所有信号的控制）。现场控制箱与自动化系统可以进行通信，下达所有现场指令和报警控制信号。余热回收系统设有不同的控制站，控制站可以设定工艺参数。余热回收系统参数，如相关的物理特性参数、阀的工作状态、流量等，通过人机交互界面可以连续监控。图 6-16 所示为余热回收系统的运行界面。所有的现场控制箱与主要控制站（PLC）通过以太网/Profibus 连接。

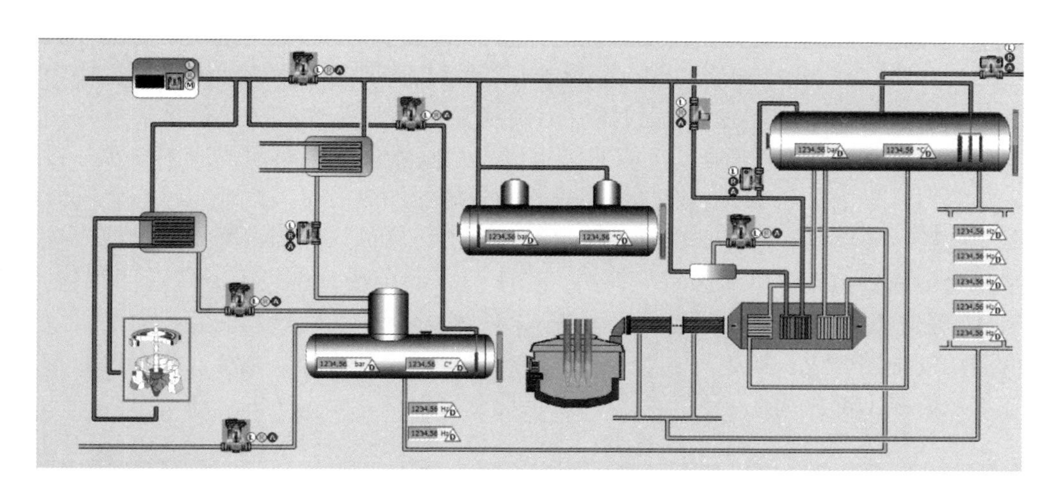

图 6-16 天管二炼钢的余热回收系统运行控制界面

F 回收效果

天津钢管公司2号电弧炉采用电弧炉余热综合利用技术，经过实践检验，效果良好，具有以下主要优点：取消了原有的水冷却、风冷却装置，小时节电400kW·h；增加了中压蒸汽量，取消了原有VD抽真空用的20t/h燃气锅炉；第四孔后的冷却烟道使用寿命从6个月提高到2年以上，提高了电弧炉作业率；降低了余热锅炉的排烟温度，提升了除尘布袋的使用寿命。其节能效果每年相当于节约35550t标准煤，节能降耗效果显著。

6.1.4.2 兴澄特钢100t直流电弧炉余热利用系统改造

江阴兴澄特钢一炼钢车间100t直流电弧炉的烟气原来采用水冷却降温方式，电弧炉冶炼产生的一次高温烟气从炉顶（第二孔）抽出，经水冷弯头、滑套、燃烧沉降室、水冷烟道冷却后，再经喷雾冷却器降到约350℃，最后与来自大密闭罩及大屋顶罩温度为60℃的二次烟气混合，混合后的烟气温度低于130℃，进入脉冲布袋除尘器净化，由引风机经烟囱排向大气。该种方法使烟气中大量的显热无法被利用，既浪费了资源增加了冷却水的消耗，同时工业水的循环又消耗大量电能[33]。经多方面论证之后，将燃烧沉降室和烟道由传统的水冷方式改为汽化冷却方式。在高温烟气段采用辐射受热面，在低温烟气段设置热管换热器将烟气冷却降温，回收电弧炉烟气的余热，产生低压蒸汽，供应厂内生产、生活使用，同时可节约大量的电能。此外用汽化冷却代替水冷却能够提高烟道寿命，减少维修烟道的时间和费用。因此该种方法不仅能够降低吨钢能耗指标，还能回收大量热能，提高全厂的循环经济效益。

A 工艺流程

电弧炉余热回收系统工艺流程如图6-17所示，在改造中根据烟气在烟道各段温度的不同，设置了不同的换热面，以充分回收高、低温烟气的热量。高温烟气段设置了辐射换热的汽化冷却燃烧沉降室（燃烧沉降室及烟道采用强制循环汽化冷却方式）、汽化冷却烟道（汽化冷却烟道由Ⅰ段烟道、Ⅱ段烟道及烟道非金属补偿器等组成）；低温烟气段设置了对流换热的热管换热器（热管换热器采用自然循环方式），由蒸发器、节能器等组成。从电弧炉炼钢车间供应的软水，接入除氧器，经锅炉给水泵供入热管换热器的省煤器加热后打入汽包。汽包下降管分为两路：一路循环水由下降管经热水循环泵加压后进入燃烧沉降室和烟道，在水冷壁中通过与高温电弧炉烟气换热，产生汽水混合物，再经上升管返回汽包，组成了强制循环系统；另一路循环水进入热管换热器，在换热器的蒸发器内吸收低温烟气中的热量，产生汽水混合物返回汽包，组成自然循环系统。汽水混合物在汽包筒体上部分离产生蒸汽，并外送至现有蓄热器，减压后供外网使用。

烟气从炉顶抽出，经水冷弯头、水冷滑套、汽化冷却燃烧沉降室、汽化冷却烟道后，温度降至850℃左右。再经热管余热锅炉降到约300℃，与二次烟气混合降温后，经烟气净化系统除尘达标后排入大气。

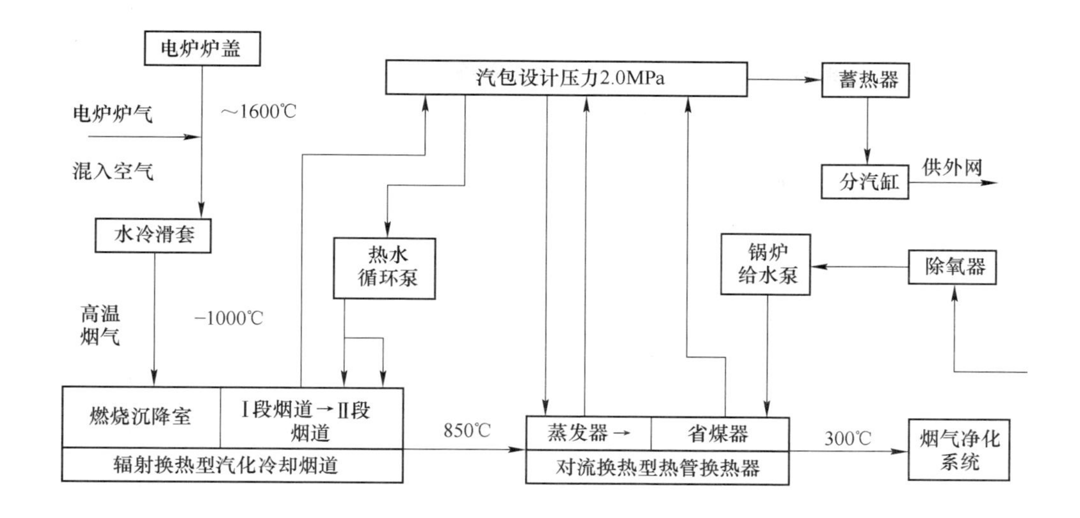

图 6-17 兴澄电弧炉烟气余热回收系统工艺流程

B 改造效果

江阴兴澄电弧炉烟气余热回收系统于 2007 年投入使用，汽包运行压力为 1.3MPa。根据现场仪表的记录，系统运行稳定。热管换热器出口烟气温度约 150～200℃，从未高于 250℃，优于设计指标，无需混合二次风可直接进入烟气净化系统。吹炼期间压损约为 600～700Pa，从未高于 750Pa，优于设计指标。现热管换热器每炉钢运行的最高进口烟温约 700～750℃，最低约 100～150℃，每炉钢在 500℃以上的时间仅 12～18min。目前 24h 内产汽约为 140t（最高为 193t），系统平均产汽 6～8t/h，按每炉钢产汽时间 12～18min 折算，产汽期间系统外送蒸汽流量约为 17.5～22.5t/h（扣除除氧器用汽量）。

6.2 电弧炉炉体散热的利用技术

高功率和超高功率电弧炉炉体分为上下两段，下部外壳为钢板制作，内砌耐火材料，上部炉壳为管式水冷炉壁，炉盖也是管式水冷结构。电炉排出烟气温度高达 1200～1400℃，在炉顶弯管处也设有水冷夹套进行冷却。通过上述部分散失的热量统称为电弧炉炉体散热，对其进行回收利用，可有力地推动电弧炉绿色生产进程。

电弧炉炉体散热属于低品位余热，总的来说，其利用还处于起步阶段，研究较少，且以直接利用为主。本章主要介绍炉体散热的两种方式：汽化冷却技术和循环冷却水技术，并提供相关的余热利用案例。

6.2.1　电弧炉炉体汽化冷却技术

汽化冷却技术在电弧炉炉气余热回收利用方面发挥重要作用，其工作原理是采用软化水以汽化的方式冷却高温烟气并吸收大量的热量从而产生蒸汽。工作流程为：炉内高温烟气和热辐射通过汽化冷却炉壁，将热量传导给壁面另一侧管道中的水，使其部分蒸发，在蒸发管内形成汽水混合物，蒸汽上升进入汽包，经过汽水分离后，蒸汽引出进入蓄热器储存，最终送入蒸汽管网供给外部，而水则下降重新进入汽化器下联箱，补充的水供给继续蒸发，循环往复，达到冷却和产生蒸汽的目的。

汽化冷却技术拥有以下特点：

(1) 由于单位质量水的汽化热（2253J/g）远大于水的比热容（约4.18J/(g·℃)），因此汽化冷却较通常的循环水冷却具有显著的节水效益。例如，在一般情况下，对于同一冷却系统，用汽化冷却所需的水量仅为温升为10℃时循环冷却水量的2%~4%，且仅需约0.6%的补充水量，而循环水冷却则需5%左右的补充水量。但受水汽化条件的限制，在常规条件下汽化冷却只适用于高温冷却对象。

(2) 汽化冷却还具有节电、节省投资、改善操作条件等优点。按汽化冷却系统中水的循环方式，汽化冷却系统可分为自然循环与强制循环两种。与水冷却比较，汽化冷却产生的蒸汽可供生产、生活使用，而水冷却构件带走的热量却无法有效利用。

(3) 汽化冷却使用软水作为冷却水，避免了常规水冷却导致的结垢现象；同时汽化冷却系统的耗电量及能源消耗要比水冷系统低得多。

(4) 汽化冷却系统因电炉长时间生产运行，且炼钢温度达到1700℃左右，其中水汽元件（如水冷壁、水汽炉盖等）的保护层（如耐火砖、保护渣）存在脱落损坏的可能，导致水冷元件烧坏、泄漏，检测元件和给水泵易出现故障。

汽化冷却系统余能存在于其产生的蒸汽中，传统的利用方法是将蒸汽充入设备网满足全厂各等级蒸汽的需要；但在蒸汽的发生、使用过程中，存在供需不平衡的现象，由此造成蒸汽消耗量大、放散严重的局面，不利于企业的系统节能。

6.2.2　电弧炉循环水余热利用技术

循环冷却水可以带走工业生产中产生的多余热量，以保证设备正常运转，其工作过程是通过换热器交换热量或直接接触换热方式来交换介质热量并经冷却后循环使用。循环水的冷却是通过水与空气接触，由蒸发散热、接触散热和辐射散热三个过程共同作用的结果。

铸造生产线是连续流水作业的，因此处于流水生产线始端的熔炼电炉也是应连续工作。熔炼电炉稳定工作时，将产生持续稳定的余热，并通过电炉冷却水接受和输送，通过电炉冷却水系统的冷却塔排放到大气环境中。熔炼电炉冷却水系统由电炉供应商配套设计施工，其提供的电炉冷却水出水温度为55~60℃，若利用板式换热器回收余热，则二次侧的热水温度最多为45~50℃，属于低品位余热。

熔炼电炉冷却水系统运行时可提供稳定的余热，热交换器二次侧的出水温度约45~50℃，因此，有可能将电炉冷却水的余热，用于冬季空调系统的热媒制备和浴室淋浴的热水制备，但是，这将加大空调设备热交换器面积，增加空调设备初投资。当电炉冷却水的余热用于新建建筑物冬季空调热媒和浴室淋浴热水时，则不需要新建锅炉房。

6.2.3 电弧炉炉体散热利用技术实例

案例6-1 汽化冷却技术用于电炉烟气余热回收

位于德国Georgsmarienhütte（格奥尔格马利恩）的GMH钢厂拥有一座140t直流电弧炉。这座电弧炉采用管道冷却系统，1996年GMH钢厂从高炉-转炉生产流程转换成电弧炉炼钢时，将以前氧气顶吹转炉冷却系统的主要部分保留下来并用于新建电弧炉[34]。

改造前的BOF装备了汽化冷却系统（ECS），新建的EAF一开始即使用20世纪80年代的BOF ECS，仅在90年代对ECS管道的第一段进行了升级改造。在2007年，由于现有冷却系统严重损坏，更换了已连续运行25年的冷却系统，用新式ECS产生的蒸汽代替目前用燃气锅炉产生的蒸汽（图6-18）。

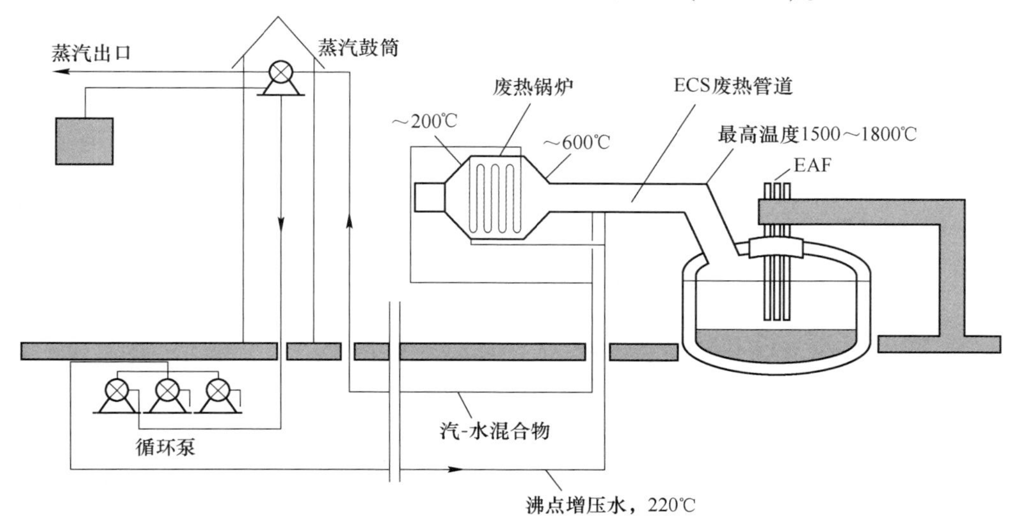

图6-18 GMH钢厂电弧炉二次余热回收系统流程

改造过程中面对的主要问题是如何保证蒸汽输出平稳和有效地处理能量高峰。图 6-19 所示为电弧炉在第三冶炼阶段利用其他熔炼方式冶炼 3 炉钢时产生蒸汽的简化时间作业线。从图中可见，最大蒸汽产生量为 75t/h，是平均蒸汽产生量 20t/h 的 3 倍多。废热回收过程中能量峰值会因某些能量的释放而降低。对于电弧炉而言，最重要的是将各种能量在峰值时可靠地传输给蒸汽，使其尽可能多地吸收热量。

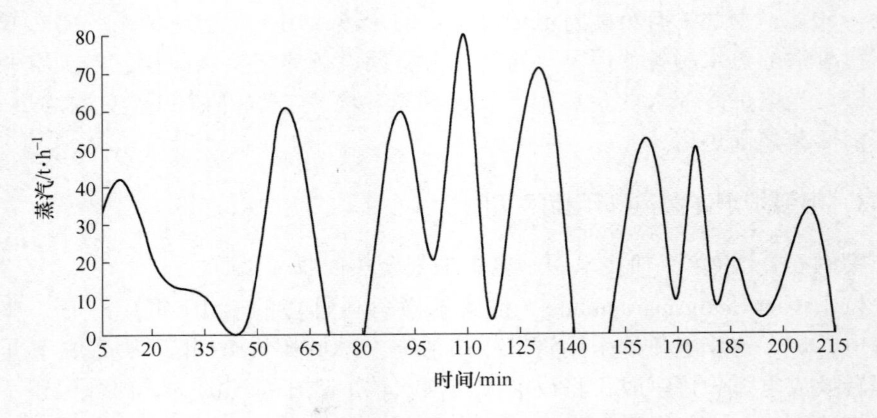

图 6-19 电弧炉蒸汽产生简化时间作业线

一般情况下，在电弧炉生产过程中会因为出钢等原因中断通电时间 10~20min，其间不产生蒸汽，使钢厂内与电弧炉生产不同步的最大蒸汽使用单位——真空脱气站的正常生产受到严重影响。为避免上述情况的出现，GMH 钢厂采取了以下四种措施：

（1）ECS 设计的蒸汽总产生量略大于冷却的实际需要量，使得总水量增加，有过剩的储存能力。

（2）在系统中设计并安装两套 Ruth 缓冲器。Ruth 缓冲器是一种能将能量储存在热水中的大型高压容器，当压力降低时，它能将水转换成蒸汽。

（3）在 13~20bar（1bar = 0.1MPa）之间调整系统压力。电弧炉通电时系统压力升高，吸收的部分能量对水进行加热使水低温蒸发；当电弧炉断电时系统压力下降，在未给系统输入新能量，保持新的蒸汽生成。

（4）调整进水温度。锅炉系统的一般进水温度为 105℃，在 GMH 系统中，当通电时能量处在高峰期间，锅炉进水温度可在 105~159℃之间进行调整，以最大限度吸收和储存能量。当电弧炉断电或其他原因输出能量减少时，将储热用于加热进水，使蒸汽鼓筒中的水只需较少的热量便可蒸发。采取以上措施后，电弧炉每冶炼 1 炉钢便会产生 8t 蒸汽，可作为缓冲汽。

GMH 厂锅炉用于真空脱气站的天然气已降低到几乎为零，使工厂获得了实际的经济效益。然而，对于一个平均蒸汽产生量为20t/h，实际平均需要量仅为7t/h的钢厂而言，蒸汽产生量大量过剩。13t/h的剩余蒸汽仅是电弧炉废热回收的一部分，如果不加以利用，大约2/3的回收热量将白白地浪费。因此，电弧炉炼钢废热回收效益最大化的问题是如何充分利用产生的蒸汽。

通常，1台VOD只能消耗1台电弧炉余热回收蒸汽产生量的1/3。如果工厂有蒸汽管网，蒸汽可通过管网供工厂其他用气单位使用。在GMH钢厂没有使用蒸汽的其他单位；而且GMH钢厂目前发电采用钢厂自产废热而非蒸汽，所以，鉴于以下原因，过剩蒸汽用于发电尚有困难。

（1）该厂可用蒸汽总量很不稳定。

（2）因蒸汽用于工艺产生的经济效益比发电好，故GMH钢厂的用汽原则是工艺优先。若要将剩余蒸汽用于发电，为了实现发电的高效率必须给蒸汽透平固定供应蒸汽，使工艺用汽受到影响而不得不用蒸汽锅炉制造蒸汽予以保证。

（3）电弧炉停产比发电厂、石油化学加工设备和废物焚烧频繁，发电蒸汽透平需要大量能量起动和停车。

（4）ECS蒸汽能作为缓冲，为提高发电效率，过热蒸汽不能用其他非过热蒸汽替代。为了保证有足够而稳定的过热蒸汽用于发电，电弧炉断电期间必须用燃气、燃油或燃煤为过热器提供动力，从而增加生产成本。

为解决上述问题，该厂拟采用有机兰金循环ORC透平代替蒸汽透平发电。有机工作流体通过透平在一个闭合回路中流动，因为能量密度低和相对质量较大，所以使透平的转速较慢，可将一个相对简单的系统设计成一套优秀的部分载荷系统。这样蒸汽可以不进入透平但可以通过热交换器将蒸汽的热量传输给有机流体，即不需过热蒸汽发电。实践证明，ORC透平的效率较同等处理量的过热蒸汽透平低，但因为它能有效应付部分载荷因素，所以如果在电弧炉炼钢车间使用1台ORC透平发电，其发电效率至少与1台蒸汽透平的发电效率相当。

案例6-2 某钢厂电炉循环水余热回收改造工程实例

考虑到电炉循环水温度太高将直接加剧设备的结垢、影响设备冷却效果，故为了延长设备的大修周期，冷却水采用除盐水，既可保证冷却效果又不会导致结垢。某钢厂根据设备用水要求和当地水源条件选择了除盐水闭路循环水系统。

某钢厂超高功率电炉循环冷却水余热回收系统图如图6-20所示。

该闭路循环冷却水系统主要供给电炉炉盖、电炉炉顶水冷弯管、电炉水冷炉壁、燃烧室和LF炉炉盖等设备所需的冷却水。设计供水量2200m^3/h，水压0.7MPa，进水温度65℃，出口温度80℃。根据当地气候条件冷却设备选用干式空气冷却器。非采暖期用户回水经空冷器冷却后通过冷却水循环泵加压送往用户循环使用，循环水泵入口压力定为0.15MPa，水温65℃。由于是闭路循环，该循环水未受污染，设计平均补水量约为3.3m^3/h。采暖期部分回水经板式换热器与

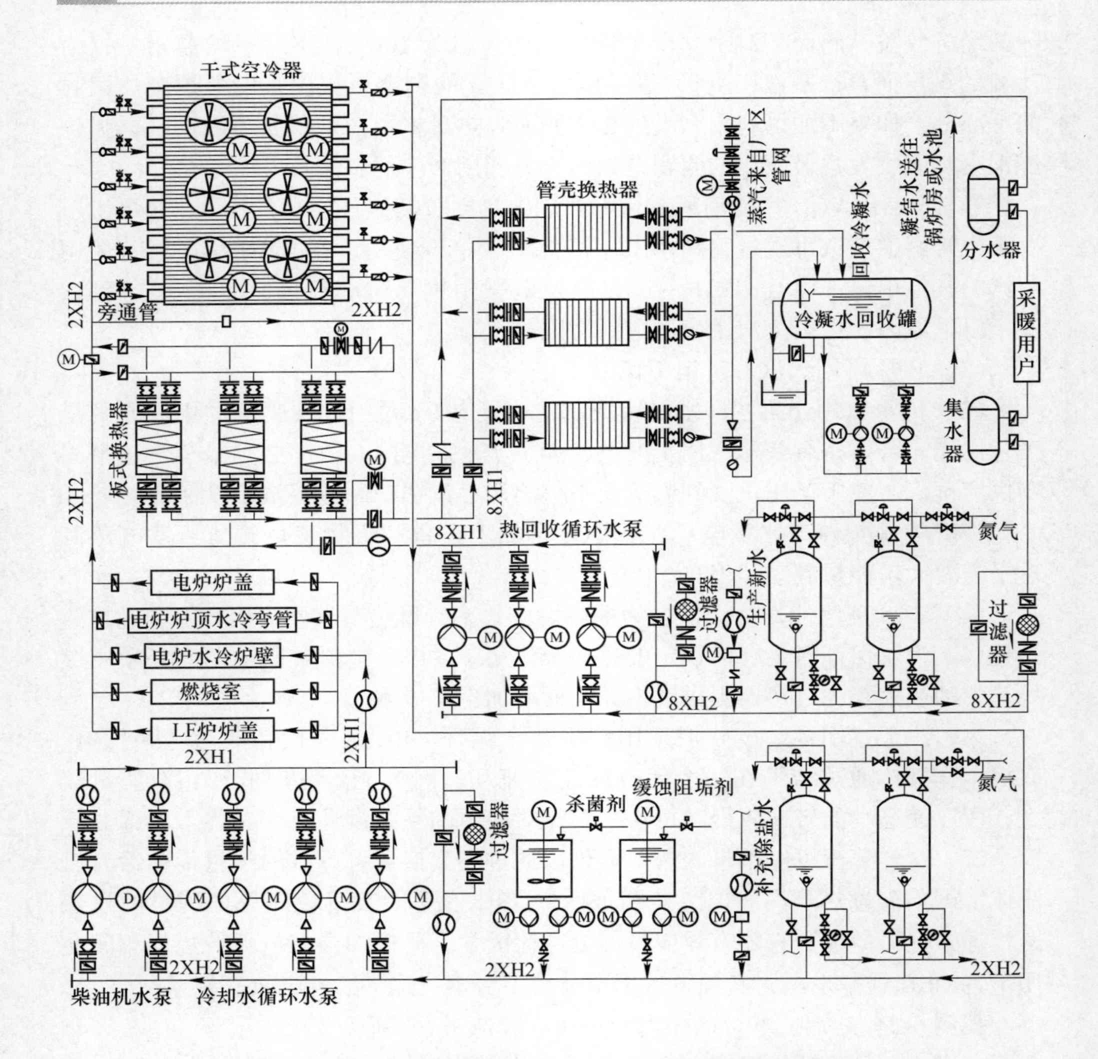

图 6-20　某钢厂超高功率电炉循环冷却水余热回收系统流程

采暖回水换热后与剩余部分回水共同进入空冷器，然后通过冷却水循环泵加压送至用户循环使用。为保障电炉各冷却设备的安全，该系统设有一台柴油动力循环泵，可自动启动，流量 $800m^3/h$，压力 0.4MPa，可连续运行 2h。采暖循环水回水温度 55℃，热回收循环水泵入口压力为 0.15MPa，出口压力为 0.65MPa，经过板换与电炉循环水换热后送给采暖用户，冷却后的采暖回水经过回收循环水泵加压送到板式换热器循环使用，考虑电炉检修、极端气候等因素，设置了汽水换热器，作为系统补热或者备用热源。该钢厂电炉循环冷却水系统和热回收系统现有主要设备技术参数见表 6-3。

表 6-3 某钢厂电炉循环冷却水系统和热回收系统现有主要设备技术参数

项目名称	主要设备	规格型号	数量	备注
电炉循环水系统	循环冷却水水泵	流量：790m³/h；扬程：60mH₂O；功率：185kW；电压：380V	4 台	3 用 1 备
	柴油机水泵	流量：800m³/h；扬程：60mH₂O	1 台	备用
	干式冷却器	冷却水总量：2700m³/h；进出水温度：80/60℃；夏季空气设计温度：31/32℃；布置形式：水平，引风；型号：YP12×3-6-258-1.65-20.9/DR-Ⅲa	12 片	
热回收系统	热回收循环水泵	流量：72m³/h；扬程：5mH₂O；功率：132kW；电压：380V	3 台	2 用 1 备
	板式换热器	高温侧：流量 440m³/h；进出水温度：72/57℃；低温侧：流量：440m³/h；进出水温度：55/70℃；热还面积：934m²	3 台	
	管壳换热器	汽源：0.4MPa 饱和蒸汽；水侧流量：440m³/h；进出水温度：55/70℃	3 台	

该钢铁厂配套两台同等规模的电炉：1 号电炉和 2 号电炉，1 号电炉循环冷却水系统未设计余热回收系统，2 号电炉配套了相关循环水余热回收系统，但由于间接性生产等原因，连续多年采用蒸汽作为热源进行汽水换热，本工程拟将 1 号电炉循环水接入 2 号电炉配套余热回收系统，实现余热供暖，不仅可以节约蒸汽，还能够降低换热站运行成本。改造后的流程示意图如图 6-21 所示。

改造完成后系统运行效果较好，电炉循环冷却水实际供/回水温度为 57/65℃，流量约 1800m³/h，电动调节阀度约 40%时，进板式换热器的流量约为 560m³/h，供/回水压力 0.72/0.6MPa. 热回收系统新增用户端实际供/回水温度为 54/48℃，供水流量约 600m³/h，供/回水压力 0.56/0.16MPa。热回收系统现有供暖用户未设置流量计等测量设施，相关数据无法获得，现有用户离热回收系统较近，室内温度基本能满足要求。

该项目仅使用了 1 台电炉循环水总量的 1/3，即可在每个采暖季节约蒸汽约 20000t，两个汽水换热站内循环水泵节约电能 345600kW · h。蒸汽单价按 120 元/吨，节约的蒸汽约 237 万元，电价按 0.6 元/(kW · h)，节约的电能约 15 万元，此外检修成本也能适当降低，还能减少运行人员数量。该厂有 2 台电炉，如果都配套建设余热回收系统，可更大限度地回收电炉循环水中的余热，降本增效成果将更加显著。

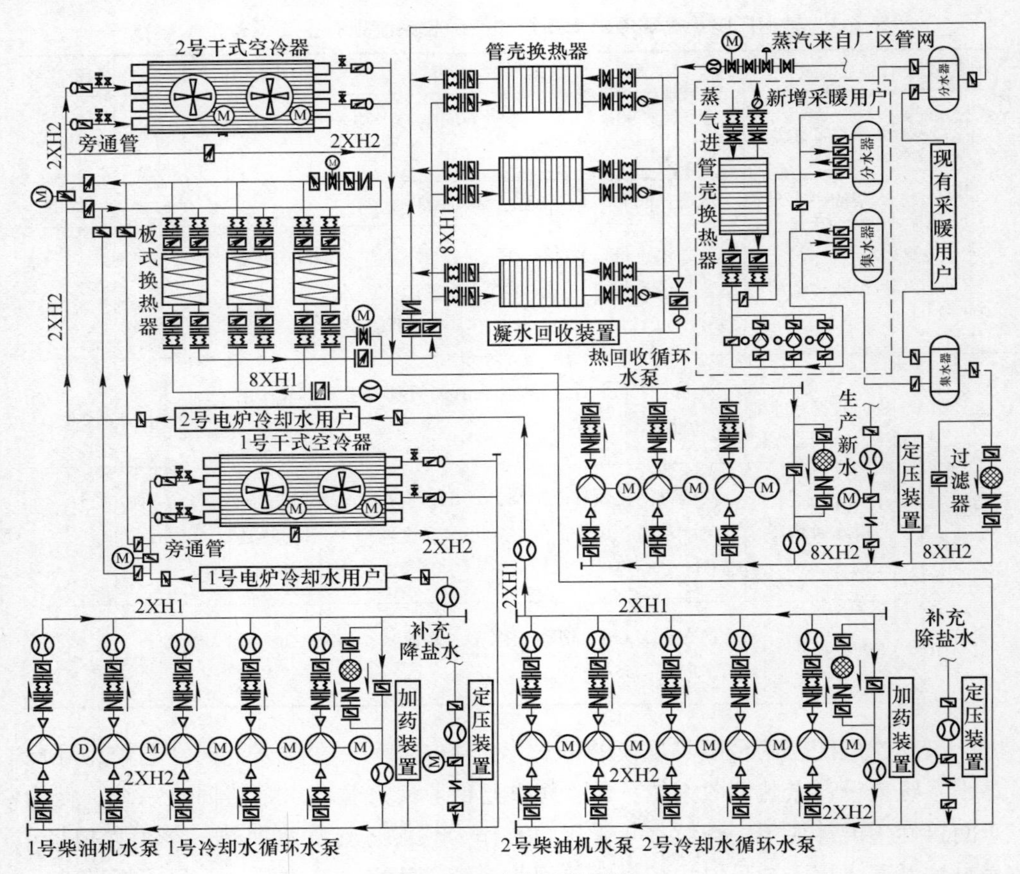

图 6-21 改造后的流程

6.3 电弧炉炼钢原料物理热的利用

6.3.1 电弧炉热装铁水工艺的发展

20 世纪 60~70 年代，部分国家钢铁联合企业在拆除平炉时，利用大型电弧炉代替，因而有条件部分采用高炉铁水作为电弧炉炼钢原料，如美国阿姆科公司休斯敦厂有一座日产生铁 2500t 的高炉，将平炉拆除后，利用原炼钢厂房建设了 4 台 175t 电弧炉（每台电弧炉变压器容量为 44000kV · A），以 40%热铁水加废钢为原料，炉侧用天然气和氧气混吹，吨钢电耗降至 275kW · h。

较早从经济角度考虑电弧炉热装铁水炼钢的是南非伊斯科公司的比勒陀利亚厂和范德拜帕克厂，另外日本的室兰钢厂、大和钢厂，比利时的 Cockerill 厂也在铁水热装技术方面积累了丰富的经验。表 6-4 为部分国外铁水热装电弧炉情况[35,36]。

表 6-4 部分国外已投产的铁水热装电弧炉情况

厂家	投产年份	出钢量/t	变压器容量/MW	炉子形式	铁水比/%	制造厂商
Unimetal	1994	150	150	DC 双壳	25	Clcim
Cockerill	1996	140	100	DC 竖炉	35	Fuchs
Dofasco	1996	165	134	AC 双壳	30	Fuchs
Nippon Deom	1996	180	99	AC 双壳	0~7	MDH
Saklamha	1998	170	115	AC 双壳	38	MDH
Severotal	1998	120	85	AC 竖炉	40	Fuchs

近年来由于我国废钢资源短缺，同时用户对钢液洁净度的要求不断提高，各电炉钢厂寻求扩大原料资源，有些电炉厂通过配加部分 DRI、HBI，借以稀释电炉炉料中有害微量元素（如 As、Sn、Pb、Cu、Sb、Cu、Ni 等），从而提高钢的质量，满足用户需求。然而直接还原铁生产和技术在我国还处于较低水平，产量较少，进口直接还原铁也难以满足国内的需求，故部分电炉钢生产企业开始使用热装铁水。电炉热装铁水已成为各电炉钢铁企业关注的问题。

6.3.2 铁水热装加入方式

根据电炉厂的车间具体情况，铁水热装有多种方式，每种方式有不同的优缺点。目前国内铁水加入方式主要有以下几种：

（1）旋开炉盖，用天车吊铁水包，从炉顶加入。

（2）使用专用的铁水车，通过铁水流槽，从炉门加入铁水。

（3）从炉壁开孔，设计专用铁水加入通道。

（4）在电炉 EBT 区上部设置加铁水漏斗，由铁水包倾翻架控制，加入铁水。

（5）在水冷炉顶开孔，设置加料漏斗，加入铁水。

6.3.2.1 炉顶加入方式

在电弧炉加铁水工艺使用初期，工艺尚处于摸索状态，没有专用的设备，大量电弧炉炼钢厂采用旋开炉盖，直接加入铁水的方式。现阶段，为了节约设备投资，多数企业仍然采用此种铁水加入方式（图 6-22）。

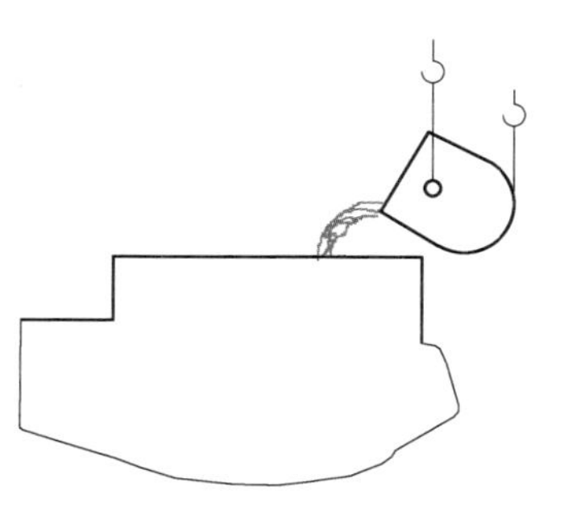

图 6-22 炉顶铁水加入方式（侧视图）

旋开炉盖，由炉顶加入铁水的工艺方式的优点有：

（1）设备投资少，不需要对原有电弧炉进行改造。

（2）铁水加入速度可控范围大，能以较快的速度加入铁水。

这种简单的铁水加入方式存在的不足：

(1) 铁水加入过程中，炉盖旋开，无法进行通电冶炼，增加了非冶炼时间，降低了生产效率。

(2) 电弧炉留钢留渣操作，冶炼结束炉内氧化性气氛严重，随着铁水的加入，碳氧反应剧烈，产生大量泡沫渣，容易引发大沸腾，甚至造成铁水，炉渣涌出炉体，造成安全事故。

(3) 随着炉盖的打开，炉体内部完全敞开，造成热量散失严重。

(4) 占用天车，影响其他操作。

江苏淮钢和南钢使用此种方法。淮钢 70tUHPEAF 每炉钢实际容量为 80t，废钢分两篮装入。热装铁水方法是：铁水包从炼铁车间运抵电炉车间后，在第一篮料穿井后停电，旋开炉盖，用行车吊起铁水包直接从炉顶倒入铁水。[7]

6.3.2.2 铁水车加入方式

该工艺使用专用铁水加入车，沿固定轨道运行，电弧炉出渣口伸入铁水流槽，将铁水车倾翻，铁水沿铁水流槽进入炉体内。如图 6-23 所示。

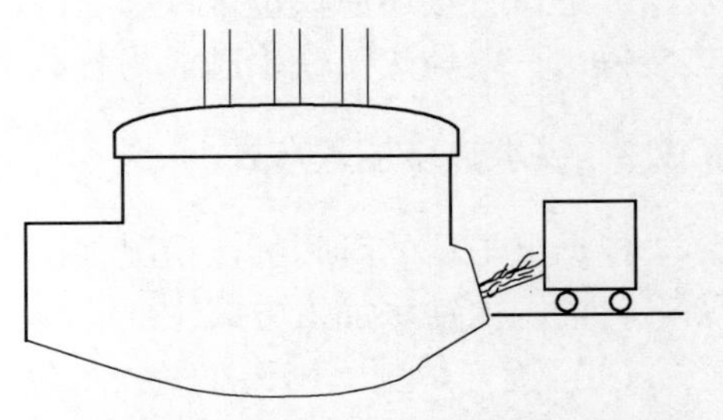

图 6-23 铁水车铁水加入方式（侧视图）

该工艺的优点有：

(1) 不需要对电炉进行改造；

(2) 可根据炉内情况控制铁水的加入速度，能避免发生大沸腾；

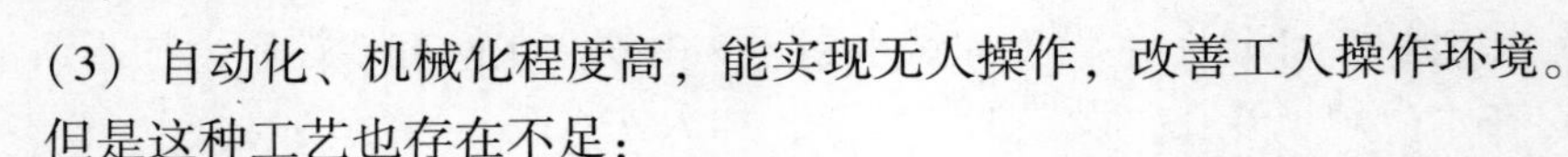

(3) 自动化、机械化程度高，能实现无人操作，改善工人操作环境。

但是这种工艺也存在不足：

(1) 炉前设备拥挤，与炉门枪相互冲突，不利于吹氧快速冶炼；

(2) 遮挡炉门视线，无法观察炉内情况；

(3) 铁水流槽，出渣口容易结渣结瘤，清理困难，影响下炉操作；

(4) 废钢也可能会堵住炉门或炉门积渣太多，因而只能在冶炼一段时间后才能开始加入铁水，影响电炉的生产节奏。

天津钢管公司 150t 电弧炉采用这种铁水加入方式。新疆八钢 70tDC 电炉也采用此法[5]。该厂在第一批料入炉后立即兑入铁水，为此要求炉门附近尽可能加轻薄废钢，并减少炉门的布料量，以控制兑铁水时的飞溅。

6.3.2.3 从炉壁开孔，设计专用铁水加入通道

不少电弧炉炼钢厂对电弧炉进行改造，在炉壁开孔，留有铁水加入专用通道，用天车由铁水漏斗注入铁水。此种方法完全克服了铁水从炉顶或炉门加入的

缺点，是电炉兑铁水的较为理想的方法。根据不同钢厂的空间情况不同，开孔位置也不尽相同，主要有两种方式：一为在炉门口旁边炉壁开孔，二为在出钢口旁边炉壁开孔。如图6-24所示。

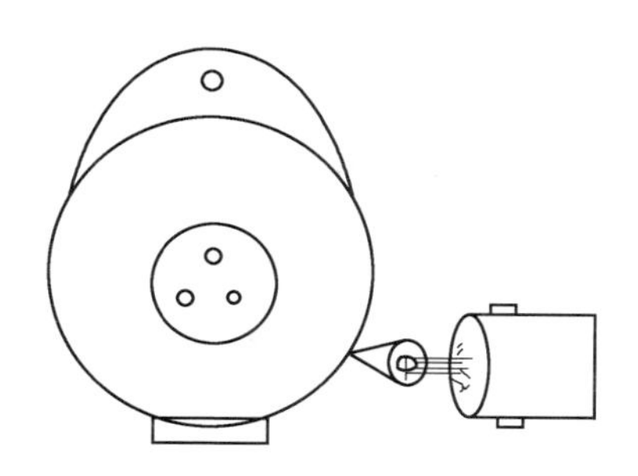

图6-24 炉壁开孔铁水加入方式（顶视图）

部分企业电弧炉炼钢厂选择这种方式，其优势为：

（1）铁水加入速度适中；

（2）炉门枪使用不受限制，可提高生产节奏；

（3）不影响炉门观察炉内情况，有利于控制冶炼。

其存在的不足：

（1）用天车吊装铁水，倾斜倒入漏斗，对天车的操作要求较高，容易发生事故。

（2）装入过程铁花飞溅严重，对水冷电缆、电极有影响，应注意保护。如铁水加入口设在炉门口旁边，铁水加入过程中铁花飞溅，影响炉前人工操作。

（3）铁水通道没有水冷，寿命相对缩短。

（4）铁水通道的冷渣铁清理困难。

（5）较前两种方式需要较大的固定投资，已建成的电炉车间改用此法可能会受到场地的限制。

沙钢润忠公司装有一台FUCHS公司制造的90t竖炉，原设计为100%废钢料，第一批料直接加入炉内，其余废钢料从竖井加入炉内，3篮加料，废钢预热率不到50%，冶炼周期为58min，年产量65万吨。为了实现热装铁水，该公司对90t竖炉进行了改造，在电炉炉后壳体加一固定铁水流槽，设置一专用兑铁水装置，由回转机构、倾翻系统和称重系统组成。铁水包用行车吊放在此装置上后旋转，对准固定铁水流槽倾翻，铁水经固定流槽进入电炉，铁水包的倾翻动作通过PLC自动控制，在铁水初加入时为避免产生激烈反应，速度较低，逐步增加至约5t/min，整个过程持续约12min。[37]

6.3.2.4 EBT区上部铁水加入方式

大冶东方钢铁、常州龙翔的炼钢厂在EBT区域上部接近出钢口上部设置加料位，由铁水倾翻装置将铁水包倾翻倒入铁水。

这种铁水加入方式有它特有的优势：

（1）设备简单，占地面积小，不影响冶炼；

（2）自动化程度高，控制简单；

（3）有利于降低EBT区冷区效应，加快废钢熔化。

不足之处：

（1）铁水直接 EBT 区域，造成 EBT 区域耐火材料寿命降低；

（2）占用 EBT 区域，不利于堵出钢口。

EBT 区上部铁水加入方式（侧视图）如图 6-25 所示。

铁水加入方式是由各个电弧炉炼钢厂根据企业的实际情况制定出来的，尚没有统一的工艺流程可以参照，各自存在一定的优势，也存在不足，需在生产实践中不断加以改进并不断完善。

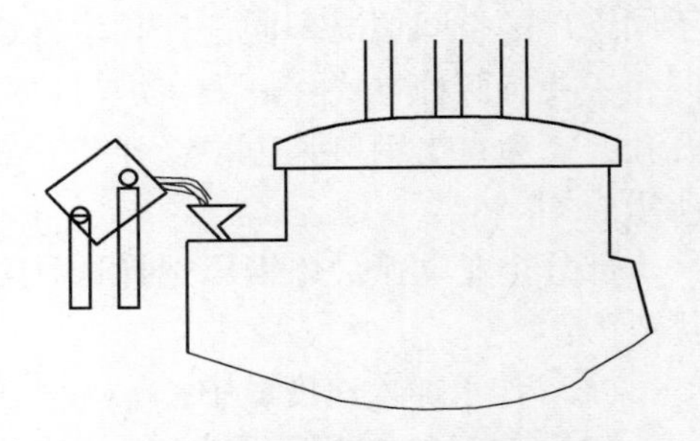

图 6-25 EBT 区上部铁水加入方式（侧视图）

6.3.3 电弧炉热装 DRI 工艺

电炉炼钢是“绿色”生产工艺，它可消耗社会废钢，解决废钢的循环利用问题以及环境污染问题。但是，除了较少的发达国家外，很多国家的废钢资源比较紧缺，而且废钢中有害杂质如 P、S 以及 Cu、As、Pb、Sn 等重金属含量较高，对于冶炼高品质钢种影响较大。在国外，直接还原铁（direct reduction iron，DRI）已经被广泛作为电炉炼钢的主要原材料使用。目前，DRI 加料采用气动输送或者溜管溜送，能自动连续加料，减少非通电时间，钢水的热损失小，有利于提高生产率和实现自动控制；而且，冶炼过程中的噪声也较低[38]。

DRI 热装技术指的是将竖炉生产的温度 600℃以上的 DRI 在热态下直接热装进电炉炼钢厂的电炉中。John Stubbles 表示，为提高电炉生产效率和能量利用率，必须在更短的时间内输入更多的能量，一个行之有效的办法是热装具有高化学能的原料——铁水或者 HDRI。热装 DRI 能利用 DRI 的显热，提高生产率和降低电能消耗，从而转换为直接的经济效益。研究表明，DRI 热装温度为 100℃时，可以节能 20kW·h/t；700℃时节能 140kW·h/t。Essar 的试验表明 600℃的 DRI 热装到电炉中，可以节省电能 124～125kW·h/t，同时，电极消耗量下降 0.03kg/t。

国外 HDRI 的加料方式主要采用气力输送，不仅需要建设复杂的气力输送管道，而且投资高、运行成本较大。为实现 DRI 热装，电炉车间可以紧靠 Midrex 竖炉建设，HDRI 通过溜管加料方式在自重作用下直接溜进电炉进行炼钢，相比而言，重力溜送更为经济，而且操作方便，如图 6-26 所示。

DRI 加料过程：HDRI 从过渡料罐及分配器进入双层套管结构的固定溜管；HDRI 在第一氮气密封装置的保护下从固定溜管进入，双层套管结构的热装旋转

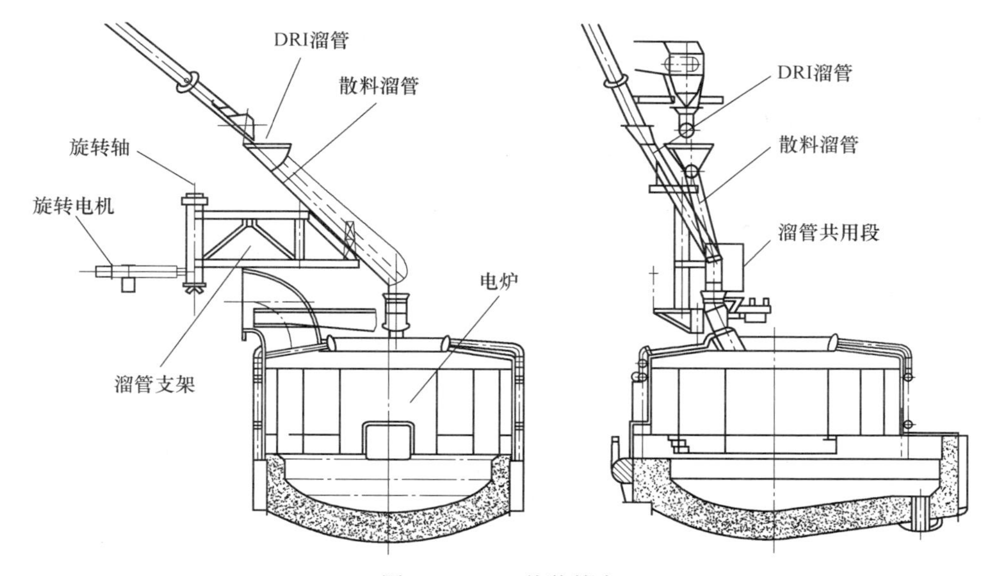

图 6-26 DRI 热装技术

溜管；HDRI 在第二氮气密封装置的保护下从热装旋转溜管进入受料溜管；所有的双层套管的冷却介质为氮气或其他惰性气体；所有的密封装置的密封介质为氮气或其他惰性气体。过渡料罐和分配器的作用主要是调节电炉在检修时或在冶炼周期内非加料时间中的 HDRI 的流向，以及加料过程中调节加料速度。

以电炉冶炼周期 55min 为例，热装 DRI 的连续加料时间为 45min，其余 10min 非加料时间中，HDRI 需经过分配器的换向功能转换流向到另一根溜管内，转入热压块工序。固定溜管采用双层套管结构，主要是基于以下考虑：第一，套管冷却。由于 DRI 的温度在 600℃以上，固定溜管在连续输送这种高温 DRI 的过程中，耐磨强度及刚度等理化指标均大幅度下降，通过在双层套管内充氮气的方式可以起到冷却内部套管作用，从而维持内部溜管的理化性能。第二，密封。双层套管结构内部充氮气可以起到防止 DRI 与空气接触，从而防止 DRI 二次氧化的目的。电炉在冶炼及维修过程中，为保证电炉操作与加料溜管互不干涉，在固定溜管的下方布置了热装旋转溜管。热装旋转溜管的最大旋转角度为 80°，工作角度主要有 3 个，即 0°、40°和 80°，在冶炼过程中当电炉需连续加料时热装旋转溜管工作在 0°；在电炉出渣和出钢时，电炉需向前、向后倾动，此时热装旋转溜管向炉前渣门方向旋转 40°，从而可避免热装旋转溜管与固定在电炉炉盖上的受料管发生碰撞的可能；在电炉需要检修时，需要用车间内的吊车将电炉整体吊运到修理工位，此时热装旋转溜管旋转 80°，从而不影响电炉的吊运。由于电炉生产的原料不仅仅有 HDRI，还需要大量的石灰、萤石等散料，因此，在此热装旋转溜管上还布置有一根普通的溜管，用于满足石灰等熔剂的加入需要。热装旋转溜管和普通溜管均固定在同一旋转支撑上，在两根溜管的末端汇总为一根溜管，形成类似于三通的下料溜管。电炉炉盖上的受料溜管固定在炉盖上，用于接收HDRI及电炉冶炼用的石灰、白云石等散状料熔剂，此处长期在高温烟气中工作，需采用水冷，冷却水引自炉盖冷却水系统。DRI加料装置结构如图6-27所示。

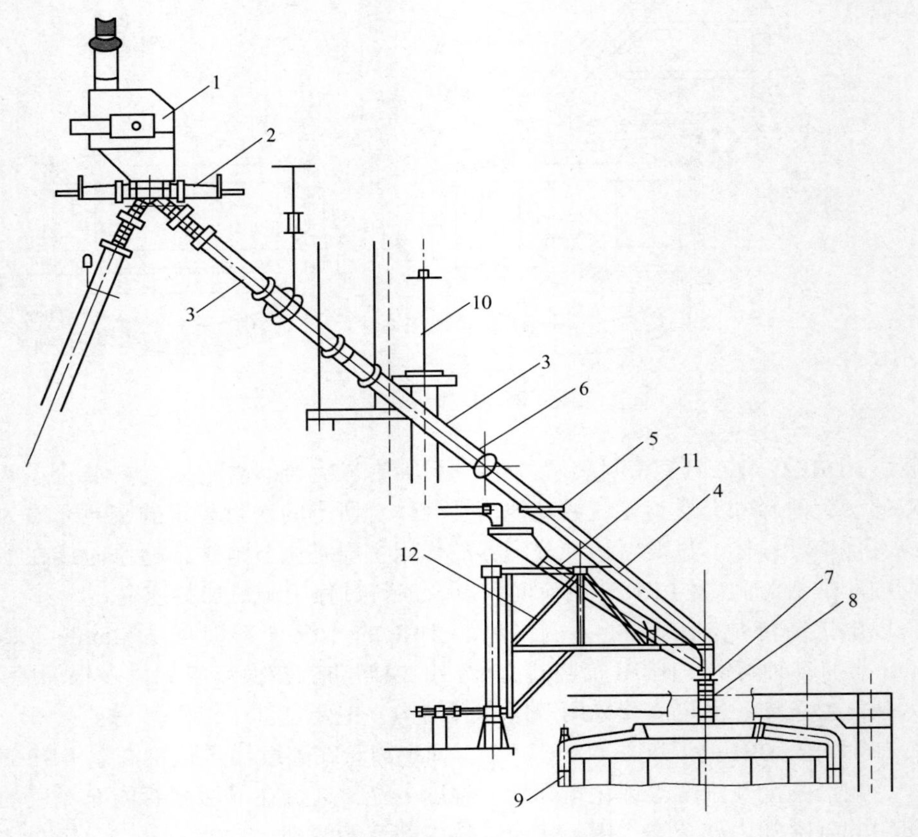

图6-27　DRI加料装置结构

1—过渡料罐；2—分配器；3—固定溜管；4—热装旋转溜管；5—第一氮气密封装置；6—氮气冷却装置；7—第二氮气密封装置；8—受料溜管；9—电炉；10—天粮车；11—普通溜管；12—旋转支撑

电炉大比例热装DRI（>70%）工艺要点如下：

（1）大留钢量。留钢量需比常规EBT电炉大1倍，目的是熔炼初期炉内有足够的钢水形成熔池，通电加入DRI时就可以启动碳氧喷枪，对加速DRI的熔化，形成泡沫渣，防止熔池大沸腾、大喷溅起到重要作用。

（2）提前放渣。尽早倾炉自动流渣，尽可能早地放出上一炉留下的残渣，以防止钢水回磷。放渣后及时加入石灰，提高炉渣碱度，以利于脱磷，减少炉衬侵蚀。

(3)“恒”熔池炼钢工艺技术。采用DRI电炉炼钢时，碳氧反应有一个临界温度（1500℃），当熔池低于临界温度，碳氧反应进行缓慢，甚至处于停顿状态。一旦熔池温度升高或临界动力条件变化，就会引起碳氧反应的剧烈进行，发生大沸腾、大喷溅。所谓“恒”熔池操作是指恒定熔池的温度，即在电炉冶炼刚开始通电时，电炉炉内已有足够的钢水，连续加入DRI时，加入的炉料均沉浸在熔池里，必须控制熔池温度始终处于一个高于临界温度（1500℃）的状态（一般控制在1560℃左右），根据经验需使熔池保持在1560℃以上，才能保证连续加入的DRI边加入边熔化。要达到“恒”熔池操作，必须使供电制度、加料制度、吹氧制度以及喷碳制度相互匹配，才能保证冶炼过程平稳，从而有效防止大沸腾、大喷溅事故的发生。

电炉采用阶梯供电制度及吹氧制度，均匀喷碳。其中，天然气是为了保护氧气射流，喷吹速率保持不变。最初6min为电炉出钢及准备时间，此时熔池内的钢液温度与上次出钢温度一致，约为1620℃，并缓慢下降。6min时，同时开始加料、供电及吹氧，此时熔池温度仍缓慢下降，此时应迅速将供电功率提升到70MW以上，防止熔池温度急剧下降，并同时开始吹氧造泡沫渣。加料10min以后，炉内已经积聚了一定量的DRI，熔池温度迅速下降，此时应迅速分级调高供电功率到电炉的工作功率，考虑到短网及变压器承受能力采用分级调压的形式。随着供电功率的提高，DRI迅速熔化，熔池中的C含量增加，此时应迅速调高吹氧速率，将C迅速脱除，以防熔池中积聚太多的C，而造成C沸腾。到35min以后，初始时积累的DRI已经基本熔化，此时熔池温度恒定在1600℃左右，此后DRI边加入边熔化。DRI中1.4%的C与其本身的FeO含量达到平衡，为了防止钢水过度氧化，此时应降低吹氧量到初始水平，保证CO产气量稳定。这既有利于保持泡沫渣稳定，也能有效降低熔池中FeO的含量，提高金属收得率。大约45min时，炉内钢水已经接近额定容量，开始减少DRI加料量，同时供电功率也分级降低，到51min时停止加料。停止加料后，供电功率维持在60MW，使钢液持续升温到1620℃。

(4)炉壁集束射流碳氧喷枪。集束氧枪氧气速度大于2.0Ma，超音速射流长度最高可以保持至1.7m，可以使超音速流束穿透熔池并避免任何形式的大沸腾大喷溅的发生，保证冶炼过程平稳顺行。由于DRI的密度介于炉渣和钢液之间，DRI加入电炉后停留在渣钢界面上，有一部分DRI和熔渣混合在一起，故碳氧喷枪和喷吹技术能够保证DRI有足够快的熔化速度。

(5)造泡沫渣。由于DRI中脉石含量及C含量均较高，电炉冶炼初期易于造泡沫渣，故为长弧泡沫渣埋弧操作提供了良好的条件。

6.4　钢渣显热余能利用技术

电弧炉冶炼过程中会产生大量的高温熔渣，温度通常可达1450~1650℃，属于高品质的余热资源。熔渣平均温度以1400℃计，经热量回收后温度以400℃计，则每吨渣可回收约1.2GJ的显热。如果可以将电弧炉工序的钢渣余热加以回收利用，将极大地推动未来钢铁工业节能减排事业发展。

6.4.1　钢渣处理显热回收蒸汽技术

6.4.1.1　风淬法钢渣余热回收技术

风淬法兼顾钢渣余热回收与渣处理，其余热回收流程是：渣罐接渣后，由行车运到倾翻装置（或吊车吊运倾翻渣灌），倾翻渣罐，熔渣进入中间渣罐后从中间渣罐流出，被粒化器喷嘴喷出的高压气流（氮气或压缩空气）吹散，钢渣破碎成微粒，在罩式锅炉内回收高温空气和微粒中散发的热量并捕集渣粒，锅炉排出的废气可用于干燥设备或物料。在此过程中，渣粒在气流中被冷淬固化，渣温由1500℃降到1000℃，落入锅炉后渣温经热交换后降到300℃左右，由输送机运经冷渣机继续冷却至150℃左右，达到可供回收利用的条件并送至储渣场。其工艺流程如图6-28所示。

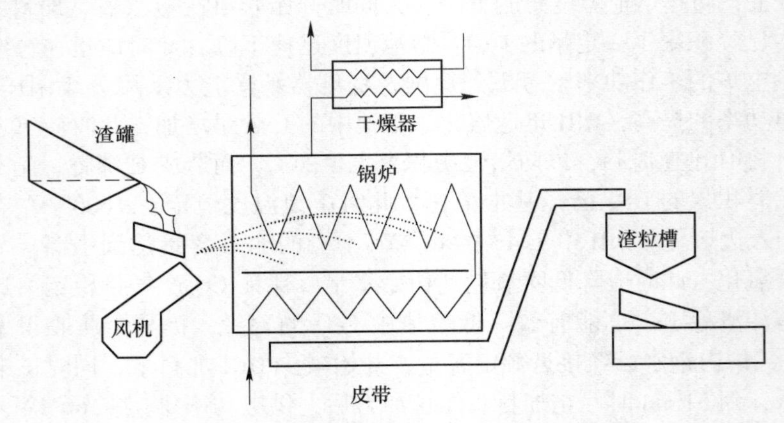

图6-28　风淬法钢渣余热回收技术流程

高温钢渣通过辐射和对流与锅炉水管进行换热，获取热水用于供热等用途。同时，热空气（300~400℃）输送用于干燥物料，总热回收率为40%~45%。该技术要求钢渣具有良好的流动性能，且处理率较低[39]。

6.4.1.2　双内冷转筒余热回收技术

该技术由日本NKK公司开发，其余热回收流程是：将熔渣通过溜槽注入2个反向转鼓之间挤压成渣饼，向转鼓中通入空气，渣饼在圆筒表面被转筒内部循环的热媒介质迅速冷却，介质从熔渣中置换出热量，然后通过热交换从热媒介质中回收显热，生产蒸汽进行发电。其工艺流程如图6-29所示。滚筒内的热媒介质是以二苯醚为主的高沸点冷却液，沸点为257℃。该法的热效率较高，热回收率达 77%。但是，该技术存在设备寿命低、处理量小、渣片不宜利用的缺点。

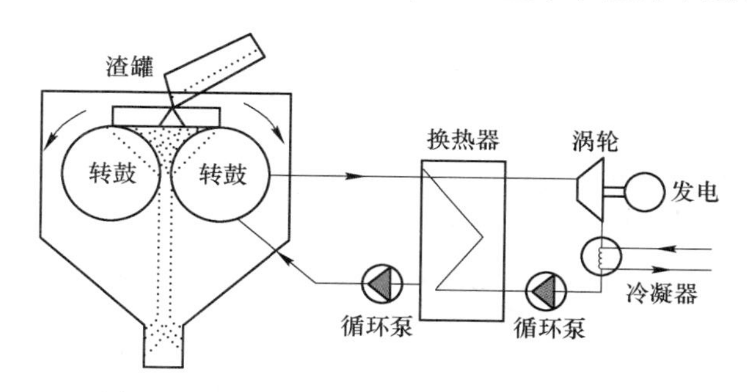

图 6-29 双内冷转筒粒化热能回收技术流程

6.4.1.3 连铸-连轧式余热回收技术

该技术由乌克兰在 1986 年参照连铸连轧工艺开发，其工艺流程为：渣罐车给渣池供渣，液态渣从供渣嘴连续流到水冷轧辊之间，再进入链式输送机，输送机下部通入冷空气，渣的热量传给冷空气和膜式水冷壁，冷却后的渣在碎渣机中破碎，软水经轧辊吸热后由水泵压到省煤器再进入汽包，然后饱和水经循环泵压入膜式水冷壁，加热气化后回到汽包，从汽包出来的饱和蒸汽进入过热器，成为过热蒸汽（其工艺流程如图 6-30 所示）。

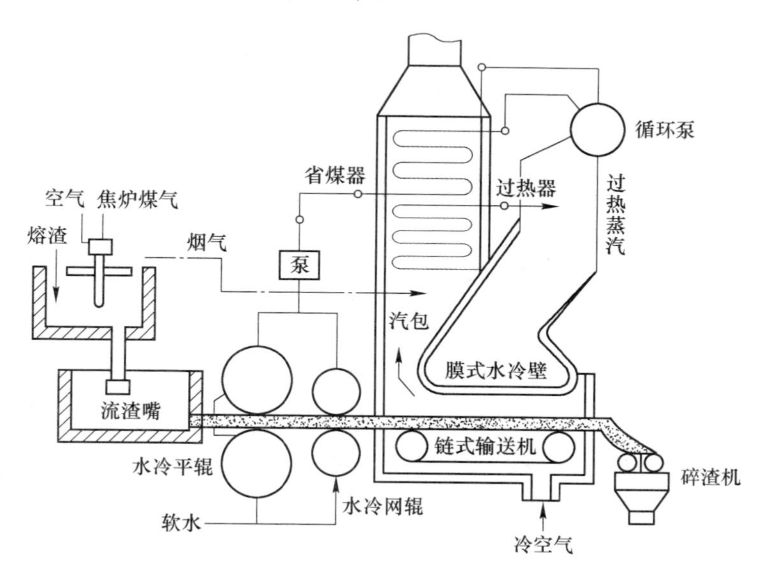

图 6-30 连铸—连轧式余热回收技术流程

该法热回收率可达 66.5%，但是，这种先固化再粒化的工艺存在很大缺点：平板状高温渣的导热率和透气性严重影响渣与冷空气和水冷壁的换热。

6.4.1.4　"高压风-导热油"余热回收技术

该技术是以高压风和导热油为传热介质，对钢渣的显热进行综合回收利用。其基本原理是：液态钢渣经过高压风离心粒化，粒化过程中产生热空气，经过净化换热回收的热能可再利用；冷却的空气由高压离心风机加压循环用于钢渣粒化作业。在离心力的作用下，渣粒被抛落到流化床上，通过黑体导热油换热将钢渣冷却至较低的温度，导热油将携带的热能用来加热水和产生蒸汽后，用于发电或取暖。还可根据生物热解原理，通过热解技术制取生物热解燃料，其工艺流程如图6-31所示。

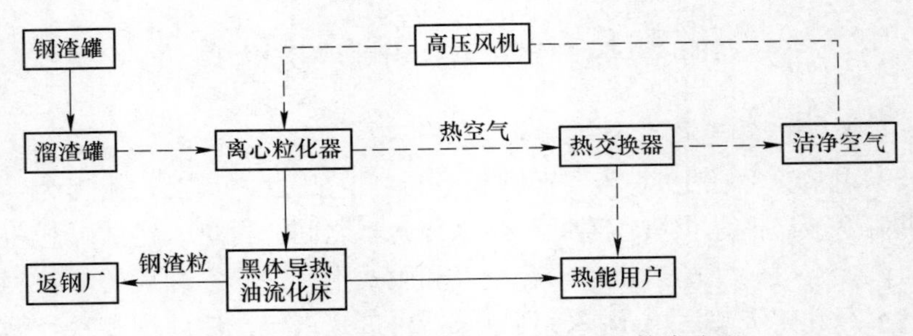

图6-31　"高压风-导热油"余热回收技术流程

该技术在不消耗新水的情况下，利用钢渣与传热介质间接接触进行钢渣的离心粒化和显热回收，具有设备简单、生产成本低、环境友好、经济效益可观的优势，利用该技术，热回收率高达60%；但利用该技术存在导热油泄漏易爆炸的风险。

6.4.1.5　热闷法余热回收技术

热闷法是由中冶建筑研究总院研究开发的液态钢渣处理技术，适用于各种温度的钢渣处理，被广泛应用于全国钢铁企业；基于热闷法进行余热回收的原理是：在热闷工艺线的热闷回水环节中，采用"水-水"热交换装置进行换热，同时，钢渣在热闷打水过程中会产生大量的水蒸气，在排气总管的中部设置扩容室，通过"汽-水"交换可获得大量热水。其工艺流程如图6-32所示。

经该技术换取的热水可用于加工生产线、冬季采暖以及职工洗澡等，综合热回水率可达到50%以上。该技术同时存在占地面积大、投资高、热利用率低等缺点。

6.4.2　钢渣余能化学法回收技术

钢渣余能回收蒸汽均为基于物理热回收钢渣余热的技术，利用水或空气作为换热介质，经过多次能量转换过程，需要复杂庞大的工业设备，且回收得到的热能品质不高；研究人员由此提出了化学法余热回收技术，利用较简单的工业设

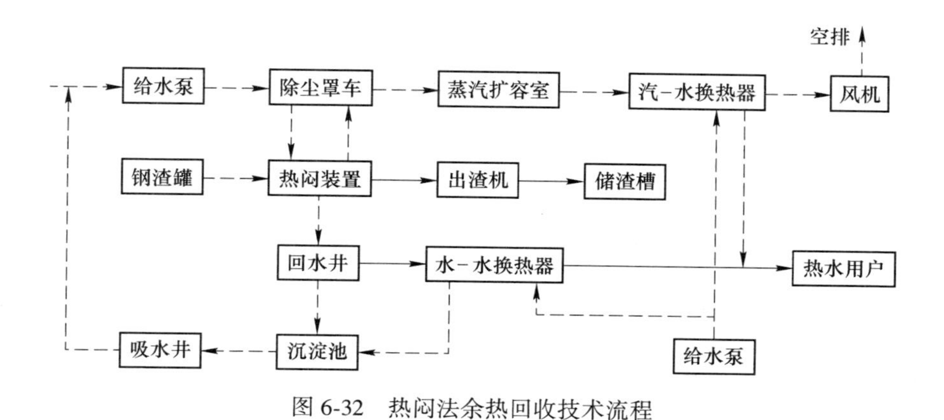

图 6-32 热闷法余热回收技术流程

备，获得较高的热回收率。根据热力学分析，化学法的能量损失仅为传统物理方法的 15%。

（1）气体重整。高温渣粒能给水蒸气催化反应和烃类物质的炭化分解提供足够热量，利用这类吸热化学反应可将熔渣显热转化为化学能。日本学者结合离心粒化工艺提出两种混合气体制氢的方案：

1）甲烷-水蒸气催化制氢：

$$CH_4(g) + H_2O(g) = 3H_2(g) + CO(g)$$

该工艺在具体实施中，存在以下问题：在要求的温度范围内，合适的相变材料的选取以及盛装相变材料的容器制备困难。相变材料不仅要适用于高温，更要能够经受高温熔渣的侵蚀。同时反应所用催化剂的使用率较差，无法重复使用。

2）沼气制氢：

$$CH_4(g) + CO_2(g) = 2H_2(g) + 2CO(g)$$

该工艺在具体实施中，存在以下问题：在试验过程中，甲烷会裂解为碳和氢气，为了抑制碳的生成和增加氢的生成，就需要提高 CO_2/CH_4的比值，CO_2作为原料气，增加了原料成本；同时，当反应不完全时，生成气体中将混有大量 CO_2，使得生成气体的热值降低，也为进一步从生成气中提纯氢气带来困难，增加生产成本。

（2）煤气化。高炉熔渣在处理过程中需要急速冷却，进行大量放热；相反，煤的气化需要给热载体煤不断加热、升温，确保气化所需的反应温度，是一个吸热过程。因此，可以将两者结合起来。如图 6-33 所示是一种基于离心粒化装置的煤气化炉，其原理是利用钢渣的显热来保证煤的气化反应温度。该方案的煤粉气化率和煤粉残渣对于高炉渣利用的影响还需进一步研究。

（3）利用熔渣直接生产产品。根据文献记载，钢渣可以用来制造富含 CaO 的微晶玻璃，也可以用来制造透明玻璃和彩色陶瓷玻璃，但是以上工作是在将水淬后的钢渣加入添加料后重熔的条件下进行的，需消耗大量的能量。基于此，研究人员提出直接以液态渣为原料生产产品，处理成本低，并可避免热转换导致的能量损失，回收效果好。

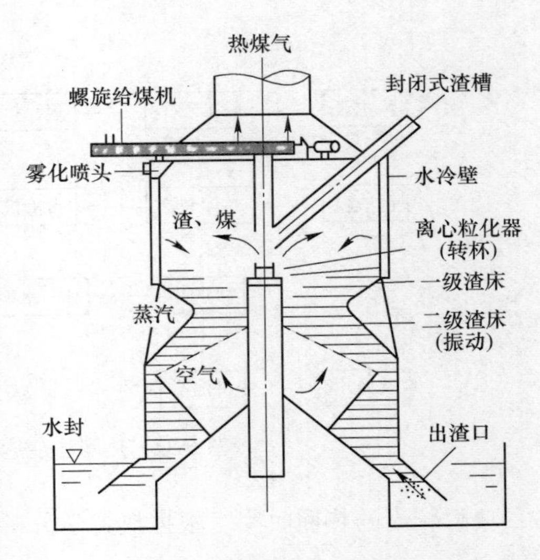

图 6-33　熔渣粒化和煤气化炉

美国 G. Harada 等人利用熔融钢渣与铝业红泥作用来改善钢渣的结构稳定性，使钢渣能满足作为路基或碎石的替代品。研究发现熔融钢渣与红泥在高温下能发生热化学反应，产生不膨胀、不破碎的成分，从而使冷却后的钢渣结构稳定。如果在出炉的高温熔融钢渣中加入一定的调节料，混合均匀后浇注到铸型中，可直接得到任意形状的建筑制件，这样既可消除钢渣水淬工艺带来的污水等环境污染问题，又可节省大量的热能，而且可简化钢渣资源化的流程，由熔融钢渣直接获得高附加值的陶瓷产品。

6.4.3　电弧炉钢渣余能余热应用实例

6.4.3.1　包钢钢渣热闷蒸汽利用

包钢钢渣处理现有 2 条热闷生产线，处理能力分别为 130 万吨/年和 70 万吨/年，生产过程中产生的钢渣传输到闷渣池前经自然散热变为 800～900℃，在闷渣池内喷洒水降温，热量由产生的蒸汽和冲渣水带走。包钢钢渣热闷预计蒸汽产量及回收情况见表 6-5。

表 6-5　预计蒸汽产量及回收情况

车间	日处理钢渣量/万吨	日产蒸汽量/t	时产蒸汽量/t	时产显热/GJ	预计年回收余热/GJ
一闷车间	0.25	1680	70	175	653000
二闷车间	0.20	1000	45	112	285000

包钢钢渣热闷时热量具有间断性，且温度较低，但热量总量较大，为此，包钢引进中低温变相蓄热技术，该技术既可将废热回收储存又可通过移动蓄热车将热量移动配送。

中低温相变蓄热技术是将熔融钢渣经过热闷后产生大量的蒸汽，通过汽管收集。回收蒸汽采用高密度的相变蓄热装置和高效真空换热技术，通过负压罐将无压蒸汽引入相变蓄热装置底部的高效换热盘管进行汽-水换热。蒸汽凝结为水时产生负压吸引蒸汽进入换热器，换热后产生的凝结水被重复利用，既可回收利用余热，又可节约生产用水；此外，采用稀土相变蓄热产品作为蓄热材料，可高密度吸收、存储和输送钢渣热闷后的余热，可起到节能节水、降低不可再生能源消耗等作用[40]。

包钢从自身设备工艺出发，对两端闷渣池和中间熔渣池分别设计了不同的余热回收方案（图 6-34 和图 6-35），根据现有一闷车间 15 个闷渣池和二闷车间 10 个闷渣池的生产情况，首期可以建设 2 套余热回收系统，该余热回收利用系统由 2 组放散蒸汽余热回收装置、2 台真空系统、2 台汽水分离器、3 台蓄热装置组成，蓄热装置的总蓄热量 400GJ。每小时余热回收量约为 143GJ。

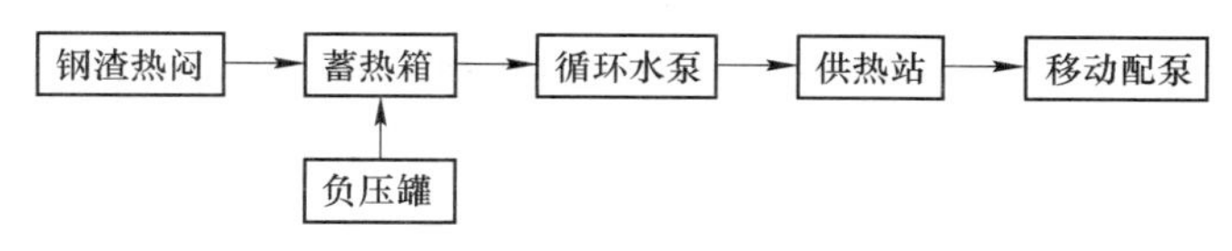

图 6-34　两端闷渣池余热回收工艺

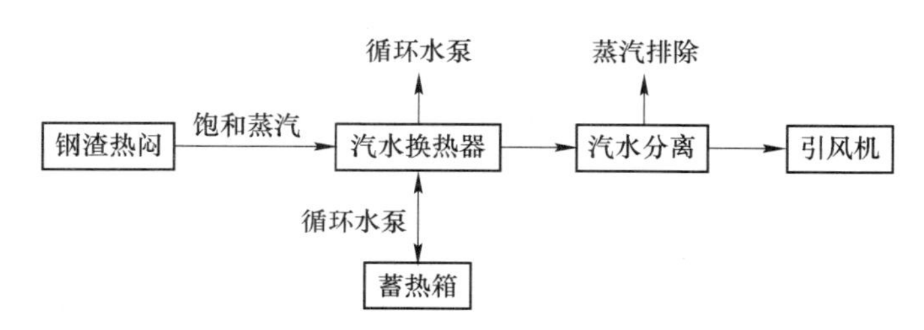

图 6-35　中间闷渣池余热回收工艺

包钢将回收的相变蓄热箱内的余热通过管网直接为厂区提供热水、采暖等；通过相变蓄热箱和新建供热管网对 10km 半径内周边用户供暖，并逐渐向市区延伸；在包钢周围的市区合计分布 15～30 个固定供热站，通过移动供热对其周边用户供暖或提供生活热水，其热能通过移动供热车从厂区余热回收蓄能供热站获取。

6.4.3.2　本钢钢渣热闷回水余热利用

本钢采用热闷工艺处理高温钢渣，利用水作为换热介质，其生产车间于 2009 年投入运营，在装入热熔钢渣时喷水冷却，装完后需盖上装置喷水热闷，另外还有沉降室喷水、干渣热泼供水及设备冷却喷水，其水系统流程如图 6-36 所示。设计供水量为 426m³/h，用水压力为 0.35～0.45MPa，因在热闷及干渣热泼过程中，喷水大部分被热熔钢渣吸收并蒸发，回水量约为 30%，回水温度 80～90℃，但由于回水的水质比较复杂，并且含有大量渣滓、硬度高，故一直没有得到有效利用，造成余热大量浪费[41]。图 6-37 为钢渣热闷处理回水余热利用工作原理。

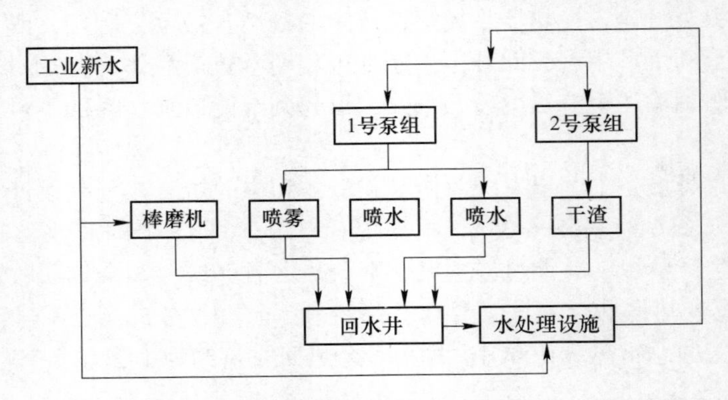

图 6-36　钢渣热闷水处理系统

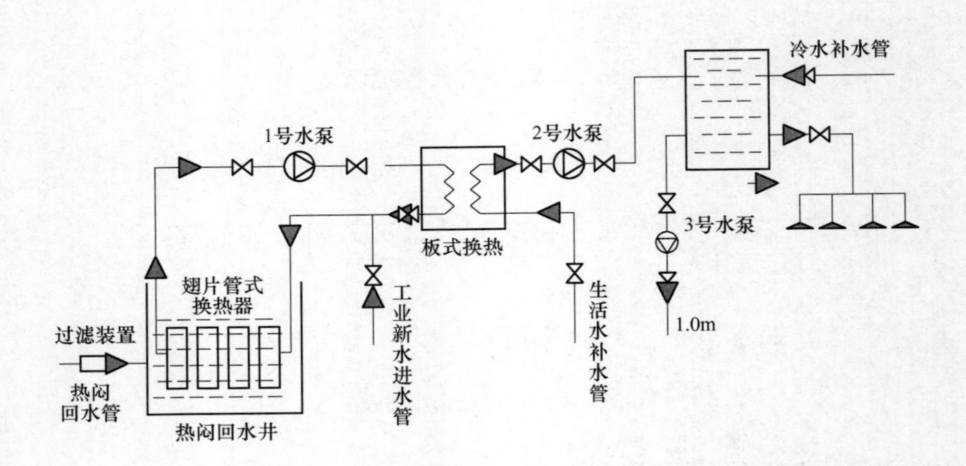

图 6-37　钢渣热闷处理回水余热利用工作原理

为有效利用钢渣余热，该厂采用热交换器在回水井中对热交换器内的工业新水进行加热，主要措施是在热闷处理水循环系统的回水井增设换热器、水泵、管道阀门等设施。通过换热器进行水-水换热，首先加热工业新水，再经过板式换热器第二次热交换后，使换热器出水（生活水）温度达到 45℃ 以上，供职工洗浴、办公楼及加工生产线采暖。

同时，本钢制定了行之有效的回水系统水质稳定处理方案：

（1）热闷池底部排水管道增设过滤装置；

（2）回水井内增设多道滤渣栅板防止杂质进入；

（3）系统运行管道中投加阻垢剂，减缓结垢。

采用该方案后循环水质明显改善，防止了翅片管式换热器结垢，提高了换热器的换热效率，稳定了水泵设备及管道内壁结垢层稳定，保证了钢渣热闷处理回水余热利用系统的正常运转。

参 考 文 献

[1] 薛雷．我国电弧炉炼钢技术发展现状及展望［J］．钢铁冶金，2015（5）：9~13.

[2] 朱荣，何春来．电弧炉炼钢装备技术的发展［C］//2012 年全国炼钢-连铸生产技术会论文集，2012：21~29.

[3] Gandt K，Meier T，Echterhof T，et al. Heat recovery from EAF off-gas for steam generation：analytical exergy study of a sample EAF batch［J］. Ironmaking & Steelmaking，2016，43（8）：581-587.

[4] 胡冰．Consteel 电弧炉炼钢工艺节能环保分析［J］．冶金设备，2013，2（1）：65~70.

[5] 杨凌志，朱长富，马国宏，等．电弧炉炉气余热利用的节能减排探讨［J］．世界金属导报，2016，2（B10）：1~5.

[6] 贺庆，郭征．电弧炉炼钢强化用氧技术的进展［J］．钢铁研究学报，2004.

[7] 子悠．电弧炉余热回收的创新理念和工业应用［N］．世界金属导报，2018-04-03（B12）.

[8] 王艳彩．管壳式换热器的特性与用途研究［J］．山东工业技术，2017（3）：19.

[9] 陈林，孙颖颖，杜小泽，等．回收烟气余热的特种耐腐蚀塑料换热器的性能分析［J］．中国电机工程学报，2014，34（17）：2778~2783.

[10] 王胜林，王华，祁先进，等．高温相变蓄热的研究进展［J］．能源工程，2004（6）：6~11.

[11] 张静如，韦安柱．熔盐在太阳能热发电中的应用与发展前景［J］．石油商技，2017，35（2）：16~21.

[12] 张凯．电热熔盐换热系统设计与性能研究［D］．南京：南京理工大学，2016.

[13] 董茂林，周涛．电弧炉烟气全余热回收装置［J］．炼钢，2015，31（1）：73~77.

[14] 张鑫，冯浚小．合同能源管理新进展及在工业炉领域的发展建议［J］．冶金能源，2013，32（6）：3~6.

[15] 张敏．余热回收技术在钢铁行业的应用及节能潜力分析［J］．资源节约与环保，2015，8：8，9.

[16] 徐国群．烧结余热回收利用现状与发展［J］．世界钢铁，2005.

[17] 张树刚．烧结余热回收利用现状与发展［J］．天津冶金，2018（2）：46~48.

[18] 胡建红，简文涛，杨源满．恒壁温焦炉上升管荒煤气余热回收技术应用［J］．冶金能源，2018，4（37）：54~56.

[19] 吕俊复，张建胜，岳光溪．循环流化床锅炉云运行与检修［M］．北京：中国水利水电出版社，2004：17~19.

[20] 李杨．炼钢烟气余热资源的回收及利用［D］．沈阳：东北大学，2011（51）：34~38.

[21] 陶务纯，杨波，朱宝晶，等. 50t 炼钢电弧炉烟气余热回收系统的设计应用 [J]. 工业加热，2012，41（3）：56~60.

[22] 杨兰香. 电弧炉炼钢废钢预热系统的发展 [J]. 四川冶金，1996（3）：22~25.

[23] 张建国. 废钢预热技术在电弧炉炼钢中的发展应用 [J]. 资源再生，2017：50~53.

[24] 何立波. 炼钢电弧炉余热发电技术的研究与应用 [J]. 节能，2013，(2)：55~57.

[25] Hooper J W. Results obtained with the Consteel process after three years of operation [J]. Iron steelmaker，1993，20（2）：25~26.

[26] Chirattananon S，Gao Z. Amodel for the performance evaluation of the operation of electricare furnace [J]. Energy on version and management，1996（372）：161~166.

[27] 张化义. 利用电弧炉烟气余热生产蒸汽的热回收法 [J]. 世界金属导报，2012，2（B10）：1~4.

[28] 曹先常. 电弧炉烟气余热回收利用技术进展及其应用 [C] //中国金属学会. 第四届中国金属学会青年学术年会论文集. 北京，2008：418~423.

[29] 那永帅. 烟气余热回收技术在热电厂中的应用 [J]. 冶金与材料，2019，39（3）：82，84.

[30] 郭军利，党文静. 70t 电弧炉烟气除尘兼余热回收系统的设计与应用 [J]. 工业加热，2016，45（1）：55~57.

[31] 刘改娟. 100t 电弧炉烟气余热回收实践 [J]. 冶金动力，2008（5）.

[32] 王学义，马全峰，宋智宇. 90t 电弧炉烟气余热回收设备选型与实践 [J]. 工业加热，2019，48（4）：48~52.

[33] 孙立国，黄聪仕，王良，等. 100t 电弧炉汽化冷却成套设备的开发 [J]. 工业加热，2005（2）：67，68.

[34] 张化义. 德国 GMH 钢厂电弧炉余热回收系统 [N]. 世界金属导报，2011-11-01（022）.

[35] 武国平. 150t 电炉热装直接还原铁工艺设计 [C]∥中国金属学会. 2012 年全国炼钢—连铸生产技术会论文集（上）. 中国金属学会：中国金属学会，2012：7.

[36] Jian-ping Duan，Yong-liang Zhang，Xue-min Yang. EAF steelmaking process with increasing hot metal charging ratio and improving slagging regime [J]. International Journal of Minerals Metallurgy and Materials，2009，16（4）：375-382.

[37] 徐建华. 沙钢润忠 90t 竖式电弧炉热装铁水技术改造 [J]. 钢铁，2001（11）：18-19.

[38] Paolo，Razza，Damiano，et. al. Hot DRI Charge at Emirates Steel Industries [J]. Iron & Steel Review，2013（5）：12-18.

[39] 杜滨，罗光亮，姜荣泉. 熔渣干法粒化及徐热回收技术进展 [J]. 干燥技术与设备，2012（4）：3-13.

[40] 吴启兵，杨家宽，肖波，等. 钢渣热态资源化利用新技术 [J]. 工业安全与环保，2001（9）：13~15.

[41] 秦跃林，邱贵宝，白晨光，等. 化学法回收高炉熔渣显热的研究进展 [J]. 中国冶金，2011，21（4）：1~7.

7 电弧炉炼钢固废综合利用技术

炼钢生产会产生大量固体废弃物。炼钢固废通常指在冶炼过程中或冶炼后排出的所有残渣物。炼钢固体废弃物产生以后，因难以处理，须占地堆放。废物堆置，其中有害组分容易污染土地，破坏土壤内的生态平衡。当受污染的土壤随天然降水，径流或渗流进入水体后就可能进一步危害人的健康[1]。

在电弧炉的生产中，产生的固体废弃物主要指电弧炉炉渣和除尘灰。要使电弧炉炼钢生产达到绿色排放要求，需对这两种固废进行资源化处理和综合利用。固废资源化处理和综合利用主要是指从渣和尘泥中分离出铁等有用金属，并将尾料用于循环再生产，避免固废资源的浪费和对环境的污染，提高二次资源综合利用率，为企业带来一定的经济效益。

7.1 电弧炉炉渣处理和综合利用

目前我国电炉钢产量连续增加，电炉渣作为电弧炉炼钢过程中的副产品，其排放量也必将随着钢产量的增加攀升，因此电弧炉渣的综合利用对实现钢铁工业的可持续发展具有重要意义[2]。长久以来，冶金企业都在寻找冶炼炉渣合理处理利用方法，但依然面临着各种问题。目前，电弧炉炼钢过程中产生的炉渣有70%以上可以得到有效利用，最主要的用途是用于内循环、道路建设和水泥生产[3]。

目前炉渣的处理和利用问题已得到初步解决，多数企业将炉渣进行充分循环利用，并提取其中有价金属以实现有效回收[4]。

7.1.1 电弧炉炉渣成分、性质和来源

7.1.1.1 炉渣的成分

通过研究电弧炉炉渣的成分及化学性质发现，炉渣中含有大量的金属与非金属氧化物和少量有害物质，电弧炉炼钢目前多采用碱性渣，其成分和平炉渣非常接近，因精炼方法和冶炼钢种不同产生的渣成分也不同，主要分为电弧炉熔化期和氧化精炼期发生的氧化渣以及还原精炼期和钢包精炼产生的还原渣。电弧炉炼钢冶炼时，先用电弧加热废钢使其熔化，有时也兑入铁水或加入直接还原铁，然后添加石灰和熔剂。通电熔化后开始吹入氧气氧化钢中杂质，调整含碳量，形成氧化渣。氧化渣排出后，在电弧炉内或钢包中进行还原精炼、脱硫、脱氧，产生

还原渣。氧化渣在吹氧时产生，所以氧化铁较多，还原渣中 CaO 和 S 较多[5]。电弧炉冶炼普通钢和特殊钢的渣量一般是 60~80kg/t，电弧炉冶炼不锈钢的渣量一般在 200kg/t。

A 氧化渣

电弧炉氧化渣可分为 4 个类型。

(1) 高碱度渣。其矿物成分是以硅酸三钙和 RO 相为主的固溶体和少量的氧化钙、氟磷灰石与氟化钙，还可能有尖晶石；此类炉渣比较少见，其流动性差，操作中要加入 CaF_2，去硫、磷能力强，对白云石质炉衬侵蚀较小。

(2) 硅酸二钙渣。以硅酸二钙、RO 相为主，这类炉渣较为普遍，其中的硅酸二钙可能固溶有 P_2O_5，也可能固溶有 C_3MS_2；具有相当的流动性，可以不加 CaF_2，脱磷能力强，与白云石质炉衬作用不强烈。

(3) 镁硅钙石渣。以镁硅钙石为主，还含有少量 RO 相和硅酸二钙；脱磷能力差，并强烈侵蚀白云石质炉衬。

(4) 镁硅钙石-钙镁橄榄石渣。脱磷能力差，对白云石炉衬有强烈侵蚀作用。

除以上组成外，因原料特点不同，还可能出现其他特征的矿物。

B 还原渣

还原渣可分为以下 4 个类型：

(1) 高碱度渣（白色渣）。以硅酸三钙和游离石灰为主，其次含少量方镁石、萤石和铝酸三钙。

(2) 硅酸二钙渣（粉末渣）。富含硅酸二钙，尚有少量方镁石、萤石和铝酸三钙，在炉渣冷却时，因粉化而呈粉末，这是由于其中的 β-硅酸二钙相变为 γ-硅酸二钙的缘故。

(3) 镁硅钙石渣。以镁硅钙石为主，并含少量的萤石，方镁石很少出现，在镁硅钙石中常含有 Mn，在加钛铁冶炼不锈钢时，镁硅钙石中常固溶有 $3CaO \cdot 2TiO_2$[6]。

(4) 特高碱度渣。含二碳化钙（CaC_2）和游离石灰。

7.1.1.2 电弧炉渣的黏度

对于 $(MgO+FeO)/SiO_2$ 值 >1.1 的炉渣，即过渡型和橄榄石型的渣，在 1300~1400℃的范围内，黏度均小于 0.25Pa·s。辉石型炉渣黏度较高，这是由于硅氧复合离子造成的。当渣中 SiO_2 饱和度大于 1，或分型系数小于 1 时，渣黏度急剧增大。若采用这种炉渣，必须将炉温提高到 1400℃以上才能保证炉渣有一定的流动性，黏度小于 0.5Pa·s。

电弧炉渣黏度与温度的关系：在渣型系数大于 1.15 的橄榄石渣中，络合阴离子 Si_xO_y 的结构较简单，当温度降低到渣的熔点时，体积小、扩散快的离子容易生成晶核，并迅速组成新的晶体析出。亦即从均相渣很快转变为多相渣，从而引起黏度迅速增加。对辉石型炉渣，SiO_2含量较高，复杂庞大的阴离子 Si_xO_y通过传质并组成新相晶体析出时需要较高的扩散活化能和较长的时间。当冷却速度不是很慢时，从均相熔渣中析出新相晶粒的过程是比较困难的。甚至在远低于熔点的温度下，也仍然能保持均匀的液相，发生“过冷”现象，即实际结晶温度与熔点之间有一“过冷度”存在；反之，在加热熔化时，则存在一个“过热度”。

7.1.1.3 电弧炉渣的电导率

熔融炉渣的导电机理包括两个方面：渣中电子流动引起的电子导电和离子迁移引起的离子导电。在炉渣组成中，以电子导电为主的化合物有 FeO、CaO 和 MgO，它们在相应的熔化温度下的导电率分别为 7.85/(Ω · cm)、40/(Ω · cm) 和 30/(Ω · cm)。离子导电为主的化合物，如 SiO_2、Al_2O_3，在相应的熔化温度下的导电率为 10^{-5}/(Ω · cm) 和 0.05/(Ω · cm)。在升高温度时，电子导电减弱。同时，由于硅氧络合阴离子的解体，参与导电的离子数增加，离子迁移增大，离子导电能力加强。此外，升高温度使炉渣黏度减小，也利于离子导电。总体上讲，电弧炉渣的导电是离子导电。

7.1.1.4 电弧炉渣来源及特性

电弧炉炉渣主要来自金属炉料中各元素被氧化后生成的氧化物、被侵蚀的炉衬、补炉材料、金属炉料带入的杂质和为调整钢渣性质而特意加入的造渣材料，如石灰石、萤石等。电弧炉氧化渣的成分介于高炉渣和转炉渣之间，除存在高炉渣和转炉渣常见的许多矿物相外，还有来自电弧炉炉衬的 MgO 成分，形成各种 MgO 系的化合物。由于冶炼时间较长，渣中 f-CaO 较少。渣的特点是含铝低而含铁高、缓冷成坨、颜色黑、硬度高、稳定性强、无粉化现象。若水淬冷却，呈黑色颗粒（平均粒径为 0.67mm）。由于其碱度低，含氧化铁高，故具有较少水硬性。还原渣约占电弧炉渣总量的 30%~40%。其特点是含钙、铝高，含铁低。由于所含的铁、锰、钛等氧化物很少，故渣呈白色，缓冷的渣块有粉化现象。水淬渣呈绿色，当堆放一段时间后就转为白灰或淡灰色的细粒（粒径为 0.2~0.5mm）。由于它的碱度高，含氧化铁极少（≤1%），具有较高的硅酸盐和铝酸盐矿和氟铝酸钙固溶体，故具有显著的水硬性，是制作钢渣水泥的材料，其中氟铝酸钙可使水泥具有速凝的特性。经过水淬处理的还原渣保存了较多的活性高的物质（如—C_3S，—C_2S 等）。但方镁石含量增多，对钢渣水泥的长期安定性有不利影响。电弧炉渣的化学组成和矿物组成见表 7-1 和表 7-2。

表 7-1 炉渣的化学组成 (%)

种类	CaO	Fe_2O_3	Al_2O_3	SiO_2	MgO	FeO	P_2O_5	MnO
氧化渣	30~50	5~6	10~18	11~20	8~13	8~22	2~5	5~10
还原渣	45~65	—	2~3	10~20	<10	<0.5	2~3	0.1~0.8

表 7-2 电弧炉渣的矿物组成

种类	碱度	主要矿物名称	次要矿物名称
氧化渣	1.8	C_2S-C_3MS_2（54∶46）固溶体	玻璃质，RO 相，尖晶石固溶体
	1.56	C_3MS_2	玻璃质，RO 相
	1.12	（Mg，Fe，Mn）O，SiO_2	Ro 相，尖晶石固溶体，玻璃质
还原渣	2.91	γC_2S（75%）、$C_{11}A_7 \cdot CaF_2$	C_3MS_2，MgO≤5%，CaF_2
	2.87	γC_2S（75%）、$C_{11}A_7 \cdot CaF_2$（多）	C_3MS_2，MgO≤5%，RO 相
	2.63	γC_2S（75%）、$C_{11}A_7 \cdot CaF_2$（少）	C_3MS_2，MgO≤5%，RO 相，CaF

此外，MgO 炉渣含量对于铬的固定是非常有利的，但会影响其他污染元素的浸出，如钡、硒、钒。这些元素的浸出遵循 CaO 和 MgO 的含量抛物线定律，而且也是建立在把 SiO_2 含量描述成一个线性定律的基础上。CaO 和 MgO 含量的减少可使碱性降低，但同时可能导致钢材质量降低，尤其是对于那些难以去除磷的钢材，也会对耐火材料产生侵蚀。

7.1.2 电弧炉渣处理工艺

7.1.2.1 传统炉渣处理工艺

A 渣山冷弃法

渣山冷弃法是最为传统的钢渣处理工艺，也曾是各钢厂主要的炉渣处理工艺。该方法通过将钢渣倒入渣罐，待其缓冷后直接运往渣场堆成渣山，打水淬渣，钢渣淬裂后再进行筛分磁选可以回收部分金属铁。该工艺非常原始，具有设备少、操作简单的优点。

其缺点十分突出，包括占地面积大、环境污染严重、陈化时间长且处理后钢渣块度大、尾渣利用不便等，随着电弧炉绿色生产概念的普及，企业节能降耗，资源利用观念得到增强，该工艺已被淘汰。

B 渣线热泼法

将钢渣倾翻，喷水冷却 3~4 天后使钢渣大部分自解破碎，运至磁选线处理。此工艺的优点在于对渣的物理状态无特殊要求、操作简单、处理量大。

其缺点为占地面积大、浇水时间长、耗水量大，处理后渣铁分离不好、回收的渣钢含铁品位低、污染环境、钢渣稳定性不好、不利于尾渣的综合利用。

C 渣跨内箱式热泼法

该工艺的翻渣场地为三面砌筑并镶有钢坯的储渣槽，钢渣罐直接从炼钢车间吊运至渣跨内，翻入槽式箱中，然后浇水冷却。此工艺的优点在于占地面积比渣线热泼小、对渣的物理状态无特殊要求、处理量大、操作简单、建设费用比热闷装置少。

其缺点为浇水时间24h以上、耗水量大、污染渣跨和炼钢作业区、厂房内蒸汽大、影响作业安全、钢渣稳定性不好、不利于尾渣综合利用。

D 滚筒法

滚筒法是由宝钢创新开发的一种液态钢渣处理技术，其工艺流程如图7-1所示，将高温液态钢渣倒入滚筒装置装料溜槽中，以一定速度进入滚筒内进行处理，产品进行粒铁分离后便可直接利用。此工艺的优点在于流程短、设备体积小、占地少、钢渣稳定性好、渣呈颗粒状、渣铁分离好，渣中f-CaO质量含量小于4%，便于尾渣在建材行业的应用。

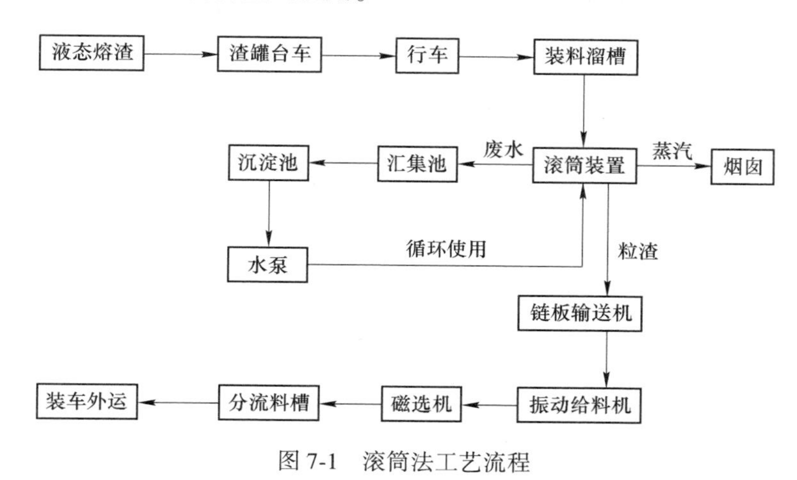

图7-1 滚筒法工艺流程

其缺点是只能处理液态渣；处理得到的钢渣粒度大、不均匀、活性差；使用设备复杂、故障率高，容易粘渣，且投资大。

滚筒法通过滚筒装置（BSSF）实现。滚筒装置由进料装置、滚筒本体、传动装置、支持装置和喷淋装置组成，其核心部件是滚筒，具有耐热耐冲击的特性，其工艺原理是通过桶内的工艺介质（钢球）对热态钢渣快速冷却得到粒度小于120mm的固体钢渣，经磁选后实现渣钢分离，如图7-2所示。

E 风淬法

风淬法的工艺流程如图7-3所示，其工艺原理是热熔钢渣被压缩空气击碎落入水中急冷、改质、粒化，其目的不仅仅是为了回收处理钢渣，同时还要回收钢渣中的热量，该工艺要求液态炉渣具有良好的流动性。

该工艺优点是安全可靠、排渣速度快、设备简单、占地面积小、污染少、处理后钢渣粒度均匀、回收废钢更彻底；其缺点是处理率低、钢渣利用途径窄。

F 水淬法

水淬法工艺流程如图7-4所示，其原理是高温液态钢渣在流出和下降的过程中被高速水流分割、击碎，高温钢渣遇水急冷收缩产生应力集中而破碎、粉化，

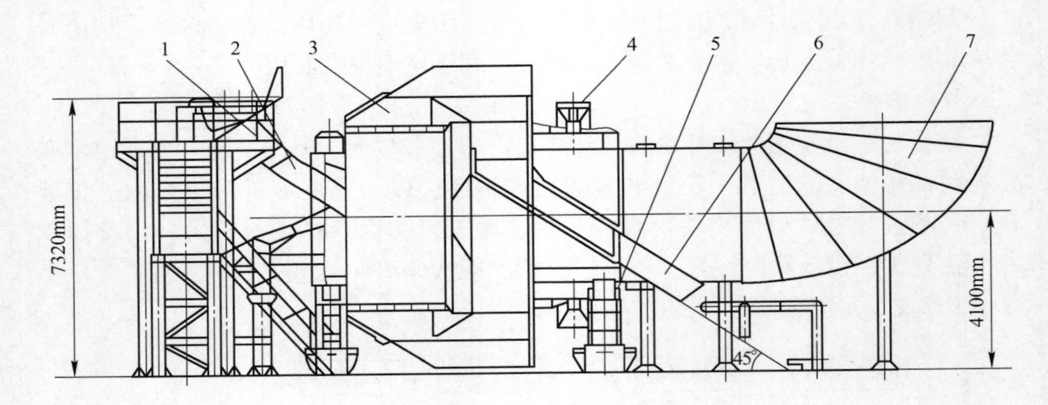

图 7-2　滚筒装置示意图

1—块渣分离装置；2—进料漏斗装置；3—滚筒筒体；
4—传动装置；5—支撑装置；6—出渣装置；7—排气装置

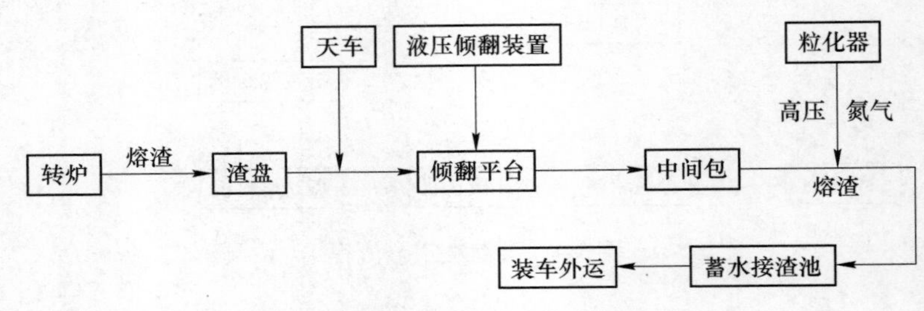

图 7-3　风淬法工艺流程

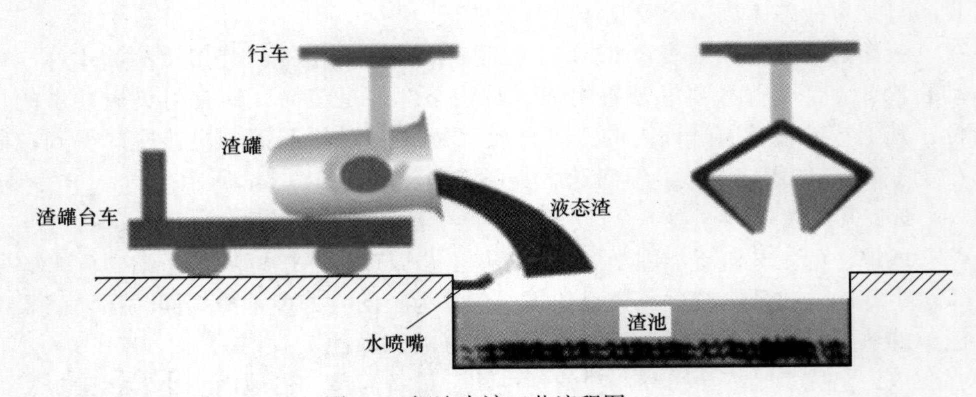

图 7-4　钢渣水淬工艺流程图

并进行热交换，使钢渣在水幕中粒化。

此工艺的优点在于流程短、设备体积小、占地少、钢渣稳定性好、渣呈颗粒状、渣铁分离好、渣中 f-CaO 质量含量小于 4%、便于尾渣在建材行业的应用；其缺点为对渣的流动性要求较高，必须是液态稀渣，渣处理率较低，仍有大量的干渣排放，处理时操作不当易产生爆炸现象。

采用水淬法处理钢渣，基本上可以实现钢渣处理工序的零排放，使废弃物资源化回收利用，具有显著的经济效益和环境效益。

G 浅盘法

浅盘法即 ISC 工艺，由日本新日铁公司开发，工艺流程如图 7-5 所示。首先将热熔钢渣倒在渣罐中，用吊车将罐中钢渣均匀倒在渣盘上，喷淋大量水急冷，然后倾翻到排渣台中喷水冷却，最后翻入水池中冷却。

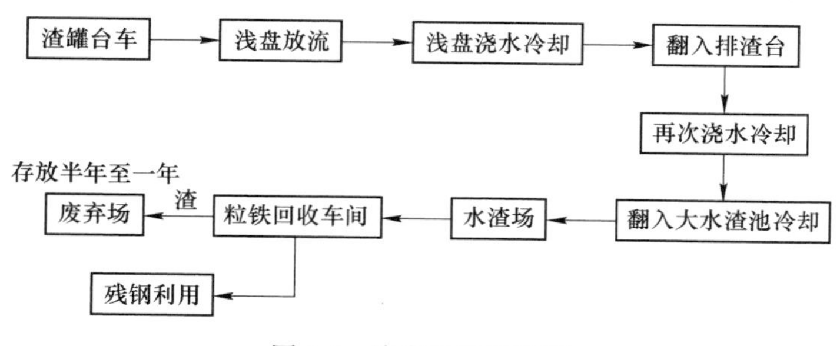

图 7-5 浅盘法工艺流程

该工艺优点是快速冷却、处理量大、占地少、粉尘少、操作安全、钢渣粒度小而均匀且稳定性良好；其缺点是经过三次水冷，会产生大量蒸汽，渣盘易变形、工艺复杂、投资和运行费用高。

7.1.2.2 先进炉渣处理工艺

A 炉渣雾化技术

伊朗德黑兰国家工程和技术管理研究院与韩国有关公司合作共同开发了炉渣雾化技术（SAT），如图 7-6 所示。该技术采用一种新装置以高速空气和水将来自电弧炉的熔融渣（1530℃）流雾化成直径在 0.1~4.5mm 之间的小圆球。该圆球为稳定的尖晶石结构，称为精渣球。采用这种雾化法一般能处理 75%~80% 的熔融渣，余下部分为重材和可回炉的金属，沉积在渣罐的底部。SAT 产品具有高价值、环境友好的特点，可用于多种用途，例如，水处理、结构材料、磨碎剂、脱硫剂等。

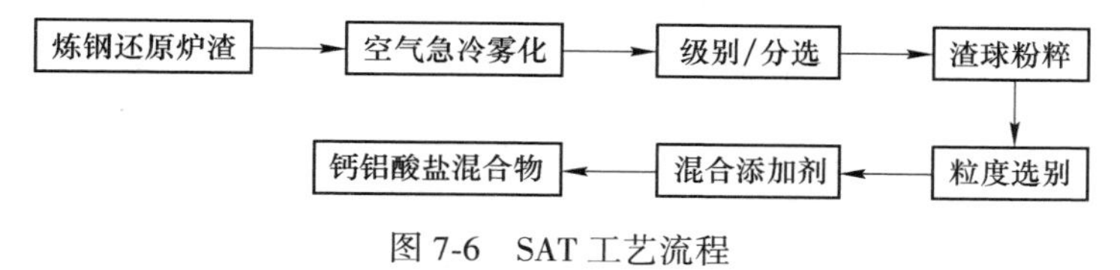

图 7-6 SAT 工艺流程

B 干式成粒技术

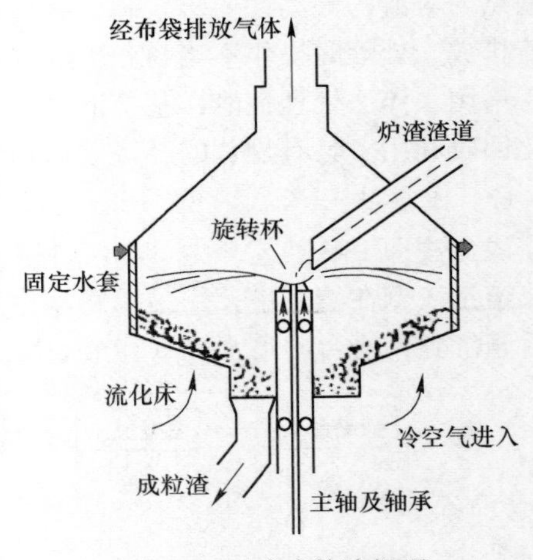

图 7-7 干式成粒法机理

干式成粒法建立在熔渣经变速旋转杯或盘雾化成粒的基础上（图 7-7），熔渣从流渣道送至旋转杯的中心，由离心力将其抛至杯边缘，同时被冷却，为防止颗粒与室壁粘连，炉渣颗粒在飞向水冷墙壁之前必须完全固化，水冷壁的作用是增强冷却和固化效果，提高成粒质量和数量。

固化颗粒落入渣粒运动床时要确保不结块。空气冷却分配器可使床层保持运动并使渣粒作圆周运动。然后一部分已冷却渣粒落入出料槽，另一部分渣粒等待飞落的新渣粒以助其冷却。在出料口渣料进一步被空气冷却，减少固化渣粒在旋转杯飞出过程中黏附墙壁的可能性。最后冷却空气被加热，并经烟道排出，这些携带着余热的热空气再经热风炉加热后送入高炉，充分利用其热能；排出的熔渣可以用于生产水泥和耐火材料。

C ECOGRAVEL 技术

ECOGRAVEL 炉渣回收系统由达涅利集团开发。炉渣回收系统通过炉渣粉碎和筛分工艺，生产各种不同粒度的混合料，其机械性能要优于天然混合料（砾石）。该系统可通过磁选法将黑色金属材料从电炉渣中分离出来，是一种全自动生产工艺，仅需要配备操作人员为这条加工作业线上料，并运出最终产品。2007 年 12 月，这套设备在位于意大利乌迪内的 ABS 电炉钢厂投产，获得的电炉渣产品最终投入市场用做沥青筑路材料和用于生产混凝土产品。

如图 7-8 所示为适用于生产 5 种不同粒度混合料的生产工艺流程。炉渣由轮式装载机输送；轮式装载机将炉渣卸到静态分离机内，由静态分离机喂入加工设备内；静态分离机具有散料分离功能；物料通过静态分离机后，由振动给料器按规定数量输送给后续加工处理设备；电磁分离器（一次电磁分选）配备有自清洁皮带，布置在升运器上方，用于将物料从分离机输送到颚式破碎机内；二次电磁分选设备用于将经过颚式破碎机加工过的物料，通过一台反向输送器输送到粗分筛进行筛选，通过反向改变输送器的输送方向，就可以完成处理过程[7]。

D 加压热闷法

加压热闷法是待熔渣温度自然冷却至 300～800℃时，将热态钢渣倾翻至热闷罐中，盖上罐盖密封，待其均热半小时后对钢渣进行间歇式喷水。急冷产生的热

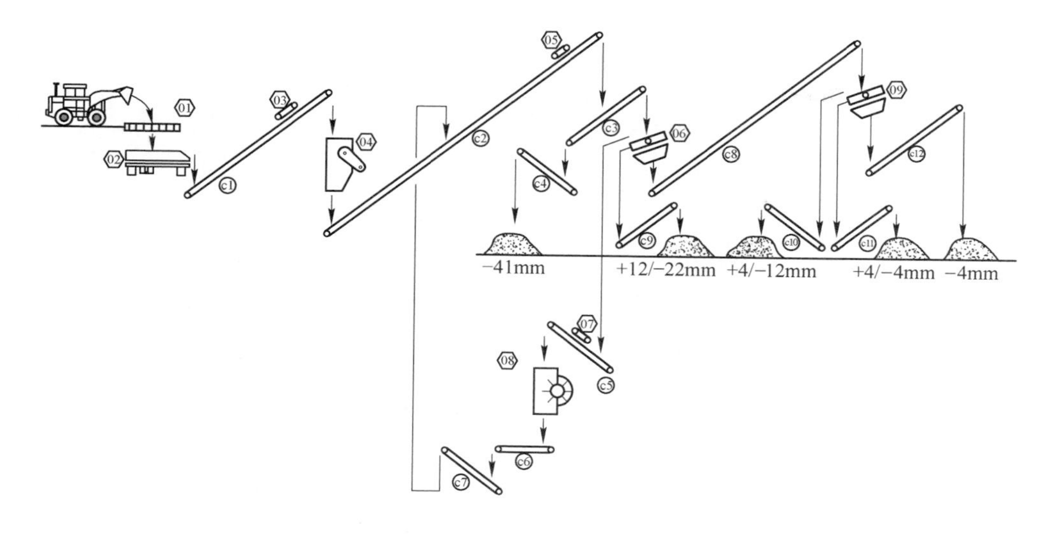

图 7-8 ECOGRAVEL 炉渣回收系统

应力会使钢渣龟裂破碎，同时大量的饱和蒸汽渗入渣中与 f-CaO、f-MgO 发生水化反应，使钢渣局部体积增大，从而令其自解粉化。

加压热闷法能够在密闭容器内利用钢渣余热，热闷过程中发生复杂的物理和化学作用，具体特点如下：

（1）钢渣急冷破裂。高温钢渣遇到大量水产生急剧温降，熔渣快速冷却过程中各矿物发生剧烈的相变，产生应力使钢渣破裂。

（2）汽蒸作用。高温渣和热闷打水反应可产生大量温度在 105℃ 以上、压力超过 2.4kPa 的过饱和水蒸气。这种环境可促进水蒸气向破裂的钢渣缝隙内扩散、渗透，有利于 f-CaO 消解反应的进行。

（3）硅酸二钙（C_2S）晶型转变。在钢渣从 750℃ 冷却到 650℃ 过程中，硅酸二钙（C_2S）由 β-C_2S 转变为 γ-C_2S，体积膨胀 10%，钢渣继续碎裂。

（4）钢渣在过饱和水蒸气封闭条件下 f-CaO 与水反应生成 $Ca(OH)_2$，体积膨胀 98%。

热闷法基于上述的物理化学作用对钢渣进行破碎、粉化，可实现钢渣内反应彻底进行，消除钢渣不稳定性，促进渣铁分离。

该工艺如图 7-9 所示，优点在于，当渣平均温度大于 300℃ 时均适用，处理时间短（10~12h），粉化率高（粒径 20mm 以下者达 85%），渣铁分离好，渣性能稳定，f-CaO、f-MgO 质量含量小于 2%，可用于建材和道路基层材料；其缺点为需要建固定的封闭式内嵌钢坯的热闷箱及天车厂房，建设投入大、操作程序要求较严格、冬季厂房内会产生少量蒸汽。

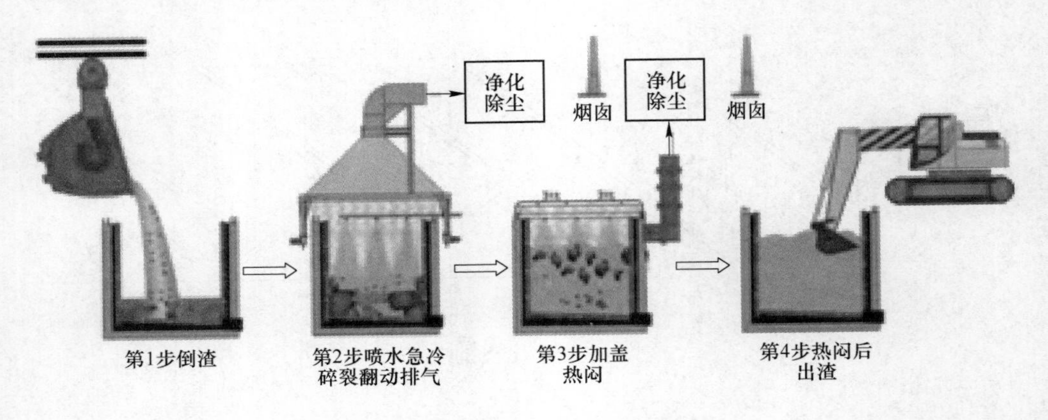

图 7-9 钢渣加压热闷法工艺流程

7.1.3 电弧炉渣的利用技术

7.1.3.1 电弧炉渣在钢铁企业内部的循环利用

电弧炉渣含有较高的 CaO、MgO、MnO，以及一定数量的 FeO 和金属铁等。回收这些有效成分能降低熔剂和矿石的消耗、节约能耗，作为钢铁厂内部循环使用是一项重要的综合利用途径。

A 电弧炉渣返回烧结

电弧炉钢渣具有软化温度低且物相均匀的特点，将其配入烧结工序使用，可以有效回收其中的有效成分，而且钢渣液相生成早，可促进物质反应并迅速向周围扩散，使黏结相增多且又分布均匀、结构致密，从而改善烧结矿的矿物结构，使返矿减少。钢渣的配入还可抑制硅酸二钙的相变使粉化率降低，显著改善烧结矿的宏观及微观结构，因而使烧结矿的转鼓系数提高、成品率增加。安阳钢铁集团在烧结工序使用 5%～10%的钢渣代替熔剂，不但可以提高生产率，降低原料成本，还有效降低了固体燃料消耗。

B 电弧炉渣返回高炉

电弧炉渣返回高炉可以回收其中的铁，降低生产成本；可以把 CaO、MgO 等作为助熔剂，从而节省大量石灰石、白云石资源；可以减少碳酸盐分解热，并降低焦比；渣中的 MnO、MgO 有利于改善高炉渣的流动性；对于含有稀有金属的钢渣还能在高炉炼铁过程中富集 V、Nb、Ti 等元素。但由于磷的富集，钢渣不能无限制地循环使用，另外会增加高炉渣量。

C 电弧炉渣用作炼钢返回渣

电弧炉渣作炼钢返回渣不仅可以提前化渣，缩短冶炼时间，减少熔剂消耗，减少初期渣对炉衬的侵蚀，降低耐火材料消耗，同时还可回收渣中的金属，而且能减少污染。首钢曾用电弧炉铸锭渣返回电弧炉，武钢也已试验用电弧炉氧化渣作为转炉的造渣材料，均取得了一定效果。在钢产量保持不变以及不影响炼钢工艺和钢材质量的条件下，加 1t 钢渣可以少用 0.3～0.5t 铁水，使本来作为废物排出而变成了资源；同时还能回收热量，返回炉中渣的热量足够使炉子加热升温 20～150℃。

D　电弧炉渣用于铁水预处理

电炉渣可以用于铁水预处理脱硫，其脱硫速度快，脱硫渣容易排出，铁的损失小，经济效益高。研究表明，电炉白渣粉是一种非常经济的喷吹脱硫粉剂，向其中配入少量铝能显著提高白渣粉的脱硫效率[8]。

7.1.3.2　电弧炉渣用作建筑材料

A　生产钢渣水泥

电弧炉渣中含有与硅酸盐水泥熟料相似的硅酸二钙和硅酸三钙（水淬后），高碱度钢渣中两者含量在 50%以上，中、低碱度的钢渣中主要有效成分为硅酸二钙。以钢渣为主要成分，加入一定量的其他掺合料和适量石膏，经磨细而制成的水硬性胶凝材料，称为钢渣水泥[9]。用 45%的水淬还原渣、9%～10%的烧石膏、31%～45%的水淬高炉渣、0～15%的水淬氧化渣和缓凝剂能生产合格的钢渣水泥，28 天抗压强度为 3100～3600N/cm^2，且蒸煮和浸水安定性、耐蚀性良好，产品符合 300 号石膏矿渣水泥的质量标准。研究表明，电弧炉还原渣胶凝材料具有快硬、早强的特性，硬化时不收缩，其物理力学性能符合硅酸盐水泥 425R 的要求，白度达到了白色硅酸盐水泥二级品的要求，适用于建筑工程，尤其是装饰工程。在水泥生产过程中，引入具有促硬促凝效果、利于发挥水泥早期强度的功能性的水淬电弧炉渣，可以制备出性能优良的高强复合水泥。如图 7-10 所示，实验表明，在对制混凝土砖时掺入不同比例的电弧炉渣对产品抗压强度有一定影响，但仍然在合格产品范围内，合理的比例在 30%左右。

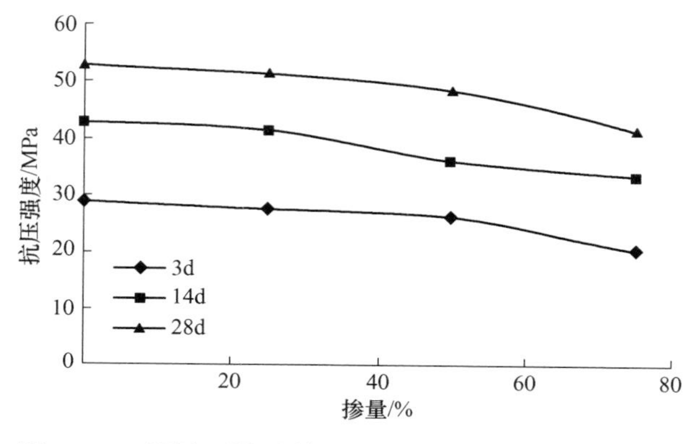

图 7-10　不同电弧炉渣掺入量对混凝土抗压强度的影响

B　生产钢渣白水泥

钢渣白水泥是以精炼还原渣为主要原料，加入适量的其他原料（如煅烧石膏等），经充分磨细制成的一种白色水硬性胶凝材料，并具有速凝、早强的特性。选择颜色白的电弧炉还原渣粉（经过0.2mm往复筛去除铁质和黑色渣粉），掺入适量粉碎过的高纯度天然石膏（经700~800℃煅烧），配比为（80~85）:(15~20)，经混合、磨细，细度用4900孔/cm^2标准筛鉴定，控制筛余量为6%~8%，即成为白水泥。其白度在75度以上；凝结时间：初凝>30min，终凝<12h。当成品成分中f-CaO<0.5%、SO_3^{2-}为8%~10%时，体积安定性合格，水泥标号达到325号。掺入不同矿物颜料即可成为各种彩色水泥。钢渣白水泥主要用于建筑装饰工程，可配制成彩色灰浆或制造各种彩色和白色混凝土，如水磨石、斩假石等，也可以配成彩色水泥，制成各种现代家庭用品，如茶几、桌、板凳、椅、写字台面等。钢渣研制成白水泥，生产工艺简单，成本低廉，现已用于建筑粉刷以及建筑物的内外装饰工程上。

C　代替碎石做筑路材料与地基回填材料

钢渣用于筑路是钢渣综合利用的一个主要途径。电弧炉氧化渣具有比重大、抗压强度高、耐磨、抗化学侵蚀性、抗滑、抗刹、抗剥离性、耐干湿和冻融性、与沥青黏结性好等性能，是良好的道路材料和铁路道砟材料。电弧炉钢渣用于沥青混合料，无论室内实验，还是从铺筑路面实际情况，各项指标全部符合沥青混合料技术要求，因此用电弧炉渣代替碎石料拌制沥青混合料铺筑路面是切实可行的。根据氧化渣比重大、坚硬、耐水冲刷、水硬性等的特性，其可用于改良地基、河流和港湾堤坡的加固，以及修筑堤坝，地基回填，可以大大地改善地基、堤坡和堤坝的牢固性。

D　生产其他建筑材料

武汉理工大学利用电弧炉渣掺膨胀珍珠岩研制出了符合国家标准的小型空心砌块。用电弧炉氧化渣与碎石各占50%作为混凝土骨料使用，适用于建筑基础、高负荷公路、机械基础等。电弧炉渣可以用作胶凝材料或骨料，用于生产钢渣砖、空心砖等产品。抚顺市建工局和建材部水泥工艺研究所等单位通过反复试验，采取碳化工艺，并掺加糖蜜作缓凝剂，制备出了体积安定性良好、强度较高的电弧炉钢渣混凝土制品。抚顺市至今已生产了30000m^3碳化钢渣制品，用在300000m^2的工业与民用建筑中。微晶玻璃是近几十年发展起来的一种用途很广的新型无机材料。相关研究人员研究了以精炼还原钢渣为主要原料，添加其他辅助材料，采用烧结法研制出了色泽美观、花纹清晰的微晶玻璃花岗岩[10]。西欧还有人用废钢渣制造出透明玻璃和彩色玻璃陶瓷，可以用作墙面装饰块及地面瓷砖。

7.1.4 电弧炉炉渣处理利用典型案例

钢渣中含有约10%的金属铁，具有良好的经济价值，且其中的CaO、FeO可作为部分原料返回高炉，在烧结工序循环使用，同时经处理的尾渣在消除f-CaO膨胀崩坏后，可广泛用作填埋材料、道路材料、建筑材料及钢渣肥料等。对其进行处理，可以实现资源化利用，已成为世界各国重要的研究工作，以下为国内外电弧炉钢企炉渣处理实例。

7.1.4.1 新钢集团炉渣处理实例

2008年，新钢集团建设了一条规模为116万吨/年的钢渣热闷、磁选、筛分生产线以替换原有的场地打水堆存处理，工艺流程如图7-11所示。

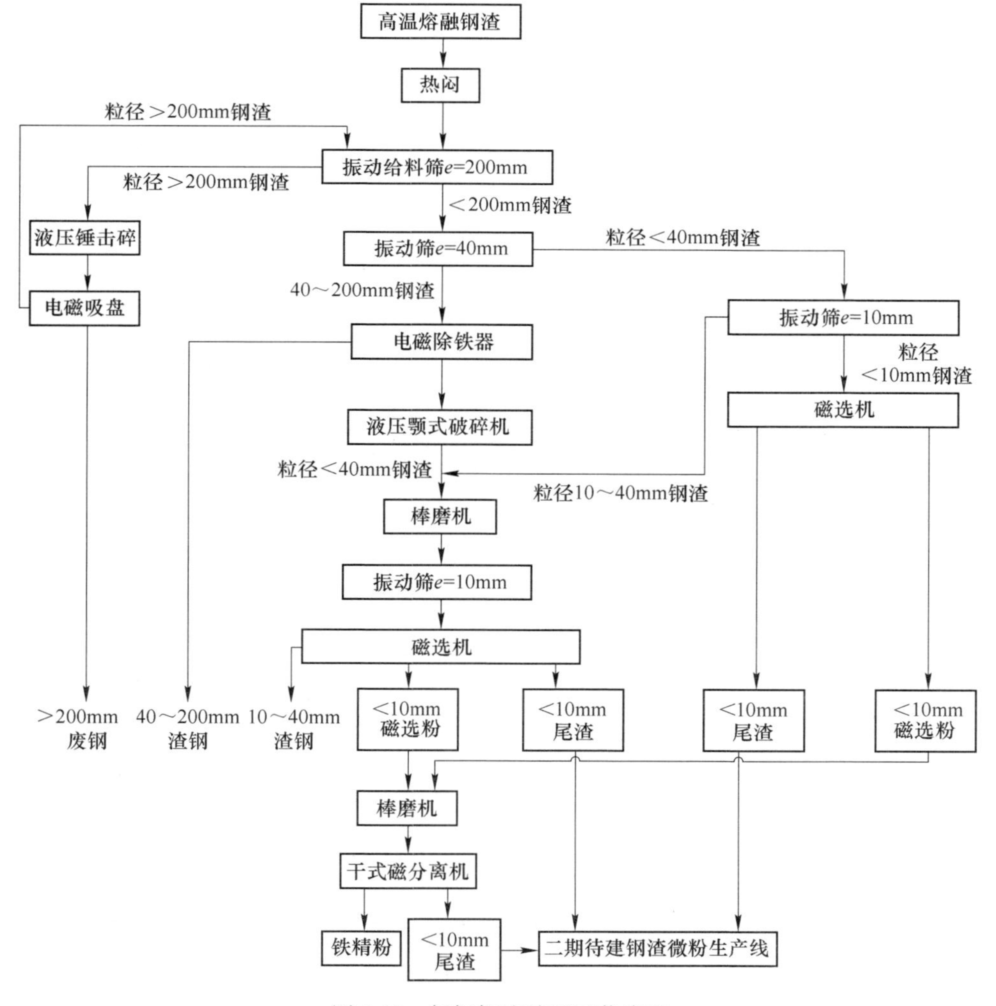

图7-11 新钢钢渣处理工艺流程

该生产线自投入运行以来运转正常，工艺指标良好：

（1）技术指标。渣钢品位达到85%以上，可直接返回炼钢使用；热闷后钢渣中小于10mm粒级含量达到60%以上；尾渣中MFe品位降至1.6%，f-CaO含量降至3%以下，满足用于生产钢渣微粉的原料要求；磁选粉TFe品位达到40%以上，经干磨干选深加工处理可达到65%以上。

（2）经济效益。新的钢渣处理工艺每年可多回收废钢资源2.5万吨，且尾渣可全部资源化利用，产生可观的经济效益。

（3）环境效益。新的钢渣处理工艺解决了原有钢渣堆存占用土地、污染环境的问题，最终获得的尾渣经处理获得的钢渣粉可等量代替水泥做混凝土掺合料。生产每吨钢渣粉与水泥相比可节约煤105kg，节电73kW·h，减排$CO_2$0.68t。

7.1.4.2　宝钢电炉厂炉渣处理实例

宝钢引入俄罗斯乌拉尔钢铁研究院实验室渣处理工艺，并在此基础上开发出滚筒法（BSSF法），宝钢电炉厂炉渣处理即采用该工艺。该法是将液态钢渣顺着溜槽倒入旋转的滚筒中，滚筒中有钢球，通过控制水量，钢渣在滚筒中热化、粉化、研磨、冷却、固化、破碎和渣钢分离，然后由链板输送机排到渣场，经粒铁回收后送用户使用，其工艺流程如图7-12所示。

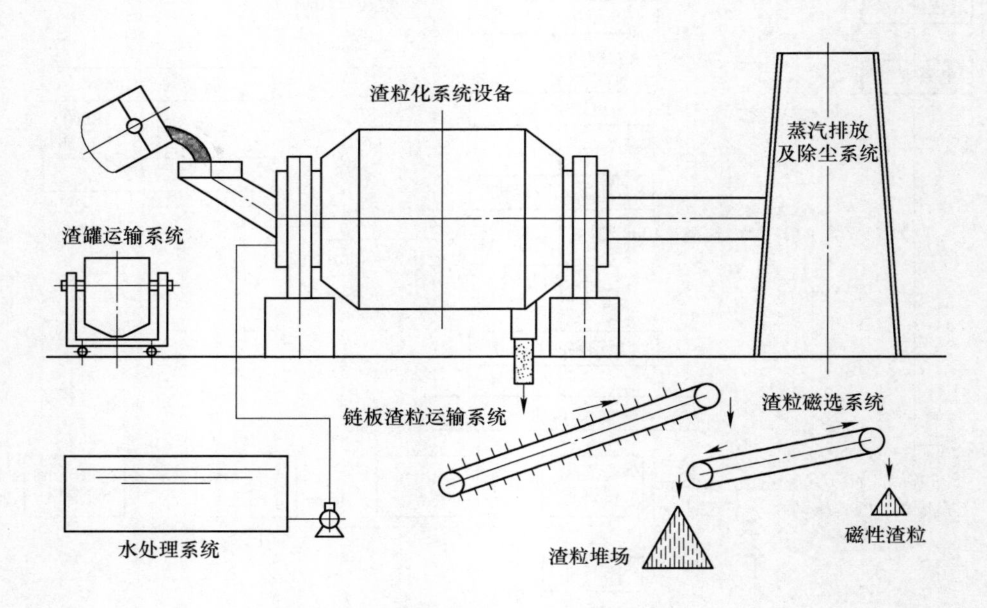

图7-12　滚筒法处理工艺流程

（1）工作效率。2002年滚筒的处理能力已达到日均14炉的水平，最高日处理能力已达34炉。按每炉23t钢渣量计算，日均处理量已达到322t，而且绝大部分为高黏度的钢渣。在保证出渣质量的前提下，滚筒装置的处理速度可以在1.0~3.0t/min之间进行运转。进渣速度的快慢与渣料的状态有关，流动性好的渣容易处理，进渣速度可快些；黏度大的渣难处理，进渣速度相应慢一些。

（2）渣粒物性。通过对处理后渣粒的批量取样分析发现，在正常操作时，滚筒渣的粒度小而均匀，粒度大小分布呈近似正态分布状态，主要集中在0.30~10mm之间，如图7-13所示。这样的渣无须做二次破碎，就可以很好地完成渣铁分离及直接利用。同时，将近有80%成品渣的游离氧化钙含量在4.0%以下，随着预处理设备的改造和投用，滚筒游粒渣游离氧化钙的含量可得到进一步控制。

滚筒装置处理前后钢渣的化学成分除游离氧化钙有较大的降解外，其他组成没有明显的变化。从渣样的X射线衍射分析得知，处理前渣中含有较多的CaO，而处理后渣样中多了硅酸三钙、蔷薇辉石和$Ca(OH)_2$以及游离的铁，说明滚筒法渣处理技术的渣铁分离能力非常好。

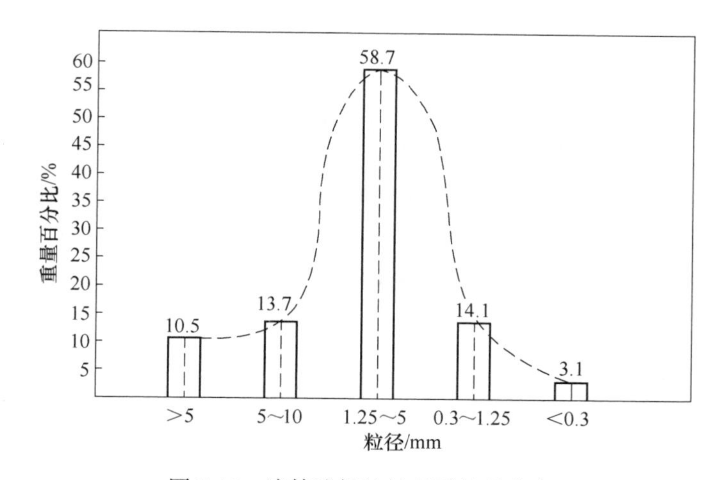

图7-13 滚筒法钢渣处理后粒径分布

（3）绿色排放。滚筒装置处理过程中产生的蒸汽由烟囱集中排放，据宝钢技术部检测中心环境监测站测定，烟囱出口平均含尘浓度为93.4mg/m^3，SO_2平均排放浓度65.7mg/m^3，NO_x的平均排放浓度仅2.8mg/m^3。

通过滚筒法生产出的粒料能广泛地应用于市政建设、水泥生产、地基加固、制砖、冶炼等领域，可获得显著的经济效益和社会效益。

7.1.4.3 日本住友金属钢渣处理实例

日本住友金属采用浅盘法处理钢渣，其具体操作工艺为：将热熔钢渣倒在渣罐中，用吊车将罐中钢渣均匀倒在渣盘上，喷淋大量水急冷，再倾翻到排渣台中喷水冷却，最后翻入水池中冷却。最终获得可以作为钢渣水泥、路基原料的钢渣产品。由于其石灰成分f-CaO与水反应后产物的体积会发生变化，故需要进行陈化（时效）处理，以保证材料的体积稳定性。日本住友金属开发了钢渣蒸汽加压快速时效化处理技术，成功缩短了钢渣的回收处理周期[11]。

住友金属和歌山厂的研究表明，露天敞开堆存的钢渣，常温常压下的时效处理需要 2 年，常压下通入蒸汽加热，钢渣的时效处理缩短为 2 天。加压状态下(0.6MPa)，通入饱和蒸汽，钢渣时效处理只需要 2h[12]。

根据以上研究成果，住友金属开发了一套钢渣快速时效化处理的装置，如图 7-14 所示，将需要处理的钢渣通过运输车辆、渣槽装置卸载入压力釜，通入高温加压饱和蒸汽，在压力釜内快速完成时效处理。

图 7-14 和歌山第二炼钢厂钢渣快速陈化处理装置

通入饱和蒸汽并加压的快速时效方法，除了极大地缩短了钢渣处理时间，占地面积也大大减小，可以获得高质量的炉渣产品，而且钢渣快速陈化处理装置可以进行机械化的稳定、连续作业，使得钢渣处理系统的自动控制成为可能[13]。

日本住友金属公司一直注重于钢渣的处理及资源化利用，到 20 世纪末，该公司年产约 150 万吨钢渣，其中用于填埋工程的占 40%，用于土木工程的占 32%，返回高炉，烧结工序循环利用的占 21%，用于生产水泥的占 4%，用于加工原料的占 2%，用于道路修筑的占 1%[14]。

7.2 电弧炉粉尘处理和综合利用

电弧炉炼钢粉尘中含有大量的 Zn、Pb、Cr、Cd 等重金属元素，若露天放置易随雨水渗入地下水，污染地表植被，影响动植物的生存环境，所以必须合理地对电弧炉粉尘进行处理。目前我国电弧炉粉尘的处理方法主要有填埋法、固化和稳定技术法、返回烧结法、湿法提取法、火法工艺。其中火法工艺相对其他工艺较为成熟，更适合我国电弧炉粉尘的处理[15]。

7.2.1 电弧炉粉尘处理方法

7.2.1.1 填埋法

对含锌量很低的电弧炉粉尘的经济处理方法是不回收资源，进行简单处理之后，送入安全填埋场填埋。该法土地成本高、处理能力有限，无法回收粉尘中有价金属元素，造成资源浪费。

7.2.1.2 固化与稳定技术法

固化与稳定技术分为水泥固化法和药剂固化法。水泥固化法是将粉尘与水泥混合，经水化反应后形成水泥固化体，防止有害元素浸出；药剂固化技术是利用化学药剂通过化学反应使有毒有害物质转变为低溶解性、低迁移性及低毒性物质。该法虽然大大降低了重金属浸出的可能性。但是经过长久的日蚀雨浸，重金属仍有可能浸出，并非长久之计，再者该法仍然不能回收粉尘中的有价金属元素。

作为填埋前置处置技术，固化与稳定技术操作简便，易于实现除尘灰的无害化处理，处理后的粉尘也可保持长期稳定性，符合环保填埋标准。

具体处理方法包括：

（1）SuperDetox 法。1995 年美国环保局声称经 SuperDetox 处理的电弧炉粉尘可填埋弃置。SuperDetox 过程是将粉尘与铝、硅氧化物、石灰以及其他添加剂混合，使重金属离子氧化还原且沉积于铝、硅氧化物之中，处理后的粉尘可通过浸出试验。这一技术现在 Ohio 和 Idaho 州被采用[16]。

（2）IRC 法。IRC 技术为玻化过程，电弧炉粉尘与添加剂混合后采用特殊设计的加热炉熔化，产物为晶体且重金属离子被包裹于中间，从而实现重金属无害化。这一方法与 SuperDetox 固化一样，金属资源没有得到回收和利用。

7.2.1.3 直接返回烧结

曾经部分企业将电弧炉粉尘返回烧结，把电弧炉粉尘看做原料分批次混入烧结原料当中制成烧结矿。烧结矿中加入电弧炉粉尘后，烧结矿的含铁品位会降低 3%~4%，烧结矿中的 Zn 含量增加，同时锌蒸气易在煤气上升管处积聚，堵塞煤气通路，导致炉顶煤气压力异常波动；而且锌在高炉中易循环富集，恶化料柱透气性，影响高炉正常运行。返回烧结的方法虽然回收了电弧炉粉尘中的铁，但是其中的锌却给高炉操作带来巨大危害。目前企业已经不再采用该法。

7.2.1.4 湿法提取工艺

湿法工艺一般用于中锌和高锌粉尘的处理。氧化锌是一种两性氧化物，不溶于水或乙醇，但可溶于酸、氢氧化钠或氯化铵等溶液中。湿法回收技术就是利用氧化锌的这种性质，采用不同的浸取液，将锌从混合物中分离出来。该工艺锌的浸出率低，浸渣难以作为钢厂原料回收利用，也满足不了环保提出的堆放要求；

同时其成本较高，对设备腐蚀严重，操作条件较恶劣，此法对原料要求较高，效率较低。

具体处理方法包括：

(1) Chaparral 处理技术。加拿大不列颠哥伦比亚大学研制出 Chaparral 处理技术。目标是使粉尘无毒，并最大限度地回收有价金属。工艺流程如下：

1) 用水洗涤粉尘，除去氯化物；

2) 用醋酸盐溶剂除钙；

3) 用氨溶液浸出锌；

4) 洗涤固体渣，使粉尘无毒；

5) 沉淀最终产品。

锌呈 $ZnCO_3$-$Zn(OH)_2$，回收率为 55%~60%；铅呈 Pb-Cd 沉积物，回收率为 55%~60%；镉呈 Pb-Cd 沉积物，回收率为 80%~85%；钙呈 $CaSO_4$-$2H_2O$，回收率为 95%~100%。EZINEX 意大利开发了湿法流程处理电弧炉粉尘，采用氯化铵溶液浸出粉尘中的锌、铅和镉等氧化物，用锌粉置换浸出液获铅和镉，电积溶液得电锌，浸出渣干燥后配入煤粉制粒加入电弧炉回收铁，钾、钠氯盐蒸发结晶后出售，整个过程无任何废料弃置[17]。

(2) ZINCEX 法。西班牙在传统的电积锌技术基础上开发 ZINCEX 工艺湿法冶金处理电弧炉粉尘，采用硫酸浸出锌、镉氧化物和卤化物，经净化后电解得产品电锌，从净化渣中得镉，从浸出渣中提铅，电解废液可返回浸出。这一方法已在西班牙北部投入运行，可年处理 80000t 电弧炉粉尘。

(3) Cashman 法。Cashman 法为盐酸高压浸出湿法流程，这一方法借用于处理含砷矿和炼铜粉尘，浸出液经锌粉除杂后产出高纯氧化锌，浸出渣除锌后生产氧化铁或金属铁，净化渣用于回收铅和镉。TerraGaia 加拿大开发出三氯化铁高压浸出电弧炉粉尘的湿法流程，往浸出液中鼓入 H_2S 使锌以 ZnS 沉淀送锌冶炼，含铁浸出渣回收铁，铅以 $PbCl_2$ 或 PbS 结晶回收，浸出液可循环使用。除此之外的其他湿法处理见表 7-3。

表 7-3 电弧炉粉尘的湿法处理方法及对比

浸出剂	工艺简介	缺点
HCl	(1) 在 $pH<1$ 的条件下，用 HCl 进行浸出； (2) 对浸出液进行氯化处理以沉淀铁； (3) 用溶剂萃取锌并进行电解	(1) 有氯气的存放及管理问题； (2) 对于小钢厂来说，溶剂萃取和电解的费用很高且工艺复杂
ZaOH	(1) 用 NaOH 浸出 ZnO； (2) 用锌电解沉积在不锈钢电极上	(1) 试剂消耗大； (2) 电解困难； (3) 由于不能完全除去镉和铅，因而不符合现行环保规定

续表 7-3

浸出剂	工艺简介	缺点
H_2SO_4	（1）用 H_2SO_4浸出锌； （2）对浸出液进行净化处理和电解	（1）锌的回收率低； （2）残渣中的 $PbSO_4$是有毒废物
H_2SO_4（pH<2）	（1）二段浸出锌； （2）对浸出液进行净化处理和电解回收锌	残渣中的 $PbSO_4$ 是有毒废物（为了除去它需进行苛性浸出）
NH_3-$(NH_4)_2CO_3$	（1）用 NH_3-$(NH_4)_2CO_3$浸出锌； （2）沉淀 $ZnCO_3$	（1）残渣中 $PbCO_3$是有毒废物； （2）由于粉尘中 CaO 会生成 $CaCO_3$，CO_2消耗大

湿法工艺的总体特点：

（1）产品质量好，金属回收率较高，设备简单。

（2）工艺流程长，工序繁多，给操作和控制带来困难，生产效率低，易产生二次污染。

（3）要求原料成分稳定、金属含量高，对多数粉尘来说难于达到。

7.2.1.5 火法提取工艺

火法工艺主要有转底炉、Waelz 回转窑、熔融回转窑、电炉和竖炉等。该法的特点是生产效率高、Zn 和 Pb 等金属回收率高、伴生的铁碳资源可以得到充分回收、工艺稳定，对钢铁企业而言具有较好的综合效益。相对湿法工艺，火法工艺更适合于处理钢铁企业产生的粉尘。但是火法工艺也存在设备投资大、工艺复杂的缺点。各种火法工艺指标参数的对比统计结果见表 7-4。

表 7-4 各种火法工艺主要参数对比

名称	脱锌率/%	处理能力/10000t · a^{-1}	设备成本指数	维修成本指数
转底炉	90~97	50	1	1
Waelz	75~90	8	3	1.5~2.0
回转窑	90~97	6	3~4	1.5~2.0
电炉	75~90	3~5	4~8	2~3
竖炉	99	5~8	3~4	2~3

由表 7-4 可以看出，从脱锌率、处理能力、设备成本和维修多方面综合考虑，转底炉处理粉尘的综合效果最佳。总的来说，电炉粉尘的处理方法虽然多样，但都有自身的局限性，尚没有一种完全成熟的处理工艺。相比而言，火法工艺更适合钢铁企业的粉尘处理，但是火法工艺初期投资大，操作复杂，无法在中小型企业推广。

火法处理是在高温条件下处理电炉粉尘，回收其中部分或全部有价元素。火法处理的方法较多，下面介绍一些具有代表性的处理方法。

A 处理方法

转底炉（rotary hearth furnace，RHF）工艺属于煤基直接还原工艺，用于处理钢铁粉尘不仅可以实现大批量粉尘的节能环保处理，还能将粉尘中的锌和碱金属分离出来，有效解决其在钢铁流程中的循环富集问题，在采用转底炉处理含锌钢铁粉尘的工艺时，钢铁粉尘和一定比例碳粉、黏结剂混匀后压制成冷固结含碳生球，经干燥后进入转底炉，球团与煤气燃烧产生的高温烟气进行换热，升温到一定温度后发生一系列复杂化学反应，铁氧化物还原为铁，生球转化为金属化球团出炉，同时 ZnO 还原以锌蒸气形式随烟气脱除。

Waelz 窑可从低品位矿和其他废物中浓缩锌，1923 年德国的 UpperSelesia 厂首先应用该项技术，之后，日本、伊朗、土耳其、美国等国家都相继使用，只是在处理电炉粉尘上稍有不同，但基本流程是一致的。即将炉粉尘与碳和溶剂混合，加入回转窑，加热到操作温度，混合料在料床慢慢流动通过回转窑时金属被还原，锌等以蒸气形态从料床中排出，和料床上面的剩余空气一起作用，生成氧化物气体收集。两段 Waelz 窑技术主要在美国和墨西哥等地被采用，它可处理 80%~85%的碳钢冶炼粉尘。生产中首先将粉尘加入第一段窑，锌、铅、镉和一些氯化物被分离，而产出的无毒产品如铁等返回电弧炉，第一段窑产出的粉尘送入第二段窑产出低纯度氧化锌和铅、镉氯化物。欧洲和日本采用一段 Waelz 窑，实际上它与两段 Waelz 窑的第一段相同，产品为铅和锌金属或锌化合物，在日本还增加了去氟、氯过程。

Babcock International 公司在原有的 ZIA 基础上开发设计出 ZTT 技术。ZTT 属于回转窑，将制粒后的电弧炉粉尘加入窑中并同时加入焦炭或煤作为锌氧化物的还原剂，含铅、镉和卤化物的氧化锌于炉尾收集后去除卤化物得低等级氧化锌出售给炼锌厂，所得的副产品复合盐可用作润滑液添加剂，产出的金属铁返回电弧炉回收铁。这一技术比 Waelz 窑经济合理，它产出的是金属态铁和高附加值的副产品，而 Waelz 窑只能产出弃渣。

火焰反应器为一旋风炉，将细小干燥的电弧炉粉尘加入炉内，与燃烧炉内的焦炭或粉煤反应，产出含铅、镉和卤化物的氧化锌初级产品，同时产出满足环保要求的富铁玻璃炉渣。这一反应器运行费用较高，难于推广。

MR/Electrothermic 日本利用原有的炼锌设备开发这一技术，产品为含铅的中间产物氧化锌，可进一步冶炼回收锌。MR/Electrothermic 并未得到推广应用，主要是需要昂贵的特殊冶金设备。

Laclede 过程十分简单，将电弧炉粉尘和还原剂加入一密封电炉，在金属还原蒸汽的不同阶段回收锌、铅和镉，铁渣可达环保标准填埋弃置。这一方法主要存在的问题是产出的金属锌质量较差[18]。

Ausmelt 为流态化床技术，是澳大利亚 Ausmelt 有限公司为改进冶炼矿石和精矿石而开发的熔融系统，Ausmelt 炉子是一个内衬耐火材料的钢制圆柱体，有一个倾斜的圆锥形顶连在炉体上且直通烟道。在圆锥形部有 3 个密封性开口，用于装料、放喷枪和取样、观测以及辅助燃烧器。电炉粉尘、溶剂和还原剂从入料口进入 Ausmelt 炉内，第一炉中熔化电弧炉粉尘，第二炉中还原铅、锌、镉等氧化物使之进入烟气后在布袋收集，产出的最终炉渣达环保标准可直接填埋或作混凝土骨料。

Met Wool 属于火法冶金过程，首先将电弧炉粉尘、其他废物和溶体混合，后压团，球团经干燥后与还原剂一同加入冲天炉，从气相中收集铅、锌、镉的氧化物，并产出白口铁和低铁炉渣。此方法现已完成实验室和小型工业实验。

All Met 通过应用等离子技术，可产出高附加值的产品。将电弧炉粉尘以及其他钢铁厂的废料与还原剂混合后制粒，采用回转窑预还原产出金属铁和碳化铁以进一步回收；锌同时被还原与再氧化为含铅和卤的氧化物，这一氧化物与碳一同加入等离子炉还原为锌、铅和镉金属，以及含卤蒸汽，蒸汽经浓缩后得金属锌和钾钠氯盐熔体。这一方法已完成技术经济评价，正在协商投入运行。

BDR-ZIPP 采用与前述不同形状和类型的等离子炉，将压团后的电弧炉粉尘与焦炭一同加入炉中，铁的氧化物还原为生铁回收，锌从烟气中回收出售，炉渣达环保标准弃置。这一方法已于 1997 年在加拿大投入生产，可年处理 77000t 粉尘。

PLASMADUST 流程是将电炉粉尘与煤粉、砂和内部回收的生产废料混合，用风喷入装在填充焦炭的等离子发生炉的竖炉下部。炉料进入竖炉反应区，炉料中全部金属氧化物立即还原，铁被熔化，汇集在竖炉下部，最终被铸成生铁块。炉渣是无毒废弃物，可作骨料或安全填埋。锌、铅和镉成为金属蒸气随废气排出，收集在冷凝器中，锌质量符合西方一级锌标准，四等纯锌或类似质量的锌可铸成大锭供热镀锌厂使用。生铁块含有的铜、硫、磷、铬、镍、钼等合金元素量均高于普通生铁中的含量，限制了其应用性。

Tetronics 等离子系统回收电炉和氩氧脱碳炉（AOD）粉尘。该工艺可在钢厂就地处理，炉渣顺利通过美国法律规定的毒性检验标准，可直接倾倒。锌回收率一般为 65%~70%。此设备的优点是粉尘经螺旋送料器直接进入炉内，不需要昂贵的结块过程；操作简便，不同粒径和不同组成粉尘都能处理；等离子体电炉排出的气体少；螺旋送料器的进料密封性好；炉子的输入功率是可调控的，且不依赖炉气和炉渣的化学性质。

火法工艺还有 IMS、Elkem 和 Hi-Plas，现已淘汰。IMS 技术为美国的一火法过程，产出物为金属锌，因技术经济问题现两厂家已关闭。Elkem 和 Hi-Plas 因技术不成熟已停止使用。

B 火法工艺的特点

现有火法工艺的总体特点：生产效率高（与湿法相比）；产品质量差于湿法工艺；对原料条件的要求不如湿法严格；燃料消耗大，能量利用率低；设备一次性投资较大，维护困难。通过对上述火法工艺的分析看出，现有火法工艺存在很多的问题：有价金属回收率仍然较低，很多有价金属不能回收利用或者产品质量较差；很多处理方法的设备投资或运行成本很大，不能够推广，所以有必要研究新的火法处理工艺。

7.2.2 不锈钢和特种钢粉尘的利用

不锈钢和特种钢粉尘中主要含镍、铬，铅、锌含量很低，以上方法并不适用。我国镍、铬资源并不丰富，所以对于此类资源的回收尤其重要。因此在对于此类电弧炉粉尘的处理中比较注重镍、铬等金属资源的回收，目前有如下处理方法：

（1）Inmetco 工艺。该工艺由美国 Inco 公司 1978 年开始投入工业化生产。具体工艺过程可分为原料的获得、预处理、混合和造球，直接还原，熔炼和最终还原，具体工艺如图 7-15 所示。该工艺的核心设备是环形转底炉和埋弧电弧炉，前者用于生产金属化球团，后者是以前者生产的金属化球团为原料生产铁、镍、铬合金。优点是升温速度快、炉内温度高，所以反应率较高、炉料停留时间较短，而炉内气体与炉料的逆向流动也使得球团中的碳及碳氢化合物几乎可以完全反应，因此，金属的回收率较高，Fe、Ni、Cr 的回收率均超过了 90%；但也存在一些缺点，如炉料的前期处理较复杂，环形转底炉本身也会产生大量的炉渣和粉尘，且粉尘中含有大量的 Pb、Zn 需要处理等。

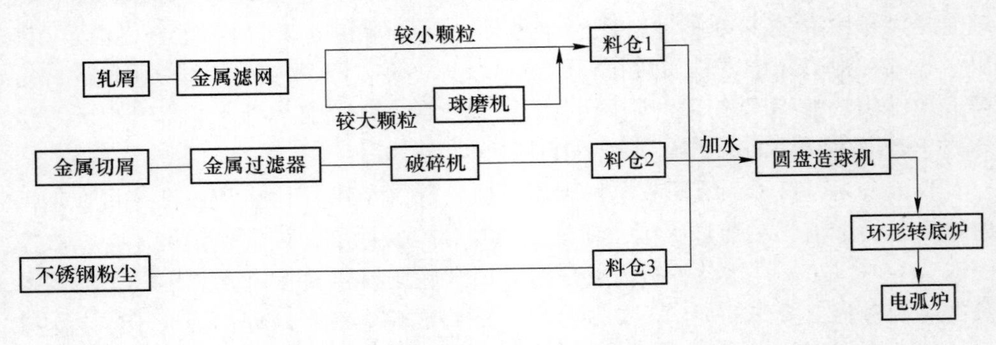

图 7-15 Inmetco 工艺的工艺流程

（2）Fastmet 和 Fastmelt（图 7-16）工艺。是由美国 Midrex 公司开发的环形转底炉直接还原法，一开始该技术主要用于生产海绵铁，后来用于不锈钢除尘灰回收领域。该工艺以环形转底炉为核心，配备原料预处理和混料系统、造球和干燥设备、热压块设备及除尘设备。该工艺的突出优点是流程短，设备占地面积少，反应时间短，整个工艺过程中无废水、废气等二次污染物产生；缺点是主要回收对象如 Cr 的回收率不高，在 70%~90%之间波动，生产中对煤粉的要求较高，且过程能耗较大。新日铁君津厂引进美国的环形炉技术处理含锌除尘灰，于 2001 年 5 月开始生产，发现回收效果很好后，同年又将其用于电弧炉不锈钢除尘灰的回收，也取得了较好的效果。

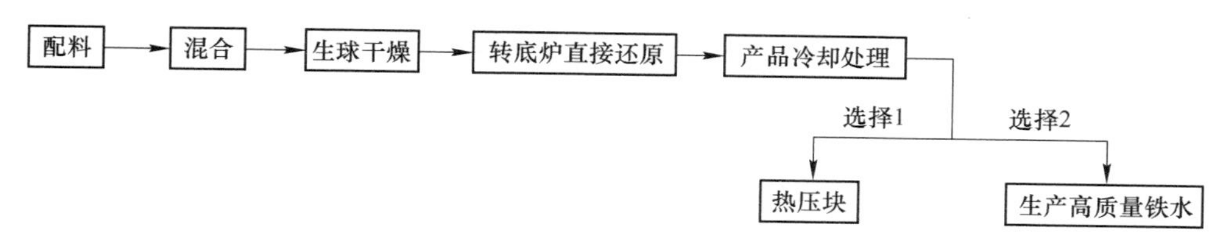

图 7-16 Fastmelt 工艺流程

（3）等离子法。瑞典的 SKF 公司在等离子熔融炼铁的基础上开发出了等离子粉尘回收工艺（PLASMDUST 工艺）。该工艺的主要装置是一个内设焦炭填充床且安有等离子发生器的竖炉，基本原理是利用等离子体的电热转化功能在炉内产生极高的温度（1500℃），从而使粉尘中的金属氧化物迅速还原并生成蒸汽排出。该法的主要优点是金属铁、镍、铬的回收率高且生产过程清洁无污染，在回收含有大量锌、铅的废物时，其回收率可达 96%；在处理不锈钢粉尘时，几乎可回收全部的铬、镍、铁，但也存在电能和电极消耗大，炉体耐火材料损毁严重，以及生产过程噪声大的缺点。

（4）电弧炉间接回收法。间接回收电弧炉粉尘可生产镍铬合金。美国矿业局将粉尘与还原剂碳混合制粒，采用感应电弧炉还原并在还原后期加入硅铁，铁、铬、镍、钼回收率可达 95%，另外也采用小型电弧炉进行了还原。

（5）流态化床技术。日本川崎公司用流态化床技术开发了一种能高效回收不锈钢除尘灰的工艺，称为 STAR 工艺，该工艺的基本装置是一个内设流态床的鼓风竖炉，炉子两侧沿垂直方向各有一对风口，分别用于喷吹原料和燃料，还原剂焦炭通过炉顶加入，并在下降过程中逐渐熔化形成流态床。该法还原的热力学和动力学条件都很好，据称铁、镍、铬的金属化率都超过了 90%。这一技术于 1994 年投入生产，每天可处理不锈钢除尘灰 230t。

（6）直接回收。直接回收是将电弧炉产出的粉尘与还原剂混合后制粒，然后直接返回电弧炉，粉尘中的镍、铬还原后进入钢液。它的最大优点是流程简单、不需新增设备、生产成本低。通常是先加入的废钢熔化后在熔融金属上形成渣层时加入，为减少烟尘逸散，立即再加入废钢，或在废钢之间夹一层球团再加入电弧炉。试验结果表明，要增加电弧炉功率消耗，电极消耗略有增加，石灰石消耗也有所增加[19]。

以上几种工艺是迄今为止在不锈钢除尘灰回收领域出现过的最主要的工艺，且都有多年的应用历史。从地域看，主要分布在北美、日本和欧洲，我国在这方面由于起步较晚，尚未开发出能用于工业生产的回收工艺，大部分仍停留在实验室研究阶段。但也在加紧探索符合自身特点的回收技术，以下介绍两例：

太钢进行了将 Ni-Cr 不锈钢除尘灰压球后直接装入 160t 电弧炉冶炼 300 系不锈钢的试验。试验表明，配加一定量的碳和硅铁，在 1600℃的高温时，除尘灰中的 Fe、Ni 都得到了充分的还原，但是 Cr 的还原率波动很大，得到了从 15%～85%不等的结果。其原因是 Cr 的氧化物很难还原，需要高温、高含碳量，并且外加金属还原剂以及保持合适的炉渣碱度。

宝钢等经过数年探索，开发了回收不锈钢厂含镍废弃物的新工艺，即将含镍废弃物造球后直接加入电弧炉，并外加一定量的还原剂和造渣剂，利用电弧温度高达 2000℃的特点，将含镍废弃物中的氧化物还原成金属。该工艺从 2007 年投入实施以来，已经实现了将不锈钢厂产生的各类含镍废弃物全部回收的目标。

总体看国外处理电弧炉粉尘技术较国内成熟，处理方法也较多，国内没有像国外那样较成型的处理方法。但是国外处理方法也不完全适合于国内，因为国外多数处理方法不回收或不完全回收其中有价金属，只是把粉尘处理成无害化废弃物，或者只回收其中部分有价金属，且处理成本较高。对于金属回收比较彻底的火-湿联合法来说，处理的成本高、流程长、处理的量较少，湿法步骤还会产生二次污染。

7.2.3 电弧炉粉尘利用的典型案例

7.2.3.1 宝钢粉尘回收利用

宝钢每年各类粉尘和污泥的产生量约 80 万吨（包括高炉、转炉粉尘和污泥、电炉粉尘以及电厂粉煤灰等），其有 20 余万吨含锌较高的尘泥（锌含量高于 1%），主要为电炉粉尘。电炉粉尘含有较高的铁，是一种值得回收利用的二次资源，但由于其中含锌较高，如返回烧结生产将造成锌在高炉中挥发结瘤，故高炉锌负荷一般要求小于 0.2kg/t 铁，返回烧结矿的尘泥含锌量必须小于 1%。故电炉粉尘无法返回烧结进行循环利用。

为有效利用电炉粉尘、减少环境污染、提高经济效益，宝钢对自产电炉粉尘的物化性质进行了研究分析，表 7-5 为宝钢电炉粉尘的大致成分，其中含有大量有价元素，采用合理的工艺加以循环利用，可以进一步降低工艺成本，并解决由于堆放带来的一系列问题。由于粉尘的粒度小比表面积很大，导致一是输送性能很差，二是不易浸润，成球性差，在现场实际应用时，必须有针对性地加以解决。

表 7-5 宝钢电炉粉尘大致化学成分 (%)

成分	TFe	SiO_2	CaO	MgO	C	Zn	Pb
电炉粉尘	53	2~4	9	3	1~4	2~4	0.42

宝钢根据电炉粉尘的物化指标和现行的工艺过程，确定了如下三种循环利用的工艺路线，即将电炉除尘应用于铁水三脱处理和转炉造渣，沥青焦混合后应用于电炉做泡沫渣。在此过程中，循环利用电炉粉尘中的有价资源，并使尘泥富集减量[20]。

(1) 将电炉粉尘取代烧结矿粉作为铁水脱磷剂，通过改善流动性，达到与烧结矿粉相当的脱磷效果，粉尘的加入可取代相同数量的烧结矿粉脱磷剂，烧结矿的取代比例最高可为50%。在三脱处理中粉尘中的锌和铅含量得到了明显的富集，可进行下一步回收处理。

(2) 将电炉粉尘通过添加一定量生白云石和低锰矿并加工成冷压块，在转炉吹炼前期加入，可促进石灰的溶解，改善前期化渣，提高炉内脱磷率，石灰和轻烧白云石的用量有所降低，钢水终点锰有所提高，LT 压块和矿石的耗量减少。造渣剂加入没有引起钢水的明显增硫；粉尘造渣剂的加入对钢水和炉渣成分没有影响。

(3) 将电炉粉尘与沥青焦混合后，在电炉熔炼期加入，可强化泡沫渣操作，泡沫渣操作稳定，熔炼十分正常。生产吨钢电耗、氧耗和碳耗与正常操作相当。混合料中携带的全铁和碳参加泡沫渣的反应，强化了吹氧喷碳操作，并由此减少了相对应数量的金属损失和喷碳量。使用该工艺可使电炉粉尘中的 Zn 挥发得到循环富集，以使二次资源得到充分利用[21]。

7.2.3.2 沙钢粉尘回收利用

如图 7-17 所示为蓄热式转底炉处理电炉粉尘的工艺流程。具体工艺为：将电炉粉尘制成含碳球团，烘干后加入转底炉，在炉内的还原区将含碳球团还原为金属化球团，球团中的氧化物还原成金属，金属锌挥发，进入烟气中再氧化生成氧化锌，通过对烟尘的收集可以得到富含锌的二次粉尘，生产出的金属化球团可供电炉、转炉或高炉直接使用，也可以采用磨矿磁选的方法得到金属铁粉，压块后供给电炉炼钢[22]。

沙钢转底炉经过不断改进和完善，目前已实现全固废连续稳定生产，金属化率在 72%~96%之间，加权平均值为 85.6%，脱锌率 94%~97%，锌回收率达 95%以上，布袋收集除尘灰平均含锌量 62%，各项性能指标均达到国际领先水平。沙钢转底炉生产工艺路线如图 7-18 所示。

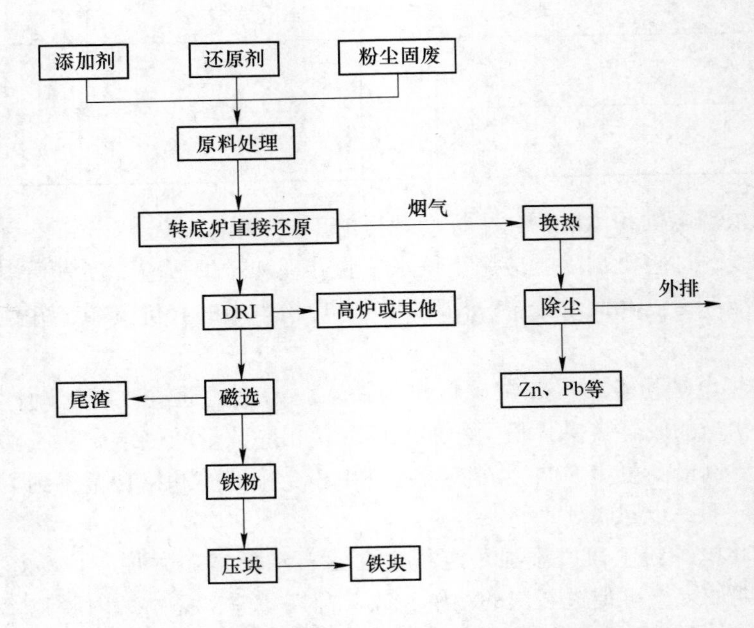

图 7-17　蓄热式转底炉处理电炉粉尘的工艺流程

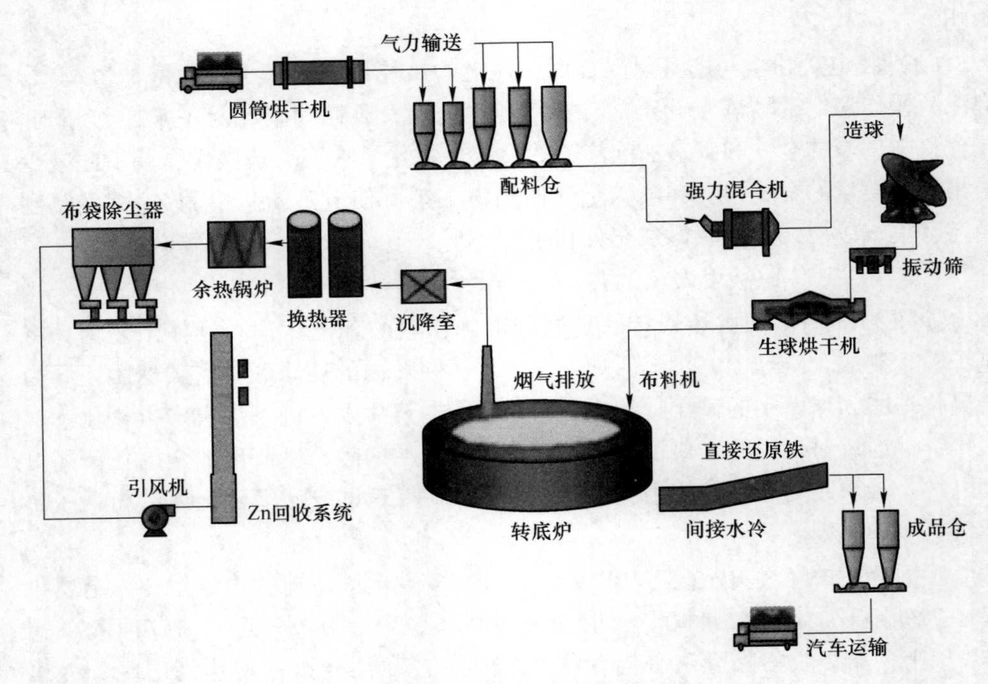

图 7-18　沙钢转底炉生产工艺路线

表7-6为国内外转底炉处理含锌粉尘的主要技术经济指标对比。沙钢通过转底炉直接还原工艺，不仅可以实现含锌粉尘中铁的回收，同时可以通过布袋收尘系统回收钾（回收率96.16%）、钠（回收率90.19%）、铅（回收率>75%）、锌（回收率>96%）等金属[23]。

表7-6　国内外转底炉处理含锌粉尘的主要技术经济指标对比

项目	马钢	日照	莱钢	沙钢	新日铁
规模 /$t \cdot a^{-1}$	200000（固废）	200000（固废）	200000（DRI）	200000（DRI）	180000（固废）
金属化率 /%	64.18~71.73	60.4~85.6	—	72~96	75~85
脱锌率 /%	≤91.35	—	>92	94~97	92
作业率 /%	80	70~80.5	—	82.5	82
成品球能耗 /$kg \cdot t^{-1}$	248.53~297.43	—	—	208.3	330
粗锌粉锌含量 /%	42.6~53.8	—	41.36	62	—

7.2.3.3　NKK粉尘回收利用

NKK（日本钢管公司）为保护环境和资源再利用，以从粉尘中回收锌（Zn）及对粉尘减容为目的，开发了低成本现场型处理设备。处理工艺如下：EAF粉尘与焦炭（粉）混合搅拌成粒后，投入装有由电弧进行热补偿的铁水处理炉；在炉内高温气氛下，以焦粉作为碳还原剂，还原粉尘中的氧化锌（ZnO）为金属Zn并蒸发；蒸气Zn被空气中的氧再氧化成高浓度的ZnO并由袋滤器回收。另外，同时被还原的EAF粉尘中的氧化铁生成的铁水也被回收[24]。

该工艺属于火法工艺，EAF粉尘处理炉是整个处理系统的核心设备，带有底吹气体搅拌和炉顶电极加热装置。经处理后的粉尘量减少37%，且ZnO的浓度由原20%浓化到60%；该工艺处理每吨粉尘需要消耗焦炭0.1t、电能1280kW·h，产生0.20t渣，回收金属0.28t。

该工艺已投入商业化运营，其具有以下特点：

（1）现场型工艺。可在电炉炼钢厂内直接用于EAF粉尘处理，年处理能力5000~40000t。

（2）Zn是以ZnO的形式随粉尘一起被回收的，比回收金属Zn的设备简单、易于操作。

（3）处理费用低。回收粉尘中的ZnO被浓缩到60%以上，超过向精炼Zn的厂家出售的标准；且铁资源也得到了回收利用。

(4) 环境效益显著。处理后的 EAF 粉尘大幅度减少了有害的二噁英（减少99%以上)。而且，生成渣完全无害，渣的溶出结果表明，所有的成分都在土壤环境标准要求之内。

本工艺能有效对 EAF 粉尘及处理生成渣，进行无害化处理，将渣作为路基的填充构筑材料，彻底消除过去掩埋占地并对环境造成污染的弊端。

参考文献

[1] 徐景炎，杨文静，王荣. 冶金固废资源化利用技术现状及发展建议 [J]. 山西冶金，2017 (2)：43，44，68.

[2] 李军，张玉龙，刘鸣达，等. 钢渣对辽宁省水稻的增产作用 [J]. 沈阳农业大学学报，2005 (1)：45~48.

[3] 刘智伟. 电弧炉钢渣铁组分回收及尾泥制备水泥材料的技术基础研究 [D]. 北京：北京科技大学博士学位论文，2015：11.

[4] 黄亚鹤，刘承军. 电弧炉渣的综合利用分析 [J]. 工业加热，2008，5 (37)：4~6.

[5] 朱桂林，孙树彬. 冶金渣资源化利用的现状和发展趋势 [J]. 中国资源综合利用，2002，(3)：29~32.

[6] 李安东，葛新锋，徐安军，等. 不锈钢除尘灰及其综合利用 [J]. 世界钢铁，2011，11 (6)：32~37.

[7] 史宗耀，赵承铭. 电弧炉白渣粉在铁水脱硫中的应用 [J]. 炼铁，1984 (4)：33~36.

[8] 黄亚鹤，刘承军. 电炉渣的综合利用分析 [J]. 工业加热，2008 (5)：4~7.

[9] 杨杨，许四法，方诚. 电弧炉钢渣胶凝材料的研究 [J]. 浙江工业大学学报，1995，23 (4)：348~353.

[10] 程金树. 钢渣微晶玻璃的研究 [J]. 武汉工业大学学报，1995，17 (4)：1~3.

[11] 秦君英. 利用电弧炉还原渣生产钢渣白水泥及其制品 [J]. 贵州环保科技，1990 (4)：25~29.

[12] 陈森. 电弧炉钢渣的处理与利用 [J]. 钢铁，1987，22 (1)：58~63.

[13] 邹伟斌，赵慰慈，张焕福. 水淬电弧炉钢渣制备高强复合水泥的试验研究 [J]. 四川水泥，2007 (1)：8~11.

[14] 周佑民. 电弧炉钢渣返回高炉冶炼 [J]. 钢铁，1981，22 (1)：74，75.

[15] 曹亚东，韩勇强. 电弧炉钢渣在沥青路面中的应用研究 [J]. 中国市政工程，2001 (1)：18~21.

[16] 许亚华. 电弧炉粉尘的处理和综合利用 [J]. 钢铁，1996，31 (6)：66~69，42.

[17] 李明阳，电弧炉粉尘综合利用的研究 [D]. 重庆：重庆大学，2009.

[18] 李光强，朱诚意. 钢铁冶金的环保与节能 [M]. 北京：冶金工业出版社，2006：142.

[19] 李丽，郝雅琼. 含铁量高的电弧炉烟尘固体废物综合表征 [J]. 冶金分析，2018.

[20] 王涛，夏幸明，沙高原．宝钢含锌尘泥的循环利用工艺简介［J］. 中国冶金，2004（3）：11~16.
[21] 王涛，朱立新，陈伟庆，等．含锌粉尘造泡沫渣过程中锌挥发动力学研究［J］. 安徽工业大学学报（自然科学版），2003，20（1）：22~24.
[22] 于先坤．冶金固废资源化利用现状及发展［J］. 金属矿山，2015，44（2）：177~180.
[23] 李生忠．钢铁厂含锌尘泥处理直接还原转底炉的设计与应用［J］. 工业炉，2015，37（1）：24~28.
[24] 肖英龙．NKK 开发成功的电弧炉粉尘处理工艺［J］. 特殊钢，1999（6）：55，56.

8 电弧炉炼钢绿色智能化技术

近年来，电弧炉炼钢在高效节能冶炼技术的基础上，以智能化炼钢和节能环保为中心，在超高功率供电、强化供能、智能化控制、节能降耗、绿色环保等方面取得了长足的进步，特别是在智能化控制领域开发了一系列先进的监测技术和控制模型，大大提高了电弧炉炼钢过程的自动化水平，促进了钢铁工业的发展。

本章基于电弧炉炼钢各环节智能冶炼技术，介绍并分析了电弧炉智能化炼钢技术的发展情况。

8.1 电弧炉炼钢炉况实时监控技术

电弧炉冶炼是在高温条件下进行的，冶炼环境恶劣，许多参数在实际生产中长期无法得到准确测温。而随着近年的科技进步，一系列新电弧炉冶炼过程的监测技术得以开发出来，为电弧炉冶炼过程的智能化控制奠定了基础。

8.1.1 自动测温取样技术

电弧炉炼钢过程中钢液的温度测量和取样一直是制约电弧炉电能消耗和生产效率的关键环节。针对传统人工测温取样安全性差、成本高等问题，研究者开发并推广应用一系列自动化测温取样新技术。[1,2]

8.1.1.1 自动测温取样

目前，普遍使用的取样和测温方式是通过人工将取样器或热电偶从炉门插入到钢水中来完成的。西门子奥钢联公司设计的 Simetal LiquiRob 自动测温取样机器人（图 8-1）外层涂有特殊防尘隔热纤维，具有 6 个自由度的运动、自动更换取样器和测温探头、检测无效测温探头等功能，可以通过人机界面全自动控制。与机械手取样相比，使用寿命更长，维修成本更低。自动取样测温机器人的使用改善了工作环境，提高了测温取样的精度。

图 8-1 自动测温取样机器人

美国 PTI 公司开发的 PTI TempBoxTM 自动测温取样系统（图 8-2）穿过炉壁进入熔池测温取样。该装置的传动机构和冷却系统经过特殊的设计可满足电弧炉冶炼的恶劣环境和工艺要求。由于 PTI TempBoxTM 的工作位置和特点，测温取样不受系统供电的限制，并且冶炼过程中炉门能够保持闭合，增加了炉膛内泡沫渣的停留时间和厚度，改善了炉内传热效率，从而降低了冶炼过程的能量消耗。

图 8-2 PTI TempBoxTM 及安装位置（靠近炉门）

电弧炉冶炼过程中，由于炉渣状况难以控制，须清扫炉门等取样通道内的炉渣以保证取样探头的正常工作。目前，电弧炉炼钢企业主要采用传统的人工取样测温方式，一些先进的自动测温取样装置开始陆续引入到电弧炉实际生产中。

8.1.1.2 非接触式连续测温

电弧炉炼钢要求在任何规定的时间内都要准确掌握温度，不仅是熔池表面温度，也包括熔池内部温度。传统电弧炉炼钢采用人工测温的方式，不但测温费用高、劳动强度大、安全性能差，而且需要停止供电，延长热停工时间，所以操作工一般仅在取样和出钢前测温。钢液温度的实时准确监测能够对造泡沫渣、钢液脱磷、优化供电等相关工艺的优化操作起指导性作用，但鉴于电弧炉炼钢过程高温恶劣的冶炼环境，一直以来难以实现对钢液温度的连续性监测[1]。

西门子奥钢联开发了一套创新型方案——基于组合式超声速喷枪的非接触式连续钢液温度测量系统 Simetal RCB Temp，测温装置示意图如图 8-3 所示。

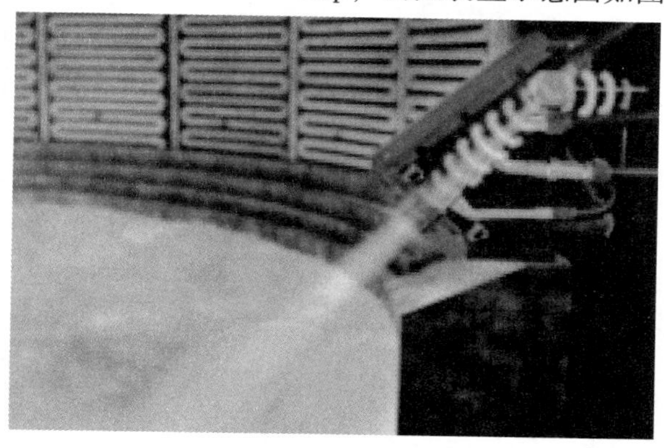

图 8-3 Simetal RCB Temp 连续测温装置

该装置由组合式超声速喷枪和光学传感器两部分组成。超声速喷枪功能有：

(1) 向熔池喷射氧气，使钢液脱碳；

(2) 测温时，喷入测温气体来代替氧气。

光学传感器安装在喷枪下端，接收被测信号，被接收的信号被放大并经过分析器进行处理，再通过相关算法模型计算被测温度。与传统的测温方法不同，Simetal RCB Temp 实现了非接触钢液的连续测温，能够在短时间内准确测出钢液温度，准确确定出钢时间，使电弧炉炼钢过程的通电时间和断电时间均为最佳；但该系统测温的可靠性和使用寿命需进一步验证和完善。

北京科技大学开发的 USTB 红外测温系统，目前已开始实现工业应用。该系统采用超声速动态喷吹 O_2-N_2-CO_2-Ar 多介质混合射流，开辟了直接穿越含烟炉气和泡沫渣层、直达钢液内部的测量通道，建立了稳定的钢液温度特征信号传输路径，特征信号经控制中心特征信号转换模型处理后，即可实现钢液温度连续在线测量；建立了基于熔池成分和测温射流特性的非接触钢液测温特征数据库，根据不同冶炼阶段熔池冶金反应状况，在线动态调整测温气体流量和信号转换参数，误差在±20℃范围内的准确率达 90. 0%以上（图 8-4）。该系统配备了炉气成分在线分析数据接口，与炉气成分在线分析系统数据共享，基于炉气实时数据推测熔池冶金反应进程，动态修正测温工控参数，实现钢液温度精准在线测量，可对冶炼前期脱磷及后期钢液升温精准控制提供支持。

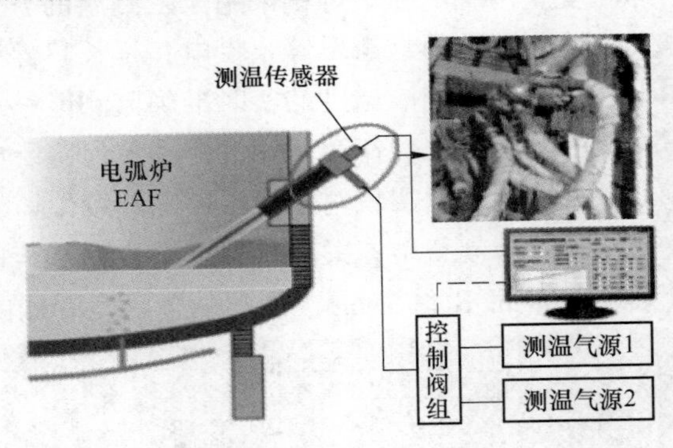

图 8-4 USTB 非接触钢液红外测温系统

8.1.2 泡沫渣监测控制技术

电弧炉炼钢过程的泡沫渣操作能够将钢液与空气隔离，覆盖电弧，减少辐射到炉壁、炉盖的热损失，电能高效地转换为热能向熔池输送，提高加热效率，缩短冶炼周期。但是，如果泡沫渣管理不好，系统工作不易稳定，电弧长时间暴露在外，不但达不到上述效果反而会使炉衬和炉顶受到严重损坏。冶炼过程中造泡沫渣并保持是低消耗和高生产率电弧炉炼钢的关键。[3]

（1）西门子开发了 Simelt FSM（Foaming Slag Manager）泡沫渣监控系统（图8-5）。针对泡沫渣的高度和分布对炉内声音传播的影响，Simelt FSM 能够定性地测定炉内泡沫渣的存在状态。特殊设计的声音传感器安装在炉壁特定位置，可采集炉内声音信号；信号分析系统根据采集的信号分析泡沫渣高度及分布状态。基于此，FSM 系统能够自动调节电力供应和炉内各区域炭粉的输入，调节泡沫渣操作和稳定电弧以改善电弧炉能量供应，提高生产效率。

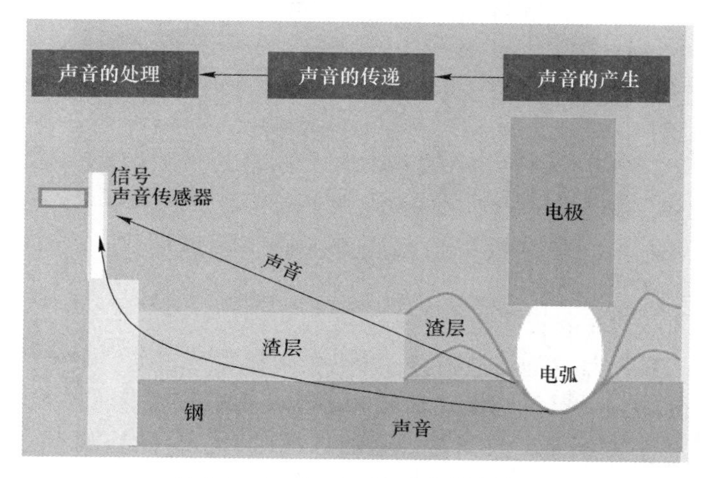

图 8-5 Simelt FSM 泡沫渣监控原理

泡沫渣管理系统（FSM）是 Simelt 模块系列的最新产品。Simelt FSM 提供了一种定性测定方法，用于测定泡沫渣高度以及泡沫渣在电弧与炉衬之间的分布。为了评估电弧炉内的泡沫渣的行为，西门子开发了一个传感器系统，并成功通过测试。这个系统基于结构声测量原理开发。现在已在几个电弧炉上成功使用了这个模块。借助一个控制算法，FSM 模块可自动调整喷入到炉中每一个区域的碳量。此外，加热时，Simelt FSM 模块能够快速达到目标氧气含量值，从而减少或者避免调整氧气浓度造成的加热超时。FSM 模块通过稳定电弧，提高了电能的输入效率，也提高了电弧炉运行效率。此外，这个模块还优化了碳的喷入、通电时间和单位能源消耗。这个解决方案比分析电流的谐波失真更加可靠，因为谐波失真不能确定电弧炉中每个区域的泡沫渣高度和变化。

（2）美国 PTI 公司开发的电弧炉炉门清扫和泡沫渣控制系统 PTI SwingDoorTM（图 8-6）减少了外界空气的进入，提高了炼钢过程的密封性。炉门上安装有集成氧枪系统，可代替炉门清扫机械手或炉门氧枪自动清扫炉门区域。该系统通过控制炉门的关闭代替炉体倾斜装置控制流渣，也可以控制炉内泡沫渣水平和存在时间，从而保证冶炼过程中炉膛内渣层的厚度，减少能源等额外消耗，提高电弧传热效率，改善能量利用效率。

图 8-6 PTI SwingDoorTM 控制流渣

（3）FOX300 泡沫渣管理器是泡沫渣系统的管理核心。它接收变压器二次侧三相电流信号，实时计算泡沫渣指数，全程控制碳粉的自动喷吹。计算泡沫渣指数需要三相电极电流的基波与谐波信号，由于冶炼电流变化大、瞬态反应强烈、谐波成分大、频率范围宽，故测量设施的选择对该信号的检测十分重要。英国 Rocoil 公司生产的“Rogowski coils”测量系统可以完成变压器二次电流测量。Rogowski 线圈具有无饱和、线性度好、瞬态反应能力强、频率范围宽、相位差小等优点。完整的电流测量包含两部分：Rogowski 线圈及积分器。通过积分器的转换，电流信号可直接输入到 FOX300 管理器。

作为泡沫渣管理系统的核心，FOX300 采用基于 C164 的 16 位微控制器，内部所有计算均是按整数执行，内部控制回路的循环时间为 50ms，碳喷装置调节器的循环时间是 1000ms。

计算泡沫渣指数需要三相电极电流的基波与谐波信号。信号首先输入到 FOX300 内部的隔离放大器进行放大，然后送到模拟量过滤器模块。模块的每一个过滤通道均设置有两个带通滤波器：基波过滤器（50~65Hz）和谐波过滤器（500~1000Hz）。滤波后的信号 $I_{50\text{Hz}}$ 与 $I_{500\sim1000\text{Hz}}$ 被发送到微控制器 CPU 中，并由它每隔 50ms 计算出一个原始的泡沫渣指数 FSI_{raw}。其中原始泡沫渣指数的计算公式为：

$$FSI_{\text{raw}} = \frac{I_{50\text{Hz}}}{K_1 + K_2 I_{500\sim1000\text{Hz}}}$$

式中 FSI_{raw}——原始泡沫渣指数；

$I_{50\text{Hz}}$——基波电流；

$I_{500\sim1000\text{Hz}}$——谐波电流；

K_1——泡沫渣系数，$K_1=30$，在参数化窗口中可进行修改；

K_2——泡沫渣系数，$K_2=0.2$，在参数化窗口中可进行修改。

为了使泡沫渣指数更加真实地反映实际的泡沫渣情况，同时也为了使冶金工程师能根据冶炼情况及时修改曲线，系统设定了4个参数点，用于线性化原始泡沫渣指数。

系统每隔50ms计算一个原始泡沫渣指数，并对应一个线性化指数值。这些值被系统存储起来，按1s的间隔（即20个）进行平均，获得1s一次的平均泡沫渣指数，这个数被写入一个表内，该表只保存最新的90个值（即最新的90s）。

最佳的曲线由刚过去的30~90个数据点产生，并由此推算出未来10s后的泡沫渣指数预测值。这个预测值被插入到一个包含5个区域的碳预设流量表中，每一个区域都对应一个喷碳流量。

当炉子在冷料或根本没有泡沫渣时，喷碳设施需停止运行。因此，系统设置了参数C_ FSM_ MFSISTOP，用于在任何时候，当“点云”的总平均值小于该预设值时，将喷碳量输出信号置为0。

（4）达涅利自动化公司成功地进行了几次专门用于检测熔渣发泡过程中有关物理参数的设备试验。一般来说，这些检测信号可以分为电信号和声音信号两类，由特殊仪器监视。

根据达涅利以前在不同设备上的实践经验，噪声参数与电信号有着直接的关系，因此决定只利用电信号，比如总谐波畸变和二次供电电压变化，来监视噪声变化情况。如图8-7所示。

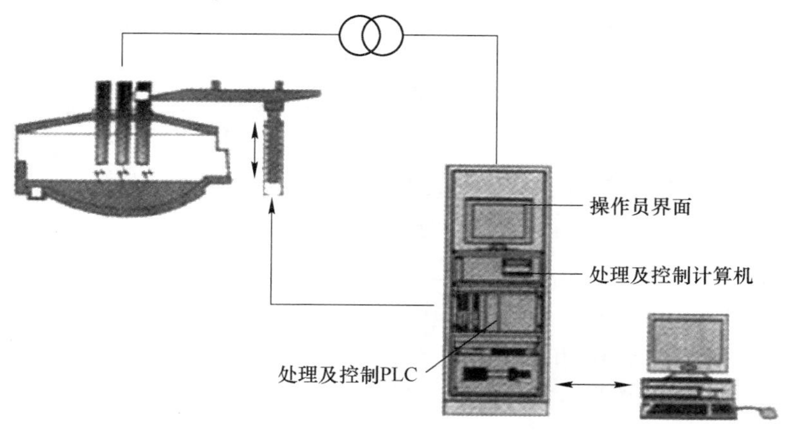

图8-7 HiREG Plus控制设备

目前，国内大部分钢厂仍采用人工方式控制泡沫渣的形成，部分钢厂采用了电弧炉炉门系统进行优化，能量利用效率明显提高。而由于电弧炉炼钢炉况的复杂性，以上介绍的泡沫渣监控系统的可靠性有待验证。[4]

8.1.3 电弧炉炉气在线连续分析技术

现代电弧炉炼钢集高效、安全和环保于一体，对于炼钢过程烟气检测、控制和工艺优化的要求越来越高。炉气分析技术是在烟道上安装在线气体分析仪，在线实时分析炉气成分、炉气流量等信息，再通过模型计算，实现钢液终点成分精确控制的操作，提升炼钢终点的命中率。[5,6]

烟气的在线探测传感器一般安装在电弧炉第四孔处，须进行特殊的设计以适应第四孔苛刻的高温和烟尘环境，增加其可靠性和使用寿命。现代电弧炉烟气分析系统能够准确地测量烟气的温度、流量，通过取样探头从电弧炉第四孔中采集炉气，降温、除水并过滤粉尘后，利用质谱仪、气相色谱仪、红外气体分析仪等连续测定炉气中 CO、CO_2、H_2、O_2、H_2O 和 CH_4 等成分含量。烟气分析系统利用采集的信息和自身的控制模型实现电弧炉炼钢过程的炉气成分连续在线检测，并基于对冶炼过程分析判断实现对电弧炉冶炼全过程的动态控制。

意大利 TENOVA 公司开发的 EFSOP 烟气分析系统包括耐高温的废气采样系统、带有专用仿真和控制软件及数据采样的控制计算机。基于实时检测的排除烟气的成分和温度，该系统能够确定化学能源在炉内的利用率、碳氧间的不平衡程度、排除烟气系统有无爆炸危险和通风系统是否过分抽气等状况，同时可以实现氧气和燃气的动态输入控制，以便保证气体的充分燃烧。该系统利用红外气体高温计、压力探测器、流量传感器分别测量电弧炉排除烟气的温度、管道中气体的静态压力和烟气流速，并且能够根据烟气的流速计算采样点的碳势平衡[2]。

EFSOP 系统通过 SCADA 计算机读取及登记 PLC 发来的各种过程数据，进行控制运算，然后将过程设定值回送给 PLC。EFSOP 通过人机接口显示一炉钢冶炼中的 EFSOP 系统状态、炉子烟气趋势及其他相关过程信息。

目前已有加拿大、美国、日本、墨西哥、韩国、意大利、英国、西班牙等国家在电炉上装用 30 余套 EFSOP 系统投产运行。用户都反映 EFSOP 使炼钢操作中的推测内容减到最少，使早先无法检测的因素得到确认。

西门子开发的 Simetal Lomas 烟气连续分析系统对气体采样探测器进行了特殊设计，安装有水冷装置和自动清洁装置（图 8-8）。该系统配备两个气体采样探测器：两探测器能够自动循环切换，一探测器工作时，另一探测器清洁修正，从而保证冶炼过程烟气的连续测量分析。

北京科技大学项目组针对炉气温度高、粉尘量大的难题，设计了电弧炉炉气成分在线分析系统，包括取样探头、炉气预处理器、气体分析仪和数据自动采集处理装置等，如图 8-9 所示。通过取样探头从电弧炉第四孔中采集炉气，降温、除水并过滤粉尘后，利用红外气体分析仪连续测定炉气中 O_2、CO 和 CO_2 等成分含量，成功实现了电弧炉炼钢过程的炉气成分在线检测。

图 8-8 Simetal Lomas 气体采样探测器及水冷清洁装置

江苏淮钢采用美国 Praxair 公司开发的基于炉气分析的二次燃烧系统进行二次燃烧用氧控制，取得了明显的节能效果，吨钢电耗下降 28kW·h，冶炼时间缩短 7.5min。

8.1.4 自动判定废钢熔清技术

现代电弧炉炼钢一般按照预先设定的供电曲线进行电力调整，冶炼过程须多次（如 3 次）装入废钢。然而因装入废钢的性状（如尺寸、体积、重量、形状等）和熔化状况经常变化，按照预设供电方案操作并不能取得最佳供电熔化效果。特别在废钢二次加料时期和由熔化转向升温的熔清时期，多由操作人员根据经验操作。废钢加料过早或过晚，电能得不到有效利用，生产效率降低，甚至会损坏炉内耐火材料；从熔化转向升温的熔清时期，电力供应应由一般熔为升温期的低电压大电流供电方式以提高钢液的升温加热效率，因此如果熔清期判断不准确，会增加冶炼时间，降低生产效率。因此，准确把握废钢在电弧炉内的熔化状态对炼钢操作产生较大的影响。[7]

Daido Steel 开发了电弧炉自动判定废钢熔化的 E-adjust（Electronic arc furnace-automatic dynamic judgement system of scrap meltdown timing）系统（图 8-10）[8]。该系统主要利用电弧炉冶炼过程中发生的高次谐波电流（或高次谐波电压）和电弧炉发声两个要素判定炉内废钢熔化状态，进而进行自动化控制。实际生产中，熔清判定系统是利用电流互感器测量的电流值变化进行演算处理获取高次谐波成分，利用噪声计测量的炉内噪声变化进行频率解析，然后利用系统的智能模块对电弧炉内废钢熔化状态进行判定。

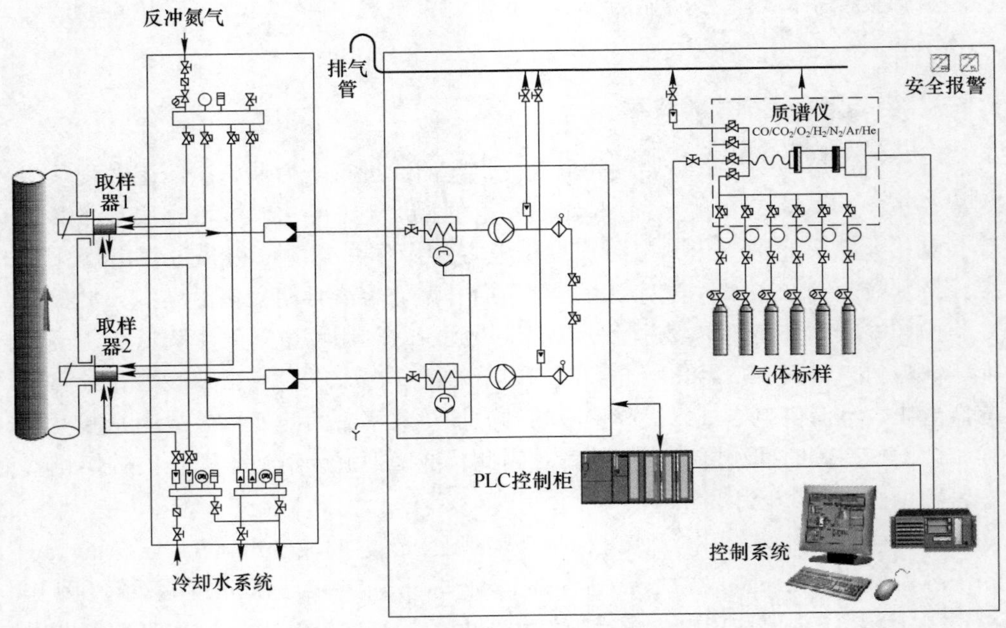

图 8-9　ustb 电弧炉炉气分析系统

Daido Steel 收集了大量 E-adjust 实际生产数据，并与传统人工判断化清的生产模式作对比，表 8-1 为引入化清系统前后 1 个月的操作参数对比情况。结果表明，电弧炉平均电耗降低了 7.1kW · h/炉，操作时间减少了 0.4min，引入

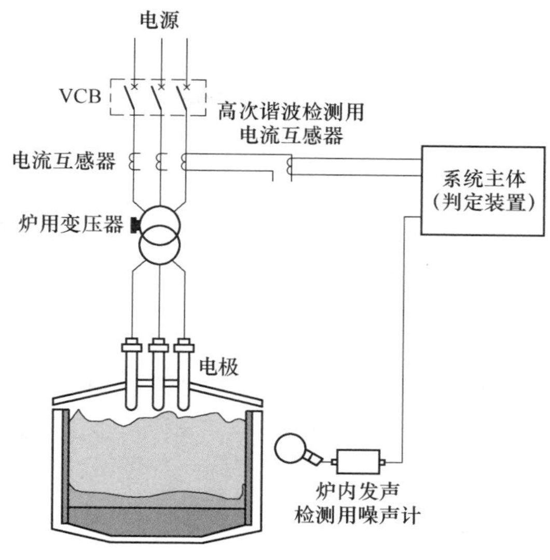

图 8-10 熔清判定系统的构成

E-adjust系统后因操作稳定而消除了用电的无效化，节省了电能并提高了电弧炉的生产效率。

表 8-1 熔清判定系统引入前后操作参数的对比

项　目	每炉电力单耗 /kW·h	操作时间 /min
系统引入前	370.1	46.7
系统引入后	363.0	46.3
改善效果	7.1	0.4

近年来，基于自适应技术、神经网络和模糊控制的电极自动调节模型逐渐引入国内电弧炉控制系统，实际生产效果显著。由于国内电弧炉炼钢广泛采用铁水热装技术，因此自动判定废钢熔清技术须进一步完善以适应不同废钢比的电弧炉炼钢过程，提高其可靠性[9,10]。

8.1.5 电气特征在线监测技术

随着超高功率电弧炉的推广应用，电弧炉运行过程中的电抗变化程度增加，运行过程电气特征日趋复杂，产生的电网公害问题更加复杂；同时，电弧炉生产过程不同冶炼时期对供电方式有着不同的要求，对电弧炉运行过程电气特征进行在线监测，实时掌握电弧炉电气特征，监测炉体运行情况，进而更好地进行低耗高效生产，减少电网公害，已越发成为广大冶金工作者重要的研究目标与方向。

如图 8-11 所示，电弧炉电气特征包括各供电点的电气参数（电压、电流、有功功率、功率因数等）和用户配电点（B 点）的供电电能质量参数（电压波动、电压闪变、谐波及三相不平衡等）。现代超高功率电弧炉大都已采用计算机自动控制，硬件条件达标，但缺乏相关检测软件。电弧炉电气特性在线监测系统的研制着眼点应当是将电气特征监测作为电弧炉自动控制系统一个关键的有机部分，以大大提高现代超高功率电弧炉的计算机控制技术水平并使电弧炉的调试与操作更加科学、合理与方便。

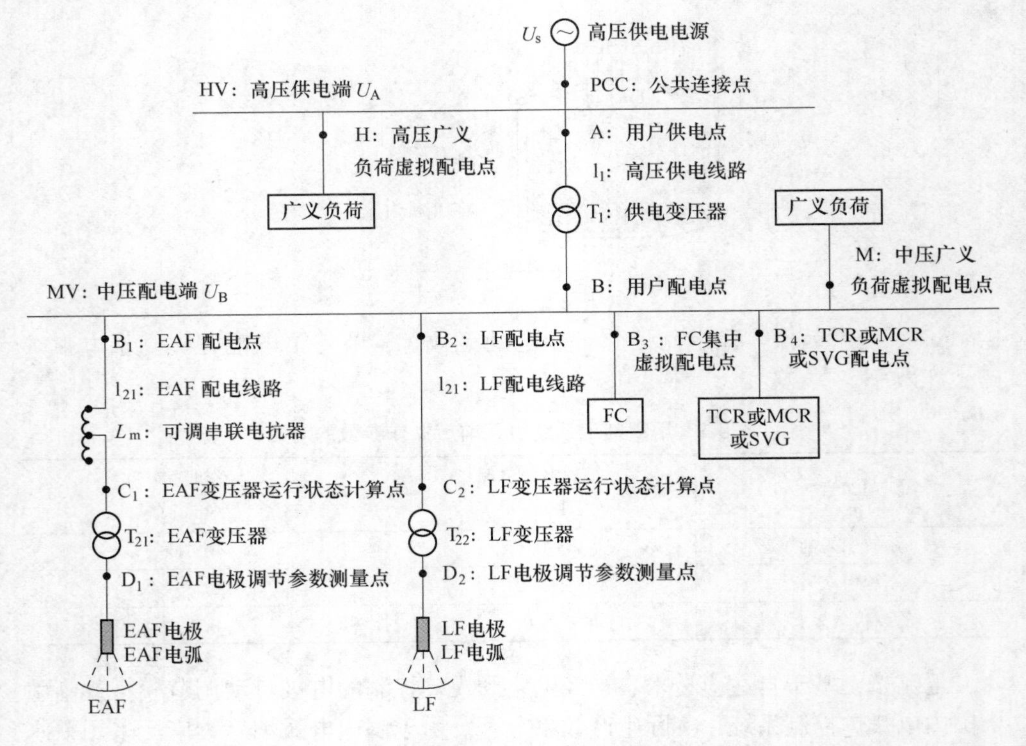

图 8-11　交流电弧炉供电系统单线图

电弧炉电气特征在线监测系统一般分为传感器、数据采集与系统变换、软件、计算机四大部分。传感器可直接外购，至少应当满足可以同时测量总馈线的电压和电流、EAF 馈线和 EAF 变压器二次侧的电压和电流、SVC 馈线的电压和电流的要求；数据采集系统可以将传感器输出的模拟量转换成数字量以便计算机能进行存储、计算和处理；软件是该系统的核心，应当具有动态显示功能，使计算机成为测量电压、电流、功率等电气参数的虚拟仪表并具有多路示波器的功能；还应具有快速简捷的短路试验功能，以探究运行电抗与运行电流的关系，得到电气特性曲线图及相关数据，以制定合理的用电规范；计算机是实现人机交互的界面。

顾根华等人[11]开发的电弧炉运行在线监测系统既可作为电工虚拟仪表，实时快速准确地对主电路中的参数进行在线测量，又能进行短路试验和运行电抗在线测量，还可进行温度等热工参数的测量，证明了电弧炉的电气行为，使炼钢电弧炉的运行更加节能与经济。

滕志军等人[12]开发了基于 ZigBee 的电弧炉电气特征实时监测系统，在满足监测电弧炉电气特征实时变化要求的基础上实现无线化，方便钢铁公司工作人员及时掌握电弧炉的电气特征情况并做出响应调控。

刘洪等人[13]开发了电弧炉整流电路运行状态在线监测系统软件，并将其应用在宝钢 150t 直流电弧炉上，实现了对电弧炉整流器晶闸管电流、整流器触发脉冲、整流器冷却系统水温、室温的实时测量并且可以以图形和报表显示各参数变化趋势。该系统通过试运行，可以在运行中预测整流器并联晶闸管不均衡电流的故障，从而减少晶闸管及快熔的损坏率，降低电弧炉的运行成本，提高电弧炉运行的可靠性和运行效率，具有较高的实用性。

8.2 电弧炉生产控制优化技术

8.2.1 冶炼过程成本控制优化

电弧炉冶炼操作中，电弧炉技术指标受操作者熟练程度影响。现代计算机技术的发展，使利用计算机的记忆和计算功能优化电弧炉操作成为可能。北京科技大学研发的电弧炉冶炼过程控制成本优化系统通过对电弧炉冶炼工艺历史数据的记录，建立数据库，根据成本、能耗最低或冶炼时间最短原则，选择与当前冶炼炉次炉料结构、冶炼环境等相近的最优历史数据，然后根据最优炉次的冶炼工艺进行冶炼，达到了最优的冶炼效果。

北京科技大学开发的“EAF-LF-VD-CC”数字化生产平台与成本控制系统[14]。通过建立各工序集成数据采集、工艺指导、成本监控与计算、质量监控与预报、数据维护与查询等功能的数字化成本质量控制模块，实现了全流程系统集成优化控制（图 8-12）。

8.2.2 电弧炉钢水温度和成分预报

电弧炉出钢时，钢液的温度及 O、C、P 等元素的含量对后续精炼和连铸生产环节有重要的影响。电弧炉炼钢钢液终点参数的精确预报和控制是降低生产成本、加快冶炼节奏的关键。电弧炉炼钢需对多个供能单元进行协同控制，传统的经验操作方式已不能满足高效冶炼的要求，开发电弧炉钢水终点温度和成分预报是亟须解决的问题。

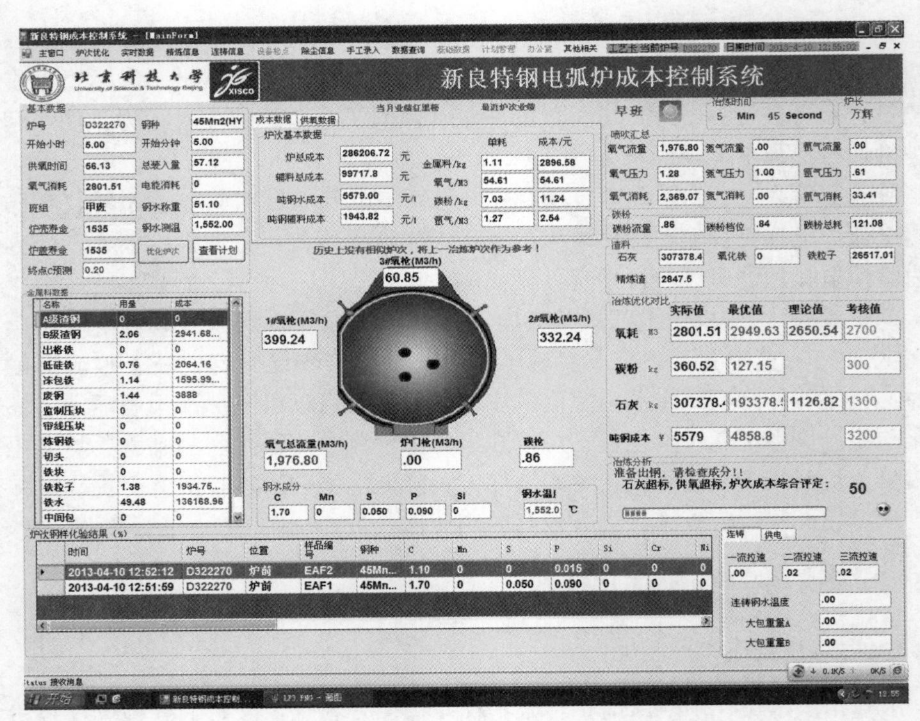

图 8-12　电弧炉炼钢成本质量控制软件

早期研究者根据电弧炉炼钢物料平衡、能量平衡和各阶段化学反应建立了机理模型，但由于电弧炉炼钢过程是高温、多相、快速的反应过程，复杂多变、条件苛刻，许多参数在实际生产中很难获取，使得机理模型预报的准确性难以得到保证。因为神经网络具有很强的学习能力和非线性逼近能力，有些学者研究用神经网络预报冶炼终点钢水温度，但是神经网络存在过学习、局部极小点、结构和类型设计依赖专家经验等缺陷，在一定程度上限制了它在电弧炉温度预报中的应用。

北京科技大学基于电弧炉炉气成分在线分析数据，包括取样探头、炉气预处理器、气体分析仪和数据自动采集处理装置等。取样探头从电弧炉第四孔中采集炉气，降温、除水并过滤粉尘后，利用红外气体分析仪连续测定炉气中 O_2、CO 和 CO_2等成分含量，成功实现了电弧炉炼钢过程的炉气成分在线检测。

基于电弧炉熔池脱碳反应特性，建立了基于烟气成分分析和物质衡算的脱碳模型，实现了熔池碳含量的连续预报，其基本流程如图 8-13 所示。如图 8-14 所示，预测值与实测值误差在±0. 030%范围内的终点碳含量命中率为 83. 7%；利用钢水碳含量预报结果和冶炼数据，以物料和能量平衡为基础，建立的钢水终点温

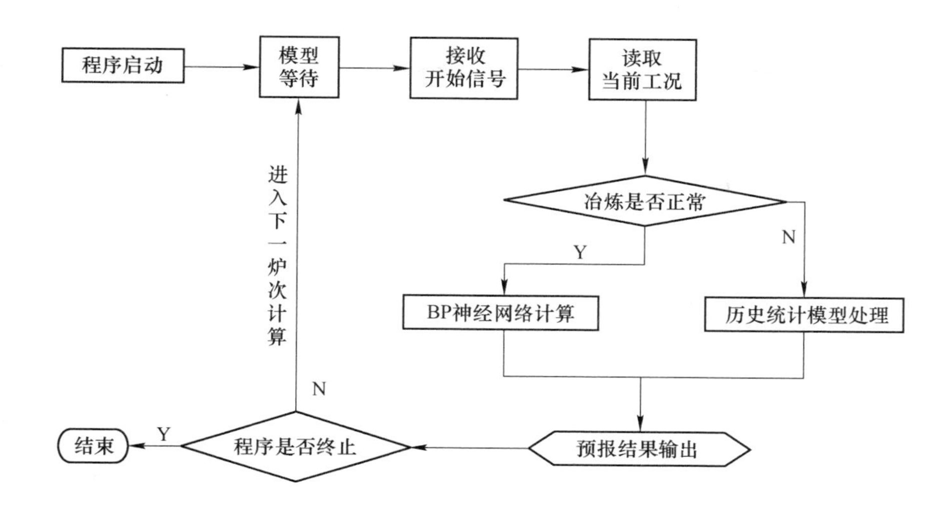

图 8-13 熔池冶炼连续预报流程

度智能神经网络预报模型，通过大量数据反馈和自学习，可不断提高模型预报精度和泛化能力。如图 8-15 所示，预测值与实测值误差在±10℃范围内的命中率为 84.0%。

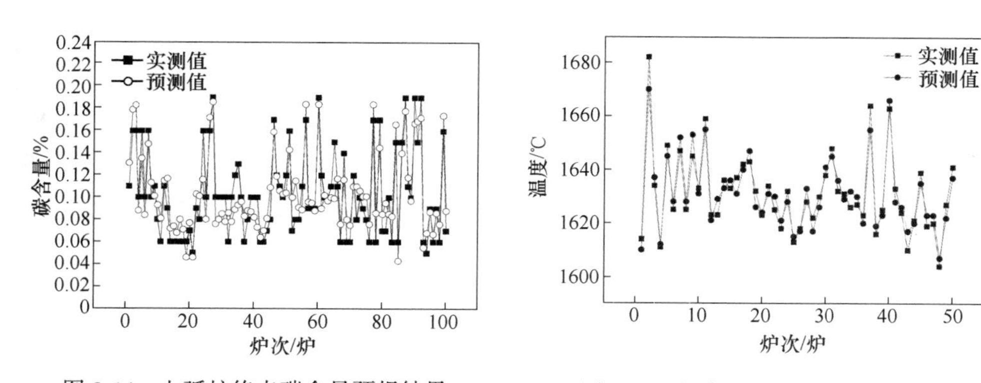

图 8-14 电弧炉终点碳含量预报结果

图 8-15 钢水温度预报流程及结果

近年来，有关学者开发了基于支持向量机（SVM）的电弧炉温度预报模型，利用国内某钢厂的数据进行建模和预测，得到了预测温度与实际温度之间误差在±10℃的命中率为 87%，误差在±15℃的命中率为 94%的效果，该模型属于静态模型，由吹氧量逆模型、电耗逆模型和温度预报模型组成，通过对吹氧量、电耗两个最重要的温度控制量建立逆模型，达到了较高的静态温度预报精度[15]。

有关学者建立了人工神经网络技术、遗传算法结合的电弧炉温度预报模型，全面考虑电弧炉熔炼期间全部能量输入和损失，以及来自废钢预热的辅助能量。以某钢厂 100t 电弧炉生产数据建模和预测，得到的电弧炉终点温度的精度范围为±2℃、±4℃、±6℃、±8℃时，混合遗传算法终点温度命中率分别为 80%、88%、90%、96%[16]。

该软件在不同炉型、容量电弧炉应用后，冶炼终点钢液温度和 C 含量命中率很好，终点控制准确性提高，补吹次数明显减少，冶炼周期平均缩短 3.9min，吨钢平均冶炼电耗降低 10.03kW · h，钢铁料消耗降低 11.51kg，氧气消耗降低 2.03m^3（标态）。

8.2.3 电弧炉漏水预警系统

当电弧炉中水分过多时会引起爆炸，导致生产中断，设备损坏，甚至发生人员伤亡等危害，因此实时监测电弧炉中的水分含量是十分必要的。传统电弧炉水分检测主要是靠人为观察，现代电弧炉中水分检测主要有两种方式。第一种是利用在线烟气成分分析仪和在线露点探测仪检测烟气中 CO、CO_2、H_2、O_2、H_2O 的含量，其中 H_2O 的含量代表溶解水的含量。监测 H_2的含量，用烟气分析中 H_2 含量，或者 H_2 含量除以 CO 含量，或者 H_2 含量乘以 CO_2 含量再除以 CO 含量。第二种方法是利用烟气成分分析和基础操作数据，通过物质守恒和能量守恒建立模型，监控电弧炉中水的渗入量。这两种方法都利用了实验和以往数据分析界定正常值和异常值的范围，设定警告、警报或采取自动处理措施，避免伤害发生。

EFSOP 系统由意大利 Tenova 公司开发（图 8-16），它是连续实时测量电弧炉排出烟气和自动闭环控制喷入的天然气、氧气和碳的基础平台，具有进行电弧炉漏水预警的功能。该系统主要由排气取样系统、数据获取系统、工艺分析和控制系统等 3 个部分组成。排气取样系统又由水冷取样探头、试样清洗系统、测试废气试样的分析设备构成[17]。

EFSOP 系统利用水冷探头连续从电弧炉炉气中取样；用气体分析仪测量出炉气试样中 O_2、CO、CO_2、H_2 的含量，并将测得的数据送往操作人员的显示屏和位于电炉控制室的 EFSOP 计算机内；然后，EFSOP 的计算机（采用闭环控制）/操作人员通过钢厂的 PLC 网络，对电炉的工艺参数进行调整；最后，钢厂的 PLC 网络与 EFSOP 分析仪和计算机进行通信，以收到新的工艺参数设定值，并对炉子进行动态控制。在此过程中，通过对电弧炉炉气中 H_2含量的测量，EFSOP 系统可以对电弧炉漏水情况进行预警。

欧美国家已有 15 个生产企业正在或已经安装了基于 EFSOP 的电弧炉水监控系统，并成功监控了多起炉壁或炉盖的水渗漏事故[18]。

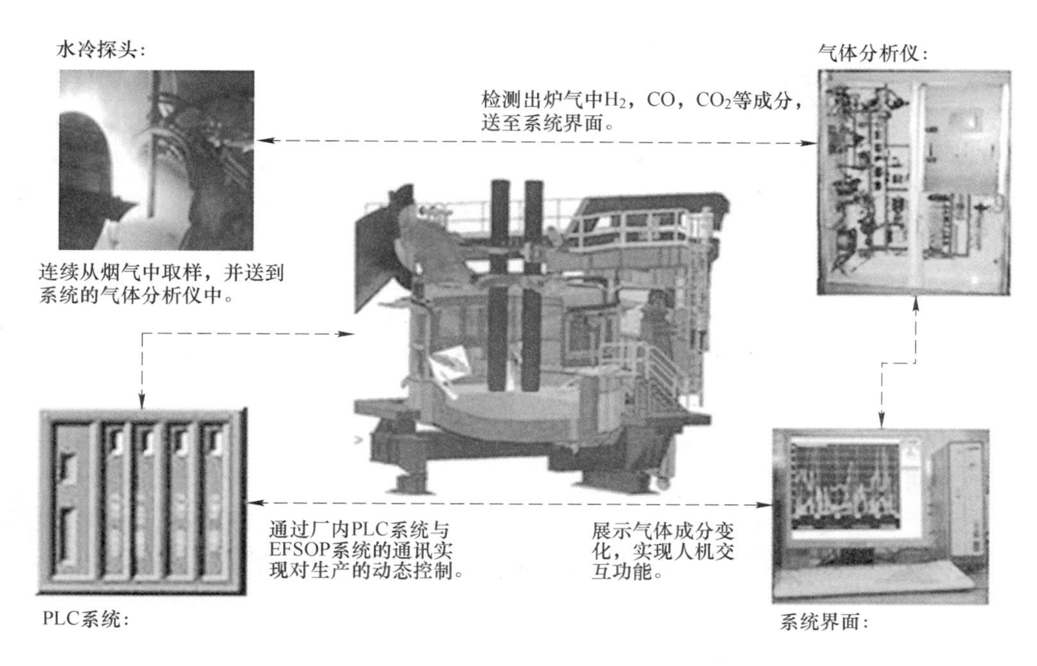

图 8-16 电弧炉 EFSOP 系统

8.3 电弧炉整体控制智能化

随着监测手段和计算机技术的发展，电弧炉炼钢智能化控制不再仅仅局限于某一环节的监测与控制，应从整体过程出发，将冶炼过程采集的信息与过程基本机理结合进行分析、决策及控制，追求电弧炉炼钢过程的整体最优化[19]。

8.3.1 Simental EAF Heatopt 整体控制方案

西门子奥钢联开发了 Simental EAF Heatopt（Holistic process control）整体控制方案（图 8-17），对电弧炉炼钢过程实时整体控制，极大地改善了能源利用率、生产效率和生产过程的安全性。该系统利用最新的检测技术和状态监测控制方案对电弧炉炼钢过程进行最优化控制。该方案集合了多种测量技术和信息分析处理系统，有电弧炉烟气成分分析系统（Simetal EAF Lomas）、烟气流量测量系统（Simetal EAF SAM）、非接触式连续测温技术（Simetal RCB Temp）、泡沫渣检测技术（Simetal FSD）、用于电极调节的熔清控制系统（Simetal CSM）、无渣出钢技术（Simetal SlagMon）等。利用这些技术能够对炼钢过程实时监测与控制。该电弧炉炼钢整体控制系统能够确保最佳的能量转换率、最大的生产效率及最小的生产成本。

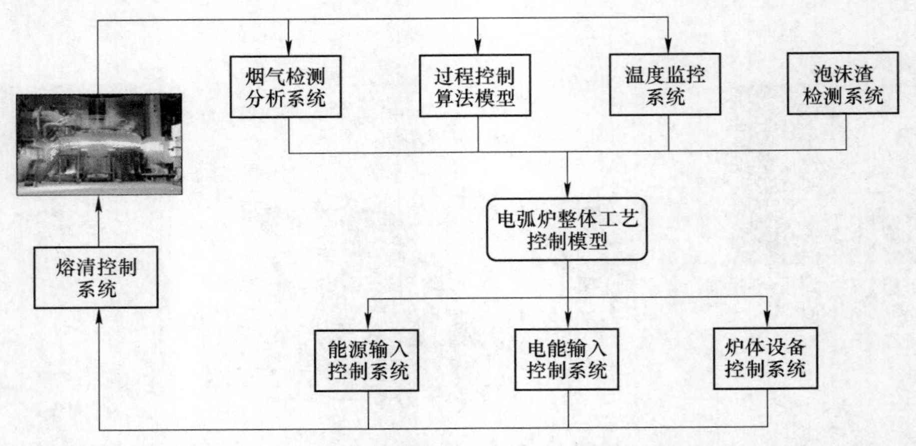

图 8-17　Simental EAF Heatopt 智能化整体控制方案

该系统在美国 Virginia 州 SDI Roanok 钢厂的实际应用中取得良好的效果：燃气和氧气消耗降低约 15%，炭粉消耗降低约 15%，生产效率提高 3.6%，生产成本显著降低。[20]

8.3.2　达涅利 Q-MELT 系统

达涅利 Q-MELT 是按照一种联合过程控制监视器和管理器来设计的过程控制系统（图 8-18），可自动识别预期行为的偏差，并使其自动返回到预定的冶炼过程。其主要控制目标是功率输入变化、钢水化学成分，以及炉渣和钢水冶炼。Q-MELT将用于炉渣检测（Q-SLAG）、连续温度检测（Q-TEMP）和废气分析（LINDARC）的各项分析技术集成为一体，再加上采用碳平衡法，可以完全实现所有相关输入和输出数据的监视管理和分析。这种最新一代设备控制盘配备了很多传感器和摄像头，形成了一个完整的生产工艺过程监视系统，可安装在任何地方，并且不需要开设专用窗口来直接观察生产工艺过程，因此可提高生产操作人员的安全性，并使他们全面掌握生产工艺状况。

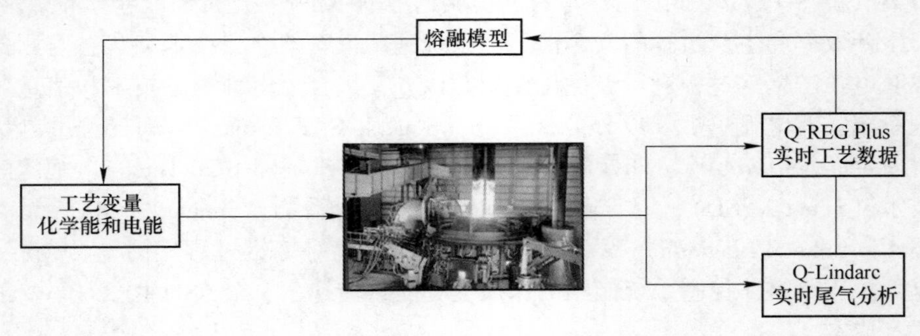

图 8-18　Q-MELT 系统构架

Q-MELT 过程监视管理器可控制所有的生产工艺环节，保持电弧炉高效运行和安全生产，其控制范围从装料阶段一直到出钢过程，可有效提高生产操作灵活性，根据入炉原料选择相应的熔炼工艺。

MELT-MODEL 熔炼模型是 Q-MELT 系统的核心。MELT-MODEL 通过多个机上传感器采集的数据，与根据预设定静态熔炼模型计算得到的过程变量进行协调。它还可用于协调由 Q-REG 集成、用于电弧炉功率控制的闭环控制系统，用于废气成分分析的 LINDARC 电弧炉烟气分析系统和用于化学成分控制的 Q-JET 系统。

强大的数据挖掘 Q3Intel-ligence 系统功能，可采集智能相关数据变量，并自动进行分类，纳入结构化关系数据库。范围广泛的统计过程分析可用于处理大量的数据信息，鉴别哪些是人们希望的正常运行过程，哪些是异常现象。如果持续出现偏离预期工艺过程状态的情况，系统将持续进行 CO 燃烧过程优化和有效利用燃料，努力使熔炼过程能够适应变化了的生产运行条件。将熔炼过程作为一个整体进行一体化控制，再加上对偏离预期工艺过程状态的电弧炉工艺变量进行实时跟踪，有利于提高能源利用效率和设备生产能力。

现场安装的 LINDARC 废气分析仪，可确保废气分析做出快速响应。它能够快速提供反馈信息（小于 2s），以便在精炼阶段及时调节吹氧量，有效控制钢水脱碳过程，同时抑制熔池钢水氧化。废气成分数据可用于分析当前电弧炉运行效率，并形成改善电弧炉生产操作的最佳策略；同时对含水量进行实时检测，以确保生产运行安全，防止爆炸事故发生。

对于一炉钢水来说，LINDARC 和 MELTMODEL 系统能够预测钢水中的碳含量和钢水温度。将这些数据输入到动态控制模型，可实现功率和吹氧量控制，目的是最大限度地缩短钢水过热时间，同时控制脱碳水平。这种控制思路可提高生产过程金属收得率，提高设备效率。

Q-REG 系统可根据 MELT-MODEL 要求，动态调节电气参数设定值。通过这种方式，可确保实现有功功率输入最大化。

在精炼阶段，通过建立在电弧 V 和 I 实时分析基础上的达涅利专有技术，可持续监视电弧覆盖指数（ACI）变化情况。当 ACI 超过某一合适的阈值时，即可检测到泡沫渣最佳造渣条件，系统将自动减少静态碳粉喷吹量设定值。如果电弧没有覆盖，则碳粉喷吹量将相应增加。当整个冶炼工艺过程快要结束时，最好改用动态控制，以有效控制石灰-白云石加入量，恢复炉渣碱度，同时降低造渣剂消耗量。

Q-REG 系统的液压回路线性化功能使定位系统自动检测响应具有非线性特点，使特定升降范围控制阀做出非线性响应。动态调节主画面显示压力状态和电气-化学参数工作点，而过程参数的静态分析则由 MELT-MODEL 系统来完成。

与绝大多数现有系统相比，该系统的主要优点是 MELT-MODEL 能够适应不断变化的生产运行条件，使电弧炉一直保持最佳性能。要想对不断变化的电弧炉生产运行条件（比如不同的炉料配比）做出及时反应，通过非动态设定方法是无法实现的，但与根据时间和能量确定的传统式固定控制程序相比，是一个显著进步。

绝对安全性是通过 LINDARC 系统保证的。该系统可检测出电弧炉废气中水蒸气含量超过规定标准的异常现象，检测到任何一处冷却水泄漏；而且，它可以通过电极辐射通量密度监视器（Q-RAY）对整个炉壁的辐射热流密度做出评估，以及时调整电气参数设定值，从而平衡水冷壁上的热负荷分布。通过这种方式，MELTMODEL 系统还可以处理冷却水泄漏和传至炉壁的电弧辐射量过大等异常情况。[21,22]

8.3.3 iEAF 智能控制系统

Tenova 公司的 iEAF 系统是在实时、连续测试工艺和在线模拟工艺的基础上，为实现电弧炉动态控制和最优化而建立的一套自动化系统（图 8-19）。

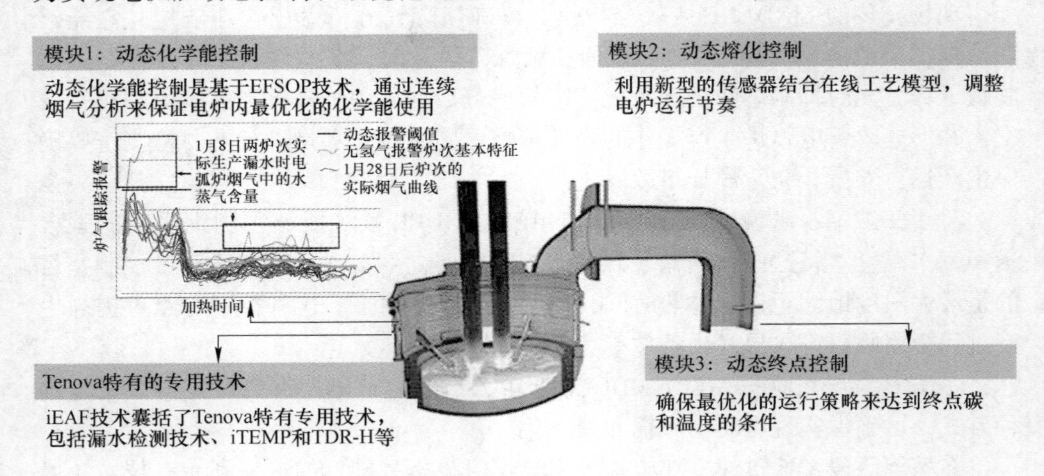

图 8-19 iEAF 的技术组成

iEAF 技术采用了功能明确效果叠加的模块化设计，可改善钢厂电弧炉冶炼的工艺控制，降低能源消耗和运行成本，提高生产率并且降低排放。iEAF 程序中的每一步都要结合实时采集的测量数据、工艺输入的动态参数和在线工艺模型。iEAF 技术可以轻易地与现场自动化和工艺控制系统整合，其基础组成部分是 EFSOP 烟气分析系统，准确的质能平衡关系对能源使用效率和有效的冶炼工艺动态控制有着至关重要的影响[23]。

模块一：动态化学能控制优化（EFSOP）。

iEAF 化学能控制优化模块是基于已证实的 EFSOP 烟气分析技术对化学能输入进行动态优化与控制。使用 EFSOP 烟气分析系统动态控制烟气系统抽气可避免过压或者失压的情况。动态控制炉内气氛，维持在若还原的状态，此状态不仅可实现最大化总能量利用率；而且使得铁损失、电极和耐火材料消耗最小化，而如果在净空过氧化的状态下，会加重铁损失、电极和耐火材料消耗。

模块二：动态熔化控制。

iEAF 动态熔化模块是基于一系列的新型传感器，并结合实时的质能平衡数学模型，得出所输入的净能量来控制电弧炉节奏。新型传感器包括烟气温度/压力/流量检测装置、渣和钢液重量检测或计算装置等。换言之，每炉次的控制是基于实时计算出的废钢熔化百分比，而不是像传统的仅仅依靠吨钢电耗（kW·h/t）来实现控制。使用熔化率来实现动态熔化控制的 iEAF 是一种具有独创性的控制电弧炉工艺进程的创新技术。

模块三：动态终点控制。

iEAF 动态终点控制模块可以促进精炼期的动态控制，以实现动态优化终点碳和温度，使其满足终点要求。此模块利用新型传感器采集的数据并结合熔池和渣工艺控制模型来实现：动态监测及评测各种精炼期的各种工艺参数，包括天然气、氧气、碳、石灰和电能的消耗趋势选取最优化的化学能及电能输入曲线，动态优化精炼时间确定何时可以达到要求的终点条件（温度和碳含量）。

漏水检测技术是根据每台电弧炉的特性（炉型尺寸，冷却水流量，废钢成分）及运行要求而量身定制的。iEAF 的漏水检测是唯一一种有能力检测 H_2O 和 H_2 的技术。即便其不是认证的安全防护设备，但它还是可以提高电弧炉的安全使用性。iEAF 的漏水检测具备自适应性，可以面对随时改变的工艺条件，包括周围气氛的变化，废钢条件变化。

此外还有非接触测温的 iTEMP 和 TAT 自动出钢、TDR-H 电极调节系统等独有的技术相互配合，通过 iEAF 技术进行整合，以提高运行效率和安全性。

8.3.4 USTB 电弧炉复合吹炼集成控制技术

电弧炉炼钢是一个复杂的生产过程，合理匹配单元操作才能充分发挥各自的冶金功能，实现电弧炉炼钢高效、优质、低成本生产。[24] 近年来我国电弧炉炼钢炉料结构呈现多元化趋势，给复合吹炼的集成应用增大了技术难度。应通过电弧炉炼钢物料及能量衡算研究，确定复杂炉料结构下的冶金反应操作参数。例如，在四元炉料结构工况下，冷废钢：冷生铁：冷直接还原铁：热铁水 = 47%：14%：15%：24%，平均吨钢氧气的需求量为 43.4m^3（标态），而吨钢电能消耗量为 332kW·h，如图 8-20 所示[25]。

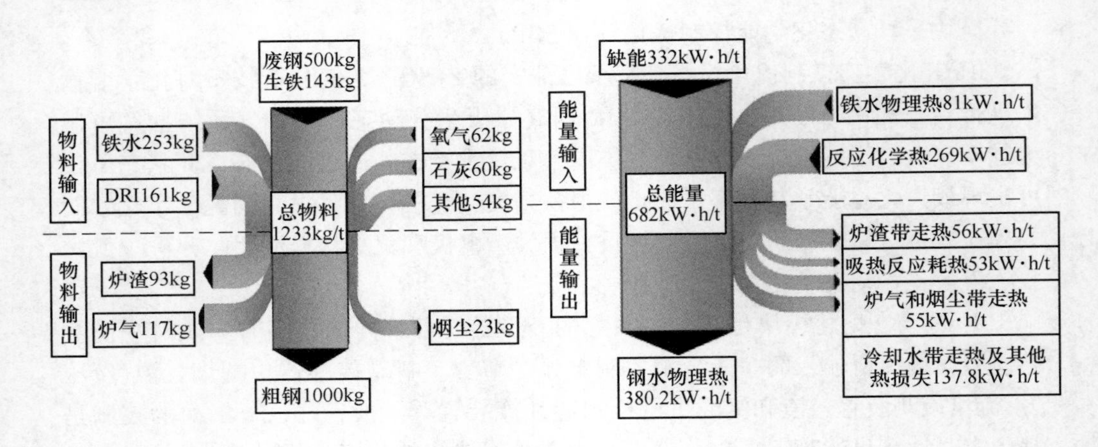

图 8-20 四元炉料结构下冶金反应参数

电弧炉炼钢单元操作的合理匹配为各单元操作按照冶金反应对热力学、动力学条件的需要，将电能、氧气、碳粉、石灰等原料输入熔池，并给予必要的搅拌强度，达到最佳的供需匹配。

8.3.4.1 电弧炉炼钢复合吹炼的集成控制

在电弧炉炼钢复合吹炼集成理论研究的基础上，将操作单元和控制逻辑实体化，建立了电弧炉冶炼能量分段模块、动态物料衡算预测模块、动态能量衡算模块、能量输入控制模块、供电模块和化学能输入模块。使用 PLC 现场总线将供氧、供电、底吹、喷粉等单元设备进行协同控制；使用炉气温度、炉气流量测量仪和气体取样器，对冶炼过程的炉气进行在线检测，对钢水的成分和温度进行预报。

开发了电弧炉成本控制软件和电弧炉炼钢复合吹炼控制软件，基于配料结构的 K-medoids 聚类分析方法，以能耗、成本为指标对海量数据进行筛选、评价，得到冶炼指导范例群组，应用模糊相似理论归纳总结范例的操作特征，制定最优的供电、供氧、喷粉、底吹等工艺参数，实现电弧炉炼钢复合吹炼的集成控制，其逻辑控制过程如图 8-21 所示。系统基于网络技术、SQL-Sever 数据库和 visual-studio 工具，已成功应用于电弧炉炼钢复合吹炼的实际操作，操作界面如图 8-22 所示。

8.3.4.2 复合吹炼工艺与烟气余热回收的匹配

炉料结构及能量来源的多样化使电弧炉炼钢余热的产生具有间歇性波动的特点。余热回收过程中常出现烟气温度过高或过低的状况，烟气温度过高时，传统工艺通过混入冷空气的方式降低烟气温度，虽然保证了设备安全生产，但是影响富余热量的回收，降低了能量回收比例，是另外一种形式的能量浪费；烟气温度

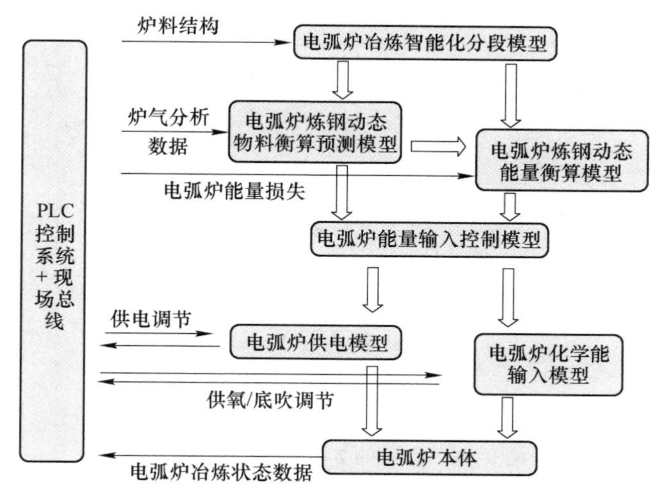

图 8-21 电弧炉分时段控制技术控制逻辑

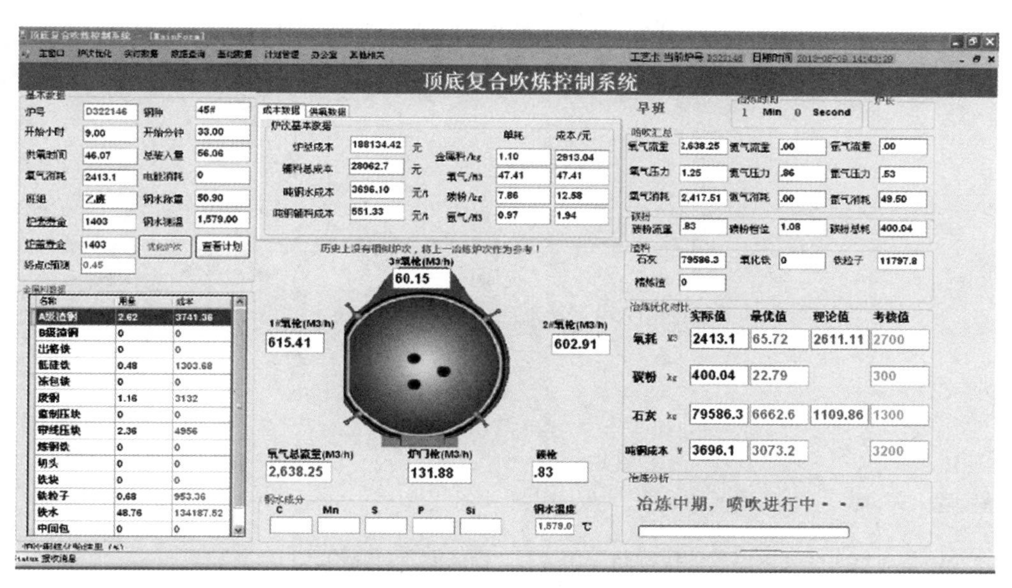

图 8-22 复合吹炼控制软件操作界面

过低时，余热回收系统工作效率不高，系统回收能量不足。

发明了电弧炉炼钢复合吹炼条件下“一种电弧炉与余热回收装置协调生产的方法”，为提高余热回收效率提供了技术上的可能。以炉气分析检测数据为基础，建立了智能型“供电—供氧—脱碳—余热”能量平衡系统，稳定了余热回收系统的烟气温度，实现了电弧炉复合吹炼单元操作和余热回收装置协调运行，如图

8-23 所示。该技术的使用减少了电弧炉烟气温度波动，如图 8-24 所示。

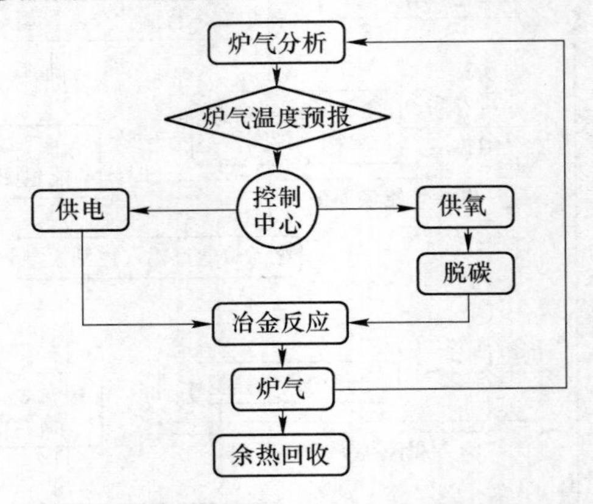

图 8-23　余热回收能量平衡系统框架图

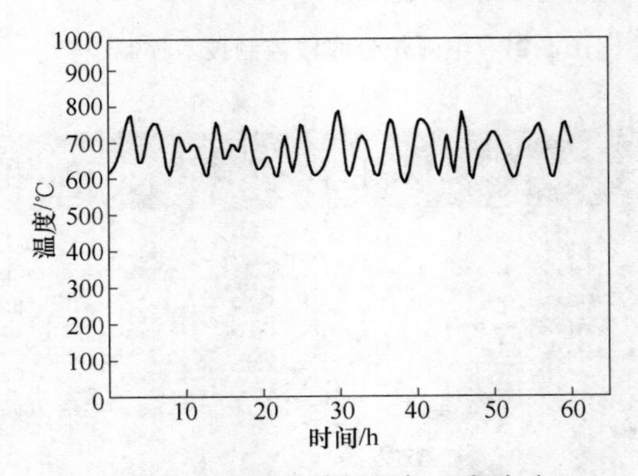

图 8-24　电弧炉炼钢烟气温度波动

参 考 文 献

[1] 陈涛. 钢水快速测温仪的设计与应用 [J]. 科技创新与应用，2012 (22)：44.

[2] 花皑. 无接触式准确测量电弧炉钢水温度新方法 [J]. 工业加热，2012 (1)：53.

[3] 袁志明. 70T 高阻抗电弧炉的全自动化泡沫渣管理系统 [J]. 中国西部科技，2014 (2)：9，10.

[4] 朱荣，魏光升. 电弧炉炼钢智能化技术的发展 [J]. 世界金属导报，2015，5 (B02)：1~7.

[5] 刘玉宝，郭庆华. 转炉炉气分析技术发展浅析 [J]. 新疆钢铁，2011 (4)：8~11.

[6] 刘超. 转炉炼钢终点控制技术研究及应用 [J]. 特钢技术，2013，19 (3)：5~7.

[7] 邢曼华，袁守谦，赵田丽，等. 转炉终点控制技术的发展 [J]. 金属材料与冶金工程，2010，38 (2)：54~59.

[8] Apfel Jens, Beile Hanners, Winkhokl Achim. EAF Quantum——新型电弧炉炼钢技术 [J]. 河北冶金, 2018, 274 (10): 7~13.

[9] 魏伟, 王敏, 王京, 等. 电弧炉电极调节系统的适应性控制 [J]. 计算机仿真, 2011 (12): 158~162.

[10] 陈铭榕. 电弧炉电极智能控制 [J]. 电子技术与软件工程, 2013 (17): 150.

[11] 顾根华, 肖维鹏, 黄胜, 等. 电弧炉电气特性在线监测系统的研制与应用 [J]. 工业加热, 2001 (2): 30~32.

[12] 滕志军, 王中宝, 索大翔, 等. 电弧炉电能质量实时监测系统的研究 [J]. 冶金自动化, 2013, 37 (1): 44~48, 75.

[13] 刘洪, 李令冬. 电弧炉整流电流在线监测软件的设计与开发 [J]. 安徽大学学报: 自然科学版, 26 (2): 62~65.

[14] 朱荣, 魏光升, 刘润藻. 电弧炉炼钢智能化技术的发展 [J]. 工业加热, 2015 (44): 1~9.

[15] 卢春苗, 顾佳晨, 孙彦广. 基于 SVM 逆模型的电炉静态温度预报模型研究 [J]. 仪器仪表学报, 2008, 29 (4): 821~824.

[16] 姜静, 李华德, 孙铁, 等. 基于混合遗传算法的电弧炉终点目标温度预报模型 [J]. 特殊钢, 2007, 28 (5).

[17] 杜锋. 电炉用的 EFSOP 技术 [J]. 上海金属, 2003 (3): 49.

[18] 林立恒. 电弧炉及转炉用 EFSOP 专家系统 [N]. 世界金属导报, 2008-01-15 (007).

[19] 吴宇平. 应用于 40t 超高功率电弧炉的智能控制系统 (IAF) [J]. 南方钢铁, 1996 (4): 22, 23.

[20] 朱荣, 魏光升, 董凯. 电弧炉炼钢绿色及智能化技术进展 [C]. 第十一届钢铁年会论文集. 2017.

[21] 朱荣, 刘会林. 电弧炉炼钢技术及装备 [M]. 北京: 冶金工业出版社, 2018: 253, 254.

[22] 朱斌. 智能电弧炉炼钢技术 [J]. 工业加热, 2012, 41 (6): 1~5.

[23] Clerici P, Scipolo V, Galbiati P, et al. La tecnologia del forno intelligente (iEAF®): concetti di base, descrizione generale e dettagli della prima installazione [J]. 2011.

[24] 朱荣, 何春来. 电弧炉炼钢装备技术的发展 [C]. 2012 年全国炼钢-连铸生产技术会论文集, 2012.

[25] 郁健, 孙开明, 李士琦, 等. 电弧炉炼钢使用四元炉料的冶炼过程物耗和能量状况分析 [C]//2009.

索　引